Allgemeine und Anorganische Chemie

Allgemeine und Anorganische Chemie

Ein Leitfaden für Studierende der Biologie, Biochemie und Pharmazie

Wolfgang Jabs

ELSEVIER
SPEKTRUM
AKADEMISCHER
VERLAG

Spektrum
AKADEMISCHER VERLAG

Zuschriften und Kritik an:
Elsevier GmbH, Spektrum Akademischer Verlag, Frank Wigger, Slevogtstraße 3–5, 69126 Heidelberg

Autor
Prof. Dr. Wolfgang Jabs
Ernst-Moritz-Arndt-Universität Greifswald
Institut für Biochemie
Felix-Hausdorff-Str. 4
17487 Greifswald
jabs@uni-greifswald.de

Bibliografische Information Der Deutschen Nationalbibliothek
Die Deutsche Nationalbibliothek verzeichnet diese Publikation in der Deutschen Nationalbibliografie; detaillierte bibliografische Daten sind im Internet über http://dnb.d-nb.de abrufbar.

1. Auflage 2007

Spektrum Akademischer Verlag ist ein Imprint der Elsevier GmbH.

07 08 09 10 11 5 4 3 2 1

Planung und Lektorat: Frank Wigger, Dr. Meike Barth
Redaktion: Dr. Angela Simeon
Herstellung: Katrin Frohberg
Umschlaggestaltung: SpieszDesign, Neu-Ulm
Titelbild: Das Titelbild zeigt die Struktur des Cytochrom c und des P_4O_{10}-Moleküls.
Satz: Autorensatz
Druck und Bindung: Polygraf Print, Prešov

Printed in Slovakia

ISBN 978-3-8274-1859-3

Aktuelle Informationen finden Sie im Internet unter www.elsevier.de und www.elsevier.com

Für Gisela, Andreas und Johannes

Vorwort

Dieses Lehrbuch ist vornehmlich adressiert an Studierende biochemisch und biologisch orientierter Studiengänge (Biochemie, Pharmazie, Biologie, Humanbiologie u. a.) sowie an Studierende in entsprechenden Lehramtsstudiengängen. Mit der Auswahl, dem Umfang und der Vertiefung des Stoffes wird insbesondere den Erfordernissen gestufter Studiengänge (Bachelor und Master) in diesen Disziplinen Rechnung getragen.

In den ersten Kapiteln werden die Grundlagen der *Allgemeinen Chemie* behandelt, wobei die Schwerpunkte naturgemäß der Atombau, das Periodische System der Elemente und die chemische Bindung sind. Physikalisch-chemische Aspekte von Reaktionen werden nur insoweit dargestellt, wie sie für das Verständnis der Anorganischen Chemie unabdingbar sind.

Die Darstellung der *Anorganischen Chemie* im zweiten Teil des Buches erfolgt auf der Grundlage der Einteilung der Elemente in s-, p-, d- und f-Elemente. Dies erweist sich insofern als besonders zweckmäßig, weil der Behandlung der Elemente der entsprechenden Blöcke und ihrer chemischen Verbindungen jeweils eine Betrachtung grundlegender Aspekte ihrer *Bioanorganischen Chemie* folgt. Mit der vorgenommenen Stoffauswahl sollen daher einerseits Grundkenntnisse der Anorganischen Chemie und ihrer Konzepte vermittelt werden, andererseits aber auch die Voraussetzungen für ein Verständnis der bioanorganischen Themen geschaffen werden. Die Bioanorganische Chemie selbst ist nicht mehr länger als ein Spezialgebiet zu betrachten; ihre grundlegenden Erkenntnisse stellen eine Erweiterung und Bereicherung der Anorganischen Chemie dar und werden daher in diesem Lehrbuch angemessen berücksichtigt.

Die eingefügten *Exkurse* dienen einer Weiterführung bzw. Vertiefung interessanter Fragestellungen.

Der Autor dankt dem Fritz-Lipmann-Institut e.V. Jena, insbesondere Herrn Dr. J. Sühnel als Leiter der Datenbank, für die freundliche Genehmigung zur Verwendung der Darstellungen von Protein- und Metalloprotein-Strukturen.

Den Mitarbeitern des Verlages, insbesondere Frau Dr. M. Barth, Herrn F. Wigger und Frau Dr. A. Simeon, dankt der Autor sehr herzlich für die stets angenehme und konstruktive Zusammenarbeit sowie für die uneingeschränkte Unterstützung bei der Fertigstellung des Lehrbuches.

Greifswald, im November 2006 — Wolfgang Jabs

Inhalt

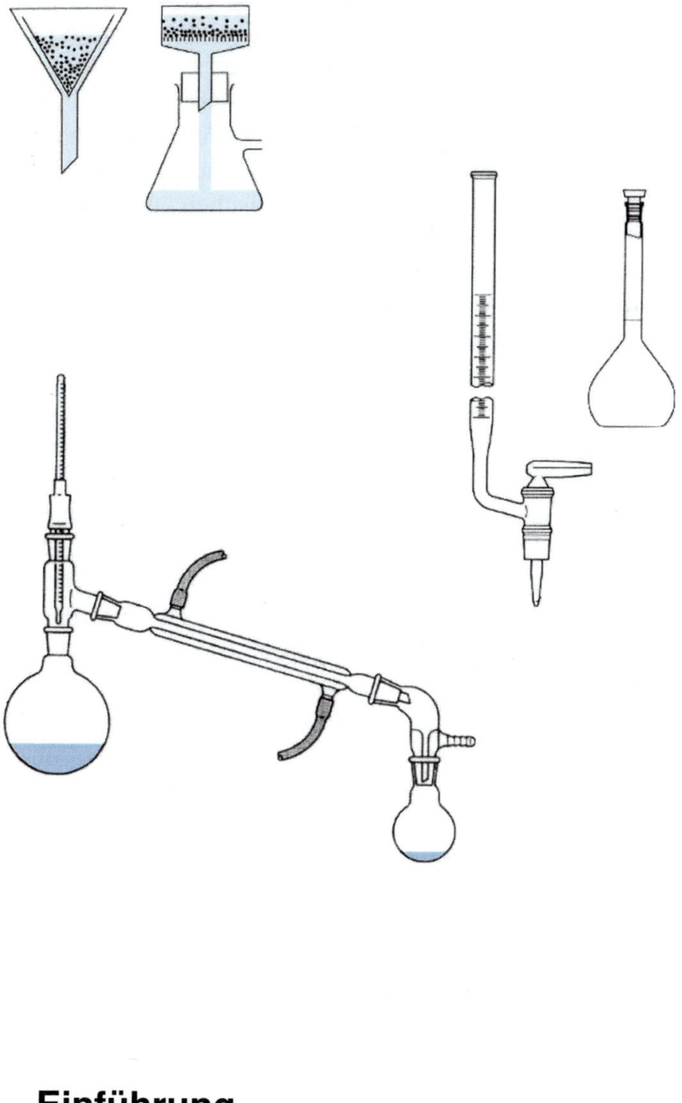

1. Einführung

In den zurückliegenden Jahrzehnten hat die Chemie – wie kaum eine andere naturwissenschaftliche Disziplin – in hohem Maße und in einer auch mehr oder weniger augenfälligen Weise nahezu alle unsere Lebensbereiche durchdrungen. So wenig aber wie die heute erreichte Lebensqualität ohne die grundlegenden Beiträge der Chemie denkbar ist, so wenig werden weitere Fortschritte, insbesondere auf so wichtigen Gebieten wie der Molekularbiologie, der Biotechnologie, der Molekularmedizin, der Pharmazie u. a., ohne eine ständige Erweiterung und Vertiefung gerade unserer chemischen Kenntnisse möglich sein.

Die Chemie beschäftigt sich mit den Gründen dafür, warum die Materie unter gegebenen Bedingungen ihre besonderen Formen und Eigenschaften hat, und mit den Wegen, auf denen sie diese Formen und Eigenschaften ändert. Ihre Entwicklung in den drei Kerndisziplinen, der Anorganischen, der Organischen und der Physikalischen Chemie, ist dabei das Ergebnis historischer Gegebenheiten und nicht ein Ausdruck des Fehlens einer einheitlichen theoretischen Grundlage. Während jedoch im Verlaufe der Entwicklung einerseits zunehmend mehr neue chemische Disziplinen hinzugekommen sind, sind andererseits zugleich auch die Grenzen sowohl zwischen den einzelnen chemischen Disziplinen selbst als auch die zu anderen Naturwissenschaften durch die Etablierung von Grenzgebieten fließend geworden. Chemische Forschung ist daher heute durch ein ständig wachsendes Maß an Interdisziplinarität gekennzeichnet.

Trotz dieser Annäherung und gegenseitigen Durchdringung einzelner chemischer Disziplinen und einer sich daraus ergebenden zunehmenden Vereinheitlichung wird in der Forschung und insbesondere in der Lehre, hier aus vornehmlich didaktischen Gründen, die Aufteilung der Chemie in ihre einzelnen Fächer beibehalten. Eine ganzheitliche Darstellung ist wegen des Umfangs und der Verschiedenartigkeit des Stoffes sowie eines ständig wachsenden Erkenntnisgewinns nicht zu bewältigen. Umso wichtiger ist es daher, die einheitlichen Prinzipien und gemeinsamen theoretischen Grundlagen der Chemie einem Studium ihrer einzelnen Disziplinen voranzustellen. Diese Aufgabe erfüllt die Allgemeine Chemie.

Chemische Experimente – wenn auch zunächst nicht als solche betrachtet oder bezeichnet – sind zeitgeschichtlich gesehen bereits sehr früh durchgeführt worden; so hat etwa die Herstellung und Verarbeitung der Bronze einem ganzen Zeitalter der Menschheitsentwicklung seinen Namen gegeben. Als naturwissenschaftliche Disziplin hat sich die Chemie jedoch erst relativ spät u. a. aus verschiedenen handwerklichen Professionen heraus entwickelt. Vor diesem historischen Hintergrund wird verständlich, dass die Chemie von jeher eine experimentelle Naturwissenschaft war und dies auch künftig bleiben wird.

Ein **chemisches Experiment** ist, unabhängig davon, ob es in einem Grundpraktikum oder auf einem aktuellen Forschungsgebiet durchgeführt wird, eine unter genau definierten physikalischen und chemischen Bedingungen gestellte Anfrage an die Natur. Dabei ist eine strenge Einhaltung der äußeren und inneren Bedingungen die notwendige Voraussetzung dafür, dass die Antwort der Natur stets gleich ausfällt, das Ergebnis des Experimentes also reproduzierbar ist. Je nach der Art der Fragestellung kann das Ergebnis entweder qualitativer oder quantitativer Natur sein. Quantitative Ergebnisse, also die Ergebnisse von Messungen unter Verwendung der verschiedensten Messinstrumente, haben im Allgemeinen einen sehr viel höheren Informationsgehalt. Ihre Verdichtung führt letztlich zur Erkenntnis von **Naturgesetzen**, die am rationellsten in Form mathematischer Beziehungen ausgedrückt werden.

Die Naturwissenschaften beschränken sich nun aber nicht darauf, aus den experimentell gewonnenen Daten die zugrunde liegenden Naturgesetze abzuleiten. Vielmehr versuchen sie in nachfolgenden Schritten eine Erklärung für das Verhalten der Materie zu finden, wie es in dem jeweiligen Naturgesetz zum Ausdruck kommt. Ein solcher Erklärungsversuch für die Art des Verhaltens und die Struktur einer bestimmten Erscheinungsform wird als eine **naturwissenschaftliche Hypothese** bezeichnet. Hypothesen bedürfen stets der experimentellen Überprüfung und müssen sich dabei als widerspruchsfrei erweisen; ihre Aussagen müssen also verifiziert werden. Mit anderen Worten: Aus einer Hypothese sich zwangsläufig ergebende Tatsachen müssen mit den Ergebnissen von Experimenten, die zur Überprüfung eben dieser Tatsachen geeignet sind, übereinstimmen. Ist dies nicht der Fall, dann muss die Hypothese verworfen werden. Stimmen aber die Ergebnisse der unterschiedlichen und voneinander unabhängigen Experimente ausnahmslos mit den Voraussagen einer Hypothese überein, dann nimmt sie den Charakter einer **naturwissenschaftlichen Theorie** an. Theorien sind geeignet, Einzelfakten zu ordnen, zu erklären und miteinander zu korrelieren. Sie führen zugleich aber auch zur Voraussage von Verhaltensmustern der Materie und damit zur Konzipierung neuer Experimente. Theorien sind daher sehr leistungsfähige methodische Instrumente, die in enger Wechselbeziehung mit Experimenten den naturwissenschaftlichen Fortschritt ermöglichen.

Mit der Einführung der Waage als Messinstrument zur Untersuchung der Massenverhältnisse in chemischen Verbindungen und beim Ablauf chemischer Reaktionen begann die Entwicklung der Chemie zu einer **exakten Naturwissenschaft.** Heute verfügen Chemiker über eine Vielzahl verschiedener Messinstrumente zur Gewinnung quantitativer Daten, die Waage nimmt aber nach wie vor eine zentrale Stellung in quantitativen chemischen Experimenten ein.

Die Zuverlässigkeit einer quantitativen Messung ergibt sich aus der Anzahl der so genannten **signifikanten Ziffern** in den Messdaten. Die Messdaten sind die Zahlenwerte, die man z.B. von einer Skala abliest. Dabei ist die am weitesten rechts stehende Ziffer unsicher, weil man sie beim Ablesen lediglich schätzen kann; diese Unsicherheit wird zusammen mit dem Messwert notiert, z.B. 123,45 ± 0,01. Je mehr signifikante Ziffern ein Messwert enthält, desto größer ist unser Vertrauen darin. Und da – wie wir gesehen haben – Gesetze und Theorien aus Messdaten abgeleitet werden, steht unser Vertrauen darin in einem direkten Zusammenhang zur Qualität der Messdaten, auf denen sie basieren.

Die Unsicherheiten in den Messergebnissen haben ihre Ursache in **Fehlern**. Diese Fehler resultieren aus

- Unvollkommenheiten der Messgeräte und Messverfahren,
- subjektiven Ableseformen des jeweiligen Beobachters sowie
- der Unmöglichkeit des Einhaltens streng gleicher Messbedingungen.

Die erhaltenen Messergebnisse sind folglich unter zwei Gesichtspunkten zu bewerten:

1. Stimmen die Messwerte mit dem so genannten **wahren Wert** überein?
2. Innerhalb welcher Grenzen ist bei dem angewendeten Messverfahren das Ergebnis reproduzierbar?

Es ist also zu unterscheiden zwischen der **Richtigkeit** und der **Reproduzierbarkeit** von Messwerten! Ein Messergebnis kann durchaus sehr gut reproduzierbar sein, es muss dennoch aber nicht unbedingt auch richtig sein.

Die Fehler werden nach ihrer Entstehung und ihrem Wesen im Allgemeinen in drei Gruppen eingeteilt:

1. *Grobe Fehler* resultieren aus groben Versehen oder aus ungenügender Sorgfalt des Experimentators sowie aus Rechenfehlern in der Auswertung; grobe Fehler begründen die so genannten Ausreißer.
2. *Zufällige Fehler* sind unvermeidlich und meist nur klein; sie schwanken regellos in Betrag und Vorzeichen. Zufällige Fehler beruhen auf der Unzulänglichkeit der menschlichen Sinnesorgane, hängen aber durchaus auch von Sorgfalt und Geschick des Experimentators ab.
3. *Systematische Fehler* beruhen auf mangelhafter Konstruktion von Messgeräten oder auch auf Unvollkommenheiten des Messverfahrens; sie sind beständig und beeinflussen einen Messwert unter gleichen Bedingungen stets in die gleiche Richtung. Der wahre Wert liegt damit nicht im Schwankungsbereich der Messwerte. Die Beseitigung systematischer Fehler ist für die Richtigkeit von Messergebnissen von entscheidender Bedeutung; ihre Erkennung gelingt am sichersten durch Anwendung einer zweiten, unabhängigen Messmethode.

Können grobe und systematische Fehler ausgeschlossen werden, dann ergibt sich bei einer genügend großen Anzahl von Messungen für die zufälligen Fehler eine Normal- bzw. GAUSS-Verteilung.

Der aus einer Messung erhaltene Messwert besteht immer aus einem numerischen Wert und einer dazugehörigen **Maßeinheit**. Für wissenschaftliche Arbeiten ist ein genau definiertes System solcher Maßeinheiten notwendig. Gemäß einem

Tabelle 1.1 Dimensionen und Einheiten: SI-System – Basis-Einheiten

Größe		**Basis-Einheit**	
Name	Symbol	Name	Symbol
Länge	l	Meter	m
Zeit	t	Sekunde	s
Masse	m	Kilogramm	kg
Stoffmenge	n	Mol	mol
Temperatur	T	Kelvin	K
Stromstärke	I	Ampere	A
Lichtstärke	I_v	Candela	cd

Tabelle 1.2 Dimensionen und Einheiten: abgeleitete Größen, ihre SI-Einheiten mit Namen und Umrechnungsfaktoren

Größe		**Einheit**		**ausgedrückt**	
Name	**Symbol**	**Name**	**Symbol**	**in anderen SI-Einheiten**	**in älteren Einheiten**
Frequenz	ν	Hertz	Hz	s^{-1}	
Kraft	F	Newton	N	$m \cdot kg \cdot s^{-2}$	$1\ N = 10^5\ dyn = 101{,}937\ p$
Druck	p	Pascal	Pa	$N \cdot m^{-2}$	$1\ Pa = 10^{-5}\ bar$ $= 7{,}5006 \cdot 10^{-3}\ Torr$ $= 9{,}8692 \cdot 10^{-6}\ atm$
Energie E = Wärme Q = Arbeit A	W	Joule	J	$N \cdot m$	$1\ J = 1\ W \cdot s$ $= 2{,}778 \cdot 10^{-7}\ kW \cdot h$ $= 10^7\ erg$ $= 0{,}238846\ cal$ $= 6{,}24219 \cdot 10^{18}\ eV$
Leistung	P	Watt	W	$J \cdot s^{-1}$	
elektrische Ladung	Q	Coulomb	C	$A \cdot s$	
elektrische Spannung,	U	Volt	V	$W \cdot A^{-1}$	
elektrischer Widerstand,	R	Ohm	Ω	$V \cdot A^{-1}$	
elektrischer Leitwert	G	Siemens	S	Ω^{-1}	

internationalen Abkommen setzt eine „Generalkonferenz für Maß und Gewicht" die Maßeinheiten fest und passt sie – wenn erforderlich – von Zeit zu Zeit neuen Erkenntnissen und Erfordernissen an. Derzeit ist das internationale Einheiten-System das **„Système International d'Unités"**, abgekürzt als SI-System (Tabelle 1.1). Dieses enthält sieben Basis- und zwei supplementäre Einheiten; durch arithmetische Kombinationen werden aus den Basis-Einheiten die abgeleiteten Einheiten gebildet. Während für den Handelsverkehr der Gebrauch der SI-Einheiten gesetzlich vorgeschrieben ist, dürfen in der Wissenschaft auch noch die älteren Maßeinheiten verwendet werden (Tabelle 1.2).

Da die Zahlenwerte selbst häufig sehr groß oder auch sehr klein und damit unhandlich sind, ist im Gebrauch der SI-Einheiten die Verwendung von Präfixen vorgesehen (Tabelle 1.3).

Tabelle 1.3 Präfixe für dezimale Produkte von SI-Einheiten

Präfix	Symbol	Faktor	Präfix	Symbol	Faktor
Exa	E	10^{18}	Dezi	d	10^{-1}
Peta	P	10^{15}	Zenti	c	10^{-2}
Tera	T	10^{12}	Milli	m	10^{-3}
Giga	G	10^{9}	Mikro	µ	10^{-6}
Mega	M	10^{6}	Nano	n	10^{-9}
Kilo	k	10^{3}	Piko	p	10^{-12}
Hekto	h	10^{2}	Femto	f	10^{-15}
Deka	da	10	Atto	a	10^{-18}

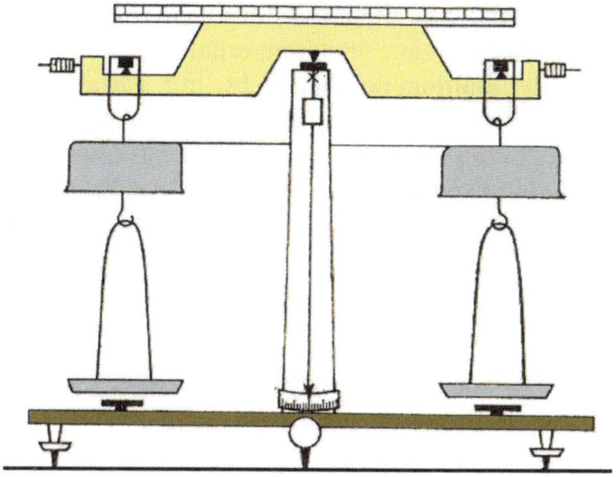

2. Chemische Grundbegriffe und chemische Grundgesetze

2.1 Gemische, Verbindungen, Elemente

Als naturwissenschaftliche Disziplin befasst sich die Chemie im weitesten Sinne mit der Zusammensetzung, Charakterisierung und Umwandlung von **Materie**. Unter Materie versteht man definitionsgemäß alles, was Raum einnimmt und Masse besitzt; Materie sind demnach also alle Stoffe in allen ihren Erscheinungsformen. Üblicherweise erfolgt eine Einteilung der Materie in **heterogene Gemische** mit einer variablen Zusammensetzung und **homogene Stoffe**, wobei letztere durch physikalische Umwandlungen aus ersteren erhalten werden. Homogene Stoffe ihrerseits sind entweder **homogene Gemische** mit variabler Zusammensetzung oder **reine Stoffe** mit einer definierten Zusammensetzung; homogene Gemische lassen sich wiederum durch physikalische Methoden in reine Stoffe zerlegen. Reine Stoffe sind entweder **chemische Verbindungen** oder **chemische Elemente**, wobei die Trennung der Verbindungen in ihre Elemente durch chemische Umwandlungen erfolgt.

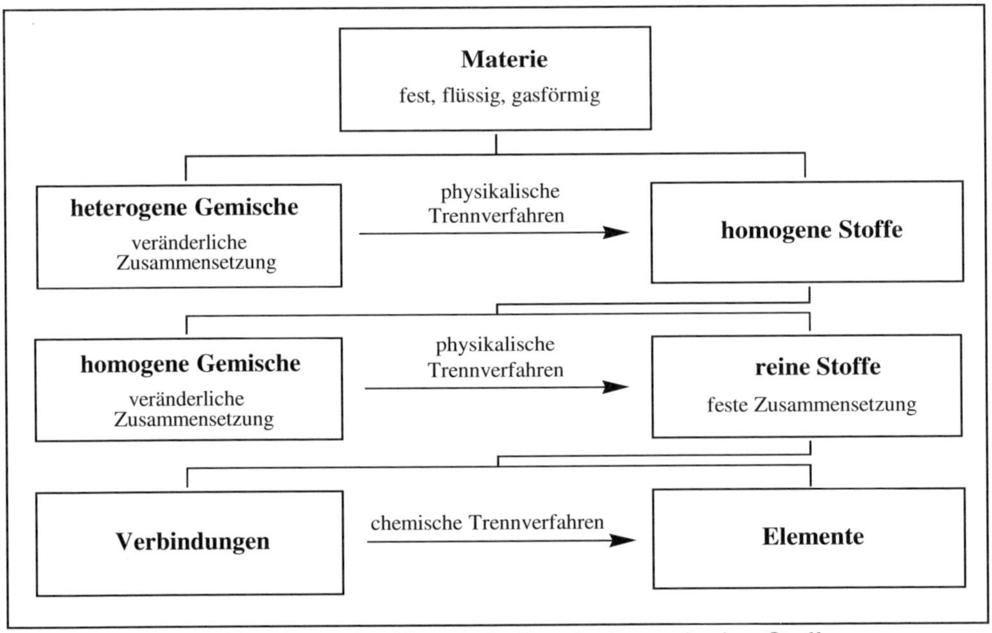

2.1 Einteilung der Materie in Gemische und reine Stoffe.

Die **Masse** ist das Maß für die Menge eines Stoffes und zugleich ein Maß für seine Trägheit, d. h. ein Maß für den Widerstand, den er einer Kraft entgegensetzt, die auf seine Bewegung wirkt. Das **Gewicht** einer Stoffprobe ist dagegen definiert als die Anziehungskraft, die die Erde auf diese Stoffprobe ausübt; es ist ihrer Masse proportional und hängt von der Entfernung zum Erdmittelpunkt ab. Masse und

Gewicht dürfen also nicht verwechselt werden: Eine Stoffprobe hat z.B. auf der Erde und auf dem Mond die gleiche Masse, ihr Gewicht auf dem Mond beträgt jedoch nur ca. ein Sechstel dessen auf der Erde, da die Mondanziehung nur ca. ein Sechstel der Erdanziehung beträgt. Die experimentelle Bestimmung von Massen erfolgt prinzipiell durch einen Vergleich der Gewichte zweier Objekte, eines mit bekannter Masse und desjenigen mit der zu bestimmenden Masse. Der Massenvergleich erfolgt unter Verwendung einer Waage.

Alle Stoffe besitzen bestimmte Eigenschaften, durch die sie charakterisiert sind und durch die sie sich voneinander unterscheiden. Aus Zweckmäßigkeitsgründen werden diese Eigenschaften unter verschiedenen Gesichtspunkten differenziert. Prinzipiell kann man zunächst die **extensiven Eigenschaften**, die nur von der Größe der Stoffprobe abhängen (Masse, Volumen etc.), von den **intensiven,** also den **stoffspezifischen Eigenschaften**, die von der Größe der Stoffprobe völlig unabhängig sind (Dichte, Schmelzpunkt, Siedepunkt etc.), unterscheiden. Unter einem zweiten Gesichtspunkt lassen sich die Eigenschaften der Stoffe gemäß ihrem Verhalten bei physikalischen und bei chemischen Vorgängen unterscheiden: Die **physikalischen Eigenschaften** werden dabei spezifiziert ohne Bezug auf einen anderen Stoff (Dichte, Volumen, Farbe, Magnetismus etc.); die **chemischen Eigenschaften** charakterisieren dagegen eine Wechselwirkung mit anderen chemischen Substanzen, also ihr Verhalten in chemischen Reaktionen.

Alle bekannten Stoffe sind letztlich aus einer begrenzten Anzahl einfacher Stoffe aufgebaut, den **chemischen Elementen**. Elemente sind also die einfachsten Formen der Materie und damit die Bausteine für alle komplexeren Substanzen, angefangen vom einfachen Speisesalz (NaCl) bis hin zu den sehr komplizierten Biomolekülen wie z.B. den Desoxyribonukleinsäuren oder Proteinen. Zurzeit sind insgesamt 115 verschiedene chemische Elemente bekannt; 85 davon werden in unterschiedlichen Mengen in der Natur gefunden, 30 sind durch Kernreaktionen zumeist in nur äußerst geringen Mengen künstlich erzeugt worden.

Sowohl die Natur als auch der menschliche Intellekt bedienen sich verschiedentlich des offenbar hocheffizienten Prinzips, aus nur wenigen Bausteinen eine sehr große Anzahl verschiedener „Produkte“ zusammenzusetzen:

- Die nur 85 natürlich vorkommenden chemischen Elemente vereinigen sich zu den bis heute bekannten mehr als $50 \cdot 10^6$ verschiedenen chemischen Verbindungen, und täglich kommen neue hinzu.
- Aus nur 20 nativen Aminosäuren sind die nach Millionen zählenden verschiedenen Proteine in allen lebenden Organismen aufgebaut; dabei gewährleistet die molekulare Logik in den Aminosäuren und den Proteinen weiterhin reichlich Raum für die biologische Evolution sich immer weiter auseinander entwickelnder Organismen, d.h. die nach den Gesetzen der Kombinatorik ermittelte mögliche Anzahl der verschiedenen Aminosäuresequenzen ist bei weitem noch nicht ausgeschöpft.

- Die riesige Menge von Zahlen wird nur aus Kombinationen der Ziffern 0 bis 9 erhalten; in der Computertechnologie werden alle Informationen gar nur mit 0 und 1 dargestellt.
- Nur 26 Buchstaben und einige Sonderzeichen sind erforderlich, um nicht nur die zahlreichen Wörter einer einzelnen Sprache wie z. B. der deutschen zu bilden, sondern sogar die ganzer Sprachfamilien wie etwa der germanischen und romanischen.

Jedes chemische Element hat einen Namen und ein chemisches Symbol, das durch internationale Abkommen vereinbart ist; die Symbole bestehen aus einem oder aus zwei Buchstaben, bei den erst kürzlich entdeckten, künstlich hergestellten Elementen auch aus drei. Die Symbole sind in der Regel Abkürzungen der lateinischen Namen der Elemente, da Latein über viele Jahrhunderte die Sprache der Wissenschaft war; für die Elemente mit den Ordnungszahlen 110 und höher wurden von der „International Union of Pure and Applied Chemistry" (IUPAC) die Abkürzungen der lateinischen Zahlworte ihrer Ordnungszahl vorgeschlagen:

Hydrogenium – H
Helium – He
Ununnilium (110) – Uun

Elemente kombinieren miteinander und bilden chemische Verbindungen. Eine chemische Verbindung besteht immer aus den gleichen Elementen in einem konstanten Massenverhältnis. Elemente und Verbindungen sind reine Stoffe; alle anderen Stoffe sind Gemische. Gemische bestehen also aus zwei oder mehr reinen Stoffen in wechselnden Mengenverhältnissen. Die Eigenschaften von Gemischen hängen daher sowohl von den Eigenschaften der darin enthaltenen reinen Stoffe als auch von deren jeweiligem Mengenverhältnis ab. Generell unterscheidet man zwei Sorten von Gemischen:

- **heterogene Gemische**, die erkennbar aus unterschiedlichen Teilchen bestehen, also z. B. Sand und Salz, Eisenpulver und Schwefel, und
- **homogene Gemische**, die durch und durch einheitlich erscheinen, also z. B. die uns umgebende Luft, eine Lösung von Zucker in Wasser oder eine Legierung aus Gold und Silber; flüssige und feste homogene Gemische bezeichnet man auch als Lösungen.

Die abgegrenzte Menge eines einheitlichen, d. h. homogenen Stoffes nennt man eine **Phase**. Heterogene Gemische bestehen erkennbar aus mehreren Phasen, zwischen denen es sichtbare Grenzflächen, die so genannten Phasengrenzen, gibt; so besteht Granit beispielsweise aus Feldspat, Quarz und Glimmer, deren Kristallite durch die Farben rosa, farblos bzw. schwarz deutlich voneinander abgegrenzt sind. Aber auch ein reiner Stoff kann in verschiedenen Phasen nebeneinander vorliegen,

z. B. flüssiges Wasser und Wasserdampf, wobei die Oberfläche des Wassers die Phasengrenze ist.

Die uns umgebende Materie existiert in den drei Aggregatzuständen fest, flüssig und gasförmig (Abschnitt 5.1):

- **Feste Stoffe** besitzen eine stabile äußere Form und ein definiertes Volumen.
- **Flüssige Stoffe** besitzen ein definiertes Volumen, haben jedoch keine stabile Form.
- **Gasförmige Stoffe** besitzen weder ein definiertes Volumen noch eine stabile äußere Form; Gase füllen daher jeden zur Verfügung stehenden Raum vollständig aus.

Zuweilen wird das **Plasma**, ein ionisiertes Gas bei hoher Temperatur, wegen seiner besonderen Eigenschaften als vierter Aggregatzustand bezeichnet.

Je nachdem, in welchem Aggregatzustand sich die einzelnen Phasen eines heterogenen Gemisches befinden, bezeichnet man sie als **Gemenge** (fest/fest), als **Suspension** (fest/flüssig), als **Emulsion** (flüssig/flüssig) oder als **Aerosol** (fest/gasförmig und flüssig/gasförmig).

Die Trennung heterogener und homogener Gemische zur Gewinnung reiner Stoffe gehört sowohl im Labor- als auch im technischen Maßstab zu den grundlegenden Aufgaben des Chemikers. Übliche Trennverfahren für heterogene Gemische sind u. a. Zentrifugation, Filtration oder Sublimation. Homogene Gemische müssen vor einer Trennung zunächst in heterogene Gemische umgewandelt werden, etwa durch Kristallisation, Extraktion oder Destillation. Homogene flüssige oder gasförmige Gemische lassen sich besonders wirkungsvoll durch chromatographische Methoden trennen.

Bei reinen Stoffen erfolgen Phasenänderungen stets bei einer konstanten Temperatur. Das bedeutet, dass die Schmelz- und Siedetemperaturen reiner Stoffe stoffspezifische Größen sind. Bei Gemischen erfolgt eine Phasenänderung stets innerhalb eines mehr oder weniger breiten Temperaturintervalls. Schmelz- und Siedepunkte sind daher auch als Reinheitskriterien sehr gut geeignet.

2.2 Grundgesetze der Stöchiometrie

Das einheitliche theoretische Fundament, auf dem das Gebäude der modernen Chemie errichtet ist, ist die atomare Struktur der Materie. Das zentrale Thema der Chemie ist daher sowohl das Verständnis für den Aufbau der Atome selbst als auch vor allem das Verständnis für die Art und Weise, wie Atome miteinander in Wechselwirkung treten und chemische Verbindungen bilden.

Die Annahme, dass alle Stoffe aus Atomen bestehen, war zunächst das Ergebnis rein abstrakter Überlegungen, die von den griechischen Naturphilosophen Leukipp und DEMOKRIT im fünften vorchristlichen Jahrhundert angestellt worden waren. Danach kommt man bei wiederholter Teilung von Materie irgendwann zu kleinsten, nicht mehr weiter teilbaren Teilchen, den Atomen (griech. *ατομοσ*, das teilbare). Diese Lehre stand im Übrigen im direkten Gegensatz zu der Auffassung von ARISTOTELES, wonach die Welt kontinuierlich aufgebaut sei und deshalb ein formendes Prinzip (griech. *εντελεχι*, Entelechie) voraussetze. Beide Lehren blieben bis zum Beginn der Entwicklung der modernen Naturwissenschaften im ausgehenden 18. und beginnenden 19. Jahrhundert spekulativ. Naturgemäß erfuhr der Begriffsinhalt des DEMOKRITschen *ατομοσ* mit der Entwicklung der Atomlehre eine grundlegende Wandlung.

Die Erkenntnis der atomaren Struktur der Materie hat ihren Ursprung in den experimentellen Untersuchungen zu den quantitativen Massenverhältnissen in chemischen Verbindungen und beim Ablauf chemischer Reaktionen. Diese Untersuchungen führten zur Erkenntnis der stöchiometrischen Grundgesetze (griech. *στοιχειον*, Element, *μετρον*, Maß); unter **Stöchiometrie** verstehen wir also **die Lehre von den Massenverhältnissen in chemischen Verbindungen und bei chemischen Reaktionen.**

LAVOISIER erhitzte u. a. eine definierte Masse Quecksilberoxid und bestimmte die Masse der Reaktionsprodukte Quecksilber und Sauerstoff; er fand, dass die Summe der Massen der Reaktionsprodukte denselben Wert hat wie die Masse des eingesetzten Quecksilberoxids. Die Verallgemeinerung der Ergebnisse dieses und analoger Experimente führte zur Erkenntnis des **Gesetzes von der Erhaltung der Masse** (LAVOISIER 1774):

Beim Ablauf einer chemischen Reaktion bleibt die Masse unverändert, d. h. die Summe der Massen der Edukte (Ausgangsstoffe, Reaktanden) ist immer gleich der Summe der Massen der Reaktionsprodukte.

Dieses Gesetz ist die Grundlage für alle stöchiometrischen Rechnungen und damit eine der Grundlagen der Chemie überhaupt.

Beim Ablauf chemischer Reaktionen erfolgt neben dem Stoffumsatz zugleich aber stets auch ein Energieumsatz, d. h. es wird entweder Energie an die Umgebung abgegeben oder aber aus der Umgebung aufgenommen. Nach der Speziellen Relativitätstheorie von A. EINSTEIN (1905) besteht zwischen der Energie und der Masse eines Systems eine Äquivalenzbeziehung gemäß

$$E = m \cdot c^2 \quad \text{bzw.} \quad \Delta E = \Delta m \cdot c^2 \qquad (2\text{-}1)$$

d. h. jede Energieänderung des Systems ist mit einer entsprechenden Massenänderung verbunden. Nimmt man nun bei einer chemischen Reaktion einen durchschnittlichen Energieumsatz von z. B. 150 kJ/mol an, dann berechnet sich daraus die folgende Massenänderung:

$$\Delta m = \Delta E / c^2 = 150\,000\ \text{J} / (2{,}99792458 \cdot 10^8\ \text{m} \cdot \text{s}^{-1})^2$$

$$1\ \text{J} = 1\ \text{N} \cdot \text{m}$$

$$1\ \text{N} = 1\ \text{m} \cdot \text{kg} \cdot \text{s}^{-2}$$

$$1\ \text{J} = 1\ \text{kg} \cdot \text{m}^2 \cdot \text{s}^{-2}$$

$$\Delta m = 150\,000\ \text{kg} \cdot \text{m}^2 \cdot \text{s}^{-2} / 8{,}987551787368 \cdot 10^{16} \cdot \text{m}^2 \cdot \text{s}^{-2}$$

$$\Delta m = 1{,}669 \cdot 10^{-12}\ \text{kg} = 1{,}669 \cdot 10^{-9}\ \text{g}$$

Die empfindlichsten zurzeit verfügbaren Waagen gestatten jedoch nur die experimentelle Feststellung von Massendifferenzen in einer Größenordnung von 10^{-6} bis maximal 10^{-7} g, sodass die nach der EINSTEINschen Masse-Energie-Äquivalenzbeziehung auftretende Massenänderung bei chemischen Reaktionen experimentell nicht nachweisbar ist. Das Gesetz von der Erhaltung der Masse ist damit ein chemisches Grenzgesetz und gilt uneingeschränkt nur in der Größenordnung der chemischen Reaktionen und der dabei auftretenden relativ geringen Energieänderungen. Die bei kernphysikalischen Prozessen auftretenden außerordentlich hohen Strahlungsenergien führen dagegen zu experimentell auch feststellbaren Massenänderungen, dem so genannten *kernphysikalischen Massendefekt*.

Durch die Arbeiten LAVOISIERs wurden zahlreiche weitere Untersuchungen zu den quantitativen Aspekten chemischer Reaktionen initiiert. Die Ergebnisse dieser Studien führten sehr rasch zur Entdeckung einer weiteren fundamentalen Gesetzmäßigkeit chemischer Reaktionen, des **Gesetzes der konstanten Proportionen** (PROUST 1797):

Chemische Elemente verbinden sich stets in einem konstanten Massenverhältnis zu chemischen Verbindungen.

Anders formuliert: In einer chemischen Verbindung sind stets die gleichen Elemente in einem konstanten Massenverhältnis enthalten. Damit ist die Definition einer chemischen Verbindung – wie man unschwer erkennen kann – eine Feststellung eben dieses Gesetzes der konstanten Proportionen.

Die beiden Elemente Stickstoff und Sauerstoff bilden fünf verschiedene Verbindungen; die quantitativen Analysen zeigen nun, dass in jeder dieser Verbindungen die beiden Elemente jeweils in einem konstanten Massenverhältnis vorliegen:

Tabelle 2.1 Gesetz der konstanten Proportionen

Verbindung	% N	% O	Massenverhältnis
N_2O	63,648	36,352	1 : 0,571
N_2O_2 ($\rightleftharpoons$ 2 NO)	46,679	53,321	1 : 1,142
N_2O_3 ($\rightleftharpoons$ NO + NO_2)	36,854	63,146	1 : 1,713
N_2O_4 ($\rightleftharpoons$ 2 NO_2)	30,446	69,554	1 : 2,284
N_2O_5	25,936	74,064	1 : 2,855

Auf der Grundlage dieser beiden Gesetze zum quantitativen Ablauf chemischer Reaktionen entwickelte J. DALTON um das Jahr 1805 seine Atomtheorie; diese Theorie ist bereits quantitativer Natur, da in ihr den Atomen eine relative Masse zugeordnet wird. Die Hauptpostulate der DALTONschen Theorie lassen sich wie folgt zusammenfassen:

1. Chemische Elemente bestehen aus extrem kleinen Teilchen, den Atomen.
2. Alle Atome desselben Elementes sind identisch und besitzen die gleiche Masse, die Atome verschiedener Elemente besitzen unterschiedliche Massen (⇒ *Definition des chemischen Elements*).
3. Bei chemischen Reaktionen werden Atome miteinander verbunden und/oder voneinander getrennt; dabei werden nie Atome zerstört oder neu gebildet und kein Atom eines Elementes wird in das eines anderen Elementes umgewandelt (⇒ *Definition der chemischen Reaktion*).
4. Eine chemische Verbindung resultiert aus der Verknüpfung der Atome von zwei oder mehr Elementen; eine gegebene Verbindung enthält immer die gleichen Atomsorten, die in einem festen Massenverhältnis miteinander verknüpft sind (⇒ *Definition der chemischen Verbindung*).

Abgesehen vom 2. Postulat, das später modifiziert werden musste (Abschnitt 3.2), ist die DALTONsche Atomtheorie noch heute gültig. Sie liefert eine Erklärung sowohl für das Massenerhaltungsgesetz als auch für das Gesetz der konstanten Proportionen:

- Eine chemische Reaktion besteht in einer Umordnung bzw. Umverteilung von Atomen; da neue Atome nicht gebildet und bestehende nicht verschwinden bzw. in andere umgewandelt werden können, muss die Gesamtmasse konstant bleiben.
- Nehmen wir an, dass eine chemische Verbindung aus den Elementen A und B gebildet wird, wobei jedes Molekül 1 Atom A und 1 Atom B enthal-

ten soll (unter einem Molekül wollen wir dabei eine Gruppe von Atomen verstehen, die fest zusammengehalten wird, sodass diese Gruppe als eine selbständige chemische Einheit zu betrachten ist). Nehmen wir nun weiter an, dass die Masse des Atoms A doppelt so groß ist wie die des Atoms B, dann ist das Massenverhältnis $m_A : m_B$ in jedem einzelnen Molekül 2 : 1. In jeder Probe beliebiger Größe der Verbindung AB ist folglich die Anzahl der Atome A gleich der Anzahl der Atome B und damit auch das Massenverhältnis $m_A : m_B$ immer gleich 2 : 1.

Auf der Grundlage seiner Atomtheorie hat DALTON ein weiteres Gesetz über die Massenverhältnisse in chemischen Verbindungen aufgefunden, das **Gesetz der multiplen Proportionen:**

Die Massen zweier sich zu verschiedenen chemischen Verbindungen vereinigender Elemente stehen zueinander im Verhältnis einfacher ganzer Zahlen.

Oder anders formuliert: Bilden zwei Elemente mehr als eine chemische Verbindung miteinander, dann stehen die Massen des einen Elementes, die sich mit einer bestimmten Masse des anderen Elementes verbinden, zueinander im Verhältnis einfacher ganzer Zahlen.

Tabelle 2.2 Gesetz der multiplen Proportionen

Verbindung	Massenverhältnis N : O in den einzelnen Verbindungen	Massenverhältnis von O zwischen den verschiedenen Verbindungen
N_2O	1 : 0,571	1 : (**1** · 0,571)
N_2O_2 ($\rightleftharpoons$ 2 NO)	1 : 1,142	1 : (**2** · 0,571)
N_2O_3 ($\rightleftharpoons$ NO + NO_2)	1 : 1,713	1 : (**3** · 0,571)
N_2O_4 ($\rightleftharpoons$ 2 NO_2)	1 : 2,284	1 : (**4** · 0,571)
N_2O_5	1 : 2,855	1 : (**5** · 0,571)

Das stöchiometrische Grundgesetz, das über die Aussagen des Gesetzes der konstanten und des Gesetzes der multiplen Proportionen hinausgeht und beide in sich einschließt, ist das **Gesetz der äquivalenten Proportionen:**

Elemente vereinigen sich stets im Verhältnis bestimmter Äquivalentmassen oder ganzzahliger Vielfacher davon zu chemischen Verbindungen.

Tabelle 2.3 Gesetz der äquivalenten Proportionen

Verbindungen	Verhältnis der Äquivalentmassen N : O
N_2O	$(\mathbf{3} \cdot 4{,}669) : (\mathbf{1} \cdot 7{,}999)$
N_2O_2 ($\rightleftharpoons$ 2 NO)	$(\mathbf{3} \cdot 4{,}669) : (\mathbf{2} \cdot 7{,}999)$
N_2O_3 ($\rightleftharpoons$ NO + NO_2)	$(\mathbf{3} \cdot 4{,}669) : (\mathbf{3} \cdot 7{,}999)$
N_2O_4 ($\rightleftharpoons$ 2 NO_2)	$(\mathbf{3} \cdot 4{,}669) : (\mathbf{4} \cdot 7{,}999)$
N_2O_5	$(\mathbf{3} \cdot 4{,}669) : (\mathbf{5} \cdot 7{,}999)$

Unter der Äquivalentmasse eines Elementes versteht man den Quotienten aus seiner relativen Atommasse (Abschnitt 2.3) und seiner stöchiometrischen Wertigkeit; letztere gibt an, wie viele Äquivalente eines stöchiometrisch definitiv einwertigen Elementes oder einer einwertigen Gruppe von dem Element gebunden werden. Als stöchiometrisch einwertig gilt der Wasserstoff, sodass für Stickstoff und Sauerstoff aus der Zusammensetzung ihrer Wasserstoffverbindungen NH_3 bzw. H_2O geschlossen werden muss, dass diese Elemente stöchiometrisch drei- bzw. zweiwertig sind. Für Stickstoff ergibt sich damit eine Äquivalentmasse von 14,00674/3 = 4,669, für Sauerstoff 15,9994/2 = 7,999. Wie die Tabelle 2.3 nun zeigt, lassen sich die Massenverhältnisse in den Stickstoffoxiden leicht unter Verwendung dieser Äquivalentmassen ausdrücken.

Entsprechende quantitative Beziehungen wurden auch bei der Untersuchung von Reaktionen in der Gasphase beobachtet. GAY-LUSSAC und A. V. HUMBOLDT (1805 und später) stellten dabei fest, dass die Volumina der Reaktanden und die der Produkte stets im Verhältnis kleiner ganzer Zahlen zueinander stehen. Ganz offensichtlich sind also die Volumenverhältnisse bei der Umsetzung von Gasen den Massenverhältnissen bei chemischen Reaktionen sehr ähnlich. Die Ganzzahligkeit der Volumenverhältnisse bei Gasreaktionen lässt sich mithilfe der DALTONschen Atomtheorie problemlos deuten, wenn man annimmt, dass sich in gleichen Gasvolumina unter gleichen äußeren Bedingungen von Druck und Temperatur gleich viele Atome befinden (Abschnitt 2.4).

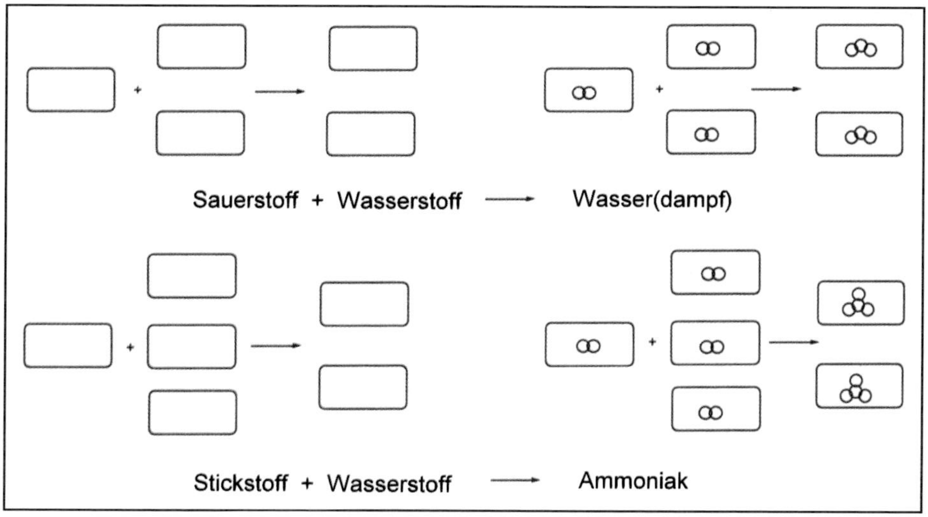

2.2 Ganzzahligkeit der Volumenverhältnisse bei Gasreaktionen und Molekülhypothese von AVOGADRO.

Die tatsächlichen Zahlenwerte aber stehen mit der DALTONschen Atomtheorie nicht in Übereinstimmung: So müsste bei der Reaktion eines Volumenteils Sauerstoff mit zwei Volumenteilen Wasserstoff nur ein Volumenteil Wasser(dampf) entstehen – es entstehen aber zwei; ebenso müsste bei der Reaktion eines Volumenteils Stickstoff mit drei Volumenteilen Wasserstoff nur ein Volumenteil Ammoniak gebildet werden – es sind aber zwei. Bestünden die Gase aus Wasserstoff-, Sauerstoff- und Stickstoff*atomen*, dann müssten demnach die Sauerstoff- und die Stickstoffatome auf chemischem Wege teilbar sein! Die Auflösung dieses Widerspruchs zur DALTONschen Atomtheorie erfolgte 1811 durch A. AVOGADRO; nach seiner Hypothese enthalten gleiche Volumina verschiedener Gase unter gleichen äußeren Bedingungen die gleiche Anzahl von *Molekülen*, nicht von Atomen. In den genannten Beispielen müssen diese Moleküle zweiatomig sein. Damit wird der Widerspruch zwischen der DALTONschen Atomtheorie und den experimentellen Befunden bei Gasreaktionen in einer höheren Erklärungsebene aufgehoben. Spätere Untersuchungen zeigten, dass durchaus auch höhermolekulare Elementverbindungen wie z. B. P_4 oder S_8 im Gaszustand vorliegen können; lediglich die Edelgase erwiesen sich stets als einatomig. Die Deutung der Volumenverhältnisse bei Gasreaktionen durch AVOGADRO führte zu zwei wesentlichen Erkenntnissen:

1. Im Gaszustand sind die kleinsten chemischen Einheiten Moleküle (ausgenommen die Edelgase).
2. Chemische Elemente können auch in molekularer Form, also als Elementverbindungen, vorliegen.

2.3 Atom- und Molekülmassen

Wegen ihrer extrem geringen Masse können einzelne Atome natürlich nicht gewogen werden. Gleichwohl lassen sich die absoluten Massen einzelner Atome heute direkt und mit außerordentlich hoher Präzision experimentell bestimmen; die dafür eingesetzte Methode ist die **Massenspektroskopie**. Einer Verwendung der absoluten Massen von Atomen in der SI-Maßeinheit Kilogramm, die in der Größenordnung von 10^{-27} bis 10^{-25} liegen, steht jedoch der Umgang mit sehr unhandlichen Zahlenwerten entgegen.

Man kann jedoch die **relativen Massen** von Atomen untereinander bestimmen, indem man ein Bezugsatom auswählt und die Masse der anderen Atome darauf bezieht. Im Rahmen seiner Atomtheorie verwendete J. DALTON als Bezugsatom ein Wasserstoffatom und setzte dessen Atommasse gleich 1,00. Da die meisten Elemente aber mehr Sauerstoff- als Wasserstoffverbindungen bilden, wurde später das Sauerstoffatom mit einer Masse von 16,00 als Bezugsatom verwendet.

Gemäß einer Festlegung der IUPAC wird seit 1961 das Kohlenstoffatom ^{12}C als Bezugsatom mit einer relativen Atommasse von 12,00000 verwendet. Der 12. Teil der absoluten Masse eines ^{12}C-Atoms wird als die **atomare Masseneinheit u** definiert; diese hat einen absoluten Wert von $1{,}660531 \cdot 10^{-27}$ kg.

Die relative Atommasse eines Elements gibt nun an, wie viel Mal größer die Masse seiner Atome ist als 1/12 der Masse eines ^{12}C-Atoms.

Mit Ausnahme des ^{12}C sind die relativen Atommassen der Elemente im Unterschied zu den Massenzahlen (Abschnitt 2.4.1) nicht ganzzahlig; Ursache dafür ist neben dem Auftreten von Isotopen der kernphysikalische Massendefekt (Abschnitte 3.1 und 3.2).

Molekulare Begriffe werden in ganz analoger Weise zu den atomaren definiert: Die absolute Molekülmasse (Formelmasse) ergibt sich demnach als Summe der absoluten Massen der das Molekül (die Formeleinheit) bildenden Atome, die relative Molekülmasse (Formelmasse) entsprechend als Summe der relativen Atommassen.

Die relativen Atom- und Molekül-(Formel-)massen sind dimensionslose Verhältniszahlen, die für die Behandlung quantitativ-chemischer Aufgabenstellungen von grundlegender Bedeutung sind. Man beachte dabei, dass sich die relativen Atom- und Molekül-(Formel-)massen von den entsprechenden absoluten Massen lediglich durch einen Faktor unterscheiden.

Grundsätzlich gilt, dass in den in Gramm ausgedrückten Massen verschiedener Elemente und Verbindungen, die zahlenmäßig der relativen Atom- bzw. Molekül-(Formel-)masse entsprechen, stets die gleiche Anzahl von Atomen bzw. Molekülen enthalten ist. So sind z. B. in 15,9994 g Sauerstoff ebenso viele Sauerstoffatome enthalten wie Na-Atome in 22,9898 g Natrium, He-Atome in 4,003 g Helium oder H-Atome in 1,00797 g Wasserstoff. Diese Zahl wird die **AVOGADROsche Zahl** genannt; ihr Wert beträgt

$$N_A = 6{,}02205 \cdot 10^{23}\ [\mathrm{mol}^{-1}]$$

und ist heute experimentell mit sehr großer Genauigkeit zugänglich.

Die Stoffmenge, die aus $6{,}02205 \cdot 10^{23}$ Teilchen besteht, wird als **Mol** bezeichnet; Teilchen in diesem Sinne können Atome, Moleküle, Formeleinheiten, Ionen, Elektronen, Protonen etc. sein. Das Mol gehört zu den SI-Basis-Einheiten mit dem Symbol mol (Tabelle 1.1). Wir definieren:

1 Mol ist die Stoffmenge eines Systems, die aus ebenso vielen Teilchen besteht wie in 12,00000 g Kohlenstoff ^{12}C enthalten sind.

Die Stoffmenge $n(X)$ in mol eines beliebigen Stoffes X ergibt sich als Quotient aus der Masse $m(X)$ des Stoffes in Gramm und seiner molaren Masse $M_r(X)$ in Gramm/mol:

$$n(X) = \frac{m(X)\,[\mathrm{g}]}{M_r(X)\,[\mathrm{g/mol}]} \qquad (2\text{-}2)$$

Bei einer Stoffmengenangabe in Mol muss stets auch sorgfältig angegeben werden, auf welches Teilchen sich die Angabe bezieht: Die Angabe „1 Mol Chlor“ ist daher missverständlich, da sie zum einen als 1 Mol Cl-Atome mit einer Masse von 35,453 g, zum anderen aber auch als 1 Mol der unter Normalbedingungen auftretenden zweiatomigen Chlormoleküle mit einer Masse von 70,906 g interpretiert werden könnte.

2.4 Chemische Symbole und Formeln

Chemische Symbole und Formeln sind rationelle Arbeitsmittel, deren Inhalt sowohl qualitativ als auch quantitativ, sowohl atomar als auch makroskopisch interpretiert werden kann.

2.4.1 Elementsymbole

Chemische Elemente, so haben wir bereits gesehen, werden qualitativ durch ihr jeweiliges Symbol charakterisiert. Dieses **Elementsymbol** steht bei quantitativer

Betrachtung für die absolute oder die relative Atommasse sowie in makroskopischer Dimension für die Stoffmenge von 1 Mol des Elements. In einer Reihe von Fällen ist es erforderlich, dem Elementsymbol zusätzliche Zahlenwerte als Indizes hinzuzufügen, wie dies der folgenden Darstellung zu entnehmen ist:

$${}^{\text{Massenzahl}}_{\text{Ordnungszahl}}\text{E}^{\text{Ladungszahl}}_{\text{Atomzahl}}: \quad {}^{12}_{6}\text{C};\ {}^{35}_{17}\text{Cl};\ \text{Fe}^{2+};\ \text{Cl}^{-}$$

2.3 Elementsymbole und ihre Indizierung.

Die Massenzahl gibt die Summe von Protonen und Neutronen im Atomkern an, die Ordnungszahl die Anzahl der Protonen im Atomkern, die Ladungszahl die Anzahl und die Art der elektrischen Ladung (bei Vorliegen von Ionen), die Atomzahl die Anzahl der Atome in einer chemischen Formel.

2.4.2 Formeln chemischer Verbindungen

Die Formeln chemischer Verbindungen lassen sich entsprechend ihrem Verwendungszweck in zwei Gruppen einteilen: Die Formeln der ersten Gruppe geben die stöchiometrische Zusammensetzung an, die der zweiten Gruppe beinhalten Aussagen zur Struktur der Verbindungen.

Stöchiometrische Formeln

Soll von einer chemischen Verbindung die Zusammensetzung angegeben werden, dann hängt der Begriffsinhalt der zu verwendenden Formel von der Natur der entsprechenden Verbindung ab. Für die weiteren Betrachtungen ist es daher notwendig, die chemischen Verbindungen zunächst grob in drei Arten einzuteilen:

1. Verbindungen, die aus diskreten Molekülen aufgebaut sind,
2. Verbindungen, die aus Ionen aufgebaut sind,
3. Verbindungen, die aus Atomaggregaten bestehen.

Molekülverbindungen Unter einem Molekül wollen wir eine definierte und eindeutige Gruppierung chemisch aneinander gebundener Atome verstehen, die als die kleinste Baueinheit einer Verbindung alle ihre chemischen Eigenschaften aufweist.

Verhältnisformeln (empirische Formeln) Gemäß dem Gesetz der konstanten Proportionen ist das Massenverhältnis der einzelnen Elemente in einer Verbindung konstant. Aus dem Verhältnis der Massen lässt sich daher unter Verwendung der relativen Atommassen das kleinste ganzzahlige Verhältnis der einzelnen Atomsorten in der Verbindung berechnen, die Verhältniszahlen werden dabei tiefgestellt hinter dem jeweiligen Elementsymbol notiert. Die so erhaltene Formel ist die Verhältnisformel oder auch empirische Formel; sie ist die erste Information, die man über die formelmäßige Zusammensetzung einer chemischen Verbindung aus ihrer quantitativen Analyse erhält (s. u.).

Molekülformeln (Summenformeln) Als das kleinste ganzzahlige Atomverhältnis macht eine empirische Formel naturgemäß keine Aussage darüber, wie viele Atome der einzelnen Sorten tatsächlich in einem Molekül der Verbindung vorhanden sind. Diese Information ist in der Molekülformel enthalten. Mit anderen Worten: Nach der Ermittlung der empirischen Formel aus den elementaranalytischen Daten müssen sich weitere Untersuchungen zur Ermittlung der Molekülformel anschließen. Da die Molekülformel stets ein ganzzahliges Vielfaches der Verhältnisformel ist, werden experimentelle Methoden zur Bestimmung der relativen Molekülmasse herangezogen wie z. B. die Ebullioskopie und Kryoskopie (Abschnitt 5.2.2) oder vor allem die Massenspektroskopie.

Natürlich gibt es zahlreiche Verbindungen, bei denen die empirische Formel und die Molekülformel übereinstimmen; Beispiele dafür sind u. a. H_2, H_2O, CO_2, NH_3. Für viele andere Verbindungen gilt dies jedoch nicht:

empirische Formel	Molekülformel
OH	H_2O_2 (Wasserstoffperoxid)
NH_2	N_2H_4 (Hydrazin)
CH	C_2H_2 (Ethin)
CH	C_6H_6 (Benzen)

Die letzten beiden Beispiele zeigen, dass chemisch sehr verschiedene Verbindungen durchaus die gleiche empirische Formel haben können; dies unterstreicht noch einmal die Notwendigkeit der Ermittlung von Molekülformeln. Für diese beiden Verbindungen entspricht die Verhältnisformel einer relativen Molekülmasse von 13,018 (A_r(C) = 12,01; A_r(H) = 1,008); die Multiplikation dieses Wertes mit 2, 3, 4, 5, 6, 7 und 8 führt zu den relativen Molekülmassen von 26,036, 39,054, 52,072, 65,090, 78,108, 91,126 bzw. 104,144. Die experimentelle Bestimmung der relativen Molekülmassen der beiden Verbindungen in einem Massenspektrometer ergab die Werte 26,04 bzw. 78,11, damit also die Molekülformeln C_2H_2 bzw. C_6H_6.

Es ist zudem zu beachten, dass die Atomzahlenverhältnisse in den empirischen Formeln nicht den bekannten stöchiometrischen Wertigkeiten der beteiligten Atomarten entsprechen. Erst die Molekülformeln zeigen die auch stöchiometrisch korrekten Atomzahlenverhältnisse, die in der kleinsten Baueinheit, dem Molekül, vorliegen.

Ionenverbindungen Ionen sind Atome oder auch Moleküle, die eine elektrische Ladung tragen. Entsprechend ihrem Verhalten im elektrischen Feld unterscheiden wir zwischen den positiv geladenen **Kationen** (wandern bei freier Beweglichkeit in Lösung oder Schmelze zur negativ geladenen Kathode) und den negativ geladenen **Anionen** (wandern bei freier Beweglichkeit zur positiv geladenen Anode).

Beispiele für einatomige Ionen: Na^+, Ca^{2+}, Fe^{3+}, Cl^-, O^{2-}, S^{2-}
Beispiele für mehratomige Ionen (Molekülionen): NH_4^+, OH^-, NO_3^-, SO_4^{2-}

Ionische Verbindungen (Salze) sind aus Kationen und Anionen aufgebaut, die unter Normalbedingungen einen festen Kristall bilden. Darin sind die Ionen in einem ganz bestimmten, dreidimensionalen geometrischen Muster angeordnet. Der Zusammenhalt im Gitter erfolgt durch die elektrostatische Anziehung der entgegengesetzt geladenen Ionen (COULOMBsches Gesetz). Der Ionenkristall ist nach außen elektrisch neutral, d.h. die positiven Ladungen der Kationen und die negativen Ladungen der Anionen kompensieren sich.

Die Anzahl der Ionen in einem Ionenkristall ist sehr groß und hängt nur von der Größe des Kristalls selbst ab. Abbildung 2.4 zeigt einen Ausschnitt aus einem Natriumchlorid-Gitter. Die Abbildung zeigt in sehr anschaulicher Weise, dass ionische Verbindungen nicht aus einzelnen, diskreten Molekülen bestehen. Ihre chemischen Formeln geben daher immer nur die Verhältnisse wieder, in denen Kationen und Anionen in diesen Verbindungen vorliegen; sie sind daher stets Verhältnisformeln. Bei genauer Betrachtung zeigt sich, dass im Gitter des Natriumchlorids das Verhältnis von Kation zu Anion gerade 1 : 1 ist, die chemische Formel damit also NaCl lauten muss. Im Calciumfluorid beträgt das Verhältnis von Kationen zu Anionen im Ionenkristall 1 : 2, die Formel dieses Salzes ist daher CaF_2.

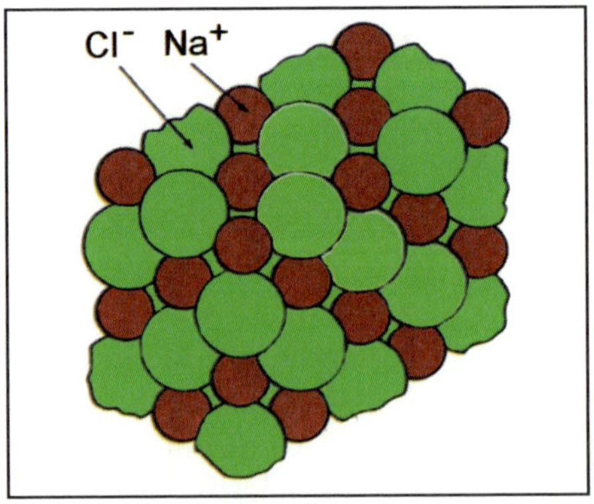

2.4 Ausschnitt aus dem NaCl-Gitter.

Die chemischen Formeln ionischer Verbindungen stehen zum einen also für das Verhältnis von Kationen zu Anionen im Ionengitter (NaCl $\Rightarrow$ 1 : 1, $CaF_2 \Rightarrow$ 1 : 2) und damit für die Stöchiometrie der Verbindungen. Zugleich stellen die Formeln aber auch die sogenannte **Formeleinheit** dar; nur meinen wir damit dann z. B. im Falle des NaCl genau ein Na^+-Kation und ein Cl^--Anion, im Falle des CaF_2 genau ein Ca^{2+}-Kation und zwei F^--Anionen. Diese Formeleinheiten dienen der Definition der Molmasse ionischer Verbindungen: Die Molmasse einer ionischen Verbindung ist die Masse eines Mols ihrer Formeleinheit.

Andere Atomaggregate Eine Reihe chemischer Verbindungen besteht nun weder aus diskreten Molekülen noch aus Ionen; ein typisches Beispiel dafür ist Siliciumdioxid, SiO_2. Es ist dies ein hochpolymerer Feststoff, in dem jedes Si-Atom von vier O-Atomen tetraedrisch umgeben ist; diese SiO_4-Tetraeder sind nun über ihre Ecken miteinander verknüpft, sodass jedes O-Atom zu jeweils zwei Si-Atomen gehört. Bei einer formalen Zuordnung ergeben sich daraus pro Si-Atom $^4/_2$ O-Atome, mithin ein Verhältnis Si : O von 1 : 2. Die chemischen Formeln solcher Verbindungen sind demnach also ebenfalls Verhältnisformeln.

Strukturformeln

Die grundlegende Information einer Strukturformel ist die Angabe der Verknüpfung der Atome eines Moleküls untereinander (Bindungsmatrix). Dabei ist die einfachste Art der Strukturformel die so genannte **Konstitutionsformel**, die für eine gegebene Summenformel diese Bindungsmatrix, die Ausbildung von Atomgruppen (funktionellen Gruppen) sowie die Art der Bindungen angibt. Konstitutionsformeln finden in der anorganischen und der organischen Chemie breiteste Anwendung, weil sie mit nur geringem Aufwand ein Optimum an notwendigen Informationen zu Größe, Struktur und potenziellem Reaktionsverhalten des Moleküls als ganzem und/oder seiner einzelnen Baugruppen, der funktionellen Gruppen, liefert. Die typische Form ist die *Valenzstrichformel*, die die Verteilung aller Valenzelektronen der Atome im Molekül angibt, nicht nur also die bindenden, sondern auch die so genannte einsamen Elektronenpaare. Tritt in einem Molekül ein einzelnes, ungepaartes Elektron auf (Radikal), dann kann man die Verteilung der Elektronen de-taillierter durch Verwendung des Doppelpunktes als Symbol für ein Elektronenpaar und eines Punktes als Symbol für das ungepaarte Elektron darstellen; diese Formeln werden als LEWIS-Formeln bezeichnet. Bei ionischen Verbindungen kann man die Elektronenformeln dahingehend vereinfachen, dass man alle Elektronen weglässt und nur die Ionenladungen als Superscript am Elementsymbol notiert (Abbildung 2.3).

Die Konstitutionsformel kann auf eine Wiedergabe der das Molekül bildenden Atomgruppierungen reduziert werden, sodass eine *rationelle Formel* resultiert:

CH_3OH – Methanol
CH_3COOH – Essigsäure
C_6H_5COOH – Benzoesäure
$[Cr(NH_3)_6]Cl_3$ – Hexamminchrom(III)-chlorid

Vorwiegend in der organischen Chemie werden zwei weitere Arten von Strukturformeln verwendet, nämlich die **Konfigurations-** und die **Konformationsformeln.** Die Konfigurationsformeln geben die räumliche Anordnung der Atome im Molekül wieder, also die Stellung der Atome bzw. Atomgruppen zueinander. Die Konformationsformeln stellen die räumliche Anordnung aller Atome eines Moleküls definierter Konfiguration dar, die durch Rotation um Einfachbindungen erzeugt werden und nicht miteinander zur Deckung gebracht werden können. Der sterische Charakter der Darstellungen von Molekülen in der zweidimensionalen Papierebene wird einerseits durch eine geschickte Anordnung der Substituenten sowie andererseits durch die Wahl bestimmter Bindungssymbole zu erreichen versucht (Abbildung 2.5).

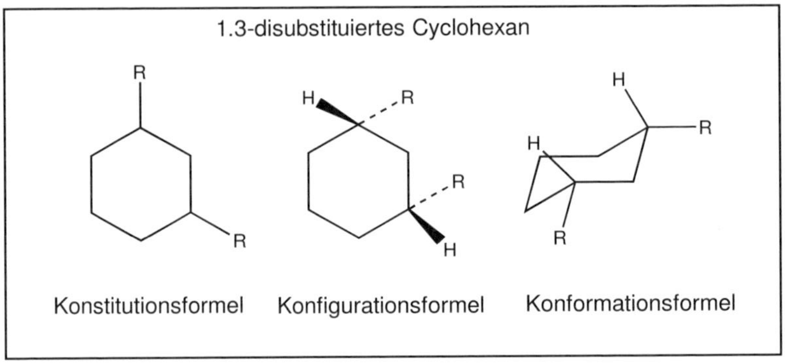

2.5 Arten von Strukturformeln.

2.4.3 Berechnung der empirischen Formel aus den Daten einer quantitativen Analyse

200,0 mg einer organischen Verbindung, bestehend aus Kohlenstoff, Wasserstoff und Sauerstoff, ergaben bei der vollständigen Verbrennung 293,1 mg CO_2 und 120,1 mg H_2O. $M_r(CO_2) = 44{,}009$; $M_r(H_2O) = 18{,}015$. Wie lässt sich die empirische Formel ermitteln?

$$m(\mathrm{C}) = \frac{\mathrm{n} \cdot A_r(\mathrm{C})}{M_r(\mathrm{CO_2})} \cdot m(\mathrm{CO_2}) = \frac{1 \cdot 12{,}011}{44{,}009} \cdot 293{,}1 = 79{,}99 \text{ mg C}$$

$$m(\mathrm{H}) = \frac{\mathrm{n} \cdot A_r(\mathrm{H})}{M_r(\mathrm{H_2O})} \cdot m(\mathrm{H_2O}) = \frac{2 \cdot 1{,}008}{18{,}015} \cdot 120{,}1 = 13{,}44 \text{ mg H}$$

$$w(\mathrm{C}) = \frac{m(\mathrm{C})}{200{,}0} = 0{,}3999; \quad \text{d. h.} \quad 39{,}99\ \%\ \mathrm{C}$$

$$w(\mathrm{H}) = \frac{m(\mathrm{H})}{200{,}0} = 0{,}0672; \quad \text{d. h.} \quad 6{,}72\ \%\ \mathrm{H}$$

100 g Substanz enthalten 39,99 g C, 6,72 g H und 53,29 g O.

$$n(\mathrm{C}) = \frac{m(\mathrm{C})}{A_r(\mathrm{C})} = \frac{39{,}99 \text{ g}}{12{,}011 \text{ g/mol}} = 3{,}33 \text{ mol}; \qquad 1$$

$$n(\mathrm{H}) = \frac{m(\mathrm{H})}{A_r(\mathrm{H})} = \frac{6{,}72 \text{ g}}{1{,}008 \text{ g/mol}} = 6{,}66 \text{ mol}; \qquad 2$$

$$n(\mathrm{O}) = \frac{m(\mathrm{O})}{A_r(\mathrm{O})} = \frac{53{,}29 \text{ g}}{15{,}999 \text{ g/mol}} = 3{,}33 \text{ mol}; \qquad 1$$

Die empirische Formel ergibt sich demnach zu $C_1H_2O_1$.

Die Molekularformel ist ein ganzzahliges Vielfaches der empirischen Formel:
$1 \cdot 30{,}026$; $2 \cdot 30{,}026 = 60{,}052$; $3 \cdot 30{,}026 = 90{,}072$; $4 \cdot 30{,}026 = 120{,}104$;
$5 \cdot 30{,}026 = 150{,}130$; $6 \cdot 30{,}026 = 180{,}156$.
Die massenspektrometrische Analyse ergibt einen Molekülpeak bei 180,15, sodass die Molekularformel mit $C_6H_{12}O_6$ anzugeben ist; weitere Charakterisierungen zeigten, dass es sich bei der Verbindung um **Glucose** handelt.

2.5 Chemische Reaktionsgleichungen

Der Ablauf chemischer Reaktionen wird auf rationelle Weise durch chemische Reaktionsgleichungen wiedergegeben. Dazu werden die Elementsymbole und die Formeln der an der Reaktion beteiligten Elemente bzw. Verbindungen verwendet. Die Stoffe, die miteinander reagieren, heißen Edukte oder Reaktanden, die entstehenden Stoffe heißen Produkte. Die Edukte stehen auf der linken Seite der Reaktionsgleichung, die Produkte auf der rechten; zwischen ihnen steht ein Reaktionspfeil, der mit dem Wort „ergibt“ zu lesen ist:

$$\text{Edukte} \longrightarrow \text{Produkte} \qquad (2\text{-}3)$$

$$2\,H_2 + O_2 \longrightarrow 2\,H_2O \qquad (2\text{-}4)$$

Die Zahlen vor den Formeln sind die so genannten stöchiometrischen Koeffizienten oder stöchiometrischen Faktoren, die sich jeweils auf die ganze nachfolgende Formel beziehen. Diese stöchiometrischen Koeffizienten gewährleisten, dass auf beiden Seiten der Reaktionsgleichung die gleiche Anzahl der beteiligten Atome vorhanden ist, das Gesetz von der Erhaltung der Masse folglich erfüllt ist.

Jede Reaktionsgleichung macht zunächst eine entsprechende chemische Aussage und stellt fest, „was - womit - wozu“ reagiert. Diese Information trägt naturgemäß qualitativen Charakter: In unserem Beispiel hieße dies also „Wasserstoff reagiert mit Sauerstoff zu Wasser“. Unter quantitativen Aspekten können wir die Reaktionsgleichung zum einen auf molekularer Ebene lesen und feststellen: Zwei Moleküle Diwasserstoff reagieren mit einem Molekül Disauerstoff zu zwei Molekülen Wasser. Wenn wir zum anderen aber die Formeln von Edukten und Produkten als Stoffmengen in der SI-Einheit Mol interpretieren, die Reaktionsgleichung also mit der AVOGADROschen Konstanten multiplizieren, dann lesen wir sie als „2 Mol Diwasserstoff reagieren mit 1 Mol Disauerstoff zu 2 Mol Wasser“. Die quantitative Aussage chemischer Reaktionsgleichungen wird immer auf die umgesetzten Stoffmengen bezogen; unter Verwendung der molaren Atom- und Molekülmassen ist damit auch leicht eine Umrechnung in umgesetzte Massen möglich.

Für die Ermittlung der korrekten stöchiometrischen Koeffizienten in einer Reaktionsgleichung gibt es keinen allgemeinen Algorithmus – man muss es üben.

Mit der Verwendung des Pfeils $\longrightarrow$ soll zum Ausdruck gebracht werden, dass die entsprechende chemische Reaktion vollständig von den Edukten zu den Produkten abläuft. Die Mehrzahl der chemischen Reaktionen verläuft jedoch nicht vollständig, sondern ist durch die Einstellung eines Gleichgewichtszustandes charakterisiert; bei einem eingestellten chemischen Gleichgewicht liegen also Edukte und Produkte im Reaktionsgemisch nebeneinander vor – ihre Konzentrationen, die so genannten Gleichgewichtskonzentrationen, ändern sich jedoch nicht mehr (Abschnitt 5.4). Zur Kennzeichnung einer solchen Gleichgewichtsreaktion verwendet man als Pfeil-Symbol den Doppelpfeil: $\rightleftharpoons$

Die Ausbeute bei chemischen Reaktionen Die *theoretische Ausbeute* eines gegebenen Reaktionsproduktes ist die maximal mögliche, d. h. die nach der entsprechenden Reaktionsgleichung und den eingesetzten Stoffmengen maximal erhältliche Stoffmenge bzw. Masse des Zielproduktes. Häufig aber erhält man geringere Produktmengen, dies ist dann die *tatsächliche* oder *absolute Ausbeute*. Die Ursachen dafür können sehr unterschiedlich sein:

1. Die Edukte reagieren in einer so genannten Nebenreaktion zu unerwünschten Nebenprodukten.
2. Das gewünschte Produkt kann einer Folgereaktion zu anderen Produkten unterliegen.
3. Die Edukte setzen sich nicht vollständig um, d.h. es liegt eine Gleichgewichtsreaktion vor.

Die unter 1. und 2. genannten Ursachen werden naturgemäß in der Reaktionsgleichung nicht erfasst. Allgemein üblich ist die Angabe der *prozentualen Ausbeute;* darunter versteht man das Verhältnis der tatsächlichen zur theoretischen Ausbeute, ausgedrückt in Prozent.

Zusammensetzungsvariable und Konzentrationsmaße

Chemische Reaktionen laufen in gasförmigen, flüssigen oder festen Mischungen ab. Für die zugehörigen stöchiometrischen Rechnungen sind daher Größen erforderlich, die zur Beschreibung der quantitativen Zusammensetzung solcher homogener Mischphasen geeignet sind; es sind dies die so genannten *Zusammensetzungsvariablen*, die man als systemeigene, stoffbezogene Größen unter Verwendung von *Stoffmenge, Masse, Volumen* und *Druck* erhalten kann:

Stoffmengenanteil (Molprozent) Der Stoffmengenanteil x_i eines Stoffes i in einer Mischung aus k Komponenten ist definiert als

$$x_i = \frac{n_i}{\sum n_k} \qquad (2\text{-}5)$$

der Stoffmengenanteil bezieht sich damit also auf die Teilchenzahl; er ist eine Verhältnisgröße der Dimension Eins und besitzt keine Einheit. Für jeden einzelnen Bestandteil der Mischphase gilt $x_i < 1$; die Summe aller x_i ist gleich 1. Für eine binäre, also aus nur zwei Komponenten A und B bestehende Mischphase gilt daher:

$$x_A = \frac{n_A}{(n_A + n_B)} \qquad x_B = \frac{n_B}{(n_A + n_B)} \qquad x_A + x_B = 1 \qquad (2\text{-}6)$$

die Multiplikation des Stoffmengenanteils x_i einer Komponente i mit 100 ergibt die Angabe in Molprozent (Mol-%).

Massenanteil (Masseprozent) Der Massenanteil w_i einer Komponente i in einer Mischphase aus k Komponenten ist zum Stoffmengenanteil analog definiert und ergibt sich zu

$$w_i = \frac{m_i}{\sum m_k} \tag{2-7}$$

die Multiplikation des Massenanteils w_i einer Komponente i mit 100 ergibt die Angabe in Masseprozent.

Volumenanteil (Volumenprozent) Der Volumenanteil φ_i ist das Verhältnis des Volumens einer Komponente i zum Gesamtvolumen der aus k Komponenten bestehenden flüssigen Mischphase:

$$\varphi_i = \frac{v_i}{V_{ges}} \tag{2-8}$$

die Multiplikation des Volumenanteils φ_i einer Komponente i mit 100 ergibt die Größe Volumenprozent (Vol-%).

Bei **idealen flüssigen Mischphasen**, bei denen zwischen den Molekülen der verschiedenen Komponenten keinerlei Wechselwirkungen auftreten, ergibt sich das Gesamtvolumen additiv aus den Teilvolumina der einzelnen Komponenten; bei **realen flüssigen Mischphasen** gilt dies wegen der auftretenden Wechselwirkungen zwischen den Molekülen der verschiedenen Flüssigkeiten nur näherungsweise: Je nach Art und Stärke der Wechselwirkungen kann das Gesamtvolumen größer oder kleiner sein als die Summe der Teilvolumina.

Partialdruck p_i Der Partialdruck p_i dient der Beschreibung der quantitativen Zusammensetzung von Gasmischungen. Bei **idealen Gasmischungen**, bei denen die Gasmoleküle kein Eigenvolumen besitzen und zwischen ihnen keinerlei Wechselwirkungen auftreten, ist der Partialdruck eines Gases in der Gasmischung gleich dem Druck, den das Gas allein im Volumen der Mischung ausüben würde; es gilt:

$$P_{ges} = \Sigma\, p_i \qquad \text{bei konstantem Volumen,} \tag{2-9}$$
$$V_{ges} = \Sigma\, v_i \qquad \text{bei konstantem Druck.} \tag{2-10}$$

Mit der Zustandsgleichung des idealen Gases

$$p \cdot V = n \cdot R \cdot T \tag{2-11}$$

können wir den Stoffmengenanteil eines Gases in der Gasmischung berechnen und erhalten:

$$x_i = v_i \,/\, V_{ges} \qquad \text{für } p \text{ und } T \text{ konstant,} \tag{2-12}$$
$$x_i = p_i \,/\, p_{ges} \qquad \text{für } V \text{ und } T \text{ konstant.} \tag{2-13}$$

Bei **realen Gasmischungen** werden wegen des Eigenvolumens der Gasmoleküle einerseits und wegen ihrer Wechselwirkungen untereinander andererseits Abweichungen von der Zustandsgleichung beobachtet, sodass die erhaltenen Beziehungen nur näherungsweise gelten. Allen stöchiometrischen Rechnungen für Reaktionen, an denen Gase beteiligt sind, legt man jedoch die Zustandsgleichung des idealen Gases (2-11) zugrunde.

Nimmt in einer homogenen Mischphase einer der Bestandteile insofern eine Sonderstellung ein, als er gegenüber allen anderen in einem großen Überschuss vorhanden ist, dann bezeichnen wir diesen Bestandteil als **Lösungsmittel** und alle anderen als **Gelöstes**. Die Zusammensetzung solcher Mischphasen wird bevorzugt durch die **Molalität** oder eine **Konzentrationsgröße** angegeben.

Molalität Die Molalität b ist definiert als die Stoffmenge n des gelösten Stoffes, bezogen auf die Masse des Lösungsmittels m_{LM}:

$$b = n / m_{LM} \qquad (2\text{-}14)$$

in der Einheit mol/kg Lösungsmittel. Die Molalität ist unabhängig von der Temperatur.

Bei den Konzentrationsgrößen bezieht man die Stoffmenge n oder die Masse m einzelner Bestandteile einer Mischung auf das Volumen, das diesem Bestandteil zur Verfügung steht; man spricht folglich von der Stoffmengen- bzw. Massenkonzentration.

Stoffmengenkonzentration *c* (Molarität, *M*) Die Stoffmengenkonzentration c ist definiert als die Stoffmenge n des gelösten Stoffes, bezogen auf das Volumen der Lösung in Liter:

$$c = n / V_{Lsg} \qquad \text{Einheit: mol/l} \qquad (2\text{-}15)$$

Eine Lösung, die 1 Mol eines Stoffes in einem Liter Lösung enthält, ist folglich 1 molar (1 M); so ist z.B. eine Salzsäure-Lösung 1 molar, wenn sie 36,46 g HCl im Liter Lösung enthält; sie ist 0,1 molar, wenn sie 3,646 g HCl im Liter Lösung enthält etc.

Normalität $c_{Ä}$ (*N*) Die Normalität $c_{Ä}$ einer Lösung ist definiert als die Stoffmenge der Äquivalente $n_{Ä}$, bezogen auf das Volumen der Lösung in Liter:

$$c_{Ä} = n_{Ä} / V_{Lsg} \qquad (2\text{-}16)$$

Die Normalität ist damit ein Spezialfall der Molarität; es gilt der Zusammenhang Normalität = Molarität · stöchiometrische Wertigkeit, also

$$c_{Ä} = c \cdot z \qquad (2\text{-}17)$$

Die stöchiometrische Wertigkeit ergibt sich für Elemente aus der Summenformel der betrachteten Verbindung (Abschnitt 2.2), für Verbindungen aus der jeweils zugrunde liegenden Reaktion. Betrachten wir als Beispiel die Neutralisations-Reaktion (Abschnitt 5.4.3), die sich in ihrer einfachsten Form durch die Gleichung

$$H^+ + OH^- \longrightarrow H_2O \qquad (2\text{-}18)$$

darstellen lässt. Die stöchiometrische Wertigkeit einer Säure ergibt sich demnach aus der Stoffmenge der Protonen-Äquivalente, die pro Mol Säure für die Neutralisations-Reaktion zur Verfügung gestellt werden: Für HCl finden wir folglich $z = 1$, für H_2SO_4 $z = 2$, für H_3PO_4 $z = 3$. Eine 1 M HCl-Lösung ist daher 1 N, eine 1 M H_2SO_4-Lösung entsprechend 2 N und eine 1 M H_3PO_4-Lösung 3 N. Umgekehrt enthält eine 1 N H_2SO_4-Lösung 0,5 Mol H_2SO_4.

Massenkonzentration ρ Die Massenkonzentration ρ ist definiert als die Masse m eines Mischungsbestandteils in dem Volumen v, das ihm zur Verfügung steht:

$$\rho = m / v \qquad \text{Einheit: g/l bzw. g/cm}^3 \qquad (2\text{-}19)$$

Im Grenzfall des reinen Stoffes wird die Massenkonzentration zu seiner Dichte.

Man beachte, dass alle Zusammensetzungsvariablen, die mit dem Volumen gebildet werden, temperaturabhängig sind!

Der Energieumsatz bei chemischen Reaktionen

Im Verlauf einer chemischen Reaktion erfolgt neben dem durch die Reaktionsgleichung qualitativ und quantitativ beschriebenen Stoffumsatz zugleich auch ein Energieumsatz, d.h. bei der Bildung der Produkte wird Energie aus der Umgebung aufgenommen oder an die Umgebung abgegeben. Diese Energie kann in verschiedenen Formen in Erscheinung treten:

- *elektromagnetische Strahlung* (Auslösung der Reaktion durch Lichteinwirkung {photochemische Reaktionen} – Aussendung von Licht beim Reaktionsablauf),
- *elektrische Energie* (Erzwingen einer Reaktion durch Zuführung elektrischer Energie {Elektrolyse} – Erzeugung von elektrischer Energie {Bleiakkumulator}),
- *mechanische Energie* (Auslösung chemischer Prozesse durch Einwirkung mechanischer Energie, z.B. bei einer mechanischen Bearbeitung von Oberflächen {Mechanochemie} – Abgabe mechanischer Energie, die mit der

Volumenvergrößerung bei der Bildung gasförmiger Reaktionsprodukte verbunden ist {Ausnutzung in Verbrennungsmotoren}),

- *Wärmeenergie* (Auslösung der Reaktion durch Wärmezufuhr – Freisetzen von Wärme beim Reaktionsablauf).

Die **Thermochemie** beschäftigt sich mit dem Wärmeumsatz bei chemischen Reaktionen. Wenn in einem geschlossenen Gefäß eine Reaktion abläuft, bei der ein Gas entsteht, dann wird der Druck innerhalb des Reaktionsgefäßes ansteigen. Ist das Gefäß ein Zylinder, der mit einem beweglichen Kolben verschlossen ist, dann wird dieser durch den Druckanstieg in Bewegung versetzt, d. h. das System leistet mechanische Arbeit; aus leicht einsehbarem Grunde wird diese geleistete Arbeit als **Volumenarbeit** bezeichnet. Die gleiche Volumenarbeit wird auch beim Ablauf der Reaktion in einem offenen Reaktionsgefäß geleistet, hier nämlich gegen den Druck der Außenatmosphäre.

Bei einer Reaktion im geschlossenen Reaktionsgefäß wird keine mechanische Arbeit geleistet und die gesamte bei der Reaktion freigesetzte Energie kann in Form von Wärmeenergie anfallen. Diese Gesamtenergie bezeichnen wir als die **Reaktionsenergie**. Die Reaktionsenergie ergibt sich als Differenz aus der so genannten **Inneren Energie *U*** der Produkte und der der Edukte:

$$\Delta_R U = U_{Produkte} - U_{Edukte} \qquad (2\text{-}20)$$

Unter der Inneren Energie verstehen wir die Summe aller in einem Mol eines Stoffes auftretenden Energiebeträge, also etwa die kinetische Energie der Teilchen, ihre Wechselwirkungsenergie untereinander, die chemische Bindungsenergie innerhalb der Teilchen, die Wechselwirkungsenergien der subatomaren Bestandteile etc. Diese Auflistung macht sofort deutlich, dass Absolutbeträge der Inneren Energie nicht zugänglich sind. Ihre Kenntnis ist auch nicht erforderlich, da gemäß Gleichung (2-20) nur ihre Differenz in einem System vor und nach Ablauf der chemischen Reaktion von Interesse und experimentell auch zugänglich ist.

Bei Reaktionen im offenen Gefäß – und das ist in der Regel der Fall – setzt sich die freigesetzte Reaktionsenergie also aus der Volumenarbeit und einem restlichen Wärmeenergieanteil zusammen, den wir die **Reaktionsenthalpie $\Delta_R H$** nennen:

$$\Delta_R U = \Delta_R H + p\Delta V \qquad (2\text{-}21)$$

$$\Delta_R H = \Delta_R U - p\Delta V \qquad (2\text{-}22)$$

Reaktionen, bei denen Wärme freigesetzt wird, heißen **exotherme Reaktionen**, Δ_RH hat ein **negatives Vorzeichen**; Reaktionen, bei denen Wärme zugeführt werden muss, heißen **endotherme Reaktionen**, $\Delta_R H$ hat ein **positives Vorzeichen**. Diese Vorzeichengebung entspricht der heute in der Chemie üblichen systembezogenen Übereinkunft (thermodynamische Vorzeichenregelung).

So, wie wir die Reaktionsenergie $\Delta_R U$ als Differenz der Inneren Energien von Produkten und Edukten verstehen, so können wir auch die Reaktionsenthalpien $\Delta_R H$ als Differenz von Wärmeinhalten von Produkten und Edukten ansehen. Die Enthalpien chemischer Substanzen hängen von der Temperatur, dem Druck und dem jeweiligen Aggregatzustand ab. Im Interesse einer Vergleichbarkeit von Reaktionsenthalpien werden sie daher auf Bedingungen von 25 °C (298,15 K) und normalen Atmosphärendruck (101,3 kPa) bezogen.

Zur Vervollständigung einer chemischen Reaktionsgleichung wird der stöchiometrischen Gleichung die entsprechende Reaktionsenthalpie $\Delta_R H$ auf der Seite der Produkte zugeordnet; in dieser Form sprechen wir dann von der thermochemischen Gleichung:

$$A + B \longrightarrow C + D \qquad \Delta_R H \qquad (2\text{-}23)$$

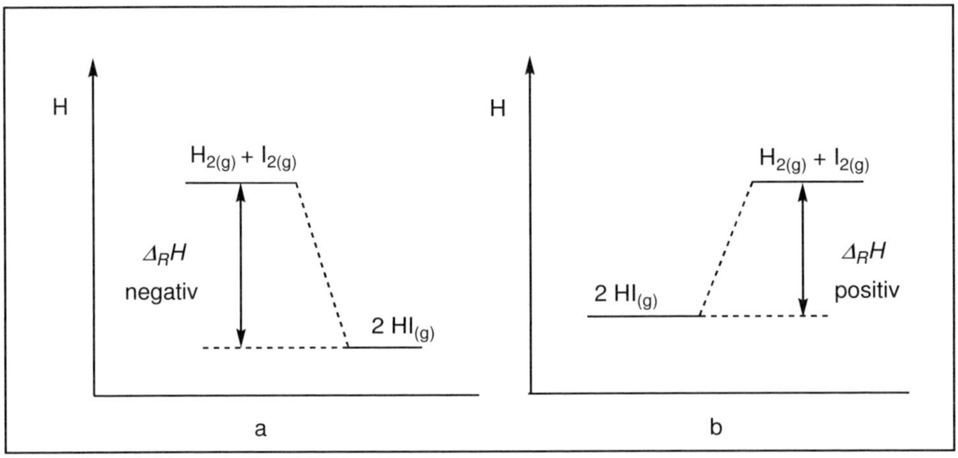

2.6 Enthalpie-Diagramme:
a HI-Bildung – exotherme Reaktion; **b** HI-Zerfall – endotherme Reaktion.

Für den Umgang mit Reaktionsenthalpien merken wir uns:

- Reaktionsenthalpien beziehen sich immer auf eine bestimmte Reaktionsgleichung.
- Wie in Gleichung (2-23) gezeigt, wird der $\Delta_R H$-Wert neben die Reaktionsgleichung geschrieben und bezieht sich auf die in dieser Gleichung angegebenen Stoffmengen; bei Multiplikation der stöchiometrischen Koeffizienten der Gleichung mit einem Faktor muss auch der $\Delta_R H$-Wert mit diesem Faktor multipliziert werden.
- Für alle Edukte und Produkte ist der jeweilige Aggregatzustand anzugeben.
- Bei Umkehrung der Reaktionsrichtung wird lediglich das Vorzeichen des $\Delta_R H$-Wertes umgekehrt, der Betrag bleibt unverändert.

- Generell werden thermochemische Rechnungen in der gleichen Weise durchgeführt wie andere stöchiometrische Rechnungen.

Chemische Reaktionen verlaufen sehr häufig in aufeinander folgenden Teilschritten zu den Endprodukten. Nach dem 1840 von G. HESS formulierten **Satz der konstanten Wärmesummen** ergibt sich die Reaktionsenthalpie des Gesamtprozesses additiv aus den Enthalpie-Beträgen der einzelnen Teilreaktionen, unabhängig von ihrer Anzahl und ihrer energetischen Lage. Oder anders formuliert: Die Enthalpie einer chemischen Reaktion ist vom Wege unabhängig:

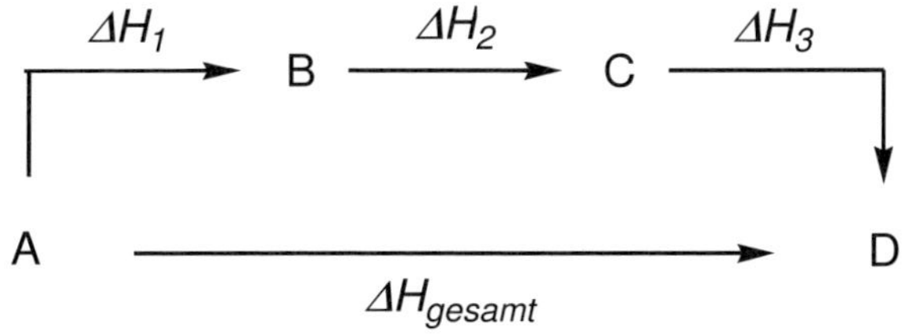

$$\Delta H_{gesamt} = \Delta H_1 + \Delta H_2 + \Delta H_3$$

Dieser Satz von HESS ist Ausdruck des allgemeinen Energieerhaltungssatzes, einem der klassischen Grundgesetze der Naturwissenschaften. Er kann u. a. angewendet werden, um experimentell schwierig oder gar nicht messbare Reaktionsenthalpien zu bestimmen. Ein häufig zitiertes Beispiel dafür ist die Berechnung der Reaktionsenthalpie der Umsetzung von Kohlenstoff (Graphit) mit Sauerstoff zu Kohlenmonoxid:

$$C_{(s)} + \tfrac{1}{2}\,O_{2(g)} \longrightarrow CO_{(g)} \qquad \Delta_R H = ?$$

$$CO_{(g)} + \tfrac{1}{2}\,O_{2(g)} \longrightarrow CO_{2(g)} \qquad \Delta_R H = -283{,}5\ \text{kJ/mol}$$

$$C_{(s)} + O_{2(g)} \longrightarrow CO_{2(g)} \qquad \Delta_R H = -394{,}0\ \text{kJ/mol}$$

Die gesuchte Reaktionsenthalpie $\Delta_R H$ ergibt sich demnach also zu –110,5 kJ/ mol.

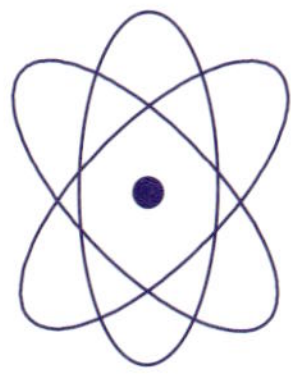

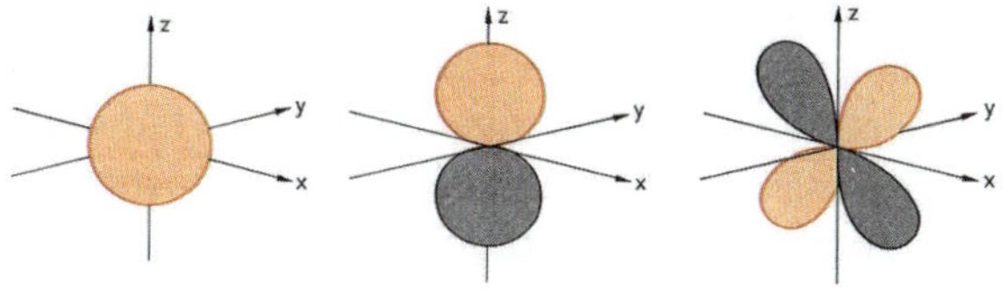

3. Atombau und das Periodische System der Elemente

3.1 Der allgemeine Aufbau der Atome
3.2 Isotope, Radioaktivität, Anwendung aktiver Nuklide
3.3 Elektronenstruktur der Atome: BOHR, RUTHERFORD, SCHRÖDINGER
3.4 Das Periodische System der Elemente (PSE)
3.5 Das PSE – Variation von Eigenschaften der Atome mit der Elektronenstruktur

3.1 Der allgemeine Aufbau der Atome

Die atomare Struktur der Materie und damit die Existenz von Atomen ist heute als gesicherter Tatbestand zu betrachten. Durch eine Vielzahl verschiedener Experimente zeichnete sich gegen Ende des 19., Anfang des 20. Jahrhunderts jedoch die Erkenntnis ab, dass die Atome nicht die kleinsten Bausteine der Materie sein können, sondern selbst aus noch kleineren Teilchen aufgebaut sein müssen. Und in der Tat kennt man heute einige Hundert zu verschiedenen Familien zusammengefasster **Elementarteilchen**; diese Elementarteilchen sind zwar nicht weiter in noch kleinere Einheiten teilbar, können sich aber durchaus ineinander umwandeln.

Die Atome bestehen aus nur drei Elementarteilchen, aus **Protonen** und **Neutronen** aus der Familie der Nukleonen sowie aus **Elektronen** aus der Familie der Leptonen. Wie Tabelle 3.1 zeigt, unterscheiden sich diese drei Elementarteilchen in ihrer Masse und ihrer elektrischen Ladung.

Tabelle 3.1 Eigenschaften der Elementarteilchen Elektron, Proton, Neutron

Elementarteilchen	Symbol	Masse	Ladung [1]
Elektron	e (e^-)	$0{,}9109 \cdot 10^{-30}$ kg $5{,}4859 \cdot 10^{-4}$ u	$-e$; negative Elementarladung
Proton	p (p^+)	$1{,}6725 \cdot 10^{-27}$ kg 1,007277 u	$+e$; positive Elementarladung
Neutron	n	$1{,}6748 \cdot 10^{-27}$ kg 1,008665 u	ungeladen

[1] Die Elementarladung e ist die kleinste bekannte elektrische Ladung mit einem Wert von $e = 1{,}6022 \cdot 10^{-19}$ C; alle Ladungsmengen sind stets ein ganzzahliges Vielfaches davon.

Protonen und Neutronen sind ungefähr gleich schwer; ihre relative Masse beträgt etwa 1 u. Elektronen besitzen dagegen eine sehr viel geringere Masse: Ein Elektron ist rund 1 836-mal leichter als ein Proton und rund 1 838-mal leichter als ein Neutron. Aufgrund ihrer elektrischen Ladung werden Protonen und Elektronen in einem elektrischen oder magnetischen Feld abgelenkt, nicht jedoch die ungeladenen Neutronen; ihr experimenteller Nachweis (J. CHADWICK, 1932) gestaltete sich daher auch ungleich schwieriger.

Mit der Entdeckung dieser drei Elementarteilchen als Bestandteilen von Atomen stellte sich natürlich sofort auch die Frage nach der räumlichen Anordnung von Protonen, Neutronen und Elektronen im Atom. Wegen der geringen Größe der Atome konnte diese Frage naturgemäß nur in der Entwicklung einer geeigneten Modellvorstellung zum Atomaufbau eine Antwort finden. E. RUTHERFORD untersuchte den Durchgang von α-Strahlen, das sind zweifach positiv geladene He-Atome, durch 0,004 mm dünne Folien aus Gold, Silber oder Kupfer. Er stellte dabei fest, dass ca. 99,9 % der α-Teilchen die Folien ohne jede Richtungsänderung passieren konnten, dass nur etwa 0,1 % eine Richtungsänderung erfuhren, also gestreut wurden, und dass nur sehr wenige auf die Strahlungsquelle zurückgeworfen wurden. Die Schlussfolgerungen aus diesen experimentellen Resultaten fasste RUTHERFORD wie folgt zusammen:

- Im Mittelpunkt des Atoms befindet sich ein sehr kleiner Atomkern, der die gesamte positive Ladung und fast die gesamte Masse des Atoms in sich vereinigt (99,95 – 99,98 %).
- Die Elektronen befinden sich außerhalb des Atomkerns und bilden eine Elektronenhülle; diese nimmt fast das gesamte Volumen des Atoms ein; damit das Atom nach außen hin elektrisch neutral ist, muss die Zahl der negativ geladenen Elektronen in der Elektronenhülle mit der Zahl der positiv geladenen Protonen im Atomkern übereinstimmen.

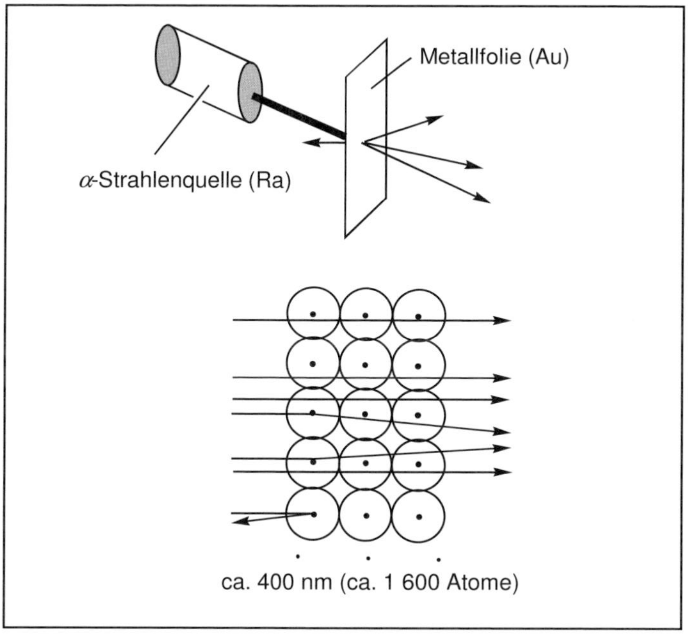

3.1 Streuversuch von RUTHERFORD.

Der Großteil des Volumens des Atoms ist demnach leerer Raum, ausgefüllt lediglich von Kraftfeldern. Deshalb können die meisten α-Teilchen ungehindert durch die Metallfolien hindurchfliegen. Die leichten Elektronen können die sehr viel schwereren α-Teilchen nicht ablenken. Nur wenn das α-Teilchen in die unmittelbare Nähe des Atomkerns mit seiner Massenkonzentration und seiner positiven Ladung gelangt, wird es abgestoßen und von seinem Weg abgelenkt. In den wenigen Fällen eines direkten Zusammenstoßes mit dem Atomkern wird das α-Teilchen auf die Strahlungsquelle zurückgeworfen.

Aus den experimentellen Daten hat RUTHERFORD auch die Radien von Atom und Atomkern abgeschätzt. Die von ihm erhaltenen Werte stimmen mit den heute gültigen Werten sehr gut überein: Danach hat ein Atom einen Radius von ca. 10^{-10} m, ein Atomkern von ca. 10^{-14} m. Der Atomkern ist also um nicht weniger als vier Größenordnungen kleiner als das gesamte Atom. Übertragen wir diese Größenverhältnisse in ein anschauliches makroskopisches Bild, dann würde sich z. B. eine Kugel mit einem Radius von 1 cm als „Atomkern" im Zentrum einer Kugel mit einem Radius von 100 m als „Elektronenhülle" befinden.

Wir stellen also fest, dass der Atomkern aus Protonen und Neutronen besteht, die zusammen fast die gesamte Masse des Atoms ausmachen. Trotz der gleichsinnigen positiven Ladung der auf kleinstem Raum im Atomkern konzentrierten Protonen und der dadurch bedingten elektrostatischen Abstoßung (COULOMBsches Gesetz) werden die Protonen im Kern fest zusammengehalten. Dieser Zusammenhalt wird durch die sehr starke **Kernkraft** vermittelt. Diese Kernkraft ist eine der fundamentalen Kraftwirkungen in der Natur; sie ist erheblich stärker als die elektrostatische Abstoßung der Protonen untereinander, hat jedoch eine nur sehr geringe Reichweite von ca. 10^{-13} cm, d. h. sie wirkt nur, solange die Protonen sehr dicht beieinander sind. Über die Natur der Kernkraft wissen wir auch heute noch relativ wenig. Von grundlegender Bedeutung für den Zusammenhalt der Nukleonen im Atomkern scheint jedoch eine rasche gegenseitige Umwandlung von Protonen und Neutronen zu sein:

$$[n_1] + [p_2]^+ \longleftrightarrow [p_1]^+ + [n_2] \qquad (3\text{-}1)$$

Durch diesen ständigen Austausch elektrischer Ladung wirken die Neutronen gewissermaßen als eine Art Kittsubstanz und halten die gleichsinnig geladenen Protonen zusammen. Stabile Atomkerne enthalten gleich viele bis 1,5-mal so viele Neutronen wie Protonen.

Der sehr starken Kernkraft entspricht eine sehr hohe **Kernbindungsenergie**, die beim Aufbau eines Atomkerns aus seinen Nukleonen freigesetzt wird. Nach der EINSTEINschen Masse-Energie-Äquivalenzbeziehung muss bei der Bildung eines Atomkerns ein äquivalenter Masseverlust auftreten, man bezeichnet dieses Phänomen als **Massendefekt**. Anders ausgedrückt: Die Summe der Einzelmassen aller Nukleonen eines bestimmten Atomkerns ist stets größer als die betreffende Kernmasse. Schauen wir uns als Beispiel den Massendefekt eines Helium-Atoms ($^{4}_{2}He$) an:

Masse von 2 Protonen:	$2 \cdot 1{,}00727$ u = 2,01454 u
Masse von 2 Neutronen:	$2 \cdot 1{,}00866$ u = 2,01732 u
Masse von 2 Elektronen:	$2 \cdot 0{,}00055$ u = 0,00110 u
Summe der Einzelmassen:	4,03296 u
Masse des He-Atoms:	4,00259 u
Massendefekt Δm:	**0,03037 u**

Die molare **Kernbindungsenergie** des He-Kerns berechnet sich daraus zu:

$$E_{He} = \Delta m_{He} \cdot c^2 = -\,0{,}03037 \text{ g/mol} \cdot (3 \cdot 10^8 \text{ m/s})^2 = -\,2{,}774 \cdot 10^9 \text{ kJ/mol}$$

Exkurs 3.1: Scanning Tunnel Microscopy (Raster-Tunnel-Mikroskopie)

Mit einem Radius von ca. 10^{-10} m sind Atome in der Tat unvorstellbar kleine Gebilde, die mit optischen Methoden wegen deren zu geringer Auflösung nicht sichtbar gemacht werden können. Mit der Entwicklung des Scanning Tunnel Mikroskops (STM) durch BINNIG und RÖHRER, die für ihre Arbeiten 1986 den NOBEL-Preis für Physik erhielten, ist es heute jedoch möglich, einzelne Atome und Moleküle abzubilden und sichtbar zu machen. Das Prinzip

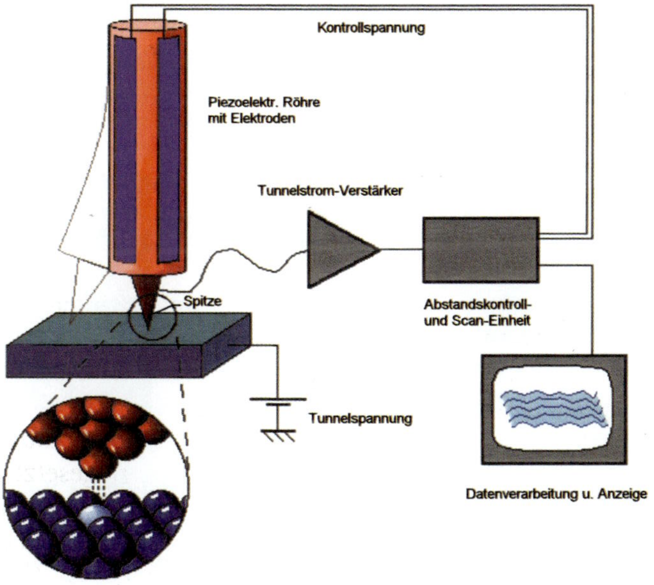

E.3.1.1 *Prinzipskizze des STM*

Fortsetzung Exkurs 3.1: Scanning Tunnel Microscopy

dieser neuen Art von Mikroskopie beruht auf dem quantenmechanischen Tunnel-Effekt. Danach können Elektronen aufgrund ihrer Welleneigenschaften über die Oberfläche eines Feststoffes in Raumregionen „tunneln", die ihnen nach den Gesetzen der klassischen Physik verboten sind. Die Wahrscheinlichkeit, solche „tunnelnden" Elektronen zu finden, sinkt exponentiell mit zunehmendem Abstand von der Oberfläche. Die STM macht nun gerade von dieser extremen Abhängigkeit des Tunnelstroms vom Abstand Gebrauch: Eine sehr scharfe Spitze einer Metallnadel (Wolfram oder Platin) wird in einem Abstand von wenigen Angström (1 Angström = 10^{-8} cm) über der Oberfläche positioniert; ein elektrisches Spannungsgefälle zwischen der Nadelspitze und der Oberfläche bewirkt nun das Tunneln von Elektronen über die Lücke hinweg.

Wenn die Oberfläche systematisch gescannt wird, werden entsprechende Veränderungen des Tunnelstroms registriert. Diese Informationen können zur Erzeugung einer Oberflächen-Topographie verarbeitet werden. Unter idealen Bedingungen können aber auf diese Weise auch einzelne Atome und Moleküle sichtbar gemacht werden.

Die Metallspitze kann wie eine „Atom-Pinzette" auch zur Manipulation einzelner Atome auf einer Oberfläche verwendet werden. Die folgenden Abbildungen zeigen nicht nur diese Möglichkeit, sondern sind zugleich auch Ausdruck der Phantasie ihrer Autoren:

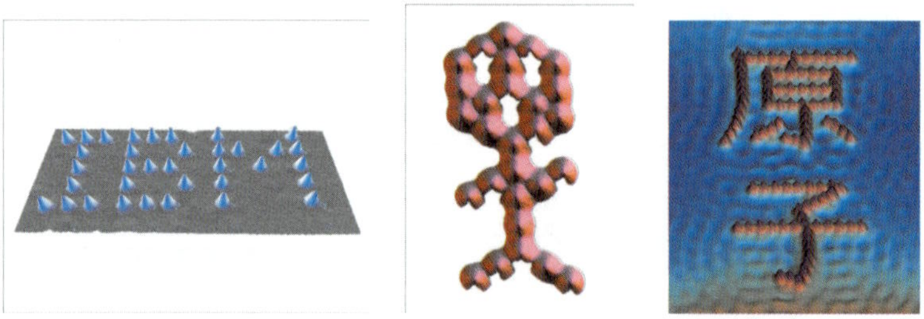

a b c

E.3.1.2 *Manipulation einzelner Atome bzw. Moleküle:* ***a*** *Xe-Atome auf Ni-Oberfläche;* ***b*** *„CO-Mann", CO-Moleküle auf Pt-Oberfläche;* ***c*** *Kanji-Symbol für „Atom", Fe-Atome auf Cu-Oberfläche.*

*Kürzlich haben WINTTERLIN et al. mittels eines STM erstmals eine chemische Reaktion, die Umsetzung von Kohlenmonoxid mit Sauerstoff auf einer Platin-Oberfläche, erfolgreich abbilden können (Science **278**, 1931-1934 (1997)).*

Wie wir bereits an anderer Stelle gesehen haben, wird ein Atom mit zwei Zahlenwerten identifiziert, nämlich mit seiner Ordnungszahl und seiner Massenzahl (Abschnitt 2.4.1). Die Ordnungszahl mit dem Symbol Z entspricht der Zahl der positiven Elementarladungen und damit der Zahl der Protonen im Atomkern. In einem neutralen Atom ist natürlich auch die Zahl der Elektronen in der Elektronenhülle gleich der Protonenzahl. Daraus ergibt sich die wichtige Beziehung:

$$\text{Ordnungszahl} = \text{Kernladungszahl} = \text{Elektronenzahl} \qquad (3\text{-}2)$$

Die Ordnungszahl legt die Position des entsprechenden Elementes im Periodischen System der Elemente fest. Die Massenzahl mit dem Symbol A gibt die Gesamtzahl der Nukleonen an, d. h. die Summe von Protonen und Neutronen. Die Massenzahl entspricht damit näherungsweise der Atommasse, ausgedrückt in Atommassen-Einheiten u, denn Protonen und Neutronen haben etwa die Masse von 1 u und die Masse der Elektronen ist vernachlässigbar klein (Tabelle 3.1).

3.2 Isotope, Radioaktivität, Anwendung aktiver Nuklide

Isotope Die chemischen Eigenschaften eines Atoms werden von seiner Kernladungszahl (Ordnungszahl) bestimmt; seine Masse ist dafür von nur untergeordneter Bedeutung. Alle Atome ein und desselben Elements haben die gleiche Kernladungszahl, also die gleiche Anzahl von Protonen im Atomkern. Bei einigen Elementen kommen aber unterschiedliche Atome vor, die sich in ihrer Massenzahl unterscheiden. Atome gleicher Ordnungszahl, aber unterschiedlicher Massenzahl bezeichnet man als **Isotope** (griech. *ισοσ*, gleich; *τοποσ*, Platz). Und eben in diesem Punkt musste die DALTONsche Atom-Hypothese, in der allen Atomen des gleichen Elements die gleiche Masse zugeordnet wurde, korrigiert werden.

Die unterschiedliche Massenzahl ergibt sich aus einer unterschiedlichen Anzahl von Neutronen im Atomkern:

$^{12}_{6}C$: 6 Protonen und 6 Neutronen;

$^{13}_{6}C$: 6 Protonen und 7 Neutronen

Von manchen Elementen findet man in der Natur nur ein einziges Isotop; das sind die so genannten isotopenreinen Elemente. Zu diesen **Reinelementen** gehören u. a. Natrium und Fluor. Die meisten natürlich vorkommenden Elemente bestehen jedoch aus Gemischen mehrerer Isotope; diese nennt man **Mischelemente**.

Zur Ermittlung der Isotopenzusammensetzung eines Elements, d. h. zur Feststellung ihrer Art sowie ihres relativen Mengenverhältnisses, dient ein **Massenspek-**

trometer, das heute als Hochleistungsgerät zur Messung von Atom- und Molkülmassen aus der Instrumentellen Analytik nicht mehr wegzudenken ist.

Die chemischen Eigenschaften von Isotopen sind infolge ihrer identischen Elektronenhüllen so ähnlich, dass sie normalerweise nicht voneinander unterschieden werden können. Graduelle Unterschiede treten jedoch dann auf, wenn die Massenunterschiede zwischen den einzelnen Isotopen relativ groß sind. Daher zeigen sich diese so genannten **Isotopen-Effekte** vor allem bei den Elementen mit niedrigen Massenzahlen. Am stärksten ausgeprägt sind sie bei den Isotopen des Wasserstoffs,

Protium, ^{1}H	Symbol: H	1,008 u
Deuterium, ^{2}H	Symbol: D	2,014 u
Tritium, ^{3}H	Symbol: T	3,016 u

Das Massenverhältnis dieser drei Isotope zueinander beträgt etwa 1 : 2 : 3. Bei keinem anderen Element ist der Massenunterschied zwischen seinen Isotopen so groß wie beim Wasserstoff. Und genau aus diesem Grunde unterscheiden sie sich auch relativ stark voneinander.

Bei natürlich vorkommenden Elementen hat das Isotopenverhältnis immer einen konstanten Wert. Da jede makroskopische Stoffprobe aus einer so großen Anzahl von Atomen besteht, ist die entsprechende statistische Verteilung der einzelnen Isotope darin stets gewährleistet. Die mittlere relative Atommasse eines Mischelementes ergibt sich nun als Mittelwert aus den relativen Massen seiner einzelnen Isotope unter Berücksichtigung ihres relativen Anteils am Gemisch. Die mittlere relative Atommasse des Kohlenstoffs berechnet sich daher in folgender Weise:

Kohlenstoff:	^{12}C	98,90 %	$A_r = 12{,}000$ u
	^{13}C	1,10 %	$A_r = 13{,}003$ u

$$A_r(C) = 12{,}000\ \text{u} \cdot 0{,}9890 + 13{,}003\ \text{u} \cdot 0{,}0110 = 11{,}868 + 0{,}143$$
$$\mathbf{A_r(C) = 12{,}011\ u}$$

Wenn wir daher bei stöchiometrischen oder anderen Rechnungen die relative Atommasse eines Mischelements verwenden, dann meinen wir damit stets seine mittlere relative Atommasse, wohl wissend, dass kein Atom mit eben dieser relativen Atommasse existiert.

Radioaktivität, der radioaktive Zerfall Manche Atomkerne sind nun nicht stabil und wandeln sich daher spontan unter Aussendung einer charakteristischen Strahlung in stabile, also energieärmere Atomkerne um. Dieses Phänomen wird als **natürliche Radioaktivität** bezeichnet; die Radioaktivität ist also eine Eigenschaft des Atomkerns. Beim radioaktiven Zerfall treten drei Arten von Strahlung auf, die sich in charakteristischer Weise voneinander unterscheiden:

α-Strahlen sind He-Kerne, also zweifach positiv geladene He-Atome. Sie sind demnach eine Korpuskularstrahlung. Aufgrund ihrer Ladung werden sie in einem äußeren elektrischen oder magnetischen Feld abgelenkt. Ihre Reichweite in Luft ist sehr gering und beträgt nur wenige Zentimeter; sie können in der Regel nicht einmal Papier durchdringen. α-Strahlen werden mit einer Geschwindigkeit von 10000 bis 30000 km/s emittiert, verlieren jedoch durch Zusammenstöße mit den Molekülen der Luft sehr rasch an Geschwindigkeit. Durch Aufnahme von zwei Elektronen bilden sie schließlich neutrale He-Atome.

β-Strahlen bestehen aus Elektronen, sind also ebenfalls Korpuskularstrahlen, die in einem äußeren elektrischen oder magnetischen Feld abgelenkt werden. Aus den zerfallenden Atomkernen treten sie mit einer Geschwindigkeit von ca. 130000 km/s aus. Sie entstehen im Atomkern durch Umwandlung von Neutronen in Protonen: $n^0 \rightarrow p^+ + e^-$. Die Elektronen bewegen sich nahezu mit Lichtgeschwindigkeit, haben eine größere Reichweite als α-Strahlen, können jedoch z.B. ein Aluminiumblech von 1 cm Dicke nicht mehr durchdringen.

γ-Strahlen sind elektromagnetische Strahlen mit einer extrem kurzen Wellenlänge und folglich sehr hoher Energie. In einem elektrischen oder magnetischen Feld werden sie nicht abgelenkt. γ-Strahlen haben die größte Fähigkeit zur Durchdringung von Materie. Ihre Ausstrahlung kann beim Kernzerfall gleichzeitig mit der Emission von α- und β-Strahlen erfolgen. Die γ-Strahlen stellen den Energiebetrag dar, der beim Kernzerfall freigesetzt wird, vermindert um die kinetische Energie der α- und β-Strahlen.

Radioaktive Strahlung wird nachgewiesen durch ihre Fähigkeit

- zur Ionisation von Atomen oder Molekülen in Gasen, z.B. beim GEIGER-MÜLLER-Zählrohr, in der WILSONschen Nebelkammer oder in einem Elektroskop,
- zur Szintillation; darunter versteht man die Absorption der radioaktiven Strahlung und ihre anschließende Umwandlung in sichtbares Licht durch bestimmte chemische Verbindungen wie z.B. ZnS,
- zur Schwärzung fotografischer Platten oder Filme; dabei wird das in der fotografischen Schicht enthaltene AgBr zu elementarem Ag reduziert.

Anwendung aktiver und stabiler Nuklide Durch Bestrahlung stabiler Nuklide mit α-Teilchen, Protonen oder auch Neutronen lassen sich Kernumwandlungen erreichen. Die erforderliche Energie der Teilchen ist für diese kernphysikalischen Prozesse sehr hoch, müssen sie doch zum einen in den Atomkern eindringen und bei eigener positiver Ladung zusätzlich die COULOMB-Abstoßung mit dem Atomkern überwinden. Die auf diesem Wege hergestellten künstlichen radioaktiven Isotope verschiedener Elemente haben inzwischen eine breite Anwendung gefunden.

So kann man z.B. in chemischen Verbindungen bestimmte Positionen „markieren“, indem man anstelle stabiler Atome deren radioaktive Isotope einbaut. Mit solchen markierten Molekülen werden wichtige Informationen über den Ablauf chemischer Reaktionen, also über den **Reaktionsmechanismus**, gewonnen. In gleicher Weise eignen sich radioaktiv markierte Verbindungen hervorragend zum Studium **chemischer Reaktionsabläufe in lebenden Organismen**; sie liefern damit u.a. wertvolle Beiträge zur Klärung metabolischer Prozesse. Schließlich und vor allem muss auch die Anwendung von Radionukliden für diagnostische und therapeutische Zwecke in der **Medizin** genannt werden: Die so genannten Radiopharmaka sind pharmakologisch wirksame Substanzen, die geringe Mengen von Radionukliden enthalten und deren Strahlungsaktivität diagnostisch und therapeutisch genutzt wird (Tabelle 3.2).

Tabelle 3.2 Ausgewählte Radiopharmaka

Aufgabenstellung	Nuklid	Bezeichnung
Vitalität von Tumorgewebe	^{67}Ga	Ga-67-citrat
	^{18}F	F-18-desoxyglucose
Myokardvitalität	^{201}Tl	Tl-201-chlorid
	^{18}F	F-18-desoxyglucose
Hirndurchblutung	^{99m}Tc	Tc-99m-HMPAO [1)]
	^{15}O	O-15-CO_2; O-15-H_2O
Myokardperfusion	^{99m}Tc	Tc-99m-HMPAO [1)]
Vitalität von Hirntumoren	^{123}I	I-123-NaI
	^{201}Tl	Tl-201-chlorid
Schmerztherapie bei Knochenmetastasen	^{90}Sr	Sr-90-chlorid

1) HMPAO = **H**exa**m**ethyl**p**ropyl**a**min**o**xin

Gemäß dem Tracer-Prinzip folgen Radiopharmaka in einem Organismus dem durch das Pharmakon vorgegebenen Weg und erlauben durch ihr strahlendes Label entweder eine Verfolgung von außen bei γ-strahlenden Nukliden oder eine gezielte therapeutische Wirkung am Zielort bei α- und β-strahlenden Radioisotopen.

Als Arzneistoffe unterliegen Radiopharmaka strengen Eigenschafts- und Reinheitskriterien; sie müssen daher u.a. steril und pyrogenfrei sein, sie dürfen nicht toxisch sein oder allergische Reaktionen auslösen, sie müssen chemisch rein sein und das verwendete Radionuklid darf vor allem nicht durch andere Nuklide verunreinigt sein.

Von den vielfältigen weiteren Anwendungsmöglichkeiten der Radionuklide soll hier lediglich noch auf die **Altersbestimmung** organischer Materialien mithilfe der

Radiokohlenstoff-Datierung hingewiesen werden. In dem archäologisch interessanten Zeitraum kann das Verhältnis der beiden Kohlenstoff-Isotope ^{12}C und ^{14}C in der Natur als konstant angesehen werden. Durch Photosynthese und Nahrungsaufnahme ist dieses Verhältnis auch in lebenden Organismen konstant und beträgt etwa $^{14}C : ^{12}C = 1 : 10^{12}$. Mit dem Absterben eines Organismus endet sein Stoffaustausch mit der Umwelt; infolge des radioaktiven Zerfalls des ^{14}C-Isotops mit einer Halbwertszeit von 5730 Jahren nimmt der Gehalt einer Probe an ^{14}C ständig ab, sodass aus einer massenspektrometrischen Bestimmung des Mengenverhältnisses der Kohlenstoff-Isotope auf das Alter eines Fundes geschlossen werden kann.

3.3 Elektronenstruktur der Atome: RUTHERFORD, BOHR, SCHRÖDINGER

Auch wenn heute, wie wir in Exkurs 3.1 gesehen haben, bereits einzelne Atome sichtbar gemacht werden können, so besitzen wir damit noch keinen Einblick in die Details ihrer Elektronenhüllen und müssen deren Eigenschaften nach wie vor durch eine geeignete Modellvorstellung abbilden. Ein tragfähiges Modell der Elektronenstruktur der Atome muss vornehmlich auf zwei Fragen widerspruchsfreie Antworten geben können:

1. Wie sind die Elektronen in der Elektronenhülle eines Atoms **räumlich** verteilt?
2. Welche **Energiezustände** können die Elektronen in der Elektronenhülle besitzen?

Nehmen wir die **Anzahl der Elektronen** in der Elektronenhülle hinzu, so sind dies genau die Eigenschaften eines Atoms, die sein chemisches Verhalten bestimmen. Wenn nämlich Atome im Verlauf einer chemischen Reaktion miteinander in Wechselwirkung treten, dann erfolgt dies nur über ihre Elektronen, da nur die äußeren Bereiche der Atome miteinander in Kontakt kommen.

3.3.1 Modell der Elektronenhülle von RUTHERFORD

Auf der Grundlage der quantitativen Auswertung seiner Streuexperimente mit α-Teilchen entwickelte E. RUTHERFORD eine sehr anschauliche Modellvorstellung der Elektronenhülle, die als „Planetenmodell“ bekannt geworden ist. Darin wird die Bewegung der Elektronen um den Atomkern unter Anwendung der Gesetze der klassischen Mechanik für die Bewegung beliebiger Masseteilchen, also z. B. auch für die Bewegung der Planeten um die Sonne, beschrieben. Wie Abbildung 3.2 zeigt, hält die COULOMBsche Anziehungskraft zwischen dem positiv geladenen Atomkern und dem negativ geladenen Elektron der kreisenden Zentrifugalkraft des

Elektrons die Waage, sodass ein stabiles System resultiert. Bei Vorhandensein mehrerer Elektronen muss außerdem deren gegenseitige Abstoßung berücksichtigt werden.

Es zeigte sich aber sehr bald, dass die Gesetze der klassischen Mechanik keineswegs mit Erfolg auf die Beschreibung der Elektronenbewegungen in einem Atom angewendet werden können. So sind nach dem RUTHERFORDschen Modell im Prinzip beliebige Bahnradien und damit beliebige Energiezustände des Atoms möglich. Die von PLANCK und EINSTEIN zuvor bereits entwickelte Quantentheorie fordert jedoch, dass ein Atom nur in diskreten Energiezuständen (Quantenzuständen) existieren kann. Zudem steht das Modell im Widerspruch zur klassischen Elektrodynamik von MAXWELL, wonach das kreisende Elektron, wie jede bewegte Ladung, an jedem Ort ein periodisches Feld erzeugen und damit kontinuierlich Energie abstrahlen müsste. Ein solcher Energieverlust würde zu einer ständigen

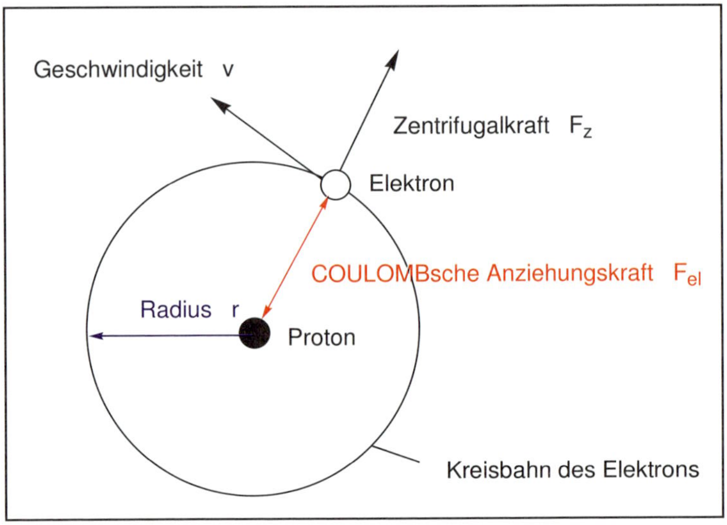

3.2 RUTHERFORDS Planetenmodell des H-Atoms.

Annäherung des Elektrons auf einer spiralförmigen Bahn an den Atomkern führen und beide müssten sich schließlich nach kurzer Zeit vereinigen. Die Gesetze der klassischen Physik sind damit also nicht in der Lage, die Stabilität der Elektronenhüllen und damit die der Atome selbst zu erklären.

3.3.2 Atomspektren

Den eigentlichen Schlüssel zum Verständnis der Elektronenstruktur der Atome liefert das Licht, das die Atome nach einer energetischen Anregung z.B. durch Erhitzen in einer Flamme oder in einem elektrischen Lichtbogen, durch eine elektrische Entladung etc. emittieren. Bringt man etwa eine kleine Menge eines Na-Salzes in die Flamme eines Bunsenbrenners, so entsteht ein sehr intensives gelbes Licht, im Falle eines Li-Salzes färbt sich die Flamme karmesinrot, bei K-Salzen violett, bei Rb-Salzen rotviolett, bei Cs-Salzen hellblau. Diese charakteristischen Flammenfärbungen durch die Alkalimetalle erlauben deren rasche Identifizierung.

Schickt man nun einen Strahl weißen, also polychromatischen Lichts durch das Prisma eines Spektrometers, dann wird es gebeugt. Das Ausmaß der Beugung hängt von der jeweiligen Wellenlänge ab: Je kleiner die Wellenlänge ist, desto stärker ist die Beugung. Da im weißen Licht alle Wellenlängen des sichtbaren Spektralbereiches vorhanden sind, wird es infolge der unterschiedlichen Beugung zu einem Streifen gedehnt, den wir als ein **kontinuierliches Spektrum** bezeichnen; wir sehen in diesem Spektrum alle Farben des sichtbaren Spektralbereiches, die jedoch ohne scharfe Grenzen, also kontinuierlich, ineinander übergehen (Abbildung 3.3).

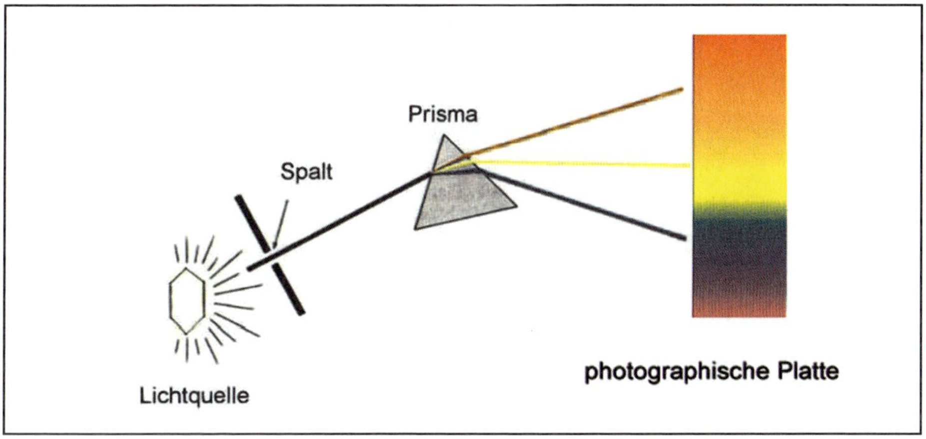

3.3 Beugung von weißem Licht durch ein Prisma.

Exkurs 3.2: Licht und seine Eigenschaften

Licht ist eine elektromagnetische Wellenerscheinung. Darunter versteht man elektrische und magnetische Felder, die sich ständig ineinander umwandeln und sich dabei im Raum ausbreiten. Der Wellencharakter des Lichts äußert sich darin, dass die elektrischen und magnetischen Felder dieser Wellen periodisch ihre Orientierung ändern. Die Ausbreitungsgeschwindigkeit einer Lichtwelle beträgt 2,99792 · 10^8 m/s (im Vakuum); für die Lichtgeschwindigkeit verwenden wir das Symbol c.

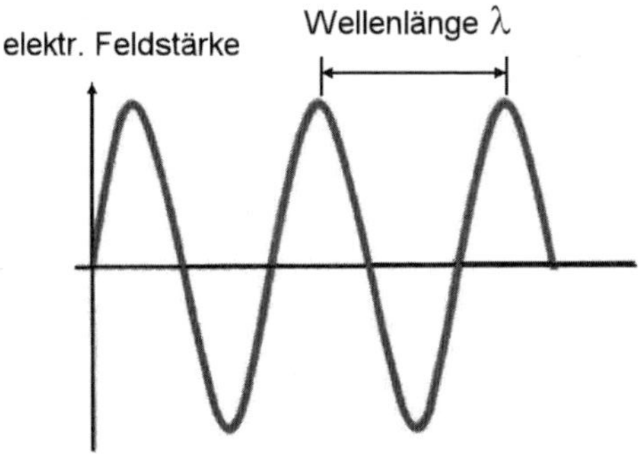

E.3.2.1 *Das elektrische Feld elektromagnetischer Wellen.*

Betrachtet man die Richtungsänderung des elektrischen Feldes an einem gegebenen Punkt, so bezeichnet man die Zeit, die das elektrische Feld für eine vollständige Richtungsumkehr und Rückkehr zur ursprünglichen Ausgangsrichtung benötigt, als die Schwingungsdauer und den Vorgang selbst als Schwingung. Die Frequenz ν gibt die Anzahl dieser Schwingungen pro Sekunde an; ihre Einheit ist das Hertz (Hz). 1 Hz entspricht demnach einer Schwingung pro Sekunde.

Die Frequenz einer Lichtwelle bestimmt die vom menschlichen Auge wahrnehmbare Farbe des Lichtes. Die zweite charakteristische Größe zur Beschreibung einer Welle ist ihre Wellenlänge, für die wir das Symbol λ verwenden. Die Wellenlänge kennzeichnet den Abstand zwischen zwei Punkten auf der Bahn der Welle, an denen die Schwingungen der Welle zu einem gegebenen Zeitpunkt die gleiche Richtung und die gleiche Höhe haben. Die Wellenlänge λ und die Frequenz ν sind mit der Lichtgeschwindigkeit c durch folgende Beziehung verknüpft:

$$c = \lambda \cdot \nu \qquad (3.2\text{–}1)$$

Fortsetzung Exkurs 3.2: Licht und seine Eigenschaften

Da die Lichtgeschwindigkeit eine Konstante ist, folgt aus dieser Gleichung, dass einer kürzeren Wellenlänge eine höhere Frequenz entspricht und umgekehrt. Ordnet man die elektromagnetische Strahlung nach zunehmender Wellenlänge (bzw. abnehmender Frequenz), dann erhält man das so genannte ***elektromagnetische Spektrum*** *(Abbildung E.3.2.2): Sehr kleine Wellenlängen haben die beim radioaktiven Zerfall freigesetzten γ-Strahlen, dann folgen die Röntgenstrahlen, die ultravioletten Strahlen, der sehr schmale Bereich des sichtbaren Lichtes, die Infrarotstrahlen, die Mikrowellen und schließlich die Radiowellen. Der Bereich des sichtbaren Lichtes umfasst also nur einen sehr schmalen Ausschnitt zwischen 400 und 750 nm (1 nm = 10^{-9} m). Wir bezeichnen Licht als polychromatisch, wenn darin alle Wellenlängen von 400 – 750 nm und somit alle Farben vertreten sind; Licht mit nur einer einzigen Wellenlänge heißt monochromatisch, es hat eine bestimmte Farbe.*

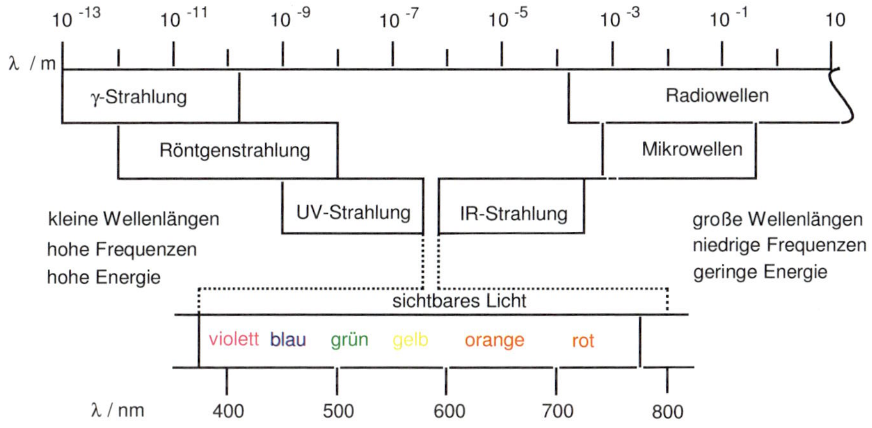

E.3.2.2 *Elektromagnetisches Spektrum.*

Mit der Beschreibung des Lichtes (der elektromagnetischen Strahlung allgemein) als ***Wellenphänomen*** *werden viele seiner Eigenschaften erfolgreich erfasst und beschrieben.*

Es gibt jedoch einige Eigenschaften, die wir nur dann verstehen können, wenn wir das Licht als einen ***Teilchenstrom*** *beschreiben. Diese Feststellung formulierte M. PLANCK im Jahre 1900 in seiner Quantentheorie. Danach kann Energie in Form elektromagnetischer Strahlung stets nur in Gestalt definierter Portionen emittiert oder absorbiert werden; die einzelne Energieportion nennen wir ein Quant. Der Energiebetrag eines Quants ist direkt proportional*

Fortsetzung Exkurs 3.2: Licht und seine Eigenschaften

der Frequenz der Strahlung; der Proportionalitätsfaktor ist das ***PLANCKsche Wirkungsquantum h:***

$$E = h \cdot \nu \qquad (3.2\text{–}2)$$

Das PLANCKsche Wirkungsquantum h ist eine universelle Naturkonstante und hat den Wert $h = 6{,}63 \cdot 10^{-34}$ *Js.*

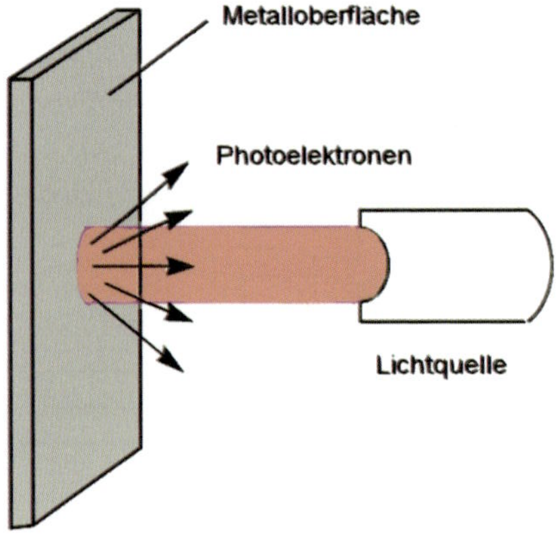

E.3.2.3 Photoeffekt.

Zu einer elektromagnetischen Strahlung mit hoher Frequenz und folglich kleiner Wellenlänge gehören entsprechend energiereiche Quanten (E.3.2-1 und E.3.2-2). Nach A. EINSTEIN kann man sich ein einzelnes Quant als Teilchen vorstellen, das sich mit Lichtgeschwindigkeit fortbewegt; dieses Teilchen nannte er ein ***Photon****. Der Nachweis für die Existenz von Photonen ergibt sich aus dem so genannten Photoeffekt: Wird ein Metall mit kurzwelligem Licht bestrahlt, so treten aus seiner Oberfläche Elektronen aus (Photoelektronen). Diese Photoelektronen werden aber erst dann freigesetzt, wenn die Frequenz des auffallenden Lichtes einen für jedes Metall charakteristischen Grenzwert* ν_0 *überschreitet. Die kinetische Energie der freigesetzten Elektronen ist dann der Frequenz des eingestrahlten Lichtes proportional. EINSTEIN deutete diese experimentelle Tatsache mit der Beziehung*

$$E_{kin} = \tfrac{1}{2} m v^2 = h(\nu - \nu_0) = h\nu - A \qquad (3.2\text{-}3)$$

mit A = Austrittsarbeit für das Elektron. Diese Beziehung zeigt den Quantencharakter des Lichtes, das seine Energie als $h\nu = E_{kin} + A$ *auf das Elektron überträgt.*

Ganz anders dagegen das Licht, das von angeregten Atomen emittiert wird. Schicken wir diese Strahlung durch das Prisma eines Spektrometers, dann können wir lediglich einzelne Linien, also einzelne Frequenzen, beobachten. Wir sprechen daher von **Linien**- oder **Frequenzspektren**; dies ist in Abbildung 3.4 schematisch dargestellt.

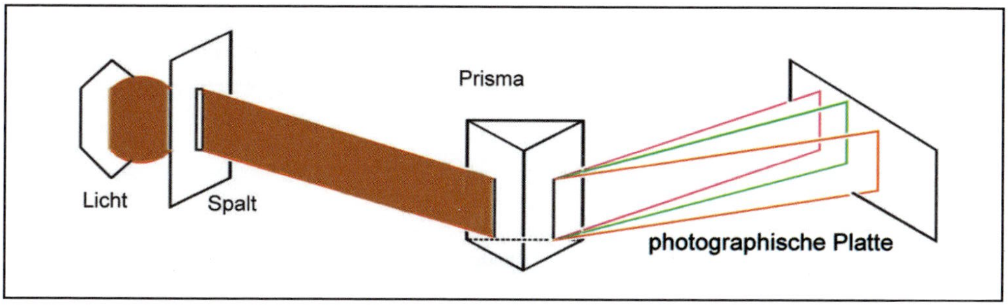

3.4 Linienspektrum angeregter Atome

Die Linienspektren angeregter Atome stellen Informationen über ihre innere Struktur dar, da sie offensichtlich das Ergebnis von Vorgängen innerhalb ihrer Elektronenhüllen sind.

Naturgemäß konzentrierte sich das Interesse vor allem auf das Linienspektrum des angeregten Wasserstoffatoms, da dessen Elektronenhülle ja nur aus einem einzigen Elektron besteht. Abbildung 3.5 zeigt einen Ausschnitt aus diesem Spektrum. Zwei Dinge fallen sofort ins Auge: 1. Angeregte H-Atome emittieren eine zunächst verwirrend erscheinende Vielzahl von Linien und 2. die Frequenzen verteilen sich auf einen weiten Energiebereich, nämlich auf den ultravioletten, den sichtbaren und den infraroten Spektralbereich. Die bei 656 nm (15 233 cm^{-1}) erscheinende, sehr helle rote Linie ist für das rote Leuchten des angeregten Wasserstoffs verantwortlich. Bei genauerer Betrachtung zeigt sich nun aber, dass das Wasserstoffatom-Spektrum ganz systematisch aufgebaut ist und dass sich einzelne Linienmuster zu so genannten **Serien** zusammenfassen lassen. Jeder einzelnen dieser nach ihren Entdeckern benannten Serien liegt eine mathematische Beziehung zugrunde, nach der man die Frequenzen (Wellenlängen) ihrer Linien berechnen und damit auch über die Zugehörigkeit einzelner Linien zu einer Serie entscheiden kann.

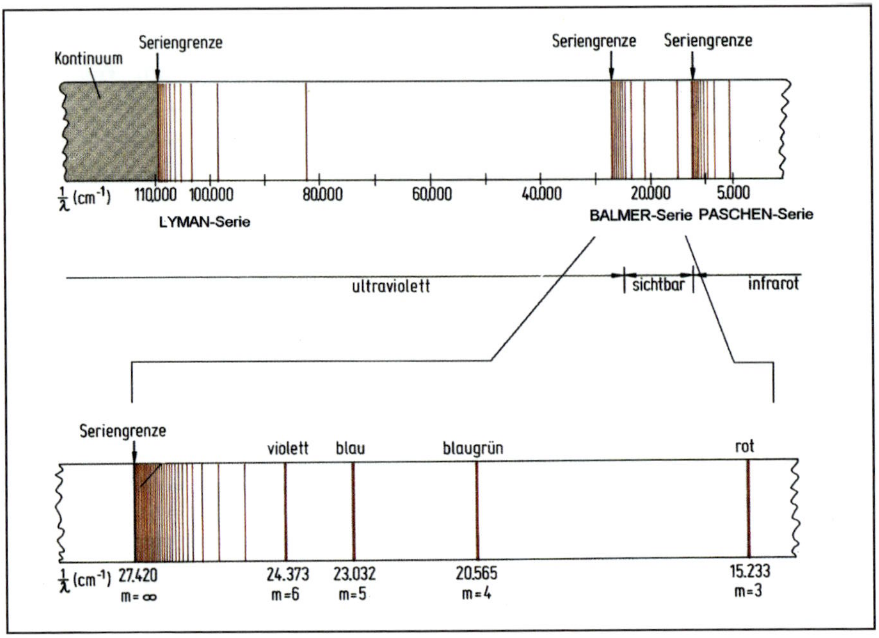

3.5 Das Linienspektrum des Wasserstoffatoms (Ausschnitt).

In verallgemeinerter Form lautet die von dem schwedischen Spektroskopiker J. RYDBERG aufgefundene mathematische Gleichung zur Berechnung aller Serien im Spektrum des Wasserstoffs

$$\nu = R_H \left(\frac{1}{n^2} - \frac{1}{m^2} \right) \qquad (3\text{-}3)$$

n und m sind darin ganze Zahlen, wobei $m > n$ vorausgesetzt ist. R_H bezeichnet man als die RYDBERG-Konstante; ihr Wert beträgt $3{,}29 \cdot 10^{15}$ Hz. Im Einzelnen erhält man also:

LYMAN-Serie:	$n = 1$	$m = 2, 3, 4, 5, 6$ ….
BALMER-Serie:	$n = 2$	$m = 3, 4, 5, 6, 7$ ….
PASCHEN-Serie:	$n = 3$	$m = 4, 5, 6, 7, 8$ ….
BRACKETT-Serie:	$n = 4$	$m = 5, 6, 7$ ….
PFUND-Serie:	$n = 5$	$m = 6, 7, 8$ ….

In Richtung auf einen Grenzwert, die so genannte Seriengrenze, wird die Linienfolge zunehmend dichter, die Abstände zwischen den Linien immer geringer.

Der Zusammenhang zwischen der Struktur der Atome und der von ihnen nach Anregung emittierten elektromagnetischen Strahlung besteht offensichtlich darin, dass die Atome durch Energieaufnahme eine strukturelle Änderung in ihrer Elektronenhülle erfahren; bei Rückkehr in die Ausgangsstruktur wird die Energiedifferenz zwischen beiden Strukturen in Form elektromagnetischer Strahlung, $E = h\nu$, emittiert.

3.3.3 Das BOHRsche Modell des Wasserstoffatoms

Bereits 1913 entwickelte der dänische Physiker N. BOHR ein Modell für das Wasserstoffatom, um dessen Frequenzspektrum erklären zu können. Ausgehend von der allgemeinen Erfahrung, dass Atome und ihre Elektronenhüllen stabil sind, sowie unter Beibehaltung des RUTHERFORDschen Planetenmodells mit den auf Kreisbahnen sich um den Atomkern bewegenden Elektronen, formulierte BOHR für das Wasserstoffatom zwei Postulate, die erst später durch die Quantenmechanik begründet wurden:

1. Es gibt im Wasserstoffatom einige Bahnen, auf denen das Elektron, ganz im Widerspruch zur klassischen Elektrodynamik, strahlungsfrei, also ohne Energieverlust, umlaufen kann. Aber nicht alle aus klassischer Sicht möglichen Bahnen sind erlaubt, sondern nur diejenigen, auf denen der Drehimpuls des Elektrons ein ganzzahliges Vielfaches von $h/2\pi = \hbar$ beträgt:

   $$m\,v\,r = n\,\hbar \tag{3-4}$$

   mit $n = 1, 2, 3, 4, 5, \ldots$; n ist dabei eine ganze Zahl und wird Quantenzahl genannt. Jeder dieser erlaubten Quantenbahnen entspricht ein bestimmter Energiezustand des Atoms. Das Wasserstoffatom befindet sich im niedrigsten Energiezustand, dem **Grundzustand**, wenn sich das Elektron auf der Bahn mit dem kleinsten erlaubten Radius bewegt. Alle weiter außen, also vom Kern entfernter liegenden Bahnen entsprechen höheren Energiezuständen des Atoms, den **angeregten Zuständen.**
2. Um das Elektron auf eine Bahn mit einem größeren Radius zu bringen, muss ihm eine entsprechende Energie zugeführt werden; dieser Energiebetrag ist die so genannte Anregungsenergie. Nach kurzer Verweilzeit fällt das Elektron spontan von der energetisch höheren auf eine energetisch tiefer liegende Bahn zurück. Die Energiedifferenz zwischen Ausgangs- und Endbahn wird als elektromagnetische Strahlung einer bestimmten Frequenz emittiert; das emittierte Lichtquant trägt damit zu einer charakteristischen Spektrallinie bei.

N. BOHR berechnete die den verschiedenen Kreisbahnen entsprechenden Energiewerte nach der Formel

$$E_n = -h \cdot \frac{R_H}{n^2} \qquad \text{mit } n = 1, 2, 3, 4, \ldots \tag{3-5}$$

Für eine stabile Bahn muss auch hier die elektrostatische Anziehungskraft zwischen Kern und Elektron entgegengesetzt gleich der Zentrifugalkraft des Elektrons sein (Abbildung 3.2):

$$\frac{e_\pi^2}{r^2} = \frac{m \cdot v^2}{r} \qquad \left(e_\pi = \frac{e}{\sqrt{4\,\pi\,\varepsilon_0}} \right) \tag{3-6}$$

(ε_0 ist die Dielektrizitätskonstante im Vakuum: $8{,}85 \cdot 10^{-12}$ C^2/Jm).

Aus den Gleichungen (3-4) und (3-6) können die Radien der erlaubten Bahnen sowie die Geschwindigkeiten des Elektrons auf diesen Bahnen berechnet werden. Die Gesamtenergie des Elektrons setzt sich aus seiner potenziellen und seiner kinetischen Energie zusammen; mit den Ausdrücken für Radius und Geschwindigkeit erhält man

$$E = E_{pot} + E_{kin} \tag{3-7}$$

$$E = \frac{m \cdot v^2}{2} - \frac{e_\pi^2}{\mathrm{r}} \tag{3-8}$$

$$E = -\frac{m \cdot e_\pi^4}{2 \cdot n^2 \cdot \hbar^2} \tag{3-9}$$

Die Energie des Elektrons ist also gequantelt und hängt nur von der Quantenzahl n ab. Man erkennt, dass sie für $n = 1$ am niedrigsten ist; dies entspricht dem Grundzustand des Atoms. Der dazugehörige Radius wird als der BOHRsche Radius, a_0, bezeichnet.

Die qualitative und die quantitative Interpretation des Wasserstoffspektrums waren die herausragenden Erfolge des BOHRschen Atommodells. Alle Versuche aber, diese Modellvorstellung auf Atome mit mehr als einem Elektron in der Elektronenhülle zu übertragen, schlugen fehl. Wie sich zeigen sollte, war eine der Grundannahmen des Modells falsch, die Annahme nämlich, dass sich die Elektronen auf diskreten Bahnen um den Atomkern bewegen.

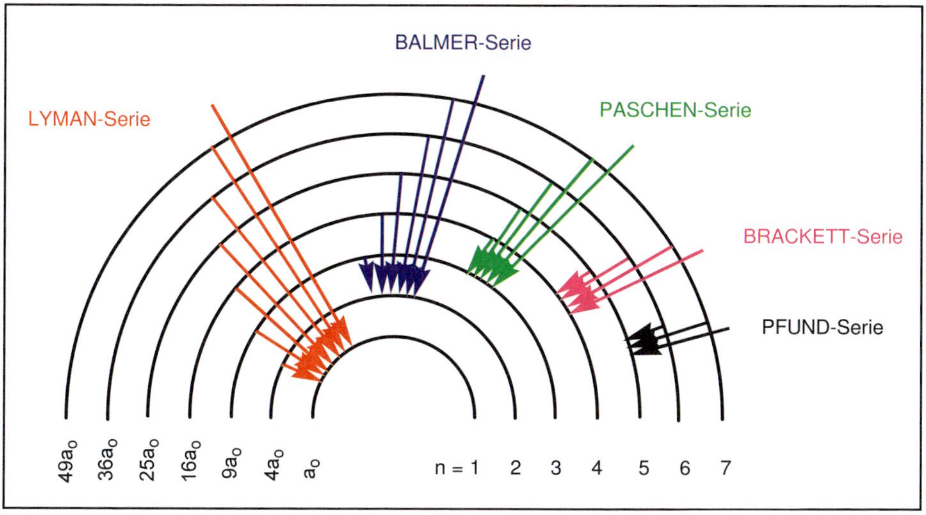

3.6 BOHRsches Modell des H-Atoms.

3.3.4 Grundprinzipien der Quantenmechanik

Die Erkenntnis, dass die Gesetze der klassischen Physik nicht geeignet sind, die Verhältnisse in der atomaren und subatomaren Dimension korrekt zu beschreiben, führte zu einer tief greifenden Erschütterung der Physik. Die stattdessen anzuwendenden Gesetze der Quantenmechanik erwiesen sich jedoch als Ausdruck einer übergeordneten Theorie, die die Gesetze der makroskopischen Physik als Grenzfälle einschließt. Im Folgenden kann und soll nicht der Versuch unternommen werden, die Quantenmechanik zu erklären oder gar mathematisch darzustellen; vielmehr sollen nur ihre Grundprinzipien und ihre Resultate auf einer qualitativen Ebene erläutert werden.

Der Welle-Teilchen-Dualismus In Exkurs 3.2 haben wir gesehen, dass das Licht im klassischen physikalischen Sinne als ein Wellenphänomen zu betrachten ist, dass wir jedoch mit dieser Betrachtungsweise nicht alle seine Eigenschaften erfassen können. Vielmehr müssen wir das Licht ebenso als einen Strom von Teilchen, den Photonen, auffassen. Dabei haben wir gelernt, dass Beugungsexperimente den Wellencharakter und Stoßexperimente den Teilchencharakter demonstrieren. Erst in dieser dualistischen Betrachtungsweise werden wir allen Eigenschaften des Lichtes gerecht.

Der französische Physiker L. DE BROGLIE entwickelte nun die Vorstellung, dass nicht nur den mit Lichtgeschwindigkeit fliegenden Photonen, sondern auch jedem anderen fliegenden Teilchen (Materieteilchen) eine Wellenlänge zuzuordnen ist.

Für ein Photon gilt: $\lambda = h\,/\,(m \cdot c)$ (3-10)
Für ein Materieteilchen gilt: $\lambda = h\,/\,(m \cdot v)$ (3-11)

Wenn das Licht Teilchencharakter besitzt, dann muss es möglich sein, den Photonen einen Impuls zuzuordnen (der Impuls ist das Produkt aus Masse und Geschwindigkeit eines Teilchens):

$$p = m \cdot c \qquad (3\text{-}12)$$

Mit der EINSTEINschen Masse-Energie-Äquivalenzbeziehung $E = m \cdot c^2$ erhalten wir daraus

$$p = E\,/\,c \qquad (3\text{-}13)$$

und mit der Beziehung $c = \nu \cdot \lambda$ folgt:

$$p = E\,/\,\nu \cdot \lambda \qquad (3\text{-}14)$$

Mit der PLANCKschen Gleichung $E = h \cdot \nu$ erhalten wir schließlich

$$p = h\,/\,\lambda. \qquad (3\text{-}15)$$

Durch die Beziehung (3-15) werden Wellenaspekt (λ) und Teilchenaspekt (p) des Lichtes miteinander verknüpft; als Bindeglied tritt dabei das PLANCKsche Wirkungsquantum *h* auf.

Jedes bewegte Objekt kann demnach auch als Welle aufgefasst werden. Bei makroskopischen Objekten sind die zugehörigen Wellenlängen jedoch so extrem klein, dass die Welleneigenschaften nicht nachweisbar sind. Bei Teilchen mit sehr kleinen Massen wie z. B. Elektronen, Neutronen, Protonen, Photonen etc. ist dies aber anders: Hier sind die Wellenlängen groß genug und damit experimentell bestimmbar.

1. Welche Wellenlänge entspricht einem Tennisball mit einer Masse von 50 g, der mit einer Geschwindigkeit von 30 m/s (das sind 108 km/h) fliegt?

   $\lambda = h\,/\,m \cdot v = 6{,}63 \cdot 10^{-34}\ \text{kg} \cdot \text{m}^2 \cdot \text{s}^{-1}\,/\,(0{,}05\ \text{kg} \cdot 30\ \text{ms}^{-1})$
   $\boldsymbol{\lambda = 4{,}42 \cdot 10^{-34}\ \text{m}}$

   Die Wellenlänge des fliegenden Tennisballes ist in der Tat unmessbar klein.

2. Welche Wellenlänge entspricht einem Elektron, das auf einer BOHRschen Kreisbahn mit einer Geschwindigkeit von $2{,}19 \cdot 10^6$ m/s fliegt?

   $\lambda = h / m \cdot v = 6{,}63 \cdot 10^{-34}\,\mathrm{kg} \cdot \mathrm{m}^2 \cdot \mathrm{s}^{-1} / (9{,}11 \cdot 10^{-31}\,\mathrm{kg} \cdot 2{,}19 \cdot 10^6\,\mathrm{ms}^{-1}$

   $\boldsymbol{\lambda = 3{,}32 \cdot 10^{-10}\,\mathrm{m}}$

   Die Wellenlänge des Elektrons liegt im Bereich der Röntgenstrahlung!

Der Wellencharakter des ja zunächst als Elementar**teilchen** erkannten Elektrons wurde von C. DAVISSON und L. GERMER experimentell nachgewiesen, indem sie zeigten, dass ein Elektronenstrahl beim Durchgang durch einen Kristall in der gleichen Weise gebeugt wird wie z. B. Röntgenstrahlen. Die experimentell bestimmte und die nach DE BROGLIE berechnete Wellenlänge stimmten hervorragend überein.

Der Welle-Teilchen-Dualismus macht es also erforderlich, bei der Beschreibung des Verhaltens von Elektronen in Atomen ihren Wellencharakter zu berücksichtigen.

Die HEISENBERGsche Unschärferelation Eine wichtige Konsequenz des Welle-Teilchen-Dualismus des Elektrons besteht darin, dass es prinzipiell unmöglich ist, für ein Elektron seinen Ort und seinen Impuls gleichzeitig mit großer Genauigkeit anzugeben. HEISENBERG fand 1927, dass gleichzeitige Aussagen über den Impuls und den Ort des Elektrons immer mit einer bestimmten Ungenauigkeit behaftet sind:

$$\Delta x \cdot \Delta p \;\geq\; h/4\pi \qquad \text{HEISENBERGsche Unschärferelation} \qquad (3\text{-}16)$$

Das Produkt des Fehlers einer Ortsbestimmung (Δx) und einer gleichzeitigen Impulsbestimmung (Δp) hat mindestens den Wert des PLANCKschen Wirkungsquantums.

HEISENBERG verdeutlichte die von ihm entdeckte Unschärferelation durch ein einfaches Gedankenexperiment: Für die Beobachtung eines Teilchens muss eine Strahlung verwendet werden, deren Wellenlänge λ unter der Größenordnung des Teilchendurchmessers liegt, da sonst kein scharfes (genaues) Bild entsteht. Ist das Teilchen nun entsprechend klein, so benötigt man eine sehr kurzwellige, also sehr energiereiche Strahlung. Wird nun das abzubildende Elektron von einem solchen energiereichen Quant getroffen, dann erfolgt eine Impulsübertragung und damit eine Veränderung des ursprünglichen Impulses des Elektrons. Eine zunehmende Schärfe der Abbildung des Elektrons (Δx klein) durch kürzere Wellenlängen ist also mit einer wachsenden Unschärfe in der Kenntnis des Impulses (Δp groß) verbunden und umgekehrt.

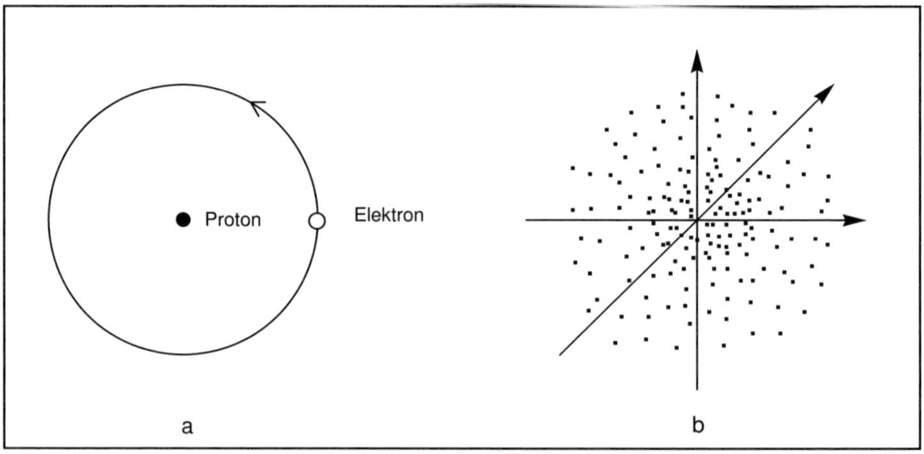

3.7 **a** Das H-Atom nach BOHR; **b** Elektronenwolke des H-Atoms.

Das Problem besteht nun nicht einfach darin, dass wir nicht in der Lage sind, Ort und Impuls (Geschwindigkeit) zu messen; vielmehr bedeutet die Unschärferelation, dass ein Teilchen wie das Elektron nicht gleichzeitig einen festgelegten Ort und eine festgelegte Geschwindigkeit haben kann. Damit hat HEISENBERG den Beweis erbracht, dass sich das Elektron im Wasserstoffatom nicht auf einer Kreis**bahn** bewegen kann: Auf einer solchen Kreisbahn wären Ort und Geschwindigkeit des Elektrons zu jedem Zeitpunkt exakt festgelegt. Das BOHRsche Modell musste also deshalb falsch sein, weil sich das Elektron nicht gleichzeitig in einem bestimmten Bahnpunkt befinden und sich mit konstanter Geschwindigkeit entlang dieser Bahn bewegen kann. Oder anders formuliert: Für die Beschreibung der Bewegung der Elektronen in einem Atom muss die Vorstellung von definierten Elektronen**bahnen** aufgegeben werden.

Worin besteht nun die Alternative? Da einem Elektron zu einem bestimmten Zeitpunkt kein bestimmter Ort zugewiesen werden kann, müssen wir einräumen, dass es im gesamten Raum des Atoms anzutreffen ist. An einem bestimmten Ort in der Umgebung des Atomkerns wird das Elektron also nur mit einer gewissen Wahrscheinlichkeit anzutreffen sein. Diese Betrachtungsweise impliziert die Vorstellung einer über das gesamte Atom verteilten Elektronenwolke. Die Gestalt dieser Elektronenwolke gibt den Raum an, in dem sich das Elektron mit größter Wahrscheinlichkeit aufhalten wird (Abbildung 3.7b).

3.3.5 Das wellenmechanische Atommodell. Die SCHRÖDINGER-Gleichung

In der von E. SCHRÖDINGER entwickelten Wellenmechanik wird das Elektron unter Anwendung der DE BROGLIE-Beziehung als Wellenphänomen behandelt. SCHRÖDINGER fand, dass die einem Elektron in einem Atom zuzuordnende Welle im Anziehungsbereich des positiv geladenen Atomkerns zur Ausbildung einer *stehenden Welle* führen muss, da nur eine stehende Welle auch zeitlich stabil ist. Der Wellenraum für diese stehende Welle ist faktisch dadurch begrenzt, dass die Wellenfunktion ψ, die die stehende Welle mathematisch beschreibt, mit zunehmendem Abstand vom Atomkern sehr schnell gegen Null konvergiert. Für das Wasserstoffatom erhielt SCHRÖDINGER die folgende Gleichung:

$$\left[-\frac{h^2}{8\pi^2 m}\left(\frac{\partial^2}{\partial x^2}+\frac{\partial^2}{\partial y^2}+\frac{\partial^2}{\partial z^2}\right)-\frac{e^2}{r}\right]\psi = E\cdot\psi \qquad (3\text{-}17)$$

Dies ist die berühmte SCHRÖDINGER-Gleichung, die in ihrer allgemeinen Form die Grundlage aller modernen Theorien über den Bau der Elektronenhüllen von Atomen und auch von Molekülen bildet. Wenn wir Gleichung (3-17) lösen können, dann wird das Ergebnis eine Beschreibung der Verteilung des Elektrons in einem Wasserstoffatom sein; diese Feststellung können wir als ein Grundpostulat der Quantenmechanik betrachten.

Schauen wir uns diese Gleichung etwas genauer an, so finden wir, dass auf ihrer linken Seite der Ausdruck in eckigen Klammern nichts anderes darstellt als eine mathematische Vorschrift für das, was mit der Funktion ψ zu tun ist; in der Mathematik bezeichnet man eine solche Vorschrift als Operator – in unserem Fall ist es der **HAMILTON-Operator Ĥ**. Damit können wir die SCHRÖDINGER-Gleichung in einer verblüffend einfachen Form schreiben:

$$\hat{H}\,\psi = E\cdot\psi \qquad (3\text{-}18)$$

Die SCHRÖDINGER-Gleichung ist eine partielle Differentialgleichung, d. h. als Lösungen treten einfache Funktionen (Wellenfunktionen) auf. Von den unendlich vielen möglichen Lösungsfunktionen sind jedoch nur solche eindeutig und physikalisch sinnvoll, die bestimmte Randbedingungen erfüllen. So soll eine Lösungsfunktion ψ überall einen endlichen Wert besitzen, und die Wahrscheinlichkeit, das Elektron im Raum um den Atomkern insgesamt anzutreffen, muss gleich Eins sein, d. h. das Elektron muss mit Sicherheit im Raum um den Atomkern herum angetroffen werden (Normierungsbedingung). Die Lösungen der SCHRÖDINGER-Gleichung werden als Eigenfunktionen oder auch Eigenzustände bezeichnet. Die Energie nimmt danach nur ganz bestimmte Werte an, die als Eigenwerte der Energie bezeichnet werden. Gehört zu einem Energieeigenwert nur eine einzige Lösungsfunktion, so wird ein solcher Zustand als einfach bzw. nicht entartet bezeichnet; gehören zu einem Energieeigenwert zwei, drei, vier,..., n Lösungsfunktionen ψ, dann liegen zweifach, dreifach, vierfach, ..., n-fach entartete Zustände vor.

Wie beschreiben nun die Wellenfunktionen ψ als Lösungen der SCHRÖDINGER-Gleichung die Verteilung des Elektrons im Wasserstoffatom? In der Antwort auf diese Frage folgen wir der Interpretation von M. BORN, der feststellte, dass das Quadrat der Wellenfunktion ψ als die **Wahrscheinlichkeitsdichte der Aufenthaltsorte des Elektrons** verstanden werden kann. Danach würden wir das Elektron an Orten mit größeren Werten für ψ^2 öfter antreffen als an Orten mit entsprechend kleineren ψ^2-Werten. Was wir also als Information über das Verhalten des Elektrons aus dem wellenmechanischen Atommodell gewinnen, besteht zum einen in einer Aussage über die relative Wahrscheinlichkeit, das Elektron an verschiedenen Orten in der Umgebung des Atomkerns anzutreffen, und zum anderen in einer Aussage zu seinen Energiezuständen.

Das Quadrat der Wellenfunktion ist in dieser Auffassung proportional zur Ladungsdichte im Raum um den Atomkern. Wenn man sich das Elektron als fliegendes Teilchen vorstellt, so ist seine elektrische Ladung im Mittel im Raum verteilt (Abbildung 3.7b); man kann sich die Verteilung der Ladung wie eine Wolke vorstellen. An Orten mit hoher Ladungsdichte ist die Aufenthaltswahrscheinlichkeit für das als Teilchen gedachte Elektron hoch, an Orten mit geringer Ladungsdichte entsprechend gering. Diese Interpretation ist aber nur eine Aussage über die Wahrscheinlichkeit, das Teilchen Elektron an einem bestimmten Ort anzutreffen, sie ist keine wie auch immer geartete Beschreibung einer Bewegungsbahn des Elektrons.

Die substanzielle Unsicherheit in Bezug auf die räumliche Position des Elektrons steht in völliger Übereinstimmung mit der HEISENBERGschen Unschärferelation, da wir aus den Lösungen der SCHRÖDINGER-Gleichung sehr genaue Werte für die Energiezustände des Elektrons erhalten.

Die wellenmechanische Behandlung des Wasserstoffatoms ist von grundsätzlicher Bedeutung, da die SCHRÖDINGER-Gleichung nur für dieses (und andere Einelektronen-Atome) exakt gelöst werden kann. Für Atome mit mehr als nur einem Elektron müssen Näherungslösungen gefunden werden; dafür aber sind die exakten Lösungen für das Wasserstoffatom von grundlegender Bedeutung.

Da das Potenzial des Atomkerns, dem das Elektron ausgesetzt ist, Kugelsymmetrie besitzt, ist es sinnvoll, die kartesischen Koordinaten x, y und z in die Kugelkoordinaten r, ϑ und φ zu transformieren:

$$\psi(x,y,z) \longrightarrow \psi(r,\vartheta,\varphi)$$

Wenn man nun die SCHRÖDINGER-Gleichung für das H-Atom löst, erhält man eine begrenzte Anzahl von Schwingungszuständen für das Elektron, die dazu gehörigen räumlichen Ladungsverteilungen sowie die jeweiligen Energieeigenwerte. Diese erlaubten Zustände sind durch die aus den Randbedingungen folgenden drei Quantenzahlen eindeutig festgelegt. Die Quantenzahlen ergeben sich also aus der Lösung der SCHRÖDINGER-Gleichung und müssen nicht – wie im BOHRschen Atommodell – willkürlich eingeführt werden. Im Einzelnen erhält man

n = Hauptquantenzahl = 1, 2, 3, 4, 5, 6, ...
l = Bahndrehimpulsquantenzahl = 0, 1, 2, 3, 4, 5, 6, ..., (n – 1)
m_l = magnetische Bahndrehimpulsquantenzahl = $-l, -l+1, ..., -1, 0, +1, ..., +l-1, +l$

Der Zustand des Elektrons wird durch diese drei Quantenzahlen eindeutig bestimmt; die Rechnungen zeigen, dass sie die oben angegebenen Werte annehmen können. Zwischen den Quantenzahlen existieren also innere Zusammenhänge, sie können nicht jeden beliebigen Wert annehmen. Für eine gegebene Hauptquantenzahl n kann l stets nur die Werte von 0 bis (n – 1) annehmen, für einen gegebenen Wert von l kann m_l immer nur die Werte von $+l$ über 0 bis $-l$ annehmen.

Die Eigenfunktionen $\psi_{n,l,m_l}(r,\vartheta,\varphi)$ werden auch als **Atomorbitale** bezeichnet.

Neben den Wellenfunktionen $\psi_{n,l,m_l}(r,\vartheta,\varphi)$ liefert die SCHRÖDINGER-Gleichung auch die Energieeigenwerte für das Elektron:

$$E_n = -\frac{Z^2 e_\pi^2}{2 a_0} \cdot \frac{1}{n^2} \qquad (3\text{-}19)$$

mit n = 1,2,3,4,...; Z = Kernladungszahl; $a_0 = h^2/me^2$ = 52,9 pm;
m = Masse des Elektrons

Gleichung (3-19) belegt, dass die Energie des Elektrons im H-Atom nur von der Hauptquantenzahl n abhängt, nicht jedoch von der Bahndrehimpulsquantenzahl und der magnetischen Bahndrehimpulsquantenzahl. Da aber jede Eigenfunktion durch bestimmte Werte von l und m_l charakterisiert ist, gehören zu jedem Energieeigenwert – außer zu E_1 – mehrere Eigenfunktionen. Alle Eigenfunktionen mit einer bestimmten Hauptquantenzahl n, aber unterschiedlichen Quantenzahlen l und m_l, gehören folglich zu dem gleichen Energieeigenwert. Der Entartungsgrad der jeweiligen Zustände ergibt sich als Quadrat der Hauptquantenzahl:

E_1	$n = 1$	$l = 0$	$m_l = 0$	$1^2 = 1$	
E_2	$n = 2$	$l = 0$	$m_l = 0$		
		$l = 1$	$m_l = +1, 0, -1$	$2^2 = 4$	
E_3	$n = 3$	$l = 0$	$m_l = 0$		
		$l = 1$	$m_l = +1, 0 -1$		
		$l = 2$	$m_l = +2, +1, 0, -1, -2$	$3^2 = 9$	
E_4	$n = 4$	$l = 0$	$m_l = 0$		
		$l = 1$	$m_l = +1, 0, -1$		
		$l = 2$	$m_l = +2, +1, 0, -1, -2$		
		$l = 3$	$m_l = +3, +2, +1, 0, -1, -2, -3$	$4^2 = 16$	(3-20)

Die Gesamtheit aller Zustände mit derselben Hauptquantenzahl n bezeichnen wir als eine **Schale**, zu deren Kennzeichnung Großbuchstaben verwendet werden:

$$n = 1 \Rightarrow \text{K-Schale} \qquad n = 3 \Rightarrow \text{M-Schale}$$
$$n = 2 \Rightarrow \text{L-Schale} \qquad n = 4 \Rightarrow \text{N-Schale etc.} \qquad (3\text{-}21)$$

Zur Kennzeichnung der Zustände mit verschiedenen Werten der Bahndrehimpulsquantenzahl l werden Kleinbuchstaben verwendet; alle zu einem l-Wert gehörenden Zustände bilden eine **Unterschale**:

$$l = 0 \Rightarrow \text{s-Zustand} \qquad l = 2 \Rightarrow \text{d-Zustand}$$
$$l = 1 \Rightarrow \text{p-Zustand} \qquad l = 3 \Rightarrow \text{f-Zustand etc.} \qquad (3\text{-}22)$$

Zur Bezeichnung der Atomorbitale, also der Zustandsfunktionen des Elektrons, werden der Zahlenwert der jeweiligen Hauptquantenzahl n und das Buchstabensymbol der entsprechenden Bahndrehimpulsquantenzahl l in der folgenden Weise angegeben:

$n\,l$: 1s für $n = 1$ und $l = 0$ 3s für $n = 3$ und $l = 0$
2s für $n = 2$ und $l = 0$ 3p für $n = 3$ und $l = 1$
2p für $n = 2$ und $l = 1$ 3d für $n = 3$ und $l = 2$ (3-23)

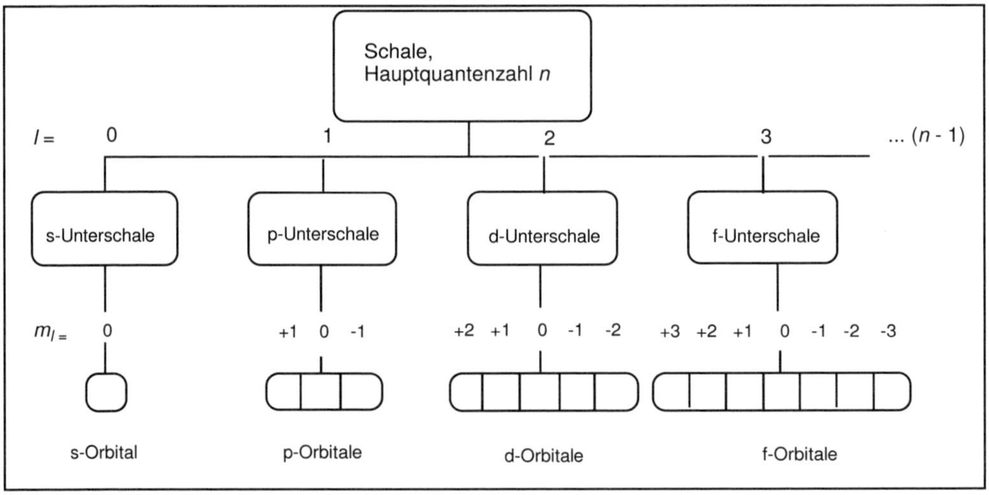

3.8 Schalenmodell der Elektronenhülle.

Zur vollständigen Kennzeichnung erhalten die für l verwendeten Buchstaben (außer s) außerdem Indizes, die sich aus der Rücktransformation der Wellenfunktionen aus den Kugelkoordinaten in die kartesischen Koordinaten ergeben. Diese Indizes stehen für die verschiedenen m_l-Werte der **einzelnen Atomorbitale einer**

Unterschale und kennzeichnen deren räumliche Vorzugsrichtungen in einem kartesischen Koordinatensystem (Abbildung 3.10).

p_x, p_y, p_z; d_{xy}, d_{xz}, d_{yz}, $d_{x^2-y^2}$, d_{z^2}

Der Zusammenhang zwischen Schalen, Unterschalen und einzelnen Atomorbitalen lässt sich durch das in Abbildung 3.8 gezeigte Diagramm veranschaulichen.

Die graphische Darstellung der Wellenfunktionen $\psi(r,\vartheta,\varphi)$ Die exakte Lösung der SCHRÖDINGER-Gleichung hat eine Separation der Variablen r, ϑ und φ (bzw. x, y und z) zur Voraussetzung; diese ist für Einelektronenatome erfüllt.

Danach bestehen die Lösungsfunktionen ψ auf folgende Weise aus dem Produkt der Radialfunktion R und der Winkelfunktion Y:

$$\psi_{n,l,m_l}(r,\vartheta,\varphi) = R_{n,l}(r) \cdot Y_{l,m_l}(\vartheta,\varphi) \quad (3\text{-}24)$$

R ist nur eine Funktion des Abstandes r vom Atomkern und enthält die Quantenzahlen n und l, Y ist nur eine Funktion der Winkel ϑ und φ und enthält nur die Quantenzahlen l und m_l.

Die Darstellung der Radialteile Zunächst repräsentiert die Radialfunktion die Werte $R_{n,l}$ entlang einer vom Kern ausgehenden Geraden mit zunehmendem Abstand r (Abbildung 3.9a); entsprechend bestimmt das Quadrat der Radialfunktion, $R_{n,l}^2$, die relative Elektronendichte entlang dieser Geraden. Diese Information ist noch nicht sonderlich hilfreich. Um nun die durch die Radialfunktion bestimmte relative Elektronendichte auch räumlich darstellen zu können, betrachten wir die Wahrscheinlichkeit, mit der wir das Elektron in einer Kugelschale der infinitesimalen Dicke dr um eine Kugeloberfläche mit dem Radius r antreffen (Abbildung 3.9).

Die Kugel mit dem Radius r hat die Oberfläche $4\pi r^2$; folglich ist das Volumen der Kugelschale dτ:

$$d\tau = 4\pi r^2\, dr \quad (3\text{-}25)$$

Damit finden wir für die Wahrscheinlichkeit dW, das Elektron in der Kugelschale anzutreffen

$$dW = 4\pi r^2 R_{n,l}^2(r)\, dr \quad (3\text{-}26)$$

Dieser Ausdruck ist die **Radialverteilung,** die in Abbildung 3.9b für die Atomorbitale 1s bis 3d dargestellt ist.

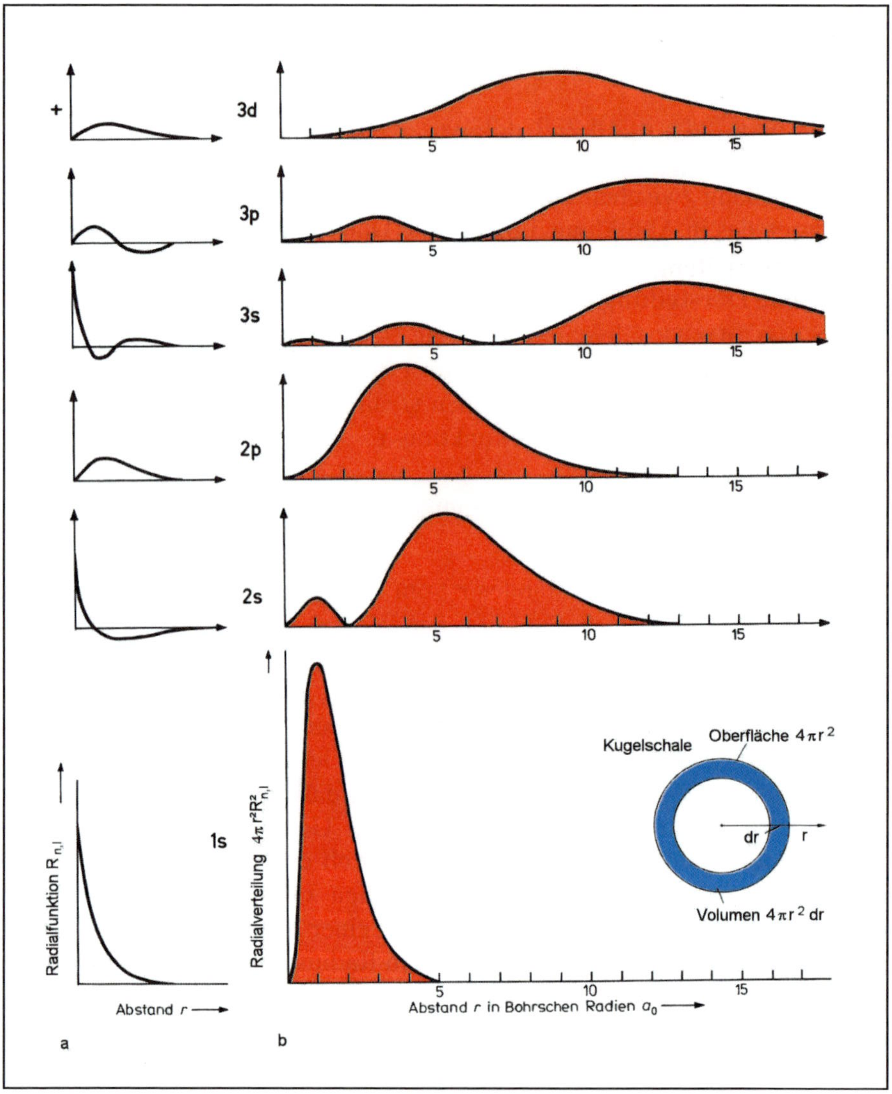

3.9 Radiale Abhängigkeit der Elektronenzustände 1s, 2s, 2p, 3s, 3p und 3d: **a** Radialfunktionen $R_{n,l}$; **b** Radialverteilungsfunktionen $4\pi r^2 R_{n,l}^2$.

Welche Informationen können wir aus der Darstellung der Radialfunktion bzw. der Radialverteilung gewinnen?

- Mit wachsender Hauptquantenzahl n sind die Funktionen nach größeren Werten von r ausgedehnt.

- Nur die s-Funktionen haben einen endlichen Wert am Kernort, d.h. bei $r = 0$; für diese Orbitale ist die Elektronendichte in Kernnähe am größten.
- Einige Funktionen $R_{n,l}(r)$ haben im Bereich $0 < r < \infty$ Nulldurchgänge, d.h. die Funktionen wechseln hier ihr Vorzeichen (2s, 3s, 3p); in der Darstellung der Radialverteilung entspricht dies Flächen im Raum, auf denen die Aufenthaltswahrscheinlichkeit für das Elektron Null beträgt. Solche Flächen werden allgemein als **Knotenflächen** bezeichnet. Da sie in der Radialverteilung kugelsymmetrisch sind, heißen sie hier entsprechend Kugelknotenflächen. Ihre Anzahl ergibt sich zu $(n - l - 1)$

Die Darstellung der Winkelteile Die Winkelfunktionen $Y_{l,m_l}(\vartheta,\varphi)$ hängen nur von den Variablen ϑ und φ ab, sodass ihre graphische Darstellung Flächen im Raum ergibt. Das Quadrat der Winkelteile, $Y^2_{l,m_l}(\vartheta,\varphi)$, bestimmt damit die Verteilung der relativen Elektronendichte auf einer Kugeloberfläche mit konstantem, aber beliebigem Radius r. Die Ergebnisse sind in Abbildung 3.10 dargestellt und lassen uns folgendes erkennen:

- Die **Bahndrehimpulsquantenzahl *l*** bestimmt die **Gestalt der Atomorbitale**: s-Orbitale sind kugelsymmetrisch, p-Orbitale sind zweiteilig hantelförmig, d-Orbitale sind – mit Ausnahme von d_{z^2} – vierteilig rosettenförmig. Das d_{z^2}-Orbital hat zwar eine andere Gestalt, wichtig ist jedoch die Feststellung, dass die fünf d-Orbitale dennoch äquivalent sind.
- Die **magnetische Bahndrehimpulsquantenzahl m_l** bestimmt die **räumliche Orientierung der Atomorbitale** in einem kartesischen Koordinatensystem: Die s-Orbitale sind kugelsymmetrisch (zentrosymmetrisch) und besitzen daher keine räumlichen Vorzugsrichtungen. Die p-Orbitale liegen genau auf den Koordinatenachsen: p_x auf der x-Achse, p_y auf der y-Achse und p_z auf der z-Achse; in Bezug auf die jeweilige Achse sind die p-Orbitale also rotationssymmetrisch. Bei den d-Orbitalen gibt es zwei Gruppen: d_{xy}, d_{xz} und d_{yz} erstrecken sich genau zwischen den Koordinatenachsen (auf den Winkelhalbierenden) und liegen in der xy-, xz- bzw. yz-Ebene; $d_{x^2-y^2}$ und d_{z^2} liegen dagegen genau wieder auf den Koordinatenachsen, nämlich auf der x- und y-Achse bzw. auf der z-Achse.

Die Darstellung von $Y^2_{l,m_l}(\vartheta,\varphi)$ zeigt für s-Orbitale keine Knotenebene, für p-Orbitale eine und für d-Orbitale zwei, die senkrecht aufeinander stehen (das d_{z^2}-Orbital hat ebenfalls zwei Knotenflächen, die als zwei Kegel mit einer gemeinsamen Spitze im Koordinatenursprung beschrieben werden können). Die Zahl der Knotenebenen entspricht hier also dem Wert der Bahndrehimpulsquantenzahl l. Da wir in der Radialverteilung $(n - l - 1)$ Knotenflächen gefunden hatten, ergeben sich für jede Wellenfunktion $\psi(r, \vartheta, \varphi)$ damit insgesamt $(n - 1)$ Knotenflächen. Wir halten also noch einmal fest:

- Die Hauptquantenzahl n bestimmt die Größe der Atomorbitale.
- Die Bahndrehimpulsquantenzahl l bestimmt die Gestalt der Atomorbitale.
- Die magnetische Bahndrehimpulsquantenzahl m_l bestimmt die räumliche Orientierung der Atomorbitale.

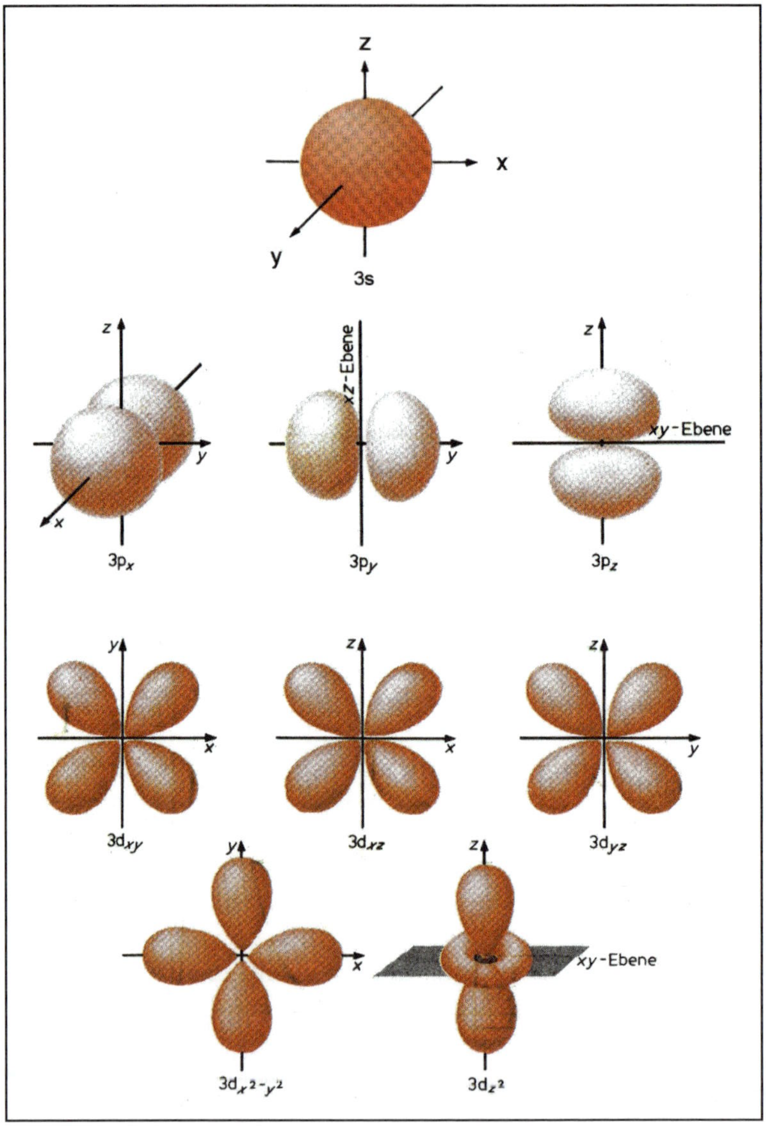

3.10 Gestalt und räumliche Orientierung der s-, p- und d-Orbitale.

Es sind dies aber genau die drei Eigenschaften der Winkelteile, die für die spätere Diskussion der chemischen Bindung von grundlegender Bedeutung sind. Da der Radialteil der Wellenfunktion dabei nicht berücksichtig werden muss, hat es sich eingebürgert, anstelle der Wellenfunktion insgesamt nur noch ihren Winkelteil als Atomorbital zu bezeichnen.

Wenn wir nun die Verteilung der Elektronendichte im Raum um den Atomkern korrekt und vollständig beschreiben wollten, dann müssten wir die jeweiligen Teildarstellungen $R_{n,l}^2(r)$ und $Y_{l,m_l}^2(\vartheta,\varphi)$ überlagern, damit wir zu einer Darstellung von $\psi_{n,l,m_l}^2(r,\vartheta,\varphi)$ gelangen. Eine direkte Darstellung von $\psi_{n,l,m_l}^2(r,\vartheta,\varphi)$ selbst kann jedoch nicht gelingen, da für die Darstellung einer Funktion von drei unabhängigen Variablen ein mehrdimensionales Koordinatensystem erforderlich wäre. Ein Ausweg besteht allerdings darin, dass man solche Flächen im Raum darstellt, auf denen die Werte von $\psi_{n,l,m_l}^2(r,\vartheta,\varphi)$ jeweils konstant sind (analog den Isobaren auf einer Wetterkarte). Auf diese Weise erhält man die **Konturendiagramme**.

3.3.6 Der Elektronenspin

Das wellenmechanische Atommodell ist eine adäquate Darstellung der zurzeit gültigen Vorstellungen vom Verhalten des Elektrons in einem H-Atom. Dieses Modell berücksichtigt jedoch *eine* Eigenschaft des Elektrons noch nicht, die völlig unabhängig davon existiert, ob das Elektron Bestandteil eines Atoms ist oder nicht. In einem magnetischen Feld zeigt das Elektron im H-Atom nämlich ein Verhalten, aus dem auf einen konstanten Drehimpuls geschlossen werden muss, der neben dem existiert, der aus seiner Bewegung um den Atomkern resultiert.

Ein konstanter Drehimpuls kann für einen Körper konstanter Masse nur aus einer Rotation um seine eigene Achse mit ebenfalls konstanter Geschwindigkeit resultieren. Hier gibt es aber nun zwei Möglichkeiten, nämlich zum einen die Rotation in Uhrzeigerrichtung und zum anderen die entgegen der Uhrzeigerrichtung. Gibt man folglich durch ein äußeres magnetisches Feld eine Bezugsrichtung vor, dann kann die Eigenrotation des Elektrons, der **Elektronenspin**, eine von zwei möglichen Richtungen haben. Dies erinnert uns natürlich an die Raum-Quantelung der Atomorbitale, und wir sprechen folglich von der Elektronenspin-Quantelung mit der Spinquantenzahl m_s. Diese Spinquantenzahl m_s kann nur zwei Werte annehmen, nämlich +½ oder –½; die Größe des Spins ist also immer konstant. Die Änderung zwischen den beiden möglichen Spinzuständen beträgt eine Einheit, also wieder eine ganze Zahl.

Die Spin-Eigenschaft der Elektronen beeinflusst nicht die Atomorbitale, die die Verteilung des Elektrons im Raum um den Atomkern beschreiben. Auch von daher ist es gerechtfertigt, den Elektronenspin separat zu behandeln.

Von GOUDSMIT und UHLENBECK als Eigenschaft des Elektrons postuliert, wurde die Existenz des Elektronenspins 1921 von STERN und GERLACH experimentell nachgewiesen (Abbildung 3.11). Sie erzeugten einen gerichteten Strahl von Silber-Atomen, den sie durch ein sehr starkes inhomogenes Magnetfeld schickten. Dabei erfolgt eine Aufspaltung des Strahls in zwei gleiche Komponenten. Ein Ag-Atom hat 47 Elektronen, von denen 46 paarweise entgegengesetzte Spins besitzen und damit magnetisch unwirksam sind. Das ungepaarte 47. Elektron macht nun das Ag-Atom zu einem kleinen Magneten, der durch das äußere Magnetfeld abgelenkt wird. In einem sehr großen Schwarm von Ag-Atomen wird nach den Gesetzen der Wahrscheinlichkeit die eine Hälfte ein ungepaartes Elektron mit $m_s = +½$, die andere Hälfte mit $m_s = –½$ haben; dadurch wird der Strahl der Ag-Atome im Magnetfeld in zwei gleiche Komponenten gespalten.

Die Ag-Atome besitzen also ein gequanteltes magnetisches Moment, das aus der Eigenrotation des ungepaarten Elektrons resultiert. Es existieren zwei Einstellmöglichkeiten, die wir auch als parallel und antiparallel kennzeichnen können.

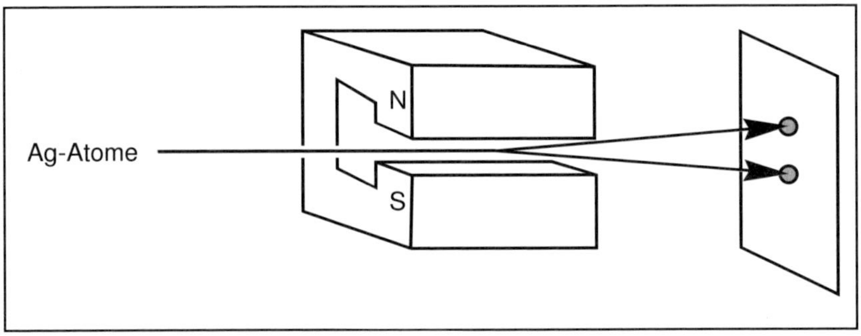

3.11 STERN-GERLACH-Versuch.

Zur vollständigen Beschreibung eines Elektronenzustandes im H-Atom sind nunmehr also insgesamt vier Quantenzahlen erforderlich, sodass sich für die Wellenfunktion auch vier Indizes ergeben:

$$\psi_{n,l,m_l,m_s}(r,\vartheta,\varphi,\sigma) = \psi_{n,l,m_l}(r,\vartheta,\varphi)\cdot\chi(\sigma) \quad (3\text{-}27)$$

$\chi(\sigma)$ ist darin die so genannte Spinfunktion.

3.3.7 Atome mit mehreren Elektronen

Bei Atomen mit mehr als nur einem Elektron ist die Situation erwartungsgemäß wesentlich komplizierter. Für solche Atome ist die SCHRÖDINGER-Gleichung nicht mehr exakt lösbar. Der Grund dafür liegt in der gegenseitigen Abstoßung der Elektronen.

Für die Gesamtenergie eines in Abbildung 3.12 gezeigten Zweielektronen-Systems würde sich z. B. ergeben:

$$E_{gesamt} = E_{kin} + E_{pot} = \frac{1}{2} m v_1^2 + \frac{1}{2} m v_2^2 - \frac{Ze^2}{r_1} - \frac{Ze^2}{r_2} + \frac{e^2}{r_{12}} \quad (3\text{-}28)$$

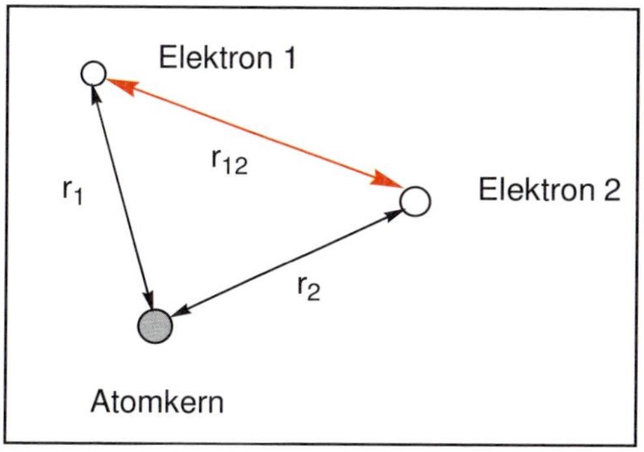

3.12 Zweielektronen-System.

Die letzten drei Terme dieser Gleichung stellen die potenzielle Energie des Systems dar und wären in dieser Form Bestandteil des HAMILTON-Operators (Gleichung 3-17); der darin auftretende Abstand r_{12} hängt aber sowohl von r_1 als auch von r_2 ab, wodurch die für eine exakte Lösung der SCHRÖDINGER-Gleichung erforderliche Separation der Variablen nicht mehr durchgeführt werden kann.

Aus diesem Grunde wurde ein Modell entwickelt, das einerseits das Wesentliche des Mehrelektronenatoms erfasst, das andererseits aber wiederum so einfach ist, dass dafür die SCHRÖDINGER-Gleichung gelöst werden kann. Dieses Modell ist das so genannte **Zentralfeld-Modell** oder auch **Modell der unabhängigen Teilchen**:

Jedes Elektron bewegt sich *unabhängig* von den anderen Elektronen in einem mittleren kugelsymmetrischen Feld, das vom Atomkern und allen anderen Elektronen aufgebaut wird.

Die Aufgabe besteht also darin, eine geeignete mathematische Funktion zu finden, die dieses kugelsymmetrische Potential möglichst genau annähert. Unter dieser Voraussetzung existiert dann für jedes Elektron im Atom wieder eine Wellenfunktion; aus den einzelnen Wellenfunktionen wird dann die Gesamtwellenfunktion der Elektronenhülle des Atoms aufgebaut.

Ohne hier auf Einzelheiten eingehen zu wollen, sei an dieser Stelle lediglich festgestellt, dass die Wellenfunktionen für Mehrelektronenatome, also ihre Atomorbitale, sich von den entsprechenden Wellenfunktionen des H-Atoms lediglich in den Radialfunktionen, nicht jedoch in den Winkel- und Spinfunktionen unterscheiden. Man spricht bei den Atomorbitalen der Mehrelektronenatome daher auch von den **wasserstoffähnlichen Atomorbitalen**. Damit ist der Zustand eines Elektrons in einem Mehrelektronenatom – genau wie im Wasserstoffatom – durch einen Satz von vier Quantenzahlen vollständig beschrieben. Man verwendet daher für das Mehrelektronenatom genau die gleiche Symbolik wie für das Wasserstoffatom. So ist z. B. ein Elektron mit der Hauptquantenzahl $n = 2$ und der Bahndrehimpulsquantenzahl $l = 1$ auch im Mehrelektronenatom ein 2p-Elektron etc.

Die wichtigste Konsequenz der Elektronenwechselwirkung in Mehrelektronenatomen ist die Aufhebung der Entartung der durch die Bahndrehimpulsquantenzahl l charakterisierten Elektronenzustände. Die Gegenüberstellung der energetischen Verhältnisse in Abbildung 3.13 zeigt noch einmal anschaulich, dass im Wasserstoffatom die Energie der Elektronenzustände nur von der Hauptquantenzahl n abhängt; in Mehrelektronenatomen wird sie dagegen von der Hauptquantenzahl n *und* der Bahndrehimpulsquantenzahl l bestimmt. Die bei gleichem l-Wert durch die magnetische Bahndrehimpulsquantenzahl m_l bestimmten Elektronenzustände bleiben jedoch nach wie vor entartet, da es im isolierten Atom keine räumliche Vorzugsrichtung gibt, die zu einer energetischen Differenzierung führen könnte.

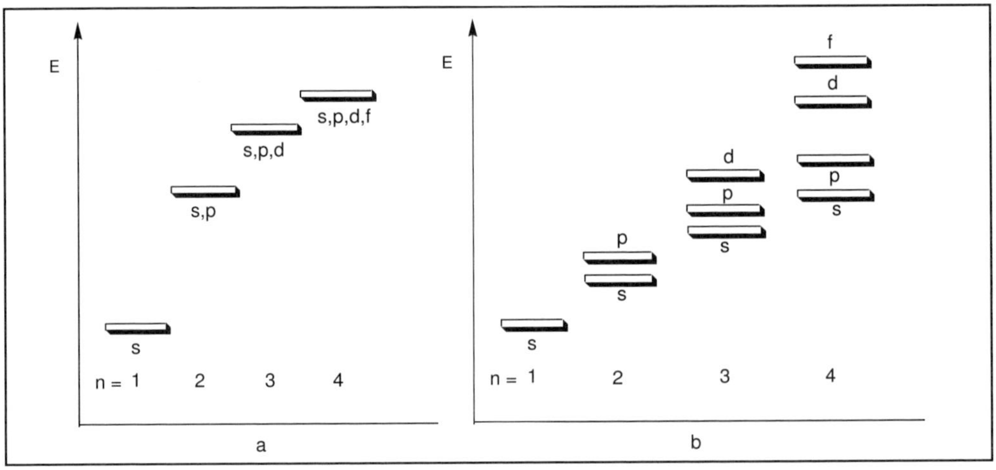

3.13 Energie der Elektronenzustände: **a** im H-Atom; **b** im Mehrelektronenatom.

Wie können wir uns nun die Energieunterschiede zwischen den Zuständen mit verschiedenen l-Werten innerhalb einer Schale von Mehrelektronenatomen erklären? Dazu müssen wir zwei Aspekte betrachten: Zum einen befindet sich ein Elektron in einem s-Zustand im Mittel näher am Atomkern als ein Elektron in einem p-Zustand und ist folglich einer stärkeren Anziehung durch den Atomkern ausgesetzt. Zum zweiten schirmen sich die Elektronen gegenseitig von der positiven Kernladung ab, sodass auf das einzelne Elektron nicht die gesamte Kernladung, sondern nur ein bestimmter Teil davon einwirkt, den wir als die *effektive Kernladung* bezeichnen. Ganz ähnlich sind die Zusammenhänge zwischen räumlicher Nähe zum Atomkern und gegenseitiger Abschirmung auch zwischen Elektronen in p- und d-Orbitalen, sodass die Energie der d-Orbitale höher ist als die der p-Orbitale. Beide

Effekte zusammengenommen bestimmen damit also die energetische Abfolge der Orbitale mit unterschiedlichen *l*-Werten innerhalb der Schale eines Mehrelektronenatoms.

Nun ergibt sich für jede Hauptquantenzahl *n* zwar stets die gleiche energetische Reihenfolge der Unterschalen, nämlich s < p < d < f, allerdings sind die einzelnen Energieniveaus bei verschiedenen Hauptquantenzahlen durchaus unterschiedlich stark differenziert. Dies führt z. B. dazu, dass das 4s-Orbital einen geringeren Energiewert besitzt als die 3d-Orbitale (Abbildung 3.13b). Für die Atome der ersten 20 Elemente finden wir die folgende energetische Reihenfolge ihrer Atomorbitale:

$$1s < 2s < 2p < 3s < 3p < 4s < 3d \qquad (3\text{-}29)$$

Aufbauprinzip, HUNDsche Regel, PAULI-Prinzip

Die Besetzung der Atomorbitale und damit die Anordnung der Elektronen in den Mehrelektronenatomen folgen nun drei Bedingungen:

- dem Aufbauprinzip
- dem PAULI-Prinzip
- der HUNDschen Regel

Die Verteilung der Elektronen auf die verfügbaren Atomorbitale unter Beachtung dieser drei Bedingungen führt zur **Elektronenkonfiguration** der Atome im Grundzustand, d. h. dem Zustand mit der niedrigsten Energie.

Aufbauprinzip Gemäß dem Aufbauprinzip werden die Orbitale in der Reihenfolge ihrer zunehmenden Energie, beginnend also mit 1s, mit Elektronen besetzt; zur Veranschaulichung können wir die Darstellung in einem *Orbital-Diagramm* oder auch die *Konfigurationsbezeichnung* wählen. In einem Orbital-Diagramm steht jeder Strich für ein Orbital, ↑ für ein Elektron mit $m_s = +½$ und ↓ für ein Elektron mit $m_s = -½$ (Abbildung 3.14, links); in der Konfigurationsbezeichnung wird die Hauptquantenzahl, das Buchstabensymbol der Bahndrehimpulsquantenzahl mit der Besetzungszahl als hochgestellte Ziffer (Abbildung 3.14, rechts) angegeben. In beiden Darstellungen werden die Energieunterschiede zwischen den Orbitalen nicht ausgewiesen. Mit zunehmender Zahl besetzter Orbitale wird die Konfigurationsbezeichnung immer schreibaufwendiger. Zur Vereinfachung notiert man daher explizit nur noch die Orbitalbesetzung durch die äußeren Elektronen und symbolisiert die darunter liegenden abgeschlossenen Schalen durch das in eckige Klammern gesetzte Elementsymbol des vorangegangenen Edelgases: $[He]2s^22p^3$ anstelle von $1s^22s^22p^3$ für Stickstoff, $[Ar]4s^1$ statt $1s^22s^22p^6$-$3s^23p^64s^1$ für Kalium etc.

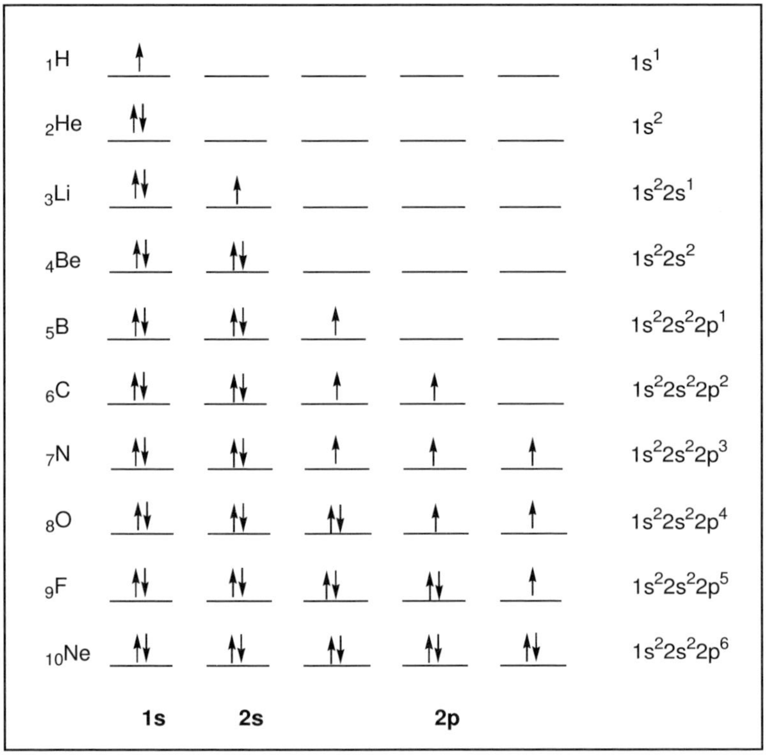

3.14 Orbital-Diagramm und Konfigurationsbezeichnung für die ersten zehn Elemente.

PAULI-Prinzip Bereits beim Einbau des zweiten Elektrons in das 1s-Orbital des Heliumatoms stehen wir vor der prinzipiellen Frage, ob die Spins der beiden Elektronen parallel oder antiparallel gerichtet sein müssen. Die Antwort darauf liefert das PAULI-Prinzip: **In einem Atom kann es nicht zwei oder mehr Elektronen geben, deren Zustand durch den gleichen Satz der vier Quantenzahlen charakterisiert ist**.

Oder anders formuliert: Die Elektronen in einem Mehrelektronenatom müssen sich in wenigstens einer der vier Quantenzahlen unterscheiden. Für zwei Elektronen z. B. in einem 1s-Orbital stimmen die Hauptquantenzahl n (= 1), die Bahndrehimpulsquantenzahl l (= 0) und die magnetische Bahndrehimpulsquantenzahl m_l (= 0) überein; beide Elektronen müssen sich folglich in ihrer Spinquantenzahl m_s unterscheiden, ihre Spins müssen also antiparallel orientiert sein.

Die beiden Elektronen bilden ein **Elektronenpaar**. Das PAULI-Prinzip begrenzt damit die Anzahl der Elektronen in einem gegebenen Atomorbital prinzipiell auf zwei. Dieses fundamentale quantenmechanische Prinzip gilt ohne jede Ausnahme. Wenn wir bedenken, dass Elektronen identische Teilchen sind, die wir zu ihrer Unterscheidung ja nicht markieren können, dann können wir auch leicht einsehen, dass wir ohne Unterschiede in ihrem Verhalten – beschrieben durch die vier Quantenzahlen – ja nicht einmal sagen könnten, ob mehr als ein Elektron vorhanden ist oder nicht.

HUNDsche Regel Liegen nun energetisch entartete Orbitale vor, und dies ist zum ersten Mal bei den drei 2p-Orbitalen der Fall, so erfolgt deren Besetzung zunächst einzeln mit nur einem Elektron in der Weise, dass für den Gesamtspin als Summe der einzelnen Spins der Elektronen der maximal mögliche Wert resultiert; oder anders ausgedrückt: **Die Besetzung entarteter Orbitale erfolgt zunächst einzeln mit Elektronen parallelen Spins.** Dies ist der Inhalt der *HUNDschen Regel der maximalen Spinmultiplizität*. Die Spinmultiplizität M selbst berechnet sich zu:

$$M = 2\,S + 1$$

mit S als Gesamtspin (Summe aller Spinquantenzahlen der Elektronen). Für ein C-Atom ergibt sich folglich die Elektronenkonfiguration

$$\text{C:}\quad 1s^2 2s^2 2p^2 \quad \text{bzw.} \quad 1s^2 2s^2 2p_x^{\,1} 2p_y^{\,1} 2p_z^{\,0}$$

wobei es natürlich energetisch äquivalent wäre, wenn die beiden Elektronen $2p_x$ und $2p_z$ oder $2p_y$ und $2p_z$ besetzen würden. Die Spinmultiplizität hat aber nur dann einen Maximalwert, wenn beide p-Elektronen den gleichen Spin besitzen:

$$M = 2\,[(+\tfrac{1}{2})+(+\tfrac{1}{2})] + 1 = 3 \quad \text{bei parallelem Spin}$$
$$M = 2\,[(+\tfrac{1}{2})+(-\tfrac{1}{2})] + 1 = 1 \quad \text{bei antiparallelem Spin} \qquad (3\text{-}30)$$

Da die HUNDsche Regel uneingeschränkt gilt, muss in der Angabe der Besetzungszahl die Einzelbesetzung entarteter Orbitale mit Elektronen parallelen Spins nicht explizit ausgewiesen werden. Das Auftreten einer geraden Besetzungszahl bedeutet damit auch nicht zwangsläufig, dass alle Elektronen auch gepaart sein müssen.

Die HUNDsche Regel ist eine Folge der gleichsinnigen Ladung der Elektronen. Sie stoßen sich gegenseitig ab, und wenn die Wahl unter verschiedenen energetisch gleichwertigen Orbitalen besteht, verteilen sie sich auf verschiedene Orbitale, bevor es zu einer Spinpaarung im gleichen Orbital kommt.

Beim N-Atom haben wir folglich drei ungepaarte Elektronen mit parallelem Spin im 2p-Niveau. Beim O-Atom muss zum ersten Mal im 2p-Niveau eine Spinpaarung erfolgen; dies ist dann auch beim F- und beim Ne-Atom der Fall (Abbildung 3.14).

Exkurs 3.3: Para- und Diamagnetismus

Die HUNDsche Regel lässt sich experimentell durch magnetische Messungen überprüfen. Solche Messungen gestatten die Feststellung der Anzahl ungepaarter Elektronen in Atomen, Molekülen oder Ionen.

Stoffe, in denen ungepaarte Elektronen vorhanden sind, werden als paramagnetisch bezeichnet; eine paramagnetische Substanz wird in ein äußeres Magnetfeld hineingezogen. Die Stärke des Magnetismus, d. h. die Stärke, mit der eine Substanzprobe in das Magnetfeld hineingezogen wird, hängt von der Zahl der ungepaarten Elektronen ab. Zum Paramagnetismus tragen zwei Effekte bei: Zum einen der Spin der ungepaarten Elektronen und zum anderen ihre Bahnbewegung. Allerdings ist der Spinmomentanteil der bedeutendere, der Bahnmomentanteil ist oft vernachlässigbar.

Diamagnetische Substanzen werden von einem äußeren Magnetfeld schwach abgestoßen. Eine Substanz ist dann diamagnetisch, wenn alle ihre Elektronen als Elektronenpaare vorliegen. Ursache des Diamagnetismus ist die magnetische Induktion: Wenn eine Substanz in ein Magnetfeld gebracht wird, werden in ihren Atomen elektrische Ströme induziert, d. h. die Bewegung der Elektronen in den Atomen wird beeinflusst. Nach der LENZschen Regel ist ein induziertes Magnetfeld immer dem äußeren Magnetfeld entgegengerichtet, sodass eine diamagnetische Substanzprobe abgestoßen wird.

In paramagnetischen Stoffen sind natürlich immer auch Elektronenpaare und damit immer auch diamagnetische Anteile vorhanden. Für eine korrekte Bestimmung der Anzahl ungepaarter Elektronen muss daher das gemessene paramagnetische Moment um eben diesen diamagnetischen Anteil korrigiert werden.

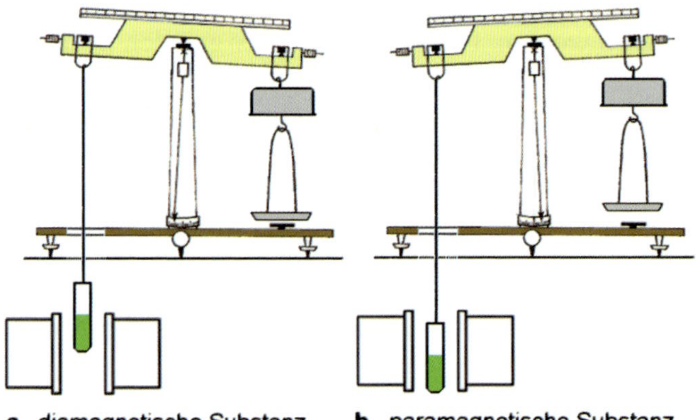

E.3.3.1 *Schematische Darstellung der Messung magnetischer Momente mittels einer magnetischen Waage.*

nach ihrer steigenden Atommasse zu ordnen. Dabei ergab sich eine entsprechend lange Kette, innerhalb derer sich nun bestimmte Abschnitte erkennen ließen, deren Elemente zu denen eines entsprechenden vorhergehenden Abschnittes große Ähnlichkeiten in ihren physikalischen und chemischen Eigenschaften aufwiesen. Zerschnitt man also die erhaltene Kette in solche Abschnitte und ordnete diese untereinander an, dann standen genau solche Elemente untereinander, die sich in ihrem physikalischen und chemischen Verhalten sehr ähnlich sind; solche Elemente bilden eine Gruppe.

Da zur damaligen Zeit aber noch nicht alle Elemente bekannt waren, mussten bei Berücksichtigung der physikalischen und chemischen Eigenschaften der bekannten Elemente zwangsläufig entsprechende Lücken in der erhaltenen Element-Tafel vorhanden sein. Da die Eigenschaften der Elemente und die ihrer Verbindungen innerhalb einer Gruppe aber in bestimmter Weise abgestuft sind, konnte MENDELEEV z. B. auf dieser Grundlage wichtige physikalische und chemische Eigenschaften von noch nicht entdeckten Elementen und deren Verbindungen vorhersagen. So erwies sich nach der Entdeckung des Elementes Germanium durch C. WINKLER die Übereinstimmung zwischen den experimentell festgestellten und den von MENDELEEV für dieses Element („Eka-Silicium“) vorhergesagten Eigenschaften als frappierend.

MENDELEEV und MEYER hatten jedoch ein grundlegendes Problem. Das von ihnen verwendete Ordnungsprinzip der *Atommasse* erforderte für die Elemente Iod und Tellur die Reihenfolge I – Te; gemäß ihren Eigenschaften muss die Reihenfolge aber unzweifelhaft Te – I sein. Ganz analog war die Situation für die Reihenfolge der Elemente Kobalt und Nickel sowie später, nach Entdeckung der Edelgase, auch für die Elemente Argon und Kalium. Diese Beispiele für eine unkorrekte Reihenfolge von Elementen zeigen uns, dass die Atommasse der Elemente ganz offenkundig nicht als gültiges Kriterium für die Anordnung der Elemente in einer Elemente-Tafel gelten kann. Andererseits muss es aber eine Größe sein, die damit ganz eng zusammenhängt. Spätere Untersuchungen, insbesondere die von MOSELEY, haben dann gezeigt, dass die Elemente in der Reihenfolge der zunehmenden *Ordnungszahl* anzuordnen sind. Damit ergeben sich dann auch für die drei genannten Elemente-Paare die korrekten Positionen. Wir erinnern uns an dieser Stelle, dass die Ordnungszahl der Zahl der Protonen im Atomkern entspricht, dass aber die relative Atommasse auch von der Zahl der im Atomkern vorhandenen Neutronen abhängt, sodass z. B. die Atome des Tellurs wegen einer größeren Anzahl von Neutronen im Kern eine größere Masse besitzen als die des Iods.

Auf der Grundlage der Ordnungszahl können wir nun auch das Gesetz der Periodizität formulieren:

Wenn die chemischen Elemente in der Reihenfolge ihrer wachsenden Ordnungszahl angeordnet werden, dann tritt eine periodische Wiederholung chemischer und physikalischer Eigenschaften auf.

Abbildung 3.16 zeigt das Periodische System der Elemente in der langperiodigen Darstellung; angegeben sind das Elementsymbol und die Ordnungszahl. Die periodische Änderung der chemischen Eigenschaften der Elemente ist die Folge der periodisch wiederkehrenden Anzahl und Anordnung der Valenzelektronen; untereinander stehende Elemente besitzen in der Tat die gleiche Valenzelektronenkonfiguration.

In der langperiodigen Darstellung besteht das PSE aus 18 vertikalen Kolumnen, den Gruppen. Die Gruppen IA bis VIIIA sind die **Hauptgruppen**, die Gruppen IIIB bis IIB die **Nebengruppen**; die Elemente der Gruppen IIIB bis IIB werden auch als **Übergangselemente** bezeichnet. Schließlich sehen wir in Abbildung 3.16 noch zwei Reihen von jeweils 14 Elementen, die auf das La bzw. das Ac folgen und die nur aus Platzgründen gesondert nach unten geschrieben worden sind. Es sind dies die *Lanthanoide* bzw. *Actinoide*, die zuweilen auch als **Innere Übergangselemente** bezeichnet werden. Die Verwendung der römischen Buchstaben mit den Zusätzen A bzw. B zur Kennzeichnung der Gruppen hat bisweilen zu Konfusionen geführt. Nach einem Vorschlag der IUPAC aus dem Jahre 1986 werden die Gruppen nunmehr unter Verwendung arabischer Ziffern durchgehend von 1 bis 18 nummeriert.

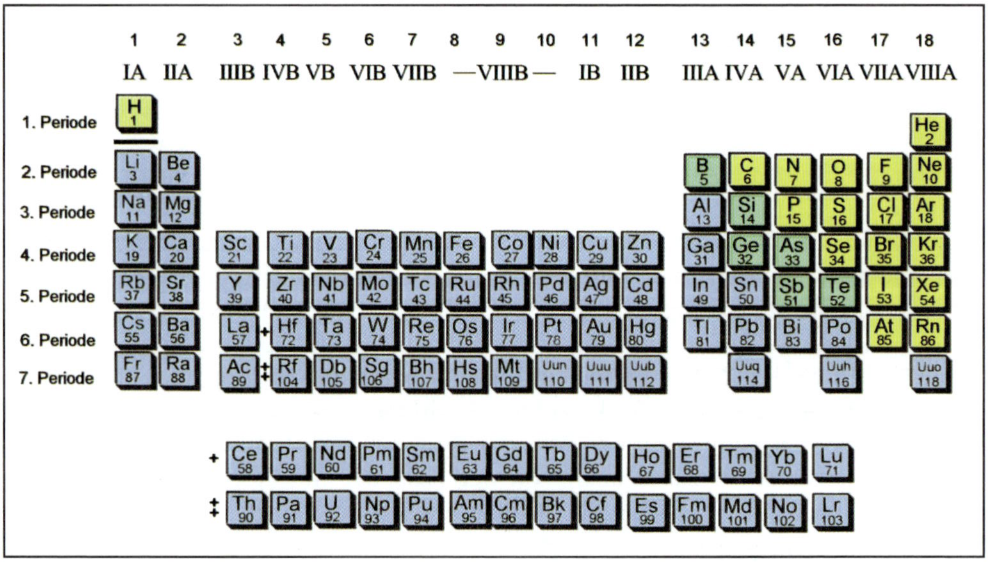

3.16 Das Periodische System der Elemente.

Für einige Gruppen des PSE werden auch heute noch Trivialnamen verwendet, die auf allgemeinste chemische Eigenschaften der Elemente dieser Gruppen hinweisen. So sind die Elemente der Gruppe IA die *Alkalimetalle*, die der Gruppe IIA die *Erd-*

alkalimetalle, die der Gruppe VIA die *Chalcogene* (Erzbildner), die der Gruppe VIIA die *Halogene* (Salzbildner), die der Gruppe VIIIA die *Edelgase*.

Die horizontalen Reihen der Elemente werden als **Perioden** bezeichnet, die mit dem entsprechenden Ordnungszahlwort gekennzeichnet werden; die heute bekannten Elemente bilden sieben Perioden, wobei die siebte noch nicht vollständig ist:

1. Periode:	2 Elemente	(H bis He)	2
2. Periode:	8 Elemente	(Li bis Ne)	8
3. Periode:	8 Elemente	(Na bis Ar)	8
4. Periode:	18 Elemente	(K bis Kr)	8 + 10 = 18
5. Periode:	18 Elemente	(Rb bis Xe)	8 + 10 = 18
6. Periode:	32 Elemente	(Cs bis Rn)	8 + 10 + 14 = 32
7. Periode:	32 Elemente	(Fr bis Uuo)	8 + 10 + 14 = 32

Das PSE eignet sich in hervorragender Weise für eine systematische Darstellung von Eigenschaften der Elemente. So wird z. B. in Abbildung 3.16 durch eine unterschiedliche Farbgebung zwischen Metallen (blau), Halbmetallen (grün) und Nichtmetallen (gelb) differenziert. Wir erkennen sofort, dass die Metalle links im PSE stehen, die Nichtmetalle entsprechend rechts; darüber hinaus sehen wir aber auch, dass die Mehrzahl aller chemischen Elemente Metalle sind, nämlich rund 77 %. Die Halbmetalle liegen auf bzw. unter der Diagonalen, die vom Bor zum Tellur hin verläuft.

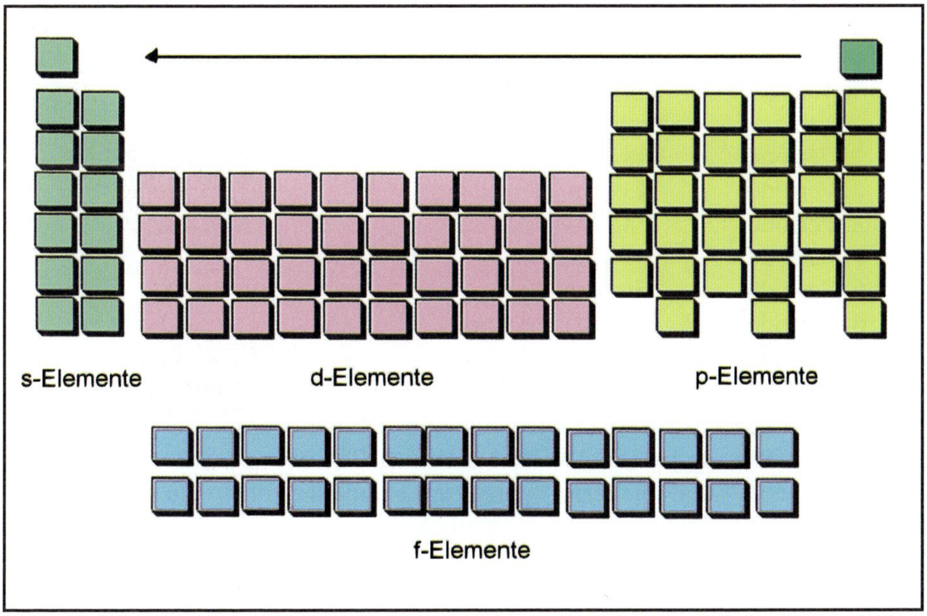

3.17 s-, p-, d- und f-Elemente.

Der Wasserstoff nimmt als das erste Element überhaupt insofern eine Sonderstellung ein, als er aufgrund seiner Eigenschaften keiner Gruppe des PSE zugeordnet werden kann. Seine Elektronenkonfiguration von $1s^1$ entspricht zwar der Valenzelektronenkonfiguration der Elemente der I. Hauptgruppe, jedoch ist diese Analogie nur formal: Während die Elemente der I. Hauptgruppe Metalle sind, ist Wasserstoff ein typisches Nichtmetall (Abbildung 3.16). Bei der Abgabe eines Elektrons, wie sie für die Chemie des Wasserstoffs und der Alkalimetalle charakteristisch ist, entstehen im Falle der Alkalimetalle Kationen mit der Elektronenkonfiguration des vorangegangenen Edelgases, im Falle des Wasserstoffs verbleibt lediglich das Proton, also der um ca. fünf Größenordnungen kleinere Atomkern als Kation; auch daraus resultieren bestimmte Besonderheiten für den Wasserstoff (Abschnitt 7.1). Mit den Elementen der Gruppe VIIA ist dem Wasserstoff gemeinsam, dass durch Aufnahme von nur einem Elektron die Konfiguration des nachfolgenden Edelgases erreicht wird. Auch diese Analogie ist nur formal, da sich der Wasserstoff mit seinen charakteristischen chemischen Eigenschaften auch nicht in die Chemie der Elemente dieser Gruppe einfügt (Abschnitt 8.5). In den Darstellungen des PSE ist der Wasserstoff aus den genannten Gründen daher durch einen Strich von den Elementen der I. Hauptgruppe getrennt.

Das wellenmechanische Atommodell ist nun in der Lage, die dem PSE innewohnende Struktur zu begründen. Mit der in Abbildung 3.15 gezeigten energetischen Abfolge der Atomorbitale des Mehrelektronenatoms können wir verstehen, warum in der 1. Periode nur 2, in der 2. und 3. Periode jeweils 8, in der 4. und 5. Periode jeweils 18 und in der 6. und 7. Periode, wenn letztere vollzählig ist, jeweils 32 Elemente vorhanden sind. Die Zahlen 2, 8, 18 und 32 für die Länge der jeweiligen Perioden ergeben sich also aus der Art und damit auch der Zahl der vorhandenen Atomorbitale und ihrer energetischen Reihenfolge:

1. Periode:	1s	2
2. Periode:	2s - 2p	8
3. Periode:	3s - 3p	8
4. Periode:	4s - 3d - 4p	18
5. Periode:	5s - 4d - 5p	18
6. Periode:	6s - 4f - 5d - 6p	32
7. Periode:	7s - 5f - 6d - 7p	32

Betrachtet man den Charakter des jeweils zuletzt hinzugekommenen Elektrons der einzelnen Elemente (s, p, d, f), so lässt sich das PSE in s-, p-, d- und f-Elemente strukturieren, wobei die solcherart typisierten Elemente entsprechende Blöcke bilden; dies ist in Abbildung 3.17 veranschaulicht.

3.5 Das PSE – Variation von Eigenschaften der Atome mit der Elektronenstruktur

Viele physikalische und chemische Eigenschaften der Elemente variieren in einer mehr oder weniger regulären Weise, wenn wir im Periodensystem innerhalb einer Gruppe von oben nach unten oder innerhalb einer Periode von links nach rechts gehen. Die meisten dieser Eigenschaftsänderungen können dabei in einen unmittelbaren Zusammenhang zur Elektronenstruktur der Elemente gebracht werden.

Drei wichtige Eigenschaften wollen wir uns im Folgenden etwas genauer ansehen; es sind dies die Eigenschaften, die u. a. gerade auch für die Verbindungsbildung der Elemente, also für ihre Chemie, von Bedeutung sind, nämlich die **Größe** von Atomen, ihre **Ionisierungsenergien** sowie ihre **Elektronenaffinitäten.**

Die Größe von Atomen Wir haben bei der Beschreibung der räumlichen Struktur der Elektronenhülle der Atome, und hier insbesondere bei der Diskussion der Radialverteilung $4\pi r^2 R^2 \mathrm{d}r$ (Abschnitt 3.3.5, Abbildung 3.9), gesehen, dass die Elektronendichte eines Atoms nicht in einem bestimmten Abstand vom Atomkern abrupt endet, stattdessen konvergiert sie erst bei größeren Abständen vom Atomkern allmählich gegen Null. Das aber bedeutet, dass ein Atom keinen definierten Radius hat wie etwa eine Billard-Kugel. Es erweist sich daher als notwendig, für die Bestimmung der Größe von Atomen verbindliche Vereinbarungen zu treffen; erst dann können die unter einheitlichen Voraussetzungen ermittelten Atomradien auch untereinander verglichen werden.

Zunächst einmal kann man einen *theoretischen Atomradius* definieren, der für ein isoliertes, also nicht mit anderen Atomen in irgendeiner Art von Wechselwirkung befindliches Atom gilt: Der theoretische Atomradius ist das Maximum der Radialverteilung des äußersten besetzten Atomorbitals. In realen chemischen Systemen begegnen uns aber nicht die einzelnen, voneinander völlig unabhängigen Atome. Vielmehr befinden sie sich stets in der unmittelbaren Nachbarschaft zu anderen Atomen, mit denen sie in einer bestimmten Wechselwirkung stehen. Ein in sich geschlossenes Bild der Größe der Atome kann man erhalten, wenn man den Atomradius als den halben Abstand zwischen den Schwerpunkten zweier benachbarter Atome im Kristallgitter des jeweiligen Elements definiert; liegen zwischen den Atomen eines Elements in seinem kristallinen Zustand kovalente Bindungen vor (z. B. Kohlenstoff als Diamant, Phosphor, Schwefel etc.), dann sprechen wir von den *kovalenten Atomradien*; liegt im Kristallgitter eine metallische Bindung vor (z. B. Eisen, Nickel, Kupfer etc.), so sprechen wir von den *metallischen Atomradien*. In Abbildung 3.18 sind die experimentell durch Röntgenbeugungsuntersuchungen ermittelten Atomradien der Elemente in Abhängigkeit von der Ordnungszahl dargestellt.

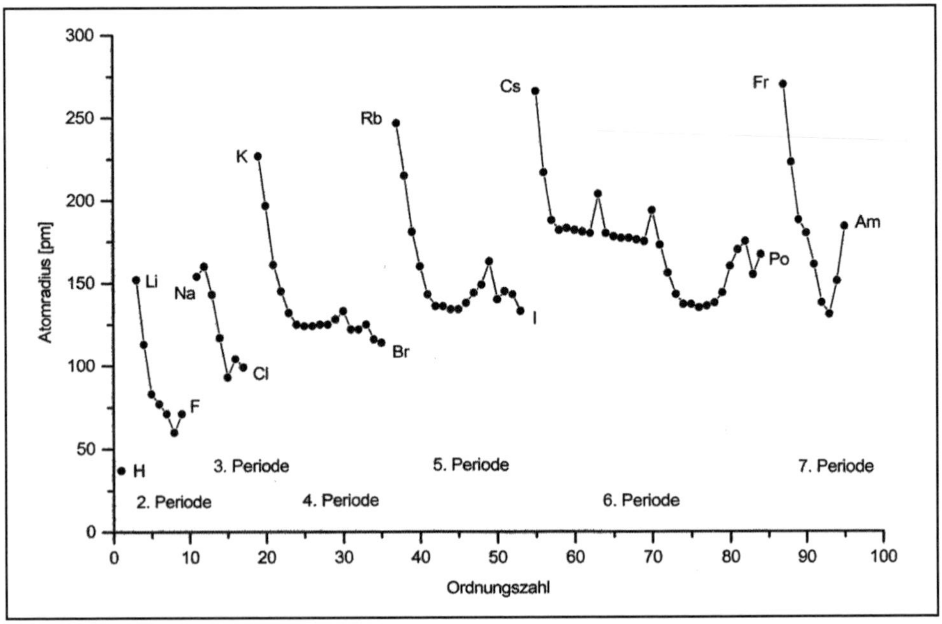

3.18 Atomradien der Elemente.

Zwischen den Atomen eines Edelgases treten keine chemischen Bindungen auf; die Edelgase sind daher auch die einzigen Elemente, die unter allen Bedingungen atomar vorliegen. Im kristallinen Zustand werden ihre Atome nur durch die VAN DER WAALS-Kräfte zusammengehalten (Kapitel 4). Die Atomradien der Edelgase werden daher, soweit sie bekannt sind, auch als *VAN DER WAALS-Radien* bezeichnet und können nicht mit den Kovalenzradien anderer Elemente verglichen werden.

Der Atomradius, der für ein Element in seinem kristallinen Zustand gemessen worden ist, muss nicht notwendigerweise auch derselbe sein, wie er in Verbindungen dieses Elementes anzutreffen ist. Tatsächlich wird der Abstand zwischen zwei Atomschwerpunkten in einer chemischen Verbindung ganz entscheidend von den jeweiligen Bindungsverhältnissen zwischen den beiden Atomen abhängen. Dies demonstrieren die folgenden Werte für die Radien von C-Atomen sehr anschaulich:

Diamant:	$r_C = 77$ pm;	Ethen:	$r_C = 69$ pm
Ethan:	$r_C = 77$ pm;	Ethin:	$r_C = 60$ pm

Ganz offensichtlich sind die Bindungsverhältnisse zwischen den C-Atomen im Diamant und denen im Ethan äquivalent, während sie sich von Ethan über Ethen zu Ethin deutlich verändern.

Für die Atomradien sind zwei grundlegende Trends zu erkennen:

1. Innerhalb einer **Gruppe** des PSE nimmt die effektive Größe der Atome mit steigender Ordnungszahl zu.
2. Bei den Hauptgruppenelementen nehmen die Atomradien innerhalb einer **Periode** von links nach rechts ab.

Um beide Trends auf der Grundlage der Elektronenstruktur der Atome interpretieren zu können, müssen wir uns diejenigen Faktoren ansehen, die die Größe der äußeren Schalen der Atome bestimmen. Einer dieser Faktoren ist die Hauptquantenzahl *n* der äußersten besetzten Schale: Mit wachsendem *n*-Wert befindet sich ein Elektron in zunehmend größeren Abständen vom Atomkern. Die räumliche Ausdehnung der äußeren Schale hängt aber auch, und dies ist der zweite Faktor, von der **effektiven Kernladung** ab, der das Elektron in eben dieser äußeren Schale ausgesetzt ist. Zwischen dem Kern und den Elektronen der äußeren Schale befinden sich die Elektronen in den abgeschlossenen inneren Schalen; diese schirmen nun die äußeren Elektronen von der positiven Kernladung ab, sodass nur noch ein bestimmter Teil davon, eben die effektive Kernladung, wirksam ist. Betrachten wir ein Beispiel: In einem Na-Atom schirmen die zehn Elektronen des Ne-Rumpfes ($1s^2 2s^2 2p^6$) das äußere 3s-Elektron von der positiven Ladung der elf Protonen des Kerns so weit ab, dass dieses nur noch einer effektiven Kernladung von ca. +1 ausgesetzt ist. Elektronen innerhalb derselben Schale wirken natürlich ebenfalls abschirmend, jedoch in einem weit geringeren Maße.

Wenn wir also **innerhalb einer Gruppe** von einem Element zum nächsten gehen, dann haben die Atome ihre Außenelektronen in einer Schale mit einer jeweils um Eins höheren Hauptquantenzahl. Die effektive Kernladung bleibt aber von Element zu Element nahezu dieselbe, sodass der Gesamteffekt in einer Zunahme der Atomgröße innerhalb der Gruppe mit steigender Ordnungszahl besteht.

Innerhalb einer Periode der Hauptgruppenelemente wird von Element zu Element ein Elektron in die gleiche Schale eingebaut und die Kernladung um Eins erhöht. Da die Abschirmung durch Elektronen in der gleichen Schale aber wesentlich geringer ist, erhöht sich die effektive Kernladung. Dies führt zu einer stärkeren Anziehung der Außenelektronen von Element zu Element innerhalb der Periode und damit zu einer Abnahme der Atomgröße.

Die systematischen Änderungen der Atomgröße innerhalb einer Periode und innerhalb einer Hauptgruppe führen zu vergleichbaren Atom-(und Ionen-)radien bei diagonal untereinander stehenden Elementen. Solche Elemente weisen daher untereinander bemerkenswerte chemische Ähnlichkeiten auf wie z. B. die Elemente-Paare Li und Mg, Be und Al, B und Si, Na und Ca. Man bezeichnet dieses Phänomen als *Schrägbeziehung* innerhalb des PSE.

Die **Nebengruppenelemente** weichen von dem bei den Hauptgruppenelementen beobachteten Muster ab. Bei diesen Elementen wird das jeweils hinzukommende Elektron in eine innere Schale eingebaut und hat bei den Übergangselementen die

Hauptquantenzahl (n-1) und bei den inneren Übergangselementen (n-2), wenn n die Hauptquantenzahl der äußeren Elektronen ist. Zum Beispiel befinden sich die äußeren Elektronen bei den Elementen der ersten Übergangsreihe in der 4s-Schale, jedes nachfolgende Elektron wird aber in die 3d-Schale eingefügt. Da die Elektronen der inneren Schalen nun aber die Kernladung sehr wirksam abschirmen, nimmt die effektive Kernladung innerhalb einer Übergangsreihe nur graduell zu. Die Folge sind nur geringe Änderungen der Atomradien.

Die nur graduelle Abnahme der Atomgröße in der Reihe der 4f-Elemente, die man auch als *Lanthanoiden-Kontraktion* bezeichnet, hat markante Auswirkungen auf die Chemie der Übergangselemente, die in der 6. Periode unmittelbar auf die Lanthanoiden folgen. Sie führt dazu, dass die Atomradien der 4d- und 5d-Elemente sehr ähnlich sind. Da nun viele chemische Eigenschaften der Elemente sehr wesentlich auch von ihren Atomradien mitbestimmt werden, sind sich die jeweiligen 4d- und 5d-Elemente chemisch außerordentlich ähnlich; dies gilt besonders für die am Anfang der beiden Reihen befindlichen Elemente einer Gruppe, also für die Elemente-Paare Zr und Hf, Nb und Ta sowie Mo und W.

Ionisierungsenergien (Ionisierungspotenziale) Die Ionisierungsenergie I eines Atoms ist als der Energiebetrag definiert, der aufgewendet werden muss, um ein Elektron von einem isolierten, gasförmigen Atom im Grundzustand zu entfernen:

$$A_{(g)} \longrightarrow A^{+}_{(g)} + e^{-} \qquad + I_1 \qquad (3\text{-}31)$$

Da das Elektron gegen die Anziehungskraft des Atomkerns entfernt werden muss, ist bei einer Ionisierung in jedem Fall Energie aufzuwenden, d.h. das Vorzeichen von Ionisierungsenergien ist immer positiv. Die Ionisierungsenergie für ein einzelnes Elektron wird meist in eV/Atom angegeben, für ein Mol Elektronen in kJ/mol.

Bei Mehrelektronenatomen sind naturgemäß mehrere Ionisierungsstufen möglich: Zur Entfernung des ersten Elektrons muss die 1. Ionisierungsenergie aufgewendet werden, zur Entfernung des zweiten Elektrons entsprechend die 2. Ionisierungsenergie, zur Entfernung des dritten Elektrons die 3. Ionisierungsenergie etc.; der Entfernung des letzten Elektrons von einem Atom entspricht die letzte Ionisierungsenergie. Der Zusammenhang zwischen der 1. Ionisierungsenergie und der Ordnungszahl bzw. der Elektronenkonfiguration ist in Abbildung 3.19 dargestellt. Bei den **Hauptgruppenelementen** erkennt man folgende Tendenzen:

1. Innerhalb einer Periode nimmt die 1. Ionisierungsenergie mit steigender Ordnungszahl sehr stark zu; die Entfernung eines Elektrons wird also zunehmend schwerer, weil die Atome kleiner werden und die effektive Kernladung ansteigt.
2. Innerhalb einer Gruppe nimmt die 1. Ionisierungsenergie mit steigender Ordnungszahl ab. Die Zunahme der Kernladung wird hier weitgehend von der Abschirmung durch die inneren Elektronen kompensiert. Die Atomgröße nimmt

zu, das zu entfernende Elektron entstammt von Element zu Element einer zunehmend weiter außen liegenden Schale. Das Entfernen eines Elektrons wird daher zunehmend leichter.

Bei den **Nebengruppenelementen** nimmt die 1. Ionisierungsenergie innerhalb einer Periode weniger stark zu als bei den Hauptgruppenelementen; in der Reihe der **Lanthanoide** bleibt sie sogar nahezu konstant. Die relativ geringen Änderungen der 1. Ionisierungsenergien der Nebengruppenelemente haben ihre Ursache wiederum im Einbau des zuletzt hinzugekommenen Elektrons in eine innere Schale und einer daraus resultierenden weitgehenden Kompensation der zunehmenden Kernladung durch eine wirkungsvolle Abschirmung. Für **Metalle** sind relativ niedrige Ionisierungsenergien charakteristisch. In chemischen Reaktionen verlieren sie folglich leicht ihre Valenzelektronen und bilden positiv geladene Kationen. **Nichtmetalle** haben dagegen relativ hohe Ionisierungsenergien; ihr chemisches Verhalten ist daher durch die Aufnahme von Elektronen charakterisiert. Die Ionisierungsenergien für die meisten Metalle liegen unter 1 000 kJ/mol, für die meisten Nichtmetalle über 1 000 kJ/mol. Entsprechend den dargestellten Trends findet wir daher die reaktivsten Metalle, diejenigen also, die ihre Valenzelektronen am leichtesten abgeben, im PSE links unten, die reaktivsten Nichtmetalle entsprechend rechts oben.

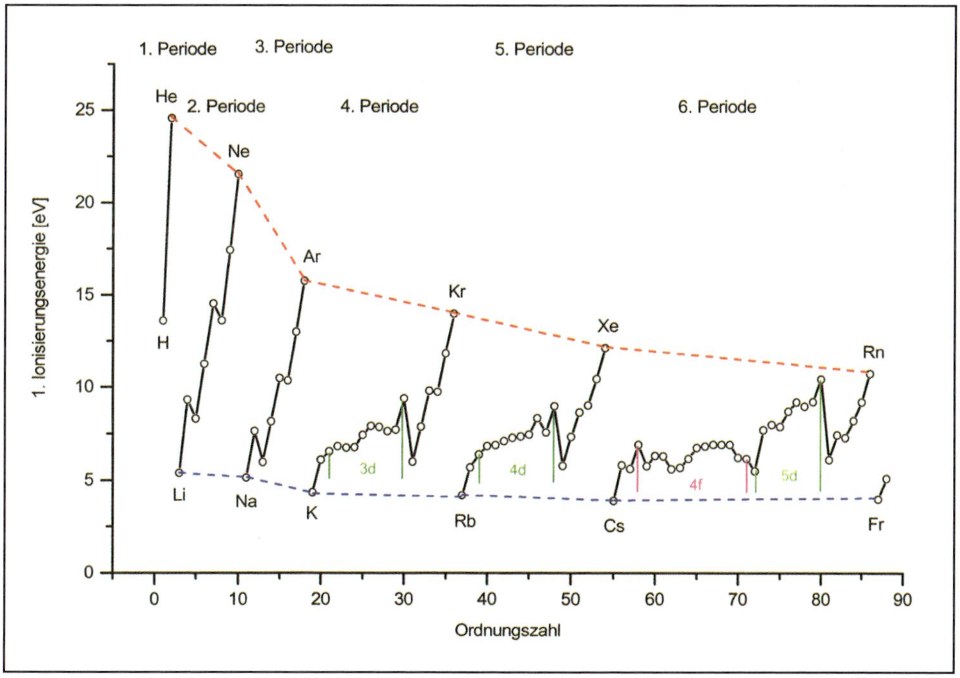

3.19 Änderung der 1. Ionisierungsenergie mit der Ordnungszahl.

Bei einer genaueren Betrachtung von Abbildung 3.19 erkennen wir einige Besonderheiten im Verlauf der Ionisierungsenergien, die eng mit der Elektronenkonfiguration der Elemente zusammenhängen. Anstelle einer erwarteten gleichmäßigen Zunahme innerhalb der Perioden treten Unstetigkeiten auf. Wir erkennen Maxima der Ionisierungsenergie bei den folgenden Elementen:

- Be, Mg, Zn, Cd und Hg, bei denen die s-Unterschale der äußeren Schale und – soweit vorhanden – die d-Unterschale von inneren Schalen vollständig besetzt sind: ns^2 bzw. $(n\text{-}1)d^{10}ns^2$
- N, P, As und – weniger stark ausgeprägt – Sb, bei denen die p-Unterschale der äußeren Schale genau halb besetzt ist: ns^2np^3

Die Ionisierungsenergien aller dieser Elemente sind höher als die der ihnen jeweils folgenden. Dies ist wiederum Ausdruck für die bereits an anderer Stelle erwähnte besondere Stabilität voll- und halbbesetzter Elektronenschalen bzw. -unterschalen. Die Abnahme der 1. Ionisierungsenergie vom Be zum B sowie vom N zum O lässt sich auf dieser Grundlage leicht deuten: Beim B ist das erste zu entfernende Elektron ein 2p-Elektron; das 2p-Niveau liegt – wie wir uns erinnern – energetisch höher als das 2s-Niveau, folglich ist die Entfernung dieses Elektrons leichter und wird befördert durch die Bildung der vollständig besetzten 2s-Unterschale. Beim Sauerstoff haben wir die Außenelektronenkonfiguration $2s^22p^4$; eines der p-Orbitale ist also mit einem Elektronenpaar besetzt. Aufgrund der gegenseitigen Abstoßung ist das vierte Elektron aus einem p-Niveau unter Bildung der stabilen Halbbesetzung leichter zu entfernen als eines aus einem einfach besetzten p-Orbital.

Das eine jede Periode abschließende Edelgas hat erwartungsgemäß den höchsten Wert der Ionisierungsenergie. Diese Elemente verfügen jeweils über eine abgeschlossene und damit besonders stabile äußere Elektronenschale ($1s^2$ bzw. ns^2np^6); das Absinken der Ionisierungsenergie bei den auf ein Edelgas folgenden Elementen ist daher auch besonders drastisch.

Bei den höheren Ionisierungsenergien muss zusätzlich zu der Anziehung des jeweiligen Elektrons durch den Atomkern auch noch seine Anziehung durch die positiven Ionenladungen überwunden werden; je höher die positive Ladung eines Ions ist, umso schwieriger wird es, ein Elektron zu entfernen. Folglich nehmen die Ionisierungsenergien in der Reihenfolge

$$I_1 < I_2 < I_3 < I_4 \; .... \qquad (3\text{-}32)$$

zu. Die Energiebeträge oberhalb der dritten Ionisierungsenergie liegen so hoch, dass bei chemischen Prozessen Ionen mit höheren Ladungen als +3 nicht mehr gebildet werden.

Auch bei den höheren Ionisierungsenergien fällt auf, dass immer dann, wenn die Valenzelektronen entfernt sind, eine sprunghafte Zunahme der Energie für die Entfernung eines weiteren Elektrons zu beobachten ist. Das ist plausibel, weil dieses

Elektron dann wieder eines aus einer abgeschlossenen ns^2np^6-Schale ist. Zwei Beispiele sollen dies illustrieren:

Element	I_1	I_2	I_3	
Na	+ 496	**+ 4563**	+ 6913	kJ/mol
Mg	+ 738	+ 1450	**+ 7731**	kJ/mol

Betrachten wir nun die jeweils letzten Ionisierungsenergien, also die Energien zur Entfernung des letzten Elektrons eines Atoms (Tabelle 3.3). Diese Werte zeigen keine Periodizität mehr; sie sind vielmehr proportional dem Quadrat der Kernladungszahl. Es ist deutlich, dass diese Elektronen sehr fest gebunden sind.

Die Ionisierungsenergien sind also ein Maß für die Stärke der Anziehung zwischen dem Atomkern und den einzelnen Elektronen und damit ein Ausdruck für ihren jeweiligen Energiezustand. Treffen nun Elektronen sehr hoher Energie, also energiereiche Kathodenstrahlen, zum Beispiel auf die Atome einer Metallplatte, so stoßen sie auch aus den inneren Schalen der getroffenen Atome Elektronen heraus. In die entstandenen Lücken springen nun Elektronen aus weiter entfernt liegenden Schalen; die entsprechende Energiedifferenz zwischen beiden Schalen wird in Form elektromagnetischer Strahlung, der **Röntgenstrahlung**, freigesetzt. Röntgenstrahlen haben sehr kurze Wellenlängen und sind folglich sehr energiereich (Abbildung E.3.2.2). Zerlegt man die Röntgenstrahlung spektral, so erhält man ein Linienspektrum mit nur wenigen Linien.

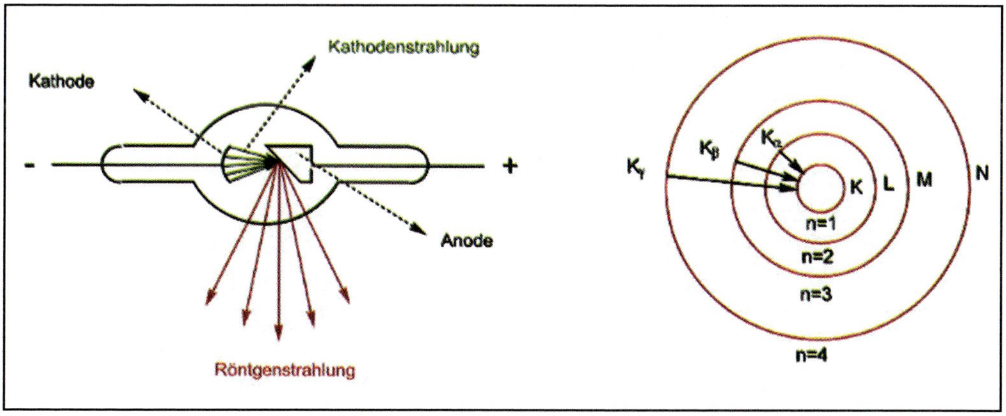

3.20 Entstehung von Röntgenstrahlen (schematisch).

Die Entstehung der Röntgenstrahlung ist schematisch in Abbildung 3.20 dargestellt; gezeigt sind nur die Übergänge von den höheren Schalen auf die K-Schale. Bereits 1913 erkannte MOSELEY, dass die reziproke Wellenlänge der K_α-Linie aller

Elemente dem Quadrat der um Eins verminderten Kernladungszahl Z proportional ist (R_∞ ist darin wieder die RYDBERG-Konstante):

$$\frac{1}{\lambda} = \frac{3}{4} R_\infty (Z-1)^2 \qquad (3\text{-}33)$$

In dieser Gesetzmäßigkeit kommt zum Ausdruck, dass sich im Gegensatz zu den äußeren Elektronen die Energie der inneren Elektronen nicht mehr periodisch mit der Kernladungszahl Z ändert; die Energie des innersten Elektrons eines Atoms ist proportional zu Z^2 (Tabelle 3.3).

Mithilfe des MOSELEYschen Gesetzes können aus den Röntgenspektren der Elemente ihre Ordnungszahlen korrekt bestimmt werden.

Tabelle 3.3 Ionisierungsenergien I_n der ersten zehn Elemente des PSE

Z	Element	I_1	I_2	I_3	I_4	I_5	I_6	I_7	I_8	I_9	I_{10}
1	**H**	13,6									
2	**He**	24,5	54,4								
3	**Li**	5,4	75,6	122,4							
4	**Be**	9,3	18,2	153,9	217,7						
5	**B**	8,3	25,1	37,9	259,3	340,1					
6	**C**	11,3	24,4	47,9	64,5	392,0	489,8				
7	**N**	14,5	29,6	47,4	77,5	97,9	551,9	666,8			
8	**O**	13,6	35,1	54,9	77,4	113,9	138,1	739,1	871,1		
9	**F**	17,4	35,0	62,6	87,1	114,2	157,1	185,1	953,6	1100	
10	**Ne**	21,6	41,1	63,5	97,0	126,3	157,9	207,0	238,0	1190	1350

Elektronenaffinitäten E_A Die Elektronenaffinität E_A eines Atoms ist der Energiebetrag, der umgesetzt wird, wenn an ein Atom im Gaszustand ein Elektron unter Bildung eines negativ geladenen Ions angelagert wird:

$$A_{(g)} + e^- \longrightarrow A^-_{(g)} \qquad \pm E_A \qquad (3\text{-}34)$$

Das Vorzeichen von Elektronenaffinitäten kann negativ oder positiv sein, d. h. die Anlagerung eines Elektrons an ein Atom setzt Energie frei bzw. erfordert Energie. Wenn sich ein Elektron einem Atom nähert, dann wird es vom Atomkern angezogen, von den vorhandenen Elektronen jedoch abgestoßen. Je nachdem, ob die Anziehung oder die Abstoßung überwiegt, wird Energie freigesetzt oder benötigt.

Anders als Ionisierungsenergien sind Elektronenaffinitäten experimentell schwierig zu bestimmen. Es sind daher auch nur relativ wenige Werte bekannt und ihre Zuverlässigkeit und Genauigkeit sind sehr unterschiedlich; Tabelle 3.4 gibt einen Überblick.

Ein kleines Atom sollte eine größere Tendenz zur Aufnahme eines weiteren Elektrons haben als ein großes Atom. Das zusätzliche Elektron ist in einem kleinen Atom im Mittel dem Atomkern näher. Entsprechend der Abnahme der Atomradien innerhalb einer Periode von links nach rechts erwarten wir somit zunehmend negativere Werte für die Elektronenaffinität. Wie die Zahlenwerte in Tabelle 3.4 zeigen, wird dies als allgemeine Tendenz auch beobachtet. Allerdings ist in kleinen Atomen die interelektronische Abstoßung größer als in großen Atomen, sodass erst beide Effekte zusammengenommen über den Betrag und das Vorzeichen der Elektronenaffinität entscheiden. Deshalb beobachtet man bei den Nichtmetallen der zweiten Periode eben auch Elektronenaffinitäten, die geringer sind als die der ersten Periode.

Die Unstetigkeiten, die innerhalb einer Periode bei den Elementen der II. und der V. Hauptgruppe auftreten, sowie die hohen positiven Werte für die Elemente der VIII. Hauptgruppe korrelieren wieder mit den jeweiligen Elektronenkonfigurationen ns^2, ns^2np^3 bzw. ns^2np^6. Es sind dies wieder die durch eine besondere Stabilität gekennzeichneten Halb- bzw. Vollbesetzungen, bei denen die Aufnahme eines weiteren Elektrons nicht so leicht ist, weil damit ein entsprechender Stabilitätsverlust verbunden ist.

In allen Perioden ist das jeweilige Element der VII. Hauptgruppe dasjenige mit der größten Tendenz zur Elektronenaufnahme, also mit dem höchsten negativen Wert der Elektronenaffinität. Auch dies ist plausibel, fehlt diesen Elementen doch zur Erreichung der stabilen Edelgaskonfiguration eben genau ein Elektron.
Auch wenn die Elektronenaffinitäten der Elemente der I. Hauptgruppe negativ sind, bedeutet dies für die Chemie dieser Elemente keineswegs, dass sie zur Bildung von Anionen neigen. Für die Alkalimetalle ist die Abgabe des Valenzelektrons und Bildung von Ionenverbindungen energetisch sehr viel günstiger.

Für die zweite Elektronenaffinität, also für die Anlagerung eines weiteren Elektrons an das Anion $A^-_{(g)}$, gibt es nur für wenige Elemente experimentell ermittelte Werte. Es ist plausibel, dass dafür immer Energie aufgewendet werden muss, da sich beide Teilchen infolge ihrer gleichsinnigen Ladung gegenseitig abstoßen; alle zweiten Elektronenaffinitäten haben folglich ein positives Vorzeichen. Bei der Berechnung der Gesamtenergie für die Bildung eines mehrfach negativ geladenen Ions müssen alle Elektronenaffinitäten der einzelnen Stufen mit ihrem Vorzeichen berücksichtig werden: Für Sauerstoff ist die erste Elektronenaffinität negativ mit

–141 kJ/mol, die zweite positiv mit +845 kJ/mol; die Gesamtenergie für die Bildung eines Oxidanions $O^{2-}_{(g)}$ beträgt daher +704 kJ/mol.

Tabelle 3.4 Elektronenaffinitäten E_A der Hauptgruppenelemente (kJ/mol)

Aufnahme von einem Elektron

H -73							He (+21)
Li -60	Be (+240)	B -27	C -122	N 0	O -141	F -328	Ne (+29)
Na -53	Mg (+230)	Al -43	Si -134	P -72	S -200	Cl -349	Ar (+35)
K -48	Ca (+156)	Ga -29	Ge -116	As -77	Se -195	Br -325	Kr (+39)
Rb -47	Sr (+168)	In -29	Sn -121	Sb -101	Te -190	I -295	Xe (+41)
Cs -45	Ba (+52)	Tl -29	Pb -35	Bi -91	Po -183	At -270	Rn (+41)

Aufnahme von zwei Elektronen

O: +704 S: +332

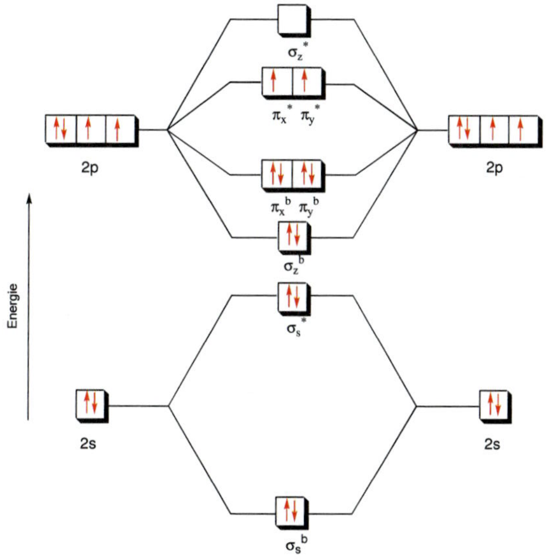

4. Die chemische Bindung

In Kapitel 3 haben wir Antworten auf die zentralen Fragen gefunden, wie die Elektronen eines Atoms sich räumlich um den Atomkern verteilen und welche Energiezustände sie im Einzelnen besitzen. Diese Elektronenstruktur der Atome liefert uns nun auch das Verständnis für die Fähigkeit der Atome, miteinander in Wechselwirkung treten und chemische Verbindungen bilden zu können.

Tatsächlich liegen unter Normalbedingungen nur die Edelgase in atomarer Form vor; bei allen anderen Elementen treten die Atome miteinander in Wechselwirkung, wobei die Resultate sehr unterschiedlich sind: Zwei H-Atome treten zu einem H_2-Molekül zusammen, vier P-Atome bilden einen P_4-Tetraeder, acht S-Atome bilden einen S_8-Ring, unendlich viele C-Atome bilden im Diamant ein Riesenmolekül, dessen Größe nur von der Größe des Diamantkristalls selbst abhängt, unendlich viele Atome eines Metalls lagern sich zu einem Metallkristall zusammen etc. Vor allen Dingen aber treten auch Atome verschiedener Elemente unter Bildung chemischer Verbindungen miteinander in Wechselwirkung. In allen diesen chemischen Verbindungen werden die Atome durch Anziehungskräfte zusammengehalten, die wir ganz allgemein als **chemische Bindungen** bezeichnen. In diesem Kapitel wollen wir nun der Frage nachgehen, wie sich das Phänomen der chemischen Bindung auf der Grundlage der Elektronenstruktur der Atome verstehen lässt.

Wenn sich Atome miteinander verbinden, treten Veränderungen in ihren Elektronenverteilungen auf. Die genauere Prüfung zeigt, dass diese Veränderungen nur die Außenelektronenkonfigurationen der Atome, also ihre Valenzelektronenkonfigurationen, betreffen. Je nach der Art der resultierenden Elektronenverteilung werden dabei drei Typen der chemischen Bindung voneinander unterschieden, die wir als die *starken* chemischen Bindungen bezeichnen:

- die Ionenbindung (Ionenbeziehung, heteropolare Bindung),
- die kovalente Bindung (Atombindung, homöopolare Bindung) sowie
- die Metallbindung.

Neben diesen drei starken chemischen Bindungstypen gibt es außerdem eine Gruppe von *schwachen* chemischen Wechselwirkungen, die zusammengefasst als **VAN DER WAALS-Kräfte** bezeichnet werden.

4.1 Die Ionenbindung

Eine Ionenbindung kommt zustande, wenn Elektronen von den Atomen einer Sorte auf die Atome einer anderen Sorte übergehen: Die Atome eines der miteinander reagierenden Elemente geben Elektronen ab und bilden positiv geladene Kationen, die Atome des anderen Elementes nehmen diese Elektronen auf und bilden folglich negativ geladene Anionen. Die Kationen sind immer kleiner als die neutralen Atome, aus denen sie gebildet werden; entsprechend sind die Anionen immer größer als die neutralen Atome, aus denen sie entstehen (Abbildung 4.3).

Infolge ihrer entgegengesetzten elektrischen Ladung werden Kationen und Anionen durch die elektrostatische Anziehung zusammengehalten. Im festen Zustand aggregieren sich Ionen beiderlei Ladung nicht in begrenzter Zahl zu einzelnen Molekülen, sondern in unbegrenzter Zahl zu einem insgesamt elektrisch neutralen „Riesenmolekül", dem Ionenkristall. Dies ist eine notwendige Folge der räumlichen Ungerichtetheit der elektrostatischen Anziehungskräfte: Da diese Kräfte in alle Raumrichtungen gleichermaßen wirken, wird sich ein Kation mit möglichst vielen Anionen und umgekehrt ein Anion mit möglichst vielen Kationen zu umgeben versuchen. In Ionenkristallen werden daher die Koordinationszahlen von Kation und Anion im Allgemeinen hoch sein, wobei als Koordinationszahl die Zahl der jeweils nächsten Nachbarn bezeichnet wird.

Kationen und Anionen können sowohl einfach oder mehrfach geladene Atome als auch einfach oder mehrfach geladene Moleküle sein. Kationen werden vorwiegend von den Metallen, Anionen vorwiegend von den Nichtmetallen gebildet. Bei mehratomigen Kationen oder Anionen können sowohl Metalle als auch Nichtmetalle als zentrale Atome auftreten. Die Zahl der positiven oder negativen Elementarladungen eines Atom- oder Molekülions wird als seine **Ionenwertigkeit** bezeichnet.

4.1.1 Die Bildung von Ionen, Typen von Ionen

Bei den Hauptgruppenelementen sind nur die Elektronen der Außenschale an den chemischen Reaktionen beteiligt. Die Zahl dieser Valenzelektronen entspricht der Hauptgruppen-Nummer, die das jeweilige Element im PSE hat. Die Abgabe oder Aufnahme von Elektronen führt bei diesen Elementen in der Regel zu Ionen mit der Elektronenkonfiguration des vorausgegangenen bzw. des nachfolgenden Edelgases. Die Kationen sind also mit dem vorausgegangenen Edelgas isoelektronisch, die Anionen entsprechend mit dem nachfolgenden. Isoelektronisch heißt, dass beide Teilchen die gleiche Anzahl und Verteilung der Elektronen besitzen:

Na^+, Mg^{2+}, Al^{3+} – [Ne]
P^{3-}, S^{2-}, Cl^- – [Ar]

Die Atome geben also gerade so viele Elektronen ab bzw. nehmen gerade so viele Elektronen auf, wie zur Bildung eines stabilen Elektronenoktetts, ns^2np^6, erforderlich sind. Dies ist die Grundlage der **Oktettregel**, die in einfacher Weise feststellt, dass Atome immer bestrebt sind, acht Elektronen in ihrer Valenzschale zu besitzen.

Betrachten wir als Beispiel die Bildung der Ionenverbindung Natriumchlorid: Als Element der I. Hauptgruppe hat Natrium ein Valenzelektron und erreicht die Konfiguration des vorangegangenen Edelgases Neon durch Abgabe dieses Elektrons und Bildung des Na^+-Kations:

$$\mathrm{Na}\ (1s^2 2s^2 2p^6 3s^1) \longrightarrow \mathrm{Na}^+\ (1s^2 2s^2 2p^6) + e^- \qquad (4\text{-}1)$$

Als Element der VII. Hauptgruppe hat Chlor sieben Valenzelektronen und erreicht die Konfiguration des nachfolgenden Edelgases Argon durch Aufnahme des vom Natrium abgegebenen Elektrons:

$$\mathrm{Cl}\ (1s^2 2s^2 2p^6 3s^2 3p^5) + e^- \longrightarrow \mathrm{Cl}^-\ (1s^2 2s^2 2p^6 3s^2 3p^6) \qquad (4\text{-}2)$$

Die Zusammensetzung des entstandenen Produktes wird durch die Summenformel NaCl angezeigt.

Allgemein gilt für eine Ionenverbindung, dass die gesamte positive Ladung der Kationen mit der gesamten negativen Ladung der Anionen dem Betrag nach übereinstimmen muss.

Neben den **$1s^2$-** und den ***ns*²*n*p⁶-Ionen**, deren Bildung wir eben beschrieben haben, gibt es noch weitere Typen von Ionen.

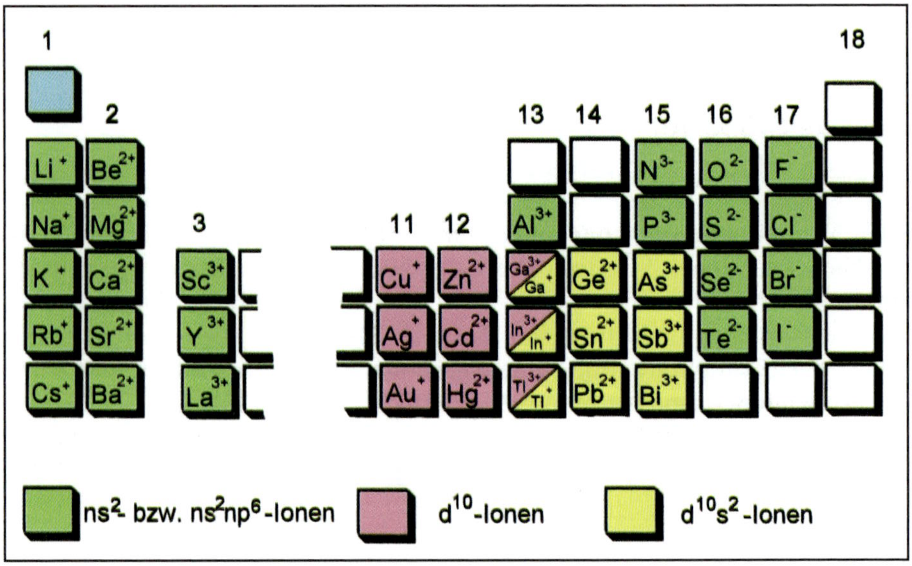

4.1 Typen von Ionen im PSE.

d^{10}-Ionen Manche Metalle bilden Ionen, obwohl sie eine ns^2np^6-Konfiguration nicht erreichen können. Ein Zn-Atom müsste z. B. zwölf Elektronen abgeben oder sechs Elektronen aufnehmen, um zu einer Edelgaskonfiguration zu gelangen. Stattdessen gibt es lediglich zwei Elektronen ab und bildet damit eine abgeschlossene d^{10}-Unterschale:

$$\mathrm{Zn}\ (\ldots 3s^2 3p^6 3d^{10} 4s^2) \longrightarrow \mathrm{Zn}^{2+}\ (\ldots 3s^2 3p^6 3d^{10}) + 2\,e^- \qquad (4\text{-}3)$$

Die Ionisierungsenergien und die Gitterenergien begünstigen die Bildung des Zn^{2+}-Kations. Seine Elektronenkonfiguration ist bevorzugt, da alle Unterschalen der Außenschale voll besetzt sind. Ähnlich ist die Situation auch bei anderen Elementen, die Ionen mit der analogen Konfiguration $ns^2np^6nd^{10}$ bilden können. Solche Ionen werden daher als d^{10}-Ionen bezeichnet (Abbildung 4.1).

Ionen von Übergangselementen Die äußerste Schale von Atomen der Übergangselemente ist eine s-Unterschale. Bei der Bildung von Ionen werden zuerst die darin befindlichen Elektronen abgegeben. Darüber hinaus können aber auch innere Elektronen aus der höchsten besetzten d-Unterschale abgegeben werden, und zwar durchaus unterschiedlich viele. Übergangselemente können daher mehrere verschiedene Ionen bilden:

$$\text{Cu: } Cu^+, Cu^{2+}; \quad \text{Cr: } Cr^{2+}, Cr^{3+}; \quad \text{Fe: } Fe^{2+}, Fe^{3+}; \quad \text{V: } V^{2+}, V^{3+} \quad \text{etc.}$$

Die Bildung z. B. eines Fe^{3+}-Kations erfordert zwar mehr Energie als die eines Fe^{2+}-Kations, jedoch ist die Gitterenergie für Fe^{3+}-Verbindungen entsprechend höher. Beide Faktoren gleichen sich soweit aus, dass Verbindungen mit beiden Kationen möglich sind.

4.1.2 Die Größe von Ionen, Ionenradien

In einem Ionenkristall halten benachbarte Ionen einen Abstand zueinander ein, der mithilfe der Beugung von Röntgenstrahlen durch das Kristallgitter experimentell bestimmt werden kann. Dieser Abstand kann als Summe der Radien zweier als kugelförmig betrachteter Ionen interpretiert werden. Die Aufteilung dieses Abstandes ist allerdings nicht unproblematisch, wie in Abbildung 4.2 gezeigt wird.

Einer der Wege, um zu Werten für die Radien einzelner Ionen zu gelangen, geht von Verbindungen aus, die aus einem kleinen Kation und einem großen Anion aufgebaut sind. Diese Situation treffen wir z. B. in einem LiI-Kristall an. Man kann annehmen, dass sich die I^--Anionen gerade berühren, weil das Li^+-Kation genügend klein ist. Die Hälfte des Abstandes zwischen den Schwerpunkten zweier benachbarter Iodid-Ionen, in der Abbildung (links) mit d gekennzeichnet, ergibt dann den Radius eines einzelnen Iodid-Ions:

$$r(I^-) = d(I^- \cdots\cdots I^-)/2 = 432/2 = 216 \text{ pm} \qquad (4\text{-}4)$$

In den meisten Kristallen berühren sich die Anionen jedoch nicht; damit kann der Abstand d im rechten Bild der Abbildung 4.2 nicht in der eben beschriebenen Weise verwendet werden. Mit dem Wert für den Radius des Iodid-Ions, wie er aus den Daten von LiI ermittelt worden ist, kann man nun allerdings den Radius z. B. eines K^+-Ions aus dem gemessenen Abstand d' in einem KI-Kristall berechnen (Abbildung 4.2, rechts):

$$d' = r(K^+) + r(I^-) \quad (4\text{-}5)$$
$$349\ \text{pm} = r(K^+) + 216\ \text{pm} \quad (4\text{-}6)$$
$$r(K^+) = 133\ \text{pm} \quad (4\text{-}7)$$

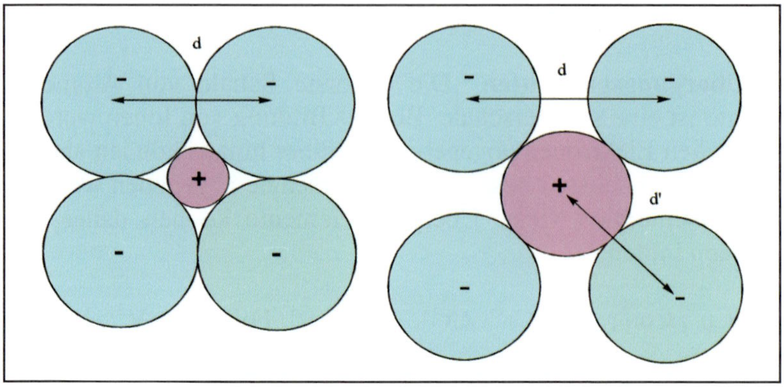

4.2 Abstände zwischen Ionen, Ionenradien.

Führt man nun analoge Berechnungen mit Messdaten verschiedener Kalium-Salze durch, so ergeben sich etwas abweichende Werte. Die genauere Betrachtung zeigt, dass die ermittelten Radien von Kationen u. a. von der jeweiligen Koordinationszahl, also der Zahl der nächsten Nachbarn im Ionenkristall, abhängen: Je größer die Koordinationszahl ist, desto mehr stoßen sich die Anionen untereinander ab und desto größer erscheint folglich das Kation.

Gleichwohl sind Ionenradien sehr nützliche Größen, die uns eine Vorstellung vom Platzbedarf eines Ions vermitteln. Abbildung 4.3 illustriert noch einmal die bereits früher getroffene Feststellung, dass Kationen stets kleiner und Anionen stets größer sind als die neutralen Atome, aus denen sie gebildet werden.

Innerhalb einer Gruppe des PSE nehmen die Ionenradien mit steigender Perioden-Nummer erwartungsgemäß zu, weil von Element zu Element jeweils eine neue Schale hinzukommt und die räumliche Ausdehnung dadurch zunimmt:

$$Li^+ < Na^+ < K^+ < Rb^+ < Cs^+ \qquad F^- < Cl^- < Br^- < I^- \quad (4\text{-}8)$$

Bei isoelektronischen Ionen nimmt der Radius mit steigender Ordnungszahl ab:

$$O^{2-} > F^- > Na^+ > Mg^{2+} > Al^{3+} \quad (4\text{-}9)$$

Für die Abnahme der Ionenradien innerhalb einer solchen isoelektronischen Reihe sind zwei Gründe verantwortlich: Zum einen nimmt die effektive Kernladung zu, wodurch die Elektronenhüllen stärker angezogen werden; zum anderen verringern sich mit wachsender Ionenladung die Gleichgewichtsabstände im Ionengitter, da die elektrostatische Anziehungskraft gemäß dem COULOMBschen Gesetz mit steigender Ionenladung zunimmt. Bei den isoelektronischen Kationen ist die Abnahme der Ionenradien daher auch sehr viel stärker ausgeprägt als bei den mit ihnen isoelektronischen Anionen.

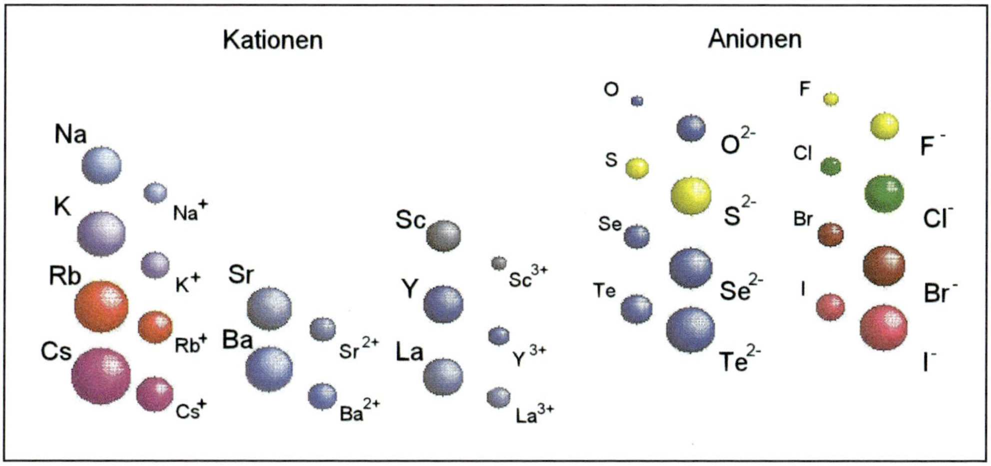

4.3 Atom- und Ionenradien ausgewählter Elemente.

Bildet ein Element mehrere Kationen unterschiedlicher Ladung, dann nimmt der Radius mit steigender Ladung ab:

$$V^{2+} > V^{3+} \quad Cr^{2+} > Cr^{3+} \quad Fe^{2+} > Fe^{3+} \quad Cu^{+} > Cu^{2+} \qquad (4\text{-}10)$$

Die Änderungen der Ionenradien innerhalb der Gruppen und Perioden des PSE haben zur Folge, dass die Radien z. B. der folgenden Ionenpaare etwa gleich groß sind:

$$Li^{+} / Mg^{2+} \quad Na^{+} / Ca^{2+} \quad Ca^{2+} / Y^{3+} \qquad (4\text{-}11)$$

Hier liegt eine weitere Ursache für die bereits erwähnte **Schrägbeziehung** im PSE, d. h. für die chemische Ähnlichkeit diagonal benachbarter Elemente. Diese Ionenpaare sind u. a. in Kristallen untereinander austauschbar, und deshalb können ihre Verbindungen **Mischkristalle** bilden, auch wenn sie verschiedenen Formel- und Gittertypen (siehe unten) angehören. So können z. B. im MgF_2-Gitter die Plätze der Mg^{2+}-Kationen statistisch von Li^{+}-Kationen besetzt werden und umgekehrt. Solche Mischkristalle werden als **heterotype Mischkristalle** bezeichnet. Besitzen die entsprechenden Verbindungen den gleichen Formel- und Gittertyp, dann bilden sie **isotype Mischkristalle** wie z. B. das Salzpaar NaCl/AgCl.

4.1.3 Gitterenergie, BORN-HABER-Kreisprozess

Die molare Gitterenergie ΔH_G ist definiert als der Energiebetrag, der freigesetzt wird, wenn ein Mol gasförmiger Kationen mit der stöchiometrischen Molzahl gasförmiger Anionen unter Bildung des festen Ionenkristalls zusammentritt. Die Gitterenergie für NaCl beträgt z. B.:

$$Na^+_{(g)} + Cl^-_{(g)} \longrightarrow NaCl_{(s)} \qquad \Delta H_G = -788\ \text{kJ/mol} \qquad (4\text{-}12)$$

Beim Aufbau eines Ionenkristalls wird also immer Energie an die Umgebung abgegeben. Umgekehrt gilt: Die Gitterenergie ist der Energiebetrag, der aufgewendet werden muss, um ein Mol einer Ionenverbindung aus dem festen Zustand in ihre Kationen und Anionen im Gaszustand zu überführen. Gitterenergien selbst lassen sich nicht experimentell bestimmen.

Eine Berechnung der Gitterenergie und damit eine quantitative Beschreibung der Ionenbindung gelingt unter Anwendung der klassischen elektrostatischen Theorie, indem man zunächst annimmt, dass sich die Ionen wie starre Kugeln bestimmter Größe behandeln lassen.

Für das NaCl würde sich die Gitterenergie auf folgendem Wege berechnen lassen: Wir nehmen dazu an, dass 1 Mol Na^+-Kationen und 1 Mol Cl^--Anionen im Gaszustand sehr weit entfernt voneinander vorliegen. Durch COULOMB-Wechselwirkung nähern sie sich zunächst paarweise, bis sie sich gerade berühren und 1 Mol hypothetischer „NaCl-Moleküle“ bilden. Deren potenzielle Energie ergibt sich nach dem COULOMBschen Gesetz dann zu:

$$E_{G1} = -\frac{N_A \cdot z_K \cdot z_A \cdot e_\pi^2}{R} \qquad (4\text{-}13)$$

Darin sind:
N_A – die AVOGADRO-Konstante,
z_K, z_A – die Ladungszahlen von Kation bzw. Anion (für Na^+ und Cl^- jeweils 1),
e_π – die Elementarladung (in elektrostatischen Einheiten) sowie
R – der Abstand der Ladungsschwerpunkte (Kernabstand).

Die angenommenen „NaCl-Moleküle“ sind nicht stabil und treten stattdessen zu einem festen, dreidimensionalen Kristallgitter zusammen, in dem alle Ionen untereinander in elektrostatischer Wechselwirkung stehen. Damit ist sofort klar, dass die potenzielle Energie dieses Systems von der geometrischen Anordnung der Ionen im Gitter bestimmt wird. Die geometrischen Verhältnisse in einem NaCl-Gitter sind in Abbildung 4.4 dargestellt. Wir betrachten die elektrostatische Wechselwirkung eines willkürlich herausgegriffenen Na^+-Kations mit seinen ersten, zweiten,

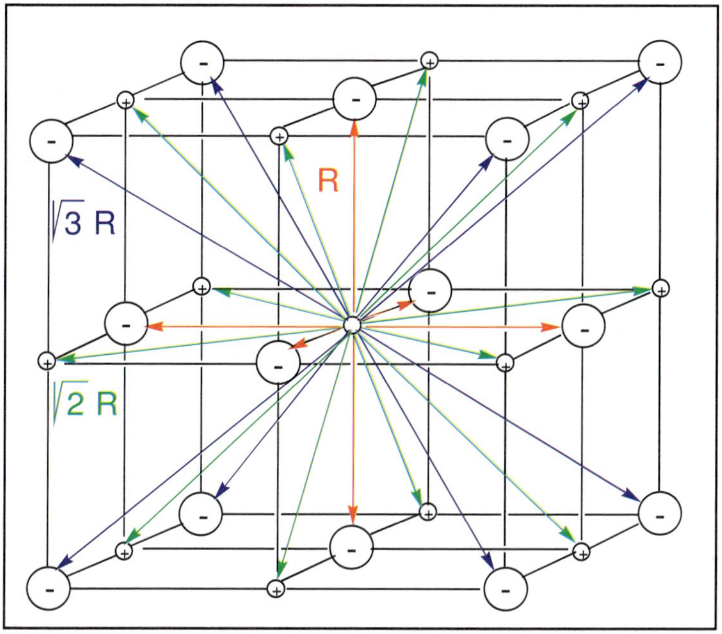

4.4 Elektrostatische Wechselwirkungen eines Na^+-Kations im NaCl-Gitter.

dritten, vierten usw. Nachbarn, bei denen es sich alternierend um Cl^--Anionen und Na^+-Kationen handelt, deren jeweilige Anzahl durch die Gitterstruktur bestimmt ist. Die Abstände der Ladungsschwerpunkte normieren wir der Einfachheit halber auf den Abstand R zwischen dem Na^+-Kation und seinen nächsten Nachbarn (Abbildung 4.4). Wir finden, dass das Na^+-Kation von sechs Cl^--Anionen im Abstand R, von zwölf Na^+-Kationen im Abstand von $R\surd 2$, von acht Cl^--Anionen im Abstand $R\surd 3$, dann weiter von sechs Na^+-Kationen im Abstand $2R$, von 24 Cl^--Anionen im Abstand von $R\surd 5$ usw. umgeben ist. Damit erhalten wir als Ausdruck für die potenzielle Energie:

$$E_{Gl} = -\frac{N_A \cdot e_\pi^2 \cdot 6}{R} + \frac{N_A \cdot e_\pi^2 \cdot 12}{R\sqrt{2}} - \frac{N_A \cdot e_\pi^2 \cdot 8}{R\sqrt{3}} + \frac{N_A \cdot e_\pi^2 \cdot 6}{2\,R} - \frac{N_A \cdot e_\pi^2 \cdot 24}{R\sqrt{5}} + \ldots\ldots \qquad (4\text{-}14)$$

Aus Gleichung (4-14) können wir nun den Ausdruck $-N_A e_\pi^2 / R$ ausklammern und finden

$$E_{Gl} = -\frac{N_A \cdot e_\pi^2}{R}\left(6 - \frac{12}{\sqrt{2}} + \frac{8}{\sqrt{3}} - \frac{6}{2} + \frac{24}{\sqrt{5}} - \ldots\right) \qquad (4\text{-}15)$$

Der Klammerausdruck in Gleichung (4-15) konvergiert gegen den Wert 1,748. Dieser Wert wird als **MADELUNG-Konstante *A*** bezeichnet.

$$E_{GI} = -\frac{N_A \cdot e_\pi^2 \cdot A}{R} \quad \text{bzw.} \quad E_{GI} = -\frac{N_A \cdot z_K \cdot z_A \cdot e_\pi^2 \cdot A}{R} \tag{4-16}$$

Es ist leicht zu erkennen, dass der jeweilige Zahlenwert von *A* nur von der Gittergeometrie abhängt, also nur von der Art und Weise, wie die Kationen und Anionen im Gitter angeordnet sind. Das hat zur Konsequenz, dass die MADELUNG-Konstante für verschiedene Ionenverbindungen den gleichen Wert besitzt, wenn diese im gleichen Ionengitter kristallisieren.

Die MADELUNG-Konstante gibt an, um welchen Faktor die potenzielle Energie abnimmt, wenn „Ionenpaar-Moleküle" aus der Gasphase in den festen, kristallinen Zustand übergehen, wobei der Kernabstand *R* in beiden Zuständen gleich sein soll.

Die MADELUNG-Konstanten und die Kernabstände in Ionenkristallen können mithilfe der Röntgenstrukturanalyse experimentell ermittelt werden, sodass unter Verwendung von Gleichung (4-16) die molare Gitterenergie berechnet werden kann. Die auf diesem Wege berechneten Werte weichen jedoch um rund 10 % von den „experimentellen" Werten ab. Warum ist das so? In unserem Modell haben wir bisher den Kernabstand *R* durch die Radien der als starre Kugeln betrachteten Ionen festgelegt. Nun werden sich die Ionen aber bei starker Annäherung durch ihre Elektronenhüllen gegenseitig abstoßen. Das heißt der Kernabstand wird in Wirklichkeit durch das Gleichgewicht zwischen Anziehungs- und Abstoßungskräften festgelegt. Dies ist in der folgenden Abbildung 4.5 dargestellt.

Die Abstoßungsenergie, die wir mit E_{G2} bezeichnen wollen, ist aber wesentlich schwerer zu berechnen als die COULOMB-Energie; M. BORN hat dafür den folgenden Ausdruck eingeführt:

$$E_{G2} = +\frac{B}{R^n} \tag{4-17}$$

B ist darin ein Maß für die Abstoßungskräfte und n ein von der Elektronendichte der entsprechenden Ionen abhängiger Faktor, der als BORN-Exponent bezeichnet wird. Dieser BORN-Exponent kann aus der Kompressibilität der Ionenkristalle experimentell bestimmt oder auch theoretisch berechnet werden (Tabelle 4.1).

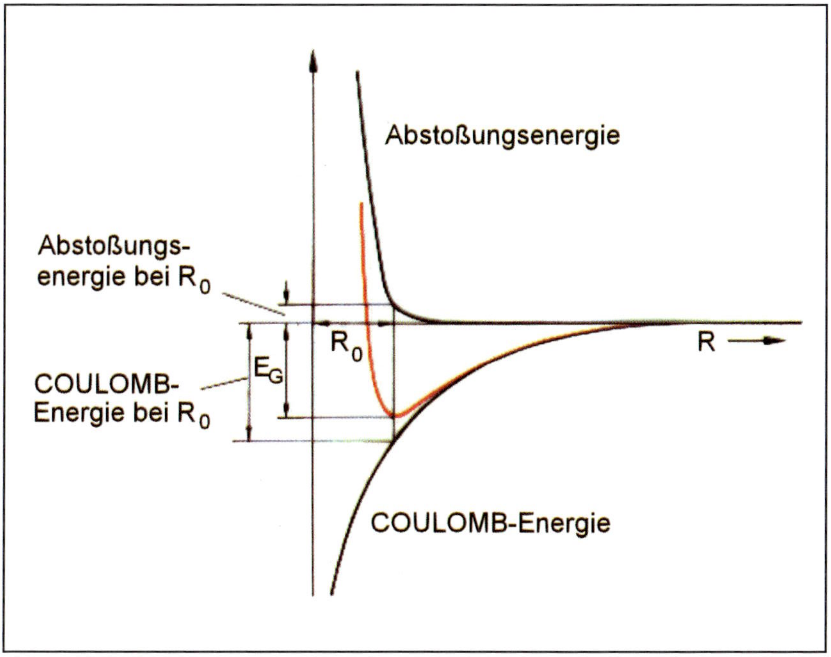

4.5 Energiebeträge bei der Bildung eines Ionenkristalls.

Tabelle 4.1 BORN-Exponenten

Ionenverbindung	n_{exp}	Edelgaskonfiguration	$n_{theoret}$
LiF	5,9	He	5
LiCl	8,0	Ne	7
LiBr	8,7	Ar	9
NaCl	9,1	Kr	10
NaBr	9,5	Xe	12

Die n-Werte korrelieren erwartungsgemäß mit den Edelgaskonfigurationen der Kationen und Anionen. So hat z. B. im LiF das Li^+-Kation die He-Konfiguration und das F^--Anion die Ne-Konfiguration; damit resultiert ein Mittelwert von $n = 6$, experimentell gefunden wird $n = 5{,}9$.

Die n-Werte nehmen mit steigender Elektronenzahl der Ionen zu. Die großen n-Werte der Ionenkristalle beschreiben den starken Abfall der Abstoßungsenergie mit dem Abstand R. Die molare Gitterenergie ΔE_G ergibt sich nun also als Summe der Anziehungs- und Abstoßungsenergie:

$$\Delta E_G = -\frac{N_A \cdot z_K \cdot z_A \cdot e_\pi^2 \cdot A}{R} + \frac{N_A B}{R^n} \tag{4-18}$$

Im Gleichgewichtszustand des Ionenkristalls heben sich nun die Anziehungs- und die Abstoßungskräfte gegenseitig auf, sodass die Gitterenergie ein Minimum erreicht; den dabei zu beobachtenden Abstand R bezeichnen wir mit R_0. Es gilt demnach:

$$\frac{\mathrm{d}E_G}{\mathrm{d}R_{R=R_0}} = \frac{N_A \cdot z_K \cdot z_A \cdot e_\pi^2 \cdot A}{R_0^2} - \frac{n \cdot N_A \cdot B}{R_0^{n+1}} = 0 \tag{4-19}$$

und

$$B = -\frac{z_K \cdot z_A \cdot e_\pi^2 \cdot A \cdot R_0^{n-1}}{n} \tag{4-20}$$

Daraus ergibt sich letztlich für die molare Gitterenergie:

$$\Delta E_G = -\frac{N_A \cdot z_K \cdot z_A \cdot e_\pi^2 \cdot A}{R_0}\left(1 - \frac{1}{n}\right) \tag{4-21}$$

Bei Berücksichtigung der Abstoßungsenergie ist die Übereinstimmung der berechneten mit den *experimentellen* Gitterenergien insgesamt gut.

Der BORN-HABER-Kreisprozess Wir hatten festgestellt, dass molare Gitterenergien nicht gemessen werden können und haben dennoch von ihren *experimentellen* Werten gesprochen. Dies ist insofern kein Widerspruch, als es einen Weg gibt, auf dem die molaren Gitterenergien ausschließlich aus experimentell mit genügender Genauigkeit zugänglichen Daten berechnet werden können. Zeitgleich und unabhängig voneinander entwickelten F. HABER und M. BORN auf der Grundlage des HESSschen Satzes der konstanten Wärmesummen einen Kreisprozess zur Berechnung molarer Gitterenergien.

Betrachten wir als Beispiel die Berechnung der molaren Gitterenergie des NaCl. Die experimentell sehr genau bestimmbare Reaktionsenthalpie für die Bildung eines Mols NaCl aus den Elementen, die **Bildungsenthalpie ΔH_f**, ergibt sich zu

$$Na_{(s)} + ½\,Cl_{2(g)} \longrightarrow NaCl_{(s)} \qquad \Delta H_f = -411\ \text{kJ/mol} \tag{4-22}$$

Diese Reaktion zerlegen wir nun in geeignete Teilreaktionen, für die die ΔH-Werte experimentell gut zugänglich sind, sodass im letzten Schritt die molare Gitterenergie ausschließlich aus experimentellen Daten berechnet werden kann. Diese entsprechenden Teilreaktionen sind:

1. 1 Mol festes Na-Metall wird unter Bildung eines Gases aus Na-Atomen verdampft; dafür ist ein Energiebetrag erforderlich, den wir als die **Sublimationsenthalpie** des Natriums bezeichnen (der Übergang eines festen Stoffes unmittelbar in die Gasphase wird als Sublimation bezeichnet):

$$Na_{(s)} \longrightarrow Na_{(g)} \qquad \Delta H_{subl} = +108 \text{ kJ/mol} \qquad (4\text{-}23)$$

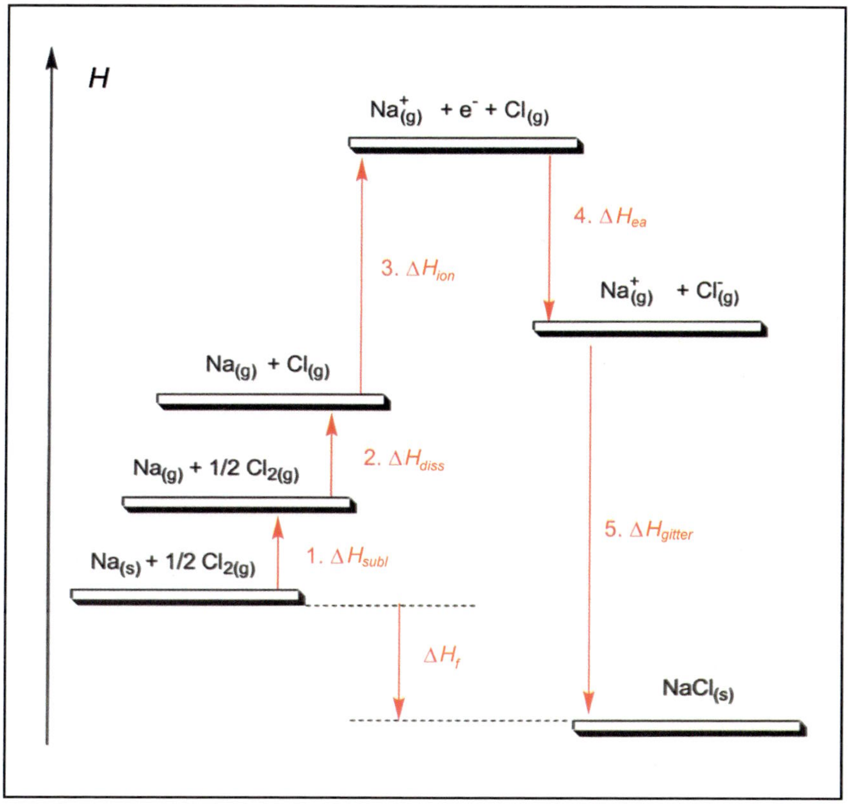

4.6 BORN-HABER-Kreisprozess für NaCl.

2. Die zweiatomigen Chlor-Moleküle werden in Chlor-Atome aufgespalten, wofür die **Bindungsdissoziationsenergie** des Chlors aufgewendet werden muss; da 1 Mol Chlor-Atome aus nur ½ Mol Chlor-Molekülen gebildet wird, ist auch nur der halbe Betrag der Bindungsdissoziationsenergie aufzuwenden:

$$\tfrac{1}{2}\, Cl_{2(g)} \longrightarrow Cl_{(g)} \qquad \tfrac{1}{2}\, \Delta H_{diss} = +122 \text{ kJ/mol} \qquad (4\text{-}24)$$

3. Die Na-Atome werden zu Na^+-Kationen ionisiert, dazu muss die **Ionisierungsenergie** des Na aufgewendet werden:

$$Na_{(g)} \longrightarrow Na^+_{(g)} + e^- \qquad \Delta H_{ion} = +496 \text{ kJ/mol} \qquad (4\text{-}25)$$

4. Die Cl-Atome nehmen Elektronen unter Bildung der Cl^--Anionen auf; dabei wird Energie freigesetzt, nämlich die **Elektronenaffinität** des Chlors:

$$Cl_{(g)} + e^- \longrightarrow Cl^-_{(g)} \qquad \Delta H_{ea} = -349 \text{ kJ/mol} \qquad (4\text{-}26)$$

5. Die Ionen werden aus dem Gaszustand zu einem festen Ionengitter zusammengefügt; dabei wird die **Gitterenergie** frei, die wir ja ermitteln wollen:

$$Na^+_{(g)} + Cl^-_{(g)} \longrightarrow NaCl_{(s)} \qquad \Delta H_G = ? \qquad (4\text{-}27)$$

   Dieser letzte Schritt liefert den größten Betrag bei der Energiefreisetzung und macht damit die Gesamtreaktion energetisch vorteilhaft.

Die Bildungsenthalpie ergibt sich nun als Summe der Reaktionsenthalpien der Teilreaktionen:

$$\Delta H_f = \Delta H_{subl} + \tfrac{1}{2}\Delta H_{diss} + \Delta H_{ion} + \Delta H_{ea} + \Delta H_G \qquad (4\text{-}28)$$

Wir stellen die Gleichung nach der Gitterenergie um und erhalten unter Berücksichtigung der Vorzeichen der Enthalpie-Beträge

$$\Delta H_G = \Delta H_f - (\Delta H_{subl} + \tfrac{1}{2}\Delta H_{diss} + \Delta H_{ion} + \Delta H_{ea}) \qquad (4\text{-}29)$$
$$\Delta H_G = -411 - (108 + 122 + 496 - 349) = -788 \text{ kJ/mol} \qquad (4\text{-}30)$$

In Tabelle 4.2 sind die Gitterenergien einiger Ionenverbindungen zusammengestellt. Anhand dieser Zahlenwerte kann man unschwer erkennen, dass die Beträge der Gitterenergien im Wesentlichen von zwei Faktoren bestimmt werden:

1. **Ladung der Ionen**: Je höher die Ladung der Ionen im Gitter ist, desto größer sind die Beträge der Gitterenergie.
2. **Größe der Ionen**: Je näher zwei entgegengesetzt geladene Ionen einander kommen können, desto größer wird die elektrostatische Anziehungsenergie zwischen ihnen; Kristallgitter aus kleinen Ionen haben daher größere Gitterenergie-Beträge.

Beides folgt unmittelbar aus dem COULOMBschen Gesetz. Die Größe der Gitterenergie ist ein direkter Ausdruck für die Stärke der Bindungen zwischen den Ionen in einem Ionenkristall. Daraus ergibt sich auch der Zusammenhang zwischen der Größe der Gitterenergie einerseits und einer Reihe physikalischer Eigenschaften von Ionenverbindungen andererseits wie z. B. Schmelzpunkt, Siedepunkt, Härte, Kompressibilität sowie thermische Ausdehnung des Kristalls.

Mithilfe der Gitterenergie können wir nun auch leicht verstehen, warum die Hauptgruppenelemente bei der Bildung von Ionen Edelgaskonfigurationen anstreben.

1. Warum also bildet Na kein Na^{2+}-Kation? Um ein solches Kation zu erhalten, müssten die 1. und die 2. Ionisierungsenergie aufgebracht werden; das wären 496 plus 4563, zusammen also 5059 kJ/mol. Die Gitterenergie eines hypothetischen „$NaCl_2$“ würde in der gleichen Größenordnung liegen wie die für $MgCl_2$, also etwa bei –2500 kJ/mol. Wir sehen sofort, dass dieser Betrag für eine zweifache Ionisierung von Natrium nicht ausreichen würde.

Tabelle 4.2 Beträge von Gitterenergien

Verbindung	Ionen	Ionenradien [pm]	Gitterenergie [kJ/mol]
NaCl	Na^+; Cl^-	95; 181	–788
CsCl	Cs^+; Cl^-	169; 181	–669
Na_2O	Na^+; O^{2-}	95; 140	–2570
Cs_2O	Cs^+; O^{2-}	169; 140	–2090
$MgCl_2$	Mg^{2+}; Cl^-	65; 181	–2525
MgO	Mg^{2+}; O^{2-}	65; 140	–3890

2. Warum aber bildet Mg das Mg^{2+}-Kation? Mg erreicht bei Abgabe von zwei Elektronen die Edelgaskonfiguration; die Summe der 1. und 2. Ionisierungsenergie ist hier bedeutend kleiner als beim Na. Im Einzelnen finden wir 738 und 1450, zusammen also 2188 kJ/mol. Mit –2525 kJ/mol ist die Gitterenergie des $MgCl_2$ hoch genug, um die zur zweifachen Ionisierung des Mg erforderliche Energie aufzubringen.

Ganz ähnlich ist die Situation bei den Anionen: Um Anionen zu bilden, die mehr Elektronen besitzen als einer Edelgaskonfiguration entspricht, sind deutlich höhere Energiebeträge aufzuwenden als durch die Gitterenergie erhalten werden könnten. Anionen mit weniger Elektronen als in einer Edelgaskonfiguration – also etwa ein O^--Anion – wären zwar von der Elektronenaffinität her begünstigt, jedoch ist der für die Bildung des O^{2-}-Anions mit Edelgaskonfiguration aufzubringende Energiebetrag erheblich niedriger als der zusätzliche Gewinn an Gitterenergie infolge der höheren Ladung. So würde sich für ein hypothetisches Na^+O^- eine Gitterenergie von ca. –800 kJ/mol berechnen, das reale $Na^+{}_2O^{2-}$ hat dagegen eine Gitterenergie von –2570 kJ/mol.

Mehr als drei Elektronen werden allerdings nie von einem Atom abgegeben oder aufgenommen; die dafür aufzuwendenden Energiebeträge stehen nie zur Verfügung. Verbindungen mit den Formeln $SnCl_4$, $TiCl_4$, SF_6, PCl_5, SiO_2 etc. sind daher auch nicht aus Ionen aufgebaut.

4.1.4 Die Struktur von Ionenverbindungen, Ionenkristalle

Eine Ionenverbindung wird in dem Kristallgitter kristallisieren, in dem ein Zustand minimaler Energie erreicht wird. Ein solcher Zustand wird dann vorliegen, wenn die größtmögliche Zahl entgegengesetzt geladener Ionen sich gerade berührt, ohne

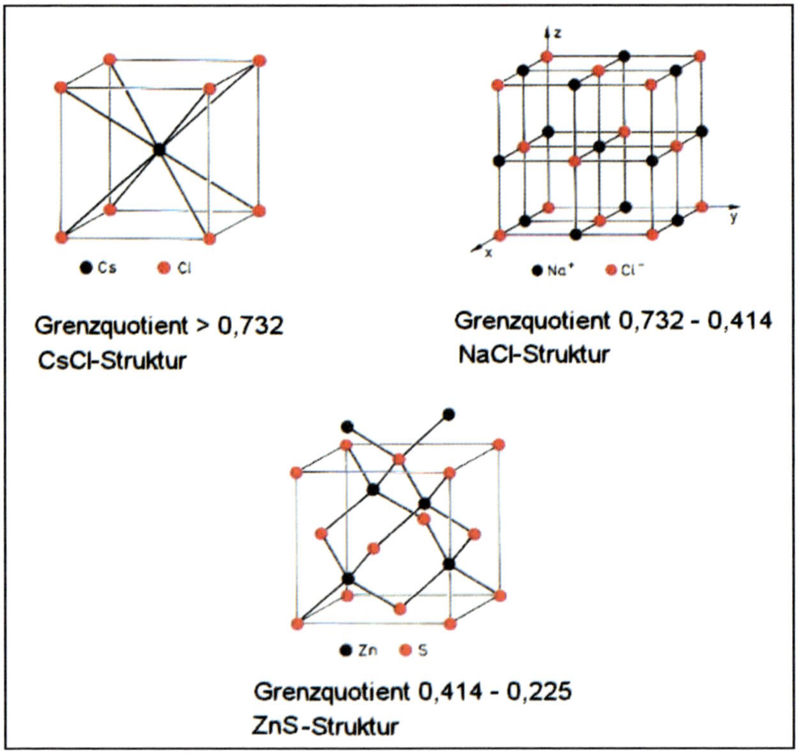

4.7 Leitstrukturen von Ionenverbindungen des Typs AB.

dass dabei die Ionen gleicher Ladung zusammengedrückt werden. Für die jeweilige Kristallstruktur werden daher die Ionenradien, genauer gesagt das Verhältnis der Radien von Kationen zu Anionen, von ausschlaggebender Bedeutung sein, nicht also deren Absolutgröße. Dieses Verhältnis von Kationen- zu Anionenradius wird als **kritisches Radienverhältnis** oder auch als **Grenzquotient** bezeichnet. Darüber hinaus müssen Kationen und Anionen im Kristallgitter natürlich auch im korrekten stöchiometrischen Verhältnis zueinander gepackt sein.

Ionenverbindungen des Typs AB kristallisieren in der Regel in Abhängigkeit vom Wert des kritischen Radienquotienten in der CsCl-, der NaCl- oder der ZnS-Struktur, entsprechend $r_K/r_A > 0{,}732$, 0,732 – 0,414 bzw. 0,414 – 0,225 (Abbildung 4.7). In der **CsCl-Struktur** ist jedes Cs^+-Kation von acht Cl^--Anionen umgeben, jedes Cl^--Anion von acht Cs^+-Kationen; beide Ionenarten haben damit die Koordinationszahl 8. Abbildung 4.7 zeigt, dass sich jedes Kation im Zentrum eines von acht Anionen gebildeten Würfels befindet und umgekehrt. In der **NaCl-Struktur** ist jedes Kation von sechs Anionen und jedes Anion von sechs Kationen in einer

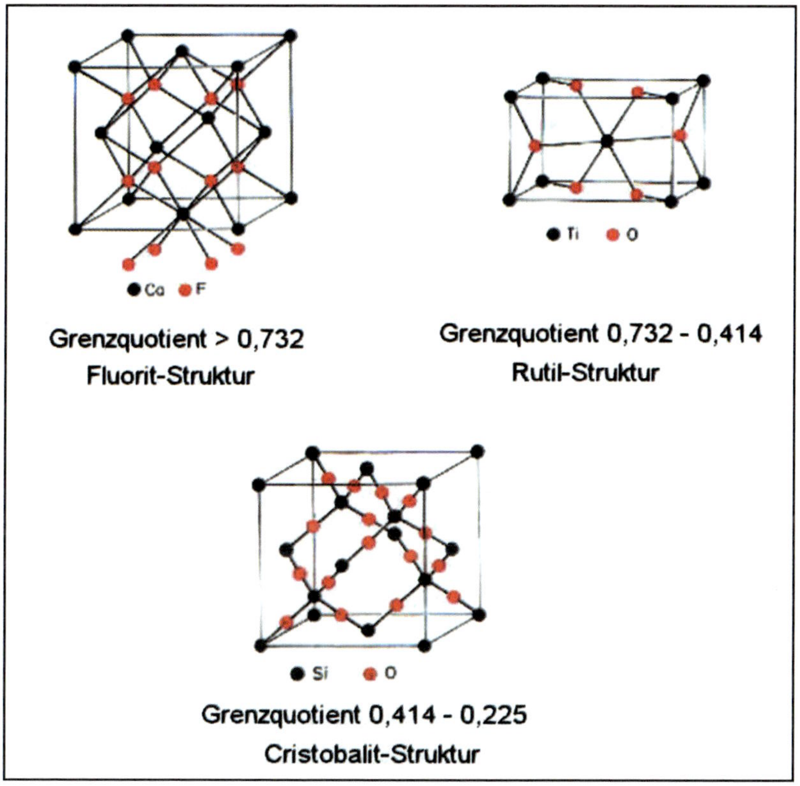

4.8 Leitstrukturen von Ionenverbindungen des Typs AB_2.

oktaedrischen Anordnung umgeben; für beide beträgt die Koordinationszahl also 6. In der **ZnS-(Zinkblende-)Struktur** ist jedes Kation tetraedrisch von vier Anionen und jedes Anion entsprechend ebenfalls tetraedrisch von vier Kationen umgeben.

Ionenverbindungen des Typs AB_2 kristallisieren in der **Fluorit-**, der **Rutil-** oder der **Cristobalit-Struktur**, wobei natürlich die gleichen Wertebereiche für den kritischen Radienquotienten gelten wie für die Ionenverbindungen des Typs AB (Abbildung 4.8).

Die Stöchiometrie dieser Verbindungen erfordert jedoch, dass die Koordinationszahlen der Kationen stets doppelt so groß sind wie die der Anionen. Im Einzelnen finden wir in den drei Leitstrukturen daher die Koordinationszahlen 8 und 4, 6 und 3 bzw. 4 und 2.

Bei einer ganzen Reihe von Ionenverbindungen beobachtet man Strukturen, die von den gemäß den Grenzquotienten erwarteten Anordnungen abweichen. Dieses Verhalten tritt immer dann auf, wenn zwischen den Gitterbausteinen auch kovalente Bindungsanteile in deutlichem Ausmaß vorhanden sind.

4.2 Die kovalente Bindung (Atombindung, homöopolare Bindung)

4.2.1 Phänomenologische Beschreibung

Bei Reaktionen von Metallen mit Nichtmetallen geben die Metallatome Elektronen ab, die von den Nichtmetallatomen aufgenommen werden. Als Ergebnis dieser im Grenzfall vollständigen Elektronenübertragung entsteht – wie wir in Abschnitt 4.1 haben sehen können – eine Ionenverbindung und als Bindungstyp die Ionenbindung. In vielen Fällen aber ist die Bildung ionischer Verbindungen energetisch nicht begünstigt, z.B. immer dann, wenn für die Kationen-Bildung ein zu hoher Energiebetrag erforderlich wäre, der durch die Bildung der Anionen (bei negativer Elektronenaffinität) und die Gitterenergie nicht aufgebracht werden kann. In anderen Fällen tendieren alle beteiligten Atome dazu, Elektronen aufzunehmen, etwa dann, wenn zwei Nichtmetalle miteinander reagieren. In all diesen Fällen kommt es also bei der Wechselwirkung der Atome miteinander nicht zur Übertragung von Elektronen. Stattdessen binden sich die Atome über Elektronen aneinander, die ihnen *gemeinsam* gehören. Diesen Typ der chemischen Bindung nennen wir eine **kovalente Bindung**.

Im einfachsten Fall resultiert eine kovalente Bindung aus einem **gemeinsamen Elektronenpaar** zwischen zwei Atomen, zu dessen Bildung jedes Atom ein Elektron beisteuert. Die Bindungskraft ergibt sich aus der Anziehung zwischen den gemeinsamen Elektronen und den positiven Atomkernen der beiden die Bindung bildenden Atome.

Betrachten wir als Beispiel die Bildung eines H_2-Moleküls aus zwei H-Atomen: Wenn sich die beiden Atome einander nähern, so gelangt das 1s-Elektron eines jeden der beiden H-Atome immer stärker in den Anziehungsbereich des Kerns des jeweils anderen Atoms. Als Konsequenz wird sich die Elektronendichte in der Region zwischen den beiden Atomkernen erhöhen, die Energie des Systems nimmt ab (Abbildung 4.9). Wenn der Abstand der beiden Atome jedoch einen bestimmten

Wert unterschreitet, setzt eine rasch zunehmende Abstoßung der beiden Atomkerne untereinander ein. Die resultierende Gesamtkurve durchläuft damit ein Minimum, in dem sich die Anziehungs- und Abstoßungskräfte das Gleichgewicht halten. Dieses Energieminimum repräsentiert auf der Abstandsachse den stabilsten Abstand der beiden Atomkerne voneinander und damit den Bindungsabstand bzw. die **Bindungslänge**; auf der Energieachse repräsentiert das Minimum den Energiebetrag, der bei der Bildung des Moleküls freigesetzt wird, also die **Bindungsenergie**.

Die Erhöhung der Elektronendichte im Bereich zwischen den beiden Atomkernen lässt sich sehr anschaulich auch durch das Orbital-Modell demonstrieren. In jedem der beiden H-Atome besetzt ein Elektron ein kugelsymmetrisches 1s-Orbital. Wenn sich die beiden Atome einander nähern, dann durchdringen sich ihre 1s-Orbitale – ein Vorgang, den wir auch als **Orbitalüberlappung** bezeichnen (Abbildung 4.10).

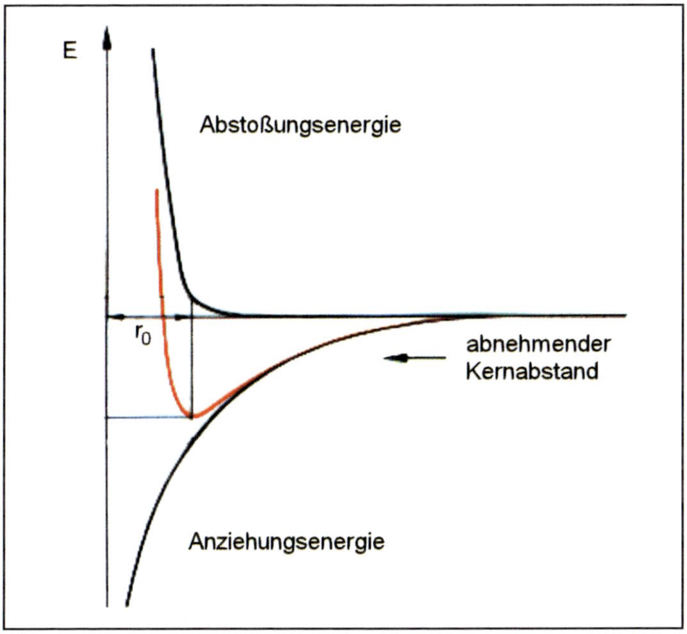

4.9 Energieverlauf bei der Annäherung zweier H-Atome.

Die beiden H-Atome haben im Ergebnis der Orbitalüberlappung eine gemeinsame Elektronenwolke, also ein gemeinsames Orbital, für dessen Besetzung mit Elektronen wiederum das PAULI-Prinzip gilt. Die kovalente Bindung resultiert folglich nur dann, wenn die Annäherung der beiden Atome mit einer Spinpaarung einhergeht. Jedes H-Atom komplettiert seine Valenzschale zur Konfiguration des Edelgases He durch Mitnutzung des Elektrons des jeweils anderen Atoms, obwohl die Elektronen dem Molekül als Ganzem gehören.

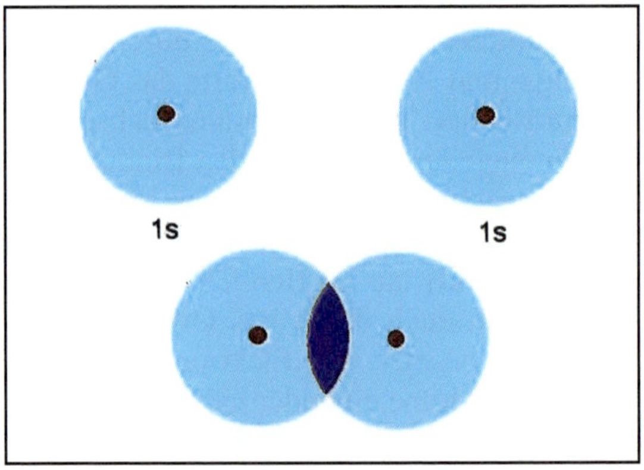

4.10 Überlappung zweier 1s-Orbitale.

Bindigkeit, angeregter Zustand Die Anzahl kovalenter Bindungen, die von einem Atom ausgebildet werden können, lässt sich häufig durch Ermittlung *der* Zahl von Elektronen erkennen, die zur Erlangung einer stabilen Edelgaskonfiguration erforderlich ist. Einige Beispiele sollen dies verdeutlichen:

C:	$2s^2 2p^2$	4 Elektronen fehlen	4 kovalente Bindungen	CH_4
N:	$2s^2 2p^3$	3 Elektronen fehlen	3 kovalente Bindungen	NH_3
O:	$2s^2 2p^4$	2 Elektronen fehlen	2 kovalente Bindungen	H_2O
F:	$2s^2 2p^5$	1 Elektron fehlt	1 kovalente Bindung	HF

Wenn wir die entsprechenden LEWIS- oder Valenzstrichformeln für diese Beispiele aufschreiben, dann fallen zwei Dinge auf: 1. In der Valenzschale des jeweiligen zentralen Atoms eines Moleküls müssen wir zwischen bindenden und einsamen Elektronenpaaren unterscheiden; 2. die zentralen Atome erreichen alle mit der Edelgaskonfiguration ein Elektronenoktett, befolgen also wieder die **Oktettregel**.

Nun gibt es jedoch viele Beispiele für kovalente Moleküle, die der einfachen Oktettregel nicht gehorchen und in der Valenzschale ihres zentralen Atoms entweder weniger als acht oder aber mehr als acht Elektronen enthalten:

B: $2s^2 2p^1$; zum Erreichen der Ne-Konfiguration fehlen fünf Elektronen, gebildet wird jedoch nur der Molekültyp BX_3 mit sechs Elektronen in der Valenzschale des B-Atoms (solche Verbindungen sind jedoch relativ selten und müssen als Ausnahmen gelernt werden).

P: $3s^2 3p^3$; an der Konfiguration des Argons fehlen drei Elektronen. Neben den erwarteten PX_3-Molekülen werden aber auch PX_5-Moleküle mit zehn Elektronen in der Valenzschale des P-Atoms gebildet.

S: $3s^2 3p^4$; an der Ar-Konfiguration fehlen zwei Elektronen. Neben den erwarteten SX_2-Molekülen werden auch SX_6-Moleküle mit zwölf Elektronen in der Valenzschale des S-Atoms gebildet.

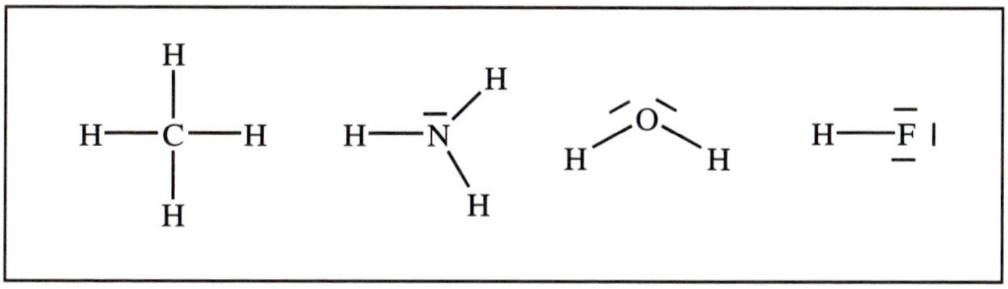

4.11 Valenzstrichformeln einfacher Moleküle.

Diese Beispiele zeigen uns, dass wir die Oktettregel doch etwas genauer fassen müssen: Die Oktettregel, also die Realisierung einer ns^2np^6-Konfiguration, gilt für die Elemente der 2. Periode insofern streng, als diese Elemente als zentrale Atome in kovalenten Molekülen niemals mehr als acht Elektronen in ihrer Valenzschale haben können, wohl aber weniger. Für die Elemente der 3. und höheren Perioden ist eine Überschreitung des Elektronenoktetts möglich (Oktetterweiterung, **Hypervalenz**).

Atom	Valenzelektronenkonfiguration 2s	2p	Bindigkeit	Elektronenzahl im Bindungszustand	Beispiel
Be^*	↑	↑ | |	2	4	$BeCl_2$
B^*	↑	↑ | ↑ |	3	6	BF_3
B^-, C^*, N^+	↑	↑ | ↑ | ↑	4	8	BF_4^-, CH_4, NH_4^+
N, O^+	↓↑	↑ | ↑ | ↑	3	8	NH_3, H_3O^+
O, N^-	↓↑	↓↑ | ↑ | ↑	2	8	H_2O, NH_2^-
O^-, F	↓↑	↓↑ | ↓↑ | ↑	1	8	OH^-, HF
O^{2-}, F^-, Ne	↓↑	↓↑ | ↓↑ | ↓↑	0	---	---

4.12 Bindigkeit der Elemente der 2. Periode.

Eine Erklärung für dieses Verhalten der Elemente finden wir in der energetischen Lage der entsprechenden Atomorbitale, die für eine Verbindungsbildung genutzt werden:

- Die Elemente der 2. Periode, also Li bis Ne, besitzen ein s- und drei p-Orbitale der Hauptquantenzahl $n = 2$ als Valenzorbitale. Das nächste Orbital ist eines der Hauptquantenzahl $n = 3$ und liegt damit energetisch so hoch, dass es von diesen Elementen zur Verbindungsbildung nicht herangezogen werden kann; damit ist die mögliche Zahl von Elektronen in der Valenzschale eines solchen Atoms auf maximal acht begrenzt. Die Verhältnisse sind für diese Elemente in Abbildung 4.12 dargestellt.
- Bei den Elementen der 3. und höheren Perioden haben die Valenzorbitale die Hauptquantenzahl $n = 3$ bzw. höher Bleiben wir bei $n = 3$: Neben dem 3s- und den drei 3p-Orbitalen liegen hier nun noch die fünf 3d-Orbitale der gleichen Hauptquantenzahl vor; letztere sind energetisch von den ersteren nicht so weit entfernt und können daher in die Verbindungsbildung einbezogen werden, die Valenzschale wird also erweitert (Abbildung 4.13).

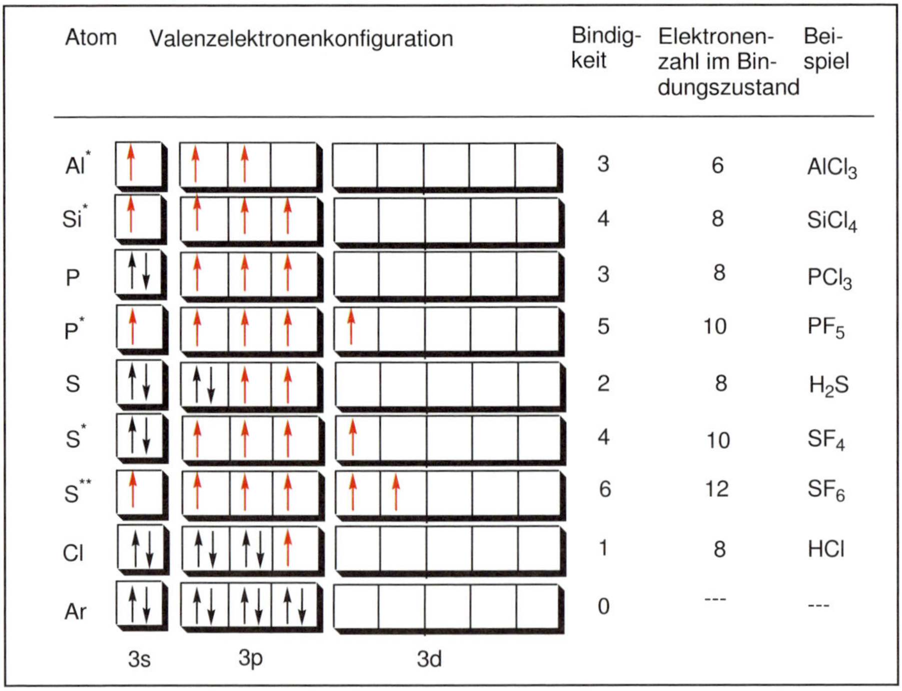

4.13 Bindigkeit der Elemente der 3. Periode.

Im Regelfall wird das gemeinsame Elektronenpaar einer kovalenten Bindung gebildet, indem jeder Bindungspartner ein ungepaartes Elektron zur Verfügung stellt.

Im Grundzustand hat ein Be-Atom jedoch kein ungepaartes Elektron, ein B-Atom nur eines und ein C-Atom nur zwei; dennoch werden von den Atomen zwei, drei bzw. vier kovalente Bindungen gebildet. Eine Elektronenkonfiguration z. B. des Kohlenstoffs mit vier ungepaarten Elektronen entsteht durch den Übergang eines Elektrons aus dem 2s-Orbital in das noch unbesetzte 2p-Orbital.

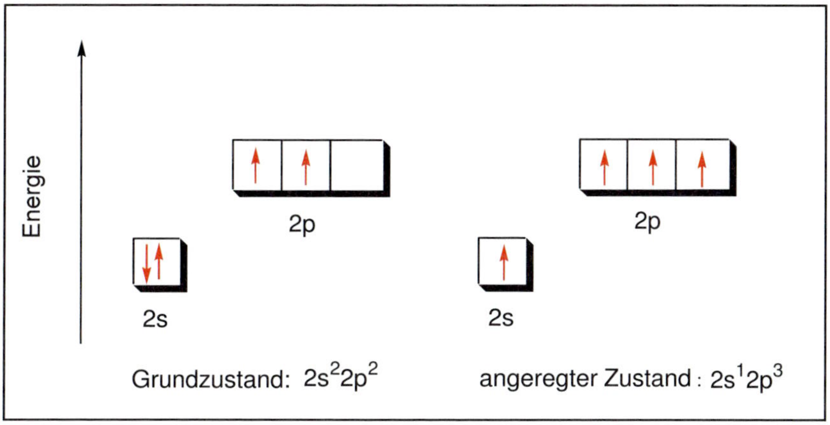

4.14 Valenzelektronenkonfiguration des C-Atoms im Grund- und angeregten Zustand.

Da sich aber beide Orbitale energetisch unterscheiden, muss für diesen Elektronenübergang Energie aufgewendet werden, im Falle des Kohlenstoffs sind dies 406 kJ/mol. Man bezeichnet diesen Vorgang als **Anregung** bzw. **Promotion** und den dafür erforderlichen Energiebetrag als **Anregungs-** bzw. **Promotionsenergie**; den resultierenden angeregten Zustand des Atoms kennzeichnen wir durch einen Stern rechts oben am Elementsymbol. Die Elektronenkonfiguration eines C-Atoms im Grund- und angeregten Zustand ist schematisch in Abbildung 4.14 dargestellt.

Die beiden Elektronen einer kovalenten Bindung müssen jedoch nicht zwangsläufig von zwei verschiedenen Atomen stammen. Vielmehr gibt es durchaus Reaktionen unter Knüpfung einer kovalenten Bindung, bei denen das Elektronenpaar von einem der Bindungspartner eingebracht wird, während der andere Bindungspartner lediglich ein vakantes Orbital besitzt. Betrachten wir als Beispiel die Reaktion eines NH_3-Moleküls mit einem Proton unter Bildung des Ammonium-Ions NH_4^+:

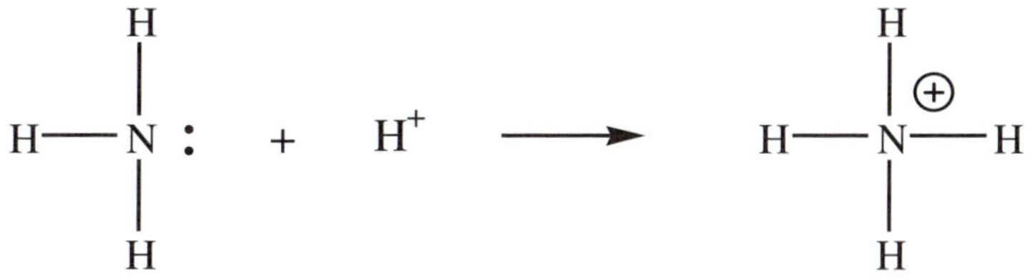

Das bindende Elektronenpaar wird vom N-Atom allein geliefert, das Proton stellt lediglich das vakante 1s-Orbital zur Verfügung. Alle vier N–H-Bindungen sind jedoch völlig äquivalent.

Die Bindungen, bei deren Ausbildung das gemeinsame Elektronenpaar von nur einem Bindungspartner stammt, bezeichnet man auch als **dative** oder **koordinative** Bindungen. Diese Begriffe kennzeichnen jedoch keine spezielle Bindungsart, vielmehr stehen sie für die andere Art des Zustandekommens einer kovalenten Bindung.

Teilt man nun im NH_4^+-Kation alle bindenden Elektronenpaare zwischen den Bindungspartnern zu gleichen Teilen auf, spaltet man die bindenden Elektronenpaare also *homolytisch*, dann entfallen auf jedes H-Atom ein Elektron und auf das N-Atom vier. Damit hat jedes H-Atom wie im neutralen Zustand ein Elektron, das N-Atom jedoch ein Elektron weniger und erhält folglich eine **formale Ladung** von +1 zugeordnet. Diese Ladung wird deshalb als Formalladung bezeichnet, weil sie aus einer ganz formalen Aufteilung der bindenden Elektronenpaare auf die Bindungspartner resultiert, die die tatsächliche Elektronendichteverteilung zwischen den Atomen unberücksichtigt lässt. Da das N-Atom im NH_4^+-Kation die Bindungselektronenpaare jedoch stärker zu sich heranzieht, ist seine positive Ladung wesentlich geringer, als durch die Formalladung zum Ausdruck kommt.

Die Festlegung einer formalen Ladung ist jedoch sinnvoll, da ein einfacher Zusammenhang zwischen der formalen Ladung eines Atoms und seiner Bindigkeit hergestellt werden kann: Interpretiert man die Oktettregel als [8 – N]-Regel, worin N für die Gruppen-Nummer des betrachteten Elements steht, dann folgt die Vierbindigkeit eines N-Atoms, wenn ihm eine Formalladung von +1 zugeordnet wird; wie die Elemente der Gruppe IV hat das N-Atom dann ebenfalls vier Valenzelektronen. Ganz analog erklärt sich die Vierbindigkeit eines Bor-Atoms z. B. im BF_4^--Anion, wenn man dem B-Atom eine Formalladung von –1 zuordnet, womit es ebenfalls über vier Valenzelektronen verfügt wie die Elemente der Gruppe IV.

Die formale Ladung der Atome in einem Molekül wird also ermittelt, indem man alle bindenden Elektronenpaare homolytisch spaltet und die Zahl der erhaltenen Elektronen in der Valenzschale der Atome unter Berücksichtigung eventuell vorhandener einsamer Elektronenpaare mit der Zahl der Valenzelektronen der neutralen Atome vergleicht.

Ein gemeinsames Elektronenpaar zwischen zwei Atomen kennzeichnet eine *Einfachbindung*, zwei gemeinsame Elektronenpaare eine *Doppelbindung* und drei gemeinsame Elektronenpaare eine *Dreifachbindung* (Abbildung 4.15).

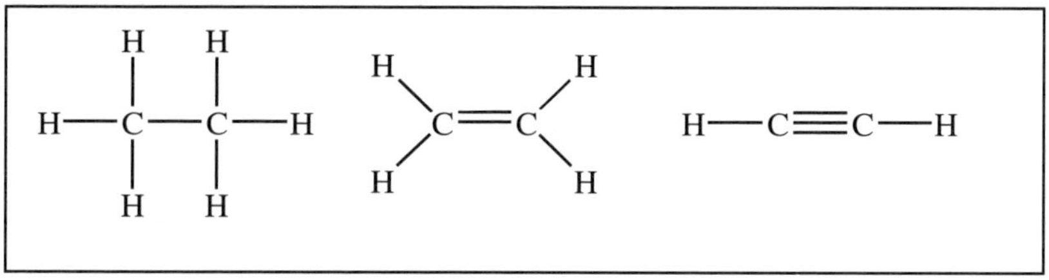

4.15 Einfach-, Doppel- und Dreifachbindung.

Kovalente Bindungen zwischen verschiedenen Atomen werden sich voneinander unterscheiden. Diese Unterschiede drücken sich z. B. in unterschiedlichen Bindungslängen und unterschiedlichen Bindungsenergien aus. Einige Bindungen werden stark sein, andere dagegen nur schwach, einige werden kurze Bindungsabstände haben, andere entsprechend längere. Einer der Faktoren, die die Bindungslänge und Bindungsstärke entscheidend bestimmen, ist die Elektronendichte zwischen den Kernen, also in der Bindungsregion. Diese kann man z. B. in Form der **Bindungsordnung** oder des **Bindungsgrades** angeben. Unter der Bindungsordnung bzw. dem Bindungsgrad n versteht man die Zahl der kovalenten Bindungen zwischen zwei Atomen:

Einfachbindung: $n = 1$
Doppelbindung: $n = 2$
Dreifachbindung: $n = 3$.

Solange wir nur Bindungen zwischen Atomen des gleichen Elementes betrachten, können wir die Bindungslänge und die Bindungsenergie mit der Bindungsordnung korrelieren. Die Bindungslänge wird mit zunehmender Bindungsordnung abnehmen, die Bindungsenergie entsprechend zunehmen. Dies demonstrieren einige Zahlenwerte in Tabelle 4.3.

Die polare kovalente Bindung In den meisten chemischen Verbindungen liegt nun weder eine reine Ionenbindung noch eine reine kovalente Bindung vor. Eine reine Ionenbindung ist am ehesten in solchen Verbindungen verwirklicht, die aus einem Metall mit einer niedrigen Ionisierungsenergie und einem Nichtmetall mit einer hohen negativen Elektronenaffinität bestehen, z. B. im CsF. Eine reine kovalente Bindung tritt nur zwischen zwei gleichen Atomen auf, also z. B. in einem H_2- oder einem F_2-Molekül. In einem solchen homonuklearen Molekül zieht jedes Atom die Bindungselektronen gleichermaßen zu sich heran, sodass die Elektronendichte zwischen den Bindungspartnern symmetrisch verteilt ist.

Tabelle 4.3 Bindungseigenschaften einiger homonuklearer zweiatomiger Moleküle [*)]

Molekül	Valenz-elektronenzahl	Bindungs-ordnung	Bindungs-energie (kJ/mol)	Bindungs-länge (pm)
H_2	2	1	–432	74
He_2	4	0	0	–
Li_2	2	1	–105	267
Be_2	4	0	0	–
B_2	6	1	–289	159
C_2	8	2	–628	131
N_2	10	3	–942	109
O_2	12	2	–494	121
F_2	14	1	–151	142
Ne_2	16	0	0	–

[*)] die Moleküle Li_2, B_2 und C_2 sind unter Normalbedingungen nicht stabil

Zwischen der reinen Ionenbindung und der reinen kovalenten Bindung gibt es nun in realen chemischen Verbindungen alle denkbaren Übergänge, d. h. also Ionenbindungen mit unterschiedlich großen kovalenten Bindungsanteilen bis hin zu kovalenten Bindungen mit einem bestimmten Anteil Ionencharakter.

Gehen wir zunächst von einer reinen Ionenbindung aus (Abbildung 4.16a), so können wir eine Verzerrung der Elektronenwolken der Ionen beobachten (die Behandlung der Ionen als starre Kugeln in Abschnitt 4.1 ist lediglich eine grobe Näherung). Das positiv geladene Kation zieht die negative Ladungswolke des Anions an und deformiert sie (Abbildung 4.16b). Diese Deformation kann letztlich zu einem Übergreifen der Ladungswolke führen, d. h. also zu einer endlichen Elektronendichte in der Kernverbindungslinie und somit zur Ausbildung kovalenter Bindungsanteile in der Ionenbindung (Abbildung 4.16c). Das Ausmaß des kovalenten Charakters entspricht dem Ausmaß der Verzerrung des Anions; es hängt sowohl vom Anion als auch vom Kation ab.

Ein **Anion** ist umso leichter deformierbar, je größer es ist und je höher seine negative Ladung ist. Deshalb ist ein I^--Anion mit einem Radius von 220 pm leichter deformierbar als ein F^--Anion mit einem Radius von nur 133 pm; ebenso ist das zweifach negativ geladene S^{2-}-Anion leichter polarisierbar als das einfach negativ geladene Cl^--Anion.

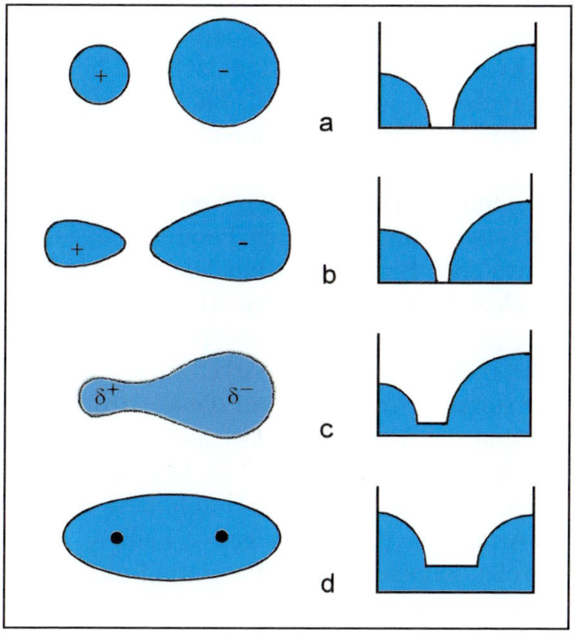

4.16 Bildung einer polaren kovalenten Bindung
(die Bilder auf der rechten Seite verdeutlichen die Elektronendichte entlang der Kernverbindungslinie).

In einem deformierten Ion stimmt der Schwerpunkt der negativen Ladung der Elektronenwolke nicht mehr mit dem Schwerpunkt der positiven Ladung des Atomkerns überein: Das Ion ist polarisiert. Die Deformierbarkeit eines Ions bezeichnet man daher auch als seine **Polarisierbarkeit**.

Die Fähigkeit eines **Kations** zur Polarisation eines benachbarten Anions hängt ebenfalls von seiner Größe und seiner Ladung ab. Je kleiner das Kation und je größer seine positive Ladung ist, desto stärker ist seine polarisierende Wirkung. In jeder Gruppe von Metallen des PSE ist folglich dasjenige, das das kleinste Kation bildet, auch das mit der größten Tendenz zur Bildung von Bindungen mit kovalentem Anteil:

- Li neigt stärker zur Bildung kovalenter Bindungen als Cs.
- In allen Verbindungen des Be sind die Bindungen zu einem erheblichen Teil kovalent.
- B-Atome gehen nur noch kovalente Bindungen ein. Das hypothetische B^{3+}-Kation als kleinstes Kation der III. Hauptgruppe hätte mit seiner hohen positiven Ladung und seinem sehr kleinen Radius eine sehr stark polarisierende Wirkung auf alle Anionen.

- in der Reihe KCl – $CaCl_2$ – $ScCl_3$ – $TiCl_4$ nimmt der kovalente Charakter der Bindungen mit abnehmendem Radius und zunehmender Ladung der Kationen zu. KCl ist weitestgehend ionisch und bildet unter Normalbedingungen einen typischen Ionenkristall, $TiCl_4$ ist dagegen unter gleichen Bedingungen eine Flüssigkeit, die aus kovalenten Molekülen besteht.

In einer zweite Betrachtungsweise gehen wir von der reinen kovalenten Bindung aus (Abbildung 4.16d) und betrachten deren Polarisation. Sind zwei *verschiedene* Atome durch eine kovalente Bindung verbunden, dann ist die Elektronendichte nicht mehr symmetrisch zwischen den beiden Atomkernen verteilt, d. h. die beiden Atome teilen sich das gemeinsame Elektronenpaar nicht gleichmäßig. Eines der beiden Atome wird die Elektronen immer stärker anziehen als das andere. So üben Cl-Atome immer eine stärkere Anziehung auf die Elektronen aus als Br-Atome. In einem BrCl-Molekül sind daher die Bindungselektronen mehr zum Cl-Atom hingezogen. Die gemeinsame Elektronenwolke ist in der Umgebung des Cl-Atoms dichter als in der Umgebung des Br-Atoms. Durch diese ungleiche Elektronenverteilung erhält das Cl-Atom eine partielle negative Ladung, das Br-Atom eine dem Betrag nach gleich große, jedoch positive **Partialladung**. Eine derartige Bindung mit einem positiven und einem negativen Pol nennen wir eine **polare kovalente Bindung**; für die Partialladungen verwenden wir die Symbole δ^+ und δ^-:

$$Br^{\delta+} - Cl^{\delta-} \tag{4-31}$$

Je unterschiedlicher die elektronenanziehende Wirkung der kovalent gebundenen Atome ist, desto polarer ist die Bindung, d. h. desto größer ist der Betrag der Partialladungen. Wenn die ungleiche Verteilung der Bindungselektronen zum Extrem gebracht wird, dann erhält das eine Atom die Bindungselektronen vollständig für sich und es resultieren wieder einzelnen Ionen.

Ein Objekt, auf dem sich zwei Ladungen des gleichen Betrages q mit entgegen gesetztem Vorzeichen in einem Abstand d voneinander befinden, ist ein **Dipol**; das Dipolmoment berechnet sich zu:

$$\mu = q \cdot d \tag{4-32}$$

Moleküle, die ein Dipolmoment besitzen, bezeichnet man als **polare Moleküle**. Wenn sie in ein elektrisches Feld zwischen zwei geladene Platten gebracht werden, dann richten sie sich aus, sodass ihr negatives Ende auf die positiv geladene Platte gerichtet ist, ihr positives Ende entsprechend auf die negative Platte (Abbildung 4.17). Bei gegebener elektrischer Spannung zwischen den beiden Platten hängt der Betrag der elektrischen Ladung, der auf die Platten gebracht werden kann, von der Größe des Dipolmoments der Moleküle ab; durch entsprechende Messungen kann auf diesem Wege das Dipolmoment von Molekülen experimentell bestimmt werden.

L. PAULING hat experimentell ermittelte Dipolmomente dazu benutzt, die Größe der Partialladungen und damit den partiell ionischen Charakter von polaren kovalenten Bindungen zu berechnen (Exkurs 4.1).

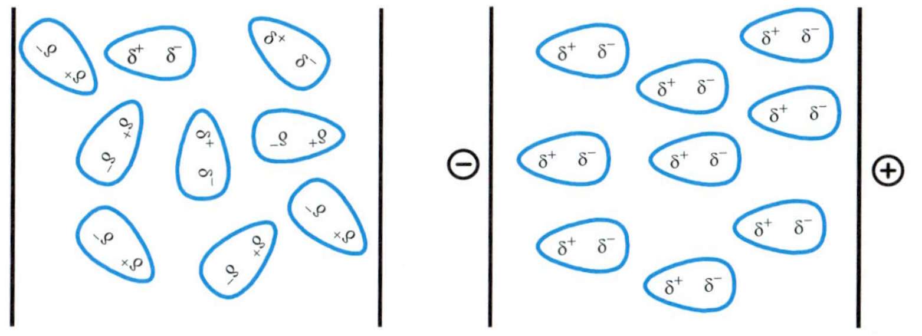

4.17 Dipolmoleküle im elektrischen Feld: **a** ohne, **b** mit angelegter Feldspannung.

Exkurs 4.1: Dipolmoment und Ionencharakter kovalenter Moleküle

Nimmt man zunächst an, dass eine Verbindung wie z. B. HCl aus den Ionen H^+ und Cl^- besteht, dann hätte jedes der beiden Ionen eine Elementarladung von $1{,}60 \cdot 10^{-19}$ C; der Bindungsabstand beträgt 12 pm, sodass sich für die hypothetische Einheit H^+Cl^- nach der Gleichung

$$\mu_{ion} = n \cdot e \cdot d \qquad (4.1\text{-}1)$$

mit n = Zahl der Elementarladungen
e = Elementarladung
d = Bindungslänge

ein Dipolmoment von $2{,}03 \cdot 10^{-29}$ Cm berechnen lässt. Der experimentell bestimmte Wert für HCl beträgt $3{,}44 \cdot 10^{-30}$ Cm. Aus dem Verhältnis dieser beiden Werte zueinander berechnet sich ein ionischer Anteil von ca. 17 % in der H–Cl-Bindung.

Fortsetzung Exkurs 4.1: Dipolmoment und Ionencharakter kovalenter Moleküle

Andererseits kann man auf der Grundlage von Gleichung (4.1-1) nach Umstellung die effektive Zahl von Elementarladungen, n', aus den experimentell bestimmten Dipolmomenten ermitteln:

$$n' = \frac{\mu_{exp}}{e \cdot d} \tag{4.1-2}$$

Der Quotient n'/n entspricht dann dem Ionencharakter in der betrachteten Bindung. In Tabelle 4.1-1 sind einige Angaben zum Ionencharakter in zweiatomigen Molekülen zusammengestellt.

Dipolmomente werden in der Regel in der Einheit DEBEYE, D, angegeben:

$$1\ D = 3{,}338 \cdot 10^{-30}\ Cm$$

Dipole sind vektorielle Größen, da sie eine bestimmte Richtung und einen bestimmten Betrag besitzen. Daher ergibt sich das Dipolmoment eines mehratomigen Moleküls aus der vektoriellen Addition der einzelnen Bindungsdipole (Bindungsmomente), allerdings unter Berücksichtigung eventuell vorhandener freier Elektronenpaare am zentralen Atom des Moleküls:

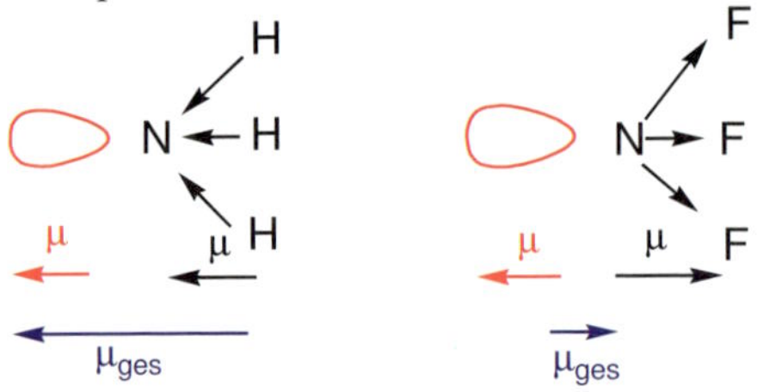

Im Falle des NH_3-Moleküls sind die negativen Enden der N–H-Bindungsdipole auf das N-Atom und damit auch in die Richtung des Dipols des einsamen Elektronenpaares orientiert; es resultiert ein Gesamtdipolmoment von 1,5 D. Beim NF_3-Molekül sind die Bindungsdipole und der Dipol des freien Elektronenpaares dagegen entgegengesetzt gerichtet; das Gesamtdipolmoment beträgt nur noch 0,2 D.

Fortsetzung Exkurs 4.1: Dipolmoment und Ionencharakter kovalenter Moleküle

Tabelle 4.1.1 Ionencharakter in ausgewählten zweiatomigen Molekülen

Molekül	*% Ionencharakter*
H_2	0
NO	1,5
CO	1
HCl	18
HBr	12
HI	5

Elektronegativität E_N 1932 entwickelte L. PAULING ein anderes Kriterium für die Bindungspolarität. Eine Analyse der Bindungsdissoziationsenergien zweiatomiger Moleküle zeigte, dass die Dissoziationsenergie eines heteronuklearen Moleküls, E_D(A–B), stets größer ist als der Mittelwert aus den Dissoziationsenergien der entsprechenden homonuklearen Moleküle E_D(A–A) und E_D(B–B). PAULING schloss daraus, dass neben der Stabilisierung eines heteronuklearen Moleküls durch das gemeinsame Elektronenpaar der kovalenten Bindung noch eine zusätzliche Stabilisierung durch eine elektrostatische Wechselwirkung vorhanden sein muss. Die Energiedifferenz ΔE sollte deshalb ein Maß für die Bindungspolarität sein. Später wurde für die Ermittlung der Energiedifferenz ΔE anstelle des arithmetischen Mittels das geometrische Mittel eingeführt:

$$\Delta E = E_D(A - B) - \sqrt{E_D(A - A) \cdot E_D(B - B)} \qquad (4\text{-}33)$$

Mithilfe dieser Energiedifferenz ΔE hat PAULING eine Differenz der **Elektronegativitäten** χ der Atome A und B definiert:

$$\chi_A - \chi_B = 0{,}088\sqrt{\Delta E \; [\text{kJ/mol}]} \qquad (4\text{-}34)$$

Indem die Elektronegativität von Fluor willkürlich gleich 4,0 gesetzt wurde, entstand ein in sich geschlossenes System von relativen Elektronegativitäten aller Elemente. Die PAULINGschen E_N-Werte sind in Abbildung 4.18 zusammengestellt.

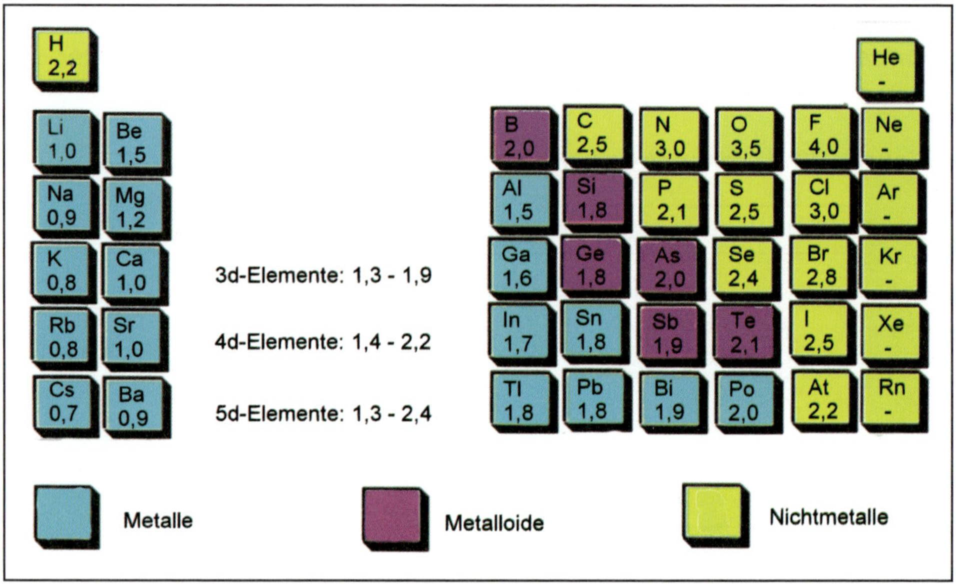

4.18 Elektronegativitätswerte nach PAULING.

Die Änderungen der Elektronegativität innerhalb der Gruppen und Perioden werden anschaulich in Abbildung 4.19 dargestellt. Wir können feststellen:

- Allgemein nimmt die Elektronegativität in einer Periode von links nach rechts zu und innerhalb einer Gruppe mit wachsender Ordnungszahl ab; das elektronegativste Element ist folglich das Fluor, das am wenigsten elektronegative das Caesium.
- Besonders auffällig ist der starke Abfall der Elektronegativität von den Elementen der zweiten zu denen der dritten Periode.
- Metalle haben kleine E_N-Werte und geben leicht Elektronen ab; je kleiner ihre E_N-Werte sind, desto reaktiver sind sie gegenüber Nichtmetallen.
- Nichtmetalle haben hohe E_N-Werte und tendieren zur Aufnahme von Elektronen; sie sind umso reaktiver, je höher ihre Elektronegativität ist.
- Je größer die E_N-Differenz zwischen zwei Atomen ist, desto polarer ist die Bindung zwischen ihnen.

Den Ionencharakter einer Bindung berechnete PAULING unter Verwendung der Elektronegativitätsdifferenz nach folgender Gleichung:

$$1 - e^{-0{,}25\,(\chi_A - \chi_B)^2} \equiv \text{Ionencharakter der Bindung} \qquad (4\text{-}35)$$

Entsprechend dem Charakter von Gleichung (4-35) bewegt sich die Maßzahl für den Ionencharakter zwischen 0 und 1; multipliziert mit dem Faktor 100, so ergibt sich der prozentuale Ionencharakter der Bindung. Einer E_N-Differenz von ca. 1,7 entspricht ein Ionencharakter von etwa 50 % in der Bindung. Bei einer E_N-Differenz von 3,2 (CsF) beträgt der Ionenbindungsanteil 92 %, bei 2,3 (NaCl) 73 % und bei 2,1 (MgO) 67 %; alle drei Verbindungen sind daher als überwiegend ionisch anzusehen. Bei kleiner werdenden E_N-Differenzen nimmt der prozentuale Ionencharakter der Bindungen entsprechend ab; mit ΔE_N-Werten von 1,0, 0,8 und 0,5 haben die polaren Moleküle HCl, HBr und HI nur noch einen partiellen Ionencharakter von 18 %, 12 % bzw. 5 %. Zwischen Nichtmetallen ist die E_N-Differenz meist nur gering. Die Bindungen sind dann überwiegend kovalent, wobei die E_N-Differenz das Ausmaß der Polarität anzeigt.

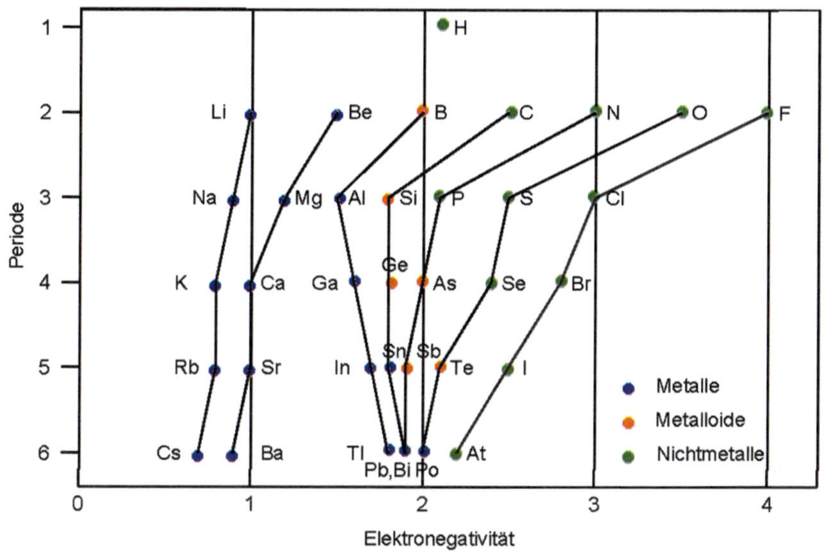

4.19 Graphische Darstellung der Elektronegativitätswerte.

Ein zahlenmäßig ganz ähnliches System von E_N-Werten kann nach **MULLIKEN** aus der jeweils ersten Valenzzustands-Ionisierungsenergie IE_v und der Elektronenaffinität EA_v der freien Atome erhalten werden:

$$\chi = 0{,}168\ (IE_v + EA_v - 1{,}23) \qquad (4\text{-}36)$$

Ein weiteres, von **ALLRED** und **ROCHOW** entwickeltes Berechnungsverfahren stützt sich auf elektrostatische Anziehungskräfte gemäß:

$$\chi = (3\,590\,Z^*/r^2) + 0{,}744 \qquad (4\text{-}37)$$

darin ist Z^* die effektive Kernladung und r der Kovalenzradius in pm. Die in beiden Gleichungen auftretenden Summanden und Faktoren dienen lediglich der Anpassung an die PAULINGschen E_N-Werte. Die Verwendung sehr unterschiedlicher physikalischer Daten in den Gleichungen (4-34), (4-36) und (4-37) führt bei entsprechender Anpassung zu vergleichbaren E_N-Werten der Elemente. Es bleibt jedoch festzustellen, dass die Elektronegativität keine strenge Atomkonstante ist und dass es keinen direkten Weg zu ihrer Messung gibt. Die Elektronegativität eines Atoms erweist sich u. a. als abhängig von der Anzahl und der Art seiner Bindungspartner. Was also ist nun die Elektronegativität? Wir können sie am besten verstehen als **ein allgemeines Maß für die Fähigkeit eines Atoms, die bindenden Elektronen in einem Molekül an sich zu ziehen**.

Auch wenn die Elektronegativität physikalisch nicht exakt und damit für quantitative Berechnungen nicht geeignet ist, so ist dieses Konzept zumindest für die Gewinnung qualitativer Informationen aus dem Vergleich der Elektronegativitätswerte verschiedener Elemente außerordentlich wertvoll und wird deshalb in vielfältiger Weise als Argumentations- und Interpretationshilfe verwendet.

Valenzstrichformeln Valenzstrichformeln sind als eine einfache Darstellung der Verteilung der Valenzelektronen in kovalenten Molekülen und Molekülionen von großem Nutzen. Zum einen gestatten sie eine Abschätzung des **chemischen Reaktionsverhaltens** der betreffenden Moleküle; zum anderen stellen sie die Grundlage für eine theoretische Behandlung der kovalenten Bindung im Rahmen der **Valence Bond-Theorie** dar; und schließlich können sie der Vorhersage der zu erwartenden Geometrie eines Moleküls im Rahmen des **Valence Shell Electron Pair Repulsion-(VSEPR-)Modells** dienen. Um nun Valenzstrichformeln im Einklang mit der Oktettregel richtig zu formulieren, muss die Gesamtzahl der Valenzelektronen des Moleküls so auf bindende und einsame Elektronenpaare aufgeteilt werden, dass jedes Atom von acht Elektronen und jedes H-Atom von zwei Elektronen umgeben ist; dabei sind natürlich die Möglichkeiten zur Bildung von Mehrfachbindungen ebenso zu berücksichtigen wie die erwähnten Ausnahmen von weniger bzw. mehr als acht Elektronen in der Valenzschale des zentralen Atoms.

Ausgehend von der Konstitutionsformel einer chemischen Verbindung, die uns zeigt, welche Atome durch kovalente Bindungen miteinander verknüpft sind, können wir ihre Valenzstrichformel nach folgenden einfachen Regeln erstellen:

- Es werden die Valenzelektronen aller Atome des Moleküls zusammengezählt; trägt das Molekül eine Ladung (Molekülion) dann wird für jede negative Ladung ein Elektron zu der erhaltenen Summe addiert, für jede positive Ladung ein Elektron subtrahiert.
- Die Atome werden zunächst jeweils durch Einfachbindungen miteinander verbunden, also durch ein Elektronenpaar.

- Als nächstes werden die Oktetts der peripher gebundenen Atome vervollständigt; dabei haben H-Atome jedoch immer nur zwei Elektronen in ihrer Valenzschale.
- Alle weiteren Elektronen werden paarweise am zentralen Atom platziert.
- Wenn das zentrale Atom nun noch kein Elektronenoktett besitzt, müssen Mehrfachbindungen formuliert werden.

Die Beispiele in Abbildung 4.20 dienen der Veranschaulichung dieser fünf Regeln.

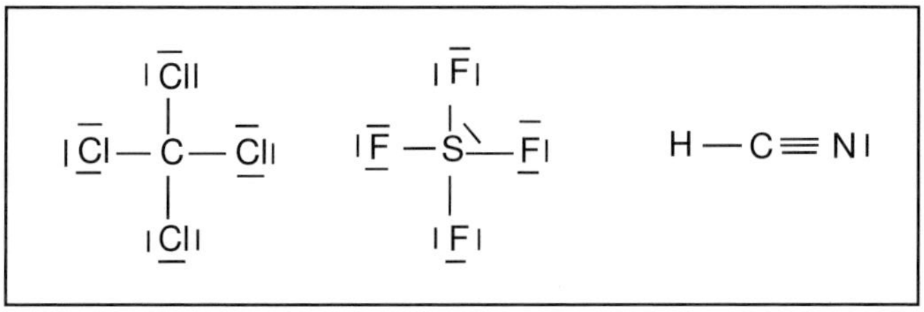

4.20 Valenzstrichformeln für CCl_4, SF_4 und HCN.

Für viele Moleküle und Molekülionen müssen nun ein oder auch mehrere Atome mit Formalladungen versehen werden. Schauen wir uns als Beispiele für Valenzstrichformeln mit Formalladungen die des HNO_3-Moleküls und die des CO_3^{2-}-Ions an:

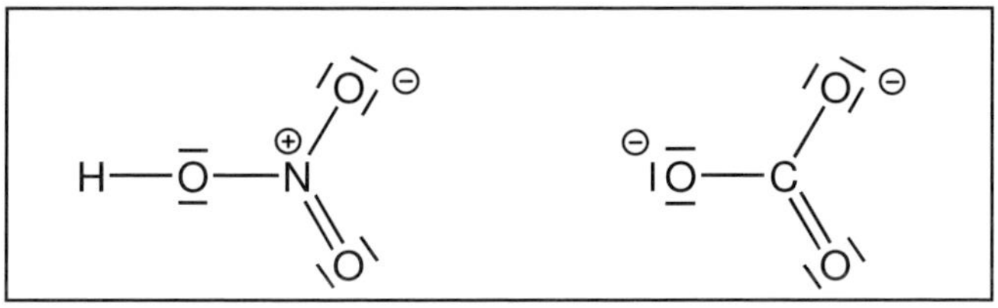

4.21 Valenzstrichformeln von HNO_3 und CO_3^{2-}.

Beide Valenzstrichformeln legen nun die Vermutung nahe, dass es zwei verschieden lange und damit auch verschieden starke N–O- bzw. C–O-Bindungen gibt. Die experimentellen Daten belegen dagegen, dass die betreffenden Bindungen untereinander äquivalent sind, dass also beide N–O-Bindungen gleich sind und auch die drei C–O-Bindungen. Damit stoßen wir an die Grenzen der Ausdrucksmöglichkeiten des Konzeptes der Valenzstrichformel. Ein Ausweg besteht darin, dass wir in Übereinstimmung mit unserem Regelwerk weitere Valenzstrichformeln notieren, in denen wir die Doppelbindung gewissermaßen „wandern" lassen.

Diese Art der Formulierung bezeichnen wir als **Mesomerie** oder **Resonanz;** die einzelnen Formeln werden **mesomere Grenzformeln** genannt und durch einen **Mesomerie-Pfeil** $\leftrightarrow$ miteinander verbunden (Abbildung 4.22). Jede mesomere Grenzformel für sich kann nicht befriedigen. Die tatsächliche Struktur des Moleküls liegt zwischen den entsprechenden Grenzformeln. Die Bindungen sind also weder Einfach- noch Doppelbindungen, sondern haben einen mittleren Bindungsgrad. Es gibt nur eine Sorte von HNO_3-Molekülen und nur eine Sorte von CO_3^{2-}-Anionen und folglich auch nur jeweils eine Struktur. Die Elektronen springen nicht hin und her, und die Moleküle entsprechen nicht zeitweise der einen und zeitweise einer anderen mesomeren Grenzformel. Am ehesten ergibt sich ein der Realität angenähertes Bild, wenn man die Grenzformeln überlagern würde.

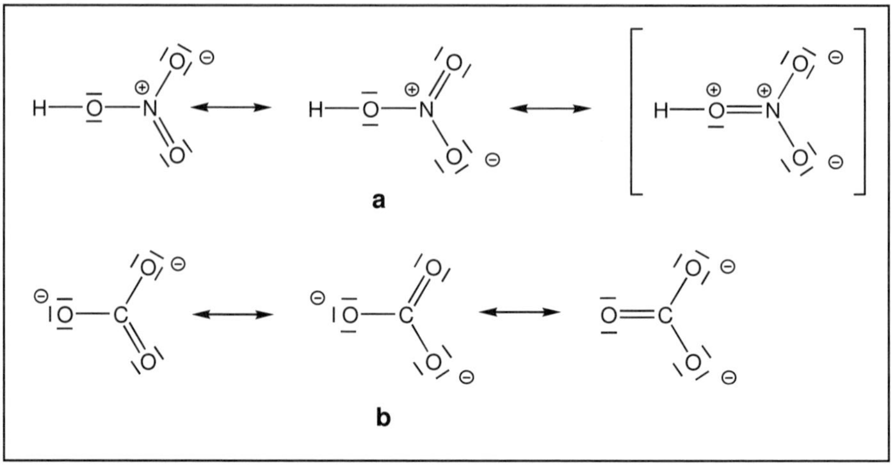

4.22 Mesomere Grenzformeln: **a** HNO_3-Molekül und **b** CO_3^{2-}-Anion.

Mit den mesomeren Grenzformeln bringen wir zum Ausdruck, dass z.B. die Ladung des Carbonat-Ions nicht genau lokalisiert werden kann; wir sagen auch, dass die Ladung über das ganze Anion delokalisiert ist, d.h. sie verteilt sich zu gleichen Teilen auf alle drei O-Atome. Für das Carbonat-Ion sind die drei in Abbildung 4.22 angegebenen mesomeren Grenzformeln gleichwertig, sie sind deshalb mit dem gleichen Gewicht zu berücksichtigen. Im Falle des HNO_3-Moleküls trifft dies nur für die beiden ersten Grenzformeln zu; hier ist die dritte Grenzformel wegen der an einer Bindung befindlichen Formalladungen gleichen Vorzeichens energetisch so ungünstig, dass sie überhaupt keine Berücksichtigung findet. Mesomere Grenzformeln – immer nur als hypothetische Moleküle betrachtet – müssen daher kritisch unter den folgenden Gesichtspunkten bewertet werden:

- Für alle mesomeren Grenzformeln muss die räumliche Anordnung der Atome die gleiche sein; Grenzformeln unterscheiden sich nur in der Verteilung der Elektronen.
- Zwei aneinander gebundene Atome sollen keine Formalladungen gleichen Vorzeichens tragen; Grenzformeln, die dieser Regel widersprechen, sind im Allgemeinen nicht zu berücksichtigen.

- Die wichtigsten Grenzformeln sind diejenigen mit der kleinsten Anzahl von Formalladungen und mit den kleinsten Beträgen dieser Ladungen; am günstigsten sind Grenzformeln ohne Formalladungen.
- Bei den wichtigeren Grenzformeln entspricht die Verteilung von positiven und negativen Formalladungen den jeweiligen Elektronegativitäten der Atome.

Oxidationszahlen (Oxidationsstufen) Bei der Bildung einer Ionenbindung werden Elektronen praktisch vollständig von einer Atomsorte auf eine andere übertragen. Bei der Bildung einer polaren kovalenten Bindung wird ebenfalls Elektronendichte von einer Atomsorte auf eine andere übertragen, und zwar von dem Atom mit der niedrigeren auf das mit der höheren Elektronegativität. Das Ausmaß der Ladungsübertragung findet seinen Ausdruck im Betrag der entstehenden Partialladungen. Beiden Vorgängen gemeinsam ist also eine Übertragung von Elektronendichte, unterschiedlich ist nur deren Ausmaß. Reaktionen dieser Art gibt es in großer Zahl; wegen ihrer allgemeinen Bedeutung fasst man sie daher zu einer gesonderten Gruppe unter der Bezeichnung **Elektronenübertragungsreaktionen** zusammen. Im Einzelnen gilt dabei:

Abgabe von Elektronen = Oxidation
Aufnahme von Elektronen = Reduktion

Bei der Bildung von CsF wird das Cs-Atom also zum Cs^+-Kation oxidiert und das F-Atom zum F^--Anion reduziert. Auch im polar kovalenten HCl-Molekül hat das H-Atom Elektronendichte abgegeben und ist partiell oxidiert worden, während das Cl-Atom Elektronendichte aufgenommen hat und folglich partiell reduziert worden ist. Caesium und Wasserstoff sind in den beiden Reaktionen also Reduktionsmittel, da sie Elektronendichte zur Verfügung stellen, Fluor und Chlor sind Oxidationsmittel, da sie durch Elektronenaufnahme die Oxidation von Caesium und Wasserstoff möglich machen. Generell gilt:

Oxidationsmittel nehmen Elektronen auf und werden dabei selbst reduziert; Reduktionsmittel geben Elektronen ab und werden dabei selbst oxidiert.

Oxidation und Reduktion treten immer gemeinsam auf, da Elektronen nicht als freie Reaktionsteilnehmer auftreten können. Eine Oxidation ist daher stets von einer Reduktion begleitet und umgekehrt. Man bezeichnet solche Reaktionen daher auch zusammenfassend als **Redoxreaktionen**.

Aus verschiedenen Gründen ist es nun ganz nützlich, auch bei kovalenten Molekülen so zu tun, als wäre die Elektronenübertragung nicht nur partiell, sondern ebenfalls vollständig, als lägen auch in diesen Verbindungen Ionen vor. Das elektronegativere Element wird formal als Anion, das weniger elektronegative formal als Kation betrachtet. Die sich aus einer solchen Betrachtungsweise ergebenden formalen Ionenwertigkeiten werden als **Oxidationszahlen oder Oxidationsstufen** bezeichnet. Praktisch geht man so vor, dass man die Bindungselektronenpaare vollständig dem jeweils elektronegativeren Element zuordnet und aus dem Vergleich der danach vorhandenen Elektronenanzahl in der Valenzschale (unter Berücksichtigung evtl. vorhandener einsamer Elektronenpaare) mit der Valenzelektronenzahl des neutralen Atoms die jeweilige Oxidationszahl bestimmt. Die Bindungselektronenpaare werden also nicht homolytisch, sondern *heterolytisch* gespalten. Oxidationszahlen werden durch arabische Ziffern mit vorangestelltem Vorzeichen direkt über dem Elementsymbol angegeben.

Für die **Ermittlung von Oxidationszahlen** gibt es nun die folgenden Regeln:

1. Unabhängig von der Kompliziertheit des jeweiligen Moleküls ist die Oxidationszahl von Elementen in ihren Elementverbindungen immer Null: H_2, P_4, S_8 etc.
2. Die Oxidationszahl eines einatomigen Ions ist immer gleich seiner Ionenladung: Na^+ (+1); Al^{3+} (+3); O^{2-} (−2), Cl^- (−1) etc.
3. In einem neutralen Molekül ist die Summe der Oxidationszahlen aller Atome gleich Null: H_2O $[2\cdot(+1) + (-2)] = 0$; NH_3 $[(3\cdot(+1) + (-3)] = 0$ etc.
4. Für ein mehratomiges Ion ist die Summe der Oxidationszahlen aller Atome gleich der Ladung des Ions: NO_3^- $[(+5) + 3\cdot(-2)] = -1$; SO_4^{2-} $[(+6) + 4\cdot(-2)] = -2$; PO_4^{3-} $[(+5) + 4\cdot(-2)] = -3$ etc.

Zusätzlich zu diesen Grundregeln kann man sich die Tatsache zunutze machen, dass eine Reihe von Elementen in ihren Verbindungen immer oder fast immer die gleiche Oxidationszahl haben:

- Fluor hat in allen seinen Verbindungen immer die Oxidationszahl −1.
- Die Alkalimetalle haben immer die Oxidationszahl +1.
- Die Erdalkalimetalle haben immer die Oxidationszahl +2.
- Die Halogene haben in ihren binären Verbindungen, in solchen Verbindungen also, die nur aus zwei Atomsorten bestehen, immer die Oxidationszahl −1; dies gilt jedoch nicht für die Verbindungen der Halogene untereinander, also für die Interhalogenverbindungen.
- Sauerstoff hat fast immer die Oxidationszahl −2, aber eben nicht immer (H_2O_2: Oxidationszahl −1; KO_2: Oxidationszahl −½).
- Wasserstoff hat in Verbindungen mit Nichtmetallen immer die Oxidationszahl +1, in Verbindungen mit Metallen die Oxidationszahl −1.

Die meisten chemischen Elemente bilden Verbindungen in mehreren Oxidationsstufen: So finden wir z.B. in der Chemie des Stickstoffs Verbindungen in allen

Oxidationsstufen von −3 bis +5: NH_3 (−3), N_2H_4 (−2), N_2H_2 (−1), N_2 (±0), N_2O (+1), NO (+2), N_2O_3 (+3), NO_2 (+4), N_2O_5 (+5). Im Allgemeinen ist die höchstmögliche Oxidationszahl eines Elements gleich seiner Gruppen-Nummer im PSE. Davon gibt es jedoch auch Ausnahmen wie z. B. die Elemente der VIII. Nebengruppe, von denen einige die Oxidationszahl +8 nicht erreichen können, oder die Elemente der I. Nebengruppe, die auch Verbindungen in höheren Oxidationszahlen als +1 bilden können.

Es soll aber noch einmal betont werden, dass die Oxidationszahl nur eine formale, eine fiktive Größe ist, die keinen Bezug zur physikalisch realen Elektronenverteilung in einem Molekül hat. So bestimmen wir im HCl-Molekül die Oxidationszahl des Cl-Atoms zu −1; seine tatsächliche Ladung beträgt jedoch −0,17! Auch das Auftreten gebrochener Oxidationszahlen unterstreicht deren formalen Charakter.

Warum also definieren wir eine solche formale Größe? Auf diese Frage können wir drei Antworten geben:

1. Oxidationszahlen gestatten es uns, für viele chemische Reaktionen abzuschätzen, welche Produkte gebildet werden können.
2. Mithilfe der Oxidationszahlen gelingt es in einfacher Weise, die exakten stöchiometrischen Koeffizienten in Reaktionsgleichungen von Redoxreaktionen zu bestimmen.
3. Oxidationszahlen sind ein nützliches Kriterium für eine systematische Klassifizierung der Verbindungen eines Elements und dienen dem Vergleich sowie der Interpretation bestimmter Eigenschaften chemischer Verbindungen.

4.2.2 Kovalente Bindung und Molekülgeometrie

Kovalente Bindungen zeichnen sich durch bevorzugte Raumrichtungen aus, sie sind räumlich gerichtet. Daraus folgt, dass kovalente Moleküle und Molekülionen eine charakteristische Geometrie besitzen, die von der Anzahl der Bindungspartner des zentralen Atoms und von den Winkeln zwischen den Bindungen bestimmt ist. Der **Bindungswinkel** in einem Molekül B–A–B oder in einem entsprechenden Teil eines Moleküls ist der Winkel zwischen den beiden Bindungen B–A und A–B.

Die Geometrie von Molekülen, also die Anordnung ihrer Atome im Raum, ist häufig von grundlegender Bedeutung für die Erklärung ihrer physikalischen und chemischen Eigenschaften. So können wir allein aus Betrachtungen der Geometrie (Symmetrie) von Molekülen Aussagen über die Zahl ihrer möglichen Energiezustände, der Übergänge zwischen ihnen und damit über die Anzahl von Absorptionsbanden in ihren Elektronen- oder auch Schwingungsspektren gewinnen. Die Geometrie des Wassermoleküls trägt ganz wesentlich zu den guten Lösungseigenschaften des Wassers für ionische Verbindungen bei. Bei den Molekülen organischer Verbindungen bestimmt die räumliche Gestalt z. B. ihren Geruch, ihren Geschmack, ihre mögliche pharmazeutische Wirkung u.a. Chemische Reaktionen, und hier gerade auch solche, die in der belebten Natur ablaufen, sind häufig an sehr strenge geometrische Zwänge gebunden: Sie laufen nur dann ab, wenn die Reaktanden auch geometrisch zueinander passen, etwa wie ein Schlüssel zu einem Schloss (und genau so bezeichnet man zuweilen auch solche Reaktionen). Ist die erforderliche Geometrie gestört, dann ist die entsprechende Reaktion blockiert. Dies alles zeigt uns, dass es für das Verständnis der Chemie und Biochemie unerlässlich ist, die molekularen Geometrien und die Faktoren, die sie beeinflussen, zu kennen und zu verstehen.

Obwohl es eine enorm große Zahl chemischer Verbindungen gibt, ist die Zahl der beobachteten unterschiedlichen Molekülgeometrien erfreulicherweise sehr begrenzt. Es sind daher auch nur wenige Begriffe zur Beschreibung der Molekülgestalt erforderlich. Bei genauerer Betrachtung zeigt sich, dass sich nahezu alle Molekülgeometrien aus nur fünf verschiedenen Basis-Geometrien ableiten lassen, die in Abbildung 4.23 dargestellt sind:

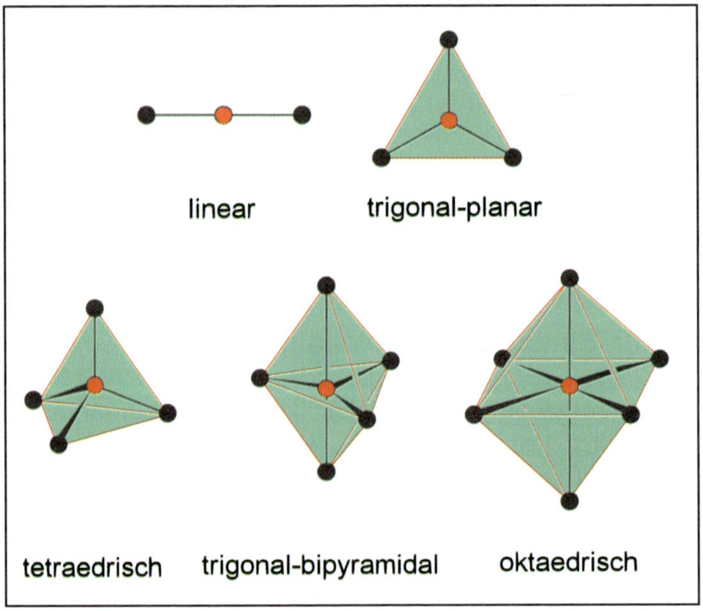

4.23 Basis-Geometrien.

- Eine **lineare Anordnung** von drei Atomen in einem Molekül liegt vor, wenn sie alle auf einer Geraden liegen; der Bindungswinkel beträgt 180°.
- Bei einer **trigonal-planaren Anordnung** befinden sich die vier Atome des Moleküls in einer Ebene; das zentrale Atom ist von den drei Bindungspartnern an den Ecken eines gleichseitigen Dreieckes umgeben; die Bindungswinkel betragen 120°.

- Ein **Tetraeder** ist eine trigonale Pyramide mit vier Dreiecksflächen; das zentrale Atom befindet sich im Zentrum des Tetraeders, die Bindungswinkel betragen 109,47°.
- In einem **trigonal-bipyramidalen Molekül** ist das zentrale Atom von fünf anderen umgeben; drei davon bilden eine trigonale Ebene, in deren Zentrum das zentrale Atom liegt, das vierte und fünfte Atom liegen oberhalb und unterhalb der Dreiecksfläche und bilden die Spitzen der Bipyramide. In dieser Geometrie werden zwei verschiedene Bindungswinkel beobachtet: In der trigonalen Ebene betragen sie 120°, zwischen den Atomen an den Spitzen und denen in der Ebene betragen sie dagegen 90°.
- Ein **Oktaeder** hat sechs Ecken und acht Dreiecksflächen; das zentrale Atom befindet sich in der Mitte der quadratischen Ebene, die sechs Bindungspartner an den Ecken des Oktaeders. Alle Bindungswinkel betragen 90°.

Zu diesen Basis-Geometrien kommen noch einige weniger häufig zu beobachtende Anordnungen hinzu wie z. B. die pentagonale Bipyramide oder der Würfel.

Bei genügend kleinen Molekülen werden die räumlichen Anordnungen ihrer Atome von den genannten Geometrien vollständig beschrieben. Bei großen, vielatomigen Molekülen kann man jedoch einzelne Molekülabschnitte gleichfalls unter Verwendung dieser Basis-Geometrien beschreiben, die dann in bestimmter Weise miteinander verknüpft sind. Zwei Beispiele sollen das Gesagte verdeutlichen (Abbildung 4.24).

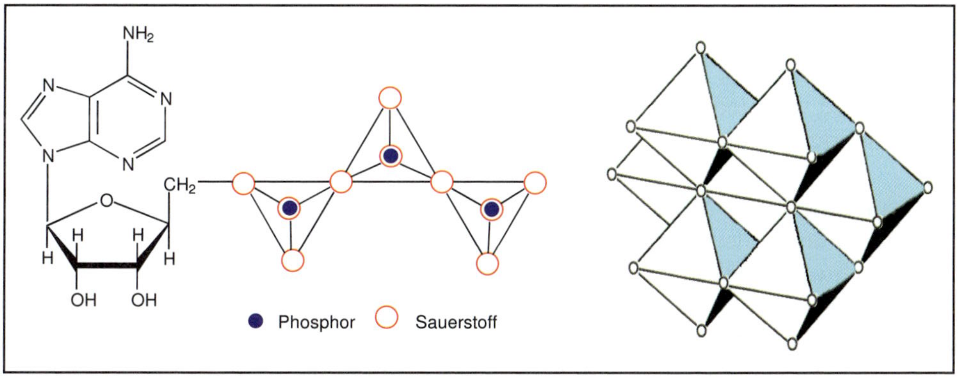

4.24 Strukturelemente im Adenosintriphosphat- und Heptamolybdat-Anion $[Mo_7O_{24}]^{6-}$.

Im Adenosintriphosphat-Anion (Abbildung 4.24, links) kann die Triphosphat-Gruppe mit drei Tetraedern beschrieben werden, die über gemeinsame Ecken verknüpft sind; im Heptamolybdat-Anion (Abbildung 4.24, rechts) befinden sich die

Mo-Atome in den Zentren der von den O-Atomen gebildeten Oktaeder; diese sind durch gemeinsame Kanten untereinander verknüpft.

Die Basis-Geometrien sind als reguläre, also ideale Geometrien dargestellt. In einer Vielzahl von Verbindungen beobachtet man jedoch Abweichungen von den regulären Bindungswinkeln, sodass in solchen Fällen von entsprechend verzerrter bzw. gestörter tetraedrischer, oktaedrischer usw. Geometrie zu sprechen ist.

Für die Interpretation beobachteter bzw. zur Vorhersage zu erwartender Molekülgeometrien werden zwei Modellvorstellungen verwendet, nämlich zum einen das **Valence Shell Electron Pair Repulsion-Modell (VSEPR-Modell)** und zum anderen das Modell der **Hybridisierung**.

Das VSEPR-Modell

Grundlage für die Deutung der in Molekülen auftretenden Bindungswinkel und ihrer Vorhersage ist die Betrachtung der rein elektrostatischen Wechselwirkung zwischen den Elektronenpaaren in der Valenzschale des zentralen Atoms eines Moleküls. Als Ausgangspunkt dienen uns dabei die Valenzstrichformeln, an denen wir die Zahl der bindenden und der einsamen Elektronenpaare ablesen können. Dann gilt:

- Als gleichsinnige Ladungsträger stoßen sich Elektronen gegenseitig ab, d.h. die Elektronenpaare der Valenzschale werden sich so weit wie möglich voneinander entfernt anordnen, sodass ihre Abstoßungsenergie ein Minimum hat.
- Berücksichtigt werden dabei alle Elektronenpaare in der Valenzschale des zentralen Atoms, die bindenden genau so wie die einsamen.
- Die einsamen Elektronenpaare haben zwar Einfluss auf die Molekülgestalt, diese wird jedoch nur durch die Lage der Atomschwerpunkte im Raum beschrieben.

Die Geometrie eines Moleküls hängt in erster Linie von der Anzahl der Elektronenpaare in der Valenzschale des Zentralatoms ab. Wenn wir annehmen, dass die Ladungsschwerpunkte aller Elektronenpaare gleich weit vom Atomkern des zentralen Atoms entfernt sind, so verteilen sie sich wie eine entsprechende Anzahl von Punkten auf einer Kugeloberfläche mit den größtmöglichen Abständen zwischen ihnen; die Ergebnisse sind in Abbildung 4.25 dargestellt.

Im Folgenden kennzeichnen wir das zentrale Atom eines Moleküls mit dem Großbuchstaben A, die bindenden Elektronenpaare in seiner Valenzschale mit B und die einsamen Elektronenpaare mit E.

Zwei Elektronenpaare AB_2 Das zentrale Atom A bildet zwei kovalente Bindungen, die untereinander einen Winkel von 180° bilden; das Molekül ist **linear** und die beiden bindenden Elektronenpaare haben den größtmöglichen Abstand voneinander. Die lineare Geometrie tritt bei allen Molekülen auf, deren Zentralatom an der Ausbildung von zwei Bindungen beteiligt ist und keine einsamen Elektronenpaare besitzt.

Drei Elektronenpaare AB_3 Ein Bor-Atom besitzt drei Valenzelektronen und bildet folglich drei kovalente Bindungen; die Moleküle sind daher **trigonal-planar** mit Bindungswinkeln von 120°. In dieser geometrischen Anordnung haben die drei bindenden Elektronenpaare den größten Abstand voneinander.

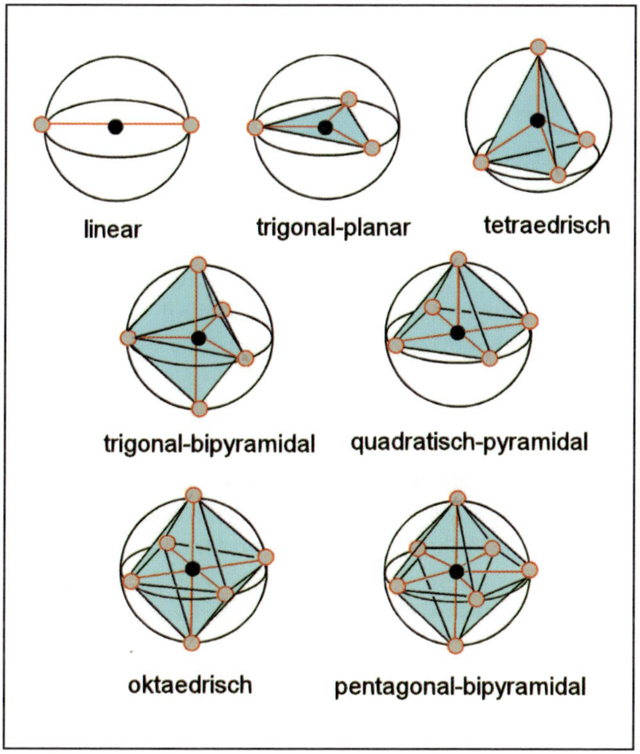

4.25 Anordnungen der Ladungsschwerpunkte von Elektronenpaaren auf einer Kugeloberfläche.

AB_2E Auch hier nehmen die drei Elektronenpaare eine trigonale Anordnung ein. Da eines jedoch ein nichtbindendes Paar ist und die Molekülgestalt nur durch die Lage der Atomschwerpunkte im Raum bestimmt wird, resultiert ein **V-förmiges** (oder **gewinkeltes**) Molekül. Ein typischer Vertreter dieser Molekülgeometrie ist $SnCl_2$ (im Dampfzustand). Der Bindungswinkel Cl–Sn–Cl ist jedoch kleiner als 120°; er beträgt nur 95°. Die Ursache dafür ist das einsame Elektronenpaar: Da es nur von einem Atomkern angezogen wird, befindet sich sein Ladungsschwerpunkt näher am Zentralatom; dadurch werden die beiden bindenden Elektronenpaare

stärker abgestoßen, sodass sie zusammenrücken. Allgemein ist die Stärke der Abstoßung der Elektronenpaare in der folgenden Weise abgestuft:

$$\text{bindend} - \text{bindend} < \text{einsam} - \text{bindend} < \text{einsam} - \text{einsam} \quad (4\text{-}38)$$

Diese Abstufung der gegenseitigen Abstoßung der Elektronenpaare verdeutlicht uns zwar die Richtung, in der sich die Bindungswinkel verändern, über das Ausmaß erhalten wir jedoch keine Information.

Vier Elektronenpaare AB_4 Bei vier bindenden Elektronenpaaren in der Valenzschale des Zentralatoms resultiert eine **tetraedrische** Anordnung der Elektronenpaare und damit auch eine **tetraedrische** Molekülgeometrie, wie dies z. B. im CH_4-Molekül der Fall ist. Alle Bindungswinkel sind gleich und betragen 109,47° (bzw. 109°28').

AB_3E Ist eines der vier Elektronenpaare nichtbindend, dann ordnen sie sich zwar ebenfalls tetraedrisch an, die Molekülgeometrie ist jedoch **trigonal-pyramidal** mit dem zentralen Atom an der Spitze der Pyramide (Abbildung 4.26). Das einsame Elektronenpaar führt wegen seiner stärker abstoßenden Wirkung auch hier zu einer Verringerung der Bindungswinkel, z. B. im Falle des NH_3-Moleküls von 109,47° auf 107°.

AB_2E_2 In der Valenzschale des O-Atoms eines H_2O-Moleküls befinden sich ebenfalls vier Elektronenpaare, und zwar zwei bindende und zwei einsame. Die Abweichung von der tetraedrischen Anordnung dieser vier Elektronenpaare ist noch stärker als im Falle des NH_3-Moleküls, da die bindenden Elektronenpaare hier von *zwei* nichtbindenden abgestoßen werden. Für das Wassermolekül ergibt sich daher eine **gewinkelte** Struktur mit einem Bindungswinkel von 105°.

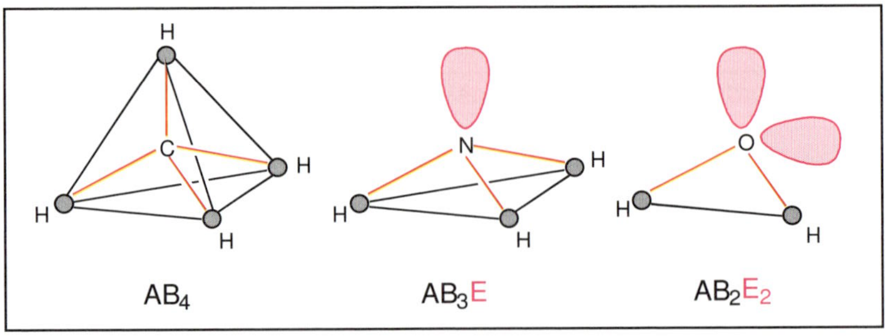

4.26 Molekülstrukturen bei vier Elektronenpaaren.

Tabelle 4.4 Molekülgeometrien nach dem VSEPR-Modell (X ist ein einfach gebundenes Atom)

Anzahl der Elektronen-Paare	Molekültyp	Geometrie der Elektronenpaare	Molekülgestalt	Beispiel
2	AB_2	linear	linear	$BeCl_2$
3	AB_3	trigonal	trigonal	BF_3
	AB_2E	trigonal	V-förmig	$SnCl_2$
4	AB_4	tetraedrisch	tetraedrisch	BeX_4^{2-}
	AB_3E		trigonal-pyramidal	NX_3
	AB_2E_2		V-förmig	OX_2
5	AB_5	trigonal-bipyramidal	trigonal-bipyramidal	PF_5
	AB_4E	trigonal-bipyramidal	verzerrt tetraedrisch	SF_4
	AB_3E_2		T-förmig	ClF_3
	AB_2E_3		linear	XeF_2
5	AB_5	quadratisch-pyramidal	quadratisch-pyramidal	SbF_5
6	AB_6	oktaedrisch	oktaedrisch	SF_6
	AB_5E		quadratisch-pyramidal	IF_5
	AB_4E_2		quadratisch-planar	XeF_4
7	AB_7	pentagonal-bipyramidal	pentagonal-bipyramidal	IF_7

Fünf Elektronenpaare Bei fünf Elektronenpaaren in der Valenzschale des zentralen Atoms gibt es zwei mögliche geometrische Anordnungen, die trigonal-bipyramidale und die quadratisch-pyramidale (Abbildung 4.27). Die trigonal-bipyramidale Geometrie ist allerdings die bei weitem häufigere, weil hier die Abstoßung der Elektronenpaare geringer ist als in der quadratisch-pyramidalen Geometrie.

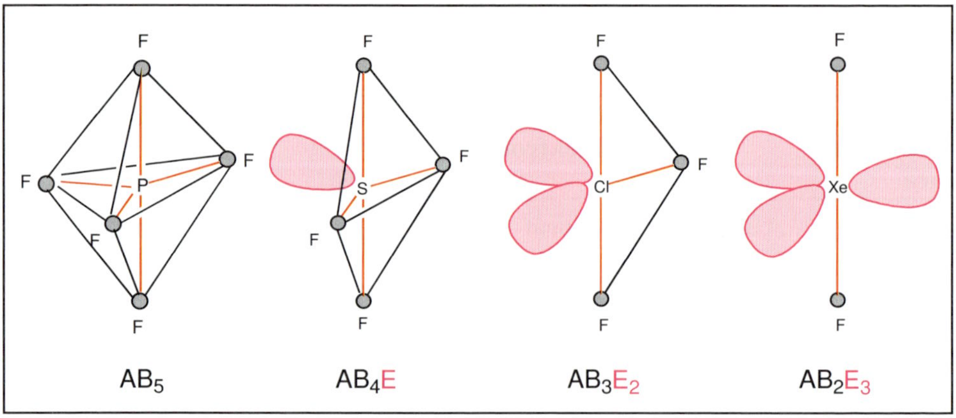

4.27 Molekülstrukturen bei fünf Elektronenpaaren.

In einer trigonalen Bipyramide sind die fünf Bindungen allerdings nicht äquivalent: Abbildung 4.27 verdeutlicht, dass drei Positionen mit dem zentralen Atom in einer Ebene und auf dem „Äquator" liegen und daher als **äquatoriale** Positionen bezeichnet werden; die vierte und fünfte Position werden als **axial** bezeichnet. Die Bindungswinkel in der äquatorialen Ebene betragen 120°, die Bindungswinkel zwischen axialen und äquatorialen Atomen dagegen 90°. Die trigonale Bipyramide ist die einzige Geometrie mit zwei verschiedenen Bindungswinkeln. Ein axiales Elektronenpaar hat drei benachbarte Elektronenpaare in einem Winkel von 90°, ein äquatoriales Elektronenpaar dagegen nur zwei. Daraus folgt, dass auf ein axiales Elektronenpaar eine etwas stärkere Abstoßung einwirkt als auf ein äquatoriales.

AB_5 Im PF_5-Molekül mit fünf bindenden Elektronenpaaren ist die Molekülgeometrie trigonal-bipyramidal. Aus den genannten Gründen sind die axialen P–F-Bindungen jedoch mit 158 pm etwas länger als die äquatorialen mit 153 pm. Wegen der geringeren Abstoßung nehmen einsame Elektronenpaare in einer trigonalen Bipyramide stets die äquatorialen Positionen ein.

AB_4E Im SF_4-Molekül hat das S-Atom in seiner Valenzschale vier bindende und ein nichtbindendes Elektronenpaar. In seiner äquatorialen Position wirkt das einsame Elektronenpaar abstoßend auf alle Bindungselektronenpaare und verringert dadurch den Bindungswinkel zwischen den äquatorialen F-Atomen von 120° auf 102° und den zwischen den axialen F-Atomen von 180° auf nur noch 173°.

AB_3E_2 Im ClF_3-Molekül verfügt das Cl-Atom über drei bindende und zwei einsame Elektronenpaare. Wegen der äquatorialen Positionen der beiden einsamen Elektronenpaare resultiert eine **T-förmige** Molekülgestalt, in der eine Verringerung der beiden F–Cl–F-Bindungswinkel von 90° auf 87,5° vorliegt.

AB_2E_3 Im XeF_2-Molekül sind drei der fünf Elektronenpaare des Xe-Atoms nichtbindend und befinden sich wiederum in äquatorialen Positionen, sodass für das Molekül eine **lineare** Struktur resultiert.

Sechs Elektronenpaare AB_6 Im SF_6-Molekül hat das S-Atom in seiner Valenzschale sechs bindende Elektronenpaare. Die Anordnung mit der geringsten Abstoßung ist ein **Oktaeder**. In einem Oktaeder sind alle sechs Positionen äquivalent, d. h. alle Bindungen sind gleich und alle Bindungswinkel betragen 90°.

AB_5E Ein Vertreter dieses Molekültyps ist das BrF_5 mit fünf bindenden und einem nichtbindenden Elektronenpaar in der Valenzschale des Br-Atoms. Die Atome bilden eine **quadratische Pyramide**, in der die Winkel zwischen der Bindung zu dem F-Atom an der Pyramidenspitze und denen in der quadratischen Ebene auf 85° verringert sind.

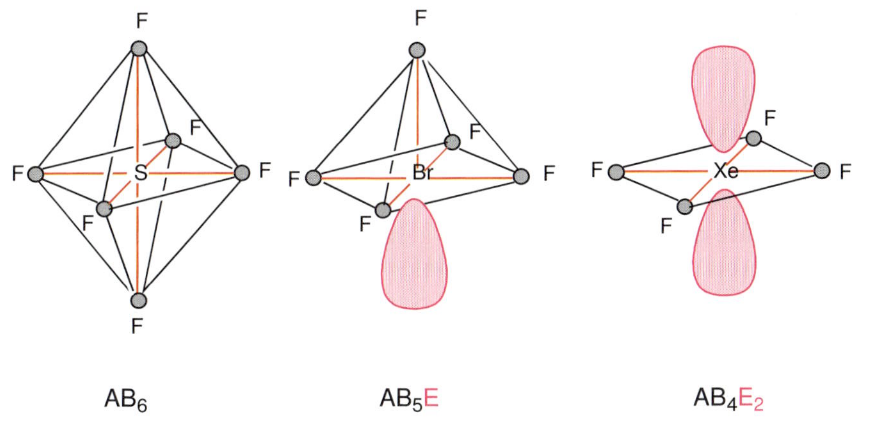

4.28 Molekülstrukturen bei sechs Elektronenpaaren.

AB_4E_2 Bei vier bindenden und zwei nichtbindenden Elektronenpaaren in der Valenzschale des zentralen Atoms nehmen die beiden nichtbindenden Elektronenpaare zwei gegenüberliegende Positionen ein, sodass für das Molekül eine **quadratisch-planare** Geometrie resultiert.

Sieben Elektronenpaare AB_7 Bei sieben bindenden Elektronenpaaren in der Valenzschale des zentralen Atoms eines Moleküls ergibt sich als günstigste Anordnung eine **pentagonale Bipyramide**. Diese Geometrie wird z. B. im IF_7-Molekül gefunden (Tabelle 4.4).

Das VSEPR-Modell kann auch auf Moleküle und Molekülionen mit Mehrfachbindungen angewendet werden. Jede Mehrfachbindung ist dabei als Einheit zu betrachten. So sind z.B. CO_2 und HCN lineare Moleküle. $OCCl_2$ ist wie BF_3 trigonal-planar; der Cl–C–Cl-Bindungswinkel beträgt jedoch nur 111° statt 120°. Die Ursache dafür besteht in der stärkeren Abstoßung, die von der aus zwei Elektronenpaaren bestehenden CO-Doppelbindung ausgeübt wird. Die Abstoßung nimmt generell zu in der Reihenfolge

$$\text{Einfachbindung} < \text{Doppelbindung} < \text{Dreifachbindung} \tag{4-39}$$

Die verschieden großen Bindungswinkel X–C–X in den formal analogen Molekülen OCF_2 (108°), $OCCl_2$ (111°) sowie OCH_2 (118,5°) lassen sich mithilfe der unterschiedlichen **Elektronegativitäten** erklären: Mit abnehmender Elektronegativität der Atome X befinden sich die Ladungsschwerpunkte der bindenden Elektronenpaare zunehmend näher am C-Atom und wirken so einer Winkelverringerung zunehmend stärker entgegen.

Das Konzept der Elektronenpaar-Abstoßung kann ebenso erfolgreich angewendet werden, wenn für die betrachteten Moleküle oder Molekülionen **mesomere Grenzformeln** formuliert werden müssen. Auf die geometrischen Verhältnisse darf jedoch nicht anhand nur einer einzigen mesomeren Formel geschlossen werden, da man sonst z.B. nicht zu einer regulär trigonal-planaren Geometrie des NO_3^--Ions oder der regulär tetraedrischen Geometrie des SO_4^{2-}-Ions gelangen würde.

Auch wenn das VSEPR-Modell alle Elektronenpaare als äquivalent ansieht und damit sowohl ihre unterschiedlichen Energien als auch die räumlichen Orientierungen der Atomorbitale außer Acht lässt, liefert es auf der Grundlage eines sehr einfachen Regelwerkes eine anschauliche Systematik der Molekülstrukturen. Der Erfolg dieser Modellbetrachtung liegt in der guten Übereinstimmung ihrer Ergebnisse mit denen experimenteller Strukturbestimmungen für nahezu alle Moleküle und Molekülionen der Hauptgruppen-Elemente.

In der Regel nicht anwendbar ist das Elektronenpaar-Abstoßungsmodell jedoch auf Moleküle mit einem *Übergangsmetallatom* als zentralem Atom; hier erweisen sich die Elektronen in den nicht vollständig besetzten d-Unterschalen als ein wichtiger Einflussfaktor auf die Geometrie solcher Moleküle.

Das Konzept der Hybridorbitale

Wie wir bereits gesehen haben, wird eine kovalente Bindung im Regelfall durch die Überlappung zweier mit je einem Elektron besetzter Atomorbitale unter Ausbildung des gemeinsamen Elektronenpaares gebildet. Betrachten wir jedoch die räumliche Orientierung der Atomorbitale und ihre unterschiedlichen Energien in der Valenzschale der Atome einerseits und die experimentell ermittelten Molekülgeometrien und Bindungslängen andererseits, so wird sofort klar, dass die Ergebnisse der wellenmechanischen Behandlung des Mehrelektronenatoms zunächst ungeeignet scheinen, die beobachteten Molekülstrukturen erklären zu können. Dies können wir am Beispiel des Methan-Moleküls, CH_4, anschaulich demonstrieren:

Wir hatten bereits gesehen, dass das C-Atom im angeregten Zustand (Abbildung 4.14) über vier ungepaarte Elektronen zur Ausbildung von vier σ-Bindungen verfügt; diese vier Elektronen befinden sich in den Atomorbitalen 2s, $2p_x$, $2p_y$ und $2p_z$. Die vier aus der Überlappung mit den 1s-Orbitalen entstehenden C–H-Bindungen wären zum einen wegen der Energiedifferenz zwischen dem 2s- und den drei 2p-Orbitalen nicht äquivalent; zum anderen müsste das Molekül eine Geometrie besitzen, wie sie in Abbildung 4.29a dargestellt ist. Das CH_4-Molekül ist jedoch regulär tetraedrisch mit vier äquivalenten C–H-Bindungen (Abbildung 4.29b). Daraus folgt, dass das C-Atom in seinem *Valenzzustand* über vier äquivalente Orbitale verfügen muss, die auf die Ecken eines Tetraeders gerichtet sind.

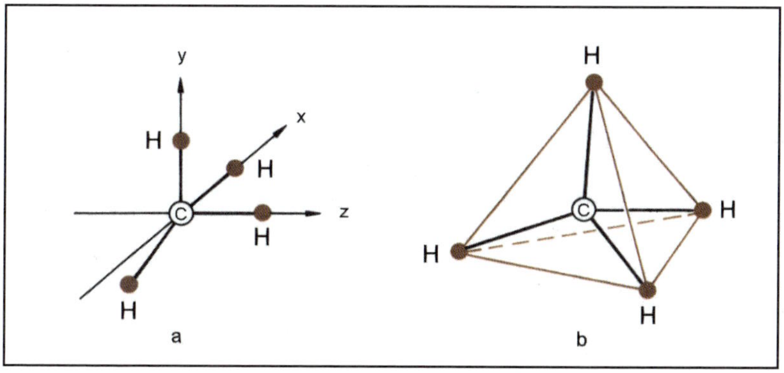

4.29 **a** Zu erwartende Geometrie des CH_4-Moleküls bei Verwendung der Atomorbitale 2s, $2p_x$,$2p_y$ und $2p_z$ für die Ausbildung der vier C–H-Bindungen; **b** experimentell beobachtete regulär tetraedrische Geometrie des CH_4-Moleküls.

Wir müssen uns nun daran erinnern, dass die Atomorbitale als Lösungen der SCHRÖDINGER-Gleichung *mathematische Funktionen* sind, deren Betragsquadrat wir als räumliche Verteilung der Elektronen eines Atoms interpretieren. Nach den Gesetzen der Quantenmechanik sind nun aber auch *Linearkombinationen* dieser Funktionen, also die Summen und Differenzen dieser Atomorbitale, wiederum gültige Lösungen der SCHRÖDINGER-Gleichung. Oder anders ausgedrückt: Die Beschreibung der Elektronenzustände eines Atoms durch einen Satz von Linearkombinationen aus Atomorbitalen ist einer Beschreibung durch die Atomorbitale selbst mathematisch vollständig äquivalent.

Die Linearkombination von Atomorbitalen zu neuen Orbitalen mit veränderten Eigenschaften, insbesondere ihrer räumlichen Vorzugsrichtungen sowie ihrer Energie, bezeichnen wir als **Hybridisierung**, die erhaltenen Orbitale selbst als **Hybridorbitale**. Bei der Hybridisierung sind folgende Punkte zu beachten:

- Die Anzahl der gebildeten Hybridorbitale entspricht stets der Zahl der für die Hybridisierung verwendeten Atomorbitale.
- Es kombinieren nur solche Atomorbitale zu Hybridorbitalen, die vergleichbare Energien besitzen, also 2s mit 2p, 3s mit 3p und 3d, 3d mit 4s und 4p etc.; die entstehenden Hybridorbitale haben alle die gleiche Energie.
- Hybridorbitale haben eine größere räumliche Ausdehnung als die Atomorbitale, aus denen sie gebildet werden. Eine Bindung über Hybridorbitale führt daher zu einer stärkeren Überlappung und folglich zu einer stärkeren Bindung.
- Es müssen nicht alle in der Valenzschale eines Atoms verfügbaren Atomorbitale in die Hybridisierung einbezogen werden.
- Hybridorbitale können auch von einsamen Elektronenpaaren besetzt werden.

Die wichtigsten Hybridisierungen sind in Tabelle 4.5 zusammengestellt; die räumliche Orientierung der gebildeten Hybridorbitale zeigt Abbildung 4.30.

Hybridisierung von s- und p-Atomorbitalen, *sp-Hybridisierung* Die einfachste Hybridisierung ist die Linearkombination eins s-Orbitals mit einem p-Orbital der gleichen Schale zu einem Satz von zwei äquivalenten sp-Hybridorbitalen mit einer linearen Orientierung. Die unter Verwendung dieser Hybridorbitale gebildeten kovalenten Bindungen bilden einen Winkel von 180° wie dies z. B. im $BeCl_2$-Molekül der Fall ist.

sp^2-Hybridisierung Die drei sp^2-Hybridorbitale entstehen aus der Linearkombination eines s-Orbitals und zweier p-Orbitale; sie sind koplanar und mit Winkeln von 120° zueinander orientiert, die entsprechende Molekülstruktur ist folglich trigonal-planar wie z. B. in den BX_3-Molekülen. Im $SnCl_2$-Molekül überlappen zwei einfach besetzte sp^2-Hybridorbitale mit den einfach besetzten 3p-Orbitalen des Chlors; das dritte sp^2-Hybridorbital nimmt das einsame Elektronenpaar auf.

sp^3-Hybridisierung Vier äquivalente sp^3-Hybridorbitale werden durch Linearkombination eines s- mit den drei p-Orbitalen der gleichen Schale erhalten. Die vier sp^3-Hybridorbitale sind auf die Ecken eines Tetraeders gerichtet und bilden folglich Bindungswinkel von 109°28'; dies kennzeichnet z. B. den Valenzzustand des C-Atoms im CH_4-Molekül (Abbildung 4.29b).

Die Bindungswinkel im NH_3- und im H_2O-Molekül liegen mit 107° bzw. 105° sehr viel näher am Tetraederwinkel als am rechten Winkel, sodass auch für das N- und das O-Atom eine sp^3-Hybridisierung angenommen werden kann, wobei eines bzw. zwei der sp^3-Hybridorbitale von einsamen Elektronenpaaren besetzt sind. Die

Abweichungen vom regulären Tetraederwinkel sind wieder das Ergebnis der Abstoßung zwischen den einsamen und den bindenden Elektronenpaaren.

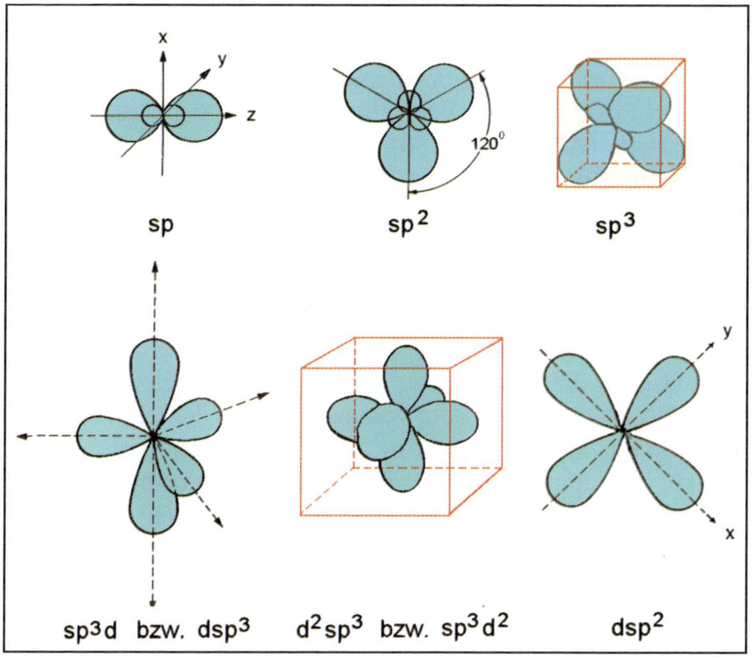

4.30 Hybridorbitale. Die hochgestellten Ziffern in der Bezeichnung der Hybridorbitale sind keine Besetzungszahlen; sie geben vielmehr an, wie viele Atomorbitale des jeweiligen Typs an der Hybridisierung beteiligt sind.

Hybridisierung von s-, p- und d-Atomorbitalen Bei den Elementen der 3. und höheren Perioden können auch d-Orbitale in die Hybridisierung einbezogen werden. Für die Elemente der 3. Periode sind alle drei Atomorbital-Typen (s, p und d) Bestandteil der Valenzschale und erfüllen daher die Bedingung der vergleichbaren Energie. Für die Elemente der 4. und höheren Perioden gibt es nun zwei Möglichkeiten, die jedoch beide die Energiebedingung erfüllen: Die für eine Hybridisierung verwendeten d-Orbitale können, wie die s- und p-Orbitale, zur Valenzschale gehören, also *n*d-Orbitale sein, oder sie können zu einer darunter liegenden Schale gehören, also (*n*–1)d-Orbitale sein. Um welche d-Orbitale es sich jeweils handelt, wird in der Bezeichnung der Hybridisierung zum Ausdruck gebracht: Die d-Orbitale werden am Ende genannt, wenn sie zur Valenzschale gehören, sie werden am Anfang genannt, wenn sie einer unter der Valenzschale liegenden Schale angehören. Während die erste Möglichkeit für die Hauptgruppenelemente dieser Perioden charakteristisch ist, gibt es für die Übergangselemente beide Möglichkeiten.

sp^3d- und dsp^3-Hybridisierung Die Kombination des s- und der drei p-Orbitale einer Valenzschale mit dem d_{z^2}-Orbital der gleichen oder der darunter liegenden Schale ergibt einen Satz von fünf sp^3d- bzw. dsp^3-Hybridorbitalen, die auf die Ecken einer trigonalen Bipyramide gerichtet sind. Diese fünf Hybridorbitale sind allerdings *nicht* äquivalent, da wir in einer trigonal-bipyramidalen Anordnung zwischen den drei äquatorialen Positionen mit Winkeln von 120° untereinander und den beiden axialen Positionen mit Winkeln von 90° zu den äquatorialen Positionen unterscheiden müssen (Abbildung 4.30). Im PF_5-Molekül ist das P-Atom sp^3d-hybridisiert. Auch die Geometrien von Molekülen des Typs AB_4E (SF_4), AB_3E_2 (ClF_3) sowie AB_2E_3 (XeF_2) lassen sich mit einer sp^3d-Hybridisierung ihrer zentralen Atome interpretieren, wobei die einsamen Elektronenpaare eine, zwei bzw. alle drei äquatorial orientierten Hybridorbitale besetzen.

sp^3d^2- und d^2sp^3-Hybridisierung Die Kombination der s- und p-Orbitale einer Valenzschale mit dem $d_{x^2-y^2}$- und dem d_{z^2}-Orbital der gleichen oder der darunter liegenden Schale führt zu einem Satz von sechs äquivalenten, auf die Ecken eines Oktaeders gerichteten sp^3d^2- bzw. d^2sp^3-Hybridorbitalen (vgl. Abbildung 4.30). Das SF_6-Molekül ist regulär oktaedrisch mit einem sp^3d^2-hybridisierten S-Atom. Auch die Geometrien von Molekülen des Typs AB_5E_1 (IF_5) und AB_4E_2 (XeF_4) lassen sich wieder in ganz analoger Weise von sp^3d^2-hybridisierten Zentralatomen herleiten.

dsp^2-Hybridisierung Die Kombination des s-, des p_x- und des p_y-Orbitals einer Valenzschale mit dem $d_{x^2-y^2}$-Orbital der darunter liegenden Schale liefert einen Satz von vier äquivalenten, auf die Ecken eines in der (x,y)-Ebene liegenden Quadrates gerichteten dsp^2-Hybridorbitalen (Abbildung 4.29). Dieser Hybridisierungstyp findet sich z. B. in Komplexverbindungen wie $[Ni(CN)_4]^{2-}$ oder $[Cu(NH_3)_4]^{2+}$.

Wie an den zuletzt genannten Beispielen einer dsp2-Hybridisierung bereits deutlich wurde, hat das Konzept der Hybridisierung gegenüber dem VSEPR-Konzept den Vorteil, dass mit seiner Hilfe auch die Geometrien von Koordinationsverbindungen der Übergangselemente beschrieben werden können. Dennoch soll abschließend noch einmal betont werden, dass der Hybridzustand nicht an einem isolierten Atom hergestellt und beobachtet werden kann wie etwa der angeregte Zustand. Bei der Knüpfung der kovalenten Bindungen treten im einzelnen Atom weder der angeregte noch der hybridisierte Zustand als reale Intermediate auf. Der durch die Hybridisierung gekennzeichnete Valenzzustand eines Atoms hat daher lediglich hypothetischen Charakter. Zudem ist die Hybridisierung selbst nur eine mathematische Prozedur, deren Ergebnisse uns das Verständnis der beobachteten Molekülgeometrien ermöglichen.

Tabelle 4.5 Hybridorbitale

Bezeichnung	AO-Kombination	Bindungswinkel	Geometrie
sp	ns, np$_z$	180°	linear
sp^2	ns, np$_x$, np$_y$	120°	trigonal-planar
sp^3	ns, np$_x$, np$_y$, np$_z$	109°28'	tetraedrisch
dsp^2	$(n\text{-}1)$d$_{x^2-y^2}$, ns, np$_x$, np$_y$	90°	quadratisch-planar
dsp^3	$(n\text{-}1)$d$_{z^2}$, ns, np$_x$, np$_y$, np$_z$	90° und 120°	trigonal-bipyramidal
sp^{3}d	ns, np$_x$, np$_y$, np$_z$, nd$_{z^2}$	90° und 120°	trigonal-bipyramidal
d^{2}sp^3	$(n\text{-}1)$d$_{x^2-y^2}$, $(n\text{-}1)$d$_{z^2}$, ns, np$_x$, np$_y$, np$_z$	90°	oktaedrisch
sp^{3}d^2	ns, np$_x$, np$_y$, np$_z$, nd$_{x^2-y^2}$, nd$_{z^2}$,	90°	oktaedrisch

4.2.3 Quantenmechanik der Moleküle

Eine theoretische Behandlung der kovalenten Bindung muss befriedigende Antworten auf zwei zentrale Fragen geben: 1. Welche Aufenthaltsbereiche haben die bindenden und auch die nichtbindenden Elektronen in einem Molekül und 2. welche Energiezustände besitzen sie. Darüber hinaus sollte sie aber auch z. B. die Existenz von Mehrfachbindungen neben der kovalenten Einfachbindung erklären können. Die Antworten auf diese und weitere Fragen können nur im Rahmen einer wellenmechanischen Behandlung der kovalenten Bindung gefunden werden.

Nun ist die SCHRÖDINGER-Gleichung – wie wir uns erinnern – nur für Einelektronen-Systeme exakt lösbar. Aus diesem Grunde mussten schon bei der quantenmechanischen Behandlung des Mehrelektronen-Atoms Näherungsannahmen gemacht werden. Dies gilt nun natürlich erst recht für die noch sehr viel komplizierteren Moleküle.

Bei Molekülen stellt sich jedoch als erstes ein Problem, das eine weitere grundlegende Näherungsannahme notwenig macht: In einem Molekül bewegen sich nicht nur die Elektronen, sondern auch die Atomkerne. Eine vollständige theoretische Behandlung von Molekülen müsste daher sowohl die Bewegung der Elektronen als auch die der Atomkerne berücksichtigen. Wegen des großen Massenunterschiedes ist jedoch die Bewegung der Elektronen sehr viel schneller als die der Atomkerne, sodass beide unabhängig voneinander behandelt werden können. Bei der quantenmechanischen Behandlung der kovalenten Bindung bleibt daher die Bewegung der Atomkerne unberücksichtigt; man nimmt an, dass sich die Kerne im Ruhezustand befinden. Dies ist qualitativ der Inhalt der **BORN-OPPENHEIMER-**

Näherung, die die Grundlage für alle quantenmechanischen Näherungen zur Beschreibung der Elektronenstruktur von Molekülen darstellt.

Es sind verschiedene quantenmechanische Näherungsverfahren entwickelt worden, von denen jedes bestimmte Vor- und Nachteile besitzt; daher ist auch nicht jede dieser Methoden für die theoretische Behandlung eines bestimmten Sachverhaltes gleich gut geeignet. Wir wollen uns im Folgenden zwei dieser Näherungen etwas genauer ansehen, nämlich die Valence Bond-Theorie (VB-Theorie) und die Molekülorbital-Theorie (MO-Theorie).

Die Valence Bond-Theorie

Die Valence Bond-Theorie basiert auf dem Konzept der Bildung eines gemeinsamen Elektronenpaares im Ergebnis der Überlappung von geeigneten Atomorbitalen. Dabei behalten die Elektronenhüllen der beteiligten Atome ihre Identität, d.h. die Atomorbitale der einzelnen Atome bleiben im Molekül erhalten.

Bei der Bildung eines Moleküls nähern sich die Atome einander, bis es unter Energieabgabe zu einer Überlappung besetzter Atomorbitale kommt. Dabei können beide überlappenden Atomorbitale je ein ungepaartes Elektron enthalten, die mit antiparallelem Spin das gemeinsame, also das bindende Elektronenpaar bilden. Eine zweite, davon jedoch grundsätzlich nicht verschiedene Möglichkeit besteht darin, dass eines der beiden überlappenden Atomorbitale ein Elektronenpaar enthält, während das zweite unbesetzt ist. Wenn eine kovalente Bindung auf diesem zweiten Weg zustande kommt, bezeichnet man sie häufig als koordinative Bindung und kennzeichnet damit lediglich das vom Regelfall abweichende Zustandekommen einer kovalenten Bindung.

Schauen wir uns als Erstes den Verlauf der potenziellen Energie für zwei sich einander nähernde H-Atome an (Abbildung 4.31). Mit geringer werdendem Abstand zwischen den beiden H-Atomen gelangen die beiden Elektronen zunehmend stärker in den Anziehungsbereich des jeweils anderen Kerns. Durch diese zunehmende Anziehung zwischen den Elektronen und den Atomkernen nimmt die potenzielle Energie ab. Die Elektronendichte im Bereich zwischen den Atomkernen, also in der Bindungsregion, erhöht sich, während sie sich jenseits der beiden Kerne verringert. Im Orbital-Bild ausgedrückt heißt dies, dass sich die beiden 1s-Orbitale überlappen, wobei die Elektronendichte in der Überlappungsregion erhöht wird. Die beiden Atome können sich jedoch nicht beliebig weit einander nähern: Von einem bestimmten Abstand an beginnen die Atomkerne sich gegenseitig abzustoßen. Die resultierende Gesamtkurve der potenziellen Energie durchläuft damit ein Minimum, dessen Lage auf der Energieachse dem Wert der Bindungsenergie und auf der Abstandsachse der Bindungslänge entspricht.

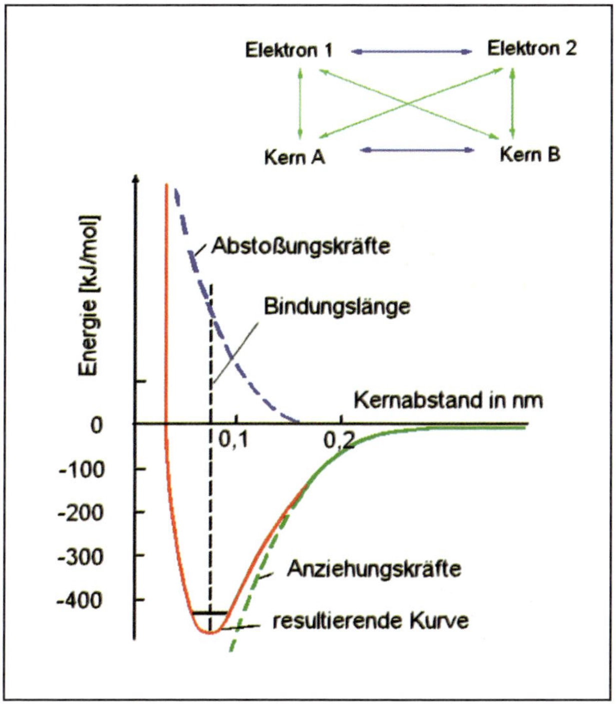

4.31 Kurve der potenziellen Energie bei der Annäherung zweier H-Atome.

Die VB-theoretische Behandlung der Bildung eines H_2-Moleküls kann nun folgendermaßen beschrieben werden: Befinden sich die beiden H-Atome A und B in unendlicher Entfernung voneinander, sodass zwischen ihnen keine Wechselwirkung vorhanden ist, dann ergibt sich die Gesamtwellenfunktion dieses Systems zu:

$$\Psi = \psi_{(A,1)}\, \psi_{(B,2)} \qquad (4\text{-}40)$$

mit dem Elektron 1 am Atom A und dem Elektron 2 am Atom B.

In einem ersten Schritt wollen wir annehmen, dass Gleichung (4-40) auch dann eine gute Näherung ist, wenn wir den Abstand zwischen den beiden H-Atomen verringern. Berechnet man nun die Energie als Funktion des Abstandes der beiden Atome voneinander durch Lösen der SCHRÖDINGER-Gleichung, so erhält man die Kurve a in Abbildung 4.32. Unser Ergebnis ist zwar qualitativ richtig, bei Annäherung der beiden H-Atome nimmt die Energie des Systems ab, quantitativ ist es jedoch sehr unbefriedigend.

Mit Gleichung (4-40) haben wir jedoch gegen ein Grundprinzip der Quantenmechanik verstoßen, indem wir so getan haben, als könnten wir das Elektron 1 dem Atom A und das Elektron 2 dem Atom B zuordnen. Tatsächlich aber sind die Elektronen nicht markiert und daher ununterscheidbar. Das bedeutet, dass das

Elektron 2 mit gleicher Wahrscheinlichkeit auch am Atom A und das Elektron 1 am Atom B sein kann. Mit anderen Worten: Die Elektronen tauschen ihre Plätze. In unserer Wellenfunktion berücksichtigen wir dies in folgender Weise:

$$\Psi = \psi_{(A,1)}\,\psi_{(B,2)} + \psi_{(A,2)}\,\psi_{(B,1)} \qquad (4\text{-}41)$$

Beide Terme in Gleichung (4-41) sind gleichwertig. Berechnet man nun die Energie als Funktion des Abstandes, dann erhält man die Kurve b in Abbildung 4.32, die durch die quantenmechanische Austauschenergie eine signifikante Verbesserung darstellt.

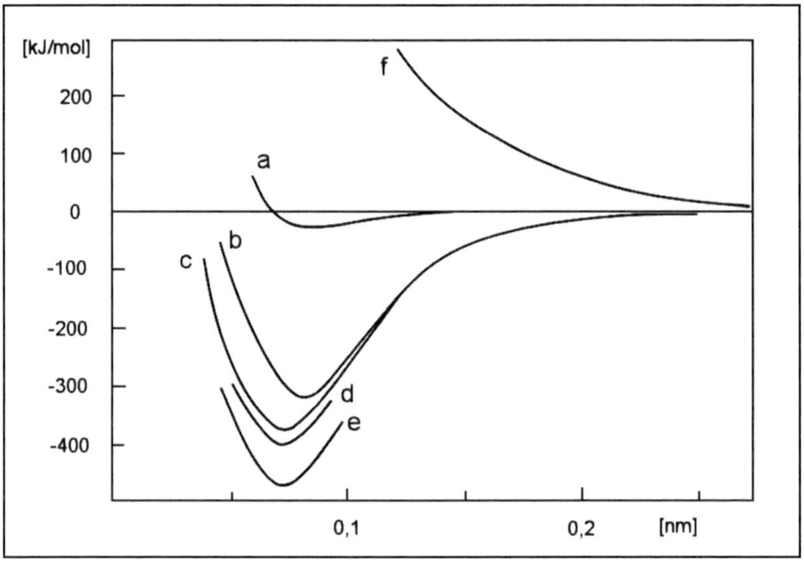

4.32 Kurven der potenziellen Energie für das H_2-Molekül.

Eine weitere Verbesserung der Ergebnisse lässt sich erreichen, wenn man berücksichtigt, dass sich die beiden Elektronen nur bei genügend großen Abständen nicht gegenseitig beeinflussen. Bei kleiner werdenden Abständen werden sie sich aber, ähnlich der Situation in einem Mehrelektronenatom, gegenseitig gegen die Kernladung abschirmen. Für die Rechnungen ist daher anstelle der Kernladung Z die effektive Kernladung Z^* zu verwenden. Dass dies tatsächlich zu einer weiteren Verbesserung der Resultate führt, zeigt der Verlauf der Kurve c in Abbildung 4.32.

In Gleichung (4-41) ist insgesamt nur die Möglichkeit berücksichtigt, dass eines der Elektronen dem einen Atom zugeordnet ist und das andere dem jeweils anderen Atom. Prinzipiell besteht jedoch auch eine endliche Wahrscheinlichkeit dafür, dass sich beide Elektronen zur gleichen Zeit an jeweils einem der beiden Atome befinden, damit also die ionischen Grenzstrukturen, $H^-_{(A)}\,H^+_{(B)}$ bzw. $H^+_{(A)}\,H^-_{(B)}$, zu berücksichtigen sind. Diese ionischen Valenzstrukturen gehen jedoch nicht mit ihrem vollen Gewicht in die Berechnungen ein, sodass wir einen entsprechenden Koeffizienten λ einführen müssen, der kleiner als eins ist und der nur mit erheblichem Aufwand ermittelt werden kann; wir erhalten:

$$\Psi = \psi_{(A,1)}\,\psi_{(B,2)} + \psi_{(A,2)}\,\psi_{(B,1)} + \lambda\,\psi_{(A,1)}\,\psi_{(A,2)} + \lambda\,\psi_{(B,1)}\,\psi_{(B,2)} \qquad (4\text{-}42)$$

Aus Gleichung (4-42) ergibt sich die Kurve d in Abbildung 4.32 für die potenzielle Energie als Funktion des Abstandes der beiden H-Atome voneinander. Das Energieminimum liegt jetzt bei –395 kJ/mol und kommt damit dem experimentellen Wert von –458 kJ/mol bereits recht nahe. Es sind weitere Verbesserungen der Wellenfunktion möglich, sodass eine weitestgehende Übereinstimmung der berechneten mit den experimentellen Bindungsparametern erreicht werden kann; darauf soll jedoch hier nicht mehr eingegangen werden.

Wie immer jedoch die Wellenfunktion der beiden bindenden Elektronen, Ψ, im Einzelnen aussehen mag, so wird sie doch immer durch einen Satz von Quantenzahlen beschrieben werden. Da gemäß Gleichung (4-42) die räumliche Verteilung beider Elektronen identisch ist, werden beide damit auch den gleichen Satz von Quantenzahlen aufweisen. Da aber auch hier das PAULI-Prinzip gilt, müssen sich die beiden Elektronen in ihrer Spinquantenzahl unterscheiden, d. h. sie müssen ein Elektronenpaar bilden. Die Ausbildung der kovalenten Bindung kann daher nur erfolgen, wenn die Annäherung der beiden Atome mit einer Spinpaarung einhergeht. Bleiben die Spins der beiden Elektronen parallel orientiert, ergibt sich der mit Kurve f in Abbildung 4.32 dargestellte Verlauf der potenziellen Energie, also eine Abstoßung der beiden Atome.

Diese Betrachtungen, die wir hier für ein H_2-Molekül angestellt haben, lassen sich grundsätzlich auf die Bildung kovalenter Bindungen in den verschiedensten Molekülen übertragen, selbst auf Moleküle mit Mehrfachbindungen. Bei mehratomigen Molekülen können wegen der beobachteten Geometrien nicht mehr die reinen Atomorbitale in der VB-Behandlung verwendet werden; vielmehr müssen in diesen Fällen die entsprechenden Hybridorbitale Anwendung finden.

Es gibt jedoch ein vergleichsweise einfaches Molekül, für das die VB-Methode zu einer falschen Beschreibung seiner Elektronenstruktur führt, und das ist das O_2-Molekül. Im Grundzustand hat ein O-Atom die Valenzelektronenkonfiguration $2s^2 2p_x^{\,2} 2p_y^{\,1} 2p_z^{\,1}$. Es wäre daher zu erwarten, dass sich zwei O-Atome unter Ausbildung von zwei Elektronenpaarbindungen miteinander verbinden. Und in der Tat weisen die Bindungsenergie und die Bindungslänge des O_2-Moleküls auf das Vorliegen einer Doppelbindung hin. Disauerstoff ist jedoch auch paramagnetisch im Ausmaß zweier ungepaarter Elektronen, besitzt damit also eine Elektronenstruktur, die im Rahmen der einfachen VB-Theorie weder erklärt noch vorhergesagt werden kann. Ganz offensichtlich ist die verwendete Näherung zu grob, um dieser Situation Rechnung tragen zu können. Dagegen führt die MO-Methode bereits bei grober Näherung zu einem korrekten Resultat für das O_2-Molekül.

Da der mathematische Aufwand zur Berechnung der Bindungsenergie und des Bindungsabstandes aber in jedem Fall sehr groß ist, wäre eine zumindest qualitative Information zur Beurteilung der Bindungsparameter wünschenswert. Diese liefert uns das Konzept der Orbitalüberlappung beim Zustandekommen einer kovalenten Bindung. Es ist leicht einzusehen, dass eine effektive Überlappung der bei der Bindungsbildung beteiligten Atom- bzw. Hybridorbitale zu einer starken Bindung führen wird. Je stärker die zwei bindenden Bahnfunktionen überlappen, desto größer ist die Elektronendichte zwischen den Kernen: Die Kernabstoßung wird verringert, die Anziehung zwischen den Elektronen und den Kernen vergrößert.

Orbitalüberlappung Die Überlappung zwischen zwei Orbitalen wird durch das Überlappungsintegral S beschrieben:

$$S = \int \psi_A \, \psi_B \, \mathrm{d}\tau \qquad (4\text{-}43)$$

Dieses Überlappungsintegral kann einen positiven oder negativen Wert haben oder aber auch Null sein. Bei einem positiven Wert liegt eine Konzentrierung von Elektronendichte zwischen den Atomkernen vor und es resultiert eine Bindung. Bei einem negativen Wert des Überlappungsintegrals erfolgt eine Verminderung der Elektronendichte zwischen den Kernen, die sich infolgedessen stärker abstoßen und daher auseinanderstreben. Ist der Wert des Überlappungsintegrals gerade Null, so resultiert keinerlei Wechselwirkung, weder eine anziehende noch eine abstoßende. Es ist daher notwendig, dass man neben der räumlichen Ausdehnung auch die Vorzeichen der entsprechenden Bahnfunktionen kennt.

Für eine möglichst effektive Überlappung der an der Bindungsbildung beteiligten Atom- bzw. Hybridorbitale, also für einen möglichst großen positiven Wert des Überlappungsintegrals S, lassen sich nun aus quantenmechanischen Rechnungen drei Bedingungen ableiten:

1. Die überlappenden Orbitale sollen möglichst **vergleichbare Energien** besitzen.
2. Die beteiligten Orbitale müssen von **vergleichbarer Größe** sein.
3. Die überlappenden Orbitale müssen bezüglich der Kernverbindungslinie die gleichen **Symmetrieeigenschaften** besitzen.

Das Energiekriterium ist leicht verständlich: Mit zunehmender Energiedifferenz zwischen den beteiligten Orbitalen wird deren Überlappung stetig geringer; im Grenzfall einer zu großen Energiedifferenz würde ein Übergang des Elektrons aus dem energiereichen in das energiearme Orbital unter Bildung von Ionen erfolgen.

Abbildung 4.33 zeigt, dass Größe und Vorzeichen der Überlappungen von den Kernabständen sowie der räumlichen Ausdehnung der Atomorbitale bestimmt werden. Wenn z. B. im Fall c eine der beiden p-Funktionen sehr viel größer wäre als die andere, so würde ihr positiver Bereich auch mit dem negativen Bereich des zweiten p-Orbitals überlappen, sodass die resultierende Überlappung kleiner und gegebenenfalls sogar negativ würde.

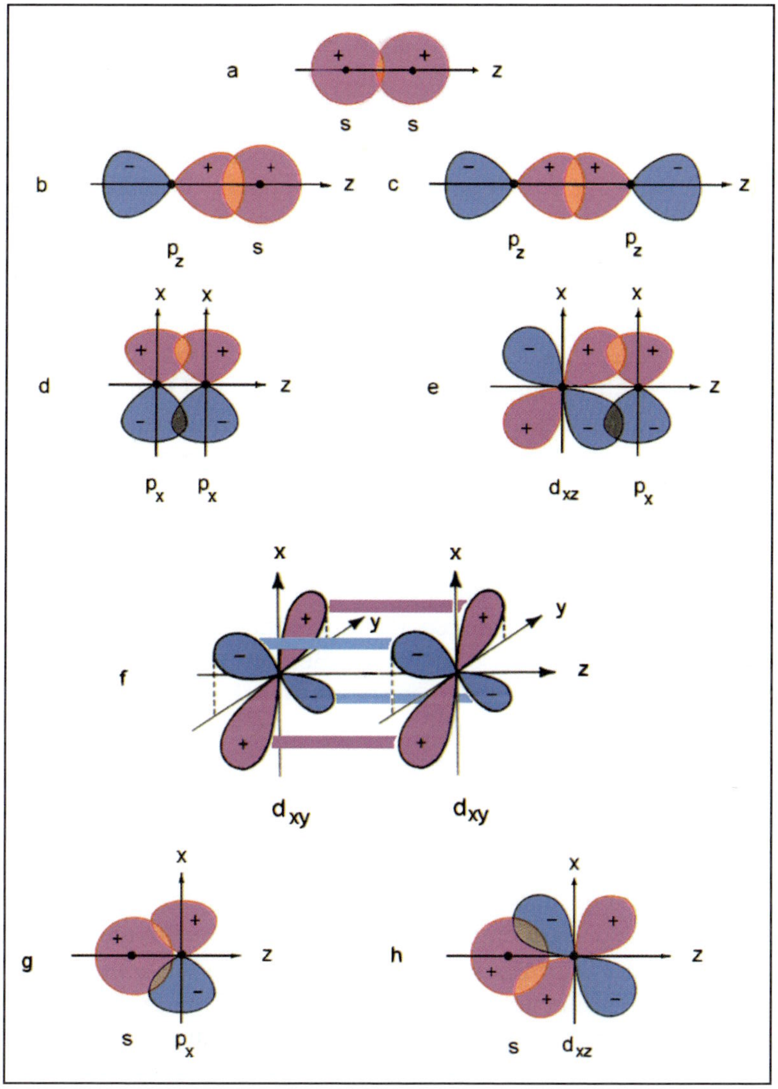

4.33 Wichtige Orbitalüberlappungen (Kernverbindungslinie: z-Achse).

Schauen wir uns zunächst die Symmetrieeigenschaften der einzelnen Bahnfunktionen an: Ein s-Orbital ist in Bezug auf alle drei Achsen rotationssymmetrisch. Ein p_x-Orbital ist in Bezug auf die x-Achse rotationssymmetrisch, besitzt aber mit der yz-Ebene eine Knotenebene, die den Charakter einer Antisymmetrie-Ebene besitzt, weil die Bahnfunktion bei Spiegelung an dieser Ebene zwar die gleichen Beträge, jedoch das entgegengesetzte Vorzeichen hat. Analoges gilt für ein p_y-Orbital mit der y-Achse und der xz-Ebene sowie für ein p_z-Orbital mit der z-Achse und der xy-Ebene. Ein d_{z^2}-Orbital ist rotationssymmetrisch in Bezug auf die z-Achse, ein $d_{x^2-y^2}$-Orbital ist rotationssymmetrisch bezüglich der x- und y-Achse und besitzt zwei senkrecht aufeinander stehende Antisymmetrie-Ebenen. Die d_{xy}-, ein d_{xz}- und ein d_{yz}-Orbitale erstrecken sich entlang den Winkelhalbierenden zwischen den Achsen, haben damit also keine Rotationssymmetrie; jedes hat aber gleichfalls zwei senkrecht aufeinander stehende Antisymmetrie-Ebenen (siehe auch Abbildung 3.10).

Das Symmetrie-Kriterium für eine effektive Überlappung fordert nun, dass die Orbitale bezüglich der Kernverbindungslinie die gleichen Symmetrieeigenschaften besitzen müssen, d.h. ihre Drehachsen und Antisymmetrie-Ebenen müssen zur Kernverbindungslinie die gleiche Orientierung haben. Als erstes müssen wir daher festlegen, welche Achse als Molekülachse betrachtet wird; dies ist gemäß einer Konvention die z-Achse. Die Überlappung zweier s-Orbitale ist unter dem Symmetrie-Aspekt völlig unkritisch und führt immer zu einem positiven Wert des Überlappungsintegrals: s-Orbitale haben in allen Bereichen ein positives Vorzeichen; die z-Achse ist für beide s-Orbitale eine Drehachse (Abbildung 4.33a). Die Überlappungsregion ist bezüglich der Molekülachse rotationssymmetrisch und wir bezeichnen die resultierende Bindung als **σ-Bindung**. Abbildung 4.33b und 4.33c zeigen, dass ein s-Orbital und ein p_z-Orbital sowie zwei p_z-Orbitale bei ihrer Überlappung zu einem ganz analogen Resultat führen; in beiden Fällen sind die Drehachsen mit der Molekülachse identisch. Bei der Überlappung der beiden p_z-Orbitale stehen außerdem die Antisymmetrie-Ebenen beider Orbitale senkrecht zur Molekülachse. Auch zwei d_{z^2}-Orbitale können danach unter Bildung einer σ-Bindung überlappen. Nach der Einbeziehung des p_z-Orbitals in die Ausbildung einer σ-Bindung können zwei p_x- bzw. zwei p_y-Orbitale nur in der in Abbildung 4.33d gezeigten Weise überlappen: Sowohl ihre Drehachsen als auch ihre Antisymmetrie-Ebenen haben bezüglich der Molekülachse die gleiche Orientierung. Bei diesem Überlappungstyp entstehen zwei Überlappungszonen, die durch eine Knotenebene voneinander getrennt sind. Die entstehende Bindung bezeichnen wir als **π-Bindung**. In ganz analoger Weise können ein p_x- mit einem d_{xz}-Orbital sowie ein p_y- mit einem d_{yz}-Orbital überlappen (Abbildung 4.33e): Die Drehachsen stehen jeweils senkrecht auf der Molekülachse und diese liegt mit gleicher Richtung in der jeweiligen Antisymmetrie-Ebene (yz- bzw. xz-Ebene). Auch zwei d_{xz}- und zwei d_{yz}-Orbitale können unter diesen Bedingungen unter Ausbildung von π-Bindungen überlappen.

Sind durch Überlappung der d_{z^2}-Orbitale sowie der d_{xz}- und d_{yz}-Orbitale zweier Übergangsmetallatome eine σ- und zwei π-Bindungen gebildet worden, dann besteht für die beiden d_{xy}-Orbitale die in Abbildung 4.33f gezeigte Überlappungsmöglichkeit: Die Antisymmetrie-Ebenen beider Orbitale haben wieder die gleiche Orientierung zur Molekülachse. Es entstehen vier Überlappungsregionen, die durch zwei aufeinander senkrecht stehende Knotenebenen voneinander getrennt sind. Diesen Bindungstyp bezeichnen wir als **δ-Bindung**. Dass dies keine rein theoretische Überlegung ist, zeigt die Existenz zweikerniger Komplexverbindungen des Chroms und des Rheniums, in denen die Bindungsverhältnisse nur unter der Annahme des Vorliegens einer σ-Bindung, zweier π-Bindungen sowie eben einer δ-Bindung erklärt werden können.

In Abbildung 4.33g und 4.33h sind zwei Beispiele dargestellt, für die das Überlappungsintegral den Wert Null hat, weil die Symmetrie-Bedingung nicht erfüllt ist: In der Kombination eines s-Orbitals mit einem p_x-Orbital steht die Drehachse des p_x-Orbitals senkrecht zur Molekülachse; beide Überlappungsregionen sind mit entgegen gesetztem Vorzeichen gleich groß und ergeben daher insgesamt Null. Im zweiten Fall besitzt das d_{xz}-Orbital gar keine Drehachse, stimmt deshalb also bereits in seinen Symmetrieeigenschaften nicht mit dem s-Orbital überein.

Zusammenfassend können wir also feststellen, dass Einfachbindungen zwischen zwei Atomen σ-Bindungen sind, dass Doppelbindungen aus einer σ- und einer π-Bindung, Dreifachbindungen aus einer σ- und zwei π-Bindungen sowie Vierfachbindungen aus einer σ-, zwei π- und einer δ-Bindung bestehen.

π-Bindungen im Ergebnis der Überlappung von p-Orbitalen (pπ–pπ-Bindungen) treten bevorzugt zwischen den Atomen von C, N und O, also bei den Elementen der 2. Periode auf; dies begründet die *Doppelbindungsregel*. Bei den Elementen der höheren Perioden ist die Neigung zur Ausbildung von pπ–pπ-Bindungen deutlich geringer; sie bilden daher bevorzugt Einfachbindungen oder aber Doppelbindungen unter Beteiligung von d-Orbitalen.

Die Molekülorbital-Theorie (MO-Theorie)

Die MO-Theorie wählt einen zur VB-Theorie nahezu entgegengesetzten Ausgangspunkt, indem sie davon ausgeht, dass die Elektronen der Atome dem gesamten Molekül angehören. Die Elektronenhüllen der Atome verlieren in einem Molekül also ihre Identität, d. h. die Atomorbitale bleiben im Molekül nicht erhalten. Ein Molekül besteht demnach aus den Atomkernen, die in ihren durch die Bindungslängen und Bindungswinkel definierten Gleichgewichtslagen angeordnet sind, und den Elektronen, die diese Atomkerne zusammenhalten. Bei der Molekülbildung entstehen also Molekülorbitale, die sich über das gesamte Molekül erstrecken.

Das Bild, das sich uns damit für ein Molekül bietet, entspricht im Prinzip dem Modell der unabhängigen Teilchen, also dem Zentralfeldmodell, mit dessen Hilfe wir die Elektronenstruktur von Mehrelektronenatomen beschrieben haben (Abschnitt 3.3.7). Und tatsächlich ist die MO-Theorie das Ergebnis einer Übertragung der Vorstellungen des Zentralfeldmodells auf die Verhältnisse in Molekülen, in denen sich die Elektronen nicht mehr im Feld nur eines, sondern mehrerer Atomkerne bewegen. Während man im Rahmen des Zentralfeldmodells die Einelektronenzustände des Atoms, also die Atomorbitale, erhält, führt die MO-Theorie zu Einelektronenzuständen des Moleküls, den **Molekülorbitalen**. Die Verteilung der Elektronen eines Moleküls auf die Molekülorbitale ergibt die Elektronenkonfiguration des Moleküls im Grundzustand. Dabei gelten die gleichen Regeln wie bei der Besetzung von Atomorbitalen, d.h. auch die Molekülorbitale werden in der Reihenfolge zunehmender Energie unter Beachtung des PAULI-Verbots und der HUNDschen Regel besetzt.

Es ergibt sich nun natürlich die Frage, wie die Molekülorbitale zu ermitteln sind. Bewegt sich ein Elektron in der Nähe eines Atomkerns, so muss es einem Feld ausgesetzt sein, das dem entsprechenden Atomfeld sehr ähnlich ist; in der Nähe eines Atomkerns kann sich folglich ein Molekülorbital nicht wesentlich von einem Atomorbital unterscheiden. Man kann daher annehmen, dass Linearkombinationen von Orbitalen der Atome, die das Molekül bilden, eine gute Näherung für die Molekülorbitale im gesamten Raum des Moleküls sind. Linearkombination bedeutet wieder, dass die entsprechenden Atomorbitale addiert bzw. subtrahiert werden; die Näherung wird daher auch **LCAO-MO-Näherung** genannt (**L**inear **C**ombination of **A**tomic **O**rbitals). Bezeichnen wir allgemein ein Atomorbital des i-ten Atoms eines Moleküls mit $\psi_{A,i}$, dann ergibt sich das Molekülorbital in der LCAO-Näherung zu

$$\Psi_{MO} = \Sigma\, c_i\, \psi_{A,i} \qquad (4\text{-}44)$$

worin die c_i zunächst unbekannte Koeffizienten sind. Da die Atomorbitale $\psi_{A,i}$ als Näherungslösungen der SCHRÖDINGER-Gleichung bekannt sind, wird die Bestimmung der Molekülorbitale Ψ_{MO} letztlich auf die Ermittlung der Koeffizienten c_i reduziert; diese Koeffizienten werden so gewählt, dass die Energie des Systems ein Minimum hat.

Abbildung 4.34 zeigt die Ermittlung der Molekülorbitale für das H_2-Molekül. Die Addition der beiden 1s-Orbitale führt zu einem Molekülorbital, in dem die Elektronendichte zwischen den beiden Atomkernen konzentriert ist, wodurch es zu einer starken Anziehung zwischen den Elektronen und den Atomkernen kommt. Man nennt dieses Orbital daher ein **bindendes** Molekülorbital; zur Kennzeichnung dieses Charakters fügen wir an sein Symbol den hochgestellten Buchstaben b an. Die Subtraktion der beiden 1s-Atomorbitale führt dagegen zu einem Molekülorbital mit einer Knotenebene genau zwischen den beiden Atomkernen. Ein solches Molekülorbital nennen wir daher **antibindend** und kennzeichnen es mit einem Stern an seinem Symbol. Beide Molekülorbitale sind bezüglich der Molekülachse rotationssymmetrisch und werden deshalb als **σ-Molekülorbitale** bezeichnet. Zur weiteren Kennzeichnung der Molekülorbitale kann man außerdem den Atomorbitaltyp, aus dem sie gebildet worden sind, als Index anfügen. Damit erhält man für die Molekülorbitale des H_2-Moleküls die Bezeichnungen σ_s^b und σ_s^*.

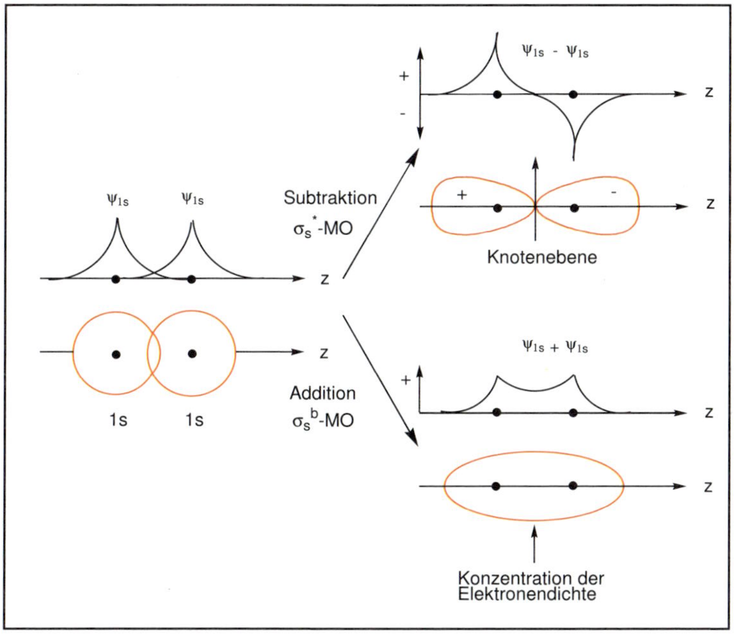

4.34 Linearkombination zweier 1s-Orbitale.

Setzt man nun die beiden Linearkombinationen der 1s-Atomorbitale in die SCHRÖDINGER-Gleichung ein, so erhält man die Energie der beiden Molekülorbitale des H_2-Moleküls; die graphische Darstellung ergibt das in Abbildung 4.35 dargestellte Energieniveau-Diagramm oder kurz **MO-Diagramm**. Gemäß unserem Regelwerk zur Besetzung der Molekülorbitale besetzen die beiden Elektronen des H_2-Moleküls nun das bindende Molekülorbital σ_s^b als Elektronenpaar. Das H_2-Molekül hat im Grundzustand also die Elektronenkonfiguration $(\sigma_s^b)^2$. In einem H_2-Molekül liegt demnach ein bindendes Elektronenpaar in einem Orbital mit σ-Symmetrie vor; zwischen den beiden H-Atomen besteht eine σ-Bindung. Damit führt die MO-Theorie zu dem gleichen Resultat wie die VB-Theorie.

Das in Abbildung 4.35 dargestellte MO-Diagramm erklärt uns auch sehr anschaulich, warum Helium mit seiner Elektronenkonfiguration $1s^2$ kein zweiatomiges Molekül bilden kann: In diesem Fall wäre sowohl das bindende σ_s^b-MO als auch das antibindende σ_s^*-MO mit je einem Elektronenpaar zu besetzen, sodass insgesamt keine Bindungsenergie auftreten würde.

Betrachten wir die Elemente der zweiten und höheren Perioden, so liegen in den Valenzschalen *n*s-, *n*p- und *n*d- bzw. (*n*-1)d-Atomorbitale vor. Die abgeschlossenen

Schalen wollen wir der Einfachheit halber außer Betracht lassen, da sich das Bindungsgeschehen ohnehin nur in der Valenzschale abspielt. Da nun die Zahl der verfügbaren Atomorbitale größer ist, bieten sich auch mehr Möglichkeiten für die Bildung von Linearkombinationen. Allerdings lassen sich Atomorbitale nicht beliebig zu Molekülorbitalen kombinieren. Ganz allgemein gelten auch für die Linearkombinationen die drei Bedingungen, die bereits im Zusammenhang mit der Orbitalüberlappung erläutert worden sind:

1. Die verwendeten Atomorbitale müssen von vergleichbarer **Größe** sein.
2. Sie müssen von vergleichbarer **Energie** sein.
3. Sie müssen bezüglich der Kernverbindungslinie die gleichen **Symmetrieeigenschaften** besitzen.

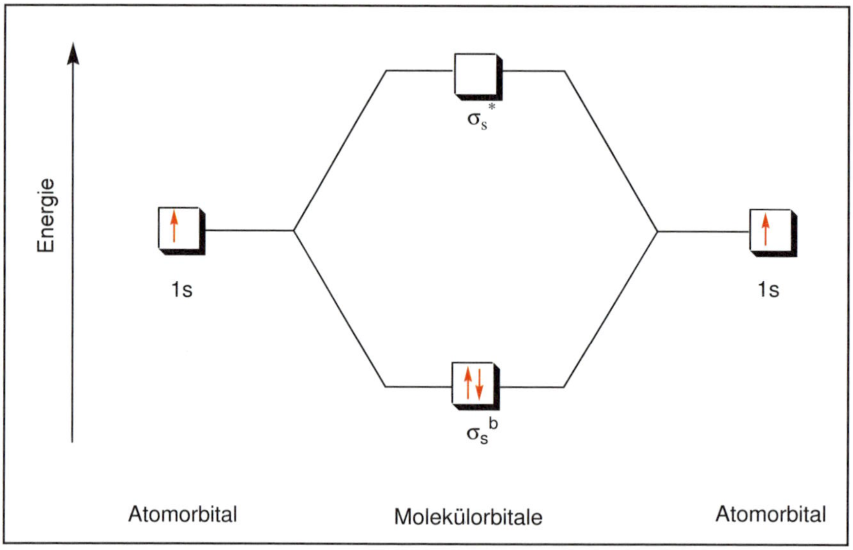

4.35 Energieniveau-Diagramm (MO-Diagramm) des H_2-Moleküls.

Wenn wir wieder die z-Achse als Kernverbindungslinie festlegen, dann resultieren aus der Linearkombination von zwei s-Orbitalen die rotationssymmetrischen Molekülorbitale σ_s^b und σ_s^*; ganz analog ergibt die Linearkombination von zwei p_z-Orbitalen ein σ_z^b- und ein σ_z^*-Molekülorbital. Zwei p_x- und zwei p_y-Orbitale können dann unter Bildung von **π-Molekülorbitalen** kombiniert werden. Die bindenden π-Molekülorbitale besitzen zwei Bereiche erhöhter Elektronendichte in der Bindungsregion, und zwar oberhalb und unterhalb einer Knotenebene, in der die Kernverbindungslinie liegt. Die antibindenden π-Molekülorbitale erstrecken sich dagegen jenseits der Bindungsregion und haben – wie alle antibindenden Molekülorbitale – eine zusätzliche Knotenebene zwischen den Atomkernen senkrecht zur

Kernverbindungslinie. Die Verhältnisse sind in Abbildung 4.36 für die p_z- und die p_x-Orbitale dargestellt.

Auch die Linearkombination von zwei p_y-Orbitalen muss zu π-Molekülorbitalen führen, da sich p_x und p_y in ihrer räumlichen Orientierung zur Kernverbindungslinie nicht voneinander unterscheiden. Da sich p_x und p_y auch energetisch nicht unterscheiden, sind die beiden π-bindenden Molekülorbitale, π_x^b und π_y^b, entartet, ebenso wie die beiden π-antibindenden Molekülorbitale π_x^* und π_y^*.

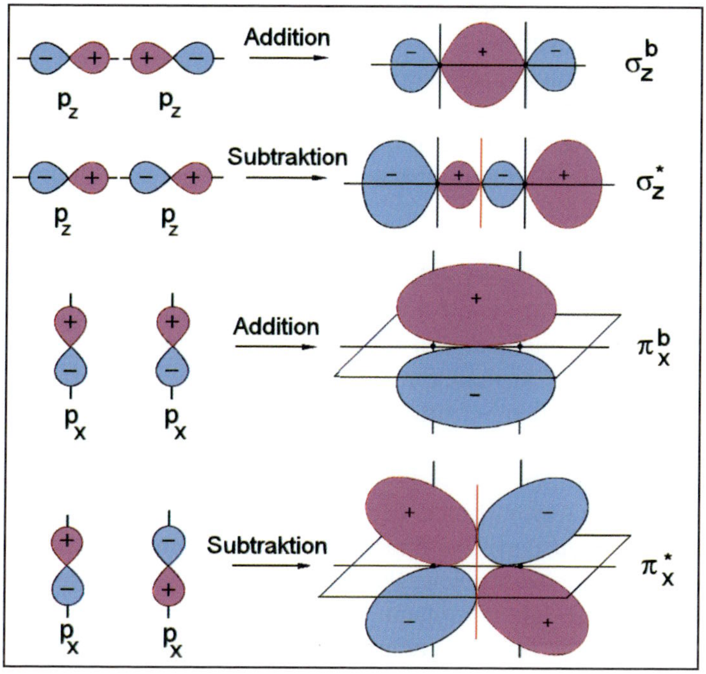

4.36 Linearkombinationen von p-Orbitalen unter Bildung von σ- und π-Molekülorbitalen.

Immer unter der Voraussetzung, dass die z-Achse die Kernverbindungslinie ist, sind folgende weitere Linearkombinationen von Atomorbitalen zu den entsprechenden Molekülorbitalen möglich:

σ-MO: s mit p_z; s mit d_{z^2}; p_z mit d_{z^2}
π-MO: p_x mit d_{xz}; p_y mit d_{yz}; d_{xz} mit d_{xz}; d_{yz} mit d_{yz}

Außerdem können zwei d_{xy}-Orbitale unter Bildung von **δ-Molekülorbitalen** linear kombiniert werden. Ein bindendes δ-Molekülorbital besitzt jeweils vier Bereiche erhöhter Elektronendichte in der Bindungsregion, die von zwei senkrecht aufeinander stehenden Knotenebenen getrennt sind; die Kernverbindungslinie ist die Schnittlinie beider Knotenebenen.

Wir halten noch einmal fest: Bei der Linearkombination von s-, p- und d-Orbitalen ergeben sich bei Einhaltung der oben genannten drei Bedingungen drei Typen von Molekülorbitalen, die rotationssymmetrischen σ-Molekülorbitale, die durch eine Antisymmetrie-Ebene gekennzeichneten π-Molekülorbitale und die durch zwei aufeinander senkrecht stehende Antisymmetrie-Ebenen charakterisierten δ-Molekülorbitale. Beachten müssen wir weiterhin, dass die antibindenden Molekülorbitale stets eine Knotenebene zwischen den Atomkernen senkrecht zur Kernverbindungslinie besitzen.

Welcher Typ von Molekülorbitalen gebildet wird, hängt also von den Symmetrieeigenschaften der verwendeten Atomorbitale gegenüber der in Bindungsrichtung befindlichen Achse ab. Wichtig ist außerdem, dass immer genauso viele Molekülorbitale durch die Linearkombinationen entstehen, wie dafür Atomorbitale verwendet werden.

Homonukleare zweiatomige Moleküle Betrachten wir zunächst nur homonukleare zweiatomige Moleküle von Elementen der 2. Periode. Hierfür lassen sich die Molekülorbitale relativ leicht finden und auch anschaulich wiedergeben. Die chemische Bindung in diesen Molekülen ist folglich auch leicht verständlich. Das MO-Diagramm wird in folgenden Schritten entwickelt:

1. Als Erstes zeichnen wir in das qualitative Energieniveau-Schema die relative Lage der Atomorbitale der beteiligten Atome ein. Der Energieunterschied zwischen dem 2s- und den drei 2p-Orbitalen soll dabei zunächst groß genug sein, sodass jeweils nur die beiden 2s-Orbitale und die entsprechenden 2p-Orbitale miteinander zu Molekülorbitalen kombiniert werden.
2. Aus den Symmetriebedingungen folgt, dass die Kombination der beiden 2s-Orbitale und die der beiden $2p_z$-Orbitale zu σ-Molekülorbitalen führt, die der $2p_x$- und die der $2p_y$-Orbitale entsprechend zu π-Molekülorbitalen. Die energetische Reihenfolge der aus den p-Orbitalen resultierenden σ- und π-Molekülorbitale können wir mit dem Konzept der Orbital-Überlappung verstehen: Die beiden p_z-Orbitale überlappen effektiver als die beiden p_x- bzw. die beiden p_y-Orbitale, die sich ja nur seitlich einander nähern können. Folglich ist das σ_z^b stabiler als die beiden π_x^b und π_y^b; umgekehrt liegt σ_z^* energetisch entsprechend höher als π_x^* und π_y^*. Die Zahl der ermittelten Molekülorbitale muss der Zahl der verwendeten Atomorbitale entsprechen.
3. In dem MO-Diagramm werden nun die eingezeichneten Molekülorbitale durch Linien mit den Atomorbitalen verbunden, aus denen sie gebildet worden sind.

4. Im letzten Schritt werden die Atomorbitale der beiden Atome mit der jeweiligen Zahl von Elektronen besetzt, danach erst die Molekülorbitale gemäß den oben genannten Regeln.

In Abbildung 4.37 ist das so erhaltene MO-Diagramm des F_2-Moleküls dargestellt. Diesem MO-Diagramm können wir entnehmen, dass die beiden Elektronenpaare im σ_s^b- und im σ_s^*-MO nichts zur Bindung zwischen den beiden F-Atomen beitragen; dies gilt ebenso für die Elektronenpaare in den π-Molekülorbitalen π_x^b, π_y^b, π_x^* und π_y^*. Diese Elektronenpaare sind im Bild der klassischen Valenzstrichformel einsame Elektronenpaare an den F-Atomen. Die Bindung wird allein durch das Elektronenpaar im σ_z^b-MO bewirkt und ist somit eine Einfachbindung.

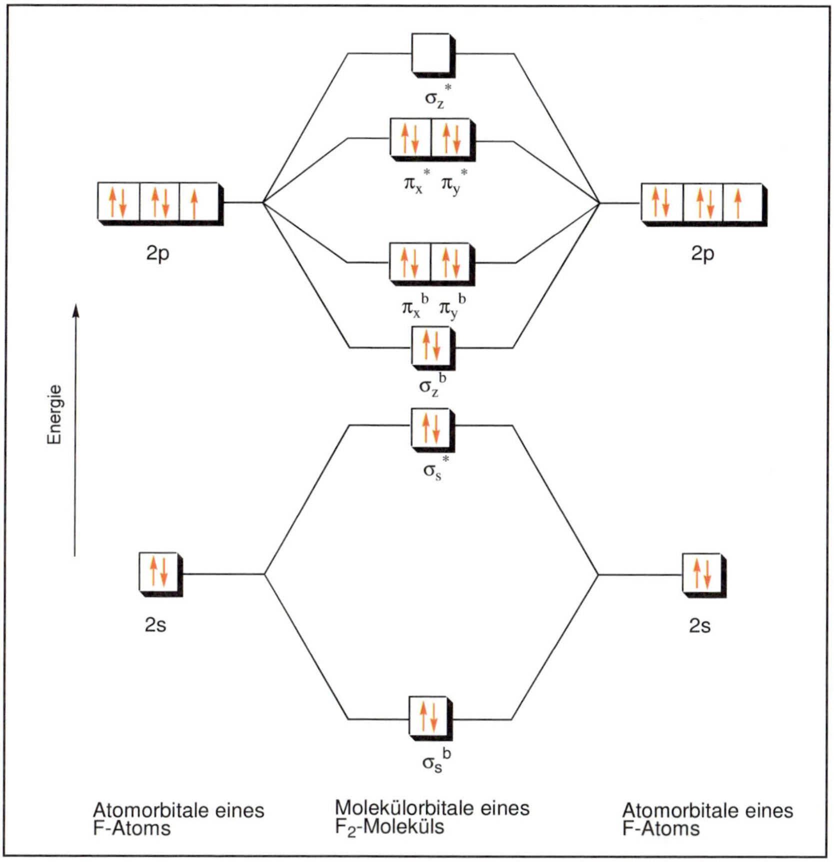

4.37 MO-Diagramm des F_2-Moleküls.

In ganz analoger Weise ergibt sich das in Abbildung 4.38 dargestellte MO-Diagramm für das O_2-Molekül. Da ein O-Atom ein Valenzelektron weniger hat als ein F-Atom, werden die beiden antibindenden π-Molekülorbitale gemäß der HUNDschen Regel einzeln mit Elektronen parallelen Spins besetzt. Daraus resultiert für das O_2-Molekül ein Paramagnetismus im Ausmaß zweier ungepaarter Elektronen – in völliger Übereinstimmung mit dem experimentellen Befund.

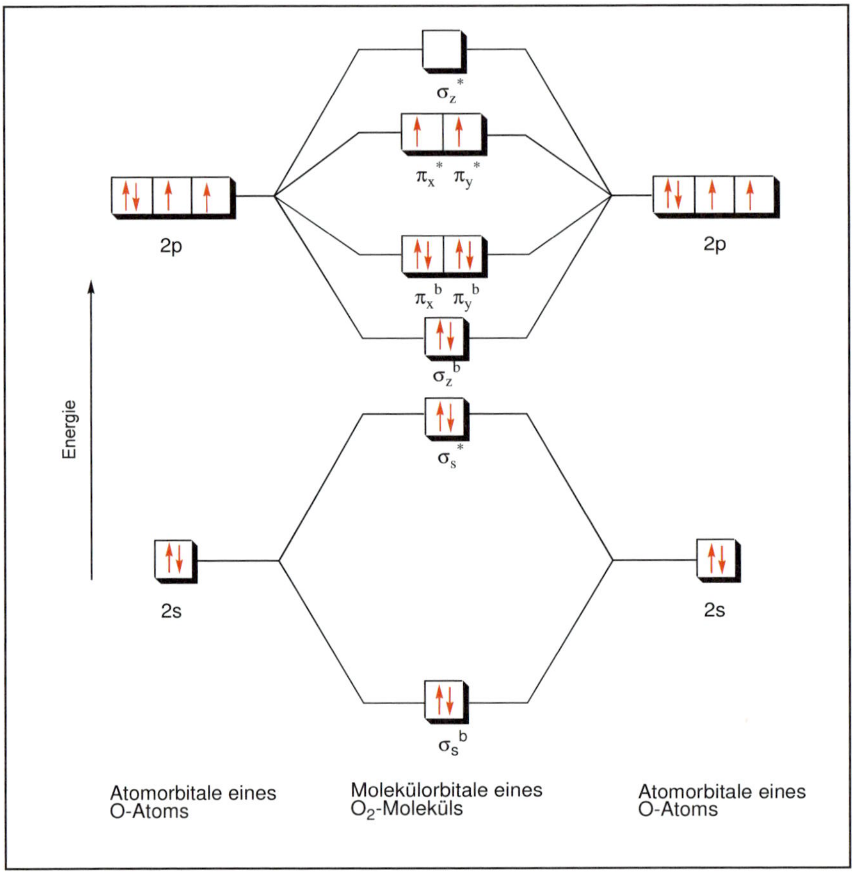

4.38 MO-Diagramm des O_2-Moleküls.

Definiert man die halbe Differenz zwischen der Anzahl der Elektronen in bindenden Molekülorbitalen und der Anzahl der Elektronen in antibindenden Molekülorbitalen als Bindungsordnung n, so ergibt sich für das F_2-Molekül n = ½ (8 – 6) = 1 und für das O_2-Molekül entsprechend n = ½ (8 – 4) = 2. Hier wird der Energiegewinn aus der Besetzung des einen π^b-Molekülorbitals mit einem Elektronenpaar also durch die beiden Elektronen in den antibindenden π^*-Molekülorbitalen wieder aufgehoben. Tatsächlich entspricht die Bindungslänge im O_2-Molekül dem Vorliegen einer Doppelbindung. Damit stehen die Aussagen der MO-Theorie zu den Bindungsverhältnissen und zur Elektronenverteilung im O_2-Molekül in völliger Übereinstimmung mit den experimentellen Befunden.

Aus der generellen MO-Betrachtung für zweiatomige homonukleare Moleküle der Elemente der 2. Periode folgt, dass für ein Ne_2-Molekül alle bindenden und alle antibindenden Molekülorbitale mit je einem Elektronenpaar besetzt sein müssten. Die Bindungsordnung wäre folglich $n = ½\,(8 - 8) = 0$; ein Ne_2-Molekül kann folglich nicht existieren.

Solange wir zweiatomige homonukleare Moleküle betrachten, können wir die Bindungsordnung unmittelbar mit den Bindungsparametern korrelieren; eine Übersicht zeigt Tabelle 4.6.

MO-Diagramme können auch für zweiatomige *Ionen* entwickelt werden. So wären z. B. im Falle des Superoxid-Anions, O_2^-, und des Peroxid-Anions, O_2^{2-}, im MO-Diagramm des O_2-Moleküls lediglich ein bzw. zwei weitere Elektronen in die antibindenden π-Molekülorbitale einzufügen; damit finden wir für diese Ionen die Bindungsordnungen zu $n = ½\,(8 - 5) = 1,5$ bzw. $n = ½\,(8 - 6) = 1$.

Tabelle 4.6 Zusammenhang zwischen Bindungsordnung und Bindungsparametern

Molekül	Bindungsordnung	Bindungslänge [pm]	Bindungsenergie [kJ/mol]
N_2	3	110	941
O_2	2	121	494
F_2	1	142	155
„Ne_2"	0	–	–

Heteronukleare zweiatomige Moleküle Bei heteronuklearen zweiatomigen Molekülen haben die Atomorbitale der beteiligten Atome naturgemäß unterschiedliche Energien. Allgemein gilt, dass die Atomorbitale des elektronegativeren Atoms stets energetisch niedriger liegen als die des weniger elektronegativen.

Für ein HF-Molekül ergibt sich damit das in Abbildung 4.39 gezeigte MO-Diagramm. Das H-1s- und das F-2s-Orbital können wegen ihrer großen Energiedifferenz nicht kombiniert werden, sodass das F-2s-Orbital als Molekülorbital *nichtbindenden* Charakter besitzt. Mit der z-Achse als Molekülachse ist eine Kombination zwischen H-1s und F-$2p_x$ sowie F-$2p_y$ aus Symmetriegründen nicht möglich, sodass auch F-$2p_x$ und F-$2p_y$ nichtbindende, aber π-symmetrische Molekülorbitale sind.

Die in den drei nichtbindenden Molekülorbitalen enthaltenen Elektronenpaare tragen daher nicht zur Bindung bei, sind also in der klassischen Valenzstrichformel einsame Elektronenpaare am F-Atom. Das bindende σ-Molekülorbital resultiert aus der Kombination von H-1s mit F-$2p_z$. Auf Grund der bestehenden Energieunterschiede ist dieses Molekülorbital stärker am F-Atom konzentriert: Die Bindung ist folglich polar mit einer negativen Partialladung am F-Atom und einer positiven Partialladung am H-Atom.

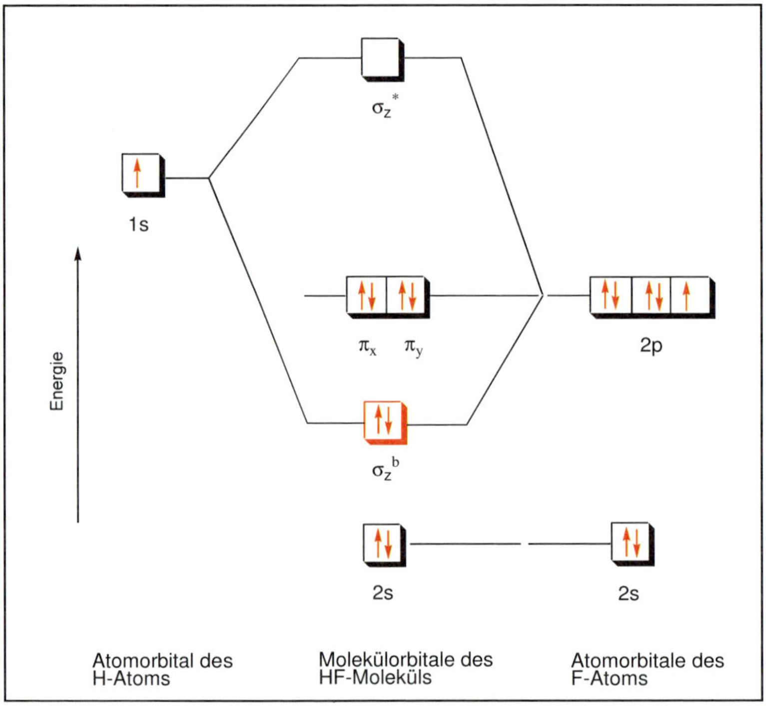

4.39 MO-Diagramm des HF-Moleküls.

Der Einfluss der Elektronegativitätsdifferenz zwischen den beiden Bindungspartnern auf die Molekülorbitale ist in Abbildung 4.40 illustriert. Die Molekülorbitale sind polarisiert, wobei die bindenden stärker am Atom mit der höheren Elektronegativität konzentriert sind, die antibindenden entsprechend stärker am Atom mit der geringeren Elektronegativität. Mit zunehmender Elektronegativitätsdifferenz haben also die bindenden Molekülorbitale zunehmend Ähnlichkeit mit den Orbitalen des elektronegativeren Atoms, die antibindenden Molekülorbitale zunehmend Ähnlichkeit mit den Orbitalen des weniger elektronegativen Atoms.

Die bisherigen Betrachtungen bezogen sich nur auf die Elektronenverteilung im Grundzustand der Moleküle. Mithilfe der MO-Diagramme lassen sich aber auch die angeregten Zustände von Molekülen beschreiben. Diese entstehen bei einem Elektronenübergang aus einem besetzten in ein unbesetztes Molekülorbital, z. B. durch Absorption elektromagnetischer Strahlung. Die erforderlichen Anregungsenergien sind sehr verschieden und liegen für die meisten Moleküle im UV-Bereich, bei farbigen Verbindungen entsprechend im sichtbaren Bereich des elektromagnetischen Spektrums. Die solcherart entstehenden, also auf Elektronenübergängen beruhenden Spektren nennt man daher auch **Elektronenspektren**.

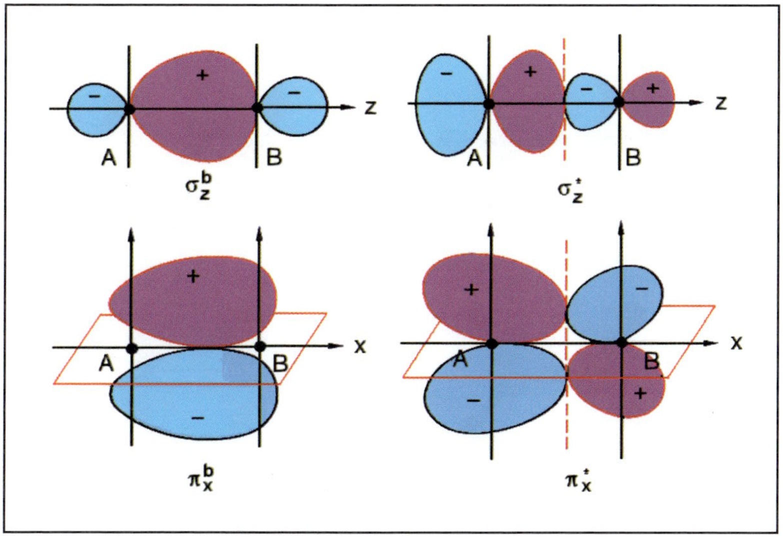

4.40 Polarisation von Molekülorbitalen infolge E_N-Differenz der Bindungspartner: $E_N(A) < E_N(B)$.

Mehratomige Moleküle Gemäß ihrem Ansatz führt die MO-Theorie bei mehratomigen Molekülen zu Molekülorbitalen, die sich über das gesamte Molekül erstrecken, die Molekülorbitale sind über das gesamte Molekül delokalisiert. Zur Vereinfachung der Betrachtung ist es aber häufig zweckmäßig und auch zulässig, die Molekülorbitale so zu behandeln, als wären sie zwischen jeweils zwei Atomen eines Moleküls lokalisiert. Mathematisch bedeutet dies nichts anderes, als dass man die delokalisierten Molekülorbitale in lokalisierte transformiert; vereinfacht kann man diese Transformation mit der Bildung der gleichen Summe aus verschiedenen Summanden vergleichen (12 = 4 + 4 + 4 oder 12 = 3 + 3 + 3 + 3).

Lokalisierte Zweizentren-Molekülorbitale beschreiben damit die Elektronenpaarbindung der klassischen Bindungstheorie, lokalisierte Einzentren-Molekülorbitale die einsamen Elektronenpaare. Bei mehratomigen Molekülen ist in jedem Fall die Molekülgeometrie zu berücksichtigen. Dies geschieht üblicherweise durch Verwendung von Hybridorbitalen anstelle der Atomorbitale für die entsprechenden Linearkombinationen.

Unter Verwendung von lokalisierten Zweizentren-Molekülorbitalen kann man z. B. die Bindungsverhältnisse im *Ethan*-Molekül durch je vier sp^3-Hybridorbitale der beiden C-Zentren beschreiben, die σ-Molekülorbitale mit je drei H-1s-Atomorbitalen sowie untereinander bilden; die Verhältnisse sind in Abbildung 4.41a dargestellt. Da die C–C-σ-Bindung rotationssymmetrisch zur Molekülachse ist, können die beiden CH_3-Gruppen frei gegeneinander verdreht werden.

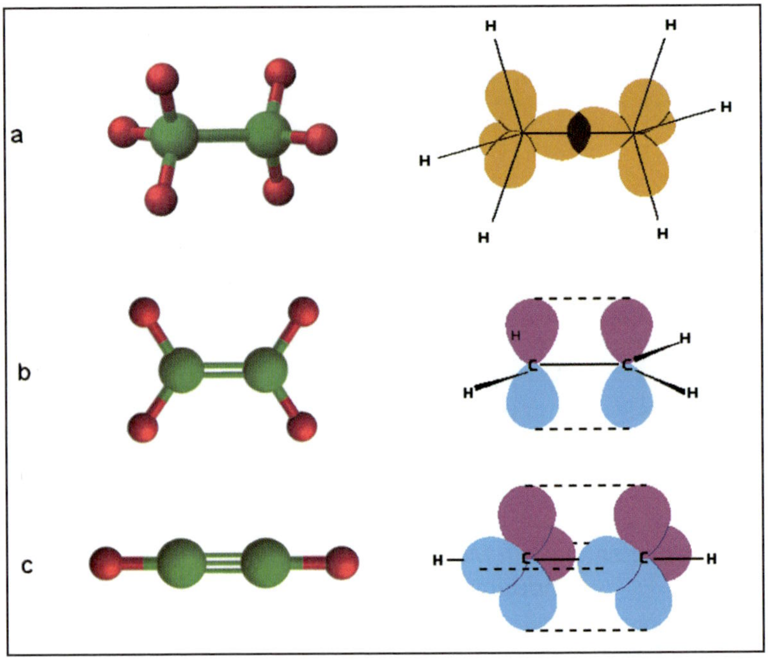

4.41 Lokalisierte Zweizentren-Molekülorbitale in **a** Ethan; **b** Ethen und **c** Ethin.

Bei der Beschreibung der Elektronenstruktur von Molekülen durch lokalisierte Molekülorbitale ist es in einigen Fällen sinnvoll, außer Zweizentren- auch Dreizentren-Molekülorbitale zu formulieren. Eine Linearkombination von drei Atomorbitalen, eines also von jedem Zentrum, muss zu drei Molekülorbitalen führen. Wenn wir davon ausgehen, dass die beiden Orbitale der endständigen Atome gleich sind und das mittlere Atom nur ein Orbital einbringt, dann erhalten wir aus der Linearkombination ein bindendes, ein nichtbindendes und ein antibindendes Molekülorbital. Stehen für diese Molekülorbitale nur zwei Elektronen zur Verfügung, so werden diese als Paar das bindende Molekülorbital besetzen: Diese Situation beschreibt eine **Zweielektronen-Dreizentren-Bindung**; da das Elektronenpaar das energetisch tief liegende, bindende Molekülorbital besetzt, resultiert ein stabiles Molekül. Ein typisches Beispiel für ein solches Molekül ist das Diboran, B_2H_6, dessen Elektronenstruktur mit der klassischen Valenzstrichformel ohne zusätzliche Vereinbarungen nicht beschrieben werden kann, wohl aber, wie wir sehen können, mit der MO-Theorie. Abbildung 4.42 zeigt die Strukturdaten, die Linearkombinationen und das MO-Diagramm für dieses Molekül. Die beiden B-Atome sind über zwei H-Atome verbrückt, die oberhalb und unterhalb der Ebene liegen, die von den

B-Atomen und den endständigen H-Atomen aufgespannt wird. Die Brücken-H-Atome sind also entgegen den bisherigen Valenzregeln zweibindig – sie sind hypervalent. Nun stehen aber weniger Elektronen zur Verfügung als offensichtlich Bindungen gebildet werden; man nennt solche Verbindungen daher auch **Elektronenmangelverbindungen**.

Nach der Theorie der lokalisierten Molekülorbitale erhalten wir nun folgendes Bild: Wir betrachten die B-Atome als sp^3-hybridisiert. Vier Zweielektronen-Zweizentren-Bindungen beschreiben die Bindungen zwischen je einem B-Atom und zwei endständigen H-Atomen. Für jede B–H–B-Brücke stehen nun je Bor-Atom ein sp^3-Hybridorbital sowie das H-1s-Atomorbital zur Verfügung; deren Linearkombination ergibt ein bindendes, ein nichtbindendes und ein antibindendes Molekülorbital. Die Zahl der Elektronen für jede der beiden Brücken beträgt aber nur zwei. Diese besetzen als Paar das jeweils bindende Molekülorbital, woraus für beide Brücken und damit für das Molekül insgesamt eine stabile Elektronenkonfiguration resultiert (Abbildung 4.42).

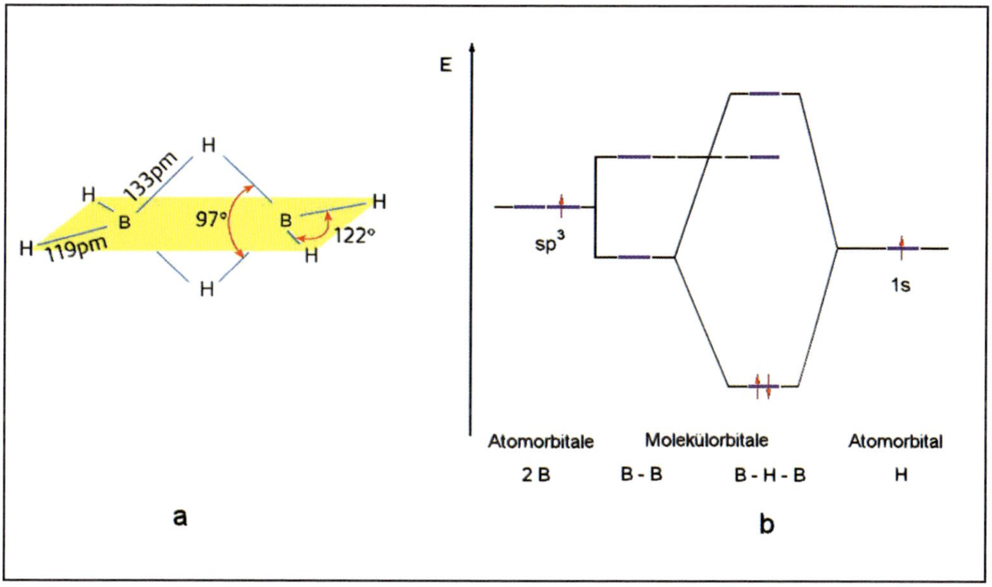

4.42 B_2H_6: **a** Strukturparameter des Moleküls; **b** Energieniveau-Diagramm einer B–H–B-Brücke.

Moleküle mit Mehrfachbindungen Bei Molekülen mit Mehrfachbindungen können wir uns zunächst ein Molekülgerüst aus Zweielektronen-Zweizentren-Bindungen, also ein σ-Bindungsgerüst, vorstellen. Nehmen wir als ein einfaches Beispiel das *Ethen*. Wegen der sp^2-Hybridisierung der beiden C-Atome ist das σ-Bindungsgerüst planar mit Bindungswinkeln von 120° (Abbildung 4.41b). Das bei der Hybridisierung nicht verwendete p-Orbital eines jeden C-Atoms steht senkrecht auf der Molekülebene; beide p-Orbitale werden zu einem bindenden und einem antibindenden π-Molekülorbital kombiniert, wobei das bindende Molekülorbital mit einem Elektronenpaar zu besetzen ist. Es resultiert demnach eine π-Bindung zusätzlich zu der σ-Bindung zwischen den beiden C-Atomen. Die Ladungsdichte des bindenden π-Molekülorbitals befindet sich oberhalb und unterhalb der Molekülebene, sodass eine Verdrehung der beiden CH_2-Gruppen gegeneinander um die C–C-Achse nicht möglich ist.

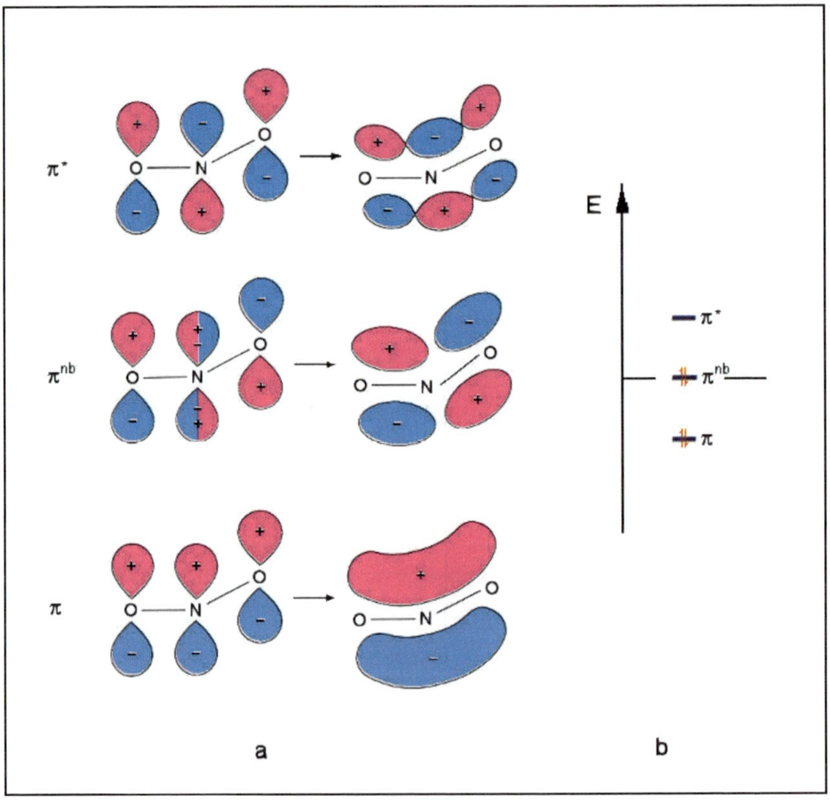

4.43 NO_2^--Anion : **a** Linearkombinationen der p-Orbitale; **b** Energieniveau-Diagramm der π-Molekülorbitale.

Beim Ethen ebenso wie auch beim *Ethin* (Abbildung 4.41c) sind die Mehrfachbindungen zwischen den C-Atomen lokalisiert. Es gibt jedoch zahlreiche Moleküle und Molekülionen, bei denen man zur korrekten Beschreibung ihrer Mehrfachbindungen delokalisierte Molekülorbitale, also Mehrzentrenbindungen, annehmen muss. Dies gilt in all den Fällen, in denen man nach der VB-Methode mesomere Grenzformeln formulieren muss. Schauen wir uns dies am NO_2^--Anion an. Hier führt die Linearkombination der drei p-Atomorbitale zu einem bindenden, einem nichtbindenden und einem antibindenden π-Molekülorbital. Mit der Besetzung des bindenden Molekülorbitals erfolgt eine Delokalisierung des Elektronenpaares über das gesamte Molekülion. Das im nichtbindenden Molekülorbital befindliche Elektronenpaar hat keinen Einfluss auf die Bindungssituation (Abbildung 4.43).

4.3 Die metallische Bindung

Rund 77 % aller chemischen Elemente sind Metalle. In den Hauptgruppen des PSE finden wir sie links der Diagonalen, die von den Elementen B, Si, As, Te und At gebildet wird (Abbildung 3.16). Diese Abgrenzung zu den Nichtmetallen ist jedoch nicht scharf. Die Elemente der Diagonalen selbst sowie einige ihrer unmittelbaren Nachbarn (Ge, Sb, Se) werden daher häufig auch als **Halbmetalle** bezeichnet. Außerdem gibt es einige Elemente, bei denen bestimmte Modifikationen metallische, andere dagegen halbmetallische Eigenschaften besitzen (P, Sn). Wie wir bereits im Zusammenhang mit dem Periodischen System der Elemente in Abschnitt 3.3.4 festgestellt hatten, nimmt innerhalb der Hauptgruppen der metallische Charakter der Elemente mit steigender Ordnungszahl zu, innerhalb der Perioden von links nach rechts ab. Alle Nebengruppenelemente sowie die Lanthanoide und die Actinoide sind typische Metalle.

Aus ihrer Stellung im PSE ist ersichtlich, dass die Atome der Metalle generell nur über wenige Valenzelektronen verfügen, nämlich in der Regel ein bis drei. Bei den Hauptgruppenmetallen sind dies s- und p-Elektronen; d-Elektronen sind hier entweder nicht vorhanden oder treten nur in abgeschlossenen Unterschalen auf. Bei den Nebengruppenmetallen werden die d-Orbitale der vorletzten Schale besetzt; neben den *n*s-Elektronen können hier auch die ($n-1$)d-Elektronen als Valenzelektronen fungieren. Während die Hauptgruppenmetalle daher überwiegend in nur einer einzigen Oxidationsstufe auftreten, ist die Chemie der Nebengruppenmetalle durch mehrere Oxidationsstufen charakterisiert. Die meisten Ionen der Übergangsmetalle weisen eine teilweise besetzte d-Unterschale auf; solche Ionen sind farbig und paramagnetisch und besitzen eine ausgeprägte Neigung zur Bildung von Koordinationsverbindungen.

Alle Metalle zeichnen sich durch bestimmte Eigenschaften aus wie z.B. hohe thermische und elektrische Leitfähigkeit, Dehnbarkeit und plastische Verformbarkeit, metallischen Glanz der Oberfläche und Undurchsichtigkeit etc. Diese für den festen (und auch flüssigen) Zustand typischen metallischen Eigenschaften gehen erst in der Dampfphase verloren. Sie sind das Ergebnis der besonderen Bindungsverhältnisse in Metallkristallen, eben der **metallischen Bindung**.

Wenn man zwei Metallatome einander nähert, dann kann weder durch den Übergang eines Elektrons von einem der beiden Atome auf das andere noch durch die Bildung eines gemeinsamen Elektronenpaares zwischen ihnen für beide eine stabile Edelgaskonfiguration erreicht werden. Dies ist allerdings dadurch möglich, dass beide Metallatome ihre Valenzelektronen abgeben: Die so entstehenden positiv geladenen Atomrümpfe werden dann durch die negativen Elektronen zusammengehalten. Diese elektrostatische Wechselwirkung ist räumlich nicht gerichtet, sodass sich die Anziehung zwischen den Elektronen und den Metallionen nicht nur auf zwei Atome beschränkt, sondern zur Bildung eines dreidimensionalen Metallkristalls führt.

4.3.1 Das Elektronengas-Modell

Bereits um 1900 wurde auf dieser Grundlage die Modellvorstellung entwickelt, dass die positiven Atomrümpfe in ein sehr leicht verschiebbares „Elektronengas" eingelagert sind; das negativ geladene Elektronengas hält die positiv geladenen Metallionen in einem Metallkristall zusammen. Dieses Elektronengas-Modell konnte die wichtigsten Eigenschaften der Metalle wie z. B. ihre gute elektrische und thermische Leitfähigkeit, ihre plastische Verformbarkeit etc. zumindest qualitativ sehr gut erklären, nicht aber z. B. den metallischen Glanz.

Die elektrische Leitfähigkeit von Metallen nimmt mit steigender Temperatur ab. Im Rahmen des Elektronengas-Modells lässt sich dieser Befund mit der Annahme zunehmender Schwingungen der Metallionen um ihre Gleichgewichtslage und einer damit verbundenen zunehmenden Behinderung der Bewegung des Elektronengases interpretieren.

4.3.2 Das Energiebänder-Modell

Die zweite und wesentlich aussagefähigere Modellbetrachtung der metallischen Bindung ist das Energiebänder-Modell. In einem Gedankenexperiment bauen wir einen Metallkristall aus 2, 3, 4, 5, ... , N Metallatomen auf und ermitteln aus den Linearkombinationen der Atomorbitale die entsprechenden Molekülorbitale. Wenn wir als Beispiel einen Li-Kristall mit N Atomen betrachten, dann ergibt die Linearkombination der 2s-Orbitale zweier Li-Atome zwei Molekülorbitale: ein bindendes und ein antibindendes; bei drei Li-Atomen ergibt die Linearkombination drei Molekülorbitale: ein bindendes, ein nichtbindendes und ein antibindendes.

Bei N Li-Atomen ergibt die Linearkombination entsprechend N Molekülorbitale als eine dichte Folge diskreter Energiezustände, die sich über den gesamten Kristall erstrecken, also delokalisiert sind. Die Anzahl der erhaltenen Molekülorbitale ist also wieder gleich der Anzahl der Atomorbitale, aus denen sie gebildet werden. Elektronen, die nun diese Molekülorbitale besetzen, sind vollständig delokalisiert; ihre Aufenthaltswahrscheinlichkeit erstreckt sich damit über den gesamten Kristall. Die energetisch sehr eng beieinander liegenden Molekülorbitale werden zu einem **Energieband** zusammengefasst, in unserem Beispiel also zum 2s-Band des Lithiums. Abbildung 4.44 zeigt die Bildung dieses 2s-Energiebandes schematisch.

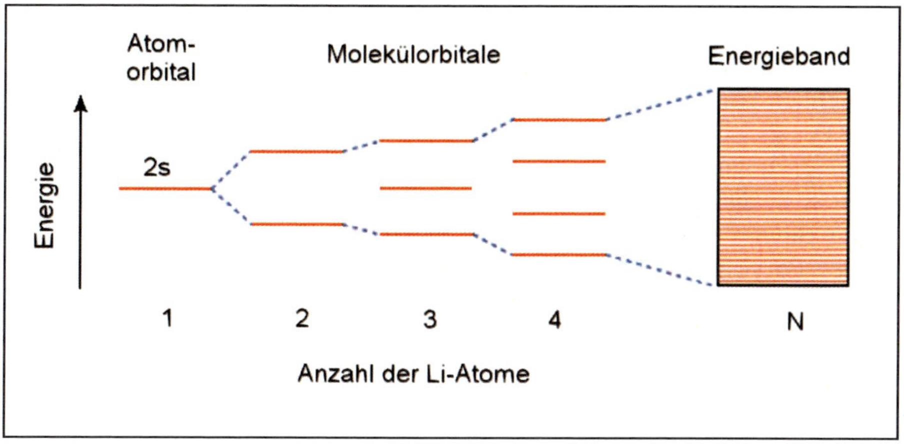

4.44 Bildung des 2s-Energiebandes des Lithiums.

Bezieht man nun alle relevanten Atomorbitale des Lithiums ein, also das 1s- und das 2s-Orbital sowie auch die drei 2p-Orbitale der Valenzschale, so erhält man drei Energiebänder, deren Zustandekommen Abbildung 4.45 veranschaulicht. Für die Besetzung der Molekülorbitale eines Energiebandes mit Elektronen gilt wieder das PAULI-Prinzip, d.h. jedes Molekülorbital kann nur mit zwei Elektronen antiparallelen Spins, also mit einem Elektronenpaar, besetzt werden. Demzufolge ist das 1s-Band voll besetzt, während das 2s-Band gerade halb besetzt ist; da dieses 2s-Band

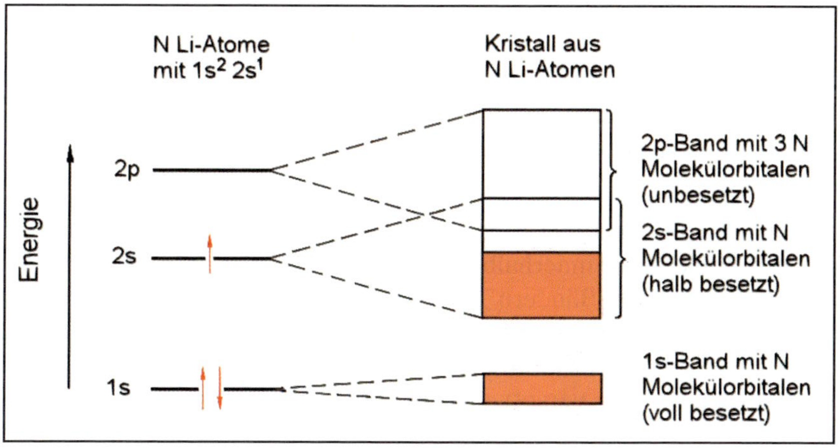

4.45 Energiebänder-Modell für Lithium.

die Valenzelektronen des Lithiums enthält, wird es zuweilen auch als **Valenzband** bezeichnet. Die Abbildung zeigt außerdem, dass zwischen dem 1s- und dem 2s-

Band eine Energielücke auftritt, die als **verbotene Zone** bezeichnet wird: In einem Metallkristall kann kein Elektron eine Energie besitzen, die irgendeinem Wert aus dieser verbotenen Zone entspricht.

Schließlich können wir erkennen, dass sich das 2s-Band und das 2p-Band überlappen. Für die elektrische Leitfähigkeit des Lithiums ist diese Überlappung ohne Bedeutung, da das 2s-Band ja ohnehin nur zur Hälfte besetzt ist und die Elektronen sehr leicht in die energetisch eng benachbarten, unbesetzten Molekülorbitale des gleichen Bandes wechseln und so die elektrische Leitung bewirken können. Im Falle des Berylliums (Abbildung 4.46) ist diese Überlappung zwischen dem 2s- und dem 2p-Band allerdings eine notwendige Voraussetzung für dessen metallische Leitfähigkeit: Im 2s-Band sind hier alle Molekülorbitale besetzt, sodass die elektrische Leitung nur über die unbesetzten Molekülorbitale des 2p-Bandes im Überlappungsbereich realisiert werden kann. Das 2p-Band des Berylliums wird daher auch als **Leitungsband** bezeichnet.

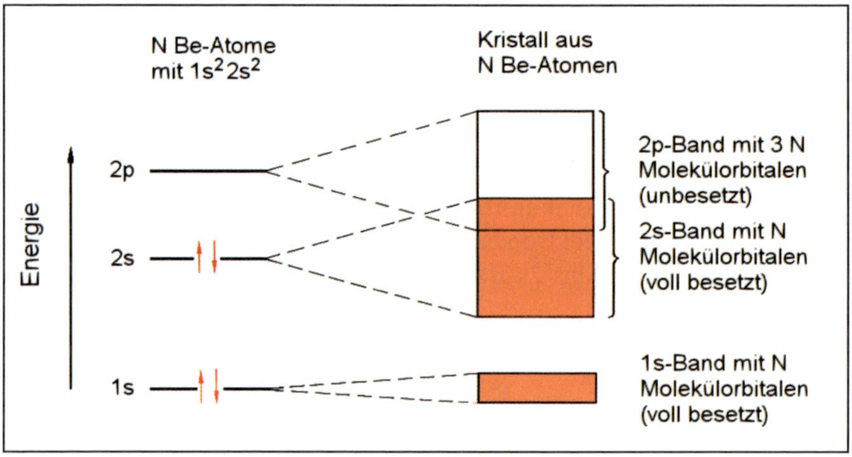

4.46 Energiebänder-Modell für Beryllium.

Bei der Einstrahlung von Licht werden alle jene Lichtquanten absorbiert, die eine Anregung von Elektronen innerhalb eines Bandes (2s-Band des Li) oder zwischen zwei sich überlappenden Bändern (2s- und 2p-Band beim Beryllium) bewirken. Wenn ein angeregtes Elektron auf ein niedrigeres Energieniveau zurückfällt, werden die Lichtquanten wieder emittiert; Elektronenübergänge genau dieser Art sind für den metallischen Glanz verantwortlich.

Durch die in den delokalisierten Molekülorbitalen der Energiebänder frei beweglichen Elektronen kann auch die gute thermische Leitfähigkeit von Metallen anschaulich interpretiert werden: Die Elektronen absorbieren Wärme in Form kinetischer Energie und leiten sie schnell in alle Bereiche eines Metallkristalls.

Mit dem Energiebänder-Modell können wir nicht nur das elektrische Leitfähigkeitsverhalten von Metallen, sondern auch das von Isolatoren und Halbleitern interpretieren. Bei metallischen Leitern ist das Valenzband entweder nur teilweise oder voll besetzt; durch die Überlappung mit dem Leitungsband ist die elektrische Leitfähigkeit jedoch stets gewährleistet. Bei einem Isolator ist das Valenzband vollständig besetzt und durch eine breite verbotene Zone vom Leitungsband getrennt. Eine elektrische Leitung könnte nur stattfinden, wenn den Elektronen des Valenzbandes genügend Energie zur Überwindung der breiten verbotenen Zone zugeführt würde; dies ist jedoch unter Normalbedingungen nicht der Fall.

Eigenhalbleiter besitzen eine geringe elektrische Leitfähigkeit, die ihre Ursache in einer nur schmalen und daher leichter zu überwindenden verbotenen Zone zwischen Valenz- und Leitungsband hat. Mit steigender Temperatur nimmt die Leitfähigkeit deutlich zu, weil durch die thermische Anregung zunehmend mehr Elektronen die verbotene Zone überwinden können. Die in das Leitungsband wechselnden Elektronen hinterlassen im Valenzband positive Löcher, in die benachbarte Elektronen springen und so ebenfalls zum elektrischen Leitungsvorgang beitragen.

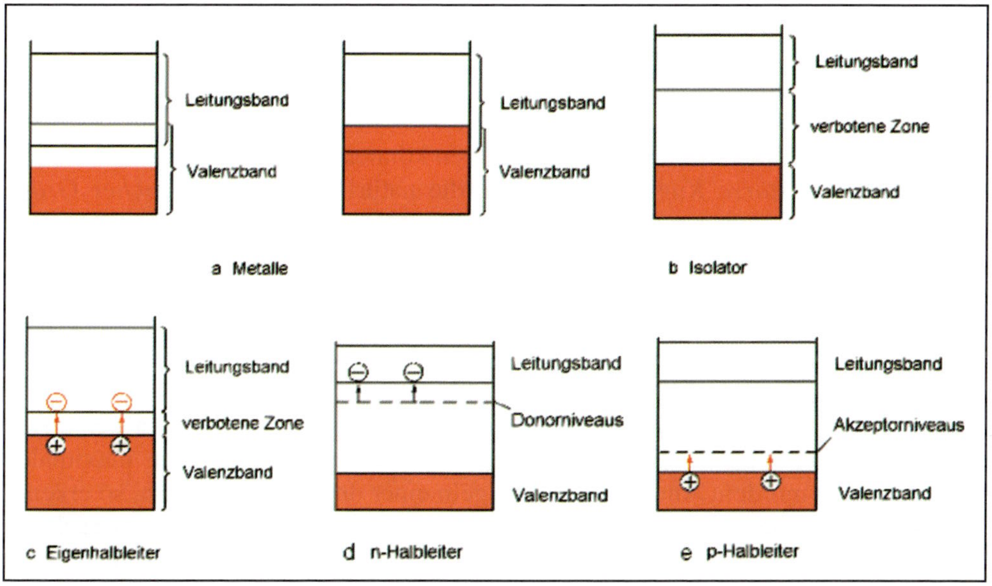

4.47 Energiebänder-Modell für **a** Metalle; **b** Isolatoren und **c, d, e** Halbleiter.

Das Leitfähigkeitsverhalten eines Eigenhalbleiters wird durch Fremdatome in seinem Kristallgitter signifikant beeinflusst. Das bedeutet zum einen, dass Halbleiter wie Silicium oder Germanium bisher nie gekannten Reinheitsanforderungen für technisch genutzte Materialien genügen müssen. Das bedeutet zum anderen aber auch, dass durch einen gezielten Einbau von Fremdatomen (Dotierung) in das Kristallgitter eines Eigenhalbleiters seine Leitfähigkeitseigenschaften in einem relativ breiten Bereich beeinflusst werden können. Die Wirkungsweise von Fremdatomen ist in Abbildung 4.47 schematisch dargestellt. Wenn z.B. in einem Silicium-Kristall eine Reihe von Gitterplätzen von Atomen eines Elementes der V. Hauptgruppe besetzt sind, also von Atomen mit einem Elektron mehr in der Valenzschale als Silicium, dann bilden diese Elektronen ein Donor-Niveau, aus dem sie leicht in das eng benachbarte Leitungsband wechseln können; wir sprechen in diesem Fall von einem *n-Halbleiter*, wobei n für negativ steht (Abbildung 4.47d). Mit dem Einbau von Atomen eines Elementes der III. Hauptgruppe in das Silicium-Gitter entsteht energetisch knapp oberhalb des Valenzbandes ein Akzeptor-Niveau, das nun die elektrische Leitung realisiert. Einen solcherart dotierten Halbleiter nennen wir einen *p-Halbleiter* – p steht für positiv (Abbildung 4.47e).

4.3.3 Kristallstrukturen von Metallen

Die Mehrzahl der Metalle bildet Kristalle, die einem der drei folgenden Strukturtypen angehören:

- hexagonal-dichteste Packung
- kubisch-dichteste Packung
- kubisch-raumzentrierte Packung.

Das Zustandekommen dieser Kristallstrukturen können wir verstehen, wenn wir die Metallatome als *starre Kugeln* betrachten, die natürlich alle von *gleicher Größe* sind und zwischen denen *räumlich ungerichtete* Anziehungskräfte wirken. Dies hat zur Folge, dass sich die Metallatome möglichst dicht zusammenlagern; auf diese Weise entstehen die dichtesten Packungen. Zunächst bilden die Kugeln innerhalb einer Schicht gleichseitige Dreiecke bzw. Sechsecke, d.h. jede Kugel ist innerhalb der Schicht von sechs anderen Kugeln umgeben. Beim Hinzufügen einer zweiten Schicht resultiert eine dichteste Packung dann, wenn die Kugeln dieser zweiten Schicht in die Lücken gepackt werden, die durch jeweils drei Kugeln der ersten Schicht gebildet werden. Fährt man nun nach diesem Prinzip der maximalen Raumerfüllung mit dem Anordnen von Kugeln einer dritten Schicht fort, so erkennt man, dass es für diese dritte Schicht zwei mögliche Lagen gibt, sodass unterschiedliche Schichtenfolgen resultieren: Im ersten Fall befinden sich die Lücken zur Aufnahme der Kugeln der dritten Schicht genau über den Kugeln der ersten Schicht, wodurch die Kugeln der dritten genau über denen der ersten Schicht zu liegen kommen; folglich resultiert die Schichtenfolge ABABAB... Diese Anordnung bezeichnen wir als die **hexagonal-dichteste Packung** (Abbildung 4.48a). Die Lücken für die zweite mögliche Lage der dritten Schicht liegen nun weder über den Kugeln der ersten, noch über denen der zweiten Schicht, sodass die Schichtenfolge ABCABC... resultiert. Diese Anordnung bezeichnen wir als die **kubisch-dichteste Packung** (Abbildung 4.48b). Die dritte häufige Kristallstruktur der Metalle ist die **kubisch-raumzentrierte Struktur**. Acht Metallatome besetzen die Ecken eines

Würfels, in dessen Zentrum sich ein weiteres Metallatom befindet (Abbildung 4.48c).

Sowohl in der hexagonal-dichtesten als auch in der kubisch-dichtesten Struktur beträgt die Koordinationszahl 12: Jedes Metallatom ist innerhalb der gleichen Schicht von sechs anderen Metallatomen umgeben sowie von jeweils drei weiteren in der darunter sowie der darüber liegenden Schicht. In beiden Strukturen beträgt die Raumerfüllung 74 %. In der kubisch-raumzentrierten Struktur beträgt die Koordinationszahl 8; die Raumerfüllung ist daher geringer und liegt bei 68 %.

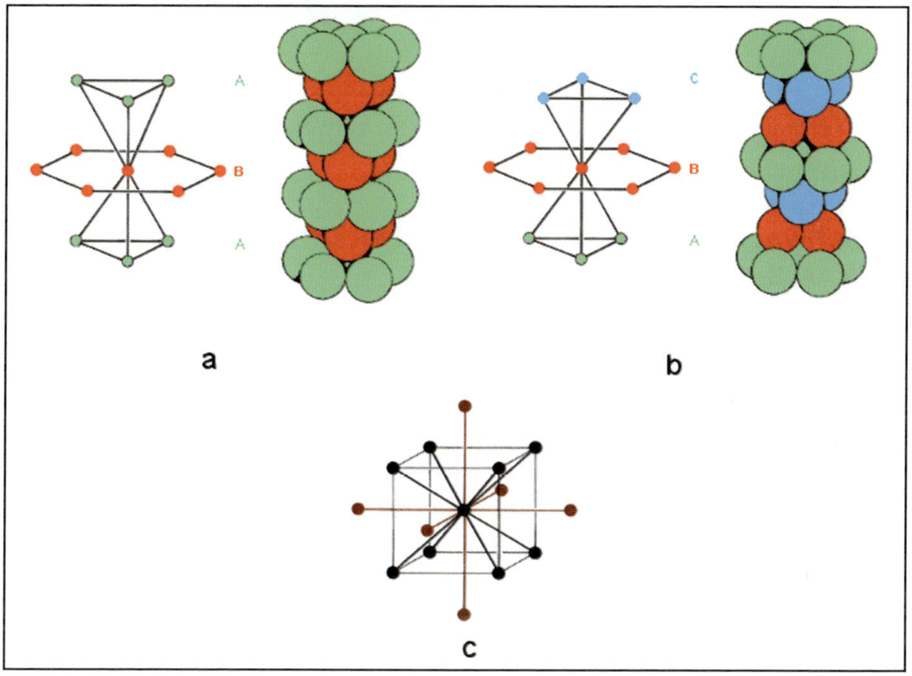

4.48 Strukturen von Metallkristallen: **a** hexagonal-dichteste Packung; **b** kubisch-dichteste Packung; **c** kubisch-raumzentrierte Struktur.

Abbildung 4.49 veranschaulicht schematisch, dass in den dichtesten Anordnungen der Metallatome Lücken unterschiedlicher Geometrie vorhanden sind, nämlich solche mit einer tetraedrischen und andere mit einer oktaedrischen Geometrie. Diese Zwischengitterplätze können von Nichtmetallatomen besetzt werden; als Nichtmetalle kommen H, B, C und N in Frage. Die entstehenden Verbindungen werden als **Einlagerungsverbindungen** bezeichnet, die eine bestimmte Phasenbreite haben und erst im Grenzfall der Besetzung aller tetraedrischen oder aller oktaedrischen Lücken des Metallgitters stöchiometrisch zusammengesetzt sind.

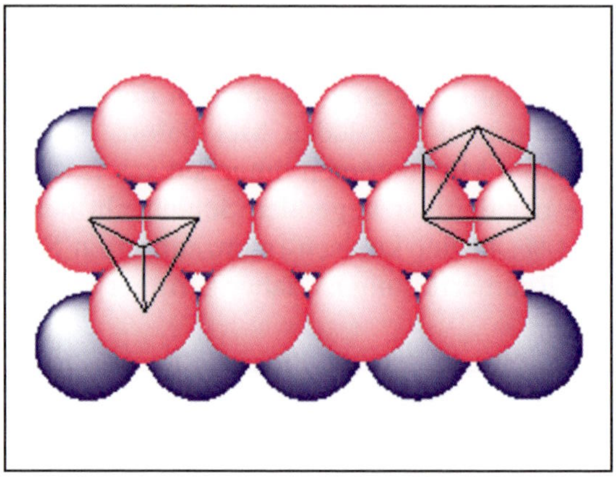

4.49 Tetraedrische und oktaedrische Lücken in Kristallstrukturen von Metallen.

4.4 Schwache chemische Wechselwirkungen – die VAN DER WAALS-Kräfte

Die Ionenbindung, die Atombindung und die Metallbindung gehören zu den so genannten starken chemischen Wechselwirkungen. Daneben existieren jedoch weitere chemische Wechselwirkungskräfte, die wegen ihrer deutlich geringeren Bindungsenergien als schwache Wechselwirkungen bezeichnet werden. Zu diesen gehören vornehmlich die VAN DER WAALS-Kräfte.

Die Edelgase und viele Stoffe, die aus kovalenten Molekülen aufgebaut sind, lassen sich erst bei tiefen Temperaturen verflüssigen und letztlich kristallisieren. Zwischen den Atomen bzw. den valenzmäßig abgesättigten Molekülen müssen offensichtlich schwache Anziehungskräfte wirksam sein, die erst dann die schnelle und regellose Wärmebewegung der Teilchen im Gaszustand kompensieren können, wenn deren kinetische Energie durch die Temperaturerniedrigung so weit abgenommen hat, dass ein Zustand höherer Ordnung, zunächst also der flüssige Zustand, ausgebildet werden kann. Nimmt die kinetische Energie der Teilchen noch weiter ab, so kommt es schließlich zur Anordnung der Teilchen in einem dreidimensionalen Kristallgitter.

Diese schwachen und ungerichteten Anziehungskräfte zwischen Edelgasatomen oder zwischen Molekülen bezeichnet man als VAN DER WAALS-Kräfte. Sie kommen durch Anziehung zwischen Dipolen zustande, sind damit also elektrostatischer Natur. Ihre Reichweite ist sehr gering, wodurch ihre Wirkung lediglich auf die unmittelbar nächsten Nachbarn beschränkt ist: Die Wechselwirkungsenergie ist proportional zu r^{-6}, nimmt also mit wachsendem Abstand der Teilchen voneinander sehr viel schneller ab als dies bei der Ionen-Ionen-Wechselwirkung der Fall ist. Bei den VAN DER WAALS-Kräften unterscheiden wir drei Komponenten:

1. Die Wechselwirkung **permanenter Dipol – permanenter Dipol**: Bei der Anziehung zwischen Molekülen mit einem permanenten Dipolmoment kommt es zur Ausrichtung der Dipole, die dadurch in einen energieärmeren Zustand übergehen; diese Wechselwirkung wird auch als *Richteffekt* bezeichnet.
2. Die Wechselwirkung **permanenter Dipol – induzierter Dipol**: Ein permanenter Dipol induziert auf einem benachbarten Teilchen ein Dipolmoment, sodass sich im Ergebnis beide Teilchen anziehen; diesen Effekt bezeichnet man daher als *Induktionseffekt*. Besitzt das benachbarte Teilchen ebenfalls ein permanentes Dipolmoment, dann überlagern sich der Richt- und der Induktionseffekt.
3. Die Wechselwirkung **fluktuierender Dipol – induzierter Dipol**: Dies ist der so genannte *Dispersionseffekt;* in allen Atomen und Molekülen entstehen infolge der schnellen Elektronenbewegung Schwankungen der Ladungsdichte der Elektronenhüllen und damit fluktuierende Dipole; durch einen solchen momentanen Dipol wird auf einem benachbarten Teilchen ein gleichgerichteter Dipol induziert und es resultiert wieder eine Anziehung. Mit wachsender Größe der Atome bzw. Moleküle werden deren Elektronenwolken zunehmend leichter polarisierbar, sodass auch der Dispersionseffekt zunimmt; der Dispersionseffekt ist zwischen allen Atomen, Ionen und Molekülen wirksam und liefert deshalb auch einen Beitrag zur Gitterenergie von Ionen-, Atom- und Molekülkristallen sowie zur Bindungsenergie kovalenter Moleküle. Diese Beiträge sind allerdings nur klein; bei Teilchen ohne Dipolmoment, wie beispielsweise bei den Atomen der Edelgase, ist der Dispersionseffekt jedoch die alleinige Ursache für die VAN DER WAALS-Anziehung.

In Tabelle 4.7 sind die VAN DER WAALS-Wechselwirkungsenergien und ihr Beitrag zur Gitterenergie für einige Stoffe zusammengestellt.

Tabelle 4.7 VAN DER WAALS-Wechselwirkungsenergien [kJ/mol]

Teilchen	Dipol-Moment [D]	Polarisierbarkeit [10^{-30} m^3]	Richteffekt	Induktionseffekt	Dispersionseffekt	Gitterenergie
Ar	0	1,6	0	0	8,49	8,49
CO	0,12	2,0	0,0004	0,008	8,74	8,74
HI	0,38	5,4	0,02	0,11	25,86	25,99
HBr	0,78	3,6	0,69	0,50	21,92	23,11
HCl	1,03	2,6	3,31	1,00	16,82	21,13
NH_3	1,47	2,2	13,31	1,54	14,74	29,59
H_2O	1,85	1,5	36,36	1,92	9,00	47,28

4.5 Atom- und Molekülkristalle

Ein Atomkristall besteht aus Atomen, die durch kovalente Bindungen *dreidimensional* miteinander verknüpft sind. So kristallisieren Kohlenstoff, Silicium, Germanium und Zinn in einem Atomgitter, in dem jedes Atom tetraedrisch von vier anderen Atomen umgeben ist. Nach der Kohlenstoff-Modifikation Diamant (Abschnitt 8.2.2) wird dieser Gittertyp als **Diamant-Struktur** bezeichnet. Die kovalenten Bindungen sind das Ergebnis der Überlappung von tetraedrisch orientierten sp^3-Hybridorbitalen, die je mit einem Valenzelektron besetzt sind. In diesem Kristallgitter ist die Koordinationszahl eines Atoms durch die Zahl seiner kovalenten Bindungen bestimmt.

Abbildung 4.50 zeigt die Elementarzelle des Diamant-Gitters (links); unter einer **Elementarzelle** verstehen wir dabei die kleinste Einheit eines Kristallgitters; durch wiederholtes Aneinanderreihen dieser Elementarzelle in allen drei Raumrichtungen können wir uns das Gitter aufgebaut denken. Die tetraedrische Anordnung der vier Nachbaratome ist farblich hervorgehoben.

Da die C–C-Bindungen mit einer mittleren Bindungsenergie von 345 kJ/mol sehr fest sind, ist Diamant eine hoch schmelzende, elektrisch nichtleitende und sehr harte Substanz. Das rechte Bild in Abbildung 4.50 zeigt einen größeren Ausschnitt aus dem Diamant-Gitter. Wir erkennen, dass die C-Atome in gewellten Schichten angeordnet sind, in denen sich drei der vier C–C-Bindungen befinden; die Verknüpfung dieser Schichten untereinander erfolgt durch die jeweils vierten Bindungen der C-Atome. Der Diamant ist folglich parallel zu den Schichten relativ leicht spaltbar; er ist zwar die härteste uns bekannte natürliche Substanz, ist zugleich aber auch spröde.

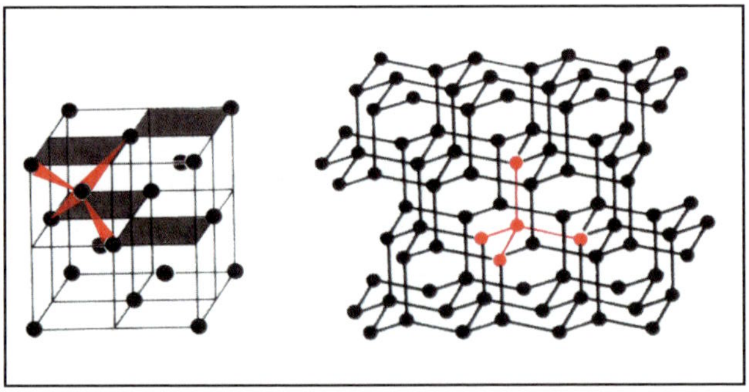

4.50 Diamant-Gitter.

Sind Atome durch kovalente Bindungen *zweidimensional* verknüpft, so resultieren **Schichtstrukturen**. Zwischen den einzelnen Schichten treten dann schwache VAN DER WAALS-Kräfte auf. Ein typischer Vertreter dieses Strukturtyps ist der Graphit, eine zweite Modifikation des Kohlenstoffs. Die C-Atome sind sp^2-hybridisiert und bilden Sechsringe, sodass die Bindungswinkel 120° betragen. Jedes C-Atom verfügt senkrecht zur Ebene der σ-Bindungen noch über ein mit dem vierten Valenzelektron besetztes p-Orbital; diese p-Orbitale werden zu delokalisierten π-Molekülorbitalen kombiniert, die genau zur Hälfte mit Elektronenpaaren besetzt sind. Dadurch ist der Graphit parallel zu den Schichten elektrisch leitend, nicht jedoch senkrecht dazu. Die Erscheinung, dass eine physikalische Eigenschaft eines Stoffes abhängig ist von der Richtung, in der sie untersucht wird, bezeichnet man als **Anisotropie**.

Zwischen den Schichten treten lediglich schwache VAN DER WAALS-Wechselwirkungen auf. Dies wird an den C–C-Abständen sichtbar, die innerhalb einer Schicht bei 142 pm liegen. In dem in Abbildung 4.51 gezeigten hexagonalen Graphit ist die Schichtfolge ABABAB...; der Abstand der C-Atome zwischen den Schichten A bzw. B beträgt 670 pm.

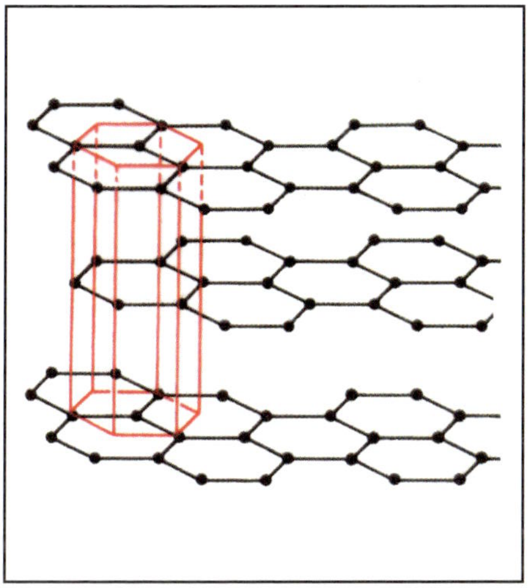

4.51 Struktur von Graphit.

Sind Atome schließlich durch kovalente Bindungen nur *eindimensional* miteinander verknüpft, dann resultieren **Kettenstrukturen**. Auch hier sind zwischen den Atomen innerhalb der Kette starke kovalente Bindungen vorhanden, zwischen den Ketten nur schwache VAN DER WAALS-Bindungen. Diese können in einigen Fällen wiederum durch kovalente Bindungsanteile ergänzt werden, erkennbar an den Abständen zwischen den Ketten, die dann kleiner sind als beim Vorliegen von ausschließlich VAN DER WAALS-Wechselwirkungen.

In diskreten Molekülen sind die Atome durch die Ausbildung der Elektronenpaar-Bindungen in ihren Valenzen abgesättigt und können untereinander keine weiteren kovalenten Bindungen ausbilden. Im kristallinen Zustand treten daher zwischen den Molekülen nur die schwachen VAN DER WAALS-Bindungskräfte auf. **Molekülkristalle** sind folglich meist weich und besitzen im Allgemeinen niedrige

Schmelzpunkte. Abbildung 4.52 zeigt als typisches Beispiel das Molekülgitter von CO_2. Die CO_2-Moleküle ordnen sich im Kristall gemäß dem Prinzip der dichtesten Packung zu einer kubisch-flächenzentrierten Struktur: Acht CO_2-Moleküle besetzen die Ecken eines Würfels, sechs die Zentren der Flächen. Die VAN DER WAALS-Bindungen sind nur schwach, sodass kristallines CO_2 bereits bei –78 °C sublimiert.

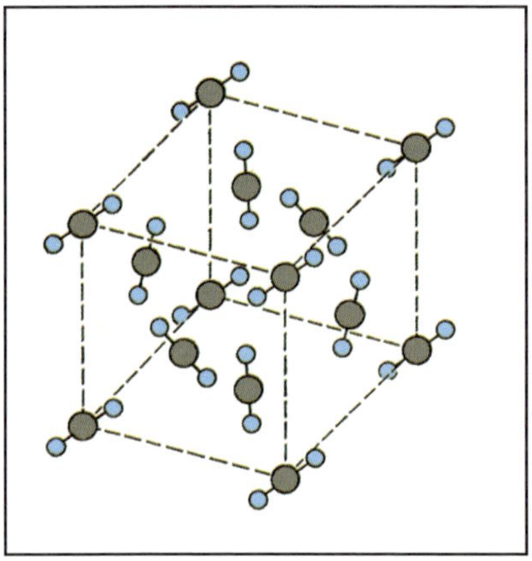

4.52 Molekülgitter des CO_2.

4.6. Spezifische Wechselwirkungen – die Wasserstoffbrücken-Bindung

Bei einer Reihe kovalenter Wasserstoffverbindungen elektronegativer Elemente tritt ein spezieller Bindungstyp auf, den wir als Wasserstoffbrücken-Bindung bezeichnen. Mit Bindungsenergien im Bereich zwischen 10 bis 50 kJ/mol (in Ausnahmefällen über 100 kJ/mol) sind diese Wasserstoffbrücken-Bindungen zu den schwachen Wechselwirkungen zu zählen.

Die Wasserstoffbrücken-Bindung ist eine spezifische Wechselwirkung. Zwischen dem positiv polarisierten H-Atom eines Moleküls HX und dem freien Elektronenpaar in einem Hybridorbital des Atoms X eines benachbarten HX-Moleküls kommt es zu einer elektrostatischen Anziehung.

$$X^{\delta-} - H^{\delta+} \cdots\cdots X^{\delta-} - H^{\delta+}$$

Diese Anziehung ist umso stärker, je größer die Elektronegativität des Atoms X und je kleiner dessen Radius ist; beide Effekte führen zu einer höheren Polarität der H–X-Bindung sowie zu einer Komprimierung des Hybridorbitals und damit zu einer Erhöhung seiner Ladungsdichte. Die Ladungsdichte wächst andererseits mit zunehmendem Hybridcharakter des Orbitals. Da innerhalb einer Gruppe des PSE der Hybridcharakter mit wachsender Atomgröße rasch abnimmt, nimmt auch die Fähigkeit zur Ausbildung von Wasserstoffbrücken-Bindungen in dieser Richtung rasch ab. Alle diese Effekte zusammengenommen führen dazu, dass effektive Wasserstoffbrücken-Bindungen vornehmlich in den Wasserstoffverbindungen von F, O und N gefunden werden; Cl, S, P und C sind dagegen – wenn überhaupt – nur zur Ausbildung sehr schwacher Wasserstoffbrücken-Bindungen befähigt.

In der Regel sind die Wasserstoffbrücken-Bindungen linear angeordnet, da dann die Anziehung $H^{\delta+} \cdots X^{\delta-}$ am größten und die Abstoßung zwischen den Atomen X am geringsten ist. Wasserstoffbrücken-Bindungen können sowohl *zwischen* benachbarten Molekülen (intermolekular) als auch *innerhalb* eines Moleküls (intramolekular) gebildet werden; Abbildung 4.53 zeigt für beides je zwei Beispiele.

Durch Wasserstoffbrücken-Bindungen werden die physikalischen Eigenschaften der entsprechenden Hydride in vielfältiger Weise beeinflusst; vornehmlich erhöhen sich ihre Schmelz- und Siedepunkte sowie ihre Verdampfungsenthalpien.

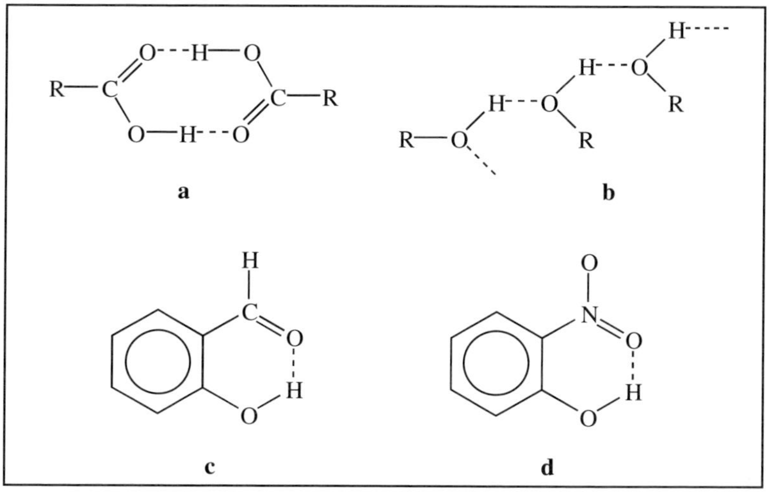

4.53 Intermolekulare und intramolekulare Wasserstoffbrücken-Bindungen: **a** Carbonsäuren; **b** Alkohole; **c** Salicylaldehyd; **d** 2-Nitro-phenol.

Im festen Zustand führt die Ausbildung von Wasserstoffbrücken-Bindungen zu charakteristischen Ketten-, Schicht- und Raumnetzstrukturen. So liegen im kristallinen Fluorwasserstoff Zickzack-Ketten von HF-Molekülen vor, die durch lineare, unsymmetrische Wasserstoffbrücken miteinander verknüpft sind (Abbildung 4.54a). Besitzen die Verbindungen mehrere Wasserstoffatome und mehrere einsame Elektronenpaare am elektronegativen Atom, dann kann die Verknüpfung zweidimensional oder auch dreidimensional erfolgen. Die bei zweidimensionaler Verknüpfung resultierende Schichtstruktur wird z. B. in der kristallinen Orthoborsäure beobachtet (Abbildung 4.54b). In der Modifikation Eis I wird durch die Wasserstoffbrücken eine dreidimensionale Raumnetzstruktur aufgebaut, in der jedes O-Atom tetraedrisch von vier H-Atomen umgeben ist; zwei der H-Atome sind kovalent an Sauerstoff gebunden, zu zwei weiteren bestehen Wasserstoffbrücken-

Bindungen (Abbildung 4.54c). Diese Struktur ist durch große Hohlräume charakterisiert, die dafür verantwortlich sind, dass Wasser im kristallinen Zustand eine geringere Dichte besitzt als im flüssigen Zustand („Anomalie des Wassers").

Wasserstoffbrücken-Bindungen spielen in vielen Lebensprozessen und in biochemischen Strukturen eine zentrale Rolle, insbesondere in denen der Proteine und Nukleinsäuren (Abschnitt 8.7).

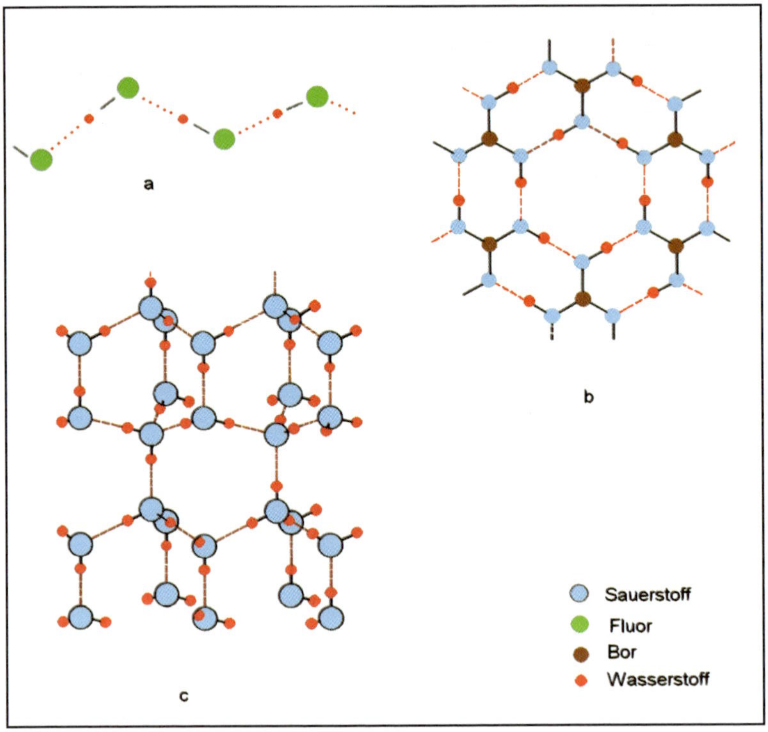

4.54 Ausbildung von linearen, Schicht- und Raumnetzstrukturen durch Wasserstoffbrücken-Bindungen: **a** kristalliner HF; **b** Orthoborsäure; **c** Eis I.

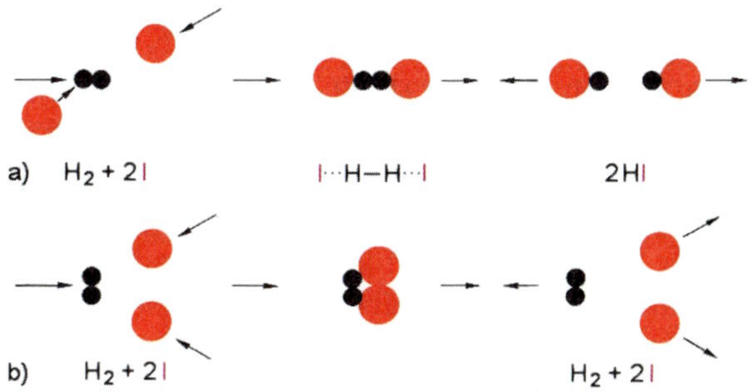

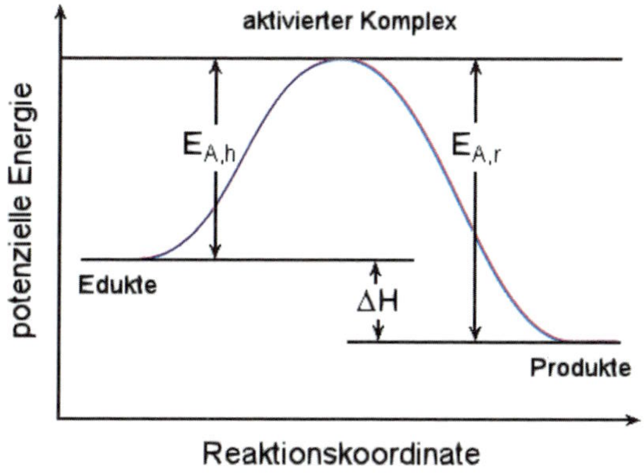

5. Die chemische Reaktion

Im folgenden Abschnitt wollen wir uns mit einigen grundlegenden Aspekten chemischer Reaktionen sowie mit ausgewählten Reaktionstypen beschäftigen. Das erste, dessen wir uns dabei bewusst sein müssen, ist die Tatsache, dass die Gesetzmäßigkeiten chemischer Reaktionen stets die Gesetzmäßigkeiten des Kollektivverhaltens sehr vieler Teilchen sind (Atome, Ionen, Moleküle). Und zweitens müssen wir immer beachten, dass chemische Reaktionen in einem makroskopischen Teilchensystem in verschiedenen Phasen, also in verschiedenen Aggregatzuständen, ablaufen: in der Gasphase, in der flüssigen Phase und in der festen Phase. Reaktionen, bei denen alle beteiligten Substanzen in derselben Phase vorliegen, bezeichnen wir als **homogene Reaktionen**; wenn wenigstens ein Stoff in einer anderen Phase vorliegt als alle übrigen, sprechen wir von **heterogenen Reaktionen**.

In welchem Aggregatzustand ein makroskopisches Teilchensystem vorliegt, wird vom Verhältnis zweier Faktoren zueinander abhängen:

1. von der Stärke der Wechselwirkungen der Teilchen (Atome, Ionen, Moleküle) untereinander und
2. von der Wärmebewegung der Teilchen.

Die Wechselwirkungen der Teilchen untereinander sind alle Anziehungs- und Abstoßungskräfte, wie wir sie in Abschnitt 4 kennen gelernt haben; ihre Wirkung führt zu einer strukturellen Ordnung der Teilchen. Diesem ordnenden Einfluss wirkt die Wärmebewegung entgegen.

5.1 Die Aggregatzustände

Üben die Teilchen eines Systems keine oder nur sehr schwache Wechselwirkungen untereinander aus, dann liegt ein solches System im Gaszustand vor. Ist außerdem das Eigenvolumen der Teilchen gegenüber dem Gesamtvolumen zu vernachlässigen, so werden die Eigenschaften eines solchen Systems allein von der Wärmebewegung der Teilchen bestimmt. Wir sprechen dann vom **idealen Gas**, dessen Verhalten durch seine thermische Zustandsgleichung

$$p \cdot V = n \cdot R \cdot T \qquad (5\text{-}1)$$

beschrieben werden kann; p ist der Druck, den das Gas ausübt, V sein Volumen, n die Stoffmenge, T die absolute Temperatur in Kelvin und R die allgemeine Gaskonstante. Dieser Zustand wird für viele Gase bei genügend niedrigem Druck und hoher Temperatur näherungsweise erreicht. Unter Normalbedingungen verhalten sich die meisten Gase allerdings real. Die Zustandsgleichung **realer Gase** lässt sich durch Korrekturen um das Eigenvolumen seiner Teilchen und um die Wechselwirkung der Teilchen untereinander aus dem idealen Gasgesetz ableiten (siehe unten).

Der zweite Grenzfall ist gekennzeichnet durch sehr starke Wechselwirkungen zwischen den Teilchen und einer Wärmebewegung von Null. Dies charakterisiert den **idealen Festkörper**. Die Anordnung der Teilchen darin ist vollkommen regelmäßig und seine Eigenschaften sind unter diesen Bedingungen daher temperaturunabhängig; die Zustandsgleichung des idealen Festkörpers ist demnach:

$$V = V(p) \tag{5-2}$$

d. h. das Molvolumen V hängt nur noch vom Druck ab. Diese Zustandsfunktion ist in der Nähe des absoluten Nullpunktes der Temperatur näherungsweise erfüllt, jedoch ist der ideale Festkörper ein Grenzfall, der nie realisiert ist. Dies hat die folgenden Ursachen:

- Die regelmäßige Anordnung der Teilchen im Kristallgitter ist stets gestört.
- Auch am absoluten Nullpunkt führen die Teilchen noch Schwingungen um eine bestimmte Gleichgewichtslage aus; damit verbleibt dem System auch am absoluten Nullpunkt ein Schwingungsenergie, die **Nullpunktsenergie**, die nicht unterschritten werden kann.

Es liegen also immer reale Festkörper vor, die nur in wenigen Fällen dem Idealzustand nahe kommen können.

Zwischen dem realen Gas und dem realen Festkörper ist der **flüssige Aggregatzustand** einzuordnen. Die Wechselwirkungskräfte können in Flüssigkeiten so groß sein wie in Festkörpern, sodass auch für ihre Moleküle eine bestimmte geometrische Anordnung resultiert; allerdings erstreckt sich die Ordnung um ein Flüssigkeitsmolekül nur auf einen sehr nahen Bereich, sodass wir von einer *Nahordnung* sprechen. Im Gegensatz zum Festkörper mit seiner *Fernordnung* sind die Moleküle einer Flüssigkeit noch so beweglich, dass sie sich beliebig gegeneinander verschieben lassen. Dies erklärt die Formveränderlichkeit von Flüssigkeiten. Wie die Festkörper haben auch Flüssigkeiten relativ hohe Dichten und sind volumenbeständig; ihre Kompressibilität sowie ihre thermische Ausdehnung sind gering.

Die verschiedenen Zustände der Systeme lassen sich in der folgenden Weise übersichtlich zusammenfassen:

zunehmende Stärke der Wechselwirkung →

ideales Gas	reales Gas	Flüssigkeit	realer Festkörper	idealer Festkörper

wachsende Ordnung des Zustandes →

Flüssigkeiten und Festkörper werden unter der Bezeichnung **kondensierte Stoffe** zusammengefasst. Bei kondensierten Stoffen überwiegen demnach die Wechselwirkungskräfte der Teilchen untereinander gegenüber ihrer Wärmebewegung. In einem makroskopischen Teilchensystem können sich diese Wechselwirkungen auf die nächste Umgebung beschränken oder über das gesamte System erstrecken. Diesen Sachverhalt kann man mithilfe einer *Wahrscheinlichkeitsfunktion* $W(R)$ beschreiben, die experimentell aus der Beugung von Röntgenstrahlen berechnet werden kann. Mit einem willkürlich ausgewählten Teilchen als Koordinatenursprung stellt $W(R)$ die Wahrscheinlichkeit dar, ein nächstes Teilchen im Abstand R anzutreffen. Diese radiale Verteilungsfunktion ist für einen kristallinen Festkörper, für eine Flüssigkeit sowie für ein Gas in Abbildung 5.1 dargestellt.

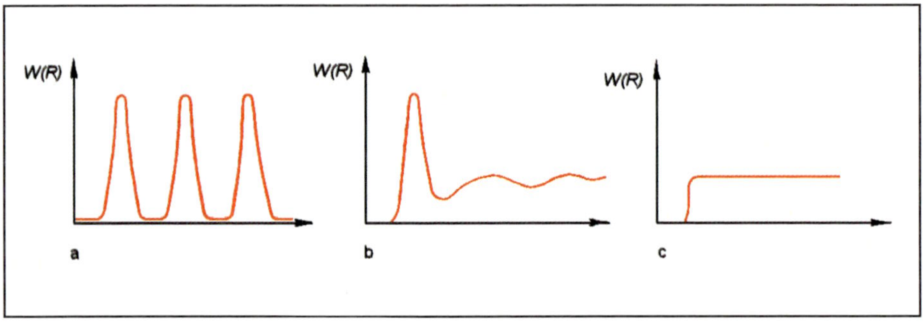

5.1 Radiale Verteilungsfunktion W(R): **a** Festkörper; **b** Flüssigkeit und **c** Gas.

Die Verteilungsfunktion charakterisiert die Fernordnung des Festkörpers durch die streng periodische Wiederholung der Maxima, die Nahordnung für Flüssigkeiten mit dem ersten Maximum, das dem eines Festkörpers in Lage und Größe sehr ähnlich ist, sowie die Unordnung für Gase.

5.1.1 Der Gaszustand

Gase bestehen aus räumlich weit voneinander entfernten Atomen oder Molekülen, die sich in schneller, geradliniger Bewegung befinden. Vorausgesetzt es erfolgt keine chemische Reaktion, so können sich zwei oder mehrere beliebige Gase in jedem Verhältnis völlig homogen vermischen; diese Vermischung erfolgt spontan. Flüssigkeiten mischen sich nicht in jedem Fall homogen miteinander. Zwischen den Atomen bzw. Molekülen eines Gases bestehen relativ große Zwischenräume, sodass sich die Atome bzw. Moleküle eines anderen Gases leicht dazwischen schieben können. Zum anderen können diese Zwischenräume durch Anwendung von Druck verringert werden, sodass Gase auch leicht komprimierbar sind. Gase füllen jeden ihnen zur Verfügung stehenden Raum vollständig aus.

Der Zustand eines Gases wird bei gegebener Stoffmenge n durch die Größen Druck (p), Volumen (V) und Temperatur (T) beschrieben; p, V und T bezeichnen wir daher als **Zustandsgrößen**.

Das Gesetz von AVOGADRO In Abschnitt 2.2 hatten wir festgestellt, dass nach dem Gesetz von AVOGADRO gleiche Volumina verschiedener Gase bei gleichem Druck und gleicher Temperatur gleich viele Teilchen (Atome, Moleküle) enthalten. Umgekehrt muss folglich auch gelten, dass eine gleich große Anzahl von Atomen bzw. Molekülen verschiedener Gase bei gleichem Druck und gleicher Temperatur das gleiche Volumen beansprucht. Beziehen wir diese Aussage auf die Stoffmenge eines Mols, dann gilt: Ein Mol eines beliebigen Gases, bestehend immer aus $6{,}022 \cdot 10^{23}$ Atomen (Molekülen), nimmt unter Normbedingungen (0 °C, 101,325 kPa) ein Volumen von 22,414 Liter ein; wir bezeichnen dies als das **molare Normvolumen V_0** mit der Einheit l/mol.

Das ideale Gasgesetz Das ideale Gasgesetz, Gleichung (5-1) stellt einen einfachen Zusammenhang zwischen der Stoffmenge eines Gases und den Zustandsgrößen Druck, Volumen und Temperatur her; in dieser Gesetzmäßigkeit ist R die universelle Gaskonstante mit einem Wert von $R = 0{,}083143$ bar l K^{-1} mol^{-1}.

Aus dem idealen Gasgesetz folgt – wie wir eben gerade gesehen haben – das Gesetz von **AVOGADRO**:

$$V \sim n \qquad \text{für } p \text{ und } T \text{ konstant} \qquad (5\text{-}3)$$

Für konstante Temperaturen geht das ideale Gasgesetz in das Gesetz von **BOYLE-MARIOTTE** über (Abbildung 5.2a); wir erhalten:

$$p \cdot V = \text{const} \quad \text{bzw.} \quad p_1 \cdot V_1 = p_2 \cdot V_2 \qquad \text{für } n \text{ und } T \text{ konstant} \qquad (5\text{-}4)$$

Die Abhängigkeit des Volumens sowie die Abhängigkeit des Druckes eines idealen Gases von der Temperatur wurden 1802 von **GAY-LUSSAC** in den beiden nach ihm benannten Gesetzmäßigkeiten formuliert:

1. Erwärmt man eine Gasprobe um 1 °C und hält den Druck konstant, dann vergrößert sich ihr Volumen um $^1/_{273}$ des Volumens, das die Gasprobe bei 0 °C besitzt; verwendet man die absolute Temperatur T in Kelvin, dann ist das Volumen der Temperatur direkt proportional:

$$V_1 \cdot T_2 = V_2 \cdot T_1 \quad \text{bzw.} \quad V = k \cdot T \qquad \text{für } n \text{ und } p \text{ konstant} \qquad (5\text{-}5)$$

2. Erwärmt man eine Gasprobe um 1 °C und hält das Volumen konstant, so steigt ihr Druck um $^1/_{273}$ des Druckes, den die Probe bei 0 °C besitzt:

$$p_1 \cdot T_2 = p_2 \cdot T_1 \quad \text{bzw.} \quad p = k' \cdot T \qquad \text{für } n \text{ und } V \text{ konstant} \qquad (5\text{-}6)$$

Beide GAY-LUSSACschen Gesetze folgen unmittelbar aus der Zustandsgleichung des idealen Gases, Gleichung (5-1), wenn die Stoffmenge und der Druck bzw. die Stoffmenge und das Volumen konstant gehalten werden.

Die Angabe der Temperatur in Kelvin (K) bezieht sich auf die *absolute Temperaturskala*, die 1848 von W. THOMSON, dem nachmaligen Lord KELVIN, eingeführt worden ist. Jede absolute Mess-Skala ist dadurch gekennzeichnet, dass in ihrem Nullpunkt die zu messende Eigenschaft nicht mehr vorhanden ist und folglich negative Werte nicht auftreten können. So ist z. B. eine Massenangabe in Gramm das Ergebnis einer absoluten Messung, denn 0 g bedeutet die vollständige Abwesenheit von Masse. Die Kelvin-Skala ist eine absolute Skala, deren Nullpunkt den *absoluten Nullpunkt* der Temperatur darstellt; negative Temperaturen sind genauso unmöglich wie negative Massen, negative Längen etc.

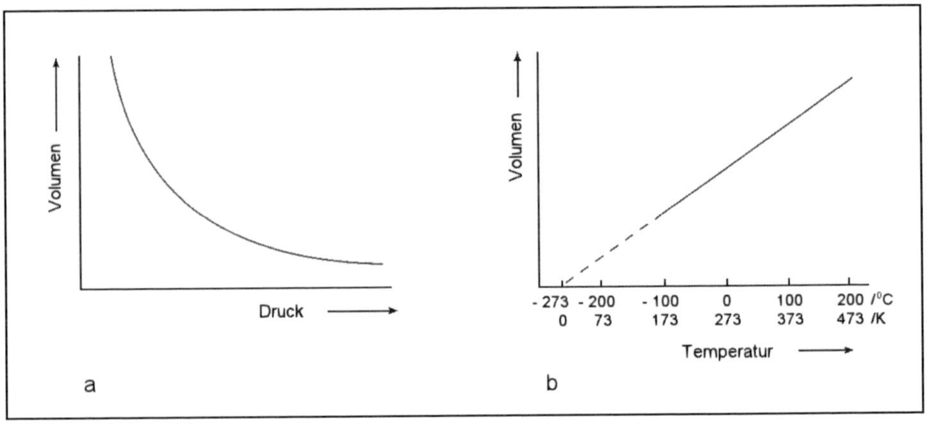

5.2 **a** Druck-Volumen-Abhängigkeit (BOYLE-MARIOTTE) und **b** Temperatur-Volumen-Abhängigkeit (GAY-LUSSAC) eines idealen Gases.

Gemäß dem ersten GAY-LUSSACschen Gesetz müsste ein Gas am absoluten Nullpunkt ein Volumen von Null besitzen. Wir wissen, dass wir diesen Zustand wegen der VAN DER WAALS-Kräfte nicht realisieren können, wodurch Gase beim Abkühlen zunächst verflüssigt werden und bei noch weiterer Abkühlung kristallisieren. Der Gaszustand ist in der Nähe des absoluten Nullpunktes also nicht realisierbar. Wie in Abbildung 5.2b jedoch gezeigt ist, kann die Gerade auf ein Volumen von Null extrapoliert werden; die zugehörige Temperatur liegt bei –273,15 °C bzw. 0 K. Die Umrechnung einer Temperaturangabe von °C in K erfolgt also durch Addition des Wertes 273,15: 25 °C entsprechen demnach 298,15 K.

Die kinetische Gastheorie Die makroskopischen Eigenschaften von Gasen, also Druck und Temperatur, können auf die mechanischen Eigenschaften der einzelnen Gasteilchen zurückgeführt werden. Dies geschieht im Rahmen der kinetischen Gastheorie, die es uns gestattet, die für den Gaszustand gültigen Gesetzmäßigkeiten zu erklären. Die Grundlage der kinetischen Gastheorie sind die vier folgenden Postulate:

1. Gase bestehen aus Teilchen (Atomen oder Molekülen), die in dem ihnen zur Verfügung stehenden Raum verteilt sind. Das Eigenvolumen der Teilchen ist dabei im Vergleich zum Gesamtvolumen des Gases vernachlässigbar klein.
2. Die Teilchen des Gases befinden sich in ständiger, schneller und geradliniger Bewegung. Sie stoßen deshalb miteinander und mit der Gefäßwand zusammen. Bei diesen Zusammenstößen kann Energie von einem Teilchen auf ein anderes übertragen werden, insgesamt aber geht keine kinetische Energie verloren.
3. Die mittlere kinetische Energie der Gasteilchen hängt von der Temperatur ab; sie nimmt mit steigender Temperatur zu. Bei einer gegebenen Temperatur ist die mittlere kinetische Energie für *alle* Gase die gleiche.
4. Die Anziehungskräfte zwischen den Teilchen sind vernachlässigbar gering.

Exkurs 5.1: Stöchiometrische Rechnungen bei Reaktionen unter Beteiligung von Gasen

Von festen und flüssigen Stoffen lassen sich die für stöchiometrische Rechnungen benötigten Stoffmengen bequem durch Wägung ermitteln. Anders bei Gasen, die bei chemischen Reaktionen verbraucht oder freigesetzt werden: Hier sind die Stoffmengen bequemer durch Messung der Volumina und anschließende Umrechnung unter Anwendung des AVOGADRO-Gesetzes und des idealen Gasgesetzes erhältlich.

Beispiel 1:
In den hermetisch abgeschlossenen Raumfähren muss nicht nur der von den Astronauten verbrauchte Sauerstoff ergänzt, sondern auch das von ihnen ausgeatmete Kohlendioxid entfernt werden. Zu diesem Zweck wird das Atemgas der Raumfähre durch Patronen geleitet, die mit Lithiumsuperoxid, LiO_2, gefüllt sind; dabei findet folgende chemische Reaktion statt:

$$4\,LiO_2(s) + 2\,CO_2(g) \longrightarrow 2\,Li_2CO_3(s) + 3\,O_2(g)$$

Wie viel Gramm LiO_2 sind erforderlich, um 50 l CO_2 unter Normbedingungen zu binden? Wie viel Liter Sauerstoff werden dabei freigesetzt?

1 mol CO_2 = 44,0 g CO_2 = 22,4 l CO_2
2 mol CO_2 werden gemäß der Stöchiometrie mit 4 mol LiO_2 umgesetzt
1 mol LiO_2 = 38,9 g

Fortsetzung Exkurs 5.1: Stöchiometrische Rechnungen bei Reaktionen unter Beteiligung von Gasen

Damit erhalten wir

$$m(\mathrm{LiO_2}) = \frac{V(\mathrm{CO_2})}{V_0} \cdot M_r(\mathrm{CO_2}) \cdot \frac{4\,M_r(\mathrm{LiO_2})}{2\,M_r(\mathrm{CO_2})}$$
$$= \frac{50\,\mathrm{l}}{22{,}4\,\mathrm{l/mol}} \cdot 44{,}0\,\mathrm{g/mol} \cdot \frac{155{,}6\,\mathrm{g}}{88{,}0\,\mathrm{g}} = 173{,}6\,\mathrm{g}$$

Gemäß der Stöchiometrie der Reaktionsgleichung liefern 4 mol LiO_2 3 mol O_2. Die umgesetzte LiO_2-Masse entspricht 4,46 mol, sodass bei der Reaktion 74,9 l O_2 freigesetzt werden.

Beispiel 2:
Zur Füllung der in PKW verwendeten Airbags mit einem Gas wird die nach einer elektrischen Zündung erfolgende spontane Zersetzung von Natriumazid zu Natrium und Stickstoff genutzt:

$$2\,NaN_3(s) \longrightarrow 2\,Na(l) + 3\,N_2(g)$$
$$[M_r(NaN_3) = 65{,}0\ g/mol]$$

(Zur Bindung des freigesetzten Natriums werden dem Natriumazid KNO_3 und SiO_2 zugesetzt:

$$10\,Na + 2\,KNO_3 \longrightarrow 5\,Na_2O + K_2O + N_2$$
$$2\,Na_2O(K_2O) + SiO_2 \longrightarrow Na_4SiO_4(K_4SiO_4)$$

der dabei ebenfalls freigesetzte Stickstoff wird in der nachfolgenden Rechnung nicht berücksichtigt.)

Der Airbag in einem PKW soll ein Volumen von 60 l haben. Wie viel Natriumazid muss eingesetzt werden, um diesen Airbag bei 20 °C mit Stickstoff unter einem Druck von 125 kPa zu füllen?

$$n(N_2) = \frac{p \cdot V}{R \cdot T} = \frac{125\,\mathrm{kPa} \cdot 60\,\mathrm{l}}{8{,}3\,\mathrm{kPa} \cdot \mathrm{l} \cdot \mathrm{mol^{-1}} \cdot \mathrm{K^{-1}} \cdot 293\,\mathrm{K}} \approx 3\,\mathrm{mol}$$

Die Stöchiometrie der Zersetzungsreaktion zeigt, dass die erforderlichen 3 mol N_2 bei der Zersetzung von 2 mol NaN_3 gebildet werden; mit der relativen Molmasse von 65,0 g/mol folgt, dass 130 g NaN_3 eingesetzt werden müssen.

Der Druck, den ein Gas in einem Gefäß ausübt, ist das Ergebnis der ständigen Kollisionen der Teilchen mit der Gefäßwand. Eine Verkleinerung des Volumens muss eine Druckerhöhung bewirken, weil die Zahl der Teilchen pro Volumeneinheit und damit die Zahl der Kollisionen mit der Gefäßwand vergrößert wird (Gesetz von BOYLE-MARIOTTE). Mit steigender Temperatur nehmen die mittlere kinetische Energie der Teilchen und damit ihre mittlere Geschwindigkeit zu. Die Kollisionen mit der Gefäßwand werden deshalb heftiger und häufiger, sodass der Druck mit steigender Temperatur zunimmt (Gesetz von GAY-LUSSAC).

Das DALTONsche Gesetz der Partialdrücke In Gemischen verschiedener Gase, die chemisch nicht miteinander reagieren, setzt sich der Gesamtdruck p additiv aus den Partialdrücken der einzelnen Komponenten A, B, C… zusammen:

$$p = p(\mathrm{A}) + p(\mathrm{B}) + p(\mathrm{C}) + \ldots.. \qquad (5\text{-}7)$$

Der Partialdruck eines Gases in einer Gasmischung entspricht dem Druck, den das Gas ausüben würde, wenn ihm allein das Volumen der Mischung zur Verfügung stehen würde. Wenn wir also z. B. 1 l eines Gases A bei 25 kPa mit 1 l eines Gases B bei 45 kPa und gleicher Temperatur mischen und das Endvolumen ebenfalls 1 l betragen soll, so ergibt sich der Gesamtdruck der Gasmischung zu 25 + 45 = 70 kPa.

Nach der kinetischen Gastheorie haben die Teilchen der Gase A und B bei gleicher Temperatur die gleiche mittlere kinetische Energie (Postulat 3). Da es zwischen den Teilchen der Gase A und B keinerlei Wechselwirkungen gibt (Postulat 4), ändert sich beim Vermischen beider Gase nichts an ihrer mittleren kinetischen Energie. Das heißt jedes Gas übt im Gemisch den gleichen Druck aus, den es auch ausüben würde, wenn es sich allein im Gefäß befände.

Der Partialdruck eines Gases A in einem Gemisch zweier Gase A und B ergibt sich aus dem Produkt seines Stoffmengenanteils und dem Gesamtdruck:

$$p(\mathrm{A}) = \frac{n(\mathrm{A})}{n(\mathrm{A}) + n(\mathrm{B})} \cdot p = x(\mathrm{A}) \cdot p \qquad (5\text{-}8)$$

Mittlere kinetische Energie und Molekülgeschwindigkeiten in Gasen Aus der kinetischen Gastheorie folgt für die Wurzel aus dem *mittleren Geschwindigkeitsquadrat* eines Moleküls:

$$v = \sqrt{\frac{3RT}{M}} \qquad M = \text{molare Masse des Gases} \qquad (5\text{-}9)$$

v ist die Geschwindigkeit eines Moleküls, dessen kinetische Energie dem Mittelwert der kinetischen Energien aller Moleküle des Gases entspricht (der Wert ist nicht identisch mit dem Mittelwert der Geschwindigkeiten aller Moleküle, da der Mittelwert aller v^2 nicht gleich dem Quadrat des Mittelwertes aller v ist); v wird daher auch nicht als mittlere Geschwindigkeit bezeichnet.

Die Werte von v sind außerordentlich hoch: So finden wir für Wasserstoff bei 0 °C einen Wert von 6616 km/h, bei 100 °C einen Wert von 7734 km/h. Dennoch aber erfolgt die Vermischung zweier Gase, ihre **Diffusion**, nicht mit diesen hohen Geschwindigkeiten. Durch die zahlreichen Kollisionen mit anderen Gasmolekülen unterliegen die einzelnen Moleküle einer ständigen Richtungsänderung. Bei 0 °C stößt ein H_2-Molekül etwa $1{,}4 \cdot 10^{10}$ Mal in der Sekunde mit anderen H_2-Molekülen zusammen; zwischen zwei Zusammenstößen beträgt daher die *mittlere freie Weglänge* nur $0{,}13 \cdot 10^{-3}$ mm.

Bei den zahlreichen Zusammenstößen unterliegen die Moleküle ständigen Änderungen in Richtung und Geschwindigkeit. In jedem Augenblick haben einzelne Moleküle daher sehr unterschiedliche Geschwindigkeiten. Da die Zahl der Moleküle in einer makroskopischen Gasprobe aber sehr groß ist, sind die Molekülgeschwindigkeiten statistisch in definierter Weise verteilt; diese statistische Verteilung ist die so genannte **MAXWELL-BOLTZMANN-Verteilung** (Abbildung 5.3, links).

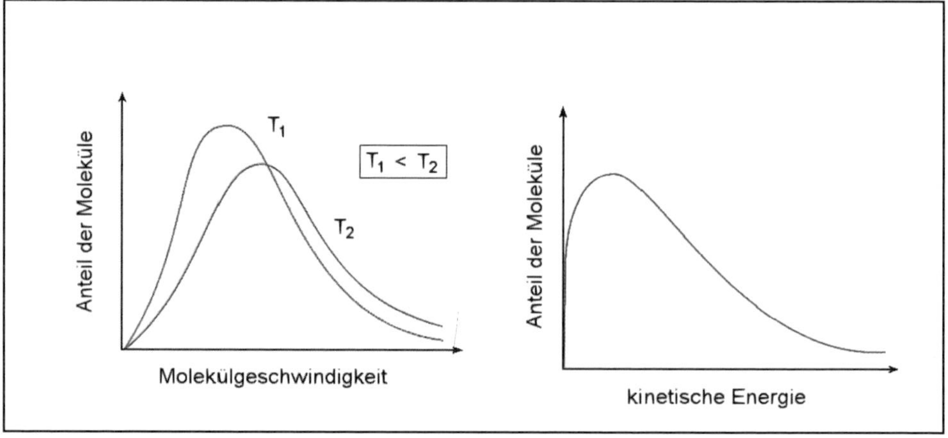

5.3 MAXWELL-BOLTZMANN-Verteilung: Molekülgeschwindigkeiten in einem Gas bei zwei unterschiedlichen Temperaturen (links); kinetische Energie (rechts).

Aufgetragen ist der Anteil der Moleküle mit einer bestimmten momentanen Geschwindigkeit gegen die Geschwindigkeit. Jede Verteilungskurve hat ein Maximum; die zugehörige Geschwindigkeit ist die am häufigsten vorkommende. Der Kurvenverlauf verdeutlicht, dass die Anzahl von Molekülen mit sehr geringen oder mit sehr großen Geschwindigkeiten relativ klein ist. Bei einer Temperaturerhöhung wird die Kurve flacher und dehnt sich in den Bereich höherer Molekülgeschwindigkeiten aus. Gleichzeitig damit wird der Anteil von Molekülen mit hohen Geschwindigkeiten größer.

Die Verteilung der kinetischen Energie der Gasmoleküle folgt ebenfalls einer MAXWELL-BOLTZMANN-Kurve (Abbildung 5.3, rechts). Anders als die Kurve für die Verteilung der Geschwindigkeiten ist die Kurve für die Verteilung der kinetischen Energien in einem Gas von der Masse der Gasteilchen unabhängig (Postulat 3 der kinetischen Gastheorie); sie hängt nur von der Temperatur ab.

Reale Gase Die realen Gase erfüllen das ideale Gasgesetz unter gewöhnlichen Druck- und Temperaturbedingungen recht gut, nicht jedoch bei niedrigen Temperaturen und/oder hohen Drücken. Die Abweichungen des Verhaltens realer Gase vom idealen Gasgesetz lassen sich in einfacher Weise durch die Darstellung des Quotienten pV/RT für ein Mol des Gases gegen den Druck bei konstanter Temperatur

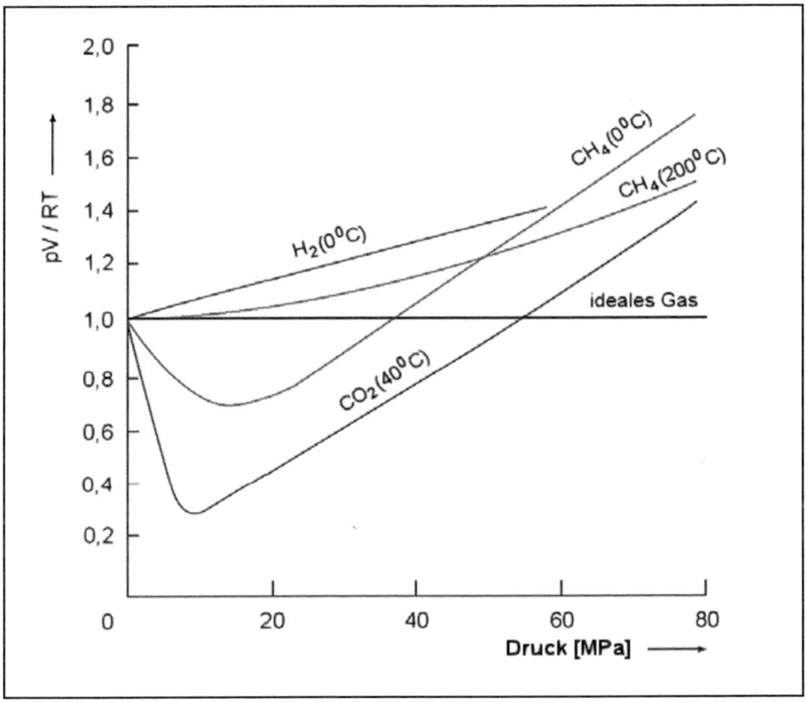

5.4 Auftragung des Kompressibilitätsfaktors pV/RT gegen p für verschiedene Gase bei den angegebenen Temperaturen.

veranschaulichen (Abbildung 5.4); der Quotient pV/RT wird auch als **Kompressibilitätsfaktor** bezeichnet. Für das ideale Gas erhalten wir erwartungsgemäß eine Gerade parallel zur Abszisse mit dem Ordinatenwert 1 ($pV/RT = 1$). Die Kurven der realen Gase zeigen davon deutliche Abweichungen; das Auftreten von Minima belegt das Vorhandensein zweier gegenläufiger Effekte:

1. **Intermolekulare Anziehungskräfte** Zwischen den Molekülen eines realen Gases existieren Anziehungskräfte, die dafür verantwortlich sind, dass die Gase verflüssigt werden können (VAN DER WAALS-Kräfte). Damit ist das 4. Postulat der kinetischen Gastheorie nicht erfüllt. Bei einem gegebenen Druck bewirken die intermolekularen Anziehungskräfte eine Verkleinerung des Volumens gegenüber dem Volumen bei idealem Verhalten, d. h. die Werte für pV/RT tendieren zu Werten, die kleiner als 1 sind. Je höher der Druck ist, desto geringer ist der Abstand zwischen den Gasteilchen und desto stärker sind die intermolekularen Anziehungskräfte.

2. **Molekularvolumen** Im idealen Gas haben die Moleküle keinen Raumbedarf; sie werden als punktförmig angesehen. Dementsprechend ist nach dem idealen Gasgesetz das Volumen Null, wenn am absoluten Nullpunkt der Temperatur die molekulare Bewegung zum Stillstand gekommen ist. Die Moleküle realer Gase besitzen jedoch ein Eigenvolumen, sodass bei einer Druckerhöhung zwar die Abstände zwischen ihnen verringert werden, sie selbst aber nicht komprimiert werden können. Das tatsächliche Volumen des Gases ist also größer als für ein ideales Gas. Für pV/RT folgen daraus für reale Gase Werte, die größer als 1 sind. Auch hier werden die Abweichungen vom idealen Verhalten mit zunehmendem Druck größer.

Das reale Verhalten von CO_2 bei 40 °C und CH_4 bei 0 °C wird von beiden Effekten bestimmt, wobei im CO_2 die intermolekularen Anziehungskräfte offensichtlich stärker sind als im CH_4. Für H_2 bei 0 °C spielen die intermolekularen Anziehungskräfte kaum eine Rolle, sodass die Abweichungen vom idealen Verhalten hier vor allem auf das Molekularvolumen zurückzuführen sind.

Die Kurven in Abbildung 5.4 zeigen uns zugleich auch, dass sich die realen Gase mit sinkendem Druck und steigender Temperatur zunehmend dem idealen Verhalten nähern.

Ausgehend vom idealen Gasgesetz hat VAN DER WAALS eine **Zustandsgleichung für reale Gase** entwickelt, indem er die intermolekulare Anziehung und das Molekularvolumen als Korrekturgrößen eingeführt hat; die nach ihm benannte Gleichung lautet:

$$\left(p + \frac{an^2}{V^2}\right)(V - nb) = n \cdot R \cdot T \qquad (5\text{-}10)$$

In dieser VAN DER WAALSschen Zustandsgleichung für reale Gase wird der Druck um die intermolekulare Anziehung und das Volumen um das Molekularvolumen korrigiert; a und b sind numerische Konstanten, die für die einzelnen Gase experimentell zu ermitteln sind.

Verflüssigung von Gasen Wir haben bereits gesehen, dass die kinetische Energie der Moleküle eines Gases mit sinkender Temperatur abnimmt und der Abstand zwischen ihnen mit steigendem Druck verringert wird. Beides führt dazu, dass letztlich die intermolekularen Anziehungskräfte dominieren und das Gas in den flüssigen Zustand übergeht.

Für jedes Gas gibt es nun eine Temperatur, oberhalb derer es sich nicht verflüssigen lässt, egal wie hoch der angewendete Druck ist. Diese Temperatur nennen wir die **kritische Temperatur**. Der **kritische Druck** ist der Mindestdruck, der zur Verflüssigung des Gases bei seiner kritischen Temperatur angewendet werden muss. Die kritische Temperatur eines Gases ist Ausdruck für die Stärke der intermolekularen Anziehungskräfte: Sind diese nur gering, so liegt die kritische Temperatur entsprechend tief. So kann z. B. Helium nur unterhalb seiner kritischen Temperatur von 5,3 K im flüssigen Zustand erhalten werden, weil die Anziehungskräfte zwischen den He-Atomen besonders schwach sind. Für Wasser mit seinen sehr starken intermolekularen Anziehungskräften (einschließlich der Wasserstoffbrücken-Bindungen) ist der flüssige Zustand bis 647,2 K realisierbar. Die kritischen Konstanten der Gase korrelieren mit den numerischen Konstanten *a* und *b* der VAN DER WAALS-Gleichung.

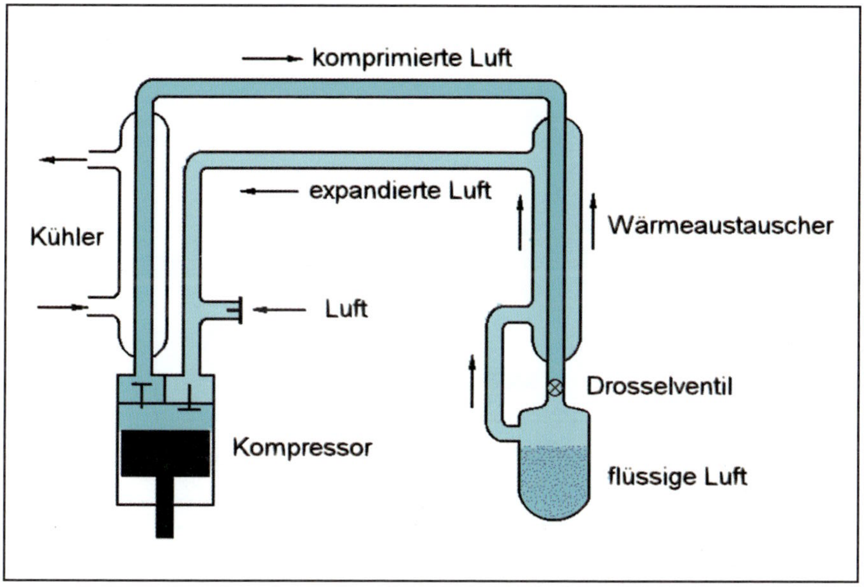

5.5 Verflüssigung von Luft (nach LINDE).

Um Gase abzukühlen und sie letztlich zu verflüssigen, macht man sich den **JOULE-THOMSON-Effekt** zunutze: Wenn man den Druck in einem komprimierten Gas verringert, expandiert es und kühlt sich dabei ab. Bei der Expansion wird Arbeit gegen die intermolekularen Anziehungskräfte geleistet; die dafür erforderliche

Energie wird der kinetischen Energie der Moleküle entzogen, sodass sich das Gas abkühlt.

Bei der Luftverflüssigung nach LINDE (Abbildung 5.5) wird die Luft komprimiert und mit Kühlwasser abgekühlt. Danach erfolgt die Expansion auf Normaldruck, wobei sich die Luft abkühlt. Diese so abgekühlte Luft dient nun zum Kühlen der nächsten Charge komprimierter Luft, die nach ihrer Expansion dann eine noch tiefere Temperatur hat. Wiederholt man diese Schritte genügend oft, so wird die Luft schließlich flüssig.

5.1.2 Der flüssige Zustand

Die Moleküle einer Flüssigkeit bewegen sich langsam genug, um von den intermolekularen Anziehungskräften in einem definierten Volumen zusammengehalten zu werden. Andererseits ist die Bewegung der Moleküle aber noch zu schnell, um eine geordnete Verteilung im Raum zu gestatten. Eine Flüssigkeit beansprucht daher zwar ein bestimmtes Volumen, behält jedoch ihre Form nicht bei. Änderungen von Druck und Temperatur wirken sich auf eine Flüssigkeit weit weniger stark aus als auf Gase, da die Abstände zwischen den Flüssigkeitsmolekülen wesentlich geringer sind als die zwischen den Gasmolekülen. Daher ist auch die Diffusionsgeschwindigkeit zwischen zwei Flüssigkeiten sehr viel geringer als zwischen zwei Gasen.

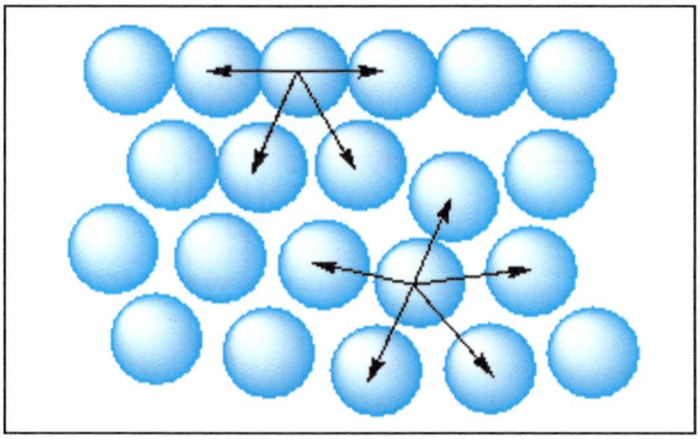

5.6 Zur Oberflächenspannung von Flüssigkeiten.

Oberflächenspannung Ein Molekül im Inneren einer Flüssigkeit erfährt durch die umgebenden Moleküle eine gleichmäßige Anziehung. Moleküle an der Oberfläche der Flüssigkeit erfahren dagegen nur eine einseitige Anziehung, nämlich in das Innere der Flüssigkeit hinein (Abbildung 5.6). Wegen dieses Zuges der Moleküle an der Oberfläche nach innen sind Flüssigkeiten bestrebt, ihre Oberfläche möglichst klein zu halten. Dieses Verhalten begründet die **Oberflächenspannung** und erklärt auch die Kugelform von Flüssigkeitstropfen (die typische Tropfenform entsteht erst unter dem Einfluss der Schwerkraft). Die Oberflächenspannung ist demnach ein Maß für die nach innen gerichtete Kraft an der Flüssigkeitsoberfläche; sie nimmt mit steigender Temperatur erwartungsgemäß ab.

Verdampfung und Dampfdruck Ähnlich wie bei Gasen folgt auch die Verteilung der kinetischen Energie von Flüssigkeitsmolekülen einer MAXWELL-BOLTZMANN-Verteilung (Abbildung 5.7). Moleküle, deren kinetische Energie groß genug ist, um die Anziehungskräfte der sie umgebenden Moleküle zu überwinden, können aus der Flüssigkeit in die Gasphase wechseln, wenn sie sich nahe genug an der Oberfläche befinden. Der Verlust gerade der energiereichsten Moleküle bedeutet aber eine Abnahme der mittleren kinetischen Energie der in der Flüssigkeit verbleibenden Moleküle, damit also eine Temperaturabnahme. Durch Wärmezufuhr kann die Temperatur der Flüssigkeit erhalten werden, sodass sich der Prozess bis zur vollständigen Verdampfung der Flüssigkeit fortsetzt. Die Energiemenge, die bei einer gegebenen Temperatur zur Verdampfung eines Mols einer Flüssigkeit erforderlich ist, heißt die **molare Verdampfungsenthalpie, ΔH_v**.

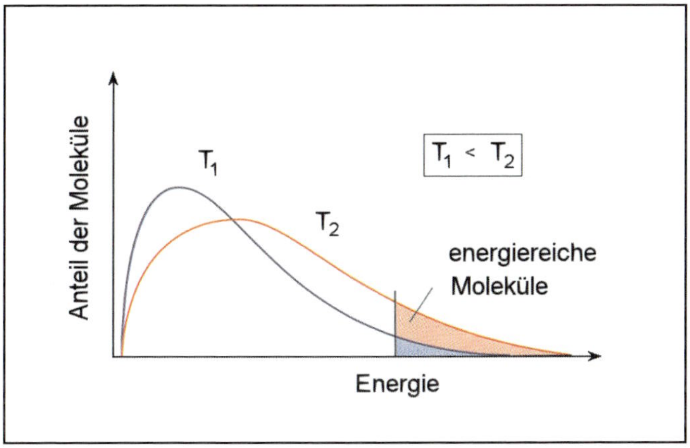

5.7 MAXWELL-BOLTZMANN-Verteilung der kinetischen Energie von Flüssigkeitsmolekülen bei zwei Temperaturen.

Die durch den Verdampfungsprozess von Flüssigkeiten bewirkte Abkühlung wird in warmen Ländern seit langem gezielt ausgenutzt: Das Wasser, das sich in *porösen* Tonkrügen befindet, wird durch die Verdampfung von deren Oberfläche kühl gehalten. Auch die Natur macht davon Gebrauch, indem z. B. die durch den verdampfenden Schweiß bewirkte Abkühlung zur Regulierung der Körpertemperatur beiträgt.

Wenn eine Flüssigkeit nun in einem geschlossenen Gefäß verdampft, dann verbleiben die in die Gasphase übergewechselten Moleküle in der Nähe der Flüssigkeit. Aufgrund ihrer ungeordneten Bewegung kehren manche dieser Moleküle wieder in die Flüssigkeit zurück, sodass sich nach kurzer Zeit ein *Gleichgewichts-*

zustand einstellt: Die Zahl der Moleküle, die aus der Flüssigkeit in die Dampfphase übergehen (Verdampfung), ist dann genau so groß wie die Zahl der Moleküle, die aus der Dampfphase in die Flüssigkeit zurückkehren (Kondensation). Die beiden gegenläufigen Vorgänge verlaufen also mit gleicher Geschwindigkeit und wir sprechen von einem *dynamischen Gleichgewicht*. Die Einstellung dieses Gleichgewichtes bedeutet zugleich aber auch, dass der Druck, den der Dampf ausübt, konstant bleibt. Der Druck des Dampfes, der bei einer gegebenen Temperatur mit der Flüssigkeit im Gleichgewicht steht, wird der **Dampfdruck** genannt. Der Dampfdruck steigt mit zunehmender Temperatur, wie dies in Abbildung 5.8 für die Flüssigkeiten Diethylether und Wasser dargestellt ist.

Die graphische Darstellung des Dampfdruckes einer Flüssigkeit gegen die Temperatur bezeichnet man als ihre *Dampfdruckkurve*. Die Dampfdruckkurven ließen sich bis zur kritischen Temperatur der jeweiligen Flüssigkeit fortführen; bei der kritischen Temperatur entspricht der Dampfdruck dann dem kritischen Druck und die Kurven enden in diesem Punkt. Oberhalb der kritischen Temperatur existiert nur noch eine Phase, d. h. Flüssigkeit und Dampf unterscheiden sich nicht mehr.

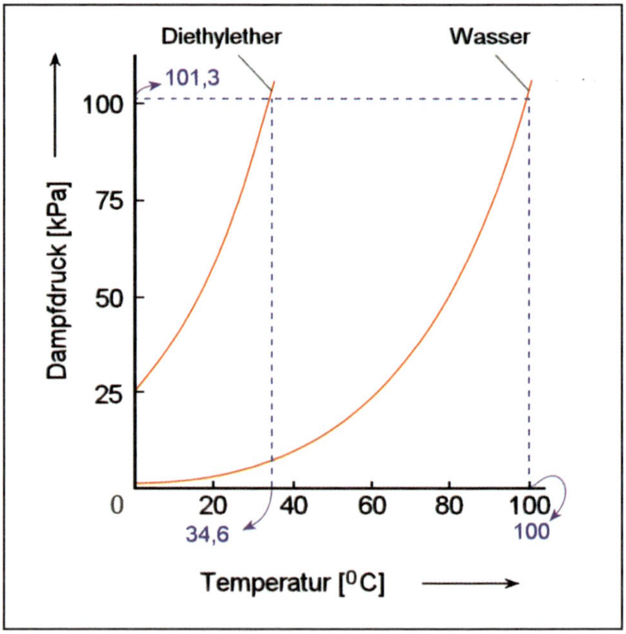

5.8 Temperaturabhängigkeit des Dampfdruckes von Diethylether und Wasser.

Die Größe des Dampfdruckes widerspiegelt anschaulich die Stärke der intermolekularen Anziehungskräfte in der Flüssigkeit. Bei einer Temperatur von 20 °C beträgt der Dampfdruck des Wassers 2,3 kPa, der des Diethylethers 59,0 kPa. Demnach sind die intermolekularen Anziehungskräfte im Wasser sehr viel stärker als die im Diethylether.

Siedetemperatur (Siedepunkt) Die Temperatur, bei der der Dampfdruck einer Flüssigkeit dem äußeren Atmosphärendruck von 101,3 kPa entspricht, ist die Siedetemperatur der Flüssigkeit. Bei dieser Temperatur bilden sich im Inneren der Flüssigkeit Dampfblasen, die aufsteigen und die Flüssigkeit dadurch aufwallen lassen. Abbildung 5.8 zeigt, dass ein Dampfdruck von 101,3 kPa für Diethylether bereits bei 34,6 °C, für Wasser erst bei 100 °C erreicht wird.

Die Temperatur einer siedenden Flüssigkeit bleibt konstant, allerdings muss ihr Wärme zugeführt werden, um sie am Sieden zu halten. Dies ist so, weil ja gerade die energiereichsten Moleküle ständig die Flüssigkeit verlassen. Je mehr Wärme wir also einer siedenden Flüssigkeit zuführen, desto schneller geht sie in den Dampfzustand über; ihre Temperatur ändert sich jedoch nicht.

Die Siedetemperatur einer Flüssigkeit hängt vom äußeren Druck ab. Daher kann man Flüssigkeiten mit hohen und sehr hohen Siedepunkten oder auch thermisch empfindliche Substanzen bequem bei niedrigeren äußeren Drücken und folglich entsprechend erniedrigten Siedetemperaturen destillieren; das ist das Prinzip der **Vakuumdestillation.**

Gefriertemperatur (Gefrierpunkt) Kühlt man eine Flüssigkeit ab, so erreicht man bei einer bestimmten Temperatur einen Punkt, an dem die kinetische Energie der Flüssigkeitsmoleküle so gering geworden ist, dass sie sich unter dem ordnenden Einfluss der intermolekularen Anziehungskräfte zu einem Kristallgitter zusammenfügen. Nach und nach werden der Flüssigkeit dabei die energieärmsten Moleküle entzogen und an den Kristall angelagert. Dieser Verlust der energiearmen Moleküle bedeutet zugleich eine Erhöhung der mittleren kinetischen Energie der Moleküle in der Flüssigkeit; soll folglich die Kristallisation fortgesetzt werden, so muss der Flüssigkeit Wärme entzogen werden.

Der normale Gefrierpunkt einer Flüssigkeit ist die Temperatur, bei der die flüssige und die feste Phase bei Normaldruck miteinander im Gleichgewicht stehen. Während des Gefriervorganges bleibt die Temperatur konstant, bis die gesamte Flüssigkeitsprobe kristallisiert ist. Die Wärmemenge, die 1 mol Substanz beim Gefrieren entzogen werden muss, ist die **molare Kristallisationsenthalpie**.

Zuweilen tritt beim Abkühlen einer Flüssigkeit unter ihren Gefrierpunkt keine Kristallisation ein; die Moleküle setzen ihre ungeordnete Bewegung fort. Man spricht dann von einer **unterkühlten Flüssigkeit**; ein solches System ist metastabil. Fügt man nun einen Impfkristall, also einen Kristall der gleichen Substanz, oder ein anderes Teilchen hinzu, das als Kristallisationskeim fungieren kann, dann setzt die Kristallisation spontan ein. Die Temperatur steigt bis zum normalen Gefrierpunkt an, bei dem sich die Kristallisation fortsetzt.

Manche Flüssigkeiten können für längere Zeit oder gar auf Dauer im unterkühlten Zustand gehalten werden; dann erstarren ihre Moleküle in einer statistischen

Verteilung, wie sie für den flüssigen Zustand charakteristisch ist. Solche Stoffe bezeichnen wir als **amorphe Feststoffe** oder **Gläser**; ein amorpher Feststoff hat keinen definierten Gefrierpunkt oder Schmelzpunkt. Gläser erweichen beim Erwärmen in einem breiten Temperaturintervall und lassen sich daher besonders gut verformen und bearbeiten.

Beim Erwärmen einer kristallinen Substanz schmilzt sie bei der gleichen Temperatur, bei der die Flüssigkeit gefriert. Die Temperatur, bei der sich unter Normaldruck das Gleichgewicht fest – flüssig einstellt, ist die Schmelztemperatur. Die Energie, die beim Schmelzen von 1 mol Substanz zugeführt werden muss, ist die **molare Schmelzenthalpie**; sie hat den gleichen Betrag wie die molare Kristallisationsenthalpie, jedoch das entgegengesetzte Vorzeichen.

Dampfdruck von Festkörpern Atome, Ionen oder Moleküle in Kristallen führen Schwingungen um ihre im Kristallgitter räumlich fixierten Positionen aus. Für die Schwingungsenergie der Gitterbausteine gibt es eine ähnliche statistische Verteilung wie für die kinetische Energie der Moleküle in Gasen und Flüssigkeiten. Energiereiche Teilchen an der Oberfläche eines Kristalls können daher die Anziehungskräfte überwinden und in die Gasphase übergehen. In einem abgeschlossenen Gefäß wird sich folglich auch über einem Festkörper ein temperaturabhängiges dynamisches Gleichgewicht einstellen: Auch kristalline Festkörper haben einen Dampfdruck, auch wenn dieser bei manchen Stoffen nur außerordentlich gering ist, weil die Anziehungskräfte im Kristall besonders stark sind.

Phasendiagramme (Zustandsdiagramme) Jede Flüssigkeit und jeder Feststoff hat also bei einer gegebenen Temperatur einen ganz bestimmten Dampfdruck. Mit steigender Temperatur nimmt – wie wir gesehen haben – der Dampfdruck zu. Trägt man nun für einen Stoff in einem Druck-Temperatur-Diagramm die jeweiligen Werte ein, so kann man aus einem solchen Diagramm die Bedingungen (Druck, Temperatur) ablesen, unter denen der Stoff fest, flüssig oder gasförmig ist. Wir nennen ein solches Diagramm ein **Phasen-** oder auch **Zustandsdiagramm**. In Abbildung 5.9 ist das Phasendiagramm des Wassers dargestellt; es ist dies das Diagramm für ein *Ein-Komponenten-System*, da Wasser die einzige Komponente im untersuchten System ist.

In diesem Phasendiagramm erkennen wir drei Kurven, die jeweils zwei Aggregatzustände des Wassers gegeneinander abgrenzen und die sich im **Tripelpunkt** schneiden. Von diesem Tripelpunkt zum kritischen Punkt verläuft die *Dampfdruckkurve*; jeder Punkt auf dieser Kurve repräsentiert ein Temperatur-Druck-Wertepaar, bei dem sich die flüssige und die gasförmige Phase im Gleichgewicht befinden. Die *Sublimationskurve* markiert Temperatur-Druck-Wertepaare, bei denen sich die feste und die gasförmige Phase im Gleichgewicht befinden. Die *Schmelzkurve* schließlich zeigt die Temperatur-Druck-Bedingungen für das Gleichgewicht zwischen der festen und der flüssigen Phase. Unter den Bedingungen des *Tripelpunktes* (0,01 °C, 0,611 kPa) liegen alle drei Phasen – Eis, Wasser, Wasserdampf – nebeneinander im Gleichgewicht vor. Den Phasendiagrammen liegt das **GIBBSsche Phasengesetz** zugrunde; es lautet:

$$\text{Zahl der Phasen} + \text{Zahl der Freiheitsgrade} = \text{Zahl der Bestandteile} + 2 \qquad (5\text{-}11)$$

$$P + F = B + 2$$

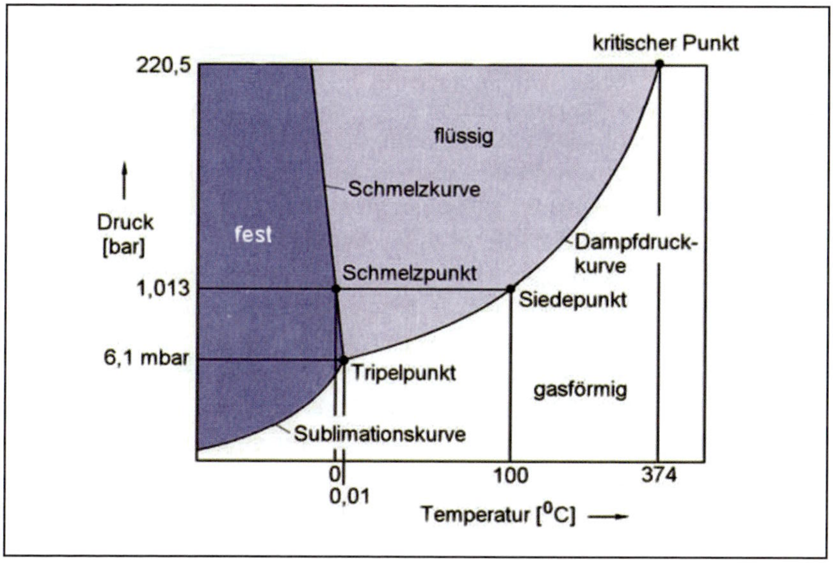

5.9 Phasendiagramm des Wassers (nicht maßstabsgerecht).

Phasen sind die in sich homogenen Zustandsformen der Stoffe, die sich durch Phasengrenzen voneinander abgrenzen; Wasser und Wasserdampf sind also zwei Phasen; Wasser, Wasserdampf und Eis entsprechend drei Phasen.

Freiheitsgrade sind die Bestimmungsgrößen wie Druck und Temperatur, die bei einer gegebenen Zahl von Phasen innerhalb endlicher Grenzen willkürlich variiert werden können, ohne dass sich dabei die Zahl der Phasen ändert.

Bestandteile sind definiert als die kleinste Zahl von Molekülsorten, aus denen die verschiedenen Phasen entstanden gedacht werden können: Die Zahl der Bestandteile entspricht der Zahl der Stoffe in einem System.

Am Tripelpunkt des Wassers liegen drei Phasen im Gleichgewicht vor; da das System aus nur einem Bestandteil besteht, gibt es keinen Freiheitsgrad:

$$F = (B + 2) - P = (1 + 2) - 3 = 0$$

Das heißt, dass jede auch noch so geringe Abweichung von den Bedingungen des Tripelpunktes zum Verlust einer der Phasen führen muss.

Entlang jeder der Kurven liegen immer zwei Phasen im Gleichgewicht vor; mit nach wie vor nur einem Bestandteil folgt daraus, dass wir hier über einen Freiheitsgrad verfügen: Wir können den Druck oder die Temperatur innerhalb (vernünftiger) Grenzen verändern, ohne dass eine der beiden Phasen verschwindet.

An einem beliebigen Punkt innerhalb eines der drei Felder haben wir eine Phase und einen Bestandteil und folglich zwei Freiheitsgrade, d. h. wir können sowohl den Druck als auch die Temperatur verändern, ohne dass sich die Zahl der Phasen ändert.

Das Phasendiagramm des Wassers zeigt uns eine Besonderheit dieses Stoffes, seine **Anomalie**: Der Verlauf der Schmelzkurve lässt ein Absinken des Schmelzpunktes mit steigendem Druck erkennen. Eine solche Neigung der Schmelzkurve wird nur bei wenigen Stoffen beobachtet. Darin kommt zum Ausdruck, dass sich Wasser beim Gefrieren ausdehnt: 1 mol flüssiges Wasser hat bei 0 °C ein Volumen von 18,00 ccm, 1 mol Eis dagegen von 19,63 ccm. Wir wissen, dass die Ursache dafür in der dreidimensionalen Verknüpfung der Wassermoleküle durch Wasserstoffbrücken-Bindungen liegt, die zu einer sehr offenen und damit weniger dichten Struktur führt. Eine Erhöhung des Druckes würde der Ausdehnung entgegenwirken, folglich sinkt der Gefrierpunkt bei einer Druckerhöhung. Das ist im Übrigen auch der Grund dafür, dass wir auf einer Eisfläche Schlittschuh laufen können: Der Druck des Körpergewichtes über die schmalen Schlittschuhkufen auf das Eis erniedrigt dessen Gefrierpunkt, das Eis schmilzt und der Schlittschuh gleitet auf dem dünnen Wasserfilm.

Seine größte Dichte hat Wasser also nicht im kristallinen Festkörper, sondern in der flüssigen Phase, und zwar bei 4 °C. Dies ist wichtig für das Überleben von Wasserpflanzen und -tieren im Winter, da die Gewässer (bei genügender Tiefe) nicht bis auf den Grund gefrieren können.

5.1.3 Der feste Zustand

Kristalline Festkörper sind aus Atomen, Ionen oder Molekülen aufgebaut. Je nach der Art der Teilchen sowie der Natur der Bindungskräfte, von denen sie in einem Kristallgitter zusammengehalten werden, können wir Kristalle in folgender Weise klassifizieren:

Ionen-, Atom-, Molekül- und Metallkristalle.

Die wichtigsten Strukturen, die in diesen Kristallarten auftreten, haben wir bereits im Zusammenhang mit den jeweils dominierenden Bindungsarten kennen gelernt. An dieser Stelle wollen wir aber noch einmal daran erinnern, dass in der Mehrzahl der realen Festkörper in der Regel komplexe Bindungsverhältnisse vorliegen, dass wir also z. B. in einem Ionenkristall neben den elektrostatischen Anziehungskräften zwischen den entgegengesetzt geladenen Ionen eben auch mehr oder weniger große kovalente Bindungsanteile sowie VAN DER WAALS-Kräfte antreffen usw. Alle Bindungskräfte leisten dabei einen entsprechenden Beitrag zur Gitterenergie der betreffenden Verbindung. Die jeweiligen Bindungskräfte verleihen den kristallinen Festkörpern charakteristische physikalische Eigenschaften wie z. B. hohe oder niedrige Schmelzpunkte, hohe oder geringe Härte, hohe oder geringe elektrische Leitfähigkeit usw.

Die Bausteine eines Kristalls, also die Ionen, Atome oder Moleküle, sind in einem ganz bestimmten dreidimensionalen geometrischen Muster angeordnet, das sich streng periodisch wiederholt. Diese dreidimensionale Anordnung der Teilchen nennen wir die **Kristallstruktur**, deren Symmetrie wir mithilfe eines **Kristallgitters** beschreiben können (Abschnitt 4.1.4).

Kein Kristall hat jedoch einen völlig ungestörten Aufbau. Bei den so genannten Baufehlern in Kristallen unterscheiden wir generell zwischen makroskopischen und mikroskopischen Baufehlern. Zu den makroskopischen Baufehlern gehören Risse, Spalten, Einschlüsse etc. Mikroskopische Baufehler werden durch strukturelle und chemische Fehlordnungen verursacht. Fehlende oder falsch angeordnete Ionen stellen Punktdefekte dar, indem z. B. in einem AgCl-Kristall einzelne Ag^+-Kationen Zwischengitterplätze besetzen und ihre eigentlichen Gitterplätze frei bleiben (FRENKEL-Defekt). Wenn Ionen paarweise im Gitter fehlen, dann sprechen wir vom SCHOTTKY-Defekt.

Chemische Fehlordnungen haben ihre Ursache im Einbau von Fremdatomen in das Kristallgitter („Verunreinigungen"). Solche Fremdatome können die physikalischen Eigenschaften von Kristallen erheblich verändern, ein Phänomen, das z. B. in der Halbleitertechnik gezielt ausgenutzt wird (Abschnitt 4.3.2).

5.2 Lösungen und ihre Eigenschaften

5.2.1 Der Löseprozess

Eine Lösung ist eine **homogene Mischphase** (Abschnitt 2.1), in der eine der Komponenten gegenüber allen anderen in einem großen Überschuss vorliegt; diese ist das **Lösungsmittel** (Solvens), die übrigen Komponenten sind die **gelösten Stoffe**. Lösungen existieren in allen drei Aggregatzuständen, jedoch sind flüssige Lösungen am häufigsten; zudem werden die meisten chemischen Reaktionen in flüssigen Lösungen durchgeführt. Flüssige Lösungen können aus einem flüssigen Lösungsmittel und Stoffen gebildet werden, die unter den gewählten äußeren Bedingungen in ungelöster Form selbst gasförmig (Kohlendioxid in Wasser), flüssig (Ethanol in Wasser) oder fest (Natriumchlorid in Wasser) sind.

Die Menge eines Stoffes, die sich in einem bestimmten Lösungsmittel lösen lässt, ist im Allgemeinen nur begrenzt. Die maximale Menge eines Stoffes, die sich bei einer gegebenen Temperatur unter Bildung eines stabilen Systems in einer bestimmten Menge eines Lösungsmittels lösen kann, heißt seine **Löslichkeit**. Zur

Charakterisierung der quantitativen Zusammensetzung von Lösungen dienen die bereits in Abschnitt 2.5 behandelten Zusammensetzungsvariablen bzw. Konzentrationsmaße.

Gibt man zu einer bestimmten Menge eines Lösungsmittels eine größere Menge eines festen Stoffes als sich unter den gewählten äußeren Bedingungen lösen kann, so erhält man eine **gesättigte Lösung** über einem **Bodenkörper**. Zwischen dem Bodenkörper und der gesättigten Lösung stellt sich ein dynamisches Gleichgewicht ein, d. h. gleiche Mengen des Stoffes gehen aus dem Bodenkörper in Lösung (Lösungsvorgang) wie umgekehrt aus der Lösung in den Bodenkörper abgeschieden werden (Fällungsvorgang). Die Konzentration in der Lösung bleibt konstant und heißt die **Sättigungskonzentration**. Ungesättigte Lösungen haben Konzentrationen, die geringer sind als die Sättigungskonzentration; übersättigte Lösungen haben Konzentrationen, die größer sind als die Sättigungskonzentration.

Die Kenntnis oder zumindest eine Abschätzung der Löslichkeit von Stoffen in einem Lösungsmittel ist von unmittelbarer praktischer Bedeutung. Eine Orientierungshilfe dafür bietet die alte Regel *„similia similibus solvuntur"* (lat. „Ähnliches löst sich in Ähnlichem"). Die Löslichkeit ist also abhängig sowohl von den Eigenschaften der zu lösenden Substanz als auch von denen des Lösungsmittels. Gemäß dieser allgemeinen Regel lösen polare Lösungsmittel polare Substanzen und Ionenverbindungen, Lösungsmittel mit Wasserstoffbrücken-Bindungen lösen Substanzen, deren Moleküle ebenfalls durch Wasserstoffbrücken-Bindungen zusammengehalten werden, und Lösungsmittel mit starken Dispersionskräften lösen unpolare molekulare Substanzen.

Polare Lösungsmittel, insbesondere Wasser, lösen sehr viele Ionenverbindungen, also Salze. Ursache dafür sind die mitunter recht starken Ionen-Dipol-Anziehungskräfte. Aufgrund dieser Wechselwirkungen können wir den Auflöseprozess eines Ionenkristalls durchaus als eine chemische Reaktion verstehen, wie dies für die Auflösung eines NaCl-Kristalls in Wasser in Abbildung 5.10 schematisch dargestellt ist.

Der Ort des Lösungsgeschehens ist die Phasengrenze fest/flüssig. Natürlich erfolgt die Auflösung des Kristalls von seiner Oberfläche her, erwartungsgemäß bevorzugt an seinen Spitzen und Kanten, da hier die Ionen-Ionen-Wechselwirkung nicht ausgeglichen ist. Im Ergebnis des Löseprozesses entstehen hydratisierte Kationen und hydratisierte Anionen, deren Anziehung untereinander durch die Lösungsmittelmoleküle verringert wird.

Die Solvathülle eines Ions unterliegt einem ständigen Wechsel der Solvensmoleküle, im zeitlichen Mittel aber ist deren Zahl und geometrische Anordnung in der ersten Sphäre durchaus als konstant anzusehen. Kationen sind im Allgemeinen von vier, häufiger noch von sechs Wassermolekülen in einer tetraedrischen bzw. oktaedrischen Anordnung umgeben. Die Hydratation von Kationen ist daher durchaus als eine Komplexbildung anzusehen, bei der die entsprechenden Aqua-Komplexe gebildet werden.

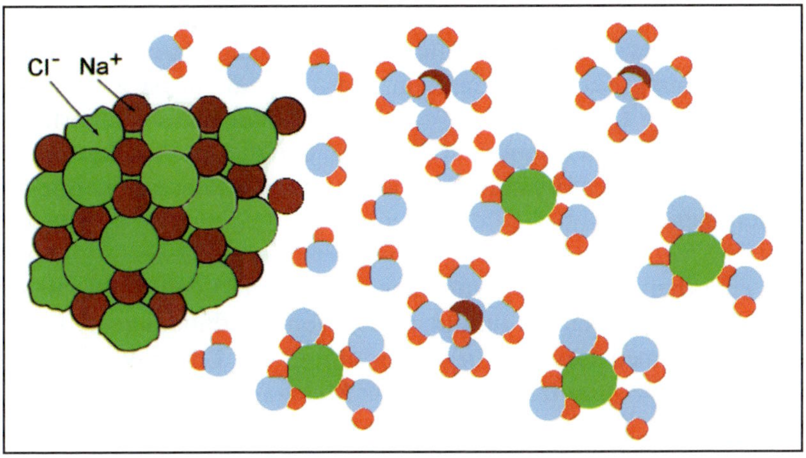

5.10 Auflösung eines NaCl-Kristalls in Wasser.

Der Energiebetrag, der freigesetzt wird, wenn 1 mol Kationen und 1 mol Anionen eines Salzes AB (z. B. KCl) aus dem Gaszustand in hydratisierte Ionen in Lösung überführt werden, heißt **Hydratationsenthalpie** (allgemein: **Solvatationsenthalpie**):

$$K^+_{(g)} + Cl^-_{(g)} \longrightarrow K^+_{(aq)} + Cl^-_{(aq)} \qquad \Delta H = -684{,}1 \text{ kJ/mol} \qquad (5\text{-}12)$$

Der Betrag der Solvatationsenthalpie zeigt naturgemäß die Stärke der Anziehungskräfte zwischen den Ionen und den Solvensmolekülen.

Wenn ein Stoff in einem Lösungsmittel gelöst wird, dann wird Energie freigesetzt oder aus der Umgebung aufgenommen. Diese Energie nennen wir die **Lösungsenthalpie**. Wie die Solvatationsenthalpie ist auch die Lösungsenthalpie konzentrationsabhängig; wenn daher nicht anders angegeben, dann beziehen sich die Werte stets auf die Bildung unendlich verdünnter Lösungen. Die Lösungsenthalpie setzt sich aus drei Teilbeträgen zusammen:

1. einem Energiebetrag zur Überwindung der Gitterenergie,
2. der Solvatationsenthalpie,
3. der Energie zum Aufbrechen der Wechselwirkung zwischen den Solvensmolekülen zur Schaffung des Raumes für die gelösten Teilchen; dieser Energiebetrag wird mitunter auch als *Lochbildungsarbeit* bezeichnet.

Eine getrennte Untersuchung dieser drei Vorgänge ist jedoch schwierig. Je nach der relativen Größe dieser drei Teilbeträge können Lösungsenthalpien entweder negativ oder positiv sein, d. h. die Auflösung eines Stoffes kann unter Erwärmung oder unter Abkühlung verlaufen. Damit erhebt sich natürlich sofort die Frage, warum ein Löseprozess unter Abkühlung eigentlich freiwillig verlaufen kann. Eine ausführliche Antwort auf diese Frage wird in Abschnitt 5.5.2 gegeben; hier sei nur so viel vermerkt, dass in der Natur alle solche Vorgänge bevorzugt ablaufen, bei denen die Unordnung eines Systems zunimmt (dies allein ist z. B. schon Grund genug für eine völlige Durchmischung zweier Gase oder Flüssigkeiten).

Die Auswirkung einer Temperaturänderung auf die Löslichkeit eines Stoffes hängt davon ab, ob bei der Herstellung einer gesättigten Lösung Energie freigesetzt oder aufgenommen wird:

- Bei endothermen Lösungsvorgängen nimmt die Löslichkeit mit steigender Temperatur zu; dies gilt für die meisten Ionenverbindungen.
- Bei exothermen Lösungsvorgängen nimmt die Löslichkeit mit steigender Temperatur ab; dies trifft z. B. für die Mehrzahl der Gase zu.

Wir hatten oben gesehen, dass der Löseprozess zur Ausbildung eines dynamischen Gleichgewichtes zwischen dem Lösevorgang und dem Fällungsvorgang führt. Jedes dynamische Gleichgewicht reagiert nun auf Änderungen der äußeren Bedingungen nach dem *Prinzip des kleinsten Zwanges* (Prinzip von LE CHATELIER, Abschnitt 5.4), indem es dem ausgeübten Zwang ausweicht. Bei einem insgesamt endothermen Löseprozess ist der Lösevorgang endotherm, der Fällungsvorgang dagegen exotherm. Eine Zufuhr von Wärme bewirkt den bevorzugten Ablauf des Wärme verbrauchenden Vorganges, also des Lösevorganges, und die Löslichkeit steigt; entsprechend bewirkt eine Wärmezufuhr bei einem insgesamt exothermen Löseprozess den bevorzugten Ablauf des Fällungsvorganges, da dieser endotherm ist und folglich Wärme verbraucht; die Löslichkeit nimmt ab.

Druckänderungen wirken sich auf Löseprozesse zwischen flüssigen und festen Stoffen nur wenig aus. Dies ist natürlich anders, wenn Gase beteiligt sind. Bei einer Druckerhöhung reagiert das System unter Volumenverringerung, es geht also eine größere Menge des Gases in Lösung. Es gilt das **HENRY-DALTONsche Gesetz**, wonach die Löslichkeit eines Gases bei gegebener Temperatur seinem Partialdruck proportional ist.

5.2.2 Kolligative Eigenschaften von Lösungen

Der Dampfdruck von Lösungen Der Dampfdruck p einer Lösung von zwei flüchtigen Komponenten A und B ist die Summe der Dampfdrücke p(A) und p(B) der beiden Komponenten.

Für *ideale Lösungen* gilt das **RAOULTsche Gesetz,** wonach sich die Partialdrücke der Komponenten A und B aus ihren Stoffmengenanteilen, x(A) und x(B), sowie den Dampfdrücken der reinen Komponenten, p^0(A) und p^0(B), gemäß Gleichung (5-16) ergeben:

$$p = p(\mathrm{A}) + p(\mathrm{B}) \quad (5\text{-}13)$$
$$p(\mathrm{A}) = x(\mathrm{A}) \cdot p^0(\mathrm{A}) \quad (5\text{-}14)$$
$$p(\mathrm{B}) = x(\mathrm{B}) \cdot p^0(\mathrm{B}) \quad (5\text{-}15)$$
$$p = x(\mathrm{A}) \cdot p^0(\mathrm{A}) + x(\mathrm{B}) \cdot p^0(\mathrm{B}) \quad (5\text{-}16)$$

In einer idealen Lösung sind die intermolekularen Anziehungskräfte zwischen den Molekülen A und B im Wesentlichen gleich denen zwischen den Molekülen A einerseits und den Molekülen B andererseits. Damit können Moleküle A und B aus der Flüssigkeit in den Gasraum entweichen, und zwar unabhängig davon, ob sie von Molekülen A oder Molekülen B umgeben sind. Die resultierenden Dampfdruckkurven als Funktion der Stoffmengenanteile sind linear, sodass auch der Gesamtdampfdruck über einer idealen Lösung linear von den Stoffmengenanteilen abhängt (Abbildung 5.11a).

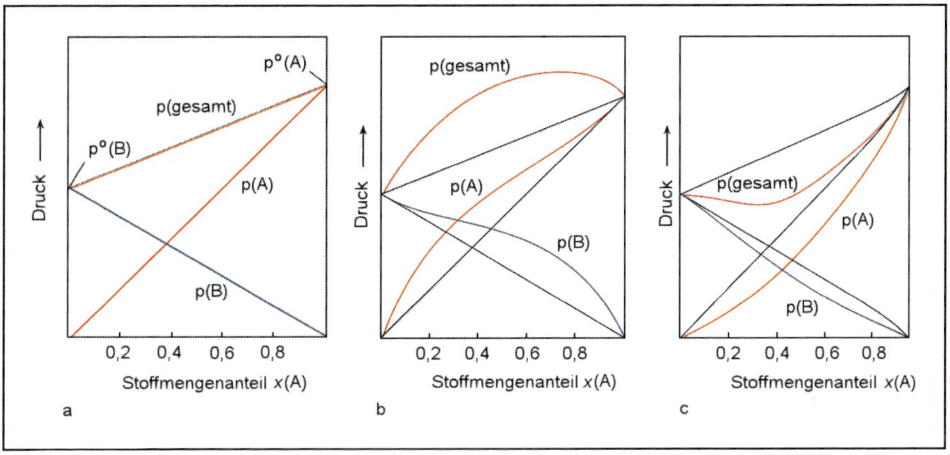

5.11 Gesamtdampfdruck und Partialdampfdrücke bei **a** idealen Lösungen; **b** positiven Abweichungen und **c** negativen Abweichungen vom RAOULTschen Gesetz.

Nun verhalten sich die wenigsten Lösungen ideal. In aller Regel sind die intermolekularen Anziehungskräfte zwischen den Molekülen A und A, B und B sowie zwischen A und B unterschiedlich. Je nach der relativen Stärke der drei intermolekularen Anziehungskräfte zueinander resultieren zwei Arten von Abweichungen vom RAOULTschen Gesetz:

- Positive Abweichungen: In diesem Fall sind die Partialdampfdrücke von A und B und damit auch der Gesamtdampfdruck höher als nach dem RAOULTschen Gesetz berechnet (Abbildung 5.11b). Diese Situation folgt, wenn die intermolekularen Anziehungskräfte zwischen A- und B-Molekülen geringer sind als die von A-Molekülen untereinander und die von B-Molekülen untereinander. Folglich können sowohl A- als auch B-Moleküle leichter in den Gasraum wechseln als nach Gleichung (5-16) berechnet wird.

- Negative Abweichungen: Die Partialdampfdrücke der Komponenten A und B und der Gesamtdampfdruck sind kleiner als für ideales Verhalten erwartet (Abbildung 5.11c). Dies ist dann der Fall, wenn die intermolekularen Anziehungskräfte zwischen den Molekülen A und B größer sind als die zwischen den A-Molekülen untereinander und die zwischen den B-Molekülen untereinander.

Befolgt eine Lösung zweier flüchtiger Komponenten A und B das RAOULTsche Gesetz, dann lässt sie sich durch eine **fraktionierte Destillation** in ihre beiden Bestandteile trennen. Nehmen wir als Beispiel eine Lösung von n-Hexan und n-Octan, die sich nahezu ideal verhält. Jede der beiden Komponenten trägt gemäß ihrem Stoffmengenanteil und ihrem eigenen Dampfdruck nach Gleichung (5-16) zum Gesamtdampfdruck der Lösung bei (Gerade in Abbildung 5.12). Beim Verdampfen einer Lösung bestimmter Zusammensetzung reichert sich die flüchtigere Komponente jedoch im Dampf an, d. h. der Dampf hat eine andere Zusammensetzung als die Lösung; das Dampfdruck-Diagramm enthält daher eine zweite Kurve (Abbildung 5.12, Kurve), die die Zusammensetzung des Dampfes angibt. Die Zusammensetzung des Dampfes über einer Lösung können wir aus diesem Diagramm nun leicht ermitteln, indem wir eine vertikale Linie von der entsprechenden Zusammensetzung der Lösung zur Gesamtdampfdruck-Kurve ziehen; vom erhaltenen Schnittpunkt ziehen wir eine horizontale Linie zur Kurve des Dampfes und können bei diesem Schnittpunkt die Zusammensetzung des Dampfes auf der Abszisse ablesen (Abbildung 5.12).

Da der Dampfdruck temperaturabhängig ist, ändert sich natürlich die Zusammensetzung des Dampfes, wenn die Verdampfung bei einer anderen Temperatur durchgeführt wird.

Bei Lösungen, die dem RAOULTschen Gesetz nicht folgen, ist die Situation anders. Eine positive Abweichung des Dampfdruckes führt zu einem Maximum in der Dampfdruckkurve und damit zu einem Siedepunktminimum. Eine negative Abweichung führt entsprechend zu einem Minimum in der Dampfdruckkurve und damit zu einem Siedepunktmaximum. Solche Lösungen bezeichnen wir als **azeotrope Gemische**. Sie haben jeweils einen konstanten Siedepunkt, wobei Flüssigkeit und Dampf die gleiche Zusammensetzung haben; eine destillative Trennung ist daher prinzipiell nicht möglich. Ein azeotropes Gemisch mit einem Siedepunktminimum bilden z. B. Ethanol und Wasser: reines Ethanol siedet bei 78,37 °C, reines Wasser bei 100 °C, das azeotrope Gemisch siedet bei 78,15 °C; Flüssigkeit und Dampf enthalten jeweils 95,58 % Ethanol und 4,42 % Wasser – eine destillative Trennung ist nicht möglich.

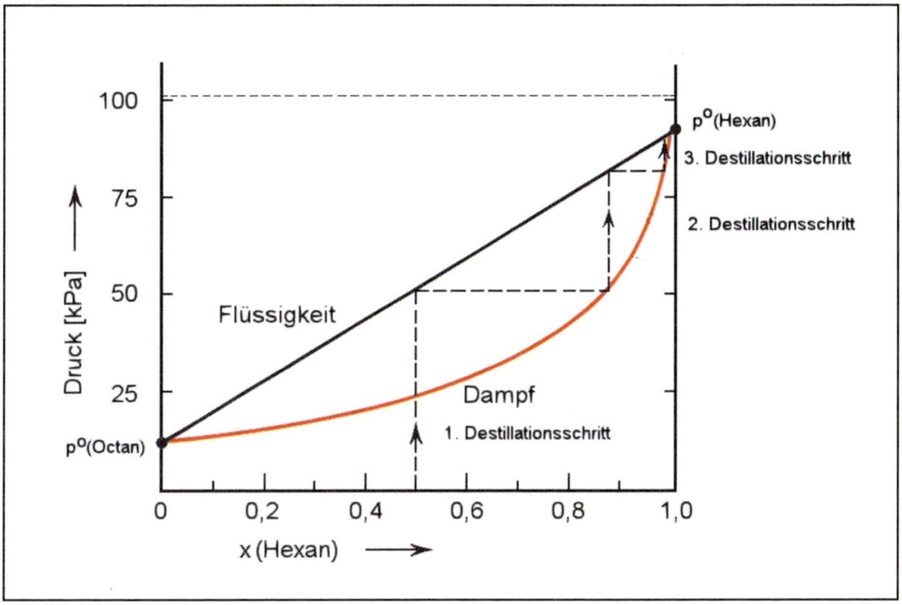

5.12 Druck-Zusammensetzungs-Diagramm für die fraktionierte Destillation einer 1 : 1-Lösung von n-Hexan und n-Octan bei 65 °C.

Betrachten wir nun die Lösung eines **nichtflüchtigen** Stoffes B in einem flüchtigen Lösungsmittel A ($p^0(\mathrm{B}) = 0$). Der Dampfdruck einer solchen Lösung geht nur auf den Dampfdruck des Lösungsmittels zurück. Solange es sich um verdünnte Lösungen handelt, wird in der Regel das RAOULTsche Gesetz erfüllt sein; es gilt:

$$p = x(\mathrm{A}) \cdot p^0(\mathrm{A}) \qquad (5\text{-}17)$$

$$x(\mathrm{A}) + x(\mathrm{B}) = 1 \qquad (5\text{-}18)$$

$$p = (1 - x(\mathrm{B})) \cdot p^0(\mathrm{A}) \qquad (5\text{-}19)$$

$$\mathrm{p} = p^0(\mathrm{A}) - x(\mathrm{B}) \cdot p^0(\mathrm{A}) \qquad (5\text{-}20)$$

Die Lösung hat einen geringeren Dampfdruck als das reine Lösungsmittel. Eine solche Lösung eines nichtflüchtigen Stoffes kann durch eine einfache Destillation in ihre Komponenten getrennt werden. Man muss nur das flüchtige Lösungsmittel absieden lassen und seinen Dampf wieder kondensieren.

Die Dampfdruckerniedrigung des Lösungsmittels durch den gelösten nichtflüchtigen Stoff ist eine **kolligative Eigenschaft** der Lösung, da sie gemäß Gleichung (5-20) nur abhängig ist von der Anzahl der gelösten Teilchen, nicht jedoch von deren Natur.

Gefrierpunkt und Siedepunkt von Lösungen Die Dampfdruckerniedrigung von Lösungen nichtflüchtiger Stoffe wirkt sich auf deren Gefrierpunkt und Siedepunkt aus. Dies lässt sich sehr anschaulich an einem entsprechenden Zustandsdiagramm wie in Abbildung 5.13 illustrieren (genau genommen sind es zwei Zustandsdiagramme in *einer* Darstellung, nämlich zum einen das des reinen Lösungsmittels und zum anderen das der Lösung). Die Versetzung der Dampfdruckkurve der Lösung gegenüber der des reinen Lösungsmittels führt zu einer Erniedrigung des Gefrierpunktes um ΔT_G, da der Schnittpunkt der Dampfdruckkurve der Lösung mit der des Festkörpers bei einer niedrigeren Temperatur liegt. Dagegen wird der Schnittpunkt der Dampfdruckkurve der Lösung mit der Geraden des äußeren Druckes und damit der Siedepunkt um einen charakteristischen Betrag ΔT_S zu einer höheren Temperatur verschoben.

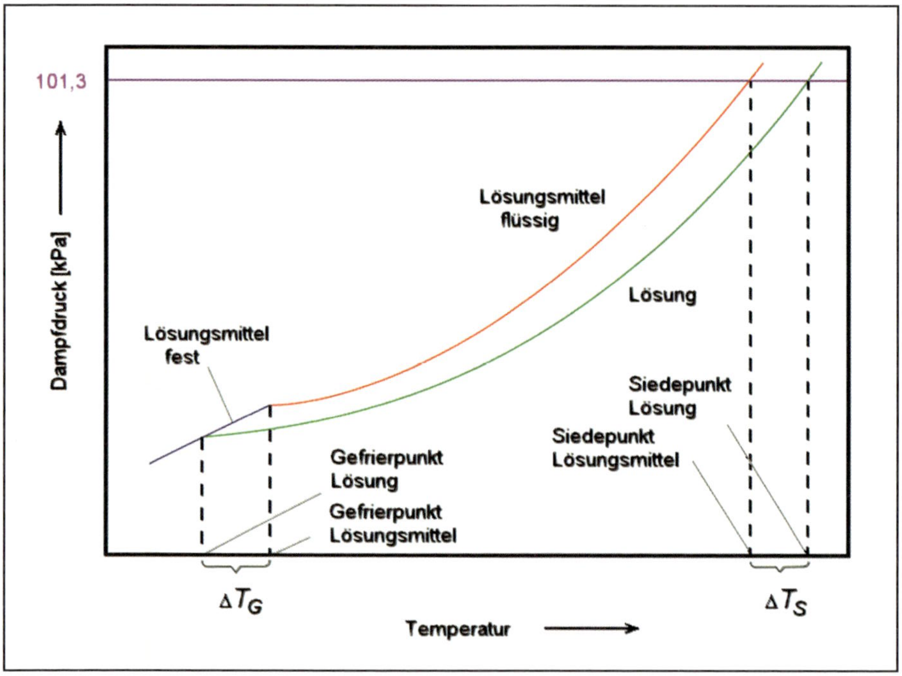

5.13 Dampfdruckkurve für das reine Lösungsmittel und für die Lösung eines nichtflüchtigen Stoffes bei konstantem Außendruck von 101,3 kPa (nicht maßstabsgerecht).

Die Versetzung der Dampfdruckkurve der Lösung gegenüber der des reinen Lösungsmittels ist konzentrationsabhängig. Für ein gegebenes Lösungsmittel und eine gegebene Stoffmengenkonzentration sind ΔT_G bzw. ΔT_S immer gleich groß; beide Größen sind also abhängig nur von der Zahl der in Lösung befindlichen Teilchen und unabhängig von deren Natur. Als Konzentrationsmaß wird im Allgemeinen die Molalität b verwendet; dann gilt:

$$\Delta T_G = E_G \cdot b \qquad \text{bzw.} \qquad \Delta T_S = E_S \cdot b \tag{5-21}$$

E_G und E_S sind darin die molale Gefrierpunktserniedrigung bzw. die molale Siedepunktserhöhung in der Einheit $K \cdot kg \cdot mol^{-1}$, die zuweilen auch als **kryoskopische** bzw. **ebullioskopische Konstante** bezeichnet werden; es sind stoffspezifische Konstanten des Lösungsmittels (Tabelle 5.1).

Als kolligative Eigenschaften von Lösungen werden die Siedepunktserhöhung und vor allem die Gefrierpunktserniedrigung zur experimentellen Bestimmung von Molmassen herangezogen; die entsprechenden Methoden werden als **Ebullioskopie** bzw. **Kryoskopie** bezeichnet.

Osmotischer Druck und Osmose Eine weitere Eigenschaft von Lösungen, die nur von der Zahl der in Lösung befindlichen Teilchen, nicht aber von deren Natur abhängt, ist die Osmose, die sich durch eine sehr einfache Versuchsanordnung demonstrieren lässt. Wie in Abbildung 5.14 gezeigt, verwenden wir dafür ein U-Rohr, dessen beide Schenkel durch eine *semipermeable Wand* voneinander getrennt sind; semipermeabel heißt, dass durch die Poren einer solchen Wand kleinere Ionen oder Moleküle hindurchtreten können, nicht jedoch entsprechend größere. So können wir z. B. eine Porengröße wählen, die Wassermoleküle hindurchtreten lässt, nicht jedoch in Wasser gelöste Glucose-Moleküle. Füllen wir nun zu Beginn unseres Experimentes in den einen Schenkel des U-Rohres reines Wasser und in den zweiten mit gleicher Höhe des Flüssigkeitsspiegels eine Glucose-Lösung, so beobachten wir mit der Zeit einen Anstieg des Flüssigkeitsspiegels auf der Seite der Glucose-Lösung und ein entsprechendes Absinken auf der Seite des reinen Wassers. Warum ist das so?

Tabelle 5.1 Molale Siedepunktserhöhung E_S und molale Gefrierpunktserniedrigung E_G einiger Lösungsmittel

Lösungsmittel	Siedepunkt [°C]	E_S [$K \cdot kg \cdot mol^{-1}$]	Gefrierpunkt [°C]	E_G [$K \cdot kg \cdot mol^{-1}$]
H_2O	100,0	+0,512	0,0	−1,86
C_2H_5OH	78,3	+1,22	−114,6	−1,99
C_6H_6	80,1	+2,53	5,5	−5,12
CH_3COOH	118,1	+3,07	16,6	−3,90
$CHCl_3$	61,2	+3,63	−63,5	−4,68

In reinem Wasser befinden sich pro Volumeneinheit mehr Wassermoleküle als in der Glucose-Lösung, sodass auch mehr Wassermoleküle auf die Membran treffen und durch diese hindurch diffundieren als aus der entgegengesetzten Richtung. Folglich steigt der Flüssigkeitsspiegel auf der Seite der Glucose-Lösung an und die

Lösung wird verdünnt; dieses Phänomen wird als **Osmose** bezeichnet. Mit zunehmender Niveau-Differenz erhöht sich aber der hydrostatische Druck auf der Seite der Glucose-Lösung, sodass sich auch die Zahl der Wassermoleküle erhöht, die von der Seite der Glucose-Lösung auf die des Wassers wechseln. Wenn der hydrostatische Druck so weit gestiegen ist, dass die Zahl der in beide Richtungen diffundierenden Wassermoleküle gleich ist, kommt der Vorgang makroskopisch gesehen zum Stillstand; es hat sich ein dynamischer Gleichgewichtszustand eingestellt. Die Druckdifferenz, die sich aus dem Niveau-Unterschied der Flüssigkeiten in den beiden Schenkeln des U-Rohres ergibt, nennen wir den **osmotischen Druck**. Übt man auf der Seite der Lösung einen höheren Druck aus als dem osmotischen Druck entspricht, so erzwingt man einen Wasserfluss aus der Lösung zum reinen Wasser. Dieses Prinzip der **reversen Osmose** wird bei der Gewinnung von reinem Wasser aus Salzwasser technisch angewendet.

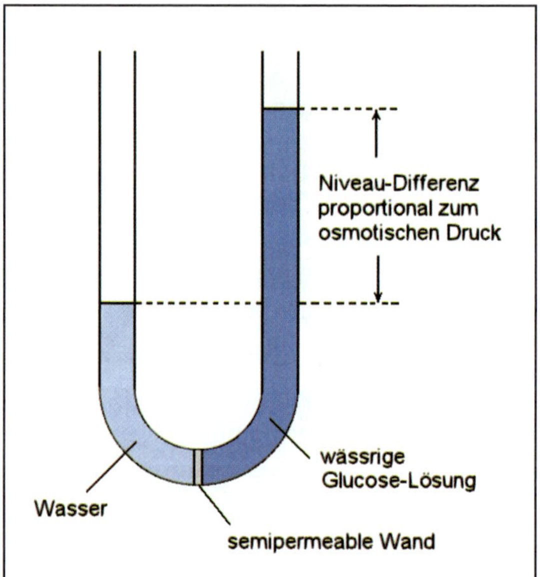

5.14 Osmose.

Die Moleküle eines gelösten Stoffes verhalten sich in der Lösung, wenn man sie für sich allein betrachtet, so ähnlich wie die Moleküle eines Gases in einem geschlossenen Gefäß:

- Sie befinden sich in einer ständigen regellosen Bewegung.
- Sie sind relativ weit voneinander entfernt.
- Sie sind in einem definierten Volumen eingeschlossen.

VAN'T HOFF übertrug daher die Zustandsgleichung des idealen Gases auf die Verhältnisse in Lösungen und fand dafür

$$\pi \cdot V = n \cdot R \cdot T$$

$$\pi = \frac{n}{V} \cdot R \cdot T = c \cdot R \cdot T \qquad (5\text{-}22)$$

Auch der osmotische Druck π ist also proportional der Stoffmengenkonzentration c und unabhängig von der Natur der gelösten Teilchen.

Die Osmose spielt bei vielen physiologischen Vorgängen in Pflanzen und Tieren eine ganz wesentliche Rolle. Beispiele dafür sind der Stoffdurchgang durch die semipermeablen Zellwände (Membrantransport), die Rückresorption von Wasser in der Niere, die Aufrechterhaltung des Zell-Turgors (speziell bei Pflanzen). Bei Injektionen und bei einer intravenösen Ernährung müssen die zugeführten Lösungen mit dem Blut *isotonisch* sein, d.h. den gleichen osmotischen Druck besitzen. In reinem Wasser würde durch die semipermeablen Zellwände der Erythrocyten ein Wasserfluss in deren Inneres erfolgen, wodurch der Druck ständig ansteigt und die Zellen letztlich platzen ließe. Umgekehrt käme es in einer konzentrierten Glucose-Lösung zu einem Wasseraustritt aus den Erythrocyten; diese würden schrumpfen und damit ihre Funktion nicht mehr wahrnehmen können. Mit dem Blut isotonisch ist die physiologische Kochsalz-Lösung, die 0,95 g NaCl in 100 g Wasser enthält. Lösungen mit einem geringeren osmotischen Druck bezeichnet man als **hypotonisch**, solche mit einem höheren osmotischen Druck als **hypertonisch**.

Tabelle 5.2 **VAN'T HOFFsche Faktoren *i***

Elektrolyt	Erwartungswert	Messwert bei Konzentration von		
		0,001 mol/kg	0,01 mol/kg	0,1 mol/kg
NaCl	2	1,97	1,94	1,87
$MgSO_4$	2	1,82	1,53	1,21
K_2SO_4	3	2,84	2,69	2,32
$K_3[Fe(CN)_6]$	4	3,82	3,36	2,85

Während sich Nichtelektrolyte wie z.B. Glucose in Wasser molekular lösen, dissoziieren starke Elektrolyte beim Lösen in Wasser in ihre Ionen. Da die kolligativen Eigenschaften von Lösungen von der Teilchenzahl abhängen, bedeutet dies jedoch, dass bei gleicher Stoffmengenkonzentration c für einen 1 : 1-Elektrolyten wie NaCl ein doppelt so großer Effekt, für einen 1 : 2-Elektrolyten wie $BaCl_2$ ein dreifach so großer Effekt etc. beobachtet werden muss. Dies wird in der Tat auch so gefunden. Das Verhältnis des gemessenen Wertes für eine der kolligativen Eigenschaften zu dem Wert, der für einen Nichtelektrolyten erwartet wird, definiert den **VAN'T HOFFschen Faktor *i***; wenn ein gelöster Stoff in Ionen dissoziiert, dann muss die molale Konzentration mit diesem Faktor korrigiert werden (Tabelle 5.2):

$$\Delta T_G = i \cdot E_G \cdot b; \qquad \Delta T_S = i \cdot E_S \cdot b; \qquad \pi = i \cdot c \cdot R \cdot T \tag{5-23}$$

Die gemessenen Werte für i weichen mit zunehmender Konzentration immer stärker von den theoretischen Werten ab. Die Ursache dafür liegt in der *interionischen Wechselwirkung*, in deren Folge sich die Ionen mit zunehmender Konzentration immer weniger unabhängig voneinander bewegen können. Da die elektrostatische Anziehung zwischen Kationen und Anionen auch mit deren Ladung anwächst, sind bei gleicher Konzentration die Abweichungen z. B. bei $MgSO_4$ größer als bei NaCl.

5.3 Grundlagen der chemischen Kinetik

Die chemische Kinetik ist die Lehre von der Geschwindigkeit chemischer Reaktionen. Generell verlaufen chemische Reaktionen mit sehr unterschiedlichen Geschwindigkeiten, wie die nachfolgenden beiden Beispiele der Umsetzung von Fluor bzw. Chlor mit Wasserstoff bei Raumtemperatur zeigen:

$$H_2 + F_2 \longrightarrow 2\,HF \qquad \text{extrem schnell}$$
$$H_2 + Cl_2 \longrightarrow 2\,HCl \qquad \text{extrem langsam}$$

Die Faktoren, die die Geschwindigkeiten chemischer Reaktionen beeinflussen, sind vor allem die Konzentrationen der Reaktionsteilnehmer, die Temperatur sowie die Anwesenheit oder Abwesenheit geeigneter Hilfsstoffe, der Katalysatoren bzw. Inhibitoren. Aus dem experimentellen Studium dieser Faktoren gewinnt man Kenntnisse darüber, auf welchem Wege die Reaktanden in die Produkte umgewandelt werden; eine solche detaillierte Beschreibung eines Reaktionsablaufes ist der Reaktionsmechanismus. Genau genommen sind Reaktionsmechanismen aber nur Interpretationen der experimentellen Befunde, sie lassen sich nicht *beweisen*; folglich haben wir oft keine Gewissheit darüber, ob der abgeleitete Reaktionsmechanismus auch dem tatsächlichen Reaktionsablauf entspricht.

Die meisten chemischen Reaktionen verlaufen nicht in einem einzigen Schritt, sondern über einen mehrstufigen Mechanismus, auch wenn die Reaktionsgleichung zunächst sehr simpel ist.

Die Geschwindigkeit chemischer Reaktionen r wird im Allgemeinen durch die Konzentrationszunahme der Produkte bzw. durch die Konzentrationsabnahme der Edukte in einem Zeitintervall ausgedrückt. Da die Geschwindigkeit jedoch veränderlich ist, werden anstelle der Differenzenquotienten korrekter die entsprechenden *Differentialquotienten* verwendet. Für eine Reaktion

$$a\,A + b\,B \longrightarrow c\,C + d\,D \tag{5-24}$$

ergibt sich folglich für die Geschwindigkeit

$$r = \frac{1}{c}\frac{\mathrm{d}c\,(\mathrm{C})}{\mathrm{d}t} = \frac{1}{d}\frac{\mathrm{d}c\,(\mathrm{D})}{\mathrm{d}t} = -\frac{1}{a}\frac{\mathrm{d}c\,(\mathrm{A})}{\mathrm{d}t} = -\frac{1}{b}\frac{\mathrm{d}c\,(\mathrm{B})}{\mathrm{d}t} \qquad (5\text{-}25)$$

Die Reaktionsgeschwindigkeit ändert sich in der Regel während des Ablaufes der Reaktion. In Abbildung 5.15 sind die Konzentrationen der Edukte und der Produkte von Reaktion (5-24) gegen die Reaktionszeit aufgetragen (die stöchiometrischen Koeffizienten a, b, c und d sind zu 1 angenommen).

Zu Beginn der Reaktion ($t = 0$) sind die Konzentrationen der Produkte C und D gleich Null; sie steigen zunächst schnell an, während gleichzeitig die Konzentrationen der Edukte A und B ebenso schnell absinken. Mit fortschreitender Reaktionsdauer ändern sich die Konzentrationen der Edukte und Produkte immer langsamer, d. h. die Reaktionsgeschwindigkeit verlangsamt sich. Bei der Mehrzahl der chemischen Reaktionen hängt die Geschwindigkeit von den Konzentrationen der Edukte ab: In dem Maße, in dem diese umgesetzt werden, verringert sich die Geschwindigkeit der Reaktion. Die Geschwindigkeit der Reaktion zu einem gegebenen Zeitpunkt t ist durch den Anstieg der Tangente an die Konzentrations-Zeit-Kurve zu diesem Zeitpunkt gegeben (Abbildung 5.15); für die zunehmenden Konzentrationen der Produkte ist dieser Anstieg positiv, für die abnehmenden Konzentrationen der Edukte entsprechend negativ. Der Anstieg der Tangente an die Konzentrations-Zeit-Kurve der Edukte zum Zeitpunkt $t = 0$ ist die **Anfangsgeschwindigkeit** der Reaktion.

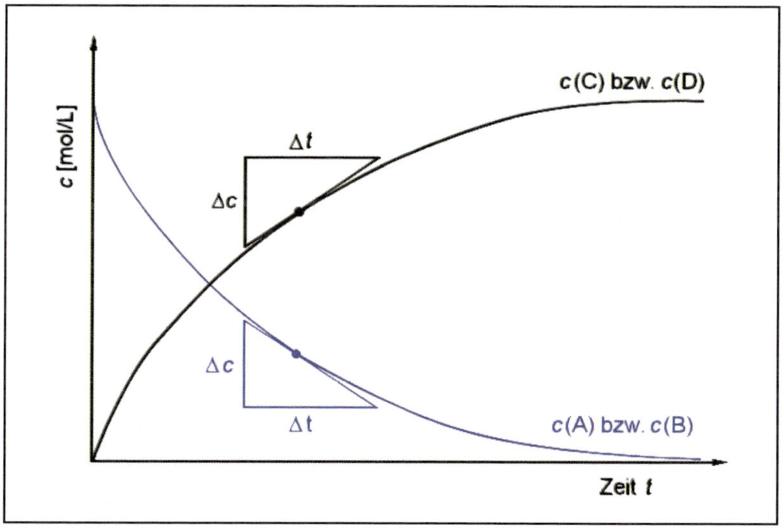

5.15 Konzentrations-Zeit-Verlauf für Edukte und Produkte von Gleichung (5-24).

Die stöchiometrischen Koeffizienten der Reaktionsgleichung erscheinen im Geschwindigkeitsausdruck als reziproke Faktoren (Gleichung 5-25):

$$H_2 + I_2 \longrightarrow 2\,HI\,; \qquad -\frac{dc\,(H_2)}{dt} = -\frac{dc\,(I_2)}{dt} = \frac{1}{2}\frac{dc\,(HI)}{dt} \tag{5-26}$$

Während der Reaktion nehmen die Konzentrationen von H_2 und I_2 mit der gleichen Geschwindigkeit ab, da pro H_2-Molekül auch ein I_2-Molekül verschwindet (die stöchiometrischen Koeffizienten sind 1). Die Zunahme der HI-Konzentration erfolgt jedoch doppelt so schnell wie die Abnahme der Konzentration von H_2 und I_2, da bei der Reaktion eines H_2-Moleküls mit einem I_2-Molekül 2 HI-Moleküle entstehen (der stöchiometrische Koeffizient ist 2). Für das Gleichsetzen von Änderungsgeschwindigkeiten in einem Geschwindigkeitsausdruck ergibt sich also notwendigerweise eine Division durch die entsprechenden stöchiometrischen Koeffizienten. Die Geschwindigkeiten, mit der sich *einzelne* Konzentrationen ändern, können also durchaus verschiedene Größe und Vorzeichen besitzen und dabei die gleiche *Reaktionsgeschwindigkeit des Gesamtvorganges* beschreiben.

Die Reaktionsgeschwindigkeit kann somit durch die zeitliche Konzentrationsänderung eines jeden einzelnen Reaktionsteilnehmers (Edukte oder Produkte) beschrieben werden. Dies ist deshalb wichtig, weil die Konzentrationsmessung für einen *bestimmten* Reaktionspartner während des Ablaufes einer Reaktion häufig genug experimentell schwierig oder gar unmöglich ist.

Für die zeitliche Verfolgung von Konzentrationsänderungen sind naturgemäß nur solche Methoden geeignet, die den Reaktionsablauf selbst nicht stören; am günstigsten sind *kontinuierliche* Messungen von Eigenschaften, die sich mit der Konzentration ändern wie Farbe, elektrische Leitfähigkeit, Druck, Volumen usw. Die Konzentration wird üblicherweise als Stoffmengenkonzentration in mol/l angegeben, sodass die Einheit der Reaktionsgeschwindigkeit dann mol/(l · s) ist.

5.3.1 Konzentrationsabhängigkeit der Reaktionsgeschwindigkeit

Das Wesen einer chemischen Reaktion besteht darin, dass bestehende Bindungen in den Edukt-Molekülen gelöst und neue Bindungen unter Bildung der Produkt-Moleküle ausgebildet werden. Damit dies geschehen kann, müssen die Edukt-Moleküle zusammenstoßen (Kollisions-Theorie, siehe unten). Die Zahl dieser Zusammenstöße wächst mit zunehmender Zahl von Edukt-Molekülen pro Volumeneinheit, sodass die Reaktionsgeschwindigkeit im Allgemeinen mit steigender Konzentration zunimmt.

Für jede chemische Reaktion lässt sich auf der Grundlage der experimentell bestimmten Konzentrations-Zeit-Abhängigkeiten eine mathematische Beziehung ableiten, in der die Konzentrationen der Edukte mit der Reaktionsgeschwindigkeit verknüpft sind; diese mathematische Gleichung ist das **Geschwindigkeitsgesetz** der betreffenden Reaktion.

Für den Zerfall von Distickstoffpentaoxid zu Stickstoffdioxid und Disauerstoff gemäß:

$$N_2O_{5(g)} \longrightarrow 4\,NO_{2(g)} + O_{2(g)} \tag{5-27}$$

ist die Reaktionsgeschwindigkeit direkt proportional zur Konzentration des N_2O_5 und wir erhalten:

$$r = k \cdot c(N_2O_5) \tag{5-28}$$

mit k als Proportionalitätsfaktor oder **Geschwindigkeitskonstante**. Die Geschwindigkeitskonstante k hängt von der Temperatur ab und muss für jede Reaktion experimentell ermittelt werden. Die Konzentration des Eduktes tritt mit dem Exponenten +1 auf.

Für die Reaktion von Methyliodid mit Iodwasserstoff zu Methan und Iod gemäß

$$CH_3I_{(g)} + HI_{(g)} \longrightarrow CH_{4\,(g)} + I_{2(g)} \tag{5-29}$$

findet man ein Geschwindigkeitsgesetz, in dem die Konzentrationen beider Edukte jeweils mit dem Exponenten +1 auftreten, also

$$r = k \cdot c(CH_3I) \cdot c(HI) \tag{5-30}$$

Für die Oxidation von Stickstoffmonoxid mit Disauerstoff ergibt sich ein Geschwindigkeitsgesetz, in dem die Konzentration des NO in der zweiten Potenz und die des O_2 in der ersten Potenz auftreten:

$$2\,NO_{(g)} + O_{2(g)} \longrightarrow 2\,NO_{2(g)} \tag{5-31}$$
$$r = k \cdot c(NO)^2 \cdot c(O_2) \tag{5-32}$$

Die in den Geschwindigkeitsgesetzen auftretenden Exponenten der Konzentrationsparameter der Edukte bezeichnet man als **Teilreaktionsordnungen**; ihre Summe ergibt die **Brutto-Reaktionsordnung** oder kurz Reaktionsordnung. So ist die Reaktion (5-29) 1. Ordnung bezüglich Methyliodid und 1. Ordnung bezüglich Iodwasserstoff; insgesamt handelt es sich also um eine Reaktion 2. Ordnung. Die Oxidation von NO mit O_2 ist eine Reaktion 3. Ordnung etc.

Bei einigen Reaktionen ist die Geschwindigkeit allerdings unabhängig von der Edukt-Konzentration; es sind dies dann Reaktionen 0. Ordnung. Ein typisches Beispiel dafür ist die Zersetzung von Distickstoffmonoxid bei hohem Druck an einer katalytisch wirkenden Goldoberfläche:

$$2\,N_2O_{(g)} \longrightarrow 2\,N_{2(g)} + O_{2(g)} \tag{5-33}$$

Das Geschwindigkeitsgesetz für diese Reaktion lautet:

$$r = k \tag{5-34}$$

Die Reaktionsordnungen müssen nicht immer ganzzahlig sein. Geschwindigkeitsgesetze können daher durchaus komplizierte Gleichungen darstellen. Auch müssen chemisch sehr ähnliche Reaktionen nicht zwangsläufig dem gleichen Geschwindigkeitsgesetz folgen.

Die Teilreaktionsordnungen, die Geschwindigkeitskonstante und damit das Geschwindigkeitsgesetz einer chemischen Reaktion müssen immer experimentell ermittelt werden. Geschwindigkeitsgesetze chemischer Reaktionen stellen also einen Zusammenhang zwischen der Reaktionsgeschwindigkeit und den Konzentrationen der Reaktanden her. Diese Gleichungen lassen sich durch Integration in der Weise umformen, dass sie eine Beziehung zwischen den Konzentrationen der Edukte und der abgelaufenen Zeit herstellen.

5.3.2 Kollisions-Theorie und Theorie des Übergangszustands

Chemische Reaktionsgleichungen zeigen uns die stöchiometrischen Verhältnisse zwischen Edukten und Produkten. Sie machen jedoch keine Aussage darüber, ob die betrachtete Reaktion in nur einem oder in mehreren Schritten abläuft, ob also **Zwischenprodukte** gebildet werden, die unmittelbar weiterreagieren, oder nicht. Verläuft eine Reaktion über mehrere Stufen, treten die Zwischenprodukte naturgemäß nicht in der Gesamtgleichung auf. Ein mehrstufiger Reaktionsmechanismus ist eine Abfolge einstufiger **Elementarreaktionen**. Die langsamste dieser Elementarreaktionen bestimmt die Gesamtgeschwindigkeit der Reaktion und wird demzufolge als der **geschwindigkeitsbestimmende Schritt** bezeichnet.

Eine ganze Reihe chemischer Reaktionen verläuft jedoch einstufig, d. h. in einem einzigen Schritt. Im Folgenden wollen wir der Frage nachgehen, wie solche Reaktionen ablaufen.

Betrachten wir der Einfachheit halber eine Reaktion in der Gasphase, z. B.

$$A_{2(g)} + X_{2(g)} \longrightarrow 2\,AX_{(g)} \tag{5-35}$$

Die Bildung von AX erfordert, dass die bestehenden Bindungen A–A und X–X gelöst und gleichzeitig die beiden neuen A–X-Bindungen geknüpft werden. Die erste Voraussetzung dafür besteht darin, dass ein A_2-Molekül mit einem X_2-Molekül *zusammenstoßen* muss. Es ist daher logisch, dass die Reaktionsgeschwindigkeit zur Anzahl der Kollisionen pro Zeiteinheit proportional ist.

Wie wir bereits in Abschnitt 5.1.1 gesehen hatten, ist die Zahl der Kollisionen in einem Gas außerordentlich groß. Wenn nun jede dieser Kollisionen zu einer Reaktion führen würde, müssten die Reaktionen sehr viel schneller ablaufen als dies tatsächlich beobachtet wird. Dies bedeutet, dass nur ein bestimmter Bruchteil aller

Kollisionen zu einer Reaktion führt; diesen Bruchteil nennen wir die **effektiven Kollisionen**.

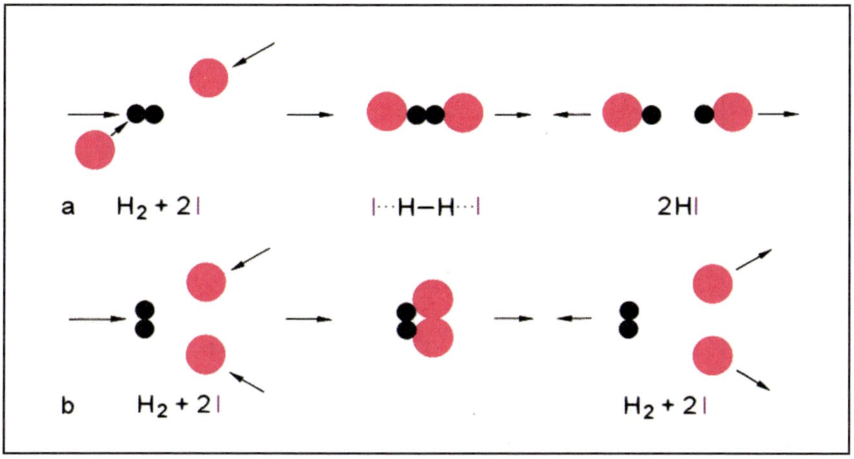

5.16 Die Rolle der räumlichen Orientierung beim Zusammenstoß der Reaktionspartner: **a** Zusammenstoß führt zur Reaktion; **b** räumliche Orientierung für eine Reaktion ungeeignet.

Es lassen sich zwei Gründe dafür anführen, dass nicht jede Kollision auch zu einer Reaktion führt. Zum einen können die Moleküle in einer ungünstigen räumlichen Orientierung zueinander zusammenstoßen; der Winkel, den die Moleküle beim Zusammenstoß zueinander besitzen, ist für die erforderliche Lösung und Neuknüpfung der Bindungen ungeeignet (Abbildung 5.16b). Zum anderen sind viele Zusammenstöße nicht heftig genug, um zu einem Bruch der bestehenden Bindungen führen zu können; die Moleküle prallen unverändert voneinander ab. Mit anderen Worten: Für eine effektive Kollision muss die Summe der kinetischen Energien beider Moleküle einen Mindestbetrag übersteigen. Dies steht in Übereinstimmung mit der Temperaturabhängigkeit der Reaktionsgeschwindigkeit. Bei allen chemischen Reaktionen nimmt die Reaktionsgeschwindigkeit mit steigender Temperatur zu; eine Temperaturerhöhung um 10 °C bewirkt eine Erhöhung der Reaktionsgeschwindigkeit um das zwei- bis vierfache. Mit steigender Temperatur erhöht sich zwar die Zahl der Kollisionen insgesamt, ausschlaggebend ist jedoch eine Erhöhung des Anteils der Moleküle, die über die für eine effektive Kollision erforderliche Mindestenergie verfügen. Dies folgt aus der MAXWELL-BOLTZMANN-Verteilung der mittleren kinetischen Energie eines Gases bei steigender Temperatur (Abbildung 5.17).

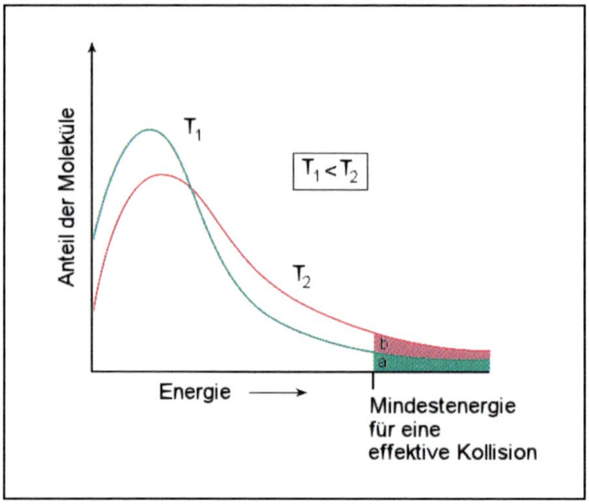

5.17 Erhöhung des Anteils der Moleküle mit der für eine effektive Kollision erforderlichen Mindestenergie mit steigender Temperatur.

Abbildung 5.17 zeigt, dass der Anteil von Molekülen mit der für eine effektive Kollision notwendigen Mindestenergie bei T_1 der Fläche a entspricht, bei der höheren Temperatur T_2 jedoch der Fläche a + b.

Etwas anders behandelt die **Theorie des Übergangszustandes** die energetischen Anforderungen für eine effektive Kollision. Wenn wir bei unserem allgemeinen Beispiel der Reaktion von A_2 mit X_2 im Gaszustand bleiben, dann werden sich bei einer eher sanften Kollision die Elektronenwolken der beiden Moleküle so weit abstoßen, dass sich kein genügend enger Kontakt für die Knüpfung der A–X-Bindungen ergeben kann. Erfolgt die Kollision jedoch mit genügend großer Energie und haben die beiden Stoßpartner die erforderliche räumliche Orientierung zueinander, dann kann die Bildung eines kurzlebigen **aktivierten Komplexes** **[A_2X_2]** angenommen werden. Dieser aktivierte Komplex kann entweder unter Bildung der Produkt-Moleküle AX oder unter Rückbildung der Edukt-Moleküle A_2 und X_2 zerfallen.

Der aktivierte Komplex ist kein isolierbares Molekül; seine Bezeichnung als **Übergangszustand** ist daher auch treffender. Es ist ein instabiler Verband von Atomen, der nur einen sehr kurzen Moment existiert. In diesem Zustand sind die Bindungen in den Edukt-Molekülen noch nicht vollständig gelöst, die in den Produkt-Molekülen noch nicht vollständig ausgebildet. Trägt man die potenzielle

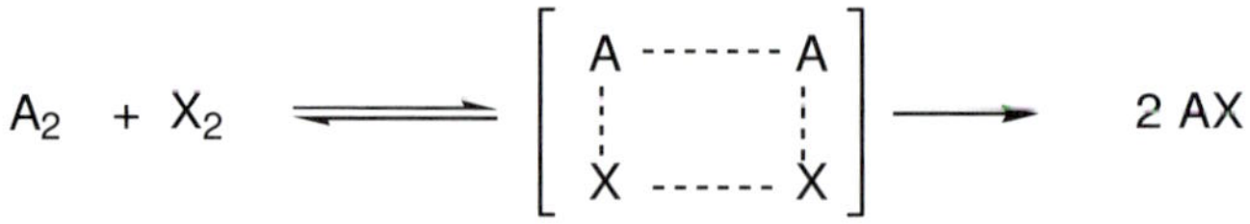

Energie der Reaktanden, der Produkte und des Übergangszustandes gegen die *Reaktionskoordinate* auf, so erhält man das in Abbildung 5.18 gezeigte Diagramm; die Reaktionskoordinate zeigt gewissermaßen den Fortgang der Reaktion an.

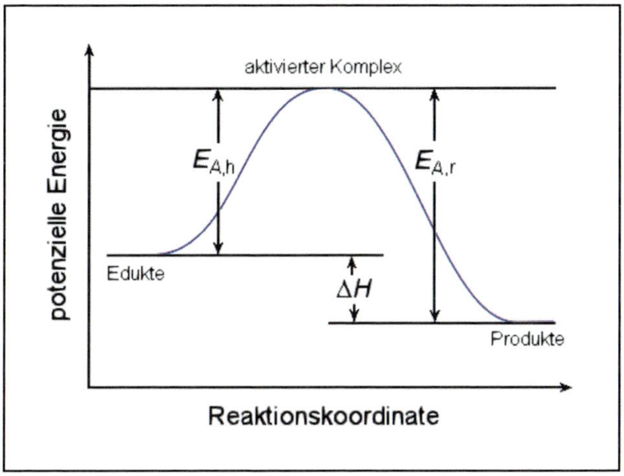

5.18 Reaktions-Energie-Diagramm für eine Reaktion

$$A_2 + X_2 \rightleftharpoons [A_2X_2] \longrightarrow 2\,AX.$$

Der Übergangszustand ist ein Zustand relativ hoher potenzieller Energie. Die Differenz zwischen der potenziellen Energie der Edukte und der des Übergangszustandes wird als **Aktivierungsenergie** ($E_{A,h}$) bezeichnet. Bei jeder effektiven Kollision zwischen einem A_2- und einem X_2-Molekül wird ein Teil ihrer kinetischen Energie in potenzielle Energie umgewandelt und damit die Aktivierungsenergie zur Bildung des aktivierten Komplexes aufgebracht (die Gesamtenergie der Moleküle bleibt konstant). Zerfällt der aktivierte Komplex unter Rückbildung der Edukt-Moleküle, so wird die Aktivierungsenergie wieder als kinetische Energie dieser Moleküle freigesetzt. Zerfällt der aktivierte Komplex unter Bildung der AX-Moleküle, so wird die Energie $E_{A,r}$ als kinetische Energie dieser Moleküle frei. Die Aktivierungsenergie ist also eine Energiebarriere auf dem Weg von den Reaktanden zu den Produkten. Unabhängig davon, ob die Produkte einen niedrigeren oder einen höheren Energieinhalt haben als die Reaktanden, muss das System auf jeden Fall diese Energiebarriere überwinden.

Sind die Produkte energieärmer als die Reaktanden, dann ist die Reaktion **exotherm**; sind die Produkte energiereicher als die Reaktanden, so ist die Reaktion **endotherm**. Die dazugehörigen Energiediagramme sind in Abbildung 5.19 dargestellt.

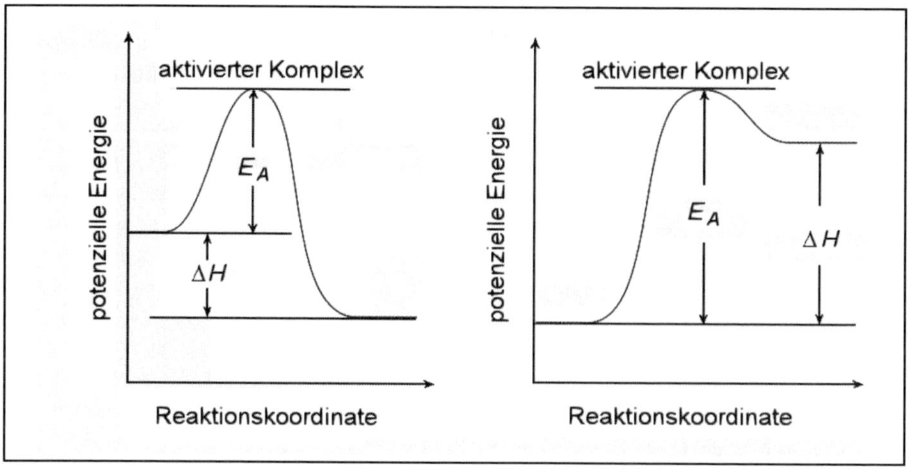

5.19 Reaktions-Energie-Diagramm für eine einstufige exotherme Reaktion (links, ΔH ist negativ) und eine einstufige endotherme Reaktion (rechts, ΔH ist positiv).

Das experimentelle Geschwindigkeitsgesetz mit den ermittelten Reaktionsordnungen beschreibt die chemische Reaktion als makroskopischen Vorgang. Davon zu unterscheiden ist die **Reaktionsmolekularität**, die die realen Vorgänge auf der molekularen Ebene beschreibt, indem sie angibt, wie viele Reaktand-Moleküle für die Bildung der Produkt-Moleküle zusammenstoßen müssen. Einstufige Reaktionen können monomolekular, bimolekular oder trimolekular sein, je nachdem, ob nur ein Reaktand-Molekül oder zwei oder drei am Reaktionsgeschehen beteiligt sind (Abbildung 5.20). Bereits trimolekulare Reaktionen sind aus statistischen Gründen sehr viel seltener als bimolekulare, erfordern sie doch den gleichzeitigen Zusammenstoß von drei Reaktand-Molekülen mit der erforderlichen Energie und der notwendigen räumlichen Orientierung zueinander. Reaktionsmolekularitäten größer als drei werden bei keinem Reaktionsmechanismus angenommen.

5.3.3 Temperaturabhängigkeit der Reaktionsgeschwindigkeit

Für die Temperaturabhängigkeit der Geschwindigkeitskonstanten k leitete ARRHENIUS die nach ihm benannte Gleichung ab:

$$k = k_0 \cdot e^{-E_A/RT} \tag{5-36}$$

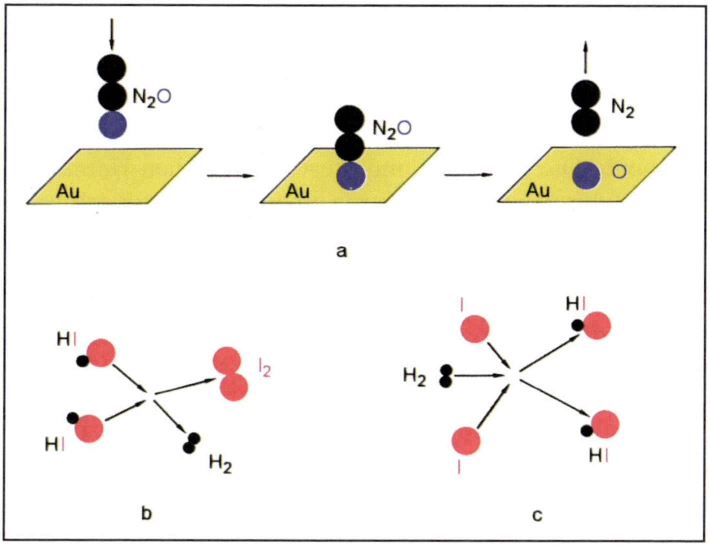

5.20 Reaktionsmolekularität:
a monomolekulare; **b** bimolekulare; **c** trimolekulare Reaktion.

In der Aktivierungsenergie E_A kommt die für eine effektive Kollision erforderliche Mindestenergie zum Ausdruck; in dem präexponentiellen Faktor k_0 ist der sterische Faktor enthalten, der berücksichtigt, dass die reagierenden Bindungen so zueinander orientiert sein müssen, dass der neue Bindungszustand realisiert werden kann. Durch Logarithmieren der ARRHENIUS-Gleichung (5-36) erhalten wir:

$$\ln k = \ln k_0 - \frac{E_A}{R} \cdot \frac{1}{T} \tag{5-37}$$

ln k steht darin in einer linearen Beziehung zu $1/T$, sodass eine Auftragung von ln k gegen $1/T$ eine Gerade mit dem Anstieg $-E_A/R$ und dem Ordinatenabschnitt ln k_0 ergibt. Wenn man die Geschwindigkeitskonstante k einer Reaktion bei verschiedenen Temperaturen ermittelt und in dieser Weise aufträgt, so kann die Aktivierungsenergie E_A der Reaktion aus dem Anstieg der Geraden ermittelt werden. Gemäß der ARRHENIUS-Gleichung besteht zwischen der Geschwindigkeitskonstanten und der Temperatur ein exponentieller Zusammenhang. Dadurch bewirkt eine kleine Änderung von T eine relativ große Änderung für k und damit auch für die Reaktionsgeschwindigkeit.

Wenn die Aktivierungsenergie einer Reaktion sehr groß ist, dann kann die Reaktionsgeschwindigkeit z. B. bei Raumtemperatur unmessbar klein sein. Ein typisches Beispiel dafür ist die Knallgasreaktion:

$$H_2 + \tfrac{1}{2} O_2 \rightleftharpoons H_2O$$

Die Reaktion erfolgt bei Raumtemperatur nicht, obwohl dies aufgrund der Gleichgewichtslage zu erwarten wäre (Abschnitt 5.4). Solche Systeme bezeichnet man als **metastabil**; Systeme, die sich im Gleichgewicht befinden, bezeichnet man als **stabil**. Metastabile Systeme sind *kinetisch gehemmte* Systeme; ihre Aktivierungsenergie ist sehr hoch. Die Überwindung dieser kinetischen Hemmung kann durch die Zuführung von Energie oder auch durch einen Katalysator erfolgen.

5.3.4 Katalyse

Unter Katalysatoren versteht man ganz allgemein Stoffe, die die Geschwindigkeit einer chemischen Reaktion erhöhen („positive Katalysatoren“) oder erniedrigen („negative Katalysatoren“ = Inhibitoren), ohne dabei selbst verbraucht zu werden, sodass sie nach der Reaktion wieder unverändert vorliegen. In der chemischen Reaktionsgleichung treten sie daher auch nicht in Erscheinung (ihre Anwesenheit in einem chemischen Reaktionsgemisch wird im Allgemeinen auf dem Reaktionspfeil vermerkt).

Betrachten wir im Folgenden „positive Katalysatoren“ und als ein einfaches Beispiel dafür die thermische Zersetzung von $KClO_3$, die im Labormaßstab zur Gewinnung kleinerer Mengen Disauerstoff dienen kann. In Abwesenheit eines Katalysators *disproportioniert* das $KClO_3$ beim Erhitzen auf ca. 400 °C zunächst unter Bildung von $KClO_4$ und KCl:

$$4\,KClO_3 \xrightarrow{400\,°C} 3\,KClO_4 + KCl$$

erst bei noch stärkerem Erhitzen zerfällt das gebildete $KClO_4$ dann unter Freisetzen von Disauerstoff:

$$KClO_4 \xrightarrow{500\,°C} KCl + 2\,O_2$$

Fügt man dem $KClO_3$ jedoch MnO_2 als Katalysator hinzu, so tritt die Sauerstoffentwicklung bereits bei 150 °C ein, ohne dass es zuvor zu der oben erwähnten Disproportionierungsreaktion kommt:

$$2\,KClO_3 \xrightarrow{MnO_2\,;\,150\,°C} 2\,KCl + 3\,O_2$$

Ein Katalysator greift also in das Reaktionsgeschehen ein und führt die Reaktion auf einen anderen Weg. Der Reaktionsmechanismus der katalysierten Reaktion ist ein anderer als der der unkatalysierten Reaktion. Der wesentliche Unterschied besteht darin, dass die katalysierte Reaktion eine geringere Aktivierungsenergie besitzt als die unkatalysierte und folglich mit einer größeren Geschwindigkeit abläuft.

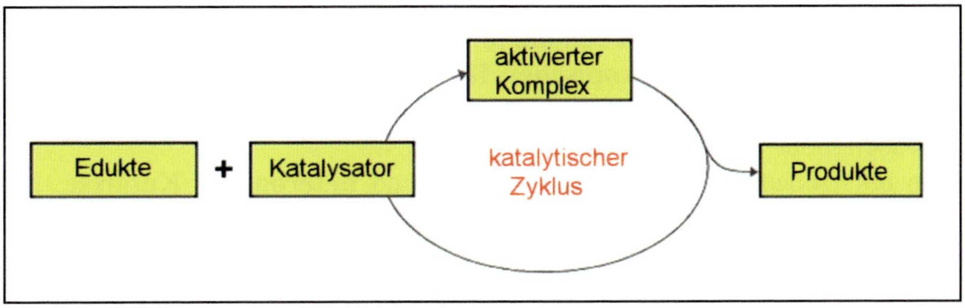

5.21 Schema einer katalysierten Reaktion.

Betrachten wir als allgemeines Beispiel die unkatalysierte *einstufige* Reaktion der Reaktanden A und X zu dem Produkt AX. In Gegenwart eines geeigneten Katalysators kann diese Reaktion nun nach einem *zweistufigen* Mechanismus ablaufen, indem der Katalysator zunächst mit dem Reaktanden A ein Zwischenprodukt bzw. einen aktivierten Komplex bildet, der dann mit X zum Produkt AX abreagiert und dabei den Katalysator zurückbildet. Damit wird deutlich, dass Katalysatoren in der Regel nur in kleinen Mengen vorhanden sein müssen, da sie nach Durchlaufen eines Reaktionszyklus wieder unverändert vorliegen und einen neuen Zyklus beginnen können (Abbildung 5.21).

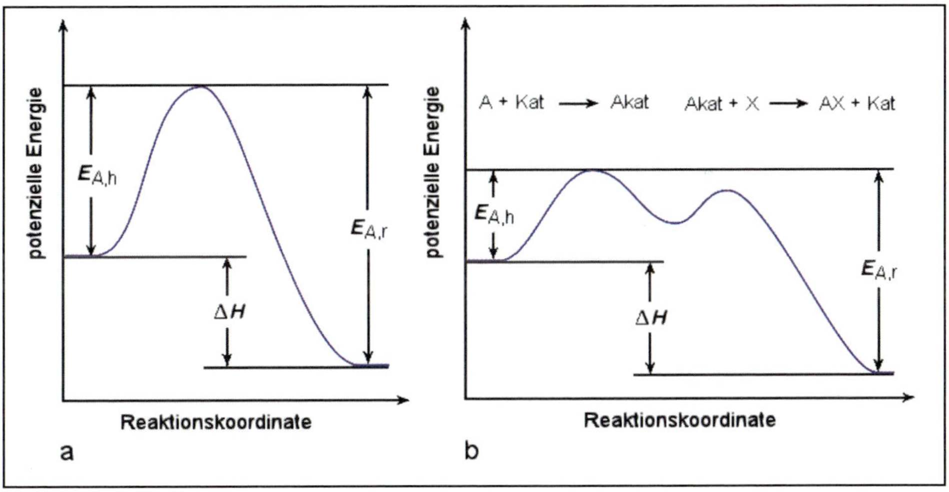

5.22 Wirkungsweise eines Katalysators: **a** unkatalysierte; **b** katalysierte Reaktion.

Abbildung 5.22 zeigt die Reaktions-Energie-Diagramme für die unkatalysierte und für die katalysierte Reaktion. Der Vergleich zeigt, dass sich die Reaktionsenthalpie durch einen Katalysator nicht ändert. Darüber hinaus wird bei einer **reversiblen Reaktion**, einer Reaktion also, die in beiden Richtungen verläuft, die Rückreaktion im gleichen Maße katalysiert wie die Hinreaktion (die Aktivierungsenergie wird für die Hin- und die Rückreaktion um jeweils den gleichen Betrag erniedrigt). Dies ist das **Prinzip der mikroskopischen Reversibilität**. Bei Gleichgewichtsreaktionen beschleunigen Katalysatoren die Einstellung des Gleichgewichtes, seine Lage wird jedoch nicht verändert.

Man unterscheidet zwischen **homogener** und **heterogener Katalyse**, je nachdem, ob der Katalysator in der gleichen Phase vorliegt wie die Reaktanden oder ob beide in verschiedenen Phasen vorliegen. Für technische Prozesse wird in der Regel eine heterogene Katalyse bevorzugt, weil damit Abtrennung und Rückgewinnung des Katalysators entfallen.

Neben ihrer Aktivität zeichnen sich Katalysatoren vielfach durch eine bestimmte **Selektivität** und **Spezifität** aus. Unter der Selektivität von Katalysatoren verstehen wir ihre Fähigkeit, die gleichen Edukte *selektiv* zu unterschiedlichen Produkten umzusetzen, z. B. CO und H_2 zu Methanol oder Essigsäure oder Paraffinen etc. Die Spezifität eines Katalysators kennzeichnet dagegen seine Fähigkeit, aus einem Angebot mehrerer, oft auch chemisch ähnlicher Edukte nur ein ganz bestimmtes für die Reaktion auszuwählen.

Exkurs 5.2: Enzyme und Metalloenzyme

Enzyme und Metalloenzyme sind biochemische Katalysatoren, die eine große Zahl sehr komplexer chemischer Vorgänge in lebenden Organismen mit einer hohen Aktivität, Selektivität und Spezifität katalysieren. Die hohe Aktivität ist erforderlich, weil die biochemischen Reaktionen bei einer relativ niedrigen Temperatur und unter Normaldruck ablaufen. Dennoch sind die Umsatzzahlen sehr groß und reichen bis etwa 10^5 Mol Substrat pro Mol Enzym und Minute, so dass die Enzym-Konzentration selbst nur sehr gering zu sein braucht.

Eine lebende Zelle enthält mehrere Tausend Enzyme. Diese große Zahl ist erforderlich, weil die Enzyme sehr selektiv und sehr spezifisch wirken und in vielen Fällen nur eine bestimmte Reaktion einer ganz bestimmten Verbindung katalysieren. So gibt es etwa Enzyme, die nur die Hydrolyse einer ganz bestimmten Peptidbindung bewirken, also nur eine ganz bestimmte Aminosäure aus einem Protein hydrolytisch abspalten. Einige Enzyme besitzen eine hohe Stereospezifität, d. h. dass sie z. B. nur auf L-Aminosäuren wirken, nicht jedoch auf D-Aminosäuren. Das umzusetzende Substratmolekül wird an das aktive Zentrum des Enzym-Moleküls angelagert. Die dabei auftretenden Wechselwirkungen können sehr unterschiedlich sein und reichen von Wasserstoffbrücken-Bindungen über Ionen-Ionen-Wechselwirkungen, VAN DER WAALS-Bindungen bis hin zu kovalenten Bindungen. Durch diese Wechselwirkungen werden bestimmte Bindungen des Substrat-Moleküls aktiviert (z. B. polarisiert) und der gewünschten Reaktion zugänglich gemacht. Der Enzym-Substrat-Komplex kann daher als aktivierter Komplex betrachtet werden,

Fortsetzung Exkurs 5.2: Enzyme und Metalloenzyme

dessen Bildung zu einer beträchtlichen Erniedrigung der Aktivierungsenergie für die beabsichtigte Reaktion führt. Das aktive Zentrum ist in seinen räumlichen Eigenschaften genau der Geometrie des Substrats angepasst; Substrat und Enzym passen zueinander wie Schlüssel und Schloss. Auch wenn die biochemische Reaktion am aktiven Zentrum abläuft, so spielt dafür doch auch die Konformation des Enzym-Moleküls insgesamt eine wichtige Rolle.

Die Geschwindigkeit einer enzymkatalysierten Reaktion ist in vielen Fällen anfangs zur Substrat-Konzentration proportional, nähert sich dann aber asymptotisch einem Grenzwert, der erreicht wird, wenn das aktive Zentrum der Enzym-Moleküle mit Substrat gesättigt ist; ein neues Substrat-Molekül kann dann erst umgesetzt werden, wenn ein aktives Zentrum durch Abdiffundieren des Produktes frei geworden ist.

Die Wirkung von Enzymen kann durch Inhibitoren gehemmt werden. Inhibitoren sind Verbindungen, die sich an das aktive Zentrum eines Enzyms anlagern und so dessen Funktion blockieren. Bei einer kompetetiven Hemmung wird das Inhibitor-Molekül wie das Substrat-Molekül reversibel an das aktive Zentrum gebunden; das Ausmaß der Hemmung hängt von der Konzentration des Inhibitors ab. Von besonderer Bedeutung ist in diesem Zusammenhang die so genannte Produkt-Hemmung, mit deren Hilfe eine unerwünscht hohe Konzentration eines biochemischen Reaktionsproduktes in der Zelle vermieden wird: In dem Maße, in dem die Konzentration eines Reaktionsproduktes anwächst, wird die katalytische Reaktion verzögert. Bei einer nichtkompetetiven Hemmung lagert sich der Inhibitor irreversibel an das aktive Zentrum des Enzyms an, sodass das Substrat nicht mehr umgesetzt werden kann. Auf diesen Mechanismus lässt sich z. B. auch die Toxizität vieler Giftstoffe zurückführen.

5.4 Das chemische Gleichgewicht

5.4.1 Reversible Reaktionen und das chemische Gleichgewicht

Unter geeigneten äußeren Bedingungen sind die meisten chemischen Reaktionen reversibel, d.h. sie verlaufen in beiden Richtungen. Zur Kennzeichnung dieser Reversibilität verwenden wir in den entsprechenden Reaktionsgleichungen an Stelle des einfachen Reaktionspfeils den Doppelpfeil $\rightleftharpoons$. Damit bringen wir zum Ausdruck, dass neben der Umsetzung der Reaktanden zu den Produkten (Hinreaktion) auch die Umsetzung von Produkten zu den Reaktanden (Rückreaktion) stattfindet. Das bedeutet, dass die chemische Reaktion nicht vollständig abläuft, sondern zur Einstellung eines chemischen Gleichgewichtszustandes führt. Zur Illustration betrachten wir zunächst den zeitlichen Verlauf an einer für diesen Zweck häufig zitierten Reaktion, nämlich der Umsetzung von Iod und Wasserstoff zu Iodwasserstoff bei einer Temperatur von 490 °C und unter Normaldruck (Abbildung 5.23).

Unter den genannten Reaktionsbedingungen nehmen die Konzentrationen der beiden Reaktanden zunächst ab, während die des Produktes mit der Zeit entsprechend zunimmt (Abbildung 5.23, links). Nach Erreichen eines bestimmten Zeitpunktes ändern sich die Konzentrationen jedoch nicht mehr, obwohl noch Iod- und Wasserstoffmoleküle im Reaktionsgemisch vorhanden sind: Die Umsetzung ist unvollständig. Liegen zu Beginn z.B. 1 mol H_2 und 1 mol I_2 vor, so kommt die Reaktion dann zum Stillstand, wenn 1,544 mol HI gebildet worden sind und noch jeweils 0,228 mol H_2 und I_2 unverändert vorhanden sind.

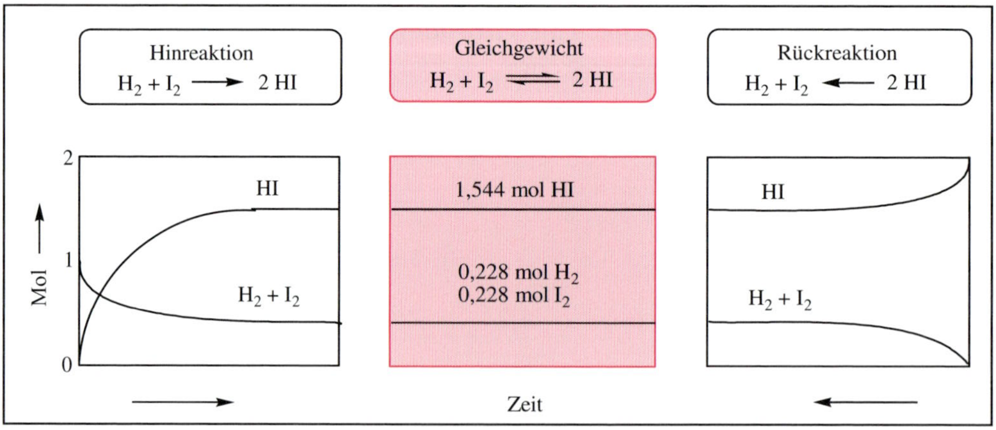

5.23 Chemisches Gleichgewicht: Bildungs- und Zerfallsreaktion von Iodwasserstoff.

Füllt man nun ein zweites Reaktionsgefäß unter den gleichen Reaktionsbedingungen mit 2 mol HI, so erfolgt dessen Zerfall in H_2- und I_2-Moleküle. Aber auch diese Reaktion verläuft nicht vollständig: Nach Ablauf einer bestimmten Zeit ändern sich auch hier die Konzentrationsverhältnisse nicht mehr, wobei die Zusammensetzung des Reaktionsgemisches dann genau derjenigen entspricht, die bei der Bildung von HI erhalten wurde (Abbildung 5.23, rechts).

Der Zustand, bei dem sich die Zusammensetzung eines Reaktionsgemisches nicht mehr ändert, wird als **chemisches Gleichgewicht** bezeichnet. Abbildung 5.23 verdeutlicht, dass sich der Gleichgewichtszustand sowohl von der Seite der Reaktanden als auch von der Seite der Produkte her einstellt.

Betrachten wir nun die Reaktionsgeschwindigkeiten und setzen voraus, dass Hin- und Rückreaktion jeweils in einem Schritt erfolgen. Die Geschwindigkeit der Hinreaktion wird zunächst abnehmen, die der Rückreaktion entsprechend zunehmen; wenn sich das Gleichgewicht eingestellt hat, werden beide Geschwindigkeiten gleich groß sein. Mit den entsprechenden Geschwindigkeitsgesetzen erhalten wir:

$$r_h = k_h \cdot c(H_2) \cdot c(I_2) \quad \text{für die Hinreaktion} \qquad (5\text{-}38)$$
$$r_r = k_r \cdot c^2(HI) \quad \text{für die Rückreaktion} \qquad (5\text{-}39)$$

Ist der Gleichgewichtszustand erreicht, dann ist die Geschwindigkeit der Hinreaktion, r_h, genauso groß wie die der Rückreaktion, r_r:

$$r_h = r_r \qquad (5\text{-}40)$$
$$k_h \cdot c(H_2) \cdot c(I_2) = k_r \cdot c^2(HI)$$

$$\frac{c^2(HI)}{c(H_2) \cdot c(I_2)} = \frac{k_h}{k_r} = K_c \qquad (5\text{-}41)$$

Der Quotient der beiden Geschwindigkeitskonstanten ist die **Gleichgewichtskonstante**; sie hat für jede Reaktion einen charakteristischen Wert, der nur von der Temperatur abhängt.

Mit der Einstellung des Gleichgewichtszustandes scheint die chemische Reaktion zum Stillstand gekommen zu sein; makroskopisch können wir keine Veränderungen der Konzentrationen mehr beobachten. Auf der molekularen Ebene jedoch finden nach wie vor die Hin- und die Rückreaktion statt, beide jedoch – wie oben gezeigt – mit der gleichen Geschwindigkeit. Das chemische Gleichgewicht ist also ebenfalls ein **dynamisches Gleichgewicht**.

Gleichung (5-41) ist eine Formulierung des 1867 von GULDBERG und WAAGE aufgefundenen **Massenwirkungsgesetzes**: Befindet sich eine chemische Reaktion im Gleichgewicht, dann ist der Quotient des Produktes der Konzentrationen der

Produkte und des Produktes der Konzentrationen der Edukte für eine gegebene Temperatur konstant. Für die allgemeine Reaktion

$$\mathrm{a\,A + b\,B \rightleftharpoons c\,C + d\,D} \tag{5-42}$$

mit a, b, c, und d als stöchiometrischen Koeffizienten ergibt sich als Massenwirkungsgesetz:

$$\frac{c^{\mathrm{c}}(\mathrm{C}) \cdot c^{\mathrm{d}}(\mathrm{D})}{c^{\mathrm{a}}(\mathrm{A}) \cdot c^{\mathrm{b}}(\mathrm{B})} = K_c \tag{5-43}$$

Die stöchiometrischen Koeffizienten erscheinen als Exponenten der Konzentrationsterme. Für Reaktionen in der Gasphase werden anstelle der Stoffmengenkonzentrationen c besser die Partialdrücke p verwendet; die Gleichgewichtskonstante ist dann K_p.

Große Gleichgewichtskonstanten ($K_c >> 1$) charakterisieren Reaktionen, bei denen das Gleichgewicht weitgehend auf der Seite der Produkte liegt. Kleine Gleichgewichtskonstanten ($K_c << 1$) kennzeichnen entsprechend Reaktionen, bei denen das Gleichgewicht weitgehend auf der Seite der Edukte liegt. Bei Gleichgewichtskonstanten $K_c \approx 1$ liegen im Gleichgewichtszustand Produkte und Edukte in vergleichbaren Konzentrationen vor.

Für die Herleitung des Massenwirkungsgesetzes hatten wir vereinfachend angenommen, dass die Hin- und die Rückreaktion einstufige Reaktionen sein sollen. Natürlich gilt das Massenwirkungsgesetz auch für beliebige mehrstufige Reaktionen, solange diese reversibel sind: Bei einer mehrstufigen reversiblen Reaktion muss jede einzelne Teilreaktion ebenfalls reversibel sein. Wendet man folglich das Massenwirkungsgesetz auf jede Teilreaktion 1, 2, 3 … an, so erhält man die jeweiligen Gleichgewichtskonstanten K_1, K_2, K_3 …; für die Bruttoreaktion als Summe aller Teilreaktionen ergibt sich die Gleichgewichtskonstante dann als Produkt der Gleichgewichtskonstanten dieser Teilreaktionen:

$$K = K_1 \cdot K_2 \cdot K_3 \cdot \ldots. \tag{5-44}$$

Bei Kenntnis des Zahlenwertes der Gleichgewichtskonstanten gestattet das Massenwirkungsgesetz Voraussagen über die Richtung, in der eine Reaktion ablaufen wird. Setzt man die aktuellen Konzentrationen von Edukten und Produkten eines Reaktionsgemisches in das Massenwirkungsgesetz ein, so erhält man den **Reaktionsquotienten Q**. Allgemein gilt nun:

$Q < K_c$: Die Reaktion wird von links nach rechts ablaufen.
$Q = K_c$: Die Reaktion befindet sich im Gleichgewicht.
$Q > K_c$: Die Reaktion wird von rechts nach links ablaufen.

Das Prinzip des kleinsten Zwanges (Prinzip von LE CHATELIER) Im Jahre 1884 fand LE CHATELIER das Prinzip des kleinsten Zwanges, wonach ein im Gleichgewicht befindliches System einem äußeren Zwang ausweicht und sich ein neues Gleichgewicht einstellt. Jede Änderung der äußeren Bedingungen ist ein solcher Zwang:

- Änderungen der Konzentrationen bzw. der Partialdrücke der Reaktionsteilnehmer
- Änderungen der Reaktionstemperatur
- Änderungen des Druckes bei Reaktionen unter Beteiligung von Gasen, wenn sich die Molzahlen der gasförmigen Reaktionsteilnehmer auf der Edukt- und der Produkt-Seite unterscheiden.

Wird die *Konzentration* einer Substanz des Reaktionsgemisches erhöht, so verschiebt sich das Gleichgewicht in der Weise, dass die betreffende Substanz verbraucht wird und sich deren Konzentration wieder erniedrigt. Wird z. B. die Konzentration eines Eduktes erhöht, so weicht das System aus, indem mehr Produkt gebildet wird; das Gleichgewicht wird also nach rechts verschoben. Im neuen Gleichgewichtszustand liegt dann eine größere Produkt-Konzentration vor. Erhöht man dagegen die Konzentration eines Produktes, so erfolgt eine entsprechende Verschiebung des Gleichgewichtes nach links, also auf die Seite der Edukte. Auch die Entfernung eines Produktes aus einem Gleichgewichtssystem führt zu seiner Verlagerung; geschieht dies kontinuierlich, so kann eine Gleichgewichtsreaktion zum vollständigen Ablauf in Richtung auf die Produkte gebracht werden. Dieses Prinzip wird bei einer Reihe von technischen Verfahren erfolgreich angewendet.

Ist bei einer reversiblen Reaktion die Hinreaktion exotherm, dann ist die dazugehörige Rückreaktion endotherm. Die Zuführung von Wärme durch Erhöhung der *Reaktionstemperatur* stellt einen äußeren Zwang dar, dem das System durch Verbrauch von Wärmeenergie ausweicht, d. h. die endotherme Rückreaktion ist begünstigt, sodass sich das Gleichgewicht nach links verschiebt. Bei einer Temperaturerniedrigung verschiebt sich das Gleichgewicht dagegen nach rechts, das System gibt Wärme ab, da nun die exotherme Hinreaktion begünstigt ist.

Die Beeinflussung der Gleichgewichtslage durch die Temperatur erfolgt über die Temperaturabhängigkeit der Gleichgewichtskonstanten: Eine Temperaturerhöhung bewirkt bei einer exothermen Reaktion eine Verkleinerung der Gleichgewichtskonstanten, bei einer endothermen Reaktion deren Vergrößerung. Bei einer Temperaturerniedrigung sind die Auswirkungen auf die Gleichgewichtskonstante jeweils entgegengesetzt.

Verläuft eine Synthese-Reaktion exotherm, dann sollte sie gemäß dem LE CHATELIERschen Prinzip also bei einer möglichst niedrigen Temperatur durchgeführt werden, um eine entsprechend hohe Ausbeute zu erzielen. Dem steht jedoch vielfach entgegen, dass die Reaktionsgeschwindigkeit bei niedrigen Temperaturen zu gering ist, sodass sich das Gleichgewicht erst nach einer sehr langen Zeit einstellen würde. In solchen Fällen verwendet man daher Katalysatoren, die die Geschwindigkeit der Gleichgewichtseinstellung erhöhen, die Lage des Gleichgewichtes selbst aber nicht verändern, da sie die Hin- und die Rückreaktion in gleichem Maße beschleunigen (Abschnitt 5.3).

Hat eine chemische Reaktion in der Gasphase auf der Produkt-Seite eine geringere Molzahl als auf der Edukt-Seite, dann bewirkt eine Druckerhöhung eine Verlagerung des Gleichgewichtes auf die rechte Seite: Das System weicht dem ausgeübten Zwang durch Verlagerung des Gleichgewichtes auf die Seite des geringeren Volumens aus. Entsprechend bewirkt eine Druckerniedrigung eine Verschiebung des Gleichgewichtes auf die linke Seite.

Auf die Gleichgewichtslage von Reaktionen in der Gasphase haben Druckänderungen dann keinen Einfluss, wenn die Änderung der Molzahl zwischen Edukt- und Produkt-Seite gleich Null ist, wenn die Reaktion also nicht mit einer Volumenänderung verbunden ist.

5.4.2 Säure-Base-Gleichgewichte

Säure-Base-Konzepte

Wohl kein anderes chemisches Konzept hat so viele verschiedene inhaltliche Ausprägungen erfahren wie das der Säuren und Basen. Verstand man seit alters her unter einer Säure einen Stoff, der die Geschmacksempfindung „sauer“ hervorrief, und unter einer Base einen Stoff, der „bitter“ schmeckte und sich „seifig“ anfühlte, so wurden im 19. und 20. Jahrhundert für Säuren und Basen wissenschaftlich begründete Definitionen entwickelt, in denen ein Zusammenhang zwischen der Säure- bzw. Base-Funktion eines Stoffes einerseits und seiner chemischen Zusammensetzung, Struktur und Reaktionsweise andererseits hergestellt wurde.

ARRHENIUS-Konzept In seiner 1887 veröffentlichten „Chemischen Theorie der Elektrolyte“ definierte ARRHENIUS eine Säure als einen Stoff, der in wässriger Lösung hydratisierte Protonen, H^{+}_{aq}, bildet, und eine Base als einen Stoff, der in wässriger Lösung hydratisierte Hydroxidionen, OH^{-}_{aq}, bildet. Die Stärke einer Säure oder Base wird bestimmt vom Ausmaß ihrer Dissoziation in Wasser. Damit ist das ARRHENIUS-Konzept auf Wasser als Reaktionsmedium beschränkt und nicht allgemein anwendbar.

BRØNSTED-LOWRY-Konzept Nach BRØNSTED und LOWRY ist eine Säure eine Verbindung, die Protonen abgeben kann, also ein *Protonen-Donator*, eine Base eine Verbindung, die Protonen aufnehmen kann, also ein *Protonen-Akzeptor*. Gemäß dieser Definition ist die Reaktion zwischen einer Säure und einer Base eine **Protonenübertragungsreaktion**. Wirkt eine Verbindung als BRØNSTED-Säure (S_1) und überträgt ein Proton auf eine anwesende Base (B_2), so hinterbleibt ein Teilchen mit Basencharakter (B_1), während aus der Base (B_2) ein Teilchen mit

Säurecharakter (S_2) gebildet wird. Oder anders formuliert: Zu einer BRØNSTED-Säure gehört immer eine korrespondierende Base und umgekehrt; wir sprechen daher auch von einem **korrespondierenden Säure-Base-Paar**. Damit ist auch sofort klar, dass eine Protonenübertragungsreaktion stets zwischen zwei korrespondierenden Säure-Base-Paaren stattfindet:

$$S_1 + B_2 \rightleftharpoons B_1 + S_2 \qquad (5\text{-}45)$$

Die Protonenübertragung ist reversibel. Betrachten wir zwei einfache Beispiele, in denen das Lösungsmittel Wasser die Rolle der Base übernimmt:

$$CH_3COOH + H_2O \rightleftharpoons CH_3COO^- + H_3O^+$$
$$HCl + H_2O \rightleftharpoons Cl^- + H_3O^+$$

CH_3COOH und CH_3COO^- bilden in der ersten der beiden Reaktionsgleichungen das eine korrespondierende Säure-Base-Paar, H_3O^+ und H_2O das zweite; ebenso bilden in der zweiten Reaktion HCl/Cl^- das eine und H_3O^+/H_2O das andere korrespondierende Säure-Base-Paar. Als BRØNSTED-Säuren können neutrale Moleküle (Neutralsäuren: CH_3COOH, HCl, H_2SO_4), Anionen (Anionensäuren: HSO_4^-, $H_2PO_4^-$ etc.) oder auch Kationen (Kationensäuren: NH_4^+, H_3O^+) fungieren. Die gleiche Einteilung kann auch für BRØNSTED-Basen vorgenommen werden. Verbindungen, die sowohl als Säure als auch als Base fungieren können, bezeichnet man als **Ampholyte**. Ein typisches Beispiel für dieses Verhalten ist das Wasser, das entsprechend zwei korrespondierende Säure-Base-Paare bildet, nämlich H_2O/OH^- und H_3O^+/H_2O. Die ARRHENIUSsche Neutralisationsreaktion als Umsetzung eines aquotisierten Protons mit einem ebenso aquotisierten Hydroxidion zu Wasser ist nach BRØNSTED als Reaktion der korrespondierenden Säure und der korrespondierenden Base des amphoteren Lösungsmittels Wasser zu Wasser zu interpretieren:

$$H_3O^+ + OH^- \rightleftharpoons H_2O + H_2O$$

LEWIS-Konzept BRØNSTED-Basen sind Moleküle oder Ionen, die über ein einsames Elektronenpaar verfügen und deshalb ein Proton anlagern können. Wenn eine solche Base ihr Elektronenpaar zur Bindung eines Protons verwenden kann, so kann sie dies natürlich auch mit jedem anderen Teilchen, das über eine entsprechende Elektronenlücke verfügt.

Das von LEWIS entwickelte Säure-Base-Konzept geht daher über das von BRØNSTED hinaus, indem es vom Proton unabhängig ist: Nach LEWIS ist eine Base ein Molekül oder Ion, das über ein einsames (nichtbindendes) Elektronenpaar verfügt, eine Säure entsprechend ein Molekül oder Ion mit einer Elektronenlücke (unbesetztes Atom- oder Hybridorbital). LEWIS-Säuren und -Basen reagieren deshalb miteinander unter Ausbildung einer kovalenten Bindung. Die Ausbildung dieser kovalenten Bindung steht im Mittelpunkt der Betrachtung; diese kovalente Bindung wird häufig auch als **koordinative Bindung** bezeichnet. Wir können auch sagen: LEWIS-Basen sind **Elektronenpaar-Donatoren,** LEWIS-Säuren entsprechend **Elektronenpaar-Akzeptoren;** ihre Reaktion miteinander ist eine *LEWIS*-**Säure-Base-Adduktbildung (Komplexbildung)**. Abbildung 5.24 zeigt einige typische Beispiele.

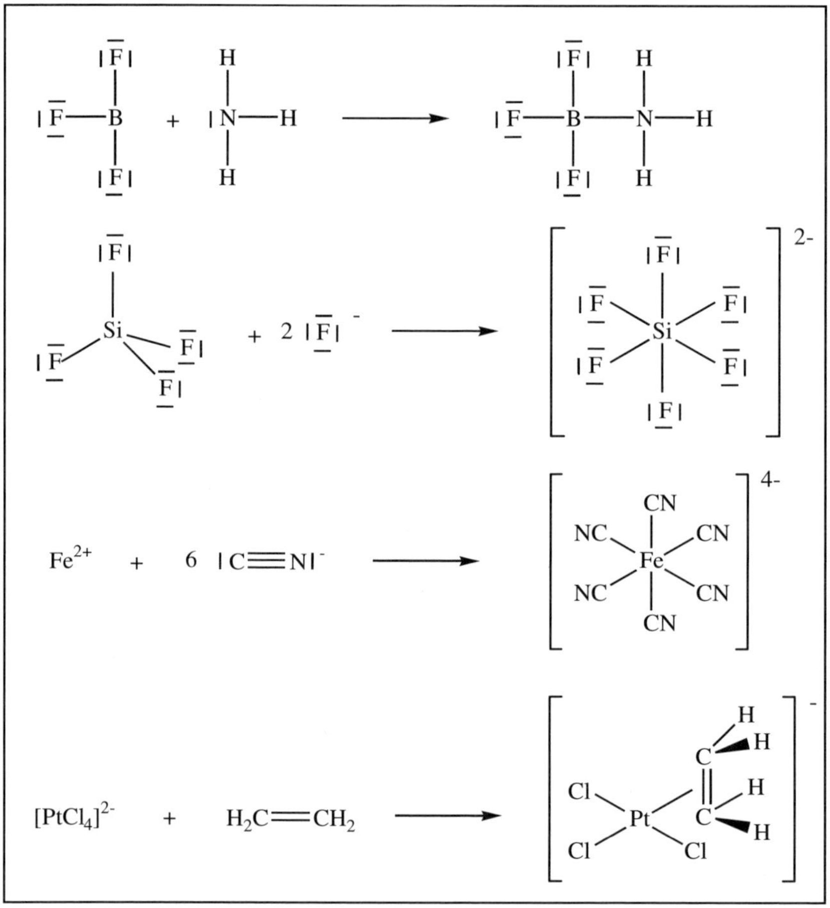

5.24 Beispiele für LEWIS-Säure-Base-Reaktionen.

Das HSAB-Konzept (engl. ***H****ard and* ***s****oft* ***a****cids and* ***b****ases*) Während die Stärke von BRØNSTED-Säuren und -Basen mithilfe der Gleichgewichtskonstanten quantitativ beschrieben werden kann (siehe unten), ist dies für LEWIS-Säuren und -Basen nicht möglich. BASOLO und PEARSON haben mit dem Prinzip der harten und weichen Säuren und Basen jedoch ein Konzept entwickelt, das zumindest qualitative Aussagen gestattet. Danach sind harte Säuren und Basen wenig, weiche Säuren und

Basen dagegen leicht polarisierbar. Es gilt die Regel, dass harte Säuren bevorzugt mit harten Basen und weiche Säuren bevorzugt mit weichen Basen koordinative Bindungen bilden; besonders stabil sind demnach die Kombinationen hart/hart und weich/weich. Sowohl für Säuren als auch für Basen gibt es allerdings einen Grenzbereich. Die Säuren dieses Bereiches bilden sowohl mit harten als auch mit weichen Basen stabile Kombinationen; entsprechendes gilt für die Basen dieses Bereiches (Tabelle 5.3).

Tabelle 5.3 Einteilung von LEWIS-Säuren und -Basen

	Säuren	Basen
hart	H^+	F^-
	Li^+, Na^+, K^+	H_2O, OH^-, O^{2-}
	Be^{2+}, Mg^{2+}, Ca^{2+}	NH_3
	Al^{3+}, Cr^{3+}, Fe^{3+}	NO_3^-, CO_3^{2-}
	BF_3, $AlCl_3$	SO_4^{2-}, PO_4^{3-}
Grenzbereich	Fe^{2+}, Co^{2+}, Ni^{2+}, Cu^{2+}, Zn^{2+}	Cl^-, Br^-, N_3^-, $SC\underline{N}^-$
weich	Cu^+, Ag^+, Au^+, Pd^{2+}, Pt^{2+}	H^-, I^-, S^{2-}, $\underline{C}O$, $\underline{C}N^-$, $\underline{S}CN^-$, PR_3

Protolyse-Gleichgewichte

Im Zentrum der BRØNSTEDschen Säure-Base-Theorie steht als Teilchen das *Proton* und als Reaktion die *Protonenübertragungsreaktion*. Da diese Protonenübertragungsreaktionen reversibel sind, bietet diese Theorie durch Anwendung der Prinzipien des chemischen Gleichgewichtes die Möglichkeit, quantitative Berechnungen durchführen zu können; sie ist damit zugleich auch die Grundlage für die quantitativ-analytische Bestimmung von Säuren und Basen im Rahmen von *Säure-Base-Titrationen*.

Wasser als Lösungsmittel für die betrachteten Säure-Base-Reaktionen unterliegt selbst der **Autoprotolyse**, d.h. es erfolgt eine Protonenübertragung von einem Wassermolekül auf ein anderes; dieses Gleichgewicht liegt nahezu vollständig auf der linken Seite:

$$H_2O + H_2O \rightleftharpoons H_3O^+ + OH^- \qquad (5\text{-}46)$$

Für den Gleichgewichtszustand findet man

$$\frac{c(H_3O^+) \cdot c(OH^-)}{c^2(H_2O)} = K_c \quad \text{bzw.} \tag{5-47}$$

$$c(H_3O^+) \cdot c(OH^-) = K_c \cdot c^2(H_2O)$$

Da der Anteil des Wassers, der gemäß Gleichung (5-46) der Protolyse unterliegt, nur sehr gering ist, kann die Gleichgewichtskonzentration des Wassers seiner Gesamtkonzentration gleichgesetzt werden. Aufgrund der Lage des Autoprotolyse-Gleichgewichts ist die Konzentration des Wassers außerdem in guter Näherung als *konstant* anzusehen und kann folglich in die Konstante K_c einbezogen werden. Es ergibt sich:

$$c(H_2O) = \frac{\rho_{25}(H_2O) \cdot 1\,000}{M(H_2O)} = 55{,}34 \text{ mol/l} \tag{5-48}$$

(mit $\rho_{25}(H_2O) = 0{,}997043$ g/ml und $M(H_2O) = 18{,}0152$ g/mol)

$$c(H_3O^+) \cdot c(OH^-) = K_c \cdot c^2(H_2O) \tag{5-49}$$

$$c(H_3O^+) \cdot c(OH^-) = K_W \tag{5-50}$$

Gleichung (5-60) ist das **Ionenprodukt des Wassers**; bei 25 °C hat es den Zahlenwert $K_W = 1{,}008 \cdot 10^{-14}$ mol²/l². Gemäß der Stöchiometrie von Gleichung (5-46) entsteht pro H_3O^+-Ion ein OH^--Ion; folglich gilt:

$$c(H_3O^+) = c(OH^-) = \sqrt{K_W} = 10^{-7} \text{ mol/l} \tag{5-51}$$

Diese Beziehung gilt nicht nur für reines Wasser, sondern auch für verdünnte wässrige Lösungen, in denen die gelösten Stoffe keiner Protolyse unterliegen. Da die Autoprotolyse des Wassers eine endotherme Reaktion ist, nimmt sie mit steigender Temperatur zu. Damit ist das Ionenprodukt temperaturabhängig; bei 50 °C beträgt sein Wert z. B. $5{,}474 \cdot 10^{-14}$ mol²/l².

Der pH-Wert Reines Wasser und verdünnte wässrige Lösungen, in denen keine Protolysereaktionen mit dem Wasser auftreten, sind neutral, da die Konzentration der H_3O^+-Ionen gleich derjenigen der OH^--Ionen ist. In sauren Lösungen ist die Konzentration der H_3O^+-Ionen größer als die der OH^--Ionen, in basischen Lösungen entsprechend umgekehrt. Durch Zugabe von Säuren oder Basen zum Wasser lassen sich beide Konzentrationen in weiten Grenzen variieren, das Produkt der Konzentrationen der H_3O^+-Ionen und der OH^--Ionen ist aber immer gleich dem Ionenprodukt des Wassers. Folglich lässt sich für jede beliebige Hydroniumionen-Konzentration die zugehörige Hydroxidionen-Konzentration berechnen und umgekehrt.

Zur Kennzeichnung der Acidität einer Lösung gibt man üblicherweise nicht die Konzentration der H_3O^+-Ionen an, deren Zahlenwert sich über viele Zehnerpotenzen erstrecken kann, sondern der bequemen Handhabung wegen den negativen dekadischen Logarithmus ihres Zahlenwertes (SÖRENSEN, 1909):

$$\mathrm{pH} = -\log c(\mathrm{H_3O^+}) \qquad (5\text{-}52)$$

pH leitet sich ab von *pondus hydrogenii* (lat., Gewicht des Wasserstoffs) oder *potentia hydrogenii* (lat., Stärke des Wasserstoffs).
Korrekterweise müssten anstelle der Stoffmengenkonzentrationen c die entsprechenden Aktivitäten a verwendet werden (Exkurs 5.3); für nicht zu konzentrierte Lösungen gilt aber:

$$\mathrm{pH} = -\log a(\mathrm{H_3O^+}) \approx -\log c(\mathrm{H_3O^+}) \qquad (5\text{-}53)$$

Der pH-Wert ist dimensionslos, da ja nur der Zahlenwert der Konzentration logarithmiert werden kann, nicht jedoch ihre Einheit.

Ganz analog wird zur Kennzeichnung der Basizität einer Lösung der negative dekadische Logarithmus der Konzentration der OH^--Ionen als pOH-Wert definiert:

$$\mathrm{pOH} = -\log a(\mathrm{OH^-}) \approx -\log c(\mathrm{OH^-}) \qquad (5\text{-}54)$$

Für das Ionenprodukt des Wassers folgt damit

$$\mathrm{pH} + \mathrm{pOH} = \mathrm{p}K_W = 14 \qquad (5\text{-}55)$$

In wässrigen Lösungen reicht die normale pH-Skala von 0 (1 mol/l H_3O^+-Ionen) bis 14 (1 mol/l OH^--Ionen); sind die pH-Werte kleiner als 0 (übersaure Lösungen) oder größer als 14 (überalkalische Lösungen), so kann daraus nicht mehr auf die Konzentration der H_3O^+-Ionen geschlossen werden.

Stärke von Säuren und Basen Gemäß der BRØNSTEDschen Säure-Base-Definition lässt sich die Stärke einer Säure allgemein durch ihre Neigung zur Protonenabgabe, die einer Base durch ihre Neigung zur Protonenaufnahme charakterisieren. Ein absolutes Maß dafür wäre folglich die Gleichgewichtskonstante der Reaktion:

$$\mathrm{HA} \rightleftharpoons \mathrm{A^-} + \mathrm{H^+} \qquad (5\text{-}56)$$

Diese Reaktion kann so jedoch nicht ablaufen, da freie Protonen nicht in endlicher Konzentration als Reaktionsteilnehmer auftreten können. Vielmehr muss immer ein Reaktionspartner vorhanden sein, der die Protonen aufnimmt oder abgibt. Folglich lässt sich die Stärke von Säuren und Basen auch nur relativ, also in Bezug auf eine andere Base bzw. Säure, bestimmen. Üblicherweise wird Wasser als Bezugssubstanz gewählt, da es zum einen Ampholyt-Charakter besitzt und zum anderen als Lösungsmittel für die betrachteten Säure-Base-Reaktionen dient.

Zu einem quantitativen Maß für die Stärke von Säuren und Basen gelangt man durch Anwendung des Massenwirkungsgesetzes auf die entsprechenden Protolyse-Gleichgewichte der Säuren und Basen in Wasser:

$$HA + H_2O \rightleftharpoons A^- + H_3O^+ \qquad B + H_2O \rightleftharpoons BH^+ + OH^- \quad (5\text{-}57)$$

$$\frac{c(H_3O^+)\cdot c(A^-)}{c(HA)\cdot c(H_2O)} = K_c \qquad \frac{c(BH^+)\cdot c(OH^-)}{c(B)\cdot c(H_2O)} = K_c' \quad (5\text{-}58)$$

Exkurs 5.3: Stoffmengenkonzentration und Aktivität

Die Anwendung des Massenwirkungsgesetzes unter Verwendung der Stoffmengenkonzentrationen c führt zur ***stöchiometrischen Gleichgewichtskonstanten*** K_c. *Diese Größe sollte lediglich von der Temperatur, nicht aber von den Konzentrationen der Edukte und Produkte sowie anderer in der Lösung vorhandener Ionen abhängig sein. Die Konzentrationsunabhängigkeit der stöchiometrischen Gleichgewichtskonstanten wird nur in unendlich verdünnten Lösungen gefunden. In Lösungen endlicher Konzentration treten zwischen den Kationen und den Anionen elektrostatische Anziehungskräfte auf, die mit wachsender Konzentration zunehmen. Diese interionischen Wechselwirkungen haben zur Folge, dass die Konzentrationen geringer zu sein scheinen als sie es tatsächlich sind. Eine konzentrationsunabhängige Gleichgewichtskonstante erhält man nur dann, wenn man anstelle der stöchiometrischen Konzentrationen eben diese „wirksamen" Konzentrationen verwendet, die wir auch als* ***Aktivitäten a*** *bezeichnen; die unter Verwendung der Aktivitäten erhaltenen Gleichgewichtskonstanten bezeichnen wir als die* ***thermodynamischen Gleichgewichtskonstanten*** K_a.

Bei der Aktivität eines Stoffes (Ions) handelt es sich um eine thermodynamische Größe, die formal eine korrigierte Konzentration darstellt. Die Konzentration c und die Aktivität a sind über den ***Aktivitätskoeffizienten f*** *miteinander verknüpft:*

$$a = f \cdot c$$

Fortsetzung Exkurs 5.3: Stoffmengenkonzentration und Aktivität

Mit zunehmender Verdünnung wird f größer, erreicht aber erst in unendlich verdünnten Lösungen den Wert 1. Für den praktischen Gebrauch kann man jedoch für hinreichend verdünnte Lösungen ($c<10^{-3}$ mol/L) den Aktivitätskoeffizienten zu etwa 1 annehmen und folglich mit den stöchiometrischen Konzentrationen anstelle der Aktivitäten rechnen.

Der Aktivitätskoeffizient f lässt sich nach DEBYE und HÜCKEL aus der ***Ionenstärke*** *einer Lösung abschätzen. Die Ionenstärke I ergibt sich danach zu*

$$I = \tfrac{1}{2} \sum_i c_i \cdot z_i^2$$

mit der Konzentration c_i und der Ladungszahl z_i der Ionensorte i. Der Aktivitätskoeffizient f_i einer Ionenart i in wässriger Lösung kann nun für 25 °C nach folgenden Gleichungen abgeschätzt werden:

$$\text{für } I \leq 0{,}001 \text{ nach: } \quad \lg f_i = -0{,}509 \cdot z_i^2 \cdot \sqrt{I}\ ;$$

$$\text{für } I < 0{,}1 \text{ nach: } \quad \lg f_i = -0{,}509 \cdot \frac{z_i^2 \cdot \sqrt{I}}{1+\sqrt{I}}$$

Diese Gleichungen gestatten zwar die Berechnung individueller Aktivitätskoeffizienten einzelner Ionenarten, experimentell zugänglich sind aber stets nur die mittleren Aktivitäten $a_\pm$ und die mittleren Aktivitätskoeffizienten $f_\pm$ für Ionenpaare aus Kation und Anion, da sich Lösungen einer einzelnen Ionenart nicht herstellen lassen. In guter Näherung kann man jedoch für Ionenstärken $I < 0{,}1$ den mittleren Aktivitätskoeffizienten nach:

$$\lg f_\pm = -0{,}509\, z_+ \cdot z_- \cdot \sqrt{I}$$

berechnen.

Unter Einbeziehung der konstanten Konzentration des Wassers in die Gleichgewichtskonstanten K_c bzw. K_c' ergeben sich die Ausdrücke für die **Säurekonstante K_S** und die **Basekonstante K_B**:

$$\frac{c(\mathrm{H_3O^+}) \cdot c(\mathrm{A^-})}{c(\mathrm{HA})} = K_S \qquad \frac{c(\mathrm{BH^+}) \cdot c(\mathrm{OH^-})}{c(\mathrm{B})} = K_B \qquad (5\text{-}59)$$

Als **Säureexponenten pK_S** bezeichnet man den negativen dekadischen Logarithmus der Säurekonstante, als **Baseexponenten pK_B** entsprechend den negativen dekadischen Logarithmus der Basekonstante.

Eine Säure ist umso stärker, je größer ihre Säurekonstante K_S ist, eine Base ist umso stärker, je größer ihre Basekonstante K_B ist. Entsprechend ihrer Stärke werden Säuren und Basen in fünf Gruppen eingeteilt:

sehr starke Säuren (Basen)	pK_S (pK_B) $\leq -1{,}74$
starke Säuren (Basen)	pK_S (pK_B) = −1,74 bis 4,5
schwache Säuren (Basen)	pK_S (pK_B) = 4,5 bis 9,5
sehr schwache Säuren (Basen)	pK_S (pK_B) = 9,5 bis 15,74
extrem schwache Säuren (Basen)	pK_S (pK_B) $\geq 15{,}74$.

Die *Säurekonstante des Hydronium-Ions* H_3O^+ ergibt sich aus seiner Protolysereaktion gemäß:

$$H_3O^+ + H_2O \rightleftharpoons H_2O + H_3O^+ \qquad (5\text{-}60)$$

Das auf der rechten Seite der Gleichung stehende Wassermolekül ist die zur Säure H_3O^+ korrespondierende Base, das auf der linken Seite stehende Wassermolekül ist eines aus dem Lösungsmittel Wasser. Die Anwendung des Massenwirkungsgesetzes ergibt

$$K_S = \frac{c(H_2O)\cdot c(H_3O^+)}{c(H_3O^+)} = c(H_2O) \qquad (5\text{-}61)$$

$K_S = 55{,}34$ mol/l und p$K_S = -1{,}74$

Ganz analog erhält man für die *Säurekonstante des Wassers*

$$H_2O + H_2O \rightleftharpoons OH^- + H_3O^+ \qquad (5\text{-}62)$$

$$K_S = \frac{c(OH^-)\cdot c(H_3O^+)}{c(H_2O)} = \frac{K_W}{c(H_2O)} \qquad (5\text{-}63)$$

$K_S = 10^{-14}/55{,}34 = 1{,}80 \cdot 10^{-16}$ mol/l und p$K_S = 15{,}74$

Diese beiden pK_S-Werte begrenzen den Bereich, in dem Säuren und Basen in verdünnten wässrigen Lösungen auftreten können. Dies hat zur Folge, dass Säuren, die stärker sind als das H_3O^+-Ion, in Wasser vollständig protolysieren: In der Lösung liegen dann nur das H_3O^+-Ion als Säure und das Säureanion als korrespondierende

Base vor. Das H_3O^+-Ion ist in verdünnten wässrigen Lösungen die stärkste Säure. Analog dazu ist OH^- die stärkste Base, die in wässriger Lösung auftreten kann: Stärkere Basen als OH^- werden folglich protoniert und die Lösungen enthalten neben der Base OH^- die korrespondierende extrem schwache Säure. Aus allem folgt, dass alle Säuren und Basen mit pK_S- bzw. pK_B-Werten $\leq -1{,}74$ in verdünnten wässrigen Lösungen die gleiche Stärke besitzen, sodass Lösungen gleicher Konzentration den gleichen pH-Wert haben. Dieses Phänomen bezeichnen wir als den **nivellierenden Effekt des Wassers**. Will man für solche Säuren und Basen die relative Stärke ermitteln, so muss man die Untersuchungen in stärker sauren bzw. stärker basischen Lösungsmitteln als Wasser durchführen.

Unschwer einzusehen ist die Tatsache, dass zu einer starken Säure immer eine schwache korrespondierende Base gehört und umgekehrt. Überträgt ein Säuremolekül sein Proton leicht auf ein Wassermolekül, so kann die Neigung der korrespondierenden Base nur entsprechend gering sein, das Proton festzuhalten (bzw. ein Proton aufzunehmen). Dieser Zusammenhang lässt sich in einfacher Weise quantitativ ausdrücken:

$$HA + H_2O \rightleftharpoons H_3O^+ + A^- \qquad A^- + H_2O \rightleftharpoons HA + OH^- \qquad (5\text{-}64)$$

$$K_S = \frac{c(H_3O^+)\cdot c(A^-)}{c(HA)} \qquad K_B = \frac{c(HA)\cdot c(OH^-)}{c(A^-)} \qquad (5\text{-}65)$$

Für das Produkt der beiden Protolysekonstanten finden wir das Ionenprodukt des Wassers:

$$K_S \cdot K_B = \frac{c(H_3O^+)\cdot c(A^-)}{c(HA)} \; \frac{c(HA)\cdot c(OH^-)}{c(A^-)} \qquad (5\text{-}66)$$

$$K_S \cdot K_B = c(H_3O^+)\cdot c(OH^-) = K_W \qquad (5\text{-}67)$$

$$pK_S + pK_B = pK_W \qquad (5\text{-}68)$$

Je stärker demnach eine Säure ist, desto schwächer muss ihre korrespondierende Base sein: Das Produkt von Säurekonstante und Basekonstante eines korrespondierenden Säure-Base-Paares ist konstant und gleich dem Ionenprodukt des Wassers. Kennt man daher den Zahlenwert einer Säurekonstante, so lässt sich leicht der entsprechende Zahlenwert der Basekonstante angeben (und umgekehrt).

Entsprechend der Zahl der Protonen, die eine Säure abgeben kann, unterscheidet man einwertige, zweiwertige, dreiwertige usw. Säuren; ganz analog bezeichnet man Basen als einwertig, zweiwertig, dreiwertig usw., wenn sie ein, zwei, drei usw. Protonen aufnehmen können. Die Protolyse mehrwertiger Säuren und Basen erfolgt generell stufenweise; die Anwendung des Massenwirkungsgesetzes auf die einzelnen Protolysestufen führt damit zu mehreren Säure- bzw. Basekonstanten. Die K_S- bzw. K_B-Werte werden dabei von Stufe zu Stufe kleiner, da nach jeder Protonenabgabe die negative Ladung bzw. nach jeder Protonenaufnahme die positive Ladung anwächst, sodass aus elektrostatischen Gründen die Abgabe bzw. Aufnahme von Protonen zunehmend erschwert wird.

Protolysegrad, OSTWALDsches Verdünnungsgesetz Das Ausmaß der Protolysereaktion einer schwachen Säure HA gemäß:

$$HA + H_2O \rightleftharpoons H_3O^+ + A^-$$

kann durch den **Protolysegrad α** ausgedrückt werden;

$$\alpha = \frac{\text{Konzentration protolysierter HA - Moleküle}}{\text{Konzentration der HA - Moleküle vor der Protolyse}} \qquad (5\text{-}69)$$

$$\alpha = \frac{c_0(\mathrm{HA}) - c(\mathrm{HA})}{c_0(\mathrm{HA})} = \frac{c(\mathrm{H_3O^+})}{c_0(\mathrm{HA})} = \frac{c(\mathrm{A^-})}{c_0(\mathrm{HA})}; \qquad (5\text{-}70)$$

Darin bedeuten c_0(HA) die Totalkonzentration von HA und c(HA) ihre Gleichgewichtskonzentration.

Der Protolysegrad α einer Säure ist demnach also der Anteil der Säure, der durch die Reaktion mit Wasser in die korrespondierende Base umgewandelt worden ist; α kann folglich Werte zwischen 0 und 1 annehmen.

Für die Säurekonstante ergibt sich unter Berücksichtigung von Gleichung (5-70):

$$K_S = \frac{c(\mathrm{H_3O^+}) \cdot c(\mathrm{A^-})}{c(\mathrm{HA})} = \frac{\alpha^2 \cdot c_0^2(\mathrm{HA})}{c_0(\mathrm{HA}) - \alpha \cdot c_0(\mathrm{HA})} = c_0(\mathrm{HA}) \cdot \frac{\alpha^2}{1-\alpha} \qquad (5\text{-}71)$$

Gleichung (5-71) ist das OSTWALDsche Verdünnungsgesetz; danach ist der Protolysegrad α keine Konstante, sondern hängt von der Gesamtkonzentration eines korrespondierenden Säure-Base-Paares ab: Mit wachsender Verdünnung, also abnehmender Konzentration, nimmt der Protolysegrad zu.

Pufferlösungen Wässrige Lösungen, deren pH-Werte sich bei Zugabe begrenzter Mengen einer sehr starken Säure oder einer sehr starken Base oder auch beim Verdünnen nur wenig ändern, bezeichnet man als Pufferlösungen. Die Aufrechterhaltung des pH-Wertes beruht auf der Fähigkeit solcher Lösungen, die hinzugefügten H_3O^+-Ionen bzw. OH^--Ionen abzufangen, d. h. sie müssen eine Säure und eine Base enthalten. Am geeignetsten sind Lösungen schwacher Säuren mit ihren korrespondierenden Basen bzw. schwacher Basen mit ihren korrespondierenden Säuren. Mit der Wahl der jeweiligen Säure bzw. Base kann man den Bereich einstellen, in dem die Pufferwirkung stattfindet. In der Laboratoriumspraxis sind heute Pufferlösungen zwischen pH 2 und 12 gebräuchlich.

Löst man eine schwache Säure HA und ihr Salz, das die korrespondierende Base A^- enthält, im Molverhältnis 1 : 1, so sind in der entstehenden Lösung die Konzentrationen an HA und A^- praktisch gleich, da das Protolyse-Gleichgewicht der Säure

$$HA + H_2O \rightleftharpoons H_3O^+ + A^-$$

durch das Salz nach links verschoben wird, sodass kaum A^--Ionen aus der Säure HA gebildet werden. Der pH-Wert einer solchen äquimolaren Lösung einer schwachen Säure und ihrer korrespondierenden Base ist dann gleich dem pK_S-Wert der schwachen Säure $\{c(A^-) = c(HA)\} : 1$:

$$pH = pK_S + \lg \frac{c(A^-)}{c(HA)} \qquad \text{(5-72)}$$

Hasselbalch–Henderson-Gleichung

Durch den Zusatz einer Säure oder einer Base werden zwar die Konzentrationen von HA und A^- verändert, ihr Verhältnis zueinander bleibt jedoch nahezu gleich.
In Abbildung 5.25 sind die Verhältnisse für einen Essigsäure/Acetat-Puffer dargestellt. Für das äquimolare Verhältnis von CH_3COO^- zu CH_3COOH ist der pH-Wert gleich dem pK_S-Wert von 4,75. Wächst das Konzentrationsverhältnis auf 10 : 1, dann steigt der pH-Wert lediglich um eine Einheit, sinkt es auf 1 : 10, dann nimmt der pH-Wert um eine Einheit ab. Der Kurvenverlauf zeigt, dass eine drastische Änderung des pH-Wertes erst erfolgt, wenn das Konzentrationsverhältnis größer als 10 oder kleiner als 0,1 wird.

Beispiel: Wie groß ist die Änderung des pH-Wertes, wenn zu einem Liter eines Acetat-Puffers (1 mol CH_3COOH und 1 mol CH_3COONa) 0,1 mol HCl hinzugefügt wird?

Die aus der Protolyse von HCl entstandenen H_3O^+-Ionen reagieren praktisch vollständig mit den CH_3COO^--Ionen zu CH_3COOH; damit erniedrigt sich die Konzentration der CH_3COO^--Ionen um 0,1 mol, die der CH_3COOH erhöht sich um 0,1 mol. Damit finden wir gemäß Gleichung (5-72):

$$pH = 4{,}75 + \lg \frac{(1{,}0 - 0{,}1)}{(1{,}0 + 0{,}1)} = 4{,}66$$

Der Zusatz von 0,1 mol der sehr starken Säure HCl senkt den pH-Wert des Puffers lediglich um etwa 0,1.

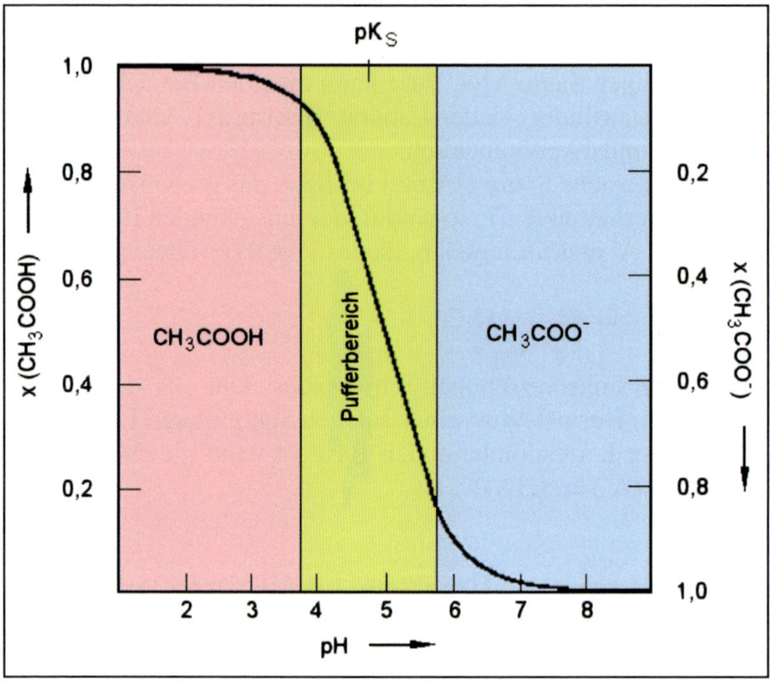

5.25 Pufferungskurve einer 0,1 molaren Essigsäure/Acetat-Lösung.

Ein Maß für die Belastbarkeit einer Pufferlösung bei Säure- bzw. Basezusatz ist die von VAN SLYKE eingeführte **Pufferkapazität** $\beta = dc(B)/dpH$. Darin ist $dc(B)$ die differentielle Zunahme der Basekonzentration in der Pufferlösung bei Zugabe einer starken Base und dpH die dadurch bewirkte differentielle Änderung des pH-Wertes der Pufferlösung. β hat die Einheit mol/l und ist immer positiv. Die Pufferkapazität ist bei pH = pK_S am größten; dies ist der **Pufferschwerpunkt**. Eine gute Pufferwirkung ist in einem pH-Bereich von pH = p$K_S \pm 1$ zu erwarten.

Pufferlösungen können nach entsprechenden Vorschriften aus handelsüblichen Substanzen oder auch aus vorgefertigten Konzentraten durch Verdünnung hergestellt werden.

5.4.3 Fällungs- und Lösegleichgewichte

Sowohl beim Auskristallisieren einer Verbindung aus ihrer Lösung als auch bei der Auflösung eines kristallinen Feststoffes in einem Lösungsmittel stellt sich zwischen der Lösung und dem kristallinen Bodenkörper ein *dynamisches Gleichgewicht* ein (Abschnitt 5.2.1). In beiden Fällen besitzt die über dem Bodenkörper befindliche Lösung die Sättigungskonzentration. Handelt es sich – wie in vielen Fällen – um schwerlösliche Salze, dann gehen beim Lösevorgang die Ionen des

Gitters direkt vom Bodenkörper in die Lösung; beim Fällungsvorgang treten sie direkt in das Ionengitter des Kristalls ein.

Betrachten wir als Beispiel die Ausfällung des schwerlöslichen AgCl bei der Zugabe einer NaCl-Lösung zu einer Lösung von $AgNO_3$ (bei Ionenreaktionen ist es üblich, nur die am interessierenden Vorgang beteiligten Ionen in der chemischen Reaktionsgleichung aufzuführen):

$$Ag^{+}_{(aq)} + Cl^{-}_{(aq)} \rightleftharpoons AgCl_{(s)} \quad (5\text{-}73)$$

Dieses Gleichgewicht stellt sich auch dann ein, wenn man festes AgCl in Wasser suspendiert; die Hinreaktion kennzeichnet den Fällungsvorgang, die Rückreaktion entsprechend den Lösevorgang.

Die Anwendung des Massenwirkungsgesetzes auf das Lösegleichgewicht von AgCl führt zu der Beziehung:

$$c(Ag^{+}) \cdot c(Cl^{-}) = K_L \quad (5\text{-}74)$$

Da die Konzentration des Bodenkörpers als die eines reinen festen Stoffes konstant ist, tritt sie in dieser Gleichung nicht auf (sie ist in K_L enthalten). K_L ist das **Löslichkeitsprodukt** eines schwerlöslichen Salzes. Es ist definiert als das Produkt der Ionenkonzentrationen in der gesättigten Lösung (über einem Bodenkörper) bei einer bestimmten Temperatur (Gleichung (5-74)). Damit ist das Löslichkeitsprodukt eine Stoffkonstante und ein Maß für die Löslichkeit des betreffenden Salzes.

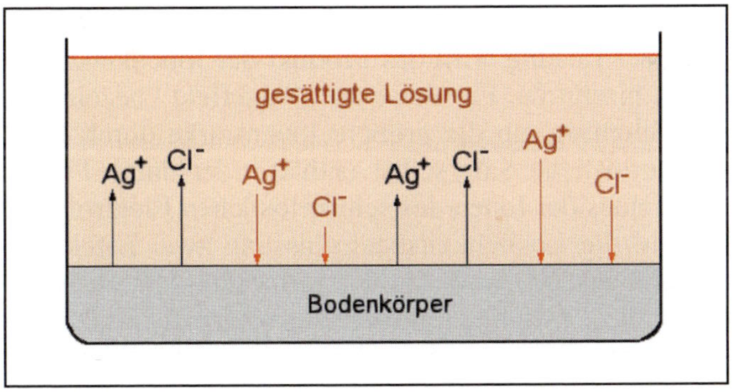

5.26 Gleichgewicht zwischen dem AgCl-Bodenkörper und der gesättigten Lösung.

In der gesättigten Lösung sind die Stoffmengenkonzentrationen der Ag^{+}- und der Cl^{-}-Ionen gleich groß, sodass gilt:

$$c^2(Ag^{+}) = c^2(Cl^{-}) = K_L \quad (5\text{-}75)$$

Für die Konzentration des in Ionenform in der gesättigten Lösung vorliegenden AgCl, $c(\text{AgCl})$, muss gelten:

$$c(\text{AgCl}) = c(\text{Ag}^+) = c(\text{Cl}^-) \qquad (5\text{-}76)$$

und damit:

$$c^2(\text{AgCl}) = K_L \qquad \text{bzw.} \qquad c(\text{AgCl}) = \sqrt{K_L} \qquad (5\text{-}77)$$

Die Konzentration der gesättigten Lösung in reinem Wasser wird als die **molare Löslichkeit *L*** der betreffenden Verbindung bezeichnet und ist rechnerisch leicht aus dem Löslichkeitsprodukt zugänglich. Für AgCl z. B. beträgt das Löslichkeitsprodukt $K_L = 10^{-10}$ mol²/l²; die gesättigte Lösung enthält also 10^{-5} mol/l AgCl, d. h. 10^{-5} mol/l Ag^+- und 10^{-5} mol/l Cl^--Ionen.

Bei der Durchführung einer Fällungsreaktion wird die Abscheidung des schwerlöslichen Salzes erst dann beginnen, wenn das Produkt der Ionenkonzentrationen in der Lösung das Löslichkeitsprodukt überschreitet.

Erhöhen wir in einer gesättigten Lösung von AgCl die Konzentration einer der beteiligten Ionenarten, so wird so lange AgCl ausfallen, bis das Löslichkeitsprodukt wieder eingestellt ist (Prinzip von LE CHATELIER).

Beeinflussung der Löslichkeit schwerlöslicher Salze Streng genommen ist nicht das Produkt der Ionenkonzentrationen, sondern das der Ionenaktivitäten in der gesättigten Lösung über einem Bodenkörper konstant (Exkurs 5.3): Mit wachsender Ionenstärke der Lösung wird das Produkt der Ionenkonzentrationen größer, d. h. die Löslichkeit nimmt zu. Für diese als „Salzeffekt" bezeichnete Erscheinung ist es zunächst gleichgültig, ob die größere Ionenstärke durch Ionenarten bewirkt wird, die das schwerlösliche Salz selbst enthält, oder durch Fremdionen. Enthält das zugesetzte Salz eines der Ionen des schwerlöslichen Elektrolyten, so überlagern sich im Hinblick auf die Löslichkeitsbeeinflussung zwei Effekte: Einerseits wird die Löslichkeit herabgesetzt, weil die Konzentration gleichartiger Ionen steigt, andererseits nimmt die Löslichkeit infolge des Salzeffektes zu. Meist überwiegt jedoch der erstgenannte Effekt, sodass die Löslichkeit bei gleichionigem Zusatz sinkt, jedoch weniger stark, als nach Gleichung (5-74) zu erwarten wäre.

Schwerlösliche Salze lassen sich in Lösung bringen, wenn man eine der beteiligten Ionenarten durch geeignete Reaktionen aus dem Lösegleichgewicht entfernt, das Lösegleichgewicht also mit weiteren Gleichgewichten koppelt. Davon macht man gerade in der analytischen Chemie vielfältigen Gebrauch.

Kopplung mit Protolysegleichgewichten Schwerlösliche Carbonate, Sulfide, Phosphate etc. lassen sich auflösen, da diese Anionen einer stufenweisen Protolyse unterliegen und somit aus dem Lösegleichgewicht entfernt werden können:

$$MS \rightleftharpoons M^{2+} + S^{2-}$$
$$S^{2-} + H_3O^+ \rightleftharpoons HS^- + H_2O$$
$$HS^- + H_3O^+ \rightleftharpoons H_2S\uparrow + H_2O$$

Kopplung mit Komplexbildungsgleichgewichten Schwerlösliches AgCl kann in einer wässrigen Lösung von NH_3 aufgelöst werden, da die Ag^+-Ionen den leichtlöslichen Diamminsilber(I)-Komplex bilden:

$$AgCl \rightleftharpoons Ag^+ + Cl^-$$
$$Ag^+ + NH_3 \rightleftharpoons [Ag(NH_3)]^+$$
$$[Ag(NH_3)]^+ + NH_3 \rightleftharpoons [Ag(NH_3)_2]^+$$

5.4.4 Elektronenübertragungsreaktionen; Elektrochemie

Redoxpotenzial; elektrochemische Spannungsreihe Die Begriffsinhalte von Oxidation und Reduktion haben sich im Verlaufe der Entwicklung der Chemie mehrfach gewandelt. Heute verstehen wir unter einer **Oxidation** eine Reaktion, bei der ein Teilchen Elektronen unter Erhöhung der Oxidationszahl abgibt:

$$2\,I^- \rightleftharpoons I_2^{\pm 0} + 2\,e^-$$
$$Co^{2+} \rightleftharpoons Co^{3+} + e^-$$

Eine **Reduktion** ist dementsprechend eine Aufnahme von Elektronen, verbunden mit einer Erniedrigung der Oxidationszahl:

$$Cl_2^{\pm 0} + 2\,e^- \rightleftharpoons 2\,Cl^-$$
$$Fe^{3+} + e^- \rightleftharpoons Fe^{2+}$$

Oxidations- und Reduktionsreaktionen lassen sich nach ganz ähnlichen Prinzipien behandeln wie Säure-Base-Reaktionen (nach BRØNSTED): Während Säure-Base-Reaktionen Protonenübertragungsreaktionen sind, sind Oxidations- und Reduktionsreaktionen Elektronenübertragungsreaktionen. Einem korrespondierenden Säure-Base-Paar, deren Bestandteile sich nur in der Zahl der Protonen unterscheiden, entspricht daher formal ein **korrespondierendes Redoxpaar**, dessen Bestandteile sich in der Zahl der Elektronen unterscheiden. Da Elektronen, genau wie Protonen, in Lösung nicht als freie Teilchen existieren können, muss eine Oxidation immer mit einer Reduktion gekoppelt sein und umgekehrt. Mit anderen Worten: Eine Elektronenübertragung findet stets zwischen zwei korrespondierenden Redoxpaaren statt. In allgemeiner Form können wir daher schreiben:

$$\begin{array}{lcl} ox_1 + n\,e^- & \rightleftharpoons & red_1 \\ red_2 & \rightleftharpoons & ox_2 + n\,e^- \\ \hline ox_1 + red_2 & \rightleftharpoons & ox_2 + red_1 \end{array} \qquad (5\text{-}78)$$

Je nach der Größe der Tendenz eines *Reduktionsmittels* zur Elektronenabgabe und eines *Oxidationsmittels* zur Elektronenaufnahme können wir zwischen starken und schwachen Reduktionsmitteln bzw. Oxidationsmitteln unterscheiden.

Innerhalb eines korrespondierenden Redoxpaares gehört zu einem starken Oxidationsmittel ox_1 immer ein entsprechend schwaches Reduktionsmittel red_1 und umgekehrt.

Ein quantitatives Maß für das unterschiedlich starke Oxidations- oder Reduktionsvermögen eines Redoxsystems ist sein Redoxpotenzial E, das durch die **NERNSTsche Gleichung** gegeben ist:

$$E = E^0 + \frac{R \cdot T}{z \cdot F} \ln \frac{c_{ox}}{c_{red}} \qquad (5\text{-}79)$$

Darin sind R die allgemeine Gaskonstante (8,314 $JK^{-1}mol^{-1}$), T die absolute Temperatur, F die FARADAY-Konstante ($9{,}649 \cdot 10^4$ $Cmol^{-1}$) und z die Zahl der bei einem Redoxsystem auftretenden Elektronen. c_{ox} und c_{red} sind die Stoffmengenkonzentrationen der oxidierten bzw. reduzierten Form des korrespondierenden Redoxpaares (für thermodynamisch korrekte Berechnungen sind aus den bekannten Gründen anstelle der Stoffmengenkonzentrationen die Aktivitäten zu verwenden). Setzt man die Zahlenwerte der einzelnen Konstanten, den Umrechnungsfaktor des natürlichen in den dekadischen Logarithmus (2,3026) und eine Temperatur von 298 K (25 °C) in die NERNSTsche Gleichung ein, dann ergibt sich:

$$E = E^0 + \frac{0{,}059}{z} \lg \frac{c_{ox}}{c_{red}} \qquad (5\text{-}80)$$

In die NERNSTsche Gleichung muss man bei Kenntnis von E^0 also nur die Konzentrationswerte einsetzen, um das Redoxpotenzial eines korrespondierenden Redoxpaares zu berechnen. Betragen die Konzentrationen c_{ox} und c_{red} jeweils 1 mol/l, dann folgt:

$$E = E^0 \qquad (5\text{-}81)$$

E^0 wird als **Normalpotenzial** oder **Standardpotenzial** bezeichnet; seine Einheit ist das Volt [V]. Das Standardpotenzial hat für jedes Redoxsystem einen charakteristischen Wert und ist ein quantitatives Maß für die Stärke der reduzierenden bzw. oxidierenden Wirkung eines Redoxsystems.

Während der erste Term der NERNSTschen Gleichung E^0 also eine für jedes Redoxsystem charakteristische Konstante ist, beschreibt der zweite Term die Konzentrationsabhängigkeit des Redoxpotenzials E eines Redoxsystems.

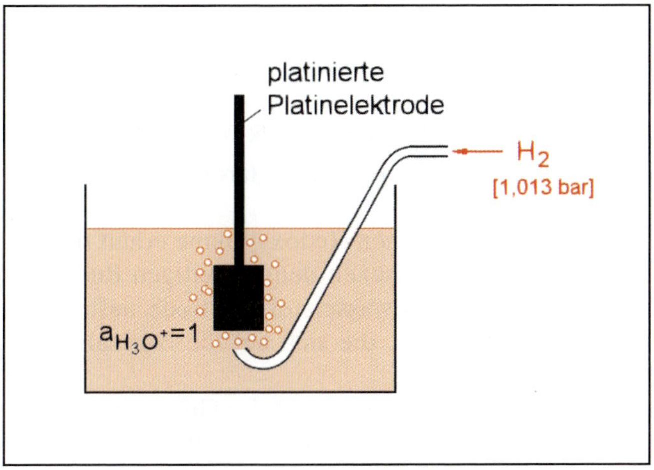

5.27 Schematischer Aufbau der Standardwasserstoffelektrode.

So wenig aber, wie wir die absolute Stärke einer BRØNSTED-Säure bestimmen können, so wenig lässt sich auch das Potenzial eines einzelnen Redoxpaares experimentell bestimmen. Exakt messbar ist immer nur die Potenzialdifferenz zwischen zwei Redoxpaaren. Aus diesem Grunde misst man die Potenzialdifferenz der verschiedenen Redoxsysteme gegen ein Referenzsystem, dessen Potenzial willkürlich gleich Null gesetzt wird; dieses Referenzredoxsystem ist die **Standardwasserstoffelektrode** (**Normalwasserstoffelektrode**), deren schematischer Aufbau in Abbildung 5.27 dargestellt ist. Eine Platinelektrode, die zur Vergrößerung ihrer Oberfläche zusätzlich mit fein verteiltem (elektrolytisch abgeschiedenem) Platin überzogen ist, taucht in eine Säure-Lösung mit einer Aktivität der H_3O^+-Ionen von $a(H_3O^+) = 1{,}0$. Diese platinierte Platinelektrode wird von Wasserstoffgas unter einem Standarddruck von 1 atm (entsprechend 1,013 bar) umspült. An der Platinelektrode stellt sich das Potenzial des folgenden Redoxpaares ein:

$$H_2 + 2\,H_2O \rightleftharpoons 2\,H_3O^+ + 2\,e^- \qquad (5\text{-}82)$$

Bei 25 °C beträgt das Potenzial unter den genannten Bedingungen:

$$E_H = E_H^0 + \frac{0{,}059}{2} \lg \frac{a^2_{H_3O^+}}{p_{H_2}} \qquad (5\text{-}83)$$

und damit:

$$E_H = E_H^0 \tag{5-84}$$

Da die Konzentration von H_2O in verdünnten wässrigen Lösungen in guter Näherung als konstant angesehen werden kann, wird sie in das Standardpotenzial einbezogen.

Das Standardpotenzial dieser Wasserstoffelektrode, E_H^0, wird nun willkürlich Null gesetzt, sodass auch das Potenzial der Standardwasserstoffelektrode E_H, gleich Null ist.

Die Standardpotenziale der einzelnen Redoxsysteme erhält man nun durch Messung der Potenzialdifferenz, die zwischen dem jeweiligen Redoxpaar (unter Standardbedingungen) und der Standardwasserstoffelektrode auftritt. Diese Standardpotenziale sind somit relative Werte, die sich auf die Normalwasserstoffelektrode beziehen (Abbildung 5.28).

Ordnet man die Redoxsysteme entsprechend der Größe ihrer Standardpotenziale, so erhält man die **elektrochemische Spannungsreihe** (Tabelle 5.4). Mithilfe der elektrochemischen Spannungsreihe lässt sich vorhersagen, welche Redoxreaktionen möglich sind und welche nicht. Generell gilt, dass die reduzierte Form eines Redoxpaares Elektronen nur auf die oxidierte Form solcher Redoxpaare übertragen kann, die in der Spannungsreihe darunter stehen. Da sich die Standardpotenziale jedoch aus den Standardbedingungen ergeben, können diese Vorhersagen nur solange richtig sein, solange sich die jeweiligen Konzentrationsverhältnisse davon nicht allzu sehr unterscheiden, sodass das Gesamtpotenzial E nur wenig vom Standardpotenzial E^0 verschieden ist.

Immer dann, wenn an einem korrespondierenden Redoxpaar H_3O^+- oder OH^--Ionen beteiligt sind, erweist sich das Potenzial als pH-abhängig. In diesen Fällen lässt sich das Redoxverhalten nicht mehr aus den Standardpotenzialen allein vorhersagen. Betrachten wir als Beispiel das Redoxpaar:

$$Mn^{2+} + 12\,H_2O \rightleftharpoons MnO_4^- + 8\,H_3O^+ + 5\,e^-$$

Die NERNSTsche Gleichung dafür lautet:

$$E = E^0 + \frac{0{,}059}{5} \lg \frac{c_{MnO_4^-} \cdot c^8_{H_3O^+}}{c_{Mn^{2+}}} \tag{5-85}$$

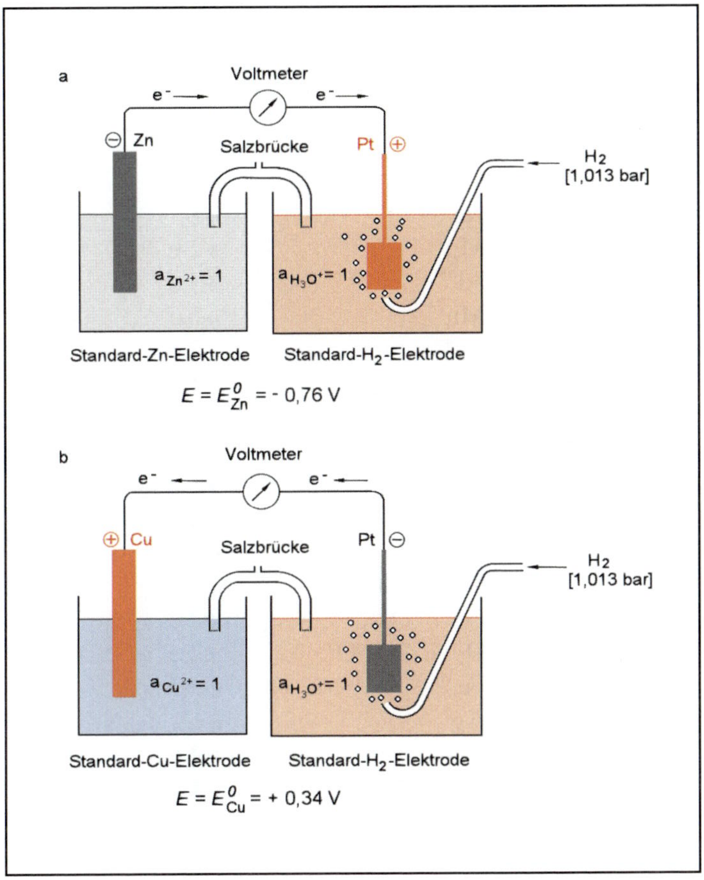

5.28 Messung der Standardpotenziale: **a** Zn/Zn^{2+} und **b** Cu/Cu^{2+}.

Wie im Massenwirkungsgesetz, so treten auch hier die stöchiometrischen Koeffizienten als Exponenten der Konzentrationen auf (die Konzentration des Wassers können wir in guter Näherung wieder als konstant ansehen). Das Standardpotenzial dieses Redoxpaares beträgt +1,51 V (Tabelle 5.4). Berechnet man das Potenzial unter der Annahme, dass die MnO_4^-- und die Mn^{2+}-Konzentration jeweils 0,1 mol/l betragen, dann ergibt sich E bei pH = 0 zu 1,51 V, bei pH = 5 zu 1,04 V und bei pH = 7 zu 0,85 V. Wir erkennen, dass die oxidierende Wirkung des MnO_4^--Ions mit wachsendem pH-Wert stark abnimmt. In vielen Fällen gilt, dass Oxidationsmittel in saurer Lösung, Reduktionsmittel dagegen in alkalischer Lösung wirksamer sind.

Tabelle 5.4 Elektrochemische Spannungsreihe (Ausschnitt)

Reduzierte Form	$\rightleftharpoons$	Oxidierte Form	$+z\,e^-$	Standardpotenzial [V]
Li	$\rightleftharpoons$	Li^+	$+e^-$	–3,04
K	$\rightleftharpoons$	K^+	$+e^-$	–2,92
Ca	$\rightleftharpoons$	Ca^{2+}	$+2\,e^-$	–2,87
Na	$\rightleftharpoons$	Na^+	$+e^-$	–2,71
Mg	$\rightleftharpoons$	Mg^{2+}	$+2\,e^-$	–2,36
Al	$\rightleftharpoons$	Al^{3+}	$+3\,e^-$	–1,68
Mn	$\rightleftharpoons$	Mn^{2+}	$+2\,e^-$	–1,19
Zn	$\rightleftharpoons$	Zn^{2+}	$+2\,e^-$	–0,76
Cr	$\rightleftharpoons$	Cr^{3+}	$+3\,e^-$	–0,74
Fe	$\rightleftharpoons$	Fe^{2+}	$+2\,e^-$	–0,41
Sn	$\rightleftharpoons$	Sn^{2+}	$+2\,e^-$	–0,14
Pb	$\rightleftharpoons$	Pb^{2+}	$+2\,e^-$	–0,13
$H_2 + 2\,H_2O$	$\rightleftharpoons$	$2\,H_3O^+$	$+2\,e^-$	0
Cu^+	$\rightleftharpoons$	Cu^{2+}	$+e^-$	+0,15
Cu	$\rightleftharpoons$	Cu^{2+}	$+2\,e^-$	+0,34
$2\,I^-$	$\rightleftharpoons$	I_2	$+2\,e^-$	+0,54
$H_2O_2 + 2\,H_2O$	$\rightleftharpoons$	$O_2 + 2\,H_3O^+$	$+2\,e^-$	+0,68
Fe^{2+}	$\rightleftharpoons$	Fe^{3+}	$+e^-$	+0,77
Ag	$\rightleftharpoons$	Ag^+	$+e^-$	+0,80
$2\,Br^-$	$\rightleftharpoons$	Br_2	$+2\,e^-$	+1,07
$6\,H_2O$	$\rightleftharpoons$	$O_2 + 4\,H_3O^+$	$+4\,e^-$	+1,23
$2\,Cr^{3+} + 21\,H_2O$	$\rightleftharpoons$	$Cr_2O_7^{2-} + 14\,H_3O^+$	$+6\,e^-$	+1,33
$2\,Cl^-$	$\rightleftharpoons$	Cl_2	$+2\,e^-$	+1,36
$Pb^{2+} + 6\,H_2O$	$\rightleftharpoons$	$PbO_2 + 4\,H_3O^+$	$+2\,e^-$	+1,46
Au	$\rightleftharpoons$	Au^{3+}	$+3\,e^-$	+1,50
$Mn^{2+} + 12\,H_2O$	$\rightleftharpoons$	$MnO_4^- + 8\,H_3O^+$	$+5\,e^-$	+1,51
$2\,F^-$	$\rightleftharpoons$	F_2	$+2\,e^-$	+2,87

Formulierung von Redoxreaktionen Für das sichere Auffinden der stöchiometrischen Koeffizienten einer oftmals unübersichtlich erscheinenden Redoxreaktion geht man auf der Grundlage der beiden beteiligten korrespondierenden Redoxpaare zweckmäßigerweise in folgenden fünf Schritten vor:

1. Ermittlung der *Oxidationszahlen* von oxidierter und reduzierter Form der korrespondierenden Redoxpaare (Abschnitt 4.2.1).
2. Ermittlung der *Zahl der auftretenden Elektronen* aus der Differenz der Oxidationszahlen.
3. Herstellung der *Elektroneutralität*: Auf beiden Seiten jedes korrespondierenden Redoxpaares muss die Summe der elektrischen Ladungen gleich groß sein; bei Reaktionen in saurer Lösung werden bestehende Differenzen

durch H_3O^+-Ionen ausgeglichen, bei Reaktionen in basischer Lösung durch OH^--Ionen.

4. *Stoffbilanz*: Auf beiden Seiten eines korrespondierenden Redoxpaares muss die Anzahl der Atome jeder Atomsorte gleich groß sein; ein erforderlicher Ausgleich erfolgt durch H_2O.
5. *Kombination der beiden Redoxpaare* und Bildung des kleinsten gemeinsamen Vielfachen der auftretenden Elektronen in beiden Redoxpaaren.

Galvanische Elemente Taucht man einen Zn-Stab in eine Lösung von $CuSO_4$, dann erfolgt gemäß der elektrochemischen Spannungsreihe die Redoxreaktion:

$$Zn + Cu^{2+} \longrightarrow Zn^{2+} + Cu$$

Auf dem Zn-Stab scheidet sich elementares Kupfer ab, während gleichzeitig Zink unter Bildung von Zn^{2+}-Ionen in Lösung geht (Abbildung 5.29, links). Abbildung 5.29 (rechts) zeigt nun eine Anordnung, in der die beiden Teilreaktionen räumlich voneinander getrennt ablaufen; eine solche Anordnung bezeichnen wir als ein galvanisches Element. Ein Zn-Stab taucht in eine Lösung ein, die Zn^{2+}- und SO_4^{2-}-

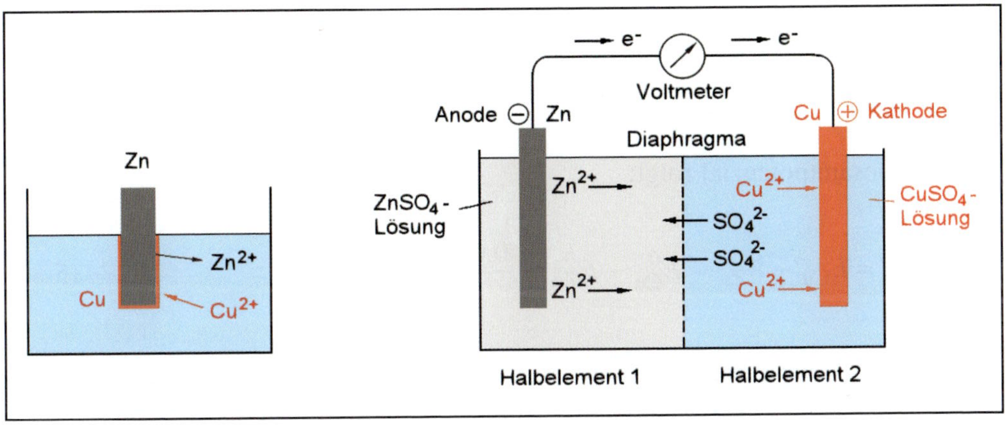

5.29 Reduktion von Cu^{2+} durch Zn (links); DANIELL-Element (rechts).

Ionen enthält; hier bildet sich das Redoxpaar Zn/Zn^{2+} aus (Halbelement 1). Im zweiten Raum taucht ein Cu-Stab in eine Lösung ein, die Cu^{2+}- und SO_4^{2-}-Ionen enthält, sodass sich hier das Redoxpaar Cu/Cu^{2+} ausbildet (Halbelement 2). Beide Reaktionsräume sind durch ein Diaphragma voneinander getrennt, durch das die SO_4^{2-}-Ionen diffundieren können. Verbindet man nun den Zn- und den Cu-Stab elektrisch leitend miteinander, so fließen Elektronen vom Zn-Stab zum Cu-Stab. Der Zn-Stab wird zu einer negativ geladenen Elektrode (Anode), der Cu-Stab entsprechend zu einer positiv geladenen Elektrode (Kathode). Zwischen den beiden Elektroden tritt eine Potenzialdifferenz auf, die wir als die **elektromotorische**

Kraft (EMK) des galvanischen Elements bezeichnen. Aufgrund dieser EMK kann ein galvanisches Element elektrische Arbeit leisten.

In den beiden Halbelementen laufen die folgenden Reaktionen ab:

Halbelement 1:	Zn	$\longrightarrow$	$Zn^{2+} + 2\,e^-$	Oxidation
Halbelement 2:	$Cu^{2+} + 2\,e^-$	$\longrightarrow$	Cu	Reduktion
Bruttoreaktion:	$Zn + Cu^{2+}$	$\longrightarrow$	$Zn^{2+} + Cu$	Redoxreaktion

Zn-Atome gehen als Zn^{2+}-Ionen in Lösung und hinterlassen ihre Elektronen in der Zn-Elektrode; diese Elektronen fließen zur Cu-Elektrode und entladen hier die Cu^{2+}-Ionen zu neutralen Cu-Atomen, die sich am Cu-Stab abscheiden. Aufgrund dieser Reaktionen entsteht in der Elektrolyt-Lösung des Halbelements 1 ein Überschuss an positiven Ladungen, in der Elektrolyt-Lösung des Halbelements 2 ein Unterschuss. Der Ladungsausgleich erfolgt durch Wanderung von SO_4^{2-}-Ionen aus dem Reaktionsraum 2 in den Reaktionsraum 1 durch das Diaphragma hindurch (Abbildung 5.29, rechts). Die Richtung des Elektronenflusses vom Zn zum Cu ist durch die Stellung der beiden Redoxpaare in der elektrochemischen Spannungsreihe festgelegt. Die NERNSTsche Gleichung ergibt für die beiden Redoxpaare:

$$E_{Zn} = E^0_{Zn} + \frac{0{,}059}{2}\lg c_{Zn^{2+}} \quad \text{und} \quad E_{Cu} = E^0_{Cu} + \frac{0{,}059}{2}\lg c_{Cu^{2+}} \qquad (5\text{-}86)$$

Für das Gesamtpotenzial folgt:

$$\Delta E = E_{Cu} - E_{Zn} = E^0_{Cu} - E^0_{Zn} + \frac{0{,}059}{2}\lg\frac{c_{Cu^{2+}}}{c_{Zn^{2+}}} \qquad (5\text{-}87)$$

Bei gleicher Konzentration von Zn^{2+} und Cu^{2+} ergibt sich daraus die EMK des DANIELL-Elements als Differenz der beiden Standardpotenziale

$$\Delta E = E_{Cu} - E_{Zn} = E^0_{Cu} - E^0_{Zn} = 0{,}34 - (-0{,}76) = 1{,}10\ \text{V} \qquad (5\text{-}88)$$

Mit dem Ablauf der Reaktionen in den beiden Halbelementen ändern sich die Konzentrationen: Die Zn^{2+}-Konzentration steigt an, die Cu^{2+}-Konzentration nimmt ab. Gemäß Gleichung (5-87) muss die Spannung des DANIELL-Elements damit abnehmen.

Konzentrationsketten; Elektroden zweiter Art Der zweite Term in der NERNSTschen Gleichung beschreibt die Konzentrationsabhängigkeit des Elektrodenpotenzials. Man kann folglich ein galvanisches Element auch aufbauen, indem man für die Halbelemente 1 und 2 das gleiche Elektrodenmaterial, z. B. Ag, und den gleichen Elektrolyten, z. B. $AgNO_3$, verwendet, diesen jedoch in unterschiedlichen Konzentrationen. Eine solche Anordnung bezeichnen wir als **Konzentrationskette**. Die EMK entspricht der Differenz der Potenziale der beiden Halbelemente und berechnet sich zu:

$$\Delta E = E_{Ag}(1) - E_{Ag}(2) = 0{,}059 \ \lg \frac{c_{Ag^+}(1)}{c_{Ag^+}(2)} \tag{5-89}$$

Ursache der Potenzialdifferenz sind also die unterschiedlichen Konzentrationen der Ag^+-Ionen in den beiden Halbelementen; Triebkraft ist das Bestreben verschieden konzentrierter Lösungen zu einem Konzentrationsausgleich.

Fügt man zu einem Ag/Ag^+-Halbelement Anionen hinzu, die mit Ag^+-Ionen eine schwerlösliche Verbindung bilden, dann wird das Potenzial nicht mehr von der Konzentration der Ag^+-Ionen, sondern von der der Anionen bestimmt; man bezeichnet solche Halbelemente als **Elektroden zweiter Art**. Ein typisches Beispiel dafür ist die Ag/AgCl-Elektrode, bei der zum Ag/Ag^+-Halbelement Cl^--Ionen hinzugefügt werden. Das Potenzial einer solchen Elektrode berechnet sich zu:

$$E = E^0_{Ag} + \lg c_{Ag^+} \tag{5-90}$$

durch Kombination mit dem Löslichkeitsprodukt des AgCl ergibt sich:

$$c_{Ag^+} \cdot c_{Cl^-} = K_L$$
$$E = E^0_{Ag} + 0{,}059 \ \lg \frac{K_L}{c_{Cl^-}} \tag{5-91}$$

Elektroden zweiter Art eignen sich wegen ihrer leichten Handhabbarkeit und wegen ihres gut reproduzierbaren Potenzials besonders gut als Referenzelektroden.

Redoxreaktionen als Gleichgewichtsreaktionen Auch Redoxreaktionen sind in der Regel Gleichgewichtsreaktionen:

$$\text{red}_1 + \text{ox}_2 \rightleftharpoons \text{ox}_1 + \text{red}_2 \tag{5-92}$$

Die Reaktion befindet sich im Gleichgewicht, wenn die Potenziale der beiden korrespondierenden Redoxpaare gleich groß geworden sind; es gilt:

$$E_1^0 + \frac{R \cdot T}{z \cdot F} \ln \frac{c_{\text{ox}_1}}{c_{\text{red}_1}} = E_2^0 + \frac{R \cdot T}{z \cdot F} \ln \frac{c_{\text{ox}_2}}{c_{\text{red}_2}} \tag{5-93}$$

$$E_2^0 - E_1^0 = \frac{R \cdot T}{z \cdot F} \ln \frac{c_{\text{ox}_1} \cdot c_{\text{red}_2}}{c_{\text{red}_1} \cdot c_{\text{ox}_2}} \tag{5-94}$$

$$E_2^0 - E_1^0 = \frac{R \cdot T}{z \cdot F} \ln K \tag{5-95}$$

Je größer die Differenz der Standardpotenziale ist, desto weiter liegt das Gleichgewicht auf einer Seite.

Die Elektrolyse In galvanischen Elementen verlaufen die Redoxreaktionen freiwillig, sodass sie – wie wir gesehen haben – elektrische Arbeit leisten können. Umgekehrt kann man Redoxreaktionen, die nicht freiwillig ablaufen, durch Zuführung elektrischer Energie erzwingen; einen solchen Vorgang bezeichnen wir als Elektrolyse.

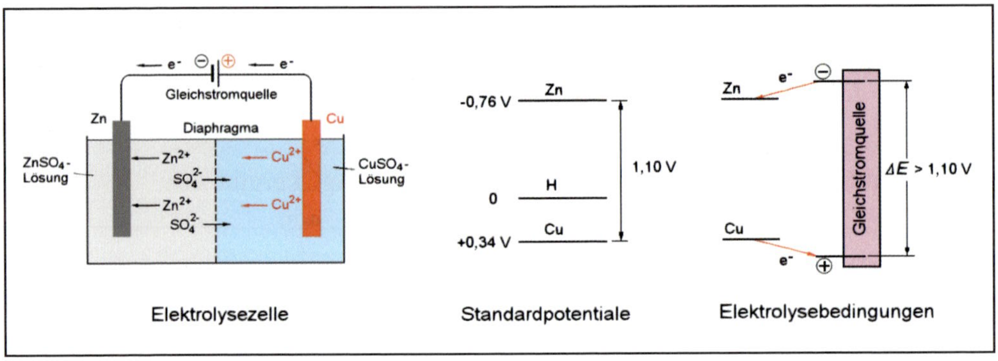

5.30 Schematische Darstellung einer Elektrolyse.

Betrachten wir als Beispiel die Redoxreaktionen des DANIELL-Elements und untersuchen die Bedingungen, unter denen sie sich durch Zuführung elektrischer Energie umkehren lassen, sodass Zn^{2+}-Ionen am Zn-Stab entladen werden und Cu-Atome aus dem Cu-Stab als Cu^{2+}-Ionen in Lösung gehen. Wie die schematische Darstellung in Abbildung 5.30 (links) zeigt, muss an die beiden Elektroden eine Gleichspannung angelegt werden, wobei ihr negativer Pol mit dem Zn-Stab und ihr positiver Pol mit dem Cu-Stab verbunden wird. Wenn die angelegte Gleichspannung hoch genug ist, fließen Elektronen von der Stromquelle zur Zn-Elektrode und entladen dort Zn^{2+}-Ionen; gleichzeitig gehen an der Cu-Elektrode Cu^{2+}-Ionen in Lösung, wobei die freiwerdenden Elektronen zum positiven Pol der Stromquelle fließen. Die Richtung des Stromflusses und damit natürlich auch die Richtung der

Redoxreaktionen sind durch die Richtung des angelegten elektrischen Feldes festgelegt.

Der Mindestbetrag für die anzulegende Gleichspannung ergibt sich aus der Potenzialdifferenz zwischen den beiden Halbelementen. Gehen wir in unserem Beispiel von den Standardkonzentrationen für die Zn^{2+}- und die Cu^{2+}-Ionen aus, so entspricht dieser Mindestbetrag der Differenz der Standardpotenziale, also 1,10 V (Abbildung 5.30, Mitte); diese für eine Elektrolyse erforderliche Mindestspannung wird als **Zersetzungsspannung** bezeichnet. Tatsächlich aber ist zur Elektrolyse stets eine etwas höhere Spannung erforderlich, da die Elektrolysezelle selbst einen bestimmten elektrischen Widerstand besitzt, der überwunden werden muss (Abbildung 5.30, rechts).

Bei einer ganzen Reihe von Elektrolysen, insbesondere solchen, bei denen Gase an einer der Elektroden entstehen, ist die gemessene Zersetzungsspannung deutlich größer als die Differenz der Redoxpotenziale beider Halbelemente. Dieser zusätzliche Spannungsbetrag wird als **Überspannung** bezeichnet. Die Ursache dafür besteht in einer **kinetischen Hemmung** einer Elektrodenreaktion. Die Größe der Überspannung hängt im Wesentlichen vom Material der Elektrode und ihrer Oberflächenbeschaffenheit ab. So zeigt beispielsweise Wasserstoff an einer platinierten Platinelektrode keinerlei Überspannung, an einer Quecksilber-Kathode beträgt sie jedoch etwas mehr als 1 Volt. Sauerstoff wiederum zeigt eine große Überspannung an einer Platinelektrode.

Elektrolysiert man eine wässrige Lösung, in der verschiedene Ionensorten enthalten sind, so werden diese mit wachsender Elektrolysespannung nacheinander an den Elektroden entladen: An der Kathode werden zuerst die Kationen mit dem positivsten Redoxpotenzial entladen, an der Anode zuerst die Anionen mit dem negativsten Redoxpotenzial. Durch das Phänomen der Überspannung kann sich dabei jedoch die aus der elektrochemischen Spannungsreihe ergebende Reihenfolge der Elektrodenreaktionen ändern.

Elektrolytische Verfahren besitzen insbesondere für die Reingewinnung von Metallen, aber auch für ihre Oberflächenveredlung großtechnische Bedeutung.

Exkurs 5.4: Anwendungen von Redoxpotenzialen

Ionenselektive Elektroden *Für quantitativ-analytische Bestimmungen sind verschiedene Elektroden entwickelt worden, die die Messung der Konzentration einer bestimmten Ionenart gestatten. Die bekannteste dieser ionenselektiven Membran-Elektroden ist die für pH-Messungen verwendete* ***Glaselektrode****, deren schematischer Aufbau in Abbildung E.5.4.1 dargestellt ist. Eine Glaselektrode besteht aus einer dünnwandigen Glaskugel, in der sich eine Pufferlösung mit einem bestimmten pH-Wert befindet. Sowohl an der Innenseite als auch an der Außenseite der Glasmembran findet ein Quellvorgang der Glasoberfläche statt. In diese dünne Quellschicht diffundieren nun H^+-Ionen aus der Pufferlösung (innen) bzw. der Untersuchungslösung (außen), und zwar in einem Maße, das durch die Konzentration der H_3O^+-Ionen in den Lösungen bestimmt ist. Dadurch entsteht zwischen den beiden Seiten der Glasmembran ein pH-abhängiges Potenzial; da die Konzentration der H_3O^+-Ionen in der Pufferlösung konstant ist, hängt die Größe des gemessenen Potenzials nur vom pH-Wert der Untersuchungslösung ab.*

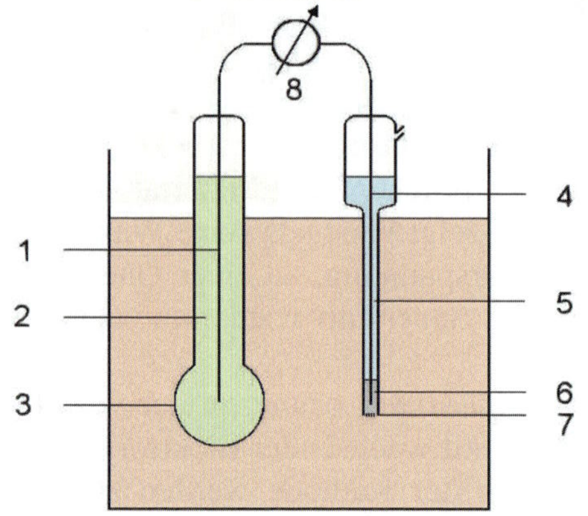

E.5.4.1 *Schematische Versuchsanordnung zur pH-Messung mit einer Glaselektrode und einer Ag/AgCl-Referenzelektrode. (1 – Bezugselektrode, 2 – Pufferlösung, 3 – Glasmembran, 4 – Ag-Draht, 5 – KCl-Lösung, 6 – festes AgCl, 7 – poröse Trennwand).*

Galvanische Zellen *Galvanische Zellen finden als Energiequellen vielfache Anwendung im täglichen Leben. Von großer praktischer Bedeutung ist vor allem der* ***Bleiakkumulator****, der als Starter-Batterie in jedem Automobil vorhanden ist. Im geladenen Zustand besteht der Bleiakkumulator aus einer Blei-*

Fortsetzung Exkurs 5.4: Anwendungen von Redoxpotenzialen

Anode und einer mit Blei(IV)-oxid beschichteten Kathode (Abbildung E.5.4.2). Als Elektrolyt dient Schwefelsäure. Das Potenzial einer einzelnen solchen Zelle beträgt etwa 2 V; in einer gewöhnlichen Batterie mit 12 V sind daher sechs Zellen in Reihe geschaltet. Die Elektrodenreaktionen während des Entladevorgangs (Stromentnahme) sind wie folgt zu formulieren:

Anode: $Pb_{(s)} + SO_4^{2-} \longrightarrow PbSO_4 + 2\,e^-$

Kathode: $PbO_{2(s)} + SO_4^{2-} + 4\,H^+ + 2\,e^- \longrightarrow PbSO_{4(s)} + 2\,H_2O$

Diese Elektrodenreaktionen lassen sich durch Anlegen einer äußeren Gegenspannung umkehren, sodass ein Bleiakkumulator wieder aufgeladen werden kann. Da beim Entladevorgang Schwefelsäure verbraucht wird, lässt sich der Ladungszustand leicht durch die Kontrolle der Schwefelsäure-Konzentration mit Hilfe einer Dichte-Messung feststellen: In einer voll aufgeladenen Zelle beträgt die Dichte der Schwefelsäure 1,30 g/ml; sinkt die Dichte unter 1,20 g/ml, muss die Zelle wieder aufgeladen werden.

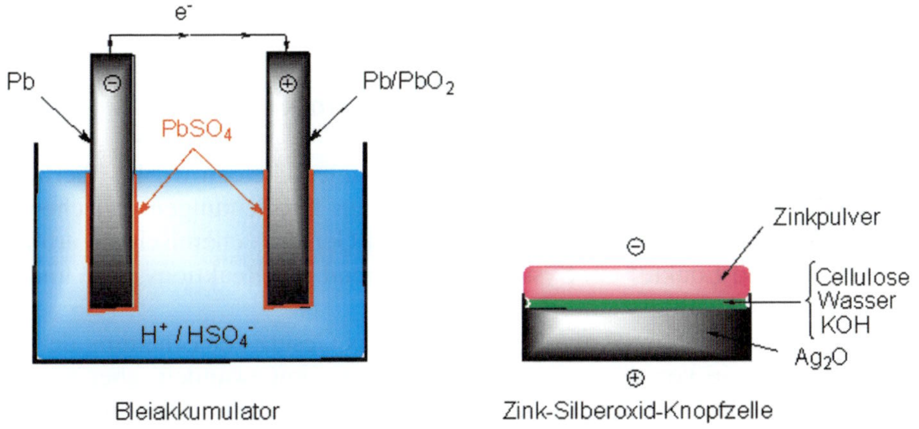

E.5.4.2 *Galvanische Elemente für den praktischen Gebrauch.*

Für kleine, mobile Stromverbraucher sind die so genannten ***Knopfzellen*** *entwickelt worden (Abbildung E.5.4.2). Die Kathode einer* $Zn\text{-}Ag_2O$*-Zelle besteht aus Silberoxid, die Anode aus Zink-Pulver; als Elektrolyt dient eine poröse Cellulose Schicht, die mit Kaliumhydroxid getränkt ist. Das Potenzial einer solchen Knopfzelle liegt bei 1,5 V. Die Elektrodenreaktionen sind:*

Anode: $Zn + 2\,OH^- \longrightarrow Zn(OH)_2 + 2\,e^-$

Kathode: $Ag_2O + H_2O + 2\,e^- \longrightarrow 2\,Ag + 2\,OH^-$

5.5 Grundlagen der chemischen Thermodynamik

Die Thermodynamik ist die Lehre von den Energieänderungen beim Ablauf physikalischer und chemischer Prozesse. Die Grundgesetze der Thermodynamik, die in Form von Hauptsätzen formuliert werden, gestatten Aussagen darüber, ob eine bestimmte chemische Reaktion unter den gewählten äußeren Bedingungen (Druck, Temperatur etc.) ablaufen kann oder nicht. Sie machen jedoch keine Aussage darüber, mit welcher Geschwindigkeit thermodynamisch erlaubte Reaktionen ablaufen; dies ist – wie wir bereits gesehen haben – Gegenstand der chemischen Kinetik. So ist z. B. die Umsetzung von Wasserstoff mit Sauerstoff eine thermodynamisch erlaubte Reaktion: Das Gleichgewicht liegt vollständig auf der Seite des Reaktionsproduktes Wasser. Dennoch aber erfolgt die Reaktion wegen ihrer hohen Aktivierungsenergie bei Raumtemperatur praktisch nicht. Ein anderes Beispiel ist die Umwandlung von Diamant in Graphit: Unter Normalbedingungen ist Graphit thermodynamisch stabiler als Diamant, sodass letzterer sich freiwillig in Graphit umwandeln sollte. Bei Raumtemperatur ist die Geschwindigkeit der Umwandlung nun aber so gering, dass sie nicht beobachtet wird; wir sagen, dass der Diamant *metastabil* oder *kinetisch inert* ist (in der Thermodynamik ist es üblich, die Systeme als stabil bzw. instabil zu bezeichnen, in der Kinetik dagegen als inert bzw. labil).

5.5.1 Der Erste Hauptsatz der Thermodynamik

Wie wir bereits in Abschnitt 2.5 gesehen haben, unterscheiden wir bei thermochemischen und ebenso auch bei thermodynamischen Betrachtungen zwischen dem **System** und seiner **Umgebung**. So stellt z. B. ein Gemisch chemischer Verbindungen (Produkte und Edukte) ein System dar, während das Reaktionsgefäß und alles andere außerhalb davon die Umgebung ist.

Der Erste Hauptsatz der Thermodynamik ist das Gesetz der Erhaltung der Energie, wonach Energie von einer Form in eine andere umgewandelt, aber weder erzeugt noch vernichtet werden kann. Das heißt auch, dass die Gesamtenergie des Universums konstant ist.

In der Thermodynamik bezeichnet man die Gesamtenergie eines Systems als seine **Innere Energie** U. Diese Innere Energie ist die Summe der kinetischen Energien aller Teilchen des Systems sowie der potenziellen Energien, die aus den Wechselwirkungen der Teilchen untereinander resultieren; letztere umfassen alle Anziehungs- und Abstoßungskräfte zwischen Atomen, Molekülen, Ionen und auch zwischen den subatomaren Teilchen. Es ist daher leicht einsehbar, dass der Absolutbetrag der Inneren Energie eines Systems weder experimentell noch rechnerisch zugänglich ist. Messen können wir dagegen Änderungen der Inneren Energie, ΔU, die als Folge eines Austausches von Wärme (Q) mit der Umgebung und/oder durch Arbeit (W) vom bzw. am System eintreten:

$$\Delta U = Q + W \qquad (5\text{-}96)$$

Wärme und Arbeit stellen zwei Formen der allgemeinen Größe Energie dar und sind damit auch zwei äquivalente Möglichkeiten, die Innere Energie eines Systems zu verändern.

Für die Vorzeichengebung von Energiewerten gilt generell die nachstehende Konvention:

$Q > 0$:	Das System nimmt Wärme auf.
$Q < 0$:	Das System gibt Wärme ab.
$W > 0$:	Das System leistet Arbeit.
$W < 0$:	Auf das System wird Arbeit ausgeübt.
$\Delta U > 0$:	Die Innere Energie des Systems nimmt zu, es nimmt Energie auf.
$\Delta U < 0$:	Die Innere Energie des Systems nimmt ab; es gibt Energie ab.

Die Innere Energie ist eine **Zustandsfunktion**, d. h. ihr Wert hängt nur vom augenblicklichen Zustand des Systems ab, nicht jedoch vom Weg, auf dem dieser Zustand erreicht wurde. Der Zustand eines Systems kann durch die Angabe der **Zustandsgrößen** *Druck, Temperatur* und *Zusammensetzung* beschrieben werden. Die Differenz der Inneren Energie von zwei Zuständen eines Systems:

$$\Delta U = U_2 - U_1 \qquad (5\text{-}97)$$

ist demnach ebenfalls eine konstante Größe und also unabhängig davon, auf welchem Wege ein System vom Zustand 1 in den Zustand 2 gelangt ist. Bei chemischen Reaktionen bezeichnen wir die Änderung der Inneren Energie als **Reaktionsenergie**.

Wenn beim Ablauf einer chemischen Reaktion mechanische Arbeit geleistet wird, so geschieht dies im Allgemeinen in Form der **Volumenarbeit**. Bei einer Reaktion, bei der Gase gebildet werden, dehnt sich das System vom Anfangsvolumen V_1 auf das Endvolumen V_2 aus; gestaltet man z. B. das Reaktionsgefäß als Zylinder mit einem darin beweglichen Kolben (Abbildung 5.31a), dann wird der Kolben entsprechend angehoben, d. h. das System leistet die Arbeit:

$$W = p\,(V_2 - V_1) = p\,\Delta V \qquad (5\text{-}98)$$

Auch in einem offenen Reaktionsgefäß muss diese Volumenarbeit geleistet werden, und zwar gegen den äußeren Atmosphärendruck (Abbildung 5.31b). Ein Prozess, der in einem geschlossenen Gefäß, also bei konstantem Volumen, abläuft, kann keine Volumenarbeit leisten (Abbildung 5.31c). Unter diesen Bedingungen wird die gesamte Reaktionsenergie in Form von Wärme abgegeben oder aufgenommen.

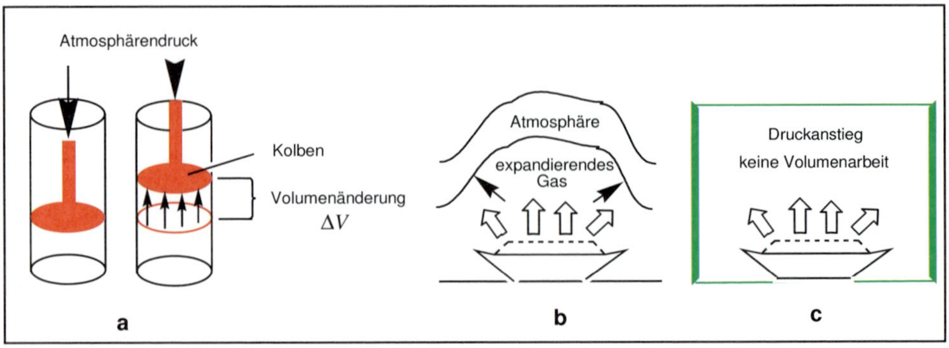

5.31 Volumenarbeit (Erläuterungen im Text).

Chemische Reaktionen werden in der Regel in offenen Gefäßen durchgeführt, also bei konstantem Druck. Jede Volumenänderung ist in diesen Fällen mit der mechanischen Arbeit $W = p\Delta V$ verbunden. Wird nun einem System die Wärmemenge Q zugeführt, gleichzeitig aber vom System die Volumenarbeit $W = p\Delta V$ geleistet, dann erhalten wir gemäß Gleichung (5-96):

$$\Delta U = Q - W \qquad (5\text{-}99)$$

Setzen wir in dieser Gleichung $Q = \Delta H$ und stellen um, so erhalten wir:

$$\Delta H = \Delta U + p \cdot \Delta \mathrm{V} \qquad (5\text{-}100)$$

ΔH nennen wir die **Reaktionsenthalpie**. Wie die Innere Energie U, so ist auch die Enthalpie H eine Zustandsfunktion; die Reaktionsenthalpie ΔH entspricht damit der Differenz der Enthalpiewerte des End- und des Ausgangszustands:

$$\Delta H = H_2 - H_1 \qquad (5\text{-}101)$$

Wenn an einer chemischen Reaktion nur Feststoffe und Flüssigkeiten beteiligt sind, dann sind die Volumenänderungen so gering, dass sie im Allgemeinen vernachlässigt werden können. Sind jedoch Gase beteiligt und ändert sich die Molzahl n im Verlauf der Reaktion, so finden wir für konstanten Druck und konstante Temperatur die Beziehung:

Endzustand: $p \cdot V_2 = n_2 \cdot R \cdot \mathrm{T}$; Ausgangszustand: $p \cdot V_1 = n_1 \cdot R \cdot T$

$$p\,(V_2 - V_1) = (n_2 - n_1)\,R \cdot T$$

$$\mathrm{p}\,\Delta\mathrm{V} = \Delta\mathrm{n} \cdot \mathrm{R} \cdot \mathrm{T}$$

$$\Delta H = \Delta U + \Delta n\,R \cdot T \qquad (5\text{-}102)$$

Unter diesen Bedingungen ist ΔH also unabhängig vom jeweiligen Wert des Druckes. Die Unterschiede zwischen ΔH und ΔU sind im Allgemeinen relativ gering.

5.5.2 Der Zweite Hauptsatz der Thermodynamik

Der Erste Hauptsatz der Thermodynamik macht für physikalische oder chemische Vorgänge lediglich die Aussage, dass die Energie erhalten bleiben muss. Er macht keine Aussage darüber, ob ein betrachteter Vorgang freiwillig ablaufen wird oder nicht. Dies ist nun mithilfe des Zweiten Hauptsatzes der Thermodynamik möglich, dessen zentrale Funktion die **Entropie** ist. Die Entropie können wir als ein Maß für die Unordnung in einem System verstehen: Je größer die Unordnung in einem System ist, desto größer ist seine Entropie. Der Zweite Hauptsatz der Thermodynamik kann daher in folgender Weise formuliert werden:

Bei einer freiwilligen, auch spontan genannten Zustandsänderung eines Systems vergrößert sich die Entropie.

Freiwillig stellt sich also immer nur ein Zustand mit einer größeren Unordnung ein. Dies kann am Beispiel der Vermischung zweier idealer Gase A und B veranschaulicht werden, die sich zunächst getrennt voneinander bei gleichem Druck und gleicher Temperatur in zwei Gefäßen befinden. Verbinden wir die beiden Gasräume miteinander, dann vermischen sich die beiden Gase spontan (Abbildung 5.32). Der

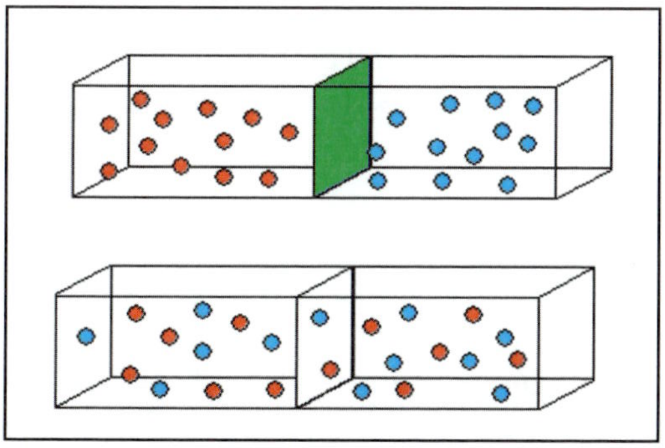

5.32 Spontane Vermischung zweier Gase.

Erste Hauptsatz kann dafür keine Begründung geben, da das Gasvolumen, der Druck und die Temperatur konstant bleiben. Außerdem existieren zwischen den

Gasteilchen keine intermolekularen Wechselwirkungen, sodass auch die Innere Energie und die Enthalpie unverändert bleiben. Was sich allerdings durch den Vermischungsvorgang verändert hat, ist der Ordnungszustand: Vor der Vermischung haben wir einen Zustand hoher Ordnung, in dem sich beide Gase in ihrem jeweiligen Behälter befinden; nach der Vermischung sind die Gasmoleküle A und B statistisch völlig durchmischt, sodass ein Zustand mit einer höheren Unordnung entstanden ist. Das heißt, es ist ein Zustand höherer Entropie erreicht. Der gegenläufige Vorgang, also die spontane Entmischung der beiden Gase und damit die Rückkehr zu einem Zustand höherer Ordnung, kann nicht beobachtet werden.

Auch die Phasenübergänge fest – flüssig sowie flüssig – gasförmig (und jeweils umgekehrt) sind naturgemäß mit entsprechenden Änderungen der Entropie verbunden: Beim Übergang des kristallinen Festkörpers in die flüssige Schmelze nimmt die Entropie zu, ebenso beim Übergang aus der flüssigen in die Gasphase; bei Kondensation und Kristallisation nimmt die Entropie entsprechend ab.

Chemische Reaktionen und physikalische Zustandsänderungen verlaufen in der Regel nicht unabhängig von ihrer Umgebung. Aus diesem Grunde muss die Gesamtänderung der Entropie als Summe der Entropieänderung des Systems und der Umgebung betrachtet werden:

$$\Delta S_{\text{ges}} = \Delta S_{\text{sys}} + \Delta S_{\text{umgeb}} \qquad (5\text{-}103)$$

Ob ein Vorgang freiwillig abläuft, hängt immer davon ab, ob die Entropie insgesamt zunimmt, ΔS_{ges} also positiv ist.

Die Entropie ist ebenso wie die Innere Energie und die Enthalpie eine Zustandsfunktion. Das heißt, die Entropie eines Systems, seine Unordnung also, hat für einen gegebenen Zustand einen ganz bestimmten Wert. Aus diesem Grunde muss auch ΔS für jede Zustandsänderung einen definierten Wert besitzen, der wiederum nur vom Anfangs- und vom Endzustand abhängt, unabhängig aber vom Weg, der zwischen ihnen liegt.

Für eine Reaktion, die bei konstanter Temperatur und konstantem Druck abläuft, lässt sich die Änderung der Entropie der Umgebung nach folgender Gleichung berechnen:

$$\Delta S_{\text{umgeb}} = -\frac{\Delta H}{T} \qquad (5\text{-}104)$$

Unter den genannten Bedingungen führt der durch die Reaktionsenthalpie ΔH bedingte Austausch von Wärme mit der Umgebung zu einer Änderung ihrer Entropie. Diese Änderung der Entropie der Umgebung muss das entgegengesetzte Vorzeichen von ΔH besitzen, da die vom System *abgegebene* Wärme von der Umgebung *aufgenommen* wird und umgekehrt. Die Entropieänderung der Umgebung ist also direkt proportional zum Betrag der Reaktionsenthalpie. Andererseits ist die Entropieänderung der Umgebung umgekehrt proportional zur absoluten Temperatur, bei der die Reaktion stattfindet. Dies muss so sein, weil die *gleiche Wärmemenge* bei einer tieferen Temperatur eine größere Änderung des Ordnungszustandes bewirkt als bei einer höheren Temperatur, bei der ohnehin bereits ein Zustand größerer Unordnung herrscht als bei einer tieferen Temperatur. Die Maßeinheit der Entropie ergibt sich demnach zu J/K.

Mithilfe der Entropie kann der Zweite Hauptsatz der Thermodynamik wie folgt formuliert werden: Laufen in einem abgeschlossenen System spontane Vorgänge ab, so nimmt die Entropie des Systems zu und erreicht im Gleichgewicht einen Maximalwert.

Wenn wir nun in Gleichung (5-103) den Ausdruck ΔS_{umgeb} durch $-\Delta H/T$ ersetzen und für ΔS_{sys} vereinfacht ΔS schreiben, dann finden wir:

$$\Delta S_{ges} = \Delta S - \frac{\Delta H}{T} \qquad (5\text{-}105)$$

Multiplikation mit T ergibt:

$$T\ \Delta S_{ges} = T\ \Delta S - \Delta H \qquad (5\text{-}106)$$

Definieren wir nun $-T\Delta S_{ges}$ als Freie Reaktionsenthalpie ΔG, dann ergibt sich die fundamentale **Beziehung von Gibbs und Helmholtz**:

$$\boldsymbol{\Delta G = \Delta H - T\,\Delta S} \qquad (5\text{-}107)$$

Die Änderung der Freien Enthalpie ΔG ist das Kriterium für die Reaktionsfähigkeit. Sie beschreibt die thermodynamische Möglichkeit für den Ablauf einer Reaktion. Die Enthalpieänderung ΔH beschreibt dagegen die energetische Bilanz der Reaktion.

Bei chemischen Reaktionen ohne Stoffaustausch mit der Umgebung lassen sich nun drei Fälle unterscheiden:

1. Bei $\Delta G < 0$ läuft eine Reaktion freiwillig ab; sie wird **exergonisch** genannt.
2. Bei $\Delta G = 0$ befindet sich eine Reaktion im **Gleichgewicht.**
3. Bei $\Delta G > 0$ läuft eine Reaktion nicht freiwillig ab; sie wird **endergonisch** genannt.

Eine chemische Reaktion läuft demnach umso vollständiger ab, je größer der Betrag von ΔG mit negativem Vorzeichen ist.

Die Freie Reaktionsenthalpie ΔG ist analog zu ΔH und ΔS als Differenz zwischen dem End- und dem Anfangszustand eines Vorganges aufzufassen, $\Delta G = G_2 - G_1$. Definieren wir mit:

$$G = H - T \cdot S \tag{5-108}$$

die **Freie Enthalpie**, auch GIBBSsche Freie Enthalpie genannt, so ist auch diese wie die Enthalpie und die Entropie eine Zustandsfunktion, sodass ΔG für einen Vorgang nur vom Anfangs- und Endzustand abhängt, nicht jedoch vom Weg zwischen beiden Zuständen.

Alle in der GIBBS-HELMHOLTZschen Gleichung auftretenden Größen beziehen sich auf Änderungen im betrachteten System; die Anwendung der Freien Reaktionsenthalpie enthebt uns damit der Notwendigkeit, Veränderungen in der Umgebung zu betrachten. Die Freie Reaktionsenthalpie erfasst die beiden Faktoren, die die Freiwilligkeit des Ablaufs einer Reaktion bestimmen:

- Bei einer Reaktion wird ein **Energieminimum** angestrebt; gibt das System Energie an die Umgebung ab, dann hat ΔH ein negatives Vorzeichen und trägt zu einem negativen ΔG-Wert bei.
- Bei einer Reaktion wird ein **Maximum der Unordnung** angestrebt; eine Zunahme der Unordnung im System, d. h. ein positiver Wert für ΔS, trägt wegen des negativen Vorzeichens von $T\,\Delta S$ zu einem negativen ΔG-Wert bei.

In Tabelle 5.5 sind die thermodynamischen Daten für einige chemische Reaktionen unter Standardbedingungen zusammengestellt. Exotherme Reaktionen mit einem zugleich positiven ΔS-Wert verlaufen immer freiwillig. Ein negativer ΔG-Wert

Tabelle 5.5 Thermodynamische Daten einiger chemischer Reaktionen (25 °C, 101,3 kPa; Werte in kJ/mol)

Reaktion	ΔH	$T\Delta S$	ΔG
$2\,Ag_2O_{(s)} \rightarrow 4\,Ag_{(s)} + O_{2(g)}$	+122,4	+78,8	+43,6
$2\,CO_{(g)} + O_{2(g)} \rightarrow 2\,CO_{2(g)}$	–566,9	–51,9	–515,0
$2\,NO_{(g)} + O_{2(g)} \rightarrow 2\,NO_{2(g)}$	–180,9	–7,5	–173,4
$CH_{4(g)} + 2\,O_{2(g)} \rightarrow CO_{2(g)} + H_2O_{(g)}$	–803,0	–1,7	–801,3
$2\,H_{2(g)} + O_{2(g)} \rightarrow 2\,H_2O_{(l)}$	–571,9	–97,1	–474,8

kann auch dann resultieren, wenn ΔH zwar positiv ist, jedoch von einer genügend großen Entropiezunahme überkompensiert wird. Umgekehrt kann ein genügend großer negativer Wert für ΔH auch eine Entropieabnahme überkompensieren.

Für eine gegebene chemische Reaktion mit einer festliegenden Reaktionsenthalpie wird nach der GIBBS-HELMHOLTZschen Gleichung die Reaktionsrichtung über den Entropie-Term gesteuert. Die Freie Reaktionsenthalpie wird in Abhängigkeit von der Temperatur nahezu ausschließlich vom Entropie-Term bestimmt, da ΔH nur wenig von der Temperatur abhängt. Die Verhältnisse sind in Abbildung 5.33 veranschaulicht.

Für eine endotherme Reaktion, die unter Entropiezunahme verläuft, werden bei niedrigen Temperaturen nur positive ΔG-Werte erhalten. Mit steigender Temperatur sinken die ΔG-Werte, erreichen $\Delta G = 0$ und werden schließlich negativ.

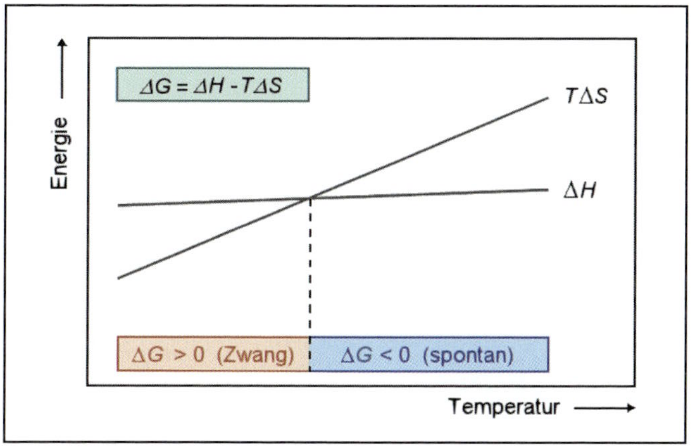

5.33 Reaktionsverlauf als Funktion der Temperatur ($\Delta H>0$, $\Delta S>0$).

5.5.3 Der Dritte Hauptsatz der Thermodynamik

Der Dritte Hauptsatz der Thermodynamik sagt aus, dass die Entropie des idealen Festkörpers am absoluten Nullpunkt der Temperatur den Wert Null besitzt (W. NERNST, 1906). Für reale Festkörper ist jedoch wegen ihrer Baufehler die Entropie bei 0 K von Null verschieden.

Auf der Grundlage des Dritten Hauptsatzes der Thermodynamik lassen sich jedoch absolute Entropien berechnen, die für eine ganze Reihe thermodynamischer Rechnungen von Bedeutung sind. Die absoluten Entropien werden auf Standardbedingungen bezogen (absolute Standard-Entropien). Die Standard-Reaktionsentropie einer chemischen Reaktion, ΔS^0, ergibt sich als Summe der absoluten Entropien der Produkte minus der Summe der absoluten Entropien der Edukte.

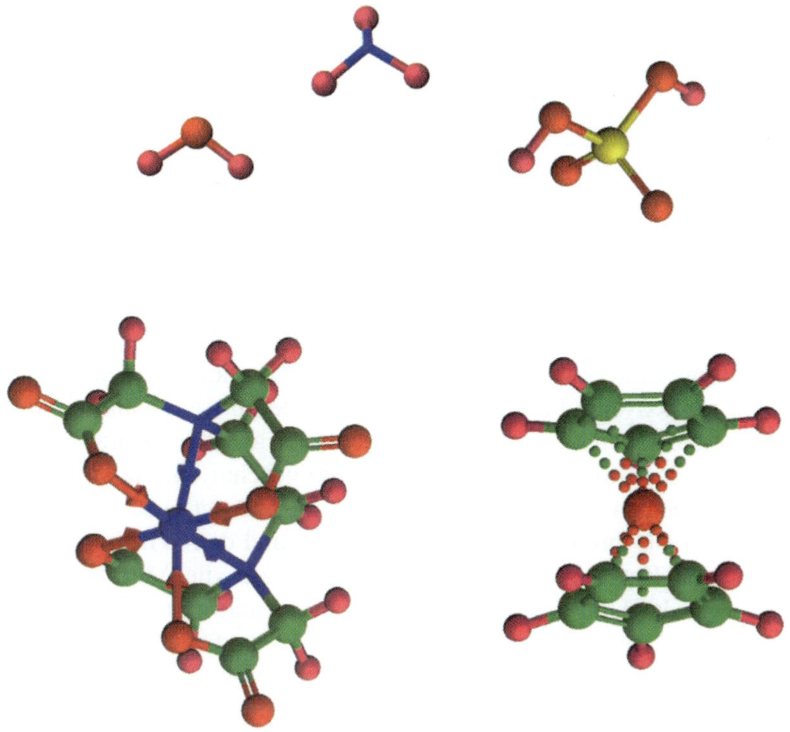

6. Einführung in die Anorganische Chemie

Unter Anorganischer Chemie verstehen wir die Chemie aller bekannten Elemente und ihrer Verbindungen; ausgenommen davon ist der Kohlenstoff, von dem nur seine Modifikationen und wenige seiner Verbindungen der Anorganischen Chemie zugerechnet werden können. Daneben bildet die Anorganische Chemie auch die Grundlage für die Analytische Chemie mit ihren qualitativen und quantitativen Methoden.

Mit der Entwicklung der zahlreichen physikalischen und physikalisch-chemischen Untersuchungsmethoden sowie vor allem auch mit der Entwicklung theoretischer Methoden hat die Anorganische Chemie in der zweiten Hälfte des vorigen Jahrhunderts eine ungeahnte Renaissance erfahren und damit nicht nur ein tieferes Verständnis für das bis dahin Bekannte entwickeln, sondern zugleich auch neue Wissensgebiete erschließen können. Beispielhaft soll hier die **Koordinationschemie** genannt werden, deren Begründung durch A. WERNER bereits Ende des 19. Jahrhunderts erfolgte. Der Einsatz der Elektronen-, der Infrarot-, der Elektronenspinresonanz- und der Kernresonanz-Spektroskopie, der magnetischen Messungen, der Röntgenkristallstrukturanalyse sowie die Anwendung der Ligandenfeld- und Molekülorbital-Theorie zum Studium der geometrischen und elektronischen Strukturen von Koordinationsverbindungen hat dieses Teilgebiet der Anorganischen Chemie in der zweiten Hälfte des 20. Jahrhunderts zu einem der interessantesten und attraktivsten Forschungsgebiete werden lassen. Damit waren von der Seite der Anorganischen Chemie her zugleich aber auch die Voraussetzungen für die Entwicklung der **Bioanorganischen Chemie** geschaffen, die sich vornehmlich mit den Metallionen in biologischen Systemen beschäftigt, also mit deren biochemischen Funktionen, ihren Bindungsverhältnissen und den Wirkungsmechanismen in biochemischen Reaktionen. Parallel dazu hat auch die **Metallorganochemie**, insbesondere die der Übergangsmetalle, eine stürmische Entwicklung genommen, was sich u. a. darin manifestiert, dass die NOBEL-Preise für Chemie der Jahre 1963 (K. ZIEGLER u. G. NATTA) und 1973 (G. WILKINSON u. E. O. FISCHER) für bahnbrechende Arbeiten auf diesem Gebiet verliehen wurden. Gegenstand der Metallorganochemie ist die Metall-Kohlenstoff-Wechselwirkung in ihren unterschiedlichsten Ausprägungen wie sie z. B. in den Verbindungen $[Al(C_2H_5)_3]_2$ oder $Cr(C_6H_6)_2$ anzutreffen sind. Zugleich mit dem Studium der theoretischen Grundlagen der Metallorganochemie wurden zahlreiche industrielle Anwendungen zur Synthese wichtiger Produkte entwickelt. Dazu gehören z. B. die Hydrierung von Olefinen, ihre Hydroformylierung (Oxo-Prozess), ihre Oxidation (Wacker-Prozess), ihre Polymerisation (ZIEGLER-NATTA-Verfahren) oder ihre Isomerisierung.

Ein ähnlich bedeutsamer Fortschritt kann aber auch in der Chemie der *Nichtmetalle* konstatiert werden. Hier fällt insbesondere die erfolgreiche Synthese des BrO_4^--Ions sowie die der Edelgasverbindungen ins Auge, die Synthese von Verbindungen also, die bis dahin als nicht existenzfähig angesehen worden sind. Des Weiteren ist hier auch die Entwicklung anorganischer Polymere auf der Basis von Bor- und Silicium-Gerüsten zu nennen, die extremen Belastungen durch Druck und

Temperatur gewachsen und daher anwendungstechnisch von großer Bedeutung sind. Und schließlich sind hocheffektive Verbindungen des Phosphors, des Schwefels und der Halogene für einen gezielten Einsatz gegen Unkraut, Pilze, Insekten etc. in der Landwirtschaft entwickelt worden.

Für eine *systematische Darstellung der Anorganischen Chemie* gibt es verschiedene Möglichkeiten. So kann man z.B. eine Gliederung des Stoffes vornehmen, indem man die Chemie der Nichtmetalle, der Halbmetalle (Metalloide) und der Metalle abhandelt und dabei die Gemeinsamkeiten der zu diesen drei Gruppen gehörenden Elemente in den Vordergrund stellt. Eine andere Möglichkeit besteht in der Darstellung der Chemie der einzelnen Haupt- und Nebengruppen des Periodischen Systems der Elemente; diese Art der Darstellung ist immer dann vorzuziehen, wenn es um eine systematische Behandlung der Chemie der Elemente in ihrem engen Bezug zu ihrer Stellung im PSE geht. Wir werden uns im Folgenden dieser Darstellungsweise bedienen, wobei wir die Gruppen jedoch zum s-, p-, d- und f-Block zusammenfassen (siehe Abbildung 3.17).

Für die Metallorganochemie als Teil der Koordinationschemie ist aufgrund des speziellen Charakters ihrer Verbindungen eine gesonderte Darstellung angezeigt. Auch die Bioanorganische Chemie (als Anwendung der Prinzipien der Koordinationschemie auf Metalle in biologischen Systemen) hat sich inzwischen so weit zu einem eigenständigen Wissensgebiet entwickelt, dass sie in einer Darstellung der Anorganischen Chemie nicht mehr fehlen darf. Die Übergänge zwischen Koordinationschemie, Metallorganochemie und Bioanorganischer Chemie sind jedoch durchaus fließend, wie etwa an den Metallcarbonylen zu erkennen ist: Sie können sowohl zu den klassischen Koordinationsverbindungen als auch zu den Metallorganoverbindungen gerechnet werden, da die CO-Liganden über das einsame Elektronenpaar des C-Atoms an das Metallatom koordiniert werden. Als bioanorganisch relevante Verbindung enthält z.B. das Coenzym B_{12} (5'-Desoxyadenosylcobalamin) andererseits einen σ-gebundenen organischen Liganden und ist somit eine typische Metallorganoverbindung.

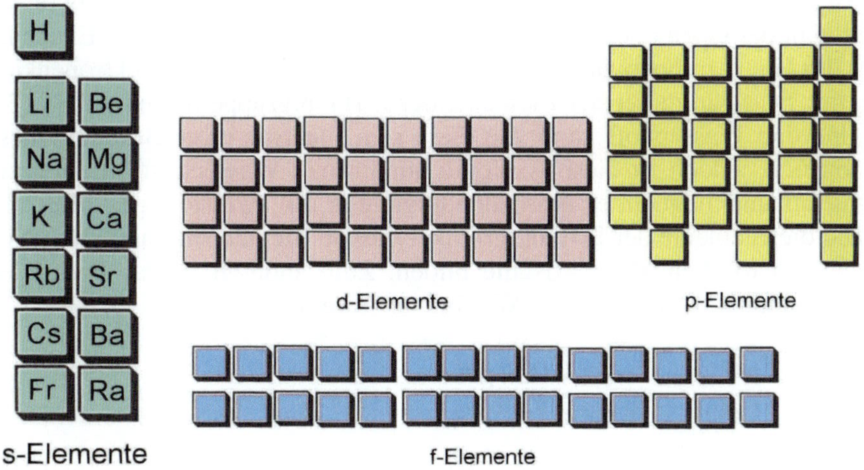

7. Wasserstoff und die Elemente des s-Blocks

7.1 Wasserstoff – H
7.2 Die Elemente der I. Hauptgruppe (Gruppe 1) – Li, Na, K, Rb, Cs, Fr
7.3 Die Elemente der II. Hauptgruppe (Gruppe 2) – Be, Mg, Ca, Sr, Ba, Ra
7.4 Komplexbildung der Elemente des s-Blocks
7.5 Bioanorganische Aspekte der Elemente des s-Blocks

7.1 Wasserstoff (lat. *hydrogenium*), H

Das Wasserstoff-Atom hat mit nur einem Proton als Atomkern und einem Elektron in seiner Elektronenhülle den einfachsten atomaren Aufbau aller Elemente; damit ist es zugleich auch das kleinste aller Atome. Dies führt zu einer Reihe von Besonderheiten in der Chemie des Wasserstoffs, als deren Folge wir dieses Element auch keiner der Hauptgruppen zuordnen können. So ist seine Valenzelektronenkonfiguration mit $1s^1$ zwar zu der der Elemente der I. Hauptgruppe mit ns^1 ($n = 2, 3, 4, 5, 6$) analog und Wasserstoff kann wie diese sein Elektron unter Bildung eines Kations abgeben, jedoch ist diese Analogie nur formal: Wasserstoff ist ein typisches Nichtmetall und liegt unter Normalbedingungen als zweiatomiges Molekül vor, während die Elemente der I. Hauptgruppe typische Metalle sind und unter Normalbedingungen folglich Metallkristalle bilden. Zum anderen ist das Proton H^+ um Größenordnungen kleiner als die Alkalimetall-Kationen M^+:

$$r_H = 37\ \text{pm} \quad - \quad r_{H^+} = 0{,}001\ \text{pm}$$
$$r_{Li} = 157\ \text{pm} \quad - \quad r_{Li^+} = 74\ \text{pm}$$

Darüber hinaus unterscheidet sich auch der Elektronegativitätswert von Wasserstoff mit 2,20 von denen der Elemente der I. Hauptgruppe beträchtlich (Na: 1,01, Cs: 0,86). Analog zu den Elementen der VII. Hauptgruppe fehlt auch dem Wasserstoff ein Elektron zur Erreichung der Elektronenkonfiguration des nachfolgenden Edelgases, jedoch ist diese Analogie lediglich formal: Zwar bildet Wasserstoff wie die Halogene durch Aufnahme eines Elektrons ein Anion, als erstes Element der VII. Hauptgruppe müsste Wasserstoff jedoch z.B. die höchste Elektronegativität besitzen. Außerdem ist sein Nichtmetallcharakter nicht so stark ausgeprägt wie der von Fluor und Chlor. Diese und weitere Faktoren zusammen genommen begründen die Sonderstellung des Wasserstoffs unter allen Elementen.

7.1.1 Vorkommen; physikalische Eigenschaften

Wasserstoff ist mit ca. 15 Atomprozent am Aufbau der Erdoberfläche (Erdkruste, Ozeane, Atmosphäre) beteiligt; nach Sauerstoff und Silicium ist es damit das dritthäufigste Element. Wegen der geringen Masse des H-Atoms beträgt sein Massenanteil jedoch lediglich 0,9 %. Im Weltall ist Wasserstoff das bei weitem häufigste Element; sein Anteil z. B. an der Sonne beträgt rund 50 %. Auf der Erde kommt Wasserstoff nahezu ausschließlich chemisch gebunden vor. Die wohl wichtigste natürliche Verbindung ist das Wasser; daneben ist Wasserstoff Bestandteil der Kohlenwasserstoffe von Erdöl und Erdgas sowie auch Bestandteil zahlreicher Verbindungen in biologischen Systemen.

Unter Normalbedingungen liegt Wasserstoff als zweiatomiges Molekül vor, das unpolar ist. Zwischen den H_2-Molekülen treten nur schwache VAN DER WAALS-Anziehungskräfte auf, sodass der Schmelzpunkt und der Siedepunkt mit 13,96 K bzw. 20,39 K sehr niedrig sind.

Wasserstoff ist ein farb-, geruch- und geschmackloses Gas, das sich praktisch nicht in Wasser löst. Es besitzt eine nur geringe Dichte von 0,0899 g/l. Wegen ihrer geringen Masse bewegen sich H_2-Moleküle im Gaszustand außerordentlich schnell (siehe Abschnitt 5.1.1), wodurch Wasserstoff von allen Gasen das größte Diffusionsvermögen zeigt.

Vom Wasserstoff sind drei Isotope bekannt: ^{1}H (Protium), ^{2}H (Deuterium) und das instabile radioaktive ^{3}H (Tritium) (siehe Abschnitt 3.2). Da der Isotopeneffekt beim Wasserstoff am stärksten ausgeprägt ist, bedeutet dies u. a., dass die Bindungen zwischen Deuterium und anderen Elementen stärker sind als die von Protium. Die Folge ist, dass z. B. Versuchstiere, die D_2O statt H_2O erhalten, nicht überleben können: Die deuterierten Stoffwechselprodukte beeinträchtigen die Enzymsysteme der Organismen. Praktische Anwendung finden deuterierte Lösungsmittel z. B. in der ^{1}H-NMR-Spektroskopie.

7.1.2 Darstellung und Verwendung von Wasserstoff

Die in großem Umfang durchgeführte **technische Gewinnung** von Wasserstoff erfolgt zumeist nach einem der im Folgenden aufgeführten Verfahren.

Steam-Reforming-Verfahren Dabei wird das im Erdgas enthaltene Methan mit Wasserdampf bei ca. 900 °C über einen Ni-Katalysator geleitet:

$$CH_{4(g)} + H_2O_{(g)} \xrightarrow{\text{Ni; 900 °C}} CO_{(g)} + 3\,H_{2(g)}$$

Das gebildete Kohlenmonoxid wird in der **Konvertierungsreaktion** mit Wasserdampf zu weiterem Wasserstoff und Kohlendioxid umgesetzt:

$$CO_{(g)} + H_2O_{(g)} \xrightarrow{Co_3O_4;\ 450\ °C} CO_{2(g)} + H_{2(g)}$$

Das Kohlendioxid wird unter Druck durch physikalische Absorption (z. B. in Wasser oder Methanol) oder durch chemische Absorption (z. B. durch organische Amine oder wässrige K_2CO_3-Lösungen) aus dem Gasgemisch entfernt.

Wassergas-Reaktion Koks und Wasserdampf reagieren bei Temperaturen von 800 – 1 000 °C zu einem Gemisch von H_2 und CO (Wassergas):

$$C_{(s)} + H_2O_{(g)} \longrightarrow CO_{(g)} + H_{2(g)} \qquad \Delta H = +131{,}4\ \text{kJ/mol}$$

Die Erzeugung von Wassergas ist ein endothermer Prozess; die benötigte Reaktionswärme erhält man durch Kombination mit dem exothermen Vorgang der Kohleverbrennung:

$$C_{(s)} + O_{2(g)} \longrightarrow CO_{2(g)} \qquad \Delta H = -394 \text{ kJ/mol}$$

Der Generator wird abwechselnd durch Zufuhr von Luft und Verbrennung von Koks "heiß geblasen", anschließend durch Zufuhr von Wasserdampf wieder „kalt geblasen".

In großen Mengen fällt Wasserstoff als Nebenprodukt bei der **Chloralkali-Elektrolyse** zur Gewinnung von NaOH an (Abschnitt 7.1.4).

Elektrolyse von Wasser Die elektrolytische Zersetzung von reinem Wasser ist wegen seiner geringen elektrischen Leitfähigkeit nicht möglich, wohl aber nach Zusatz von Schwefelsäure oder auch Natronlauge; an der Anode erfolgt die Abscheidung von Sauerstoff, an der Kathode die von Wasserstoff. Wegen des hohen Preises der elektrischen Energie wird dieses Verfahren aber nur angewendet, wenn chemisch reiner Wasserstoff erforderlich ist, wie beispielsweise in der Lebensmittelindustrie bei der Hydrierung von Pflanzenölen („Fetthärtung").

$$2\,H_2O_{(l)} \longrightarrow 2\,H_{2(g)} + O_{2(g)}$$

Im Labormaßstab wird Wasserstoff im Allgemeinen durch Umsetzung unedler Metalle mit Wasser bzw. Säuren hergestellt. Die elektrochemische Spannungsreihe (siehe Abschnitt 5.4.5) zeigt, dass alle Metalle mit einem negativen Normalpotenzial von 1-normalen Säurelösungen (pH = 0) unter Wasserstoffentwicklung aufgelöst werden. Während die höheren Alkali- und Erdalkalimetalle bereits mit Wasser außerordentlich heftig reagieren, verläuft die Reaktion von Zink oder Eisen erst mit Säuren, und dann moderat. Bei einigen Metallen bleibt die aufgrund des Standardpotenzials zu erwartende Reaktion aus; Grund dafür ist, wie etwa beim Aluminium, eine dünne, aber zugleich sehr dichte Oxidschicht auf der Metalloberfläche, die die Reaktion verhindert (Passivierung). Einige Metalle sind unedel genug, um auch aus basischen Lösungen Wasserstoff entwickeln zu können; dies vor allem dann, wenn die Auflösung des Metalls mit der Bildung entsprechender Oxo- oder Hydroxo-Komplexe verbunden ist. Typische Beispiele dafür sind Zink und Aluminium. Hydroxid-Ionen können im Falle des passivierten Aluminiums die Oxidschicht unter Komplexbildung lösen, sodass das Aluminium problemlos unter Wasserstoffentwicklung gelöst werden kann.

Verwendung findet Wasserstoff vor allem für folgende wichtigen großtechnischen Synthesen:

- Ammoniak-Synthese nach dem HABER-BOSCH-Verfahren aus Stickstoff und Wasserstoff (siehe Abschnitt 8.3.3)
- Synthese von reinem Chlorwasserstoff aus Chlor und Wasserstoff
- Synthese von Methanol aus Kohlenmonoxid und Wasserstoff
- Synthese von Wasserstoffperoxid, Iodwasserstoff und zahlreichen organischen Verbindungen.

Darüber hinaus wird Wasserstoff für die Hydrierung von Pflanzenölen zur Herstellung von Margarine verwendet sowie in der Metallurgie als Reduktionsmittel für die Darstellung bestimmter Metalle aus ihren Oxiden (Mo, W, Re).

Wegen der sehr hohen Reaktionsenthalpie der Umsetzung von Wasserstoff mit Sauerstoff (Knallgasreaktion) dient Wasserstoff als Treibstoff für Raketen und im **Knallgasgebläse** zur Erzeugung sehr hoher Temperaturen (bis etwa 3000 °C). Der Wasserstoff wird erst im Augenblick des Entzündens dem Sauerstoff zugemischt, sodass keine Explosion stattfinden kann (es fehlt das zündfähige Gasgemisch) und die Flamme ruhig brennt; die entsprechende Vorrichtung bezeichnet man als DANIELLschen Hahn (Abbildung 7.1).

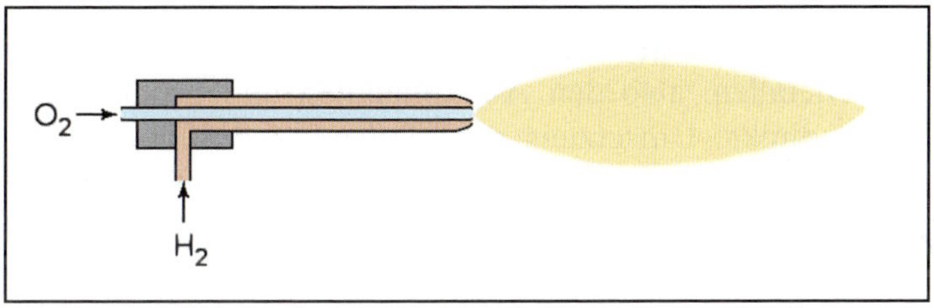

7.1 DANIELLscher Hahn.

7.1.3 Chemische Eigenschaften des Wasserstoffs

Wegen der relativ großen Bindungsdissoziationsenergie von +436 kJ/mol ist molekularer Wasserstoff bei Raumtemperatur recht reaktionsträge. Eine Ausnahme bildet lediglich die Reaktion mit einer wässrigen $PdCl_2$-Lösung, bei der bereits bei Raumtemperatur die Reduktion von $PdCl_2$ zu metallischem Pd erfolgt; solche Lösungen dienen daher dem Nachweis geringer Mengen Wasserstoff.

Durch Zufuhr von Wärme- oder auch Strahlungsenergie sowie durch Oberflächenreaktionen an geeigneten Katalysatoren kann molekularer Wasserstoff aktiviert werden.

Wasserstoff bildet mit fast allen chemischen Elementen Verbindungen, mehr als jedes andere Element. Je nach der in den Wasserstoffverbindungen dominierenden

Art der chemischen Bindung können wir drei Gruppen von Hydriden unterscheiden:

- kovalente Hydride
- salzartige (ionische) Hydride
- metallische Hydride.

Kovalente Hydride Zu dieser Gruppe gehören die Wasserstoffverbindungen der Nichtmetalle und der Halbmetalle. Unter Normalbedingungen sind diese Hydride meist gasförmig oder flüssig. Auch die schwach elektropositiven Hauptgruppenelemente Sn, Pb, Bi und Po bilden flüchtige kovalente Hydride.

Eine überwiegend kovalente Bindung besitzen ebenso die binären Metallhydride von Be, Al und Ga, die bei Raumtemperatur polymer und daher nichtflüchtig sind. Bezüglich der Bindungspolarität gibt es kovalente Hydride mit positiv und solche mit negativ polarisiertem Wasserstoff:

$$E^{\delta-}—H^{\delta+} \quad \text{bzw.} \quad E^{\delta+}—H^{\delta-}$$

Der positiv polarisierte Wasserstoff ist zur Säurefunktion befähigt und wirkt als Oxidationsmittel, der negativ polarisierte Wasserstoff hat eine basische Funktion und wirkt als Reduktionsmittel.

Salzartige (ionische) Hydride Salzartige Hydride werden nur von den stark elektropositiven Metallen, also den Alkalimetallen und Erdalkalimetallen (außer Beryllium), durch direkte Umsetzung der Elemente bei 500 – 700 °C gebildet. Es sind durchweg kristalline Festkörper, deren Ionengitter aus Metall-Kationen und Hydrid-Anionen aufgebaut sind. Bei ihrer Schmelzflusselektrolyse wird daher an der Anode Wasserstoff entwickelt. Mit Protonen-Donatoren reagieren die ionischen Hydride unter Wasserstoffentwicklung, ein weiterer Beweis für das Vorliegen von Hydrid-Anionen:

$$H^+ + H^- \longrightarrow H_2$$

Alle salzartigen Hydride werden daher von Wasser und erst recht natürlich von Säuren unter H_2-Entwicklung zersetzt. Diese Reaktion begründet die Verwendung z. B. von CaH_2 als Trockenmittel für viele aprotische organische Lösungsmittel.

In der präparativen Chemie werden die salzartigen Hydride als Hydrier- und Reduktionsmittel verwendet.

Metallische Hydride Viele Übergangsmetalle reagieren in einer exothermen Reaktion mit molekularem Wasserstoff. Die gebildeten Hydride sind meist nicht stöchiometrisch zusammengesetzt: Ihr Wasserstoffgehalt ist variabel und im Allgemeinen umso größer, je niedriger die Reaktionstemperatur und je höher der angewendete H_2-Druck ist. Der Wasserstoff ist im Metallgitter *atomar* gelöst: Die H-Atome besetzen die tetraedrischen oder oktaedrischen Lücken des Gitters. In den Metallkristallen mit einer dichtesten Kugelpackung gibt es immer genau so viele Oktaeder-Lücken und doppelt so viele Tetraeder-Lücken wie Metallatome. Folglich existieren neben den *nicht stöchiometrisch zusammengesetzten Phasen* im Grenzfall natürlich auch metallische Hydride mit einer exakt stöchiometrischen Zusammensetzung wie z. B. CrH, TiH_2 und HoH_3. Die metallischen Hydride sind paramagnetische Feststoffe mit metallischem Aussehen; ihre elektrische Leitfähigkeit entspricht der von Metallen oder Halbmetallen.

Komplexe Hydride Sowohl von einigen Hauptgruppenelementen als auch von Übergangselementen werden komplexe Hydride gebildet. So entsteht bei der Reaktion von $AlCl_3$ mit LiH das **Lithiumalanat**, **Li[AlH$_4$]**, das wegen seiner guten Löslichkeit in Ether bei vielen organischen, aber auch anorganischen Synthesen als Hydrier- oder Reduktionsmittel Verwendung findet (ähnlich präparativ bedeutsam ist das BH_4^--Anion).

$$AlCl_3 + 4\,LiH \longrightarrow Li[AlH_4] + 3\,LiCl$$

Ternäre Hydride des Typs $A_x[M_yH_z]$ werden auch von Übergangsmetallen gebildet (A = elektropositives Metall, M = Übergangsmetall):

$A_2[PtH_4]$	(mit A = Na, K, Rb, Cs)	$Mg_2[NiH_4]$
$A_2[PtH_5]$	(mit A = K, Rb, Cs)	$K_2[ReH_9]$

Eine andere Gruppe komplexer Hydride von Übergangsmetallen enthält neben dem direkt an das Übergangsmetallatom gebundenen Wasserstoff weitere Liganden der unterschiedlichsten Art: $H_2Fe(CO)_4$, $HCo(CO)_4$, $Ir(CO)(H)_2Cl(PR_3)_2$ u. a.

7.2 Die Elemente der I. Hauptgruppe (Gruppe 1) – Li, Na, K, Rb, Cs, Fr

7.2.1 Gruppeneigenschaften

Die Alkalimetalle sind weiche, silberglänzende Metalle (nur Caesium hat einen goldenen Schimmer) mit guter elektrischer und thermischer Leitfähigkeit. Mit Dichten zwischen 0,53 (Li) bis 1,90 g/cm^3 (Cs) sind es typische Leichtmetalle.

Die Alkalimetalle haben die Valenzelektronenkonfiguration ns^1; das s-Elektron wird leicht unter Bildung einfach positiv geladener Ionen abgegeben. Aus diesem Grunde sind die Alkalimetalle die reaktivsten Metalle überhaupt und gehören zu den stärksten chemischen Reduktionsmitteln. Reaktivität und Reduktionsfähigkeit nehmen innerhalb der Gruppe mit steigender Ordnungszahl zu; dies geht konform mit der Abnahme der Ionisierungsenergie (Tabelle 7.1). In ihren Verbindungen treten die Alkalimetalle nahezu ausschließlich in der Oxidationsstufe +1 auf.

Die vom Li zum Cs hin zunehmende Reaktivität der Alkalimetalle zeigt sich anschaulich in ihrer Reaktion mit Wasser, bei der unter H_2-Entwicklung das entsprechende Alkalimetallhydroxid MOH gebildet wird: Li und Na reagieren, ohne dass es dabei zur Entzündung des Wasserstoffs kommt; K und Rb reagieren unter spontaner Entzündung des Wasserstoffs; Cs reagiert explosionsartig.

Mit Sauerstoff reagiert Li unter Bildung des Oxids, Li_2O, Na bildet das Peroxid, Na_2O_2, K, Rb und Cs reagieren zu den Superoxiden, MO_2.

Die Halogenide der Alkalimetalle sind stabile Ionenverbindungen. Während CsCl, CsBr und CsI in der CsCl-Struktur kristallisieren, liegen alle anderen Halogenide in der NaCl-Struktur vor (siehe Abschnitt 4.1.4, Abbildung 4.7).

Die Alkalimetalle und ihre Verbindungen geben charakteristische Flammenfärbungen, die für ihre qualitativ- und quantitativ-analytische Bestimmung herangezogen werden können (Tabelle 7.1).

Tabelle 7.1 Ausgewählte Eigenschaften der Alkalimetalle

Eigenschaft	Lithium	Natrium	Kalium	Rubidium	Caesium
Elektronenkonfiguration	$[He]2s^1$	$[Ne]3s^1$	$[Ar]4s^1$	$[Kr]5s^1$	$[Xe]6s^1$
Ionisierungsenergie [kJ/mol]	520	496	419	403	376
Elektronegativität	1,0	1,0	0,9	0,9	0,9
Ionenradius [pm]	76	102	138	152	167
Hydratationsenthalpie [kJ/mol]	–521	–406	–322	–301	–277
Standardpotenzial [V]	–3,05	–2,71	–2,93	–2,93	–2,92
Flammenfärbung	karminrot	gelb	violett	violett	blau

Ammoniumsalze ähneln den entsprechenden Alkalimetallsalzen, da der Radius des NH_4^+-Ions zwischen den Radien von K^+ und Rb^+ liegt.

Aufgrund seines geringen Ionenradius von 76 pm hat das Li^+-Kation von allen Alkalimetallkationen die stärkste polarisierende Wirkung, sodass in seinen Ionenverbindungen merkliche kovalente Bindungsanteile auftreten. Da sein Ionenradius zugleich dem des Mg^{2+}-Kations sehr ähnlich ist, besteht in einigen Eigenschaften eine größere Ähnlichkeit zum Mg als zu seinen homologen Elementen (*Schrägbeziehung im PSE*). Dies äußert sich u. a. darin, dass

- die Löslichkeiten und Basizitäten von LiOH und $Mg(OH)_2$ vergleichbar sind,
- die Phosphate, Carbonate und Fluoride beider Elemente schwerlöslich sind,
- Li_2CO_3 und $MgCO_3$ leicht thermisch zu zersetzen sind,
- beide Elemente mit N_2 zu Nitriden reagieren (Li_3N bzw. Mg_3N_2), die zu NH_3 hydrolysieren; die übrigen Alkalimetalle bilden keine Nitride,
- LiCl und $MgCl_2$ im Gegensatz zu NaCl hygroskopisch sind.

7.2.2 Vorkommen, Darstellung, Verwendung

Vorkommen Wegen ihrer großen Reaktivität kommen die Alkalimetalle stets nur in gebundener Form in der Natur vor. Während Li, Rb und Cs recht seltene Elemente sind, gehören Na und K zu den zehn häufigsten Elementen der Erdkruste. Na und K sind als Bestandteile von Silicaten und Alumosilicaten weit verbreitet; mit ihnen vergesellschaftet finden sich darin auch Li, Rb und Cs.

Die wichtigsten Vorkommen von Na und K sind jedoch die großen Salzlagerstätten, die im Ergebnis der Eindunstung prähistorischer Meere entstanden sind. In diesen Salzlagerstätten finden sich als Na-Salze *Steinsalz*, NaCl, *Soda*, $Na_2CO_3 \cdot 10\ H_2O$, *Trona*, $Na_2CO_3 \cdot NaHCO_3 \cdot 2\ H_2O$, und *Thenardit*, Na_2SO_4. Von den K-Salzen sind zu nennen *Sylvin*, KCl, *Carnallit*, $KCl \cdot MgCl_2 \cdot 6\ H_2O$, sowie *Kainit*, $KCl \cdot MgSO_4 \cdot 3\ H_2O$.

Meerwasser enthält 3 % NaCl gelöst; das entspricht insgesamt etwa der zehnfachen Menge des festen NaCl in den Salzlagerstätten.

Die Konzentration von KCl im Meerwasser beträgt nur etwa $^1/_{40}$ der NaCl-Konzentration, da K^+-Ionen im Erdboden wesentlich fester gebunden werden als Na^+-Ionen. Dieses Konzentrationsverhältnis hat sich im Verlauf der Evolution in den Körperflüssigkeiten tierischer Organismen weitgehend erhalten (Tabelle 7.2).

Tabelle 7.2 Na/K-Verhältnis in den Körperflüssigkeiten einiger Organismen

	Na^+	:	K^+
Meerwasser	100	:	2,16
Qualle (Aure-	100	:	2,89
Tintenfisch	100	:	2,68
Frosch	100	:	2,41
Mensch	100	:	3,51

Das Element **Francium** wird in der natürlichen radioaktiven Actinium-Zerfallsreihe gebildet; alle seine Isotope sind radioaktiv und haben nur kurze Halbwertszeiten. Das Fr^{+}-Ion verhält sich so, wie es gemäß seiner Stellung in der I. Hauptgruppe zu erwarten ist.

Darstellung Da die Alkalimetalle die negativsten Standardpotenziale besitzen und damit selbst sehr starke Reduktionsmittel sind, lassen sich ihre Verbindungen chemisch nur schwer zu den Metallen reduzieren. Die Methode der Wahl ist daher eine elektrochemische Reduktion (Elektrolyse). Aus wässrigen Lösungen von Alkalimetallsalzen würde sich wegen der hohen negativen Standardpotenziale an der Kathode jedoch Wasserstoff abscheiden, nicht aber die Metalle. Man elektrolysiert daher die geschmolzenen Salze, die das betreffende Metall als Kation enthalten.

Lithium und Natrium werden durch eine solche **Schmelzelektrolyse** aus ihren Chloriden hergestellt; zur Erniedrigung der Schmelztemperatur werden das LiCl mit KCl und das NaCl mit $CaCl_2$ versetzt. Kalium wird durch Reduktion von geschmolzenem KCl mit Natrium hergestellt; aus der gebildeten K/Na-Legierung wird das reine Kalium durch Destillation erhalten.

Verwendung Lithium dient in der Metallurgie als Legierungsbestandteil zum Härten von Blei, Magnesium und Aluminium. Weiterhin findet es Verwendung als Elektrode in Brennstoffzellen und in Li-Batterien. Natrium dient als Ausgangsstoff für die Herstellung vieler seiner Verbindungen, insbesondere der technisch wichtigen Verbindungen Na_2O_2, NaH, $Na[BH_4]$, $NaNH_2$ und NaCN. Große Mengen Natrium werden in der Metallurgie zur Herstellung schwer reduzierbarer Metalle wie U, Th, Zr und vor allem Ti benötigt. Im Labor wird es ebenfalls als Reduktionsmittel sowie als Trockenmittel für organische Lösungsmittel (Kohlenwasserstoffe, Ether) eingesetzt.

Die Alkalimetalle spalten bei der Einwirkung von UV-Strahlung Elektronen ab (photoelektrischer Effekt, siehe Exkurs E.3.2); der Effekt ist erwartungsgemäß beim Caesium am größten, sodass dieses in Photozellen Anwendung findet. ^{137}Cs wird in der Medizin als ß-Strahler eingesetzt.

7.2.3 Verbindungen der Alkalimetalle

Hydride

Die Alkalimetalle reagieren mit Wasserstoff unter Bildung salzartiger Hydride (Abschnitt 7.1.3). Die Verbindungen sind stöchiometrisch zusammengesetzt und thermodynamisch stabil. Sie kristallisieren in der NaCl-Struktur; ihre Gitterenergien liegen zwischen denen der Alkalimetallfluoride und Alkalimetallchloride. Die kovalenten Bindungsanteile sind erwartungsgemäß bei LiH am größten und nehmen zum CsH hin ab; in der gleichen Richtung nimmt auch die thermische Stabilität der Hydride ab.

LiH reagiert in etherischer Lösung mit einer Reihe von Halogeniden unter Bildung komplexer Hydride; das wichtigste ist das als selektives Reduktionsmittel in der organischen und anorganischen Synthese verwendete $Li[AlH_4]$, das bei der Umsetzung von $AlCl_3$ mit LiH erhalten wird.

NaH reagiert mit Wasser heftiger als metallisches Na selbst, sodass es als sehr wirksames Trockenmittel zur Beseitigung letzter Feuchtigkeitsspuren aus organischen Lösungsmitteln eingesetzt wird. Verwendung findet NaH aber vor allem als Hydrier- und Reduktionsmittel:

$$4\,NaH + AlBr_3 \longrightarrow Na[AlH_4] + 3\,NaBr$$
$$4\,NaH + TiCl_4 \longrightarrow Ti + 4\,NaCl + 2\,H_2$$

Sauerstoffverbindungen

Alle Alkalimetalle bilden *Oxide*, M_2O, *Peroxide*, M_2O_2, und *Superoxide*, MO_2.

Oxide M_2O Die Oxide sind thermisch stabile Verbindungen und zersetzen sich erst oberhalb 500 °C. Während Li_2O und Na_2O weiß sind, sind K_2O gelblich und Rb_2O und Cs_2O orange gefärbt.

Außer bei der direkten Umsetzung der Elemente entsteht Li_2O auch bei der thermischen Zersetzung von LiOH, Li_2CO_3 oder $LiNO_3$. Es wird in der Glasindustrie als Flussmittel verwendet. Na_2O wird aus Natriumperoxid durch Umsetzung mit metallischem Natrium hergestellt:

$$Na_2O_2 + 2\,Na \longrightarrow 2\,Na_2O$$

Peroxide M_2O_2 Na_2O_2 wird bei der Verbrennung von Natrium mit Sauerstoff in einer exothermen Reaktion erhalten. Es ist bis 500 °C thermisch stabil und ein starkes Oxidationsmittel. Technische Verwendung findet es daher zum Bleichen von Papier und Textilrohstoffen. Mit leicht oxidierbaren Substanzen reagiert es mitunter explosionsartig. Wässrige Lösungen reagieren alkalisch, da das Peroxid-Anion eine starke Anionenbase ist:

$$O_2^{2-} + 2\,H_2O \longrightarrow 2\,OH^- + H_2O_2$$

Li_2O_2 wird technisch durch Umsetzung von $LiOH \cdot H_2O$ mit H_2O_2 hergestellt:

$$LiOH \cdot H_2O + H_2O_2 \longrightarrow LiOOH \cdot H_2O + H_2O$$

$$2\,LiOOH \cdot H_2O \xrightarrow{\text{Erhitzen}} Li_2O_2 + H_2O_2 + 2\,H_2O$$

Peroxide reagieren mit Wasser bzw. Säuren unter Bildung von H_2O_2. Mit CO_2 entsteht neben dem entsprechenden Carbonat Sauerstoff:

$$M_2O_2 + CO_2 \longrightarrow M_2CO_3 + \tfrac{1}{2}\,O_2$$

Na_2O_2 wird daher in der Unterwassertechnik und Feuerwehrtechnik verwendet, das leichtere Li_2O_2 in der Raumfahrttechnik.

Superoxide MO_2 Stabile Superoxide werden nur von den großen Alkalimetallkationen K^+, Rb^+ und Cs^+ gebildet. Sie besitzen keine technische Bedeutung.

Hydroxide

Von allen Metallhydroxiden sind die Alkalimetallhydroxide die stärksten Basen. Sie reagieren mit Säuren zu den entsprechenden Salzen sowie mit CO_2 und H_2S zu den Carbonaten bzw. Sulfiden.

LiOH gewinnt man durch Umsetzung von Li_2CO_3 mit $Ca(OH)_2$ gemäß:

$$Li_2CO_3 + Ca(OH)_2 \longrightarrow 2\,LiOH + CaCO_3$$

Das aus wässrigen Lösungen auskristallisierende Monohydrat $LiOH \cdot H_2O$ dient zur Herstellung von Schmierfetten.

NaOH und KOH werden durch Elektrolyse wässriger NaCl- bzw. KCl-Lösungen technisch in großen Mengen hergestellt. Die drei heute üblichen Verfahren der **Chloralkali-Elektrolyse,** nämlich das Diaphragma-, das Amalgam- und das Membran-Verfahren, sollen am Beispiel der Elektrolyse von NaCl-Lösungen erläutert werden. Beim **Diaphragma-Verfahren** (Abbildung 7.2) werden eine Eisen-Kathode und eine Graphit-Anode verwendet; Anoden- und Kathodenraum sind durch ein Diaphragma voneinander getrennt, das eine Vermischung der Elektrolyseprodukte Cl_2 und H_2 bzw. Cl_2 und OH^- verhindert. An den Elektroden laufen folgende Reaktionen ab:

Kathode: $2\,H_2O + 2\,e^- \longrightarrow H_2 + 2\,OH^-$
Anode: $2\,Cl^- \longrightarrow Cl_2 + 2\,e^-$
Bruttoreaktion: $2\,Na^+ + 2\,Cl^- + 2\,H_2O \longrightarrow H_2 + Cl_2 + 2\,Na^+ + 2\,OH^-$

Das Diaphragma ist für Ionen durchlässig, sodass Na^+-Kationen aus dem Anodenraum in den Kathodenraum wandern können und dort den entstehenden Überschuss an negativen Ladungen ausgleichen; zugleich wandern auch Cl^--Ionen und OH^--Ionen in den Anodenraum. Da bei einer zu hohen OH^--Ionenkonzentration dort auch deren unerwünschte Entladung erfolgen würde, wird der Wanderung der OH^--Ionen dadurch entgegengewirkt, dass man eine nur ca. 15 %-ige NaOH-Lösung erzeugt.

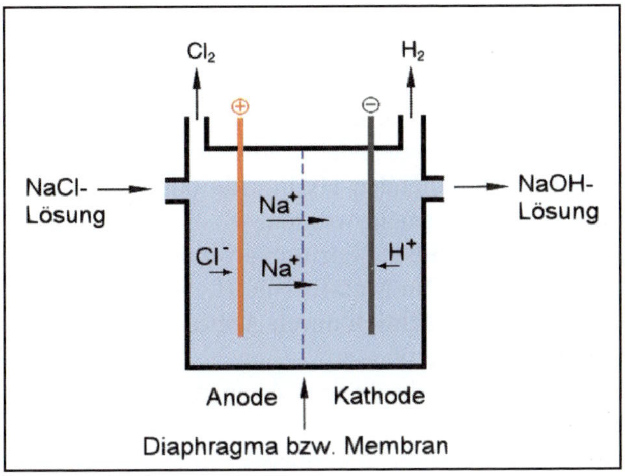

7.2 Diaphragma-(Membran-)Verfahren der Chloralkalielektrolyse.

Beim **Amalgam-Verfahren** wird die Überspannung von Wasserstoff an einer Hg-Kathode ausgenutzt; die Elektrolysespannung kann daher bis zur Abscheidung von Natrium erhöht werden, das sich als Na-Amalgam löst (Amalgame sind die Legierungen des Hg). In einem separaten Raum erfolgt anschließend die Zersetzung des Na-Amalgams mit Wasser unter Bildung von $NaOH_{(aq)}$ und H_2.

Zunehmend an Bedeutung gewinnt das **Membran-Verfahren**. Die Elektrodenvorgänge entsprechen denen des Diaphragma-Verfahrens; anstelle eines Diaphragmas wird eine ionenselektive Membran zur Trennung von Anoden- und Kathodenraum verwendet. Diese Membran besitzt eine hohe Durchlässigkeit für Na^+-Ionen, ist aber für Cl^--Ionen und vor allem für OH^--Ionen bis zu Konzentrationen von ca. 35 % NaOH weitestgehend undurchlässig. Die erhaltene Natronlauge ist chloridfrei. Wegen der Empfindlichkeit der Membranen müssen die verwendeten NaCl-Lösungen allerdings sehr rein sein; zudem sind die Membranen zurzeit noch relativ teuer und besitzen eine nur ungenügende Lebensdauer.

NaOH ist eine weiße, kristalline Substanz; es ist hygroskopisch. NaOH wird in großen Mengen hergestellt, da es zum Aufschluss von Bauxit bei der Al-Gewinnung, zur Herstellung von Natriumhypochlorit sowie bei der Papier-, Zellstoff- und Kunstseide-Herstellung gebraucht wird.

KOH ist wie NaOH eine weiße, kristalline Substanz, jedoch noch stärker hygroskopisch (es dient daher als Trocknungsmittel für Gase und Flüssigkeiten). Technische Verwendung findet KOH bei der Herstellung von Schmierseifen und Kaliumphosphaten (zur Wasserenthärtung) für flüssige Waschmittel.

Halogenide

Die Alkalimetallhalogenide sind farblose, hoch schmelzende Feststoffe. Mit Ausnahme von CsCl, CsBr und CsI, die in der CsCl-Struktur kristallisieren, liegen alle anderen in der NaCl-Struktur vor (siehe Abschnitt 4.1.4). Sie können bequem durch Umsetzung der entsprechenden Hydroxide oder Carbonate mit den jeweiligen Halogenwasserstoffen hergestellt werden.

NaCl ist die technisch wichtigste Natriumverbindung; es dient als Ausgangsmaterial für die Herstellung von Na-Metall, NaOH, Na_2CO_3, Cl_2, HCl und Wasserglas. Gewonnen wird es hauptsächlich durch Abbau von Steinsalzlagerstätten, aber auch durch Eindunsten von Meerwasser.

KCl ist das wichtigste Kalirohsalz und Ausgangsmaterial u. a. für die Herstellung von KOH und K_2CO_3.

LiF und CsI werden wegen ihrer Durchlässigkeit für IR-Strahlen als Prismenmaterial in IR-Spektrometern verwendet.

Salze von Oxosäuren

Natriumcarbonat, Na_2CO_3 (Soda) Der Bedarf der chemischen Industrie an Na_2CO_3 ist sehr groß. Es wird vornehmlich für die Herstellung von Glas, Wasserglas, Waschmitteln und anderen Natriumsalzen verwendet. Da die natürlichen Vorkommen den Bedarf nicht decken, wird Soda überwiegend nach dem **SOLVAY-Verfahren** im großtechnischen Maßstab hergestellt. Grundlage dieses Verfahrens ist die relative Schwerlöslichkeit von $NaHCO_3$. In eine wässrige NaCl-Lösung wird Kohlendioxid gemeinsam mit Ammoniak eingeleitet; im Einzelnen stellen sich folgende Gleichgewichte ein:

$$CO_2 + 2\,H_2O \rightleftharpoons HCO_3^- + H_3O^+$$

Dieses Gleichgewicht liegt weitgehend auf der linken Seite, sodass die Konzentration an HCO_3^--Ionen zunächst nicht ausreicht, um das Löslichkeitsprodukt des $NaHCO_3$ zu überschreiten. Durch die gleichzeitige Zugabe von NH_3 wird das Gleichgewicht durch Abfangen der H_3O^+-Ionen jedoch auf die rechte Seite verschoben und damit die HCO_3^--Konzentration soweit erhöht, dass das $NaHCO_3$ ausfallen kann:

$$H_3O^+ + NH_3 \rightleftharpoons NH_4^+ + H_2O$$
$$Na^+ + HCO_3^- \rightleftharpoons NaHCO_3\downarrow$$

Das $NaHCO_3$ wird abgetrennt und thermisch zersetzt:

$$2\,NaHCO_3 \longrightarrow Na_2CO_3 + H_2O + CO_2$$

Das dabei entstehende CO_2 wird in den Prozess zurückgeführt; die andere Hälfte des benötigten CO_2 wird durch thermische Zersetzung von Kalkstein gewonnen (Brennen von Kalk):

$$CaCO_3 \longrightarrow CaO + CO_2$$

Das CaO (Branntkalk) wird zur Rückgewinnung von NH_3 verwendet:

$$2\,NH_4Cl + CaO \longrightarrow CaCl_2 + 2\,NH_3 + H_2O$$

Als Bruttogleichung des SOLVAY-Prozesses ergibt sich demnach:

$$2\,NaCl + CaCO_3 \longrightarrow Na_2CO_3 + CaCl_2$$

Das einzige Nebenprodukt ist $CaCl_2$, das allerdings in großen Mengen anfällt.

Kaliumcarbonat, K_2CO_3 (Pottasche) Im Gegensatz zum $NaHCO_3$ ist das $KHCO_3$ leicht löslich, sodass K_2CO_3 nicht nach einem dem SOLVAY-Prozess analogen Verfahren hergestellt werden kann. Der einfachste Weg zu Herstellung von Pottasche besteht in der Umsetzung von KOH mit CO_2 („Carbonisieren von Kalilauge“):

$$2\,KOH + CO_2 \longrightarrow K_2CO_3 + H_2O$$

Ein zweites technisches Verfahren ist das **Formiat-Pottasche-Verfahren,** bei dem in eine wässrige Lösung von K_2SO_4 und Ätzkalk unter Druck CO eingeleitet wird:

$$K_2SO_4 + Ca(OH)_2 + 2\,CO \xrightarrow{230\,°C;\ 30\,bar} CaSO_4 + 2\,HCOOK$$

Das abgetrennte Kaliumformiat (Formiate sind die Salze der Ameisensäure) wird zusammen mit KOH und Luftsauerstoff erhitzt:

$$2\,HCOOK + 2\,KOH + O_2 \longrightarrow 2\,K_2CO_3 + 2\,H_2O$$

Natrium- und Kaliumnitrat, $NaNO_3$ und KNO_3 Die technische Darstellung beider Nitrate erfolgt durch Umsetzung der Carbonate mit Salpetersäure gemäß:

$$M_2CO_3 + 2\,HNO_3 \longrightarrow 2\,MNO_3 + H_2O + CO_2$$

Beide dienen als Düngemittel, KNO_3 darüber hinaus für pyrotechnische Zwecke.

7.3 Die Elemente der II. Hauptgruppe (Gruppe 2) – Be, Mg, Ca, Sr, Ba, Ra

7.3.1 Gruppeneigenschaften

Als Elemente der zweiten Hauptgruppe des PSE haben die Erdalkalimetalle die Valenzelektronenkonfiguration ns^2. Es sind reaktionsfähige, elektropositive Metalle und starke Reduktionsmittel. Wie bei den Elementen der ersten Hauptgruppe nehmen der elektropositive Charakter und die Reaktionsfähigkeit innerhalb der Gruppe mit steigender Ordnungszahl zu. In ihren stabilen Verbindungen treten die Elemente nur in der Oxidationsstufe +2 auf. Die 2. Ionisierungsenergie ist zwar relativ hoch (Tabelle 7.3), jedoch werden die M^{2+}-Kationen mit der abgeschlossenen Edelgasschale im festen und im gelösten Zustand durch die Gitterenergie bzw. Hydratationsenthalpie stabilisiert.

An der Luft verbrennen die Erdalkalimetalle zu den Oxiden, Ba bildet dabei auch ein Peroxid; mit Stickstoff bilden sie die Nitride, M_3N_2, die unter Bildung von Ammoniak hydrolysiert werden können.

Die Hydride von Mg, Ca, Sr und Ba sind salzartig und kristallisieren in Ionengittern; das BeH_2 ist dagegen weitgehend kovalent und polymer.

Der basische Charakter der Hydroxide nimmt mit steigender Ordnungszahl zu; in der gleichen Richtung wächst auch die thermische Beständigkeit der Carbonate und Nitrate.

Aufgrund der Schrägbeziehung ist das Be dem Al ähnlicher als dem nächsten Homologen seiner Gruppe, dem Mg. Ursache dafür ist vor allem die nahezu gleiche Elektronegativität sowie die ähnliche Größe der Ionen. Die Ähnlichkeit zwischen Be und Al drückt sich u. a. in folgenden Eigenschaften aus:

- Be bildet die Koordinationszahl 4 aus, die auch von Al häufig realisiert wird; Mg bevorzugt dagegen die Koordinationszahl 6.
- $(BeH_2)_n$ und $(AlH_3)_n$ sind kovalente, hochpolymere Verbindungen; MgH_2 ist ein ionisches Hydrid.
- $BeCl_2$ und $AlCl_3$ sind LEWIS-Säuren, deren wässrige Lösungen stark sauer reagieren; wässrige Lösungen von $MgCl_2$ reagieren neutral.
- $Be(OH)_2$ und $Al(OH)_3$ sind amphotere Hydroxide, die keine stabilen Carbonate bilden; $Mg(OH)_2$ ist dagegen basisch und bildet ein stabiles Carbonat.
- Be und Al lösen sich unter Wasserstoffentwicklung sowohl in Säuren als auch in Basen; Mg ist viel unedler und löst sich nur in Säuren unter Wasserstoffentwicklung.

Tabelle 7.3 Ausgewählte Eigenschaften der Erdalkalimetalle

Eigenschaft	Beryllium	Magnesium	Calcium	Strontium	Barium
Elektronen-konfiguration	[He]$2s^2$	[Ne]$3s^2$	[Ar]$4s^2$	[Kr]$5s^2$	[Xe]$6s^2$
1. Ionisierungs-energie [kJ/mol]	899	738	590	540	503
2. Ionisierungs-energie [kJ/mol]	1 757	1 450	1 145	1 059	960
Elektronegativität	1,5	1,2	1,0	1,0	0,9
Ionenradius [pm]	(45)	72	100	118	135
Hydratations-enthalpie [kJ/mol]	−2 460	−1 922	−1 577	−1 443	−1 361
Standardpotenzial	−1,85	−2,36	−2,87	−2,89	−2,91
Flammenfärbung	–	–	ziegelrot	karminrot	grün

Ra tritt in der ^{238}U-Zerfallsreihe auf; alle seine Isotope sind radioaktiv. In seinen chemischen Eigenschaften ähnelt es dem Ba.

7.3.2 Vorkommen, Darstellung, Verwendung

Vorkommen Wegen ihrer hohen Reaktivität kommen die Erdalkalimetalle in der Natur nur in gebundenem Zustand vor, meist als zweifach positiv geladene Kationen. Während das Be zu den relativ seltenen Elementen zählt, kommen Mg, Ca, Sr und Ba in der Erdkruste recht häufig vor; die wichtigsten Verbindungen sind dabei ihre Carbonate und Sulfate: $CaCO_3$ in Form von *Kalkstein, Marmor, Calcit, Aragonit, Kreide*; $MgCO_3$ als *Magnesit* oder $MgCO_3 \cdot CaCO_3$ als *Dolomit*; $CaSO_4 \cdot 2\,H_2O$ als *Gips*; $SrSO_4$ als *Cölestin* und $BaSO_4$ als *Schwerspat.*

Im Meerwasser sind merkliche Mengen von Mg-Salzen gelöst. Die anorganische Komponente von Knochen und Zähnen besteht im Wesentlichen aus Hydroxylapatit, $Ca_5[(PO_4)_3(OH)]$; der Zahnschmelz enthält einen höheren Anteil Fluorapatit, $Ca_5[(PO_4)_3F]$, der ihm eine größere Härte und Beständigkeit verleiht.

Darstellung Die Erdalkalimetalle lassen sich durch Schmelzelektrolyse oder auch durch chemische Reduktion gewinnen. So werden Be, Mg, Ca und Sr durch Elektrolyse der Schmelzen von $BeCl_2/NaCl$, $MgCl_2$, $CaCl_2/CaF_2$ bzw. $SrCl_2/KCl$ hergestellt, Ba (und neuerdings auch Ca) durch eine aluminothermische Reduktion ihrer Oxide:

$$3\,BaO + 2\,Al \longrightarrow Al_2O_3 + 3\,Ba$$

Das erforderliche BaO erhält man u. a. durch die thermische Zersetzung von $BaCO_3$.

Verwendung Beryllium findet in der Metallurgie als Legierungsbestandteil Verwendung; so wird Kupfer mit 6 – 7 % Be hart wie Stahl, behält jedoch seine gute thermische und elektrische Leitfähigkeit. Da es Röntgenstrahlen nur wenig absorbiert, werden die Austrittsfenster von Röntgenröhren aus Beryllium gefertigt. Magnesium dient zur Herstellung verschiedener Legierungen, die wegen ihrer geringen Dichte für den Flugzeugbau und für die Raumfahrttechnik von großer Bedeutung sind. Darüber hinaus wird es ebenso wie Calcium in der Metallurgie als starkes Reduktionsmittel eingesetzt.

7.3.3 Verbindungen der Erdalkalimetalle

Beryllium-Verbindungen

Als erstes Element der Gruppe unterscheidet sich Beryllium stärker von seinen Homologen als diese untereinander. Dafür sind im Wesentlichen drei Gründe zu nennen: 1. die größere Ionisierungsenergie, 2. die höhere Elektronegativität und 3. der kleinere Ionenradius. Alle drei Faktoren bewirken, dass Be-Verbindungen kovalenter sind. Die Verbindungen des Typs BeX_2, deren lineare Struktur durch Annahme einer sp-Hybridisierung beschrieben werden kann, sind typische Elektronenmangelverbindungen. Ein Ausgleich dieses Elektronenmangels wird vom Beryllium auf unterschiedlichen Wegen erreicht:

1. Ausbildung von *Dreizentrenbindungen*: Das Berylliumhydrid ist polymer; im $(BeH_2)_n$ bildet jedes Be-Atom zwei BeHBe-Dreizentrenbindungen aus, sodass es tetraedrisch von vier H-Atomen umgeben ist:

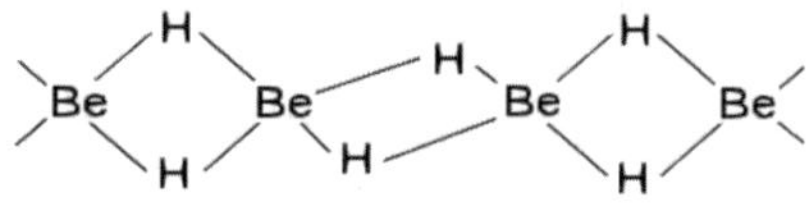

2. Ausbildung von *koordinativen Bindungen*: Verfügt der Bindungspartner – anders als Wasserstoff – über einsame Elektronenpaare, dann werden diese zur Ausbildung koordinativer Bindungen zum Beryllium genutzt; ein typisches Beispiel dafür ist das kettenförmig aufgebaute polymere $(BeCl_2)_n$:

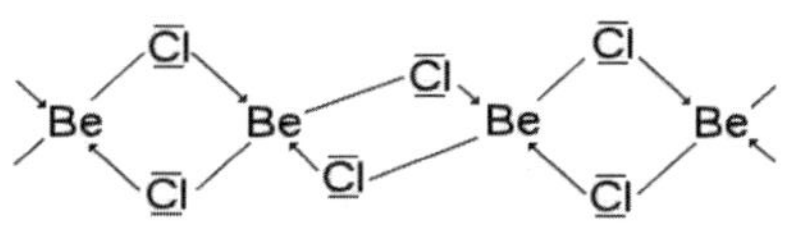

3. Der Elektronenmangel kann auch ausgeglichen werden durch die Bildung von Komplexionen bzw. von *LEWIS-Säure-Base-Addukten* wie z.B. $[BeF_4]^{2-}$ bzw. $BeCl_2(OR_2)_2$; auch in allen diesen Verbindungen hat das Be die Koordinationszahl vier.

Magnesium-Verbindungen

Magnesiumoxid, MgO Mg verbrennt an der Luft mit blendend weißem Licht zum Magnesiumoxid:

$$Mg + \tfrac{1}{2}\,O_2 \longrightarrow MgO \qquad \Delta H_B^{\,0} = -602\ \text{kJ/mol}$$

In Kombination mit Oxidationsmitteln wurde Mg-Pulver daher früher als Blitzlichtpulver in der Photographie verwendet.

Technisch gewinnt man MgO durch thermische Zersetzung von $MgCO_3$. Bei 800 – 900 °C erhält man dabei so genannte *kaustische Magnesia,* eine mit Wasser abbindende Masse. Führt man die thermische Zersetzung bei 1700 – 2000 °C durch, so sintert das MgO zu einer nicht mehr mit Wasser abbindenden Masse zusammen; diese *Sintermagnesia* wird zur Herstellung von hoch feuerfesten Steinen (Magnesiasteinen) und von Laborgeräten (Magnesiarinnen, Magnesiastäbchen) verwendet. Erhitzt man $Mg(OH)_2$ oder auch $MgCO_3 \cdot Mg(OH)_2$ auf eine Temperatur von 600 °C, dann erhält man das MgO als ein lockeres weißes Pulver, das unter der Bezeichnung *Magnesia usta* als Neutralisationsmittel in der Medizin dient. Dem gleichen Zweck dient das basische Carbonat der Zusammensetzung $4\,MgCO_3 \cdot Mg(OH)_2 \cdot 4\,H_2O$ unter der Bezeichnung *Magnesia alba.*

Magnesiumsulfat, $MgSO_4$ Dieses Salz bildet eine Reihe von Hydraten, von denen das Heptahydrat, $MgSO_4 \cdot 7\,H_2O$, das zwischen 2 und 48 °C aus wässrigen Lösungen auskristallisiert, das wichtigste ist; dieses so genannte *Bittersalz* dient als Abführmittel. Die Verbindung gehört zur Gruppe der **Vitriole** der allgemeinen Zusammensetzung $[M(H_2O)_6]SO_4 \cdot H_2O$ mit M = Mg, Mn, Zn, Fe, Ni, Co; die Formel soll verdeutlichen, dass sechs H_2O-Moleküle oktaedrisch an das Metallkation koordiniert sind, während das siebte über Wasserstoffbrücken an das SO_4^{2-}-Anion gebunden ist. Die unterschiedliche Art der Bindung der Wassermoleküle wird beim Erhitzen des $MgSO_4 \cdot 7\,H_2O$ deutlich: Bei 150 °C werden sechs Wassermoleküle abgespalten, das siebte erst bei 200 °C.

GRIGNARD-Verbindungen, RMgX Lässt man Alkyl- oder Arylhalogenide RX auf aktiviertes Magnesium in einem Donor-Lösungsmittel wie Diethylether oder Tetrahydrofuran einwirken, so entstehen Verbindungen des Typs RMgX. Deren Zusammensetzung ist jedoch deutlich komplizierter als durch diese Formel angegeben wird. Nach Untersuchungen von SCHLENK jr. soll in den Lösungen folgendes Gleichgewicht vorliegen, wobei dessen Bestandteile durch koordinierte Solvensmoleküle stabilisiert sind:

$$2\,RMgX \rightleftharpoons R_2Mg + MgX_2$$

Neuere Resultate von Kernresonanz-Untersuchungen sprechen für das Vorliegen vorwiegend dimolekularer Strukturen. GRIGNARD-Verbindungen werden in der organischen und anorganischen Synthese als Alkylierungs- und Arylierungsreagentien verwendet.

Calcium-Verbindungen

Calciumhydrid, CaH_2 Dieses salzartige Hydrid wird aus den Elementen bei 400 °C hergestellt; CaH_2 ist eine weiße, kristalline Verbindung, die sehr heftig mit Wasser unter H_2-Entwicklung reagiert. Man verwendet sie daher zur Erzeugung von Wasserstoff, als Trocken- und als Reduktionsmittel.

Calciumoxid, CaO (Ätzkalk, Branntkalk) CaO wird technisch in sehr großen Mengen durch thermische Zersetzung von $CaCO_3$ (*Kalkbrennen*) bei ca. 1 100 °C hergestellt.

$$CaCO_3 \longrightarrow CaO + CO_2 \qquad \Delta H^0 = +178\ \text{kJ/mol}$$

Gebrannter Kalk reagiert mit Wasser unter Wärmeentwicklung zu $Ca(OH)_2$, dem *Löschkalk*.

$$CaO + H_2O \longrightarrow Ca(OH)_2 \qquad \Delta H^0 = -65\ \text{kJ/mol}$$

CaO wird vor allem zur technischen Herstellung von CaC_2 und Chlorkalk, Ca(OCl)Cl, verwendet; darüber hinaus findet es Verwendung beim SOLVAY-Verfahren zur Soda-Herstellung sowie als basischer Zuschlag beim Hochofenprozess zur Roheisengewinnung.

Calciumchlorid, $CaCl_2$ $CaCl_2$ entsteht in großen Mengen als Abfallprodukt beim SOLVAY-Verfahren zur Soda-Herstellung. Das aus wässrigen Lösungen auskristallisierende Hexahydrat lässt sich im Gegensatz zum $MgCl_2 \cdot 6\,H_2O$ durch Erhitzen vollständig entwässern; wasserfreies $CaCl_2$ ist sehr hygroskopisch und wird daher als Trockenmittel für Gase verwendet. Aus dem Hexahydrat und Eis lassen sich Kältemischungen bis –55 °C herstellen (wasserfreies $CaCl_2$ löst sich dagegen *exotherm* in Wasser!).

Calciumcarbonat, $CaCO_3$ $CaCO_3$ gehört zu den gesteinsbildenden Verbindungen; es existiert in den Modifikationen *Calcit, Aragonit* und *Vaterit.* Kalkstein, Kreide und Marmor bestehen aus Calcit, Perlen aus Aragonit.

In Gegenwart von CO_2 wird das schwerlösliche $CaCO_3$ von Wasser unter Bildung des $Ca(HCO_3)_2$ gelöst, das die so genannte *temporäre* Härte des Wassers (Carbonathärte) verursacht.

$$CaCO_3 + CO_2 + H_2O \longrightarrow Ca(HCO_3)_2$$

Calciumsulfat, $CaSO_4$ $CaSO_4$ findet sich in der Natur als *Gips*, $CaSO_4 \cdot 2\,H_2O$, und wasserfrei als *Anhydrit*; eine besondere Form von Gips ist der *Alabaster*.

Durch thermische Behandlung werden in Abhängigkeit von der Temperatur aus dem Gips Produkte mit unterschiedlichen Eigenschaften erhalten:

- Bei 120 °C erhält man den *gebrannten Gips* $CaSO_4 \cdot 0{,}5\,H_2O$, der mit Wasser schnell wieder zu einer aus Gips-Kristallen bestehenden, festen Masse abbindet; verwendet wird er in der Bauindustrie, in der keramischen Industrie und in der Bildhauerei.
- Zwischen 130 °C und 180 °C entsteht der *Stuckgips*, $CaSO_4 \cdot (0{,}18–0{,}48)\,H_2O$, der in 10 bis 20 Minuten abbindet.
- Bei 190 – 200 °C entsteht *wasserfreier Stuckgips*, der nicht mehr verwendbar ist, weil er zu schnell mit Wasser abbindet; bei 500 °C verliert dieser Stuckgips seine Abbindefähigkeit vollständig.
- Bei 800 – 900 °C erhält man *Estrichgips*, der nur sehr langsam abbindet.

Mörtel Unter Mörtel versteht man Bindemittel, die mit Wasser angerührt werden und erhärten, sodass sie Baumaterialien (z. B. Ziegelsteine) verkitten oder als Verputzmaterial dienen. Zu den **Luftmörteln**, die von Wasser angegriffen werden, gehören der Kalkmörtel und der Gipsmörtel. Kalkmörtel wird aus gelöschtem Kalk und Sand hergestellt; seine Erhärtung beruht auf der Bildung von $CaCO_3$ mit dem CO_2 der Luft. Gipsmörtel wird in der Regel ohne Zumischung von Sand verwendet, da er beim Abbinden nicht „schwindet“, sondern sich sogar um ca. 1 % ausdehnt. Er ist daher für die Herstellung von Gipsabgüssen und Gipsverbänden sehr gut geeignet. In der Porzellan- und Steinzeugfabrikation werden Formen aller Art aus Stuckgips verwendet. Der Estrichgips dient vornehmlich zur Herstellung von Fußböden.

Wassermörtel sind Gemische aus Zement und Sand, die auch unter Wasser erhärten. Als Zement bezeichnet man Produkte, die beim Brennen von Gemischen aus Kalkstein und Ton bei 1 450 °C erhalten werden; sie enthalten Calciumsilicate,

-aluminate und -ferrite, die beim Abbinden kompliziert zusammengesetzte Hydrate bilden.

Calciumcarbid, CaC_2, und Kalkstickstoff CaC_2 wird großtechnisch aus Kalk und Koks in einem elektrischen Lichtbogenofen bei 2000 – 2200 °C hergestellt.

$$CaO + 3C \rightleftharpoons CaC_2 + CO \qquad \Delta H^0 = +465 \text{ kJ/mol}$$

Bei Temperaturen unterhalb 1600 °C verläuft die Reaktion von rechts nach links. CaC_2 gehört zu den Acetyleniden und liefert bei seiner hydrolytischen Zersetzung Acetylen, ein wichtiges Ausgangsprodukt für viele industrielle organische Synthesen. Bei 1100 °C reagiert CaC_2 mit Stickstoff zu einem Gemisch von Calciumcyanamid und Kohlenstoff, das als Kalkstickstoff bezeichnet wird.

$$CaC_2 + N_2 \longrightarrow CaCN_2 + C \qquad \Delta H^0 = -291 \text{ kJ/mol}$$

$CaCN_2$ ist das Ca-Salz des Cyanamids $H_2N{-}CN$, und ein wichtiges Düngemittel, das im Boden durch Wasser und Bakterien zu Ammoniak zersetzt wird:

$$CaCN_2 + 3\,H_2O \longrightarrow CaCO_3 + 2\,NH_3$$

Barium-Verbindungen

Lösliche Bariumsalze wie $BaCl_2$ oder $Ba(NO_3)_2$ sind toxisch; letzteres wird in der Pyrotechnik als „Grünfeuer“ verwendet.

Bariumsulfat, $BaSO_4$ Bariumsulfat ist die wichtigste natürlich vorkommende Bariumverbindung und dient als Ausgangsmaterial für die Herstellung der meisten anderen Bariumsalze. Zu diesem Zweck wird das $BaSO_4$ zunächst mit Kohlenstoff bei 1000 – 1200 °C zum BaS reduziert:

$$BaSO_4 + 4\,C \longrightarrow BaS + 4\,CO$$

Aus wässrigen BaS-Lösungen lassen sich durch Umsetzung mit den entsprechenden Säuren wie HCl, HNO_3 oder CH_3COOH die jeweiligen Salze erhalten. $BaCO_3$ wird durch Einleiten von CO_2 in BaS-Lösungen hergestellt.

Unter der Bezeichnung Permanentweiß wird $BaSO_4$ als weiße Malerfarbe verwendet. Eine noch bessere Deckkraft besitzen allerdings die *Litophone*, die ein Gemisch von $BaSO_4$ und ZnS sind; man erhält sie durch Umsetzung von BaS mit $ZnSO_4$ und anschließendes Glühen bei 850 °C. Litophone haben gegenüber Bleiweiß den Vorteil, dass sie nicht nachdunkeln.

Technische Verwendung findet $BaSO_4$ als Füllstoff in der Papier- und Gummiindustrie. In der Medizin wird es als Kontrastmittel bei Röntgenaufnahmen verwendet.

7.4 Komplexbildung der Elemente des s-Blocks

Die Alkalimetall-Kationen bilden mit herkömmlichen Liganden keine Komplexverbindungen, wohl aber mit einer Reihe mehrzähniger makrozyklischer Liganden wie **Kronenethern**, **Kryptanden** und **Sepulchranden** (Abbildung 7.3).

Kronenether sind zyklische Polyether; ihre Bezeichnung erfolgt unter Angabe der Gesamtzahl der zu einem Ring angeordneten Atome sowie der Zahl der darin vorhandenen O-Atome: [18]Krone-6 bezeichnet also einen 18-gliedrigen Ring, in dem sechs O-Atome enthalten sind. Die Kronenether-Moleküle sind sehr flexibel, sodass die O-Atome einen Hohlraum bilden, dessen Größe von der Kronengröße

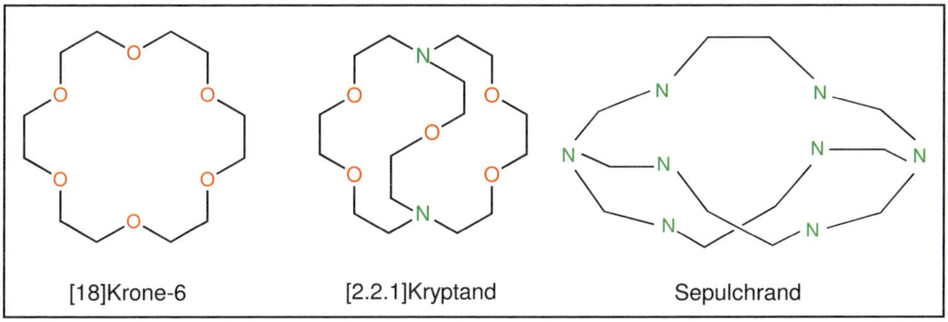

7.3 Beispiele für Kronenether, Kryptanden und Sepulchranden.

selbst bestimmt ist. In diese Hohlräume können nun Metallkationen eingeschlossen werden; die entstehenden Komplexe sind umso stabiler, je besser die Metallkationen in die Hohlräume hineinpassen. So passt z. B. das K^+-Ion sehr gut in den Hohlraum von [18]Krone-6, wird dort also besonders fest gebunden; der Komplex ist sehr stabil. Durch die unterschiedliche Größe ihrer Hohlräume besitzen Kronenether einen Selektivitätseffekt gegenüber Metallkationen, der zu deren Trennung ausgenutzt werden kann.

An der Außenseite solcher Komplexe befinden sich nur unpolare CH_2-Gruppen, sodass sie in unpolaren Lösungsmitteln löslich sind. So lässt sich z. B. $KMnO_4$, das selbst in organischen Lösungsmitteln unlöslich ist, durch Zugabe von Kronenethern zumindest teilweise in Lösung bringen und als Oxidationsmittel auch in vielen organisch-chemischen Reaktionen verwenden. Kryptanden und Sepulchranden sind Moleküle mit käfigartigen Strukturen, in denen die Hohlräume bereits vorgebildet sind. Die Metallkationen werden noch fester gebunden als in Kronenethern (Abbildung 7.4). Während in Sepulchranden der Hohlraum ausschließlich von N-Atomen gebildet wird, sind es in Kryptanden N- und O-Atome. Die Bezeichnung [2.2.2]-Kryptand beschreibt ein Molekül, in dem zwischen zwei N-Atomen drei Mal zwei O-Atome vorhanden sind; verknüpft sind die Heteroatome in der Regel durch CH_2–CH_2-Gruppen.

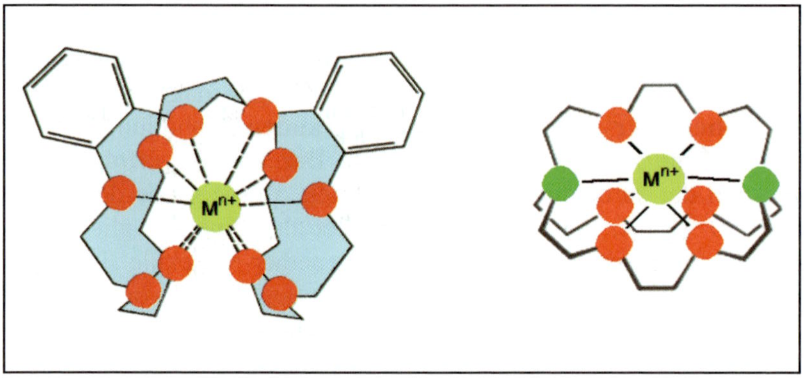

7.4 Beispiel für einen Kronenether- und einen Kryptand-Komplex.

Von den Erdalkalimetallen hat das Beryllium die größte Tendenz zur Komplexbildung. In allen seinen Komplexverbindungen betätigt es die Koordinationszahl 4 und bildet tetraedrische bzw. verzerrt tetraedrische Strukturen aus:

$[Be(NH_3)_4]^{2+}$ $[BeF_4]^{2-}$ $[Be(OH)_4]^{2-}$ $[BeCl_2(OR_2)_2]$

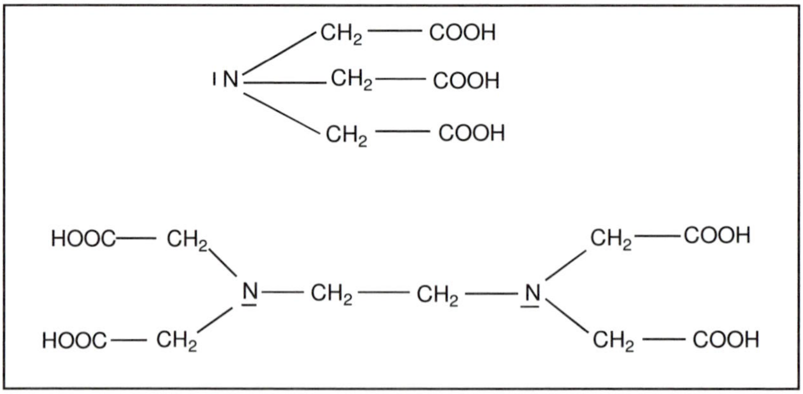

7.5 Nitrilotriessigsäure (oben); Ethylendiamintetraessigsäure (unten).

Die wohl bekannteste Komplexverbindung des Magnesiums ist das Chlorophyll, in dem das Mg^{2+}-Kation in einem makrozyklischen Tetrapyrrol-Liganden als Zentralatom fungiert (Abschnitt 9.5); es ist darin quadratisch-planar von vier N-Atomen koordiniert.

Sehr stabile Komplexverbindungen bilden die Erdalkalimetalle vor allem mit *Aminopolycarbonsäuren* bzw. deren Anionen wie z. B. der Nitrilotriessigsäure (NTE) oder der Ethylendiamintetraessigsäure (EDTA, Abbildung 7.5). Während die NTE vier zur Koordination an ein Metallkation befähigte Atome besitzt (1 N-Atom, 3 anionische O-Atome der Carboxylatgruppen), sind es bei der EDTA insgesamt sechs (2 N-Atome, 4 anionische O-Atome der Carboxylatgruppen). Die besondere Stabilität der Komplexverbindungen mit solchen mehrzähnigen Liganden beruht auf dem so genannten Chelateffekt (Abschnitt 9.2.5). Die Darstellung der Geometrie eines M^{2+}-EDTA-Komplexes in Abbildung 7.6 zeigt, dass die Donoratome das M^{2+}-Kation oktaedrisch umgeben und dabei fünf fünfgliedrige Chelatringe ausgebildet werden. Der Chelateffekt ist dann besonders groß, wenn in einer Komplexverbindung 1. möglichst viele Chelatringe gebildet werden und diese 2. möglichst fünfgliedrig sind. Die Bildung stabiler EDTA-Komplexe wird in der quantitativen anorganischen Analyse zur Bestimmung von Calcium und Magnesium im Rahmen komplexometrischer Titrationen ausgenutzt.

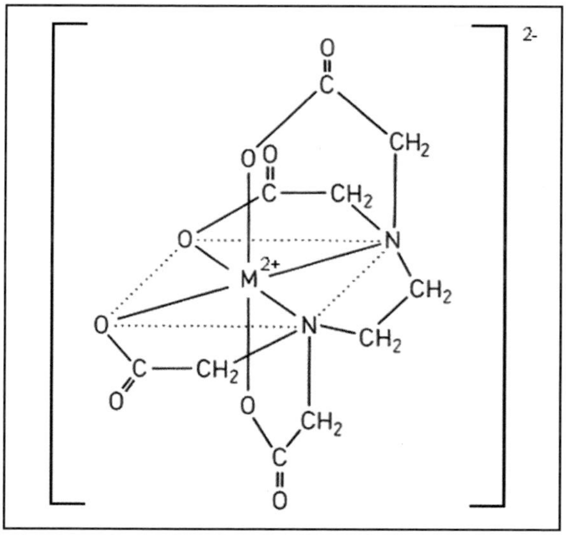

7.6 Sterischer Aufbau eines M^{2+}-EDTA-Komplexes.

7.5 Bioanorganische Chemie der Elemente des s-Blocks

Die Alkalimetalle Natrium und Kalium sowie die Erdalkalimetalle Magnesium und Calcium gehören zu den so genannten Mengenmetallen. Dies wird bereits durch ihren jeweiligen Anteil an der Zusammensetzung des menschlichen Körpers deutlich, der beim Natrium etwa mit 105 g, beim Kalium mit 140 g, beim Magnesium mit 35 g und beim Calcium mit 1 050 g bei einem durchschnittlichen Körpergewicht von 70 kg angegeben wird. Wegen ihrer großen Bioverfügbarkeit einerseits und ihrer hohen Mengenanteile andererseits ist es daher nicht überraschend, dass diese Elemente in biochemischen Prozessen kaum katalytische Funktionen wahrnehmen, sondern vornehmlich solche Funktionen ausüben, die eben gerade große Mengen erfordern. Die beiden wichtigsten Funktionen dieser Art sind 1. der Informationstransfer und 2. der Aufbau von stützenden und abgrenzenden Strukturen.

Der Informationstransfer wird realisiert, indem entlang eines eigens erzeugten Konzentrationsgradienten eine sehr rasche Diffusion elektrisch geladener Teilchen erfolgt. Für diesen Zweck sind gerade die Alkalimetall- und Erdalkalimetall-Kationen besonders geeignet, da sie – wie wir im vorigen Abschnitt gesehen haben – eine insgesamt nur sehr schwache Komplexbildungstendenz besitzen; so sind z. B. ihre in wässriger Lösung vorliegenden Aqua-Komplexe kinetisch außerordentlich labil und tauschen die koordinierten Wassermoleküle mit der Umgebung im Nanosekunden-Bereich aus. Neben der geringen Komplexbildungstendenz sind es für diese kugelförmigen Kationen vor allen Dingen die Verhältnisse Ladung/Radius (Ionenpotenzial) sowie Oberfläche/Ladung, die ihre Eignung für die Vorgänge beim Informationstransfer bestimmen.

Die in Tabelle 7.4 zusammengestellten Werte machen deutlich, dass sich diese vier Kationen signifikant voneinander unterscheiden und sich daher im Zusammenwirken mit größen- und ladungsspezifischen Biomolekülen auch nicht gegenseitig vertreten können.

Für den Informationstransfer sind zwei Typen von Proteinen erforderlich, nämlich solche, die an so genannten Ionenpumpen beteiligt sind und Aufbau und Erhalt eines Ionenkonzentrationsgradienten über Membranen hinweg dienen, und andere, die transmembrane Ionenkanäle bilden. Der Ionentransport durch Membranen mithilfe einer Pumpe ist mit einer gegenseitigen Umwandlung von Adenosintriphosphat (ATP) und Adenosindiphosphat (ADP) gekoppelt; da diese Proteine also katalytisch ATP hydrolysieren oder aus ADP und Phosphat ATP synthetisieren, bezeichnet man sie auch als **ATPasen**.

Die Erzeugung von Ionenkonzentrationsgradienten ist ein aktiver und damit energieabhängiger Vorgang. Die notwendige Energie wird durch die Hydrolyse von ATP zu ADP und anorganischem Phosphat gewonnen. Ein als Na^+-K^+-ATPase bezeichnetes Enzym transportiert in einem katalytischen Zyklus drei Na^+-Ionen aus der Zelle heraus und zwei K^+-Ionen in die Zelle hinein. In Abbildung 7.7 ist die Wirkungsweise der Na^+-K^+-ATPase schematisch dargestellt.

Das membrangebundene Protein besteht aus zwei Komponenten, einer katalytischen Untereinheit und einem assoziierten Glycoprotein, über dessen Funktion bisher nur wenig bekannt ist; beide Untereinheiten sind zu einem $\alpha_2\beta_2$-Tetramer angeordnet. Der Gesamtvorgang lässt sich durch folgende Gleichung beschreiben:

$$3\,Na^+_{in} + 2\,K^+_{ex} + ATP + H_2O \rightleftharpoons 3\,Na^+_{ex} + 2\,K^+_{in} + ADP + P$$

Tabelle 7.4 Wichtige Eigenschaften der Alkalimetall- und Erdalkalimetall-Kationen

Eigenschaft	**Na^+**	**K^+**	**Mg^{2+}**	**Ca^{2+}**
Ionenradius r [pm]	102	138	72	100
q/r a)	4,71 {0,35}	3,48 {0,26}	13,34 {1,0}	9,60 {0,72}
Oberfläche/Ladung [pm^2/q] a)	2,722 {4,02 ≈ 2^2}	4,983 {7,35 ≈ 2^3}	0,678 {1,0}	1,308 {1,93 ≈ 2^1}
bevorzugte Koordinationszahlen	6	6 - 8	6	6 - 8
bevorzugte Donoratome	O	O	O, N	O
bevorzugter Ligandtyp	Makrozyklen	Makrozyklen	Porphyrin, anionische Liganden (z. B. Phosphat)	anionische Lig. (z. B. verbrückende Carboxylate)

a) die in geschweiften Klammern angegebenen Zahlenwerte sind die auf Mg^{2+} bezogenen Relativwerte

Der Index *ex* kennzeichnet das Zelläußere, der Index *in* das Zellinnere. Insgesamt erfolgt ein Transport von Nettoladung durch die Membran, da drei Na^+-Ionen aus der Zelle ausgeschleust, aber nur zwei K^+-Ionen eingeschleust werden. Zum anderen ist die energieliefernde Hydrolyse von ATP, die von Mg^{2+}-Ionen katalysiert wird, direkt an die Ionentransportvorgänge gekoppelt, sodass keine unproduktive ATP-Hydrolyse stattfindet. Auch wenn die mechanistischen Details noch nicht sicher bekannt sind, können doch die in Abbildung 7.7 schematisch dargestellten Schritte angenommen werden: Im ersten Schritt liegt das Enzym in einer Konformation vor, in der drei Na^+-Ionen aus dem Zellinneren gebunden werden können; dadurch wird die im zweiten Schritt erfolgende Phosphorylierung (eines Aspargin-säure-Restes) erleichtert; diese Reaktion induziert eine Änderung der Konformation des Enzyms, wodurch im dritten Schritt die Eversion und damit der Transport der Na^+-Ionen durch die Membran möglich wird. Nach der Freisetzung der Na^+-Ionen (vierter Schritt) bindet das Enzym in der nun vorliegenden Konformation zwei K^+-Ionen des Zelläußeren (fünfter Schritt), wodurch die Dephosphorylierung im sechsten Schritt katalysiert wird. Durch die erneute Änderung der Konformation werden die beiden K^+-Ionen schließlich im siebten und achten Schritt in das Zellinnere transportiert.

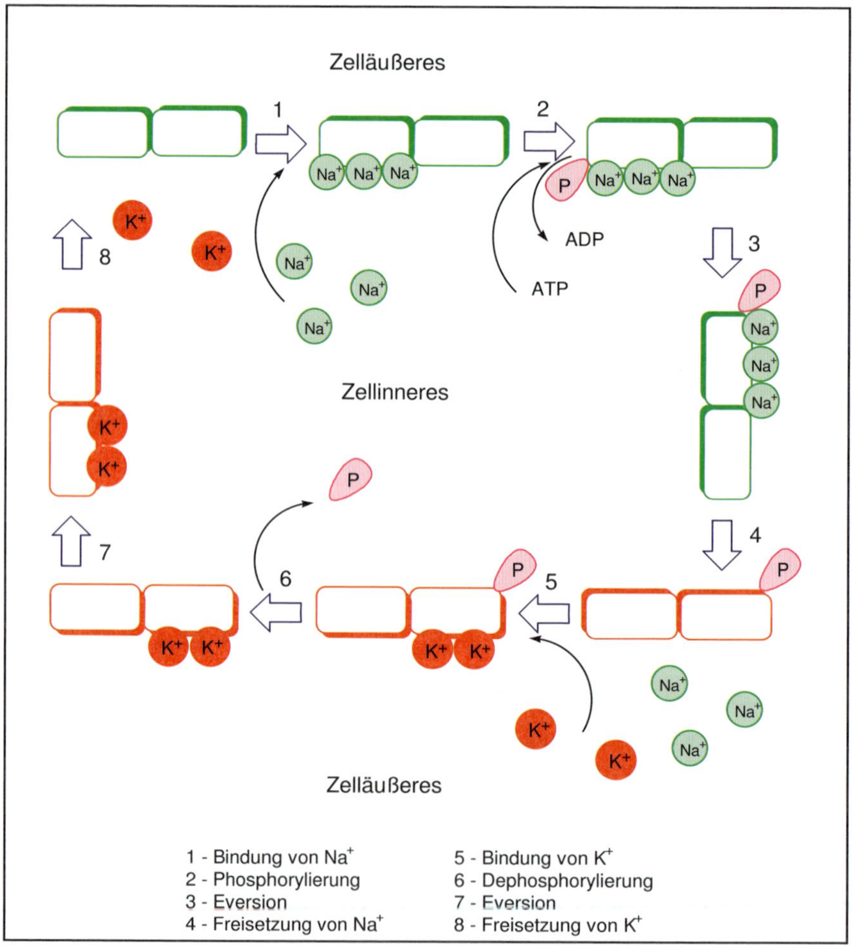

7.7 Schematische Darstellung des katalytischen Zyklus der Na^+-K^+-ATPase.

Aus bioenergetischer Sicht sind insbesondere die durch Protonen-Pumpen erzeugten Protonenkonzentrationsgradienten von grundlegender Bedeutung. Sowohl bei der Photosynthese als auch in der Atmungskette werden Protonen aus den Thylakoiden der Chloroplaste bzw. aus der Mitochondrienmatrix ausgeschleust. Dieser so genannte Protonenefflux führt zur Ausbildung eines Protonenkonzentrationsgradienten und damit gleichzeitig auch zur Ausbildung eines entsprechenden elektrischen Potenzials. Es besteht daher eine große Tendenz der Protonen, in das Innere der entsprechenden Kompartimente zurückzukehren. Die beim Rückstrom der Protonen freiwerdende Energie wird zur Synthese von energiereichem ATP aus ADP und anorganischem Phosphat (P) verwendet; das dafür erforderliche Enzym ist eine membrangebundene ATP-Synthetase. In der Atmungskette findet sich z. B. eine dreimalige Ankopplung der ATP-Synthese über entsprechende Protonengradienten.

Ionenkanäle sind integrale Membranproteine und dienen dem Transport von Ionen durch die Membran, wofür natürlich ein entsprechendes Konzentrationsgefälle Voraussetzung ist; der Transport der Ionen ist hier nicht direkt mit der Hydrolyse oder Synthese von ATP verbunden. Während die Na^+-K^+-ATPase pro Sekunde etwa 100 Zyklen durchläuft, werden in der gleichen Zeit durch Ionenkanäle etwa 10^6 bis 10^7 Ionen transportiert. Solche hohen Transportraten sind für schnelle Signalvorgänge wie z. B. die Erzeugung der Aktionspotenziale für die Signalübermittlung in Nerven zwingend notwendig.

Tabelle 7.5 Konzentrationen freier Ionen in Skelettmuskeln von Säugern

Ion	extrazelluläre Konzentration [mmol/l]	intrazelluläre Konzentration [mmol/l]	Konzentrationsverhältnis c_{ex} / c_{in}
Na^+	145	12	12
K^+	4	155	0,026
Ca^{2+}	1,5	$< 10^{-7}$	> 15 000
Cl^-	123	4,2	30

Die verschiedenen Ionenkanäle besitzen einen sehr unterschiedlichen Grad der Selektivität. Im einfachsten Fall unterscheiden sie lediglich zwischen Kationen und Anionen, in anderen Fällen ist die Selektivität für ein bestimmtes Ion so stark ausgeprägt, dass dieses auch von sehr ähnlichen Ionen streng unterschieden wird. Gerade diese Fähigkeit zur Unterscheidung zwischen sehr ähnlichen Ionen ist für die Funktion der Ionenkanäle von grundlegender Bedeutung. Bezüglich ihrer Steuerung lassen sich drei Arten von Ionenkanälen unterscheiden:

1. *spannungskontrollierte* Kanäle, bei denen durch eine unterschiedliche Spannung eine Konformationsänderung des Proteins bewirkt wird,
2. *chemische* Kanäle, die durch die Bindung eines Transmitters oder eines Liganden aktiviert werden,
3. *mechanische* Kanäle, die auf Druck oder Zug reagieren wie sie z. B. bei einer Volumenänderung der Zelle auftreten können.

Ionenkanäle werden in der Regel von vier oder auch fünf Proteinen gebildet, die in einer Vielzahl verschiedener Konformationen vorliegen können. Dabei lassen sich hinsichtlich ihrer Funktionalität drei Zustände unterscheiden: *Inaktiviert und geschlossen, aktiviert und geschlossen* sowie *aktiviert und offen*. Nur im letzten der drei Zustände kann der Ionentransport erfolgen (Abbildung 7.8).

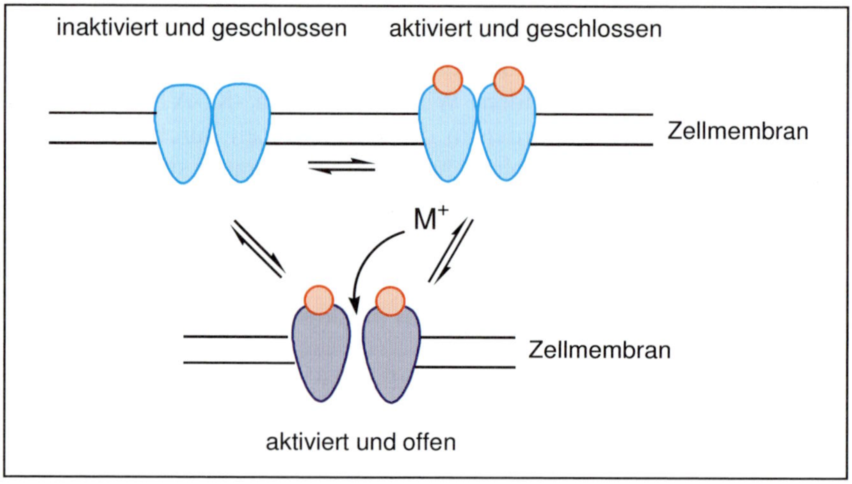

7.8 Schematische Darstellung der Zustände eines Ionenkanals.

Ionenkanäle können im einfachsten Fall aus integralen oder quasi-integralen Membranproteinen bestehen, die eine einfache Kanalpore bilden. Für die Aufrechterhaltung eines bestimmten Konzentrationsgradienten sowie zur Kontrolle des Ionendurchgangs selbst sind in vielen Fällen in die Kanalpore „Schleusentore" eingebaut (engl.: *gated channels*) (Abbildung 7.9). Diese Schleusentore wirken ionenselektiv und können durch geeignete Stimulatoren oder auch Blocker beeinflusst werden. Wegen ihrer physiologischen Bedeutung sind Ionenkanäle heute ein intensiv bearbeitetes Gebiet der Arzneimittelforschung.

Die Schleusentore in den Ionenkanälen sind im Normalfall geschlossen, um einen bestehenden Konzentrationsgradienten aufrecht zu erhalten. Eine Öffnung der Schleusen kann durch exogene oder endogene niedermolekulare Verbindungen bewirkt werden, so z. B. durch Neurotransmitter wie Glutamat, durch ausgeschüttetes Ca^{2+}, durch andere Peptide oder durch eine Veränderung der Potenzialdifferenz zwischen Membraninnenseite und Membranaußenseite.

In wässriger Lösung liegen die Ionen in hydratisierter Form vor und sind damit deutlich größer als die Poren der Ionenkanäle, die an ihren engsten Stellen nur wenig größer sind als die freien Ionen selbst. Die notwendige Dehydratisierung erfolgt in der Wechselwirkung mit einer oder mehrerer Bindungsstellen des Kanalproteins. Die Differenz zwischen der Bindungsenergie und der Hydratationsenergie entscheidet somit darüber, ob ein Ionentransport durch den Ionenkanal erfolgen kann oder nicht. Unterschiede in der Hydratationsenergie leisten daher einen wichtigen Beitrag zur Ionenselektivität von Kanälen, die allein aufgrund der Größe der Ionen nicht zu erklären ist.

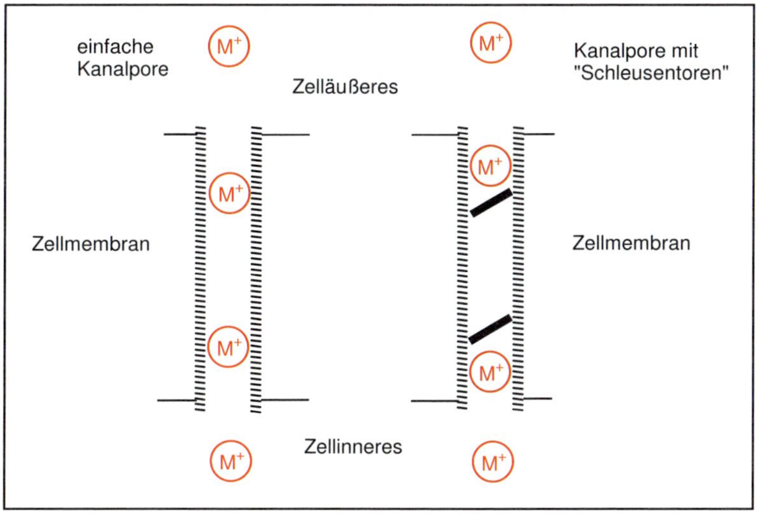

7.9 Einfache Kanalpore (links); Kanalpore mit „Schleusentoren“ (rechts).

Am Beispiel des spannungskontrollierten K^+-Kanals soll die Funktionsweise von Ionenkanälen knapp skizziert werden. K^+-Kanäle werden aus einem Proteinkomplex aus vier Untereinheiten gebildet; jede dieser Untereinheiten besteht selbst aus sechs Membransegmenten S1 bis S6, sodass das vollständige Kanalprotein aus insgesamt 24 Membransegmenten besteht und vier Kanäle bildet (Abbildung 7.10).

Bei der Ruhespannung von ca. –70 mV ist das Membransegment S4 zur Membraninnenseite verschoben und der Kanal ist geschlossen (Abbildung 7.10, links). Bei einer Depolarisation wird S4 zur Membranaußenseite verschoben; durch diese Bewegung erfährt das Protein eine Konformationsänderung und der Kanal wird für den Durchtritt der K^+-Ionen geöffnet (Abbildung 7.10, rechts). Nach einer kurzen Verzögerung wird der Kanal wieder geschlossen.

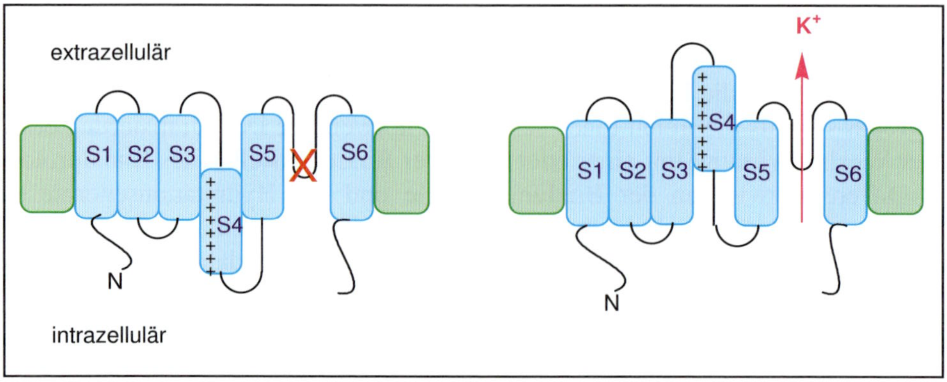

7.10 Spannungskontrollierter K^+-Kanal.

Eine wichtige Funktion der Na^+- und K^+-Ionenkanäle besteht in der Erzeugung des Aktionspotenzials, das mit seiner Ausbreitungsgeschwindigkeit von ca. 50 m/s für die Nervenleitung verantwortlich ist. Mit dem Einströmen von Na^+-Ionen durch geöffnete Na^+-Kanäle ändert sich das Membranpotenzial von seinem Ruhewert in der Nähe des Kalium- Gleichgewichtspotenzials von ca. –80 mV zum Natrium-Gleichgewichtspotenzial von ca. +70 mV. Diese lokale Depolarisierung der Membran bewirkt zusammen mit einer anschließenden raschen Repolarisierung die Ausbildung des Aktionspotenzials (Abbildung 7.11). Ein scharfer Puls wird dadurch erreicht, dass die Natrium-Kanäle nur einige Millisekunden geöffnet sind und dann wieder in einen inaktiven geschlossenen Zustand übergehen. Dann wird die Mem-

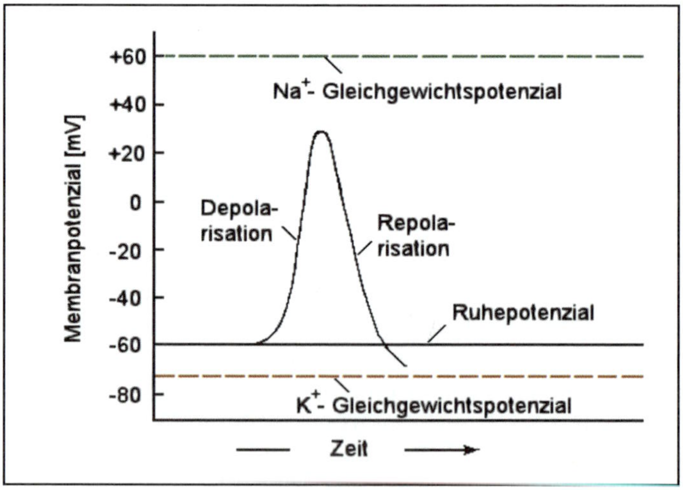

7.11 Aktionspotenzial.

bran mithilfe spezifischer Kalium-Kanäle repolarisiert, die sich als Reaktion auf die ursprüngliche Depolarisation der Membran öffnen, dies jedoch langsamer als die Natrium-Kanäle.

Die in Tabelle 7.4 zusammengestellten Parameter verdeutlichen die Sonderstellung des Mg^{2+} unter den vier nicht zu den Spurenelementen zu rechnenden Metallkationen. Sein großes Ionenpotenzial (q/r) belegt eine erhebliche LEWIS-Acidität und eine daraus folgende lebhafte Neigung zur Bindung an mehrfach negativ geladenen Liganden, insbesondere Polyphosphate wie ATP (Abbildung 7.12). Darüber hinaus bevorzugt Mg^{2+} eindeutig die Koordinationszahl 6 bei oktaedrischer Koordinationsgeometrie; die mit Mg^{2+} vergleichbaren zweiwertigen Metallkationen Zn^{2+} und Ca^{2+} neigen dagegen eher zu niedrigeren (4) bzw. höheren (8) Koordinationszahlen.

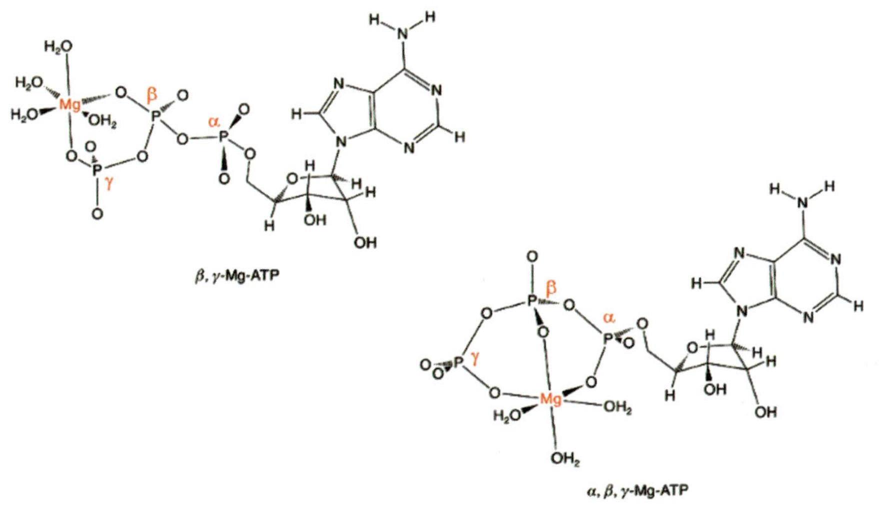

7.12 Mg-ATP-Komplexe.

Neben anderen zweiwertigen Metallionen wie Zn^{2+}, Fe^{2+} und Mn^{2+} spielt das Mg^{2+} eine wichtige katalytische Rolle bei enzymatischen Phosphattransfer-Reaktionen, also bei Phosphorylierungs- und Dephosphorylierungsreaktionen. Die Funktion dieser Metallionen besteht dabei zunächst darin, die hohen negativen Ladungen der Polyphosphat-Anionen zu kompensieren. Betrachten wir als Beispiel die enzymatische Hydrolyse von ATP zu ADP und P. Im Zusammenwirken mit der Protein-Komponente bewirkt das Mg^{2+}-Kation als LEWIS-Säure zu nächst eine Absenkung des pK_S-Wertes des koordinierten Wasser-Moleküls und damit die Bildung eines Hydroxo-Liganden. Dieser greift als Nukleophil das P-Atom eines über Sauerstoff an das Mg^{2+} koordinierten Phosphatrestes an, wodurch die P–O–R-Bindung unter Bildung von ADP und P gespalten wird (Abbildung 7.13). Unterstützt wird dieser

Mechanismus durch die Fähigkeit des genügend stark polarisierend wirkenden Mg^{2+}-Kations, chelatartig an Sauerstoffatome mehrerer Phosphatreste zu binden und damit sowohl eine räumliche Fixierung als auch möglicherweise eine aktivierende Ringspannung zu erreichen (Abbildung 7.12). Da beide Reaktionspartner an das Mg^{2+}-Kation koordiniert sind, ist der in Abbildung 7.13 formulierte Übergangszustand leicht zu erreichen.

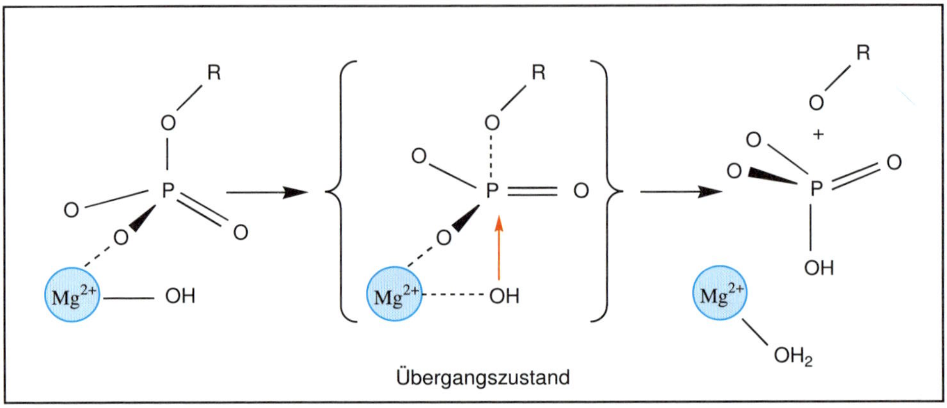

7.13 Schematische Darstellung der Mg^{2+}-katalysierten Phosphathydrolyse.

Eine herausragende Rolle spielt das Magnesium als Bestandteil der **Chlorophylle** im Rahmen der Photosynthese. Die Chlorophylle gehören zu der großen Gruppe der in der Natur für die unterschiedlichsten Zwecke entwickelten Tetrapyrrol-Makrozyklen, wie sie auch im Häm des Hämoglobins und Myoglobins sowie in den verschiedenen Cytochromen auftreten. Anders als diese enthalten die Chlorophylle jedoch im Zentrum des Tetrapyrrol-Liganden Mg^{2+} als Zentralatom. Abbildung 7.14 zeigt zwei typische Chlorophyll-Moleküle, das Chlorophyll *a* und das Chlorophyll *b*. Mit A, B, C und D sind die vier Pyrrolringe gekennzeichnet; die lange, lipophile Phytyl-Seitenkette ist grün dargestellt. Die verschiedenen Chlorophylle *a*, *b*, c_1, c_2 und d unterscheiden sich in der Art der Substituenten am Tetrapyrrol-Gerüst. Mithilfe der Chlorophyll-Moleküle wird die Energie des Sonnenlichtes absorbiert und im Rahmen des komplexen Reaktionsgeschehens der Photosynthese in die chemische Energie von ATP und in entsprechende Reduktionsäquivalente NADPH (Nicotinamidadenindinucleotidphosphat) umgewandelt.

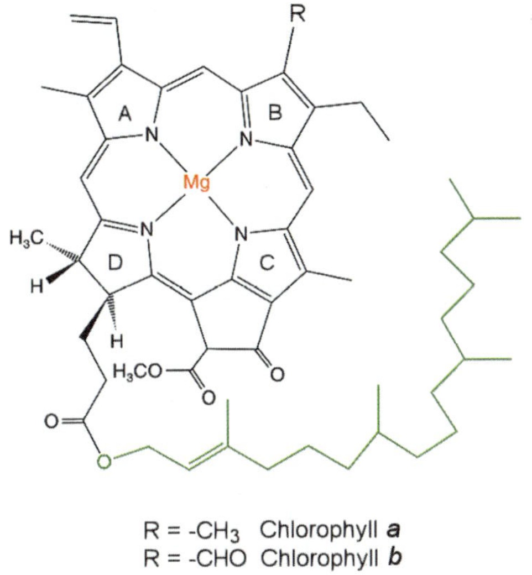

7.14 Chlorophyll *a* und *b*.

Das Calcium wird heute zu Recht als eines der wohl bedeutendsten, weil vielseitigsten bioanorganischen Elemente angesehen. Ca^{2+}-Kationen spielen eine wichtige Rolle als Bestandteil biologischer Regelkreise, wozu vornehmlich seine Funktionen als Informations-Zwischenträger, als Signalverstärker und als Auslösefaktor gehören. Aus diesem Grunde ist es notwendig, dass umgekehrt auch die Aufnahme, Speicherung und Mobilisierung von Calcium durch geeignete Regelkreise kontrolliert werden. Diese strikte Kontrolle ist umso notwendiger, da die Konzentrationsunterschiede an biologischen Membranen durchaus mehrere Größenordnungen betragen können. Innerhalb der Zelle ist die Ca^{2+}-Konzentration mit ca. 10^{-7} mol/l sehr gering, außerhalb der Zelle mit 10^{-3} mol/l dagegen relativ hoch. Die sehr geringe intrazelluläre Ca^{2+}-Konzentration, die durch sehr wirksame Ca^{2+}-Pumpen aufrechterhalten wird, ist die Voraussetzung für die vielfältige Steuerung und vor allem Verstärkung von Enzymaktivitäten.

Die Kenntnisse über die tierischen und pflanzlichen Lebensformen früherer erdgeschichtlicher Formationen erschließen sich uns vornehmlich über die biomineralischen Ablagerungen, die gewaltige Ausmaße annehmen und z. B. ganze Gebirge und Korallenriffe bilden. Zu den durch Biomineralisation gebildeten Produkten gehören vor allen Dingen Verbindungen des Calciums (Tabelle 7.6).

Aragonit, das Material, aus dem z. B. auch die von Muscheln produzierten Perlen bestehen, und Calcit sind häufig mit Mg^{2+} angereichert.

Die Biomineralisation ist ein hoch komplexer Vorgang, der nach einem genetisch determinierten Konzept abläuft. In der Mehrzahl der Fälle wird ein organisch-anorganisches Verbundmaterial produziert, das infolge seiner mechanischen Eigenschaften inneren wie äußeren Belastungen in hervorragender Weise standhalten kann. So bestehen beispielsweise die Knochen von Wirbeltieren aus der anorganischen Komponente Hydroxylapatit in einer organischen Matrix aus Kollagenfasern, Glycoproteinen und Mucopolysacchariden. Während die anorganische Komponente dem Knochen Härte und Druckfestigkeit verleiht, gewährleistet die organische Matrix hohe Elastizität, Zug- und Biegefestigkeit. So beträgt z.B. die Tragfähigkeit des menschlichen Oberschenkelknochens ca. 1 650 kg.

Tabelle 7.6 Biominerale des Calciums (Auswahl)

Chemische Verbindung	Mineral	Funktion
$CaCO_3$	Calcit, Aragonit, Vaterit, amorph	Exoskelette (Eischalen, Korallen, Schneckenhäuser), Stacheln, Schwerkraftsensor
$Ca_{10}(PO_4)_6(OH)_2$ **$Ca_{10}(PO_4)_6F_2$**	Hydroxyapatit Fluorapatit	Endoskelette (Wirbeltier-Knochen, -Zähne)
$CaC_2O_4 \cdot n\ H_2O$ **$n = 1,2$**	Whewellit, Weddelit	Ca-Speicher, Fraßschutz bei Pflanzen
$CaSO_4 \cdot 2\ H_2O$	Gips	Schwerkraftsensor

Im kontrollierten Prozess der Biomineralisation fallen der organischen Matrix unterschiedlich anspruchsvolle Aufgaben zu: In einigen Fällen verleiht sie dem Biomineral lediglich die notwendige mechanische Stabilität, in anderen Fällen steuert sie die Kristallkeimbildung und das orientierte Kristallwachstum der anorganischen Komponente.

Die bevorzugte Verwendung von Calcium für die Synthese von Biomineralen hängt zum einen mit dessen Bioverfügbarkeit und zum anderen mit der Schwerlöslichkeit des Carbonats, Phosphats und Sulfats unter physiologischen Bedingungen zusammen (Tabelle 7.6).

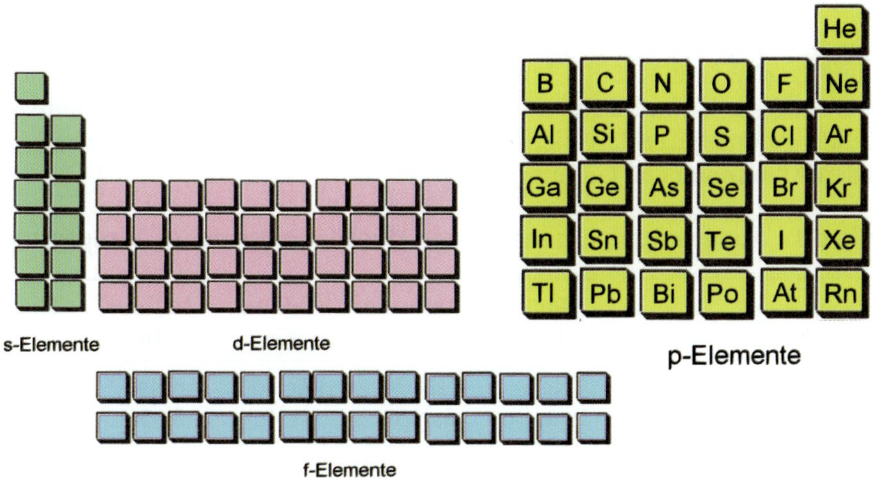

8. Die Elemente des p-Blocks

8.1 Die Elemente der III. Hauptgruppe (Gruppe 13) – B, Al, Ga, In, Tl

8.1.1 Gruppeneigenschaften

Bor ist ein Halbmetall mit Halbleitereigenschaften; alle anderen Elemente der III. Hauptgruppe sind Metalle. Innerhalb der Gruppe ändern sich die Ionisierungsenergien und die Elektronegativitäten nicht regelmäßig; die beim Gallium zu beobachtende Anomalie erklärt sich aus der Auffüllung der 3d-Unterschale, die ja zwischen Aluminium und Gallium erfolgt.

Tabelle 8.1 Ausgewählte Eigenschaften der Elemente der III. Hauptgruppe

	Bor B	**Aluminium Al**	**Gallium Ga**	**Indium In**	**Thallium Tl**
Elektronenkonfiguration	[He] $2s^2 2p^1$	[Ne] $3s^2 3p^1$	[Ar]$3d^{10}$ $4s^2 4p^1$	[Kr]$4d^{10}$ $5s^2 5p^1$	[Xe]$4f^{14}$ $5d^{10} 6s^2 6p^1$
Ionisierungsenergie [kJ/mol]					
erste	800,6	577,4	578,8	558,3	589,3
zweite	2427	1816,6	1979	1820,6	1971
dritte	3660	2744,6	2963	2704	2878
Elektronegativität	2,0	1,5	1,8	1,5	1,4
Standardpotenziale [V]					
M/M^{3+}	–0,87[a)]	–1,68	–0,53	–0,34	+0,72
M/M^{+}	–	–	–	–	–0,34
M^{+}/M^{3+}	–	–	–	–	+1,25

[a)] $B/B(OH)_3$

Entsprechend ihrer Valenzelektronenkonfiguration treten alle Elemente bevorzugt in der Oxidationsstufe +3 auf. Daneben existieren auch Verbindungen in der um zwei Einheiten niedrigeren Oxidationsstufe von +1, deren Stabilität innerhalb der Gruppe mit steigender Ordnungszahl zunimmt. So sind Tl^{+}-Verbindungen stabiler als Tl^{3+}-Verbindungen. Das Standardpotenzial Tl^{+}/Tl^{3+} belegt, dass Tl^{3+} ein relativ starkes Oxidationsmittel ist; In^{+} ist dagegen ein kräftiges Reduktionsmittel.

Das Auftreten einer um zwei Einheiten unter der Gruppenwertigkeit liegenden Oxidationsstufe wird mitunter mit dem Einfluss des nicht beanspruchten, daher inerten s-Elektronenpaares begründet (engl. *inert s-pair effect*). Dieser Effekt macht sich in der III. Hauptgruppe zum ersten Mal bemerkbar, ist jedoch in den nachfolgenden Gruppen noch stärker ausgeprägt. Nun sind allerdings die Ionisierungspotenziale keineswegs so hoch, um daraus für das s-Elektronenpaar einen „inerten“ Charakter ableiten zu können. Vielmehr zeigt sich, dass die eigentliche Ursache in den mit steigender Ordnungszahl abnehmenden Bindungsstärken liegt.

Alle Elemente lösen sich in nichtoxidierenden Säuren, Tl löst sich dabei zu Tl^+-Verbindungen. Der unedle Charakter ist beim Al am größten, nimmt jedoch, anders als in der I. und II. Hauptgruppe, mit steigender Ordnungszahl innerhalb der Gruppe wieder ab.

Bor bildet als einziges Element dieser Gruppe keine freien, dreifach positiv geladenen Kationen, auch wenn die Elektronegativitätsdifferenz zwischen Bor und den Nichtmetallen dafür genügend groß wäre. Betrachten wir als Beispiel die Fluoride LiF ($\Delta\chi = 3{,}0$), BeF_2 ($\Delta\chi = 2{,}5$), BF_3 ($\Delta\chi = 2{,}0$). LiF und BeF_2 bilden typische Ionenkristalle, BF_3 ist bei Raumtemperatur gasförmig und bildet im festen Zustand ein Molekülgitter. Für die Kationen Li^+, Be^{2+} und B^{3+} ändern sich jedoch die Koordinationszahlen von 6 über 4 auf 3; ein stabiles Raumgitter aus Ionen kann daher von LiF mit den Koordinationszahlen 6 : 6 sowie von BeF_2 mit den Koordinationszahlen 4 : 2, nicht aber von BF_3 mit den Koordinationszahlen 3 : 1 aufgebaut werden.

Für die Ausbildung kovalenter Bindungen stehen sp^2-Hybridorbitale zur Verfügung, sodass kovalente Verbindungen des Typs EX_3 erwartungsgemäß trigonal-planar mit Bindungswinkeln von 120° gebaut sind. Diese Verbindungen besitzen in der Valenzschale des zentralen Atoms nur ein Elektronensextett, sodass sie sämtlich starke LEWIS-Säuren sind. Dieser Elektronenmangel bestimmt sowohl das Reaktionsverhalten als auch die Strukturen der kovalenten Verbindungen.

In einer ganzen Reihe von Eigenschaften ähnelt das Bor weit stärker dem Silicium als dem homologen Aluminium. Dies ist wiederum Ausdruck der Schrägbeziehung im PSE. So sind B und Si harte, hoch schmelzende Halbmetalle mit Halbleitereigenschaften, während Al ein typisches Metall ist. B und Si bilden zahlreiche flüchtige Wasserstoffverbindungen, Al bildet dagegen nur ein polymeres Hydrid. B_2O_3 neigt wie SiO_2 zur Glasbildung.

Die Chemie des Bors unterscheidet sich nicht nur deutlich von der seiner höheren Homologen; vielmehr nimmt Bor unter *allen* Elementen eine Sonderstellung ein, da es für seine Elementmodifikationen, seine Wasserstoffverbindungen, die Carbaborane und die Metallboride bei keinem anderen Element Entsprechungen gibt.

8.1.2 Die Elemente

Vorkommen Wegen ihrer Reaktionsfähigkeit kommen die Elemente der III. Hauptgruppe nur in gebundener Form in der Natur vor.

Die wichtigsten Mineralien des **Bors** sind *Kernit*, $Na_2B_4O_7 \cdot 4\ H_2O$, und *Borax*, $Na_2B_4O_7 \cdot 10\ H_2O$, sowie *Borocalcit*, $CaB_4O_7 \cdot 4\ H_2O$.

Aluminium ist das häufigste Metall der Erdrinde und das dritthäufigste Element überhaupt. Als Bestandteil der Feldspate, Glimmer und Tone ist es weit verbreitet. Als Ausgangsmaterial für die technische Al-Gewinnung dient *Bauxit*, ein Gemenge aus Aluminiumoxidhydroxid, AlO(OH), und Aluminiumhydroxid, $Al(OH)_3$. Die natürlichen Vorkommen des für die Al-Gewinnung notwendigen *Kryoliths*, Na_3AlF_6, sind erschöpft, sodass diese Verbindung heute großtechnisch hergestellt werden muss. Gut ausgebildete und durch Spuren von Metalloxiden „verunreinigte" Al_2O_3-Kristalle sind Edelsteine: *Rubin* (rot, Cr^{3+}), *Saphir* (blau, Fe^{3+}, Ti^{4+}), *Topas* (gelb, Fe^{3+}).

Gallium, **Indium** und **Thallium** kommen vergesellschaftet mit Zink in der Zinkblende (ZnS) vor; darüber hinaus findet sich Thallium auch als Begleiter von Eisen im Pyrit (FeS_2).

Darstellung und Verwendung Bei der Reduktion von Boroxid mit Natrium oder Magnesium entsteht amorphes **Bor** als braunes, jedoch nicht sehr reines Pulver:

$$B_2O_3 + 6\,Na \longrightarrow 2\,B + 3\,Na_2O$$

Kristallines Bor entsteht bei der Reduktion von Borhalogeniden mit Wasserstoff bei Temperaturen von 1 000 – 1 400 °C:

$$2\,BX_3 + 3\,H_2 \longrightarrow 2\,B + 6\,HX$$

Technisch gewinnt man kristallines Bor heute vorwiegend durch Schmelzflusselektrolyse eines Gemisches von KBF_4, B_2O_3 und KCl. Kristallines Bor ist nur sehr schwierig in hoher Reinheit herzustellen, weil es zum einen mit vielen Metallen Verbindungen bildet, die *Boride*, und weil es zum anderen bei hohen Temperaturen ein sehr starkes Reduktionsmittel ist und selbst SiO_2 und CO_2 zu reduzieren vermag; außerdem ist es bei hohen Temperaturen sehr korrosiv.

Bor wird in der Metallurgie als Desoxidationsmittel und zur Verbesserung der Härtbarkeit von Stahl verwendet. Das Isotop ^{10}B findet wegen seines hohen Neutroneneinfangquerschnitts Verwendung in der Kerntechnik.

Aluminium ist nach dem Eisen das wichtigste Gebrauchsmetall und wird daher weltweit in großen Mengen hergestellt. Ausgangsmaterial für die technische Al-Gewinnung durch *Schmelzflusselektrolyse* von Al_2O_3 ist der Bauxit, der im Wesentlichen aus AlO(OH) besteht und nach verschiedenen Verfahren zu Al_2O_3 aufgearbeitet wird. Alle diese Verfahren nutzen den amphoteren Charakter des Al_2O_3 aus (amphotere Stoffe lösen sich sowohl in Säuren als auch in Basen).

Bei dem am häufigsten angewendeten nassen Aufschlussverfahren, dem BAYER-Verfahren, wird der Bauxit mit Natronlauge behandelt; dabei wird das AlO(OH) in das lösliche $Na[Al(OH)_4]$ umgewandelt. Das in NaOH unlösliche Fe_2O_3 sowie das aus den SiO_2-Beimengungen gebildete und ebenfalls schwerlösliche $Na_2Al_2SiO_6 \cdot 2\,H_2O$ können durch Filtration abgetrennt werden (die Bildung des Silicats ist mit einem Verlust von NaOH und Al_2O_3 verbunden, sodass nach dem BAYER-Verfahren bevorzugt SiO_2-arme Bauxite aufgeschlossen werden). Aus der $Na[Al(OH)_4]$-Lösung wird durch Impfen mit $Al(OH)_3$-Kristallen das $Al(OH)_3$ ausgefällt („ausgerührt"); nach seiner Abtrennung wird es bei einer Temperatur von 1200 °C in Al_2O_3 umgewandelt.

Reines Al_2O_3 schmilzt bei einer Temperatur von 2050 °C; zur Erniedrigung dieses hohen Schmelzpunktes wird Al_2O_3 in Kryolith, Na_3AlF_6, gelöst: Ein Gemisch der Zusammensetzung 18,5 % Al_2O_3 und 81,5 % Na_3AlF_6 schmilzt bei 935 °C. Die Elektrolyse kann daher bei 950 °C durchgeführt werden; der Schmelzelektrolyt enthält weiterhin Zusätze von AlF_3 und LiF. Das letztere verbessert die elektrische Leitfähigkeit sowie die Energieausbeute und verringert außerdem die Emission von Fluor.

Die Elektrodenvorgänge können durch folgende Reaktionsgleichungen beschrieben werden:

Dissoziation in der Schmelze:	$Al_2O_3 \longrightarrow 2\,Al^{3+} + 3\,O^{2-}$
Kathode:	$2\,Al^{3+} + 6\,e^- \longrightarrow 2\,Al$
Anode (Graphit):	$3\,O^{2-} \longrightarrow {}^3/_2\,O_2 + 6\,e^-$
	${}^3/_2\,O_2 + 3\,C \longrightarrow 3\,CO$

Wegen seiner guten elektrischen Leitfähigkeit wird Aluminium in der Elektrotechnik verwendet. Wichtiger ist allerdings seine Verwendung im Fahrzeug-, Flugzeug- und Schiffbau sowie auch im chemischen Apparatebau.

Zu den wichtigsten Al-Legierungen gehören *Hydronalium* mit 3 – 12 % Mg (seewasserfest) und *Magnalium* mit 10 – 30 % Mg sowie *Duralumin* mit Kupfer, Magnesium, Mangan und Silicium als Legierungsbestandteilen; Duralumin lässt sich u. a. kalt walzen und schmieden.

Gallium, Indium und **Thallium** werden durch Elektrolyse ihrer Salzlösungen dargestellt. Technische Bedeutung hat Indium als Legierungsbestandteil für Lagermetalle sowie für die Herstellung von Halbleitermaterialien.

Eigenschaften **Bor** existiert in vier kristallinen Modifikationen. Da ein Bor-Atom über vier Valenzorbitale, jedoch nur über drei Valenzelektronen verfügt, können entsprechende dreidimensionale Raumnetzstrukturen nur unter Beteiligung von Mehrzentrenbindungen ausgebildet werden. In allen Modifikationen tritt als Strukturelement der B_{12}-Ikosaeder auf (Abbildung 8.1). Die zwölf B-Atome eines Ikosaeders sind äquivalent; jedes der B-Atome hat fünf nächste Nachbarn. Eine MO-Betrachtung der Bindungen im Ikosaeder zeigt, dass die zwölf B-Atome 13 bindende Molekülorbitale bilden. Durch die Besetzung dieser Molekülorbitale mit 13 Elektronenpaaren erhält ein Ikosaeder seine größtmögliche Stabilität. Von den insgesamt 36 Valenzelektronen bleiben demnach noch zehn Elektronen für die Ausbildung von Bindungen zwischen den Ikosaedern.

Das in Abbildung 8.1b gezeigte α-rhomboedrische Bor hat die einfachste Struktur, in der die B_{12}-Ikosaeder in einer annähernd kubisch-dichtesten Packung angeordnet sind. Sechs B-Atome jedes Ikosaeders haben die Koordinationszahl 7; sie sind durch geschlossene Dreizentrenbindungen (Abbildung 8.3) an zwei B-Atome benachbarter Ikosaeder innerhalb der gleichen Schicht gebunden. Die anderen sechs B-Atome besitzen die Koordinationszahl 6, da sie durch Zweizentrenbindungen an drei Ikosaeder der darüber und drei der darunter liegenden Schicht gebunden sind.

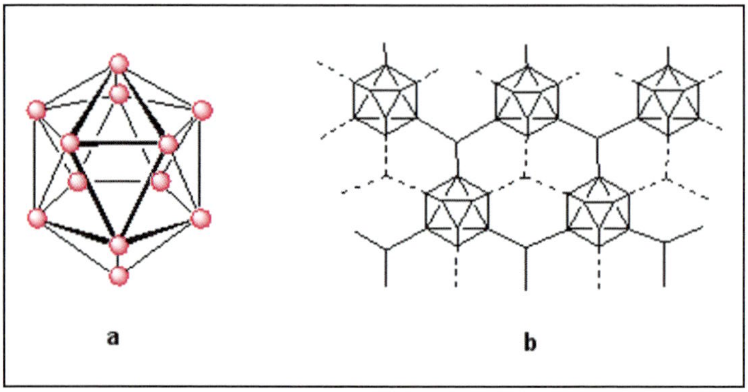

8.1 **a** Bor-Ikosaeder; **b** Anordnung der Ikosaeder im α-rhomboedrischen Bor.

Die Modifikationen des Bors sind hart und halbleitend. Unter Normalbedingungen ist Bor reaktionsträge, bei höheren Temperaturen jedoch reagiert es u. a. mit Sauerstoff, Chlor, Schwefel und Stickstoff; bei hohen Temperaturen ist Bor ein starkes Reduktionsmittel, das z. B. Wasserdampf, SiO_2 und CO_2 zu reduzieren vermag. Trotz seines negativen Standardpotenzials wird Bor weder von Salzsäure noch von Flusssäure gelöst. In konzentrierter Salpetersäure und in Königswasser wird Bor unter Oxidation zu Borsäure, H_3BO_3, gelöst.

Aluminium ist ein silberweißes Leichtmetall mit einer guten elektrischen Leitfähigkeit; es ist sehr dehnbar und lässt sich daher zu dünnen Drähten und Folien verarbeiten. Es kristallisiert kubisch-flächenzentriert. Gemäß seinem Standardpotenzial sollte Aluminium leicht oxidiert werden können. Tatsächlich aber ist es an der Luft außerordentlich beständig. Ursache dafür ist eine als **Passivierung** bezeichnete Erscheinung: Auf der Oberfläche bildet sich eine sehr dünne, zugleich aber fest anhaftende und für weiteren Sauerstoff undurchlässige Oxidschicht, sodass eine durchgehende Oxidation verhindert wird. Diese Oxidschicht lässt sich durch eine anodische Oxidation verstärken (*eloxiertes Aluminium* – *el*ektrisch *ox*idiertes *Al*uminium – *Eloxal*-Verfahren), wodurch die chemische Beständigkeit weiter erhöht wird. Das Phänomen der Passivierung bestimmt auch das Löslichkeitsverhalten von Aluminium in Säuren und Basen. In verdünnten Säuren löst es sich unter Wasserstoffentwicklung:

$$Al + 3\,H_3O^+ \longrightarrow Al^{3+} + {}^3/_2\,H_2 + 3\,H_2O$$

In oxidierend wirkenden Säuren (konz. HNO_3, konz. H_2SO_4) löst es sich infolge Passivierung nicht. Ebenso wird es von Wasser und sehr schwachen Säuren nicht gelöst. Unter diesen Bedingungen ist die Konzentration an OH^--Ionen groß genug, um das Löslichkeitsprodukt des $Al(OH)_3$ von $K_L = 2 \cdot 10^{-33}$ zu überschreiten; dadurch bildet sich auf der Al-Oberfläche eine dichte Schutzschicht von $Al(OH)_3$, die die Auflösung verhindert. Diese Schutzschicht kann sich in stärker saurer Lösung und – wegen des amphoteren Charakters des $Al(OH)_3$ – auch in basischer Lösung nicht ausbilden:

$$Al(OH)_3 + 3\,H_3O^+ \longrightarrow [Al(H_2O)_6]^{3+}$$
$$Al(OH)_3 + OH^- \longrightarrow [Al(OH)_4]^-$$

Aluminium löst sich unter diesen Bedingungen unter Wasserstoffentwicklung. Fein verteiltes Aluminium verbrennt beim Erhitzen an der Luft unter großer Wärmeentwicklung und Aussendung hellen Lichts:

$$2\,Al + {}^3/_2\,O_2 \longrightarrow Al_2O_3 \qquad \Delta H_B^{\,0} = -1\,677\ \text{kJ/mol}$$

Die hohe negative Standardbildungsenthalpie begründet die Verwendung von Aluminium als Reduktionsmittel in der Metallurgie: Al kann alle Metalloxide reduzieren, deren Standardbildungsenthalpien kleiner sind als die des Al_2O_3. Das als *aluminothermische Reduktion* bezeichnete Verfahren findet Anwendung bei der Reduktion schwer reduzierbarer Metalloxide und solcher, die bei der Reduktion mit Kohlenstoff Carbide bilden. Das aus dem zu reduzierenden Oxid und Al-Grieß bestehende Gemisch wird mittels einer Zündkirsche (z. B. Mg-Pulver und BaO_2) gezündet. Es entstehen Temperaturen von mehr als 2000 °C, sodass das gebildete Metall schmelzflüssig anfällt. Auf diesem Wege können daher z. B. auch gebrochene Bahnschienen durch aluminothermische Reduktion von Fe_3O_4 geschweißt werden (Thermitschweißen).

Gallium, Indium und **Thallium** sind weiß glänzende, weiche Metalle. Ga und In sind infolge Passivierung an der Luft beständig. Gallium löst sich wie Aluminium in nichtoxidierenden Säuren und in Basen unter Wasserstoffentwicklung. Indium ist gegenüber Luft, kochendem Wasser und Alkalien beständig, löst sich aber in Mineralsäuren. Thallium wird von Luftsauerstoff in Gegenwart von Wasser unter Bildung von TlOH angegriffen und muss daher unter Glycerin aufbewahrt werden; es löst sich nicht mehr in Alkalien, wohl aber in HNO_3 und H_2SO_4. Thallium und seine Verbindungen sind toxisch.

8.1.3 Chemische Verbindungen

Bor-Verbindungen

Die Chemie des Bors unterscheidet sich nicht nur ganz wesentlich von der seiner höheren Homologen, sondern ist in Bezug auf die Struktur- und Bindungsverhältnisse des Elementes selbst sowie vieler seiner Verbindungen unter allen Elementen einmalig. Anders als alle übrigen Hauptgruppenelemente mit weniger als vier Valenzelektronen kristallisiert Bor nicht in einem Metallgitter. Wie wir bereits weiter oben gesehen haben, tritt Bor auch nicht als B^{3+}-Kation auf, bildet also keine Ionenverbindungen. Aufgrund der Valenzelektronenkonfiguration von $2s^2 2p^1$ bildet Bor kovalente Bindungen mit sp^2-hybridisierten B-Atomen; die entsprechenden Verbindungen BX_3 besitzen folglich eine trigonal-planare Geometrie mit Bindungswinkeln von 120°. Die Bindungen zu elektronegativen Bindungspartnern wie den Halogenen oder Sauerstoff sind stark polar. In den Boranen, also den Wasserstoffverbindungen des Bors, ist der Wasserstoff negativ polarisiert; daraus resultiert in ihrem Reaktionsverhalten eine größere Ähnlichkeit zu den Silanen als zu den Alkanen.

Alle Verbindungen des Typs BX_3 sind Elektronenmangelverbindungen, da in der Valenzschale der B-Atome nur sechs Elektronen vorhanden sind. Ein Ausgleich dieses Elektronenmangels kann in Abhängigkeit von den jeweiligen Bindungspartnern auf unterschiedliche Weise erfolgen:

1. Verfügt der Bindungspartner über geeignete einsame Elektronenpaare, so werden *π-Bindungsanteile* ausgebildet. Durch Mesomerie wird die π-Bindung delokalisiert und die Bindungslängen werden verkürzt. So beträgt beispielsweise der B–F-Bindungsabstand im BF_3 130 pm, im BF_4^--Anion, in dem keine π-Bindungsanteile mehr vorliegen, dagegen 145 pm.

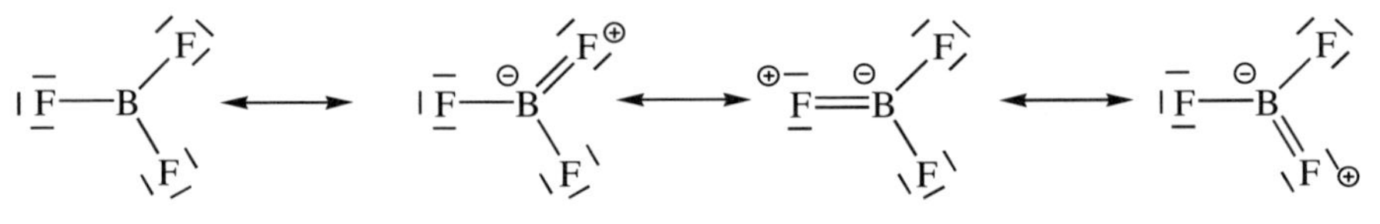

2. Wenn der Bindungspartner keine einsamen Elektronenpaare für die Ausbildung von π-Bindungsanteilen zur Verfügung stellen kann, dann erfolgt der Ausgleich des Elektronenmangels durch die Ausbildung von *Mehrzentrenbindungen*; dies ist in den Modifikationen des Bors sowie in den Boranen zu beobachten. Das einfachste Beispiel ist das Diboran, B_2H_6; das Molekül BH_3 ist nicht beständig, sodass zwei solcher Moleküle unter Ausbildung von zwei Zweielektronen-Dreizentren-Bindungen B–H–B zu einem Diboran-Molekül zusammentreten.

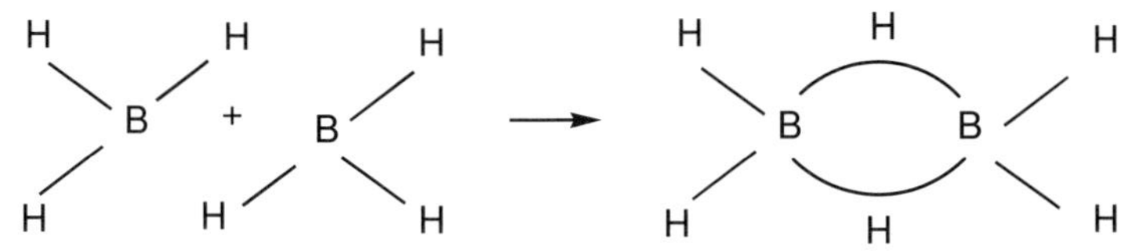

3. Mit der Ausbildung von π-Bindungsanteilen und Mehrzentrenbindungen kann der Elektronenmangel an den B-Atomen immer nur partiell ausgeglichen werden. Bietet man daher den BX_3-Molekülen oder auch z. B. dem B_2H_6 Donormoleküle mit einem freien Elektronenpaar an, also LEWIS-Basen, so erfolgt die Ausbildung stabiler LEWIS-Säure-Base-Addukte, in denen die B-Atome nun sp^3-hybridisert vorliegen und daher tetraedrisch konfiguriert sind. Typische Beispiele dafür sind BF_4^-, BH_4^-, $BF_3(OR_2)$. Zu beachten ist, dass die LEWIS-Acidität der BX_3-Moleküle mit stärker werdenden π-Bindungsanteilen in den B–X-Bindungen entsprechend abnimmt.

Bor-Atome bilden untereinander keine Doppelbindungen. Ebenso wenig neigen sie zur Bildung von Ketten und Ringen mit B–B-Bindungen; bevorzugt ist vielmehr die Ausbildung räumlicher Strukturen mit entsprechenden Mehrzentrenbindungen. Dadurch erreicht das Bor eine Flexibilität in den Koordinationszahlen, die die Werte 5 bis 9 haben können und die von keinem anderen Nichtmetall realisiert werden.

Wasserstoffverbindungen des Bors (Borane) Die Borane sind aufgrund ihrer besonderen Struktur- und Bindungsverhältnisse unter den Hydriden aller Elemente als einzigartig anzusehen. Ihren Ausdruck finden diese Besonderheiten gerade auch in den ungewöhnlichen stöchiometrischen Zusammensetzungen der Borane, wobei wir folgende vier Reihen unterscheiden können: B_nH_{n+4}, B_nH_{n+6}, B_nH_{n+8} und B_nH_{n+10}.

Das zur Bezeichnung der Borane entwickelte Regelwerk bestimmt, dass die Anzahl der im Molekül enthaltenen B-Atome durch das griechische Zahlwort als Präfix vor dem Wortstamm Boran angegeben wird; die Anzahl der H-Atome wird als arabische Ziffer in Klammern nachgestellt:

B_2H_6 – Diboran(6)
B_5H_{11} – Pentaboran(11)
B_8H_{16} – Octaboran(16)

In den höheren Boranen bilden die B-Atome hoch symmetrische Polyeder wie Tetraeder, Oktaeder, pentagonale Bipyramide, Dodekaeder, Ikosaeder, Oktadekaeder. In diesen Polyedern bleiben jedoch eine, zwei oder drei Ecken unbesetzt. Die Ähnlichkeit der resultierenden Boratom-Gerüste mit einem Nest (= *nidus*) für B_nH_{n+4}, einer Spinne (= *arachne*) für B_nH_{n+6} und einem Netz (= *hypho*) für B_nH_{n+8}

führt zu den ergänzenden Bezeichnungen *nido-*, *arachno-* bzw. *hypho-Boran*, z.B.: B_4H_{10} – *arachno*-Tetraboran(10) und B_5H_9 – *nido*-Pentaboran(9) (Abbildung 8.2).

Liegt dagegen eine *geschlossene* Käfigstruktur vor, und dies ist bei den polyedrischen Boranat-Anionen des Typs $[B_nH_n]^{2-}$ der Fall, dann werden die entsprechenden Strukturen durch das vorangestellte Wort *closo* gekennzeichnet, z.B. $B_{12}H_{12}^{2-}$ – *closo*-Dodecahydridododeca-borat(2–).

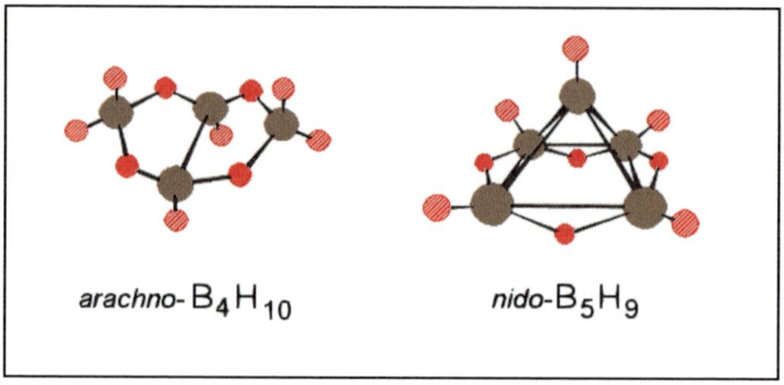

8.2 Struktur eines *arachno*- und eines *nido*-Borans.

Die Bindungsverhältnisse in den Boranen sind durch das Auftreten von fünf Bindungstypen charakterisiert, die in Abbildung 8.3 mit den von LIPSCOMB vorgeschlagenen Bindungssymbolen für entsprechende Valenzstrichformeln zusammengestellt sind.

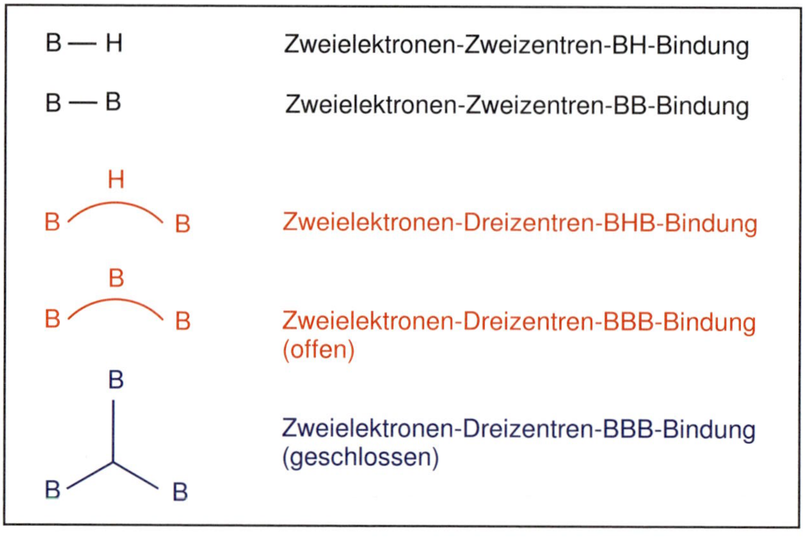

8.3 LIPSCOMB-Topologie für die Bindungstypen in Boranen.

Neben den „normalen“ **Zweielektronen-Zweizentren-Bindungen** zwischen zwei B-Atomen bzw. zwischen einem B-Atom und einem H-Atom treten **Zweielektronen-Dreizentren-Bindungen** zwischen zwei B-Atomen und einem H-Atom sowie zwischen drei B-Atomen auf, wobei bei den letzteren zwischen einer offenen und einer geschlossenen Form zu unterscheiden ist.

Die Bindungsverhältnisse im einfachsten Boran, also dem Diboran B_2H_6, sind bereits ausführlich in Abschnitt 4.2.3 dargestellt worden. Im Rahmen einer MO-Betrachtung ergeben sich für jede der beiden BHB-Brücken aus der Kombination von zwei sp^3-Hybridorbitalen der beiden B-Atome mit dem 1s-Orbital des Brücken-H-Atoms ein bindendes, ein nichtbindendes und ein antibindendes MO; die beiden zur Verfügung stehenden Elektronen besetzen als Paar das bindende MO. Damit liegen in diesem Molekül zwei Zweielektronen-Dreizentren-BHB-Bindungen vor. In Abbildung 8.4 sind die Überlappungsmodelle für die Bildung des jeweils bindenden Molekülorbitals in einer geschlossenen (a) und einer offenen (b) Dreizentren-BBB-Bindung schematisch dargestellt.

Die niederen Borane sind unter Normalbedingungen Gase oder leichtflüchtige Flüssigkeiten; die höheren Borane sind Feststoffe. Alle Borane sind außerordentlich reaktiv; sie sind sehr oxidations- und hydrolyseempfindlich und toxisch.

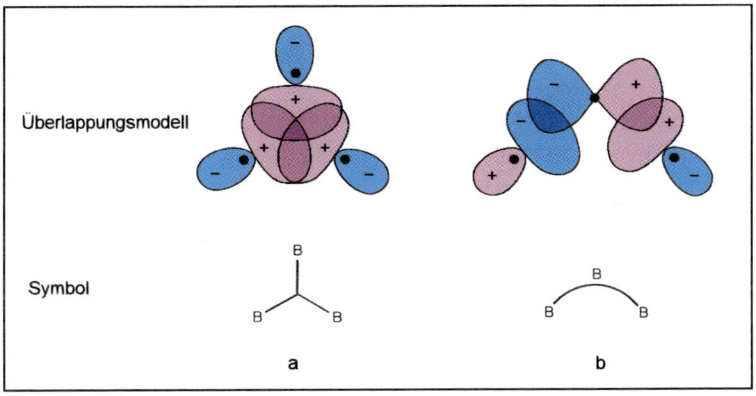

8.4 Überlappungsmodelle für die Bildung des bindenden Molekülorbitals: **a** geschlossene; **b** offene BBB-Dreizentrenbindung.

Da bei einer vollständigen Verbrennung von Boranen eine deutlich größere Wärmemenge freigesetzt wird als bei vergleichbaren Kohlenwasserstoffen, wurde auch ihre mögliche Verwendung als Raketentreibstoff ins Auge gefasst; wegen der meist nicht vollständigen Verbrennung einerseits und der geringen Flüchtigkeit der Oxidationsprodukte andererseits erwiesen sich die Borane für diese Anwendung letztlich jedoch als untauglich. Allerdings ist durch diese mögliche Nutzanwendung die Erforschung dieser Verbindungsklasse ganz erheblich befördert worden.

Die Darstellung von Boranen erfolgt in klassischer Weise durch Umsetzung von Metallboriden mit Mineralsäuren (A. STOCK); dabei werden jedoch in der Regel

Gemische verschiedener Borane erhalten. Die Methode der Wahl zur Darstellung bestimmter reiner Borane ist heute die Pyrolyse von Boranen bzw. Boran-Gemischen unter streng kontrollierten Bedingungen (Temperatur, H_2-Druck).

Erwartungsgemäß wird das chemische Reaktionsverhalten der Borane durch ihren Elektronenmangel bestimmt. Zu den typischen Reaktionen zählt daher die Aufnahme elektronenreicher Teilchen wie z. B. von Hydridionen oder auch die Abgabe von Protonen; in beiden Fällen werden Hydridoborat-Anionen gebildet. Von Bedeutung ist das $NaBH_4$, das bei der Umsetzung von B_2H_6 mit NaH in Tetrahydrofuran gebildet wird; dieses sowie das $LiBH_4$ finden Anwendung in der präparativen Chemie als Reduktionsmittel und Hydrierreagens.

Sauerstoffverbindungen des Bors **Orthoborsäure, H_3BO_3,** wird üblicherweise durch saure Hydrolyse von Boraten hergestellt, z. B. aus Borax:

$$[Na(H_2O)_4]_2[B_4O_5(OH)_4] + H_2SO_4 \longrightarrow 4\,H_3BO_3 + Na_2SO_4 + 5\,H_2O$$

H_3BO_3 kristallisiert in einer Schichtstruktur, in der planare $B(OH)_3$-Moleküle über Wasserstoffbrücken-Bindungen zu zweidimensionalen Schichten verknüpft sind; zwischen den Schichten existieren nur VAN DER WAALS-Anziehungskräfte (siehe Abbildung 4.54).

H_3BO_3 ist in Wasser relativ schwer löslich; die Lösung wird unter der Bezeichnung *Borwasser* als Antiseptikum verwendet.

Die Orthoborsäure ist eine sehr schwache einbasige Säure; sie wirkt jedoch nicht als Protonendonator, sondern als OH^--Ionen-Akzeptor gemäß

$$B(OH)_3 + 2\,H_2O \longrightarrow B(OH)_4^- + H_3O^+ \qquad pK_S = 9{,}2$$

Das $[B(OH)_4]^-$-Anion liegt nur in sehr stark alkalischen Lösungen vor. Durch eine Komplexierung mit mehrwertigen Alkoholen lässt sich die Acidität der Orthoborsäure erhöhen, sodass sie dann durch Titration mit starken Laugen auch quantitativ bestimmt werden kann:

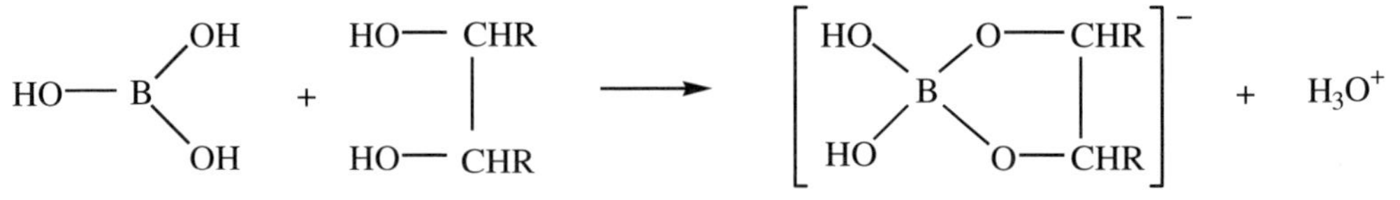

Der leichtflüchtige Borsäuretrimethylester, der bei der Umsetzung von Orthoborsäure mit Methanol in Gegenwart konz. Schwefelsäure gebildet wird, brennt mit grüner Flamme und ist zum qualitativen Nachweis von Borverbindungen geeignet:

$$B(OH)_3 + 3\,CH_3OH \xrightarrow[-3H_2O]{} B(OCH_3)_3$$

Beim Erhitzen geht Orthoborsäure durch intermolekulare Wasserabspaltung (Kondensation) zunächst in **Metaborsäure, $(HBO_2)_n$**, über; weiteres Erhitzen führt zur Bildung des glasigen **Bortrioxids, B_2O_3**:

$$H_3BO_3 \xrightarrow[-\,H_2O]{>90\,^\circ C} (HBO_2)_n \xrightarrow[-\,H_2O]{500\,^\circ C} B_2O_3$$

Metaborsäure löst sich in Wasser unter Bildung von Orthoborsäure. Sie existiert in drei Modifikationen, deren Strukturen in Abbildung 8.5 dargestellt sind.

Der so genannte Boroxin-Ring der α-Metaborsäure ist erwartungsgemäß planar; zwischen den alternierenden B- und O-Atomen sind pπ-pπ-Wechselwirkungen vorhanden, wodurch die Bindungsabstände zwischen denen von Einfach- und Doppelbindungen liegen. In der β- und in der γ-Metaborsäure sind die Ringe über brückenbildende O-Atome miteinander verknüpft.

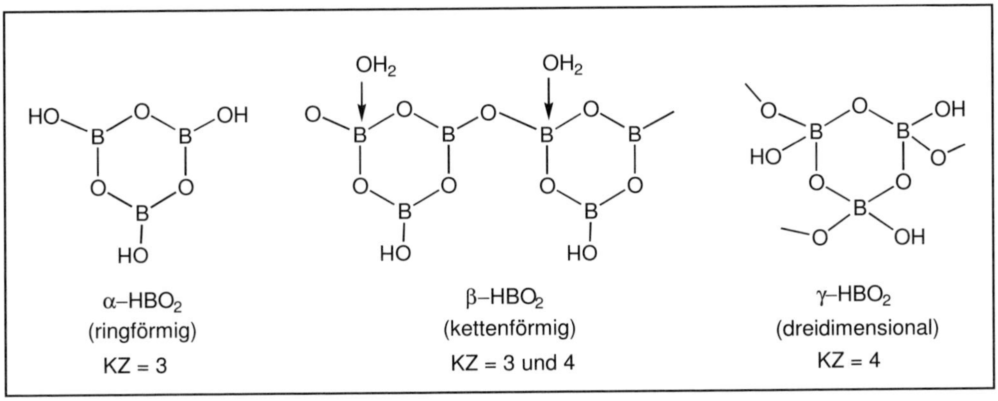

8.5 Strukturen der Metaborsäure.

Bei sehr langsamer Dehydratisierung von Metaborsäure entsteht kristallines Bortrioxid, das in einer Raumnetzstruktur kristallisiert. Bortrioxid ist eine sehr stabile Verbindung und wird selbst bei Weißglut durch Kohlenstoff nicht reduziert.

Die **Borate** leiten sich von der Orthoborsäure und den Metaborsäuren ab. Die **Orthoborate** enthalten als Baueinheit das isolierte trigonal-planare $[BO_3]^{3-}$-Anion (Abbildung 8.6a). Die **Metaborate** bilden ringförmige oder auch kettenförmige Strukturen, in denen die BO_3-Einheiten über gemeinsame O-Atome miteinander verknüpft sind (Abbildung 8.6b).

Die natürlich vorkommenden Borate sind in der Regel hydratisiert, wobei das Wasser als *Kristallwasser*, also in Form von H_2O-Molekülen, oder als *Konstitutionswasser*, also in Form von OH-Gruppen, gebunden ist. Die Struktureinheiten in diesen **Hydroxoboraten** sind planare B_3O_3-Sechsringe mit trigonal-planaren BO_3-Gruppen und tetraedrischen BO_4-Gruppen (Abbildung 8.6c). Ein typisches Beispiel für ein Hydroxoborat ist **Borax** mit der Summenformel $Na_2B_4O_7 \cdot 10\ H_2O$. Diese Formel gibt den Aufbau der Verbindung nicht korrekt wieder; tatsächlich handelt es sich um $[Na(H_2O)_4]_2[B_4O_5(OH)_4]$ (die Boratanionen sind im kristallinen Zustand über Wasserstoffbrücken zu Ketten verbunden; die Na^+-Kationen sind oktaedrisch von Wassermolekülen koordiniert, wobei die Oktaeder über gemeinsame Kanten miteinander verknüpft sind).

Als letztes seien die **Perborate** erwähnt, die Bestandteil vieler Wasch- und Bleichmittel sind. Dabei handelt es sich entweder um echte Perborate wie in Abbildung 8.6d gezeigt oder nur um Additionsprodukte aus Boraten und H_2O_2.

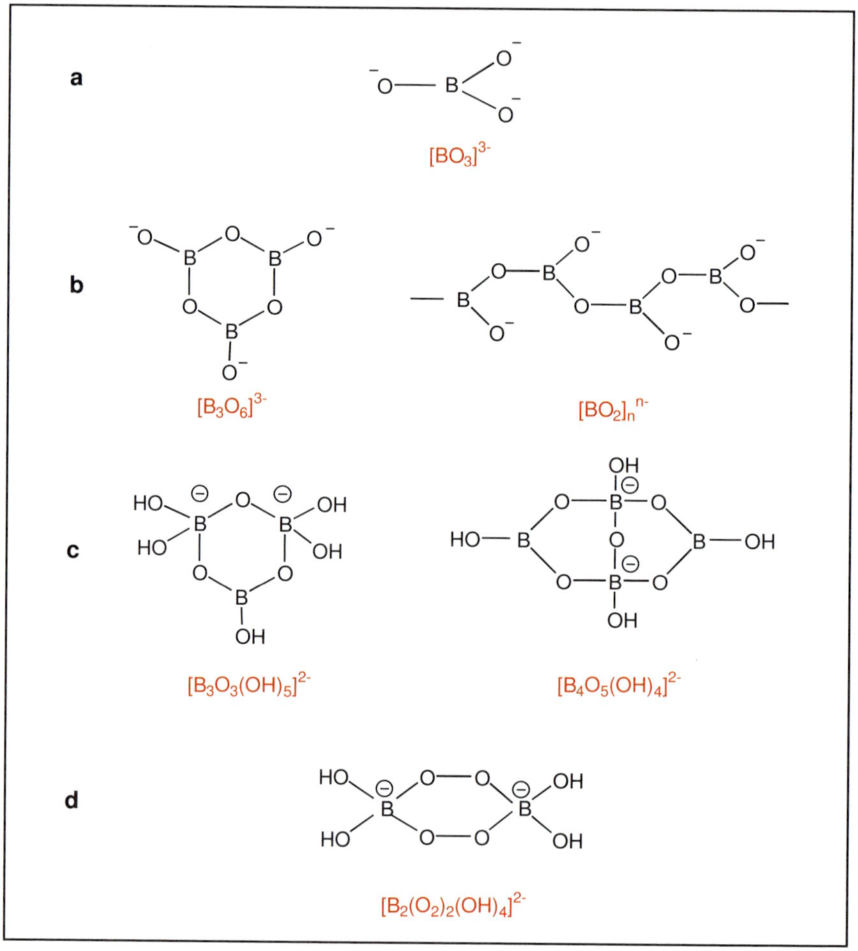

8.6 Strukturen der Borate.

Halogenverbindungen des Bors Bor bildet Halogenverbindungen des Typs BX_3, B_2X_4 und $(BX)_n$. Die Bor(III)-Halogenide BX_3 sind trigonal-planar. Die

Bor(II)-Halogenide B_2X_4 haben im kristallinen Zustand ebenfalls eine planare Struktur mit einer B–B-Einfachbindung. Wie bei den Trihalogeniden liegen auch hier die Bindungslängen der B–X-Bindungen zwischen denen für eine Einfachbindung und denen für eine Doppelbindung. Die Bor(I)-Halogenide enthalten die B-Atome in geschlossenen Käfigstrukturen mit entsprechenden Mehrzentrenbindungen; die Halogenatome X sind durch Zweielektronen-Zweizentren-Bindungen an die B-Atome gebunden.

Die wichtigste Halogenverbindung des Bors ist das **BF_3**. Es ist dies unter Normalbedingungen ein farbloses, stechend riechendes Gas. Seine Darstellung erfolgt üblicherweise durch Umsetzung von B_2O_3 und CaF_2 mit konz. Schwefelsäure:

$$B_2O_3 + 3\,CaF_2 + 3\,H_2SO_4 \longrightarrow 2\,BF_3 + 3\,CaSO_4 + 3\,H_2O$$

In Wasser hydrolysiert BF_3 zu Orthoborsäure. Als starke LEWIS-Säure reagiert BF_3 mit Donormolekülen unter Bildung von LEWIS-Säure-Base-Addukten.

Aluminium-Verbindungen

Im Gegensatz zum Bor bildet Aluminium in seinen Verbindungen keine pπ-pπ-Bindungen aus. Aus eben diesem Grunde erfolgt der Ausgleich des Elektronenmangels intermolekular durch Dimerisierung.

Da Aluminium in seiner Valenzschale über d-Orbitale verfügt, kann es in kovalenten Verbindungen auch oktaedrisch koordiniert auftreten. Ein typisches Beispiel ist das monomere $[AlF_6]^{3-}$.

Aluminium bildet im Gegensatz zum Bor ein dreifach positiv geladenes Kation, das in wässriger Lösung als Hexaaqua-Komplex $[Al(H_2O)_6]^{3+}$ vorliegt; diese Lösungen reagieren sauer, da $[Al(H_2O)_6]^{3+}$ als BRØNSTED-Säure (Kationensäure) fungiert. Bei höheren pH-Werten treten Kondensationsreaktionen unter Bildung mehrkerniger Al-Kationen ein.

In seinen stabilen Verbindungen liegt Al immer in der Oxidationsstufe +3 vor. Verbindungen in der Oxidationszahl +1 sind stark endotherm und existieren daher nur bei hohen Temperaturen.

Wasserstoffverbindungen des Aluminiums Unter Normalbedingungen ist weder das AlH_3 noch das Al_2H_6 stabil; beide Verbindungen polymerisieren rasch zu dem einzigen stabilen binären Hydrid des Aluminiums $(AlH_3)_n$. Jedes Al-Atom ist in der polymeren Struktur an drei Al–H–Al-Brücken beteiligt, die wegen des Elektronenmangels wiederum Zweielektronen-Dreizentren-Bindungen sind. Damit hat jedes Al-Atom die Koordinationszahl 6; eine direkte Al–Al-Wechselwirkung tritt nicht auf.

$(AlH_3)_n$ ist ein farbloses Pulver, das luft- und feuchtigkeitsempfindlich ist. Es ist ein starkes Reduktionsmittel und eignet sich in etherischer Lösung besonders gut als Hydriermittel. Seine Darstellung erfolgt durch Umsetzung von wasserfreiem $AlCl_3$ mit $LiAlH_4$ in Ether als Lösungsmittel:

$$AlCl_3 + 3\,LiAlH_4 \longrightarrow 4\,AlH_3 + 3\,LiCl$$

Unter Ausscheidung von LiCl entsteht dabei zunächst eine klare Lösung des monomeren AlH_3 als Etherat, das jedoch allmählich polymerisiert.

Die **Alanate** enthalten das komplexe Hydridanion des Aluminiums, $[AlH_4]^-$. Es sind stabile Verbindungen, die vor allem aufgrund ihrer guten Löslichkeit in vielen organischen Lösungsmitteln (Ether, Tetrahydrofuran etc.) wichtige Reduktions- und Hydriermittel sind. Während $Li[AlH_4]$ und $Na[AlH_4]$ zu den ionischen Alanaten gehören, sind $Be[AlH_4]_2$ und $Mg[AlH_4]_2$ als kovalente Hydride aufzufassen. Das wichtigste, weil am häufigsten in der präparativen anorganischen und organischen Chemie verwendete Alanat, ist das $Li[AlH_4]$; es ist ein weißer Feststoff, der sich oberhalb 150 °C zu LiH, Al und H_2 zersetzt. Es dient u. a. zur Herstellung von Hydriden andere Elemente wie z. B. des Diborans und des Silans.

Sauerstoffverbindungen des Aluminiums **$Al(OH)_3$** existiert in drei kristallinen Modifikationen, von denen Hydrargillit (γ-$Al(OH)_3$) thermodynamisch stabil ist und als Bestandteil von Bauxiten in der Natur vorkommt. $Al(OH)_3$ kristallisiert in Schichtstrukturen, wobei Al oktaedrisch von OH-Gruppen koordiniert ist; diese Oktaeder sind über gemeinsame Kanten verknüpft. In kristalliner Form wird $Al(OH)_3$ durch Einleiten von CO_2 in $[Al(OH)_4]^-$-Lösungen erhalten:

$$2\,[Al(OH)_4]^- + CO_2 \longrightarrow 2\,Al(OH)_3 + CO_3^{2-} + H_2O$$

Erfolgt die Kristallisation genügend langsam, so wird unmittelbar Hydrargillit erhalten; bei schnellerer Kristallisation entsteht zunächst die energiereichere α-Modifikation (Bayerit), die sich dann langsam in Hydrargillit umwandelt.

Aus Aluminiumsalz-Lösungen fällt bei Zusatz von NH_3 amorphes $Al(OH)_3$; der frisch gefällte Niederschlag ist amphoter und löst sich sowohl in Säuren als auch in Basen. Bei längerem Stehen unterliegt der $Al(OH)_3$-Niederschlag jedoch einem so genannten Alterungsprozess, in dessen Ergebnis letztlich kristallines $Al(OH)_3$ entsteht. Gealterte $Al(OH)_3$-Niederschläge sind in Säuren und Basen daher deutlich schwerer löslich als die frisch gefällten.

Aluminate $Al(OH)_3$ löst sich in Laugen unter Bildung der entsprechenden Aluminate, $M^I[Al(OH)_4]$. Die Aluminatanionen können durch Kondensationsreaktionen höhermolekulare Oxo-Verbindungen bilden; letztlich führt die Wasserabspaltung über verschiedene Zwischenstufen zu den wasserfreien Aluminaten, $M^{I}AlO_2$, in denen hochpolymere $(AlO_2)_n^{n-}$-Einheiten mit einer Raumnetzstruktur vorliegen.

Basisches Aluminiumoxid, AlO(OH) Vom basischen Aluminiumoxid existieren zwei kristalline Modifikationen, die beide auch in der Natur vorkommen, nämlich α-AlO(OH) (Diaspor) und γ-AlO(OH) (Böhmit). Das Al bevorzugt in beiden Modifikationen die Koordinationszahl 6.

Aluminiumoxid, Al_2O_3 Vom wasserfreien **Al_2O_3** (Tonerde) gibt es zwei Modifikationen, das α- und das γ-Al_2O_3. Beide besitzen stark negative Bildungsenthalpien von –1 677 bzw. –1 654 kJ/mol.

α-Al_2O_3 ist sehr hart, wasser-, säure- und basenunlöslich und nicht hygroskopisch. In der Natur findet es sich in Form des Minerals *Korund*. Im Kristallgitter des Korunds bilden die O^{2-}-Anionen eine hexagonal-dichteste Kugelpackung (Schichtfolge ABABAB…), deren oktaedrische Lücken zu $^2/_3$ von Al^{3+}-Kationen besetzt sind. α-Al_2O_3 entsteht bei der Aufarbeitung von Bauxit; der größte Teil dient der Gewinnung von Aluminium, der Rest zur Herstellung von Schleif- und Poliermitteln sowie hoch feuerfester Geräte (Sinterkorund).

γ-Al_2O_3 ist ein weißes, in Wasser unlösliches, in starken Säuren und Laugen jedoch lösliches Pulver; es ist hygroskopisch. Wegen seiner großen Oberfläche, die über die Teilchengröße variiert werden kann, besitzt γ-Al_2O_3 ein gutes Adsorptionsvermögen. Es findet Verwendung als Trägermaterial für Katalysatoren sowie als stationäre Phase für chromatographische Trennungen.

Aus Schmelzen von Al_2O_3, die mit geringen Mengen anderer Metalloxide versetzt sind, lassen sich durch Einkristallzüchtung *künstliche Edelsteine* herstellen, z. B. Rubine und Saphire. Rubine finden als Laser-Materialien sowie als Spinndüsen technische Verwendung und werden heute in großen Mengen hergestellt. Al_2O_3 bildet mit einer Reihe anderer Metalloxide **Doppeloxide** der Zusammensetzung MAl_2O_4 mit M = Mg, Zn, Fe, Co, Ni. Das $MgAl_2O_4$ kommt als *Spinell* in der Natur vor und hat der Struktur dieser Doppeloxide ihren Namen gegeben. Charakteristisch ist das Vorliegen einer kubisch-dichtesten Kugelpackung der O^{2-}-Anionen. Die M^{2+}-Kationen besetzen ein Achtel der tetraedrischen Lücken, die Al^{3+}-Kationen die Hälfte der oktaedrischen Lücken. Damit sind die M^{2+}-Kationen tetraedrisch von vier O^{2-}-Anionen, die Al^{3+}-Kationen oktaedrisch von sechs O^{2-}-Anionen umgeben.

Halogenverbindungen des Aluminiums AlF_3 wird neben Kryolith als Zusatz bei der elektrolytischen Gewinnung von Aluminium verwendet und wird daher technisch durch Umsetzung von $Al(OH)_3$ mit H_2SiF_6 bei ca. 100 °C oder durch Umsetzung von Al_2O_3 mit HF bei 400 – 500 °C in großen Mengen hergestellt. Im kristallinen AlF_3 sind die Al^{3+}-Kationen oktaedrisch von sechs F^--Anionen koordiniert, wobei alle Oktaeder über ihre Ecken miteinander verknüpft sind und somit ein dreidimensionales Raumnetzwerk ausbilden.

Das wichtigste komplexe Fluorid des Aluminiums ist der für die technische Al-Gewinnung benötigte **Kryolith**, Na_3AlF_6, der ebenfalls aus AlF_6-Oktaedern aufgebaut ist. Da die natürlichen Vorkommen erschöpft sind, wird Kryolith heute großtechnisch aus $Na[Al(OH)_4]$ und H_2SiF_6 hergestellt:

$$H_2SiF_6 + 6\,NH_3 + 2\,H_2O \longrightarrow 6\,NH_4F + SiO_2$$
$$6\,NH_4F + 3\,NaOH + Al(OH)_3 \longrightarrow Na_3AlF_6 + 6\,NH_3 + 6\,H_2O$$

$AlCl_3$ Wasserfreies $AlCl_3$ ist eine kristalline, farblose und hygroskopische Verbindung. Es kristallisiert in einer Schichtstruktur, in der die Al^{3+}-Kationen oktaedrisch von sechs Cl^--Anionen koordiniert sind. Im flüssigen sowie im Dampfzustand bei niedriger Temperatur liegen dimere Al_2Cl_6-Moleküle vor, die mit steigender Temperatur unter Bildung trigonal-planarer $AlCl_3$-Moleküle gespalten werden; vom festen über den flüssigen zum Dampfzustand ändert sich damit die Koordinationszahl des Aluminiums von 6 über 4 auf 3.

Wasserfreies $AlCl_3$ wird durch Umsetzung von flüssigem Aluminium mit Chlor bei ca. 750 °C hergestellt; das Hexahydrat $[Al(H_2O)_6]Cl_3$ erhält man durch Auflösen von $Al(OH)_3$ oder Al in Salzsäure; es wird als Imprägniermittel für Textilien und in der Kosmetik als Antiseptikum verwendet. Als typische LEWIS-Säure reagiert $AlCl_3$ mit vielen anorganischen und organischen Donormolekülen unter Bildung der entsprechenden Addukte. Dies begründet auch seine Verwendung als Katalysator für FRIEDEL-CRAFTS-Alkylierungen von Aromaten:

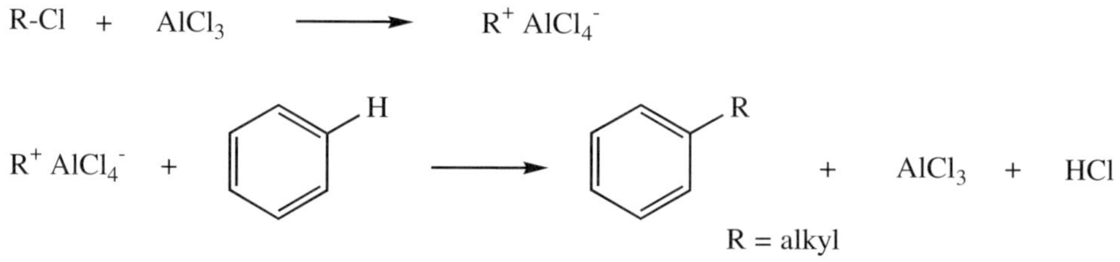

Aluminiumsalze von Sauerstoffsäuren **Alumiuniumsulfat,** $Al_2(SO4)_3 \cdot 18\,H_2O$, wird technisch durch Umsetzung von $Al(OH)_3$ mit heißer, konzentrierter H_2SO_4 hergestellt; das wasserfreie Salz gewinnt man daraus durch Erhitzen auf 340 °C. Aluminiumsulfat dient zum Leimen von Papier, zum Gerben von Häuten, als Beizmittel sowie als Flockungsmittel bei der Reinigung von Wasser. Darüber hinaus dient es als Ausgangsverbindung für die Darstellung anderer Salze des Aluminiums.

Aluminiumsulfat bildet mit Sulfaten einwertiger Metalle (Na, K, Rb, Cs, Tl) Doppelsalze der allgemeinen Zusammensetzung $M^IAl(SO_4)_2 \cdot 12\,H_2O$, die **Alaune**. Die chemischen Reaktionen der Lösungen von Alaunen sowie die physikalischen

Eigenschaften dieser Lösungen belegen, dass die Alaune in wässriger Lösung vollständig in ihre einzelnen Bestandteile dissoziieren, dass es sich folglich *nicht* um Komplexverbindungen handelt (Abschnitt 9.2). Alaune werden auch von anderen dreiwertigen Metallionen wie Sc^{3+}, V^{3+}, Cr^{3+}, Fe^{3+}, Co^{3+} gebildet. Der gewöhnliche Alaun, nach dem diese Substanzklasse benannt ist, ist das $KAl(SO_4)_2 \cdot 12\,H_2O$, das aus Lösungen von Aluminiumsulfat nach Zugabe von Kaliumsulfat auskristallisiert. Er wurde im Altertum wegen seiner Fäulnis hemmenden und adstringierenden Wirkung zur Mumifizierung verwendet.

Metallorganische Verbindungen des Aluminiums **Triethylaluminium**, $AlEt_3$, **Alkylaluminiumhydride** wie R_2AlH und das **Sesquichlorid**, $Et_3Al_2Cl_3$, ergeben in Kombination mit Übergangsmetallhalogeniden oder -alkoholaten oder auch mit metallorganischen Komplexen hoch wirksame Katalysatoren (z. B. die ZIEGLER-NATTA-Katalysatoren) für die Niederdruck-Polymerisation von Ethylen und Propylen sowie einer Vielzahl anderer ungesättigter Verbindungen (siehe Abschnitt 9.3). Diese Polymerisationen verlaufen oft stereospezifisch und führen damit z. B. zu kristallinen, orientierten Polypropylenen.

In kleinen Mengen lassen sich Aluminiumalkyle durch Umsetzung von $AlCl_3$ mit GRIGNARD-Reagenzien darstellen:

$$AlCl_3 + 3\,RMgCl \longrightarrow AlR_3 + 3\,MgCl_2$$

Die niederen Aluminiumalkyle liegen dimer vor; es sind äußerst reaktionsfähige Verbindungen, die sich an der Luft spontan entzünden und mit Wasser explosionsartig reagieren.

Gallium-, Indium- und Thallium-Verbindungen

Die Verbindungen des Galliums und Indiums sind untereinander sowie zu denen des Aluminiums recht ähnlich. Gemäß der Tendenz innerhalb der Gruppe nimmt zum Thallium hin die Bedeutung der Oxidationsstufe +1 zu. Während Ga(I)-Verbindungen sehr unbeständig sind, sind die entsprechenden In(I)-Verbindungen bereits etwas beständiger, unterliegen in wässriger Lösung aber sehr rasch einer Disproportionierung unter Bildung von In(III) und In. Tl(III)-Verbindungen sind dagegen starke Oxidationsmittel, sodass Tl(I)-Verbindungen die beständigeren sind. Tl(I)-Verbindungen besitzen zum einen Ähnlichkeiten mit den Alkalimetallverbindungen (TlOH, Tl_2SO_4 u. a.), zum anderen zu den entsprechenden Silberverbindungen (TlCl, Tl_2O u. a.). Tl(I)-Verbindungen sind hoch toxisch.

8.2 Die Elemente der IV. Hauptgruppe (Gruppe 14) – C, Si, Ge, Sn, Pb

8.2.1 Gruppeneigenschaften

Die vierte Hauptgruppe des Periodensystems umfasst die Elemente Kohlenstoff, Silicium, Germanium, Zinn und Blei. Kohlenstoff bildet mehr chemische Verbindungen als jedes andere Element, ausgenommen Wasserstoff. Die Chemie der Kohlenstoffverbindungen ist Gegenstand der Organischen Chemie; nur wenige Verbindungen werden traditionsgemäß der Anorganischen Chemie zugerechnet.

Innerhalb der Gruppe nimmt der *metallische Charakter* mit steigender Ordnungszahl zu: Kohlenstoff ist ein Nichtmetall, auch wenn seine Modifikation Graphit elektrische Leitfähigkeit besitzt; Silicium entspricht in seinen chemischen Eigenschaften einem Nichtmetall, in seinen physikalische Eigenschaften dagegen einem Halbmetall; Germanium ist ein Halbmetall, das allerdings einem Metall ähnlicher ist als einem Nichtmetall; Zinn und Blei sind schließlich Metalle.

Die *Schmelz-* und *Siedepunkte* der Elemente nehmen innerhalb der Gruppe mit steigender Ordnungszahl ab: Während im elementaren Kohlenstoff die Atome durch starke kovalente Bindungen zu einem Raumnetzwerk verknüpft sind, das nur unter großem Energieaufwand aufgebrochen werden kann, nimmt der kovalente Bindungscharakter von Element zu Element ab und der entsprechende metallische Bindungscharakter zu. Während Schmelz- und Siedepunkte sinken, nimmt in gleicher Richtung die elektrische Leitfähigkeit zu.

Die *Elektronegativitätswerte* liegen alle in einem mittleren Bereich.

Aufgrund der *Valenzelektronenkonfiguration* von ns^2np^2 fehlen den Atomen zu einer abgeschlossenen Edelgaskonfiguration vier Elektronen. Allerdings ist die Bildung von vierfach negativ geladenen Anionen nicht so ohne weiteres möglich. Die sehr hohen Werte der Ionisierungsenergien verdeutlichen, dass andererseits auch keine Bildung von vierfach positiv geladenen Kationen erfolgen kann. Ge, Sn und Pb bilden jedoch in dieser Reihenfolge zunehmend stabilere Verbindungen in der Oxidationsstufe +2, allerdings sind nur die wenigsten von ihnen auch als Ionenverbindungen anzusehen (PbF_2, $PbCl_2$); in Ge(II)- und Sn(II)-Verbindungen dominiert der kovalente Bindungscharakter.

Während Si(II)-Verbindungen unbeständig sind, sind Ge(II)- und Sn(II)-Verbindungen zwar stabil, jedoch Reduktionsmittel. Erst beim Blei sind die Verbindungen der Oxidationsstufe +2 stabiler als die der Oxidationsstufe +4; im Gegensatz zu den Dioxiden der anderen Elemente der Gruppe ist PbO_2 ein Oxidationsmittel.

Tabelle 8.2 Ausgewählte Eigenschaften der Elemente der IV. Hauptgruppe

	Kohlenstoff	Silicium	Germanium	Zinn	Blei
Elektronenkonfiguration	[He] $2s^2 2p^2$	[Ne] $3s^2 3p^2$	[Ar] $3d^{10} 4s^2 4p^2$	[Kr] $4d^{10} 5s^2 5p^2$	[Xe]$4f^{14}$ $5d^{10} 6s^2 6p^2$
Ionisierungsenergien [kJ/mol]					
erste	1090	782	782	704	714
zweite	2350	1570	1530	1400	1450
dritte	4620	3230	3290	2940	3090
vierte	6220	4350	4390	3800	4060
Elektronegativität	2,6	1,9	2,0	2,0	2,3

Die Elemente der vierten Hauptgruppe bilden demnach bevorzugt kovalente Verbindungen. Für die meisten Verbindungen des Kohlenstoffs und des Siliciums ist der angeregte Zustand ns^1np^3 maßgebend. Erfolgt eine sp^3-Hybridisierung, können beide Elemente vier kovalente Bindungen mit einer tetraedrischen Orientierung ausbilden. Während beim Kohlenstoff als Element der zweiten Periode mit vier kovalenten Bindungen die maximal mögliche Zahl erreicht ist, können seine höheren Homologen unter Einbeziehung der in ihrer Valenzschale verfügbaren d-Orbitale mehr als vier kovalente Bindungen, in der Regel sechs, ausbilden (Oktetterweiterung).

Das hervorstechendste Merkmal des Kohlenstoffs ist seine Fähigkeit zur Bildung von Verbindungen, in denen viele Kohlenstoff-Atome miteinander zu Ketten oder Ringen verbunden sind. Diese Fähigkeit besitzen zwar auch einige andere Elemente, jedoch in einem weit geringeren Maße. Dies ist einer der Gründe für die große Zahl und die Vielfalt der organischen Verbindungen. Ein zweiter Grund besteht darin, dass eine C–C-Bindung etwa die gleiche Stärke besitzt wie eine Bindung eines C-Atoms mit anderen Atomen:

C–C: 347 kJ/mol
C–H: 414 kJ/mol
C–O: 335 kJ/mol

Dagegen ist z. B. die Si–Si-Bindung deutlich schwächer als die Bindung zwischen einem Si-Atom und anderen Atomen:

Si–Si: 226 kJ/mol
Si–H: 328 kJ/mol
Si–O: 368 kJ/mol

Die Folge ist, dass das Silicium eine weitaus größere Neigung zur Ausbildung von Bindungen zu anderen Atomen besitzt als zur Ausbildung von Si–Si-Bindungen. Eine weitere Eigenschaft des Kohlenstoffs, die bei seinen homologen Elementen nur wenig ausgeprägt ist, besteht in seiner Fähigkeit zur Ausbildung von *Mehrfachbindungen*, und dies sowohl zwischen C-Atomen selbst als auch zu anderen Atomen:

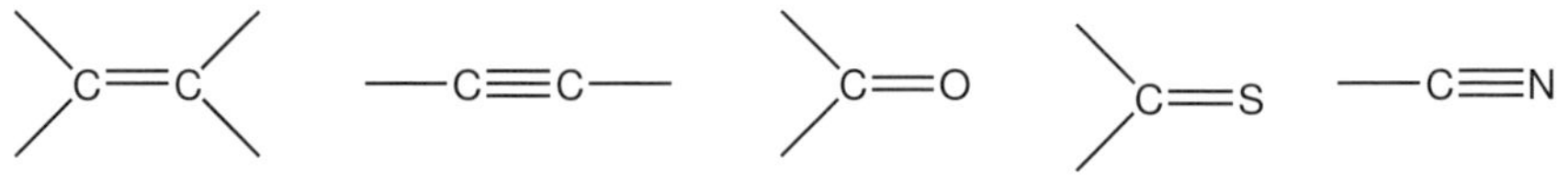

8.2.2 Die Elemente

Vorkommen **Kohlenstoff** kommt in der Natur in elementarer und in gebundener Form vor. Die elementaren Vorkommen sind *Diamant* und *Graphit*. Die Hauptmenge des Kohlenstoffs liegt jedoch chemisch gebunden in Form von Gestein bildenden Mineralien vor, von denen die wichtigsten die Carbonate von Calcium und Magnesium sind ($CaCO_3$ – *Kalkstein, Marmor, Kreide*; $MgCO_3$ – *Magnesit*; $CaCO_3 \cdot MgCO_3$ – *Dolomit*); diese Minerale bilden ganze Gebirge.

Kohlenstoff ist ein zentraler Bestandteil aller Pflanzen und Tiere; aus prähistorischen Pflanzen und Tieren sind *Kohlen* (Braunkohle, Steinkohle), *Erdöl* und *Erdgas* entstanden. Der Volumenanteil von CO_2 an der Luft liegt bei 0,03 %; Meerwasser enthält einen Massenanteil von 0,005 % gelöstes CO_2.

Silicium ist das zweithäufigste Element der Erdrinde und tritt nur chemisch gebunden auf, vor allem als SiO_2 und in Form zahlreicher *Silicate*.

Germanium tritt ebenfalls nur in chemisch gebundener Form auf, und zwar in seltenen sulfidischen Mineralen, von denen der *Germanit*, $Cu_6FeGe_2S_8$, für seine Gewinnung das wichtigste ist.

Zinn kommt selten elementar vor; das wichtigste Mineral ist der Zinnstein (*Cassiterit*) SnO_2.

Blei ist Bestandteil einer ganzen Reihe von Erzen, von denen der Bleiglanz (*Galenit*), PbS, das wichtigste ist. Als weitere Bleierze seien das *Weißbleierz*, $PbCO_3$, und das *Rotbleierz*, $PbCrO_4$, genannt.

Darstellung und Verwendung **Kohlenstoff** kristallisiert in den beiden auch natürlich vorkommenden Modifikationen Diamant und Graphit, die sich in ihren Eigenschaften deutlich voneinander unterscheiden. Unter Normalbedingungen ist

Diamant metastabil; eine Umwandlung in den thermodynamisch stabilen Graphit erfolgt aber erst bei 1500 °C unter Luftausschluss.

Aus dem Zustandsdiagramm des Kohlenstoffs folgt, dass **Diamant** bei hohen Drücken die thermodynamisch stabilere Modifikation ist und unter diesen Bedingungen Graphit in Diamant umgewandelt werden kann. Eine ausreichende Umwandlungsgeschwindigkeit erreicht man z. B. bei 1500 °C unter einem Druck von ca. 60 kbar in Gegenwart von Katalysatoren, meist Chrom, Eisen oder Nickel. Solche *synthetischen Diamanten* werden seit 1955 industriell hergestellt und decken etwa die Hälfte des Bedarfs an Industriediamanten. Technische Verwendung finden natürliche und synthetische Diamanten wegen ihrer Härte zum Schleifen und Bohren, zum Schneiden von Glas sowie als Achslager in Präzisionsinstrumenten.

Die unterschiedlichen Formen des **graphitischen Kohlenstoffs** werden künstlich durch thermische Zersetzung von Kohle, Erdöl oder Erdgas unter verschiedenen Bedingungen hergestellt. Künstlicher Graphit, Pyrokohlenstoff, Faserkohlenstoff, Koks, Ruß und Aktivkohle unterscheiden sich vornehmlich in ihrer Kristallinität, d. h. in der Größe, Anordnung und Schichtstruktur der Graphitkristalle. *Künstlicher Graphit* dient wegen seiner Hitzebeständigkeit, seiner elektrischen Leitfähigkeit und seiner Schmiereigenschaften als Material für die Herstellung von Schmelztiegeln, von Elektroden, von Schmier- und Schwärzungsmitteln. *Aktivkohle* ist eine feinkristalline und lockere Form von Graphit; sie besitzt eine große spezifische Oberfläche von etwa 1000 m^2/g und verfügt daher über ein sehr großes Adsorptionsvermögen. Verwendet wird Aktivkohle in der Technik und in Laboratorien zur Entfernung von Verunreinigungen oder Farbstoffen aus Lösungen. In der Medizin wird Aktivkohle in Form von Kohletabletten verwendet. Die Pyrolyse natürlicher oder auch synthetischer Fasern bei gleichzeitiger Streckung führt zur Bildung von *Faserkohlenstoff* mit hervorragenden mechanischen Eigenschaften wie Zugfestigkeit und Elastizität; dies begründet seine Verwendung z. B. als Verbundwerkstoff in der Flugzeug-Herstellung. *Pyrographit* wird durch thermische Zersetzung von Kohlenwasserstoffen bei niedrigen Drücken an glatten Flächen, gefolgt von einer thermischen Nachbehandlung bei ca. 3000 °C, hergestellt. Er wird vornehmlich als Hitzeschild für Raumfahrzeuge und Raketenantriebe verwendet.

Silicium wird durch eine Reduktion von SiO_2 (Quarz) mit Koks im elektrischen Ofen bei einer Temperatur von 2000 °C hergestellt:

$$SiO_2 + 2\,C \longrightarrow Si + 2\,CO$$

Das gebildete Roh-Silicium fällt dabei in kompakten Stücken an. Für die Darstellung des in der Halbleitertechnik erforderlichen hochreinen Siliciums wird das Roh-Silicium zunächst mit HCl zu Trichlorsilan, $HSiCl_3$, umgesetzt; dieses lässt sich durch Destillation leicht reinigen und wird anschließend wieder zu Silicium reduziert:

$$Si + 3\,HCl \xrightarrow{300\,°C} HSiCl_3 + H_2$$
$$HSiCl_3 + H_2 \xrightarrow{1\,000\,°C} Si + 3\,HCl$$

Das Reinst-Silicium mit Verunreinigungen von weniger als 10^{-9} % wird daraus durch das *Zonenschmelzverfahren* gewonnen (PFANN, 1952); dazu wird das erhaltene Silicium zunächst zu einem Stab geformt, durch den man dann eine schmale Schmelzzone wandern lässt. In der Schmelze reichern sich die Verunreinigungen an und wandern mit der Schmelzzone durch den Stab; dessen Ende mit den Verunreinigungen wird schließlich mechanisch abgetrennt. Der Vorgang wird bei Bedarf mehrfach wiederholt. Das Zonenschmelzverfahren liefert das Silicium nicht nur in hochreiner Form, sondern zugleich auch als *Einkristall.* Erst mit der Entwicklung dieser zuverlässigen Verfahren zu seiner Reinstdarstellung waren die Voraussetzungen für den breiten Einsatz des Siliciums in der Halbleitertechnik für die Herstellung von Transistoren, integrierten Schaltkreisen und Solarzellen vorhanden.

Germanium wird aus dem Germanit zunächst durch eine Behandlung mit einem Gemisch von H_2SO_4 und HNO_3 als GeO_2 abgeschieden. Dieses wird mit konz. HCl zu $GeCl_4$ umgesetzt, das wegen seiner Flüchtigkeit leicht durch Destillation gereinigt werden kann. Das bei der anschließenden Hydrolyse erhaltene reine GeO_2 wird mit Wasserstoff zu Germanium reduziert:

$$GeO_2 + 4\,HCl \longrightarrow GeCl_4 + 2\,H_2O$$
$$GeO_2 + 2\,H_2 \longrightarrow Ge + 2\,H_2O$$

Das Reinst-Germanium für Halbleiterzwecke wird nach dem Zonenschmelzverfahren gewonnen.

Zinn wird durch Reduktion von SnO_2 mit Kohlenstoff hergestellt:

$$SnO_2 + 2\,C \longrightarrow Sn + 2\,CO$$

Zur Wiedergewinnung von Zinn aus Weißblech-Abfällen (Weißblech ist verzinntes Eisenblech) werden diese elektrolytisch gelöst und aus den erhaltenen Lösungen das Zinn kathodisch abgeschieden.

Zinn diente schon lange vor der Entdeckung des Porzellans zur Herstellung von Geschirr. Heute dient Zinn vornehmlich als Legierungsbestandteil. Die wichtigsten Legierungen sind die *Bronzen*, bestehend aus Zinn und Kupfer, sowie das *Weichlot*, bestehend aus Zinn und Blei. Zur Herstellung von Gebrauchsgegenständen verwendet man eine Zinn-Antimon-Kupfer-Legierung (Britanniametall).

Blei wird nahezu ausschließlich aus Bleiglanz, PbS, hergestellt, und zwar entweder nach dem Röstreduktions- oder nach dem Röstreaktionsverfahren. Beim *Röstreduktionsverfahren* wird das PbS zunächst im Luftstrom erhitzt (Röstarbeit) und zum Oxid oxidiert:

$$PbS + {}^{3}/_{2}\,O_2 \longrightarrow PbO + SO_2$$

Das gebildete PbO wird anschließend in einem Hochofen mit Koks reduziert (Reduktionsarbeit; das eigentliche Reduktionsmittel ist CO):

$$PbO + CO \longrightarrow Pb + CO_2$$

Beim *Röstreaktionsverfahren* wird nur ein Teil des PbS abgeröstet:

$$3\,PbS + 3\,O_2 \longrightarrow PbS + 2\,PbO + 2\,SO_2$$

Bei weiterem Erhitzen unter Luftausschluss erfolgt dann die Reaktionsarbeit gemäß:

$$PbS + 2\,PbO \longrightarrow 3\,Pb + SO_2$$

Blei wird zur Herstellung von Akkumulatorplatten, von Geschossen und Bleirohren verwendet; wichtige Blei-Legierungen sind Letternmetall (Blei, Antimon, Zinn) und Lagermetalle (Blei, Antimon, Zinn, und wenig Alkali- bzw. Erdalkalimetall).

Eigenschaften In der Raumnetzstruktur des **Diamant (Kohlenstoff)** ist jedes C-Atom mit vier anderen C-Atomen durch kovalente Bindungen verbunden; die C-Atome können als sp^3-hybridisiert angesehen werden, sodass eine tetraedrische Anordnung der vier Bindungspartner eines jeden C-Atoms folgt. Jedes C-Atom nutzt alle seine Valenzorbitale und alle seine Valenzelektronen für die Ausbildung der kovalenten Bindungen, sodass Diamant extrem hart und sehr stabil ist; er besitzt einen hohen Schmelzpunkt und ist ein elektrischer Isolator. In Gegenwart von Luftsauerstoff verbrennt Diamant bei 800 °C zu CO_2.

Graphit kristallisiert in Schichtstrukturen (siehe Abbildung 4.51). In jeder Schicht bilden die C-Atome regelmäßige Sechsecke, indem jedes C-Atom an drei andere über kovalente Bindungen gebunden ist. Betrachten wir die C-Atome als sp^2-hybridisiert, dann werden unter Verwendung der sp^2-Hybridorbitale zu den drei benachbarten C-Atomen σ-Bindungen gebildet; daraus resultieren die Planarität der Schicht und die Bindungswinkel von 120°. Jedes C-Atom verfügt senkrecht zur hexagonalen Schicht noch über ein mit dem jeweils vierten Valenzelektron besetztes p-Orbital. Durch deren Überlappung entsteht ein ausgedehntes, delokalisiertes π-Bindungssystem. Alle π-Molekülorbitale gehören zu einem Energieband, das genau zur Hälfte mit Elektronenpaaren besetzt ist und für die elektrische Leitfähigkeit des Graphits verantwortlich ist. Die elektrische Leitfähigkeit des Graphits ist anisotrop, d.h. abhängig von der Richtung: Parallel zu den Schichten ist sie groß, senkrecht dazu nur gering; die Gründe dafür sind einleuchtend. Die Bindungslängen zwischen den C-Atomen innerhalb der Schicht sind gleich und mit 141,5 pm kürzer als im Diamant (154 pm). Ursache dafür sind die Mehrfachbindungsanteile. Zwischen den Schichten existieren nur schwache VAN DER WAALS-Bindungskräfte; der C–C-Abstand zwischen den Schichten ist daher bedeutend größer und beträgt 335 pm.

In jüngster Zeit sind weitere Modifikationen des Kohlenstoffs entdeckt worden. Lässt man Kohlenstoff aus Graphit-Elektroden mit einem elektrischen Lichtbogen in einer Helium-Atmosphäre verdampfen und kondensiert den Dampf sofort an einer gekühlten Fläche, dann kann man aus dem in Benzen aufgenommenen Kondensat durch Chromatographie die **Fullerene** isolieren, hauptsächlich das als BUCKMINSTER-Fulleren bezeichnete C_{60}-Molekül, aber auch solche mit einer größeren Anzahl von C-Atomen (C_{70}, C_{76}, C_{78}, C_{82} u. a.). Das C_{60}-Molekül hat die Gestalt eines Fußballs und besteht aus 12 Fünf- und 20 Sechsecken. Die Bindungen sind ähnlich wie im Graphit, d. h. über sp^2-Hybridorbitale werden pro C-Atom je

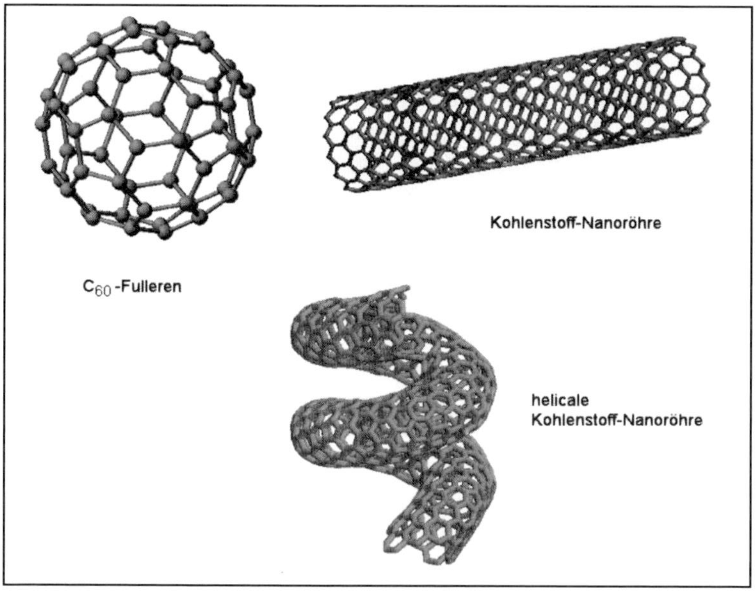

8.7 C_{60}-Fulleren und Kohlenstoff-Nanoröhren.

drei σ-Bindungen gebildet; zusätzlich ist ein delokalisiertes π-Bindungssystem vorhanden. (Die Bezeichnung Fulleren bzw. BUCKMINSTER-Fulleren ist eine Referenz an den amerikanischen Architekten BUCKMINSTER FULLER, der geodätische Kuppeln aus fünf- und Sechsecken entworfen hat.) Unter ähnlichen Bedingungen wie die Fullerene entstehen in einem Lichtbogen zwischen Graphit-Elektroden in einer Edelgas-Atmosphäre unter vermindertem Druck die **Kohlenstoff-Nanoröhren** (natürlich neben den Fullerenen). Diese Nanoröhren sind von erheblichem technischem Interesse.

Die Elemente **Silicium, Germanium** und **Zinn** (α-Zinn) kristallisieren im Diamantgitter. Die Graphitstruktur kann von diesen Elementen nicht ausgebildet werden, da ihnen die Fähigkeit zur Verknüpfung ihrer Atome unter Beteiligung von Mehrfachbindungen fehlt. Die Bindungsstärke zwischen den Atomen nimmt in Richtung zum Zinn hin ab, sodass ein zunehmender, wenn auch kleiner Anteil der Valenzelektronen nicht mehr in bindenden Orbitalen lokalisiert, sondern im Gitter frei beweglich ist. Si, Ge und α-Sn sind daher *Eigenhalbleiter*.

Das α-Sn ist nur unterhalb 13 °C beständig; oberhalb dieser Temperatur ist das β-Sn (metallisches Sn) die stabilere Modifikation. In dessen Struktur ist die Koordinationszahl der Sn-Atome auf sechs erhöht. Die Umwandlungsgeschwindigkeit zwischen den beiden Modifikationen ist zwar nur gering, haben sich aber erst einmal Kristallkeime von α-Sn gebildet, so erfolgt die Umwandlung in das pulvrige graue Zinn sehr schnell („Zinnpest").

Blei kristallisiert in der kubisch-dichtesten Packung, also einer typischen Metallstruktur.

Trotz seines negativen Standardpotenzials löst sich **Silicium** infolge Passivierung nicht in Säuren. Leicht löslich ist es aber in heißen Laugen:

$$Si + 2\,NaOH + H_2O \longrightarrow Na_2SiO_3 + 2\,H_2$$

Lediglich mit Fluor reagiert Si bereits bei Raumtemperatur; mit den meisten anderen Nichtmetallen (Chlor, Brom, Schwefel, Sauerstoff, Kohlenstoff u. a.) sowie mit vielen Metallen reagiert es erst bei hohen Temperaturen.

Blei hat ebenfalls ein negatives Standardpotenzial, löst sich infolge Passivierung jedoch nicht in HF, HCl und H_2SO_4. Löslich ist es dagegen in HNO_3 sowie in heißen Laugen. Elementares Blei wird in Gegenwart von Luftsauerstoff von Wasser sowie auch von CO_2-haltigem Wasser angegriffen:

$$Pb + \tfrac{1}{2}\,O_2 + H_2O \longrightarrow Pb(OH)_2$$
$$Pb + \tfrac{1}{2}\,O_2 + H_2O + 2\,CO_2 \longrightarrow Pb(HCO_3)_2$$

Diese Reaktionen sind gerade in Hinblick auf die Toxizität von Bleiverbindungen wichtig.

8.2.3 Chemische Verbindungen

Kohlenstoff-Verbindungen

Graphit-Verbindungen Unter Erhalt seiner charakteristischen Schichtstruktur bildet Graphit zahlreiche Verbindungen, in denen die Bindungen in Abhängigkeit vom jeweiligen Reaktionspartner überwiegend kovalent oder auch ionisch sind. Mit Fluor reagiert Graphit bei 400 – 600 °C zu *Graphitfluorid*, das bei vollständigem Umsatz die Zusammensetzung $(CF)_n$ besitzt. Die F-Atome bilden mit den π-Elektronen des Graphits kovalente Bindungen zu den C-Atomen. Damit ändert sich deren Hybridisierung von sp^2 nach sp^3, sodass die Schichten nunmehr gewellt sind (Abbildung 8.8). Mit der Verwendung der π-Elektronen für die Ausbildung der C–F-Bindungen gehen die schwarze Farbe und der metallische Glanz verloren, ebenso die elektrische Leitfähigkeit: $(CF)_n$ ist eine farblose und nichtleitende Substanz; sie ist chemisch beständig gegenüber Wasser, Säuren und Laugen. Bei 700 °C reagiert Graphit mit Fluor unter Bildung von CF_4-Molekülen:

$$C_n + 2n\,F_2 \longrightarrow n\,CF_4$$

Zwischen den Schichten des Graphitgitters können unter Erhalt der Schichten, jedoch Aufweitung der Schichtabstände, verschiedene Atome und Moleküle eingelagert werden; die resultierenden Verbindungen bezeichnet man als *Interkalationsverbindungen* (Einlagerungsverbindungen). Eingelagerte Elektronendonoren geben Elektronen an das Graphitgitter ab, eingelagerte Elektronenakzeptoren nehmen entsprechend Elektronen aus dem Graphitgitter auf. Im Ergebnis resultieren in beiden Fällen ionische Bindungen zwischen den Graphitschichten und den Interkalationsschichten.

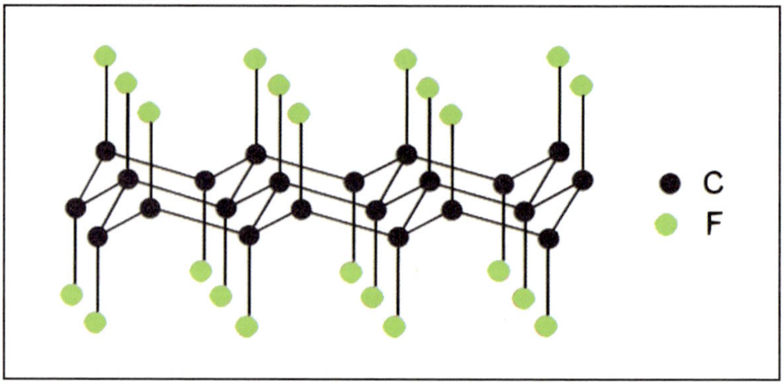

8.8 Ausschnitt aus einer Schicht des Graphitfluorids, $(CF)_n$.

Zu den gut untersuchten Einlagerungsverbindungen mit *Elektronendonoren* gehören die der Alkalimetalle, von denen in Abbildung 8.9 das C_8K in der Aufsicht dargestellt ist; weitere Verbindungen dieses Typs sind $C_{24}K$, $C_{36}K$, $C_{48}K$ und $C_{60}K$. Die K-Atome geben ihr Valenzelektron an das Leitungsband des Graphitgitters ab, sodass ionische Strukturen resultieren. Die Verbindungen besitzen metallische Leitfähigkeit. Alkalimetall-Graphitverbindungen sind sehr reaktiv und reagieren z. B. sehr heftig mit Wasser.

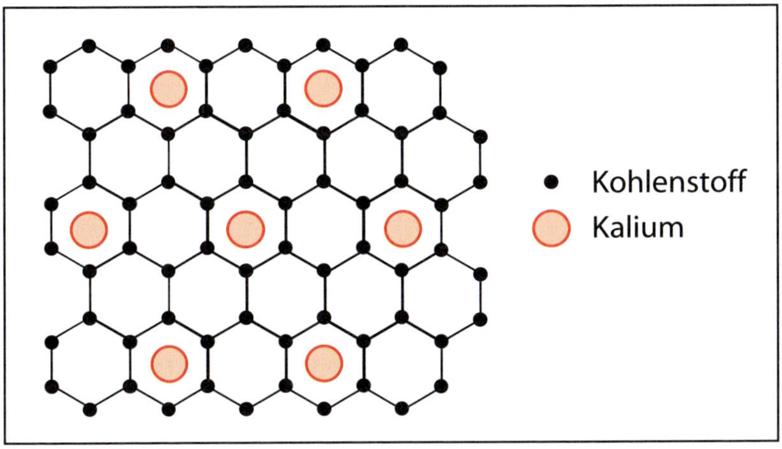

8.9 Aufsicht auf das Gitter von C_8K.

Als *Elektronenakzeptoren* können Metallhalogenide, Sauerstoffsäuren oder auch Oxide zwischen die Schichten des Graphitgitters eingelagert werden. Diese Graphitsalze zeigen eine höhere elektrische Leitfähigkeit als Graphit selbst; von Wasser werden sie zersetzt.

Carbide Carbide sind Verbindungen des Kohlenstoffs mit Metallen und den Halbmetallen Bor und Silicium. In allen Carbiden ist der Kohlenstoff stets der elektronegativere Bindungspartner. Je nach den vorherrschenden Bindungsverhältnissen kann zwischen *kovalenten, salzartigen (ionischen)* und *metallischen* Carbiden unterschieden werden.

Die *kovalenten Carbide* werden mit den Elementen vergleichbarer Elektronegativität gebildet, also mit Si und B. Siliciumcarbid, SiC, wird technisch aus SiO_2 (Quarzsand) und Koks im elektrischen Ofen bei einer Temperatur von 2200 °C hergestellt:

$$SiO_2 + 3\,C \longrightarrow SiC + 2\,CO$$

SiC ist sehr hart, thermisch und chemisch außerordentlich beständig. Es wird daher als Schleifmittel und zur Herstellung feuerfester Steine sowie von Heizwiderständen (Silitstäbe) verwendet. In allen Modifikationen sind die Si-Atome tetraedrisch von vier C-Atomen umgeben wie umgekehrt die C-Atome tetraedrisch von vier Si-Atomen umgeben sind; die Bindungen sind kovalent.

Die *salzartigen Carbide* werden mit den elektropositiven Metallen gebildet; es sind farblose und hydrolyseempfindliche Verbindungen. Am häufigsten tritt das Acetylenid-Anion, C_2^{2-}, auf, bei dessen Hydrolyse Acetylen gebildet wird (M_2C_2 mit M = Alkalimetall, Cu, Ag, Au; MC_2 mit M = Erdalkalimetall, Zn, Cd; $M_2(C_2)_3$

mit M = Al, La). Andere salzartige Carbide enthalten formal das Methanid-Anion, C^{4-}, und ergeben bei der Hydrolyse Methan (Be_2C, Al_4C_3). Schließlich gibt es noch zwei salzartige Carbide, die das Propinid-Anion C_3^{4-} enthalten und bei deren Hydrolyse Propin gebildet wird (Li_4C_3, Mg_2C_3).

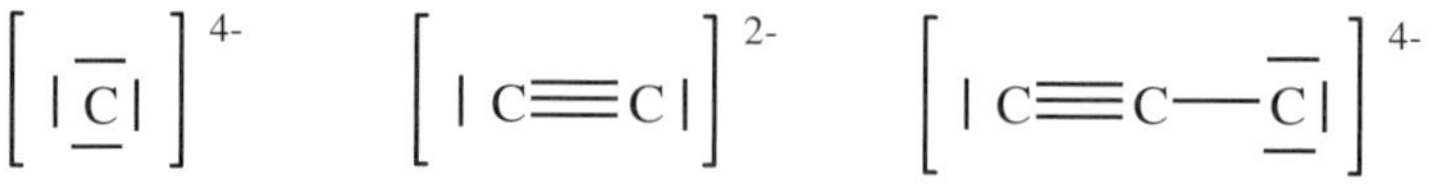

Methanid- Acetylenid- Propinid-Anion

Von großtechnischer Bedeutung für die Gewinnung von Acetylen ist das CaC_2, das daher in großen Mengen aus CaO und Koks im elektrischen Ofen bei 2200 °C hergestellt wird.

In den mit den Übergangsmetallen gebildeten *metallischen Carbiden* besetzen die kleineren Kohlenstoffatome die oktaedrischen Lücken in den Metallgittern. Es handelt sich demnach also um Einlagerungsverbindungen. Metallische Carbide sind Stoffe mit großer Härte, hohen Schmelzpunkten und metallischer Leitfähigkeit.

Sauerstoffverbindungen des Kohlenstoffs Die beiden wichtigsten Oxide des Kohlenstoffs sind das **Kohlenmonoxid, CO,** und das **Kohlendioxid, CO_2**.

Kohlenmonoxid ist ein farbloses, geruchloses und äußerst toxisches Gas, das bei der unvollständigen Verbrennung von Kohlenstoff entsteht. Das CO-Molekül ist mit dem N_2-Molekül isoelektronisch, d.h. in beiden Molekülen sind die Atome durch eine σ- und zwei π-Bindungen verbunden.

CO entsteht in großen Mengen bei der Wassergas-Erzeugung (Abschnitt 7.1.2). Im Laboratorium stellt man CO durch Eintropfen von Ameisensäure in warme konz. H_2SO_4 her:

$$HCOOH \xrightarrow{H_2SO_4} CO + H_2O$$

Allerdings kann das CO nur formal als das Anhydrid der Ameisensäure aufgefasst werden, da umgekehrt CO und H_2O nicht zu Ameisensäure reagieren.

CO ist ein ausgesprochenes Reduktionsmittel. An der Luft verbrennt es mit einer charakteristischen blauen Flamme zu CO_2. Bei erhöhter Temperatur reduziert es viele Metalloxide zu den entsprechenden Metallen; so ist z. B. auch beim Hochofenprozess zur Roheisengewinnung das eigentliche Reduktionsmittel das CO. Bereits bei Raumtemperatur vermag CO Pd^{2+}-Salze in wässriger Lösung unter Metallabscheidung zu reduzieren; es ist dies eine empfindliche Nachweisreaktion für CO:

$$Pd^{2+} + 3\,H_2O + CO \longrightarrow Pd\downarrow + 2\,H_3O^+ + CO_2$$

CO ist ein ausgezeichneter Komplexbildner und tritt nicht nur – wie in den binären Übergangsmetallcarbonylen – als alleiniger Ligand auf, sondern bildet auch eine Vielzahl von Komplexverbindungen, in denen es gemeinsam mit anderen Liganden an das Übergangsmetallatom koordiniert ist. Die oben erwähnte Toxizität des CO beruht auf der Bildung eines sehr stabilen Komplexes mit dem Eisen des Hämoglobins im Blut, wodurch die Sauerstoffaufnahme blockiert wird.

Von den Übergangsmetallcarbonylen haben einige technische Bedeutung erlangt wie z. B. das $Ni(CO)_4$ zur Darstellung von Reinstnickel nach dem MOND-Verfahren oder das $Co_2(CO)_8$ als Präkatalysator in der Oxo-Synthese zur Darstellung von Aldehyden aus Olefinen und CO (der eigentliche Katalysator ist das $HCo(CO)_4$).

Auf die Verwendung von CO im Gemisch mit H_2 zur katalytischen Synthese verschiedener organischer Verbindungen ist bereits in Abschnitt 5.3.4 hingewiesen worden.

Kohlendioxid ist ein ebenfalls farbloses und geruchloses Gas. Es ist nicht brennbar und unterhält Verbrennungsvorgänge nicht, sodass es als Feuerlöschmittel Verwendung findet (CO_2-Löscher). CO_2 hat eine größere Dichte als Luft, sodass es sich in geschlossenen Räumen wie Gärkellern, Grotten und Brunnenschächten am Boden ansammelt; dies muss wegen seiner erstickenden Wirkung beachtet werden (bekannt ist z. B. die „Hundsgrotte" von Neapel, in der Hunde wegen des dem Boden entströmenden CO_2 ersticken würden, während Menschen ungefährdet sind). Notwendig ist auch die Entfernung des von Astronauten ausgeatmeten CO_2 aus der Atemluft der Kabinen von Raumfahrzeugen (Abschnitt 7.2.3). CO_2 kann leicht verflüssigt werden; im festen Zustand bildet es ein Molekülgitter (Abbildung 4.52), in dem die CO_2-Moleküle durch VAN DER WAALS-Kräfte zusammengehalten werden. Das feste CO_2, auch als *Trockeneis* bezeichnet, sublimiert unter Normaldruck bei –78 °C. Im Gemisch mit Alkohol oder Aceton wird es im Laboratorium als Kältemittel verwendet.

Das CO_2-Molekül besitzt eine lineare Struktur. Das C-Atom ist sp-hybridisiert; die beiden sp-Hybridorbitale bilden die σ-Bindungen zu den O-Atomen, die verbleibenden p-Orbitale entsprechend die beiden π-Bindungen:

$$\overline{\underline{O}}{=}C{=}\overline{\underline{O}}$$

CO_2 wird bei der vollständigen Verbrennung von Kohlenstoff und Kohlenstoffverbindungen gebildet. Außerdem entsteht es bei der thermischen Zersetzung von $CaCO_3$ (Kalkbrennen):

$$CaCO_3 \xrightarrow{1\,000\,°C} CaO + CO_2$$

Im Labormaßstab gewinnt man CO_2 durch Zersetzung von Carbonaten mit Säuren:

$$CaCO_3 + 2\,HCl \longrightarrow CaCl_2 + H_2O + CO_2$$

Zur Reinigung von CO_2 kann man es bei Raumtemperatur in eine wässrige Lösung von K_2CO_3 einleiten; das dabei gebildete $KHCO_3$ wird beim Erhitzen dieser Lösung wieder zersetzt und das CO_2 in reiner Form freigesetzt:

$$K_2CO_3 + CO_2 + H_2O \underset{\text{Hitze}}{\overset{\text{Raumtemperatur}}{\rightleftharpoons}} 2\,KHCO_3$$

CO_2 ist eine thermisch und chemisch sehr beständige Verbindung. Selbst bei 1200 °C ist es lediglich zu 0,03 % in CO und O_2 gespalten. Eine Reduktion von CO_2 gelingt nur mit sehr starken Reduktionsmitteln wie H_2, C, Na oder Mg bei hohen Temperaturen. Technisch von Bedeutung ist dabei das Gleichgewicht zwischen Kohlendioxid, Kohlenstoff und Kohlenmonoxid, das BOUDOUARD-Gleichgewicht:

$$CO_2 + C_{(s)} \rightleftharpoons 2\,CO \qquad \Delta H^0 = +173\ \text{kJ/mol}$$

Das positive Vorzeichen der Reaktionsenthalpie zeigt, dass das Gleichgewicht bei abnehmender Temperatur auf die Seite des CO_2 verschoben wird. Das heißt aber auch, dass CO unter Normalbedingungen thermodynamisch instabil ist. Seine Disproportionierung zu CO_2 und C ist jedoch kinetisch gehemmt, sodass CO *metastabil* existent ist.

Im Verlauf der Evolution haben sich in der Erdatmosphäre durch den biologischen und den geochemischen Kreislauf stationäre Konzentrationen an CO_2 und O_2 ein- gestellt (Abbildung 8.10). Während auf der einen Seite durch die Atmung von Mensch und Tier, durch die Verbrennung fossiler Brennstoffe sowie durch den Zerfall organischer Materie (Fäulnis) der Atmosphäre ständig Sauerstoff entzogen und Kohlendioxid zugeführt wird, wird bei der Photosynthese der grünen Pflanzen der Atmosphäre Kohlendioxid entzogen und Sauerstoff zugeführt. Auf den CO_2-Gehalt der Erdatmosphäre haben auch die Vorgänge des geochemischen CO_2-Kreislaufes einen erheblichen Einfluss. Durch das ständig wachsende Ausmaß der Verbrennung von Kohle und Kohlenwasserstoffen sowie durch die großflächigen Brandrodungen nimmt der CO_2-Gehalt der Luft ständig zu: Betrug der Volumenanteil des CO_2 in der Luft im Jahre 1960 ca. 0,0315 %, so lag er im Jahre 2002 bereits bei 0,037 %. Das CO_2 der Atmosphäre ist aber für den Wärmehaushalt der Erde von grundlegender Bedeutung, da es die von der Erdoberfläche ausgesandten Wärmestrahlen absorbiert, die sichtbare Sonnenstrahlung jedoch passieren lässt. Durch den ständigen Anstieg des CO_2-Gehaltes der Luft ist daher eine Störung des Wärmehaushaltes der Erde zu befürchten, deren Konsequenzen auf das Klima heute noch nicht abzusehen sind (Treibhaus-Effekt).

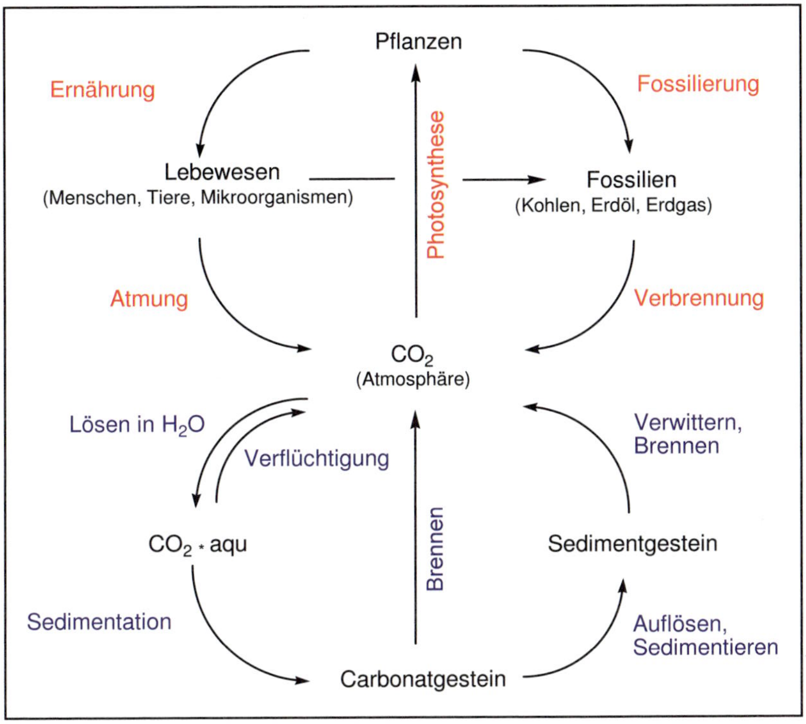

8.10 Biologischer und geochemischer Kreislauf des CO_2.

Kohlendioxid ist das Anhydrid der **Kohlensäure, H_2CO_3**. Lösungen von CO_2 in Wasser reagieren mit einem pH-Wert von 4 bis 5 schwach sauer; es liegen folgende Gleichgewichte vor:

$$CO_2 + H_2O \rightleftharpoons H_2CO_3 \qquad pK = 2{,}6$$
$$H_2CO_3 + H_2O \rightleftharpoons HCO_3^- + H_3O^+ \qquad pK_{S1} = 3{,}8$$
$$HCO_3^- + H_2O \rightleftharpoons CO_3^{2-} + H_3O^+ \qquad pK_{S2} = 10{,}3$$

Das erste Gleichgewicht liegt nahezu vollständig auf der Seite des CO_2. d.h. 99,8 % der CO_2-Moleküle liegen physikalisch gelöst (hydratisiert) vor und unterliegen keiner protolytischen Reaktion. Der pK_{S1}-Wert verdeutlicht, dass H_2CO_3 tatsächlich eine mittelstarke Säure ist. Da aber nur sehr wenige CO_2-Moleküle mit Wasser zu H_2CO_3 reagieren, wirkt die Lösung insgesamt wie die einer schwachen Säure. H_2CO_3 lässt sich aus wässriger Lösung nicht isolieren; beim Versuch der Entwässerung zersetzt sie sich und es entweicht CO_2. Als zweibasige Säure bildet Kohlensäure zwei Reihen von stabilen Salzen, nämlich die **Hydrogencarbonate** mit dem Anion HCO_3^- und die **Carbonate** mit dem Anion CO_3^{2-}. Das Carbonat-Anion ist eine starke Anionenbase. Es besitzt eine trigonal-planare Struktur, in der das C-Atom sp^2-hybridisiert ist; die π-Bindung ist delokalisiert.

Carbonate sind in der Natur weit verbreitet. Von CO_2-haltigem Wasser wird das schwerlösliche $CaCO_3$ in lösliches $Ca(HCO_3)_2$ umgewandelt:

$$CaCO_3 + H_2O + CO_2 \rightleftharpoons Ca^{2+} + 2\,HCO_3^-$$

Das $Ca(HCO_3)_2$ bestimmt die so genannte *temporäre Härte* des Wassers. Temporär deshalb, weil sich das Gleichgewicht beim Erhitzen nach links verschiebt, CO_2 entweicht und das $CaCO_3$ wieder ausfällt. Darauf beruhen die Bildung von Kesselstein und die Bildung der Stalagmite und Stalaktite in Tropfsteinhöhlen. Die *permanente Härte* des Wassers wird durch gelöstes $CaSO_4$ verursacht; sie lässt sich nicht durch Erhitzen beseitigen. Die Gesamthärte des Wassers wird in Millimol Erdalkalimetallionen pro Liter angegeben. Häufig wird die Wasserhärte jedoch in Deutschen Härtegraden angegeben: 1 °d entspricht 10 mg CaO pro Liter Wasser; sehr harte Wässer haben ca. 30 Deutsche Härtegrade.

Zur Wasserenthärtung verwendet man Polyphosphate oder Ionenaustauscherharze. Ionenaustauscherharze sind organische Polymere mit einer lockeren Raumnetzstruktur, in die saure ($–SO_3H$) oder basische ($–NMe_3OH$) Gruppen eingebaut sind, an denen der Austausch der Kationen bzw. Anionen erfolgt:

$$\text{Kationen:}\quad -SO_3H + M^+ + H_2O \rightleftharpoons -SO_3^-\,M^+ + H_3O^+$$
$$\text{Anionen:}\quad -NMe_3^+OH^- + X^- \rightleftharpoons -NMe_3^+\,X^- + OH^-$$

Strömt Wasser durch einen Kationenaustauscher, so werden die Ca^{2+}- und Mg^{2+}-Kationen gegen H_3O^+-Ionen ausgetauscht; beim anschließenden Durchgang durch einen Anionenaustauscher werden die HCO_3^-- und die SO_4^{2-}-Anionen gegen OH^--Ionen ausgetauscht, sodass danach vollständig entsalztes Wasser vorliegt. Die Ionenaustauscherharze sind nach ihrer Verwendung durch Behandlung mit Säuren bzw. Basen regenerierbar.

Ein technisch wichtiges Derivat der Kohlensäure ist der **Harnstoff**, $CO(NH_2)_2$; formal sind im Kohlensäure-Molekül $CO(OH)_2$ die beiden OH-Gruppen durch NH_2-Gruppen ersetzt. Harnstoff ist das hauptsächliche Stickstoffausscheidungsprodukt des Menschen sowie der ureotelischen Tiere (Säugetiere, Amphibien etc.). Harnstoff wird als Düngemittel und als nicht-proteinogener Futtermittel-Zusatz für Rinder verwendet. Seine technische Darstellung erfolgt aus CO_2 und NH_3 unter Druck.

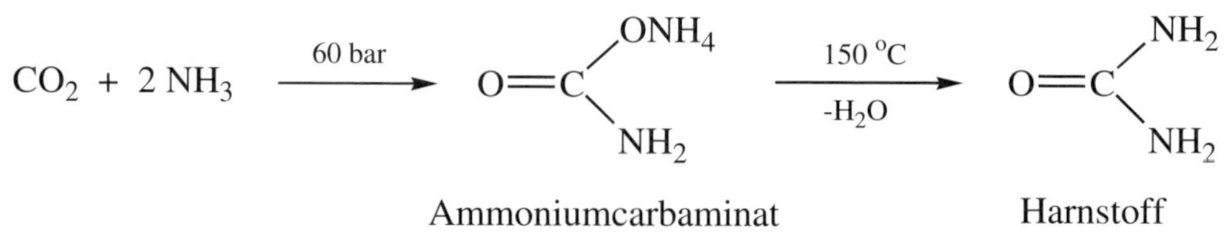

Als organische Verbindung wurde Harnstoff 1828 von F. WÖHLER aus einer anorganischen Verbindung, dem Ammoniumcyanat, hergestellt; damit widerlegte WÖHLER das Konzept einer *vis vitalis,* also einer Lebenskraft.

Stickstoffverbindungen des Kohlenstoffs **Hydrogencyanid, HCN** ist eine farblose, extrem toxische Flüssigkeit; mit einem Siedepunkt von nur 26 °C ist die unter dem Trivialnamen Blausäure bekannte Verbindung sehr flüchtig. Charakteristisch ist ihr Geruch nach bitteren Mandeln. HCN gehört zu den sehr schwachen Säuren und existiert in zwei tautomeren Formen:

$$\mathrm{H{-}C{\equiv}N|} \rightleftharpoons \mathrm{|C{\equiv}N{-}H}$$

Unter **Tautomerie** versteht man das Auftreten zweier isomerer Formen einer Verbindung, die unter Verschiebung von σ- und π-Bindungen entstehen und miteinander im Gleichgewicht stehen; meist unterscheiden sich die tautomeren Formen durch die Stellung eines H-Atoms voneinander.

Das obige Gleichgewicht liegt jedoch vollständig auf der linken Seite. Der Nachweis der Tautomerie gelingt über die organischen Derivate, die als *Nitrile* R–CN und *Isonitrile* R–NC isolierbar sind.

HCN wird technisch aus Methan und Ammoniak bei 1200 °C an einem Katalysator hergestellt:

$$CH_4 + NH_3 \longrightarrow HCN + 3\,H_2$$

Durch Einleiten von HCN in Laugen werden ihre Salze, die Cyanide, gewonnen. Cyanide werden leicht von Säuren unter HCN-Entwicklung zersetzt; diese Reaktion erfolgt bereits mit dem CO_2 der Luft:

$$2\,CN^- + H_2O + CO_2 \longrightarrow CO_3^{2-} + 2\,HCN$$

Cyanide werden in der *Cyanid-Laugerei* eingesetzt, wobei Silber und Gold aus ihren Erzen unter Mitwirkung von Luftsauerstoff in Form von Cyano-Komplexen herausgelöst werden:

$$4\,Ag + 8\,CN^- + 2\,H_2O + O_2 \longrightarrow 4\,[Ag(CN)_2]^- + 4\,OH^-$$

Aus den Lösungen ihrer Cyano-Komplexe werden Silber bzw. Gold durch Einrühren von Zinkstaub ausgefällt:

$$2\,[Ag(CN)_2]^- + Zn \longrightarrow [Zn(CN)_4]^{2-} + 2\,Ag$$

Das CN^--Anion ist isoelektronisch mit CO und N_2. Es bildet mit vielen Übergangsmetallionen Komplexverbindungen. Seine Toxizität beruht auf der Bildung sehr stabiler Komplexe mit dem Eisen des Hämoglobins und des Cytochrom *a* der Atmungskette, womit deren Funktionen blockiert werden.

Dicyan, $(CN)_2$, ist ein farbloses und ebenfalls giftiges Gas. Es entsteht z.B. bei der Umsetzung von Cu^{2+} mit CN^-:

$$2\,Cu^{2+} + 4\,CN^- \longrightarrow 2\,CuCN + (CN)_2$$

Das Molekül besitzt eine lineare Struktur mit sp-hybridisierten C-Atomen:

$$|N{\equiv}C{-}C{\equiv}N|$$

$(CN)_2$ ist ein so genanntes Pseudohalogen; es bildet wie die Halogene eine Wasserstoffverbindung HX und disproportioniert in alkalischer Lösung:

$$(CN)_2 + 2\,OH^- \longrightarrow CN^- + OCN^- + H_2O$$

Das OCN^- ist das Anion der **Cyansäure**, HOCN. Ersetzt man darin den Sauerstoff durch Schwefel, erhält man die **Thiocyansäure** bzw. die Thiocyanate (Rhodanide).

Halogen- und Schwefelverbindungen des Kohlenstoffs **Tetrachlormethan, CCl_4,** ist eine farblose, nicht brennbare Flüssigkeit. Es ist chemisch sehr stabil und wird vor allem als Lösungsmittel sowie als Feuerlöschmittel verwendet.

Kohlenstoffdisulfid, CS_2, wird durch Umsetzung von Kohlenstoff mit Schwefeldampf bei 850 °C hergestellt:

$$C + 2\,S_{(g)} \longrightarrow CS_2$$

CS_2 ist eine farblose, sehr giftige und leicht entzündliche Flüssigkeit. Es besitzt gute Löseeigenschaften für Fette, Öle, Schwefel, Phosphor und Iod.

Wie CO_2 ist auch CS_2 linear gebaut: Das C-Atom ist sp-hybridisiert und bildet zu den beiden S-Atomen Doppelbindungen.

Im Gegensatz zur H_2CO_3 ist die entsprechende **Thiokohlensäure**, H_2CS_3, in reiner Form als ölige Flüssigkeit darstellbar.

Silicium-Verbindungen

Wasserstoffverbindungen des Siliciums (Silane) Silicium bildet kettenförmige Silane der allgemeinen Formel Si_nH_{2n+2} mit n = 1 bis 15, die in ihrer Zusammensetzung damit den Alkanen entsprechen. Es sind ausnahmslos *endotherme Verbindungen*, die jedoch bei Abwesenheit von H_2O und O_2 beständig sind. An der Luft entzünden sie sich von selbst und verbrennen zu SiO_2 und H_2O.

Anders als in den Alkanen ist der Wasserstoff in den Silanen negativ polarisiert. Das hat zur Konsequenz, dass im Gegensatz zu den Alkanen mit starken Nukleophilen eine Substitution der H-Atome erfolgt; eine Hydrolyse der Silane erfolgt daher nur in Gegenwart von OH^--Ionen:

$$SiH_4 + 4\,H_2O \xrightarrow{OH^-} Si(OH)_4 + 4\,H_2$$

Bei der Umsetzung von Mg_2Si mit Säuren erhält man ein Gemisch aller Silane. Die ersten drei Glieder der Silan-Reihe lassen sich besser durch Umsetzung der entsprechenden Chloride mit $LiAlH_4$ in etherischer Lösung darstellen, z. B.:

$$SiCl_4 + LiAlH_4 \longrightarrow SiH_4 + LiAlCl_4$$

Im Gegensatz zum Kohlenstoff bildet Silicium keine Silane mit Si–Si-Mehrfachbindungen.

Sauerstoffverbindungen des Siliciums, Siliciumdioxid, SiO_2 Im Gegensatz zum CO_2 ist SiO_2 ein polymerer, harter Festkörper mit einem sehr hohen Schmelzpunkt. Zwischen den Si- und den O-Atomen treten keine pπ-pπ-Bindungen auf. Vielmehr sind die Si-Atome sp^3-hybridisiert und tetraedrisch von vier O-Atomen umgeben. Die SiO_4-Tetraeder sind über gemeinsame Ecken miteinander verknüpft, sodass jedes O-Atom zwei benachbarte Si-Atome besitzt (Abbildung 8.11.a).

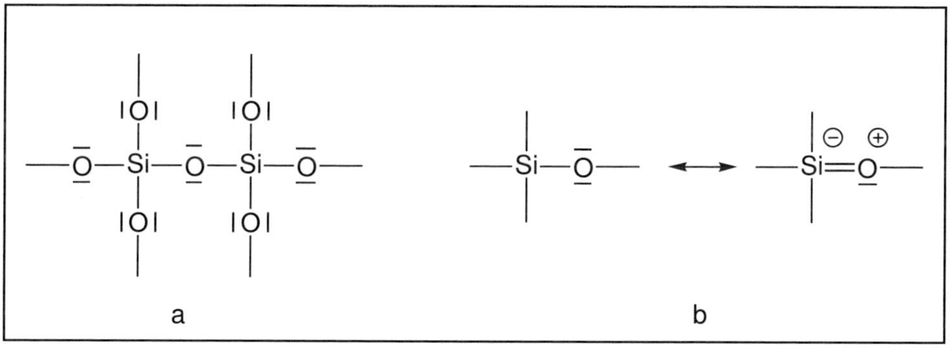

8.11 Struktur- und Bindungsverhältnisse in SiO_2.

Die Si–O-Bindung hat eine außergewöhnlich hohe Bindungsenergie. Als Ursache dafür kann die Ausbildung von pπ–dπ-Wechselwirkungen zwischen den einsamen Elektronenpaaren des Sauerstoffs und den vakanten d-Orbitalen des Siliciums angesehen werden (Abbildung 8.11b).

Die verschiedenen Modifikationen des SiO_2 (α- und β-Quarz, α- und β-Tridymit, α- und β-Cristobalit) unterscheiden sich in der dreidimensionalen Anordnung der SiO_4-Tetraeder.

Beim raschen Abkühlen einer SiO_2-Schmelze erhält man **Quarzglas**, das bei Raumtemperatur metastabil ist, jedoch erst bei längerem Tempern kristallisiert; Spuren von Alkalien beschleunigen die Kristallisation. Quarzglas besitzt einen sehr geringen thermischen Ausdehnungskoeffizienten und folglich eine sehr gute Temperaturwechselbeständigkeit; so kann man es z. B. von heller Rotglut auf Raumtemperatur abschrecken, ohne dass es dabei Schaden nimmt. Die sehr gute Temperaturwechselbeständigkeit, die bemerkenswerte chemische Resistenz und die Schwerschmelzbarkeit machen Quarzglas zu einem geeigneten Material für die Herstellung hitzebeständiger Apparaturen. Daneben nutzt man seine Durchlässigkeit für UV-Licht für die Herstellung von Quarzlampen, UV-Mikroskopen, Küvetten für spektroskopische Untersuchungen im UV-Bereich etc.

SiO_2 ist als Bestandteil vieler Gesteine (Quarzsand, Granit, Sandstein, Gneis u. a.) in der Natur weit verbreitet. Gut ausgebildete Kristalle finden als Schmucksteine Verwendung: *Bergkristall* (wasserklar), *Rauchquarz* (braun), *Amethyst* (violett), *Citrin* (gelb). Mikrokristalliner Quarz trägt die Bezeichnung Chalcedon; auch davon leiten sich verschiedene Schmucksteinen ab, nämlich *Achat*, *Carneol*, *Onyx*, *Jaspis*, *Heliotrop* u. a. Amorphes und wasserhaltiges SiO_2 bildet *Opale*; zu dieser Gruppe gehört auch Kieselgur.

Quarzkristalle sind *piezoelektrisch*, d. h. dass der Kristall durch eine angelegte Wechselspannung zu Schwingungen mit einer bestimmten Frequenz angeregt wird. Da die Frequenzgenauigkeit der Eigenschwingungen von Quarzkristallen außerordentlich hoch ist, werden sie zum Bau von Quarzuhren verwendet.

SiO_2 ist chemisch außerordentlich beständig. Außer von HF wird es von Säuren nicht angegriffen. Mit heißen Laugen reagiert es nur langsam. Beim Zusammenschmelzen mit Alkalimetallhydroxiden oder -carbonaten setzt sich SiO_2 zu den entsprechenden Silicaten um:

$$SiO_2 + 2\,MOH \longrightarrow M_2SiO_3 + H_2O$$
$$SiO_2 + M_2CO_3 \longrightarrow M_2SiO_3 + CO_2$$

Kieselsäuren und ihre Salze Die einfachste Sauerstoffsäure des Siliciums ist die **Orthokieselsäure,** H_4SiO_4, die allerdings nur in sehr großer Verdünnung beständig ist, da sie eine ausgesprochen große Neigung zur Kondensation unter Bildung von **Polykieselsäuren** besitzt. Die Geschwindigkeit der Kondensationsreaktionen hängt von der Konzentration, dem pH-Wert der Lösung sowie von der Temperatur ab. Die Kondensation verläuft dreidimensional, sodass als Endprodukt SiO_2 erhalten wird.

Die intermediär auftretenden Polykieselsäuren sind unbeständig und können daher nicht isoliert werden. Beständig sind dagegen ihre Salze, die Silicate. Eine hoch kondensierte, wasserhaltige Polykieselsäure ist das **Kieselgel**; bei seiner Entwässerung erhält man das **Silicagel**, einen polymeren Feststoff mit großer spezifischer Oberfläche, der daher zur Adsorption von Gasen und Dämpfen geeignet ist. Im Laboratorium wird es als Trockenmittel z. B. in Exsiccatoren verwendet. Um seine Aufnahmefähigkeit für Wasserdampf bequem kontrollieren zu können, wird das Silicagel mit einer Lösung von $Co(NO_3)_2$ behandelt und anschließend erhitzt. Dabei nimmt es eine blaue Farbe an („Blaugel"); ist seine Aufnahmefähigkeit für Wasserdampf erschöpft, färbt es sich rosa. Durch Erhitzen kann es dann wieder reaktiviert werden.

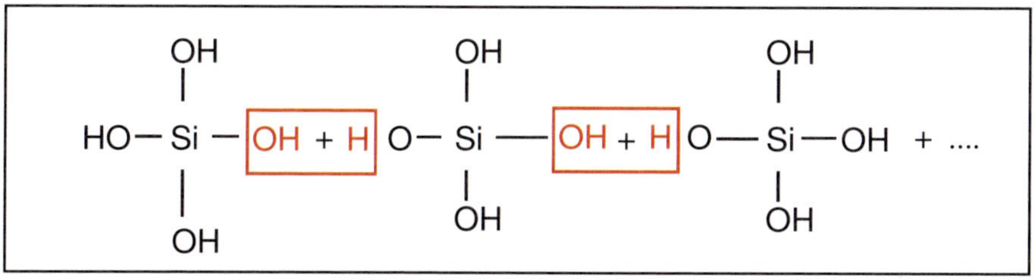

8.12 Kondensation von Orthokieselsäure.

Die Silicate sind Hauptbestandteil der Erdrinde und spielen auch als technische Produkte eine wichtige Rolle. Allen Silicaten gemeinsam ist die Koordinationszahl vier des Siliciums: Jedes Si-Atom ist tetraedrisch von vier O-Atomen umgeben. Die SiO_4-Tetraeder sind stets nur über ihre Ecken, niemals über Kanten oder Flächen miteinander verknüpft. Entsprechend der räumlichen Anordnung der SiO_4-Tetraeder können die Silicate in folgender Weise eingeteilt werden (Abbildung 8.13):

Inselsilicate (Abbildung 8.13a): Sie enthalten isolierte $[SiO_4]$-Tetraeder, die nur durch die Gegenkationen zusammengehalten werden. Typische Vertreter sind *Zirkon*, $Zr[SiO_4]$, und *Olivin*, $(Fe, Mg)_2[SiO_4]$, die beide als Material für die Herstellung feuerfester Steine und von Formsand in Gießereien Verwendung finden.

Gruppensilicate (Abbildung 8.13b): Sie enthalten den Doppeltetraeder $[Si_2O_7]^{6-}$.

Ringsilicate (Abbildung 8.13c,d): Es treten Dreierringe $[Si_3O_9]^{6-}$ und Sechserringe $[Si_6O_{18}]^{12-}$ auf; ein wichtiger Vertreter des letztgenannten Typs ist der *Beryll* als wichtigstes Be-Mineral: $Al_2Be_3[Si_6O_{18}]$.

Kettensilicate (Abbildung 8.13e,f): Die SiO_4-Tetraeder sind zu unendlichen Ketten oder Bändern verknüpft. Die Ketten bzw. Bänder liegen parallel zueinander und werden durch die zwischen ihnen eingelagerten Gegenkationen zusammengehalten. Zu den Kettensilicaten gehört als wichtigstes Li-Mineral *Spodumen* mit der Zusammensetzung $LiAl[Si_2O_6]$.

Schichtsilicate (Abbildung 8.13g): Jeder SiO_4-Tetraeder ist über drei seiner Ecken mit benachbarten Tetraedern verknüpft. Damit entstehen unendliche zweidimensionale Schichten $[Si_4O_{10}]^{4-}$. In der Regel erfolgt die Ausbildung von sechsgliedrigen Ringstrukturen. Treten zwischen den einzelnen Schichten lediglich VAN DER WAALS-Kräfte auf, so sind die Minerale weich mit leicht gegeneinander verschiebbaren Schichten (*Talk, Kaolinit*); erfolgt der Zusammenhalt der Schichten durch eingelagerte Gegenkationen, sind die Minerale härter, jedoch parallel zu den Schichten leicht spaltbar (*Glimmer*).

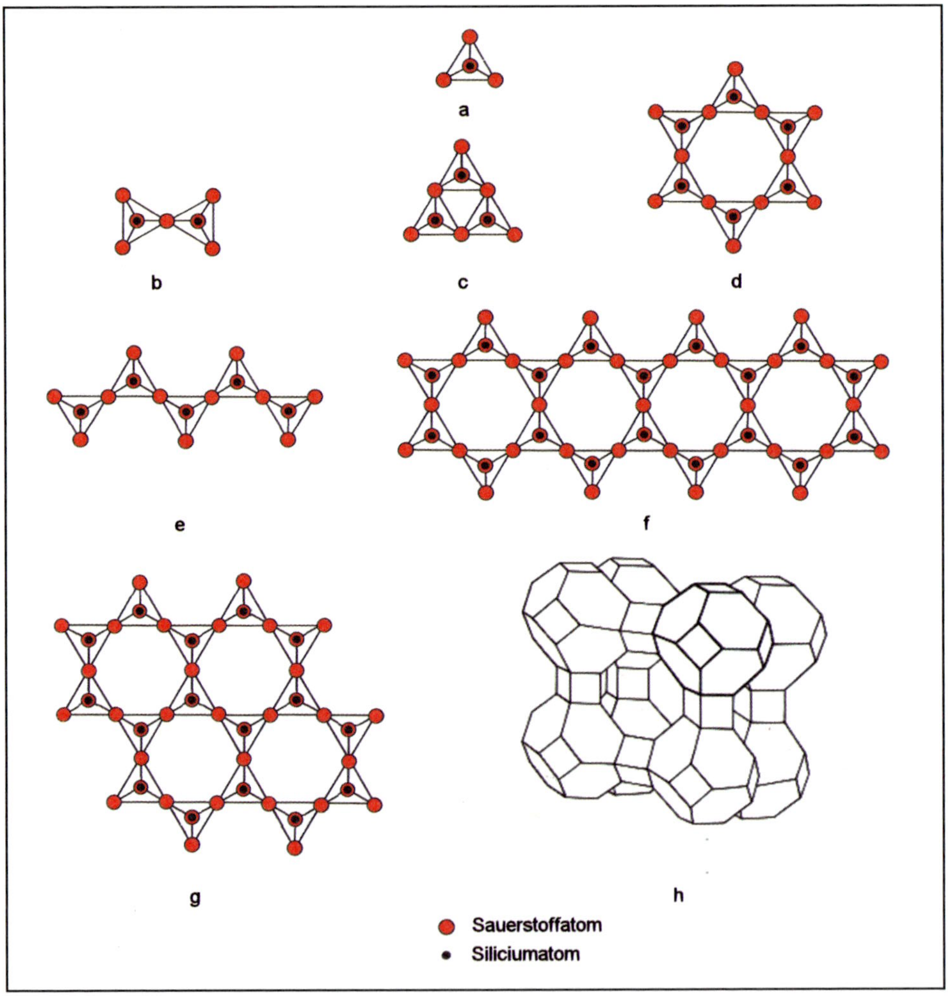

8.13 Strukturen einiger Silicat-Anionen: **a** Inselsilicate; **b** Gruppensilicate; **c,d** Ringsilicate; **e,f** Kettensilicate; **g** Schichtsilicate; **h** Gerüstsilicate (Zeolith A, synthetisch).

Gerüstsilicate (Abbildung 8.13h): Wie im SiO_2 sind die SiO_4-Tetraeder über alle vier Ecken mit benachbarten Tetraedern verknüpft, sodass ein locker strukturiertes dreidimensionales Gerüst gebildet wird. Zu dieser Gruppe gehören die *Feldspate,* die zu ca. 60 % am Aufbau der Erdkruste beteiligt sind, und die *Zeolithe.* Die Struktur der Zeolithe ist durch das Auftreten von großen Hohlräumen gekennzeichnet, die durch Kanäle zugänglich sind. In den Hohlräumen befinden sich die Gegenkationen sowie Wasser. Da die Gegenkationen nicht fest gebunden sind, können sie reversibel ausgetauscht werden (Ionenaustauscher-Funktion); ebenso lässt sich das Wasser reversibel entfernen (Trockenmittel-Funktion).

Heute werden Zeolithe mit unterschiedlich großen Kanälen und Hohlräumen nach speziellen Verfahren synthetisch hergestellt. Diese synthetischen Produkte sind vielseitig einsetzbar. So werden Alkali-Zeolithe zunehmend als Bestandteile von Waschmitteln zur Entfernung der Wasserhärte eingesetzt (Na^+-Ionen ersetzen die Ca^{2+}-Ionen) und verdrängen mehr und mehr die umweltproblematischen Polyphosphate. Da nur solche Moleküle in die Hohlräume gelangen und dort adsorptiv zurückgehalten werden können, die aufgrund ihrer Größe die engen Kanäle passieren können, wirken die Zeolithe als **Molekularsiebe**. Mit solchen Molekularsieben lassen sich auf bequeme Weise Gase (O_2, N_2, Edelgase etc.) und auch organische Lösungsmittel (Ether, Alkohole, Kohlenwasserstoffe etc.) trocknen. Schließlich dienen synthetische Zeolithe auch zur Trennung verzweigter von geradkettigen Kohlenwasserstoffen sowie als Katalysatoren bei Crackung, Reformierung und Isomerisierung von Kohlenwasserstoffen.

Allein aus den verschiedenen Anordnungsmöglichkeiten der SiO_4-Tetraeder resultieren also außerordentlich viele verschiedene Silicatstrukturen. Die Vielfalt wird noch dadurch erhöht, dass z. B. Ionen mit gleicher Koordinationszahl in weiten Grenzen gegeneinander ausgetauscht werden können, so Na^+ gegen Ca^{2+}. Viele Silicate enthalten tetraeder-fremde Anionen wie OH^-, F^- oder O^{2-}, die nicht an Silicium gebunden sind; deren Gegenkationen komplizieren die Silicatzusammensetzungen weiter. Und schließlich kann das Si statistisch oder auch gesetzmäßig gegen Al ausgetauscht sein; solche Silicate heißen **Alumosilicate**.

Silicatgläser sind synthetische, nichtkristalline Silicate, d.h. ohne Kristallisation erstarrte Schmelzen. Anders als in den kristallinen Silicaten mit ihrer dreidimensionalen regelmäßigen Anordnung der SiO_4-Tetraeder liegen in den Gläsern nur kleine Ordnungsbezirke vor. Gläser haben aus diesem Grunde auch keine scharfe Schmelztemperatur, sondern erweichen in einem mehr oder weniger großen Temperaturbereich, was für ihre Verarbeitung von Bedeutung ist. Normales Glas wird durch Zusammenschmelzen von SiO_2, Na_2CO_3 und $CaCO_3$ im Verhältnis 6 : 1 : 1 hergestellt; die basischen Oxide haben die Aufgabe, Si–O–Si-Brücken zwischen den SiO_4-Tetraedern (Netzwerkbildnern) zu öffnen (Netzwerkwandler), um noch stärker ungeordnete Strukturen zu schaffen. Die Eigenschaften von Gläsern können durch Zusatz anderer Komponenten wie K_2CO_3, PbO, B_2O_3 oder Al_2O_3 variiert werden. Durch Zusatz bestimmter Metalloxide lassen sich die Gläser einfärben: FeO – grün, Fe_2O_3 – braun, CoO – blau etc.

Alkalimetallsilicate, M_4SiO_4, die durch Zusammenschmelzen von SiO_2 mit Alkalimetallcarbonaten erhalten werden, dienen als **Wasserglas** zum Leimen und Imprägnieren von Papier, als Flammschutzmittel für Holz und Textilgewebe sowie zum Verkitten von Glas und Porzellan.

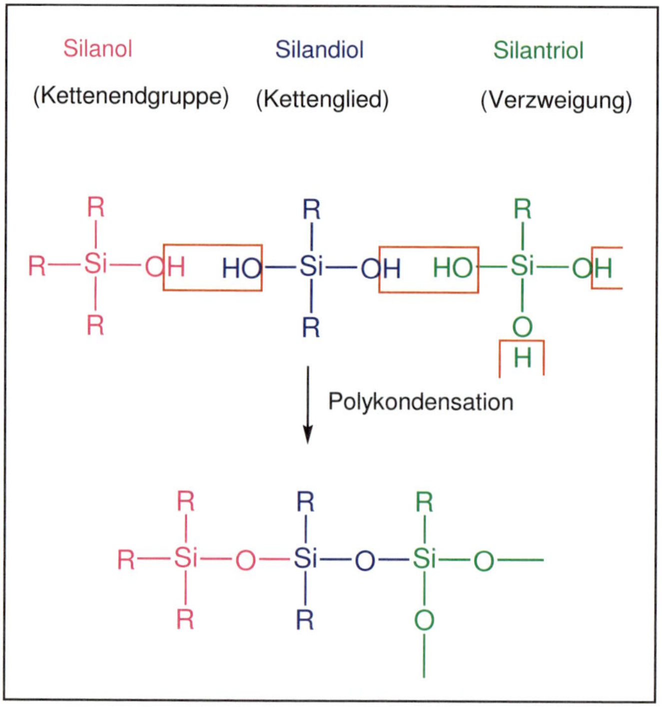

8.14 Bildung von Siliconen durch Polykondensation von Silanolen, Silandiolen und Silantriolen.

Silicone sind chemisch und vor allem thermisch sehr beständige Polymere. Ursache dieser großen Beständigkeit ist zum einen die hohe Stabilität der Si–O–Si-Bindung und zum anderen die chemische und auch thermische Stabilität der Si–C-Bindung. Ausgangsstoffe für die Darstellung der Silicone sind die Alkylchlorsilane, die nach ROCHOW aus den entsprechenden Alkylhalogeniden und elementarem Si mit Kupfer als Katalysator erhalten werden; in vereinfachter Form kann die ROCHOW-Synthese durch folgende Gleichung beschrieben werden:

$$6\,RCl + 3\,Si \xrightarrow{300\text{–}400\ °C} RSiCl_3 + R_2SiCl_2 + R_3SiCl$$

Durch Hydrolyse erhält man aus den Alkylchlorsilanen die Silanole R_3SiOH, die Silandiole $R_2Si(OH)_2$ und die Silantriole $RSi(OH)_3$. Diese unterliegen einer spontanen Kondensation unter Ausbildung der chemisch und thermisch sehr stabilen *Siloxanbrücken*.

Durch Variation des Mischungsverhältnisses der drei Komponenten lässt sich der Polymerisationsgrad gezielt einstellen und man erhält Produkte, deren Konsistenz von dünnflüssig über öl- und fettartig bis kautschukartig reicht; diese Siliconöle, -fette und -gummi sind als Schmier-, Isolier- und Dichtungsmaterial sowie als Imprägniermittel vielfältig einsetzbar.

Halogenverbindungen des Siliciums Die wichtigsten Halogenverbindungen des Si leiten sich von den Silanen Si_nH_{2n+2} durch Ersatz der Wasserstoffatome durch Halogenatome ab.

Siliciumtetrafluorid, SiF_4, ist unter Normalbedingungen ein Gas mit stechendem Geruch; infolge Hydrolyse raucht es an der Luft. Es entsteht beim Erhitzen eines Gemisches von SiO_2 (Silicat) mit CaF_2 und konz. H_2SO_4:

$$2\,CaF_2 + 2\,H_2SO_4 \longrightarrow 2\,CaSO_4 + 4\,HF$$
$$SiO_2 + 4\,HF \rightleftharpoons SiF_4 + 2\,H_2O$$

Die konz. H_2SO_4 setzt zum einen HF aus dem CaF_2 frei und entfernt zum anderen das gebildete Wasser aus dem Gleichgewicht, sodass SiF_4 nicht wieder hydrolysieren kann.

SiF_4 ist bei Abwesenheit von Wasser sehr beständig; das Molekül besitzt tetraedrische Geometrie. Die Si–F-Bindungen haben infolge der Ausbildung von pπ-dπ-Wechselwirkungen wie die Si–O-Bindungen Doppelbindungsanteile und sind deshalb sehr stabil.

Bei der Hydrolyse von SiF_4 reagiert das gebildete HF mit noch nicht zersetztem SiF_4 unter Bildung von **Hexafluorokieselsäure, H_2SiF_6**:

$$SiF_4 + 2\,H_2O \longrightarrow SiO_2 + 4\,HF$$
$$2\,SiF_4 + 4\,HF \longrightarrow 2\,H_2SiF_6$$

Die Hexafluorokieselsäure ist in reinem Zustand nicht bekannt, wohl aber das Dihydrat, das jedoch als Hydroniumsalz $(H_3O^+)_2(SiF_6^{2-})$ vorliegt. H_2SiF_6 ist eine starke Säure, vergleichbar mit der H_2SO_4. Mit Hydroxiden und Carbonaten setzt sich H_2SiF_6 zu den entsprechenden Hexafluorosilicaten um.

Siliciumtetrachlorid, $SiCl_4$, ist eine farblose Flüssigkeit, die durch Erhitzen von Silicium im Chlorstrom hergestellt werden kann. Im Gegensatz zum CCl_4 ist $SiCl_4$ leicht hydrolysierbar; der Grund dafür besteht zum einen in der größeren Polarität der Si–Cl-Bindung verglichen mit der C–Cl-Bindung und zum anderen in der Verfügbarkeit von d-Orbitalen in der Valenzschale des Si, wodurch im ersten Schritt der Reaktion die Anlagerung von H_2O-Molekülen ermöglicht wird.

Zinn-Verbindungen

Zinn(IV)-Verbindungen **Zinntetrachlorid, $SnCl_4$,** entsteht direkt bei der Umsetzung der Elemente; technisch wird es daher durch Chlorierung von Weißblechabfällen hergestellt. Es ist eine farblose, infolge Hydrolyse rauchende Flüssigkeit.

Mit wenig Wasser entsteht das $SnCl_4 \cdot 5\,H_2O$ als eine halbfeste kristalline Masse, die als „Zinnbutter" bezeichnet wird; mit viel Wasser erfolgt eine weitgehende hydrolytische Spaltung, wobei das entstehende hydratisierte SnO_2 kolloidal in Lösung bleibt.

Leitet man in eine konz. wässrige $SnCl_4$-Lösung HCl ein, so entsteht die Hexachlorozinnsäure H_2SnCl_6; deren Ammoniumsalz („Pinksalz") dient in der Färberei als Beizmittel.

Zinndioxid, SnO_2, wird technisch durch Verbrennen von Sn im Luftstrom hergestellt. Es ist ein weißes Pulver, das thermisch und chemisch sehr beständig ist. In Säuren und Laugen ist es unlöslich. Beim Zusammenschmelzen mit Soda und Schwefel (*Freiberger Aufschluss*) bildet es ein lösliches Thiostannat:

$$2\,SnO_2 + 2\,Na_2CO_3 + 9\,S \longrightarrow 2\,Na_2SnS_3 + 3\,SO_2 + 2\,CO_2$$

Technisch wird SnO_2 als Trübungsmittel in der Glasindustrie eingesetzt.

Zinnsäure, Stannate(IV) Beim Zusammenschmelzen von SnO_2 und NaOH erhält man das Natriumstannat(IV):

$$SnO_2 + 2\,NaOH \longrightarrow Na_2SnO_3 + H_2O$$

Das Natriumstannat(IV) kristallisiert aus wässriger Lösung als Natriumhexahydroxostannat(IV) $Na_2Sn(OH)_6$ aus.

Die Hexahydroxozinnsäure $H_2Sn(OH)_6$ ist im freien Zustand ebenso wenig bekannt wie $Sn(OH)_4$. Beim Ansäuern erhält man stets Niederschläge von hydratisiertem Zinndioxid, $SnO_2 \cdot$ aqu. Frisch gefällt sind diese Niederschläge in Säuren löslich, nicht jedoch nach längerem Stehen, bei dem sie durch Kondensationsreaktionen einem Alterungsprozess unterliegen und in unlösliches SnO_2 übergehen.

Zinn(II)-Verbindungen Die wichtigste Eigenschaft von Sn(II)-Verbindungen ist ihre reduzierende Wirkung in sauren und basischen Lösungen und damit ihre Neigung, in Sn(IV)-Verbindungen überzugehen. Das freie Sn^{2+}-Ion hat die Elektronenkonfiguration $[Kr]4d^{10}5s^2$, ist demnach also ein kugelförmiges Ion. Die Strukturchemie von Sn(II)-Verbindungen ist jedoch komplizierter und es treten keine Strukturen auf, die für kugelförmige Ionen zu erwarten wären. Tatsächlich ist in den Sn(II)-Verbindungen das 5s-Elektronenpaar an der Hybridisierung beteiligt und somit stereochemisch aktiv. Hinzu kommt, dass das nichtbindende 5s-Elektronenpaar als Donor gegenüber unbesetzten Orbitalen der Bindungspartner fungieren kann, wie umgekehrt die unbesetzten d-Orbitale des Zinns in die Ausbildung zusätzlicher kovalenter Bindungen einbezogen werden können.

Zinn(II)-chlorid, $SnCl_2$, wird als eine weiße, glänzende Masse in wasserfreier Form durch Überleiten von HCl-Gas über erhitztes Zinn erhalten:

$$Sn + 2\,HCl \longrightarrow SnCl_2 + H_2$$

Aus wässriger Lösung kristallisiert es als Dihydrat. In wenig Wasser löst sich $SnCl_2$ unter Bildung einer klaren Lösung, die sich jedoch beim Verdünnen infolge Hydrolyse und Abscheidung des basischen Sn(OH)Cl trübt.

Bei Zugabe von Cl^--Ionen werden in wässriger Lösung Chloro-Komplexe gebildet, z. B. das $SnCl_3^-$ mit einer pyramidalen Struktur.

$SnCl_2$ scheidet aus den Lösungen von Au-, Ag- und Hg-Salzen die entsprechenden Metalle aus; bei der Reduktion von Hg(II) tritt intermediär das Hg_2^{2+} auf. Chromate werden zu Cr(III)-Verbindungen, Permanganate zu Mn(II)-Verbindungen reduziert.

Zinn(II)-oxid, SnO Bei Zugabe von Basen zu Sn(II)-Salzlösungen fällt ein weißer Niederschlag von SnO · aqu aus. Das hydratisierte Zinn(II)-oxid lässt sich durch Erwärmen unter Luftausschluss in das wasserfreie SnO überführen. Beim Erhitzen an der Luft wird SnO zu SnO_2 oxidiert; beim Erhitzen unter Luftausschluss erfolgt Disproportionierung zu SnO_2 und elementarem Sn.

Zinn(II)-sulfid, SnS, fällt beim Einleiten von H_2S in eine Sn(II)-Salzlösung als brauner Niederschlag aus; da Sn(II) keine Thiostannate bildet, ist SnS nur in Polysulfid-Lösungen unter Oxidation von Sn(II) zum Sn(IV) durch den Schwefel löslich:

$$SnS + (NH_4)_2S_2 \longrightarrow (NH_4)_2SnS_3$$

Blei-Verbindungen

Blei(II)-Verbindungen **Blei(II)-oxid, PbO,** wird technisch durch Oxidation von geschmolzenem Blei mit Luftsauerstoff gewonnen. In Säuren löst sich PbO unter Bildung der entsprechenden Salze; nur in starken konzentrierten Basen löst es sich unter Bildung von Hydroxoplumbat(II), $Pb(OH)_3^-$.

PbO kann mit Reduktionsmitteln wie Kohlenstoff und Wasserstoff zum Metall reduziert werden. Verwendung findet es vornehmlich zur Herstellung von *Mennige*, Pb_3O_4, *Bleiweiß*, $Pb(OH)_2 \cdot 2\,PbCO_3$, und von *Bleigläsern*.

Aus Pb(II)-Salzlösungen fällt mit Basen das weiße Blei(II)-oxidhydrat aus; das reine $Pb(OH)_2$ konnte bislang nicht dargestellt werden.

Blei(II)-Halogenide, PbX_2, sind schwerlösliche Verbindungen, die aus Pb(II)-Salzlösungen durch Zugabe der entsprechenden Halogenidionen ausgefällt werden können. Im Gegensatz zu $SnCl_2$ besitzt $PbCl_2$ keine reduzierenden Eigenschaften.

Blei(II)-sulfat, $PbSO_4$, ist schwerlöslich und fällt aus Pb(II)-Salzlösungen mit SO_4^{2-}-Ionen als weißer, feinkristalliner Niederschlag aus. In konzentrierten starken Säuren wie H_2SO_4 oder HNO_3 löst sich $PbSO_4$ gemäß:

$$PbSO_4 + H^+ \longrightarrow Pb(HSO_4)^+$$

Blei(II)-carbonat, $PbCO_3$, fällt mit CO_3^{2-}-Ionen aus Pb(II)-Salzlösungen in der Kälte; führt man die Fällung in der Wärme durch, so entstehen basische Carbonate, von denen Bleiweiß das wichtigste ist. Trotz seiner Giftigkeit und seines Nachdunkelns ist Bleiweiß noch immer ein gefragtes Farbpigment, weil es von allen weißen Farben den schönsten Glanz und die größte Deckkraft besitzt (das Nachdunkeln von Bleiweiß beruht auf der Bildung von schwarzem PbS durch Spuren von H_2S, das z. B. bei der Denaturierung von Proteinen freigesetzt wird).

Blei(IV)-Verbindungen Pb(IV)-Verbindungen sind generell weniger beständig als Pb(II)-Verbindungen.

Bleidioxid, PbO_2, entsteht bei der Oxidation von Pb(II)-Salzen mit starken Oxidationsmitteln wie Chlor und Hypochlorit oder auch durch anodische Oxidation:

$$Pb^{2+} + 6\,H_2O \longrightarrow PbO_2 + 4\,H_3O^+ + 2\,e^-$$

PbO_2 ist ein braunschwarzes Pulver und selbst ein starkes Oxidationsmittel. Beim erwärmen mit konz. Salzsäure wird Cl_2 gebildet:

$$PbO_2 + 4\,HCl \longrightarrow PbCl_2 + 2\,H_2O + Cl_2$$

Beim Erhitzen spaltet PbO_2 Sauerstoff ab

$$PbO_2 \longrightarrow PbO + \tfrac{1}{2}\,O_2$$

PbO_2 ist eine wichtige Komponente des Bleiakkumulators (Exkurs 5.4).

Blei(II,IV)-oxid (Mennige) kann formal als Blei(II)-orthoplumbat(IV) aufgefasst werden. Mennige ist ein hervorragendes Rostschutzmittel; für Schutzanstriche verwendet man ein Gemisch mit Leinöl.

Blei(IV)-Halogenide, PbX_4 Von den Blei(IV)-Halogeniden existieren nur das Fluorid und das Chlorid, da Br^-- und I^--Ionen von Pb(IV) oxidiert werden. Das PbF_4 ist eine feste, salzartige Verbindung, die Fluoro-Komplexe der Zusammensetzung $[PbF_5]^-$ und $[PbF_6]^{2-}$ bildet. $PbCl_4$ ist eine unbeständige, gelbe Verbindung, die leicht unter Bildung von $PbCl_2$ und Cl_2 zerfällt. Die Verbindung besitzt oxidierende Eigenschaften. Beständiger als das $PbCl_4$ sind die mit Cl^--Ionen gebildeten Hexachloroplumbate(IV) $M^I_2[PbCl_6]$.

8.3 Die Elemente der V. Hauptgruppe (Gruppe 15) - N, P, As, Sb, Bi

8.3.1 Gruppeneigenschaften

Die Elemente der fünften Hauptgruppe variieren in ihren Eigenschaften außerordentlich stark.

Mit steigender Ordnungszahl nimmt der *metallische Charakter* der Elemente stark zu: Es erfolgt ein Übergang vom typischen Nichtmetall Stickstoff zu dem metallischen Element Bismut.

Tabelle 8.3 Ausgewählte Eigenschaften der Elemente der V. Hauptgruppe

	Stickstoff N	Phosphor P	Arsen As	Antimon Sb	Bismut Bi
Elektronen-konfiguration	$[He]2s^22p^3$	$[Ne]3s^23p^3$	$[Ar]3d^{10}4s^24p^3$	$[Kr]4d^{10}5s^25p^3$	$[Xe]4f^{14}5d^{10}6s^26p^3$
1. Ionisierungsenergie [kJ/mol]	1402	1012	947	834	703
Elektronenaffinität [kJ/mol]	+7	–72	–77	–101	–91
Elektronegativität	3,04	2,19	2,18	2,05	2,02
Nichtmetallcharakter	——— nimmt ab ———→				

Aufgrund der *Valenzelektronenkonfiguration* der Elemente von ns^2np^3 bevorzugen sie in ihren Verbindungen die Oxidationsstufen –3, +3 und +5. Mit steigender Ordnungszahl nimmt dabei die Stabilität der Oxidationsstufe +3 zu, die der Oxidationsstufe +5 entsprechend ab. So ist das P_4O_6 im Gegensatz zum Bi_2O_3 ein Reduktionsmittel, das Bi_2O_5 im Gegensatz zum P_4O_{10} ein starkes Oxidationsmittel.

Innerhalb der Gruppe nimmt die Beständigkeit der Verbindungen mit *elektropositiven* Bindungspartnern mit steigender Ordnungszahl ab: So ist z.B. NH_3 beständig, während BiH_3 unbeständig ist. Umgekehrt nimmt die Beständigkeit der Verbindungen mit *elektronegativen* Bindungspartnern mit steigender Ordnungszahl zu: So ist NCl_3 flüssig, hydrolyseempfindlich und thermisch instabil, während

$BiCl_3$ farblose Kristalle bildet, die unzersetzt schmelzen. Mit zunehmendem Metallcharakter der Elemente werden ihre Verbindungen mit elektronegativen Elementen ionischer.

Innerhalb der fünften Hauptgruppe nimmt Stickstoff als das erste Element eine *Sonderstellung* ein, die verschiedene Gründe hat. Zum einen ist Stickstoff deutlich elektronegativer als seine Homologe (Tabelle 8.3). Als Element der 2. Periode besitzt Stickstoff in seiner Valenzschale keine d-Orbitale und kann deshalb maximal vierbindig sein. Den übrigen Elementen der Gruppe stehen in der Valenzschale d-Orbitale für die Ausbildung kovalenter Bindungen und damit für eine Oktetterweiterung zur Verfügung. Stickstoff bildet sowohl im elementaren Zustand als auch in einer Vielzahl seiner Verbindungen $p\pi$–$p\pi$-Bindungen aus. In allen Modifikationen der homologen Elemente treten nur Einfachbindungen auf; in ihren Verbindungen ist die Ausbildung von $p\pi$–$p\pi$-Bindungen eher selten.

8.3.2 Die Elemente

Vorkommen **Stickstoff** ist mit 78,1 Volumenprozent als molekularer Stickstoff, N_2, der Hauptbestandteil der Luft. In chemisch gebundener Form tritt er als *Chilesalpeter*, $NaNO_3$, auf. In der belebten Natur ist Stickstoff u. a. Bestandteil der Proteine, die aus α-Aminosäuren aufgebaut werden, sowie vieler heterozyklischer organischer Verbindungen.

Phosphor kommt aufgrund seiner hohen Reaktionsfähigkeit in der Natur nur in chemisch gebundener Form vor. Die wichtigsten Minerale sind die Phosphate, von denen insbesondere der *Apatit*, $Ca_5(PO_4)_3(OH,F,Cl)$, recht häufig vorkommt. *Fluorapatit* ist ein wichtiger Bestandteil des Zahnschmelzes, *Hydroxylapatit* bildet die Knochensubstanz der Wirbeltiere.

Arsen kommt gelegentlich elementar vor; am häufigsten und wichtigsten sind jedoch die Arsenide: *Arsenkies*, FeAsS, *Glanzcobalt*, CoAsS, und andere.

Antimon kommt in der Natur in Form von Sulfiden und Antimoniden vor, z. B. *Grauspießglanz* Sb_2S_3.

Die wichtigsten natürlichen Vorkommen des **Bismuts** sind *Bismutglanz*, Bi_2S_3, und *Bismutocker*, Bi_2O_3.

Darstellung und Verwendung Die technische Gewinnung von **Stickstoff** erfolgt durch eine fraktionierte Destillation der nach dem LINDE-Verfahren verflüssigten Luft. Chemisch reinen Stickstoff kann man durch eine thermische Zersetzung von Natriumazid:

$$2\,NaN_3 \xrightarrow{300\,°C} 2\,Na + 3\,N_2$$

oder auch durch Erwärmen einer konzentrierten wässrigen Lösung von NH_4NO_2

$$\overset{-3}{N}H_4\overset{+3}{N}O_2 \xrightarrow{70\ °C} \overset{\pm 0}{N} + 2\,H_2O$$

in kleinen Mengen herstellen. Wie die Oxidationszahlen zeigen, handelt es sich bei der letzten Reaktion um eine interne *Redoxkomproportionierung*.

Der bei weitem größte Teil des technisch hergestellten Stickstoffs wird für die Synthese von Ammoniak nach dem HABER-BOSCH-Verfahren eingesetzt.

Ausgangsmaterial für die technische Gewinnung von **Phosphor** ist Calciumphosphat. Unter Zusatz von SiO_2 als Schlackebildner wird das Calciumphosphat mit Koks in einem Lichtbogenofen bei 1 400 °C reduziert:

$$2\,Ca_3(PO_4)_2 + 6\,SiO_2 + 10\,C \longrightarrow 6\,CaSiO_3 + 10\,CO + P_4$$

Der Phosphor entweicht als Dampf, der bei seiner Kondensation den aus P_4-Molekülen bestehenden weißen Phosphor ergibt. Ca. 90 % des Phosphors werden zu Phosphorsäure weiterverarbeitet, der Rest zu rotem Phosphor.

Arsen gewinnt man in einfacher Weise aus dem Arsenkies durch Erhitzen unter Luftausschluss; dabei sublimiert das elementare Arsen ab:

$$FeAsS \longrightarrow FeS + As$$

Antimon wird aus dem Grauspießglanz nach einem von zwei Verfahren hergestellt. Beim *Niederschlagsverfahren* wird der Grauspießglanz Sb_2S_3 mit Eisen verschmolzen:

$$Sb_2S_3 + 3\,Fe \longrightarrow 2\,Sb + 3\,FeS$$

Beim *Röstreduktionsverfahren* wird der Grauspießglanz durch Rösten zunächst in das Oxid umgewandelt und dieses anschließend mit Kohle reduziert:

$$Sb_2S_3 + 5\,O_2 \longrightarrow Sb_2O_4 + 3\,SO_2$$
$$Sb_2O_4 + 4\,C \longrightarrow 2\,Sb + 4\,CO$$

Antimon ist Bestandteil vieler Legierungen. Weiche Metalle wie Blei und Zinn werden durch Antimon gehärtet. Antimonlegierungen werden daher als Letternmetalle und als Lagermetalle verwendet.

Bismut wird aus seinen oxidischen Erzen durch Reduktion mit Kohle hergestellt:

$$Bi_2O_3 + 3\,C \longrightarrow 2\,Bi + 3\,CO$$

Bismut dient zur Herstellung niedrig schmelzender Legierungen; das so genannte WOODsche Metall besteht aus 50 % Bi, 25 % Pb, 12,5 % Sn und 12,5 % Cd und schmilzt bereits bei 70 °C. Solche Legierungen werden als Schmelzsicherungen verwendet.

Eigenschaften **Stickstoff** ist unter Normalbedingungen ein Gas, das aus zweiatomigen Molekülen besteht. Im N_2-Molekül sind die beiden Stickstoffatome durch eine σ- und zwei π-Bindungen miteinander verknüpft.

$$|N\equiv N|$$

Die Dissoziationsenergie des N_2-Moleküls ist wegen dieser Dreifachbindung außergewöhnlich hoch und beträgt +946 kJ/mol. Dementsprechend ist auch seine chemische Reaktivität sehr gering. Eine Aktivierung des N_2-Moleküls erfordert daher hohe Temperaturen oder die Anwesenheit von Katalysatoren.

Phosphor tritt in mehreren festen Modifikationen auf, von denen die wichtigsten der weiße, der rote und der violette Phosphor sind.

$$P_{weiss} \xrightarrow{180-400\,°C} P_{rot} \xrightarrow{550\,°C} P_{violett} \xrightarrow{620\,°C} P_{4,\,Dampf}$$

Weißer Phosphor entsteht bei der Kondensation von Phosphordampf; er ist wachsweich, weiß bis gelblich gefärbt und löst sich in CS_2, nicht jedoch in Wasser. Er ist außerordentlich reaktionsfähig; in fein verteilter Form entzündet er sich an der Luft und wird daher unter Wasser aufbewahrt. Er ist sehr toxisch. Brennender Phosphor erzeugt auf der Haut sehr schmerzhafte und nur schlecht heilende Brandwunden.

Im Dunkeln leuchtet weißer Phosphor, ein Phänomen, das als **Chemilumineszenz** bezeichnet wird. Die spurenweise abgegebenen Phosphordämpfe reagieren mit dem Luftsauerstoff zunächst zu P_4O_6, dessen Weiteroxidation zu P_4O_{10} erfolgt unter Abgabe von Licht.

Im festen Zustand, in der Schmelze, in Lösungen sowie im Phosphordampf (unterhalb 800 °C) liegen tetraedrische P_4-Moleküle vor (Abbildung 8.15). Wegen der kleinen Bindungswinkel von nur 60° ist das P_4-Molekül gespannt und deshalb sehr reaktionsfähig.

Roter Phosphor wird durch Erhitzen von weißem Phosphor unter Luftausschluss auf 180 – 400 °C hergestellt; die Umwandlung kann durch Iod als Katalysator beschleunigt werden. Roter Phosphor besteht aus einem unregelmäßigen dreidimensionalen Netzwerk, dessen Ordnungszustand von den gewählten Umwandlungsbedingungen abhängt.

Roter Phosphor ist luftstabil und ungiftig; er entzündet sich erst oberhalb 300 °C. Er wird für die Herstellung der Reibflächen für Zündhölzer verwendet; die Köpfe der Zündhölzer enthalten ein leicht brennbares Gemisch von Sb_2S_5 und $KClO_3$.

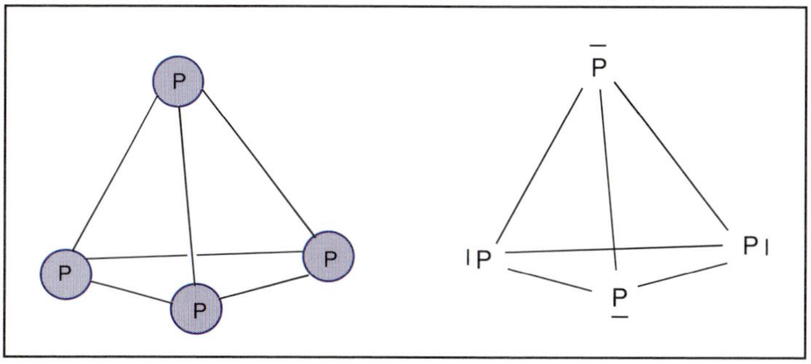

8.15 Der P_4-Tetraeder.

Violetter Phosphor, auch HITTORFscher Phosphor genannt, entsteht beim Erhitzen von rotem Phosphor auf 550 °C. Er kristallisiert in einer komplizierten Schichtstruktur.

Im Gegensatz zum Stickstoff kann Phosphor aufgrund der Verfügbarkeit der 3d-Orbitale zahlreichere Möglichkeiten zur Valenzbetätigung realisieren:

sp^3-Hybridisierung:
- 4 σ-Bindungen; tetraedrische Geometrie: PH_4^+, PR_4^+;
- 4 σ-Bindungen, 1 π-Bindung; tetraedrische Geometrie: $POCl_3$, PO_4^{3-};
- 3 σ-Bindungen, 1 einsames Elektronenpaar; trigonal-pyramidale Geometrie: PCl_3;

sp^3d-Hybridisierung:
- 5 σ-Bindungen; trigonal-bipyramidale Geometrie: PCl_5;

sp^3d^2-Hybridisierung:
- 6 σ-Bindungen; oktaedrische Geometrie: PF_6^-.

In Analogie zum Phosphor existieren auch beim **Arsen** mehrere Modifikationen: *gelbes Arsen* ähnelt in seiner Struktur dem weißen Phosphor, ist jedoch noch instabiler als dieser und wandelt sich bei Temperaturerhöhung oder Lichteinwirkung in das *graue (metallische) Arsen* um.

Antimon und **Bismut** existieren in jeweils nur einer Modifikation, und zwar als *graues Antimon* und *rhomboedrisches Bismut*.

Die Elemente As, Sb und Bi (M) reagieren bei höheren Temperaturen mit Sauerstoff unter Bildung der Oxide in der Oxidationsstufe +3, mit Schwefel unter Bildung der Sulfide M_2S_3 sowie mit den Halogenen X_2 unter Bildung der Verbindungen MX_3 (M = As, Sb, Bi); mit X = F entstehen die Verbindungen MX_5. Antimon reagiert auch mit Cl_2 zu $SbCl_5$. As, Sb und Bi lösen sich in heißer konzentrierter Schwefelsäure und Salpetersäure.

8.3.3 Chemische Verbindungen

Stickstoff-Verbindungen

Wasserstoffverbindungen des Stickstoffs **Ammoniak, NH_3** ist ein farbloses, stechend riechendes Gas, das sich leicht verflüssigen lässt. Im flüssigen NH_3 sind Wasserstoffbrücken-Bindungen vorhanden, die zu einer Erhöhung des Siedepunktes und der molaren Verdampfungsenthalpie führen. Flüssiges Ammoniak ist für viele Salze ein gutes Lösungsmittel. Genau wie Wasser unterliegt es einer Autoprotolyse gemäß:

$$2\,NH_3 \rightleftharpoons NH_4^+ + NH_2^-$$

Alkali- und Erdalkalimetalle lösen sich in flüssigem NH_3 unter Bildung blau gefärbter, elektrisch leitender und paramagnetischer Lösungen. Diese Lösungen enthalten neben den solvatisierten Kationen *solvatisierte Elektronen*. Aufgrund der COULOMB-Abstoßung zwischen den solvatisierten Elektronen und den Elektronen der NH_3-Moleküle entstehen in den Lösungen relativ große Hohlräume, in denen sich jeweils ein oder auch zwei Elektronen befinden. Erwartungsgemäß sind die Lösungen starke Reduktionsmittel, die z. B. Schwermetallionen zu den Metallen und die meisten Nichtmetalle zu ihren Anionen reduzieren. Allerdings sind die Lösungen metastabil und zersetzen sich beim Erwärmen oder unter dem Einfluss von Katalysatoren (Fe, Ni):

$$NH_3 + e^-_{am} \longrightarrow NH_2^- + \tfrac{1}{2}\,H_2$$

Solvatisierte Elektronen lassen sich auch in Wasser als Lösungsmittel erzeugen; ihre Lebensdauer ist mit ca. 1 ms aber nur sehr gering und es erfolgt schnelle Reaktion gemäß:

$$H_2O + e^-_{aq} \longrightarrow OH^- + \tfrac{1}{2}\,H_2$$

NH_3 löst sich gut in Wasser (bei 15 °C lösen sich in 1 l Wasser 772 l NH_3). Diese wässrigen Lösungen reagieren schwach basisch, da NH_3 aufgrund des einsamen Elektronenpaares am N-Atom eine Base ist:

$$NH_3 + H_2O \rightleftharpoons NH_4^+ + OH^- \qquad pK_B = 4{,}75$$

Der pK_B-Wert verdeutlicht, dass das Gleichgewicht weitgehend auf der linken Seite liegt und dass die Verbindung NH_4OH nicht existiert. Bei der Reaktion von NH_4^+-Salzen mit Basen entsteht daher NH_3:

$$NH_4Cl + OH^- \longrightarrow NH_3 + H_2O + Cl^-$$

Mit Protonendonatoren reagiert NH_3 praktisch vollständig zu den entsprechenden Ammoniumsalzen:

$$NH_3 + HCl \longrightarrow NH_4^+Cl^-$$

Das NH_4^+-Ion ist tetraedrisch gebaut, das N-Atom also sp^3-hybridisiert. Es ähnelt in seinem Verhalten den Alkalimetallkationen; seine Salze kristallisieren daher in der CsCl- oder in der NaCl-Struktur.

Durch das einsame Elektronenpaar am N-Atom ist das NH_3-Molekül zur Komplexbildung mit vielen Übergangsmetallkationen befähigt; die entsprechenden Komplexe werden als Ammin-Komplexe bezeichnet, z. B. $[Cr(NH_3)_6]^{3+}$ – Hexaamminchrom(III)-Kation, oder $[Ag(NH_3)_2]^+$ – Diamminsilber(I)-Kation.

Großtechnisch wird Ammoniak durch Synthese aus den Elementen nach dem **HABER-BOSCH-Verfahren** hergestellt; es ist dies das einzige großtechnische Verfahren, bei dem der reaktionsträge molekulare Stickstoff in eine chemische Verbindung umgewandelt wird:

$$^1/_2\,N_2 + {^3/_2}\,H_2 \rightleftharpoons NH_3 \qquad \Delta H^0 = -46\ kJ/mol$$

Die negative Reaktionsenthalpie zeigt, dass das Gleichgewicht mit steigender Temperatur auf die Seite der Ausgangsstoffe verschoben wird, dass man also bei einer möglichst niedrigen Temperatur arbeiten muss. Aber selbst in Gegenwart von Katalysatoren zur Beschleunigung der Gleichgewichtseinstellung sind immer noch Temperaturen von 400 – 500 °C erforderlich, bei denen das Gleichgewicht aber noch weitgehend auf der linken Seite liegt. Da die Reaktion jedoch unter Volumenabnahme verläuft (2 Volumenteilen Edukte steht 1 Volumenteil Produkt gegenüber), wird das Gleichgewicht durch die Anwendung hoher Drücke zugunsten der NH_3-Bildung verschoben; beim HABER-BOSCH-Verfahren werden üblicherweise Drücke von 200 bar angewendet, bei anderen Verfahren bis zu 1 000 bar.

Als Katalysator wird Eisenoxid (Fe_2O_3, Fe_3O_4) verwendet, das beim Anfahren des Reaktors durch H_2 bei 400 °C zu α-Eisen, dem eigentlichen Katalysator, reduziert wird. Zu dessen Aktivierung werden so genannte Promotoren (K_2O, CaO) hinzugefügt. Der Katalysator befindet sich auf Al_2O_3 als Trägermaterial; dadurch wird seine Oberflächenstruktur gewährleistet und ein Zusammensintern der Eisen-Partikel verhindert. Der Katalysator erniedrigt die Aktivierungsenergie der Reaktion von 400 kJ/mol auf ca. 100 kJ/mol.

Der Stahl-Druckreaktor ist mit einem kohlenstofffreien Weicheisenmantel ausgekleidet. Dessen Funktion besteht darin, die Reaktion von H_2 mit dem Kohlenstoff des Stahls zu verhindern, wodurch der Reaktor undicht würde.

Die NH_3-Synthese ist eine der bedeutendsten großtechnischen Synthesen überhaupt; für ihre Entwicklung sind F. HABER (1918) und C. BOSCH (1931) mit dem NOBEL-Preis für Chemie ausgezeichnet worden. Heute wird NH_3 in riesigen Mengen hergestellt; 1982 betrug die Weltproduktion $120 \cdot 10^6$ t. Der weitaus größte Teil des Ammoniaks wird zu Düngemitteln weiterverarbeitet, ein geringerer Teil dient der Herstellung anderer Verbindungen des Stickstoffs.

Im NH_3-Molekül lassen sich die H-Atome sukzessive gegen Metallatome austauschen. Leitet man NH_3 über erhitzte Alkali- oder Erdalkalimetalle, so erfolgt die Bildung von *Amiden*, z. B.

$$2\,NH_3 + 2\,Na \longrightarrow 2\,NaNH_2 + H_2$$

Die Amide der Erdalkalimetalle gehen bei weiterem Erhitzen unter NH_3-Abspaltung in die entsprechenden *Imide* über:

$$Ca(NH_2)_2 \longrightarrow CaNH + NH_3$$

Noch weiteres Erhitzen führt schließlich zur Bildung der *Nitride*:

$$3\,CaNH \longrightarrow Ca_3N_2 + NH_3$$

Die Amid-, Imid- und Nitrid-Ionen reagieren mit Wasser unter Bildung von Ammoniak.

Hydroxylamin, NH_2OH, kann formal als ein Hydroxylderivat des Ammoniaks aufgefasst werden; der Stickstoff liegt darin in der Oxidationsstufe –1 vor. Die farblosen Kristalle des Hydroxylamins zersetzen sich bei Raumtemperatur langsam, oberhalb 100 °C jedoch explosionsartig zu NH_3, N_2 und H_2O. NH_2OH ist eine schwächere Base als NH_3. In saurer Lösung disproportioniert es zu NH_3 und N_2O, in basischer Lösung zu NH_3 und N_2:

$$4\,\overset{-1}{N}H_2OH \xrightarrow{\text{sauer}} 2\,\overset{-3}{N}H_3 + \overset{+1}{N}_2O + 3\,H_2O$$
$$3\,\overset{-1}{N}H_2OH \xrightarrow{\text{basisch}} \overset{-3}{N}H_3 + \overset{\pm 0}{N}_2 + 3\,H_2O$$

NH_2OH ist ein starkes Reduktionsmittel, das unter Bildung von N_2 z. B. Ag^+ zu Ag und Hg_2^{2+} zu Hg reduziert; mit anderen Oxidationsmitteln kann es auch zu N_2O und NO reagieren. Gegenüber starken Reduktionsmitteln wie Sn^{2+}, Cr^{2+} oder V^{2+} verhält es sich als Oxidationsmittel und wird zu NH_3 reduziert.

NH_2OH wird großtechnisch durch Reduktion von NO_2 mit Wasserstoff an einem Pt-Katalysator in saurer Lösung hergestellt:

$$NO_2 + 5/2\,H_2 \xrightarrow{Pt} NH_2OH + H_2O$$

Ca. 98 % der Gesamtproduktion an NH_2OH werden für die Darstellung von Caprolactam eingesetzt, aus dem Polyamide hergestellt werden.

Hydrazin, N_2H_4, ist eine farblose, an der Luft rauchende Flüssigkeit. Zwischen den beiden N-Atomen des N_2H_4-Moleküls liegt eine Einfachbindung vor; die Bindungswinkel entsprechen in etwa einer sp^3-Hybridisierung der N-Atome. Die beiden NH_2-Gruppen des Moleküls sind um die N–N-Bindungsachse um ca. 100° gegeneinander verdreht; Ursache für diese Verdrehung ist die gegenseitige Abstoßung der freien Elektronenpaare an den N-Atomen; die resultierende Anordnung bezeichnet man als *gauche*-Konformation (Abbildung 8.16). Aus dem gleichen Grunde ist auch die freie Drehbarkeit der beiden Molekülhälften um die N–N-Bindungsachse eingeschränkt.

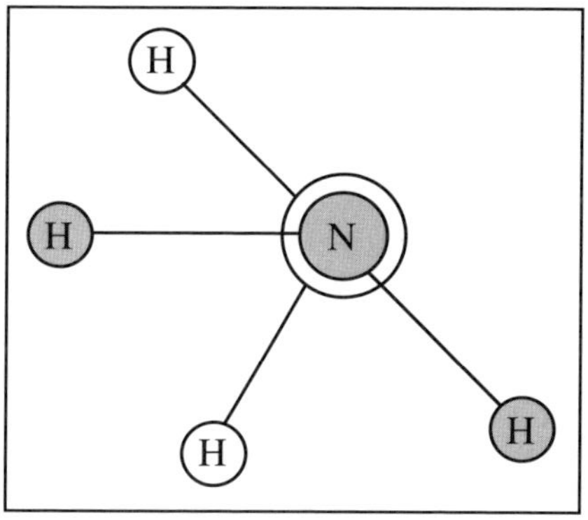

8.16 *gauche*-Konformation von N_2H_4.

Hydrazin ist eine endotherme Verbindung, die beim Erhitzen oder bei Initialzündung explosionsartig zerfällt:

$$3\,N_2H_4 \longrightarrow 4\,NH_3 + N_2$$

Wässrige Lösungen von Hydrazin lassen sich gefahrlos handhaben; sie besitzen reduzierende und basische Eigenschaften. So werden Cu(II)-Salze zu Cu_2O reduziert, Ag- und Hg-Salze zu den Metallen; das Oxidationsprodukt des N_2H_4 ist in jedem Fall molekularer Stickstoff N_2.

Hydrazin ist eine schwächere Base als Ammoniak; die Protolyse erfolgt in zwei Stufen:

$$N_2H_4 + H_2O \rightleftharpoons N_2H_5^+ + OH^- \qquad pK_{B1} = 6{,}1$$
$$N_2H_5^+ + H_2O \rightleftharpoons N_2H_6^{2+} + OH^- \qquad pK_{B2} = 15{,}1$$

Damit bildet Hydrazin zwei Reihen von Hydrazinium-Salzen. Die $N_2H_5^+$-Salze sind in Wasser beständig, die $N_2H_6^{2+}$-Salze unterliegen wegen des kleinen K_{B2}-Wertes der Hydrolyse.

Die technische Darstellung von Hydrazin erfolgt nach dem **RASCHIG-Verfahren** durch Oxidation von NH_3 mit Natriumhypochlorit, NaOCl; intermediär gebildetes Chloramin NH_2Cl reagiert mit weiterem NH_3 zu N_2H_4:

$$NH_3 + OCl^- \xrightarrow{\text{schnell}} H_2NCl + OH^-$$

$$H_2NCl + NH_3 \longrightarrow H_2N-NH_2 + H^+ + Cl^-$$

$$2\,NH_3 + OCl^- \longrightarrow H_2N-NH_2 + H_2O + Cl^-$$

Die durch Spuren von Schwermetallionen wie Cu^{2+} katalysierte Nebenreaktion:

$$2\,H_2NCl + N_2H_4 \longrightarrow 2\,NH_4Cl + N_2$$

wird durch Zusatz von Komplexbildnern wie Leim oder Gelatine verhindert. Bei dem neuerdings durchgeführten BAYER-Prozess wird NH_3 mit Cl_2 in Gegenwart von Aceton umgesetzt; als Intermediat tritt dabei Diazacyclopropan auf:

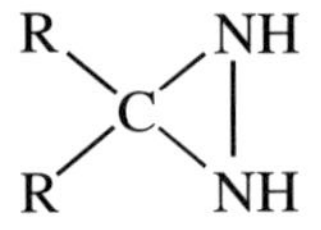

Hydrazin und seine alkylierten Derivate werden unter beträchtlicher Wärmeentwicklung von Sauerstoff oxidiert:

$$N_2H_{4(l)} + O_{2(g)} \longrightarrow N_{2(g)} + 2\,H_2O_{(l)} \qquad \Delta_R H = -622 \text{ kJ/mol}$$

Aus diesem Grunde verwendet man Hydrazin und seine Alkylderivate als Raketentreibstoffe.

Stickstoffwasserstoffsäure, HN_3, ist unter Normalbedingungen eine farblose, stechend riechende und zur Explosion neigende Flüssigkeit. Sie wird bei der Umsetzung von Hydrazinium-Salzen mit Salpetriger Säure erhalten:

$$N_2H_5^+ + HNO_2 \longrightarrow HN_3 + H_3O^+ + H_2O$$

Im HN_3-Molekül sind die beiden Bindungslängen zwischen den N-Atomen unterschiedlich, im N_3^--Anion sind sie dagegen gleich:

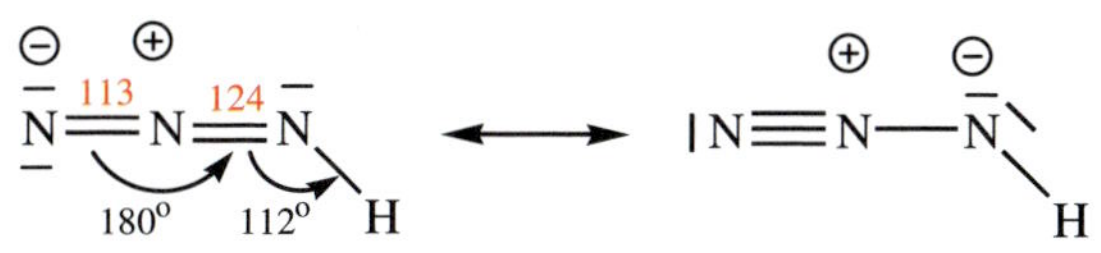

Stickstoffwasserstoffsäure

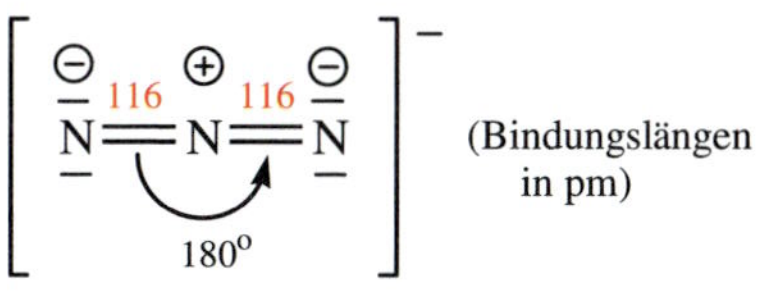

Azid-Anion

Mit der Bildung des Anions ist eine Symmetriestabilisierung verbunden, die als wesentlicher Grund für die relativ hohe Säurestärke der N–H-Bindung ($pK_S = 4{,}75$) und die relative Stabilität der ionischen Azide der Alkalimetalle anzusehen ist. In Schwermetallaziden wie $Pb(N_3)_2$ oder $Ag(N_3)$ sowie in Halogenaziden hat die M–N-Bindung einen beträchtlichen kovalenten Anteil; aus diesem Grunde neigen diese Verbindungen auch zum explosiven Zerfall, insbesondere beim Erhitzen und bei Schlag. $Pb(N_3)_2$ findet deshalb als Initialzünder Verwendung. Alkalimetallazide lassen sich dagegen kontrolliert thermisch zersetzen; die Reaktion dient der Reinstdarstellung von kleinen Mengen Alkalimetall bzw. Stickstoff.

Halogenverbindungen des Stickstoff Die wichtigsten Halogenverbindungen des Stickstoffs sind die **Trihalogenide, NX_3,** (X = F, Cl, Br, I), die **Halogenazide, XN_3,** (X = F, Cl, Br, I), die **Nitrosylhalogenide, XNO,** (X = F, Cl, Br) und die **Nitrylhalogenide, XNO_2,** (X = F, Cl).

Die Stickstofftrihalogenide, **NX_3,** werden durch Umsetzung von NH_3 mit dem entsprechenden Halogen unter verschiedenen Bedingungen hergestellt:

$$NH_3 + 3\,X_2 \longrightarrow NX_3 + 3\,HX$$

Dabei lässt sich das NI_3 allerdings nur als Solvat mit NH_3 gewinnen. Mit Ausnahme von NF_3 handelt es sich bei den Stickstofftrihalogeniden um sehr reaktionsfähige Verbindungen. Im NF_3 ist das N-Atom positiv polarisiert, in den anderen Trihalogeniden dagegen negativ; dies führt bei der Hydrolyse der Verbindungen zu unterschiedlichen Produkten:

$$\overset{\delta+\delta-}{2\,NF_3} + 3\,H_2O \xrightarrow{25\,^\circ C} \text{keine Reaktion}$$

$$\overset{\delta+\delta-}{2\,NF_3} + 3\,H_2O \xrightarrow{NaOH,\ 100\,^\circ C} 6\,HF + NO + NO_2$$

$$\overset{\delta-\delta+}{NCl_3} + 3\,H_2O \longrightarrow NH_3 + 3\,HOCl$$

NF_3 und NCl_3 haben wie das NH_3 eine trigonal-pyramidale Struktur. Im Gegensatz zu NH_3 hat NF_3 wegen der Elektronegativität des Fluors keinen LEWIS-Base-Charakter. Auch die Abstufung der Dipolmomente steht mit den Elektronegativitätsverhältnissen in guter Übereinstimmung:

NH_3 – 1,46 D
NCl_3 – 0,6 D
NF_3 – 0,2 D

Nitrosylhalogenide, **XNO**, und Nitrylhalogenide, **XNO_2**, sind kovalente, instabile Verbindungen, die leicht hydrolysieren. Sie werden bei der direkten Reaktion von NO bzw. NO_2 mit den entsprechenden Halogenen erhalten.

Oxide des Stickstoffs Oxide des Stickstoffs existieren in den Oxidationsstufen von +1 bis +5: N_2O, NO (N_2O_2), N_2O_3, NO_2 (N_2O_4) und N_2O_5. Das NO und das NO_2 besitzen ein ungepaartes Elektron, liegen aber bei Raumtemperatur als stabile Radikale vor; erst in den kondensierten Phasen bei tiefen Temperaturen überwiegen die diamagnetischen Dimere, mit denen sie im Gleichgewicht stehen.

Die Oxide des Stickstoffs sind – mit Ausnahme des N_2O_5 – metastabile, endotherme Verbindungen, die beim Erhitzen in die Elemente zerfallen.

Distickstoffmonoxid, N_2O, ist ein farbloses, reaktionsträges Gas, das als Anästhetikum verwendet wird; da es selbst die Atmung nicht unterhält, muss es im Gemisch mit Sauerstoff angewendet werden.

Kohlenstoff, Phosphor und Schwefel verbrennen in N_2O wie in Sauerstoff; Gemische mit Wasserstoff sind explosiv. N_2O wird durch thermische Zersetzung von NH_4NO_3 hergestellt:

$$\overset{-3}{N}H_4\overset{+5}{N}O_3 \xrightarrow{200\,°C} \overset{+1}{N_2}O + 2\,H_2O$$

Das N_2O-Molekül ist linear und isoelektronisch mit CO_2, N_3^- und NO_2^+; die mesomeren Grenzformeln sind:

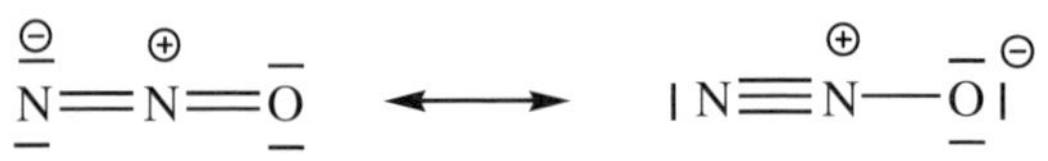

Das **Stickstoffmonoxid NO** ist ein farbloses, giftiges Gas. Die Bildungsreaktion aus den Elementen ist endotherm. Bei Raumtemperatur liegt das Gleichgewicht vollständig auf der linken Seite, bei 3000 °C beträgt der Volumenanteil an NO im Gasgemisch lediglich 5 %. Durch Abschrecken auf Temperaturen unterhalb 400 °C lässt sich NO metastabil erhalten. NO ist ein Zwischenprodukt bei der technischen Gewinnung von Salpetersäure nach dem **OSTWALD-Verfahren**. Dabei wird NH_3 in einer exothermen Reaktion mit Sauerstoff katalytisch zu NO oxidiert:

$$4\,NH_3 + 5\,O_2 \xrightarrow{800-950\,°C\,/\,Pt} 4\,NO + 6\,H_2O$$

Das NH_3-Luft-Gemisch wird über einen Platinnetz-Katalysator geleitet, dessen Temperatur 800 – 950 °C beträgt. Die Verweilzeit des Gasgemisches am Katalysator darf jedoch nur ca. $^1/_{1000}$ Sekunde betragen, sodass das gebildete NO sofort aus der heißen Reaktionszone entfernt und auf Temperaturen abgeschreckt wird, bei denen es nicht wieder in die Elemente zerfällt.

Im Laboratorium kann NO durch Reduktion von Salpetersäure mit Kupfer hergestellt werden:

$$2\,NO_3^- + 8\,H_3O^+ + 3\,Cu \longrightarrow 2\,NO + 3\,Cu^{2+} + 12\,H_2O$$

Die Bindungsverhältnisse im NO-Molekül lassen sich qualitativ mit einem MO-Diagramm ähnlich Abbildung 4.38 verstehen. Danach verteilen sich die elf Valenzelektronen des Moleküls auf die Zustände $(\sigma_s^b)^2\,(\sigma_s^*)^2\,(\sigma_z^b)^2\,(\pi_x^b,\pi_y^b)^4\,(\pi_x^*,\pi_y^*)^1$ mit einem ungepaarten Elektron im (π_x^*,π_y^*)-Niveau. Das NO-Molekül ist demnach paramagnetisch mit einer Bindungsordnung von 2,5. Unter Abgabe des ungepaarten Elektrons kann NO daher relativ leicht zum NO^+, dem **Nitrosyl-Kation**, oxidiert werden; dieses ist isoelektronisch mit CO und N_2 und besitzt wie diese daher die Bindungsordnung 3. Vom NO^+-Kation sind ionische Verbindungen bekannt wie z. B. das $NO^+ClO_4^-$, das $NO^+BF_4^-$ oder das $NO^+HSO_4^-$. Mit Wasser reagieren die Nitrosyl-Salze zu Salpetriger Säure:

$$NO^+ + 2\,H_2O \longrightarrow HNO_2 + H_3O^+$$

Wie CO, so bildet auch NO mit Übergangsmetallionen zahlreiche Koordinationsverbindungen, die **Nitrosyl-Komplexe**. In vielen Fällen wird dabei das ungepaarte Elektron des NO-Moleküls auf das Übergangsmetallion unter Bildung des NO^+-Kations übertragen. Ein typisches Beispiel dafür ist die *Braune-Ring-Reaktion* zum qualitativen Nachweis von NO_3^-: NO_3^--Ionen werden an der Grenzfläche zwischen einer wässrigen Fe(II)-Salzlösung und konz. Schwefelsäure zu NO reduziert; dieses reagiert mit weiterem Fe(II) unter Bildung des braun gefärbten Nitrosyl-Komplexes mit dem Eisen in der Oxidationsstufe +1 und dem NO^+-Kation als Liganden:

$$3\,Fe^{2+} + NO_3^- + 4\,H_3O^+ \longrightarrow NO + 3\,Fe^{3+} + 6\,H_2O$$
$$NO + [Fe^{II}(H_2O)_6]^{2+} \longrightarrow [Fe^{I}(H_2O)_5(NO^+)]^{2+} + H_2O$$

Charakteristisch für das Reaktionsverhalten des NO ist seine bei Raumtemperatur spontane Reaktion mit Sauerstoff unter Bildung des NO_2:

$$2\,NO + O_2 \rightleftharpoons 2\,NO_2$$

Dieses Gleichgewicht liegt oberhalb von 600 °C vollständig auf der linken Seite.

Moleküle mit ungepaarten Elektronen sind in der Regel farbig und sehr reaktiv; das NO ist hiervon eine Ausnahme, da es farblos und nur mäßig reaktiv ist. Auch seine Dimerisierung unter Bildung des diamagnetischen **Distickstoffdioxid, N_2O_2,** erfolgt erst in den kondensierten Phasen.

Distickstofftrioxid, N_2O_3, entsteht als blaue Flüssigkeit beim Abkühlen einer äquimolaren Mischung von NO und NO_2:

$$NO + NO_2 \rightleftharpoons N_2O_3$$

Das gebildete N_2O_3 zerfällt bereits oberhalb –10 °C wieder in Umkehrung seiner Bildungsreaktion; bei 25 °C enthält der Dampf nur noch ca. 10 % N_2O_3.

N_2O_3 ist das Anhydrid der Salpetrigen Säure. Mit Laugen reagiert es daher, ebenso wie ein äquimolares NO-NO_2-Gemisch, unter Bildung von Nitriten:

$$N_2O_3 + 2\,OH^- \longrightarrow 2\,NO_2^- + H_2O$$

Das N_2O_3-Molekül besitzt eine planare Struktur und enthält eine nur schwache N–N-Einfachbindung:

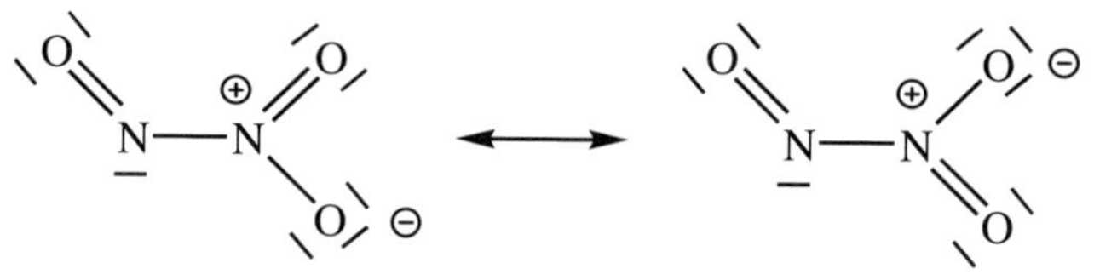

Stickstoffdioxid, NO_2, ist ein braunes, toxisches, paramagnetisches Gas, das zum farblosen und diamagnetischen **Distickstofftetroxid, N_2O_4,** dimerisiert:

$$2\,NO_2 \rightleftharpoons N_2O_4$$

NO_2, gebildet bei der spontanen Reaktion von NO mit O_2, ist ein Zwischenprodukt bei der technischen Gewinnung von Salpetersäure. Im Labormaßstab erhält man es bei der thermischen Zersetzung von Schwermetallnitraten im Sauerstoffstrom:

$$Pb(NO_3)_2 \xrightarrow{250-600\,°C} PbO + 2\,NO_2 + \tfrac{1}{2}\,O_2$$

NO_2 ist das gemischte Anhydrid der Salpetersäure und der Salpetrigen Säure: Im NO_2 ist die Oxidationszahl des Stickstoffs +4, in der Salpetersäure +5 und in der Salpetrigen Säure +3. Mit Laugen bildet NO_2 bzw. N_2O_4 unter Redoxdisproportionierung folglich Nitrite und Nitrate:

$$N_2O_4 + 2\,OH^- \longrightarrow NO_3^- + NO_2^- + H_2O$$

Das NO_2-Molekül ist gewinkelt, das N_2O_4-Molekül ist planar (Gasphase) mit einer N–N-Einfachbindung.

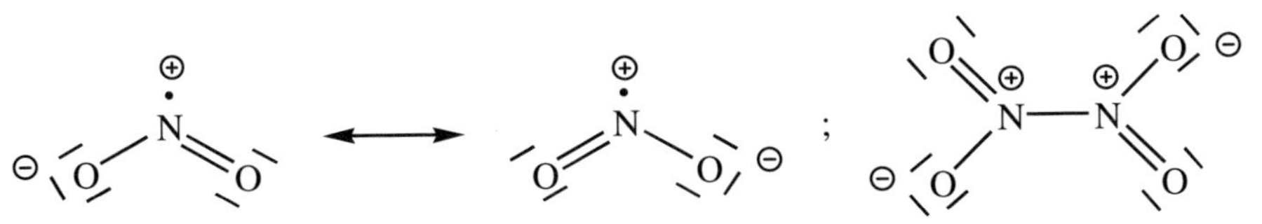

NO_2 kann leicht zum Nitritanion NO_2^- reduziert und zum Nitrylkation NO_2^+ oxidiert werden.

Distickstoffpentaoxid, N_2O_5, ist das Anhydrid der Salpetersäure und wird bei deren Entwässerung mit P_4O_{10} erhalten:

$$2\,HNO_3 \longrightarrow N_2O_5 + H_2O$$

Unter Normalbedingungen bildet N_2O_5 farblose, bei 32 °C sublimierende Kristalle; diese Kristalle sind aus NO_2^+-Kationen und NO_3^-- Anionen aufgebaut, sodass die Verbindung als Nitrylnitrat vorliegt. Das N_2O_5 liegt nur im Gaszustand molekular vor.

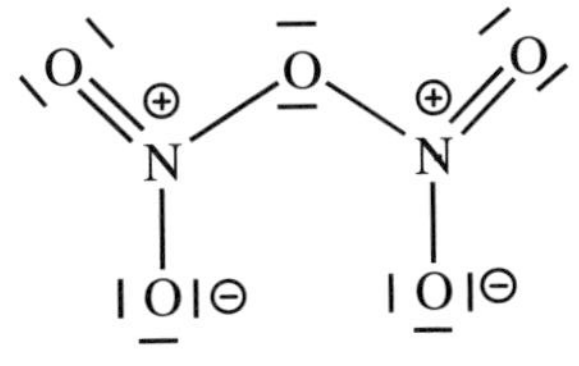

Sauerstoffsäuren des Stickstoffs Die wichtigsten und stabilsten Sauerstoffsäuren des Stickstoffs sind die Salpetersäure HNO_3, die Salpetrige Säure HNO_2 und die Hyposalpetrige Säure $H_2N_2O_2$. Die entsprechenden Salze heißen Nitrate, Nitrite bzw. Hyponitrite; der Stickstoff liegt in den Oxidationsstufen +5, +3 bzw. +1 vor.

Salpetersäure, HNO_3, und Nitrate Salpetersäure gehört zu den wichtigsten großtechnisch hergestellten Grundchemikalien und wird vielseitig eingesetzt, z. B. für die Herstellung von Düngemitteln und Sprengstoffen, für die Nitrierung organischer Verbindungen, für die Herstellung von Schwermetallnitraten usw. Die Herstellung erfolgt durch Einleiten von NO_2 (N_2O_4) im Gemisch mit Sauerstoff in Wasser; im Einzelnen laufen folgende Teilreaktionen ab: N_2O_4 unterliegt zunächst einer Redoxdisproportionierung unter Bildung von HNO_3 und HNO_2:

$$\overset{+4}{N_2}O_4 + H_2O \longrightarrow H\overset{+5}{N}O_3 + H\overset{+3}{N}O_2$$

Die gebildete HNO_2 ist jedoch instabil und disproportioniert ebenfalls:

$$3\,H\overset{+3}{N}O_2 \longrightarrow H\overset{+5}{N}O_3 + 2\,\overset{+2}{N}O + H_2O$$

Das NO reagiert spontan mit dem beigemischten Sauerstoff zu NO_2, das überwiegend dimerisiert. Die Bruttoreaktion lautet damit

$$N_2O_4 + H_2O + \tfrac{1}{2}\,O_2 \xrightarrow{20-35\ °C;\ 3-10\ bar} 2\,HNO_3$$

Letztlich wird Salpetersäure also über die Zwischenprodukte NH_3 (HABER-BOSCH-Verfahren) und NO (OSTWALD-Verfahren) aus Luftstickstoff hergestellt.

Wasserfreies HNO_3 ist eine farblose Flüssigkeit, die sich beim Sieden teilweise zersetzt. Da diese Zersetzungsreaktion bereits bei Raumtemperatur durch Lichteinwirkung erfolgt, muss konzentriertes HNO_3 in braunen Flaschen aufbewahrt werden.

$$4\,HNO_3 \longrightarrow 4\,NO_2 + 2\,H_2O + O_2$$

Das gelöste NO_2 färbt die Salpetersäure gelb bis rotbraun. Die handelsübliche konzentrierte Säure hat einen Gehalt von 69 % HNO_3; sie siedet bei 122 °C als azeotropes Gemisch. Die *rauchende Salpetersäure* enthält gelöstes NO_2 und entwickelt an der Luft rotbraune Dämpfe. Konzentrierte Salpetersäure ist ein starkes Oxidationsmittel:

$$NO_3^- + 4\,H_3O^+ + 3\,e^- \longrightarrow NO + 6\,H_2O$$

Alle Metalle – ausgenommen Au, Pt, Rh und Ir – werden oxidiert; einige unedle Metalle wie Cr, Al und Mg werden jedoch passiviert und lösen sich daher nicht in konzentrierter HNO_3.

Die Mischung von einem Volumenteil konz. HNO_3 und drei Volumenteilen konz. HCl wird als **Königswasser** (lat. *aqua regia*) bezeichnet. Königswasser löst fast alle Metalle, auch Au und Pt, da aktives Chlor entsteht und außerdem mit den Metallionen Chloro-Komplexe gebildet werden, die das Redoxpotenzial verschieben:

$$HNO_3 + 3\,HCl \longrightarrow NOCl + 2\,Cl + 2\,H_2O$$

Als **Nitriersäure** bezeichnet man ein Gemisch aus konz. HNO_3 und konz. H_2SO_4, das zur Einführung der $-NO_2$-Gruppe in organische Moleküle dient; das reaktive Teilchen ist das Nitryl-Kation:

$$HNO_3 + 2\,H_2SO_4 \longrightarrow NO_2^+ + H_3O^+ + 2\,HSO_4^-$$

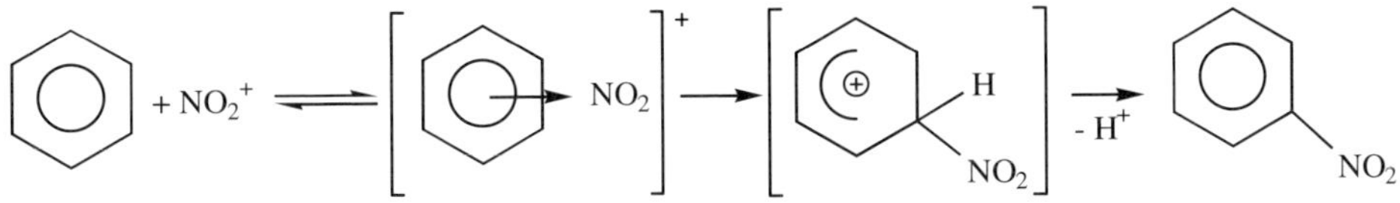

π-Komplex σ-Komplex

Das HNO_3-Molekül ist planar und kann mit zwei mesomeren Grenzstrukturen beschrieben werden, in denen das N-Atom eine formale Ladung von +1 trägt; es ist sp^2-hybridisiert, sodass das vierte Elektron für die Ausbildung einer π-Bindung zur Verfügung steht:

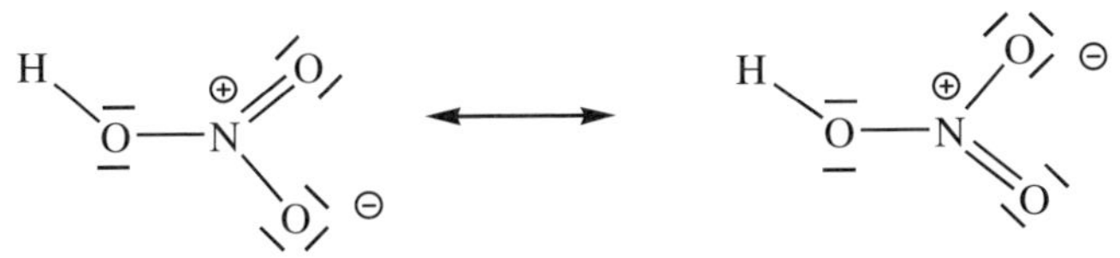

Die Salze der Salpetersäure sind die **Nitrate**; das Nitration NO_3^- ist planar mit Bindungswinkeln von 120°. Auch hier ist das N-Atom sp^2-hybridisert; die π-Bindung ist jedoch vollständig delokalisiert, sodass das NO_3^--Anion stabiler ist als das HNO_3-Molekül. Nitrate sind in Wasser leicht löslich. Alkalimetallnitrate zersetzen sich beim Erhitzen unter Sauerstoffentwicklung und Bildung der Nitrite, Schwermetallnitrate zersetzen sich zu NO_2 und den Metalloxiden:

$$NaNO_3 \longrightarrow NaNO_2 + \tfrac{1}{2}\,O_2$$
$$Cu(NO_3)_2 \longrightarrow CuO + NO_2 + \tfrac{1}{2}\,O_2$$

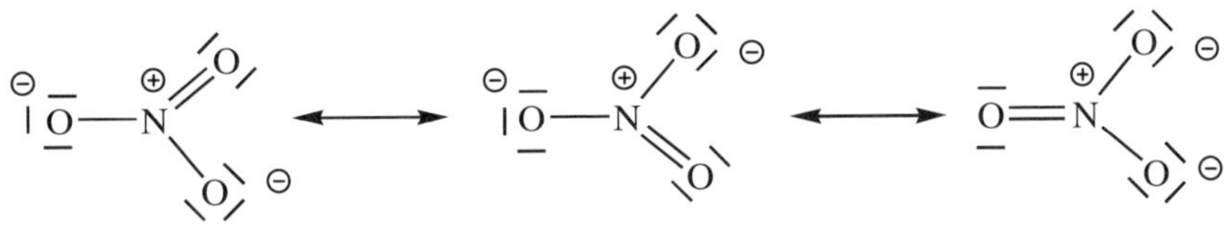

Nitrate sind bei höheren Temperaturen wirksame Oxidationsmittel; durch starke Reduktionsmittel wird das NO_3^--Ion bis zum NH_3 reduziert.

$NaNO_3$ (Chilesalpeter) und NH_4NO_3 sind wichtige Mineraldünger. KNO_3 ist Bestandteil des ältesten Explosivstoffes, des *Schwarzpulvers*, das aus einem Gemisch von Schwefel, Holzkohle und KNO_3 besteht.

Salpetrige Säure, HNO₂, und Nitrite Die Salpetrige Säure ist in reinem Zustand nicht darstellbar; sie existiert lediglich als wässrige Lösung und ist auch in dieser Form infolge Disproportionierung nur begrenzte Zeit haltbar:

$$3\,H\overset{+3}{N}O_2 \longrightarrow H\overset{+5}{N}O_3 + 2\,\overset{+2}{N}O + H_2O$$

Mit einem pK_S-Wert von 3,4 ist HNO_2 eine mittelstarke Säure. Da sie den Stickstoff in der mittleren Oxidationsstufe von +3 enthält, wirkt sie gegenüber Oxidationsmitteln wie MnO_4^-, PbO_2 oder H_2O_2 *reduzierend* und gegenüber Reduktionsmitteln wie I^- oder Fe^{2+} *oxidierend*:

Reduktionsmittel: $NO_2^- + 3\,H_2O \longrightarrow NO_3^- + 2\,H_3O^+ + 2\,e^-$
Oxidationsmittel: $NO_2^- + 2\,H_3O^+ + e^- \longrightarrow NO + 3\,H_2O$

Mit NH_3 reagiert HNO_2 in einer Komproportionierungsreaktion zu molekularem Stickstoff. HNO_2 besteht aus planaren *cis*- und *trans*-Isomeren, die sich energetisch nur geringfügig voneinander unterscheiden:

cis *trans*

Beständiger als die Salpetrige Säure selbst sind ihre Salze, die **Nitrite**. Das N-Atom ist sp^2-hybridisiert, sodass das NO_2^--Ion eine gewinkelte Struktur hat, die sich mit den beiden folgenden mesomeren Grenzformeln beschreiben lässt:

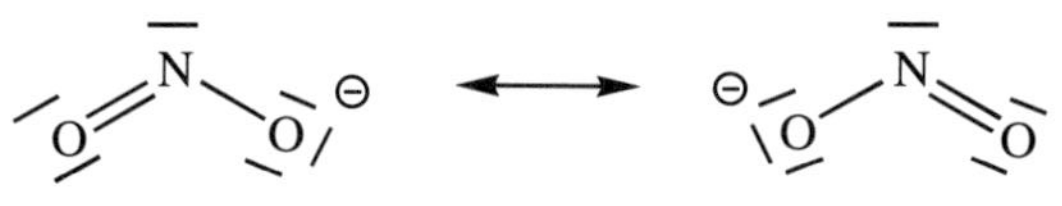

Mit der Delokalisierung der π-Bindung ist das Anion gegenüber dem Molekül der Säure mesomeriestabilisiert.

Nitrite lassen sich durch Einleiten von N_2O_3 (NO_2 + NO) in Laugen oder auch durch Erhitzen von Alkalimetallnitraten darstellen (siehe oben).

Hyposalpetrige Säure, H₂N₂O₂, und Hyponitrite $H_2N_2O_2$ ist eine in reiner Form darstellbare weiße kristalline Verbindung, die jedoch leicht explodiert. Die wässrige Lösung reagiert schwach sauer und zerfällt unter Freisetzung von N_2O:

$$H_2N_2O_2 \longrightarrow N_2O + H_2O$$

N_2O ist jedoch nur formal das Anhydrid der $H_2N_2O_2$, da sich weder die Säure noch ihre Salze aus N_2O darstellen lassen.

Es existieren zwei Reihen wenig stabiler Salze mit den Anionen $HN_2O_2^-$ bzw. $N_2O_2^{2-}$; die wässrigen Lösungen dieser Salze reagieren basisch und wirken reduzierend. Das $H_2N_2O_2$-Molekül enthält eine N=N-Doppelbindung und liegt in der *trans*-Form vor:

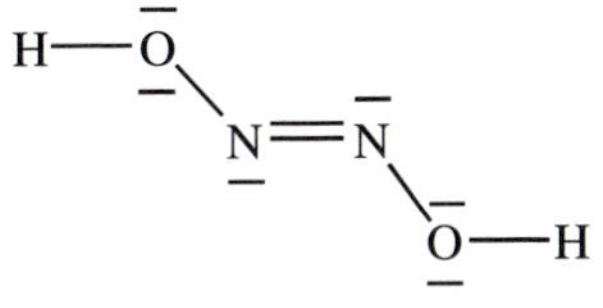

Bei den Anionen tritt neben der *trans*- auch die *cis*-Form auf.

Phosphor-Verbindungen

Oxide des Phosphors Im Gegensatz zu den Oxiden des Stickstoffs sind die Oxide des Phosphors exotherme Verbindungen.

Phosphor(III)-oxid, P_4O_6, entsteht bei der stöchiometrischen Umsetzung von Phosphor mit Sauerstoff. Es ist eine weiße, wachsartige und sublimierbare Substanz. P_4O_6 ist giftig. Die Struktur des P_4O_6-Moleküls lässt sich aus dem P_4-Molekül ableiten, in dem jede der P–P-Bindungen durch P–O–P-Bindungen ersetzt ist (Abbildung 8.17).

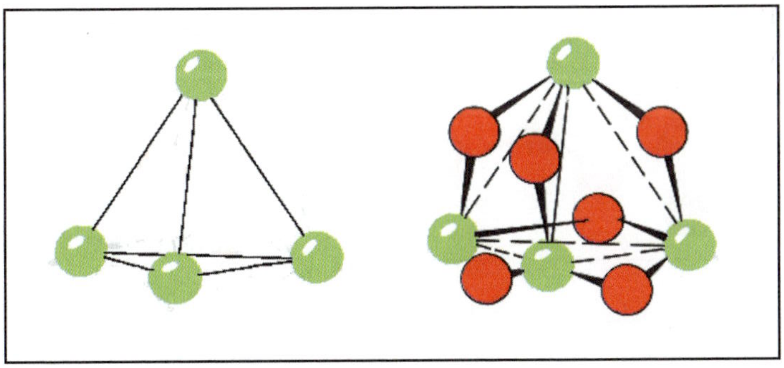

8.17 P_4-Tetraeder und Struktur des P_4O_6-Moleküls.

Phosphor(III)-oxid liegt in allen drei Aggregatzuständen und auch in Lösung als P_4O_6-Molekül vor. P_4O_6 ist bei Raumtemperatur an der Luft beständig, bei 70 °C reagiert es jedoch mit Luftsauerstoff unter Bildung von P_4O_{10}. P_4O_6 ist das Anhydrid der Phosphonsäure, die jedoch nur bei der Reaktion mit *kaltem* Wasser in reiner Form gebildet wird:

$$P_4O_6 + 6\,H_2O \longrightarrow 4\,H_2PHO_3$$

Führt man die Umsetzung mit *heißem* Wasser durch, so erfolgt eine teilweise Zersetzung (Disproportionierung) unter Bildung von P, PH_3 und H_3PO_4.

Phosphor(V)-oxid, P_4O_{10}, entsteht bei der Verbrennung von Phosphor mit einem Sauerstoffüberschuss. P_4O_{10} ist ein weißes, geruchloses Pulver, das bei 359 °C sublimiert. Seine Struktur kann ebenfalls vom P_4-Tetraeder abgeleitet werden: Wie im P_4O_6-Molekül sind zunächst alle P–P-Bindungen des P_4-Tetraeders durch P–O–P-Bindungen ersetzt; zusätzlich ist an jedes der vier P-Atome ein weiteres O-Atom gebunden (Abbildung 8.18). Damit ist jedes P-Atom tetraedrisch von vier O-Atomen umgeben. Das angeregte P-Atom ($3s^1 3p^3 3d^1$) ist sp^3-hybridisiert und bildet vier tetraedrisch orientierte σ-Bindungen sowie eine π-Bindung unter Verwendung eines d-Orbitals. Im Gegensatz dazu besteht das Stickstoff(V)-oxid aus N_2O_5-Molekülen, da das N-Atom wegen der Nichtverfügbarkeit von d-Orbitalen in seiner Valenzschale maximal vierbindig sein kann.

P_4O_{10} reagiert äußerst heftig mit Wasser über die Stufen Tetrametaphosphorsäure und Diphosphorsäure letztlich zur Orthophosphorsäure, deren Anhydrid es ist:

$$P_4O_{10} + 6\,H_2O \longrightarrow 4\,H_3PO_4$$

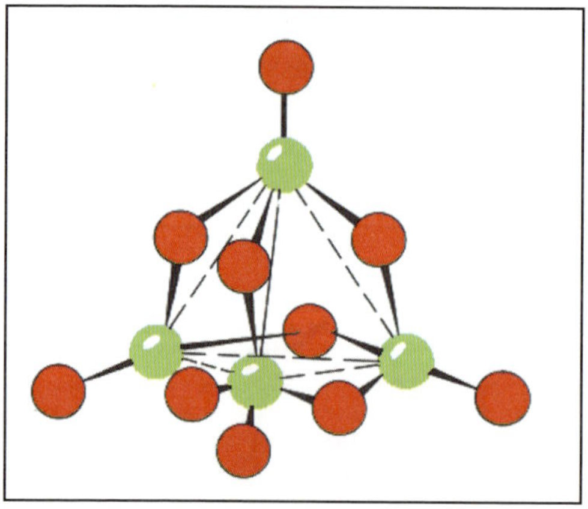

8.18 Struktur des P_4O_{10}-Moleküls.

P_4O_{10} ist extrem hygroskopisch und damit eine der wirksamsten Wasser entziehenden Substanzen; es dient daher nicht nur als Trockenmittel, sondern auch zur Darstellung von Säureanhydriden. An der Luft zerfließt P_4O_{10} zu einer sirupösen Masse, die aus verschiedenen Phosphorsäuren besteht. P_4O_{10} besitzt im Gegensatz zum N_2O_5 keine oxidierenden Eigenschaften.

Sauerstoffsäuren des Phosphors Die Sauerstoffsäuren des Phosphors zeigen einige Besonderheiten. Immer dann, wenn am P-Atom ein freies Elektronenpaar vorhanden ist, erfolgt die Isomerisierung einer P–OH-Gruppe zu einer H–P=O-Gruppe:

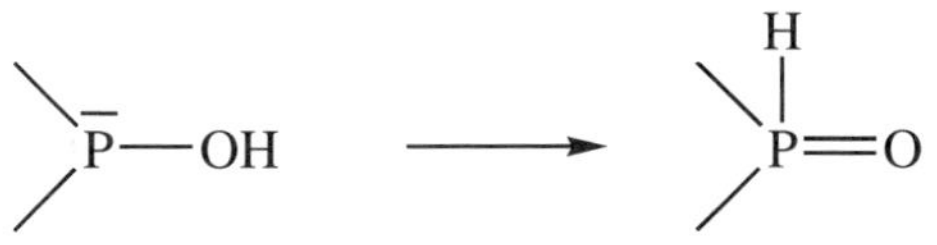

Daher sind die P-Atome in den Phosphorsäuren stets tetraedrisch koordiniert. Die sauren Eigenschaften der Phosphorsäuren sind nur durch die P–OH-Gruppen bedingt, da die P–H-Bindungen in Wasser nicht protolysieren und folglich auch nicht titriert werden können.

So ist die Phosphonsäure H_3PO_3 eine nur zweibasige Säure, da eines der H-Atome direkt an das P-Atom gebunden ist; um dies zu kennzeichnen, verwendet man mitunter auch die Schreibweise H_2PHO_3.

Phosphorsäuren und saure Phosphate (Hydrogen- und Dihydrogenphosphate) unterliegen vielfältigen Kondensationsreaktionen. In den entstehenden Produkten treten drei verschiedene Baugruppen auf, nämlich *End*gruppen, *Ketten*glieder und *Verzweigungs*gruppen (Abbildung 8.19).

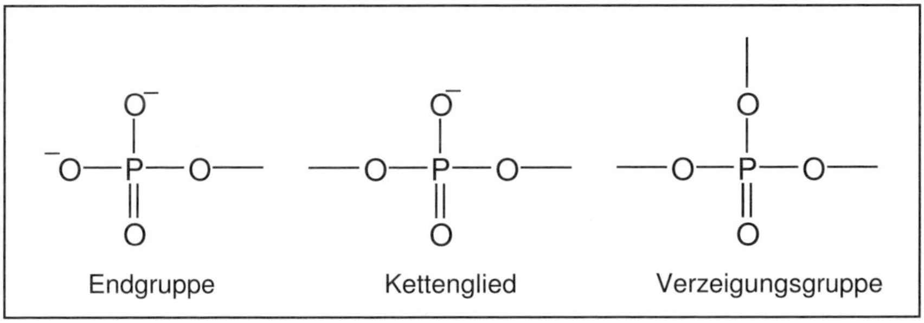

8.19 Baugruppen von Polyphosphorsäuren und Polyphosphaten.

Polyphosphate sind aus Kettengliedern und Endgruppen aufgebaut; sind auch Verzweigungsgruppen vorhanden, so spricht man von *Ultraphosphaten*. Metaphosphate sind ringförmig aufgebaut und bestehen deshalb nur aus Kettengliedern. Während die endständigen OH-Gruppen der kettenförmigen Polyphosphorsäuren nur schwach protolysieren, sind die mittelständigen stark protolysiert. Die zyklischen Metaphosphorsäuren sind relativ starke Säuren.

Orthophosphorsäure, H_3PO_4, bildet im reinen Zustand farblose Kristalle, die sich gut in Wasser lösen. Mit zunehmender Konzentration werden die Lösungen sirupöser, da zwischen den H_3PO_4-Molekülen – wie bereits im kristallinen Zustand – Wasserstoffbrücken-Bindungen vorliegen. Die handelsübliche konzentrierte H_3PO_4 ist 85 %-ig.

H_3PO_4 ist eine in drei Stufen protolysierende mittelstarke Säure; sie bildet demnach drei Reihen von Salzen:

Dihydrogenphosphate (primäre Phosphate)	$M^IH_2PO_4$
Hydrogenphosphate (sekundäre Phosphate)	$M^I_2HPO_4$
Orthophosphate (tertiäre Phosphate)	$M^I_3PO_4$

Das PO_4^{3-}-Anion besitzt tetraedrische Geometrie, wobei alle vier P–O-Bindungen äquivalent sind. Die Bindungen lassen sich durch eine sp^3-Hybridisierung des P-Atoms und eine delokalisierte π-Bindung beschreiben.

Die Darstellung von H_3PO_4 erfolgt aus dem natürlich vorkommenden $Ca_3(PO_4)_2$ auf zwei Wegen. Beim *nassen Verfahren* wird $Ca_3(PO_4)_2$ mit verdünnter Schwefelsäure aufgeschlossen:

$$Ca_3(PO_4)_2 + 3\,H_2SO_4 \longrightarrow 3\,CaSO_4 + 2\,H_3PO_4$$

Beim *trocknen Verfahren* wird aus dem $Ca_3(PO_4)_2$ zunächst weißer Phosphor hergestellt, der anschließend mit einem Überschuss an Luftsauerstoff zu P_4O_{10} umgesetzt wird. Dessen Hydrolyse führt über verschiedene Zwischenstufen zu H_3PO_4.

Diphosphorsäure, $H_4P_2O_7$, entsteht beim Erhitzen von H_3PO_4 auf Temperaturen über 200 °C durch intermolekulare Kondensation.

Neben der Diphosphorsäure entstehen dabei auch Polyphosphorsäuren. Reine Lösungen der Diphosphorsäure kann man aus $Na_4P_2O_7$-Lösungen durch Ionenaustausch erhalten. Die Diphosphate $M_4P_2O_7$ erhält man durch Erhitzen von Hydrogenphosphaten:

$$2\,M_2HPO_4 \longrightarrow M_4P_2O_7 + H_2O$$

Die wasserfreie Diphosphorsäure ist eine farblose Substanz, die sich leicht in Wasser löst und dabei zu H_3PO_4 hydrolysiert. Sie ist stärker sauer als die H_3PO_4.

Erwärmt man H_3PO_4 auf Temperaturen über 300 °C, dann führen die Kondensationsreaktionen zu:

Polyphosphorsäuren	$H_{n+2}P_nO_{3n+1}$ mit linearen Ketten,
Ultraphosphorsäuren	$H_{n+2}P_nO_{3n+1}$ mit verzweigten Ketten,
Metaphosphorsäuren	$(HPO_3)_n$ mit zyklischen Molekülen.

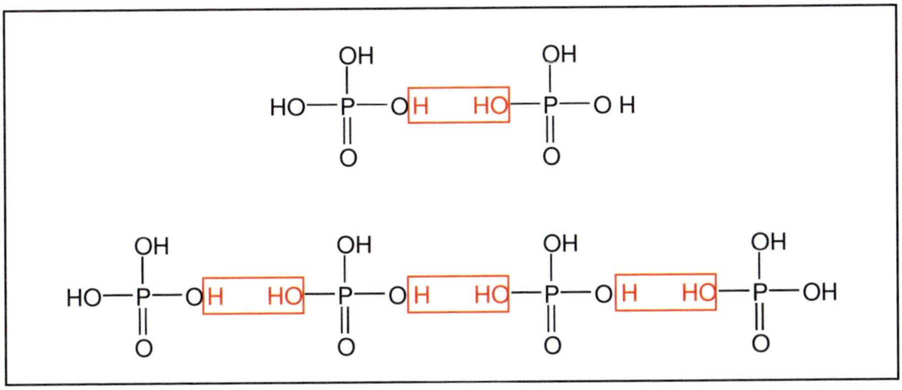

8.20 Bildung der Di- und der Tetraphosphorsäure durch Kondensation.

Polyphosphorsäuren mit linearen und verzweigten Ketten entstehen bei *intermolekularer Kondensation*, **Metaphosphorsäuren** bei *intramolekularer Kondensation*.

HPO_3 ist im Gegensatz zu HNO_3 also oligomer; die Ursache dafür ist letztlich die Bevorzugung der Ausbildung von π-Bindungen durch den Phosphor unter Beteiligung eines seiner 3d-Orbitale, weil diese gegenüber π-Bindungen zwischen p-Orbitalen energetisch günstiger sind.

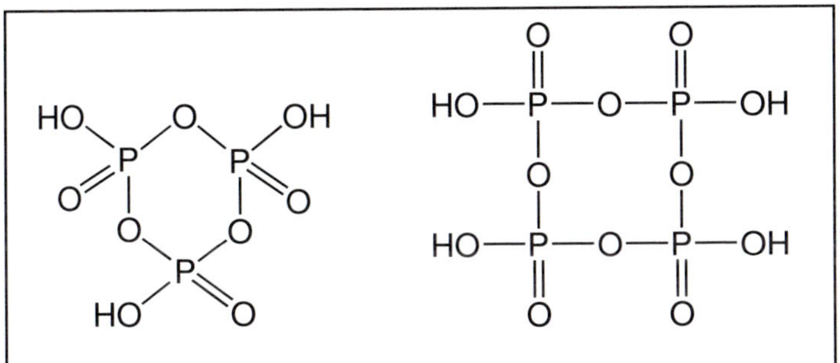

Trimetaphosphorsäure $(HPO_3)_3$ Tetrametaphosphorsäure $(HPO_3)_4$

8.21 Struktur von Trimeta- und Tetrametaphosphorsäure.

Polyphosphate und **Metaphosphate** werden beim Erhitzen primärer Phosphate gebildet; während die entstehenden Polyphosphate durchaus hochmolekular sein können, sind die zyklischen Metaphosphate $(M^IPO_3)_n$ niedermolekular mit n = 3 bis 8. Niedermolekulare Polyphosphate wie $Na_5P_3O_{10}$ werden als Wasserenthärter den Waschmitteln zugesetzt, da sie das Ca^{2+} unter Bildung löslicher Komplexe binden. Polyphosphate sind jedoch umweltschädigend, da sie Gewässer eutrophieren. Aus diesem Grunde werden sie in zunehmendem Maße durch Zeolithe ersetzt.

In allen kondensierten Phosphaten sind die PO_4-Tetraeder eckenverknüpft; dabei treten sich wiederholende Baueinheiten aus jeweils zwei, drei oder vier PO_4-Tetraedern auf.

Phosphonsäure, H_2PHO_3, kann durch Hydrolyse von PCl_3 mit kaltem Wasser hergestellt werden:

$$PCl_3 + 3\,H_2O \longrightarrow H_2PHO_3 + 3\,HCl$$

Die reine Säure bildet farblose Kristalle, die bei 70 °C schmelzen. Da die Phosphonsäure eine zweibasige Säure ist, leiten sich von ihr zwei Reihen von Salzen ab, die Hydrogenphosphonate, M^IHPHO_3, und die Phosphonate, $M^I_2PHO_3$. Die Phosphonsäure und ihre Salze sind starke Reduktionsmittel. Beim Erhitzen auf ca. 200 °C unterliegt die Phosphonsäure der Disproportionierung:

$$4\,H_2\overset{+3}{P}HO_3 \xrightarrow{200\,°C} 3\,H_3\overset{+5}{P}O_4 + \overset{-3}{P}H_3$$

Diese Reaktion dient der Darstellung von PH_3, dem Monophosphan.

Peroxophosphorsäuren enthalten anstelle einer Oxo-Gruppe eine Peroxo-Gruppe. Die Peroxodiphosphate werden durch eine anodische Oxidation von Phosphat-Lösungen gewonnen:

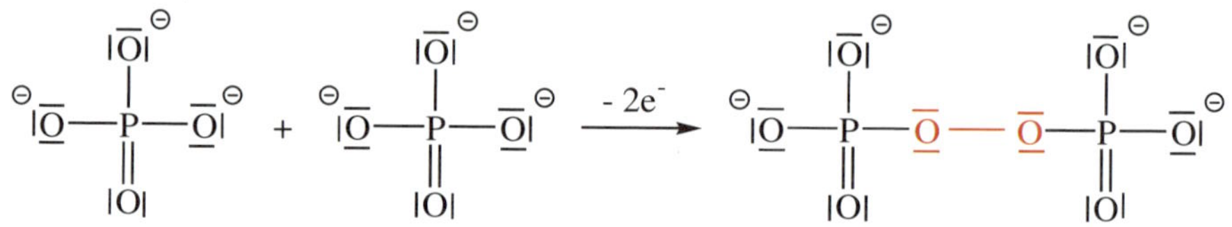

Die Peroxomonophosphorsäure, H_3PO_5, ist durch eine partielle Hydrolyse der Peroxodiphosphorsäure zugänglich; die vollständige Hydrolyse führt zu H_2O_2 und H_3PO_4.

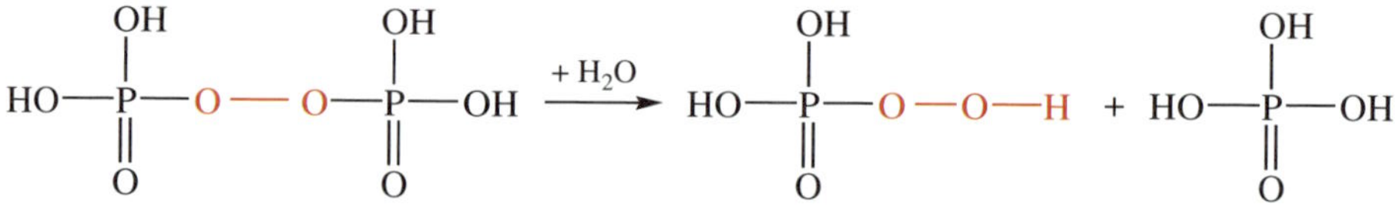

Die Peroxophosphorsäuren sind unbeständige Verbindungen und zerfallen leicht unter Sauerstoffabgabe zu Phosphorsäure; sie sind erwartungsgemäß Oxidationsmittel.

Halogenverbindungen des Phosphors Phosphor reagiert mit allen Halogenen unter Bildung von Verbindungen der Zusammensetzung PX_3, PX_5 und P_2X_4;

daneben existieren Phosphoroxidhalogenide des Typs POX_3. Die Beständigkeit der Phosphorhalogenide nimmt von den Fluoriden zu den Iodiden hin ab.

Trihalogenide PCl_3, PBr_3 und PI_3 werden direkt aus den Elementen hergestellt; PF_3 erhält man durch Umsetzung von PCl_3 mit HF. Die Trihalogenide sind sämtlich hydrolyseempfindliche Verbindungen; bei der Umsetzung mit Wasser wird die Phosphonsäure gebildet.

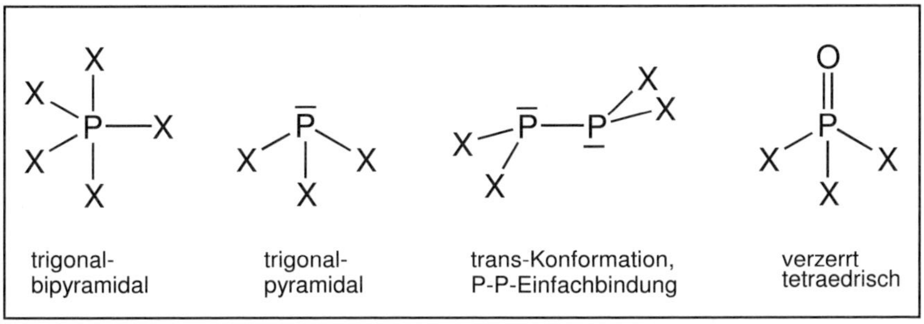

8.22 Molekülgeometrien der Phosphorhalogenide.

Pentahalogenide PF_5 ist ein farbloses, hydrolyseempfindliches Gas. Seine Darstellung erfolgt durch Umsetzung von PCl_5 mit AsF_5 unter Halogenaustausch; da die Reaktion stufenweise erfolgt, treten intermediär die gemischten Halogenide PCl_nF_{5-n} auf. PF_5 ist eine starke LEWIS-Säure und reagiert mit weiteren F^--Ionen zu dem stabilen PF_6^--Anion.

Weißer Phosphor selbst oder auch die entsprechenden Trihalogenide reagieren mit überschüssigem Halogen zu weißem kristallinen PCl_5 bzw. rotgelbem kristallinen PBr_5:

$$PCl_3 + Cl_2 \longrightarrow PCl_5$$
$$P_4 + 10\,Cl_2 \longrightarrow 4\,PCl_5$$

Die trigonal-bipyramidalen Moleküle treten nur im Gaszustand und in unpolaren Lösungsmitteln auf. Im kristallinen Zustand sind die beiden Verbindungen salzartig aufgebaut und bestehen aus den Ionen $[PCl_4]^+$ $[PCl_6]^-$ bzw. $[PBr_4]^+$ Br^-.

PCl_5 wird als Chlorierungsmittel verwendet. Seine Reaktion mit P_4O_{10} führt zu $POCl_3$:

$$6\,PCl_5 + P_4O_{10} \longrightarrow 10\,POCl_3$$

PCl_5 ist wie PF_5 eine LEWIS-Säure und reagiert mit Cl^--Donatoren zu oktaedrischen $[PCl_6]^-$-Anionen.

Die Pentahalogenide unterliegen leicht der Hydrolyse unter Bildung von H_3PO_4 und HX; dabei führt die partielle Hydrolyse zu POX_3:

$$PCl_5 + H_2O \longrightarrow POCl_3 + HCl$$
$$POCl_3 + 3\,H_2O \longrightarrow H_3PO_4 + 3\,HCl$$

$POCl_3$ ist eine farblose Flüssigkeit; es wird technisch durch Oxidation von PCl_3 mit Sauerstoff hergestellt.

Arsen-Verbindungen

Sauerstoffverbindungen des Arsens Die wichtigsten Sauerstoffverbindungen des Arsens sind die Oxide und Sauerstoffsäuren in den Oxidationsstufen +3 und +5, As_2O_3, As_2O_5, H_3AsO_3 und H_3AsO_4.

Arsen(III)-oxid, As_2O_3, und Arsenige Säure, H_3AsO_3 As_2O_3 entsteht als weißes Pulver beim Verbrennen von elementarem As an der Luft oder auch beim Abrösten arsenhaltiger Erze:

$$4\,As + 3\,O_2 \longrightarrow 2\,As_2O_3$$
$$2\,FeAsS + 5\,O_2 \longrightarrow As_2O_3 + Fe_2O_3 + 2\,SO_2$$

In der Dampfphase und in der kubischen Modifikation liegen As_4O_6-Moleküle vor, die dieselbe Struktur besitzen wie P_4O_6 (Abbildung 8.17). In der zweiten, der monoklinen Modifikation liegen gewellte Schichten aus miteinander verknüpften As_6O_6-Ringen vor.

As_2O_3 besitzt eine nur mäßige Löslichkeit in Wasser; die entstehende **Arsenige Säure, H_3AsO_3,** ist eine dreibasige, schwache Säure, von der sich drei Reihen von Salzen ableiten, nämlich die primären, die sekundären und die tertiären **Arsenite**. Beim Versuch, die reine Arsenige Säure aus ihrer wässrigen Lösung zu isolieren, tritt Kristallisation von As_2O_3 ein. Die Arsenige Säure lässt sich leicht zu elementarem Arsen reduzieren; darauf beruht z. B. die BETTENDORFsche Arsen-Probe, bei der aus salzsaurer Lösung durch Sn(II) braunes Arsen ausgefällt wird:

$$2\,H_3AsO_3 + 6\,H_3O^+ + 3\,Sn^{2+} \longrightarrow 2\,As\downarrow + 3\,Sn^{4+} + 12\,H_2O$$

H_3AsO_3 ist ein schwächeres Reduktionsmittel als H_3PO_3 und lässt sich daher schwerer oxidieren. Analytisch genutzt wird die Reaktion von H_3AsO_3 mit Iod bei der iodometrischen As-Bestimmung:

$$H_3AsO_3 + I_2 + 3\,H_2O \rightleftharpoons H_3AsO_4 + 2\,I^- + 2\,H_3O^+$$

Die gebildeten H_3O^+-Ionen werden durch HCO_3^--Ionen aus dem Gleichgewicht entfernt, sodass die Reaktion quantitativ erfolgt.

As_2O_3 („Arsenik") ist ein starkes Gift, von dem bereits weniger als 0,1 g tödlich wirken kann. Durch regelmäßige Einnahme kleinerer Dosen kann der menschliche Organismus allerdings an das Gift gewöhnt werden, sodass in solchen Fällen bis zu 0,5 g auf einmal eingenommen werden können („Arsenikesser").

Arsen(V)-oxid, As_2O_5, und Arsensäure, H_3AsO_4 Das Arsenpentaoxid As_2O_5 kann nicht wie das homologe P_2O_5 durch Verbrennen des Elements an der Luft dargestellt werden, da die Oxidation hier nur bis zum As_2O_3 verläuft. As_2O_5 lässt sich durch Entwässern von Arsensäure erhalten, z. B. durch Erhitzen auf über 300 °C oder durch Behandeln mit P_4O_{10} bei ca. 50 °C im Vakuum:

$$2\,H_3AsO_4 \rightleftharpoons As_2O_5 + 3\,H_2O$$

Die Arsensäure ihrerseits lässt sich in einfacher Weise durch Oxidation von As oder As_2O_3 mit konz. Salpetersäure darstellen.

Die H_3AsO_4 ist eine dreibasige, mittelstarke Säure, von der sich drei Reihen von Salzen ableiten, nämlich die primären, die sekundären und die tertiären **Arsenate**. In ihrem Löslichkeitsverhalten entsprechen die Arsenate im Allgemeinen den homologen Phosphaten. Die H_3AsO_4 unterscheidet sich von der homologen H_3PO_4 jedoch in charakteristischer Weise durch ihr Oxidationsvermögen.

Schwefelverbindungen des Arsens Arsen bildet mit Schwefel fünf Verbindungen der Zusammensetzung As_4S_n mit n = 3, 4, 5, 6, 10. Einige dieser Sulfide kommen in der Natur vor, z. B. As_4S_4 als *Realgar* und As_4S_6 als *Auripigment.*

Die meisten Strukturen der Arsensulfide leiten sich vom As_4-Tetraeder ab. As_4S_6 (As_2S_3) hat eine dem monoklinen As_2O_3 analoge Schichtstruktur; As_4S_6-Moleküle liegen nur im Dampfzustand vor. Die Struktur von As_4S_{10} ist bisher nicht bekannt.

Amorphes As_2S_3 fällt als gelber Niederschlag beim Einleiten von H_2S in salzsaure Arsenit-Lösungen, infolge Reduktion aber auch beim *langsamen* Einleiten von H_2S in salzsaure Arsenat-Lösungen; erfolgt das Einleiten von H_2S im letzteren Fall dagegen genügend rasch, dann fällt gelbes As_2S_5 aus. As_2S_3 löst sich in farbloser Ammoniumsulfid-Lösung unter Bildung von **Thioarsenit**:

$$As_2S_3 + 3\,S^{2-} \longrightarrow 2\,AsS_3^{3-}$$

In gelben Ammoniumpolysulfid-Lösungen erfolgt eine Oxidation des As(III) zu As(V) durch Schwefel und es entsteht **Thioarsenat**, das natürlich auch aus As_2S_5 mit Sulfid-Lösungen zugänglich ist:

$$As_2S_3 + 3\,S^{2-} + 2\,S \longrightarrow 2\,AsS_4^{3-}$$

Die den Thioarseniten und Thioarsenaten zugrunde liegenden Säuren, also die Thioarsenige Säure und die Thioarsensäure, sind instabil und zerfallen unter Abspaltung von H_2S und Bildung der entsprechenden Sulfide.

Halogenverbindungen des Arsens Arsen bildet die binären Halogenide $\mathbf{AsX_3}$ (X = F, Cl, Br, I), $\mathbf{AsX_5}$ (X = F, Cl) sowie $\mathbf{As_2X_4}$ (X = I). Die Molekülstrukturen entsprechen denen der Phosphorhalogenide. Die Darstellung der Verbindungen erfolgt direkt aus den Elementen. Alle Arsenhalogenide hydrolysieren in Wasser.

Antimon-Verbindungen

Sauerstoffverbindungen des Antimons Beim Verbrennen von Antimon an der Luft wird **Antimon(III)-oxid** $\mathbf{Sb_2O_3}$ gebildet. Dessen kubische Modifikation entspricht in seiner Struktur dem kubischen As_2O_3, besteht also aus Sb_4O_6-Molekülen, die auch im Dampfzustand vorliegen.

Sb_2O_3 ist amphoter und bildet mit starken Basen **Antimonite,** $\mathbf{M^ISbO_2}$. Mit starken Säuren entstehen **Antimon(III)-Salze**, die zur Hydrolyse und Bildung der entsprechenden Antimonoxid-Salze neigen: $Sb(NO_3)_3$ – $SbO(NO_3)$.

Durch Hydrolyse von $SbCl_5$ oder auch durch Oxidation von Sb mit konz. HNO_3 wird die **Antimonsäure,** das Antimon(V)-oxidhydrat $Sb_2O_5 \cdot x\ H_2O$, gebildet; durch Entwässerung dieses weißen Pulvers erhält man das reine Sb_2O_5. Sb_2O_5 löst sich nur schlecht in Wasser, vermutlich unter Bildung der Hexahydroxoantimonsäure $H[Sb(OH)_6]$, deren Na-Salz schwerlöslich ist und dem qualitativen Nachweis von Na^+ dient.

Schwefelverbindungen des Antimons Aus angesäuerten Antimon(III)-Lösungen fällt beim Einleiten von H_2S orangerotes Sb_2S_3 als amorpher Niederschlag aus. Wie As_2S_3 löst sich auch Sb_2S_3 in farbloser Ammoniumsulfid-Lösung unter Bildung von Thioantimonit:

$$Sb_2S_3 + 3\ S^{2-} \longrightarrow 2\ SbS_3^{3-}$$

In Ammoniumpolysulfid-Lösungen erfolgt entsprechend Auflösung unter Bildung von Thioantimonat:

$$Sb_2S_3 + 3\ S^{2-} + 2\ S \longrightarrow 2\ SbS_4^{3-}$$

Das orangerote **Antimon(V)-sulfid** $\mathbf{Sb_2S_5}$ wird als brennbare Komponente in Zündholzköpfchen verwendet.

Halogenverbindungen des Antimons Antimon bildet binäre Halogenide der Zusammensetzung $\mathbf{SbX_3}$ (X = F, Cl, Br, I) und $\mathbf{SbX_5}$ (X = F, Cl). SbI_3 besteht aus rubinroten Kristallen, die anderen Trihalogenide bilden farblose Kristalle; die beiden Pentahalogenide sind unter Normalbedingungen farblose Flüssigkeiten.

In SbF_5 sind SbF_6-Oktaeder über gemeinsame Ecken zu Ketten polymerisiert. Die Pentahalogenide sind Halogenid-Akzeptoren und bilden die oktaedrischen $[SbX_6]^-$-Anionen.

Die Trihalogenide bilden die Anionen $[SbCl_4]^-$, $[SbCl_5]^{2-}$, $[SbCl_6]^{3-}$ sowie $[SbF_5]^{2-}$; außerdem existieren noch verschiedene polymere Anionen.

Bismut-Verbindungen

Sauerstoffverbindungen des Bismuts Aus Bi(III)-Salzlösungen fällt auf Zusatz von Alkalilauge ein weißer, flockiger Niederschlag von Bismut(III)-oxidhydrat, $Bi_2O_3 \cdot x\ H_2O$; beim Entwässern durch Erhitzen entsteht daraus das gelbe Bi_2O_3. Bi_2O_3 ist ein basisches Oxid, das sich nur noch in Säuren unter Salzbildung löst, nicht jedoch in Basen.

Mit starken Oxidationsmitteln wie Cl_2, $KMnO_4$ oder $K_2S_2O_8$ wird Bi_2O_3 in alkalischer Lösung zu den Bismutaten(V) oxidiert. Diese sind ebenso durch Schmelzen von Bi_2O_3 mit Alkalimetalloxiden bzw. -peroxiden an der Luft zugänglich:

$$Bi_2O_3 + Na_2O + O_2 \longrightarrow 2\ NaBiO_3 \quad \text{(gelb)}$$
$$Bi_2O_3 + 3\ Na_2O + O_2 \longrightarrow 2\ Na_3BiO_4 \quad \text{(braun)}$$

Bi_2O_3 oder auch Bi selbst lösen sich in Mineralsäuren unter Bildung der entsprechenden Bismut(III)-Salze, die aus wässriger Lösung als Hydrate auskristallisieren: $Bi(NO_3)_3 \cdot 5\ H_2O$, $Bi_2(SO_4)_3 \cdot x\ H_2O$. Bismut(III)-Salze werden durch Wasser zu basischen Salzen wie $BiO(NO_3) \cdot H_2O$ hydrolysiert. Dieses basische Nitrat dient unter der Bezeichnung *Magisterium bismuti* (bzw. *Bismutum subnitricum*) seit langem als mildes Darmdesinfiziens sowie zur Wund- und Hautbehandlung.

Halogenverbindungen des Bismuts Die Bismut(III)-halogenide, $\mathbf{BiX_3}$ (X = F, Cl, Br, I), sind kristalline Substanzen. Die Darstellung der Verbindungen erfolgt durch Auflösen von Bi_2O_3 in der entsprechenden Halogenwasserstoffsäure gemäß:

$$Bi_2O_3 + 6\ HX \longrightarrow 2\ BiX_3 + 3\ H_2O$$

oder aus der Reaktion der Elemente:

$$2\ Bi + 3\ X_2 \longrightarrow 2\ BiX_3$$

Das einzige bekannte Bismut(V)-halogenid ist das BiF_5, das bei der Umsetzung von BiF_3 mit weiterem F_2 gebildet wird. Es ist eine farblose, kristalline Verbindung und ein starkes Fluorierungsreagens.

Schwefelverbindungen des Bismuts Durch Einleiten von H_2S in saure Bi(III)-Salzlösungen oder auch durch Erhitzen von Bismut mit Schwefel erhält man das dunkelbraune **Bismut(III)-sulfid, Bi_2S_3**. Im Gegensatz zu den homologen Verbindungen As_2S_3 und Sb_2S_3 besitzt Bi_2S_3 keine sauren Eigenschaften und löst sich daher nicht in Ammoniumsulfid-Lösungen unter Bildung eines entsprechenden Thiosalzes.

Das amorphe, braune Bi_2S_3 wandelt sich bei längerem Stehen, schneller beim Kochen in Alkalimetallsulfid-Lösungen, in die kristalline, graue Modifikation um, die mit dem Grauspießglanz, Sb_2S_3, isotyp ist.

8.4 Die Elemente der VI. Hauptgruppe (Gruppe 16) – O, S, Se, Te, Po

8.4.1 Gruppeneigenschaften

Die Elemente der VI. Hauptgruppe werden auch als **Chalcogene** (Erzbildner) bezeichnet. Sie unterscheiden sich in ihren Eigenschaften untereinander stärker als dies bei den Elementen der nachfolgenden VII. Hauptgruppe der Fall ist.

Sauerstoff und Schwefel sind typische Nichtmetalle. Selen und Tellur verhalten sich zwar in chemischer Hinsicht vorwiegend wie Nichtmetalle, da sie aber beide metallische Modifikationen mit Halbleitereigenschaften besitzen, werden sie zu den Halbmetallen gerechnet. Polonium ist ein Metall.

Als Element der zweiten Periode nimmt Sauerstoff innerhalb der VI. Hauptgruppe eine Sonderstellung ein. Diese gründet sich zum einen darauf, dass Sauerstoff eine wesentlich höhere Elektronegativität hat als die übrigen Elemente dieser Gruppe; nach Fluor ist Sauerstoff das elektronegativste Element. Sauerstoff tritt daher hauptsächlich in den negativen Oxidationsstufen –2 und –1 auf; positive Oxidationsstufen liegen nur in den Sauerstofffluoriden vor. Zum anderen verfügen Sauerstoffatome in ihrer Valenzschale *nicht* über d-Orbitale, sodass sie niemals mehr als acht Elektronen in ihrer Valenzschale haben können, der Oktettregel also streng folgen. Die homologen Elemente verfügen in ihrer Valenzschale über d-Orbitale und können daher Oktetterweiterungen realisieren. In solchen Verbindungen sind die Oxidationsstufen +4 und +6 von Bedeutung, wobei die Beständigkeit der Oxidationsstufe +6 mit steigender Ordnungszahl abnimmt; H_2SeO_4 ist daher ein stärkeres Oxidationsmittel als H_2SO_4, SO_2 entsprechend ein stärkeres Reduktionsmittel als SeO_2.

Gemäß ihrer Valenzelektronenkonfiguration von ns^2np^4 fehlen den Elementen der VI. Hauptgruppe zwei Elektronen zur Erreichung einer Edelgaskonfiguration. Obwohl die Summe der 1. und der 2. Elektronenaffinität positiv und beachtlich hoch ist, sind die meisten Metalloxide ionisch aufgebaut; der Grund dafür liegt in dem großen Wert der Elektronegativität des Sauerstoffs. Da Schwefel eine deutlich geringere Elektronegativität hat, sind nur noch die Sulfide der elektropositivsten Metalle ionisch, die übrigen sind mehr oder weniger kovalent.

Zur Erreichung einer Edelgaskonfiguration können alle Chalcogen-Atome ebenso zwei kovalente Bindungen ausbilden.

Tabelle 8.4 Ausgewählte Eigenschaften der Elemente der VI. Hauptgruppe

	Sauerstoff O	Schwefel S	Selen Se	Tellur Te	Polonium Po
Elektronenkonfiguration	[He] $2s^2\,2p^4$	[Ne] $3s^23p^4$	$[Ar]3d^{10}$ $4s^24p^4$	$[Kr]4d^{10}$ $5s^25p^4$	$[Xe]4f^{14}$ $5d^{10}$ $6s^26p^4$
1. Ionisierungsenergie [kJ/mol]	1313,9	999,6	940,9	869,2	812
1. Elektronenaffinität	–141	–200,4	–195,0	–190,2	–183
2. Elektronenaffinität [kJ/mol]	+844	+532	–	–	–
Elektronegativität	3,44	2,58	2,55	2,1	2,0

Der saure Charakter der Oxide nimmt von SO_2 zu TeO_2 und von SO_3 zu TeO_3 hin ab. Schwefelsäure ist eine starke, Tellursäure dagegen nur eine schwache Säure; SO_2 ist ein Säureanhydrid, TeO_2 ist dagegen amphoter.

8.4.2 Die Elemente

Vorkommen **Sauerstoff** ist mit einem Massenanteil von 45,5 % das häufigste Element der Erdkruste. Als molekularer Sauerstoff O_2 kommt er mit einem Volumenanteil von 21 % in der Luft vor. Ein Teil des gegenwärtig vorhandenen Sauerstoffs entstammt einer frühen photochemischen Reaktion von Wasserdampf mit Sonnenlicht, der Rest bildete und bildet sich im Rahmen der Photosynthese. Der Sauerstoff befindet sich in einem Kreislauf von Assimilation (Photosynthese) und Dissimilation (Atmung), sodass sein Volumenanteil in der Atmosphäre als annähernd konstant angesehen werden kann; hinzu kommt, dass die in diesem Kreislauf befindliche Sauerstoffmenge von ca. 10^{11} Tonnen nur einen Teil der insgesamt in der Atmosphäre vorhandenen Sauerstoffmenge von ca. 10^{15} Tonnen ausmacht. Chemisch gebunden liegt Sauerstoff im Wasser und in vielen anderen Verbindungen vor, insbesondere in Silicaten, Carbonaten, Oxiden, Phosphaten etc.

Schwefel kommt ebenfalls elementar in weit verbreiteten Lagerstätten vor; dieser natürlich vorkommende elementare Schwefel entstand durch Reduktion von

H_2S durch Bakterien. Von großer Bedeutung sind vor allem die sulfidischen Erze der Schwermetalle, z. B. *Pyrit* FeS_2, *Zinkblende* ZnS, *Kupferkies* $CuFeS_2$, *Zinnober* HgS, *Bleiglanz* PbS u. a. Daneben kommt Schwefel gebunden auch in Form schwerlöslicher Sulfate vor wie z. B. als *Schwerspat* $BaSO_4$ und *Anhydrit* $CaSO_4$.

Selen und **Tellur** sind in Form von Seleniden bzw. Telluriden in Spuren in sulfidischen Erzen enthalten; eigenständige Se- und Te-Minerale sind selten.

Polonium ist ein äußerst seltenes Element und kommt als kurzlebiges radioaktives Zerfallsprodukt der Uran-Zerfallsreihe nur zu etwa 0,03 g in 1 000 Tonnen Uranpechblende vor. Heute gewinnt man Polonium im Gramm-Bereich durch Bestrahlung von Bismut mit Neutronen im Kernreaktor.

Darstellung und Verwendung Die großtechnische Gewinnung von **Sauerstoff** erfolgt durch fraktionierte Destillation der nach dem LINDE-Verfahren verflüssigten Luft (siehe Abbildung 5.5); die Jahresproduktion beträgt z. B. in den USA ca. $2 \cdot 10^{10}$ kg flüssigen Sauerstoff.

Der weitaus größte Teil des Sauerstoffs wird in der Stahlindustrie eingesetzt: Zur Produktion einer Tonne Stahl wird etwa auch eine Tonne Sauerstoff benötigt. Der Sauerstoff, der dabei in eine Schmelze von Roheisen eingeblasen wird, oxidiert alle Verunreinigungen, insbesondere Kohlenstoff.

Sauerstoff dient in der Technik zur Erzeugung hoher Temperaturen durch Verbrennungsprozesse. Die Verwendung von reinem Sauerstoff anstelle von Luft bietet dabei den Vorteil der besseren Wärmenutzung (der Luftstickstoff muss nicht mit erhitzt werden) sowie des Erreichens höherer Temperaturen. Ein Beispiel dafür ist das Acetylen-Sauerstoff-Schweißen:

$$C_2H_{2(g)} + {}^5/_2\, O_{2(g)} \longrightarrow 2\, CO_{2(g)} + H_2O_{(g)} \qquad \Delta H^0 = -1\,300 \text{ kJ/mol}$$

Kleine Mengen Sauerstoff finden Anwendung in der Medizin als Stimulans und vor allem zur Entlastung des Herzens.

Die technische Gewinnung des **Schwefels** erfolgt vornehmlich aus den Lagerstätten von Elementarschwefel nach dem FRASCH-Verfahren. Der Schwefel wird unter Tage mit überhitztem Wasserdampf geschmolzen, mit heißer Druckluft an die Erdoberfläche gedrückt und hier in großen Holztrögen kristallisiert. Der so gewonnene Schwefel ist mit 99,5 – 99,9 % bereits sehr rein.

Ein geringerer Teil des Schwefels wird aus H_2S gewonnen, das z. B. in Kokereigas, Wassergas und Erdgas enthalten ist. Die Oxidation des H_2S in dem als CLAUS-Prozess bezeichneten Verfahren wird dabei in zwei Stufen durchgeführt, da bei einer einstufigen Prozessführung die am Katalysator frei werdende Reaktionswärme zu groß wäre.

Für die zweite Stufe der Umsetzung ist ein Katalysator erforderlich; verwendet wird im Allgemeinen Bauxit oder Aktivkohle:

$$H_2S + {}^3/_2\,O_2 \longrightarrow SO_2 + H_2O \qquad \Delta H^0 = -518\ \text{kJ/mol}$$
$$SO_2 + 2\,H_2S \longrightarrow 3\,S + 2\,H_2O \qquad \Delta H^0 = -146\ \text{kJ/mol}$$
$$3\,H_2S + {}^3/_2\,O_2 \longrightarrow 3\,S + 3\,H_2O \qquad \Delta H^0 = -664\ \text{kJ/mol}$$

Etwa 85 % des Schwefels werden für die Herstellung von Schwefelsäure verwendet. Ferner dient Schwefel zum Vulkanisieren von Kautschuk sowie zur Herstellung von CS_2, Farbstoffen, Zündhölzern, Feuerwerkskörpern, Schießpulver u. a.

Beim Abrösten der **Selen** und **Tellur** enthaltenden sulfidischen Erze werden beide Elemente in Form ihrer Dioxide SeO_2 und TeO_2 im Flugstaub angereichert. Hauptausgangsmaterial für die Gewinnung von Selen und Tellur ist allerdings der bei der elektrolytischen Raffination von Kupfer anfallende Anodenschlamm, in dem die Selenide bzw. Telluride von Cu(I), Ag(I) und Au(I) vorliegen. Die Selenide bzw. Telluride werden mit Soda und Luftsauerstoff bei höheren Temperaturen zu den Seleniten bzw. Telluriten umgesetzt. Aus deren wässrigen Lösungen erhält man Selen durch Reduktion mit SO_2 und Tellur durch eine elektrolytische Reduktion.

Elementares Selen (graue Modifikation) ist ein Halbleiter, dessen Leitfähigkeit durch Licht verstärkt wird. Es findet daher Anwendung in Selen-Gleichrichtern bzw. Selen-Photozellen. In Form von Cd(S,Se) dient Selen zum Einfärben von Gläsern (Rubingläser). Ein geringer Teil des Selens dient der Herstellung selenhaltiger Pharmaka.

Tellur wird vornehmlich als Legierungsbestandteil in der Eisen- und Stahlproduktion verwendet, geringe Mengen auch zum Tönen von Glas.

Eigenschaften Unter Normalbedingungen ist **Sauerstoff** ein farbloses, geruch- und geschmackloses Gas, das aus zweiatomigen Molekülen besteht. In dicker Schicht und im flüssigen Zustand ist Sauerstoff hellblau gefärbt. Die Löslichkeit in Wasser ist nur gering: In 1 Liter Wasser lösen sich bei 0 °C und 1 bar nur 49 ml O_2. In Salzwasser ist die Löslichkeit zwar noch geringer, reicht aber aus, um in den Ozeanen sauerstoffabhängiges Leben zu ermöglichen.

Die O–O-Bindungslänge entspricht mit 121 pm formal dem Vorliegen einer σ- und einer π-Bindung. Das Disauerstoff-Molekül ist paramagnetisch im Ausmaß von zwei ungepaarten Elektronen. Dieser Paramagnetismus sowie die Bindungsordnung von 2 können im Rahmen der MO-Theorie plausibel gedeutet werden (Abbildung 4.38).

Das O_2-Molekül ist thermisch recht stabil und dissoziiert erst bei hohen Temperaturen in die Atome; so beträgt der Dissoziationsgrad bei 3000 °C erst 6 %.

Ein wesentlicher Teil der Chemie des Sauerstoffs lässt sich auf seine Elektronenstruktur, seine hohe Elektronegativität und seine geringe Größe zurückführen. Sauerstoff ist ein sehr reaktionsfähiges Gas und vermag bei höheren Temperaturen zahlreiche Elemente unter zumeist heftig verlaufenden Reaktionen zu oxidieren.

Trotz der hohen Bindungsdissoziationsenergie von 493,4 kJ/mol sind diese Reaktionen in vielen Fällen stark exotherm und können nach einer entsprechenden Initiierung sich selbst unterhalten (z.B. Verbrennung von Kohlenstoff) oder gar explosionsartig verlaufen (z.B. die Knallgasreaktion, also die Reaktion mit Wasserstoff). Einige Elemente wie W, Pt, Au sowie die Edelgase reagieren *nicht direkt* mit Sauerstoff. In reinem Sauerstoff verlaufen die Oxidationsreaktionen sehr viel schneller als an der Luft, besonders schnell jedoch in flüssigem Sauerstoff, ungeachtet der tiefen Temperatur von –183 °C.

Unter Normalbedingungen ist der Sauerstoff der Luft recht reaktionsträge und oxidiert chemische Verbindungen der belebten und der unbelebten Natur nur sehr langsam. Ursache dafür ist der Spinzustand des O_2-Moleküls: Mit zwei ungepaarten Elektronen parallelen Spins im zweifach entarteten π^*-Niveau ist das O_2-Molekül in seinem Grundzustand ein Triplett-Molekül, $^3O_2$. Die Moleküle der belebten wie der unbelebten Natur sind in ihrer übergroßen Mehrzahl jedoch Singulett-Moleküle und enthalten keine ungepaarten Elektronen. Reaktionen zwischen Triplett- und Singulett-Molekülen sind wegen der geringen Wahrscheinlichkeit eines „Umklappens“ des Elektronenspins kinetisch gehemmt und bedürfen einer entsprechenden Aktivierung oder eines Katalysators zur Aufhebung dieser Spinhemmung (Abbildung 8.23).

Aus eben diesem Grunde ist Singulett-Sauerstoff $^1O_2$ sehr viel reaktionsfähiger als Triplett-Sauerstoff und ein wirksames Oxidationsmittel, das insbesondere in der Organischen Chemie für selektive Oxidationen verwendet wird. Im Singulett-Sauerstoff besitzen die beiden π^*-Elektronen antiparallelen Spin, er ist folglich diamagnetisch.

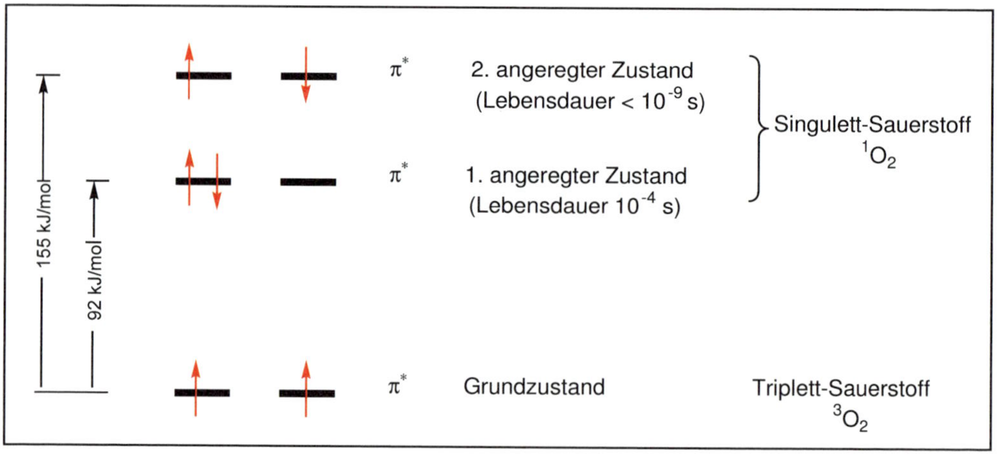

8.23 Singulett- und Triplett-Sauerstoff – Elektronenanordnungen und Energieniveaus.

Beim Singulett-Sauerstoff handelt es sich also um sehr kurzlebige, energiereiche Zustände des Disauerstoffmoleküls, die photochemisch oder auch chemisch erzeugt werden können. Bei der Rückkehr aus den Singulett-Zuständen in den Triplett-Grundzustand wird orangerotes Licht abgestrahlt. Die Umwandlung vom Singulett- in den Triplett-Sauerstoff erfolgt ohne Spinumkehr gemäß:

$$^{1}O_2(\uparrow\downarrow) + {}^{1}O_2(\uparrow\downarrow) \longrightarrow {}^{3}O_2(\uparrow\uparrow) + {}^{3}O_2(\downarrow\downarrow)$$

Der Photosynthese-Komplex der grünen Pflanzen erzeugt durch die Assimilation nicht nur den Triplett-Sauerstoff; das Chlorophyll sensibilisiert in geringem Ausmaß auch den lichtinduzierten Übergang des erzeugten Sauerstoffs aus dem Triplett- in den Singulett-Zustand. Da Singulett-Sauerstoff infolge seiner hohen Reaktivität das Chlorophyll und andere Bestandteile der Zellen oxidativ zerstören würde, muss er ständig desaktiviert werden. Dies geschieht durch die im Photosynthese-Komplex ebenfalls vorhandenen Carotinoide. Wenn im Herbst die Synthese dieser Schutzstoffe verringert und dadurch das Chlorophyll allmählich oxidativ zerstört wird, erscheinen die charakteristischen Herbstfarben der Blätter.

Ozon, O_3, ist die zweite Modifikation des Sauerstoffs. Es ist ein charakteristisch riechendes, blassblaues Gas; in den kondensierten Phasen ist Ozon schwarzblau und diamagnetisch.

Das O_3-Molekül ist gewinkelt; der Bindungswinkel liegt bei 117°. Die beiden O–O-Bindungen sind mit 128 pm gleich lang und entsprechen einem Bindungsgrad von 1,5 mit einer delokalisierten π-Bindung; zu dem gleichen Resultat führt eine MO-theoretische Betrachtung.

Im reinen Zustand und insbesondere in kondensierter Phase ist Ozon explosiv; im verdünnten Zustand erfolgt dagegen bei Normaltemperatur nur ein langsamer Zerfall, der sich jedoch beim Erwärmen und in Gegenwart von Katalysatoren beschleunigt.

Ozon ist ein starkes Oxidationsmittel und wird in dieser Hinsicht von nur wenigen Stoffen übertroffen (F_2, H_4XeO_4, $H_2S_2O_8$). Aus einer wässrigen Lösung von Iodiden wird durch Ozon elementares Iod ausgeschieden, das sich bequem titrieren lässt und damit eine quantitative Ozon-Bestimmung erlaubt:

$$O_3 + 2\,I^- + H_2O \longrightarrow I_2 + O_2 + 2\,OH^-$$

In größeren Konzentrationen ist Ozon toxisch; Mikroorganismen werden abgetötet, sodass Ozon zur Entkeimung von Trinkwasser Verwendung findet.

Ozon bildet sich bei der Einwirkung stiller elektrischer Entladungen auf Sauerstoff. Seine Bildung erfolgt dabei nur zum Teil über O-Atome, da auch angeregte O_2-Moleküle zu Ozon abreagieren können:

$$\tfrac{1}{2}\,O_2 \longrightarrow O$$
$$O + O_2 \longrightarrow O_3$$
$$O_2^{*} + O_2 \longrightarrow O_3 + O$$

Da Ozon selbst in einer schnellen Folgereaktion mit O-Atomen reagiert, enthalten die O_2/O_3-Gemische lediglich ca. zehn Volumenprozent O_3; daraus lässt sich Ozon jedoch in reiner Form durch Kondensation mit flüssigem Stickstoff isolieren.

In den oberen Schichten der Atmosphäre (20 – 25 km Höhe) entsteht Ozon in geringen Mengen durch Einwirkung von UV-Strahlung der Sonne auf O_2-Moleküle; die maximale O_3-Konzentration liegt bei etwa 10^{14} O_3-Molekülen pro cm^3. Ozon selbst besitzt nun ein hohes Absorptionsvermögen für die UV-Strahlung der Sonne, sodass diese Ozonschicht für alles Leben auf der Erde eine absolut notwendige Schutzfunktion ausübt. Eine Zerstörung der Ozonschicht z. B. durch Fluorchlorkohlenwasserstoffe hätte unabsehbare Folgen. Die Fluorchlorkohlenwasserstoffe sind chemisch sehr inert und gelangen aufgrund ihrer Flüchtigkeit unverändert in die oberen Schichten der Atmosphäre, wo sie durch folgenden Reaktionsablauf das Ozon zersetzen:

$$CF_2Cl_2 \xrightarrow{h\nu} CF_2Cl + Cl$$
$$O_3 + Cl \longrightarrow O_2 + OCl \qquad / * 2$$
$$2\,OCl \longrightarrow Cl_2O_2$$
$$Cl_2O_2 \xrightarrow{h\nu} ClO_2 + Cl$$
$$ClO_2 \longrightarrow O_2 + Cl$$
$$\text{Bruttoreaktion:} \quad 2\,O_3 \longrightarrow 3\,O_2$$

Schwefel besitzt eine stark ausgeprägte Fähigkeit zur Bildung von Ringen und Ketten; am stabilsten sind S_8-Ringe, in denen die S-Atome durch kovalente Einfachbindungen verknüpft sind (Abbildung 8.24).

Die unter Normalbedingungen thermodynamisch stabile Modifikation ist der *rhombische α-Schwefel;* seine Kristalle bestehen aus S_8-Ringen, sind hellgelb gefärbt, in Wasser unlöslich, aber sehr gut löslich in CS_2. Bei 95,6 °C erfolgt die reversible Umwandlung in den *monoklinen β-Schwefel*, der ebenfalls aus S_8-Ringen besteht. Der β-Schwefel schmilzt bei 119,6 °C unter Bildung einer hellgelb gefärbten, leicht beweglichen Schmelze, die als *λ-Schwefel* bezeichnet wird und ebenfalls noch aus S_8-Ringen besteht (Abbildung 8.25). Mit steigender Temperatur werden diese S_8-Ringe gespalten und es bilden sich zum einen niedermolekulare Schwefelringe S_n mit n = 6 – 26 (hauptsächlich aber 6, 7, 9, 12), der so genannte *π-Schwefel,* und zum anderen hochmolekulare Schwefelketten S_x mit $x = 10^3 – 10^6$, der *μ-Schwefel*. Zwischen λ-, π- und μ-Schwefel existieren temperaturabhängige Gleichgewichte. Bei 159 °C nimmt die Viskosität der Schmelze sprunghaft zu; gleichzeitig vertieft sich ihre Farbe nach dunkelrot. Ursache dafür ist eine drastische Verschiebung der Gleichgewichte zugunsten des μ-Schwefels. Durch Abschrecken dieser Schmelze (z. B. durch Einfließen in kaltes Wasser) erhält man den *plastischen Schwefel*, der aus hochmolekularen S-Ketten besteht. Er ist jedoch instabil und wandelt sich nach kurzer Zeit wieder in kristallinen Schwefel um.

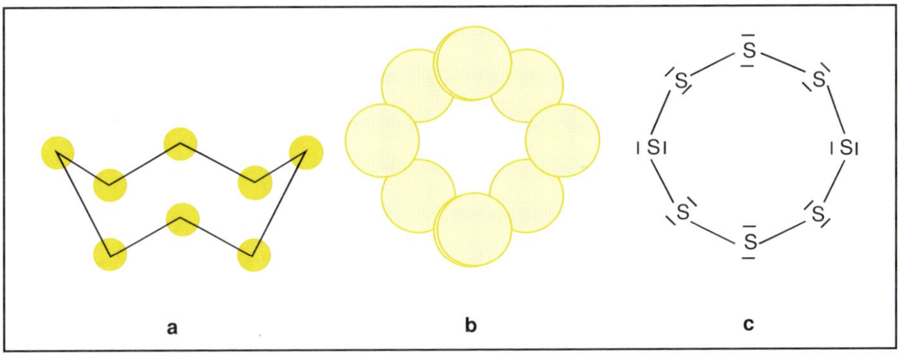

8.24 Der S_8-Ring: **a** Anordnung der S-Atome; **b** Draufsicht; **c** Valenzstrichformel.

Die Viskosität der Schmelze erreicht ihr Maximum bei einer Temperatur von 187 °C, danach nimmt sie infolge der thermischen Spaltung der S-Ketten wieder ab. Beim Siedepunkt von 444,6 °C ist die Schmelze wieder dünnflüssig und dunkel-rotbraun gefärbt. In der Gasphase liegen S_n-Moleküle mit n = 1 – 8 vor, zwischen denen wiederum temperaturabhängige Gleichgewichte existieren. Einzelne S-Atome dominieren erst bei Temperaturen oberhalb von 2200 °C. Die Moleküle S_5, S_6, S_7 und S_8 sind ringförmig, S_4 ist kettenförmig und von roter Farbe, S_3 ist wie Ozon gewinkelt und von blauer Farbe. Das S_2-Molekül ist blauviolett und paramagnetisch; seine Elektronenstruktur entspricht der des O_2-Moleküls.

Die im Gegensatz zum Sauerstoff stark ausgeprägte Tendenz des Schwefels zur Bildung von Ketten und Ringen kommt sehr anschaulich in den thermodynamischen Daten für die Bildung eines S_8-Ringes aus S_2-Molekülen und der entsprechenden, allerdings hypothetischen Reaktion des Sauerstoffs zum Ausdruck:

$$4\,S_{2\,(g)} \longrightarrow S_{8\,(g)} \qquad \Delta H^0 = -412 \text{ kJ/mol}$$
$$4\,O_{2\,(g)} \longrightarrow \text{“}O_{8\,(g)}\text{”} \qquad \Delta H^0 = +888 \text{ kJ/mol}$$

Der Cyclooctaschwefel S_8 ist unter Normalbedingungen nicht sehr reaktionsfähig und reagiert unter diesen Bedingungen nur mit Fluor und Quecksilber direkt. Bei höheren Temperaturen reagiert er mit vielen Metallen und Nichtmetallen, nicht jedoch mit Au, Pt, Ir, N_2, Te, I und Edelgasen. Von Wasser und nichtoxidierenden Säuren wie HCl wird das S_8-Molekül nicht angegriffen, wohl aber von oxidierenden Säuren und Alkalien.

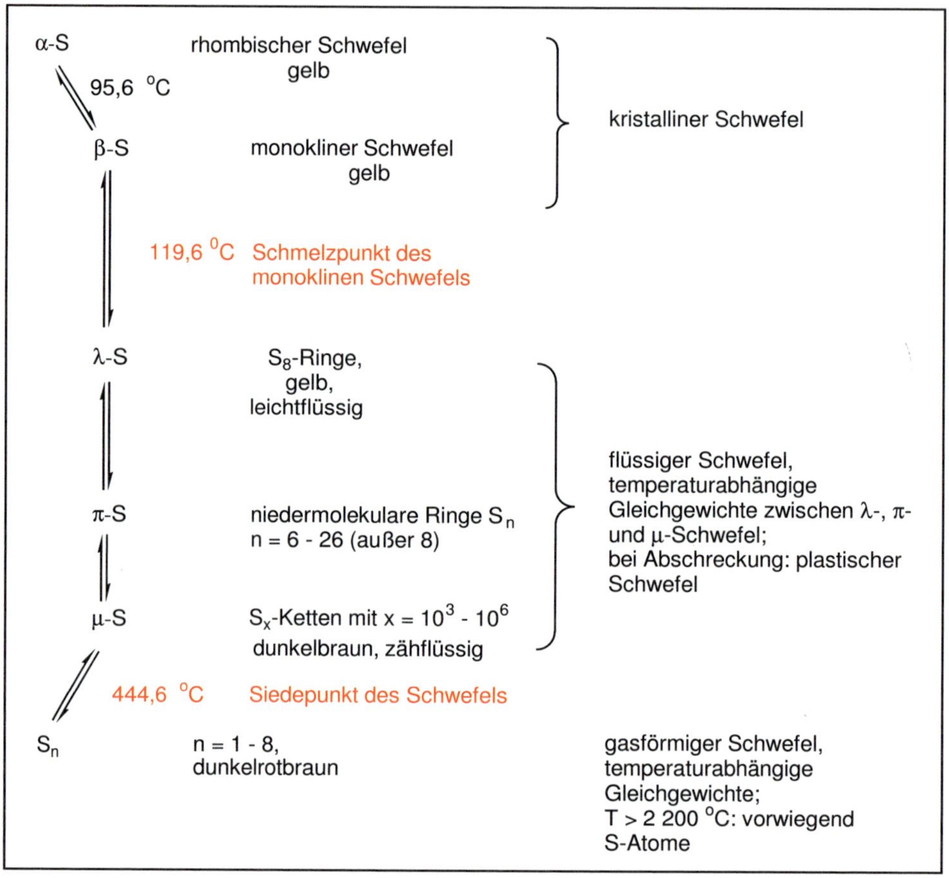

8.25 Die Zustandsformen des Schwefels.

Das rote kristalline **Selen** besteht aus gewellten Se_8-Ringen, die den S_8-Ringen entsprechen. Das thermodynamisch stabile, metallische graue Selen besteht dagegen aus spiraligen Se-Ketten.

Tellur kristallisiert im gleichen Gitter wie graues Selen; beide sind Halbleiter. Selen und Tellur bevorzugen in ihren Verbindungen die Oxidationsstufen –2, +4 und +6.

8.4.3 Chemische Verbindungen

Sauerstoff-Verbindungen

Sauerstoff bildet mit allen Elementen Verbindungen, ausgenommen mit den Edelgasen He, Ne, Ar und Kr. Die wichtigsten Sauerstoffverbindungen sind die Oxide mit der Oxidationsstufe –2 des Sauerstoffs. Der Charakter der Bindungen in den Oxiden variiert von vorwiegend ionisch bis vorwiegend kovalent. Die Erzeugung des Oxidanions O^{2-} aus Disauerstoff-Molekülen ist mit +889 kJ/mol (Summe der Bindungsdissoziationsenergie des O_2-Moleküls und der 1. und 2. Elektronenaffinität des Sauerstoffs) ein sehr energieaufwendiger Prozess, sodass nur bei ausreichend großer Gitterenergie stabile ionische Oxide gebildet werden können (Abschnitt 4.1.3). Als das nach dem Fluor elektronegativste Element kann der Sauerstoff positive Oxidationsstufen nur in Verbindungen mit Fluor ausbilden (zu den Sauerstofffluoriden siehe Abschnitt 8.5.3).

Wasser Die mit Abstand wichtigste Sauerstoffverbindung ist das **Wasser**. In Form der Ozeane bedeckt es etwa ¾ der Erdoberfläche; das restliche Viertel ist von Flussläufen und Seen durchsetzt und führt zudem Grundwasser. Die Atmosphäre kann bis zu vier Volumenprozent Wasser in Form von Wolken, Nebel, Regen, Reif, Schnee oder Hagel enthalten. In vielen Mineralien ist Wasser in Form von Kristallwasser gebunden. Wasser ist in bedeutendem Maße am Aufbau der pflanzlichen und tierischen Organismen beteiligt. So besteht z. B. der menschliche Körper zu 60 – 70 % aus Wasser; manche Gemüsesorten und Früchte bestehen bis zu 90 % und mehr aus Wasser.

Die *natürlichen Wässer* sind von unterschiedlicher Reinheit und müssen daher entsprechend dem jeweiligen Verwendungszweck einer mehr oder weniger aufwendigen Reinigung unterzogen werden. *Trinkwasser* wird in mehreren Stufen gereinigt (Exkurs 8.1). *Hochreines Wasser* für spezielle Verwendungszwecke erhält man durch Destillation, durch Ionenaustausch oder durch reverse Osmose. Gerade das in der Industrie für Hochdruckdampferzeuger verwendete Wasser muss von hoher Reinheit sein, weil selbst geringfügige Verunreinigungen zu unerwünschten Ablagerungen führen würden. Das dafür verwendete Wasser stellt vermutlich die reinste im großtechnischen Maßstab verwendete Chemikalie dar: Es darf nicht mehr als 0,02 ppm Verunreinigungen enthalten (das entspricht ca. 2 g Verunreinigungen in 100 000 kg Wasser).

Das H_2O-Molekül ist gewinkelt mit einem Bindungswinkel von 104,5°. Die Bindungsverhältnisse lassen sich am besten mit einer sp^3-Hybridisierung des O-Atoms erklären. Die O–H-Bindungen sind stark polar; zwischen den H_2O-Molekülen treten in der flüssigen und der festen Phase Wasserstoffbrücken-Bindungen auf. Innerhalb der Hydride der Elemente der VI. Hauptgruppe hat Wasser daher einen anomal hohen Schmelz- und Siedepunkt von 0 °C bzw. 100 °C sowie eine entsprechend hohe molare Verdampfungsenthalpie.

Exkurs 8.1: Trinkwasseraufbereitung

Die für die Trinkwasseraufbereitung verwendeten Rohwässer sind verschiedenen Ursprungs und folglich in unterschiedlicher Weise verunreinigt. An die Reinheit des Trinkwassers werden hohe Anforderungen gestellt: Es muss farb- und geruchlos sein, frei von Giftstoffen und Bakterien und darf keine Schwebstoffe mehr enthalten. Die Aufbereitung besteht in einer Abfolge chemischer Reaktionen und physikalischer Trennverfahren (Filtrationen).

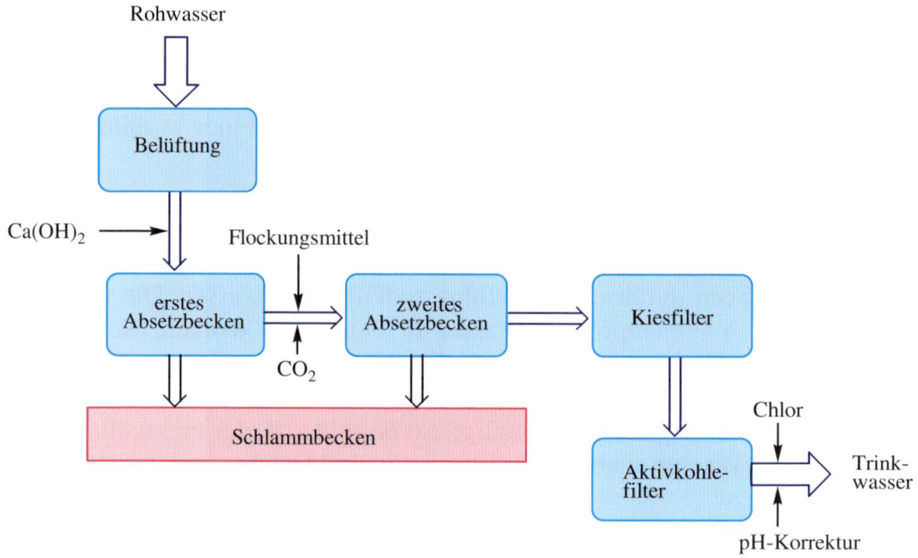

E.8.1.1 *Trinkwasseraufbereitung (schematisch).*

Durch Einblasen von Frischluft wird das eingesetzte Rohwasser zunächst belüftet, um übel riechende und toxische Gase (z.B. H_2S und CH_4) zu entfernen und gleichzeitig Sauerstoff zuzuführen, der vornehmlich Fe^{2+} zu Fe^{3+} oxidiert. Durch Zugabe von $Ca(OH)_2$ werden Fe^{3+}- und Mg^{2+}-Ionen als Hydroxide ausgefällt, Ca^{2+}-Ionen als Carbonat:

$$Mg^{2+} + HCO_3^- + Ca(OH)_{2(s)} \longrightarrow Mg(OH)_{2(s)}\downarrow + Ca^{2+} + HCO_3^-$$
$$2\,Fe^{3+} + 3\,Ca(OH)_2 \longrightarrow 2\,Fe(OH)_{3(s)}\downarrow + 3\,Ca^{2+}$$
$$Ca^{2+} + 2\,HCO_3^- + Ca(OH)_2 \longrightarrow 2\,CaCO_{3(s)}\downarrow + 2\,H_2O$$

Die Fällungsprodukte setzen sich zum großen Teil im Absetzbecken ab. Da jedoch ein Teil des $CaCO_3$ und des $MgCO_3$ suspendiert bleibt, wird das Wasser

Fortsetzung Exkurs 8.1: Trinkwasseraufbereitung

filtriert und anschließend mit Flockungsmitteln versetzt; am häufigsten wird dafür $Al_2(SO_4)_3 \cdot 18\,H_2O$ verwendet. Aufgrund der basischen Reaktion des Wassers nach der Zugabe von $Ca(OH)_2$ entsteht ein gelatinöser Niederschlag von $Al(OH)_3$, der die noch verbliebenen HCO_3^-- Ionen adsorbiert. Durch anschließendes Einblasen von CO_2 wird der pH-Wert des Wassers erniedrigt, sodass das $Al(OH)_3$ in einen flockigen Niederschlag übergeht, der im zweiten Absetzbecken abgetrennt wird. Durch Adsorption an die $Al(OH)_3$-Flocken werden auch verbliebenes $CaCO_3$, Bakterien, Algen und andere Trübungen entfernt. Bei der anschließenden Filtration durch ein Kiesbett werden letzte noch vorhandene Schwebstoffe entfernt.

Je nach Ursprung der eingesetzten Rohwässer kann das Wasser nach Durchlaufen der geschilderten Reinigungsstufen nun noch organische Verbindungen synthetischen oder durchaus auch natürlichen Ursprungs enthalten (z.B. durch die Landwirtschaft in das Grundwasser eingetragene Pestizide etc.). Zur Entfernung dieser Stoffe wird das Wasser abschließend über ein Aktivkohle-Filter geleitet, wobei die genannten Stoffe durch Adsorption an der Oberfläche der Aktivkohle zurückgehalten werden. Als letztes erfolgt eine Korrektur des pH-Wertes zum schwach basischen, um eine durch Säure verursachte Korrosion der Rohrleitungen zu verhindern, sowie die Zugabe von Chlor als Desinfektionsmittel. Die Menge des hinzugefügten Chlors ist durch gesetzliche Bestimmungen festgelegt. Die desinfizierende Wirkung von Chlor beruht auf der Bildung geringer Mengen Hypochloriger Säure, HOCl, die ihrerseits als starkes Oxidationsmittel u. a. auch Bakterien sicher abtötet.

Die Trinkwasseraufbereitung kann durchaus auch noch aufwendiger sein als geschildert, wobei dann u.a. auch Ionenaustauscher und zusätzliche Fällungsreaktionen angewendet werden.

Von den sieben bekannten Modifikationen ist bei Normaldruck nur das Eis I existent, dessen Struktur in Abbildung 4.54c dargestellt ist. Darin ist jedes H_2O-Molekül tetraedrisch von vier anderen H_2O-Molekülen umgeben, sodass jedes O-Atom an zwei H-Atome über kovalente Bindungen und an zwei weitere H-Atome über H-Brückenbindungen gebunden ist. Daraus resultiert eine insgesamt sehr lockere Struktur, die die **Anomalie des Wassers** begründet: Die Dichte von Eis I beträgt bei 0 °C nur 0,92 g/cm^3; beim Schmelzen bricht die lockere Gitterstruktur zusammen und die H_2O-Moleküle lagern sich dichter zusammen. Wasser hat folglich eine größere Dichte als Eis; das Dichtemaximum liegt bei 4 °C und beträgt 1,0000 g/cm^3. Diese Anomalie des Wassers spielt in der Natur eine ganz wichtige Rolle. Da Eis auf Wasser schwimmt, können genügend tiefe Gewässer nicht bis auf den Grund gefrieren, sodass das Weiterleben von Flora und Fauna gewährleistet ist. Da sich Wasser beim Gefrieren um ca. 9 % ausdehnt, hat das gefrierende Wasser in Rissen und Spalten von Gesteinen eine erhebliche Sprengwirkung, die ganz wesentlich zur Erosion des Gesteins beiträgt.

Wasser ist eine thermisch sehr beständige Verbindung: Bei 2000 °C sind nur ca. 2 % der H_2O-Moleküle in H_2- und O_2-Moleküle gespalten.

Die hohe Polarität, die Fähigkeit des H_2O-Moleküls zur Ausbildung von Wasserstoffbrücken zu Anionen sowie seine hohe Dielektrizitätskonstante verleihen dem Wasser seine hervorragenden Löseeigenschaften für ionische Verbindungen. So ist die Anorganische Chemie in weiten Teilen eine Chemie in wässriger Lösung; typische Reaktionen in Wasser als Lösungsmittel sind etwa Protonen- und Elektronenübertragungsreaktionen, Fällungs- und Lösereaktionen sowie Komplexbildungsreaktionen.

Eine weitere wichtige Reaktion des Wassers ist seine Fähigkeit, kovalente Bindungen ohne Änderung der Oxidationszahlen spalten zu können. Reaktionen dieser Art werden als *Hydrolysereaktionen* bezeichnet. Typische Beispiele dafür sind die Reaktionen von Nichtmetallhalogeniden mit Wasser unter Bildung der entsprechenden Oxosäuren:

$$SiCl_4 + 4\,H_2O \longrightarrow H_4SiO_4 + 4\,HCl$$
$$PCl_5 + 4\,H_2O \longrightarrow H_3PO_4 + 5\,HCl$$

Wasserstoffperoxid, H_2O_2; Peroxide und Superoxide (Hyperoxide) Reines **Wasserstoffperoxid** ist eine sirupöse, in dicker Schicht blass blau gefärbte Flüssigkeit; in den Handel gelangt es als 30 %-ige Lösung unter der Bezeichnung *Perhydrol*.

Zwischen den beiden O-Atomen des H_2O_2-Moleküls liegt eine nur schwache O–O-Einfachbindung vor; die vier Atome bilden eine verdrillte Kette mit einem Diederwinkel von 111° (Abbildung 8.26).

H_2O_2 ist eine metastabile Verbindung, die bei höherer Temperatur in einer exothermen Reaktion, unter Umständen sogar explosionsartig, zerfällt:

$$H_2O_2 \longrightarrow H_2O + \tfrac{1}{2}\,O_2$$

Da diese Zersetzungsreaktion bereits bei Raumtemperatur in Gegenwart von Schwermetallkationen (Fe^{3+}, Cu^{2+}) oder alkalisch reagierenden Stoffen als Katalysatoren abläuft, werden H_2O_2-Lösungen durch Zugabe von Phosphorsäure stabilisiert.

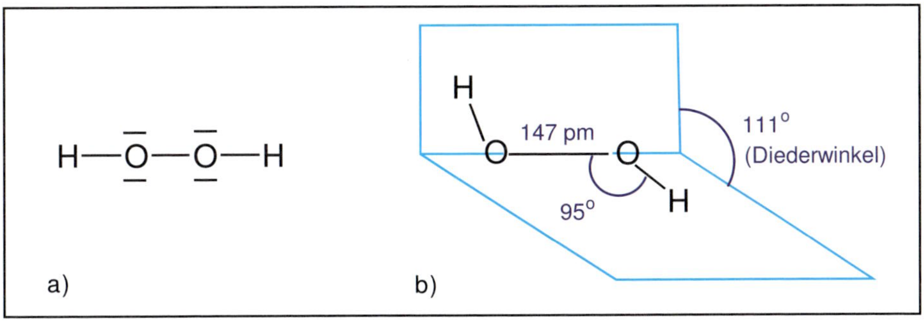

8.26 Wasserstoffperoxid: **a** Valenzstrichformel; **b** Strukturformel.

H_2O_2 wird technisch nach verschiedenen Verfahren hergestellt. Beim *Peroxoschwefelsäure-Verfahren* wird durch anodische Oxidation von SO_4^{2-} zunächst Peroxodisulfat erhalten, das anschließend mit Wasser unter Bildung von H_2O_2 hydrolysiert wird:

$$2\,SO_4^{2-} \longrightarrow S_2O_8^{2-} + 2\,e^-$$

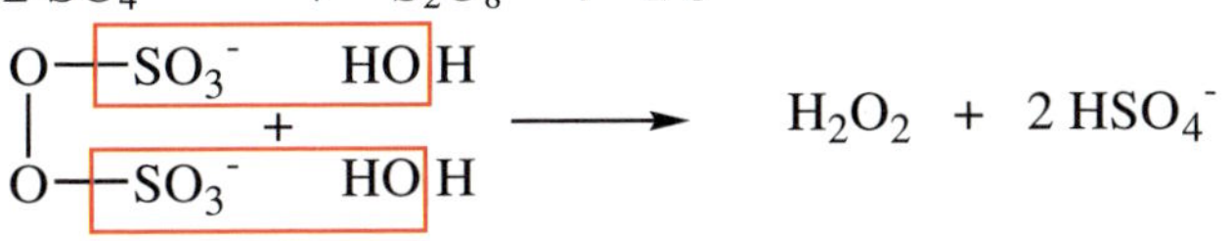

Das modernere Verfahren ist das *Anthrachinon-Verfahren*. Dabei wird Anthrahydrochinon durch Oxidation mit Luftsauerstoff zu Anthrachinon und H_2O_2 oxidiert; das gebildete Anthrachinon wird an einem Pd-Katalysator mit Wasserstoff wieder zu Anthrahydrochinon hydriert usw. Letztlich werden also H_2 und O_2 zu H_2O_2 umgesetzt.

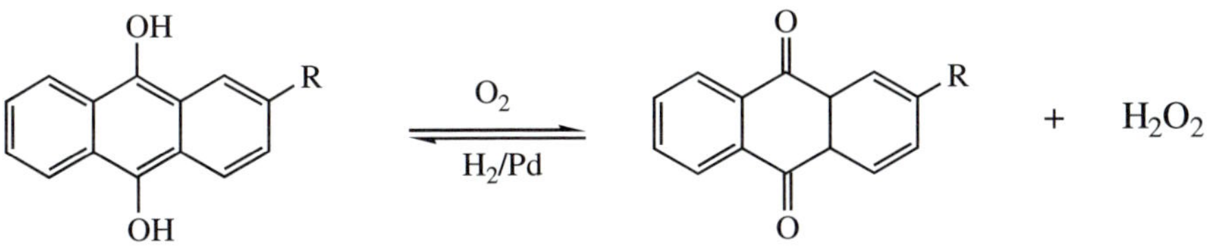

Wegen seiner oxidierenden Wirkung wird H_2O_2 als Desinfektions- und Bleichmittel verwendet.

H_2O_2 ist mit einem pK_S-Wert von 12 eine sehr schwache Säure. Die ionischen **Peroxide** können formal als Salze dieser zweibasigen Säure aufgefasst werden; sie enthalten das **O_2^{2-}-Anion,** das eine sehr starke Base darstellt. Löst man daher ionische Peroxide unter ausreichender Kühlung in Wasser, so entsteht eine alkalische Lösung von H_2O_2:

$$Na_2O_2 + 2\,H_2O \longrightarrow H_2O_2 + 2\,Na^+ + 2\,OH^-$$

Ohne Kühlung erfolgt wegen der Erwärmung der Reaktionslösung und der katalytischen Wirkung der entstehenden OH^--Ionen die Zersetzung des gebildeten H_2O_2:

$$Na_2O_2 + H_2O \longrightarrow 2\,Na^+ + 2\,OH^- + \tfrac{1}{2}\,O_2$$

Beim trockenen Erhitzen zersetzen sich die Peroxide unter Bildung des entsprechenden Metalloxids und Sauerstoff.

Ionische Peroxide werden von den Alkalimetallen sowie von Ca, Sr und Ba gebildet. Die wichtigsten dieser Peroxide sind das Na_2O_2 und das BaO_2.

Na_2O_2 entsteht direkt bei der Verbrennung von Natrium an der Luft; es ist bis 500° C thermisch stabil. Mit leicht oxidierbaren Stoffen wie Schwefel, Kohlenstoff oder Al-Pulver reagiert es explosionsartig. Technische Verwendung findet Na_2O_2 zum Bleichen von Papier und Textilrohstoffen. Alle Alkalimetallperoxide entwickeln bei der Reaktion mit CO_2 Sauerstoff:

$$M_2O_2 + CO_2 \longrightarrow M_2CO_3 + \tfrac{1}{2}\,O_2$$

In der Raumfahrt wird das leichte Li_2O_2 eingesetzt, um das CO_2 aus der Atemluft zu entfernen und dabei gleichzeitig Sauerstoff hinzuzufügen.

BaO_2 wird bei der Oxidation von BaO mit Sauerstoff bei höheren Temperaturen und unter Druck erhalten:

$$BaO + \tfrac{1}{2}\,O_2 \xrightarrow{500-600\,°C\ /\ 2\ bar} BaO_2$$

BaO_2 dient u. a. als Sauerstoffüberträger bei der Zündung aluminothermischer Reaktionen.

K, Rb und Cs bilden bei der Umsetzung mit reinem Sauerstoff die **Superoxide MO_2**; diese enthalten das Superoxidanion O_2^{1-}, in dem der Sauerstoff in der Oxidationsstufe –½ vorliegt. Die Superoxide sind paramagnetisch. Es sind starke Oxidationsmittel, die heftig mit Wasser reagieren und dabei einer Disproportionierung unterliegen:

$$2\,\overset{-0,5}{O_2^-} + 2\,H_2O \longrightarrow \overset{\pm 0}{O_2} + H_2\overset{-1}{O_2} + 2\,OH^-$$

Peroxid- und Superoxid-Gruppen treten auch als extrem schädliche Reduktionsprodukte des Disauerstoffs in dessen Metabolismus auf. In den Zellen sind deshalb Katalasen und Peroxidasen vorhanden, die H_2O_2 zu H_2O und O_2 zersetzen bzw. H_2O_2 als Substrat verwenden und zu H_2O reduzieren. Das Superoxidanion wird durch eine Superoxid-Dismutase zu O_2 und H_2O_2 disproportioniert; das gebildete H_2O_2 wird anschließend durch eine Katalase zersetzt (siehe Abschnitt 9.5).

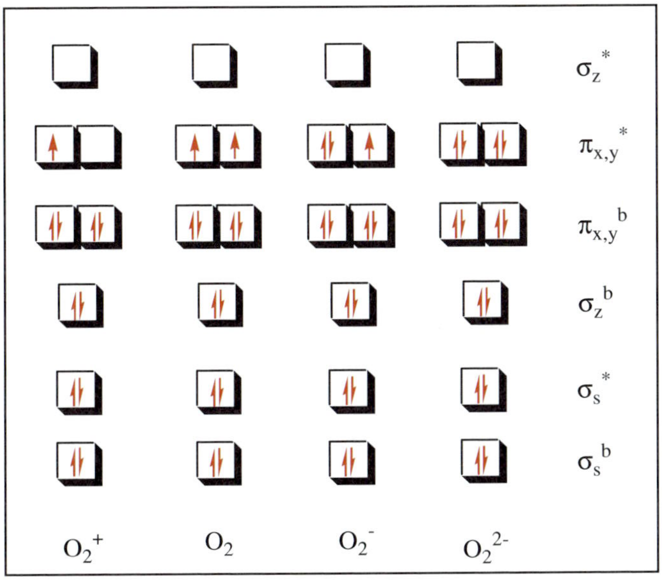

8.27 Ausschnitt aus den MO-Diagrammen für O_2^+, O_2, O_2^-, O_2^{2-}.

Dioxygenyl-Verbindungen Das Disauerstoff-Molekül lässt sich nicht nur reduzieren, sondern auch zum Dioxygenyl-Kation O_2^+ oxidieren. Allerdings erfordert die Entfernung eines Elektrons aus einem der beiden π^*-Molekülorbitale einen recht hohen Energiebetrag. Bei chemischen Reaktionen gelingt dies nur mit einem Reaktionspartner, der eine genügend große Elektronenaffinität besitzt. Beispiele für Verbindungen des Dioxygenyl-Kations sind $[O_2^+][PtF_6]$, $[O_2^+][BF_4]$, $[O_2^+][PF_6]$ oder $[O_2^+][SbF_6]$. In Abbildung 8.27 sind die Energieniveau-Diagramme für die sich vom O_2-Molekül ableitenden Ionen dargestellt; Tabelle 8.5 enthält die typischen Bindungsparameter.

Tabelle 8.5 **Bindungseigenschaften der O–O-Bindung in O_2^+, O_2, O_2^-, O_2^{2-}**

Teilchen	Bindungs-grad	Bindungs-länge [pm]	Dissoziations-energie [kJ/mol]	Magnetismus
O_2^+	2,5	112	628	paramagnetisch
O_2	2	121	499	paramagnetisch
O_2^-	1,5	128	398	paramagnetisch
O_2^{2-}	1	149	126	diamagnetisch

Schwefel-Verbindungen

Wasserstoffverbindungen des Schwefels Die einfachste Wasserstoffverbindung des Schwefels ist das **Monosulfan H_2S**, das direkt aus den Elementen bei höheren Temperaturen hergestellt werden kann:

$$S + H_2 \longrightarrow H_2S$$

Im Labormaßstab wird H_2S durch Umsetzung von FeS mit Salzsäure (z. B. in einem KIPPschen Apparat) erhalten:

$$FeS + 2\,HCl \longrightarrow FeCl_2 + H_2S$$

H_2S ist ein farbloses, übel riechendes und sehr giftiges Gas, das an der Luft mit blauer Flamme verbrennt. Seine Löslichkeit in Wasser ist nur gering: Bei 20° C lösen sich in 1 l Wasser 2,6 l H_2S („H_2S-Wasser").

Aus chemischer Sicht ist H_2S ein Reduktionsmittel, das z. B. Cl_2 und H_2SO_4 zu HCl bzw. SO_2 reduziert und dabei selbst zu Schwefel oxidiert wird:

$$Cl_2 + H_2S \longrightarrow 2\,HCl + S$$
$$H_2SO_4 + H_2S \longrightarrow SO_2 + S + 2\,H_2O$$

Als schwache zweibasige Säure unterliegt H_2S in wässriger Lösung der Protolyse in zwei Stufen unter Bildung von HS^-- und S^{2-}-Ionen:

$$H_2S + H_2O \rightleftharpoons HS^- + H_3O^+ \qquad pK_{S1} = 7$$
$$HS^- + H_2O \rightleftharpoons S^{2-} + H_3O^+ \qquad pK_{S2} = 12{,}9$$

Die pK_S-Werte zeigen, dass das S^{2-}-Anion eine starke Anionenbase ist, sodass sich ionische Sulfide in saurer Lösung unter H_2S-Entwicklung zersetzen.

Nur die Sulfide der stark elektropositiven Metalle sind ionisch; die Sulfide der weniger elektropositiven Metalle, vornehmlich der Übergangsmetalle, kristallisieren in Strukturen mit überwiegend kovalenten Bindungen.

Schmilzt man Alkalimetallsulfide mit Schwefel bei 500° C unter Luftausschluss zusammen, so entstehen die Alkalimetallpolysulfide, in denen gewinkelte Schwefelketten vorliegen. Gießt man Lösungen dieser Alkalimetallpolysulfide unter Kühlung in Salzsäure, so erhält man ein gelbes Rohöl, das aus **Polysulfanen** H_2S_n mit $n = 4 - 8$ besteht:

$$Na_2S_n + 2\,HCl \longrightarrow 2\,NaCl + H_2S_n$$

Die Glieder H_2S_2 und H_2S_3 dieser Reihe lassen sich durch eine Crack-Destillation des Rohöls darstellen.

Die gelb gefärbten Polysulfane sind schwache Säuren. Sie sind instabil in Bezug auf einen Zerfall in H_2S und S_8, eine Reaktion, die bereits durch Spuren von Hydroxid-Ionen ausgelöst wird. Lösungen von Polysulfiden, wie z.B. das so genannte gelbe Ammoniumpolysulfid, werden von Säuren unter H_2S-Entwicklung und Schwefelabscheidung zersetzt.

Oxide des Schwefels Die beiden stabilen und zugleich wichtigsten Oxide des Schwefels sind das Schwefeldioxid, SO_2, und das Schwefeltrioxid, SO_3. Daneben existieren weitere, zum Teil jedoch sehr instabile Schwefeloxide.

Schwefeldioxid, SO_2, ist ein farbloses, stechend riechendes Gas mit stark korrodierender Wirkung. SO_2 löst sich gut in Wasser, die wässrige Lösung reagiert schwach sauer und wirkt reduzierend.

Das SO_2-Molekül ist gewinkelt; der Bindungswinkel beträgt 119,5° und liegt damit sehr nahe bei dem für ein sp^2-hybridisiertes S-Atom erwarteten Wert von 120°.

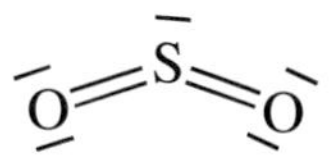

Die beiden σ-Bindungen zum Sauerstoff werden von zwei sp^2-Hybridorbitalen gebildet, das dritte enthält das einsame Elektronenpaar. Für die Ausbildung der beiden π-Bindungen stehen im Valenzzustand des S-Atoms ein s- und ein p-Elektron zur Verfügung, die zwei der drei für π-Bindungen geeigneten pd^2-Hybridorbitale besetzen.

Technisch wird SO_2 durch Verbrennen von Schwefel erhalten; diese Reaktion ist exotherm:

$$S + O_2 \longrightarrow SO_2 \qquad \Delta H^0 = -297 \text{ kJ/mol}$$

Ebenso fällt es beim Abrösten sulfidischer Erze an:

$$4\,FeS_2 + 11\,O_2 \longrightarrow 2\,Fe_2O_3 + 8\,SO_2$$

Der Hauptteil des technisch hergestellten SO_2 wird zu Schwefelsäure weiterverarbeitet. Kohle und Erdöl enthalten Schwefel; bei ihrer Verbrennung z.B. in Kraftwerken entsteht SO_2, das eine erhebliche Umweltbelastung darstellt.

Schwefeltrioxid, SO_3, existiert in mehreren Modifikationen. Als monomeres SO_3-Molekül tritt es nur in der Gasphase im Gleichgewicht mit S_3O_9-Molekülen auf. Das SO_3-Molekül ist trigonal-planar mit drei äquivalenten S=O-Doppelbindungen. Die Orbitale 3s, $3p_x$ und $3p_y$ bilden die für die Ausbildung der drei σ-

Bindungen erforderlichen sp^2-Hybridorbitale, die Orbitale $3p_z$, $3d_{xz}$ und $3d_{yz}$ die für die Ausbildung der drei π-Bindungen erforderlichen pd^2-Hybridorbitale.

Beim Abkühlen von gasförmigem SO_3 auf –80 °C bildet sich die kristalline, eisartige γ-Modifikation des SO_3, die aus S_3O_9-Molekülen aufgebaut ist. Darin sind die S-Atome verzerrt tetraedrisch von vier O-Atomen umgeben, sodass eine gewellte Ringstruktur resultiert (Abbildung 8.28). Breits unterhalb Raumtemperatur wandelt sich die γ-Modifikation des SO_3 in die stabilere, asbestartige β-Modifikation um. Sie bildet weiße, seidenglänzende Nadeln und besteht aus kettenförmigen Molekülen.

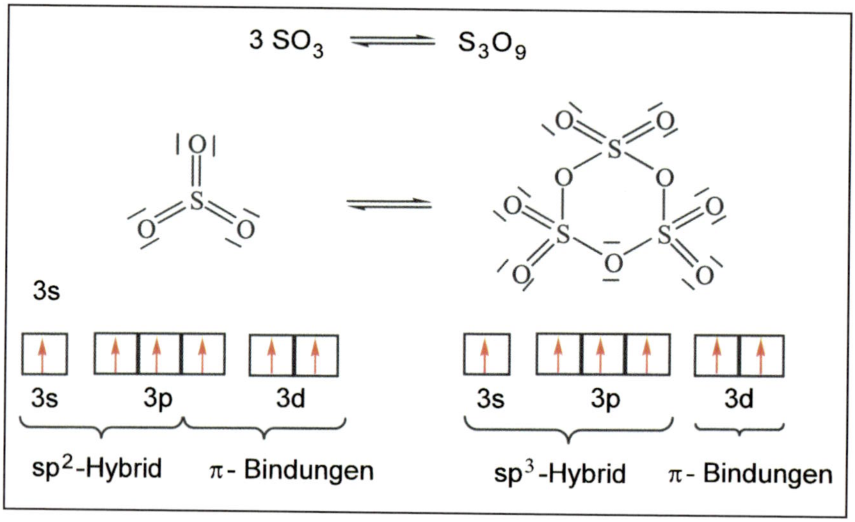

8.28 Valenzstrichformel von SO_3 und S_3O_9; Valenzzustand und Hybridisierung des S-Atoms.

SO_3 ist das Anhydrid der Schwefelsäure; es ist eine sehr reaktive Verbindung und ein starkes Oxidationsmittel. Die im großen Umfang durchgeführte technische Darstellung von SO_3 wird bei der Schwefelsäure behandelt.

Sauerstoffsäuren des Schwefels. Es existieren zwei Reihen von Sauerstoffsäuren des Schwefels mit den allgemeinen Formeln H_2SO_n und $H_2S_2O_n$. Als reine Verbindungen sind aus der ersten Reihe nur die *Schwefelsäure,* H_2SO_4, und die *Peroxomonoschwefelsäure,* H_2SO_5, darstellbar, aus der zweiten Reihe die *Dischwefelsäure,* $H_2S_2O_7$, die *Peroxodischwefelsäure,* $H_2S_2O_8$, sowie die *Thioschwefelsäure,* $H_2S_2O_3$. Die übrigen bekannten Oxosäuren des Schwefels existieren nur als wässrige Lösungen bzw. in Form ihrer Salze.

Formal können die Sauerstoffsäuren des Schwefels auch von den Sulfanen abgeleitet werden: Ersetzt man im H_2S-Molekül (Monosulfan) eines der beiden H-Atome durch eine Sulfonsäure-Gruppe -SO_3H, so erhält man die **Monosulfanmo-**

nosulfonsäure $H–S–SO_3H$ (Thioschwefelsäure). Analog kann man eine Reihe von Schwefelsäuren von den Polysulfanen $H–S_n–H$ durch Ersatz beider H-Atome durch $–SO_3H$-Gruppen ableiten; es sind dies die **Polysulfandisulfonsäuren $HO_3S–S_{n-2}–SO_3H$** (mit n = 3 – 14) oder auch **Polythionsäuren**.

Während die Peroxomonoschwefelsäure eine einbasige Säure ist, sind alle anderen Säuren des Schwefels zweibasig; die Säurestärke wächst dabei mit zunehmender Anzahl von O-Atomen in den Säuremolekülen.

Schwefelsäure, H_2SO_4 und Dischwefelsäure, $H_2S_2O_7$ Schwefelsäure ist eines der wichtigsten großtechnischen Produkte der chemischen Industrie und wird in großer Menge hergestellt.

Die Hauptmenge dient der Herstellung von Mineraldüngern. Schwefelsäure wird heute fast ausschließlich nach dem **Kontakt-Verfahren** hergestellt. Dabei wird das bei der Verbrennung von Schwefel oder beim Abrösten sulfidischer Erze erhaltene SO_2 mit Luftsauerstoff zu SO_3 oxidiert:

$$SO_2 + \frac{1}{2} O_2 \rightleftharpoons SO_3 \qquad \Delta H^0 = -99 \text{ kJ/mol}$$

Wegen des exothermen Charakters dieser Reaktion verschiebt sich das Gleichgewicht mit steigender Temperatur in Richtung des SO_2. Bei niedrigen Temperaturen ist zwar die Lage des Gleichgewichtes günstig, jedoch erfolgt seine Einstellung mit zu geringer Geschwindigkeit. Damit die Reaktion bei einer ausreichend günstigen Gleichgewichtslage auch mit einer genügenden Reaktionsgeschwindigkeit erfolgt, müssen Katalysatoren verwendet werden. Beim Kontakt-Verfahren dient V_2O_5 auf einem SiO_2-Trägermaterial als Katalysator; die Reaktion wird bei etwa 500 °C durchgeführt:

$$SO_2 + V_2O_5 \longrightarrow SO_3 + 2\,VO_2$$
$$2\,VO_2 + \frac{1}{2} O_2 \longrightarrow V_2O_5$$

Das gebildete SO_3 wird in konzentrierte H_2SO_4 geleitet, in der es sich schneller löst als in Wasser. Die entstehende Dischwefelsäure wird anschließend mit Wasser zu H_2SO_4 hydrolysiert:

$$SO_3 + H_2SO_4 \longrightarrow H_2S_2O_7$$
$$H_2S_2O_7 + H_2O \longrightarrow 2\,H_2SO_4$$

Reine Schwefelsäure ist eine farblose, ölige Flüssigkeit; die handelsübliche konzentrierte Schwefelsäure ist 98 %-ig. Rauchende Schwefelsäure (Oleum) enthält einen Überschuss an SO_3.

Die hervorstechendsten Eigenschaften der konzentrierten Schwefelsäure sind ihre *wasserentziehende* und ihre *oxidierende* Wirkung. Konzentrierte Schwefelsäure dient als Trocknungsmittel in Gaswaschflaschen oder Exsiccatoren; auf Kohlenhydrate und viele andere organische Stoffe wirkt konzentrierte Schwefelsäure verkohlend. Heiße konzentrierte Schwefelsäure löst z. B. Kupfer, Silber und Quecksilber unter SO_2-Entwicklung:

$$\overset{\pm 0}{Cu} + 2\,H_2\overset{+6}{S}O_4 \longrightarrow \overset{+2}{Cu}SO_4 + \overset{+4}{S}O_2 + 2\,H_2O$$

Gold und Platin werden von konzentrierter Schwefelsäure nicht angegriffen, Eisen wird passiviert.

In wässriger Lösung ist H_2SO_4 eine starke, zweibasige Säure, die vollständig protolysiert:

$$H_2SO_4 + H_2O \rightleftharpoons HSO_4^- + H_3O^+ \qquad pK_{S1} = -3$$
$$HSO_4^- + H_2O \rightleftharpoons SO_4^{2-} + H_3O^+ \qquad pK_{S2} = +1{,}96$$

Damit leiten sich von der Schwefelsäure zwei Reihen von Salzen ab, die **Hydrogensulfate** mit dem Anion HSO_4^- und die **Sulfate** mit dem Anion SO_4^{2-}; einige Sulfate sind schwerlösliche Verbindungen: $SrSO_4$, $BaSO_4$, $PbSO_4$.

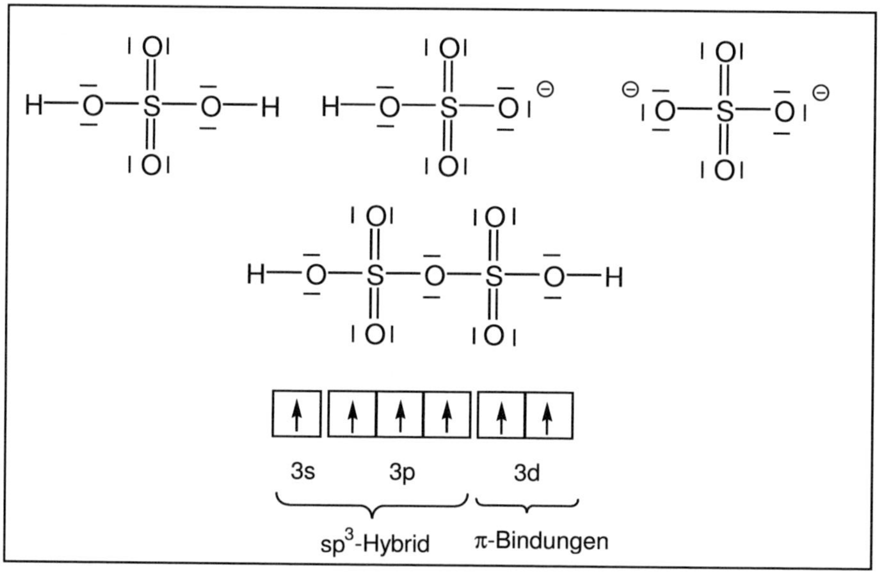

8.29 Valenzstrichformeln von H_2SO_4, HSO_4^-, SO_4^{2-} und $H_2S_2O_7$; Valenzzustand und Hybridisierung des S-Atoms.

Dischwefelsäure bildet in reinem Zustand durchsichtige Kristalle. Ihre Salze, die Disulfate, entstehen beim Erhitzen von Hydrogensulfaten durch Abspaltung von Wasser:

$$2\,MHSO_4 \longrightarrow M_2S_2O_7 + H_2O$$

Abbildung 8.29 zeigt die Valenzstrichformeln von H_2SO_4, HSO_4^-, SO_4^{2-} und $H_2S_2O_7$ sowie den Valenzzustand des S-Atoms in diesen Molekülen bzw. Molekülionen. Das S-Atom ist demnach sp^3-hybridisiert. Das SO_4^{2-}-Ion ist regulär tetraedrisch mit vier äquivalenten S–O-Bindungen von 151 pm; die beiden π-Bindungen sind über alle vier S–O-Bindungen delokalisiert. Im HSO_4^--Anion sind die π-Bindungen nur noch über drei S–O-Bindungen delokalisiert, wodurch deren Bindungslänge auf 147 pm verkürzt wird. Im H_2SO_4-Molekül schließlich sind die beiden π-Bindungen lokalisiert; die Bindungslänge liegt dann bei 143 pm.

Durch formalen Ersatz der OH-Gruppen im H_2SO_4-Molekül durch Halogenatome X erhält man die **Halogenoschwefelsäuren, XSO_3H**, und die **Sulfurylhalogenide, X_2SO_2**. Von diesen Verbindungen ist die Chloroschwefelsäure (Chlorsulfonsäure) als Reagens zur Einführung der Sulfonsäure-Gruppe $–SO_3H$ in organische Moleküle von präparativer Bedeutung.

Peroxomonoschwefelsäure, H_2SO_5 (CAROsche Säure), und Peroxodischwefelsäure, $H_2S_2O_8$ Beide Peroxosäuren enthalten die Peroxo-Gruppe:

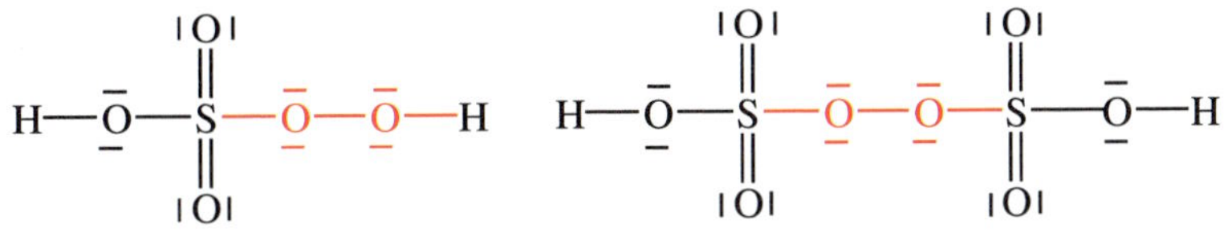

$H_2S_2O_8$ und H_2SO_5 sind hygroskopische Verbindungen und starke Oxidationsmittel. In Wasser wird $H_2S_2O_8$ zunächst zu H_2SO_4 und H_2SO_5 hydrolysiert; letztere hydrolysiert langsam weiter unter Bildung von H_2SO_4 und H_2O_2. Die Hydrolyse von H_2SO_5 ist umkehrbar, sodass man H_2SO_5 durch Einwirken von H_2O_2 auf kalte konzentrierte H_2SO_4 erhalten kann.

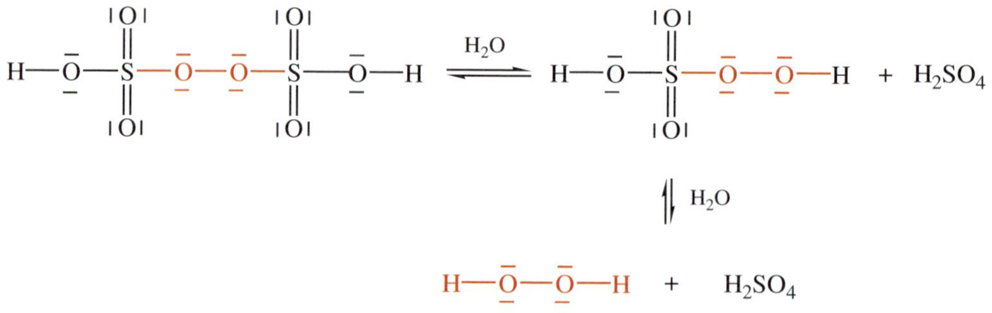

In reiner kristalliner Form lassen sich beide Peroxosäuren durch Umsetzung von H_2O_2 mit Chloroschwefelsäure unter Kühlung darstellen:

$$HO_3S\text{–}Cl + H\text{–}O\text{–}O\text{–}H \longrightarrow HO_3S\text{–}O\text{–}O\text{–}H + HCl$$
$$HO_3S\text{–}Cl + H\text{–}O\text{–}O\text{–}H + Cl\text{–}SO_3H \longrightarrow HO_3S\text{–}O\text{–}O\text{–}SO_3H + 2\,HCl$$

Von der Peroxomonoschwefelsäure sind keine Salze bekannt, wohl aber von der Peroxodischwefelsäure. Die *Peroxodisulfate* sind starke Oxidationsmittel und oxidieren z.B. in Gegenwart von Ag^+-Ionen als Katalysator Mn^{2+} zu MnO_4^- und Cr^{3+} zu $Cr_2O_7^{2-}$. Technisch werden sie durch anodische Oxidation konzentrierter Sulfat-Lösungen bei hoher Stromdichte an Pt-Elektroden hergestellt:

$$2\,SO_4^{2-} \longrightarrow S_2O_8^{2-} + 2\,e^-$$

Schweflige Säure, H_2SO_3, und Dischweflige Säure, $H_2S_2O_5$ SO_2 löst sich gut in Wasser; die Lösung reagiert sauer und besitzt reduzierende Eigenschaften. Die Schweflige Säure lässt sich weder in reiner Form darstellen, noch liegt sie in den wässrigen Lösungen von SO_2 als nichtprotolysierte Säure vor; das Gleichgewicht zwischen SO_2 und H_2O liegt praktisch vollständig auf der Seite der Edukte:

$$SO_2 + H_2O \rightleftharpoons H_2SO_3 \qquad K << 10^{-9}$$

In den wässrigen Lösungen von SO_2 existieren die folgenden Gleichgewichte:

$$SO_2 + 2\,H_2O \rightleftharpoons HSO_3^- + H_3O^+ \qquad pK_{S1} = 1{,}8$$
$$HSO_3^- + H_2O \rightleftharpoons SO_3^{2-} + H_3O^+ \qquad pK_{S2} = 7{,}0$$

Bei höheren Konzentrationen bilden sich schließlich auch Disulfit-Anionen:

$$2\,HSO_3^- \rightleftharpoons S_2O_5^{2-} + H_2O$$

Wie die Schweflige Säure, so ist auch die Dischweflige Säure weder als freie Säure noch in Lösung bekannt.

Von der hypothetischen Schwefligen Säure leiten sich zwei Reihen von Salzen ab, nämlich die **Hydrogensulfite** mit dem Anion HSO_3^- und die **Sulfite** mit dem Anion SO_3^{2-}. Die Hydrogensulfite sind leichtlöslich, die Sulfite – mit Ausnahme der Alkalimetallsulfite – dagegen schwerlöslich. Beide Reihen von Salzen werden durch Einleiten von SO_2 in Laugen dargestellt:

$$NaOH + SO_2 \longrightarrow NaHSO_3$$
$$NaHSO_3 + NaOH \longrightarrow Na_2SO_3 + H_2O$$

Die Disulfite werden durch Wasserabspaltung aus Hydrogensulfiten gebildet:

$$2\,NaHSO_3 \longrightarrow Na_2S_2O_5 + H_2O$$

Lösungen von SO_2 in Wasser („Schweflige Säure") sowie die Hydrogensulfite und Sulfite sind Reduktionsmittel, wobei die Reduktionswirkung in alkalischen Lösungen stärker ist als in sauren.

$$SO_3^{2-} + 2\,OH^- \rightleftharpoons SO_4^{2-} + H_2O + 2\,e^-$$

Das HSO_3^--Anion ist tautomer, allerdings erfolgt der Platzwechsel des H^+-Ions so schnell, dass sich keine der beiden tautomeren Formen isolieren lässt. Von beiden Formen sind jedoch Ester bekannt, die in ihrer Zusammensetzung das ursprüngliche Tautomere erkennen lassen: *Alkylsulfonsäureester* $O_2SR(OR)$ bzw. *Dialkylsulfite* $OS(OR)_2$.

Im $S_2O_5^{2-}$-Anion ist die S–S-Bindung länger und demzufolge auch schwächer als eine normale S–S-Einfachbindung.

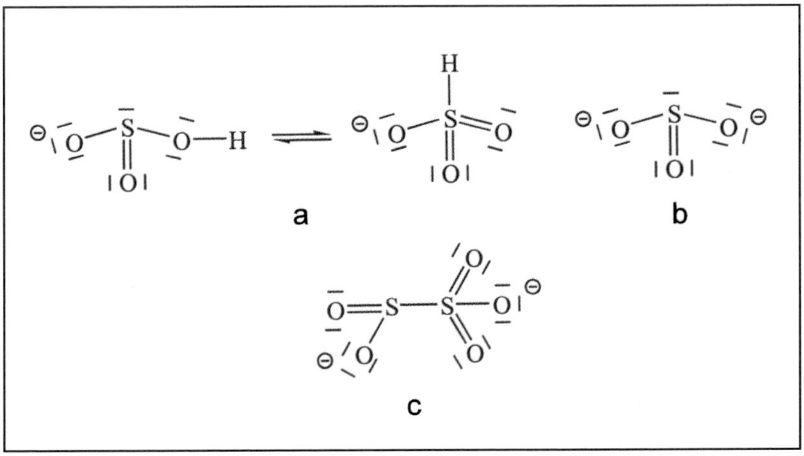

8.30 **a** Tautomeres Gleichgewicht von HSO_3^-; **b** und **c** Valenzstrichformeln von SO_3^{2-} und $S_2O_5^{2-}$.

Thioschwefelsäure, $H_2S_2O_3$ Die Thioschwefelsäure leitet sich formal von der Schwefelsäure durch den Ersatz eines O-Atoms durch ein S-Atom ab. Wie die O-Atome hat auch dieses S-Atom die Oxidationszahl –2; da die Oxidationszahl des zentralen S-Atoms +6 beträgt, resultiert für beide S-Atome der $H_2S_2O_3$ eine mittlere Oxidationszahl von +2.

Die S–O-Bindungen haben mit einer Bindungslänge von 147 pm starken Doppelbindungscharakter; der Doppelbindungscharakter der S–S-Bindung ist deutlich schwächer ausgeprägt; die S–S-Bindungslänge beträgt 201 pm.

Wasserfreie $H_2S_2O_3$ wird als farblose, ölige Flüssigkeit bei der Umsetzung von SO_3 mit H_2S bei –80 °C erhalten:

$$SO_3 + H_2S \longrightarrow H_2S_2O_3$$

$H_2S_2O_3$ ist thermisch nicht sonderlich stabil und zerfällt bereits unterhalb 0 °C wieder in die Ausgangsstoffe.

Beständiger als die Thioschwefelsäure selbst sind ihre Salze, die **Thiosulfate**. Präparativ zugänglich sind sie durch Kochen von Sulfit-Lösungen mit Schwefel:

$$S_8 + 8\,Na_2SO_3 \longrightarrow 8\,Na_2S_2O_3$$

Thiosulfat-Lösungen werden durch Ansäuern unter Abscheidung von Schwefel zersetzt:

$$H_2S_2O_3 \longrightarrow H_2O + SO_2 + S$$

Praktische Verwendung findet $Na_2S_2O_3 \cdot 5\,H_2O$ als Fixiersalz in der Photographie sowie aufgrund seiner reduzierenden Wirkung zur Entfernung von überschüssigem Chlor aus damit gebleichten Textilien:

$$Na_2S_2O_3 + 4\,Cl_2 + 5\,H_2O \longrightarrow Na_2SO_4 + H_2SO_4 + 8\,HCl$$

Mit dem milderen Oxidationsmittel Iod reagiert das Thiosulfat-Anion jedoch quantitativ unter Bildung des *Tetrathionat*-Anions $S_4O_6^{2-}$; diese Reaktion findet in der quantitativen Analyse (Iodometrie) Verwendung:

$$2\,SSO_3^{2-} + I_2 \longrightarrow {}^-O_3S{-}S{-}S{-}SO_3^- + 2\,I^-$$

Halogenverbindungen des Schwefels Die wichtigsten binären Halogenverbindungen des Schwefels sind das SF_6, das SF_4, das S_2Cl_2 und das SCl_2.

SF_6 ist ein farb- und geruchloses, ungiftiges Gas, das direkt bei der Umsetzung von Schwefel mit Fluor erhalten wird. SF_6 ist ungewöhnlich reaktionsträge und unterliegt selbst bei 500 °C mit Wasserdampf keiner Hydrolyse. Ebenso wenig reagiert es mit Wasserstoff bei höheren Temperaturen. Die chemische Beständigkeit von SF_6 hat ihre Ursache in einer weitestgehenden sterischen Abschirmung des S-Atoms durch die sechs F-Atome. SF_6 wird als gasförmiger Isolator in Hochspannungsanlagen verwendet.

SF_4 ist ein ebenfalls farbloses, jedoch sehr reaktionsfähiges Gas, das als Fluorierungsmittel verwendet wird. Mit Wasser reagiert es unter Bildung von SO_2 und HF.

S_2Cl_2 ist das beständigste Schwefelchlorid und wird beim Überleiten von Chlor über flüssigen Schwefel gebildet; es ist eine gelbe, stechend riechende und hydrolyseempfindliche Flüssigkeit. S_2Cl_2 löst elementaren Schwefel unter Bildung kettenförmiger Verbindungen S_nCl_2 mit n = 3 – 100, die zum Vulkanisieren von Kautschuk verwendet werden.

SCl_2 bildet sich aus Schwefel mit einem Überschuss von Chlor. Die Verbindung ist eine dunkelrote Flüssigkeit, die bei Raumtemperatur langsam in das stabilere S_2Cl_2 und Chlor zerfällt.

Ersetzt man in den Sauerstoffsäuren OH-Gruppen durch Halogenatome X, so erhält man formal die entsprechenden *Säurehalogenide*. Die Halogenide der Schwefligen Säure sind die **Thionylhalogenide, SOX_2**, die Halogenide der Schwefelsäure die **Sulfurylhalogenide, SO_2X_2.** Die Thionylhalogenide bilden pyramidale Moleküle mit sp^3-hybridisiertem S-Atom, die Sulfurylhalogenide sind verzerrt tetraedrisch gebaut.

$SOCl_2$ ist unter Normalbedingungen eine farblose Flüssigkeit, die von Wasser rasch zu SO_2 und HCl hydrolysiert wird. Die technische Gewinnung erfolgt durch Umsetzung von SCl_2 mit SO_3.

$$SCl_2 + SO_3 \longrightarrow SOCl_2 + SO_2$$

$SOCl_2$ wird als Chlorierungsmittel verwendet.

SO_2Cl_2 ist unter Normalbedingungen eine farblose Flüssigkeit, die aus SO_2 und Cl_2 in Gegenwart von Aktivkohle hergestellt wird:

$$SO_2 + Cl_2 \longrightarrow SO_2Cl_2$$

Mit Wasser erfolgt Hydrolyse zu H_2SO_4 und HCl; SO_2Cl_2 dient gleichfalls als Chlorierungsmittel.

Selen- und Tellur-Verbindungen

SeO_2 entsteht beim Verbrennen von Selen. Die Verbindung bildet unter Normalbedingungen farblose Nadeln, die aus nichtplanaren, hochpolymeren Ketten aufgebaut sind; monomere SeO_2-Moleküle existieren nur in der Gasphase. SeO_2 löst sich in Wasser unter Bildung der **Selenigen Säure, H_2SeO_3**, die in Form farbloser Kristalle isoliert werden kann.

SeO_3 bildet farblose, hygroskopische Kristalle, die aus ringförmigen, achtgliedrigen Se_4O_{12}-Molekülen aufgebaut sind. In der Gasphase stehen diese tetrameren Moleküle mit monomerem SeO_3 im Gleichgewicht. SeO_3 ist ein stärkeres Oxidationsmittel als SO_3. In Wasser löst sich SeO_3 unter Bildung der **Selensäure, H_2SeO_4**, deren Entwässerung mit P_4O_{10} bei 150 °C wieder zu SeO_3 führt. Selensäure ist eine ebenso starke Säure wie die Schwefelsäure, besitzt aber ein noch höheres Oxidationsvermögen. Ein Gemisch von Selensäure und Salzsäure bildet aktives Chlor, sodass auch Gold und Platin unter Bildung von Chloro-Komplexen gelöst werden:

$$H_2SeO_4 + 2\,HCl \longrightarrow H_2SeO_3 + H_2O + 2\,Cl$$

H_2SeO_4 wirkt wie H_2SO_4 stark wasserentziehend.

Die **Halogenverbindungen** von Selen und Tellur sind beständiger als die analogen Verbindungen des Schwefels; eine Ausnahme ist lediglich das SF_6.

8.5 Die Elemente der VII. Hauptgruppe (Gruppe 17) – F, Cl, Br, I, At

8.5.1 Gruppeneigenschaften

Die Elemente der VII. Hauptgruppe werden auch als **Halogene** (= Salzbildner) bezeichnet. Sie sind untereinander recht ähnlich. Alle Elemente dieser Gruppe sind Nichtmetalle, jedoch nimmt der Metallcharakter zum At hin zu. Sie gehören zu den elektronegativsten und damit zu den reaktionsfähigsten Elementen; Fluor ist das elektronegativste und reaktionsfähigste Element überhaupt, es reagiert mit Wasserstoff selbst bei –250 °C.

Wie die Elektronenaffinitäten zeigen, ist die Anlagerung eines Elektrons unter Bildung der stabilen Elektronenkonfiguration des nachfolgenden Edelgases für alle Halogene ein stark exothermer Prozess. In Ionenverbindungen treten daher stets die einfach negativ geladenen Halogenid-Anionen auf.

Im Grundzustand verfügen die Halogene über ein ungepaartes Elektron, wodurch sie zur Ausbildung einer kovalenten Bindung befähigt sind. Unter Normalbedingungen bilden die Halogene daher zweiatomige Moleküle.

Fluor nimmt nicht nur als erstes Element der VII. Hauptgruppe insofern eine Sonderstellung ein, als es in seiner Valenzschale nicht über d-Orbitale verfügt wie seine höheren Homologen. Als das elektronegativste aller Elemente kann Fluor in allen seinen Verbindungen immer nur der elektronegativere Bindungspartner sein; seine Chemie ist daher bestimmt von der Bildung des F^--Anions in ionischen Fluoriden und negativ polarisierten F-Atomen in kovalenten Fluoriden. In beiden Fällen hat Fluor die Oxidationszahl –1.

Tabelle 8.6 Ausgewählte Eigenschaften der Elemente der VII. Hauptgruppe

	Fluor F	Chlor Cl	Brom Br	Iod I
Elektronenkonfiguration	[He] $2s^2 2p^5$	[Ne] $3s^2 3p^5$	[Ar]$3d^{10}$ $4s^2 4p^5$	[Kr]$4d^{10}$ $5s^2 5p^5$
Elektronegativität	4,0	2,8	2,7	2,2
Elektronenaffinität [kJ/mol]	–328	–347	–328	–299
Ionisierungsenergie [kJ/mol]	1688	1254	1138	1003
Nichtmetallcharakter	$\longrightarrow$	nimmt ab		
Reaktivität	$\longrightarrow$	nimmt ab		

Die Elemente Cl, Br und I können zur Ausbildung kovalenter Bindungen d-Orbitale heranziehen. Mit elektronegativen Bindungspartnern wie F und O können die Oxidationsstufen +1, +3, +5 und +7 realisiert werden. In einigen unbeständigen Verbindungen treten daneben auch die geradzahligen positiven Oxidationszahlen +2, +4 und +6 auf.

8.5.2 Die Elemente

Vorkommen Aufgrund ihrer großen Reaktivität kommen die Halogene in der Natur nicht elementar vor.

Die wichtigsten natürlichen Vorkommen des **Fluors** sind *Flussspat,* CaF_2, und *Fluorapatit,* $Ca_5(PO_4)_3(F,OH)$.

Chlor und **Brom** kommen als Chlorid bzw. Bromid in ausgedehnten Salzlagerstätten vor, die beim Eindunsten prähistorischer Meerwasserbecken entstanden sind. Die wichtigsten Salze sind NaCl (*Steinsalz*), KCl (*Sylvin*), $KCl \cdot MgCl_2 \cdot 6\,H_2O$ (*Carnallit*), $KMg(Cl,Br)_3 \cdot 6\,H_2O$ (*Bromcarnallit*), $MgCl_2 \cdot 6\,H_2O$ (*Bischofit*), K(Cl,Br) (*Bromsylvinit*). Die größten Chloridmengen sind mit 2 % im Meerwasser enthalten; der Bromidgehalt beträgt dagegen nur 0,01 %.

Iod kommt in Form von $Ca(IO_3)_2$ im Chilesalpeter $NaNO_3$ vor. Im Meerwasser enthaltenes Iod wird im Meerestang in organischen Iodverbindungen angereichert und kann nach dem Verbrennen des Tangs aus der Asche gewonnen werden. Organisch gebundenes Iod kommt auch in der Schilddrüse vor.

Darstellung und Verwendung Aufgrund seines hohen Standardpotenzials kann **Fluor** aus seinen Verbindungen nicht durch chemische Oxidationsmittel freigesetzt werden. Seine Darstellung erfolgt daher durch eine anodische Oxidation von F^--

Ionen in wasserfreien Elektrolyten. Da wasserfreies HF eine sehr geringe elektrische Leitfähigkeit besitzt, verwendet man als Elektrolyten eine wasserfreie Schmelze von sauren Fluoriden KF · n HF, deren Schmelzpunkte mit wachsendem HF-Gehalt abnehmen. Für das technisch durchgeführte Mitteltemperatur-Verfahren (70 – 110 °C) verwendet man Schmelzen mit n = 2 – 3. Die Elektrolysezellen bestehen aus Stahl oder Monel, die durch das entstehende Fluor passiviert werden.

Fluor wird in großen Mengen als Raketentreibstoff verwendet. Mit F_2–H_2-Gemischen können Temperaturen bis zu etwa 4700 °C erreicht werden. Weiterhin dient F_2 zur Herstellung des gasförmigen UF_6, über das eine Trennung der Uran-Isotope mittels Diffusion erreicht werden kann. Technische Bedeutung hat Fluor weiterhin für die Herstellung von CF_4 und SF_6, die als Kühlmedium bzw. Dielektrikum dienen, sowie zur Reinstdarstellung hoch schmelzender Metalle wie W, Mo, Re und Ta aus ihren Fluoriden.

Chlor wird technisch fast ausschließlich durch die Chloralkali-Elektrolyse hergestellt (siehe Abschnitt 7.2.3). Ein zweites, noch vereinzelt eingesetztes Verfahren zur Gewinnung von Chlor ist das SHELL-DEACON-Verfahren, bei dem HCl mit Luftsauerstoff an einem Katalysator aus Kupferchlorid (im Gemisch mit Chloriden von Lanthanoiden) auf einem Silicatträger bei einer Temperatur von 350 °C zu Cl_2 und H_2O oxidiert wird; die Ausbeute beträgt ca. 75 %.
Im Labormaßstab wird Chlor durch Oxidation von konz. Salzsäure mit MnO_2 oder $KMnO_4$ hergestellt:

$$4\,H\overset{-1}{Cl} + \overset{+4}{Mn}O_2 \longrightarrow \overset{\pm 0}{Cl_2} + \overset{+2}{Mn}Cl_2 + 2\,H_2O$$

$$16\,H\overset{-1}{Cl} + 2\,K\overset{+7}{Mn}O_4 \longrightarrow 5\,\overset{\pm 0}{Cl_2} + 2\,\overset{+2}{Mn}Cl_2 + K\overset{-1}{Cl} + 8\,H_2O$$

Chlor dient u.a. als Oxidationsmittel, als Bleich- und Desinfektionsmittel. In großen Mengen wird es zur Darstellung anorganischer und organischer Chlorverbindungen benötigt; als Beispiele seien genannt: Metall- und Nichtmetallchloride wie $AlCl_3$, $FeCl_3$, $TiCl_4$, $SiCl_4$ oder $COCl_2$, chlorierte Kohlenwasserstoffe wie Tetrachlormethan, Chlorbenzen oder Vinylchlorid, $H_2C{=}CHCl$ (→ Polyvinylchlorid – PVC). In vielen Fällen stellen die durch Chlorierung erhaltenen Verbindungen nur Zwischenprodukte dar, aus denen chlorfreie Endprodukte hergestellt werden wie z.B. Silicone oder Methylcellulose.

Bei der Aufarbeitung von Kalisalzen werden Br^--haltige Lösungen erhalten, aus denen das **Brom** durch Einleiten von Chlor freigesetzt und mit einem Luftstrom ausgetrieben wird:

$$2\,Br^- + Cl_2 \longrightarrow Br_2 + 2\,Cl^-$$

Reste des im flüssigen Brom gelösten Chlors werden durch Destillation unter Zugabe von KBr entfernt.

Brom dient wie Chlor als Oxidations-, Bleich- und Desinfektionsmittel. Daneben findet es Verwendung zur Darstellung einer Reihe anorganischer und organischer Bromverbindungen wie Bromwasserstoff, Alkalimetallbromide (u. a. für Pharmazeutika) oder Silberbromid für photographische Papiere und Filme.

Die technische Gewinnung von **Iod** erfolgt hauptsächlich aus den iodathaltigen Mutterlaugen, die bei der Kristallisation von Chilesalpeter zurückbleiben. Dabei wird die dem Iodat IO_3^- zugrunde liegende Iodsäure HIO_3 mit Schwefliger Säure zu Iodwasserstoff HI reduziert:

$$HIO_3 + 3\,H_2SO_3 \longrightarrow HI + 3\,H_2SO_4$$

Zur Rückoxidation von HI bedient man sich der Iodsäure HIO_3 selbst, die mit HI in einer Redoxkomproportionierung zu Iod reagiert:

$$HIO_3 + 5\,HI \longrightarrow 3\,I_2 + 3\,H_2O$$

Fügt man also nur soviel Schweflige Säure hinzu, dass auf 5 mol gebildeten Iodwasserstoffs 1 mol Iodsäure erhalten bleibt, so erhält man direkt das gewünschte Iod gemäß:

$$2\,HIO_3 + 5\,H_2SO_3 \longrightarrow 5\,H_2SO_4 + H_2O + I_2$$

Aus den iodidhaltigen Wässern, die bei der Erdgas- und Erdölförderung anfallen, wird das Iod durch Oxidation mit Chlor freigesetzt und durch Sublimation gereinigt.

Iod dient als Desinfektionsmittel, z. B. in der *Iodtinktur* (7 %-ige Lösung von Iod in Ethanol +3 % KI). Darüber hinaus wird es zur Darstellung vieler anorganischer und organischer Iodverbindungen benötigt; als Beispiele seien AgI für photographische Filme sowie NiI_2 und TiI_4 für katalytische Prozesse genannt. Iod wird weiterhin für die Darstellung hochreiner Metalle (Ti, Zr, Hf) nach dem VAN ARKEL–DE BOER-Verfahren verwendet. Das Iodisotop ^{131}I wird in der Medizin für die Darstellung der Schilddrüse sowie für die Therapie von Schilddrüsenüberfunktionen und Schilddrüsenkarzinomen eingesetzt.

Eigenschaften Aufgrund ihrer Valenzelektronenkonfiguration von ns^2np^5 bestehen die elementaren Halogene in allen Aggregatzuständen aus zweiatomigen Molekülen, in denen die beiden Halogenatome durch eine kovalente Einfachbindung verknüpft sind. Zwischen den X_2-Molekülen treten nur schwache VAN DER WAALS-Kräfte auf, sodass die Schmelz- und Siedetemperaturen zum Teil sehr niedrig sind; infolge der Zunahme der VAN DER WAALS-Kräfte mit wachsender Molekülgröße steigen sie innerhalb der Gruppe regelmäßig an.

Cl_2, Br_2 und I_2 kristallisieren in einer Schichtstruktur, wobei die Kristalle parallel zu den Schichten leicht spaltbar sind. Die Anordnung der I_2-Moleküle in einer

Schicht ist in Abbildung 8.31 dargestellt. Der Abstand zwischen den Schichten beträgt 441,2 pm und entspricht dem VAN DER WAALS-Abstand.

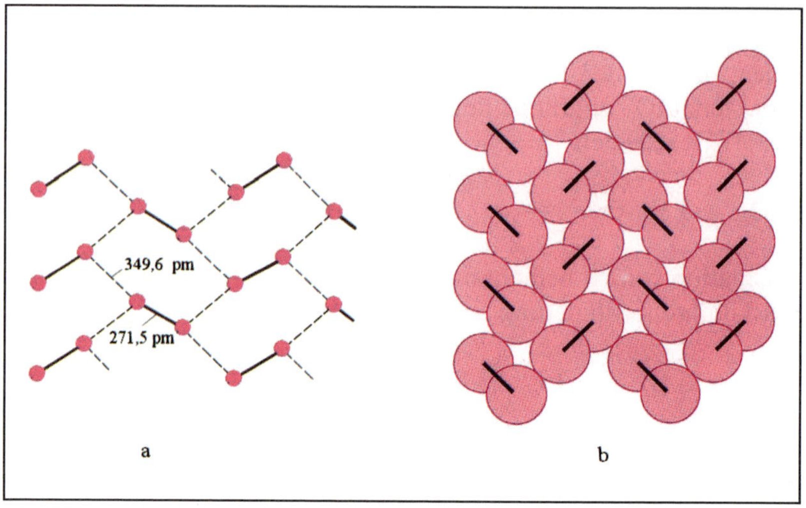

8.31 Struktur einer I_2-Schicht im kristallinen Iod: **a** Schwerpunkte der Iod-Atome; **b** Raumerfüllung der I_2-Moleküle.

Fluor ist bei Raumtemperatur ein gelbliches, stark ätzend wirkendes und sehr toxisches Gas. Fluor ist das reaktionsfähigste aller Elemente und zugleich das stärkste chemische Oxidationsmittel. Mit Wasserstoff reagiert es schon bei Raumtemperatur auch unter Lichtausschluss außerordentlich heftig und unter Umständen explosionsartig. Außer mit He, Ne und Ar reagiert Fluor bereits bei Raumtemperatur, noch lebhafter bei höheren Temperaturen oder bei anderer energetischer Anregung, mit allen anderen Elementen. Vielfach verlaufen diese Reaktionen unter Feuererscheinung. In den gebildeten Fluoriden betätigen die Bindungspartner des Fluors alle gemäß ihrer Stellung im PSE möglichen Wertigkeiten bis hin zu den maximal möglichen positiven Oxidationsstufen: PF_5, SF_6, IF_7, UF_6 etc.

Wegen seiner außerordentlich hohen Affinität zum Wasserstoff entreißt das Fluor auch allen Wasserstoffverbindungen den Wasserstoff in zum Teil sehr heftigen Reaktionen. So reagieren NH_3 und H_2S unter Feuererscheinung mit Fluor und Bildung von HF und N_2 bzw. S_8; sehr lebhaft ist auch die Reaktion zwischen H_2O und Fluor zu HF und O_2. Fluor entreißt auch organischen Verbindungen den Wasserstoff. Wegen der dabei auftretenden hohen Reaktionswärme wirkt Fluor auf der menschlichen Haut daher verbrennend und wegen der Bildung von HF zugleich ätzend.

Chlor ist ein gelbgrünes Gas von erstickendem Geruch und stark ätzender Wirkung auf die Schleimhäute; es ist sehr toxisch (bei einem Gehalt von nur 1 mg

Chlor pro Liter Luft besteht bereits akute Lebensgefahr). Chlor lässt sich durch Druck leicht verflüssigen.

In Wasser ist Chlor relativ gut löslich: Bei 25 °C und Atmosphärendruck lösen sich in 1 l Wasser 0,0921 mol Chlor. Die Lösung wird als *Chlorwasser* bezeichnet.

Nach dem Fluor gehört Chlor zu den reaktionsfähigsten Elementen. Es reagiert daher mit fast allen anderen Elementen – häufig schon bei Raumtemperatur, noch heftiger allerdings bei höheren Temperaturen – unter starker Wärmeentwicklung. Die Reaktion mit Wasserstoff verläuft nach Zündung explosionsartig (Chlorknallgas). Keine Reaktion erfolgt mit den Edelgasen, mit Sauerstoff und Stickstoff; über einen Umweg über andere Verbindungen lassen sich aber auch von diesen Elementen entsprechende Chlorverbindungen darstellen.

Chlor bevorzugt in der Mehrzahl seiner Verbindungen die Oxidationsstufe –1; positive Oxidationsstufen von +1, +3, +5 und +7 und seltener von +2 und +4 bildet Chlor nur in Verbindungen mit den elektronegativeren Elementen Fluor und Sauerstoff.

Brom reagiert ähnlich wie Chlor, allerdings ist seine Reaktionsfähigkeit geringer.

Iod ist noch weniger reaktiv, verbindet sich jedoch mit einer Reihe von Elementen immer noch direkt, so z.B. mit Al, P, S, Fe und Hg.

Aufgrund des abgestuften Oxidationsvermögens innerhalb der Gruppe vermag Fluor alle anderen Halogene aus ihren Verbindungen zu vertreiben; Chlor kann nur noch Brom und Iod aus ihren Verbindungen freisetzen und Brom nur noch das Iod. Die sukzessive Oxidation von Iodid und Bromid durch Chlor wird in der qualitativen Analyse zum Nachweis beider Halogenidionen nebeneinander verwendet.

Astat tritt als Zwischenglied in den natürlichen radioaktiven Zerfallsreihen auf und ist selbst radioaktiv und sehr unbeständig: Das langlebigste seiner Isotope hat nur eine Halbwertszeit von 8,3 Stunden, sodass sich größere Mengen des Elements nicht ansammeln können. Seine physikalischen und chemischen Eigenschaften weisen das Astat als ein typisches Halogen aus.

8.5.3 Chemische Verbindungen

Interhalogenverbindungen Die Halogene bilden untereinander Verbindungen der Zusammensetzung XY, XY_3, XY_5 und XY_7, in denen X immer das elektropositivere Halogen in den Oxidationsstufen +1, +3, +5 und +7 ist. Diese Interhalogenverbindungen sind typische kovalente Verbindungen, die direkt aus den Elementen zugänglich sind; sie sind erwartungsgemäß sehr reaktionsfähig.

Die Verbindungen des Typs XY sind in allen Kombinationen der Halogene bekannt. Ihre Reaktionsfähigkeit sowie ihre Neigung zur Disproportionierung sind umso größer, je weiter die beiden Halogenatome in der Hauptgruppe voneinander entfernt sind. So ist ClF in Bezug auf eine Disproportionierung stabil, IF ist dagegen nur bei tiefen Temperaturen beständig und disproportioniert oberhalb von –14 °C gemäß:

$$5\,IF \longrightarrow 2\,I_2 + IF_5$$

Mit Ausnahme von ICl_3 sind alle anderen Interhalogenverbindungen XY_3, XY_5 und XY_7 Fluoride.

Die Halogenide XY sind lineare Moleküle, die Trihalogenide XY_3 sind T-förmig gebaut, die Pentahalogenide XY_5 sind quadratisch-pyramidal, das Heptahalogenid IF_7 ist pentagonal-bipyramidal. Diese Molekülstrukturen lassen sich leicht aus einer VSEPR-Betrachtung und ebenso aus dem Hybridisierungsmodell ableiten.

Die Verbindungen ClF_3, BrF_3 und ClF werden als Fluorierungsmittel z.B. bei der Trennung von U-Pu-Spaltprodukten in der Kerntechnik verwendet: Uran bildet dabei das flüchtige UF_6, Plutonium das schwerflüchtige PuF_4; beide können durch Destillation voneinander getrennt werden.

Polyhalogenidanionen Iod löst sich nur wenig in Wasser. Gut löslich ist es dagegen in KI-Lösungen unter Bildung des Triiodid-Anions I_3^-, das bei der Anlagerung eines I_2-Moleküls an ein I^--Anion entsteht:

$$I^- + I_2 \rightleftharpoons I_3^-$$

Weniger beständig sind die Trihalogenid-Anionen Br_3^- und Cl_3^- sowie die gemischten Anionen ICl_2^-, I_2Br^- und $IBrF^-$. Das Halogenatom mit der geringsten Elektronegativität ist stets das zentrale Atom.

Halogenwasserstoffe (Hydrogenhalogenide) Die Halogenwasserstoffe HX mit X = F, Cl, Br und I sind farblose, stechend riechende Gase. In den HX-Molekülen liegen polare Einfachbindungen vor, wobei die Polarität der Bindung entsprechend der geringer werdenden Elektronegativitätsdifferenz von HF zum HI hin abnimmt.

Zwischen den HX-Molekülen sind nur schwache VAN DER WAALS-Kräfte wirksam, sodass die Verbindungen leicht flüchtig sind. Ihre Schmelz- und Siedepunkte sowie ihre molaren Verdampfungsenthalpien nehmen von HCl zu HI hin zu, jedoch zeigt HF anomal hohe Werte, deren Ursache Wasserstoffbrücken-Bindungen sind.

Die Halogenwasserstoffe lösen sich gut in Wasser; die wässrigen Lösungen reagieren aufgrund der Protolyse der HX-Moleküle sauer und heißen Fluorwasserstoffsäure bzw. Flusssäure (HF), Chlorwasserstoffsäure bzw. Salzsäure (HCl), Bromwasserstoffsäure (HBr) und Iodwasserstoffsäure (HI).

$$HX + H_2O \rightleftharpoons X^- + H_3O^+$$

Die Säurestärke nimmt in der Reihe HF < HCl < HBr < HI zu, wobei sich die Acidität beim Übergang vom HF zum HCl besonders drastisch ändert.
Die Halogenwasserstoffe bilden sich in direkter Reaktion aus den Elementen:

$$X_2 + H_2 \rightleftharpoons 2\,HX$$

Während die Umsetzungen von Fluor und Chlor explosionsartig verlaufen, reagiert Brom auch in Gegenwart von Katalysatoren (Pt) erst bei 200 °C. Im Falle von HI erfolgt bereits bei mäßig hohen Temperaturen wieder ein teilweiser Zerfall in die Elemente, da die thermische Stabilität der Halogenwasserstoffe vom HF zum HI hin stark abnimmt.

Flusssäure wird technisch durch Umsetzung von CaF_2 mit konz. Schwefelsäure bei 270° C hergestellt:

$$CaF_2 + H_2SO_4 \longrightarrow CaSO_4 + 2\,HF$$

Reinstes, wasserfreies HF wird bei der thermischen Zersetzung saurer Fluoride erhalten:

$$KHF_2 \longrightarrow KF + HF$$

HF gewinnt technisch zunehmend an Bedeutung; seine wichtigsten Verwendungszwecke sind die Herstellung von Kryolith und die Synthese fluorierter Kohlenwasserstoffe. Die Flusssäure ist eine mittelstarke Säure; ihre wichtigste Eigenschaft ist ihre Fähigkeit, Glas zu ätzen:

$$SiO_2 + 4\,HF \longrightarrow SiF_4 + 2\,H_2O$$

Flusssäure kann daher auch nicht in Glasflaschen aufbewahrt werden.

Salzsäure wird aus den Elementen unter Verwendung eines nach dem Prinzip des DANIELLschen Hahnes arbeitenden Quarzbrenners hergestellt (Abbildung 7.1).

Ein zweites Verfahren ist das Chlorid-Schwefelsäure-Verfahren, bei dem NaCl mit konz. Schwefelsäure umgesetzt wird:

$$NaCl + H_2SO_4 \xrightarrow{20\,°C} NaHSO_4 + HCl$$
$$NaCl + NaHSO_4 \xrightarrow{80\,°C} Na_2SO_4 + HCl$$

Darüber hinaus entsteht HCl als Nebenprodukt bei den technisch wichtigen Chlorierungsreaktionen organischer Verbindungen. Dies ist inzwischen die Hauptquelle für HCl.

Salzsäure ist eine starke, nichtoxidierende Säure; sie löst daher unedle Metalle wie Zn, Fe oder Al unter H_2-Entwicklung, nicht jedoch Cu, Ag, Au oder Pt.

HBr und **HI** können nicht aus ihren Salzen durch Umsetzung mit konz. H_2SO_4 hergestellt werden, da partielle Oxidation zu Br_2 bzw. I_2 eintritt. Beide werden daher zweckmäßigerweise durch Hydrolyse von PBr_3 bzw. PI_3 hergestellt:

$$PBr_3 + 3\,H_2O \longrightarrow H_3PO_3 + 3\,HBr$$
$$PI_3 + 3\,H_2O \longrightarrow H_3PO_3 + 3\,HI$$

Die Phosphortrihalogenide müssen zu diesem Zweck nicht synthetisiert und isoliert werden; vielmehr setzt man in einer so genannten „Eintopf-Reaktion" roten Phosphor und das entsprechende Halogen in Gegenwart von Wasser um, wobei sich intermediär das jeweilige Phosphortrihalogenid bildet.

Iodwasserstoffsäure ist eine sehr starke Säure. Sie ist oxidationsempfindlich und wird bereits durch Luftsauerstoff oxidiert:

$$4\,HI + O_2 \longrightarrow 2\,I_2 + 2\,H_2O$$

Aus chlorierten Kohlenwasserstoffen lassen sich durch Umsetzung mit HF die entsprechenden fluorierten Kohlenwasserstoffe herstellen. Es sind dies farblose, nicht brennbare und nicht toxische Verbindungen mit niedrigen Siedepunkten. Ihre wichtigste Eigenschaft ist ihre chemische Beständigkeit. Technische Verwendung finden fluorierte Kohlenwasserstoffe als Kühlmittel in Kälteanlagen, als Lösungsmittel und als Treibmittel in Spray-Dosen.

Aus $CHClF_2$ wird durch HCl-Abspaltung Tetrafluorethylen, $F_2C{=}CF_2$, erhalten; durch Polymerisation wird daraus Polytetrafluorethylen (PTFE) hergestellt, ein Kunststoff, der nicht nur chemisch außerordentlich resistent ist, sondern auch in einem Temperaturbereich von –200 bis +260 °C eingesetzt werden kann; seine Handelsbezeichnung ist **Teflon** bzw. **Hostaflon**.

Sauerstoffsäuren der Halogene Die bekannten Sauerstoffsäuren sind in Tabelle 8.7 zusammengestellt; die Halogenatome treten darin in den Oxidationsstufen +1, +3, +5 und +7 auf. Als das elektronegativste Element kann Fluor keine Sauerstoffsäuren bilden.

In reiner Form lassen sich nur die Säuren $HClO_4$, HIO_3, H_5IO_6, $H_7I_3O_{14}$ und $(HIO_4)_n$ darstellen; alle anderen sind nur als wässrige Lösungen bekannt. Generell nimmt die Stabilität der Sauerstoffsäuren des gleichen Halogens mit steigender Oxidationsstufe zu.

Die Valenzstrichformeln, die Bindungsverhältnisse sowie die Geometrien der Sauerstoffsäuren des Chlors bzw. ihrer Anionen sind in Abbildung 8.32 zusammengestellt. Durch Anregung von Elektronen aus dem Grundzustand in die vakanten d-Orbitale stehen dem Cl-Atom 3, 5 und 7 ungepaarte Elektronen für die Ausbildung kovalenter Bindungen zur Verfügung. Während das s- und die drei p-Orbitale für die Bildung von sp^3-Hybridorbitalen verwendet werden, überlappen die d-Orbitale des Chlors mit p-Orbitalen des Sauerstoffs unter Ausbildung von $p\pi$-$d\pi$-Bindungen. Mit zunehmender Zahl von π-Bindungen im Molekül sinkt die negative Ladung der O-Atome, sodass Protonen zunehmend leichter abgegeben werden können: Die Säurestärke wächst folglich mit steigender Oxidationsstufe des Chlor.

Tabelle 8.7 Sauerstoffsäuren der Halogene (nur die rot gedruckten Sauerstoffsäuren sind in reiner Form darstellbar)

Oxidationsstufe	Name	Chlor	Brom	Iod
+1	Hypohalogenige Säure	$HOCl$	$HOBr$	HOI
+3	Halogenige Säure	$HClO_2$	–	–
+5	Halogensäure	$HClO_3$	$HBrO_3$	HIO_3
+7	Perhalogensäure	$HClO_4$	$HBrO_4$	H_5IO_6, $H_7I_3O_{14}$, $(HIO_4)_n$

Gleichzeitig mit der zunehmenden Zahl von O-Atomen im Molekül sinkt die Anzahl der freien, reaktiven Elektronenpaare am Cl-Atom, d. h. die Stabilität der Säuren wird größer. Dieser Umstand macht auch die für die Chemie der Sauerstoffsäuren der Halogene und ihrer Salze charakteristischen Disproportionierungsreaktionen verständlich: Aus sauerstoffärmeren Anionen werden Cl^--Ionen und sauerstoffreichere Anionen gebildet:

$$3\,\overset{+1}{Cl}O^- \longrightarrow \overset{+5}{Cl}O_3^- + 2\,\overset{-1}{Cl}{}^-$$

$$4\,\overset{+5}{Cl}O_3^- \longrightarrow 3\,\overset{+7}{Cl}O_4^- + \overset{-1}{Cl}{}^-$$

In saurer Lösung sind alle Sauerstoffsäuren des Chlors starke Oxidationsmittel; besonders stark oxidierend wirkt die Hypochlorige Säure HOCl. Mit steigendem pH-Wert nimmt das Oxidationsvermögen allerdings stark ab. Aus eben diesem Grunde erfolgt die Disproportionierung von Cl_2 zu Cl^- und ClO^- nur in alkalischer Lösung, wohingegen in saurer Lösung die Komproportionierung von HOCl und Cl^- zu Cl_2 energetisch begünstigt ist:

alkalisch: $$\overset{\pm 0}{Cl_2} + OH^- \longrightarrow \overset{-1}{Cl}{}^- + HO\overset{+1}{Cl}$$

sauer: $$HO\overset{+1}{Cl} + \overset{-1}{Cl}{}^- + H_3O^+ \longrightarrow \overset{\pm 0}{Cl_2} + H_2O$$

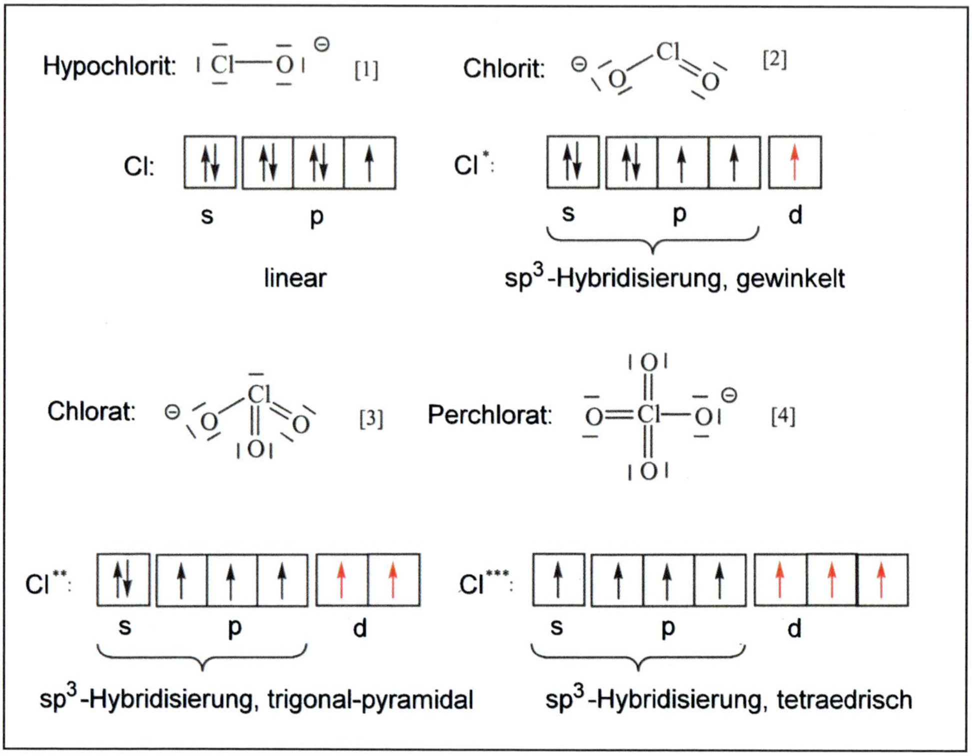

8.32 Anionen der Sauerstoffsäuren des Chlors (Name, Valenzstrichformel, Valenzzustand des Cl-Atoms und Hybridisierung, Geometrie; Zahlen in eckigen Klammern: Anzahl der mesomeren Grenzstrukturen).

Hypochlorige Säure, HOCl, wird in einer Disproportionierungsreaktion beim Einleiten von Chlor in Wasser gebildet:

$$\overset{\pm 0}{Cl_2} + 2\,H_2O \rightleftharpoons H_3O^+ + \overset{-1}{Cl^-} + HO\overset{+1}{Cl}$$

Da das Gleichgewicht dieser Disproportionierung nahezu vollständig auf der linken Seite liegt, lässt sich eine höhere Konzentration an HOCl durch Zugabe von HgO erreichen, das das gebildete HCl als unlösliches $HgO \cdot HgCl_2$ abfängt und so das Gleichgewicht nach rechts verschiebt. Die entstehende HOCl-Lösung ist maximal 20 %-ig. Die HOCl-Lösungen sind nicht sehr stabil und zersetzen sich bereits bei 0 °C langsam zu HCl und O_2. Beim Versuch, die Lösungen zu entwässern, entweicht Cl_2O, das Anhydrid der Hypochlorigen Säure. Dieses befindet sich in Lösungen mit HOCl im Gleichgewicht, sodass Cl_2, HOCl und Cl_2O nebeneinander vorliegen.

Die Hypochlorige Säure ist eine schwache Säure und ein starkes Oxidationsmittel. Ihre Salze, die Hypochlorite, erhält man durch Einleiten von Chlor in kalte Lösungen der entsprechenden Basen:

$$Cl_2 + 2\,NaOH \longrightarrow NaCl + NaOCl + H_2O$$

Technisch wichtig sind das NaOCl und das Ca(OCl)Cl (Chlorkalk). NaOCl wird hergestellt, indem man anschließend an die Chloralkalielektrolyse das anodisch gebildete Chlor in die kathodisch gebildete Natronlauge einleitet. Chlorkalk stellt man durch Einleiten von Chlor in $Ca(OH)_2$ her:

$$Cl_2 + Ca(OH)_2 \longrightarrow Ca(OCl)Cl + H_2O$$

Mit konz. HCl reagiert Ca(OCl)Cl zu Chlor:

$$Ca(OCl)Cl + 2\,HCl \longrightarrow CaCl_2 + Cl_2 + H_2O$$

Hypochlorite sind generell schwächere Oxidationsmittel als HOCl. Sie werden als Bleich- und Desinfektionsmittel verwendet.

Brom und Iod reagieren mit Wasser bzw. Laugen analog zum Chlor unter Bildung von **Hypobromiten** bzw. **Hypoioditen**.

Chlorige Säure, $HClO_2$, ist sehr unbeständig; beständiger sind dagegen ihre Salze, die **Chlorite**, die durch Einleiten von ClO_2 in ein Gemisch von NaOH und H_2O_2 hergestellt werden:

$$2\,ClO_2 + H_2O_2 + 2\,NaOH \longrightarrow 2\,NaClO_2 + O_2 + 2\,H_2O$$

Verwendet werden die Chlorite als Bleichmittel, da das beim Ansäuern aus der Disproportionierung der $HClO_2$ freiwerdende ClO_2 die Textilfasern schonend bleicht:

$$5\,HClO_2 \longrightarrow 4\,ClO_2 + HCl + 2\,H_2O$$

Chlorsäure, $HClO_3$, wird aus ihren Salzen, den **Chloraten**, hergestellt:

$$Ba(ClO_3)_2 + H_2SO_4 \longrightarrow 2\,HClO_3 + BaSO_4$$

Chlorsäure ist eine starke Säure und zugleich ein starkes Oxidationsmittel. Eine Mischung von konz. $HClO_3$ und konz. HCl wird als „Euchlorin“ bezeichnet und eignet sich wegen ihres hohen Oxidationsvermögens zur oxidativen Zerstörung organischer Stoffe. Wässrige Lösungen mit mehr als 40 % $HClO_3$ zersetzen sich.

Zur technischen Gewinnung von Chloraten werden heiße NaCl-Lösungen ohne Trennung von Kathoden- und Anodenraum elektrolysiert. Im ersten Reaktionsschritt erfolgt dabei die Disproportionierung von Cl_2 zu Cl^- und OCl^-; letzteres unterliegt einer nochmaligen Disproportionierung in Cl^- und ClO_3^-, sodass als Bruttoreaktion folgt:

$$3\,Cl_2 + 6\,OH^- \longrightarrow 5\,Cl^- + ClO_3^- + 3\,H_2O$$

Chlorate sind starke Oxidationsmittel, die sich mit leicht oxidierbaren Substanzen wie Phosphor, Schwefel oder organischen Verbindungen sehr heftig umsetzen. $KClO_3$ dient zur Herstellung von Zündhölzern und Feuerwerkskörpern sowie von Sprengstoffen. $NaClO_3$ wird als Unkrautbekämpfungsmittel verwendet.

Perchlorsäure, $HClO_4$, ist die beständigste und die einzige in reiner Form herstellbare Sauerstoffsäure des Chlors. Die reine Perchlorsäure ist eine farblose Flüssigkeit, die sich beim Erwärmen unter Umständen explosionsartig zersetzt; mit brennbaren Stoffen erfolgt Explosion.

Wässrige Lösungen von $HClO_4$ sind stabil; sie ist eine der stärksten Säuren. Ihr Oxidationsvermögen ist jedoch aus kinetischen Gründen weit geringer als z.B. das von $HClO_3$: Das Cl-Atom ist im ClO_4^--Anion durch die vier O-Atome sterisch weitestgehend abgeschirmt.

$HClO_4$ wird aus Perchloraten durch Umsetzung mit Schwefelsäure dargestellt und im Vakuum abdestilliert:

$$KClO_4 + H_2SO_4 \longrightarrow HClO_4 + KHSO_4$$

Die Perchlorate selbst werden technisch durch anodische Oxidation von Chloraten hergestellt. Sie entstehen auch bei der thermischen Disproportionierung von Chloraten bei 400 °C (bei höheren Temperaturen zerfällt zunächst gebildetes $KClO_4$ zu KCl und O_2):

$$4\,KClO_3 \longrightarrow 3\,KClO_4 + KCl$$

Die Perchlorate sind die beständigsten Salze von Sauerstoffsäuren des Chlors. Mit den großen Kationen K^+, Rb^+, Cs^+ bildet das ClO_4^--Anion schwerlösliche Salze.

Iodsäure, HIO_3, lässt sich durch Oxidation von elementarem Iod mit Cl_2, HNO_3 oder auch H_2O_2 herstellen. HIO_3 ist ein starkes Oxidationsmittel; bei ihrer Herstellung mit Chlor muss das entstehende HCl kontinuierlich entfernt werden, da es die gebildete HIO_3 wieder reduzieren würde:

$$I_2 + 5\,Cl_2 + 6\,H_2O \longrightarrow 2\,HIO_3 + 10\,HCl$$

Durch Entwässern der Iodsäure lässt sich ihr Anhydrid, das I_2O_5, darstellen. Das Iodation IO_3^- hat wie das Chloration ClO_3^- eine trigonal-pyramidale Struktur.

Periodsäuren Die **Orthoperiodsäure, H_5IO_6,** bildet in reiner Form farblose, hygroskopische Kristalle. Sie lässt sich u. a. durch eine anodische Oxidation von HIO_3 darstellen. Sie ist ein starkes Oxidationsmittel.

Orthoperiodsäure ist eine schwache mehrbasige Säure. Neben den Protolysegleichgewichten treten in wässriger Lösung sich schnell einstellende intra- und intermolekulare Dehydratisierungsgleichgewichte auf, bei denen die Anionen IO_4^- und $I_2O_{10}^{4-}$ gebildet werden. Die Zusammensetzung der aus solchen Lösungen isolierbaren Salze hängt vom Metallkation, vom pH-Wert, von den Konzentrationsverhältnissen und von der Temperatur ab.

Durch Erhitzen von H_5IO_6 im Vakuum auf 70 °C erfolgt Wasserabspaltung unter Bildung der **Triperiodsäure, $H_7I_3O_{14}$,** die sich ihrerseits bei 100 °C im Vakuum in die **Polyperiodsäure, $(HIO_4)_n$,** umwandelt. Beide Säuren lassen sich auch durch Entwässerung von Orthoperiodsäure mit konz. Schwefelsäure darstellen. Beim Lösen in Wasser entsteht wieder die Orthoperiodsäure, die die einzige in wässriger Lösung existenzfähige Iod(VII)-säure ist.

In allen Periodsäuren sind die I-Atome oktaedrisch von sechs O-Atomen umgeben. HIO_4 ist daher polymer und nicht wie $HClO_4$ monomer.

Oxide der Halogene Von den vier Typen von Halogensauerstoffsäuren HXO_n (n = 1, 2, 3, 4) leiten sich als deren *Anhydride* formal die Halogenoxide **X_2O** (X = Cl, Br), **X_2O_3** (X = Cl, Br), **X_2O_5** (X = Br, I) und **X_2O_7** (X = Cl) ab; darüber hinaus sind als *gemischte Anhydride* die Oxide **X_2O_2** (X = Cl, Br, I – Anhydride der Hypohalogenigen und der Halogenigen Säuren), **X_2O_4** (X = Cl, Br, I – Anhydride der Halogenigen und der Halogensäuren) und **X_2O_6** (X = Cl, Br, I – Anhydride der Halogen- und Perhalogensäuren) denkbar (in Klammern sind jeweils die Halogene angegeben, für die die entsprechenden Oxide existieren). Abgesehen vom I_2O_5 sind alle Halogenoxide endotherme Verbindungen, die beim Erwärmen zum Teil explosionsartig zerfallen. Sie sind sämtlich sehr reaktionsfähig und sind starke Oxidationsmittel. Ihre Strukturen sind zum Teil noch nicht bekannt.

Von den Halogenoxiden hat nur das **ClO_2** technische Bedeutung zum Bleichen von Mehl und Cellulose sowie als Desinfektionsmittel bei der Trinkwasseraufbereitung. ClO_2 ist ein gelbes, in reinem Zustand sehr explosives Gas. Bei seinen technischen Anwendungen wird es mit CO_2 verdünnt und lässt sich so gefahrlos handhaben.

Die Herstellung erfolgt durch Reduktion von $NaClO_3$ mit SO_2 oder auch mit HCl in Gegenwart von Schwefelsäure:

$$2\,NaClO_3 + SO_2 + H_2SO_4 \longrightarrow 2\,ClO_2 + 2\,NaHSO_4$$

Im Labor kann es durch Umsetzung von $KClO_3$ mit konz. Schwefelsäure erhalten werden, wobei die zunächst freigesetzte Chlorsäure disproportioniert:

$$KClO_3 + H_2SO_4 \longrightarrow HClO_3 + KHSO_4$$
$$3\,HClO_3 \longrightarrow 2\,ClO_2 + HClO_4 + H_2O$$

Das entstehende Wasser wird von der konz. Schwefelsäure gebunden.
Als gemischtes Anhydrid der Chlorigen und der Chlorsäure unterliegt ClO_2 in alkalischer Lösung der Disproportionierung:

$$2\,ClO_2 + 2\,OH^- \longrightarrow ClO_2^- + ClO_3^- + H_2O$$

Das ClO_2-Molekül ist gewinkelt; trotz des ungepaarten Elektrons erfolgt selbst bei tiefen Temperaturen keine Dimerisierung. Ursache dafür ist vermutlich eine nahezu vollständige Delokalisierung des ungepaarten Elektrons.

Sauerstofffluoride In den Sauerstoffverbindungen des Fluors ist nicht der Sauerstoff, sondern das Fluor der elektronegativere Bindungspartner, sodass diese Verbindungen trotz ihrer formal analogen Zusammensetzungen zu anderen Halogensäuren und Halogenoxiden korrekt als Sauerstofffluoride zu bezeichnen sind: OF_2 ist daher das Sauerstoffdifluorid, HOF entsprechend das Hydroxylfluorid.

Die Sauerstofffluoride OF_2 und O_2F_2 sind starke Oxidations- und Fluorierungsmittel, die in ihren Struktur- und Bindungsverhältnissen den H_2O- bzw. H_2O_2-Molekülen entsprechen, von denen sie formal durch Ersatz der H-Atome durch F-Atome abgeleitet werden können.

Pseudohalogene Einige anorganische Atomgruppen weisen Ähnlichkeiten zu den Halogenen auf und werden daher als Pseudohalogene bezeichnet. Die wichtigsten Vertreter sind:

Atomgruppe	CN	SCN	OCN	N_3
Anionen	CN^-	SCN^-	OCN^-	N_3^-
Name	Cyanid	Thiocyanat	Cyanat	Azid

Die wichtigsten Analogien zu den Halogenen sind:

- Die Pseudohalogene Dicyan $(CN)_2$ und Dithiocyan $(SCN)_2$ sind flüchtig.
- Die Pseudohalogene bilden Wasserstoffverbindungen, die jedoch schwächer sauer sind als die Halogenwasserstoffe.
- Sie bilden mit den Halogenen und auch untereinander Verbindungen: BrCN und CNN_3.
- In alkalischer Lösung erfolgt Disproportionierung:

$$(CN)_2 + 2\,OH^- \rightarrow CN^- + OCN^-$$

- Die Pseudohalogenidanionen bilden schwerlösliche Ag^+-, Hg_2^{2+}- und Pb^{2+}-Salze.
- Pseudohalogenidanionen sind gute Komplexbildner (Liganden).

8.6 Die Elemente der VIII. Hauptgruppe (Gruppe 18) – He, Ne, Ar, Kr, Xe, Rn

8.6.1 Gruppeneigenschaften

Die Edelgase besitzen die *Valenzelektronenkonfigurationen* $1s^2$ (He) bzw. ns^2np^6 mit $n = 2, 3, 4, 5, 6$ (Ne bis Rn). Diese Elektronenkonfigurationen sind abgeschlossen, enthalten also keine ungepaarten Elektronen und keine unbesetzten Valenzorbitale. Die Edelgase sind daher chemisch sehr inaktiv.

Die hohen *Ionisierungsenergien* zeigen, dass die Edelgaskonfigurationen außerordentlich stabile Elektronenkonfigurationen sind. Viele Elemente bilden daher Ionen mit Edelgaskonfigurationen; entsprechend finden wir in zahlreichen kovalenten Molekülen ebenfalls jeweils acht Elektronen in den Valenzschalen der beteiligten Atome, wenn diese der Oktettregel genügen. Da die Edelgasatome nicht über ungepaarte Elektronen verfügen, können sie untereinander auch keine Bindungen eingehen: Sie sind daher auch die einzigen chemischen Elemente, die unter Normalbedingungen atomar vorliegen.

Tabelle 8.8 Ausgewählte Eigenschaften der Edelgase

	Helium He	Neon Ne	Argon Ar	Krypton Kr	Xenon Xe	Radon Rn
Elektronenkonfiguration	$1s^2$	[He] $2s^22p^6$	[Ne] $3s^23p^6$	[Ar]$3d^{10}$ $4s^24p^6$	[Kr]$4d^{10}$ $5s^25p^6$	[Xe]$4f^{14}$ $5d^{10}$ $6s^26p^6$
Ionisierungsenergie [kJ/mol]	2373	2084	1524	1351	1167	1032
Promotionsenergie $np \rightarrow (n+1)s$ [kJ/mol]	–	1601	1109	955	801	656
Farbe des Lichts in Gasentladungsröhren	gelb	rot	rot	gelbgrün	violett	weiß

Zwischen den Edelgasatomen existieren nur schwache VAN DER WAALS-Anziehungskräfte, sodass ihre Schmelz- und Siedepunkte sehr niedrig sind; sie steigen mit zunehmender Ordnungszahl innerhalb der Gruppe systematisch an, da die VAN DER WAALS-Kräfte mit den größer werdenden Elektronenhüllen und der damit verbundenen größeren Polarisierbarkeit stärker werden. Helium hat den niedrigsten Siedepunkt aller bekannten Stoffe.

Edelgasatome sind in der Lage, kovalente Bindungen auszubilden, wenn in ihren Elektronenhüllen zuvor durch eine energetische Anregung ungepaarte Valenzelektronen entstanden sind. Die entsprechende *Promotionsenergie* $n\mathrm{p} \rightarrow (n+1)\mathrm{s}$ ist für die Edelgase zwar sehr hoch, sie nimmt jedoch vom Neon zum Xenon hin um die Hälfte ab. Die Bildung chemischer Verbindungen ist daher am ehesten bei den schweren Edelgasen zu erwarten. Und in der Tat gibt es bisher nur Verbindungen von Kr, Xe und Rn, und dies auch nur mit den elektronegativsten Elementen F, O und Cl. Thermodynamisch stabil sind dabei lediglich die Fluoride von Xe und Rn; die Chemie der Edelgase ist daher weitgehend eine Chemie des Xenons. Die Synthese der ersten Edelgasverbindungen durch den amerikanischen Chemiker N. BARTLETT gelang erst im Jahre 1962.

8.6.2 Vorkommen, Gewinnung, Verwendung

Edelgase sind Bestandteile der Luft; ihr Volumenanteil darin beträgt zusammengenommen 0,935 %. Die Anteile der einzelnen Edelgase betragen:

Ar	0,93 %	Kr	$1 \cdot 10^{-4}$ %
Ne	$1{,}6 \cdot 10^{-3}$ %	Xe	$9 \cdot 10^{-6}$ %.
He	$5 \cdot 10^{-4}$ %		

Helium ist auch Bestandteil von Erdgasen und kann darin bis zu 8 % ausmachen. Die technische Gewinnung der Edelgase aus der Luft erfolgt durch fraktionierte Destillation verflüssigter Luft. Das in Erdgasen enthaltene Helium gewinnt man durch Abkühlung des Gasgemisches auf –205 °C, wobei nur das Helium im Gaszustand verbleibt. Argon kann auch aus Industrieabgasen gewonnen werden (so enthält z.B. das im Kreislauf geführte Gasgemisch bei der Ammoniak-Synthese bis zu zehn Volumenprozent Argon).

Die wichtigsten Anwendungsgebiete der Edelgase sind die Lichttechnik und die Schweißtechnik. So dient Ar vornehmlich als Schutzgas beim Lichtbogenschweißen sowie beim Umschmelzen von Metallen.

He wird als Füllgas für Ballons und in der Tieftemperaturtechnik verwendet. Im Gemisch mit Sauerstoff ergibt He ein für Taucher besser geeignetes Atemgas, da sich He unter Druck im Blut weniger löst als Stickstoff.

8.6.3 Edelgas-Clathrate

Clathrate sind Käfig- oder Einschlussverbindungen, bei denen Atome oder Moleküle in die definierten Hohlräume („Käfige“) der Kristallstruktur einer Wirtsverbindung eingelagert werden.

Beim Gefrieren von Wasser in Gegenwart von Edelgasen entsteht eine besondere Struktur des Eises, in der 46 H_2O-Moleküle acht Hohlräume bilden, in die die Edelgasatome eingeschlossen und festgehalten werden können; wenn alle diese Hohlräume von einem Edelgasatom (E) besetzt sind, dann resultiert die ideale Zusammensetzung 8 E · 46 H_2O. In Abbildung 8.33a ist ein solcher nahezu kugelförmiger Hohlraum gezeigt, der aus zwanzig H_2O-Molekülen gebildet wird, die untereinander und zu benachbarten Polyedern durch Wasserstoffbrücken-Bindungen verknüpft sind. Abbildung 8.33b zeigt die in diesen Hohlräumen eingeschlossenen Edelgasatome.

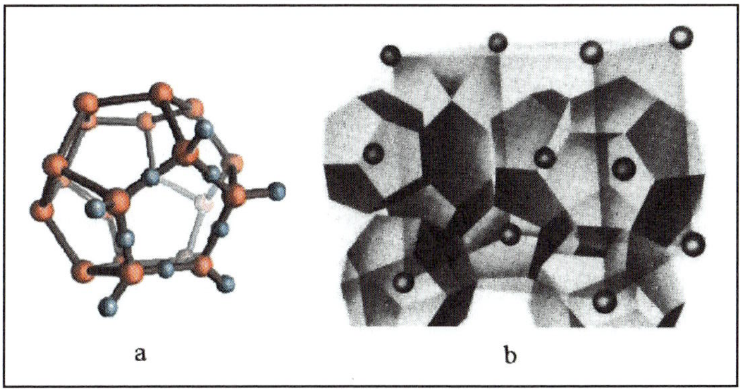

8.33 Edelgas-Clathrate: **a** Käfig aus 12 Fünfecken, gebildet von zwanzig H_2O-Molekülen (pentagonales Dodekaeder); **b** Struktur des Xe-Hydrat-Clathrats.

Die Edelgasatome werden in den Hohlräumen nicht durch chemische Bindungen festgehalten; die Edelgas-Clathrate sind daher eher als „physikalische Verbindungen“ zu bezeichnen, die durch die Gitterkräfte des Wirtsgitters zusammengehalten werden. Auch andere Stoffe als Wasser können mit den Edelgasen Clathrate bilden; gut untersucht sind z.B. auch die bei der Kristallisation von Hydrochinon in Gegenwart von Edelgasen erhaltenen Clathrate.

8.6.4 Chemische Verbindungen der Edelgase

Fluoride der Edelgase Die in reiner Form darstellbaren Edelgasfluoride sind KrF_2, XeF_2, XeF_4, XeF_6 und RnF_2; sie werden bei der direkten Reaktion der Edelgase mit Fluor gebildet. Das Fluor muss jedoch entsprechend aktiviert werden, z.B. durch Erhitzen, durch Bestrahlen oder durch elektrische Entladungen.

Die Umsetzung von Xenon mit Fluor erfolgt schrittweise in folgenden Gleichgewichtsreaktionen:

$$Xe + F_2 \rightleftharpoons XeF_2$$
$$XeF_2 + F_2 \rightleftharpoons XeF_4$$
$$XeF_4 + F_2 \rightleftharpoons XeF_6$$

Die **Xenonfluoride** bilden farblose Kristalle; sie sind bei Raumtemperatur stabil, zersetzen sich jedoch beim Erwärmen in die Elemente. Sie sind flüchtig und sublimieren bereits bei Raumtemperatur.

XeF_2 und XeF_4 sind in allen Phasen monomer; XeF_6 ist nur im Gaszustand monomer, im festen Zustand liegen quadratisch-pyramidale XeF_5^+-Kationen vor, die durch F^--Anionen zu tetrameren oder hexameren Ringen verbunden werden.

Die Xenonfluoride sind starke Oxidations- und Fluorierungsmittel. Bei Redoxreaktionen bildet sich stets Xe. Sie fungieren sowohl als F^--Donatoren als auch als F^--Akzeptoren:

$$XeF_6 + PtF_5 \longrightarrow [XeF_5^+][PtF_6^-]$$
$$XeF_6 + CsF \longrightarrow CsXeF_7 \longrightarrow {}^1/_2\, Cs_2XeF_8 + {}^1/_2\, XeF_6$$

Die Octafluoroxenate(VI) sind die stabilsten bekannten Xenonverbindungen; sie zersetzen sich erst oberhalb 400 °C.

Alle Xenonfluoride reagieren mit Wasser; bei der Umsetzung von XeF_2 mit Wasser erfolgt Zersetzung nach

$$XeF_2 + H_2O \longrightarrow Xe + 2\,HF + {}^1/_2\, O_2$$

Das XeF_4 und das XeF_6 unterliegen einer Hydrolyse unter Bildung von XeO_3.

KrF_2 ist thermisch sehr instabil und kann nur bei –78 °C längere Zeit unzersetzt aufbewahrt werden. Bei Raumtemperatur erfolgt spontaner Zerfall in die Elemente.

Bei der Umsetzung von Rn mit Fluor bei 400 °C entsteht ein Festkörper, der vermutlich **RnF_2** ist. Eine Charakterisierung der Verbindung ist schwierig, weil das stabilste Rn-Isotop nur eine Halbwertszeit von 3,8 Tagen besitzt und die beim radioaktiven Zerfall des Rn freiwerdende Strahlungsenergie die Verbindung zersetzt.

Oxide, Oxidfluoride und Oxo-Salze des Xenons **Xenon(VI)-oxid, XeO_3,** wird bei der Hydrolyse von XeF_4 und XeF_6 gebildet:

$$3\,XeF_4 + 6\,H_2O \longrightarrow Xe + 2\,XeO_3 + 12\,HF$$
$$XeF_6 + 3\,H_2O \longrightarrow XeO_3 + 6\,HF$$

XeO_3 bildet farblose Kristalle, die hochexplosiv sind und in die Elemente zerfallen. Im Kristallgitter liegen isolierte XeO_3-Baugruppen vor (Molekülgitter).

Die wässrigen Lösungen von XeO_3 sind beständiger als die reine Verbindung; das XeO_3 ist darin überwiegend molekular gelöst und nur ein geringer Anteil reagiert mit Wasser unter Bildung von **Xenonsäure, H_2XeO_4**, die ihrerseits in geringem Umfang protolysiert:

$$XeO_3 + H_2O \rightleftharpoons H_2XeO_4$$
$$H_2XeO_4 + H_2O \rightleftharpoons HXeO_4^- + H_3O^+$$

Die Lösungen sind daher schwach sauer und bilden bei Basenzusatz die **Xenate(VI),** die bislang jedoch noch nicht eindeutig charakterisiert werden konnten. In stark alkalischer Lösung disproportioniert Xe(VI) unter Bildung von Xe(0) und Xe(VIII):

$$2\,H\overset{+6}{Xe}O_4^- + 4\,Na^+ + 2\,OH^- \longrightarrow Na_4\overset{+8}{Xe}O_6 + \overset{\pm 0}{Xe} + O_2 + 2\,H_2O$$

Die erhaltenen **Perxenate(VIII),** wie z.B. $Na_4XeO_6 \cdot n\ H_2O$ oder $Ba_2XeO_6 \cdot 1{,}5\ H_2O$, sind thermisch recht stabil. Sie sind aber erwartungsgemäß starke Oxidationsmittel.

Xenon(VIII)-oxid, **XeO_4,** entsteht als explosives Gas bei der Umsetzung von Perxenaten(VIII) mit H_2SO_4:

$$Ba_2XeO_4 + 2\,H_2SO_4 \xrightarrow{-5\,°C\,/\,-2\,H_2O} XeO_4 + 2\,BaSO_4$$

Bei einer partiellen Hydrolyse von XeF_4 bzw. XeF_6 werden die Xenonoxidfluoride $XeOF_2$ und $XeOF_4$ gebildet.

Struktur- und Bindungsverhältnisse Die Verbindungen der Edelgase bestehen aus Molekülen mit polaren kovalenten Bindungen. Im Rahmen einer VB-theoretischen Betrachtung wird angenommen, dass Elektronen der p-Unterschale in unbesetzte d-Orbitale angeregt werden, sodass diese an der Ausbildung der Bindungen beteiligt sind. Beim XeF_2 wird ein p-Elektron in ein d-Orbital angeregt, beim XeF_4 entsprechend zwei p-Elektronen usw. Die entsprechenden Valenzstrichformeln unter Berücksichtigung auch der Bindungsgrade sind in Abbildung 8.34 dargestellt. Mit zunehmender Ordnungszahl nimmt die Promotionsenergie ab und die Verbindungen werden stabiler: He, Ne und Ar bilden auch mit Fluor keine Verbindungen, Kr bildet das nur metastabile KrF_2. Erst Xe bildet die exothermen Fluoride XeF_2, XeF_4 und XeF_6. Die Molekülgeometrien der Edelgasverbindungen lassen sich im Rahmen einer VSEPR-Betrachtung verstehen.

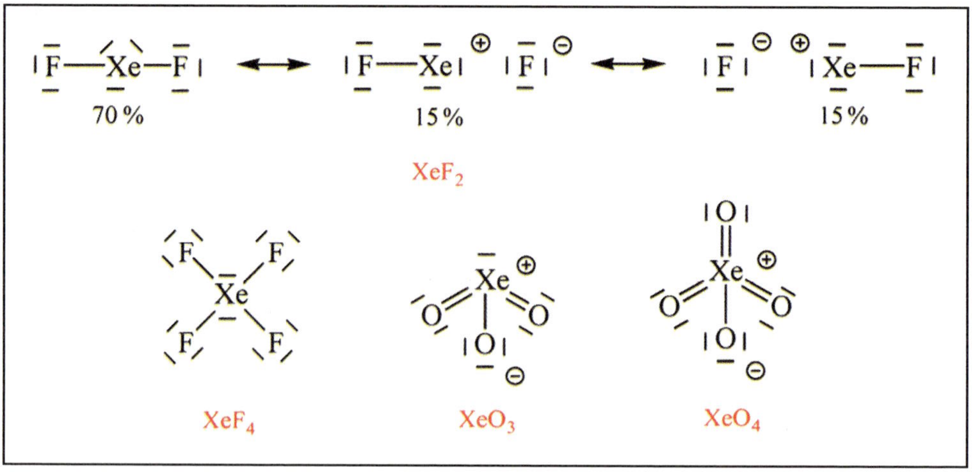

8.34 Valenzstrichformeln von Edelgasverbindungen.

8.7 Bioanorganische Aspekte der Elemente des p-Blocks

Unter den p-Blockelementen finden wir die „Lebenselemente" C, O, N, P und S; nehmen wir noch den Wasserstoff aus dem s-Block hinzu, so sind dies die Elemente, aus denen die Moleküle der grundlegenden biochemischen Stoffgruppen wie der Proteine, Nukleinsäuren, Kohlenhydrate, Lipide etc. aufgebaut sind. Weitere Elemente des p-Blocks mit wichtigen biochemischen Funktionen sind Se sowie die Halogene F, Cl und I.

Die Bioanorganische Chemie untersucht nun vornehmlich die koordinativen Wechselwirkungen von Proteinen und Nukleinsäuren mit den verschiedenen Metallionen. Bei den **Proteinen** sind die Liganden für die Metallionen zumeist die Seitenketten der Aminosäuren, bei den **Nukleinsäuren** die anionischen O-Atome der Phosphatreste und/oder die Heteroatome der Nukleinbasen. In beiden Fällen hängen die Art der Donoratome, ihre Anzahl und die Koordinationsgeometrie von der dreidimensionalen Faltung der Proteinmoleküle bzw. der Tertiärstruktur der Nukleinsäuren ab.

Als **Primärstruktur** der Proteine bezeichnet man die lineare (unverzweigte) Reihenfolge der durch *Peptidbindungen* (Abbildung 8.35) verknüpften einzelnen α- Aminosäuren (Aminosäuresequenz); sie ist durch die Basensequenz der jeweiligen Gene genetisch festgelegt. Die enorme Vielfalt der natürlich vorkommenden Proteinmoleküle ergibt sich dabei zum einen aus der Anzahl der Aminosäuren pro Proteinmolekül sowie zum anderen aus der unterschiedlichen Reihenfolge der nur zwanzig nativen Aminosäuren, wobei deren Kombinationsmöglichkeiten bei weitem noch nicht ausgeschöpft sind. Nach den Gesetzen der Kombinatorik ergeben sich für die zwanzig Aminosäuren 20^n Kombinationsmöglichkeiten. Allein für eine

Kettenlänge von n = 100 Aminosäuren existieren damit $20^{100} \approx 10^{130}$ theoretische Möglichkeiten.

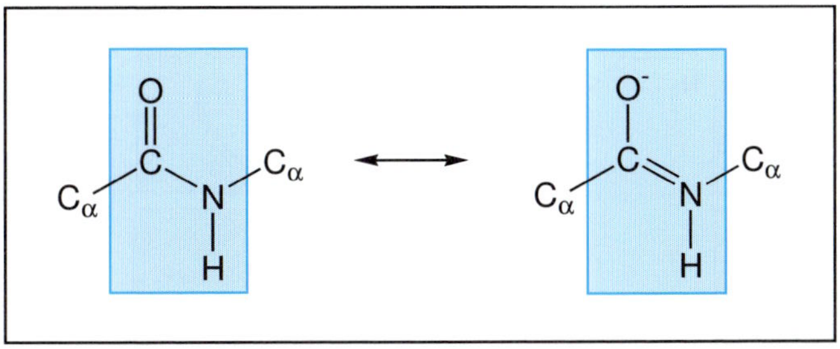

8.35 Verknüpfung von α-Aminosäuren durch die Peptidbindung.

Die Peptidbindungen, durch die die Aminosäuren verknüpft werden, sind planar und liegen gewöhnlich in der *trans*-Konfiguration vor (Abbildung 8.35). In der Struktur der α-Aminosäuren ragen die Seitenketten von den chiralen α-C-Atomen weg, die fast immer L-Konfiguration besitzen. Für koordinative Wechselwirkungen mit Metallionen stehen insbesondere die Thiolatgruppe von Cystein, der Imidazolring von Histidin, die Carboxylatgruppen von Glutamin- und Asparaginsäure sowie die Phenolatgruppe von Tyrosin zur Verfügung. Weniger häufig wird eine Metallkoordination an die Hydroxogruppen von Serin und Threonin, an die Thioethergruppe von Methionin, an die Carboxamidgruppen von Glutamin und Asparagin und an die Aminogruppe von Lysin beobachtet. Zusätzlich können Metallionen aber auch an die CO-Gruppe der Peptidbindungen, an deren deprotoniertes N-Atom sowie an die N-terminale Aminogruppe bzw. die C-terminale Carboxylatgruppe koordinieren. Abbildung 8.36 zeigt, dass in einer Reihe von Fällen die Seitenketten nicht nur als einzähnige, sondern auch als zweizähnige bzw. als Brückenliganden fungieren können.

Die Orientierung einer Gruppe von Donoratomen und damit ihre Verfügbarkeit zur Bindung von Metallionen hängen ganz entscheidend von der Struktur des Proteinmoleküls ab, die sich auf vier Ebenen beschreiben lässt. Die Primärstruktur ist mit der durch kovalente Bindungen bestimmten Aminosäuresequenz festgelegt.

Durch die Ausbildung spezifischer Muster von Wasserstoffbrücken-Bindungen wird die **Sekundärstruktur** ausgebildet. Sie bezieht sich auf die jeweilige lokale Konformation, die sich über Gruppen von nur wenigen benachbarten Aminosäuren erstreckt. Intramolekulare Wasserstoffbrücken-Bindungen führen dabei zu *α–Helixstrukturen*, intermolekulare Wasserstoffbrücken-Bindungen zwischen parallel oder antiparallel liegenden Peptidketten zu *β–Faltblattstrukturen* (Abbildung 8.37).

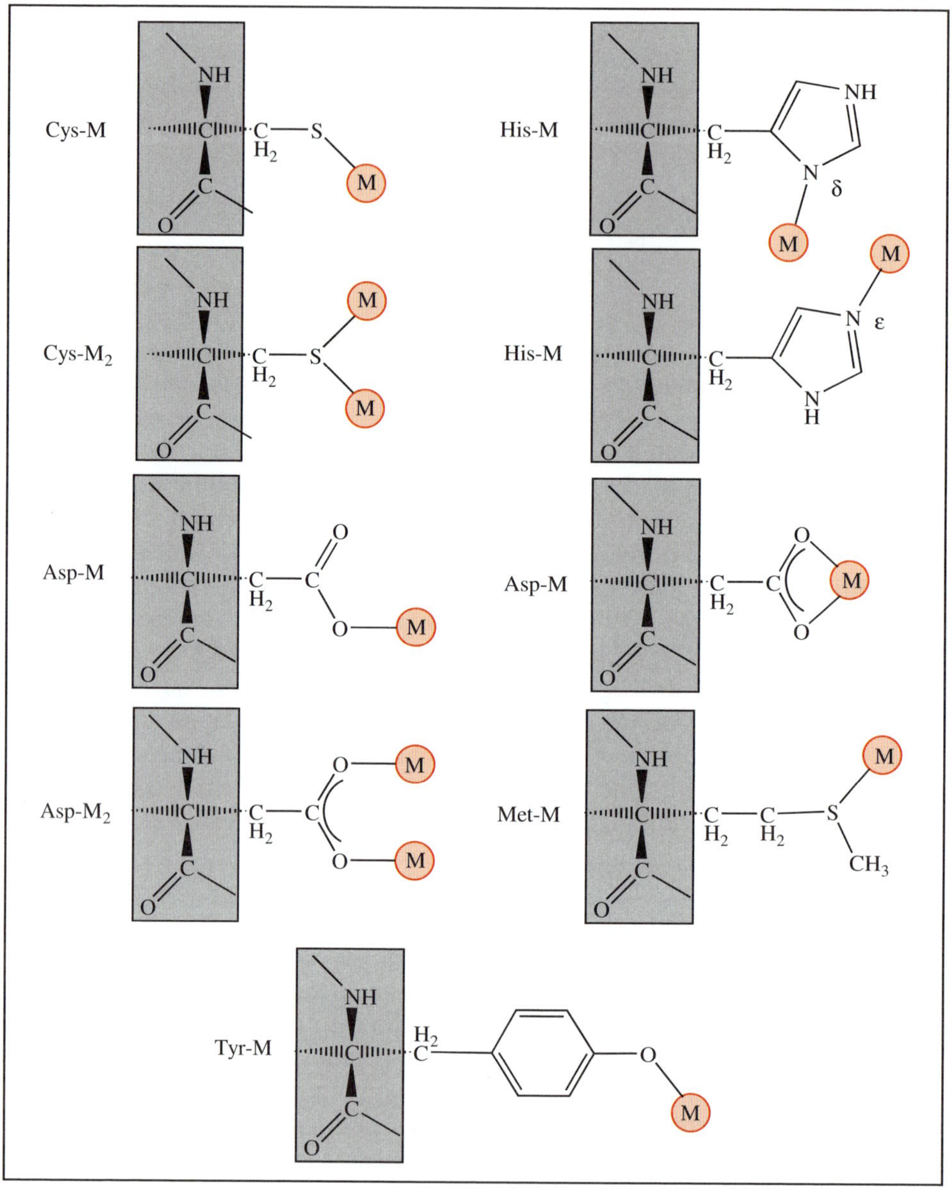

8.36 Koordination von Metallionen an Aminosäure-Seitenketten.

Antiparallele Faltblattstrukturen können aber auch durch eine antiparallele Zurückfaltung innerhalb derselben Proteinkette gebildet werden. Sekundärstrukturen bilden sich in der Regel nicht über die gesamte Länge einer Proteinkette aus, sodass die *α-Helix-* und *β-Faltblatt*-Anteile durchaus sehr unterschiedlich sein können.

Zwischen den Bereichen mit definierten Sekundärstrukturen treten in der Regel einfache Schleifen auf, die streng genommen nicht zur Sekundärstruktur zu zählen sind.

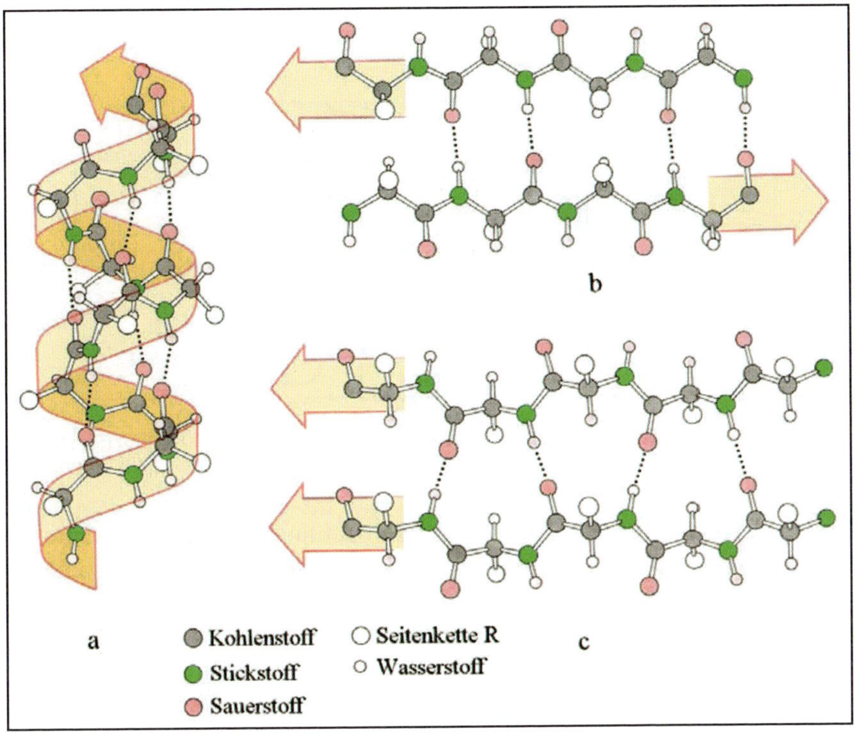

8.37 Elemente der Sekundärstruktur von Proteinen: **a** α-Helix; **b** antiparalleles β-Faltblatt; **c** paralleles β-Faltblatt.

Die **Tertiärstruktur** eines Proteins ist das Ergebnis einer sehr komplizierten Faltung der einzelnen Peptidkette unter Beibehaltung ihrer Sekundärstrukturen. Erst dadurch erhält ein Protein die für seine jeweilige Funktion erforderliche dreidimensionale Struktur. Auf diese Weise gelangen aber häufig auch Aminosäurereste, die in der Primär- und in der Sekundärstruktur weit voneinander entfernt sind, in unmittelbare räumliche Nachbarschaft zueinander und können in Metalloproteinen die Koordinationsumgebung für das entsprechende Metallion bilden (Abbildung 8.38).

Die Stabilisierung von Tertiärstrukturen erfolgt durch die Ausbildung von intramolekularen Disulfidbrücken, von hydrophoben Oberflächen, von spezifischen Wasserstoffbrücken-Bindungen sowie von elektrostatischen Wechselwirkungen zwischen anionischen Carboxylat- und kationischen Ammoniumgruppen. Während bei einigen Metalloproteinen die Faltung der Proteinkette auch bei Abwesenheit des Metalls zu einer stabilen Tertiärstruktur führt, in der der Metallbindungsbereich prästrukturiert ist, beobachtet man in anderen Fällen die Ausbildung der korrekten Tertiärstruktur erst in Gegenwart des betreffenden Metallions.

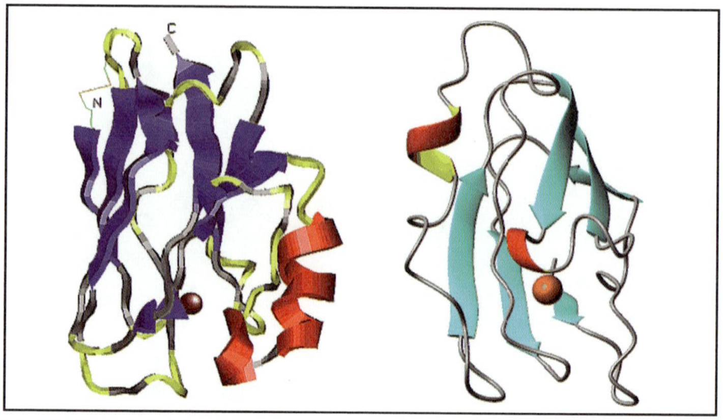

8.38 Tertiärstruktur von zwei einfachen Cu-Proteinen: Azurin (links) und Plastocyanin (rechts).

Die **Quartärstruktur** der Proteine ergibt sich schließlich aus der Zusammenlagerung verschiedener Proteinketten unter Bildung größerer Einheiten. Die Proteine bestehen dann aus mehreren getrennt gefalteten Polypeptidketten, die als **Untereinheiten** bezeichnet werden. Die Quartärstruktur eines Proteins kann für seine Funktion wesentlich sein. Viele Metalloproteine und Metalloenzyme bestehen aus mehreren Untereinheiten, die sowohl identisch als auch verschieden sein können. So ist z.B. die Cu,Zn-Superoxid-Dismutase ein Dimer aus zwei identischen Untereinheiten; das Fe-Mo-Protein der Nitrogenase ist dagegen ein Tetramer aus zwei α- und zwei β-Untereinheiten. Abbildung 8.39 zeigt die Quartärstruktur von Hämoglobin (von *Pagothenia Bernacchii*).

Die **Nukleinsäuren** sind Polymere aus Desoxyribonukleotiden (DNA) bzw. Ribonukleotiden (RNA). Die Nukleotid-Bausteine sind unter Bildung eines polymeren Rückgrates aus Zucker und Phosphat durch *Phosphodiesterbindungen* miteinander verbunden. Jeder Zuckerrest ist über eine glycosidische Bindung mit einer N-Base verknüpft: Bei DNA sind dies Adenin, Cytosin, Guanin und Thymin, bei RNA Adenin, Cytosin, Guanin und Uracil.

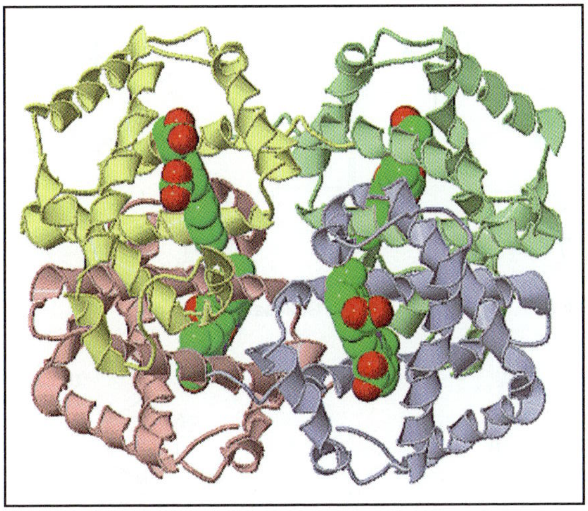

8.39 Quartärstruktur von Proteinen (Hämoglobin von *Pagothenia Bernacchii*).

Die fünf Nukleosidbasen leiten sich von Pyrimidin oder Purin ab (Abbildung 8.40). Die Einheit, die den Zucker und die N-Base umfasst, wird als **Nukleosid** bezeichnet, während die **Nukleotide** zusätzlich eine Phosphatgruppe in 3'- oder 5'-Stellung des Zuckers enthalten (Abbildung 8.41).

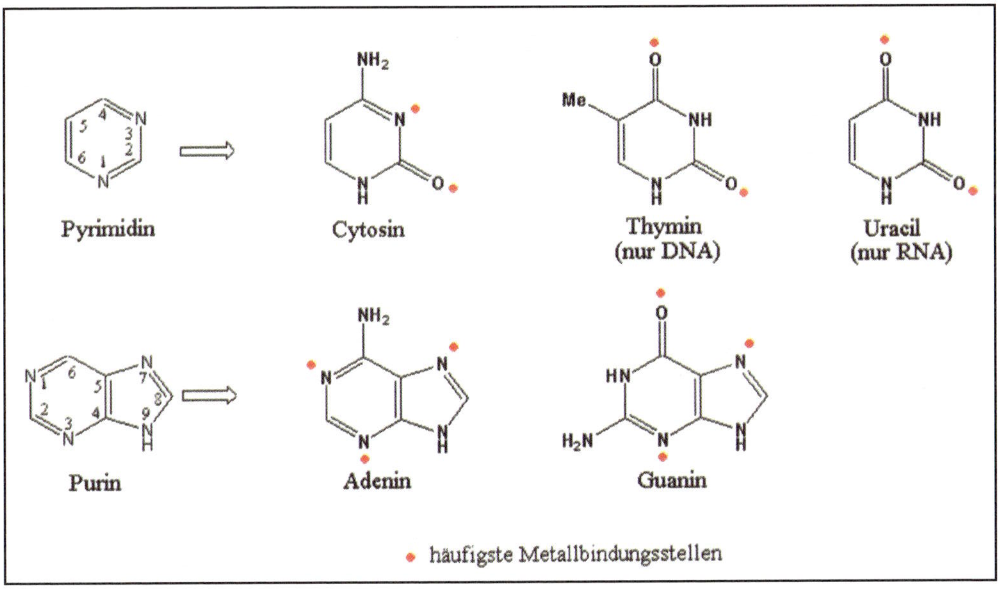

8.40 Die fünf Nukleosidbasen mit ihren häufigsten Metallbindungsstellen.

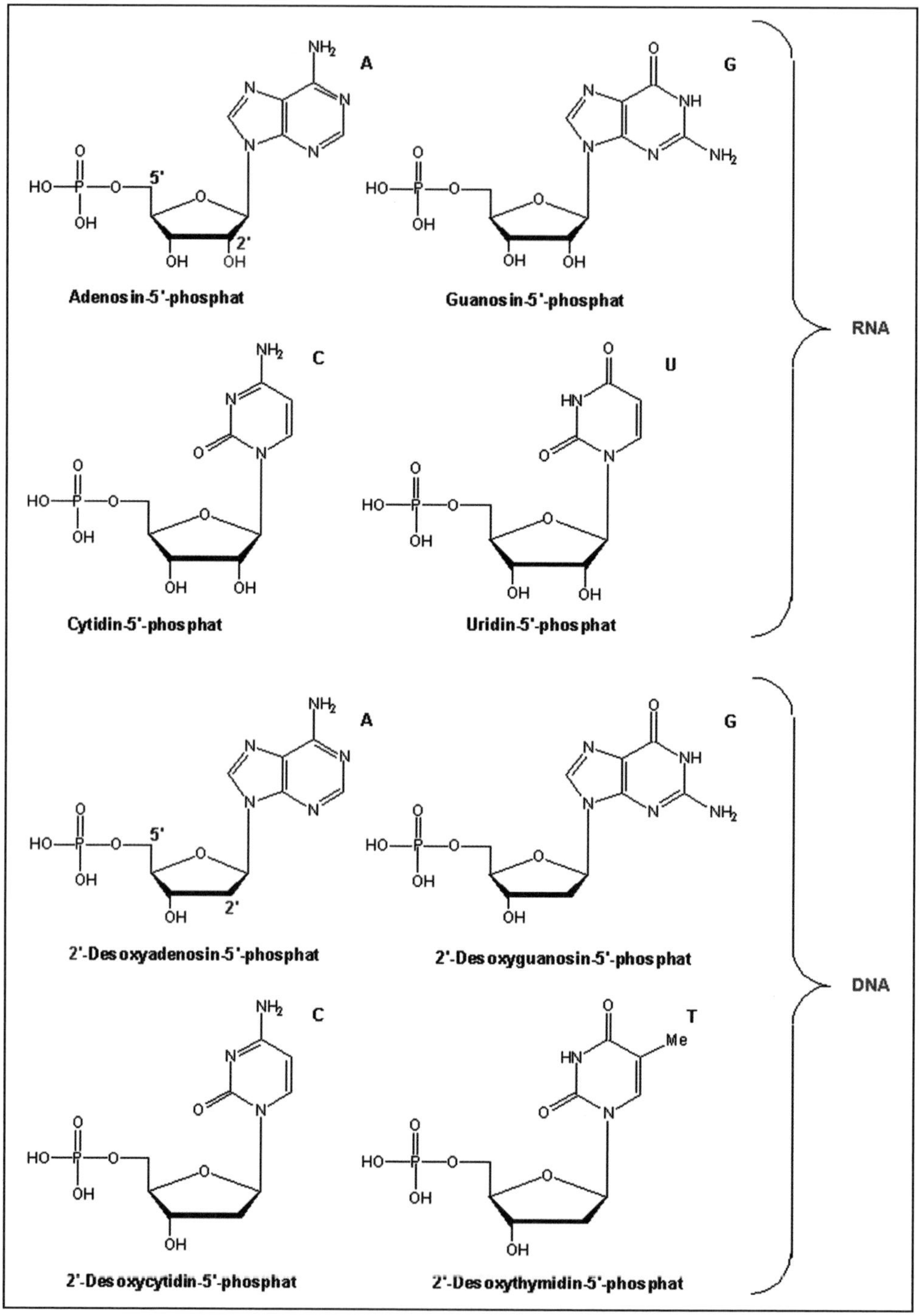

8.41 Nukleotide der RNA und DNA.

Die Verknüpfung der Nukleotide erfolgt unter Ausbildung des Phosphodiesterrückgrats. Anders als die planaren Peptidbindungen der Proteine können die Phosphodiesterbindungen der Nukleinsäuren eine Vielzahl von Konformationen einnehmen, die sich auf die Ausbildung der Tertiärstrukturen und damit auch auf die metallbindenden Eigenschaften auswirken.

Die Verknüpfung zweier Stränge der DNA zu der charakteristischen Doppelhelix erfolgt über die Ausbildung von Wasserstoffbrücken-Bindungen zwischen den Nukleosidbasen; diese Basenpaarung ist auch für einen großen Teil der Sekundärstruktur der RNA verantwortlich.

Die **Ribonukleinsäuren** werden nach ihrer jeweiligen Funktion in der Zelle bezeichnet: Die Messenger- oder Boten-RNA (mRNA) transportiert die genetische Information von der DNA des Zellkerns zu den im Cytoplasma befindlichen Ribosomen, wo die Synthese der Proteine stattfindet; die ribosomale RNA (rRNA) ist Bestandteil der Ribosomen; die Transfer-RNA (tRNA) binden an ihrem Akzeptor-Arm (3'-Terminus) Aminosäuren und befördern sie zum Ribosom, wo sie auf die wachsende Proteinkette übertragen werden. Strukturell am besten charakterisiert

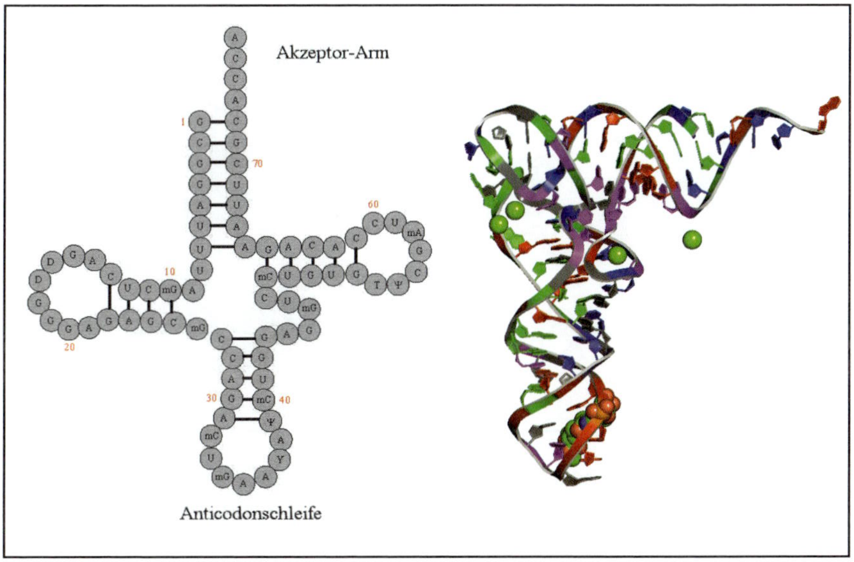

8.42 Struktur der Phenylalanin-tRNA ($tRNA^{Phe}$) der Hefe: Primär- und Sekundärstruktur (links); Tertiärstruktur (rechts).

sind bisher tRNAs, von denen in einigen Fällen Röntgenkristallstruktur-(RKS-)Analysen vorliegen. Abbildung 8.42 zeigt die Primär-, die Sekundär- und die Tertiärstruktur der Phenylalanin-tRNA der Hefe. Das Molekül ist in der so genannten Kleeblattform gezeichnet, in der die WATSON-CRICK-Basenpaarungen (A – U und G – C) gut zu erkennen sind, die auch die Sekundärstruktur bestimmen. Es ist anzunehmen, dass die RNA-Moleküle, genau wie die Proteine, über wohl definierte Tertiärstrukturen verfügen, die für ihre jeweiligen Funktionen von grundlegender Bedeutung sind.

Im Vergleich zu den RNA sind die Strukturen der DNA deutlich weniger komplex. Neben einsträngigen Formen treten vor allem doppelsträngige Formen auf, die die charakteristische Struktur von Doppelhelices besitzen; die häufigste Form ist die B-DNA, die in Abbildung 8.43 (links) dargestellt ist. Dabei handelt es sich um eine rechtsgängige Doppelhelix, die eine große und eine kleine Furche besitzt. Es ist anzunehmen, dass bei allen natürlich vorkommenden DNA-Molekülen in Abhängigkeit von der jeweiligen Sequenz ihrer Nukleotid-Bausteine lokale Variationen der Struktur auftreten, die sich u. a. auch auf die Wechselwirkungen mit Metallionen auswirken können.

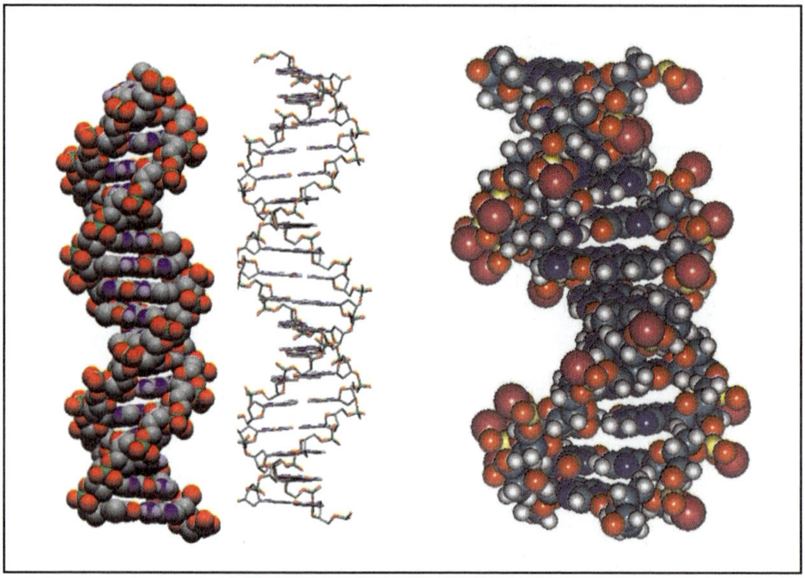

8.43 B-DNA in zwei üblichen Darstellungen (links); B-DNA mit Gegenkationen an den anionischen Phosphatresten des Zucker-Phosphat-Rückgrats (rechts).

Die RNA- und die DNA-Moleküle bieten nun verschiedene Metallbindungsstellen an. Für die Nukleosidbasen sind dies in erster Linie die endocyclischen N- Atome (Abbildung 8.40). Das einsame Elektronenpaar der exocyclischen Aminogruppen von Guanosin, Adenosin und Cytidin ist infolge Resonanz in erheblichem Ausmaß über den Ring delokalisiert, sodass diese Positionen eine nur geringe Koordinationstendenz besitzen. Anders die N_7-Atome der Purine, die nach experimentellen und theoretischen Studien die wahrscheinlichsten Bindungsstellen für Metallionen sind. Da die RNA und die DNA durch den negativen Phosphatrest in den Phosphodiestergruppen Polyanionen sind, bedürfen sie zur Kompensation der negativen

Ladungen entsprechender Gegenkationen; diese Rolle übernehmen insbesondere Na^+- und Mg^{2+}-Ionen (Abbildung 8.43, rechts). So sind Mg^{2+}-Kationen z.B. fest an das Zucker-Phosphat-Rückgrat von tRNA gebunden. Diese vorwiegend elektrostatischen und damit recht unspezifischen Wechselwirkungen sind jedoch für die Stabilisierung der Nukleinsäurestrukturen von grundlegender Bedeutung.

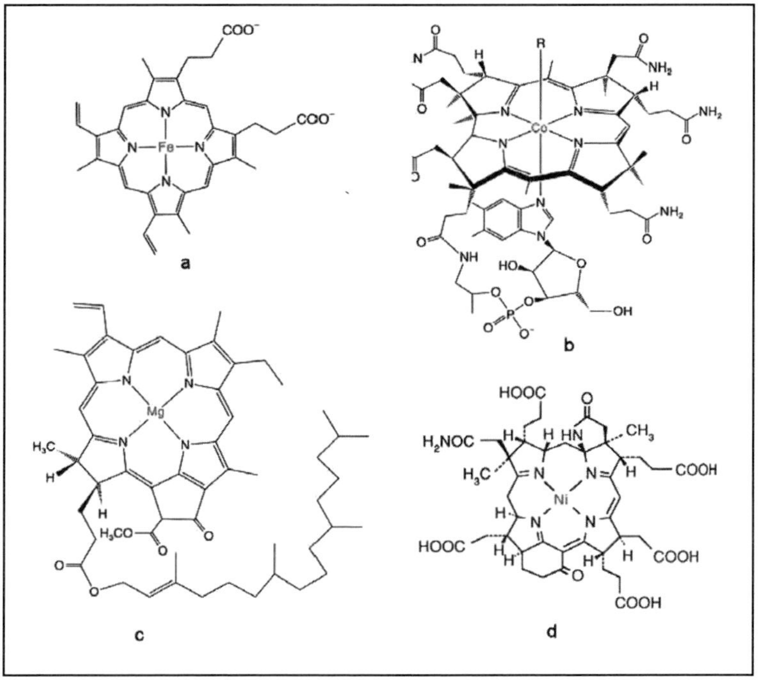

8.44 Prosthetische Gruppen: **a** Häm; **b** Coenzym B_{12}; **c** Chlorophyll; **d** Coenzym F_{430}.

Für die Realisierung bestimmter Aufgaben in biochemischen Reaktionsabläufen enthalten viele Proteine **prosthetische Gruppen**, die koordinierte Metallionen enthalten können. Zu diesen prosthetischen Gruppen gehören das Protoporphyrin IX, dessen Komplex mit Eisen als *Häm* bezeichnet wird, die Chlorophylle, deren Magnesium-Komplexe eine Schlüsselrolle in der Photosynthese spielen, das Corrin, das als Cobalt-Komplex zentraler Bestandteil des Vitamin B_{12} ist, das Coenzym F 430 und viele andere (Abbildung 8.44).

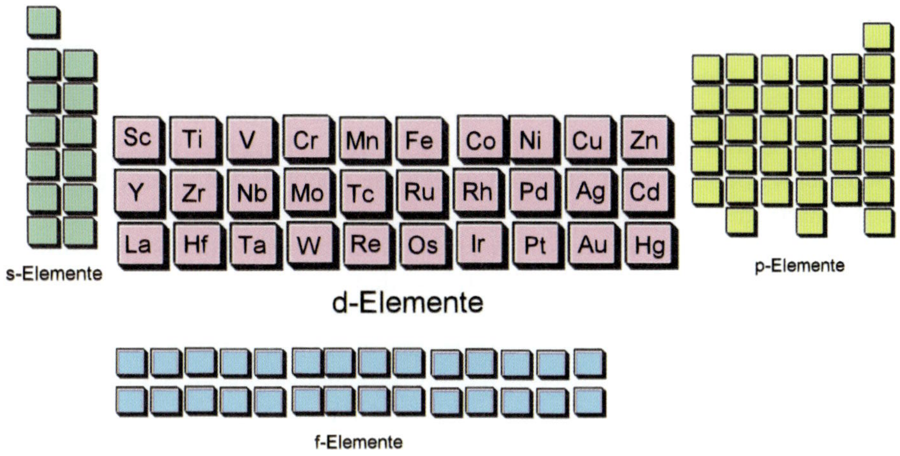

9. Die Elemente des d-Blocks (Übergangselemente)

In Abschnitt 3.4 hatten wir festgestellt, dass die **Nebengruppen des PSE** entsprechend dem Charakter des nach dem Aufbauprinzip jeweils zuletzt hinzugekommenen Elektrons von den d- und den f-Elementen gebildet werden (Abbildung 3.17). Soweit diese Elemente teilweise besetzte d- oder f-Unterschalen besitzen, werden sie auch als **Übergangselemente** bezeichnet. Im Folgenden wollen wir die Definition eines Übergangselementes allerdings etwas weiter fassen und darunter alle Elemente verstehen, die entweder als neutrales Atom oder in einer oder mehrerer ihrer gewöhnlichen Oxidationsstufen teilweise besetzte d- oder f-Unterschalen besitzen. Damit zählen auch die Elemente der I. Nebengruppe, nämlich Cu mit Cu^{2+} ($3d^9$), Ag mit Ag^{2+} ($4d^9$) und Au mit Au^{3+} ($5d^8$), zu den Übergangselementen. Dies ist insofern gerechtfertigt, als das chemische Verhalten dieser Elemente dem der anderen Übergangselemente sehr ähnlich ist. Die Elemente der II. Nebengruppe, also Zn, Cd und Hg, sind demnach zwar d-Blockelemente, jedoch keine Übergangselemente, da sie weder als neutrale Atome noch als Ionen eine teilweise besetzte d-Unterschale besitzen.

Die f-Elemente als *innere Übergangselemente* unterscheiden sich deutlich von den d-Elementen. Die Unterschiede sind in den Elektronenstrukturen begründet: Bei den d-Elementen reichen die d-Orbitale weit genug in die Peripherie der Atome und Ionen, sodass darin befindliche Elektronen in signifikanter Weise dem Einfluss der chemischen Umgebung ausgesetzt sind, umgekehrt aber die Umgebung auch selbst beeinflussen. Im Gegensatz dazu liegen die 4f-Orbitale genügend tief im Inneren der Atome und Ionen, sodass sie durch die darüber liegende 4d-Unterschale weitestgehend von der chemischen Umgebung abgeschirmt sind. Die Wechselwirkungen von 4f-Elektronen mit der chemischen Umgebung der Atome und Ionen sind daher nur von geringer chemischer Relevanz; ganz ähnlich sind die Verhältnisse bei den 5f-Elementen (auf eine ausführliche Betrachtung der Lanthanoide und Actinoide wird in diesem Buch jedoch verzichtet, da sie keine biologische Relevanz besitzen). Der Begriff „Übergangselement“ wird im Folgenden auf die d-Elemente beschränkt.

Bei den Elementen Cr und Cu in der 3d-Reihe (erste Übergangsreihe) weicht die Elektronenkonfiguration von der nach dem Aufbauprinzip erwarteten ab (Abschnitt 3.5). Als Ursache dafür hatten wir die quantenmechanische Austauschwechselwirkungsenergie genannt, die zu einer zusätzlichen Stabilisierung von halb- und vollbesetzten Schalen bzw. Unterschalen führt. Die in der 4d- und 5d-Reihe beobachteten vielfältigeren Unregelmäßigkeiten in den Elektronenkonfigurationen lassen sich jedoch nicht mehr allein durch die Austauschwechselwirkung erklären. Als weitere Faktoren, die die jeweilige Elektronenkonfiguration mitbestimmen, müssen hier auch die Kern-Elektron- sowie die Elektron-Elektron-Kräfte berücksichtigt werden.

Die Übergangselemente unterscheiden sich untereinander nur in der Anzahl der Elektronen in der zweitäußersten Schale (n-1)d. Diese Schale hat aber einen weit geringeren Einfluss auf die chemischen Eigenschaften eines Atoms als die äußerste Schale, sodass die chemischen Eigenschaften der Übergangselemente einer Periode erwartungsgemäß nicht so charakteristisch voneinander verschieden sind wie die der Hauptgruppenelemente in einer Periode. Während bei den Hauptgruppenelementen daher Nichtmetalle und Metalle auftreten, sind die Übergangselemente ausschließlich Metalle. Entsprechend der Anwesenheit von zwei Elektronen in der äußersten Schale können fast alle diese Elemente zweiwertig auftreten: Ti^{2+}, V^{2+}, Cr^{2+}, Mn^{2+}, Fe^{2+}, Co^{2+}, Ni^{2+}, Cu^{2+}, Zn^{2+}.

Eine gewisse Periodizität der Eigenschaften der Übergangselemente innerhalb einer Periode resultiert jedoch aus der Einbeziehung eben der Elektronen der zweitäußersten Schale in die Ausbildung chemischer Bindungen, die damit naturgemäß einen Einfluss auf die chemischen Eigenschaften der Elemente ausüben.

In Analogie zu den Hauptgruppenelementen entspricht auch bei den Nebengruppenelementen die *maximale Wertigkeit* häufig ihrer jeweiligen Gruppennummer:

Elemente der Nebengruppe:	III	IV	V	VI	VII	VIII	I	II
höchste Wertigkeit:	3	4	5	6	7	8	5	2
niedrigste Wertigkeit:	0	-1	-3	-2	-3	-2	0	0

Die erste Abweichung davon tritt in der VIII. Nebengruppe in der Fe-Triade (Fe, Ru, Os) auf: Ru und Os sind noch maximal achtwertig, Fe dagegen nur noch maximal sechswertig. Mit der Co-Triade (Co, Rh, Ir) und der Ni-Triade (Ni, Pd, Pt) vollzieht sich dann der Übergang zu den niedrigeren Wertigkeitsstufen der die jeweiligen Übergangsperioden abschließenden Elemente der I. und II. Nebengruppe, wobei Cu und Ag noch zwei- und dreiwertig auftreten können, Au sogar drei- und fünfwertig. Die Elemente der II. Nebengruppe sind dann nur noch maximal zweiwertig.

Zwischen der höchsten und der niedrigsten Wertigkeitsstufe eines Übergangselements sind die verschiedenen Zwischenstufen möglich. Unter Einbeziehung seiner fünf d-Elektronen kann folglich z. B. das Mangan auch drei-, vier-, fünf-, sechs- und siebenwertig sein. Ganz analog kann Chrom nicht nur zwei-, sondern auch drei-, vier-, fünf- und sechswertig sein, Vanadium entsprechend zwei-, drei-, vier- und fünfwertig usw. In dieser Hinsicht unterscheiden sich die Übergangselemente von den entsprechenden Hauptgruppenelementen wie Chlor (ein-, drei-, fünf-, siebenwertig), Schwefel (zwei-, vier-, sechswertig) oder Phosphor (drei-, fünfwertig), bei denen die äußeren Elektronen bevorzugt paarweise abgegeben werden, sodass sich ihre Oxidationsstufen dann um jeweils zwei Einheiten voneinander unterscheiden. Die Hauptgruppenelemente bilden daher bevorzugt farblose und diamagnetische Ionen, die Übergangselemente dagegen häufig farbige und paramagnetische Ionen.

Im Gegensatz zu den Hauptgruppen nimmt die Beständigkeit der höheren Oxidationsstufen innerhalb der entsprechenden Nebengruppen mit wachsender Ordnungszahl zu. So ist W(VI) stabiler als Cr(VI), Re(VII) stabiler als Mn(VII), umgekehrt ist folglich W(III) instabiler als Cr(III) und Re(II) instabiler als Mn(II).

Anders als die Hauptgruppenelemente sind die Übergangselemente durch eine ausgeprägte Neigung zur Bildung von Komplexverbindungen (Koordinationsverbindungen) charakterisiert. Es ist daher sinnvoll, vor einer Behandlung der Chemie dieser Elemente zunächst die Grundlagen der Koordinationschemie darzustellen.

9.1 Einführung in die Koordinationschemie

Koordinationsverbindungen (Komplexverbindungen, Komplexe) entstehen ganz allgemein durch die Vereinigung von mehreren einfachen, in aller Regel für sich selbst chemisch beständigen Komponenten. Jede Koordinationsverbindung hat ein *Koordinationszentrum*, das vornehmlich ein Metallatom oder Metallkation ist und als **Zentralatom** bzw. **Zentralion** bezeichnet wird; im Allgemeinen fungieren die Zentralatome (-ionen) mit ihren unbesetzten Atom- oder Hybridorbitalen als LEWIS-Säuren, also als Elektronenpaar-Akzeptoren. Umgeben ist das Zentralatom (-ion) von der **Ligandhülle**; die Liganden sind anorganische oder organische Ionen oder Moleküle, die als LEWIS-Basen fungieren und über ein einsames Elektronenpaar zum Zentralatom (-ion) eine *koordinative Bindung* ausbilden. Dasjenige Atom eines Ligandmoleküls oder -ions, über das die Bindung an das Zentralatom erfolgt, wird als das **Donoratom** bezeichnet.

In Lösung dissoziieren Koordinationsverbindungen oft nur in geringem Maße wieder in ihre Bestandteile und unterscheiden sich damit grundlegend von den Doppelsalzen. Koordinationsverbindungen sind also chemisch eigenständige Individuen mit ihren eigenen charakteristischen Eigenschaften und Reaktionen.

Die Bildung einer Koordinationsverbindung lässt sich an einer ganzen Reihe von Phänomenen erkennen, unter anderem daran,

- dass die *charakteristischen Reaktionen* der einzelnen Bestandteile eines Komplexes ganz oder zumindest teilweise ausbleiben: Ag^+-Ionen bilden mit Cl^--Ionen den schwerlöslichen AgCl-Niederschlag; $[Ag(NH_3)_2]^+$ bildet mit Cl^--Ionen keinen schwerlöslichen Niederschlag;
- dass charakteristische *Farbänderungen* auftreten: Die wässrige Lösung von Ni^{2+}-Salzen sieht grün aus; bei Zugabe von NH_3 und Bildung des Komplexes $[Ni(NH_3)_6]^{2+}$ färbt sich die Lösung blau;
- dass die Metallionen eine *Änderung ihres Wanderungssinnes im elektrischen Feld* erfahren: Hydratisierte Ag^+-Kationen wandern im elektrischen Feld zur Kathode; nach Zugabe von CN^--Anionen und Bildung des $[Ag(CN)_2]^-$-Komplexes wandert das Silber, nun Bestandteil eines anionischen Komplexes, zur Anode;

- dass sich die *kolligativen Eigenschaften* solcher Lösungen ändern, da die Komplexbildung stets mit einer Verringerung der Zahl der in Lösung befindlichen Teilchen verbunden ist.

Die Entwicklung der Koordinationschemie von der zweiten Hälfte des 19. Jahrhunderts bis heute lässt sich in zwei Linien nachzeichnen, nämlich zum einen als **klassische Koordinationschemie** und zum anderen als **Metallorganochemie**.

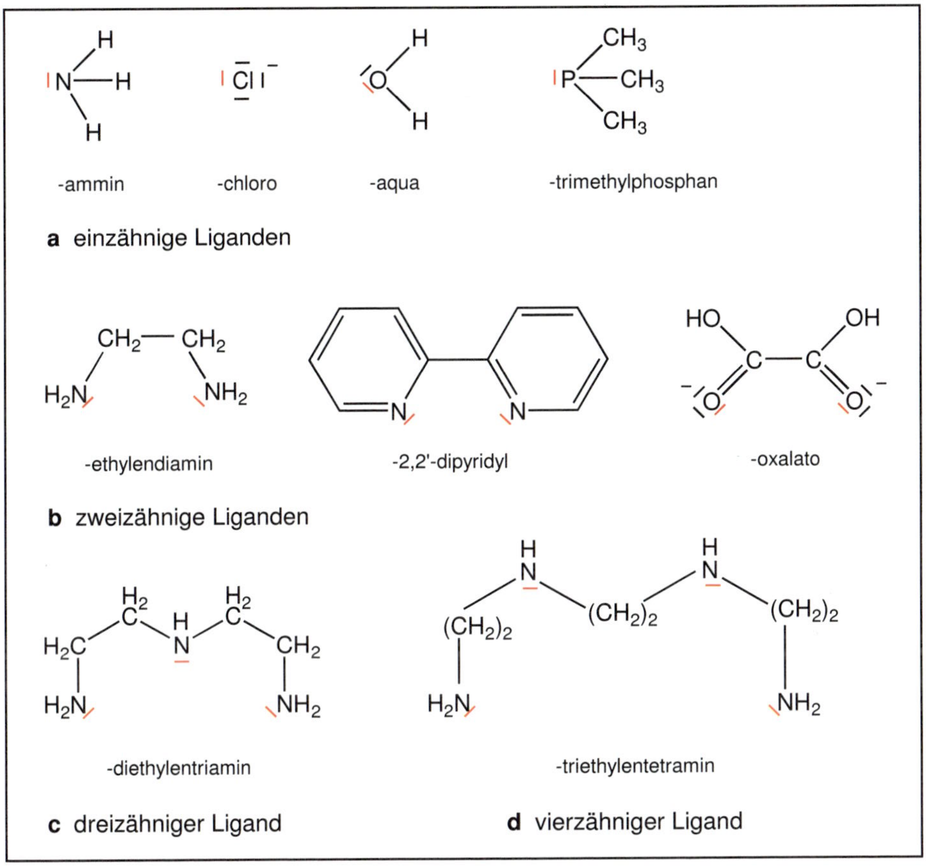

9.1 Typische Liganden klassischer Koordinationsverbindungen.

Die klassische Koordinationschemie, begründet von A. WERNER in den Jahren 1893 bis 1903, beschäftigt sich mit der Chemie von Komplexen der Übergangselemente in ihren normalen, also den höheren Oxidationsstufen wie +2 und +3. Als Liganden treten dabei vorwiegend anorganische und organische Moleküle und Ionen auf. Solche Komplexverbindungen wie $[NiCl_4]^{2-}$ oder $[Co(en)_2Cl_2]^+$ (en = Ethylendiamin) sind daher als klassische Koordinationsverbindungen anzusehen.

Abbildung 9.1 zeigt einige der typischen Liganden klassischer Koordinationsverbindungen, geordnet nach der Anzahl der Donoratome pro Ligandmolekül.

Das Interesse an Verbindungen dieser Art ist nach wie vor groß. Mit der Entwicklung der Theorie ihrer Elektronenstrukturen wurden vielfältige Erkenntnisse ihrer spektroskopischen, magnetischen, strukturellen, thermodynamischen und kinetischen Eigenschaften gewonnen. Diese Kenntnisse bilden heute eine unabdingbare Voraussetzung für das Verständnis der biologischen Bedeutung und Wirksamkeit von Metallen in lebenden Systemen, wie sie von der Bioanorganischen Chemie untersucht werden (Abschnitt 9.5).

Die Metallorganochemie ist die Koordinationschemie der Übergangsmetalle in ihren niedrigen Oxidationsstufen. Als Metallorganoverbindungen bezeichnen wir Koordinationsverbindungen, in denen das Übergangsmetall in direkter chemischer Wechselwirkung mit einem oder mehreren C-Atomen eines organischen Moleküls steht. Abbildung 9.2 zeigt dafür einige ausgewählte Beispiele. Das große Interesse an den Metallorganoverbindungen gründet sich vornehmlich auf ihre Eignung als Katalysatoren für organische Synthesereaktionen, von denen einige inzwischen große industrielle Bedeutung erlangt haben (Tabelle 9.6).

Die Übergänge zwischen der klassischen Koordinationschemie und der Metallorganochemie sind durchaus fließend, wie dies etwa am Beispiel des Komplexes $[IrCl(CO)(PR_3)_2]$ zu erkennen ist, der mit dem CO einen typisch metallorganischen Liganden enthält, während das Cl^--Ion und die PR_3-Moleküle zu den klassischen Liganden zu zählen sind. Trotz der vorhandenen Überschneidungen besitzen beide

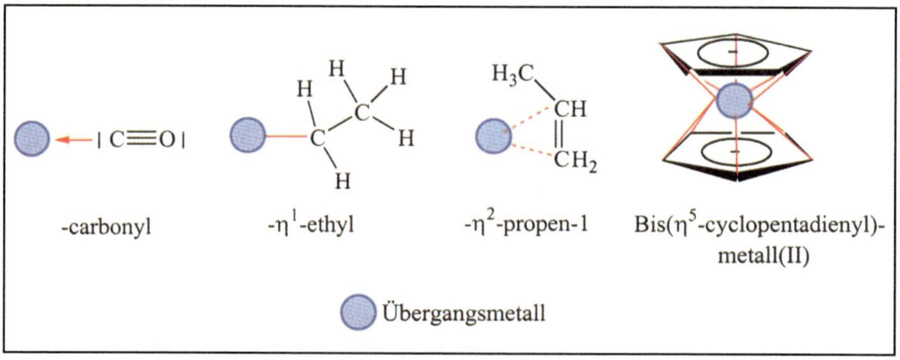

9.2 Ausgewählte Beispiele für Metallorganoverbindungen.

Teilgebiete der Koordinationschemie jedoch genügend Eigenheiten und Eigenständigkeiten, sodass es nicht nur aus didaktischer Sicht angezeigt ist, sie auch getrennt voneinander zu behandeln.

9.2 Die klassischen Koordinationsverbindungen

9.2.1 Nomenklatur von Koordinationsverbindungen

Für eine Komplexverbindung wird generell zuerst der Name des bzw. der Liganden und danach der Name des Zentralatoms (-ions) angegeben. Die *Anzahl der jeweiligen Liganden* wird mit dem vorangestellten griechischen Zahlwort bezeichnet: mono-, di-, tri-, tetra-, penta-, hexa-, hepta-, octa- etc. für 1, 2, 3, 4, 5, 6, 7, 8 etc. Liganden der gleichen Art. Enthält der Name des Liganden selbst bereits eine dieser Zahlenangaben wie z. B. Triphenylphosphan, dann verwendet man für die Angabe der Ligandenzahl die Zahlworte bis-, tris-, tetrakis-, pentakis- etc.

Anionische Liganden werden durch das Anhängen eines -o an den Wortstamm des Ionennamens gekennzeichnet: Cl^- – chloro, CO_3^{2-} – carbonato, CN^- – cyano, OH^- – hydroxo.

Kationische Komplexe:

Ligandenzahl	Ligand	Zentralatom	Oxidationsstufe	Gegenion
$[Ag(NH_3)_2]Cl$				
Di	ammin	silber	(I)	chlorid
$[Cu(NH_3)_4]Cl_2$				
Tetra	ammin	kupfer	(II)	chlorid
$[Cr(en)_3]Cl_3$				
Tris	ethylen-diamin	chrom	(III)	chlorid

Anionische Komplexe:

Gegenion	Ligandenzahl	Ligand	Zentralatom(at)	Oxidationsstufe
$Na[Ag(CN)_2]$				
Natrium	di	cyano	argentat	(I)
$K_4[Fe(CN)_6]$				
Valium	hexa	cyano	ferrat	(II)
$Na_2[Co(SCN)_4]$				
Natrium	tetra	thiocyanato	cobaltat	(II)

Für einige Liganden haben sich von den Molekülnamen abweichende Bezeichnungen eingebürgert wie etwa aqua für H_2O, ammin für NH_3 oder carbonyl für CO. Sind die rationellen Namen von Liganden sehr lang oder ihre Molekularformeln sehr kompliziert, dann verwendet man üblicherweise *Abkürzungen* (Abbildung 9.3). Liegen in einer Komplexverbindung verschiedene Liganden vor, so werden sie in alphabetischer Reihenfolge angegeben.

Die Oxidationsstufe des Zentralatoms wird am Ende seines Namens mit einer in Klammern gesetzten römischen Ziffer angegeben.

Bei geladenen Komplexen braucht die Anzahl der jeweiligen Gegenionen nicht angegeben zu werden, da sie sich aus der Oxidationsstufe des Zentralatoms sowie aus der Zahl und Ladung der Liganden ergibt. Bei anionischen Komplexen endet der Name des Zentralatoms, der sich in einigen Fällen von seiner lateinischen Bezeichnung ableitet, auf -at.

9.2.2 Liganden

Die **Anzahl der Donoratome** in einem Liganden bezeichnet man als seine *Zähnigkeit*; dementsprechend können Liganden einzähnig, zweizähnig, dreizähnig, vierzähnig usw. sein (Abbildung 9.1).

Einatomige Ionen wie die Halogenidanionen, aber auch mehratomige Ionen oder Moleküle mit nur einem Donoratom aus den Hauptgruppen IV, V oder VI sind in der Regel einzähnige Liganden.

Zwei- und mehrzähnige Liganden sind häufig **chelatbildende Liganden** (griech. *χηλη*, Krebsschere, weil das Zentralatom vom Liganden wie von einer Krebsschere festgehalten wird); diese Liganden bilden mit den Zentralatomen *Chelatringe*, die meist fünf- oder sechsgliedrig sind. Mit zunehmender Zahl von Donoratomen in einem solchen Ligandmolekül wächst die Anzahl der gebildeten Chelatringe bei Koordination an ein Zentralatom; so bildet z.B. das Ethylendiamintetraacetat-Anion, $EDTA^{4-}$, insgesamt fünf fünfgliedrige Chelatringe aus. Wenn die Donoratome Bestandteile eines geschlossenen Ringsystems sind, bezeichnet man die Liganden auch als **makrozyklische Liganden** (Abbildung 9.3).

Das außerordentliche Interesse an Liganden dieses Typs resultiert aus der Tatsache, dass sie in vielen Metalloenzymen als prosthetische Gruppen mit den unterschiedlichsten Funktionen auftreten (Abbildung 8.44 und Abschnitt 9.5); makrozyklische Komplexverbindungen sind deshalb geeignete Modellsysteme für diese prosthetischen Gruppen. Makrozyklische Liganden sind darüber hinaus aber auch allein aus koordinationschemischer Sicht von Interesse, weil sie oft Komplexe mit ungewöhnlichen Metall-Donoratom-Bindungslängen und -Bindungswinkeln ergeben und weil sie außerdem auch in der Lage sind, ungewöhnliche Oxidationsstufen zu stabilisieren.

Einige Liganden verfügen über zwei oder mehr verschiedene Donoratome und können daher über das eine *oder* das andere koordiniert werden. Solche Liganden bezeichnen wir als **ambidente Liganden**. Typische Vertreter sind das NO_2^-- und das SCN^--Anion; ersteres kann entweder über ein O-Atom oder über das N-Atom koordinieren, letzteres über das S-Atom oder über das N-Atom. In der Formel der Komplexverbindung wird das jeweilige Donoratom unterstrichen. Ambidente Liganden sind Ursache für die *Bindungsisomerie* bei Komplexverbindungen (Abschnitt 9.2.4).

Wenn ein Ligand an mehr als ein Zentralatom koordiniert ist, wird er als Brückenligand bezeichnet. Die gebildeten Komplexverbindungen sind dann Mehrkernkomplexe. In der Bezeichnung solcher Komplexe wird dem Namen des Brückenliganden der griechische Buchstabe μ vorangestellt, also z. B. μ-chloro, μ-oxo, μ-hydroxo etc.

So wie man Liganden entsprechend ihrer Zähnigkeit ordnen kann, lassen sie sich auch nach der Natur des bzw. der jeweiligen Donoratome einteilen, sodass man dann z. B. von C-Liganden (CN^-, CO), N-Liganden (NH_3, Ethylendiamin), P-Liganden (PR_3), O-Liganden (H_2O, OH^-) oder S-Liganden (S^{2-}, RS^-) spricht.
Die Bindungsverhältnisse in Koordinationsverbindungen werden entscheidend von den elektronischen Eigenschaften der Liganden mitbestimmt (Abschnitt 9.2.6). Die Gesamtheit der in Komplexverbindungen auftretenden Bindungsfälle lässt sich grob in drei Gruppen einteilen:

elektrovalent – elektrovalent + kovalent – kovalent.

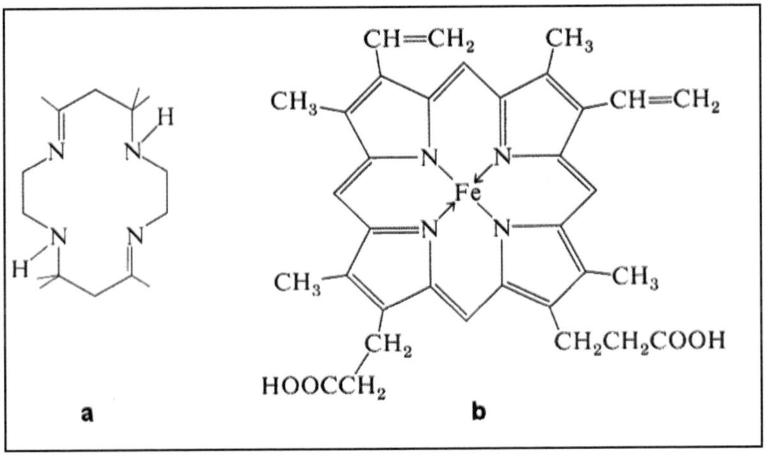

9.3 **a** Makrozyklischer Ligand Me_6[14]4,11-dien, N_4(5,7,7,12,14,14-hexamethyl-1,4,8,11-tetraazazyklotetradeka-4,11-dien); **b** Metalloporphyrin-Komplex.

Bei dominierend elektrovalenter Wechselwirkung, also bei Ion-Ion- bzw. Ion-Dipol-Wechselwirkung, wird die elektronische Struktur der Liganden von nur untergeordneter Bedeutung sein. Wenn aber – wie in der Mehrzahl der Fälle – Kovalenzanteile in der Zentralatom-Ligand-Bindung vorhanden oder gar dominierend sind, dann rücken die elektronischen Eigenschaften der Liganden zwangsläufig in den Blickpunkt. Wir hatten bereits festgestellt, dass die koordinative (dative) Bindung zwischen einem Zentralatom und einem Ligand-Donoratom über dessen einsames Elektronenpaar realisiert wird. Die Elektronenverteilung in der Bindungsregion besitzt σ-Symmetrie, d. h. der Ligand besitzt **σ-Donoreigenschaften**. Die σ-Donorstärke eines Liganden und damit auch die Stärke der Donor-Akzeptor-Wechselwirkung werden im Wesentlichen von drei Faktoren bestimmt:

- von der chemischen Natur des Donoratoms selbst (N, P, As, O, S etc.),
- von der Anwesenheit und der Natur von Substituenten im Ligandmolekül,
- von sterischen Effekten.

Es ist unschwer zu erkennen, dass die Donoratome N und P z. B. in Verbindungen des Typs ER_3 unterschiedliche σ-Donorstärken besitzen werden. Noch deutlicher sind die entsprechenden Unterschiede etwa zwischen N und O als Donoratomen in Ligandmolekülen. Bei gleichem Donoratom lässt sich die σ-Donorstärke durch geeignete Substituenten im Ligandmolekül in einem weiten Bereich variieren.

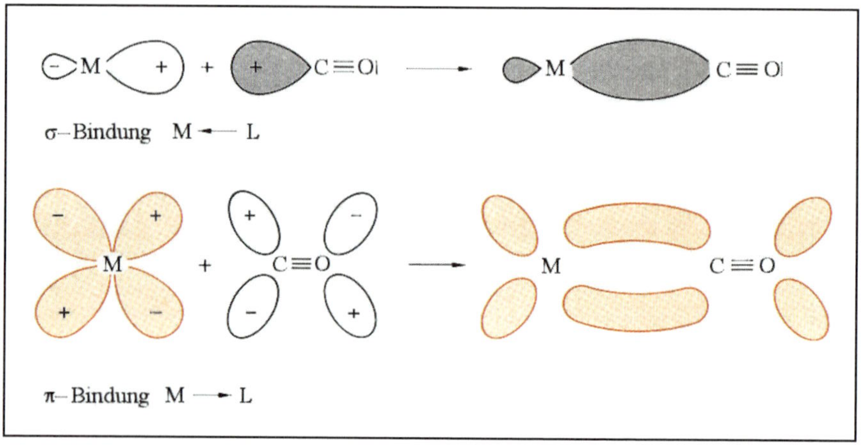

9.4 σ-Bindung und π-Rückgabebindung in einem Carbonyl-Komplex.

Sterische Gründe können schließlich ebenfalls die Stärke der Donor-Akzeptor-Wechselwirkung beeinflussen, indem z. B. das Donoratom an einer genügenden Annäherung an das Zentralatom gehindert wird. Solche Effekte lassen sich etwa an Phosphanen, PR_3, mit Resten R unterschiedlichen Raumbedarfs, z. B. Trimethylphosphan und Tricyclohexylphosphan, beobachten.

Liganden wie CO oder CN^- bilden mit dem einsamen Elektronenpaar an ihrem C-Atom zunächst eine koordinative σ-Bindung zum Zentralatom, an dem dadurch eine hohe Elektronendichte entsteht. Diese Liganden besitzen aber unbesetzte π-Molekülorbitale, die nun Elektronendichte aus besetzten, ebenfalls π-symmetrischen Metallatomorbitalen aufnehmen können, sodass die Elektronendichte am Zentralatom wieder verringert wird. Diese π-Rückbindung erhöht die Elektronendichte am Liganden, verstärkt damit seine Basizität und folglich auch die σ-Bindung; die σ-Bindung positiviert wiederum den Liganden und erhöht damit dessen π-Akzeptorstärke. Beide Bindungen verstärken sich also gegenseitig, sodass dieser als **π-Rückgabebindung** (engl. ***back donation***) bezeichnete Bindungsmechanismus als **synergistisch** anzusehen ist (Abbildung 9.4).

Liganden wie CO, NO und CN^- nutzen für die π-Rückgabebindung unbesetzte π^*-Molekülorbitale; andere, wie z. B. die Phosphane, verwenden dazu unbesetzte d-Atomorbitale ihrer P-Donoratome.

Wenn umgekehrt die Liganden nur besetzte π-symmetrische Orbitale besitzen, also z. B. besetzte p-Orbitale wie die Halogenidanionen, das Oxidanion oder das Hydroxidanion, dann können diese Elektronen in geeignete Akzeptororbitale des Zentralatoms delokalisiert werden. Mit anderen Worten: Die Liganden dieses Typs wirken dann als *σ-* und *π-Donoren.* Aus elektronischer Sicht können Liganden daher in reine σ-Donor-, σ-Donor-π-Akzeptor- sowie σ-Donor-π-Donor-Liganden unterschieden werden.

9.2.3 Struktur von Koordinationsverbindungen

Die Zahl der in einer Komplexverbindung an das Zentralatom koordinierten Donoratome ist die **Koordinationszahl (KZ)**. Verbindet man die Donoratome durch gedachte Linien miteinander, so erhält man die entsprechende **Koordinationsgeometrie** der Komplexverbindung. Die Koordinationsgeometrien für die Koordinationszahlen 2 bis 8 sind in Abbildung 9.5 zusammengestellt.

Die häufigsten und damit wichtigsten Koordinationszahlen sind 2, 4 und 6; die räumliche Anordnung der Liganden ist dabei linear, tetraedrisch oder quadratisch-planar bzw. oktaedrisch. Für viele Zentralatome gibt es bei verschiedenen Liganden durchaus auch unterschiedliche Koordinationszahlen und Koordinationsgeometrien. So bildet z. B. das Ni^{2+} sowohl Komplexe mit der Koordinationszahl 6 und Oktaeder-Geometrie als auch Komplexe mit der Koordinationszahl 4 und quadratisch-planarer oder auch tetraedrischer Geometrie; bei bestimmten Liganden können dabei tetraedrische und quadratisch-planare Komplexe durchaus auch im Gleichgewicht nebeneinander vorliegen.

Bei einigen Zentralatomen gibt es allerdings eine ausgeprägte Bevorzugung bestimmter Koordinationsgeometrien. So bilden Cr^{3+}, Co^{3+} und Pt^{4+} bevorzugt oktaedrische Komplexe; Pt^{2+} und Pd^{2+} bevorzugen dagegen die Bildung quadratisch-planarer Komplexe. Eine Erklärung für dieses Verhalten liefert die Ligandenfeld-Theorie (Abschnitt 9.2.6).

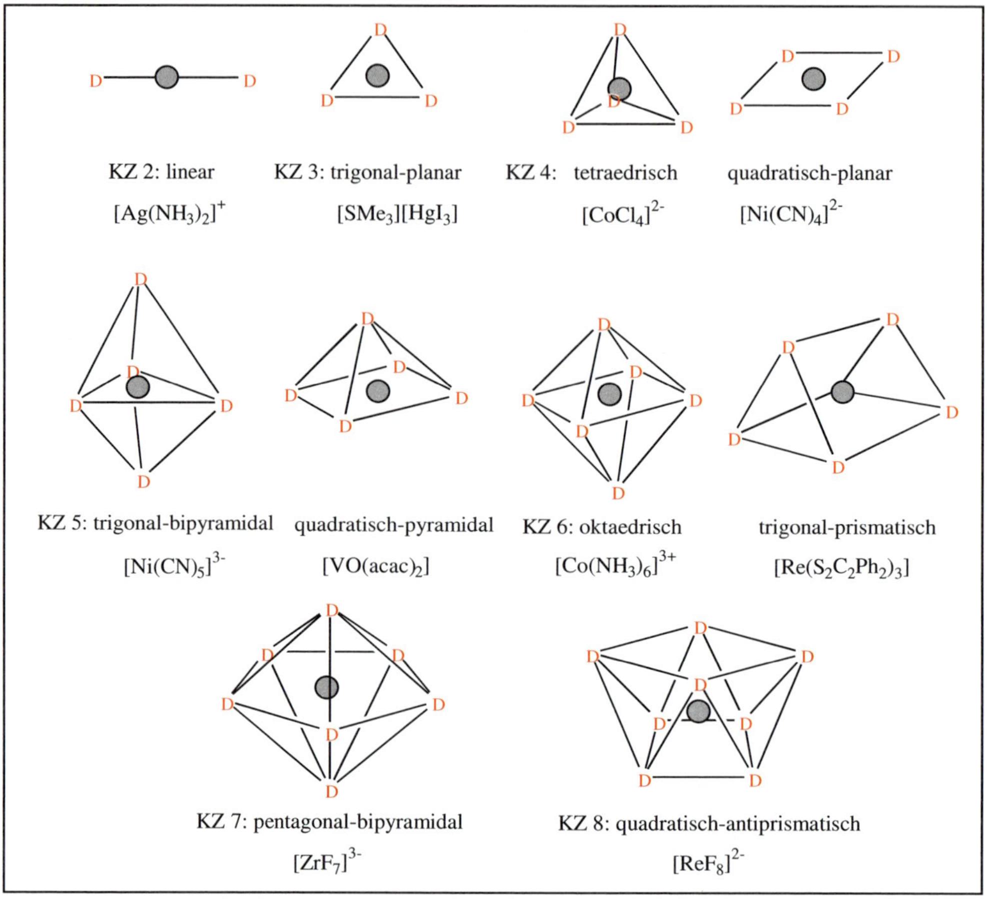

9.5 Koordinationszahlen (KZ) und Koordinationsgeometrien.

9.2.4 Isomerie bei Koordinationsverbindungen

Isomere Verbindungen sind allgemein Verbindungen gleicher chemischer Zusammensetzung, jedoch unterschiedlicher Struktur und damit auch unterschiedlicher Eigenschaften. Es gibt zwei Grundformen der Isomerie, die **Konstitutionsisomerie** und die **Stereoisomerie bzw. Konfigurationsisomerie**.

Konstitutionsisomerie resultiert dann, wenn zwei oder mehr Moleküle die gleiche empirische Formel haben, die Bestandteile der Moleküle aber in unterschiedlicher Weise miteinander verknüpft sind, also Unterschiede in der Atom-Atom-Bindungssequenz auftreten. Im Gegensatz dazu resultiert Stereoisomerie dann, wenn zwei oder mehr Verbindungen die gleiche empirische Formel und die gleiche Atom-Atom-Bindungssequenz haben, die Atome sich aber in ihrer Anordnung im Raum unterscheiden.

Die bei Koordinationsverbindungen auftretenden Arten der Konstitutions- und Konfigurationsisomerie sind mit entsprechenden Beispielen in Abbildung 9.6 zusammengestellt. Für die Begründung der klassischen Koordinationslehre durch

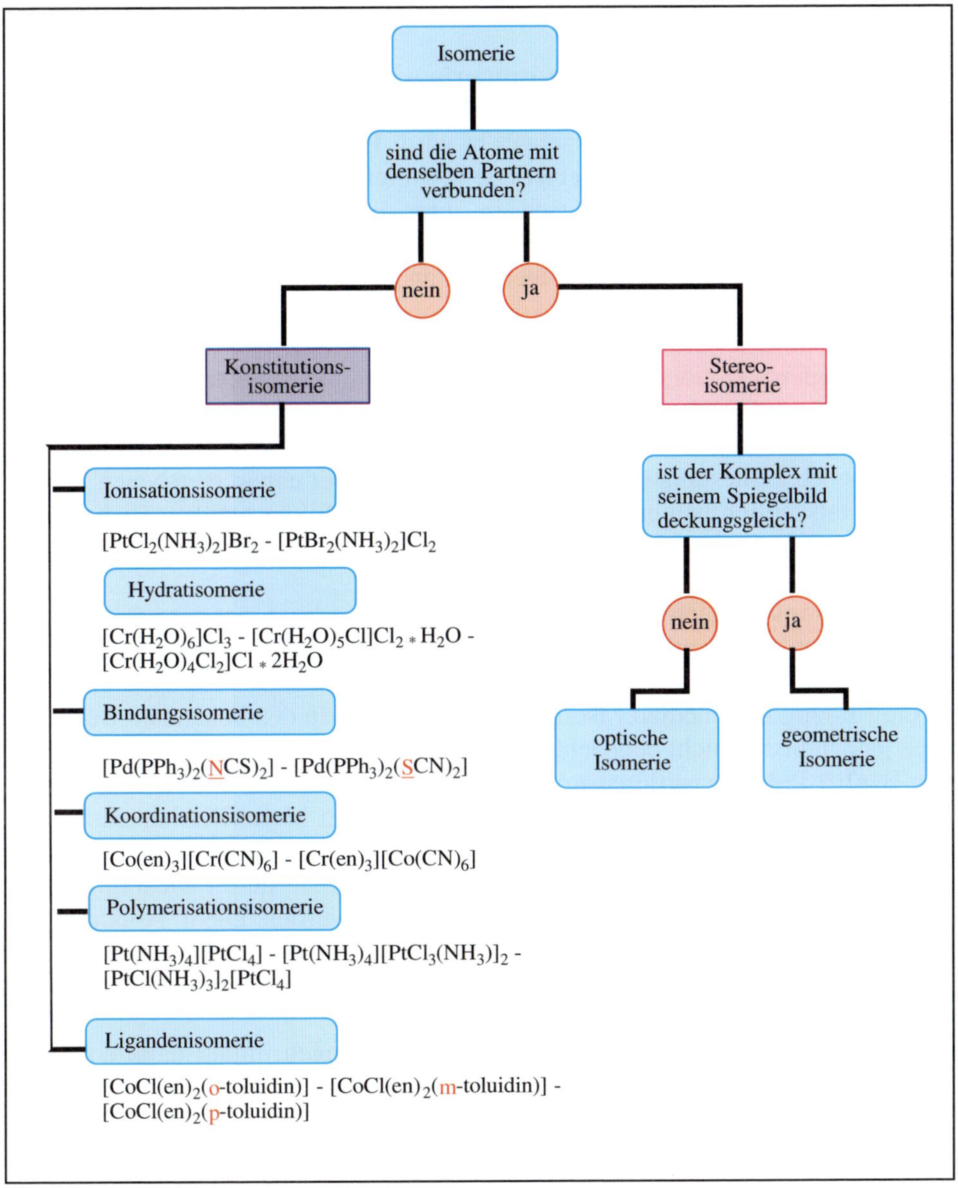

9.6 Isomeriearten bei Koordinationsverbindungen.

A. WERNER war die Untersuchung der Isomerieerscheinungen von grundlegender Bedeutung, da zur damaligen Zeit nur auf diesem Wege Informationen über die Geometrie der Koordinationsverbindungen erhalten werden konnten. So kann z. B. ein Komplex mit der Koordinationszahl 4, von dem zwei Isomere existieren, nur quadratisch-planar, nicht aber tetraedrisch gebaut sein (siehe unten).

Konstitutionsisomerie **Ionisationsisomerie** wird bei Komplexverbindungen beobachtet, bei denen z. B. ein anionischer Ligand aus der inneren Koordinationssphäre gegen das Gegenanion ausgetauscht wird. Ein spezieller Fall dieser Ionisationsisomerie ist die **Hydratisomerie.** Die in Abbildung 9.6 angeführten isomeren Chrom-Komplexe unterscheiden sich in ihrer Farbe: $[Cr(H_2O)_6]Cl_3$ – violett, $[Cr(H_2O)_5Cl]Cl_2 \cdot H_2O$ – blassgrün, $[Cr(H_2O)_4Cl_2]Cl \cdot 2\,H_2O$ – dunkelgrün; mit Ag^+-Ionen lassen sich bei Raumtemperatur nur die als Gegenionen vorhandenen Cl^--Ionen ausfällen, nicht jedoch die koordinierten.

Bindungsisomerie tritt bei ambidenten Liganden auf, bei Liganden also, die über verschiedene Donoratome an das Zentralatom koordiniert werden können (Abschnitt 9.2.2). Die Tatsache allerdings, dass ein ambidenter Ligand unter verschiedenen Bedingungen über das eine oder das andere Donoratom koordinieren könnte, ist noch keinesfalls eine Garantie dafür, dass mit einem gegebenen Zentralatom auch tatsächlich isolierbare Bindungsisomere gebildet werden. Bisher konnten deshalb auch nur bei einem Teil der Komplexe mit ambidenten Liganden entsprechende Bindungsisomere nachgewiesen werden.

Koordinationsisomerie wird bei Koordinationsverbindungen beobachtet, die aus einem komplexen Kation und einem komplexen Anion bestehen. In den isomeren Formen sind die Liganden entsprechend ausgetauscht. Prinzipiell sollte dabei auch die Bildung intermediärer Isomerer möglich sein, in den bekannten Beispielen ist dies jedoch bisher nicht beobachtet worden.

Der Begriff **Polymerisationsisomerie** wird in der Koordinationschemie in etwas oberflächlicher Weise verwendet. Verbindungen, deren Molekülzusammensetzung ganzzahlige Vielfache einer einfachen Stöchiometrie darstellen, sind streng genommen nur dann als Polymere zu bezeichnen, wenn sie durch wiederholte Verknüpfung dieser kleinsten Struktureinheiten gebildet wurden. Die in Abbildung 9.6 angeführten polymerisationsisomeren Platin-Komplexe sind zwar ein Vielfaches der einfachen Stöchiometrie $PtCl_2(NH_3)_2$, sie entstehen aber nicht durch eine mehrfache Verknüpfung dieser Baueinheit.

Ligandenisomerie tritt bei Koordinationsverbindungen immer dann auf, wenn ein Ligand selbst verschiedene Isomere bildet.

Konfigurationsisomerie (Stereoisomerie) In Analogie zu einem durch vier verschiedene Gruppen substituierten C-Atom sollten auch bei einem tetraedrischen Komplex mit vier verschiedenen Liganden zwei isomere Formen auftreten, die sich wie Bild und Spiegelbild zueinander verhalten, also nicht zur Deckung gebracht werden können (allerdings konnte bislang noch kein tetraedrischer Komplex mit vier verschiedenen Liganden synthetisiert werden).

Optische Isomerie (Spiegelbildisomerie) tritt u. a. bei oktaedrisch koordinierten Komplexen mit Chelatliganden auf; ein Beispiel dafür zeigt Abbildung 9.7. Weitere Beispiele sind u. a. die Tris(chelat)-Komplexe. Optische Isomere werden auch als *Enantiomere* bezeichnet. Die beiden isomeren Verbindungen besitzen identische physikalische Eigenschaften, ausgenommen ihre Wirkung auf linear polarisiertes Licht: Die beiden enantiomeren Moleküle drehen die Schwingungsebene des polarisierten Lichtes um den gleichen Betrag, jedoch in entgegen gesetzter Richtung. Bei der Synthese einer optisch aktiven Verbindung wird stets das 1 : 1-Gemisch der optischen Isomeren erhalten; dieses wird als *Racemat* oder racemisches Gemisch bezeichnet.

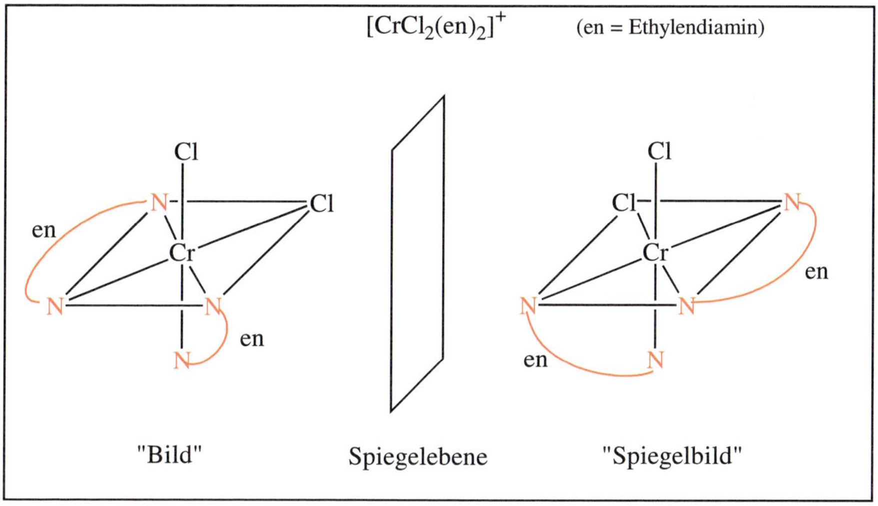

9.7 Optische Isomerie bei einem oktaedrischen Bis(chelat)-Komplex.

Zur **geometrischen Isomerie** gehört die in Abbildung 9.8 dargestellte *cis-trans*-Isomerie, die bei quadratisch-planaren Komplexen des Typs $[MA_2B_2]$ und bei oktaedrischen Komplexen des Typs $[MA_2B_4]$ auftritt (A und B sind darin jeweils einzähnige Liganden). In den *trans*-Isomeren stehen sich die gleichen Liganden gegenüber, in den *cis*-Isomeren besetzen sie dagegen benachbarte Positionen. Bei tetraedrischen Komplexen kann aus leicht einsehbarem Grunde keine *cis-trans*-Isomerie auftreten.

Bei oktaedrischen Komplexen des Typs $[MA_3B_3]$ tritt außerdem noch die *fac*- (facial-) und *mer*- (meridional-) -Isomerie auf, die in Abbildung 9.9 dargestellt ist. Im *fac*-Isomeren bilden die Positionen der gleichen Liganden eine der Oktaederflächen; im *mer*-Isomeren liegen die gleichen Liganden auf einem Meridian des Oktaeders.

Alle Stereoisomere, die keine Enantiomere sind, werden als *Diasteroisomere* oder kurz *Diastereomere* bezeichnet.

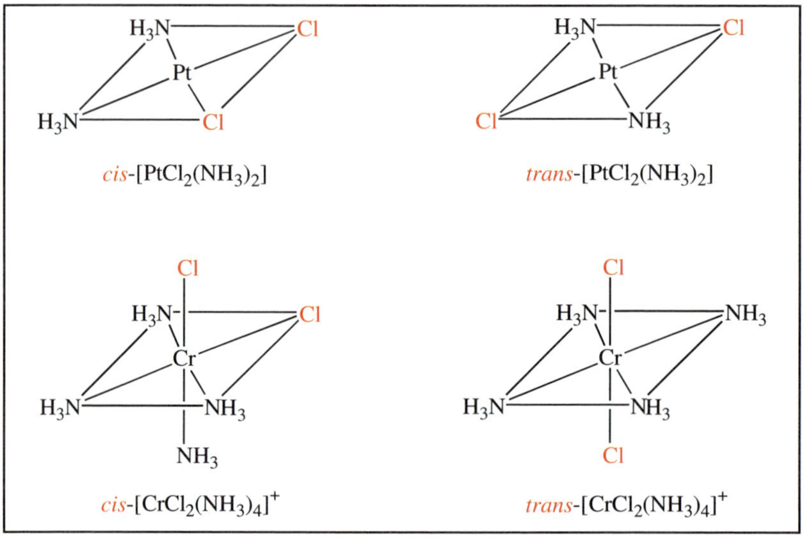

9.8 *cis-trans*-Isomerie bei quadratisch-planaren und oktaedrischen Komplexen.

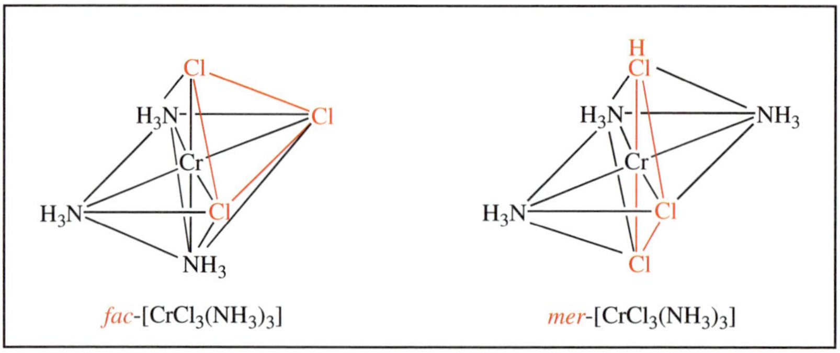

9.9 *fac-* und *mer*-Isomerie bei oktaedrischen Komplexen.

9.2.5 Stabilität von Koordinationsverbindungen

Komplexbildungsgleichgewichte und thermodynamische Stabilität Die thermodynamische Stabilität von Komplexverbindungen ist als die Gleichgewichtskonstante der folgenden Reaktion definiert:

$$M_{aq}^{m+} + L^{n-} \rightleftharpoons ML_{aq}^{(m-n)+} \qquad (9\text{-}1)$$

$$K_1 = \frac{[ML]^{(m-n)+}}{[M^{m+}][L^{n-}]} \qquad (9\text{-}2)$$

Die Gleichgewichtskonstante wird auch als Komplex-*Bildungskonstante* oder Komplex-*Stabilitätskonstante* bezeichnet.
Zum Beispiel gilt für die Reaktion einer wässrigen Cu(II)-Salzlösung mit NH_3:

$$[Cu(H_2O)_4]^{2+} + NH_3 \rightleftharpoons [Cu(H_2O)_3(NH_3)]^{2+} + H_2O \qquad (9\text{-}3)$$

$$K_1 = \frac{[Cu(H_2O)_3(NH_3)^{2+}]}{[Cu(H_2O)_4{}^{2+}][NH_3]} = 1{,}66 \cdot 10^4$$

(die eckigen Klammern stehen hier für die stöchiometrischen Konzentrationen)

K wird gewöhnlich als stöchiometrische Stabilitätskonstante bezeichnet, da sie unter Verwendung der Stoffmengenkonzentrationen ausgedrückt wird; korrekter wäre die Verwendung der Aktivitäten (siehe Exkurs 5.3). Da die experimentelle Bestimmung von Aktivitätskoeffizienten schwierig ist, werden ausreichend genaue Stabilitätskonstanten durch Messungen in Lösungen erhalten, in denen durch Zugabe eines inerten Salzes die Ionenstärke auf einen hohen, aber konstanten Wert eingestellt ist. Die so erhaltenen Stabilitätskonstanten sind auch untereinander vergleichbar.

Die Komplexbildung in wässriger Lösung läuft auf einen schrittweisen Austausch der zunächst an das Zentralatom koordinierten H_2O-Moleküle gegen die hinzugefügten Ligandmoleküle hinaus; letzten Endes handelt es sich also um eine **Ligandenaustauschreaktion.** Der Austausch der H_2O-Liganden erfolgt schrittweise, sodass Gleichung (9-3) nur den ersten Schritt der Reaktionsfolge darstellt. Jeder einzelne dieser Schritte ist durch seine eigene stöchiometrische Gleichgewichtskonstante K_n charakterisiert. Für einen vollständigen Austausch der vier H_2O-Liganden des Cu^{2+} gegen NH_3 würden sich demnach die folgenden weiteren Schritte ergeben:

$$[Cu(H_2O)_3(NH_3)]^{2+} + NH_3 \rightleftharpoons [Cu(H_2O)_2(NH_3)_2]^{2+} + H_2O \qquad (9\text{-}4)$$

$$K_2 = \frac{[Cu(H_2O)_2(NH_3)_2{}^{2+}]}{[Cu(H_2O)_3(NH_3)^{2+}][NH_3]} = 3{,}16 \cdot 10^3 \qquad (9\text{-}5)$$

$$[Cu(H_2O)_2(NH_3)_2]^{2+} + NH_3 \rightleftharpoons [Cu(H_2O)(NH_3)_3]^{2+} + H_2O \qquad (9\text{-}6)$$

$$K_3 = \frac{[Cu(H_2O)(NH_3)_3{}^{2+}]}{[Cu(H_2O)_2(NH_3)_2{}^{2+}][NH_3]} = 8{,}31 \cdot 10^2 \qquad (9\text{-}7)$$

$$[Cu(H_2O)(NH_3)_3]^{2+} + NH_3 \rightleftharpoons [Cu(NH_3)_4]^{2+} + H_2O \qquad (9\text{-}8)$$

$$K_4 = \frac{[Cu(NH_3)_4{}^{2+}]}{[Cu(H_2O)(NH_3)_3{}^{2+}][NH_3]} = 1{,}51 \cdot 10^2 \qquad (9\text{-}9)$$

Summiert man die vier Teilreaktionen, so erhält man die Bruttoreaktion:

$$[Cu(H_2O)_4]^{2+} + 4\,NH_3 \rightleftharpoons [Cu(NH_3)_4]^{2+} + 4\,H_2O \qquad (9\text{-}10)$$

mit der Brutto-Stabilitätskonstanten:

$$K_{total} = \frac{[Cu(NH_3)_4{}^{2+}]}{[Cu(H_2O)_4{}^{2+}][NH_3]^4} = 6{,}58 \cdot 10^{12} \qquad (9\text{-}11)$$

Die Brutto-Stabilitätskonstante $K_{total} = \beta$ ist das Produkt der individuellen Stabilitätskonstanten:

$$\beta = K_1 \cdot K_2 \cdot K_3 \cdot K_4 \qquad (9\text{-}12)$$

Die Zahlenwerte der individuellen Stabilitätskonstanten K_1 bis K_4 zeigen anschaulich, dass der Austausch des jeweils nächsten H_2O-Moleküls gegen den neuen Liganden weniger begünstigt ist als der Austausch des vorhergehenden. Es gilt fast immer:

$$K_1 > K_2 > K_3 > K_4 \ldots\ldots > K_n \qquad (9\text{-}13)$$

Für diesen Gang innerhalb der individuellen Stabilitätskonstanten gibt es sterische, elektrostatische und statistische Gründe.

Stabilitätsbeziehungen Die thermodynamische Stabilität einer Koordinationsverbindung wird erwartungsgemäß sowohl von der Natur der Metallionen als auch von der Natur der Liganden bestimmt. Nach PEARSON bezeichnet man kleine und wenig polarisierbare Metallkationen und Ligand-Donoratome als harte LEWIS-Säuren bzw. LEWIS-Basen, große und leicht polarisierbare Metallkationen und Ligand-Donoratome entsprechend als weiche LEWIS-Säuren bzw. LEWIS-Basen. Die Analyse der Stabilitätskonstanten zeigt nun, dass harte Säuren bevorzugt harte Basen koordinieren, weiche Säuren dagegen bevorzugt weiche Basen (PEARSONs

HSAB-Prinzip, engl. *principle of **h**ard and **s**oft **a**cids and **b**ases*). Zwischen harten und weichen Säuren bzw. Basen gibt es jeweils einen Übergangsbereich, für den eine eindeutige Bevorzugung einer Koordination nicht vorhergesagt werden kann.

Tabelle 9.1 Klassifizierung von harten und weichen Säuren und Basen

Harte Säuren	Übergangs-bereich	Weiche Säuren	Harte Basen	Übergangs-bereich	Weiche Basen
H^+, Na^+,	Fe^{2+}, Co^{2+},	Pd^{2+}, Pt^{2+},	NH_3,	NO_2^-, N_3^-,	H^-, R^-, CN^-,
K^+, Mg^{2+},	Ni^{2+}, Cu^{2+},	Pt^{4+}, Cu^+,	RNH_2,	C_5H_5N, N_2,	RNC, CO,
Ca^{2+}, Cr^{3+},	Zn^{2+}, Rh^{3+}, Ir^{3+}	Ag^+, Cd^{2+},	H_2O, OH^-,	Br^-	SCN^-, RS^-,
Fe^{3+}, Ti^{4+}		Hg^{2+}	O^{2-}, CO_3^{2-}		RSH, R_2S
			NO_3^-		

Das PEARSONsche HSAB-Konzept liefert zwar keine theoretische Erklärung für beobachtete Komplexstabilitäten, eignet sich jedoch sehr gut für qualitative Vorhersagen der zu erwartenden relativen Stabilität von Komplexverbindungen. So kann man etwa für ein gegebenes Metallion zumindest einen Hinweis darauf erhalten, ob der ambidente Ligand SCN^- eher über sein hartes N-Atom oder über sein weiches S-Atom koordinieren wird.

Die Stabilität von Komplexverbindungen der Metallionen des Übergangsbereiches mit einem gegebenen Liganden folgt nahezu ausnahmslos der Reihe:

$$Mn^{2+} < Fe^{2+} < Co^{2+} < Ni^{2+} < Cu^{2+} > Zn^{2+}.$$

Diese Stabilitätsreihenfolge wird als **IRVING-WILLIAMSsche Reihe** bezeichnet (Abbildung 9.10).

Chelateffekt und makrozyklischer Stabilitätseffekt Komplexe mit Chelatliganden sind im Allgemeinen thermodynamisch deutlich stabiler als Komplexe mit einer äquivalenten Zahl einzähniger Liganden und gleichem Donoratom; dies zeigt Abbildung 9.11 sehr anschaulich. Dieser Effekt wird auch als Chelateffekt bezeichnet. Um die Ursache dafür zu ergründen, schauen wir uns die folgenden Reaktionen und die zugehörigen thermodynamischen Daten an:

$$[Cu(H_2O)_4]^{2+} + 2\,NH_3 \rightleftharpoons [Cu(H_2O)_2(NH_3)_2]^{2+} + 2\,H_2O \quad (9\text{-}14)$$

$\lg \beta_2 = 7{,}65$

$\Delta G = -43{,}9$ kJ/mol $\quad \Delta H = -46{,}5$ kJ/mol $\quad \Delta S = -2$ e.u.

$$[Cu(H_2O)_4]^{2+} + en \rightleftharpoons [Cu(H_2O)_2(en)]^{2+} + 2\,H_2O \qquad (9\text{-}15)$$
$$\lg \beta_1 = 10{,}64$$
$$\Delta G = -61{,}1 \text{ kJ/mol} \qquad \Delta H = -54{,}4 \text{ kJ/mol} \qquad \Delta S = +5{,}4 \text{ e.u.}$$

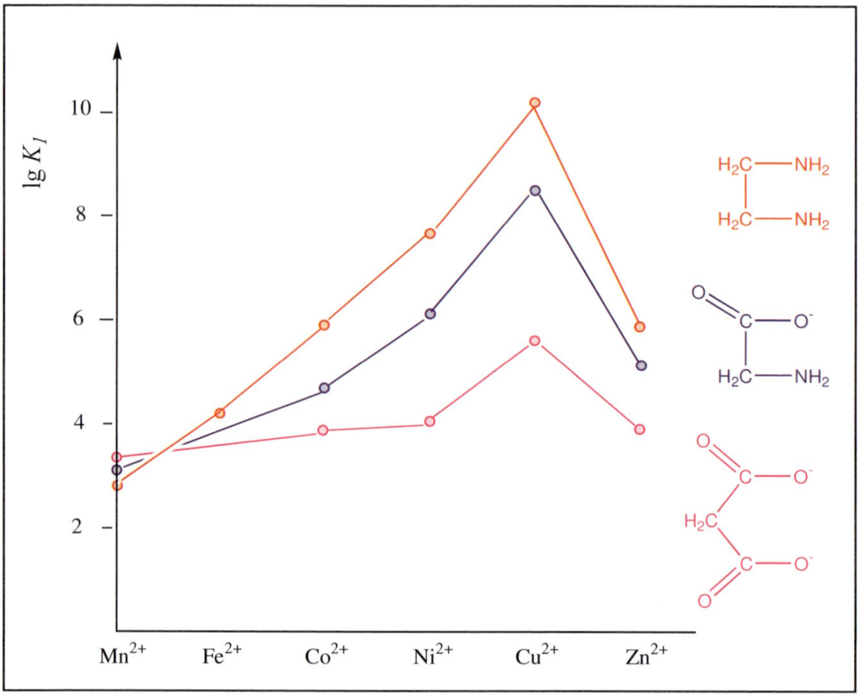

9.10 Irving-Williamssche Reihe (Liganden: Malonat, Glycinat, Ethylendiamin).

Die Reaktion des $[Cu(H_2O)_4]^{2+}$ mit Ethylendiamin, (en), ist gegenüber der mit NH_3 thermodynamisch eindeutig bevorzugt. Das bedeutet auch, dass der Chelatligand en den NH_3-Liganden aus dem Komplex $[Cu(H_2O)_2(NH_3)_2]^{2+}$ glatt verdrängt:

$$[Cu(H_2O)_2(NH_3)_2]^{2+} + en \rightleftharpoons [Cu(H_2O)_2(en)]^{2+} + 2\,NH_3 \qquad (9\text{-}16)$$
$$\lg K = 3{,}0 \qquad \Delta G = -17{,}2 \text{ kJ/mol} \qquad \Delta H = -7{,}9 \text{ kJ/mol} \qquad \Delta S = +7{,}4 \text{ e.u.}$$
(e.u. = Entropie-Einheiten)

Die Daten lassen erkennen, dass der Chelateffekt seinen Ursprung im Wesentlichen in einem Entropie-Effekt hat und folglich bei allen Chelatsystemen zu beobachten ist. Für diesen Entropie-Effekt bieten sich zwei gleichwertige Erklärungen an: 1) Wie die Gleichungen (9-15) und (9-16) zeigen, ist die Koordination eines Chelatliganden stets mit einer Erhöhung der Teilchenzahl und folglich mit einer positiven Entropieänderung des Systems verbunden; in erster Näherung ist die Entropiezunahme proportional der Differenz der Teilchenzahl. 2) Wenn ein NH_3-Ligand aus dem Komplex dissoziiert, wird er schnell in die Lösung diffundieren und die Wahrscheinlichkeit seiner Rückkehr in den Komplex ist sehr gering; wenn dagegen eine NH_2-Gruppe des en-Liganden abdissoziiert, dann wird das en-Molekül immer noch über seine zweite NH_2-Gruppe an das Zentralatom koordiniert bleiben; die abdissoziierte NH_2-Gruppe kann sich nur wenig vom Zentralatom entfernen, kann zu diesem zurückschwingen und erneut koordiniert werden; mit anderen Worten: Ein solcher Komplex hat eine geringere Wahrscheinlichkeit zu dissoziieren und wird experimentell als der stabilere gefunden.

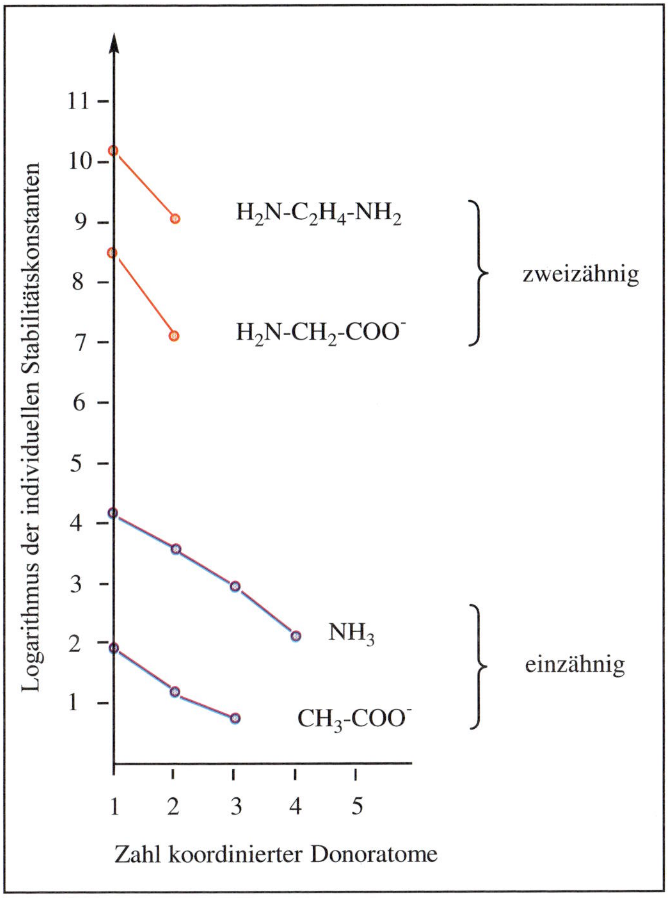

9.11 Chelateffekt.

Der Chelateffekt wird bei mehrzähnigen Liganden durch die Bildung mehrerer Chelatringe signifikant verstärkt.

Anders als bei organischen Molekülen resultiert das Maximum der Ringstabilität bei *fünfgliedrigen* Chelatringen. Bei Vorliegen zusätzlicher Stabilisierungseffekte können allerdings auch sechsgliedrige Chelatringe sehr stabil sein. Sowohl größere als auch kleinere Chelatringe sind bekannt, jedoch sind diese nicht annähernd so stabil wie die fünf- und sechsgliedrigen.

Ein spezieller Typ mehrzähniger Liganden sind die planaren makrozyklischen Liganden. Diese stellen insofern etwas Besonderes dar, als sich die Donoratome alle in einer planaren bzw. nahezu planaren Ringanordnung befinden und diese Koordinationsgeometrie dem Metallion unter Umständen aufzwingen, das in der Regel genau in die jeweilige Ringöffnung hineinpasst. Gegenüber den normalen Chelat-Komplexen zeigen makrozyklische Komplexe noch einmal eine signifikant höhere Stabilität, ein Phänomen, das als **makrozyklischer Stabilitätseffekt** bezeichnet wird. Das in Abbildung 9.12 gezeigte Beispiel illustriert diesen Effekt sehr anschaulich: Die Stabilitätskonstanten des Chelat-Komplexes und des makrozyklischen Komplexes unterscheiden sich um mehr als vier Größenordnungen.

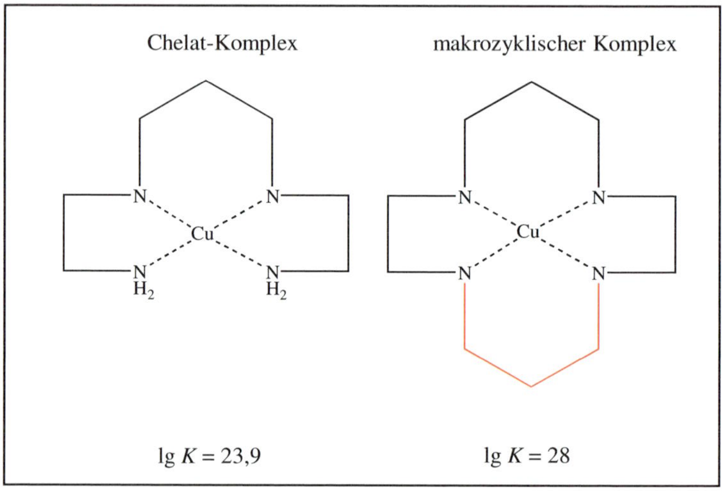

9.12 Makrozyklischer Stabilitätseffekt.

Makrozyklische Liganden lassen sich in der Koordinationssphäre eines Metallatoms aus den entsprechenden Reaktanden synthetisieren. Das Metallatom koordiniert die Reaktanden bzw. bereits gebildete Teile eines Makrozyklus in solchen Positionen zueinander, aus denen heraus die Ringschlussreaktion begünstigt ist. Dies bezeichnen wir als **template effect**. Vermutlich bedient sich auch die Natur bei der Synthese ihrer Makrozyklen dieses Effekts.

Wenn ein Makrozyklus genügend groß und auch genügend flexibel ist, dann kann das Zentralatom durchaus auch unter Bildung eines dreidimensionalen Käfigs vom Ligandmolekül umhüllt werden. Man spricht in diesen Fällen von ***clathro*-Chelaten** oder **Kryptaten** (siehe Abschnitt 7.4). Und auch solche Komplexe sind durch eine besonders hohe Stabilität ausgezeichnet.

Inertheit und Labilität von Komplexverbindungen Von der thermodynamischen Stabilität bzw. Instabilität von Komplexverbindungen müssen wir ihre kinetische Inertheit bzw. Labilität deutlich unterscheiden.

Die drei Cyano-Komplexe $[Ni(CN)_4]^{2-}$, $[Mn(CN)_6]^{3-}$ und $[Cr(CN)_6]^{3-}$ sind thermodynamisch außerordentlich stabil. Aus kinetischer Sicht sind sie jedoch sehr verschieden. Betrachtet man die Geschwindigkeit, mit der die koordinierten CN^--Ionen gegen radioaktiv markierte $^{14}CN^-$-Ionen aus der Lösung ausgetauscht werden, dann findet man ungeachtet der thermodynamischen Stabilität, dass der Ni(II)-Komplex kinetisch extrem labil, der Mn(III)-Komplex mäßig labil und nur der Cr(III)-Komplex kinetisch inert ist: Die Halbwertszeiten für den CN^--Austausch liegen bei 30 s, 1 h bzw. 24 d.

Das $[Ni(CN)_4]^{2-}$ ist damit ein sehr gutes Beispiel für einen thermodynamisch sehr stabilen, kinetisch jedoch sehr labilen Komplex. Das klassische Beispiel für die genau entgegengesetzte Situation ist der in saurer Lösung thermodynamisch instabile, kinetisch jedoch sehr inerte Komplex $[Co(NH_3)_6]^{3+}$. Die Gleichgewichtskonstante der als *Acidolyse* bezeichneten Reaktion

$$[Co(NH_3)_6]^{3+} + 6\,H_3O^+ \rightleftharpoons [Co(H_2O)_6]^{3+} + 6\,NH_4^+$$

liegt bei ca. 10^{25}. Dennoch führt das Ansäuern einer Lösung des Hexammin-Komplexes zunächst nicht zu einer merklichen Reaktion; die thermodynamisch erwartete Reaktion kann erst nach Tagen beobachtet werden. Die kinetische Inertheit ist das Resultat einer hohen Aktivierungsenergie.

9.2.6 Chemische Bindung in Koordinationsverbindungen

Bei der Charakterisierung der elektronischen Eigenschaften von Liganden hatten wir darauf verwiesen, dass die Bindungsverhältnisse in Komplexverbindungen elektrovalent, elektrovalent + kovalent oder kovalent sein können.

Das klassische elektrostatische Modell von Kossel und Magnus Für die elektrovalenten Komplexverbindungen, in denen vornehmlich Ion-Ion- bzw. Ion-Dipol-Wechselwirkungen vorliegen, entwickelten Kossel und Magnus auf der Grundlage des Coulombschen Gesetzes eine elektrostatische Bindungs-Theorie, die Koordinationszahlen und Koordinationsgeometrien für diese Komplexe im Wesentlichen richtig beschreibt. Da weder die Elektronenstruktur der Liganden noch die des Zentralatoms berücksichtigt werden, konnte diese Bindungstheorie jedoch keine Aussagen zu den eigentlich interessanten Eigenschaften der Komplexverbindungen, also zu ihrer Farbigkeit und ihrem Magnetismus, machen. Zudem ist der elektrostatische Ansatz auch nur für eine relativ kleine Zahl von Komplexverbindungen möglich.

Die Valenzbindungs-Theorie von SIDGWICK und PAULING Nach den Vorstellungen von PAULING und SIDGWICK sind die Bindungen zwischen dem Zentralatom und den Donoratomen der Liganden – zumindest bei einer Reihe von starken Komplexen wie $[Fe(CN)_6]^{3-}$ oder $[Co(NH_3)_6]^{3+}$ – als im Wesentlichen kovalent aufzufassen. SIDGWICK erkannte als erster, dass sich die verfügbaren Elektronen von Zentralatom und Liganden zu einem edelgasähnlichen Elektronenverband zusammenfügen, entsprechend Zahl und Anordnung der Elektronen des die jeweilige Periode abschließenden Edelgases. Diese Regel wird daher als **Edelgasregel** oder **Regel der effektiven Atomnummer (EAN)** bezeichnet.

$[Fe(CN)_6]^{4-}$	Fe^{2+}: $3d^6$ – 6 Elektronen; 6 CN^--Liganden – 12 Elektronen; zusammen 18 Elektronen = Schale des Kryptons

Viele Komplexverbindungen genügen der Regel der effektiven Atomnummer, aber eben nicht alle:

$[Co(NH_3)_6]^{2+}$	Co^{2+}: d^7 – 7 Elektronen; 6 NH_3-Liganden – 12 Elektronen; zusammen 19 Elektronen, *keine* Edelgas-Schale

Auch diese Regel reicht also nicht aus, um die Gesamtheit der Erscheinungen bei der Komplexbildung zu deuten. Bedenklich war außerdem die sehr hohe negative Ladungsanhäufung am Zentralatom durch die schematische Eingliederung der Ligandenelektronen.

PAULING zeigte im Rahmen seiner Valenzbindungs-Theorie, dass man vor allem auch die Orbitale des Zentralatoms und die der Liganden in geeigneter Weise berücksichtigen muss.

Wichtig für die Komplexbildung ist auch die Elektronegativitätsdifferenz zwischen Zentralatom und Ligand-Donoratomen, aus der eine entsprechende Polarität der koordinativen Bindungen resultiert. Die koordinative Bindung entsteht durch die Überlappung eines besetzten Ligandorbitals mit einem unbesetzten Orbital des Zentralatoms. Die Koordinationsgeometrie kann dabei durch die jeweilige Hybridisierung der Zentralatomorbitale beschrieben werden; die häufigsten Hybridisierungstypen sind sp^3 – tetraedrisch, dsp^2 – quadratisch-planar und d^2sp^3 – oktaedrisch.

Für die Ausbildung von d^2sp^3-Hybridorbitalen sind die Elektronenkonfigurationen d^1, d^2 und d^3 unproblematisch, da auf jeden Fall die beiden dafür erforderlichen d-Orbitale zur Verfügung stehen. Bei den Konfigurationen d^4 bis d^6 bewirken starke Liganden eine Spinpaarung in den d-Orbitalen, sodass wieder zwei von ihnen für die d^2sp^3-Hybridisierung verfügbar sind; dieser Komplextyp wird als *Inner-orbital-Komplex* bezeichnet, weil für die Hybridisierung innere d-Orbitale verwendet werden. Können die Liganden keine Spinpaarung in den inneren d-Orbitalen bewirken (schwache Liganden), dann werden für die Hybridisierung äußere d-Orbitale unter Bildung von sp^3d^2-Hybridorbitalen verwendet; Komplexe dieses Typs bezeichnet man als *Outer-orbital-Komplexe*. Die Verhältnisse sind in Abbildung 9.13 dargestellt. Für d^7, d^8, d^9 und d^{10} können bei oktaedrischer Koordination nur noch Outer-orbital-Komplexe gebildet werden. Bei zunehmender Anzahl von d-Elektronen beobachtet man natürlich auch ein Ausweichen zu niedrigeren Koordinationszahlen.

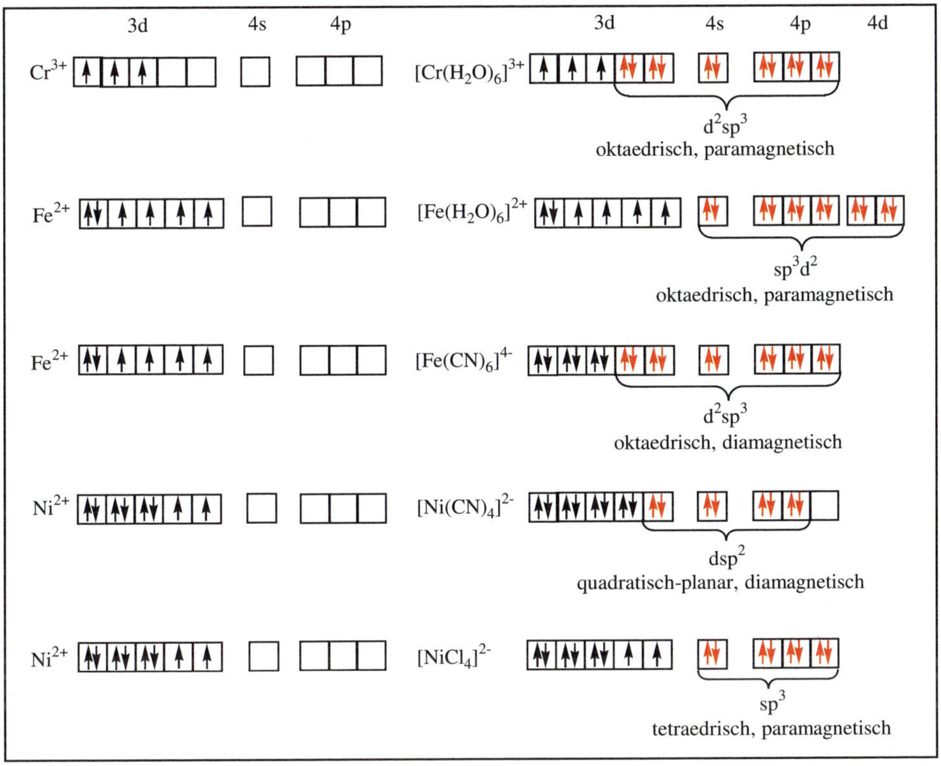

9.13 Valenzbindungsdiagramme ausgewählter Komplexverbindungen.

Bei der Koordinationszahl 4 und z. B. d^8-Zentralatomen (Abbildung 9.13) sind die Verhältnisse ganz analog. Starke Liganden bewirken auch hier eine Spinpaarung in den d-Orbitalen, sodass eine dsp^2-Hybridisierung und Bildung quadratisch-planarer Komplexe erfolgen kann; schwache Liganden bewirken keine Spinpaarung, das Zentralatom ist deshalb sp^3-hybridisiert und zeigt tetraedrische Koordinationsgeometrie.

Zur Beurteilung der Elektronenverteilung und damit auch der Bindungsverhältnisse verwendete PAULING die magnetischen Eigenschaften der entsprechenden Komplexverbindungen. So ist z. B. ein oktaedrischer Outer-orbital-Komplex des Fe(II) paramagnetisch im Ausmaß von vier ungepaarten Elektronen, ein Inner-orbital-Komplex ist dagegen diamagnetisch; ein tetraedrischer Ni(II)-Komplex ist paramagnetisch im Ausmaß von zwei ungepaarten Elektronen, ein quadratisch-planarer Komplex dagegen diamagnetisch etc.

Die Ligandenfeld-Theorie Auch die PAULINGsche VB-Betrachtung ist nur auf einen kleinen Teil von Komplexverbindungen beschränkt. Sie kann zwar deren magnetische Eigenschaften gut erklären, nicht jedoch deren Elektronenspektren, also die Farbigkeit.

Das erfolgreichste Konzept zur theoretischen Behandlung von Koordinationsverbindungen ist die Ligandenfeld-Theorie, die durch eine Erweiterung der elektrostatischen Theorie entwickelt worden ist. Die Liganden werden dabei zunächst weiterhin durch Punktladungen bzw. Punktdipole dargestellt, die gemäß der Koordinationsgeometrie um das Zentralatom ein elektrisches Feld der entsprechenden Symmetrie, das *Ligandenfeld*, erzeugen. Untersucht werden nun die Veränderungen, die das Elektronensystem des Zentralatoms unter der Einwirkung dieses Ligandenfeldes erfährt. Ziel dieser Untersuchungen ist demnach die Ermittlung des Termsystems eines Übergangsmetallkomplexions, also seiner verschiedenen Energiezustände.

Für die Behandlung des Problems sind zwei Methoden entwickelt worden, die Methode des schwachen Feldes und die Methode des starken Feldes. Bei der Methode des schwachen Feldes geht man von der Voraussetzung aus, dass die Wechselwirkungen der Elektronen des Zentralatoms untereinander groß sind gegenüber der Wirkung des Ligandenfeldes. Die Bahndrehimpulse aller Elektronen koppeln daher untereinander zu einem Gesamtbahndrehimpuls, die Eigendrehimpulse entsprechend zu einem Gesamteigendrehimpuls; beide werden durch die Quantanzahlen L bzw. S ausgedrückt. Diese Kopplung bezeichnet man als RUSSELL-SAUNDERS-Kopplung (LS-Kopplung). Jeder Term des Zentralatoms lässt sich daher nicht nur durch seinen Energieinhalt charakterisieren, sondern auch durch den Bahndrehimpulsbetrag und den Spinbetrag des Elektronensystems. Im nächsten Schritt werden nun die Veränderungen des Termsystems unter der Einwirkung des Ligandenfeldes untersucht: Manche Terme werden lediglich energetisch verschoben, andere werden zudem noch aufgespalten. Die Zahl der Folgeterme hängt vom Wert der Bahndrehimpulsquantenzahl L des Ursprungsterms sowie von der Symmetrie des Ligandenfeldes ab.

Bei der Methode des starken Feldes geht man von der Voraussetzung aus, dass das Ligandenfeld stark ist gegenüber der Wechselwirkung der d-Elektronen. Dadurch wird die LS-Kopplung zerstört. In einem ersten Schritt betrachtet man die Aufspaltung eines d-Einelektronenzustandes im elektrischen Feld der Liganden. An die Stelle der Quantenzahlen L und S treten nun die Besetzungszahlen der Einelektronenzustände im Ligandenfeld, also die Elektronenkonfigurationen. In einem zweiten Schritt werden die Elektronenwechselwirkung sowie außerdem auch die so genannte Konfigurationswechselwirkung berücksichtigt.

Berücksichtigt man alle möglichen Terme bzw. alle Ligandenfeldkonfigurationen, dann sind die Anzahl und die Art der aus einer Konfiguration d^n in einem Ligandenfeld bestimmter Symmetrie hervorgehenden Zustände natürlich dieselben, gleichgültig, ob man nach der Methode des schwachen oder der des starken Feldes vorgegangen ist.

Methode des starken Feldes Ein d-Einelektronenzustand ist im freien Ion bezüglich seines Bahndrehimpulses fünffach entartet, d. h. zu ihm gehören fünf linear unabhängige Eigenfunktionen, die fünf d-Orbitale. Aufgrund ihrer Symmetrieeigenschaften unterscheidet man zwei Typen von d-Orbitalen, die mit dε und dγ bezeichnet werden. Die Darstellung ihrer Winkelfunktionen zeigt, dass sich die drei dε-Funktionen längs der Winkelhalbierenden der kartesischen Achsen erstrecken, die zwei dγ-Funktionen haben ihre maximale Amplitude dagegen längs der Achsen (siehe Abbildung 3.10). Befinden sich die d-Orbitale in einem kugelsymmetrischen Feld, sind sie nach wie vor energetisch entartet. Dies ist nicht mehr der

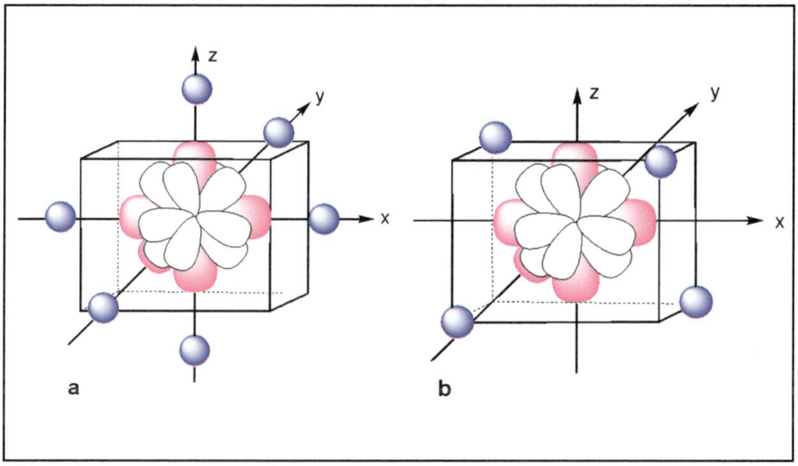

9.14 Orientierung der d-Orbitale: **a** im oktaedrischen und **b** im tetraedrischen Ligandenfeld (die dε-Orbitale sind farblos, die dγ-Orbitale rosa dargestellt, die negativen Ladungen durch blaue Kugeln).

Fall, wenn man von der Kugelsymmetrie zu einer niedrigeren Symmetrie übergeht. Bringen wir das Zentralatom nun in ein von sechs an den Ecken eines *Oktaeders* befindlichen Liganden erzeugtes elektrisches Feld; dabei denken wir uns die durch negative Ladungen dargestellten Liganden längs der kartesischen Koordinaten an das im Koordinatenursprung befindliche Zentralatom herangeführt (die kartesischen Koordinaten verbinden also jeweils gegenüberliegende Oktaederecken, Abbildung 9.14a). Betrachtet man nun die elektrostatische Wechselwirkung zwischen einem d-Elektron und den negativen Ladungen der Liganden, so ist zu erkennen, dass die elektrostatische Abstoßung für ein in den dγ-Zuständen befindliches Elektron größer ist als für ein Elektron, das sich in den dε-Zuständen aufhält. Damit erfolgt eine Aufspaltung der im kugelsymmetrischen Feld noch entarteten Zustände, wobei die dε-Zustände stabilisiert und die dγ-Zustände destabilisiert werden. Das Ergebnis dieser Überlegungen ist in Abbildung 9.15 dargestellt. Für die dε- und die dγ-Zustände wird häufig auch die Bezeichnung t_{2g} bzw. e_g verwendet (der Index g steht für *gerade*, weil ein Oktaeder ein Symmetriezentrum besitzt). Die Energien der Folgeterme $E(\mathrm{d}\varepsilon)$ und $E(\mathrm{d}\gamma)$ gegenüber der Energie der d-Orbitale im freien Ion ergeben sich zu

$$E(\mathrm{d}\varepsilon) = \varepsilon_0 - 4\,Dq \quad \text{und} \quad E(\mathrm{d}\gamma) = \varepsilon_0 + 6\,Dq \qquad (9\text{-}17)$$

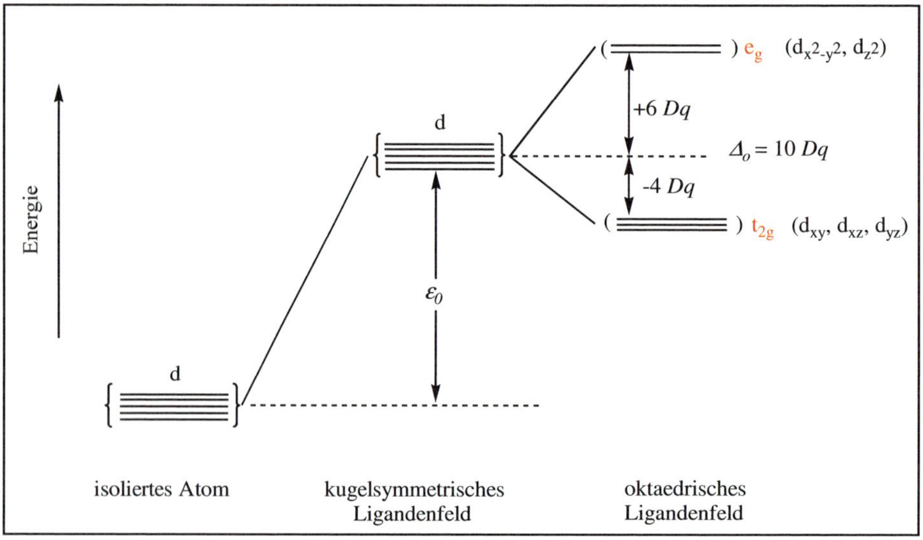

9.15 Aufspaltung der d-Orbitale in einem oktaedrischen Ligandenfeld.

Darin ist Dq der *Feldstärkeparameter* und ε_0 die vom kugelsymmetrischen Potenzialanteil herrührende energetische Verschiebung der d-Orbitale. Dies folgt auch direkt aus dem *Schwerpunktsatz*, wonach sich durch Multiplikation der Energien der Folgeterme mit ihren Entartungsgraden und anschließender Addition der Wert 10 ε_0 ergeben muss (die Entartungsgrade für dε und dγ sind $3 \cdot 2 = 6$ bzw. $2 \cdot 2 = 4$, da zu jedem Bahnzustand zwei Spinzustände möglich sind).

Die Energiedifferenz zwischen t_{2g} und e_g ist die *Ligandenfeldaufspaltungsenergie* $\Delta_o = 10\,Dq$ (der Index $_o$ steht für das oktaedrische Ligandenfeld):

$$E(e_g) - E(t_{2g}) = \Delta_o = 10\,Dq \qquad (9\text{-}18)$$

Für ein Ligandenfeld **tetraedrischer Symmetrie** ergibt sich folgendes Bild (Abbildung 9.14b): Die Liganden liegen nicht mehr auf den kartesischen Koordinaten, sodass nunmehr die dε-Orbitale näher an die negativen Ladungen heranreichen als die dγ-Orbitale. Daraus folgt eine Umkehrung der energetischen Reihenfolge der Spaltterme. Da die d-Orbitale insgesamt von den Tetraederecken räumlich weiter entfernt sind, ist die Aufspaltungsenergie Δ_t bei gleichen Liganden und gleichen Zentralatom-Ligand-Bindungsabständen geringer als Δ_o.

Wenn in Abbildung 9.14b auch die übrigen Ecken des *Würfels* zur Koordinationszahl 8 ergänzt werden, ändert sich die Reihenfolge der Spaltterme nicht, wohl aber die Größe der Energiedifferenz zwischen ihnen wegen der größeren Zahl von Liganden und der daraus folgenden größeren Wechselwirkung.

Generell finden wir folgende Zusammenhänge für die Größe der Aufspaltung in Ligandenfeldern der genannten Symmetrien (Abbildung 9.16):

$$\Delta_{\text{Tetraeder}} = -{}^{4}/_{9}\,\Delta_{\text{Oktaeder}}$$
$$\Delta_{\text{Würfel}} = 2 \cdot \Delta_{\text{Tetraeder}} = -{}^{8}/_{9}\,\Delta_{\text{Oktaeder}} \qquad (9\text{-}19)$$

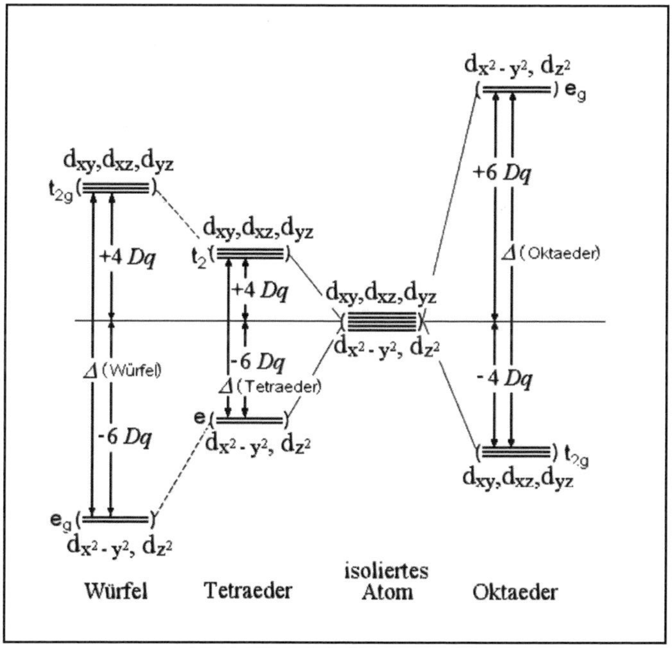

9.16 Aufspaltung der d-Orbitale in Ligandenfeldern unterschiedlicher Symmetrie.

Das negative Vorzeichen bedeutet, dass die Termreihenfolge umgekehrt ist. Das Aufspaltungsschema für einen d-Einelektronenzustand bei *quadratisch-planarer Symmetrie* lässt sich aus dem für das oktaedrische Ligandenfeld leicht ableiten, wenn man die auf der z-Achse befindlichen Liganden des Oktaeders zunehmend weiter vom Zentralatom entfernt. Für die dε-Zustände bedeutet dies, dass das d_{z^2}-Orbital zunehmend stabilisiert, das $d_{x^2-y^2}$-Orbital jedoch zunehmend destabilisiert wird; ihre Entartung wird also aufgehoben. Ebenso werden die d-Orbitale, die in die Nähe der z-Achse reichen, also d_{xz} und d_{yz}, entsprechend stabilisiert, während d_{xy} destabilisiert wird (Abbildung 9.17).

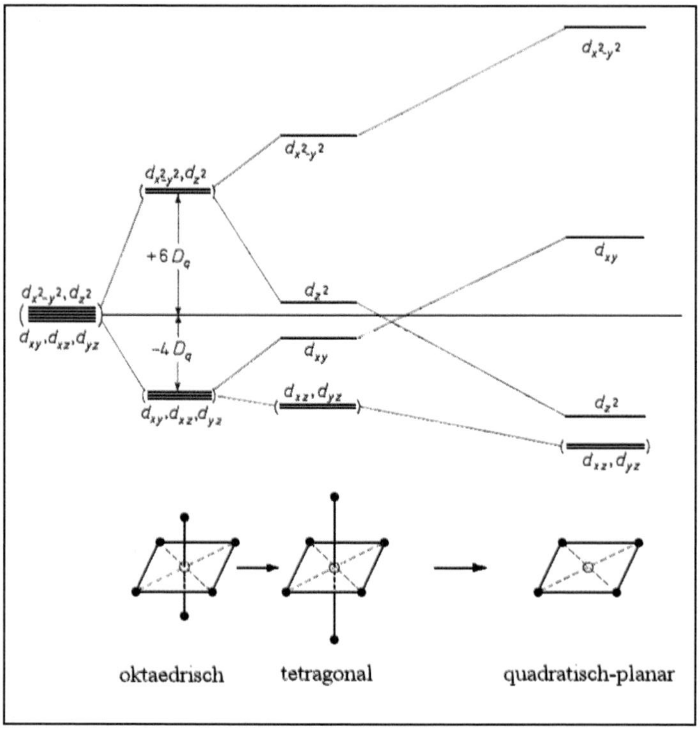

9.17 Aufspaltung der d-Orbitale im quadratisch-planaren Ligandenfeld.

Schauen wir uns im Folgenden nun die Besetzung der Spaltterme mit Elektronen in den verschiedenen d^n-Konfigurationen an und betrachten zunächst die Verhältnisse in einem oktaedrischen Ligandenfeld. Für Übergangsmetallionen mit ein, zwei, drei, acht, neun und zehn d-Elektronen gibt es jeweils nur eine Möglichkeit für die Verteilung der Elektronen im energieärmsten Zustand (Abbildung 9.18).

Bei Übergangsmetallionen mit vier, fünf, sechs und sieben d-Elektronen ist die Situation jedoch anders: Hier gibt es im oktaedrischen Ligandenfeld jeweils zwei mögliche Elektronenanordnungen, die in Abbildung 9.19 dargestellt sind. Die Anordnung, in der das Zentralatom aufgrund der HUNDschen Regel die größtmögliche Anzahl ungepaarter Elektronen besitzt, wird als **high spin-Zustand** bezeichnet, ein entsprechender Komplex als high spin-Komplex. Der Zustand, in dem entgegen der

HUNDschen Regel das Zentralatom die geringst mögliche Anzahl ungepaarter d-Elektronen besitzt, wird als **low spin-Zustand** bezeichnet, ein entsprechender Komplex als low spin-Komplex. Welche der beiden möglichen Elektronenanordnungen jeweils realisiert wird, hängt vom Verhältnis der Ligandenfeldaufspaltungsenergie Δ_o und der Spinpaarungsenergie P zueinander ab: Ist Δ_o kleiner als *P*, dann entsteht eine high spin-Anordnung der Elektronen, ist umgekehrt Δ_o größer als *P*, dann resultiert entsprechend eine low spin-Anordnung.

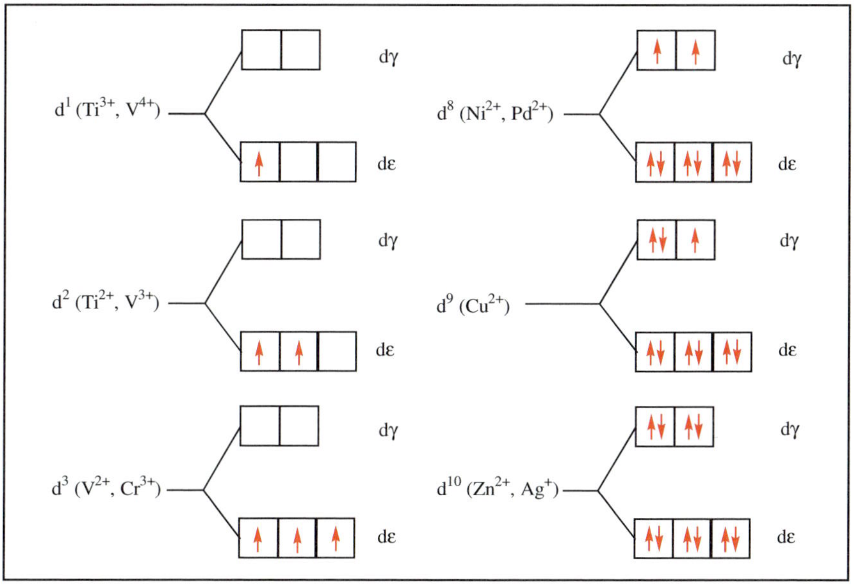

9.18 Verteilung von 1, 2, 3, 8, 9 und 10 Elektronen auf die dε- und dγ-Zustände im oktaedrischen Ligandenfeld.

Betrachten wir als Beispiel die d^4-Konfiguration: Der Einbau des vierten Elektrons in das dγ-Niveau würde einem Energieaufwand von Δ_o entsprechen; der Einbau dieses Elektrons in das dε-Niveau unter Spinpaarung würde den Energiebetrag *P* erfordern. Welche der beiden möglichen Elektronenanordnungen realisiert wird, hängt also vom Verhältnis dieser beiden Energiebeträge zueinander ab. Da die Spinpaarungsenergie *P* immer den gleichen Betrag hat, hängt die Elektronenanordnung letztlich also von der Größe der Ligandenfeldaufspaltungsenergie ab. Diese wiederum ist abhängig von der Ladung und der Ordnungszahl des Übergangsmetallions einerseits sowie von der Natur der Liganden andererseits. Ordnet man nun die Liganden nach der Größe der durch sie bei gleichem Zentralatom bewirkten Ligandenfeldaufspaltungsenergie, so erhält man die **spektrochemische Serie** der Liganden (Ausschnitt):

$$CO \approx CN^- > en > NH_3 > H_2O > OH^- > F^- > Cl^- > I^-.$$
starkes Feld mittleres Feld schwaches Feld

CO und CN^- sind demnach starke Liganden, die ein starkes Ligandenfeld mit einer großen Ligandenfeldaufspaltungsenergie erzeugen; solche Liganden bilden low spin-Komplexe. Cl^--Liganden sind demnach schwache Liganden mit einer nur geringen Ligandenfeldaufspaltungsenergie; solche Liganden bilden high spin-Komplexe.

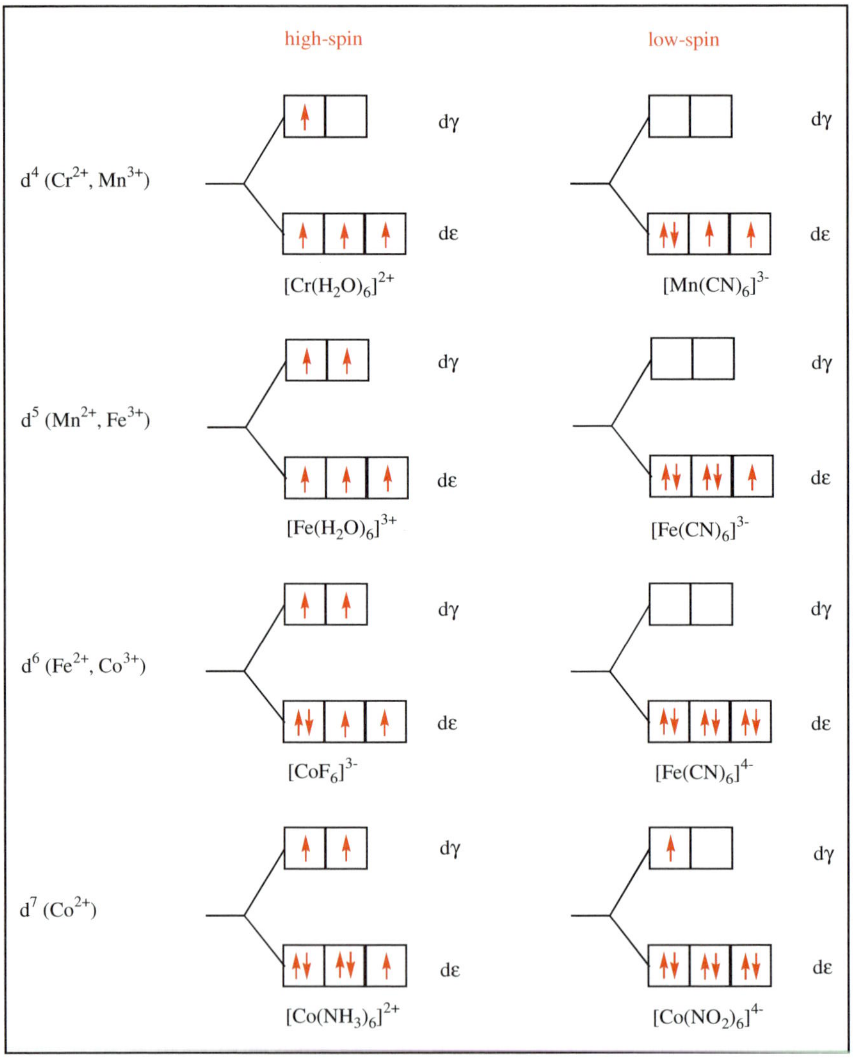

9.19 Verteilung von vier, fünf, sechs und sieben Elektronen auf die dε- und dγ-Zustände im oktaedrischen Ligandenfeld: high spin- und low spin-Anordnung.

Bei gleichen Liganden wächst die Ligandenfeldaufspaltungsenergie mit der Hauptquantenzahl der d-Orbitale:

$$3d < 4d < 5d$$

Eine Zunahme von Δ erfolgt auch mit steigender Oxidationsstufe des Zentralatoms. Für die Metallionen erhält man daher folgende Reihung (Ausschnitt):

$$Mn^{2+} < Ni^{2+} < Co^{2+} < Fe^{2+} < V^{2+} < Fe^{3+} < Cr^{3+} < Co^{3+} < Mn^{4+} < Mo^{3+} < Rh^{3+} < Pd^{4+} < Re^{4+} < Pt^{4+}$$

Die Besetzung der Spaltterme in Ligandenfeldern anderer Symmetrie erfolgt natürlich nach den gleichen Prinzipien. Entscheidend ist dabei immer das Verhältnis der Spinpaarungsenergie zu der Energiedifferenz zwischen den Spalttermen.

Bei *tetraedrischen Komplexen* ist die Ligandenfeldaufspaltungsenergie selbst mit den stärksten Liganden stets so gering, dass ausschließlich high spin-Komplexe gebildet werden; tetraedrische low spin-Komplexe sind daher nicht bekannt. Folglich ergeben sich für die Konfigurationen d^3, d^4, d^5 und d^6 in einem tetraedrischen Ligandenfeld stets die high spin-Anordnungen.

Ligandenfeldstabilisierungsenergie (LFSE) Aufgrund der Aufspaltung der d-Orbitale in den verschiedenen Ligandenfeldern tritt für die d-Elektronen der meisten d^n-Konfigurationen ein Energiegewinn auf, der als Ligandenfeldstabilisierungsenergie bezeichnet wird. Die für die einzelnen d^n-Konfigurationen resultierenden Werte sind für das oktaedrische und das tetraedrische Ligandenfeld in Tabelle 9.2 zusammengestellt. Die LFSE ist groß für die Konfigurationen d^3 und low spin-d^6 im oktaedrischen Ligandenfeld, da sich alle Elektronen im energetisch günstigen dε-Niveau befinden. Dies erklärt zum einen die von Cr^{3+}, Co^{3+} und Pt^{4+} eindeutig bevorzugte oktaedrische Koordination, zum anderen aber auch die große Beständigkeit der Oxidationsstufe +3 von Cr und Co in ihren Komplexverbindungen. Co^{2+} mit der Konfiguration $3d^7$ bildet mehr tetraedrische Komplexverbindungen als jedes andere Übergangsmetallion. Die Ligandenfeldstabilisierungsenergie ist in tetraedrischen Komplexen für diese Konfiguration größer als bei anderen Übergangsmetallionen. Die entsprechende Verteilung der Elektronen auf die Spaltterme des tetraedrischen Ligandenfeldes zeigt Abbildung 9.20.

Tabelle 9.2 LFSE bei oktaedrischen und tetraedrischen Komplexen ($Dq_{tetr} = {}^{4}/_{9}\ Dq_{okt}$)

	Oktaedrische Komplexe				Tetraedrische Komplexe	
d-Elektronenzahl	**high spin-Konfiguration**	**LFSE in Dq_{okt}**	**low spin-Konfiguration**	**LFSE in Dq_{okt}**	**Konfiguration**	**LFSE in Dq_{okt}**
1	$d\varepsilon^1$	–4			$d\gamma^1$	–2,7
2	$d\varepsilon^2$	–8			$d\gamma^2$	–5,3
3	$d\varepsilon^3$	–12			$d\gamma^2 d\varepsilon$	–3,6
4	$d\varepsilon^3 d\gamma$	–6	$d\varepsilon^4$	–16	$d\gamma^2 d\varepsilon^2$	–1,8
5	$d\varepsilon^3 d\gamma^2$	0	$d\varepsilon^5$	–20	$d\gamma^2 d\varepsilon^3$	0
6	$d\varepsilon^4 d\gamma^2$	–4	$d\varepsilon^6$	–24	$d\gamma^3 d\varepsilon^3$	–2,7
7	$d\varepsilon^5 d\gamma^2$	–8	$d\varepsilon^6 d\gamma$	–18	$d\gamma^4 d\varepsilon^3$	–5,3
8	$d\varepsilon^6 d\gamma^2$	–12			$d\gamma^4 d\varepsilon^4$	–3,6
9	$d\varepsilon^6 d\gamma^3$	–6			$d\gamma^4 d\varepsilon^5$	–1,8

Aus der Differenz der Ligandenfeldstabilisierungsenergien $LFSE_{okt} - LFSE_{tetr}$ lässt sich bei negativem Vorzeichen eine Bevorzugung der Oktaeder- gegenüber der Tetraeder-Geometrie ableiten.

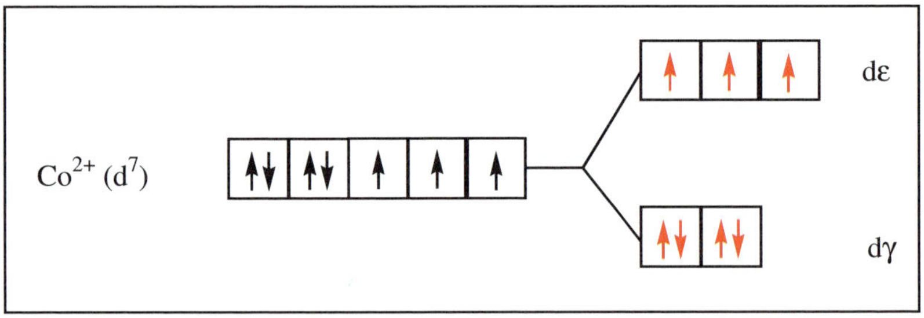

9.20 Elektronenkonfiguration des Co^{2+} im tetraedrischen Ligandenfeld.

Für die d^8-Ionen Pd^{2+}, Pt^{2+} und Au^{3+} ist die quadratisch-planare Koordinationsgeometrie charakteristisch. Alle diese Komplexverbindungen besitzen low spin-Anordnungen; die Aufspaltung und die Besetzung der d-Orbitale für den Komplex $[PtCl_4]^{2-}$ sind in Abbildung 9.21 dargestellt.

Die Energiedifferenz Δ_l ist bei gleicher Ligandenfeldstärke gleich der Ligandenfeldaufspaltungsenergie im oktaedrischen Feld Δ_o. Wenn Δ_l größer ist als die Spinpaarungsenergie P, dann werden low spin-Komplexe gebildet, für die bei d^8-Ionen die Ligandenfeldstabilisierungsenergie den größtmöglichen Wert hat. Quadratisch-planare Komplexe von d^8-Ionen sind folglich bei entsprechend hohen Werten der Ligandenfeldaufspaltungsenergie zu erwarten.

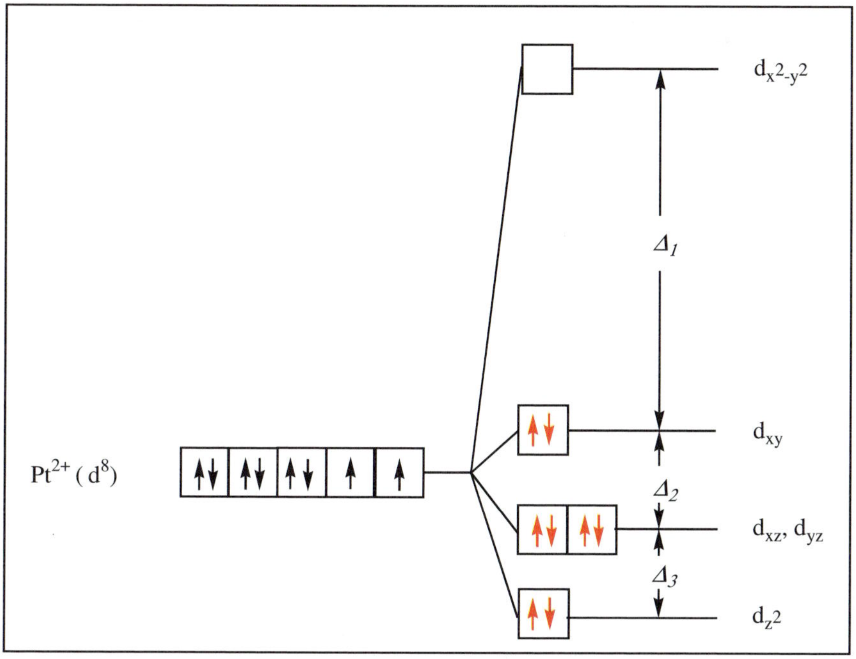

9.21 Aufspaltung und Besetzung der d-Orbitale in einem quadratisch-planaren d^8-Komplex.

Bei Pd^{2+} ($4d^8$), Pt^{2+} ($5d^8$) und Au^{3+} ($5d^8$) ist die Ligandenfeldaufspaltung mit allen Liganden so groß, dass nur quadratisch-planare low spin-Komplexe gebildet werden. Ni^{2+}($3d^8$) bildet dagegen nur mit starken Liganden wie CN^- quadratisch-planare Komplexe; mit weniger starken Komplexen wie H_2O oder auch NH_3 werden dagegen oktaedrische Komplexe gebildet. Die Ligandenfeldstabilisierungsenergie liefert u. a. einen Beitrag zur Hydratationsenergie von Übergangsmetallionen sowie auch zur Bildungsenthalpie und Gitterenergie ihrer Verbindungen.

Magnetische Eigenschaften von Komplexverbindungen Alle Ionen mit abgeschlossenen Unterschalen bzw. Schalen sind diamagnetisch. Dies gilt z. B. für die Metallionen der Hauptgruppenelemente, aber auch für die Ionen der Nebengruppenelemente Ag^+, Zn^{2+}, Cd^{2+} und Hg^{2+} mit ihren abgeschlossenen d-Unterschalen. Alle Ionen mit ungepaarten Elektronen sind dagegen paramagnetisch, besitzen also ein permanentes magnetisches Moment, dessen Größe von der Zahl der ungepaarten Elektronen bestimmt wird. Die Zahl ungepaarter Elektronen in einer Komplexverbindung hängt ab:

- von der Zahl der insgesamt vorhandenen d-Elektronen,
- von der Struktur der Komplexverbindung und
- bei d^4- bis d^7-Komplexen auch von der Stärke der Liganden.

Ein um einen Atomkern sich bewegendes Elektron erzeugt ein magnetisches Feld. Das Elektron besitzt ein *magnetisches Bahnmoment*, wenn es einen Bahndrehimpuls verschieden von Null besitzt; dies ist bei p-, d- und f-Elektronen der Fall, nicht jedoch bei s-Elektronen. Aufgrund seines Eigendrehimpulses besitzt ein Elektron außerdem ein *magnetisches Spinmoment*. Bei Elektronenpaaren kompensieren sich die Bahnmomente und Spinmomente der beiden Elektronen.

Jeder Drehimpuls eines Elektrons ist mit einem magnetischen Moment nach folgender Gleichung gekoppelt:

$$\mu_{\text{mag}} = \frac{e}{2m_e} \cdot \frac{h}{2\pi} \sqrt{X(X+1)} \qquad (9\text{-}20)$$

(e = Elementarladung, m_e = Masse des Elektrons, X = Quantenzahl des Drehimpulses)

Beschränken wir unsere Betrachtungen auf die 3d-Elemente, so finden wir, dass die magnetischen Momente ihrer Komplexverbindungen in guter Näherung durch die Formel für den reinen Spinmagnetismus beschrieben werden können:

$$\mu_{\text{eff}} = \sqrt{4S(S+1)} = \sqrt{\text{n}(\text{n}+2)} \quad \text{[in B.M.]} \qquad (9\text{-}21)$$

mit S = Spinquantenzahl,
n = Zahl der ungepaarten Elektronen,
B.M. = BOHRsches Magneton:

$$\beta_{\text{B}} = \frac{e \cdot h}{4\pi \text{m}_{\text{e}} c}$$

Ausgenommen davon sind die Komplexe von Co^{2+} und Ni^{2+}, deren magnetische Momente in Richtung der Werte liegen, die sich nach der Formel

$$\mu_{\text{eff}} = \sqrt{L(L+1) + 4S(S+1)} \qquad (9\text{-}22)$$

L = Bahndrehimpulsquantenzahl, S = Spinquantenzahl

ergeben. In Tabelle 9.3 sind die magnetischen Momente für reinen Spinmagnetismus und experimentell ermittelte Werte für Komplexverbindungen der 3d-Elemente gegenübergestellt.

Tabelle 9.3 Magnetische Momente oktaedrischer Komplexe der 3d-Elemente

		high spin			low spin		
Ion	**d-Elektronenzahl**	**Zahl ungepaarter Elektronen**	**Spinmoment [B.M.]**	μ_{exp} **[B.M.]**	**Zahl ungepaarter Elektronen**	**Spinmoment [B.M.]**	μ_{exp} **[B.M.]**
Ti^{3+}	1	1	1,73	1,65-1,79	–	–	–
V^{3+}	2	2	2,83	2,75-2,85	–	–	–
Cr^{3+}	3	3	3,87	3,70-3,90	–	–	–
Mn^{3+}	4	4	4,90	4,90-5,00	2	2,83	3,18
Mn^{2+}	5	5	5,92	5,65-6,10	1	1,73	1,80-2,10
Fe^{2+}	6	4	4,90	5,10-5,70	0	0	diamagn.
Co^{3+}	6	4	4,90	4,3	0	0	diamagn.
Co^{2+}	7	3	3,87	4,30-5,20	1	1,73	1,8
Ni^{2+}	8	2	2,83	2,80-3,50	0	0	diamagn.
Cu^{2+}	9	1	1,73	1,70-2,20	–	–	–

Durch Messungen der magnetischen Momente kann experimentell leicht zwischen der high spin- und der low spin-Konfiguration eines Komplexes unterschieden werden: Im Vergleich zu den entsprechenden high spin-Komplexen haben die low spin-Komplexe eines Zentralatoms immer ein verringertes magnetisches Moment (Tabelle 9.3).

Das Auftreten von high spin-Komplexen (magnetisch normalen Komplexen) und von low spin-Komplexen (magnetisch anomalen Komplexen) lässt sich sehr anschaulich auf der Grundlage der Ligandenfeldtheorie deuten. Betrachten wir als Beispiel das magnetische Verhalten oktaedrischer d^6-Komplexe (Abbildung 9.22). Bei schwachem Ligandenfeld ist die Aufspaltung $\Delta_o = 10\,Dq$ gering. Damit ist der Abstand zwischen dem dε- und dem dγ-Zustand so klein, dass sich die sechs Elektronen nach $d\varepsilon^4 d\gamma^2$ auf beide Niveaus verteilen. Daraus resultieren vier ungepaarte Elektronen, sodass die entsprechenden Komplexe magnetisch normales Verhalten zeigen (high spin-Komplexe). Bei starkem Ligandenfeld ist die Aufspaltung $\Delta_o = 10\,Dq$ so groß, dass nunmehr die sechs Elektronen unter Spinpaarung die drei dε-Zustände besetzen. Damit ist die Zahl ungepaarter Elektronen gleich Null und es resultiert magnetisch anomales Verhalten (low spin-Komplexe).

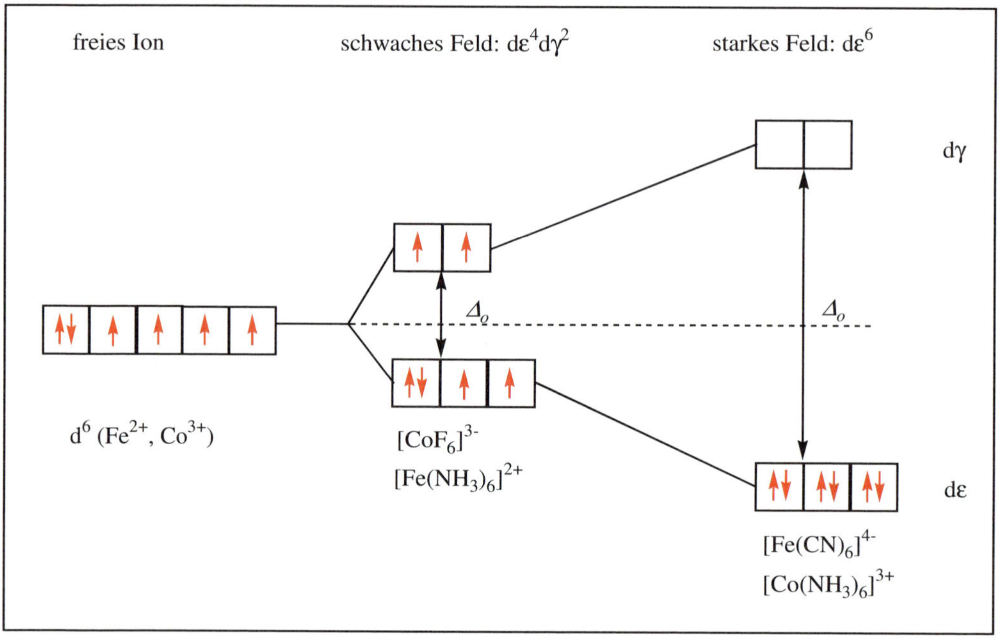

9.22 Magnetisches Verhalten oktaedrischer Komplexe.

Ganz analoge Betrachtungen können auch für niedriger symmetrische Komplexverbindungen angestellt werden. Dabei muss man dann von dem jeweiligen Aufspaltungsbild der d-Einelektronenzustände im Ligandenfeld der betreffenden Symmetrie ausgehen und die Verteilung der Elektronen auf die Zustände bei schwachem und bei starkem Ligandenfeld untersuchen.

Ionenradien Die Aufspaltung der d-Orbitale führt zu Veränderungen der Radien der Zentralionen der Komplexverbindungen; in Abbildung 9.23 sind die Verhältnisse für die zweiwertigen Kationen der 3d-Elemente bei oktaedrischer Koordination dargestellt. Die gestrichelte Linie entspricht dem Gang der Ionenradien bei kugelsymmetrischer Ladungsverteilung, wie er sich aus der Zunahme der effektiven Kernladung entlang der 3d-Reihe ergeben würde; sie verbindet die Punkte für die Radien von d^0, d^5 (high spin) und d^{10}, die eben diese kugelsymmetrische Ladungsverteilung besitzen. Eine einfache elektrostatische Betrachtung zeigt, dass Elektronen in den t_{2g}-Zuständen die Liganden weniger stark abstoßen und zu kleineren Ionenradien führen als Elektronen in den e_g-Zuständen. Für die Ionen d^0, d^1, d^2, d^3 sowie low spin-d^4, low spin-d^5 und low spin-d^6, bei denen die Elektronen die t_{2g}-Zustände besetzen, wird daher eine Abnahme der Ionenradien zu beobachten sein. Bei high spin-d^4 und high spin-d^5 erfolgt erwartungsgemäß eine Zunahme der Ionenradien, danach bis d^8 wieder eine Abnahme und über d^9 bis d^{10} wieder eine

Zunahme, da die zuletzt hinzugekommenen Elektronen wieder e_g-Zustände besetzen.

Ionen mit low spin-Konfigurationen sind stets kleiner als die mit high spin-Konfigurationen. Der Übergang des Fe^{2+} im Hämoglobin aus der high spin- in die low spin-Konfiguration und die damit verbundene Abnahme seines Ionenradius bei der Koordination eines O_2-Moleküls ist für die Funktionalität des Sauerstofftransport-Proteins von grundlegender Bedeutung (Abschnitt 9.5.2).

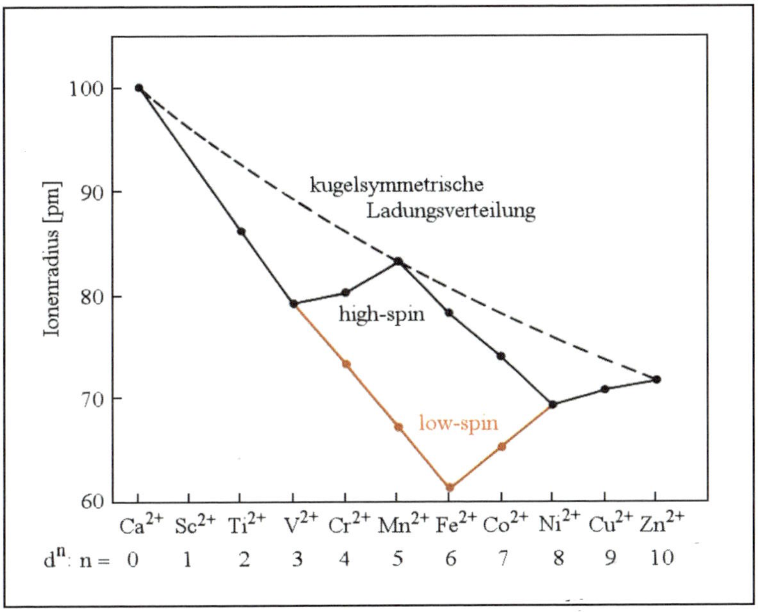

9.23 Ionenradien für oktaedrische Koordination.

Elektronenspektren und Farbe von Komplexverbindungen Während für die Deutung der magnetischen Eigenschaften von Komplexverbindungen nur die Kenntnis ihrer Grundzustände erforderlich ist, können ihre Absorptionsspektren nur bei Kenntnis auch ihrer angeregten Zustände interpretiert werden. Nach der Methode des starken Feldes bedeutet dies, dass man alle für die jeweilige Anzahl von d-Elektronen möglichen Verteilungen auf die Spaltzustände des entsprechenden Ligandenfeldes kennen muss, also alle möglichen Elektronenkonfigurationen.

Abbildung 9.24 zeigt zunächst ein generalisiertes Elektronenspektrum eines Übergangsmetallkomplexes. Im *sichtbaren Bereich* des Spektrums treten eine oder mehrere, generell jedoch intensitätsschwache Banden auf, deren Ursprung Übergänge innerhalb der d-Unterschale des Zentralatoms sind; sie werden daher auch als **d-d-Übergänge** bzw. **Zentralatombanden** bezeichnet. Und genau diesen Banden gilt im Weiteren unser Interesse. Im *ultravioletten Bereich*, und manchmal auch in den sichtbaren Bereich hineinreichend, treten darüber hinaus sehr intensive

Banden auf, die unterschiedlichen Ursprungs sind: Zum einen handelt es sich dabei um Übergänge zwischen Zuständen der Liganden, also um **Innerligandbanden**; zum anderen treten hier auch die **Charge-Transfer-Banden** auf (CT-Banden), die je nach Ligand und Zentralatom entweder aus einer Elektronenübertragung vom Zentralatom auf die Liganden oder aus einer Elektronenübertragung von den Liganden auf das Zentralatom resultieren. Alle drei Bandenarten werden unter der Bezeichnung **Ligandenbanden** zusammengefasst. Befindet sich in einer Komplexverbindung ein Hauptgruppenmetallion anstelle eines Übergangsmetallions, dann fehlen im Absorptionsspektrum erwartungsgemäß die schwachen Banden des sichtbaren Bereiches, z. B. bei $[Al(oxalat)_3]^{3-}$ im Vergleich zum $[Cr(oxalat)_3]^{3-}$.

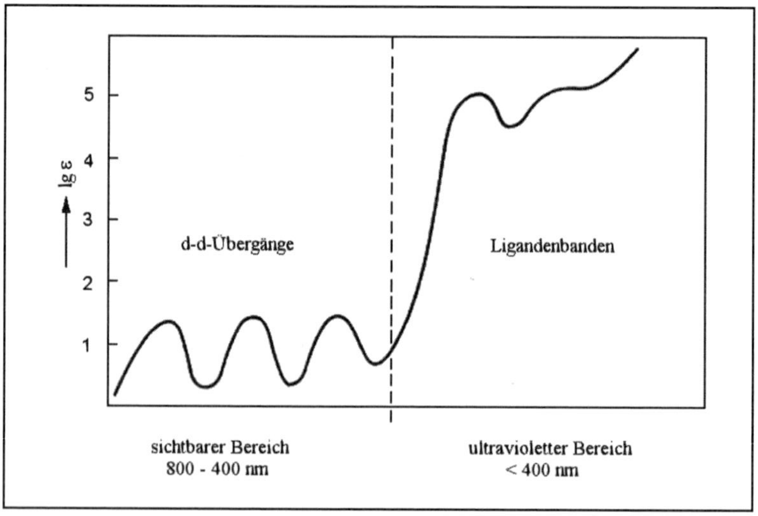

9.24 Schematische Darstellung des Absorptionsspektrums eines Übergangsmetallkomplexes (aufgetragen wird üblicherweise der Logarithmus des molaren Extinktionskoeffizienten ε gegen die Wellenlänge, z. B. in nm).

Betrachten wir im Folgenden das Absorptionsspektrum eines oktaedrischen Cr^{3+}-Komplexes, also die d^3-Konfiguration im oktaedrischen Ligandenfeld. Der Grundzustand eines solchen Komplexes ergibt sich nach unseren bisherigen Betrachtungen zu $d\varepsilon^3$. Der erste angeregte Zustand hat die Konfiguration $d\varepsilon^2 d\gamma^1$, der zweite angeregte Zustand entsprechend $d\varepsilon^1 d\gamma^2$. Ohne auf Einzelheiten eingehen zu wollen sei hier lediglich festgestellt, dass bei Berücksichtigung der *Elektronenwechselwirkung* aus der Konfiguration $d\varepsilon^2 d\gamma^1$ die in Abbildung 9.25 mit $^4T_{2g}$ und $^4T_{1g}$ bezeichneten Zustände hervorgehen, sodass nun insgesamt drei angeregte Zustände vorliegen, deren genaue energetische Lage sich allerdings erst aus der Berücksichtigung auch der *Konfigurationswechselwirkung* ergibt. Das in Abbildung 9.25b dargestellte Absorptionsspektrum des $[Cr(H_2O)_6]^{3+}$ zeigt drei Banden I, II und III, die den jeweiligen Übergängen I, II und III in Abbildung 9.25a zugeordnet werden können.

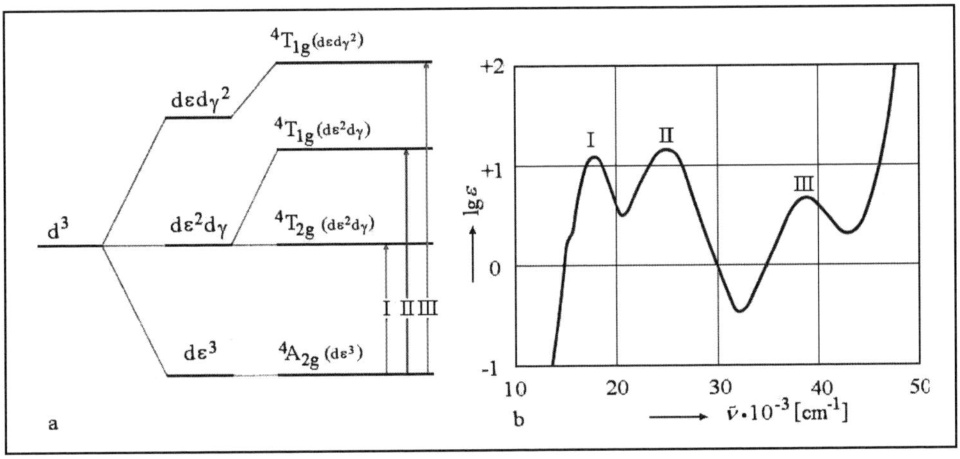

9.25 **a** Übergänge im Termsystem des Cr^{3+} (d^3) im oktaedrischen Ligandenfeld (nur Quartett-Terme); **b** Absorptionsspektrum des $[Cr(H_2O)_6]^{3+}$.

Aus der Lage der Absorptionsbanden lassen sich die 10 *Dq*-Werte experimentell bestimmen. Die Farbe der Komplexverbindungen ergibt sich als Komplementärfarbe: Absorbiert eine Komplexverbindung z. B. im blauen Bereich, ist ihre Farbe orange, absorbiert sie im grünen Bereich, ist ihre Farbe purpur etc. Damit hängt die Farbe einer Komplexverbindung von der Größe von 10 *Dq* ab.

Methode des schwachen Feldes Die Methode des schwachen Feldes geht – wie oben bereits festgestellt – von der Voraussetzung aus, dass das Ligandenfeld nur schwach ist gegenüber der Wechselwirkung der d-Elektronen untereinander. In diesen Fällen muss man also zuerst die Wechselwirkungen der Elektronen untereinander untersuchen und danach die Auswirkungen des Ligandenfeldes.

Jedes Elektron hat einen Bahndrehimpuls und einen Eigendrehimpuls. Für die leichteren Atome bis hin etwa zu den Lanthanoiden koppeln nun alle Bahndrehimpulse der einzelnen Elektronen zu einem Gesamtbahndrehimpuls M_L mit der Quantenzahl L:

$$M_L = \Sigma\, m_l$$
$$M_L = L, L\!-\!1, L\!-\!2, \ldots, -L$$

Ebenso koppeln die Spins der einzelnen Elektronen m_s zu einem Gesamtspin M_S mit der Quantenzahl S:

$$M_S = \Sigma\, m_s$$
$$M_S = S, S-1, S-2, \ldots, -S$$

Ganz analog zu den Bezeichnungen für einzelne Elektronen werden die folgenden Symbole (allerdings als Großbuchstaben) verwendet:

L	0	1	2	3	4	5	6
Symbol	S	P	D	F	G	H	I

Der Gesamtspin und der Gesamtbahndrehimpuls koppeln schließlich zu einem Gesamtdrehimpuls des Atoms mit der Quantenzahl J gemäß

$$J = L+S,\ L+S-1,\ L+S-2,\ \ldots,\ L-S \qquad (L \geq S)$$
$$J = S+L,\ S+L-1,\ S+L-2,\ \ldots,\ S-L \qquad (S \geq L)$$

Die Methode zur Ermittlung dieser Quantenzahlen S, L und J und damit zur Ermittlung des Gesamtdrehimpulses des Atoms bezeichnet man als RUSSELL–SAUNDERS-Kopplung oder auch LS-Kopplung. Die durch die drei Quantenzahlen bestimmten Zustände nennt man entsprechend RUSSELL–SAUNDERS-Terme; das Symbol dafür ist $^{2S+1}L_J$, worin $2S+1$ die *Spinmultiplizität* ist. Ein Term mit $L = 4$ und $S = {}^1/_2$ ist also ein ^{2}G-Term, ein Term mit $L = 2$ und $S = {}^3/_2$ entsprechend ein ^{4}D-Term etc. In Sprache und Schrift werden die Terme mit Spinmultiplizitäten von 1, 2, 3, 4, 5, 6, … als Singuletts, Dubletts, Tripletts, Quartetts, Quintetts, Sextetts, … bezeichnet.

In Tabelle 9.4 sind die RUSSELL-SAUNDERS-Terme für die Konfigurationen d^1 bis d^9 zusammengestellt; die Prozedur zu ihrer Ermittlung soll hier jedoch nicht dargestellt werden. Nach der Ermittlung der einzelnen Terme aus den jeweiligen d^n-Konfigurationen muss als nächstes festgestellt werden, in welcher energetischen Reihenfolge sie auftreten. Das Wichtigste ist dabei zunächst die Kenntnis des energetisch am tiefsten liegenden Terms, also des **Grundzustandsterms**. Dieser Grundzustandsterm wird mithilfe der **HUNDschen Regeln** ermittelt:

1. Von allen Termen einer Konfiguration ist derjenige mit der höchsten Spinmultiplizität der Grundterm.
2. Besitzen mehrere Terme die gleiche Spinmultiplizität, dann ist der Term mit dem größeren L-Wert der stabilere.
3. Bei gleicher Spinmultiplizität und gleichem L-Wert steigen die Energien der Terme mit den J-Werten an, wenn sich der Term von einer Konfiguration einer weniger als halbbesetzten Schale ableitet; die Reihenfolge der Zustände wird umgekehrt, wenn die Schale mehr als halbbesetzt ist.

Die Reihenfolge, in der die anderen Terme oberhalb des Grundterms liegen, sowie ihre Abstände untereinander und vom Grundterm können nicht in einfacher Weise vorhergesagt werden. Mit der Theorie der interelektronischen Abstoßung innerhalb einer Konfiguration lassen sich jedoch auch diese Informationen erhalten. Zudem sind die Termsysteme für die meisten der in Frage kommenden Metallionen aus ihren Emissionsspektren gut bekannt.

Tabelle 9.4 RUSSELL-SAUNDERS-Terme der Konfigurationen d^1 bis d^9 (rot: Grundzustandsterme)

Konfiguration	Terme
d^1, d^9	^2D
d^2, d^8	^3F, ^3P, ^1G, ^1D, ^1S
d^3, d^7	^4F, ^4P, ^2H, ^2G, ^2F, $2 \cdot {}^2D$, ^2P
d^4, d^6	^5D, ^3H, ^3G, $2 \cdot {}^3F$, ^3D, $2 \cdot {}^3P$, ^1I, $2 \cdot {}^1G$, ^1F, $2 \cdot {}^1D$, $2 \cdot {}^1S$
d^5	^6S, ^4G, ^4F, ^4D, ^4P, ^2I, ^2H, $2 \cdot {}^2G$, $2 \cdot {}^2F$, $3 \cdot {}^2D$, ^2P, ^2S

Jeder Zustand im Termsystem eines freien Atoms oder Ions hat einen bestimmten Energiewert, der sich als Eigenwert der SCHRÖDINGER-Gleichung ergibt. Zu jedem Energieeigenwert gehören eine oder mehrere Eigenfunktionen Ψ. Die Zahl der linear unabhängigen Eigenfunktionen gibt den Entartungsgrad des betreffenden

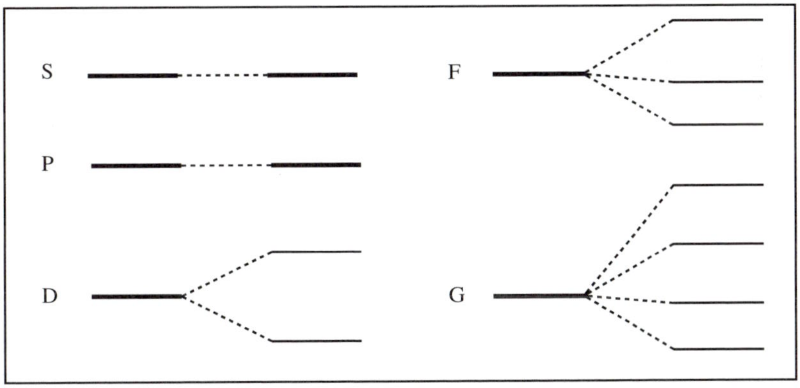

9.26 Termaufspaltung im oktaedrischen und tetraedrischen Ligandenfeld.

Zustandes an: Zu einem S-Zustand gehören eine, zu einem P-Zustand drei, zu einem D-Zustand fünf und zu einem F-Zustand sieben linear unabhängige Eigenfunktionen; ein S-Zustand ist demnach einfach, ein P-Zustand dreifach, ein D-Zustand fünffach und ein F-Zustand siebenfach *bahnentartet*. Bei Einschaltung des Ligandenfeldes wird nun diese Entartung ganz oder teilweise aufgehoben. Besitzt das Ligandenfeld *oktaedrische* oder auch *tetraedrische Symmetrie,* dann spalten ein S- und ein P-Zustand nicht auf, ein D-Zustand spaltet in einen dreifach und einen zweifach entarteten Zustand auf, ein F-Zustand in zwei dreifach und einen nicht entarteten Zustand etc. (Abbildung 9.26).

Bestimmt man die energetische Reihenfolge der Spaltterme, so ergibt sich, dass sie bei tetraedrischer Symmetrie stets umgekehrt ist wie bei oktaedrischer Symmetrie. Dies ist in Abbildung 9.27 für einen F-Zustand gezeigt. Ist also bei einem F-Term des freien Ions bei Einschalten eines oktaedrischen Ligandenfeldes die energetische Reihenfolge der Spaltterme A_{2g}, T_{2g}, T_{1g}, so ergibt sie sich im tetraedrischen Ligandenfeld zu T_1, T_2, A_2.

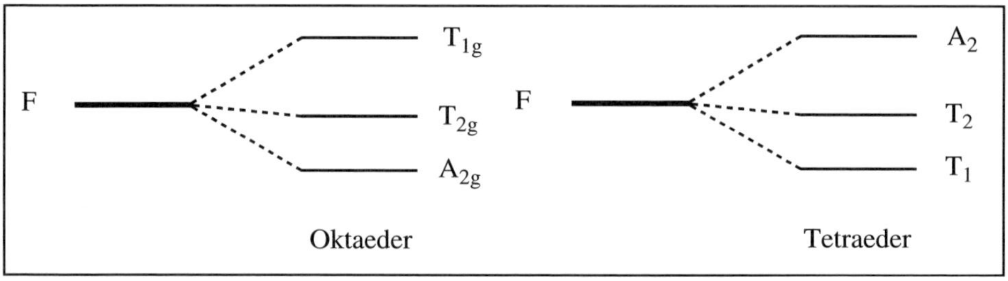

9.27 Aufspaltung eines F-Terms im oktaedrischen und tetraedrischen Ligandenfeld.

Die aus den Konfigurationen $3d^1$ bis $3d^9$ hervorgehenden *Grundzustände* gehören, ausgenommen $3d^5$ mit $L = 0$, zu den L-Werten 2 oder 3. Sie ordnen sich symmetrisch um die der halbbesetzten Schale entsprechende Konfiguration $3d^5$ an. Entsprechend sind auch die Aufspaltungsbilder zu d^5 symmetrisch (Abbildung 9.28). Die *energetische Reihenfolge* der Spaltterme ist bezüglich der halbbesetzten d-Schale allerdings nicht symmetrisch. d^1 und d^9 zeigen zwar gleiche Aufspaltungsbilder, die energetische Reihenfolge der Spaltzustände ist jedoch genau umgekehrt: Bei d^1 liegt der T_{2g}-Zustand am tiefsten, der E_g-Zustand ist angeregter Zustand; bei d^9 ist der E_g-Zustand Grundzustand und der T_{2g}-Zustand angeregter Zustand. Entsprechendes gilt für d^2 und d^8, d^3 und d^7 sowie d^4 und d^6. Diese Gesetzmäßigkeiten folgen aus der Reziprozität zwischen Elektronen und positiven Löchern (Positronen): Das elektrische Feld der Liganden hat auf positive Löcher einen umgekehrten Einfluss wie auf Elektronen, sodass daraus die *Terminversion* folgt. Die in Abbildung 9.28 gezeigten Aufspaltungen gelten auch für die tetraedrische Symmetrie, jedoch muss dazu die Termreihenfolge invertiert werden, also für Co^{2+} (d^7) statt (T_{1g}–T_{2g}–A_{2g}) dann (A_2–T_2–T_1).

Für eine Interpretation der magnetischen und spektroskopischen Eigenschaften von Komplexverbindungen muss man in vielen Fällen neben dem Grundzustandsterm auch die übrigen Terme berücksichtigen. Die graphische Darstellung der

Energie der Terme bzw. Spaltterme in Abhängigkeit von der Ligandenfeldstärke 10 *Dq* ergibt die **Termdiagramme**. Für diese Diagramme gilt:

- Die Spaltterme besitzen die gleiche Spinmultiplizität wie die Terme des freien Metallions, aus denen sie hervorgehen.
- Terme gleicher Multiplizität und gleichen Charakters überschneiden sich nicht (engl. *non crossing rule*).
- Bei Termen, die allein vorkommen, ändert sich die Energie linear mit der Ligandenfeldstärke.
- Zwischen Termen mit identischer Bezeichnung tritt eine Wechselwirkung auf, die zu ihrer Abstoßung führt – ihre Energiekurven sind daher gekrümmt.

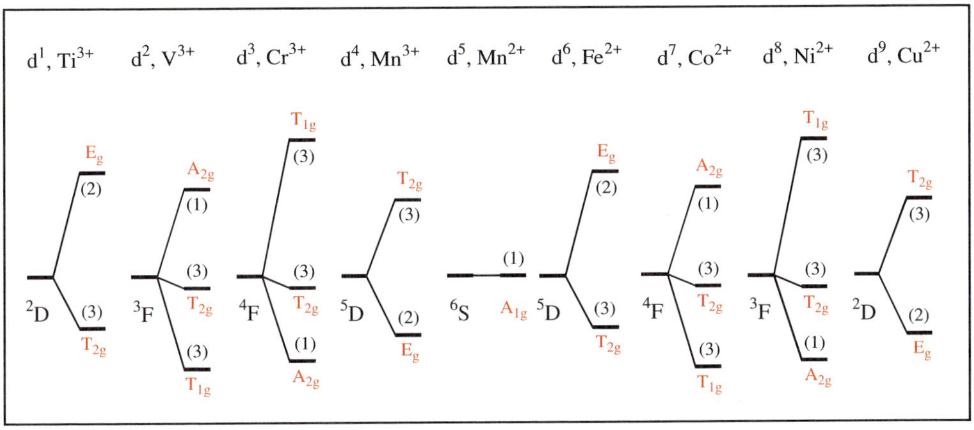

9.28 Termaufspaltung der Grundzustände der 3d-Ionen Ti^{3+} bis Cu^{2+} im oktaedrischen Ligandenfeld.

Die **magnetischen Eigenschaften** der Komplexverbindungen ergeben sich in einfacher Weise aus der Multiplizität des Grundzustandterms in der jeweiligen Koordinationsgeometrie. Bei den Konfigurationen d^4 bis d^7 in oktaedrischer Geometrie ändert sich bei einer bestimmten Ligandenfeldstärke der Grundzustandsterm, sodass bei niedrigen Werten von 10 *Dq* high spin-Komplexe vorliegen, bei höheren Werten entsprechend low spin-Komplexe. Dies ist am Beispiel der d^6-Konfiguration in Abbildung 9.29 demonstriert. Es ist zu erkennen, dass nach dem Schnittpunkt der Termlinien für $^5T_{2g}$ und $^1A_{1g}$ letzterer zum Grundzustandsterm wird. Seine Spinmultiplizität ist gleich 1, folglich ist ein oktaedrischer d^6 low spin-Komplex diamagnetisch.

Auch für die Deutung der *Elektronenspektren* sind nicht nur die Änderungen des Grundzustandsterms in einem Ligandenfeld allein zu betrachten, sondern auch die entsprechenden Veränderungen höherer Terme. Hinzu kommt die zwischen Termen gleicher Multiplizität und gleichen Charakters auftretende Termwechselwirkung, die noch einmal die energetische Lage dieser Terme verändert. Abbildung 9.30 zeigt das Termsystem des Cr^{3+} bei oktaedrischer Symmetrie des Ligandenfeldes und Berücksichtigung der Termwechselwirkung; ebenso eingezeichnet sind die drei zu den Absorptionsbanden führenden Übergänge I, II und III. Da die Bande III für viele oktaedrische Cr(III)-Komplexe im nahen UV-Bereich liegt, wird sie häufig von Ligandenbanden überdeckt. Abbildung 9.29 zeigt anschaulich, dass ein oktaedrischer high spin-d^6-Komplex in seinem Absorptionsspektrum nur eine Bande (blauer Pfeil), ein oktaedrischer low spin-d^6-Komplex dagegen zwei Banden besitzt (rote Pfeile). Mit einem Wechsel des Spin-Zustandes ist also auch eine Änderung in den Absorptionsspektren verbunden.

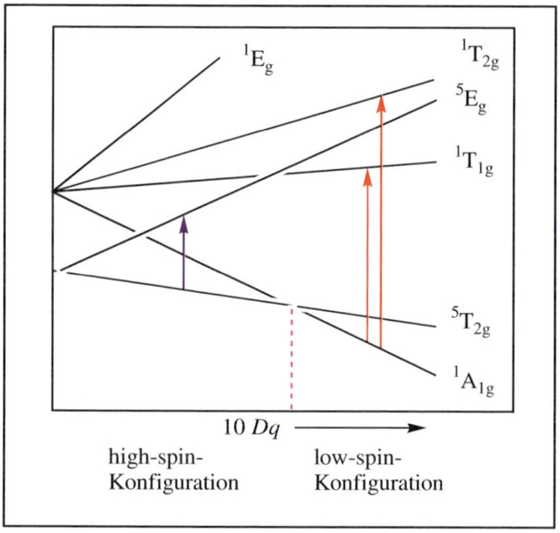

9.29 Ausschnitt (schematisch) aus dem Termdiagramm der d^6-Konfiguration im oktaedrischen Ligandenfeld.

Abschließend sei noch einmal betont, dass die vollständigen ligandenfeldtheoretischen Behandlungen nach der Methode des starken Feldes und nach der Methode des schwachen Feldes zu den gleichen Ergebnissen führen. Die nach der Methode des starken Feldes erhaltenen Ligandenfeld-Konfigurationen korrespondieren also mit den nach der Methode des schwachen Feldes erhaltenen Termdiagrammen.

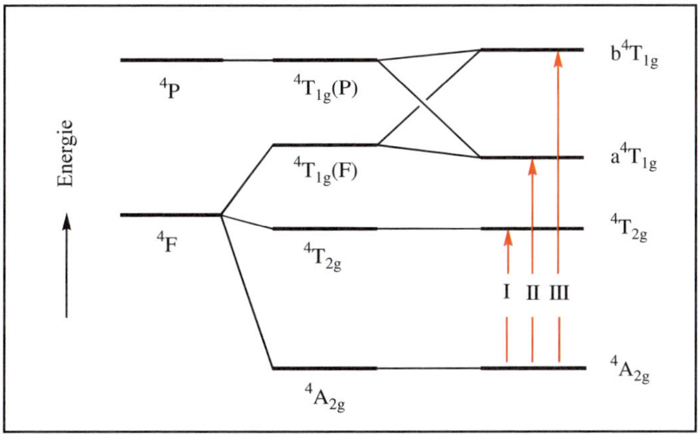

9.30 Termsystem des Cr^{3+} bei oktaedrischer Symmetrie (nur Quartett-Terme; Berücksichtigung der Termwechselwirkung).

Molekülorbital-Theorie von Komplexverbindungen In Abschnitt 4 ist gezeigt worden, dass Molekülorbitale durch Linearkombination von Atomorbitalen erhalten werden. Bei Komplexverbindungen müssen nun die Atomorbitale des Zentralatoms mit denen der Liganden kombiniert werden. Auch hier müssen die beteiligten Orbitale das Energie- und das Symmetriekriterium erfüllen. Welche Orbitale aufgrund ihrer Symmetrieeigenschaften miteinander kombiniert werden können, kann mithilfe der *Gruppentheorie* ermittelt werden, worauf hier jedoch nicht eingegangen werden kann.

Betrachten wir im Folgenden oktaedrische Komplexe und berücksichtigen zunächst nur die Bildung von σ-Bindungen zwischen dem Zentralatom und den Liganden. Von Seiten des Zentralatoms sind es die Orbitale s, p_x, p_y, p_z, $d_{x^2-y^2}$ und d_{z^2}, die zur Ausbildung von σ-Bindungen geeignet sind, da sie ihre größte Elektronendichte in Richtung der Metall-Ligand-Bindung haben. Die σ-Bahnfunktionen der Liganden sind selbst Linearkombinationen von Atomorbitalen. Die Metallatomorbitale und die in ihren Symmetrieeigenschaften dazu jeweils passenden Ligandorbitale sind in Abbildung 9.31 dargestellt.

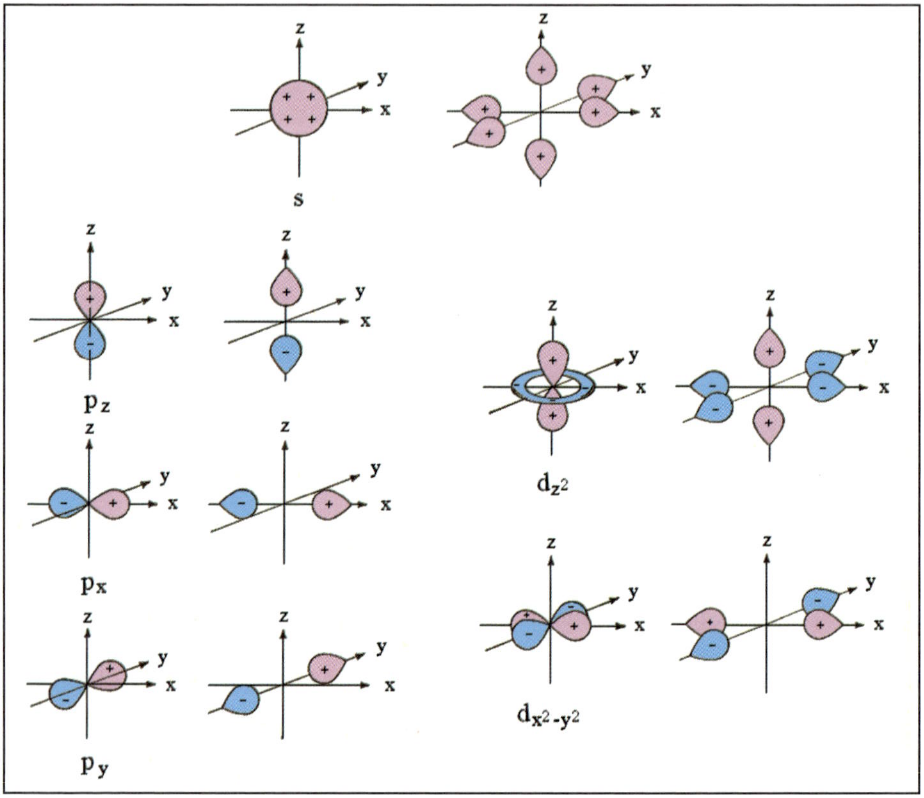

9.31 Bahnfunktionen des Zentralatoms und zugehörige Bahnfunktionen der Liganden für die Bildung von □-Bindungen im oktaedrischen Komplex.

Die Linearkombination dieser sechs Orbitale des Zentralatoms mit den entsprechenden Orbitalen der Liganden führt zu sechs bindenden und sechs antibindenden Molekülorbitalen. Das MO-Diagramm ist in Abbildung 9.32 dargestellt. Die Orbitale d_{xy}, d_{xz} und d_{yz} des Zentralatoms besitzen π-Symmetrie und sind folglich nicht an der Linearkombination zur Bildung der σ-Molekülorbitale beteiligt; im MO-Diagramm erscheinen sie daher als *nichtbindende* Orbitale π_{xy}, π_{xz} und π_{yz}.

Die sechs Elektronenpaare der Liganden besetzen die sechs bindenden Molekülorbitale σ_s^b, σ_x^b, σ_y^b, σ_z^b, $\sigma^b_{x^2-y^2}$ $\sigma^b_{z^2}$ und Die d-Elektronen des Zentralatoms werden in die nichtbindenden Molekülorbitale π_{xy}, π_{xz} und π_{yz} sowie in die schwach antibindenden Molekülorbitale $\sigma^*_{x^2-y^2}$ und $\sigma^*_{z^2}$ eingebaut. Die Molekülorbitale π_{xy}, π_{xz} und π_{yz} entsprechen den t_{2g}-Orbitalen im oktaedrischen Ligandenfeld, die Molekülorbitale $\sigma^*_{x^2-y^2}$ und $\sigma^*_{z^2}$ den e_g-Orbitalen; die Energiedifferenz zwischen ihnen ist somit gleich der Ligandenfeldaufspaltungsenergie Δ_o (= 10 *Dq*). Damit ist die Energiedifferenz zwischen den Zuständen π_{xy}, π_{xz}, π_{yz} und $\sigma^*_{x^2-y^2}$, $\sigma^*_{z^2}$ auch hier maßgebend dafür, ob eine high spin- oder eine low spin-Konfiguration gebildet wird. Die Ergebnisse entsprechen denen der Ligandenfeldtheorie.

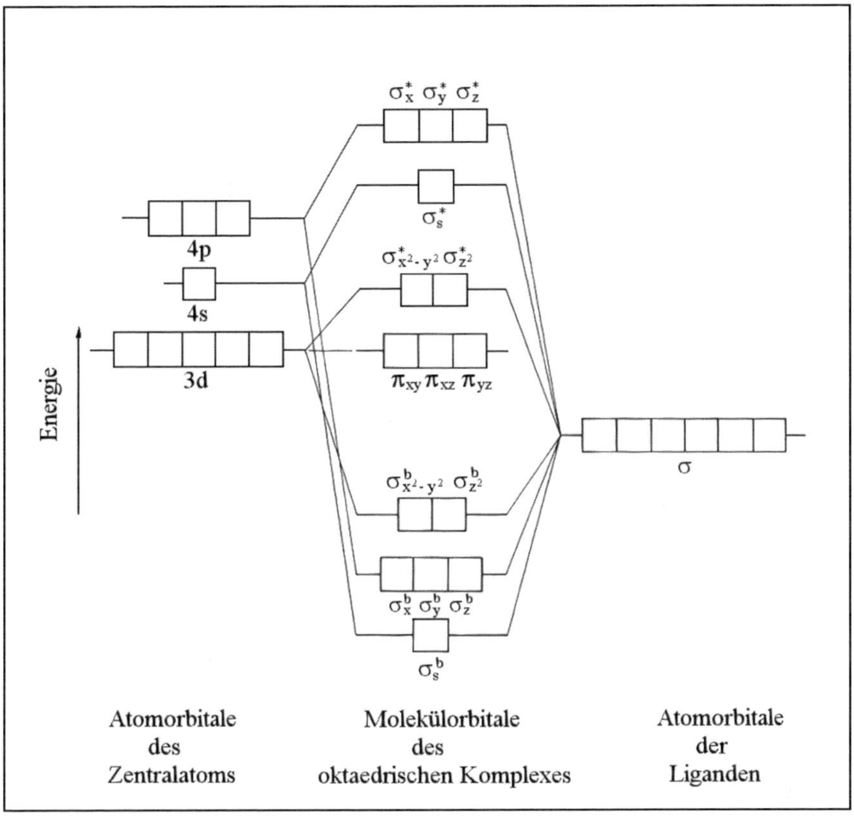

9.32 MO-Diagramm eines oktaedrischen Komplexes (nur σ-Bindungen).

Die Zentralatomorbitale d_{xy}, d_{xz} und d_{yz} sind zur Ausbildung von π-Bindungen befähigt; die π-Molekülorbitale ergeben sich aus ihrer Linearkombination mit entsprechenden π-symmetrischen Ligandorbitalen. Als solche können, wie bei Cl^- und OH^-, p-Atomorbitale fungieren; bei mehratomigen Liganden wie CO und CN^- sind es deren π^*-Molekülorbitale (Abbildung 9.4).

Für die Ausbildung von π-Bindungen sind generell zwei Fälle zu unterscheiden (Abbildung 9.33): Im ersten Fall verfügen die Liganden über besetzte π-Orbitale, die energetisch niedriger liegen als die Orbitale d_{xy}, d_{xz} und d_{yz} des Zentralatoms, die ihrerseits unbesetzt sind; im zweiten Fall ist die Situation gerade umgekehrt, d. h. die Orbitale d_{xy}, d_{xz} und d_{yz} des Zentralatoms sind besetzt und liegen energetisch niedriger als die unbesetzten π-Orbitale der Liganden. Die Ladungsübertragung aus den besetzten Ligand-π-Orbitalen in die unbesetzten Metall-π-Orbitale (dative π-Bindung L → M) führt zu deren Destabilisierung und damit zu einer Verringerung des Δ_o-Wertes (Abbildung 9.33a). Umgekehrt führt die dative π-Bindung M → L (Abbildung 9.33b) zu einer Vergrößerung des Δ_o-Wertes; die dπ-Elektronen des Zentralatoms werden durch die π-Bindung stabilisiert und erhalten etwas Ligandcharakter. Zwischen der Fähigkeit der Liganden zur Ausbildung von π-Bindungen und ihrer Position in der spektrochemischen Serie gibt es einen engen Zusammenhang. Reine σ-Donorliganden sind z.B. NH_3 und NR_3. Schwache π-Donorliganden sind F^- und OH^-. Stärkere π-Donorliganden sind dagegen Cl^-, Br^- und I^-, die deshalb auch zu kleinen Werten der Ligandenfeldaufspaltungsenergie führen. Starke π-Akzeptorliganden wie CO und CN^- bewirken entsprechend große Δ_o-Werte.

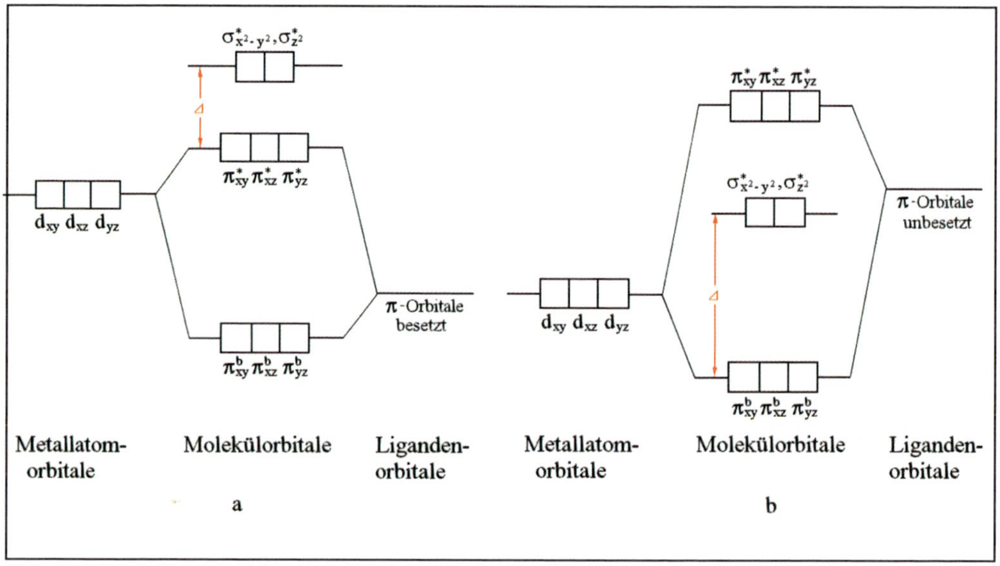

9.33 Oktaedrische Komplexe mit π-Bindung:
a π-Donorligand; **b** π-Akzeptorligand.

9.3 Metallorganische Verbindungen der d-Block-Elemente

Elementorganische Verbindungen der Elemente des p-Blocks waren bereits zu Beginn des 20. Jahrhunderts in großer Zahl bekannt und auch gut charakterisiert. Die entsprechenden Verbindungen von d- und auch f-Block-Elementen werden dagegen erst seit Beginn der fünfziger Jahren des vorigen Jahrhunderts intensiv untersucht. Die außerordentlich erfolgreiche Entwicklung dieses Forschungsgebietes führte zur Entdeckung neuer chemischer Reaktionstypen, ungewöhnlicher Molekülstrukturen sowie praktischer Anwendungen in der organischen Synthese sowie vor allem auch in der industriellen Katalyse.

Gemäß der Konvention muss eine **metallorganische Verbindung** mindestens eine Metall-Kohlenstoff-Bindung (M–C) enthalten. Dementsprechend sind alle in Abbildung 9.2 und Abbildung 9.34 aufgeführten Verbindungen typische metallorganische Verbindungen. Die Cyano-Komplexe besitzen zwar ebenfalls M–C-Bindungen, ihre Eigenschaften entsprechen aber eher denen klassischer Koordinationsverbindungen, sodass sie üblicherweise nicht als metallorganische Verbindungen betrachtet werden. Die Komplexverbindungen des zum CN^--Anion isoelektronischen CO, also die Metallcarbonyle, sind dagegen als metallorganische Verbindungen anzusehen.

Bezüglich der **Nomenklatur** von Metallorganoverbindungen hält man sich im Wesentlichen an die Regeln für die klassischen Koordinationsverbindungen. Alle Liganden, die in den Komplexen in neutraler Form als Radikal vorliegen, erhalten die Endung **–yl,** also z. B. Methyl, Allyl, Cyclopentadienyl usw. Die Fähigkeit einiger organischer Liganden, über mehrere C-Atome gleichzeitig an das Zentralatom zu binden, wird durch die Angabe ihrer **Haptizität η** beschrieben (griech. *απτειν* – festhalten); diese von COTTON eingeführte Definition ist von den Bindungsverhältnissen unabhängig und bezeichnet nur die Anzahl der C-Atome in einem bindenden Abstand zum Metallatom. So ist die CH_3-Gruppe ein monohapto-Ligand (η^1), ein Ethen-Molekül ein dihapto-Ligand (η^2), ein Cyclopentadienyl-Anion ($C_5H_5^-$) ein pentahapto-Ligand (η^5) etc.

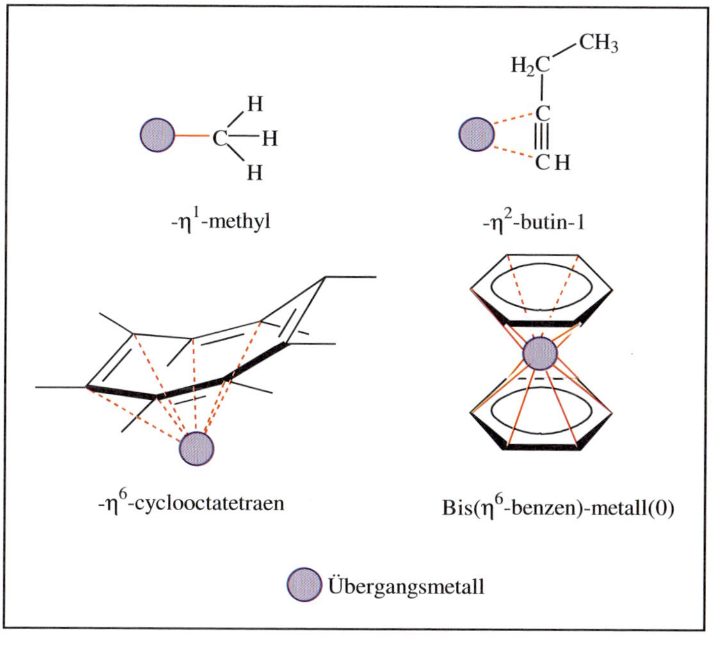

9.34 Metallorganische Komplexe von Übergangsmetallen.

Für metallorganische Übergangsmetallverbindungen kann die Edelgasregel von SIDGWICK (Abschnitt 9.2.6) mit einigem Erfolg zur Vorhersage der zu erwartenden Stöchiometrie verwendet werden, jedoch wird sie auch hier nicht von allen Übergangsmetallen konsequent eingehalten. Da neben den 18-Elektronen-Komplexen häufig auch stabile 16-Elektronen-Komplexe beobachtet werden, bezeichnet man diese Regel in der Metallorganochemie auch als **16/18-Elektronen-Regel**. In Tabelle 9.5 ist der Anwendungsbereich dieser Regel für metallorganische Komplexverbindungen der Übergangsmetalle gezeigt. Die Übersicht zeigt, dass Ausnahmen von der 16/18-Elektronen-Regel häufig bei den leichten Übergangsmetallen beobachtet werden.

Tabelle 9.5 16/18-Elektronen-Regel für metallorganische Übergangsmetall-Komplexe

üblicherweise Komplexe mit weniger als 18 Elektronen			üblicherweise Komplexe mit 18 Elektronen			Komplexe mit 16 oder 18 Elektronen	
Sc	Ti	V	Cr	Mn	Fe	Co	Ni
Y	Zr	Nb	Mo	Tc	Ru	Rh	Pd
La	Hf	Ta	W	Re	Os	Ir	Pt

Übergangsmetallcarbonyle Die binären Carbonyle der 3d-Elemente halten die 16/18-Elektronen-Regel ein; einzige Ausnahme ist hier das $[V(CO)_6]$ mit nur 17 Elektronen. Vom Cr zum Ni nimmt die Zahl der koordinierten CO-Liganden demzufolge ab; bei den Elementen mit einer ungeraden Anzahl von Valenzelektronen erfolgt eine Dimerisierung unter Ausbildung einer Metall-Metall-Bindung, sodass sich folgende Zusammensetzungen ergeben:

$$[V(CO)_6] - [Cr(CO)_6] - [Mn_2(CO)_{10}] - [Fe(CO)_5] - [Co_2(CO)_8] - [Ni(CO)_4]$$

Insbesondere die schwereren Übergangselemente bilden bevorzugt mehrkernige Carbonyle mit einer großen strukturellen Vielfalt. Die CO-Liganden können endständig (terminal) koordiniert sein oder als Brückenliganden fungieren und zwei oder auch drei Metallatome verbrücken. Die ausgebildeten CO-Brücken werden meist durch eine Metall-Metall-Bindung zusätzlich verstärkt. Eine Reihe mehrkerniger Carbonyle enthält jedoch nur Metall-Metall-Bindungen und keine CO-Brücken.

Die *Bindungsverhältnisse* in den Carbonyl-Komplexen sind bestimmt durch die σ-Donor- und π-Akzeptoreigenschaften des CO-Liganden, wie sie bereits in Abschnitt 9.2.2 (Abbildung 9.4) dargestellt worden sind.

Die Übergangsmetallcarbonyle sind im Allgemeinen flüchtige, leicht brennbare und sehr toxische Verbindungen, die sich in unpolaren Lösungsmitteln lösen.

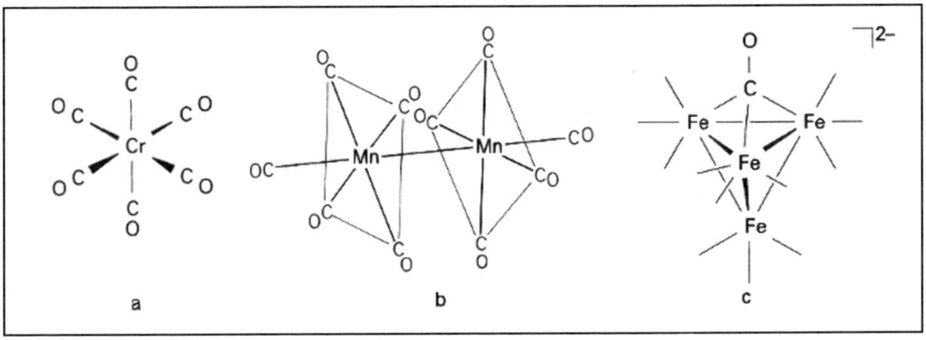

9.35 Strukturen ausgewählter Carbonyl-Komplexe: **a** $[Cr(CO)_6]$; **b** $[Mn_2(CO)_{10}]$; **c** $[Fe_4(CO)_{12}(\mu_3\text{-}CO)]^{2-}$.

Alkyl- und Aryl-Liganden bilden kovalente M–C-Einfachbindungen aus; es sind demnach η^1-gebundene Einelektronen-Liganden. Metallorganische Verbindungen dieses Typs treten mit d-Elementen weit weniger häufig auf als mit s- und p-Elementen. Grund dafür ist jedoch nicht allein die geringere Stärke der kovalenten M–C-Bindung; ihre Bindungsdissoziationsenergie liegt z. B. für $[(CO)_5Mn{-}CH_3]$ bei 153 und für $[(CO)_5Mn{-}CH_2C_6H_5]$ bei 87 kJ/mol. Der wesentliche Grund für die thermische Instabilität dieser Verbindungen liegt in kinetisch begünstigten Zerfallsreaktionen, von denen die *β-H-Eliminierung* die wichtigste ist:

$$[(CO)_5Mn{-}CH_2CH_3] \quad \rightarrow \quad [(CO)_5Mn{-}H] + CH_2{=}CH_2$$

Bei dieser Reaktion wird ein H-Atom vom β-ständigen C-Atom des Alkyl-Liganden auf das Metallatom übertragen und das entsprechende Alken freigesetzt. Verwendet man daher Alkyl-Liganden, die kein *β*-ständiges H-Atom besitzen wie z. B. der Benzyl-Ligand, $(H_5C_6)H_2C{-}$, oder der Trimethylsilylmethyl-Ligand, $(H_3C)_3SiH_2C{-}$, so sind die entsprechenden Komplexe deutlich stabiler.

Mit dem Desoxyadenosylcobalamin (Coenzym B_{12}, Abbildung 9.99) existiert auch in biologischen Systemen eine η^1-Metallorganoverbindung, für deren katalytische Wirkung eine homolytische Spaltung der Co–C-Bindung Voraussetzung ist.

Bei den *Alken-Liganden* (Monoenen, Dienen, Polyenen) dient das π-Elektronenpaar einer C=C-Doppelbindung zur Ausbildung der koordinativen Bindung zu einem Übergangsmetallatom. Einfache Alken-Liganden sind daher η^2-Zweielektronen-Donoren, die jedoch über ihre unbesetzten π^*-Molekülorbitale zugleich Elektronendichte aus besetzten π-symmetrischen Orbitalen des Zentralatoms übernehmen können und somit auch als π-Akzeptoren wirken.

Dien- und Polyen-Liganden führen zu Polyhapto-Koordinationen. Diese Komplexe weisen üblicherweise eine höhere Stabilität auf als Komplexe mit isolierten Alken-Liganden. Ursache dafür ist, ähnlich wie beim Chelateffekt der klassischen Koordinationsverbindungen, ihre geringere Dissoziationsentropie.

Zu den *cyclischen Polyen-Liganden* gehören neben dem Cycloocta-1,5-dien vor allem noch das Cyclobutadien, das Cyclopentadienyl-Anion, das Benzen und seine Derivate sowie das Cyclooctatetraen; Abbildung 9.36 zeigt typische Komplexe dieser Liganden. *Cyclobutadien* ist ein η^4-gebundener Vierelektronen-Donor. Seine Komplexe sind ein anschauliches Beispiel dafür, dass ein Ligand als freies Molekül zwar sehr unbeständig sein kann, jedoch stabile Komplexe bildet.

Der *Cyclopentadienyl-Ligand* $C_5H_5^-$ (Abkürzung cp) spielte in der Entwicklung der metallorganischen Chemie ein herausragende Rolle. Die Zahl seiner Übergangsmetallkomplexe ist außerordentlich groß, wobei verschiedene Bindungsmöglichkeiten beobachtet werden: cp koordiniert als η^1-Ligand, als η^3-Ligand – in den allermeisten seiner Komplexe jedoch als η^5-Ligand.

Benzen und seine Derivate fungieren in der Regel als η^6-Liganden, die dem Zentralatom alle sechs π-Elektronen zur Verfügung stellen. Metallkomplexe mit dem *Cycloocta-1,5-dien-Liganden* (Abkürzung cod) dienen häufig als Ausgangsverbindungen für die Darstellung anderer Metallorganoverbindungen, da sie von mittlerer Stabilität sind und das cod leicht durch stärkere Liganden verdrängt werden kann.

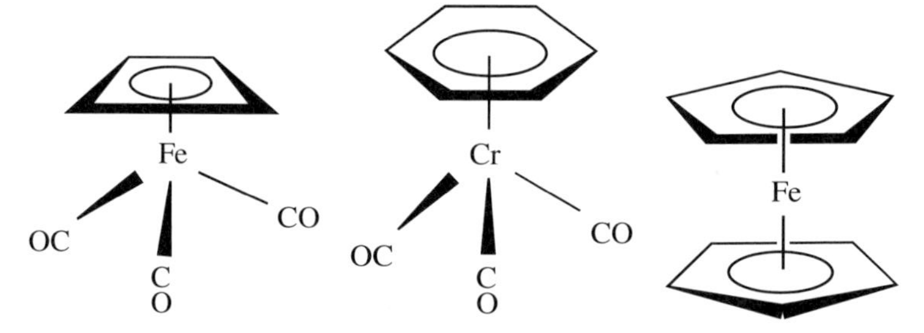

a b c

9.36 **a** (η^4-Cyclobutadien)tricarbonyleisen(0), **b** η^6-Benzentricarbonylchrom(0); **c** Bis(η^5-cyclopentadienyl)eisen(II).

Komplexkatalysierte Reaktionen Metallorganoverbindungen der Übergangsmetalle gewinnen ihre Attraktivität als Gegenstand chemischer Forschung nicht nur aus der Erweiterung des Grundlagenwissens über neue chemische Verbindungen und deren Reaktionen, sondern vor allem auch aus ihrer Anwendung in komplexkatalysierten Reaktionen, von denen einige inzwischen zu großtechnischen Verfahren entwickelt worden sind.

Tabelle 9.6 enthält eine Zusammenstellung einiger wichtiger komplexkatalysierter Reaktionen. Die für den Ablauf komplexkatalysierter Reaktionen vorgeschlagenen Mechanismen der Umwandlung von Kohlenwasserstoffen setzen sich in einem katalytischen Zyklus aus einer Reihe von Einzelreaktionen zusammen, auf die jedoch nicht näher eingegangen werden soll.

Tabelle 9.6 Komplexkatalysierte Reaktionen

Hydroformylierung von Alkenen (Oxo-Synthese):

$$RCH{=}CH_2 + CO + H_2 \xrightarrow{Co(I)\text{ o. }Rh(I)} RCH_2CH_2CHO$$

Oxidation von Alkenen (Wacker-Prozess):

$$H_2C{=}CH_2 + O_2 \xrightarrow{Pd(II)\text{ o. }Cu(II)} CH_3CHO$$

Carbonylierung von CH_3OH zu Essigsäure (Monsanto-Verfahren):

$$CH_3OH + CO \xrightarrow{[RhI_2(CO)_2]^-} CH_3COOH$$

Polymerisation von Ethen (ZIEGLER-NATTA-Verfahren):

$$x\ H_2C{=}CH_2 \xrightarrow{TiCl_3/AlEt_3} H_2C{=}CH(CH_2CH_2)_{x-2}CH_2CH_3$$

Hydrocyanierung von Butadien zu Adipinsäurenitril:

$$H_2C{=}CHCH{=}CH_2 + HCN \xrightarrow{[Ni\{P(OR)_3\}_4]} NC\text{-}CH_2CH_2CH_2CH_2\text{-}CN$$

9.4 Die Chemie der Elemente des d-Blocks

Innerhalb der einzelnen Nebengruppen findet man keine graduelle Abstufung der chemischen Eigenschaften der Elemente, wie dies für die Hauptgruppen zu beobachten ist. Vielmehr existieren zwischen dem jeweiligen 4d- und dem 5d-Element einer Nebengruppe ausgesprochen große chemische Ähnlichkeiten, aber deutliche Unterschiede zu ihrem leichten Homologen, dem 3d-Element. So bildet beispielsweise Co(II) eine erhebliche Anzahl oktaedrischer und tetraedrischer Komplexe und stellt, zumindest in wässriger Lösung, die charakteristische Oxidationsstufe dar; Rh(II) und Ir(II) sind dagegen selten und für die Chemie dieser Elemente auch unwichtige Oxidationsstufen. Mn(II)-Verbindungen sind zahlreich und sehr beständig, Tc(II) und Re(II) existieren dagegen nur in sehr wenigen Komplexverbindungen. Cr(III) bildet eine außerordentlich große Zahl kationischer Ammin-

Komplexe, während Mo(III) und W(III) unter keinen Bedingungen zu den stabilen Oxidationsstufen zu rechnen sind und auch nur wenige, dazu relativ unbeständige Komplexe bilden. Umgekehrt ist die Chemie von Cr(VI)-Verbindungen, die alle kräftige Oxidationsmittel sind, nicht sehr ausgedehnt, während Mo(VI) und W(VI) sehr beständig sind und zahlreiche mehrkernige Oxoanionen bilden.

Die große chemische Ähnlichkeit zwischen dem 4d- und dem 5d-Element einer Nebengruppe ist vor allem eine Folge der Lanthanoiden-Kontraktion (siehe Abschnitt 3.5): Durch das Auffüllen der 4f-Bahnfunktionen bei den Lanthanoiden wird eine stetige Kontraktion der Atom- und Ionenradien verursacht. Dadurch wird aber der zu erwartende Größenzuwachs der Elemente der 5d-Reihe, verglichen mit dem der 4d-Reihe, praktisch ausgeglichen, sodass der Unterschied in der Größe von Atomen und Ionen der beiden schweren Atome der Gruppe nur gering ist, während gleichzeitig der Atom- und Ionenradius des 3d-Elements der Gruppe bedeutend kleiner ist. Der Effekt ist zu Beginn der Übergangsreihen am stärksten ausgeprägt, sodass die chemische Ähnlichkeit bei den 4d-5d-Elementepaaren Zr und Hf, Nb und Ta sowie Mo und W am stärksten ausgeprägt ist.

Bei den Elementen der 4d- und 5d-Reihe sind die höheren Oxidationsstufen im Allgemeinen sehr viel beständiger als bei den Elementen der 3d-Reihe. So bilden z. B. Mo und W sowie Tc und Re beständige und nicht leicht reduzierbare Oxoanionen in hohen Oxidationsstufen, während die entsprechenden Oxoanionen von Cr und Mn ausgesprochen starke Oxidationsmittel sind. Diese Tendenz der Stabilitätszunahme der Verbindungen in hohen Oxidationsstufen innerhalb einer Nebengruppe ist der entsprechenden Tendenz in den Hauptgruppen gerade entgegengesetzt. Dies äußert sich u. a. auch darin, dass die Oxidationsstufen II und III die Chemie der 3d-Elemente dominieren, während sie für die 4d- und 5d-Elemente nur von untergeordneter Bedeutung sind.

Ein charakteristisches Merkmal der Chemie der Übergangsmetalle ist ihre Fähigkeit zur Ausbildung gerichteter *kovalenter Metall-Metall-Bindungen* unter Bildung von Zweikern- bzw. Mehrkernkomplexen. Dies setzt voraus, dass die d-Orbitale eine ausreichend große räumliche Ausdehnung besitzen, sodass das Ausmaß ihrer Überlappung und damit die Bindungsstärke genügend groß sind. Solange die effektive Kernladung verhältnismäßig gering ist, die d-Orbitale daher noch nicht kontrahiert sind, oder das Übergangsmetallatom in einer niedrigen Oxidationsstufe vorliegt und seine Elektronendichte folglich hoch ist, sind die Voraussetzungen für die Ausbildung kovalenter Metall-Metall-Bindungen gegeben. Die erstgenannte Bedingung ist bei den Übergangsmetallen vor allem zu Beginn der Übergangsreihen, also bei Zr und Hf, bei Nb und Ta sowie bei Mo und W erfüllt, die zweite z. B. bei den Carbonylen oder den Aren-Komplexen. Als Beispiele seien das polymere $MoBr_3$ (Abbildung 9.37a) und das ebenfalls polymere $IrCl(CO)_3$ (Abbildung 9.37b) genannt. In beiden Verbindungen sind die Metallatome durch kovalente Bindungen miteinander verknüpft.

Ersetzt man im $[IrCl(CO)_3]_n$ zwei der kleinen CO-Liganden durch die großvolumigen Triphenylphosphan-Liganden, können die d-Orbitale der Ir-Atome nicht mehr überlappen und die resultierende Verbindung $[IrCl(CO)(PPh_3)_2]$ ist folglich monomer.

In zweikernigen Komplexen kann zwischen den Metallatomen eine kovalente Einfachbindung wie im $cp(CO)_3Cr–Cr(CO)_3cp$, eine Doppelbindung wie im cp(NO)Fe–Fe(NO)cp, eine Dreifachbindung wie im $(Me_5cp)(CO)_2Cr–Cr(CO)_2(Me_5cp)$ oder auch eine Vierfachbindung wie im $[Re_2Cl_8]^{2-}$ auftreten.

Schließlich können kovalente Bindungen zu mehreren Metallatomen ausgebildet und entsprechende **Cluster** gebildet werden. In den Übergangsmetallclustern bilden die Metallatome in den meisten Fällen ein geometrisch regelmäßiges Gerüst: Dreieck, Tetraeder, Oktaeder. Solche Moleküle sind sehr stabil, sodass Reaktionen an den Liganden den Metallcluster selbst in der Regel nicht verändern. Ein Beispiel für die Clusterstruktur eines Carbonyls ist in Abbildung 9.35c gezeigt.

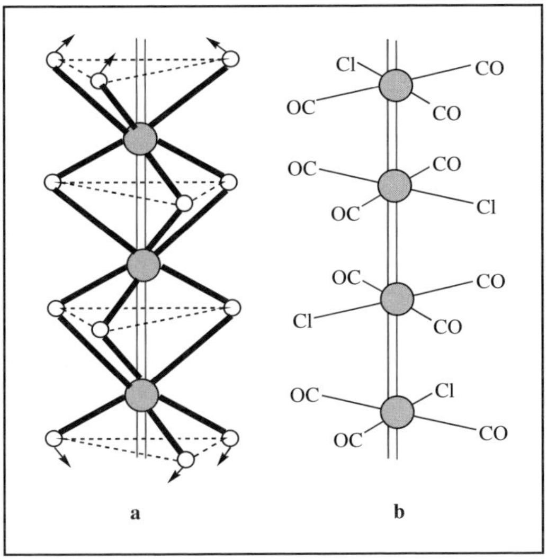

9.37 Polymere Strukturen: **a** $MoBr_3$; **b** $IrCl(CO)_3$.

9.4.1 Die III. Nebengruppe (Gruppe 3) – Sc, Y, La

Die Elemente

Allgemeine Eigenschaften Aufgrund ihrer Valenzelektronenkonfiguration von $(n–1)d^1ns^2$ treten die Metalle der III. Nebengruppe ausschließlich in der Oxidationsstufe +3 auf. Die gebildeten M^{3+}-Kationen besitzen die Konfiguration des jeweils vorangegangenen Edelgases; ihre Verbindungen sind daher farblos und diamagnetisch.

Sc, Y und La werden gemeinsam mit den Lanthanoiden als *Seltenerdmetalle* bezeichnet. Aufgrund ähnlicher Ionenradien bestehen zu den Lanthanoiden enge chemische Beziehungen, was sich u. a. auch darin ausdrückt, dass sie in der Natur mit ihnen vergesellschaftet vorkommen. Die Elemente der III. Nebengruppe sind keineswegs selten; ihr Masseanteil an der Erdkruste entspricht etwa dem von Zink und Blei. Sie sind allerdings sehr viel seltener in Lagerstätten angereichert. Scandium und Yttrium sind Bestandteil des *Thortveitit,* $(Y,Sc)[Si_2O_7]$, bzw. Xenotim, YPO_4; Lanthan bildet kein eigenständiges Mineral, sondern kommt immer mit den Lanthanoiden vergesellschaftet vor, vornehmlich mit Cer im *Monazit,* $(M,Th)PO_4$ (M = La, Lanthanoide). Die negativen Standardpotenziale weisen die Elemente als unedel und reaktionsfreudig aus. Die Metalle reagieren folglich mit Säuren unter H_2-Entwicklung, sind jedoch an der Luft und in Wasser infolge Passivierung beständig.

Tabelle 9.7 Ausgewählte Eigenschaften der Elemente der III. Nebengruppe

	Scandium Sc	Yttrium Y	Lanthan La
Elektronenkonfiguration	$[Ar]3d^14s^2$	$[Kr]4d^15s^2$	$[Xe]5d^16s^2$
Elektronegativität	1,2	1,1	1,1
Standardpotenzial M/M^{3+} [V]	–2,08	–2,37	–2,52
Ionenradius M^{3+} [pm]	75	90	103

Mit zunehmendem Ionenradius steigt die Basizität der Hydroxide: $Sc(OH)_3$ ist amphoter, $La(OH)_3$ ist dagegen eine recht starke Base; Scandium-Salze unterliegen daher auch stärker der Hydrolyse und lassen sich leichter thermisch zersetzen.

Die Fluoride, Sulfate und Carbonate sind schwerlöslich. Alle drei Elemente haben nur eine geringe Neigung zur Komplexbildung.

Darstellung und Verwendung Die Darstellung der Elemente erfolgt durch Reduktion ihrer Fluoride mit Ca oder Mg:

$$2\,MF_3 + 3\,Ca \longrightarrow 2\,M + 3\,CaF_2$$

Die Abtrennung von den Lanthanoiden und deren Trennung untereinander wird heute vor allem über Ionenaustauschreaktionen durchgeführt, wobei der Trenneffekt durch geeignete Komplexbildner verstärkt wird.

Die Elemente und ihre Verbindungen haben breite technische Anwendungen gefunden. Eine Dotierung mit Sc_2O_3 erhöht in Magnetspeichern die schnelle Ummagnetisierung und ermöglich damit höhere Rechengeschwindigkeiten. Verbindungen des Yttriums werden in der Farbfernsehtechnik als Farbkörper für die rote Fluoreszenz eingesetzt. La_2O_3 dient zur Herstellung von Spezialgläsern.

Chemische Verbindungen

Scandium-Verbindungen ScF_3 ist in Wasser schwerlöslich, die übrigen Halogenide sind jedoch hygroskopisch und leichtlöslich. Das wasserfreie $ScCl_3$ gewinnt man wegen der Neigung zur Hydrolyse analog zum $AlCl_3$ durch Entwässern des Hexahydrats im HCl-Strom. Mit Halogeniden bilden sich die entsprechenden Halogeno-Komplexe $[ScF_6]^{3-}$ und $[ScCl_6]^{3-}$.

Bei der Umsetzung von Sc mit Sauerstoff oder beim Glühen von Sc-Salzen entsteht das Sc_2O_3 als weißes Pulver. $Sc(OH)_3$ ist eine nur schwache Base und löst sich nur in konz. NaOH-Lösungen unter Bildung von $Na_3[Sc(OH)_6]$. In Säuren löst es sich unter Bildung der entsprechenden farblosen Salze wie $Sc(NO_3)_3 \cdot 4\ H_2O$ oder $Sc_2(SO_4)_3 \cdot 6\ H_2O$.

Yttrium-Verbindungen Die Verbindungen des Yttriums ähneln weitgehend denen des Scandiums. Das Hydroxid ist stärker basisch und leichter löslich als das $Sc(OH)_3$.

Lanthan-Verbindungen Von den La-Halogeniden ist das LaF_3 schwerlöslich, bildet jedoch die Fluoro-Komplexe $[LaF_4]^-$ und $[LaF_6]^{3-}$. Wasserfreies $LaCl_3$ ist stark hygroskopisch; aus wässriger Lösung kristallisiert es als Heptahydrat. Mit Cl^--Ionen bildet es den Hexachloro-Komplex $[LaCl_6]^{3-}$.

Durch Umsetzung von La mit Sauerstoff oder durch Erhitzen von $La(OH)_3$ erhält man das La_2O_3. Frisch hergestellt reagiert es heftig mit Wasser und auch mit dem CO_2 der Luft. $La(OH)_3$ ist eine starke Base, die sich mit CO_2 zum $La_2(CO_3)_3$ umsetzt.

Lanthan bildet in einigen seiner Komplexverbindungen hohe Koordinationszahlen aus, z.B. die Koordinationszahl 10 im $[La(H_2O)_4(edta)]^-$ (mit edta = Anion der Ethylendiamintetraessigsäure).

9.4.2 Die IV. Nebengruppe (Gruppe 4) – Ti, Zr, Hf

Die Elemente

Allgemeine Eigenschaften Die Elemente der IV. Nebengruppe haben die Valenzelektronenkonfiguration $(n-1)d^2ns^2$, besitzen demnach also vier Valenzelektronen. Die stabilste Oxidationsstufe ist +4, daneben gibt es stabile binäre Verbindungen in den Oxidationsstufen +3 und +2. Die Stabilität niedriger Oxidationsstufen nimmt mit steigender Ordnungszahl ab. Die Ti(IV)-Verbindungen haben kovalenten Bindungscharakter; der in Tabelle 9.8 angegebene Ionenradius ist daher ein geschätzter Wert. Zu den Elementen der IV. Hauptgruppe bestehen Ähnlichkeiten, insbesondere zum Sn: So sind z.B. $TiCl_4$ und $SnCl_4$ destillierbare, leicht hydrolysierende, farblose Flüssigkeiten, die auch analoge Chloro-Komplexe $[TiCl_6]^{2-}$ bzw. $[SnCl_6]^{2-}$ bilden.

In wässriger Lösung existiert auch bei niedrigen pH-Werten kein $[Ti(H_2O)_6]^{4+}$-Ion; in solchen Lösungen liegt vorwiegend das TiO^{2+}-Kation mit einer geringeren positiven Ladung vor. In der Oxidationsstufe +3 ist der entsprechende Hexaaqua-Komplex $[Ti(H_2O)_6]^{3+}$ jedoch sowohl in Lösung als auch in Salzen beständig. Seine Darstellung gelingt in einfacher Weise durch Reduktion von Ti(IV)-Verbindungen in saurer Lösung mit Zink.

$$TiO^{2+} + 2\,H_3O^+ + 3\,H_2O + e^- \rightleftharpoons [Ti(H_2O)_6]^{3+}$$

Das violett gefärbte Kation ist erwartungsgemäß eine Kationensäure. Von Zr(III) und Hf(III) gibt es keine Chemie in wässriger Lösung.

Ti(II)-Verbindungen sind nur im festen Zustand stabil; in wässriger Lösung erfolgt Oxidation unter H_2-Entwicklung und Bildung von Ti(III).

In seinen Komplexverbindungen betätigt Titanium am häufigsten die Koordinationszahl 6; Zirconium und Hafnium neigen dagegen zur Ausbildung der höheren Koordinationszahlen 7 und 8.

Die Metalle der IV. Nebengruppe sind hoch schmelzend, duktil und unedel, jedoch korrosionsbeständig. Mit einer Dichte von nur 4,51 g/cm^3 gehört Ti zu den Leichtmetallen; wegen seiner großen mechanischen Festigkeit und seiner außerordentlichen Korrosionsbeständigkeit gehört Ti zu den wichtigen Werkstoffen.

Bei Normaltemperatur ist Ti recht reaktionsträge; erst beim Erhitzen reagiert es mit vielen Nichtmetallen wie O_2, N_2, C, B, Si, Halogenen etc. Infolge Passivierung wird Ti in der Kälte von den meisten Säuren und Alkalilaugen nicht angegriffen, ebenso wenig von nitrosen Gasen, von Chlorwasser und Meerwasser. Die Passivierung kann jedoch durch eine Komplexbildung aufgehoben werden, sodass sich Ti in Flusssäure unter Bildung des $[TiF_6]^{2-}$ auflöst.

Tabelle 9.8 Ausgewählte Eigenschaften der Elemente der IV. Nebengruppe

	Titanium Ti	**Zirconium Zr**	**Hafnium Hf**
Elektronenkonfiguration	$[Ar]3d^24s^2$	$[Kr]4d^25s^2$	$[Xe]4f^{14}5d^26s^2$
Elektronegativität	1,3	1,2	1,2
Standardpotenziale [V]			
M/M^{4+}	–	−1,53	−1,70
M/M^{3+}	−1,21	–	–
M/M^{2+}	−1,63	–	–
Ionenradien [pm]			
M^{4+}	60	72	71
M^{3+}	67	–	–
M^{2+}	86	–	–

Vorkommen Ti ist ein häufiges Element; wegen der ähnlichen Ionenradien von Ti^{4+}, Fe^{3+} und Al^{3+} ist Ti in vielen Mineralen enthalten und daher in geringen Konzentrationen weit verbreitet. Wichtige eigenständige Minerale sind *Ilmenit,* $FeTiO_3$, *Rutil,* TiO_2, und *Perowskit,* $CaTiO_3$ (Mondgestein enthält 10 % Ti in Form von Ilmenit). Zr kommt in der Natur hauptsächlich als *Zirkon,* $ZrSiO_4$, und als *Zirkonerde,* ZrO_2, vor. Hf bildet keine eigenen Mineralien und kommt immer mit Zr vergesellschaftet vor.

Darstellung und Verwendung Die Darstellung von Ti aus TiO_2 kann weder durch Reduktion mit Kohlenstoff noch durch Reduktion mit Wasserstoff erfolgen: Im ersten Fall bildet sich Titaniumcarbid, TiC, im letzteren bilden sich niedere Titaniumoxide; diese entstehen auch bei der Reduktion des TiO_2 mit unedlen Metallen (Na, Ca, Al). Aus diesen Gründen wird TiO_2 zunächst durch eine reduzierende Chlorierung zum $TiCl_4$ umgesetzt:

$$TiO_2 + 2\,C + 2\,Cl_2 \longrightarrow TiCl_4 + 2\,CO$$

$TiCl_4$ lässt sich durch Destillation in einfacher Weise reinigen und anschließend mit Magnesium (KROLL-Verfahren) oder Natrium (HUNTER-Verfahren) reduzieren. Die Umsetzung mit den geschmolzenen Metallen erfolgt in einer Helium- oder Argonatmosphäre. Der erhaltene Ti-Schwamm wird durch Destillation im Vakuum oder durch Auslaugen mit verdünnter Salzsäure gereinigt. Danach erfolgt seine mechanische Zerkleinerung für pulvermetallurgische Zwecke oder sein Einschmelzen in einem Vakuumlichtbogenofen zu einem kompakten Ti-Block. Hochreines Ti gewinnt man nach dem *Aufwachsverfahren* von VAN ARKEL und DE BOER durch eine thermische Zersetzung von TiI_4; nach diesem Verfahren erfolgt auch die Reinstdarstellung von Zr und Hf.

$$TiI_4 \xrightarrow{1\,200\,°C} Ti + 2\,I_2$$

Rohtitanium und Iod befinden sich in einem evakuierten Reaktionsgefäß, in dessen oberem Teil sich ein sehr dünner, auf ca. 1 200 °C elektrisch erhitzter Wolframdraht befindet. Das sich bildende TiI_4 verdampft und wird am Wolframdraht thermisch zersetzt; das Iod reagiert erneut mit dem Rohtitanium usw.

Wegen seiner bereits genannten Eigenschaften findet Titanium technische Verwendung im Flugzeugbau, im Schiffbau, in der Raumfahrtindustrie sowie im chemischen Apparatebau. Titanstähle zeichnen sich insbesondere durch ihre Stoß- und Schlagfestigkeit aus und werden daher zur Herstellung von Turbinen und Eisenbahnrädern verwendet. Zr hat einen kleinen Einfangquerschnitt für thermische Neutronen und wird daher als Umhüllungsmaterial für Brennelemente in Atomreaktoren verwendet. Zu diesem Zweck muss es jedoch frei von Hf sein, das einen hohen Einfangquerschnitt für Neutronen besitzt. Die Trennung der beiden Elemente ist ein technisch wichtiger Prozess, der heute durch eine Flüssig-Flüssig-Extraktion realisiert wird.

Chemische Verbindungen

Titanium-Verbindungen

Oxide des Titaniums **TiO_2**, das in drei Modifikationen in der Natur vorkommt (*Rutil, Anatas, Brookit*), ist thermisch sehr stabil. In allen drei Modifikationen ist das Titanium verzerrt oktaedrisch von Sauerstoff koordiniert. TiO_2 ist wegen seiner hohen Brechzahl, seines großen Färbe- und Deckvermögens das wichtigste Weißpigment in Lacken und Farbstoffen. Seine großtechnische Gewinnung erfolgt durch Aufschluss von $FeTiO_3$ (*Ilmenit*) mit konz. Schwefelsäure (Sulfat-Verfahren); nach der Abtrennung von Eisen als $FeSO_4 \cdot 7\,H_2O$ wird $TiO_2 \cdot x\,H_2O$ durch thermische Hydrolyse ausgefällt und bei 800 – 1000 °C calciniert. In einem zweiten Verfahren wird $TiCl_4$ mit Sauerstoff zu TiO_2 (*Rutil*) und Chlor verbrannt (Chlorid-Verfahren).

TiO_2 zeigt amphoteres Verhalten. Aus Ti(IV)-Lösungen fällt bei Basenzugabe das wasserhaltige $TiO_2 \cdot x\,H_2O$, das sich in konz. Alkalilaugen unter Bildung hydratisierter Titanate auflöst. Beim Lösen in Säuren entstehen die Ionen TiO^{2+}, $[Ti(OH)_2]^{2+}$ und $[Ti(OH)_3]^+$. Aus wässriger Lösung können deshalb nur Oxo-Salze wie z. B. das $TiOSO_4 \cdot H_2O$ isoliert werden.

Mit vielen Metalloxiden bildet TiO_2 Doppeloxide mit interessanten Strukturen und Eigenschaften. Einige davon besitzen ferroelektrische Eigenschaften.

Saure Ti(IV)-Salzlösungen reagieren mit H_2O_2 unter Bildung des intensiv orangegelb gefärbten Peroxotitanats $[Ti(O_2)OH]^+$; diese Reaktion dient in der qualitativen anorganischen Analyse zum Nachweis von Titanium oder von H_2O_2.

Neben den stöchiometrischen Oxiden **Ti_2O_3** und **TiO** in den Oxidationsstufen +3 bzw. +2 existieren auch beim Titanium die für viele Übergangsmetalle typischen Oxide mit gemischten Oxidationsstufen und einer daraus folgenden nichtstöchiometrischen Zusammensetzung.

Halogenide des Titaniums Die Titanium(IV)-Halogenide, **TiX_4,** mit X = F, Cl, Br und I sind stabile Verbindungen, von denen das Chlorid, Bromid und Iodid aus kovalenten, tetraedrisch aufgebauten Molekülen bestehen. Ausgenommen das TiF_4 sind alle anderen Halogenide hydrolyseempfindlich. $TiCl_4$ ist das wichtigste Halogenid, da daraus Ti und TiO_2 hergestellt werden.

Die Titanium(III)-Halogenide**, TiX_3,** sind kristalline Festkörper, die beim Erhitzen sublimieren und disproportionieren. Das $TiCl_3$ ist in Kombination mit Aluminiumorganoverbindungen ein wirksamer Katalysator für die Polymerisation von Olefinen (Tabelle 9.6).

Zirconium- und Hafnium-Verbindungen

ZrO_2 ist eine sowohl chemisch als auch thermisch sehr stabile Verbindung, die zur Herstellung feuerfester Geräte verwendet wird. Aus Zr(IV)-Salzlösungen fällt mit Basen $ZrO_2 \cdot x\ H_2O$ aus, das in Säuren löslich, in Alkalien jedoch unlöslich ist; aus schwefelsaurer Lösung kristallisiert das $Zr(SO_4)_2$ als hydrolysebeständiges Salz. Die Chemie des Hafniums entspricht aus den bekannten Gründen weitestgehend der des Zirconiums.

9.4.3 Die V. Nebengruppe (Gruppe 5) – V, Nb, Ta

Die Elemente

Allgemeine Eigenschaften Die Elemente der V. Nebengruppe besitzen die Valenzelektronenkonfiguration $(n\text{–}1)d^3ns^2$. Dementsprechend ist die maximale Oxidationsstufe +5; es ist dies zugleich die wichtigste. Die Beständigkeit dieser Oxidationsstufe nimmt zum Ta hin zu. So lässt sich Ta(V) in wässriger Lösung nicht reduzieren, wohl aber V(V); in saurer Lösung entstehen bei der Reduktion mit Zink nacheinander die folgenden Kationen, die anhand ihrer unterschiedlichen Farben identifiziert werden können:

$$\underset{\text{gelb}}{[VO_2(H_2O)_4]^+} \longrightarrow \underset{\text{blau}}{[VO(H_2O)_5]^{2+}} \longrightarrow \underset{\text{grün}}{[V(H_2O)_6]^{3+}} \longrightarrow \underset{\text{violett}}{[V(H_2O)_6]^{2+}}$$

In den Oxidationsstufen +5 und +4 werden keine diskreten Kationen gebildet; vielmehr liegen in wässriger Lösung Oxo-Ionen vor.

Nb und Ta sind sich wieder sehr ähnlich, unterscheiden sich aber deutlich vom V. In Verbindungen des Nb und Ta in niedrigen Oxidationsstufen treten häufig Metallcluster auf.

V ist stahlgrau und nur im reinen Zustand duktil. Es ist unedel, bleibt jedoch infolge Passivierung bei Raumtemperatur an der Luft blank; von verdünnter Schwefelsäure, Salzsäure und alkalischen Lösungen wird es nicht angegriffen. In konz. Schwefelsäure, in Salpetersäure und in Königswasser ist V löslich. Bei hohen Temperaturen reagiert V mit Kohlenstoff zu VC und mit Stickstoff zu VN.

Nb ist silberweiß, weich und duktil. Es ist in Säuren und auch in Königswasser unlöslich. Ta ist blaugrau und besitzt stahlähnliche Festigkeit. Chemisch ist es ebenso resistent wie Nb; mit Säuren, Königswasser und wässrige Alkalien reagiert Ta unterhalb 100 °C nicht – es löst sich allerdings in HF.

Vorkommen Vanadium gehört nicht zu den seltenen Elementen; es ist in geringen Mengen weit verbreitet (Eisenerze, Tone etc.), größere Anreicherungen sind jedoch selten. Zu den wichtigsten Mineralien gehören *Patronit,* VS_4, *Vanadinit,* $Pb_5(VO_4)_3Cl$, und *Carnotit,* $K(UO_2)(VO_4) \cdot 1{,}5\ H_2O$. Niob und Tantal gehören zu den seltenen Elementen; beide kommen in der Natur stets vergesellschaftet vor. Das wichtigste Mineral ist (Fe, Mn)(Nb, Ta)$_2$O$_6$, das bei überwiegendem Nb-Anteil als *Columbit* und bei überwiegendem Ta-Anteil als *Tantalit* bezeichnet wird (Nb wurde früher auch als Columbium bezeichnet).

Tabelle 9.9 Ausgewählte Eigenschaften der Elemente der V. Nebengruppe

	Vanadium V	Niob Nb	Tantal Ta
Elektronenkonfiguration	[Ar]$3d^3 4s^2$	[Kr]$4d^3 5s^2$	[Xe]$4f^{14} 5d^3 6s^2$
Elektronegativität	1,4	1,2	1,3
Standardpotenziale [V]			
M/M^{2+}	–1,19	–	–
M/M^{3+}	–0,88	–1,10	–
Ionenradien [pm]			
M^{5+}	54	64	64
M^{4+}	58	68	68
M^{3+}	64	72	72
M^{2+}	79	–	–

Darstellung und Verwendung Zur Darstellung von Vanadium werden die entsprechenden Erze mit NaCl oder mit Na_2CO_3 zunächst bei 700 – 850 °C geröstet. Das entstehende $NaVO_3$ wird mit Wasser herausgelöst. Durch Zugabe von Schwefelsäure entstehen Polyvanadate, die beim Erhitzen auf 700 °C in V_2O_5 umgewandelt werden. Der größte Teil des erhaltenen V_2O_5 wird zusammen mit Eisen bzw. Eisenerzen aluminothermisch oder mit Ferrosilicium im Elektroherdofen zu einer Vanadium-Eisen-Legierung, dem Ferrovanadium, reduziert (30 – 80 % Vanadium). Reines Vanadium erhält man durch Reduktion von V_2O_5 mit Calcium oder Aluminium bzw. auch durch Umsetzung von VCl_3 mit Magnesium (Vanadiumschwamm). Reinstes Vanadium gewinnt man nach dem VAN ARKEL-DE BOER-Verfahren durch thermische Zersetzung von VI_3. Niob und Tantal stellt man in reiner Form durch Aufschluss der Erze mit H_2SO_4/HF her; dabei gehen beide Elemente als Heptafluorosäuren H_2MF_7 in Lösung. Deren Trennung erfolgt überwiegend durch Flüssig-Flüssig-Extraktion. Tantal wird durch Reduktion von K_2TaF_7 mit Natrium gewonnen, Niob durch aluminothermische Reduktion von Nb_2O_5.

Vanadium wird hauptsächlich zum Legieren von Stahl verwendet; V_2O_5 dient als Katalysator beim Kontaktverfahren zur Schwefelsäureherstellung. Niob ist wie Vanadium ein wichtiges Legierungsmetall in der Stahlindustrie. Tantal wird wegen seiner Korrosionsbeständigkeit im chemischen Apparatebau verwendet. Chirurgische und zahnärztliche Instrumente werden aus Tantal hergestellt.

Chemische Verbindungen

Vanadium-Verbindungen

Sauerstoffverbindungen des Vanadiums Neben den **Oxiden** in den Oxidationsstufen +5, +4, +3 und +2 bildet Vanadium zahlreiche weitere Oxide mit gemischten Oxidationsstufen und einer vielfach großen Phasenbreite.

V_2O_5 ist orangerot gefärbt; es entsteht bei der thermischen Zersetzung von NH_4VO_3 bei 550 °C im Sauerstoffstrom:

$$2\,NH_4VO_3 \longrightarrow V_2O_5 + 2\,NH_3 + H_2O$$

oder durch Oxidation von Vanadium. Es ist in Wasser schwerlöslich. Sein Oxidationsvermögen wird im Kontaktverfahren zur Schwefelsäureherstellung genutzt; mit konz. HCl reagiert es unter Cl_2-Entwicklung:

$$V_2O_5 + 6\,HCl \longrightarrow 2\,VOCl_2 + Cl_2 + 3\,H_2O$$

V_2O_5 hat amphoteren Charakter. Es löst sich in Säuren unter Bildung des gelben **Dioxovanadium(V)-Kations, $[VO_2]^+$,** in Alkalilaugen bei pH > 13 unter Bildung farbloser Lösungen des tetraedrischen **Orthovanadat(V)-Anions, $[VO_4]^{3-}$.** In dem dazwischen liegenden pH-Bereich bilden sich in Abhängigkeit vom pH-Wert und von der Konzentration Anionen von **Isopolysäuren**; zwischen pH = 2 und pH = 6 ist die Hauptkomponente das Decavanadat-Anion, $[V_{10}O_{28}]^{6-}$, das auch in protonierten Formen auftreten kann (Abbildung 9.38). In stark sauren Lösungen ist das Decavanadat-Anion unbeständig und zerfällt unter Bildung des Dioxovanadium(V)-Kations, $[VO_2]^+$. Das Decavanadat(V)-Ion tritt auch in verschiedenen Salzen auf. Mit H_2O_2 reagieren V(V)-Lösungen unter Bildung von **Peroxo-Komplexen**: In neutralen und alkalischen Lösungen entsteht das gelbe $[VO_2(O_2)_2]^{3-}$, in sauren Lösungen das rotbraune $[V(O_2)]^{3+}$.

Vanadium(IV)-oxid, VO_2, ist blauschwarz und ebenfalls amphoter. Es löst sich in Säuren unter Bildung des blauen Oxovanadium(IV)-Kations, $[VO(H_2O)_5]^{2+}$. Während das TiO^{2+} eine polymere Struktur besitzt, ist das $[VO(H_2O)_5]^{2+}$ verzerrt oktaedrisch mit einer V=O-Doppelbindung. Das VO^{2+} tritt in vielen Verbindungen und Komplexen auf.

Vanadium(III)-oxid V_2O_3 ist eine schwarze, basische Verbindung, die sich in Säuren unter Bildung des grünen Hexaaqua-Komplexes $[V(H_2O)_6]^{3+}$ löst. Vanadium(III) bildet zahlreiche oktaedrische Komplexe. Vanadium(III)-Lösungen werden durch Luftsauerstoff oxidiert.

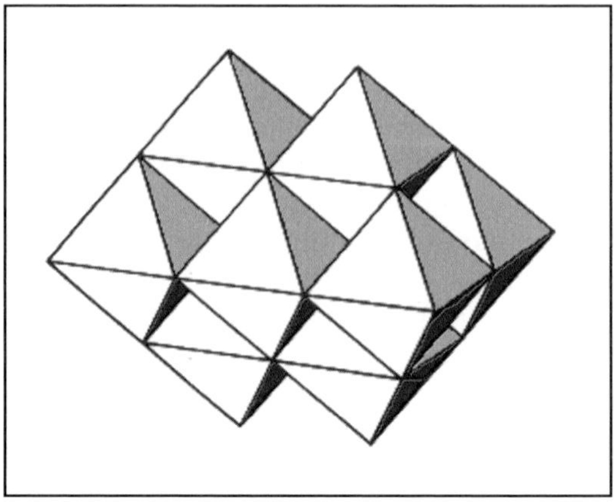

9.38 Idealisierte Struktur des Decavanadat(V)-Anions, $[V_{10}O_{28}]^{6-}$; das Anion ist aus zehn verzerrten VO_6-Oktaedern aufgebaut.

Halogenide des Vanadiums Halogenide existieren in den Oxidationsstufen +2 bis +5, wobei die höchste Oxidationsstufe nur mit Fluor erreicht wird.

VF_5 bildet weiße Kristalle, in denen unendliche Ketten aus verknüpften VF_6-Oktaedern vorliegen; im Dampfzustand liegen trigonal-bipyramidale Moleküle vor.

VF_4 ist ein polymerer Feststoff, **VCl_4** und **VBr_4** bestehen aus tetraedrischen Monomeren. VBr_4 und VI_4 sind sehr unbeständig.

Vanadium(III)-Halogenide besitzen polymere Strukturen, in denen Vanadium die Koordinationszahl 6 hat. VF_3 ist unlöslich in Wasser; die anderen Trihalogenide sind dagegen hygroskopisch. In wässrigen Lösungen liegt das grüne $[V(H_2O)_6]^{3+}$-Ion vor. Beim trocknen Erhitzen disproportionieren die Trihalogenide.

Niob- und Tantal-Verbindungen

Die wichtigsten **Oxide** leiten sich von den Oxidationsstufen +5 und +4 ab. Schmilzt man Nb_2O_5 und Ta_2O_5 mit Alkalimetallhydroxiden und löst die Schmelze in Wasser, so liegen in der Lösung Isopolyanionen vor. Während das Vanadium jedoch zahlreiche verschiedene Isopolyanionen bildet, existiert beim Niob und Tantal lediglich das $[M_6O_{19}]^{8-}$-Anion (Abbildung 9.39).

Beide Metalle bilden mit den vier Halogenen die entsprechenden **Pentahalogenide, MX_5**. Die beiden Pentafluoride sind weiße Feststoffe mit tetrameren Baueinheiten. Die übrigen sind farbige, hydrolyseempfindliche Verbindungen. Die Chloride und Bromide bilden dimere Moleküle.

Mit Ausnahme von TaF_4 sind alle **Tetrahalogenide** der beiden Elemente bekannt. Das NbF_4 ist schwarz und paramagnetisch; im Kristall liegen zu Schichten verknüpfte NbF_6-Oktaeder vor. Die übrigen Tetrahalogenide bilden Kettenstrukturen, deren wesentliches Merkmal das Auftreten von M–M-Bindungen ist, aus denen auch ihr Diamagnetismus resultiert.

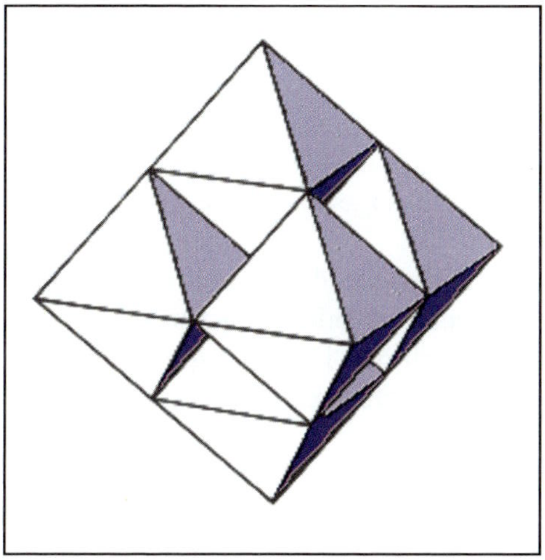

9.39 Idealisierte Struktur des Isopolyanions $[M_6O_{19}]^{8-}$ (M = Nb, Ta); das Anion besteht aus sechs MO_6-Oktaedern, wobei die Metallatome M selbst ebenfalls oktaedrisch angeordnet sind.

Die Halogenide in niedrigen Oxidationsstufen von Nb und Ta bilden Cluster-Strukturen mit M–M-Bindungen. Die zugrunde liegende Baugruppe ist der $[M_6X_{12}]^{n+}$-Cluster (Abbildung 9.40). Die Metallatome bilden einen Oktaeder, über dessen Kantenmitten jeweils ein Atom X positioniert ist. Der diamagnetische Cluster $[M_6X_{12}]^{2+}$ tritt in den Halogeniden $MX_{2,33}$ auf, der paramagnetische Cluster $[M_6X_{12}]^{3+}$ in den Halogeniden $NbF_{2,5}$ und $TaX_{2,5}$. Die Cluster sind in den Kristallstrukturen durch die Halogenidionen zu Schichten verknüpft.

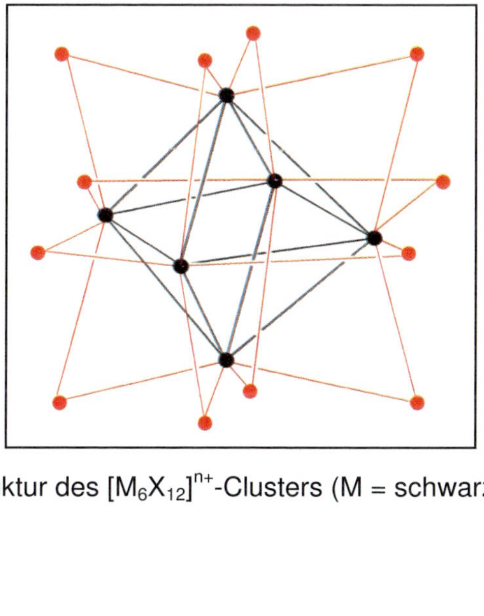

9.40 Struktur des $[M_6X_{12}]^{n+}$-Clusters (M = schwarz, X = rot).

9.4.4 Die VI. Nebengruppe (Gruppe 6) – Cr, Mo, W

Die Elemente

Allgemeine Eigenschaften Aufgrund der Lanthanoiden-Kontraktion sind sich die Elemente Mo und W in ihrem chemischen Verhalten sehr ähnlich.

Die maximale Oxidationsstufe ist +6, für Mo und W ist dies zugleich die stabilste. Cr(VI)-Verbindungen sind dagegen starke Oxidationsmittel; die stabilste Oxidationsstufe des Cr ist +3.

Während Chrom nur wenige Isopolyanionen mit einer tetraedrischen Koordination des Chroms durch Sauerstoff bildet, ist für Molybdän und Wolfram die Bildung zahlreicher und komplizierter Isopolyanionen mit einer meist oktaedrischen Koordination der Metallatome charakteristisch. Zusätzlich bilden Molybdän und Wolfram auch Heteropolyanionen.

Cr(III) (d^3) bildet außerordentlich viele oktaedrische Komplexverbindungen; eine vergleichbare Koordinationschemie des Mo und W gibt es dagegen nicht.

Cr(II)-Verbindungen (d^4) wirken reduzierend und sind luftempfindlich. Unter anaeroben Bedingungen existieren aber viele dieser Verbindungen. In der Oxidationsstufe +2 bilden Mo und W Clusterverbindungen, die ihre Stabilität aus den Metall-Metall-Bindungen beziehen. Bei allen drei Elementen wird in der Oxidationsstufe +2 die Bildung zweikerniger Komplexe mit Metall-Metall-Vierfachbindungen beobachtet.

Tabelle 9.10 Ausgewählte Eigenschaften der Elemente der VI. Nebengruppe

	Chrom Cr	Molybdän Mo	Wolfram W
Elektronenkonfiguration	$[Ar]3d^5 4s^1$	$[Kr]4d^5 5s^1$	$[Xe]4f^{14} 5d^4 6s^2$
Elektronegativität	1,6	1,3	1,4
Standardpotenziale [V]			
M/M^{2+}	–0,91	–	–
M/M^{3+}	–0,74	–0,20	–0,11
Ionenradien [pm]			
M^{6+}	44	59	60
M^{5+}	49	61	62
M^{4+}	55	65	66
M^{3+}	61	69	–
M^{2+}	73 ls; 80 hs*	–	–

* ls – low spin; hs = high spin

Chrom, Molybdän und Wolfram sind silberweiß glänzende Schwermetalle, die nur in reinem Zustand duktil sind; W hat den höchsten Schmelzpunkt aller Metalle.

Obwohl alle drei Metalle unedel sind (siehe Standardpotenziale in Tabelle 9.10), werden sie infolge Passivierung bei Normaltemperatur von Luftsauerstoff und Wasser nicht angegriffen. Wegen seiner Korrosionsbeständigkeit wird Chrom in dünner Schicht auf der Oberfläche reaktiver Metalle elektrolytisch abgeschieden (elektrolytische Verchromung) und schützt so das Metall vor Oxidation. Passiviertes Chrom ist beständig gegen kalte nichtoxidierende Säuren, gegen kalte Salpetersäure und gegen Alkalilaugen; von Königswasser und Flusssäure wird es dagegen gelöst. Noch korrosionsbeständiger ist W, das selbst von Königswasser und Flusssäure nur langsam angegriffen wird.

Vorkommen Das wichtigste Chromerz ist der Chromit, $FeCr_2O_4$, auch als Chromeisenstein bezeichnet; er dient als Ausgangsmaterial für die Herstellung von Chrom und seinen Verbindungen. Die wichtigsten Molybdän- und Wolframerze sind der *Molybdänglanz,* MoS_2, bzw. der *Wolframit,* $(Mn, Fe)WO_4$.

Darstellung und Verwendung **Chrom** ist das wichtigste Legierungsmetall für die Herstellung nichtrostender und hitzebeständiger Stähle. Zu diesem Zweck wird der *Chromit* mit Koks im Elektroofen zum Ferrochrom mit ca. 60 % Cr reduziert:

$$FeCr_2O_4 + 4\,C \longrightarrow Fe + 2\,Cr + 4\,CO$$

Metallisches Chrom wird aluminothermisch aus Cr_2O_3 hergestellt. Das Cr_2O_3 gewinnt man aus dem *Chromit*, der zunächst in Gegenwart von Soda bei 1000 – 1200 °C mit Luftsauerstoff zum Na_2CrO_4 oxidiert wird; dieses wird in Wasser gelöst und durch Zugabe von Schwefelsäure als $Na_2Cr_2O_7 \cdot 2\,H_2O$ auskristallisiert. Mit Kohlenstoff erfolgt anschließend Reduktion zum Cr_2O_3:

$$Na_2Cr_2O_7 + 2\,C \longrightarrow Cr_2O_3 + Na_2CO_3 + CO$$

Ebenso kann metallisches Chrom auf elektrolytischem Wege dargestellt werden.

Molybdän wird hergestellt, indem zunächst der *Molybdänglanz,* MoS_2 abgeröstet und dabei in MoO_3 umgewandelt wird; dieses wird anschließend im Wasserstoffstrom zu Mo-Pulver reduziert. Durch Sintern unter Schutzgas kann kompaktes Molybdän erhalten werden. Molybdän ist ein wichtiges Legierungsmetall, das die Zähigkeit und Härte von Stahl erhöht.

Wolfram wird ebenfalls durch Reduktion des Trioxids mit Wasserstoff hergestellt. Das erhaltene W-Pulver wird in einer H_2-Atmosphäre zu kompaktem W gesintert. Die Aufschlussverfahren zur Gewinnung von WO_3 sind unterschiedlich und hängen vom jeweiligen Erz ab. Wolfram findet insbesondere im Hochtemperaturbereich Anwendung, z. B. als Glühlampendraht, für Anoden von Röntgenröhren, als Material für Schweißelektroden etc. Außerdem dient es zur Herstellung von Hartmetall, einem Verbundwerkstoff aus Wolframcarbid und Cobalt.

Chemische Verbindungen

Chrom-Verbindungen

Chrom(VI)-Verbindungen (d^0) sind – abgesehen vom CrF_6 – nur als Oxo-Verbindungen stabil; die wichtigsten sind die **Chromate, CrO_4^{2-}**, die **Dichromate, $Cr_2O_7^{2-}$**, sowie das Oxid, **CrO_3**.

In wässriger Lösung liegt zwischen dem Chromat- und dem Dichromat-Ion ein pH-abhängiges Gleichgewicht vor: Bei pH > 6 liegt das gelbe, tetraedrische CrO_4^{2-}–Ion vor; im pH-Bereich zwischen 6 und 2 befindet sich das $HCrO_4^-$ mit dem orangeroten $Cr_2O_7^{2-}$ im Gleichgewicht; bei pH < 1 überwiegt die Chromsäure H_2CrO_4; es existieren damit folgende Gleichgewichte:

$$HCrO_4^- + H_2O \rightleftharpoons CrO_4^{2-} + H_3O^+ \qquad K = 10^{-5,9}$$
$$Cr_2O_7^{2-} + H_2O \rightleftharpoons 2\,HCrO_4^- \qquad K = 10^{-2,2}$$
$$H_2CrO_4 + H_2O \rightleftharpoons HCrO_4^- + H_3O^+ \qquad K = 4,1$$

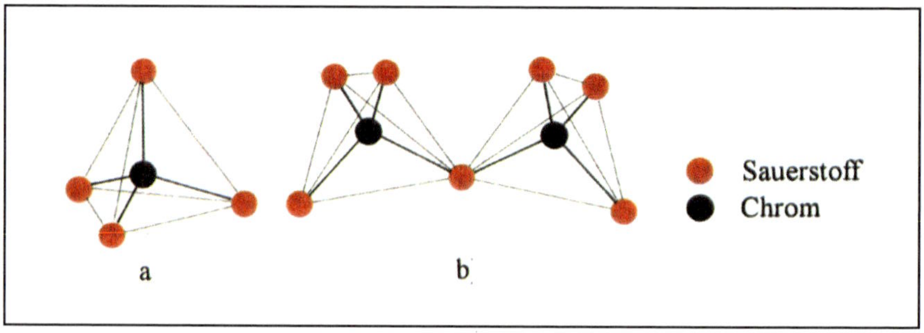

9.41 **a** Struktur des Chromat-Ions CrO_4^{2-} und **b** des Dichromat-Ions $Cr_2O_7^{2-}$.

Im Gegensatz zur Schwefelsäure ist die Chromsäure nicht in reiner Form bekannt; sie existiert nur in wässriger Lösung.

Saure Dichromat-Lösungen sind starke, basische Chromat-Lösungen dagegen deutlich schwächere Oxidationsmittel:

$$Cr_2O_7^{2-} + 14\,H_3O^+ + 6\,e^- \rightleftharpoons 2\,Cr^{3+} + 21\,H_2O$$
$$CrO_4^{2-} + 4\,H_2O + 3\,e^- \rightleftharpoons Cr(OH)_3 + 5\,OH^-$$

In stark saurer Lösung bilden sich durch weitere Kondensationsreaktionen **Trichromat-** und **Tetrachromat-Ionen, $Cr_3O_{10}^{2-}$** bzw. **$Cr_4O_{13}^{2-}$**, die als Alkalimetallsalze auskristallisiert werden können. In diesen Ionen liegen, wie im $Cr_2O_7^{2-}$, über Ecken verknüpfte CrO_4-Tetraeder vor, in denen die Cr–O–Cr-Bindungswinkel etwa 120° betragen. Im Vergleich zu Mo und W bildet Chrom nur sehr wenige und sehr einfache Isopolyanionen. Die Gründe dafür scheinen vor allem in der geringen

Größe des Cr(VI) und in der Neigung der Chroms zur Ausbildung von Doppelbindungen zum Sauerstoff zu liegen; beides führt zu einer Bevorzugung der tetraedrischen Koordination.

CrO_3 entsteht als orangeroter, kristalliner Niederschlag bei Zugabe von konz. Schwefelsäure zu wässrigen Lösungen von Chromaten oder Dichromaten. Es ist damit das Endprodukt der Kondensation von Chromat-Lösungen. CrO_3 besteht aus unendlichen Ketten über Ecken verknüpfter CrO_4-Tetraeder; innerhalb der Kette entsprechen die Cr–O-Bindungslängen denen von Einfachbindungen, die zu den endständigen O-Atomen entsprechen denen von Doppelbindungen. CrO_3 ist das Anhydrid der Chromsäure H_2CrO_4. Die Verbindung ist überwiegend kovalent und relativ leicht flüchtig. Sie löst sich leicht in Wasser und ist außerordentlich toxisch (cancerogen); sie gelangt als CrO_4^{2-}-Ion vermutlich durch den nichtspezifischen SO_4^{2-}-Ionenkanal in die Zelle und bindet nach Reduktion zum Cr^{3+} irreversibel an die DNA. CrO_3 ist ein starkes Oxidationsmittel, das mit organischen Verbindungen explosionsartig reagiert.

Peroxoverbindungen Saure Dichromat-Lösungen reagieren mit H_2O_2 unter Bildung des sehr unbeständigen tiefblauen Chrom(VI)-peroxids, CrO_5:

$$HCrO_4^- + 2\,H_2O_2 + H_3O^+ \longrightarrow CrO(O_2)_2 + 4\,H_2O$$

Das CrO_5 zersetzt sich sehr rasch unter Bildung von Cr(III), sodass folgende Gesamtreaktion formuliert werden kann:

$$2\,HCrO_4^- + 3\,H_2O_2 + 8\,H_3O^+ \longrightarrow 2\,Cr^{3+} + 3\,O_2 + 16\,H_2O$$

Das sehr instabile CrO_5 lässt sich allerdings durch Ausschütteln mit Ether stabilisieren; noch stabiler ist das bei Zugabe von Pyridin (py) erhältliche blaue Addukt (Abbildung 9.42a) mit einer pentagonal-pyramidalen Struktur. Die weiteren bekannten Peroxoverbindungen enthalten das Chrom allerdings *nicht* in der Oxidationsstufe +6, sollen jedoch hier Erwähnung finden. Bei der Behandlung von Alkalichromatlösungen mit 30 %-igem H_2O_2 lassen sich über verschiedene Zwischenstufen die rotbraunen Peroxochromate M_3CrO_8 isolieren; dabei handelt es sich um Tetraperoxo-Komplexe des Cr(V) (Abbildung 9.42b) mit einer quasi-dodekaedrischen Struktur. Ebenso isolierbar ist eine Peroxoverbindung der Zusammensetzung $Cr(O_2)_2(NH_3)_3$ (Abbildung 9.42c), deren magnetische Eigenschaften auf das Vorliegen von Cr(IV) schließen lassen; die Struktur ist pentagonal-bipyramidal.

Zu den bemerkenswerten Cr(VI)-Verbindungen gehört auch das **Chromylchlorid, CrO_2Cl_2**, das sich als tiefrote Flüssigkeit bei der Einwirkung von HCl auf CrO_3 oder auch bei der Einwirkung warmer konz. Schwefelsäure auf ein Gemisch von Dichromat mit Alkalimetallchloriden bildet:

$$CrO_3 + 2\,HCl \longrightarrow CrO_2Cl_2 + H_2O$$
$$K_2Cr_2O_7 + 4\,KCl + 3\,H_2SO_4 \longrightarrow 2\,CrO_2Cl_2 + 3\,K_2SO_4 + 3\,H_2O$$

Die Verbindung ist lichtempfindlich, im Übrigen jedoch relativ beständig. Organische Stoffe werden in heftigen Reaktionen oxidiert. In Wasser erfolgt Hydrolyse unter Bildung von Chromat und Salzsäure.

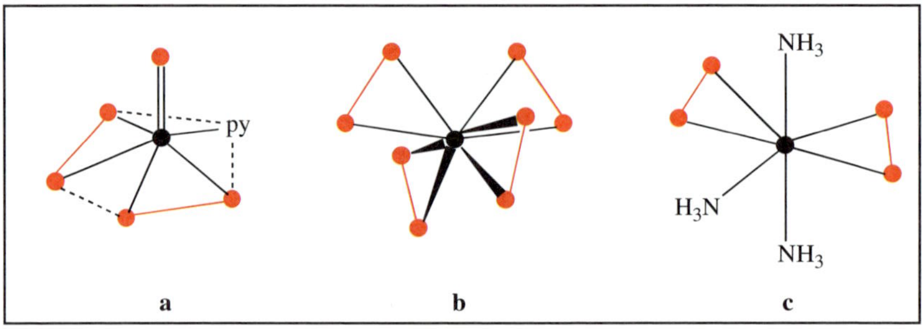

9.42 Peroxoverbindungen des Chroms: **a** $CrO(O_2)_2(py)$; **b** $Cr(O_2)_4^{2-}$; **c** $Cr(O_2)_2(NH_3)_3$.

Chrom(III)-Verbindungen (d^3) Die Oxidationsstufe +3 ist die beständigste und wichtigste Oxidationsstufe in der Chemie des Chroms überhaupt. Mit den meisten Anionen bildet Cr(III) stabile Salze. Außergewöhnlich groß ist die Zahl von Cr(III)-Komplexen mit der charakteristischen Koordinationszahl 6 und oktaedrischer Koordinationsgeometrie.

Chrom(III)-oxid, Cr_2O_3, entsteht als dunkelgrünes Produkt bei der Verbrennung von Chrom im Sauerstoffstrom oder bei der thermischen Zersetzung von Ammoniumdichromat:

$$2\,Cr + {}^3/_2\,O_2 \longrightarrow Cr_2O_3$$
$$(NH_4)_2Cr_2O_7 \longrightarrow Cr_2O_3 + N_2 + 4\,H_2O$$

Cr_2O_3 ist chemisch inert; es löst sich nicht in Wasser, Säuren oder Laugen. Verwendet wird es zum Färben von Glas und Porzellan sowie als grüne Malerfarbe.

Chrom(III)-hydroxid, $Cr(OH)_3$, fällt bei Zugabe von OH^--Ionen zu Cr(III)-Salzlösungen in Abhängigkeit von den Fällungsbedingungen als kristallines Trihydrat $Cr(OH)_3(H_2O)_3$ oder als Oxidhydrat mit wechselndem Wassergehalt $Cr_2O_3 \cdot x\,H_2O$. Frisch gefällt löst es sich in Säuren und Laugen, ist also amphoter:

$$[Cr(H_2O)_6]^{3+} \underset{H_3O^+}{\overset{OH^-}{\rightleftharpoons}} Cr(OH)_3 \underset{H_3O^+}{\overset{OH^-}{\rightleftharpoons}} [Cr(OH)_6]^{3-}$$

Das **Hexaaquachrom(III)-Kation, $[Cr(H_2O)_6]^{3+}$**, ist oktaedrisch gebaut und von violetter Farbe. Es tritt nicht nur in wässrigen Lösungen von Cr(III)-Salzen auf, sondern ist auch Bestandteil vieler hydratisierter Salze wie z.B. im $[Cr(H_2O)_6]Cl_3$ oder im $[Cr(H_2O)_6]_2(SO_4)_3$. Das $[Cr(H_2O)_6]^{3+}$-Ion ist eine Kationensäure:

$$[Cr(H_2O)_6]^{3+} + H_2O \rightleftharpoons [Cr(H_2O)_5(OH)]^{2+} + H_3O^+$$

In Abhängigkeit vom pH-Wert der Lösung, von ihrer Konzentration und von der Temperatur bilden sich in einem auch als „Verolung“ bezeichneten Prozess polymere Spezies; am Anfang dieser Reaktion steht die Bildung eines hydroxoverbrückten Zweikernkomplexes:

$$2\,[Cr(H_2O)_5(OH)]^{2+} \longrightarrow [(H_2O)_4Cr(\mu\text{-}OH)_2Cr(H_2O)_4]^{4+} + 2\,H_2O$$

Als Endprodukt entsteht bei der Zugabe von Basen das $Cr_2O_3 \cdot x\,H_2O$.

Bei den Hexaaquachrom(III)-Komplexen wird *Hydratisomerie* beobachtet (Abschnitt 9.2.4).

Die **wasserfreien Chrom(III)-Halogenide, CrX_3** (X = F, Cl, Br, I), unterscheiden sich in ihren Eigenschaften und Strukturen von den entsprechenden wasserhaltigen Salzen. Das wichtigste dieser Halogenide ist das rotviolette $CrCl_3$, das im Chlorstrom bei 600 °C sublimiert werden kann. Die Verbindung kristallisiert in einer Schichtstruktur mit Schichtpaketen, die von VAN DER WAALS-Bindungen zusammengehalten werden; die Cr-Atome sind oktaedrisch koordiniert. $CrCl_3$ ist in Wasser unlöslich, lässt sich aber durch katalytische Mengen von Cr^{2+}-Ionen in Lösung bringen.

Chrom(III)-Komplexe existieren zu Tausenden; in fast allen diesen Komplexen ist das Cr^{3+} sechsfach (oktaedrisch) koordiniert. Neben einkernigen Komplexen existieren auch zahlreiche Mehrkernkomplexe. Viele Erkenntnisse, die zur Entwicklung der klassischen Koordinationslehre durch A. WERNER beigetragen haben, resultierten aus Untersuchungen an Komplexverbindungen des Cr(III).

Die magnetischen Eigenschaften der oktaedrischen Cr(III)-Komplexe sind im Rahmen der Ligandenfeld-Theorie leicht zu verstehen: Aus dem einfachen Aufspaltungsbild der d-Orbitale im oktaedrischen Ligandenfeld (Abbildung 9.15) folgt, dass in all diesen Komplexen unabhängig von der Ligandenfeldstärke immer drei ungepaarte Elektronen vorhanden sein müssen. Dies ist für die einkernigen Cr(III)-Komplexe experimentell auch stets gefunden worden (Tabelle 9.11); die experimentellen magnetischen Momente sind nur wenig geringer als der Nurspin-Wert für drei ungepaarte Elektronen (3,87 B.M.).

Auch die Spektren der einkernigen Cr(III)-Komplexe lassen sich im Rahmen einer ligandenfeldtheoretischen Betrachtung gut verstehen. In Abbildung 9.25 bzw. 9.30 sind die Energiediagramme dargestellt, aus denen hervorgeht, dass für eine d^3-Konfiguration im oktaedrischen Ligandenfeld drei Übergänge zu erwarten sind, also auch drei Banden im Elektronenspektrum. Und in der Tat werden diese drei

Banden bei vielen Cr(III)-Komplexen beobachtet; bei einigen Komplexen kann jedoch die kurzwelligste Bande von Ligandenbanden überlagert sein, sodass in solchen Fällen nur zwei Banden registriert werden können.

Tabelle 9.11 Elektronische und magnetische Eigenschaften einiger Chrom(III)-Komplexe

Komplex	Farbe	Δ_o [cm^{-1}]	μ_{exp} [B.M.]
$K[\mathbf{Cr(H_2O)_6}](SO_4)_2 \cdot 6\,H_2O$	violett	17400	3,84
$K_3[\mathbf{Cr(C_2O_4)_3}] \cdot 3\,H_2O$	rotviolett	17500	3,84
$[\mathbf{Cr(NH_3)_6}]Br_3$	gelb	21550	3,77
$[\mathbf{Cr(en)_3}]I_3 \cdot H_2O$	gelb	21600	3,84
$K_3[\mathbf{Cr(CN)_6}]$	gelb	26700	3,87

Die d^3-Konfiguration liefert bei oktaedrischer Koordination einen großen Betrag der Ligandenfeldstabilisierungsenergie. Dies erklärt zum einen die große Beständigkeit der Oxidationsstufe +3 des Chroms, zum anderen aber auch seine Bevorzugung der Koordinationszahl 6 mit oktaedrischer Geometrie. Im engen Zusammenhang damit steht auch die Beobachtung, dass die meisten dieser Komplexe kinetisch inert sind.

Chrom(II)-Verbindungen (d^4) sind sämtlich starke Reduktionsmittel, da durch die Abgabe eines Elektrons die sehr stabile d^3-Konfiguration des Cr(III) entsteht.

Durch Reduktion saurer Cr(III)-Salzlösungen mit Zink entsteht das kornblumenblaue **$[Cr(H_2O)_6]^{2+}$-Ion**, das allerdings nur in neutraler Lösung unter anaeroben Bedingungen haltbar ist; in sauren Lösungen wird das H_2O unter H_2-Entwicklung und Bildung von Cr(III) reduziert. Die kornblumenblaue Farbe haben auch die wasserhaltigen Salze $CrSO_4 \cdot 5\,H_2O$, $CrCl_2 \cdot 4\,H_2O$ und $Cr(ClO_4)_2 \cdot 6\,H_2O$.

Die wasserfreien **Chrom(II)-Halogenide, CrX_2** (X = F, Cl, Br, I), lassen sich aus den entsprechenden Trihalogeniden durch Reduktion mit Wasserstoff bei 500 – 600 °C herstellen.

Eine der stabilsten und präparativ leicht zugänglichen Cr(II)-Verbindungen ist das rot gefärbte Cr(II)-acetat. Die Verbindung ist dimer und hat die in Abbildung 9.43a gezeigte Struktur. Der sehr kurze Cr–Cr-Abstand von nur 24,6 pm zeigt, dass die Wechselwirkung zwischen den beiden Metallionen sehr stark ist, sodass angenommen werden kann, dass die vier d-Elektronen beider Metallionen vollständig gepaart sind und damit eine Vierfachbindung ausbilden. In Übereinstimmung damit ist die Verbindung diamagnetisch. Mit dem Anion $[Cr_2(CH_3)_8]^{4-}$ (Abbildung 9.43b) existiert eine weitere Verbindung des Cr(II) mit ganz analogen Bindungsverhältnissen.

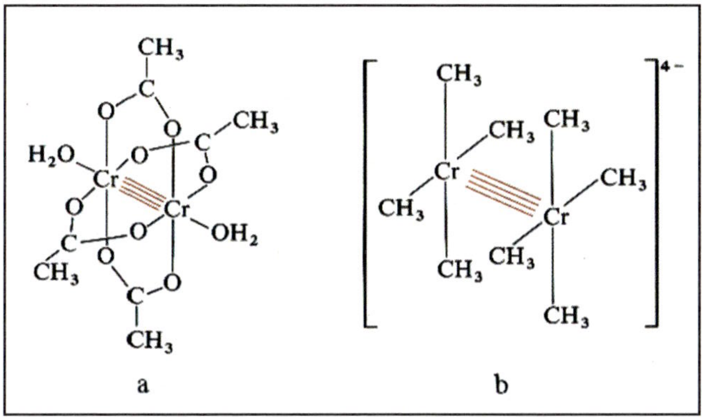

9.43 Verbindungen mit Cr–Cr-Vierfachbindungen: **a** Cr(acetat)$_2 \cdot H_2O$; **b** Octamethyldichromat(II).

Molybdän- und Wolfram-Verbindungen

Molybdän und Wolfram bilden stöchiometrische **Oxide** in den Oxidationsstufen +6, **MoO_3** und **WO_3**, und +4, **MoO_2** und **WO_2**.

In den Strukturen der Trioxide liegen verzerrte MO_6-Oktaeder vor, die in unterschiedlicher Weise verknüpft sind. Beide Trioxide sind in Wasser und in Säuren unlöslich; in Alkalilaugen lösen sie sich unter Bildung von Molybdat- bzw. Wolframat-Ionen MO_4^{2-}.

Die Dioxide kristallisieren in einer verzerrten Rutil-Struktur (Abbildung 4.8). Durch die Verzerrung bilden sich Metallpaare mit M–M-Bindungen. Die Verbindungen sind diamagnetisch und metallisch leitend.

Durch Erhitzen der Trioxide im Vakuum oder durch Reduktion mit dem entsprechenden Metall sind zahlreiche Oxide mit nicht ganzzahligen Oxidationsstufen, jedoch stöchiometrischer Zusammensetzung zugänglich. Diese Oxide sind intensiv blau oder violett gefärbt und besitzen komplizierte Strukturen.

Reduziert man Suspensionen der Trioxide in Wasser oder auch angesäuerte Molybdat- bzw. Wolframat-Lösungen mit SO_2, Sn(II) oder H_2S, so erhält man tiefblaue Lösungen von **Molybdänblau** bzw. **Wolframblau**. Dabei handelt es sich vermutlich um Oxidhydroxid-Spezies mit Oxidationszahlen zwischen +6 und +5.

Die Trioxide von Mo und W lösen sich in Alkalilaugen unter Bildung der tetraedrisch gebauten Molybdat- bzw. Wolframat-Ionen MoO_4^{2-} und WO_4^{2-}. Werden diese Lösungen stark angesäuert, dann kristallisieren daraus die Trioxide als Dihydrate aus, $MoO_3 \cdot 2\ H_2O$ bzw. $WO_3 \cdot 2\ H_2O$ („Molybdänsäure" bzw. „Wolframsäure"). In dem dazwischen liegenden pH-Bereich enthalten die Lösungen polymere Oxo-Anionen, die vorwiegend aus MO_6-Oktaedernaufgebaut sind. Die Gleichgewichtseinstellungen zwischen den verschiedenen Isopolyanionen erfolgt beim Molybdän rasch, beim Wolfram dagegen nur sehr langsam. Überraschenderweise sind die Isopolyanionen des Molybdäns und des Wolframs voneinander verschieden.

In Molybdat-Lösungen mit einem pH < 6 bilden sich verschiedene Isopolyanionen, von denen zwei in Abbildung 9.44 gezeigt sind; daneben entsteht noch das $[Mo_{36}O_{112}]^{8-}$. Die MoO_6-Oktaeder sind verzerrt; ihre Verknüpfung untereinander erfolgt über gemeinsame Kanten. Die aus solchen Lösungen auskristallisierenden Isopolymolybdate können durchaus auch andere Zusammensetzungen haben, wie die in Abbildung 9.45 dargestellten Beispiele zeigen.

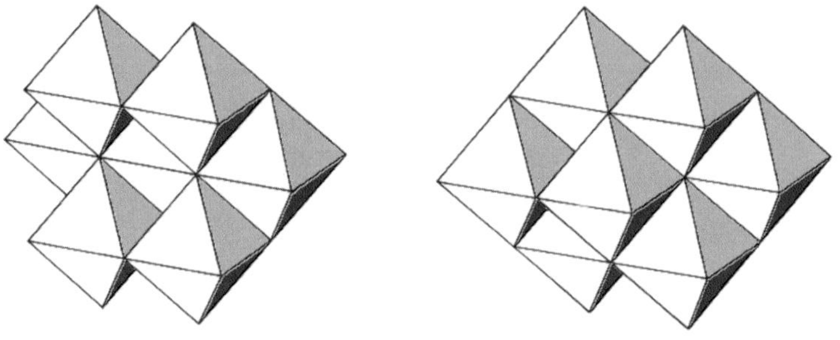

9.44 Idealisierte Strukturen von zwei in Lösung nachgewiesenen Isopolymolybdationen.

In Wolframat-Lösungen entsteht bei pH ≈ 6 zunächst das Anion $[HW_6O_{21}]^{5-}$, aus dem in einer langsamen Gleichgewichtsreaktion das $[H_2W_{12}O_{42}]^{10-}$ gebildet wird. Bei pH ≈ 4 bilden sich in langsamer Reaktion die $[H_2W_{12}O_{40}]^{6-}$-Ionen.

In die Strukturen der Isopolyanionen von Molybdän und Wolfram können verschiedene Heteroatome eingebaut werden. Diese Heteroatome sind entweder Nichtmetalle wie Si^{4+}, P^{5+}, As^{5+} oder auch Übergangsmetalle wie Ti^{4+}, Mn^{4+}, Ni^{4+}. Generell sind die Salze von **Heteropolysäuren** stabiler als die der entsprechenden Isopolysäuren. Abbildung 9.46 zeigt die Struktur der Heteropolysäuren des Typs $[X^{n+}M_{12}O_{40}]^{(8-n)-}$ (M = Mo, W). Die Struktur besteht aus vier Gruppen von jeweils drei MO_6-Oktaedern, also $(M_3O_{10})_4$. In den Dreiergruppen ist jedes Oktaeder durch eine gemeinsame Kante mit den benachbarten Oktaedern verknüpft. Die Dreiergruppen sind über zwei gemeinsame Oktaederecken untereinander verknüpft. An der Spitze einer jeden Dreiergruppe gibt es ein O-Atom (rot dargestellt), das allen drei Oktaedern gemeinsam angehört. Diese vier O-Atome liegen an der Peripherie eines Hohlraumes und sind tetraedrisch angeordnet. In den Hohlraum können Protonen oder die Heteroatome X^{n+} eingebaut werden.

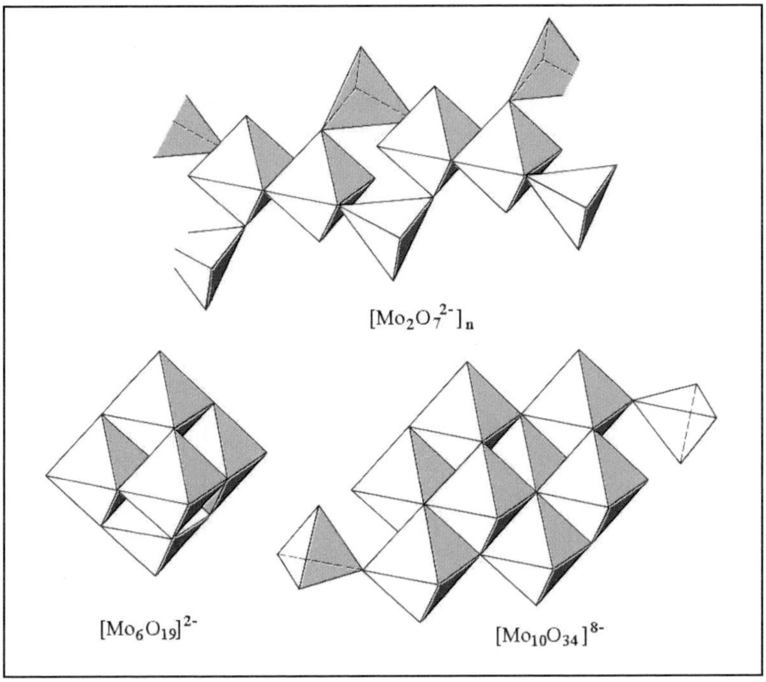

9.45 Isopolymolybdate, die in kristallisierten Festkörpern nachgewiesen worden sind (im Gegensatz zum $Cr_2O_7^{2-}$ ist das $Mo_2O_7^{2-}$ polymer).

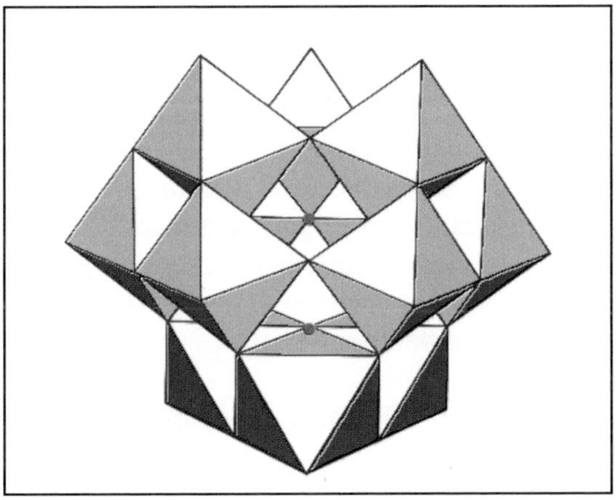

9.46 Struktur der Heteropolysäuren $[X^{n+}M_{12}O_{40}]^{(8-n)-}$ (M = Mo, W); nach ihrem Entdecker wird diese Struktur als „KEGGIN-Struktur" bezeichnet.

Halogenide des Mo und W sind in den Oxidationsstufen +2 bis +6 bekannt. Während die Oxidationsstufe +6 beim Mo nur im MoF_6 erreicht wird, tritt sie beim W im WF_6, WCl_6 und WBr_6 auf.

Die W(III)-, W(II)- und Mo(II)-Halogenide unterscheiden sich ganz wesentlich von den analogen Chrom-Halogeniden. Diese niederen Halogenide bilden Clusterstrukturen, die ihre Stabilität aus den Metall-Metall-Bindungen erhalten. Interessanterweise sind jedoch $MoCl_3$ und $CrCl_3$ strukturell recht ähnlich.

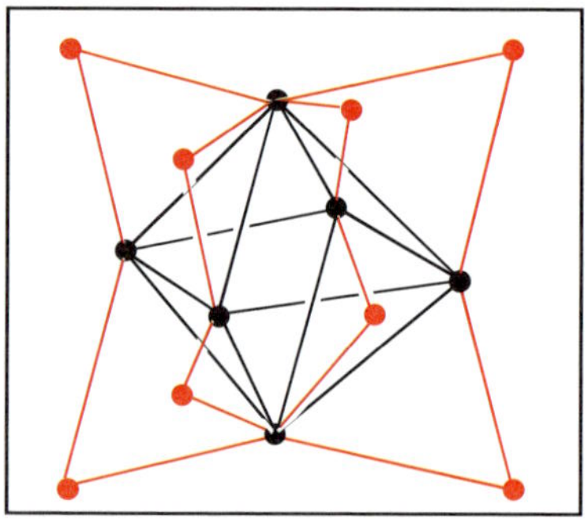

9.47 Struktur des $[M_6X_8]^{4+}$-Clusters der Mo(II)- und W(II)-Halogenide.

WCl_3 ist hexamer mit der Struktur $[W_6Cl_{12}]Cl_6$; der darin enthaltene Cluster $[W_6Cl_{12}]^{6+}$ ist mit den $[M_6Cl_{12}]^{n+}$-Clustern von Nb und Ta isostrukturell (Abbildung 9.40). Vom WCl_3 leiten sich Chloride der Zusammensetzung $M^+_3[W_2Cl_9]$ ab; in diesem Cluster sind zwei WCl_6-Oktaeder über eine gemeinsame Fläche verknüpft. Die Verbindungen sind diamagnetisch mit einem sehr kurzen W–W-Abstand; beide Befunde sprechen für das Vorliegen einer W–W-Vierfachbindung.

Die Dihalogenide von Mo und W bestehen aus $[M_6X_8]^{4+}$-Clustern (Abbildung 9.47). Es handelt sich um diamagnetische und meist farbige Feststoffe, deren Zusammensetzung mit $[M_6X_8]X_4$ angegeben werden kann. Infolge der Metall-Metall-Bindungen sind die Dihalogenide bemerkenswert stabil. Entgegen dem Trend der Stabilität der Oxidationsstufen innerhalb einer Nebengruppe besitzen Mo(II)-Halogenide daher keine reduzierenden Eigenschaften; W(II)-Halogenide lassen sich jedoch leicht zu W(III)-Halogeniden oxidieren.

9.4.5 Die VII. Nebengruppe (Gruppe 7) – Mn, Tc, Re

Die Elemente

Allgemeine Eigenschaften Aufgrund ihrer Valenzelektronenkonfiguration treten die Elemente der VII. Nebengruppe vornehmlich in den Oxidationsstufen +2 bis +7 auf. Die wichtigsten Oxidationsstufen des Mangans sind +2, +4 und +7, entsprechend den Elektronenkonfigurationen $3d^5$, $3d^3$ und $3d^0$. Mn(VII)-Verbindungen existieren nur als Oxo-Verbindungen; es sind sämtlich starke Oxidationsmittel. Die entsprechenden Reduktionsprodukte hängen vom pH-Wert der Reaktionslösungen ab: In saurer Lösung erfolgt die Reduktion zu Mn^{2+}, in schwach saurer bzw. schwach alkalischer Lösung zu MnO_2 und in stark alkalischer Lösung zu MnO_4^{2-}.

Für die Chemie des Rheniums ist die Oxidationsstufe +7 charakteristisch; das ReO_4^--Ion ist ein sehr viel schwächeres Oxidationsmittel als das MnO_4^--Ion. Re(III) bildet Clusterverbindungen mit Metall-Metall-Bindungen. Von Re(II) sind keine Verbindungen bekannt.

Die häufigsten Koordinationszahlen sind beim Mangan 4 und 6, beim Rhenium neben 4 und 6 auch die höheren 7, 8 und 9.

Technetium kann nur künstlich hergestellt werden; seine Chemie ähnelt der des Rheniums. Beide Elemente unterscheiden sich wieder von ihrem leichteren Homologen.

Tabelle 9.12 Ausgewählte Eigenschaften der Elemente der VII. Nebengruppe

	Mangan Mn	Technetium Tc	Rhenium Re
Elektronenkonfiguration	$[Ar]3d^5 4s^2$	$[Kr]4d^5 5s^2$	$[Xe]4f^{14}5d^5 6s^2$
Elektronegativität	1,6	1,4	1,5
Standardpotenziale [V]			
M/MO_4^-	+0,74	+0,47	+0,37
M/MO_2	+0,02	+0,27	+0,26
M/M^{3+}	–0,28	–	+0,30
M/M^{2+}	–1,18	+0,40	–
Ionenradien [pm]			
M^{7+}	46	56	53
M^{6+}	25*	–	55
M^{5+}	33*	60	58
M^{4+}	53	64	63
M^{3+}	64 hs, 58 ls	–	–
M^{2+}	83 hs, 67 ls	–	–

* Koordinationszahl 4; hs = high spin, ls = low spin

Mangan ist silbergrau, hart und spröde. Als unedles Metall (Standardpotenzial in Tabelle 9.12) löst es sich in Säuren und auch in Wasser unter H_2-Entwicklung und Bildung von Mn^{2+}-Ionen. In kompakter Form wird Mangan durch Luftsauerstoff nur oberflächlich oxidiert, in fein verteilter Form ist die Oxidation jedoch vollständig. Mit Nichtmetallen wie Stickstoff, Chlor, Fluor etc. reagiert Mangan erst bei höheren Temperaturen.

Rhenium ist weiß glänzend, hart und luftbeständig. Rhenium ist deutlich weniger reaktiv als Mangan. Es löst sich nicht in Salzsäure und Flusssäure; in oxidierenden

Säuren wie Salpetersäure löst es sich unter Bildung der Perrheniumsäure $HReO_4$. Mit Sauerstoff reagiert pulverförmiges Rhenium bereits bei 400 °C, als kompaktes Metall dagegen erst bei 1 000 °C; das Reaktionsprodukt ist Re_2O_7.

Vorkommen **Mangan** ist nach Eisen das häufigste Schwermetall und bildet zahlreiche Mineralien. Das wichtigste Manganerz ist *Pyrolusit* MnO_2. Die in großen Mengen auf dem Boden des Pazifiks vorkommenden „Manganknollen" enthalten zwischen 15 und 30 % Mn; ihr Abbau wäre wegen dieses geringen Mn-Gehaltes jedoch unökonomisch.

Rhenium gehört zu den sehr seltenen Elementen; es kommt vergesellschaftet mit Molybdän vor, vornehmlich im Molybänglanz, MoS_2.

Darstellung und Verwendung **Mangan** wird als **Ferromangan** (ca. 70 % Mn), Silicomangan (65 % Mn, 15 – 20 % Si) oder als Manganmetall hergestellt. Ferromangan wird aus manganreichen Erzen im Hochofen durch Reduktion mit Koks hergestellt, **Silicomangan** aus Fe- und P-armen Manganerzen und Quarzit im Elektroschachtofen ebenfalls durch Reduktion mit Koks.

Manganmetall erhält man durch Reduktion von Manganerzen mit Silicomangan:

$$2\,MnO + Si \longrightarrow 2\,Mn + SiO_2$$

Reines Manganmetall wird durch Elektrolyse von $MnSO_4$-Lösungen hergestellt.

Mangan wird als Desoxidations- und Entschwefelungsmittel bei der Stahlherstellung verwendet. Außerdem ist es in nahezu allen Stählen als Legierungsbestandteil enthalten.

Rhenium fällt beim Abrösten von MoS_2-Erzen als Re_2O_7 an; dieses wird in Wasser unter Bildung von $HReO_4$ gelöst. Eine Möglichkeit zur Gewinnung von Rhenium besteht darin, aus den $HReO_4$-Lösungen das NH_4ReO_4 auszufällen und dieses mit Wasserstoff zu Re-Pulver zu reduzieren. Rhenium verwendet man für die Herstellung von Thermoelementen, von Glühkathoden sowie von Katalysatoren.

Chemische Verbindungen

Mangan-Verbindungen

Mangan(II)-Verbindungen (d^5) Die beständigste Oxidationsstufe des Mangans ist +2. Mn(II) bildet mit den meisten Anionen Salze, die in der Regel als Hydrate kristallisieren und in Wasser leicht löslich sind; schwerlösliche Verbindungen sind z. B. MnO, MnS, $MnCO_3$ und $Mn_3(PO_4)_2$.

In neutralen oder sauren Lösungen liegt das blass rosafarbene Hexaaquamangan(II)-Kation $[Mn(H_2O)_6]^{2+}$ vor, das wegen der stabilen d^5-Konfiguration bemerkenswert oxidationsstabil ist. Die Mehrzahl der Mn(II)-Komplexe ist wie das

$[Mn(H_2O)_6]^{2+}$ oktaedrisch koordiniert; außer in Komplexen mit starken Liganden wie z. B. CN^- liegt das Mn(II) in der high spin-Konfiguration vor.

Mangan(II)-oxid, MnO, ist eine grüne Verbindung, die in Wasser unlöslich, aber löslich in Säuren ist. Seine Darstellung erfolgt durch thermische Zersetzung von $MnCO_3$ im H_2-Strom.

Mangan(II)-sulfid, MnS, fällt aus alkalischen Mn(II)-Lösungen mit S^{2-}-Ionen als fleischfarbener Niederschlag, der sich in verdünnten Säuren löst; durch Luftsauerstoff erfolgt Oxidation, erkennbar an einer Braunfärbung.

Die **Mangan(II)-Halogenide, MnX_2** (X = F, Cl, Br, I), sind schwach rosa gefärbte Feststoffe. $MnCl_2$ bildet ein Dihydrat und ein Tetrahydrat; in beiden Verbindungen ist das Mn(II) oktaedrisch von H_2O-Molekülen und Cl^--Ionen koordiniert. In den Komplexen des Typs $[MnX_4]^{2-}$ ist das Mn(II) tetraedrisch koordiniert. Komplexverbindungen mit oktaedrisch koordiniertem Mn(II) sind rosa gefärbt, solche mit tetraedrisch koordiniertem Mn(II) sehen dagegen grüngelb aus.

Mangan(III)-Verbindungen (d^4) In wässriger Lösung existiert das granatrote Hexaaquamangan(III)-Kation $[Mn(H_2O)_6]^{3+}$, das oxidierende Eigenschaften besitzt und daher Wasser langsam unter O_2-Entwicklung oxidiert. Zum anderen neigt es zur Disproportionierung

$$2\,Mn^{3+} + 6\,H_2O \longrightarrow Mn^{2+} + MnO_2 + 4\,H_3O^+$$

Mn(III) kann durch Komplexbildung in wässriger Lösung stabilisiert werden. Die gebildeten Komplexverbindungen haben in der Regel die Koordinationszahl sechs.

Mangan(IV)-Verbindungen (d^3) Die beständigste Mn(IV)-Verbindung ist das **MnO_2** (Braunstein). Es ist grauschwarz und kristallisiert im Rutil-Gitter. MnO_2 lässt sich durch Erhitzen von $Mn(NO_3)_2 \cdot 6\,H_2O$ bei 500 °C an der Luft darstellen. Oberhalb 600 °C geht MnO_2 unter Sauerstoffabgabe in Mn_2O_3, oberhalb 900 °C in Mn_3O_4 und oberhalb 1 170 °C in MnO über. Als hydratisiertes MnO_2 entsteht es bei der Reduktion von MnO_4^- in alkalischer Lösung.

MnO_2 ist in Wasser unlöslich; in den meisten Säuren löst es sich erst beim Erhitzen, wobei es als Oxidationsmittel wirkt. So wird konz. Salzsäure zu Chlor oxidiert, mit konz. Schwefelsäure entwickelt sich Sauerstoff:

$$MnO_2 + 4\,HCl \longrightarrow MnCl_2 + Cl_2 + 2\,H_2O$$
$$2\,MnO_2 + 2\,H_2SO_4 \longrightarrow 2\,MnSO_4 + O_2 + 2\,H_2O$$

MnO_2 wird in der Glasindustrie zum Entfärben von grünem Glas verwendet („Glasmacherseife“): Es bildet mit Glas das Mn(III)-silicat, das mit seiner violetten Farbe die Komplementärfarbe zum grüngelben Fe(II)-silicat besitzt; beide Farben werden durch Absorption dem Licht entzogen, sodass das Glas farblos ist.

Mangan(VII)-Verbindungen (d^0) Bei der Einwirkung von konz. Schwefelsäure auf $KMnO_4$ entsteht das **Dimanganheptaoxid, Mn_2O_7,** als grünes Öl:

$$2\,KMnO_4 + H_2SO_4 \longrightarrow Mn_2O_7 + K_2SO_4 + H_2O$$

Mn_2O_7 zersetzt sich beim Erhitzen explosionsartig unter Bildung von MnO_2 und Sauerstoff:

$$2\,Mn_2O_7 \longrightarrow 2\,MnO_2 + 3\,O_2$$

Mit den meisten organischen Verbindungen reagiert Mn_2O_7 unter Entzündung oder explosionsartig. Lösungen in CCl_4 sind jedoch relativ stabil. Mn_2O_7 ist das Anhydrid der unbeständigen **Permangansäure, $HMnO_4$**. Mit einem pK_S-Wert von −2,2 ist die Permangansäure eine starke Säure. Wichtig sind ihre Salze, die Permanganate, die technisch durch anodische Oxidation basischer MnO_4^{2-}-Lösungen hergestellt werden. Am häufigsten wird das tiefpurpurfarben kristallisierende **Kaliumpermanganat, $KMnO_4$,** verwendet.

In Permanganat-Lösungen liegt das intensiv violett gefärbte, tetraedrische MnO_4^--Ion vor. Diese Lösungen sind unbeständig: In saurer Lösung erfolgt langsame Zersetzung unter Bildung von MnO_2 und Sauerstoff:

$$4\,MnO_4^- + 4\,H_3O^+ \longrightarrow 4\,MnO_2 + 3\,O_2 + 6\,H_2O$$

Die Zersetzungsreaktion verläuft in neutraler oder schwach alkalischer Lösung im Dunkeln unmessbar langsam, wird jedoch durch Licht katalysiert. Permanganat-Lösungen für quantitativ-analytische Zwecke (Manganometrie) müssen daher in dunklen Flaschen aufbewahrt werden.

Das MnO_4^--Ion ist ein starkes Oxidationsmittel. In Abhängigkeit vom pH-Wert der Reaktionslösungen entstehen unterschiedliche Reduktionsprodukte:

sauer: $MnO_4^- + 8\,H_3O^+ + 5\,e^- \rightleftharpoons Mn^{2+} + 12\,H_2O$
neutral, schwach basisch: $MnO_4^- + 2\,H_2O + 3\,e^- \rightleftharpoons MnO_2 + 4\,OH^-$
stark basisch: $MnO_4^- + e^- \rightleftharpoons MnO_4^{2-}$

$KMnO_4$ wird in der Technik als Oxidationsmittel und für die Reinigung von Wasser verwendet (Exkurs 8.1). Gegenüber Chlor hat $KMnO_4$ dabei den Vorteil, dass es den Geschmack des Wassers nicht beeinträchtigt; zudem fällt das gebildete MnO_2 kolloidal gelöste Verunreinigungen aus dem Wasser.

Rhenium-Verbindungen

Oxide, Oxo-Verbindungen Rhenium bildet Oxide in den Oxidationsstufen von +4 bis +7, anders als Mangan jedoch nicht in den Oxidationsstufen +2 und +3.

Das beständigste Oxid des Rheniums ist das **Dirheniumheptaoxid, Re_2O_7**, das bei der Oxidation des Metalls mit Sauerstoff bei 150 °C erhalten wird. Die gelbe Verbindung ist hygroskopisch. Sie kristallisiert in einem Schichtgitter, in dem ReO_4-Tetraeder und ReO_6-Oktaeder über gemeinsame Ecken verknüpft sind. Re_2O_7 ist das Anhydrid der **Perrheniumsäure, $HReO_4$**. Es ist eine starke Säure, die sich jedoch nicht in reiner Form isolieren lässt. Aus wässrigen Lösungen erhält man das Dihydrat, das aus dimeren Einheiten aufgebaut ist, in denen ein Tetraeder und ein Oktaeder eckenverknüpft sind: $[O_3Re{-}O{-}ReO_3(H_2O)_2]$.

Die Salze der Perrheniumsäure sind die Perrhenate (Rhenate(VII)) M^IReO_4; man erhält sie durch Oxidation von Rhenium-Verbindungen niedrigerer Oxidationsstufen mit HNO_3 oder H_2O_2. Das ReO_4^- ist wie das MnO_4^- tetraedrisch gebaut, im Gegensatz zu diesem jedoch farblos, in alkalischen Lösungen stabil und ein wesentlich schwächeres Oxidationsmittel.

Halogenide Rhenium bildet Halogenverbindungen in den Oxidationsstufen von +3 bis +7:

+7	+6	+5	+4	+3
ReF_7	ReX_6	ReX_5	ReX_4	$(ReX_3)_3$
	X=F,Cl	X=F,Cl,Br	X=F,Cl,Br,I	X=Cl,Br,I

Alle Halogenide bilden Halogeno-Komplexe, wobei Fluoro-Komplexe bevorzugt sind. Mit Ausnahme von ReF_5 können alle **Penta-, Hexa-** und **Heptahalogenide** direkt aus den Elementen hergestellt werden. Es sind sämtlich flüchtige Feststoffe, die durch Wasser hydrolysiert und anschließend disproportioniert werden, wobei die stabileren Spezies ReO_4^- und ReO_2 gebildet werden. ReF_7 ist das einzige thermisch stabile Heptafluorid eines Übergangsmetalls.

Strukturell am interessantesten sind die Re(III)-Halogenide, die durch eine thermische Zersetzung der entsprechenden Pentahalogenide erhalten werden. Es sind dunkel gefärbte Verbindungen, die aus dreikernigen Clustern aufgebaut sind; darin sind die Re-Atome durch Doppelbindungen miteinander verknüpft (Abbildung 9.48). Jedes Re-Atom des Clusters kann noch einen weiteren Liganden L koordinieren; ist der Ligand L ein Cl^--Ion, dann entstehen die Chloro-Komplexe $[Re_3Cl_{10}]^-$, $[Re_3Cl_{11}]^{2-}$ bzw. $[Re_3Cl_{12}]^{3-}$; diese Positionen können aber auch von Liganden wie H_2O oder Pyridin besetzt werden.

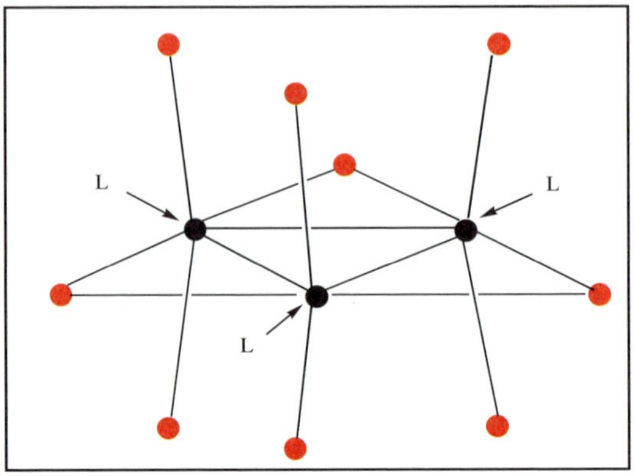

9.48 Struktur des dreikernigen Clusters Re_3Cl_9 (Re = schwarz, Cl = rot).

Daneben existieren zweikernige Komplexe des Typs $[Re_2X_8]^{2-}$ (X = Cl, Br, I), die diamagnetisch sind, und in denen die beiden Re-Atome durch eine Vierfachbindung verknüpft sind (Abbildung 9.49).

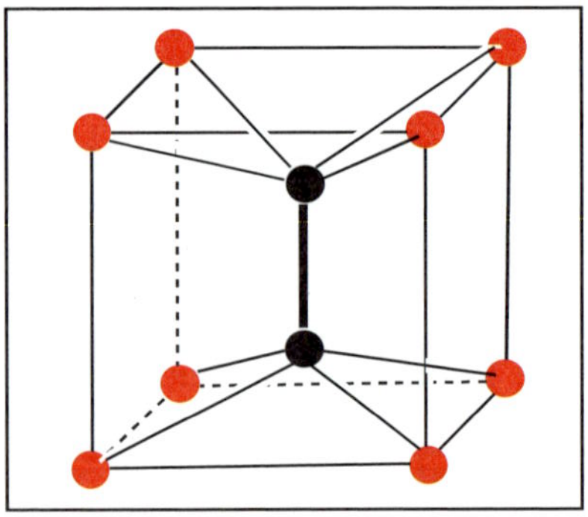

9.49 Struktur des $[Re_2Cl_8]^{2-}$.

Wie bereits bei den schweren Elementen der V. und VI. Nebengruppe erfolgt also auch hier die Stabilisierung von Verbindungen in niedrigen Oxidationsstufen durch die Bildung von Clusterstrukturen mit Metall-Metall-Bindungen.

Durch Reduktion von Perrhenaten ReO_4^- mit Kalium in Ethylendiamin als Lösungsmittel erhält man einen ungewöhnlichen **Hydrido-Komplex**, das $K_2[ReH_9]$, dessen Struktur in Abbildung 9.50 dargestellt ist.

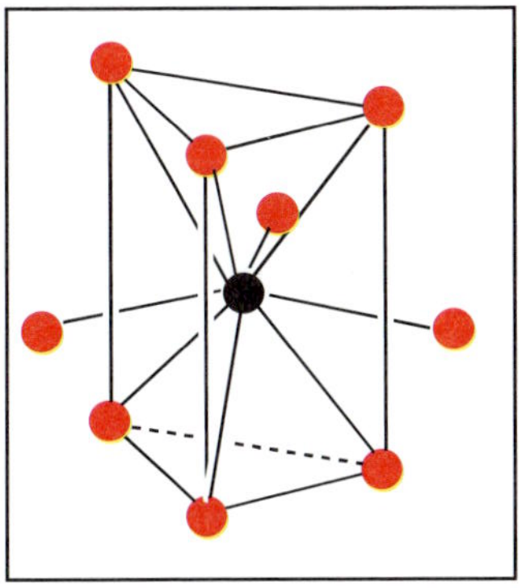

9.50 Struktur des $[ReH_9]^{2-}$.

9.4.6 Die VIII. Nebengruppe – die Eisengruppe: Fe, Co, Ni

Zur VIII. Nebengruppe gehören insgesamt neun Elemente. Aufgrund der chemischen Verwandtschaft ist es jedoch zweckmäßig, die Gruppe in die **Eisengruppe** (Fe, Co, Ni) und die **Platingruppe** (Ruthenium, Rhodium, Palladium, Osmium, Iridium, Platin) zu unterteilen.

Die Elemente

Allgemeine Eigenschaften Die in der 3d-Reihe aufeinander folgenden Elemente Eisen, Cobalt und Nickel besitzen untereinander größere chemische Ähnlichkeiten als zu ihren schweren Homologen, den Platinmetallen. Die drei Elemente haben ähnliche Elektronegativitäten, ähnliche Schmelz- und Siedepunkte sowie ähnliche Ionenradien. Ihre Hydroxide sind schwach basisch bis amphoter.

Die aufgrund der Valenzelektronenkonfiguration maximal mögliche Oxidationsstufe wird bei keinem der Elemente mehr erreicht: Beim Eisen ist die höchste Oxidationsstufe +6, bei Cobalt +5 und bei Nickel +4; diese Oxidationsstufen sind für die Chemie dieser Elemente aber nur von geringer Bedeutung. Wichtig sind dagegen für das Eisen die Oxidationsstufen +2 und +3; das Standardpotenzial zeigt, dass sich Fe(II) relativ leicht zu Fe(III) oxidieren lässt.

Beim Cobalt ist in den einfachen Salzen die stabile Oxidationsstufe +2, in Komplexverbindungen jedoch +3; Co(II)-Komplexe lassen sich daher leicht zu den entsprechenden Co(III)-Komplexen oxidieren. In der Chemie des Nickels ist in den einfachen Salzen und in den Komplexverbindungen die stabile Oxidationsstufe +2. Alle drei Elemente haben eine ausgedehnte Koordinationschemie, in der die Koordinationszahlen 4 und 6 dominieren.

Chemisch reines **Eisen** ist silberweiß, dehnbar und reaktionsfreudig. In kompakter Form reagiert es mit Sauerstoff ab 150 °C und bildet je nach Reaktionsbedingungen Fe_2O_3, Fe_3O_4 oder $Fe_{1-x}O$. Eisen reagiert beim Erwärmen auch mit anderen Nichtmetallen wie den Halogenen, mit Schwefel oder Phosphor; keine Reaktion erfolgt allerdings mit *trockenem* Chlor, sodass dieses in Stahlflaschen transportiert werden kann.

Tabelle 9.13 Ausgewählte Eigenschaften der Elemente der Eisengruppe

	Eisen Fe	Cobalt Co	Nickel Ni
Elektronenkonfiguration	$[Ar]3d^64s^2$	$[Ar]3d^74s^2$	$[Ar]3d^84s^2$
Elektronegativität	1,6	1,7	1,7
Standardpotenziale [V]			
M/M^{2+}	–0,44	–0,28	–0,25
M^{2+}/M^{3+}	+0,77	+1,81	–
M^{3+}/MO_4^{2-}	+2,20	–	–
Ionenradien [pm]			
M^{2+}	78 hs, 61 ls *	74 hs, 65 ls *	69
M^{3+}	64 hs, 55 ls *	61 hs, 54 ls *	60 hs, 56 ls *
M^{4+}	58	53	48

* hs = high spin, ls = low spin

Wie das Standardpotenzial zeigt, ist Eisen ein unedles Metall und löst sich daher in Säuren unter H_2-Entwicklung. Von trockener Luft und von luft- und CO_2-freiem Wasser wird kompaktes Eisen bei Raumtemperatur nicht angegriffen, da es passiviert wird. Aus diesem Grunde wird es auch von konz. Schwefelsäure und konz. Salpetersäure nicht angegriffen. An feuchter Luft und in lufthaltigem Wasser *rostet* Eisen unter Bildung von FeO(OH). Zum Korrosionsschutz wird Eisen daher verzinkt oder mit einem Schutzanstrich aus Mennige versehen.

Cobalt ist stahlgrau, glänzend und härter als Eisen. Bis 300 °C ist Cobalt an der Luft beständig; bei stärkerem Erhitzen bildet es Co_3O_4, oberhalb 900 °C CoO. Beim Erhitzen reagiert Cobalt nicht mit Wasserstoff und Stickstoff, wohl aber mit den Halogenen, mit Phosphor, Arsen und Schwefel.

Cobalt ist unedel, löst sich aber in nichtoxidierenden Säuren nur langsam. Von feuchter Luft und von Wasser wird Cobalt nicht angegriffen, von konz. Salpetersäure wird es passiviert. Cobalt ist auch gegen geschmolzene Alkalien beständig. Insgesamt ist es deutlich weniger reaktiv als Eisen.

Nickel ist silberweiß und dehnbar und sehr korrosionsbeständig. Feuchte Luft und verdünnte nichtoxidierende Säuren greifen Nickel nur langsam an. Leicht löslich ist es in verdünnter Salpetersäure; durch konz. Salpetersäure wird es passiviert. Im Labor verwendet man Ni-Tiegel für Alkalischmelzen, da es bis ca. 400 °C gegen geschmolzene Alkalimetallhydroxide beständig ist.

Beim Erhitzen reagiert Nickel mit vielen Nichtmetallen wie Bor, Silicium, Phosphor, Schwefel, Chlor, Brom, Iod etc.

Vorkommen **Eisen** ist nach Aluminium das zweithäufigste Metall in der Erdkruste. Die wichtigsten oxidischen Eisenerze sind der *Magneteisenstein,* Fe_3O_4, der *Roteisenstein,* Fe_2O_3 und der *Brauneisenstein,* $Fe_2O_3 \cdot x\ H_2O$ ($x \approx 1{,}5$); von den sulfidischen Erzen ist der *Pyrit,* FeS_2, zu nennen.

Cobalt ist ein seltenes Element. In sulfidischen Erzen kommt es vergesellschaftet mit Kupfer und Nickel vor, in arsenidischen Erzen vergesellschaftet mit Nickel und Edelmetallen. Wichtige Cobalt-Mineralien selbst sind *Cobaltkies,* Co_3S_4, und *Cobaltglanz,* CoAsS.

Nickel ist in der Erdkruste etwas häufiger als Cobalt. Die wichtigsten Mineralien sind *Eisennickelkies,* (Fe,Ni)S, *Garnierit,* $(Ni,Mg)_6(OH)_8[Si_4O_{10}]$, *Rotnickelkies,* NiAs, und *Weißnickelkies,* $NiAs_2$.

Darstellung und Verwendung **Eisen** ist das wichtigste Gebrauchsmetall; die Weltjahresproduktion an Eisen ist daher mehr als zehn Mal so groß wie die aller anderen Metalle zusammengenommen. Chemisch reines Eisen kann im Labormaßstab nach verschiedenen Verfahren erhalten werden, z.B. durch Reduktion von Eisenoxiden mit Wasserstoff bei Temperaturen von 400 – 700 °C, durch thermische Zersetzung von Pentacarbonyleisen(0), $Fe(CO)_5$, oder auch durch Elektrolyse wässriger Eisensalzlösungen.

Bei der großtechnischen Eisengewinnung wird zunächst durch Reduktion oxidischer Eisenerze mit Koks im Hochofen **Roheisen** hergestellt, das 3,5 – 4,5 % C, 0,5 – 3 % Si, 0,2 – 5,0 % Mn, bis zu 2 % P und geringe Mengen S enthält. Der Hochofen wird von oben abwechselnd mit Schichten von Koks und Eisenerz beschickt, wobei dem Erz Zuschläge hinzugefügt werden, die mit den Erzbeimengungen (Gangart) leicht schmelzbare Ca-Silicate (Schlacke) bilden. In den Hochofen wird von unten ein Luft-Sauerstoff-Gemisch mit einer Temperatur von ca. 1 200 °C eingeblasen. An der Einblasstelle verbrennt der Koks zu Kohlendioxid, wobei Temperaturen bis zu 2 300 °C entstehen. Bei diesen hohen Temperaturen stellt sich das BOUDOUARD-Gleichgewicht zwischen dem gebildeten CO_2 und dem Koks unter Bildung von CO sehr schnell ein:

$$CO_2 + C \rightleftharpoons 2\,CO \qquad \Delta H^0 = +173\ \text{kJ/mol}$$

Die Einstellung des Gleichgewichtes erfolgt unter Wärmeverbrauch, sodass sich das Gas abkühlt und die Temperaturen im unteren Teil des Hochofens bei ca. 1 600 °C liegen.

In den Erzschichten werden die Eisenoxide stufenweise durch CO reduziert; in den unteren Schichten liegt damit im Wesentlichen bereits FeO vor, das vom CO zu Eisen reduziert wird:

$$FeO + CO \longrightarrow Fe + CO_2$$

Das gebildete CO_2 reagiert mit dem Koks der darüber liegenden Schicht wiederum gemäß dem BOUDOUARD-Gleichgewicht zu CO, das in der folgenden Erzschicht weiteres Eisenoxid reduziert usw. Das Roheisen sammelt sich schmelzflüssig im untersten Teil des Hochofens, dem *Gestell*, wo es von der ebenfalls schmelzflüssigen, jedoch spezifisch leichteren Schlacke vor einer Oxidation durch das Luft-Sauerstoff-Gemisch geschützt wird. Roheisen und Schlacke werden von Zeit zu Zeit durch entsprechende Stichlöcher abgelassen.

Sinkt die Temperatur des aufsteigenden Gases auf Werte unter 1 000 °C, dann stellt sich das BOUDOUARD-Gleichgewicht nicht mehr mit genügender Geschwindigkeit ein, sodass nur noch eine Reduktion von Eisenoxiden unter Bildung von CO_2 stattfinden kann:

$$3\,Fe_2O_3 + CO \longrightarrow 2\,Fe_3O_4 + CO_2$$
$$Fe_3O_4 + CO \longrightarrow 3\,FeO + CO_2$$

Roheisen ist aufgrund seines hohen Kohlenstoff-Gehaltes nicht walz- und schmiedbar; beim Erhitzen erweicht es plötzlich und kann daher nur vergossen werden. Um verformbares Eisen, also **Stahl**, zu erhalten, muss der Kohlenstoff-Gehalt auf Werte < 1 % herabgesetzt werden; zugleich müssen auch die anderen Verunreinigungen (P, S, Si, O) auf niedrige Restgehalte gebracht werden. In der Technik bedient man sich dazu der *Frischereaktionen, Desoxidationsreaktionen, Entschwefelungsreaktionen* sowie *Entgasungsreaktionen.*

Die Eigenschaften von Stahl hängen sowohl von seiner chemischen Zusammensetzung als auch von seiner Wärmebehandlung ab. Härte, Zähigkeit, Festigkeit und Korrosionsbeständigkeit von Stählen werden durch die Zugabe entsprechender Legierungselemente erreicht. Die wichtigsten dieser Legierungselemente sind Cr, Ni, V, Mn, Si, Mo, W. Die entstehenden Legierungen besitzen häufig Eigenschaften, die aus der Wirkung der einzelnen Bestandteile nicht zu erwarten sind.

Die Herstellung von **Nickel** ist kompliziert und hängt von der jeweiligen Erzzusammensetzung ab. Bei sulfidischen Ni-Fe-Cu-Erzen führt man zunächst eine Teilabröstung durch; das dabei gebildete Fe_2O_3 wird mit SiO_2 verschlackt. Es entsteht der *Cu-Ni-Rohstein*, der anschließend in einem Konverter vom Fe-Anteil befreit wird. Der so erhaltene *Ni-Feinstein* besteht aus Ni_3S_2 und Cu_2S.

Die Weiterverarbeitung des Feinsteins ist unterschiedlich. *Beim Röstreduktionsverfahren* werden Cu und Ni nicht voneinander getrennt; die nach dem Rösten erhaltenen Oxide werden mit Koks z.B. zu Monelmetall (70 % Ni, 30 % Cu) reduziert. Beim *MOND-Verfahren* wird fein verteiltes Rohnickel bei niedriger Temperatur mit CO zu $Ni(CO)_4$ umgesetzt, das anschließend bei höherer Temperatur unter Abscheidung von Reinstnickel thermisch zersetzt wird. Das Rohnickel erhält man durch vollständiges Abrösten des Feinsteins und Reduktion des dabei entstandenen NiO mit Wasserstoff bei 700 – 800 °C. Eine weitere Möglichkeit ist die *elektrolytische Gewinnung* des Nickels aus dem Feinstein.

Nickel wird überwiegend als Legierungsmetall verwendet. Stählen verleiht es eine größere Härte, Zähigkeit und Korrosionsbeständigkeit. Fein verteiltes Nickel dient als Hydrierkatalysator (RANAY-Nickel). $Ni(OH)_2$ ist eine Komponente in Ni/Cd- und Ni/Fe-Elementen.

Für die Herstellung von **Cobalt** gibt es wegen der wechselnden Zusammensetzung von Cobalterzen kein einheitliches Verfahren. Aus den Ni-Co-Cu-Fe-Erzen wird z. B. durch reduzierendes Schmelzen zunächst ein Rohstein hergestellt; dieser wird mit verdünnter Schwefelsäure behandelt, wobei Fe, Co und Ni in Lösung gehen. Nach Ausfällung des Fe wird Co mit Hypochlorit zu schwerlöslichem Cobalt(III)-oxid-Hydrat oxidiert und abgetrennt. Dieses wird calciniert und das entstehende Co_3O_4 mit Kohlenstoff, Wasserstoff oder auch aluminothermisch zum Metall reduziert.

Cobalt ist ein wichtiges Legierungsmetall für die Herstellung von Permanentmagneten, hochfesten Werkzeugstählen, hochtemperaturbeständigen Legierungen usw. CoO und Co_3O_4 werden in der Glas- und Keramikindustrie verwendet (Cobaltblau).

Chemische Verbindungen

Eisen-Verbindungen

Eisen(II)- und Fe(III)-Verbindungen (d^6, d^5) Die wichtigsten Oxidationsstufen des Eisens sind +2 und +3. In wässrigen Lösungen, die keine anderen Komplexbildner enthalten, liegt Fe(II) als blassgrünes **$[Fe(H_2O)_6]^{2+}$** vor. Das entsprechende farblose Ion **$[Fe(H_2O)_6]^{3+}$** existiert nur in stark saurer Lösung (pH ≈ 0); mit steigendem pH-Wert treten Kondensationsreaktionen auf, die schließlich zur Ausfällung des rotbraunen, gallerartigen Fe(III)-oxid-Hydrats $Fe_2O_3 \cdot x\ H_2O$ führen. Bis zu einem pH-Wert von 3 sind folgende Gleichgewichte für die Bildung von Hydroxo-Komplexen nachgewiesen und gemessen worden:

$$[Fe(H_2O)_6]^{3+} + H_2O \rightleftharpoons [Fe(H_2O)_5(OH)]^{2+} + H_3O^+$$
$$[Fe(H_2O)_5(OH)]^{2+} + H_2O \rightleftharpoons [Fe(H_2O)_4(OH)_2]^+ + H_3O^+$$
$$2\ [Fe(H_2O)_6]^{3+} \rightleftharpoons [(H_2O)_4Fe\text{-}(\mu\text{-}OH)_2\text{-}Fe(H_2O)_4]^{4+} + 2\ H_3O^+$$

Wässrige Lösungen von Fe(III)-Salzen reagieren stark sauer; ihre gelbe Farbe entsteht durch Charge-Transfer-Banden der gebildeten Hydroxo-Komplexe.

Das Redoxgleichgewicht $Fe^{2+} \rightleftharpoons Fe^{3+} + e^-$ hängt sehr stark vom pH-Wert ab: In alkalischen Lösungen liegen Fe^{2+} und Fe^{3+} als schwerlösliche Hydroxide vor, sodass die Konzentration der freien Ionen durch die entsprechenden Löslichkeitsprodukte bestimmt wird. In saurer Lösung beträgt das Standardpotenzial +0,77 V (Tabelle 9.13); bei einem pH-Wert von 14 ändert es sich auf −0,56 V. Damit ist Fe(II) in alkalischer Lösung ein gutes Reduktionsmittel, das z. B. NO_3^- zu NH_3 und Cu^{2+} zu Cu reduziert. Fe^{2+}-Ionen sind in saurer Lösung stabil, werden jedoch durch

Luftsauerstoff langsam oxidiert; $Fe(OH)_2$ wird augenblicklich zu $Fe_2O_3 \cdot x\ H_2O$ oxidiert.

Fe(III) ist weniger basisch als Fe(II) und bildet daher z.B. kein beständiges Carbonat. Das $FeCO_3$ kommt in der Natur vor (Siderit); es wird von CO_2-haltigem Wasser unter Bildung des $Fe(HCO_3)_2$ gelöst. Aus solchen Lösungen erfolgt durch Oxidation durch Luftsauerstoff die Ausfällung von $Fe_2O_3 \cdot x\ H_2O$, sodass eisenhaltige Wässer durch Einleiten von Luft gereinigt werden können.

Es gibt zahlreiche Fe(II)-Salze, die in der Regel grüne, hydratisierte, kristalline Verbindungen sind, in denen das $[Fe(H_2O)_6]^{2+}$-Kation vorliegt. Sie ähneln den Salzen des Magnesiums. Luftbeständiger als das $FeSO_4 \cdot 7\ H_2O$ (Eisenvitriol) ist das Doppelsalz $(NH_4)_2Fe(SO_4)_2 \cdot 6\ H_2O$ (MOHRsches Salz), das sich daher auch besser für die Herstellung von Maßlösungen eignet. Fe(III)-Salze, die mit den meisten Anionen gebildet werden, ähneln den Salzen des Aluminiums. In den Hydraten liegt das $[Fe(H_2O)_6]^{3+}$-Kation vor. Die Salze sind blassrosa bis farblos.

Eisen(II)-oxid, FeO, ist nur oberhalb 560 °C als nichtstöchiometrische Verbindung stabil; unterhalb dieser Temperatur disproportioniert es in Fe und Fe_3O_4.

Eisen(II)-hydroxid, $Fe(OH)_2$, fällt bei Zugabe von OH^--Ionen zu Fe(II)-Salzlösungen unter Luftausschluss als weißer, flockiger Niederschlag aus, der bei Luftzutritt schnell zu braunem $Fe_2O_3 \cdot x\ H_2O$ oxidiert wird. $Fe(OH)_2$ besitzt amphoteren Charakter, löst sich daher in Säuren unter Bildung der entsprechenden Fe(II)-Salze sowie in konz. Laugen unter Bildung des Hexahydroxoferrat(II)-Anions $[Fe(OH)_6]^{4-}$.

Eisen(III)-oxid, Fe_2O_3, existiert in zwei Modifikationen (α- und γ-Fe_2O_3), von denen die γ-Modifikation zur Herstellung von Magnetbändern verwendet wird. Man erhält es durch Oxidation von Eisen(II, III)-oxid Fe_3O_4 mit Sauerstoff bei 300 °C.

Eisen(III)-oxid-Hydrat, $Fe_2O_3 \cdot x\ H_2O$, entsteht als brauner, gallertartiger Niederschlag bei Zugabe von OH^--Ionen zu Fe(III)-Salzlösungen. Der Niederschlag löst sich leicht in Säuren, nicht mehr aber in Laugen. Beim Erwärmen geht $Fe_2O_3 \cdot x\ H_2O$ unter Wasserabspaltung in Fe_2O_3 über. Beim Rosten von Eisen an feuchter Luft bildet sich **FeO(OH).**

Eisen(II,III)-oxid, Fe_3O_4, kommt in der Natur vor (*Magnetit*). Es ist ein guter elektrischer Leiter, beständig gegenüber Säuren, Basen und Chlor und wird daher als Elektrodenmaterial z.B. bei der Chloralkali-Elektrolyse verwendet.

Die **Eisen(II)-Halogenide, FeX_2** (X = F, Cl, Br, I), sind als Hydrate und als wasserfreie Salze bekannt. Aus einer $FeCl_2$-Lösung, die man durch Auflösen von Eisen in Salzsäure erhält, kristallisiert unterhalb von 12 °C das $FeCl_2 \cdot 6\ H_2O$ aus, in dem der *trans*-Dichlorotetraaquaeisen(II)-Komplex $[FeCl_2(H_2O)_4]$ vorliegt. Das wasserfreie $FeCl_2$ erhält man durch Erhitzen von Fe im HCl-Gasstrom.

Eisen(III)-Halogenide, FeX_3, existieren nur für X = F, Cl und Br, da I^--Ionen von Fe^{3+}-Ionen, auch in wässriger Lösung, oxidiert werden. Bei der Umsetzung von Eisen mit Iod entsteht deshalb das FeI_2, während bei der Umsetzung mit den übrigen Halogenen die Trihalogenide FeX_3 gebildet werden.

Beim Erhitzen der Eisen(III)-Halogenide im Vakuum werden unter Halogenabspaltung die entsprechenden Eisen(II)-Halogenide gebildet.

$FeCl_3$ und $FeBr_3$ ähneln den entsprechenden Halogeniden des Aluminiums. So kristallisieren $FeCl_3$ und $AlCl_3$ in analogen Strukturen. Im Dampfzustand bei 400 °C liegen dimere Fe_2Cl_6-Moleküle vor, oberhalb 800 °C monomere $FeCl_3$-Moleküle:

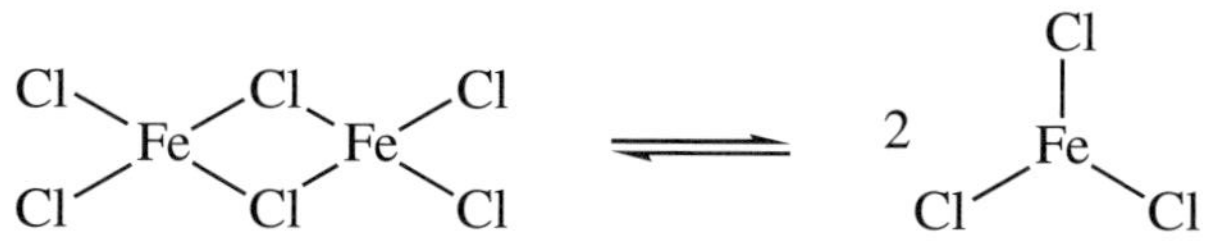

$FeCl_3$ löst sich gut in Wasser; aus den wässrigen Lösungen kristallisieren je nach den äußeren Bedingungen verschiedene Hydrate wie z. B. das Hexahydrat, $FeCl_3 \cdot 6\ H_2O$, das als $[FeCl_2(H_2O)_4]Cl \cdot 2\ H_2O$ vorliegt. In stark salzsauren Lösungen entstehen gelb gefärbte Chloro-Komplexe des Fe(III), z. B. der $[FeCl_4]^-$-Komplex mit tetraedrischer Geometrie.

Eisen(II)-sulfid, FeS, entsteht in einer exothermen Reaktion aus den Elementen; als schwarzer amorpher Niederschlag entsteht es beim Einleiten von H_2S in Fe(II)-Salzlösungen. Durch Säuren wird es unter H_2S-Bildung wieder zersetzt. **FeS_2**, der natürlich vorkommende *Pyrit*, besteht aus den Baugruppen Fe^{2+} und S_2^{2-}.

Eisen(III)-sulfid, Fe_2S_3, ist instabil und zersetzt sich bereits oberhalb 20 °C. Aus wässrigen Fe(III)-Salzlösungen kann es nicht mit S^{2-}-Ionen ausgefällt werden, da Reduktion zum Fe(II) und Fällung von FeS erfolgt.

Von besonderem Interesse sind **Eisen-Schwefel-Cluster**, die als Modellkomplexe für die aktiven Zentren einer Reihe von Elektronentransfer-Proteinen synthetisiert und charakterisiert worden sind (Abschnitt 9.5). Dazu gehören zwei-, drei- und vierkernige Komplexe (X = SR, Cl, Br, I):

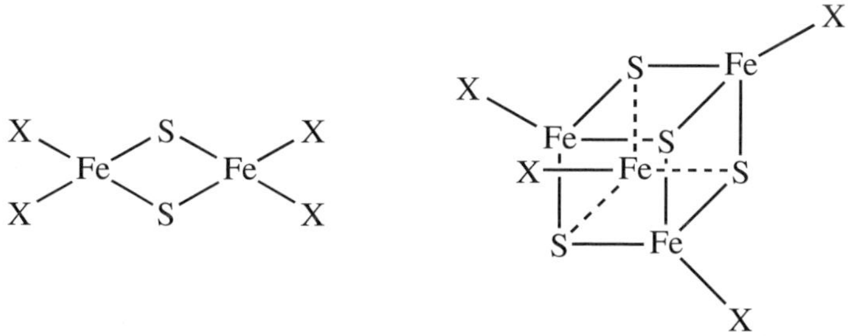

Komplexverbindungen von Fe(II) und Fe(III) In der Koordinationschemie von Fe(II) und Fe(III) dominiert die Koordinationszahl 6 mit oktaedrischer Geometrie der Komplexe. Fe(III) bevorzugt die Koordination von Liganden mit O-Donoratomen, einfache Ammin-Komplexe in wässriger Lösung sind dagegen nicht bekannt. Im Gegensatz dazu bildet Fe(II) die Komplexe $[Fe(NH_3)_6]^{2+}$ und $[Fe(en)_3]^{2+}$.

Fe(II)-Komplexe können in der Regel zu Fe(III)-Komplexen oxidiert werden, wobei das Redoxpotenzial und damit die Stabilität der Oxidationsstufen von der Natur der Liganden abhängt.

Von den **Halogeno-Komplexen** des Fe(III) sind die Fluoro-Komplexe am stabilsten; in wässrigen Lösungen dominiert das $[FeF_5(H_2O)]^{2-}$. Bei den Chloro-Komplexen beobachtet man bereits eine Begünstigung des tetraedrischen $[FeCl_4]^-$ gegenüber den oktaedrischen Komplexen.

Erwähnenswert sind die oktaedrischen und blutrot gefärbten **Thiocyanato-Komplexe** des Fe(III), wie $[Fe(SCN)(H_2O)_5]^{2+}$, $[Fe(SCN)_2(H_2O)_4]^+$ und $[Fe(SCN)_3(H_2O)_3]$, die bei Zugabe von SCN^--Ionen zu Fe(III)-Salzlösungen gebildet und in der qualitativen und quantitativen Analyse genutzt werden. $Fe(SCN)_3$ kann wasserfrei in Form violetter Kristalle oder auch als Trihydrat isoliert werden. $Fe(SCN)_2$ ist dagegen farblos.

Nur mit starken Liganden wie CN^-, phen oder dipy bilden Fe(II) und Fe(III) low spin-Komplexe. Der Trisphenanthrolin-Komplex dient wegen des Farbwechsels von rot nach blau bei der Oxidation von Fe(II) zu Fe(III) unter der Bezeichnung **Ferroin** als Redoxindikator:

$$\underset{\text{rot}}{[Fe(phen)_3]^{2+}} \rightleftharpoons \underset{\text{blau}}{[Fe(phen)_3]^{3+}} + e^-$$

Zu den wichtigsten und beständigsten Komplexverbindungen von Fe(II) und Fe(III) gehören die **Cyano-Komplexe $[Fe(CN)_6]^{4-}$** und **$[Fe(CN)_6]^{3-}$.** Das Hexacyanoferrat(II)-Ion ist thermodynamisch stabiler und kinetisch inerter als das Hexacyanoferrat(III)-Ion; aus diesem Grunde ist letzteres auch giftig, ersteres dagegen nicht.

Aus den Hexacyanoferraten(II) bildet sich bei Zugabe von Salzsäure die **Hexacyanoeisen(II)-säure, $H_4[Fe(CN)_6]$,** die eine starke vierbasige Säure ist. Mit Chlor- oder Bromwasser kann Hexacyanoferrat(II) zu Hexacyanoferrat(III) oxidiert werden:

$$\underset{\text{gelb}}{[Fe(CN)_6]^{4-}} + \tfrac{1}{2}\,Br_2 \longrightarrow \underset{\text{rötlichgelb}}{[Fe(CN)_6]^{3-}} + Br^-$$

Die **Hexacyanoeisen(III)-säure, $H_3[Fe(CN)_6]$,** ist sehr unbeständig. Die bekanntesten Salze beider komplexen Säuren sind das **Kaliumhexacyanoferrat(II), $K_4[Fe(CN)_6]$,** und das **Kaliumhexacyanoferrat(III), $K_3[Fe(CN)_6]$,** die die Trivialbezeichnungen gelbes bzw. rotes Blutlaugensalz tragen.

Wird eine Lösung von $[Fe(CN)_6]^{4-}$ mit Fe^{3+}-Ionen im Überschuss versetzt, so entsteht ein tiefblauer Niederschlag, der als **unlösliches Berlinerblau** bezeichnet wird. Versetzt man eine Lösung von $[Fe(CN)_6]^{3-}$ mit Fe^{2+}-Ionen im Überschuss, so entsteht ebenfalls ein tiefblauer Niederschlag, der als **unlösliches Turnbulls-Blau** bezeichnet wird. Beide Produkte sind jedoch chemisch identisch und sind das **Eisen(III)-hexacyanoferrat(II), $Fe^{III}_4[Fe^{II}(CN)_6]_3 \cdot x\ H_2O$** (x ≈ 14).

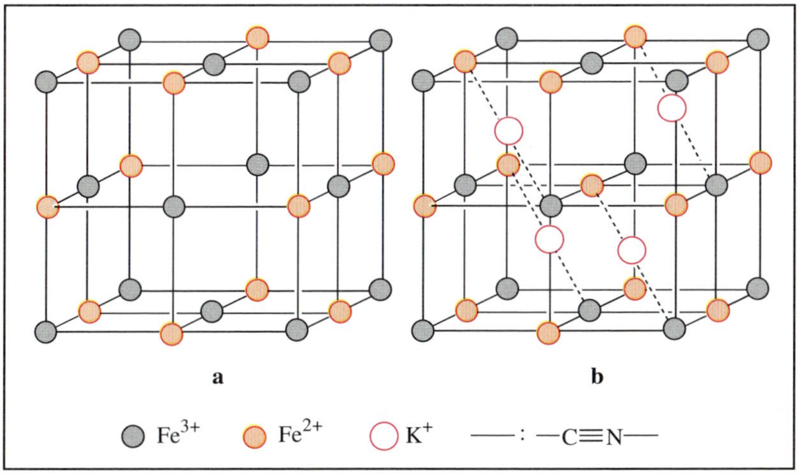

9.51 **a** Struktur des unlöslichen Berlinerblau; **b** Struktur des löslichen Berlinerblau.

Setzt man $[Fe(CN)_6]^{4-}$-Ionen mit Fe^{3+}-Ionen bzw. $[Fe(CN)_6]^{3-}$-Ionen mit Fe^{2+}-Ionen jeweils im Molverhältnis 1 : 1 um, dann erhält man kolloidal gelöstes **lösliches Berlinerblau** bzw. **lösliches Turnbulls-Blau** mit der idealisierten Formel $KFe^{III}[Fe^{II}(CN)_6] \cdot H_2O$. Die Strukturen der Verbindungen sind in Abbildung 9.51 dargestellt; im Interesse der Übersichtlichkeit sind die H_2O-Moleküle weggelassen. Jedes CN^--Ion ist stets mit seinem C-Atom an ein Fe^{2+} und mit seinem N-Atom an ein Fe^{3+} koordiniert. Während die Fe^{2+}-Zentren im low spin-Zustand vorliegen, befinden sich die Fe^{3+}-Zentren im high spin-Zustand.

Im unlöslichen Berlinerblau (Abbildung 9.51a) ist jedes Fe^{2+} von sechs CN^--Ionen koordiniert, ein Fe^{3+} von ebenfalls sechs CN^--Ionen, drei weitere Fe^{3+} dagegen von jeweils vier CN^--Ionen und zwei H_2O-Molekülen. Im Zentrum jedes Oktanten befindet sich ein H_2O-Molekül. Im löslichen Berlinerblau (Abbildung 9.51b) ist jedes Fe^{2+} oktaedrisch von sechs CN^--Ionen koordiniert, jedes Fe^{3+} ebenso. Jeder zweite Oktant enthält in seinem Zentrum ein K^+-Ion. Die Fe^{2+}-Ionen liegen auch hier im low spin-Zustand, die Fe^{3+}-Ionen im high spin-Zustand vor. Die intensive blaue Farbe entsteht durch das Vorhandensein von Eisen in den Oxidationsstufen +2 und +3 im gleichen komplexen Molekül nebeneinander. Berlinerblau wird technisch hergestellt und als Malerfarbe, als Farbstoff für blaue Tinte sowie als Wäscheblau verwendet.

Zu den wichtigsten, weil biologisch bedeutsamen Komplexverbindungen des Fe(II) gehören zweifellos die Komplexe mit **makrozyklischen Porphyrin-Liganden**, die als prosthetische Gruppe in den Häm-Proteinen auftreten und die unterschiedlichsten biochemischen Funktionen wahrnehmen (Abschnitt 9.5); die Häm-Gruppe ist in Abbildung 8.44a dargestellt.

Cobalt-Verbindungen

Cobalt(II)- und Cobalt(III)-Verbindungen In einfachen Salzen und binären Verbindungen ist Co(II) stabiler als Co(III), in Komplexverbindungen ist dagegen Co(III) immer stabiler als Co(II).

Die hydratisierten **Co(II)-Salze** enthalten das hellrosa gefärbte Hexaaquacobalt-(II)-Kation $[Co(H_2O)_6]^{2+}$, das auch bei Abwesenheit anderer Liganden in ihren wässrigen Lösungen vorliegt. Das $[Co(H_2O)_6]^{2+}$-Kation ist stabil und lässt sich nur schwer zum blau gefärbten $[Co(H_2O)_6]^{3+}$ oxidieren. Typische Co(II)-Salze sind $CoSO_4 \cdot 7\ H_2O$, $Co(NO_3)_2 \cdot 6\ H_2O$, $CoCl_2 \cdot 6\ H_2O$, $Co(acetat)_2 \cdot 4\ H_2O$. Einfache **Co(III)-Salze** existieren in nur geringer Zahl; das bekannteste ist das $Co_2(SO_4)_3 \cdot 18\ H_2O$, von dem sich auch Alaune der Zusammensetzung $M^ICo(SO_4)_2 \cdot 12\ H_2O$ ableiten ($M^I = K^+, Rb^+, Cs^+, NH_4^+$). Hydratisierte Co(III)-Salze enthalten das blaue Hexaaquacobalt(III)-Kation $[Co(H_2O)_6]^{3+}$, in dem das Co(III) in der diamagnetischen low spin-Konfiguration t_{2g}^6 vorliegt. Das $[Co(H_2O)_6]^{3+}$-Kation wird von Wasser unter Sauerstoffentwicklung reduziert, sodass die Co(III)-Salze von Wasser zersetzt werden.

Cobalt(II)-oxid, CoO, entsteht aus den Elementen bei 1 100 °C oder durch thermische Zersetzung des $CoCO_3$ oder **Cobalt(II)-hydroxid, $Co(OH)_2$**. CoO ist olivgrün und löst sich in Säuren. In Silicaten löst es sich mit leuchtend blauer Farbe (Cobaltblau); es wird daher in der Glas- und Porzellanindustrie verwendet. $Co(OH)_2$ fällt aus Co(II)-Salzlösungen bei Zugabe von OH^--Ionen zunächst als unbeständiger blauer Niederschlag aus, der sich langsam in die beständige blassrote Form umwandelt. $Co(OH)_2$ ist schwerlöslich und schwach amphoter: In konz. Laugen löst es sich unter Bildung des tiefblau gefärbten $[Co(OH)_4]^{2-}$. $Co(OH)_2$ wird in alkalischer Lösung bereits durch Luftsauerstoff, noch schneller aber durch Oxidationsmittel wie Cl_2, Br_2 oder H_2O_2 zum braunen Cobalt(III)-oxid-Hydrat $Co_2O_3 \cdot x\ H_2O$ oxidiert. Dieses wandelt sich beim Erwärmen auf 150 °C in das Cobalt(III)-oxidhydroxid CoO(OH) um; das reine Co_2O_3 ist nicht bekannt. Die Oxidation von $Co(OH)_2$ führt teilweise bis zum Cobalt(IV)-oxid-Hydrat $CoO_2 \cdot x\ H_2O$. Die **Cobalt-Spinelle $CoAl_2O_4$** (THENARDs Blau) und **$ZnCo_2O_4$** (RINMANs Grün) dienen in der qualitativen anorganischen Analyse zum Nachweis von Aluminium bzw. Zink.

Cobalt(II)-Halogenide, CoX_2, existieren mit allen Halogenen X sowohl wasserfrei als auch in Form verschiedener Hydrate. $CoCl_2$ (blau) und $CoBr_2$ (grün) erhält man aus den Elementen, CoF_2 (rosa) durch Umsetzung von $CoCl_2$ mit HF und CoI_2 (blauschwarz) aus fein verteiltem Cobalt und HI.

Aus Co(II)-chlorid-Lösungen kristallisiert das rosa gefärbte $[Co(H_2O)_6]Cl_2$, das sich bereits bei ca. 50 °C reversibel in das blaue Dihydrat $CoCl_2 \cdot 2\ H_2O$ umwandelt; beim Erwärmen auf 175 °C erfolgt die vollständige Abspaltung von Wasser.

Der Farbumschlag von blau nach rosa dient im *Blaugel* (Silicagel) als Indikator für dessen Aufnahmefähigkeit von Feuchtigkeit.

Von den Co(III)-Halogeniden ist nur das CoF_3 bekannt. Die übrigen Co(III)-Halogenide existieren nicht, da Co(III) die Halogenidionen Cl^-, Br^- und I^- zu den entsprechenden Halogenen oxidiert.

Komplexverbindungen von Co(II) und Co(III) **Cobalt(II)** bildet vor allem oktaedrische und tetraedrische Komplexverbindungen, wobei die ersteren in der Regel in der high-spin Konfiguration vorliegen. Co(II) bildet mehr tetraedrische Komplexe als die anderen Übergangsmetalle, weil für die d^7-Konfiguration die Differenz zwischen oktaedrischer und tetraedrischer Ligandenfeldstabilisierungsenergie kleiner ist als für die meisten d^n-Konfigurationen, die Benachteiligung der tetraedrischen Koordination also geringer ist (Tabelle 9.2). Die Stabilitätsunterschiede zwischen oktaedrischen und tetraedrischen Co(II)-Komplexen sind deshalb nur gering, sodass mit einigen Liganden beide Koordinationsweisen auftreten und sogar im Gleichgewicht nebeneinander vorliegen können. Dies ist bereits in wässrigen Lösungen von Co(II)-Salzen zu beobachten, in denen das oktaedrische $[Co(H_2O)_6]^{2+}$ und das tetraedrische $[Co(H_2O)_4]^{2+}$ nebeneinander vorliegen. Tetraedrische Komplexe werden bevorzugt mit einzähnigen Liganden wie Cl^-, Br^-, I^-, SCN^- oder OH^- gebildet. Mit dem Wechsel der Koordination geht auch ein entsprechender Farbwechsel einher: Oktaedrische Co(II)-Komplexe sind rosa bis rot gefärbt, tetraedrische Co(II)-Komplexe dagegen blau.

Mit CN^--Ionen bildet Co(II) keinen Hexacyano-Komplex, sondern zunächst den quadratisch-pyramidalen low spin-Komplex $[Co(CN)_5]^{3-}$, der anschließend in das zweikernige $[(CN)_5Co–Co(CN)_5]^{6-}$ übergeht; zwischen den beiden Co-Atomen liegt eine schwache Metall-Metall-Bindung vor.

Co(III)-Komplexe sind oktaedrisch und liegen nahezu alle als diamagnetische low-spin Komplexe mit der Konfiguration $t_{2g}{}^6$ vor. Paramagnetische high spin-Komplexe mit der Konfiguration $t_{2g}{}^4e_g{}^2$ sind nur die blauen Fluoro-Komplexe $[CoF_6]^{3-}$ und $[CoF_3(H_2O)_3]$. Die ligandenfeldtheoretische Betrachtung zeigt, dass low spin-Co(III)-Komplexe in ihren Elektronenspektren zwei Banden besitzen, high spin-Co(III)-Komplexe dagegen nur eine.

Co(III) besitzt eine ausgesprochen große Affinität zur Koordination von N-Donorliganden wie Ammoniak, Aminen, Nitro-Liganden etc. Mit CN^--Ionen bildet es den sehr stabilen und nicht toxischen low spin-Komplex $[Co(CN)_6]^{3-}$, der z. B. gegen Alkalien, Cl_2 und H_2O_2 beständig ist.

Wie die Komplexe des Cr(III) (d^3) sind auch die des Co(III) (d^6) kinetisch inert, d. h. Ligandenaustauschreaktionen erfolgen nur langsam.

Nickel-Verbindungen

Die wichtigste Oxidationsstufe des Nickels ist +2 (d^8). In wässriger Lösung sind Verbindungen des Nickels nur in dieser Oxidationsstufe stabil. In wässrigen Lösungen von Ni(II)-Salzen, die keine anderen Komplexbildner enthalten, liegt das grüne oktaedrische $[Ni(H_2O)_6]^{2+}$-Kation vor, das sich auch als Baugruppe in zahlreichen hydratisierten Ni(II)-Salzen findet: $NiSO_4 \cdot 6\ H_2O$, $Ni(NO_3)_2 \cdot 6\ H_2O$, $Ni(ClO_4)_2 \cdot 6\ H_2O$.

Nickel(II)-oxid, NiO, und Nickel(II)-hydroxid, $Ni(OH)_2$ NiO ist grün gefärbt; es ist in Wasser unlöslich, löst sich jedoch in Säuren. NiO ist durch eine thermische Zersetzung von Ni(II)-Salzen (Carbonat, Oxalat, Nitrat) leicht zugänglich. Bei der Reduktion von NiO mit Wasserstoff bei 200 °C entsteht sehr fein verteiltes Nickel, das als Katalysator für Hydrierreaktionen verwendet wird (RANAY-Nickel).

$Ni(OH)_2$ fällt als voluminöser grüner Niederschlag bei Zugabe von OH^--Ionen zu Ni(II)-Salzlösungen; bei längerem Stehen erfolgt allmähliche Kristallisation. $Ni(OH)_2$ löst sich nicht in Basen, wohl aber in Säuren unter Bildung des $[Ni(H_2O)_6]^{2+}$-Kations. Mit NH_3 erfolgt zunächst ebenfalls die Fällung von $Ni(OH)_2$, das sich bei weiterer NH_3-Zugabe aber unter Bildung des blauen $[Ni(NH_3)_6]^{2+}$ wieder löst.

Nickel(II)-Halogenide, NiX_2, sind von allen Halogenen sowohl wasserfrei als auch in Form von Hydraten bekannt. Aus Lösungen von $NiCl_2$ kristallisiert das grüne $NiCl_2 \cdot 6\ H_2O$, das den Komplex *trans*-$[NiCl_2(H_2O)_4]$ enthält (Cl^--Ionen sind bessere Liganden als z. B. ClO_4^- oder NO_3^-, sodass die hydratisierten Salze mit diesen Anionen das $[Ni(H_2O)_6]^{2+}$-Kation als Baugruppe enthalten).

Komplexverbindungen des Ni(II) (d^8) Da die einzige stabile Oxidationsstufe des Nickels +2 ist, sind die Ni(II)-Komplexverbindungen redoxstabil. Die Koordinationschemie des Nickels ist außerordentlich vielfältig: Die wichtigsten Koordinationszahlen sind 6 und 4 mit oktaedrischer bzw. quadratisch-planarer Koordination; daneben gibt es bei Koordinationszahl 4 aber auch tetraedrische Geometrie. Ni(II) bildet außerdem Komplexverbindungen mit der Koordinationszahl 5 und trigonal-bipyramidaler oder quadratisch-pyramidaler Koordination. Schließlich können zwischen einzelnen Koordinationsgeometrien auch Gleichgewichte auftreten.

Oktaedrische Komplexverbindungen bildet Ni(II) mit solchen Liganden wie H_2O, NH_3, dipy oder phen. Mit der Elektronenkonfiguration $t_{2g}^6 e_g^2$ sind diese Komplexe paramagnetisch im Ausmaß zweier ungepaarter Elektronen. Die charakteristischen Farben grün, blau und violett dieser Komplexe lassen sich mit der Größe der Ligandenfeldaufspaltung in Abhängigkeit von den jeweiligen Liganden und damit mit der energetischen Lage der drei erlaubten Übergänge in ihren Elektronenspektren erklären (Abbildung 9.52).

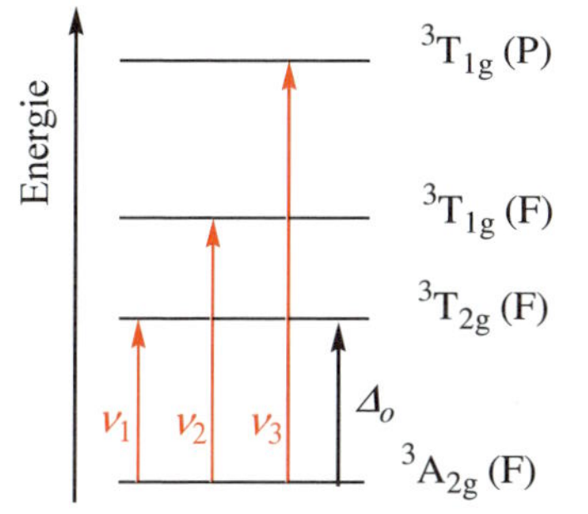

	ν_1[cm^{-1}]	ν_2[cm^{-1}]	ν_3[cm^{-1}]	Farbe
$[Ni(H_2O)_6]^{2+}$	8 500	13 800	25 300	grün
$[Ni(NH_3)_6]^{2+}$	10 750	17 500	28 200	blau
$[Ni(en)_3]^{2+}$	11 200	18 300	29 000	violett

9.52 Termdiagramm für die d^8-Konfiguration im oktaedrischen Ligandenfeld.

Die **quadratisch-planare Koordination** ist für die d^8-Konfiguration bei großen Ligandenfeldaufspaltungen gegenüber der oktaedrischen Koordination energetisch eindeutig bevorzugt, da in diesen Fällen diamagnetische low spin-Komplexe mit einer maximalen Ligandenfeldstabilisierungsenergie entstehen (Abbildung 9.17 und Abbildung 9.53).

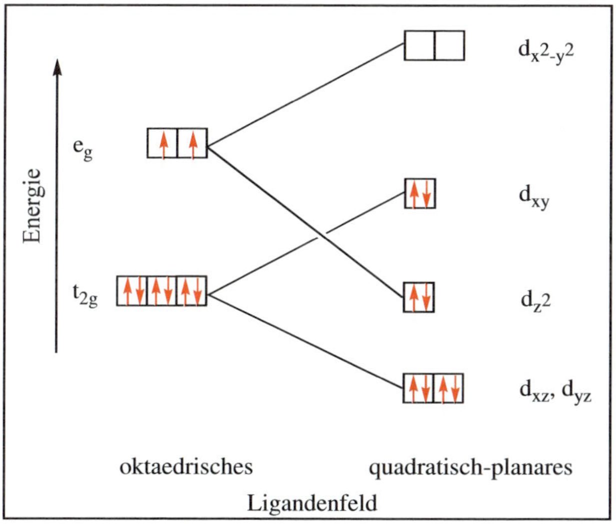

9.53 Ligandenfeldaufspaltung im oktaedrischen und quadratisch-planaren Ligandenfeld.

Typische Komplexverbindungen des Ni(II) mit quadratisch-planarer Koordination sind das sehr stabile gelbe $[Ni(CN)_4]^{2-}$ und das rote Bis(diacetyldioximato)-

nickel(II) (Abbildung 9.54). Das Bis(diacetyldioximato)nickel(II) dient in der Analytik zum qualitativen Nachweis und zu quantitativen Bestimmung von Nickel.

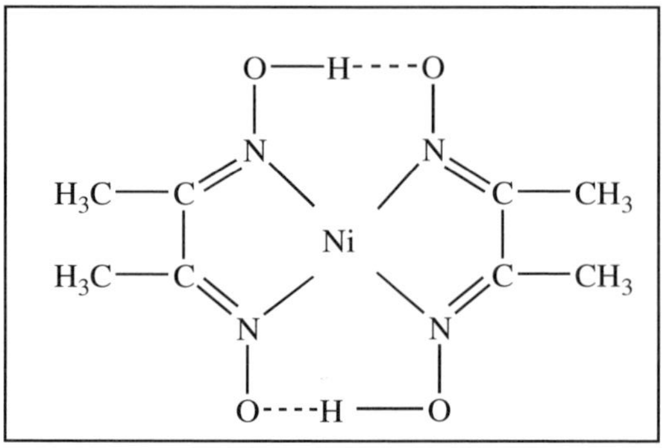

9.54 Bis(diacetyldioximato)nickel(II).

Tetraedrische Komplexe, $[NiX_4]^{2-}$, bildet Ni(II) mit den Halogenidanionen Cl^-, Br^- und I^-. Die Verbindungen sind blau gefärbt. Die Elektronenkonfiguration des Ni(II) ist darin $e^4t_2^4$ mit zwei ungepaarten Elektronen; wie die oktaedrischen, so sind also auch die tetraedrischen Komplexe paramagnetisch.

Bei Komplexverbindungen des Typs $[NiX_2(PR_3)_2]$ mit X = Cl, Br, I und R = Aryl oder Alkyl treten *Gleichgewichte* zwischen *quadratisch-planarer* und *tetraedrischer Geometrie* auf. Ist der Ligand PR_3 Triphenylphosphan, dann sind die Komplexe tetraedrisch, ist der Ligand ein Trialkylphosphan, dann sind sie quadratisch-planar. Da die Triarylphosphane einen größeren Raumbedarf haben, ändert sich die Struktur in die offenere Tetraederanordnung.

Handelt es sich bei den Phosphan-Liganden um gemischte Alkylarylphosphane, liegen in Lösungen beide Komplexgeometrien in einer Gleichgewichtsverteilung nebeneinander vor.

$$[NiX_2(PR_3)_2] \rightleftharpoons [NiX_2(PR_3)_2]$$

R = Alkyl	R = Aryl
quadratisch-planar	tetraedrisch
gelb bis rot	blau
diamagnetisch	paramagnetisch

Gleichgewichte zwischen *quadratisch-planaren* und *oktaedrischen Komplexen* existieren mit substituierten Ethylendiaminen als Liganden. Bei quadratisch-planarer Geometrie sind die Komplexe gelb und diamagnetisch, bei oktaedrischer Geometrie blau und paramagnetisch.

9.4.7 Die VIII. Nebengruppe - die Platinmetalle: Ru, Rh, Pd, Os, Ir, Pt

Die Elemente

Allgemeine Eigenschaften Die Elemente Ru, Rh und Pd gehören mit einer Dichte von ca. 12 g/cm³ zu den *leichten* Platinmetallen, die Elemente Os, Ir und Pt mit einer Dichte von ca. 22 g/cm³ zu den *schweren* Platinmetallen. In ihrer Chemie unterscheiden sich die Platinmetalle aber deutlich von ihren leichteren Homologen Fe, Co und Ni.

Tabelle 9.14 Ausgewählte Eigenschaften der Platinmetalle

	Ruthenium Ru	Rhodium Rh	Palladium Pd
Elektronenkonfiguration	$[Kr]4d^7 5s^1$	$[Kr]4d^8 5s^1$	$[Kr]4d^{10}$
Elektronegativität	1,4	1,4	1,3
Maximale Oxidationszahl	+8	+6	+4
Wichtige Oxidationszahlen	+2, +3	+1, +3	+2
Standardpotenziale [V]			
M/M^{2+}	+0,45	+0,6	+0,99
M^{2+}/M^{3+}	+0,23	+1,2	–
Ionenradien [pm]			
M^{2+}	–	–	86
M^{3+}	68	66	76
M^{4+}	62	60	61
M^{5+}	56	55	–
	Osmium Os	**Iridium Ir**	**Platin Pt**
Elektronenkonfiguration	$[Xe]4f^{14}5d^6 6s^2$	$[Xe]4f^{14}5d^7 6s^2$	$[Xe]4f^{14}5d^9 6s^1$
Elektronegativität (ALLRED)	1,5	1,5	1,4
Maximale Oxidationszahl	+8	+6	+6
Wichtige Oxidationszahlen	+3, +4	+1, +3, +4	+2, +4
Standardpotenziale [V]			
M/M^{2+}	+0,85	+1,1	+1,2
M^{2+}/M^{3+}	–	+1,15	–
Ionenradien [pm]			
M^{2+}	–	–	80
M^{3+}	–	68	–
M^{4+}	63	62	62
M^{5+}	57	57	57
M^{6+}	54	–	–

Die Platinmetalle sind aufgrund ihrer Standardpotenziale reaktionsträge; zusammen mit den Elementen Silber und Gold bilden sie die Gruppe der **Edelmetalle**. Innerhalb einer Reihe und von oben nach unten nehmen die Standardpotenziale zu, sodass das Ru das unedelste, das Pt das edelste Metall der Gruppe ist.

Die maximal mögliche Oxidationsstufe wird mit +8 nur vom Ru und Os erreicht; dabei ist Os(VIII) stabiler als Ru(VIII). Die höchste Oxidationsstufe des Rh, Ir und Pt ist +6, die des Pd nur noch +4. Für die Chemie dieser Elemente sind jedoch die zahlreichen niedrigeren Oxidationsstufen von Bedeutung (Tabelle 9.14).

Die Atom- und Ionenradien der Platinmetalle sind aufgrund der Lanthanoiden-Kontraktion sehr ähnlich, wodurch ihre enge chemische Verwandtschaft bedingt ist.

Ru und Os sowie Rh und Ir werden von Mineralsäuren und auch von Königswasser nicht gelöst. Die Auflösung von Ru und Os gelingt in oxidierenden alkalischen Schmelzen wie z. B. $NaOH/Na_2O_2$, die von Rh und Ir in $NaClO_3$-haltiger, heißer konz. Salzsäure. Ir ist das am wenigsten reaktive Platinmetall. Pd löst sich bereits in Salpetersäure und ist damit das reaktivste Platinmetall. Pt löst sich in Königswasser; bereits bei wenig erhöhten Temperaturen reagiert es mit geschmolzenen Alkalien, mit Cyaniden und mit Sulfiden.

Reaktionen der Platinmetalle mit Nichtmetallen erfolgen im Allgemeinen erst bei erhöhten Temperaturen. Dabei sind vornehmlich die Reaktionen von Pt mit den Elementen P, Si, As, Sb und S zu nennen; diese Elemente bzw. Reaktionsgemische, in denen sie gebildet werden können, dürfen daher nicht in Pt-Tiegeln erhitzt werden. Pd und Pt können große Mengen Wasserstoff unter Bildung der entsprechenden metallischen Hydride lösen.

Vorkommen Die Platinmetalle gehören zu den seltenen Elementen. Aufgrund ihrer engen chemischen Verwandtschaft kommen sie fast immer miteinander vergesellschaftet vor. In den primären Lagerstätten liegen die Platinmetalle in der Regel als Sulfide vor, vergesellschaftet mit sulfidischen Ni-Cu-Mineralien. In sekundären Lagerstätten liegen die Platinmetalle gediegen vor, häufig jedoch in Form von Legierungen.

Darstellung und Verwendung Die Gewinnung der reinen Platinmetalle ist ein aus vielen Teilschritten bestehender, aufwendiger Prozess, der aus Löse- bzw. Aufschlussreaktionen, aus Trennschritten durch Fällungs- sowie gezielten Oxidations- und Reduktionsreaktionen besteht. Bei der Aufarbeitung der Cu-Ni-Erze erhält man die Platinmetalle bei der elektrolytischen Reinigung von Ni bzw. Cu als Bestandteile des Anodenschlamms. Beim MOND-Verfahren verbleiben die Platinmetalle im Rückstand, da sie unter den Bedingungen dieses Verfahrens keine Carbonyle bilden.

Die große technische Bedeutung der Platinmetalle liegt in ihren katalytischen Eigenschaften. Legierungen von Pt mit ca. 10 % Rh werden zu Netzen verarbeitet, die als Katalysatoren bei der Oxidation von NH_3 zu NO im OSTWALD-Verfahren dienen. Pt und Pd (auf γ-Al_2O_3 oder Zeolithen als Trägermaterial) werden als Katalysatoren in der Erdölindustrie verwendet. Feinverteiltes Pd dient als Katalysator für Hydrierreaktionen, z. B. bei der Synthese von H_2O_2. Der Katalysator zur Entgiftung von Autoabgasen ist eine Pt/Pd/Rh-Legierung auf einem keramischen Trägermaterial.

Darüber hinaus wird Pt zur Herstellung von Widerstandsdrähten, Thermoelementen und Laborgeräten wie Tiegeln, Schalen, Elektroden etc. verwendet.

Chemische Verbindungen

Ruthenium- und Osmium-Verbindungen

Sauerstoffverbindungen **RuO_4** (gelb) und **OsO_4** (farblos) sind flüchtige und sehr toxische Verbindungen, die aus tetraedrischen MO_4-Molekülen aufgebaut sind. OsO_4 entsteht beim Erhitzen von Osmium an der Luft oder bei der Oxidation anderer Os-Verbindungen mit HNO_3. Um RuO_4 darzustellen, müssen stärkere Oxidationsmittel wie z. B. MnO_4^- oder Cl_2 verwendet werden. RuO_4 ist weniger beständiger als OsO_4 und wirkt stärker oxidierend.

RuO_4 löst sich unter Reduktion durch OH^--Ionen in Laugen zum gelbgrünen **Ruthenat(VII)-Ion, RuO_4^-**, das tetraedrisch und paramagnetisch ist:

$$4\,RuO_4 + 4\,OH^- \longrightarrow 4\,RuO_4^- + O_2 + 2\,H_2O$$

Bei weiterer Reduktion durch OH^--Ionen entsteht das gleichfalls tetraedrische, orangefarbene **Ruthenat(VI)-Ion, RuO_4^{2-}.**

Die Bildung der Oxoanionen des Osmiums erfolgt unter Erhöhung der Koordinationszahl. In alkalischer Lösung bildet OsO_4 das rote **Osmat(VIII)-Anion, $[OsO_4(OH)_2]^{2-}$**, das sich leicht zum **Osmat(VI)-Anion, $[OsO_2(OH)_4]^{2-}$**, reduzieren lässt.

Halogenverbindungen Ruthenium und Osmium bilden zahlreiche Halogenide. Das wichtigste von ihnen ist das **$RuCl_3$**, das direkt aus den Elementen zugänglich ist; sein tiefrotes Trihydrat ist eine oktaedrische Komplexverbindung **$[RuCl_3(H_2O)_3]$**, die als Ausgangsprodukt für die Herstellung anderer Ru-Verbindungen verwendet wird.

Komplexverbindungen von Ru(II) und Os(II) (d^6) Ru(II) und Os(II) bilden zahlreiche oktaedrische low-spin- und daher diamagnetische Komplexe mit der Konfiguration t_{2g}^6. Das rosafarbene Hexaaquaruthenium(II)-Kation, **$[Ru(H_2O)_6]^{2+}$**, wird relativ leicht zum entsprechenden Hexaaquaruthenium(III)-Kation oxidiert. Die wichtigsten Komplexe des Ru(II) sind die mit N-Donorliganden wie NH_3, en, dipy, phen. Der Hexaamminruthenium(II)-Komplex, $[Ru(NH_3)_6]^{2+}$, lässt sich, wie der Hexaaqua-Komplex, leicht oxidieren; in wässriger Lösung wandelt er sich langsam in den Aquapentaamminruthenium(II)-Komplex, $\mathbf{[Ru(NH_3)_5H_2O]^{2+}}$, um, der als Ausgangsmaterial für die Gewinnung weiterer Komplexe des Typs $\mathbf{[Ru(NH_3)_5L]^{2+}}$ dient. Zu diesen gehört auch der erste Komplex mit einem koordinierten N_2-Molekül, also $\mathbf{[Ru(NH_3)_5N_2]^{2+}}$, der 1965 von ALLEN und SENOFF beschrieben wurde. Man kennt heute eine große Zahl von Distickstoff-Komplexen, und zwar solche mit einem, zwei oder gar drei N_2-Molekülen als Liganden an einem Zentralatom sowie auch mehrkernige Komplexe mit einer N_2-Brücke zwischen zwei Zentralatomen; Distickstoff-Komplexe sind inzwischen nicht nur vom Ru(II), sondern auch von Co(I), Os(II), Ir(I), Mo(0) und W(0) bekannt. Ihre Bedeutung liegt zum einen in einer potenziell möglichen direkten Nutzbarmachung des Luftstickstoffs und zum anderen in der Entwicklung eines besseren Verständnisses der enzymatischen Umwandlung von Luftstickstoff zu NH_3 durch einige Mikroorganismen (Abschnitt 9.5).

Os(II)-Komplexe sind weniger stabil als Ru(II)-Komplexe; ein entsprechender Hexaaqua-Komplex des Os(II) existiert nicht. Os(II) wird jedoch durch Liganden mit ausgeprägtem π-Akzeptorvermögen (CN^-, dipy, phen) stabilisiert.

Komplexverbindungen von Ru(III) und Os(III) ($\mathbf{d^5}$) Diese sind oktaedrisch und liegen in der low spin-Konfiguration mit einem ungepaarten Elektron vor. Vom Ru(III) existieren die Chloro-Komplexe $\mathbf{[RuCl_x(H_2O)_{6-x}]^{(n-3)-}}$ mit x = 0 bis x = 6. In einer ammoniakalischen $RuCl_3$-Lösung entsteht durch Luftoxidation ein als „Ruthenium-Rot“ bezeichneter dreikerniger Komplex:

$$[(NH_3)_5\overset{+3}{Ru}-O-\overset{+4}{Ru}(NH_3)_4-O-\overset{+3}{Ru}(NH_3)_5]^{6+}$$

Vom Os(III) existieren das $\mathbf{[OsF_6]^{3-}}$, das $\mathbf{[OsCl_6]^{3-}}$ sowie das $\mathbf{[Os(dipy)_3]^{3+}}$; daneben bildet Os(III) eine ganze Reihe von Komplexen mit Phosphan-Liganden wie z. B. $\mathbf{[OsCl_3(PR_3)_3]}$.

Rhodium- und Iridium-Verbindungen

Die maximale Oxidationszahl in der Chemie dieser beiden Elemente ist +6. Die beständigste Oxidationsstufe ist jedoch +3; für beide Elemente ist die Bildung von Komplexverbindungen in der Oxidationsstufe +1 charakteristisch.

Sauerstoffverbindungen Von Rh und Ir sind nur Oxide in den Oxidationsstufen +3 und +4 bekannt. Dabei ist das **Rhodium(III)-oxid, $\mathbf{Rh_2O_3}$,** das einzige stabile Oxid dieses Elements.

Beim Iridium ist das **Iridium(IV)-oxid, $\mathbf{IrO_2}$,** das stabile Oxid. Es entsteht direkt aus den Elementen beim Erhitzen.

Halogenverbindungen Rhodium und Iridium bilden mit Fluor die binären Fluoride in allen Oxidationsstufen von +3 bis +6; mit den übrigen Halogenen bilden sie lediglich die **Trihalogenide**, die zugleich auch die stabilsten sind. Alle Halogenide sind farbige Feststoffe. Die **Pentafluoride** sind, wie die der anderen Platinmetalle auch, tetramer und haben daher die Formeln $(RhF_5)_4$ bzw. $(IrF_5)_4$. Das dunkelrote **$[RhCl_3(H_2O)_3]$** dient in der Regel als Ausgangsmaterial für die Herstellung anderer Rhodium-Verbindungen.

Komplexverbindungen von Rh(II) und Ir(III) (d^6) Ähnlich wie Cobalt bilden auch Rhodium und Iridium in der Oxidationsstufe +3 sehr viele oktaedrische, diamagnetische low spin-Komplexe mit der Konfiguration t_{2g}^{6}. Im Gegensatz zu den Co(III)-Komplexen lassen sich die Rh(III)- und Ir(III)-Komplexe jedoch nicht zu den entsprechenden Komplexen der Oxidationsstufe +2 reduzieren.

Rh(III)-Komplexe besitzen eine gelbe bis rote Farbe. Das **$[Rh(H_2O)_6]^{3+}$-Kation** ist in wässriger Lösung stabil und tritt auch als Baustein in Hydraten von Rh(III)-Salzen auf wie z.B. im $Rh_2(SO_4)_3 \cdot x\ H_2O$. Der Hexaaqua-Komplex ist eine Kationensäure.

Das analoge **$[Ir(H_2O)_6]^{3+}$** ist schwerer zu erhalten und luftempfindlich; es tritt aber ebenfalls in Hydraten von Ir(III)-Salzen wie $[Ir(H_2O)_6](ClO_4)_3$ auf.

Stabile Komplexverbindungen sind auch die Hexahalogeno-Komplexe **$[MX_6]^{3-}$** mit M = Rh und X = F, Cl, Br sowie M = Ir und X = Cl, Br, I. Von beiden Metallen gibt es gemischte **Aquachloro-** und **Amminchloro**-Komplexe.

Komplexe von Rh(IV) und Ir(IV) (d^5) Rh(IV)-Komplexe wie **$[RhCl_6]^{2-}$** sind weniger stabil als die entsprechenden Ir(IV)-Komplexe; sie sind hydrolysierbar und wirken oxidierend. Das schwarze und in Wasser gut lösliche **$Na_2[IrCl_6]$** ist Ausgangsmaterial für die Herstellung anderer Ir(IV)-Komplexe.

Komplexe von Rh(I) und Ir(I) (d^8) Rh(I) und Ir(I) bevorzugen als d^8-Ionen die Ausbildung diamagnetischer, quadratisch-planarer Komplexverbindungen; zur Stabilisierung dieser Oxidationsstufe sind jedoch π-Akzeptorliganden wie CO, PR_3 oder auch Alkene erforderlich. Daneben existieren aber auch Komplexe mit der Koordinationszahl 5 und trigonal-bipyramidaler Geometrie.

Die quadratisch-planaren Komplexe sind koordinativ ungesättigt und können daher kleine Moleküle wie H_2, O_2 oder Alkylhalogenide oxidativ addieren. Die oxidative Addition von H_2 z.B. ist ein wichtiger Teilschritt im Katalysezyklus der komplexkatalysierten Hydrierung von Alkenen z.B. durch **$[RhCl(PPh_3)_3]$** (WILKINSON-Komplex) oder ihrer Hydroformylierung durch $[IrCl(CO)(PPh_3)_2]$ (VASKA-Komplex).

$$[RhCl(PPh_3)_3] + H_2 \longrightarrow [RhH_2Cl(PPh_3)_2] + PPh_3$$

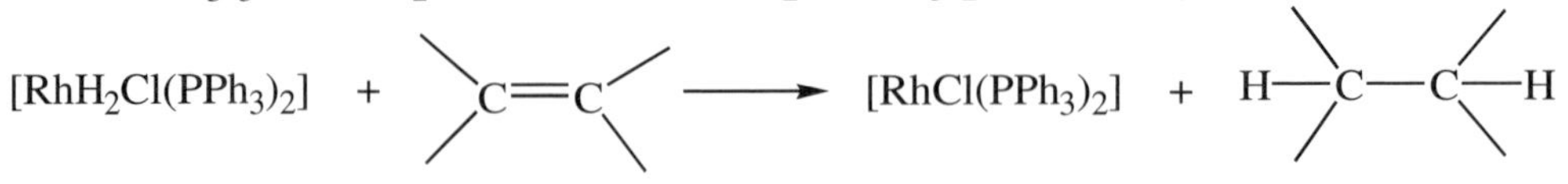

Palladium- und Platin-Verbindungen

Die höchste Oxidationsstufe des Palladiums ist +4, die des Platins +6. Die wichtigsten Oxidationsstufen sowohl in binären Verbindungen als auch in Komplexverbindungen sind für Palladium +2, für Platin +2 und +4.

Sauerstoffverbindungen **Palladium(II)-oxid, PdO,** entsteht beim Erhitzen von Palladium mit Sauerstoff. Es ist eine schwarze, säureunlösliche Verbindung, die von Wasserstoff bereits bei Raumtemperatur zum Metall reduziert wird. Im Kristallgitter sind die Pd-Atome quadratisch-planar von vier O-Atomen umgeben.

Platin(IV)-oxid PtO_2 fällt bei Zugabe von OH^--Ionen zu einer wässrigen Lösung von $PtCl_4$ zunächst als gelbes, wasserhaltiges Produkt aus; durch Erhitzen erhält man daraus das wasserfreie, braunschwarze PtO_2.

Halogenverbindungen Auffallend ist zum einen, dass die Oxidationsstufen +5 und +6 nur vom Platin in den Fluoriden PtF_5 bzw. PtF_6 erreicht werden. Zum anderen existieren keine Halogenide beider Elemente in der Oxidationsstufe +3; das PdF_3 erwies sich als Pd(II)-Hexafluoropalladat(IV), $Pd^{II}[Pd^{IV}F_6]$.

Von den **Tetrahalogeniden, MX_4,** existiert beim Palladium nur das PdF_4, beim Platin jedoch alle Halogenide mit X = F, Cl, Br und I. Bei den **Dihalogeniden, MX_2,** existieren alle Verbindungen außer PtF_2.

PtF_6 ist ein bemerkenswert starkes Oxidationsmittel, das mit O_2 und Xe unter Bildung der Verbindungen $O_2^+[Pt^VF_6]^-$ bzw. $Xe^+[Pt^VF_6]^-$ reagiert.

PtF_5 ist ebenfalls sehr reaktiv; wie alle anderen Pentafluoride der Platinmetalle besitzt es ebenfalls eine tetramere Struktur.

PdF_2 ist insofern bemerkenswert, als es eine der wenigen paramagnetischen Verbindungen des Pd(II) ist; im Kristallgitter sind die Pd-Atome oktaedrisch koordiniert.

$PdCl_2$ existiert in zwei Modifikationen: In der α-Form liegt eine Kettenstruktur vor, die β-Form besteht aus Pd_6Cl_{12}-Baueinheiten; in beiden Strukturen ist das Pd jedoch quadratisch-planar koordiniert.

Komplexverbindungen von Pd(II) und Pt(II) (d^8) Da bei den 4d- und 5d-Ionen Pd^{2+} und Pt^{2+} die Ligandenfeldaufspaltung auch mit weniger starken Liganden ausreichend groß ist, sind nahezu alle Pd(II)- und Pt(II)-Komplexe diamagnetische low-spin Komplexe mit einer quadratisch-planaren Geometrie; eine Ausnahme ist lediglich das bereits erwähnte paramagnetische PdF_2 mit einer oktaedrischen Koordination und damit der Konfiguration $t_{2g}^{6}e_g^{2}$.

Pd(II)-Komplexe sind im Allgemeinen etwas weniger stabil als Pt(II)-Komplexe; letztere sind ebenso wie die Pt(IV)-Komplexe kinetisch inert und haben daher in der Vergangenheit für die Untersuchungen von Isomerie und Reaktionsmechanismen quadratisch-planarer Komplexe eine wichtige Rolle gespielt. Bevorzugte Liganden in Pd(II)- und Pt(II)-Komplexen sind die Halogenidionen, CN^-, NH_3 und Amine, Phosphane PR_3, Arsane AsR_3 u. a.

Ein Tetraaqua-Komplex $[M(H_2O)_4]^{2+}$ wird nur vom Pd(II), nicht aber vom Pt(II) gebildet. Gut bekannt und charakterisiert sind die Komplexe des Typs $[MX_4]^{2-}$ mit M = Pd, Pt und X = Cl^-, Br^-, I^-, SCN^- sowie CN^-. Gelbes $[PdCl_4]^{2-}$ und rotes $[PtCl_4]^{2-}$ dienen als Ausgangsverbindungen für die Herstellung anderer Pd(II)- bzw. Pt(II)-Komplexe. In wässriger Lösung erfolgt ein stufenweiser Austausch von z. B. Cl^--Liganden gegen H_2O-Moleküle.

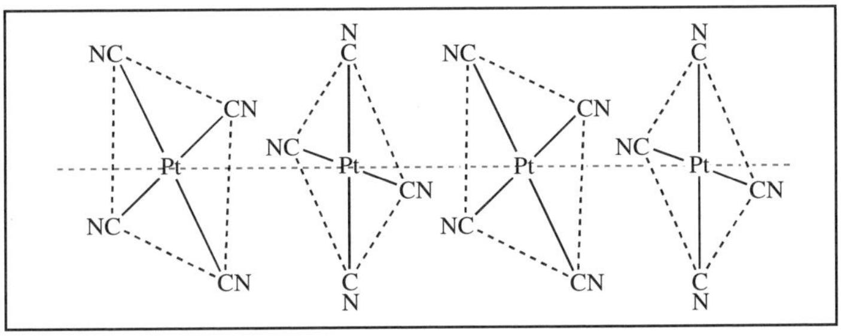

9.55 Anordnung der $[Pt(CN)_4]^{2-}$-Anionen im $K_2[Pt(CN)_4] \cdot 3\,H_2O$.

Die Struktur vieler Pt(II)-Komplexe ist dadurch charakterisiert, dass die quadratisch-planaren Baueinheiten parallel übereinander angeordnet und dabei um jeweils 45° gegeneinander verdreht sind (die Liganden stehen also auf Lücke); im $K_2[Pt(CN)_4]$ betragen die Abstände zwischen den Pt-Atomen 348 pm, sodass *keine* Pt–Pt-Bindung vorliegt (Abbildung 9.55). Bei Substitutionsreaktionen eines Liganden X gegen einen Liganden Y in quadratisch-planaren Komplexen des Typs $[MX_3L]$ sind prinzipiell zwei sterisch verschiedene Reaktionsprodukte möglich, einmal das *cis*- und zum anderen das *trans*-Isomere, *cis*-$[MX_2LY]$ bzw. *trans*-$[MX_2LY]$. Bei diesen Reaktionen wird nun das Phänomen des ***trans*-Effektes** beobachtet. Darunter versteht man die Fähigkeit eines Liganden L, den neu eintretenden Liganden Y in *trans*-Position zu sich zu dirigieren. Der *trans*-Effekt ist ein kinetisches Phänomen, d. h. es ist der Einfluss eines Liganden auf die Substitutionsgeschwindigkeit in *trans*-Position. Ordnet man die Liganden nach ihrer Fähigkeit, einen Liganden in *trans*-Position zu sich zu dirigieren, findet man etwa folgende Reihe:

$$F^-, H_2O, OH^-, NH_3 < Cl^-, Br^- < SCN^-, I^- < PR_3 < CN^-, CO$$

Der *trans*-Effekt lässt sich gezielt zur Synthese der entsprechenden Isomere einer Komplexverbindung anwenden; das sei am Beispiel des $[Pt(NH_3)_2Cl_2]$ demonstriert: Das *cis*-Isomere erhält man durch Umsetzung von $[PtCl_4]^{2-}$ mit NH_3, weil das Cl^- einen stärkeren *trans*-dirigierenden Einfluss hat als NH_3:

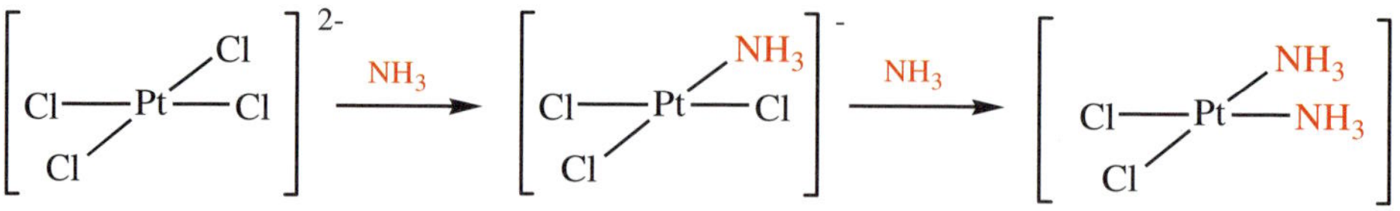

Das *trans*-Isomere entsteht dagegen bei der Umsetzung von $[Pt(NH_3)_4]^{2+}$ mit Cl^- gemäß:

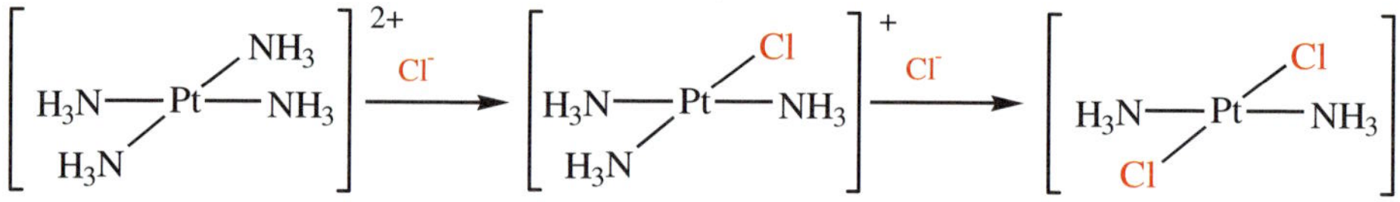

Das Cl^- hat den stärkeren *trans*-dirigierenden Einfluss, sodass das zweite Cl^- die *trans*-Position zum ersten besetzt.

Das *cis*-$[Pt(NH_3)_2Cl_2]$ ist unter der Bezeichnung „Cisplatin" für einige Krebsarten das bis heute wirksamste Antitumormedikament; das *trans*-Isomere ist dagegen inaktiv (Abschnitt 9.5.4).

Komplexe des Pd(IV) und Pt(IV) (d^6) In dieser Oxidationsstufe bilden Palladium und Platin ausschließlich oktaedrische low spin-Komplexe mit der Konfiguration t_{2g}^6; die Komplexe sind folglich diamagnetisch.

Die Pd(IV)-Komplexe sind weniger beständig als die entsprechenden Pt(IV)-Komplexe. Gut charakterisiert sind die Hexahalogeno-Komplexe des Pd(IV), $[PdX_6]^{2-}$ mit X = F, Cl, Br; sie lassen sich leicht zu Pd(II)-Komplexen reduzieren (bereits durch heißes Wasser erfolgt die Bildung von $[PdX_4]^{2-}$ und X_2).

Pt(IV)-Komplexe sind thermodynamisch stabil und kinetisch inert. Die wichtigste Verbindung ist die Hexachloroplatin(IV)-säure $H_2[PtCl_6] \cdot 6\ H_2O$, die in Form gelber Kristalle beim Auflösen von Platin in Königswasser erhalten wird. Ihre Salze mit großvolumigen Kationen sind schwerlöslich.

9.4.8 Die I. Nebengruppe (Gruppe 11) – Cu, Ag, Au

Die Elemente

Allgemeine Eigenschaften Die Elemente Kupfer, Silber und Gold haben die Valenzelektronenkonfiguration $(n{-}1)d^{10}ns^1$. Erwartungsgemäß bilden sie daher Verbindungen in der Oxidationsstufe +1, aber auch in den Oxidationsstufen +2 und +3; seltener sind Verbindungen in höheren Oxidationsstufen wie +4 und +5. Bezüglich der Stabilität der einzelnen Oxidationsstufen gibt es innerhalb der I. Nebengruppe keine regelmäßige Abstufung, sodass die stabilste Oxidationsstufe für Kupfer +2, für Silber +1 und für Gold +3 ist.

Zu den Alkalimetallen mit der Valenzelektronenkonfiguration ns^1 existiert lediglich eine formale Ähnlichkeit. Zum einen schirmt die d^{10}-Unterschale die Kernladung nicht so effektiv ab wie eine Edelgasschale, sodass die 1. Ionisierungsenergien wesentlich höher sind als die der Alkalimetalle. Da auch die Sublimationsenergien höher sind als die der Alkalimetalle, haben die Elemente der I. Nebengruppe edlen Charakter; dieser nimmt in der Gruppe vom Kupfer zum Gold hin zu. Zum anderen haben die Verbindungen der Elemente der I. Nebengruppe in der Oxidationsstufe +1 zwar die gleiche stöchiometrische Zusammensetzung wie die der Alkalimetalle, sie sind jedoch wesentlich kovalenter und haben daher auch die höheren Gitterenergien, was sich u. a. in der Schwerlöslichkeit der Halogenide und Pseudohalogenide ausdrückt.

Kupfer ist ein hellrotes, zähes und dehnbares Metall. An seiner Oberfläche bildet sich mit Sauerstoff eine fest haftende, dünne Schicht von Cu_2O, die für die charakteristische rote Farbe des Kupfers verantwortlich ist. An CO_2-haltiger Luft bildet sich die *Patina* aus; es ist dies ein fest haftender Überzug von grünem basischem Carbonat $Cu_2(OH)_2CO_3$, der das darunter befindliche Metall vor weiterem Angriff schützt. Entsprechend seiner Stellung in der elektrochemischen Spannungsreihe wird Kupfer nur von oxidierenden Säuren wie HNO_3 oder konz. H_2SO_4 gelöst, nicht aber von nichtoxidierenden Säuren wie HCl. Kupfer hat nach dem Silber die beste elektrische Leitfähigkeit.

Silber ist ein weißglänzendes Metall; es ist weich und sehr dehnbar. Es besitzt von allen Metallen die höchste elektrische und thermische Leitfähigkeit. Von Sauerstoff wird es nicht angegriffen; mit H_2S reagiert es in Gegenwart von Sauerstoff oberflächlich zu schwarzem Ag_2S. Silber wird wie Kupfer nur von oxidierenden Säuren gelöst. In Gegenwart von Sauerstoff löst sich elementares Silber in CN^--Lösungen unter Bildung des beständigen Komplexes $[Ag(CN)_2]^-$.

Gold besitzt die charakteristische „goldgelbe“ Farbe. Es ist das dehnbarste und geschmeidigste Metall, das sich zu außerordentlich dünnen Folien (bis 0,0001 mm Dicke), dem *Blattgold*, auswalzen lässt. Gold ist chemisch sehr inert; es löst sich in Königswasser unter Bildung von $[Au^{III}Cl_4]^-$ sowie in CN^--Lösungen in Gegenwart von Sauerstoff unter Bildung von $[Au^{I}(CN)_2]^-$.

Vorkommen **Kupfer** gehört zu den relativ häufigen Elementen. Es kommt in der Natur in sulfidischen und in daraus durch Verwitterung entstandenen oxidischen Mineralien vor, in kleinen Mengen auch gediegen. Die wichtigsten Mineralien sind *Kupferkies,* $CuFeS_2$ (*Chalkopyrit*), *Kupferglanz,* Cu_2S, *Cuprit,* Cu_2O (*Rotkupfererz*), und *Malachit,* $Cu_2(OH)_2CO_3$.

Silber und **Gold** gehören zu den seltenen Elementen. Die Lagerstätten mit gediegenem Silber sind weitestgehend erschöpft. Wichtige Silbermineralien sind *Silberglanz,* Ag_2S (*Argentit*), *Pyrargyrit,* Ag_3SbS_3 (*Dunkles Rotgültigerz*), und *Proustit,* Ag_3AsS_3 (*Lichtes Rotgültigerz*). In geringen Mengen (< 0,1 %) ist Silber im Bleiglanz und Kupferkies enthalten und wird als „Nebenprodukt" bei der Blei- und Kupfergewinnung erhalten. Gold kommt hauptsächlich in gediegener Form vor, meist jedoch als Legierung mit Silber. Das Gold der Primärlagerstätten wird als *Berggold* bezeichnet; bei der Verwitterung des goldhaltigen Gesteins wurde es weggeschwemmt und in Flusssanden als *Seifen-* oder *Waschgold* (Goldstaub, Goldkörner) abgelagert.

Tabelle 9.15 Ausgewählte Eigenschaften der Elemente der I. Nebengruppe

	Kupfer Cu	Silber Ag	Gold Au
Elektronenkonfiguration	$[Ar]3d^{10}4s^1$	$[Kr]4d^{10}5s^1$	$[Xe]4f^{14}5d^{10}6s^1$
Ionisierungsenergien [kJ/mol]			
erste	745	731	890
zweite	1958	2073	1980
dritte	3554	3361	2900
Elektronegativität	1,7	1,4	1,4
Ionenradien [pm]			
M^+	96	113	137
M^{2+}	72	89	–
M^{3+}	–	–	91
Standardpotenziale [V]			
M/M^+	+0,52	+0,80	+1,69
M/M^{2+}	+0,34	+1,39	–
M/M^{3+}	–	–	+1,50
Sublimationsenthalpie [kJ/mol]	339	285	366

Darstellung und Verwendung Für die technische Gewinnung von **Kupfer** ist der Kupferkies, $CuFeS_2$, das wichtigste Ausgangsmaterial. Die Abtrennung des größten Teils des Eisens erfolgt durch Rösten in Gegenwart SiO_2-haltiger Zuschläge, die das gebildete Eisenoxid zu Eisensilicat verschlacken, das flüssig abgetrennt wird:

$$FeS + {}^{3}/_{2}\,O_2 + SiO_2 \longrightarrow FeSiO_3 + SO_2$$

In einem Konverter erfolgt anschließend durch Einblasen von Luft zunächst die Verschlackung und Abtrennung des restlichen Eisens. Ein Teil des Cu_2S wird zum Cu_2O oxidiert (*Röstarbeit*), das anschließend mit verbliebenem Cu_2S zu Rohkupfer umgesetzt wird (*Reaktionsarbeit*):

Röstarbeit: $2\,Cu_2S + 3\,O_2 \longrightarrow 2\,Cu_2O + 2\,SO_2$
Reaktionsarbeit: $Cu_2S + 2\,Cu_2O \longrightarrow 6\,Cu + SO_2$

Das Rohkupfer wird elektrolytisch gereinigt. Dazu elektrolysiert man eine schwefelsaure $CuSO_4$-Lösung mit einer Anode aus dem Rohkupfer und einer Kathode aus Reinkupfer; an der Anode geht Kupfer in Lösung, das an der Kathode als reines Kupfer abgeschieden wird. Unedle Verunreinigungen wie Eisen und Zink gehen zwar ebenfalls in Lösung, werden aber an der Kathode wegen ihrer negativeren Redoxpotenziale nicht abgeschieden. Edle Metalle wie Silber, Gold oder Platin gehen an der Anode nicht in Lösung; sie setzen sich bei der Auflösung der Anode im so genannten Anodenschlamm ab und können daraus gewonnen werden. Man benötigt eine Elektrolysespannung von ca. 0,3 V, da nur der OHMsche Widerstand des Elektrolyten überwunden werden muss. Das Elektrolytkupfer hat eine Reinheit von ca. 99,95 %. Die Gewinnung von **Silber** und **Gold** aus ihren Erzen erfolgt meist durch die *Cyanidlaugerei*. Dabei werden die zerkleinerten Erze mit einer Lösung von NaCN behandelt, in die ein Luftstrom eingeblasen wird. Sowohl die gediegenen Metalle selbst als auch ihre Verbindungen gehen als Cyano-Komplexe in Lösung:

$$4\,Ag + 8\,CN^- + 2\,H_2O + O_2 \longrightarrow 4\,[Ag(CN)_2]^- + 4\,OH^-$$
$$Ag_2S + 4\,CN^- + 2\,O_2 \longrightarrow 2\,[Ag(CN)_2]^- + SO_4^{2-}$$

Aus den Cyanidlaugen werden Silber und Gold durch Einrühren von Zinkstaub ausgefällt:

$$2\,[Ag(CN)_2]^- + Zn \longrightarrow [Zn(CN)_4]^{2-} + 2\,Ag$$

Gold wird aus dem zerkleinerten Gestein auch durch Behandlung mit Quecksilber in Form seines Amalgams abgetrennt, aus dem das Quecksilber anschließend durch Destillation wieder entfernt wird (*Amalgam-Verfahren*). Der größte Teil des Silbers wird jedoch bei der Blei- und Kupferherstellung erhalten. Die Feinreinigung von Silber und Gold erfolgt wie beim Kupfer auf elektrolytischem Wege.

Metallisches **Kupfer** besitzt eine hohe elektrische und thermische Leitfähigkeit sowie eine gute Korrosionsbeständigkeit. Diese Eigenschaften begründen seine Verwendung in der Elektroindustrie, für den Bau von Wärmeaustauschern, im

Schiffbau, im chemischen Apparatebau sowie als Dachbedeckungen. Darüber hinaus wird Kupfer in großem Umfang für die Herstellung von Legierungen verwendet. Die wichtigsten Legierungen sind die mit Zink *(Messing)*, mit Zinn *(Bronzen)*, mit Aluminium *(Aluminiumbronzen)* und Nickel *(Monel, Konstantan)*.

Da **Silber** und **Gold** sehr weich sind, werden sie üblicherweise für den Gebrauch legiert. Die meisten Silbermünzen z.B. enthalten 10 % Kupfer, silberne Gebrauchsgegenstände 20 % Kupfer. In diesen Legierungen wird der Silbergehalt auf 1000 Gewichtsteile bezogen: Eine Legierung mit 80 % Silber hat daher einen Feingehalt von 800 („800er" Silber). Große Mengen Silber werden zur Herstellung von Spiegeln, in der Elektronik, in der photographischen Industrie sowie zum Versilbern verwendet. Auch Goldmünzen enthalten meist 10 % Kupfer. Der Goldgehalt von Legierungen wird häufig in *Karat* angegeben: Reines Gold ist 24-karätig; 18-karätiges Gold enthält also 75 % Gold (der Feingehalt beträgt 750). Das *Dukatengold* hat einen Feingehalt von 986. Kolloidal gelöstes Gold wird zum Färben von Glasflüssen (*Goldrubinglas*) und von Porzellan verwendet; man erhält es durch Reduktion z.B. von Gold(III)-Salzlösungen mit $SnCl_2$, wobei das gebildete kolloidale Gold an das ebenfalls kolloidale Zinndioxid adsorbiert wird (CASSIUSscher Goldpurpur):

$$2\,Au^{3+} + 3\,Sn^{2+} + 18\,H_2O \longrightarrow 2\,Au + 3\,SnO_2 + 12\,H_3O^+$$

Chemische Verbindungen

Kupfer-Verbindungen

Die wichtigsten Oxidationsstufen des Kupfers sind +1 und +2; in den Oxidationsstufen +3 und +4 existieren nur sehr wenige Verbindungen als Fluorocuprate(III) und -(IV) sowie als Oxocuprate(III).

Kupfer(I)-Verbindungen (d^{10}) Cu^+-Ionen disproportionieren in wässriger Lösung in Cu und Cu^{2+}-Ionen, wobei das Disproportionierungsgleichgewicht sehr stark von der Löslichkeit und von Komplexbildungsreaktionen abhängig ist. CuCl und CuI sind aufgrund ihrer Schwerlöslichkeit gegen Wasser beständig und unterliegen keiner Disproportionierung. Das leichlösliche Cu_2SO_4 wird dagegen durch Wasser augenblicklich zu Cu und $CuSO_4$ zersetzt:

$$Cu_2SO_4 \xrightarrow{H_2O} Cu^{2+} + SO_4^{2-} + Cu$$

Der Einfluss von Komplexbildnern hängt von der relativen Stabilität der gebildeten Komplexe von Cu(I) und Cu(II) zueinander ab. Im Falle von NH_3 ist der Cu(I)-Komplex $[Cu(NH_3)_2]^+$ stabiler als der Cu(II)-Komplex $[Cu(NH_3)_4]^{2+}$, sodass in Gegenwart von NH_3 eine Komproportionierung von Cu^{2+} mit Cu zu Cu^+ und Bildung des $[Cu(NH_3)_2]^+$-Komplexes erfolgt. Beim Liganden Ethylendiamin sind die Stabilitätsverhältnisse gerade umgekehrt, da dieses mit Cu^{2+}-Ionen einen sehr stabilen quadratisch-planaren Chelatkomplex bildet; fügt man folglich zur Lösung des $[Cu(NH_3)_2]^+$-Komplexes Ethylendiamin hinzu, so erfolgt augenblicklich wieder die Disproportionierung:

$$2\,[Cu(NH_3)_2]^+ + 2\,en \longrightarrow [Cu(en)_2]^{2+} + Cu + 4\,NH_3$$

Kupfer(I)-oxid, Cu_2O, ist das bei hohen Temperaturen stabile Oxid des Kupfers. Es entsteht bei der thermischen Zersetzung von CuO. Cu_2O ist rot gefärbt und schwerlöslich. In seiner Kristallstruktur ist jedes Cu-Atom linear von zwei O-Atomen koordiniert.

Kupfer(I)-Halogenide, CuX, erhält man durch Kochen saurer Lösungen der Kupfer(II)-Halogenide mit Kupfer:

$$CuX_2 + Cu \longrightarrow 2\,CuX \qquad (X = Cl, Br, I)$$

CuI ist bequemer durch Umsetzung von Cu^{2+} mit I^--Ionen zugänglich:

$$Cu^{2+} + 2\,I^- \longrightarrow CuI + \tfrac{1}{2}\,I_2$$

Die Kupfer(I)-Halogenide sind schwerlöslich; die Schwerlöslichkeit nimmt zum CuI hin zu. Mit überschüssigen Halogenidionen bilden sich die löslichen Halogeno-Komplexe des Typs $[CuX_2]^-$. Ein CuF ist nicht bekannt.

Kupfer(I)-cyanid, CuCN, entsteht analog zum CuI bei der Umsetzung von Cu^{2+} mit CN^--Ionen:

$$Cu^{2+} + 2\,CN^- \longrightarrow CuCN + \tfrac{1}{2}\,(CN)_2$$

Mit überschüssigen CN^--Ionen bilden sich die sehr stabilen Cyano-Komplexe $[Cu(CN_2]^-$ und $[Cu(CN)_4]^{3-}$, aus denen mit H_2S kein Cu_2S ausgefällt werden kann. Das Redoxpotenzial Cu/Cu^+ wird durch die Komplexbildung in den negativen Bereich verschoben, sodass sich Cu in CN^--Lösungen unter Wasserstoffentwicklung auflöst:

$$Cu + 4\,CN^- + H_2O \longrightarrow [Cu(CN)_4]^{3-} + OH^- + \tfrac{1}{2}\,H_2$$

In seinen **Koordinationsverbindungen** bevorzugt Cu(I) als d^{10}-Ion die tetraedrische Koordination; daneben gibt es aber auch zahlreiche Komplexe mit der Koordinationszahl 2 und linearer Geometrie. Aufgrund der d^{10}-Konfiguration sind Cu(I)-Verbindungen diamagnetisch.

Kupfer(II)-Verbindungen (d^9) Die Oxidationsstufe +2 ist die wichtigste Oxidationsstufe des Kupfers. Cu(I)-Verbindungen lassen sich leicht zu den entsprechenden Cu(II)-Verbindungen oxidieren.

Kupfer(II)-oxid, CuO, entsteht als schwarzes Pulver beim Erhitzen von Cu an der Luft (oberhalb 900 °C geht es unter Sauerstoffabgabe in das Cu_2O über).

Kupfer(II)-hydroxid, $Cu(OH)_2$, entsteht als hellblauer, voluminöser Niederschlag bei der Zugabe von OH^--Ionen zu Cu(II)-Salzlösungen. $Cu(OH)_2$ ist amphoter und löst sich folglich in Säuren und in Basen. Mit Basen bildet sich der blaue Hydroxo-Komplex $[Cu(OH)_4]^{2-}$. $Cu(OH)_2$ spaltet beim Erhitzen Wasser ab und geht in das CuO über.

Kupfer(II)-Halogenide, CuX_2 mit X = F, Cl, Br, werden durch eine direkte Umsetzung der Elemente erhalten; CuI_2 ist instabil und zerfällt leicht zu CuI und I_2. $CuCl_2$ (gelb) und $CuBr_2$ (schwarz) bilden Ketten, in denen die Cu-Atome quadratisch-planar koordiniert sind; Halogen-Atome benachbarter Ketten besetzen jedoch in größeren Abständen die fünfte und sechste Koordinationsstelle des Cu(II), sodass insgesamt eine tetragonal gestörte oktaedrische Koordination resultiert:

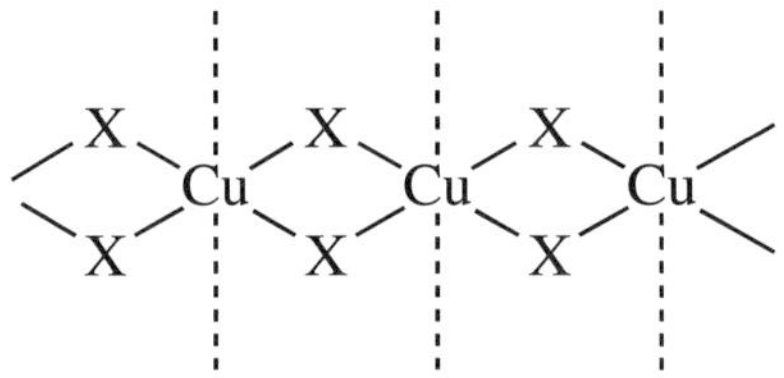

X = Cl, Br

In wässriger Lösung bilden die Cu(II)-Halogenide in Abhängigkeit von der Halogenidionen-Konzentration verschiedene Komplexe wie z. B:

$$[Cu(H_2O)_4]^{2+} \xrightarrow{+\,Cl^-} [CuCl_2(H_2O)_2] \xrightarrow{+\,Cl^-} [CuCl_4]^{2-}$$

hellblau — grün — gelb

Kupfer(II)-sulfat, $CuSO_4$, erhält man beim Auflösen von Cu in heißer verdünnter H_2SO_4 unter Luftzutritt:

$$Cu + H_2SO_4 + \tfrac{1}{2}\,O_2 \longrightarrow CuSO_4 + H_2O$$

Aus den Lösungen kristallisiert das blaue Pentahydrat $[Cu(H_2O)_4]SO_4 \cdot H_2O$ (Kupfervitriol). Das Cu^{2+}-Ion wird darin von vier H_2O-Molekülen quadratisch-planar koordiniert; die fünfte und sechste Koordinationsstelle werden von Sauerstoffatomen der Sulfationen besetzt. Das fünfte H_2O-Molekül ist über Wasserstoffbrücken-Bindungen an Sulfationen und koordiniertes Wasser gebunden. Die unterschiedliche Bindungsweise der H_2O-Moleküle wird bei einer thermogravimetrischen Analyse deutlich: Beim Erhitzen auf 130 °C verliert das Salz (über die Stufe eines Trihydrats) vier H_2O-Moleküle; das fünfte H_2O-Molekül wird erst bei 250 °C abgespalten.

In seinen **Komplexverbindungen** bevorzugt Cu(II) die quadratisch-planare und die oktaedrische Koordination. Letztlich ist die quadratisch-planare Geometrie der Grenzfall einer tetragonalen Störung des Oktaeders; zwischen beiden kann in vielen Fällen nicht scharf unterschieden werden. Der in wässriger Lösung vorliegende Aqua-Komplex kann daher als $[Cu(H_2O)_4]^{2+}$ mit quadratisch-planarer Geometrie oder auch als $[Cu(H_2O)_6]^{2+}$ mit verzerrt oktaedrischer Geometrie formuliert werden, in der zwei H_2O-Moleküle größere Bindungsabstände haben und folglich auch schwächer gebunden sind. Nur die vier H_2O-Moleküle der quadratischen Ebene können substituiert werden, sodass z.B. mit NH_3 das $[Cu(NH_3)_4(H_2O)_2]^{2+}$ gebildet wird. Das $[Cu(NH_3)_6]^{2+}$ entsteht nur in flüssigem Ammoniak.

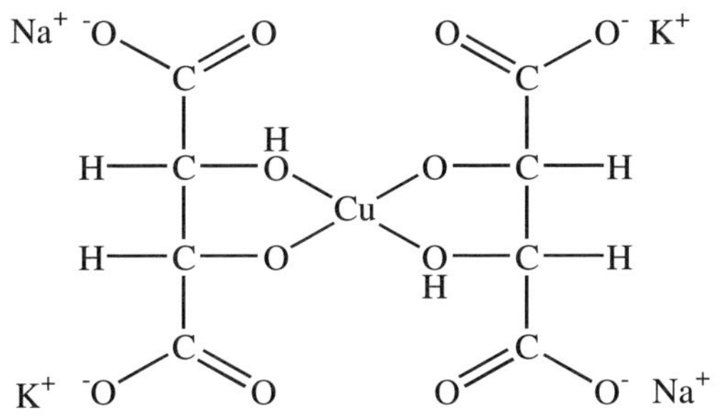

Mit Kaliumnatriumtartrat $KNaC_4H_4O_6$ (K,Na-Salz der Weinsäure – auch als *Seignette*-Salz bezeichnet) bildet Cu(II) in alkalischer Lösung einen quadratisch-planaren Komplex von tiefblauer Farbe. Mit diesem als FEHLINGsche Lösung bezeichneten Reagens können reduzierend wirkende Stoffe wie Aldehyde oder Zucker nachgewiesen werden, da sich unter Entfärbung gelbes bis rotes Cu_2O ausscheidet.

Aufgrund der d^9-Konfiguration sind alle Cu(II)-Verbindungen paramagnetisch im Ausmaß eines ungepaarten Elektrons. Praktisch alle Verbindungen des Cu(II) sind blau oder grün gefärbt. Davon abweichende Farben (rot, rotbraun) haben ihre Ursache in Charge-Transfer-Übergängen. Eine detaillierte Deutung der Absorptionsspektren ist wegen der verzerrt oktaedrischen oder quadratischen Koordination relativ kompliziert.

Silber-Verbindungen

Die stabilste Oxidationsstufe des Silbers ist +1. Im Gegensatz zu Cu(I) ist Ag(I) in wässriger Lösung vollkommen stabil und zeigt keinerlei Neigung zur Disproportionierung. Viele Ag(I)-Salze sind schwerlöslich und kristallisieren wasserfrei (AgCl, AgBr, AgI, AgCN u.a.); leichtlöslich sind $AgNO_3$, $AgClO_4$ und AgF. Das Ag^+-Ion hat die Konfiguration $4d^{10}$, ist also farblos und diamagnetisch. Die Farbigkeit bestimmter Ag(I)-Verbindungen wie AgI (gelb), Ag_2O (braunschwarz) oder Ag_2S (schwarz) resultiert aus der polarisierenden Wirkung der Ag^+-Ionen.

Silber(I)-oxid, Ag_2O, fällt als braunschwarzer Niederschlag bei der Zugabe von OH^--Ionen zu Ag(I)-Salzlösungen:

$$2\,Ag^+ + 2\,OH^- \longrightarrow Ag_2O + H_2O$$

Ag_2O ist schwerlöslich. Beim Erhitzen zerfällt es oberhalb 200 °C in die Elemente (seine Darstellung aus den Elementen bei höheren Temperaturen ist daher nur unter einem Sauerstoffdruck von mehr als 20 bar möglich). Von H_2 und CO wird Ag_2O bereits bei Raumtemperatur reduziert.

Silber(I)-sulfid, Ag_2S kann direkt aus den Elementen oder durch Fällung mit H_2S aus Ag(I)-Salzlösungen erhalten werden. Mit einem Löslichkeitsprodukt von $K_L \approx 10^{-50}$ ist es extrem schwerlöslich. Dass es sich dennoch in Cyanid-Lösungen auflöst, hat seine Ursache in der gleichzeitigen Oxidation der S^{2-}-Ionen zu SO_4^{2-}-Ionen durch Luftsauerstoff.

Silbernitrat, $AgNO_3$, ist das wichtigste Silbersalz, da es leicht löslich ist und als Ausgangsmaterial für die Herstellung anderer Silber-Verbindungen dient. Man erhält es durch Auflösen von Silber in HNO_3:

$$3\,Ag + 4\,HNO_3 \longrightarrow 3\,AgNO_3 + NO + 2\,H_2O$$

$AgNO_3$ wirkt auf der Haut ätzend und oxidierend („Höllenstein").

Silber(I)-Halogenide, AgX, können direkt aus den Elementen hergestellt werden (X = F, Cl, Br, I); mit Ausnahme des leichtlöslichen AgF werden sie allerdings bequemer aus $AgNO_3$-Lösungen mit den entsprechenden Halogenidionen als schwerlösliche Niederschläge ausgefällt. Die Löslichkeit nimmt vom weißen AgCl über das gelbliche AgBr zum gelben AgI hin ab; die entsprechenden Löslichkeitsprodukte betragen $2 \cdot 10^{-10}$, $5 \cdot 10^{-13}$ bzw. $8 \cdot 10^{-17}$. Mit überschüssigen Halogenidionen werden die Halogeno-Komplexe $[AgX_2]^-$, $[AgX_3]^{2-}$ und $[AgX_4]^{3-}$ gebildet (X = Cl, Br, I).

AgF, AgCl und AgBr kristallisieren in der NaCl-Struktur, AgI wegen der höheren kovalenten Bindungsanteile in der ZnS-Strukur (Abbildung 4.7).

Die Ag(I)-Halogenide AgCl, AgBr und AgI sind lichtempfindlich und werden bereits durch sichtbares Licht zersetzt:

$$2\,AgX \xrightarrow{h\nu} 2\,Ag + X_2 \qquad (X = Cl, Br, I)$$

Diese Lichtempfindlichkeit der Silberhalogenide, insbesondere die des AgBr, wird in der **Photographie** ausgenutzt. Als lichtempfindliche Schicht für Photofilme und -papiere dient in Gelatine kolloidal verteiltes AgBr. Bei Lichteinwirkung entstehen an den belichteten Stellen infolge der obigen photochemischen Zersetzung des

AgBr Spuren von kolloidalem Silber; das gebildete Brom wird von der Gelatine gebunden. Je intensiver die Belichtung an einer Stelle ist, desto größer ist die Zahl dieser Silberkeime. Das Ergebnis ist das *latente*, also für das Auge noch nicht sichtbare Bild. Bei dem sich anschließenden Entwicklungsvorgang wird AgBr mit organischen Reduktionsmitteln wie Hydrochinon oder 1-Phenyl-3-pyrazolidon zu Ag reduziert; die Reduktion erfolgt jedoch nur dort, wo bereits Silberkeime vorhanden sind, und dies umso schneller, je mehr Silberkeime vorliegen. Das erhaltene sichtbare Bild muss nun *fixiert* werden, indem das noch vorhandene AgBr mithilfe von $Na_2S_2O_3$ (Fixiersalz) unter Bildung des löslichen Komplexes $[Ag(S_2O_3)_2]^{3-}$ aus der Gelatineschicht entfernt wird. Das vorliegende Bild heißt *Negativ*, weil es an den hell belichteten Stellen dunkel ist und umgekehrt. Zur Herstellung des *Positivs* wird Photopapier durch das Negativ hindurch belichtet, wobei dessen dunkle Stellen nur wenig Licht hindurch lassen, die hellen Stellen entsprechend mehr, sodass nach Entwicklung und Fixieren das Bild mit der wirklichkeitsgetreuen Lichtverteilung vorliegt.

Silber(II)-Verbindungen (d^9) Ag^{2+}-Ionen können nur durch sehr starke chemische Oxidationsmittel oder durch eine anodische Oxidation erhalten werden, da sie selbst starke Oxidationsmittel sind und z. B. Mn^{2+} zu MnO_4^- oder Cr^{3+} zu CrO_4^- oxidieren. Es sind nur zwei einfache Salze bekannt, nämlich Silber(II)-fluorid AgF_2 und Silber(II)-fluorosulfat $Ag(OSO_2F)_2$.

Die Oxidationsstufe +2 des Silbers kann jedoch durch Komplexbildung stabilisiert werden. Geeignete Liganden dafür sind Pyridin, Dipyridyl oder Phenanthrolin.

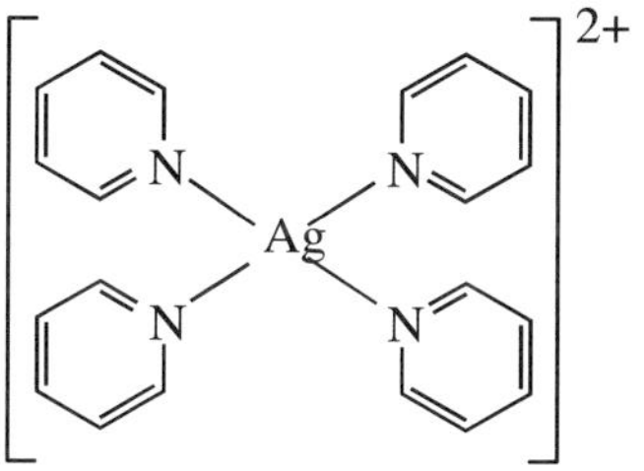

$[Ag(py)_4]^{2+}$

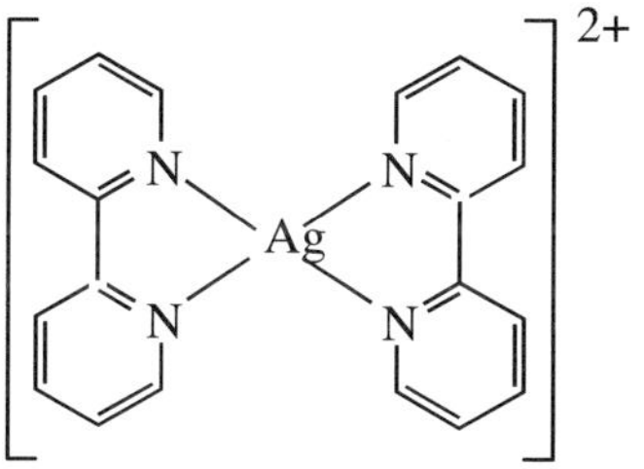

$[Ag(dipy)_2]^{2+}$

Gold-Verbindungen

Die wichtigsten Oxidationsstufen in der Chemie von Gold sind +1 und +3, wobei +3 die beständigere ist. Es gibt, mit nur einer Ausnahme, keine gesicherten Hinweise auf Verbindungen von Gold in der Oxidationsstufe +2; Verbindungen wie $AuCl_2$, $AuBr_2$ oder $AuSO_4$ sind nachweislich Au(I)-Au(III)-Verbindungen.

Gold(I)-Verbindungen (d^{10}) Im Gegensatz zum stabilen Ag^+-Ion ist das Au^+-Ion in wässriger Lösung nicht beständig und disproportioniert gemäß:

$$3\,Au^+ \longrightarrow 2\,Au + Au^{3+}$$

In Wasser sind daher nur schwerlösliche Verbindungen und stabile Komplexe beständig, bei denen die Au^+-Gleichgewichtskonzentrationen genügend gering sind. Die Komplexverbindungen von Au^+ besitzen lineare Geometrie.

Gold(I)-chlorid, AuCl, entsteht bei der thermischen Zersetzung von $AuCl_3$ bei 185 °C. Es ist ein gelbes, schwerlösliches Pulver, das beim Erhitzen in Wasser disproportioniert:

$$3\,AuCl \longrightarrow 2\,Au + AuCl_3$$

AuCl kann durch Komplexbildung stabilisiert werden; mit Cl^--Ionen entsteht z. B. der Dichloroaurat(I)-Komplex $[AuCl_2]^-$ mit einer linearen Struktur.

Gold(I)-iodid, AuI, entsteht bei der Zugabe von I^--Ionen zu einer Gold(III)-Salzlösung

$$Au^{3+} + 3\,I^- \longrightarrow AuI + I_2$$

AuI besteht aus Zickzack-Ketten; die Au–I-Bindungen sind kovalent.

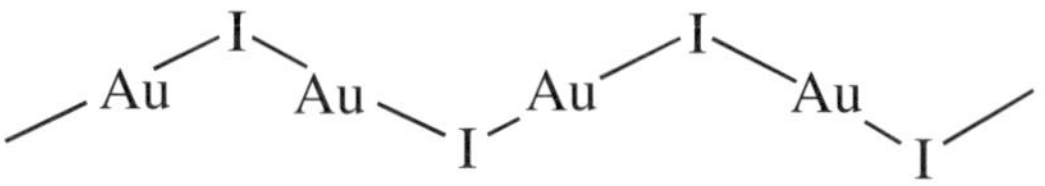

Der bei der Cyanidlaugerei entstehende **Dicyanoaurat(I)-Komplex, $[Au(CN)_2]^-$,** ist sehr viel stabiler als der analoge Silberkomplex. $K[Au(CN)_2]$ wird bei der galvanischen Vergoldung verwendet.

Gold(III)-Verbindungen (d^8) Au^{3+} ist ein starkes Oxidationsmittel und besitzt eine große Komplexbildungstendenz. Als d^8-Ion bevorzugt es die Bildung quadratisch-planarer Komplexverbindungen.

Gold(III)-Halogenide, AuX_3, werden mit X = F, Cl, Br gebildet; das AuI_3 existiert nicht, da Au^{3+} von Iodid zum Au^+ reduziert wird. Das $AuCl_3$ und das $AuBr_3$ können bei 200 °C bzw. 150 °C direkt aus den Elementen erhalten werden. Beide Verbindungen sind dimer mit einer quadratisch-planaren Koordination der Au-Atome.

$(AuCl_3)_2$ bildet mit HCl das gelbe **Tetrachloroaurat(III)-Anion, $[AuCl_4]^-$**, das ebenfalls eine quadratisch-planare Geometrie besitzt. Aus den Lösungen lässt sich beim Eindampfen die Tetrachlorogold(III)-Säure, $H[AuCl_4] \cdot 4\ H_2O$, isolieren. Deren Na- und K-Salz sind in Wasser löslich, jedoch erfolgt Hydrolyse unter Bildung von $[AuCl_3(OH)]^-$. Es existieren analoge Fluoroaurat(III)- und Bromoaurat(III)-Verbindungen; das $AuBr_3$ bildet außerdem noch den oktaedrischen Komplex $[AuBr_6]^{3-}$.

Bei Zugabe von CN^--Ionen zu Tetrachloroaurat(III)-Lösungen bildet sich der außerordentlich stabile, farblose **Tetracyanoaurat(III)-Komplex, $[Au(CN)_4]^-$.**

9.4.9 Die II. Nebengruppe (Gruppe 12) – Zn, Cd, Hg

Die Elemente

Allgemeine Eigenschaften Aufgrund ihrer Elektronenkonfiguration von $(n\text{-}1)d^{10}ns^2$ treten die Elemente der II. Nebengruppe alle in der Oxidationsstufe +2 auf. Verbindungen mit höheren Oxidationsstufen konnten bislang nicht dargestellt werden. Der Grund dafür sind die hohen Werte der 3. Ionisierungsenergien, die der Entfernung eines Elektrons aus den abgeschlossenen $(n\text{–}1)$d-Unterschalen entsprechen und die von den Hydratationsenthalpien bzw. den Gitterenergien nicht kompensiert werden können (Tabelle 9.16).

Die Oxidationsstufe +1 ist nur für Quecksilber von Bedeutung; Zink und Cadmium bilden einige wenige, jedoch sehr instabile Verbindungen in dieser Oxidationsstufe. Es ist charakteristisch, dass alle Verbindungen in der Oxidationsstufe +1 stets das dimere M_2^{2+}-Ion enthalten, in dem eine kovalente Metall-Metall-Bindung vorliegt und das daher diamagnetisch ist. Die Stabilität der Metall-Metall-Bindung nimmt zum Quecksilber hin deutlich zu; Hg_2^{2+} ist daher stabil.

Die Elemente der II. Nebengruppe bilden also nur Verbindungen mit abgeschlossenen d-Unterschalen; sie sind daher auch keine Übergangselemente. Die Ionen M^{2+} und M_2^{2+} sind farblos und diamagnetisch. Sind ihre Verbindungen dennoch farbig (CdS – gelb, HgI_2 – rot, gelb), so ist dies das Ergebnis einer Polarisierung der Anionen durch die M^{2+}-Kationen. Ähnlich den Übergangselementen bilden Zink, Cadmium und Quecksilber viele Komplexverbindungen mit Ammoniak, Aminen, Halogenid- und Cyanidionen, jedoch keine Carbonyl-, Nitrosyl-, Olefin-Komplexe usw. Die Ursache dafür liegt darin, dass aufgrund der Elektronenstruktur die Möglichkeit zur Ausbildung einer dπ-Bindung zwischen Metall und Ligand sehr stark verringert ist.

In ihren chemischen Eigenschaften sind sich Zink und Cadmium sehr ähnlich. Beide unterscheiden sich jedoch deutlich vom Quecksilber: Die Standardpotenziale zeigen, dass Quecksilber im Gegensatz zu Zink und Cadmium edel ist. Das Hg^{2+}-Kation ist stärker polarisierbar und bildet daher kovalentere Verbindungen: Während die Chloride von Zn und Cd ionisch sind, kristallisiert das $HgCl_2$ in einem Molekülgitter. Allerdings bilden alle drei Elemente eine Vielfalt kovalenter Verbindungen, wobei insbesondere die große Stabilität der metallorganischen Verbindungen des Quecksilbers R_2Hg und RHgX gegenüber Luft und Wasser bemerkenswert ist; die entsprechenden Zink- und Cadmium-Verbindungen sind dagegen sehr viel reaktiver und gegenüber Luft und Wasser instabil. Die Ursache für dieses unterschiedliche Verhalten ist auf die sehr geringe Affinität des Quecksilbers gegenüber Sauerstoff zurückzuführen.

Tabelle 9.16 Ausgewählte Eigenschaften der Elemente der II. Nebengruppe

	Zink Zn	Cadmium Cd	Quecksilber Hg
Elektronenkonfiguration	$[Ar]3d^{10}4s^2$	$[Kr]4d^{10}5s^2$	$[Xe]4f^{14}5d^{10}6s^2$
Elektronegativität	1,66	1,46	1,44
Ionisierungsenergien [kJ/mol]			
erste	906	868	1 007
zweite	1 733	1 631	1 810
dritte	3 833	3 616	3 300
Ionenradien [pm]			
M^+	–	114	127
M^{2+}	83	103	112
Standardpotenziale [V]			
M/M^{2+}	–0,76	–0,40	+0,85
M/M_2^{2+}	–	–	+0,79

In seinen ionischen Verbindungen ist Zn^{2+} tetraedrisch koordiniert, Cd^{2+} dagegen oktaedrisch. Für Hg(II) ist, ähnlich zu den d^{10}-Ionen Cu(I), Ag(I) und Au(I), die lineare Koordination charakteristisch. Aufgrund der vollbesetzten d-Unterschalen können keine Ligandenfeldstabilisierungseffekte auftreten.

Zink ist ein bläulich-weißes Metall, das nur in reinem Zustand duktil ist. Es ist trotz seines unedlen Charakters gegen Luft und Wasser infolge Passivierung beständig. Chemisch sehr reines Zink reagiert auch mit Säuren bei Raumtemperatur nur sehr langsam unter H_2-Entwicklung, da Wasserstoff an Zink eine hohe Überspannung hat. Zink löst sich wegen des amphoteren Charakters seines Hydroxids auch in Laugen unter H_2-Entwicklung unter Bildung des $[Zn(OH)_4]^{2-}$.

Cadmium ist ein silberweißes Metall, das edler und duktiler ist als Zink. Seine chemische Beständigkeit ähnelt der des Zinks. So ist es ebenfalls an der Luft beständig, löst sich nur langsam in nichtoxidierenden Säuren und leicht in verd. Salpetersäure. Von Laugen wird es allerdings nicht angegriffen. Cadmium und seine Verbindungen sind sehr toxisch.

Quecksilber ist silberglänzend und das einzige unter Normalbedingungen flüssige Metall. Es ist bemerkenswert flüchtig: Bei 20 °C beträgt sein Sättigungsdampfdruck 0,0016 mbar, entsprechend 15 mg/m³. Der aus Hg-Atomen bestehende Hg-Dampf ist sehr toxisch und verursacht chronische Vergiftungen; verschüttetes

Quecksilber muss daher sorgfältig aufgenommen werden, z. B. mit Zn-Staub (Amalgambildung) oder Iodkohle (Bildung von HgI_2). Da Quecksilber edlen Charakter besitzt, löst es sich nicht in Salzsäure oder Schwefelsäure, wohl aber in Salpetersäure. Bei Raumtemperatur wird es von O_2, H_2O, CO_2, SO_2, HCl oder H_2S nicht angegriffen, reagiert jedoch mit den Halogenen und mit Schwefel. Mit vielen Metallen bildet Quecksilber Legierungen, die als *Amalgame* bezeichnet werden und je nach Metallgehalt flüssig oder fest sein können; mit Eisen erfolgt keine Amalgam-Bildung, sodass Quecksilber in Eisengefäßen aufbewahrt werden kann.

Vorkommen Cadmium und Quecksilber gehören zu den seltenen Elementen. Zink und Cadmium kommen nur chemisch gebunden vor, Quecksilber kann auch gediegen auftreten. Die wichtigsten Zinkerze sind ZnS (*Zinkblende, Wurtzit*) und $ZnCO_3$ (*Zinkspat*). Cadmium tritt vergesellschaftet mit Zink auf und ist in den Zinkerzen mit etwa 0,2 – 0,4 % enthalten. Das wichtigste Quecksilbermineral ist HgS (*Zinnober*).

Darstellung und Verwendung Die technische Darstellung von **Zink** erfolgt entweder auf thermischem oder auf elektrolytischem Wege. Zunächst werden die Zinkerze durch Rösten in ZnO umgewandelt:

$$ZnS + {}^{3}/_{2}\, O_2 \longrightarrow ZnO + SO_2$$
$$ZnCO_3 \longrightarrow ZnO + CO_2$$

Beim thermischen Verfahren wird das ZnO mit Koks bei 1 100 – 1 300 °C reduziert:

$$ZnO + C \longrightarrow Zn + CO$$

Das Zink entweicht als Zn-Dampf, der in Vorlagen kondensiert wird. Das erhaltene Rohzink ist ca. 98 %-ig und enthält als Verunreinigungen vor allem Cd, Pb und Fe. Da die Siedepunkte der Metalle genügend weit auseinander liegen, kann die Reinigung des Zinks durch eine fraktionierte Destillation erfolgen. Das erhaltene Feinzink ist schließlich 99,99 %-ig. Beim elektrolytischen Verfahren wird das ZnO in verd. Schwefelsäure gelöst. Die edleren Verunreinigungen, darunter auch Cd, werden mit Zn-Staub ausgefällt. Die Elektrolyse wird unter Verwendung von Al-Kathoden und Pb-Anoden bei einer Spannung von ca. 3,5 V durchgeführt. Die Abscheidung des unedlen Zink ist wegen der Überspannung von Wasserstoff möglich. Die verwendeten Elektrolytlösungen müssen allerdings sehr rein sein.

Sowohl beim thermischen als auch beim elektrolytischen Verfahren zur Zink-Gewinnung erhält man auch das **Cadmium**. Dessen Feinreinigung erfolgt auf elektrolytischem Wege.

Quecksilber wird beim Rösten von Zinnober erhalten:

$$HgS + O_2 \longrightarrow Hg + SO_2$$

Der entweichende Hg-Dampf wird kondensiert; das so erhaltene Quecksilber kann durch Waschen mit verd. Salpetersäure und anschließende Vakuumdestillation gereinigt werden.

Zink wird in Form von Zinkblech für Dächer, Dachrinnen und Trockenbatterien verwendet. Als Zinkstaub dient es in der Metallurgie als Reduktionsmittel zur Gewinnung von Metallen wie z. B. Gold, Silber und Cadmium. Wegen seiner Korrosionsbeständigkeit wird es zum Verzinken von Eisenteilen verwendet; der Zinküberzug wird dabei entweder galvanisch aufgebracht oder durch die Methode des Feuerverzinkens, wobei das zu verzinkende Teil in schmelzflüssiges Zink getaucht wird. Bei hohen SO_2-Gehalten der Luft geht die Schutzwirkung des Zinks allerdings infolge der Bildung von leichtlöslichem $ZnSO_4$ verloren. Zink ist ein wichtiger Legierungsbestandteil, z. B. für das Legieren von Kupfer (Messing). Technisch wichtig sind außerdem Zn-Al-Legierungen, die bei höheren Temperaturen (270 °C) plastisch, bei Raumtemperatur jedoch hart wie Stahl sind.

Galvanisch abgeschiedene **Cadmium**überzüge sind zwar teurer als Zinküberzüge, wegen ihrer größeren Beständigkeit gegenüber Alkalien und Seewasser werden sie jedoch in einigen Fällen bevorzugt. Cadmium besitzt einen hohen Neutroneneinfangsquerschnitt und wird deshalb für Regelstäbe zur Steuerung von Kernreaktoren verwendet. Es dient ferner als Legierungsmetall zur Herstellung von Legierungen mit niedrigen Schmelzpunkten; das WOODsche Metall z. B. enthält außer 50 % Bi, 25 % Pb und 12,5 % Sn auch 12,5 % Cd.

Quecksilber wird im wissenschaftlichen Gerätebau für die Herstellung von Thermometern, Barometern, Quecksilberdampflampen für photochemische Reaktionen etc. verwendet. Beim Amalgam-Verfahren der Chloralkali-Elektrolyse dient es als Kathodenmaterial. Bereits erwähnt wurde die Verwendung von Quecksilber bei der Gewinnung von Gold und Silber. Silberamalgam dient in der Zahnmedizin als Zahnfüllung (Amalgamplomben).

Chemische Verbindungen

Zink-Verbindungen (d^{10})

Alle wichtigen Zink-Verbindungen enthalten das Zink in der Oxidationsstufe +2. Mit der Elektronenkonfiguration $[Ar]3d^{10}$ des Zn^{2+}-Kations sind diese Verbindungen alle farblos und diamagnetisch. Die Mehrzahl der Zinksalze ist in Wasser leicht löslich; die Lösungen reagieren schwach sauer, da das in Lösung vorliegende $[Zn(H_2O)_6]^{2+}$-Kation eine schwache BRØNSTED-Säure ist (pK_S = 9,8). In seinen Komplexverbindungen bevorzugt Zn(II) die Koordinationszahl 4 mit tetraedrischer Geometrie; daneben bildet es jedoch auch Komplexe mit der Koordinationszahl 6 und oktaedrischer Geometrie.

Zinkoxid, ZnO, wird technisch durch Oxidation von Zn-Dampf mit Luftsauerstoff hergestellt; es entsteht auch bei der Entwässerung von $Zn(OH)_2$ oder bei der thermischen Zersetzung von $ZnCO_3$. ZnO bildet mit zahlreichen Metallen Doppeloxide des Typs $Zn^{II}M^{III}{}_2O_4$ mit M = Al, Co, Cr, Fe, Ga, Mn etc. Diese Doppeloxide kristallisieren im Spinellgitter. Das $ZnCo_2O_4$ dient unter der Bezeichnung RINMANs Grün zum analytischen Nachweis von Zn bzw. Co sowie als Malerfarbe.

ZnO wird als Weißpigment in Anstrichfarben, in der Keramikindustrie und als Zusatzstoff für Gummi verwendet. Wegen seiner antiseptischen und adstringierenden Wirkung wird ZnO auch in Pudern und Salben (Zinksalbe) eingesetzt.

Zinkhydroxid, $Zn(OH)_2$, fällt als weißer gelatinöser Niederschlag bei der Zugabe von OH^--Ionen zu Zinksalz-Lösungen. Das $Zn(OH)_2$ ist amphoter, löst sich also in Säuren unter Bildung des $[Zn(H_2O)_6]^{2+}$-Kations und in konz. Basen unter Bildung des Tetrahydroxozinkat-Anions $[Zn(OH)_4]^{2-}$. In Ammoniak löst es sich unter Bildung des Tetraammin-Komplexes $[Zn(NH_3)_4]^{2+}$.

Zinksulfid, ZnS, fällt als weißer Niederschlag beim Einleiten von H_2S in Zinksalz-Lösungen bei pH-Werten ≥ 3. ZnS wird wie ZnO als Weißpigment verwendet: Gemische mit $BaSO_4$ bezeichnet man als *Litophone*. ZnS emittiert beim Bestrahlen mit energiereicher Strahlung (UV-, Kathoden-, γ-Strahlen) sichtbares Licht; es wird daher für die Herstellung von Fernsehschirmen, Leuchtfarben und Fluoreszenzschirmen verwendet.

Die **Zinkhalogenide, ZnX_2** (X = F, Cl, Br, I), lassen sich durch Auflösen von Zink in der entsprechenden Halogenwasserstoffsäure herstellen; die erhaltenen Hydrate können durch Erhitzen im HX-Strom entwässert werden. ZnF_2 ist überwiegend ionisch aufgebaut, die übrigen Halogenide dagegen überwiegend kovalent. ZnF_2 und $ZnCl_2$ werden als Holzschutzmittel verwendet, da Zink für Mikroorganismen ein sehr starkes Gift ist. $ZnCl_2$ ist stark hygroskopisch und dient daher in der präparativen Chemie als wasserabspaltendes Mittel.

Zinksulfat, $ZnSO_4$, ist das technisch wichtigste Zn-Salz. Man erhält es beim Auflösen oxidischer Zn-Erze oder von Zn-Schrott in verdünnter Schwefelsäure; aus den Lösungen kristallisiert es als Zinkvitriol, $[Zn(H_2O)_6]SO_4 \cdot H_2O$.

Der **Tetracyanozinkat(II)-Komplex, $[Zn(CN)_4]^{2-}$,** ist mit lg $\beta = 20$ sehr stabil und findet in der Galvanotechnik Verwendung: Die aus CN^--haltigen Lösungen elektrolytisch abgeschiedenen Zinküberzüge sind von besonderer Festigkeit.

Cadmium-Verbindungen (d^{10})

$Cd(OH)_2$ ist wie $Zn(OH)_2$ amphoter und löst sich wie dieses ebenfalls in Ammoniak unter Bildung des Tetraammin-Komplexes.

$CdCl_2$, $CdBr_2$ und **CdI_2** kristallisieren in Schichtstrukturen, in den die Cd^{2+}-Ionen oktaedrisch koordiniert sind.

CdS wird als gelbes Farbpigment verwendet (Cadmiumgelb); da es photoleitend ist, wird es zur Herstellung von Belichtungsmessern verwendet.

Cadmium hat eine größere Komplexbildungstendenz als Zink. Die Koordination ist hauptsächlich tetraedrisch, daneben gibt es aber auch oktaedrische Komplexe. Wie beim Zink wird auch beim Cadmium der Tetracyano-Komplex $[Cd(CN)_4]^{2-}$ in der Galvanotechnik verwendet. Die analytische Cu-Cd-Trennung beruht auf der unterschiedlichen Stabilität der Tetracyano-Komplexe von Cd^{2+} und Cu^{+} in ihrer Reaktion mit H_2S: Aus dem $[Cd(CN)_4]^{2-}$ fällt mit H_2S das Cadmiumsulfid aus, aus dem stabileren $[Cu(CN)_4]^{3-}$ fällt jedoch kein Kupfersulfid.

Quecksilber-Verbindungen

Quecksilber(I)-Verbindungen Quecksilber(I)-Verbindungen enthalten *immer* das dimere Ion $\mathbf{Hg_2^{2+}}$ mit einer kovalenten Bindung zwischen den beiden Hg-Atomen. Quecksilber verwendet also auch in der Oxidationsstufe +1 beide Valenzelektronen, sodass die Hg(I)-Verbindungen diamagnetisch sind.

Zur Oxidation von Hg zu Hg(I) sind nur solche Oxidationsmittel geeignet, deren Redoxpotenziale zwischen +0,79 V und +0,85 V liegen (Tabelle 9.18). Die gebräuchlichen Oxidationsmittel haben jedoch höhere Potenziale, sodass sie Hg stets zu Hg(II) oxidieren. Da Hg_2^{2+} jedoch gegenüber einer Disproportionierung stabil ist, kann Hg(II) durch Hg zu Hg_2^{2+} reduziert werden; d. h. in Gegenwart von überschüssigem Hg bildet sich bei entsprechenden Oxidationen Hg(I). Allerdings kann die Disproportionierung von Hg_2^{2+} zu Hg und Hg(II) von allen Reaktionspartnern bewirkt werden, die die Gleichgewichtskonzentration von Hg(II) sehr stark herabsetzen, z. B. durch Fällung oder durch Komplexbildung. Charakteristische Beispiele dafür sind:

$$Hg_2^{2+} + 2\,OH^- \longrightarrow Hg + HgO + H_2O$$
$$Hg_2^{2+} + S^{2-} \longrightarrow Hg + HgS$$
$$Hg_2^{2+} + 2\,CN^- \longrightarrow Hg + Hg(CN)_2$$

$Hg(CN)_2$ ist zwar nicht schwerlöslich und auch keine Komplexverbindung, jedoch dissoziiert es nur außerordentlich schwach. Diese Zusammenhänge sind der Grund dafür, dass die Zahl von Hg(I)-Verbindungen insgesamt begrenzt ist.

Quecksilber(I)-Halogenide, $\mathbf{Hg_2X_2}$ Mit Ausnahme von Hg_2F_2 sind alle Hg(I)-Halogenide schwerlöslich. Nur das Hg_2I_2 ist gelb gefärbt, alle anderen sind farblos. Die Hg(I)-Halogenide sind lichtempfindlich. Ihre Struktur ist linear mit überwiegend kovalenten Bindungen, sodass die Hg-Atome als sp-hybridisiert angesehen werden können.

Hg_2Cl_2 kann durch Reduktion von $HgCl_2$ mit $SnCl_2$ oder auch durch Umsetzung von $Hg_2(NO_3)_2$ mit HCl dargestellt werden:

$$2\,HgCl_2 + SnCl_2 \longrightarrow Hg_2Cl_2 + SnCl_4$$
$$Hg_2(NO_3)_2 + 2\,HCl \longrightarrow Hg_2Cl_2 + 2\,HNO_3$$

Auf dem zweiten Weg lassen sich auch die anderen Hg(I)-Halogenide darstellen. Hg_2Cl_2 reagiert mit Ammoniak unter Disproportionierung gemäß

$$Hg_2Cl_2 + 2\,NH_3 \longrightarrow Hg + [HgNH_2]Cl + NH_4Cl$$

Da das gebildete Quecksilber das Reaktionsprodukt schwarz färbt, wird Hg_2Cl_2 auch als *Kalomel* (schön schwarz) bezeichnet. Die häufig als bequem zu handhabende Bezugselektrode verwendete *Kalomel-Elektrode* besteht aus Quecksilber, das mit festem Hg_2Cl_2 bedeckt ist, und einer mit Hg_2Cl_2 gesättigten KCl-Lösung als Elektrolyt; in das Quecksilber taucht als elektrische Zuleitung ein Pt-Draht.

Quecksilber(I)-nitrat, $Hg_2(NO_3)_2$, ist eine der wenigen leicht löslichen Hg(I)-Verbindungen. Seine Herstellung gelingt in einfacher Weise durch Auflösen von Quecksilber in *verdünnter* Salpetersäure. Wässrige Lösungen von $Hg_2(NO_3)_2$ reagieren infolge Hydrolyse sauer; beim Eindampfen der Lösungen entstehen basische Nitrate.

Quecksilber(II)-Verbindungen Mit Ausnahme von HgF_2 sind die Bindungen in Hg(II)-Verbindungen überwiegend kovalent. Die meisten Hg(II)-Verbindungen sind schwerlöslich, in Lösungen liegen sie weitgehend *molekular* gelöst vor. Hg(II)-Verbindungen hydrolysieren in wässriger Lösung relativ leicht, da das nicht isolierbare $Hg(OH)_2$ eine nur sehr schwache Base ist; sie sind daher auch nur in saurer Lösung stabil. Hg(II) bildet zahlreiche Komplexverbindungen mit linearer und tetraedrischer, sehr viel seltener mit oktaedrischer Geometrie.

Quecksilber(II)-oxid, HgO, entsteht als rotes Produkt beim Erhitzen von Hg an der Luft auf 300 °C bis 350 °C; oberhalb 400 °C zerfällt es wieder in die Elemente. Mit OH^--Ionen fällt aus Hg(II)-Salzlösungen in der Kälte gelb gefärbtes HgO, das sich beim Erhitzen rot färbt. Der Farbunterschied ist eine Folge der unterschiedlichen Teilchengröße.

Quecksilber(II)-sulfid, HgS, kommt in der Natur als roter Zinnober vor. Im Kristallgitter liegen schraubenförmig verdrehte –Hg–S–Hg–S-Ketten vor. Aus Hg(II)-Salzlösungen fällt mit H_2S das extrem schwerlösliche schwarze HgS aus ($K_L = 10^{-54}$). Unter der Einwirkung von Polysulfid-Lösungen kann es beim Erwärmen in stabiles, rotes HgS umgewandelt werden.

Quecksilber(II)-sulfat, $HgSO_4$, erhält man bei der Einwirkung von konz. Schwefelsäure auf Quecksilber:

$$Hg + 2\,H_2SO_4 \longrightarrow HgSO_4 + SO_2 + 2\,H_2O$$

In reiner Form kann es nur aus schwefelsaurer Lösung auskristallisiert werden, da sich in wässriger Lösung das schwerlösliche basische Sulfat $HgSO_4 \cdot 2\,HgO$ bildet.

Quecksilber(II)-Halogenide, HgX_2 Die allgemeine Darstellungsmethode ist die Umsetzung von HgO mit der entsprechenden Halogenwasserstoffsäure:

$$HgO + 2\,HX \longrightarrow HgX_2 + H_2O$$

Im Falle von $HgCl_2$ und $HgBr_2$ gelingt die Darstellung auch durch Umsetzung von $HgSO_4$ mit dem entsprechenden Alkalimetallhalogenid:

$$HgSO_4 + 2\,NaX \xrightarrow{300\,°C} HgX_2 + Na_2SO_4 \quad (X = Cl, Br)$$

Quecksilber(II)-chlorid, $HgCl_2$, auch als *Sublimat* bezeichnet, ist eine weiße Verbindung, die bereits bei 280 °C schmilzt und in Wasser relativ gut löslich ist. Bei seiner Darstellung aus $HgSO_4$ und NaCl sublimiert es aus dem Reaktionsgemisch. Es kristallisiert in einem Molekülgitter, in dem lineare Cl–Hg–Cl-Moleküle vorliegen; diese sind auch im Dampfzustand und in Lösung vorhanden. Die Hg–Cl-Bindungen sind kovalent. Die Dissoziation der $HgCl_2$-Moleküle ist in wässriger Lösung nur sehr gering. Mit überschüssigen Cl^--Ionen werden die Halogeno-Komplexe $[HgCl_3]^-$ und $[HgCl_4]^{2-}$ gebildet. $HgCl_2$ ist sehr toxisch; die letale Dosis liegt zwischen 0,2 und 0,4 g.

Quecksilber(II)-iodid, HgI_2, kann wegen seiner Schwerlöslichkeit aus Hg(II)-Salz-Lösungen

$$\underset{\text{rot}}{HgI_2} \overset{127\,°C}{\rightleftharpoons} \underset{\text{gelb}}{HgI_2}$$

mit Iodid-Ionen ausgefällt werden. Die Verbindung zeigt die Erscheinung der *Thermochromie*, d.h. bei einer bestimmten Temperatur tritt eine reversible Farbänderung auf.

Reversible Farbänderungen werden auch an den beiden Tetraiodomercuraten $Ag_2[HgI_4]$ (gelb – orangerot, 35 °C) und $Cu_2[HgI_4]$ (rot – schwarz, 70 °C) beobachtet. Im Molekülgitter des gelben HgI_2 und im Dampfzustand liegen isolierte HgI_2-Moleküle vor; das rote HgI_2 kristallisiert dagegen in einer Schichtstruktur mit tetraedrisch koordinierten Hg-Atomen. Mit Iodid-Ionen bildet HgI_2 das tetraedrische $[HgI_4]^{2-}$, dessen alkalische Lösung unter der Bezeichnung **NESSLERs Reagens** zum Nachweis von NH_3 verwendet wird.

Quecksilber(II)-cyanid, $Hg(CN)_2$, ist eine sehr giftige Verbindung. Sie ist in Wasser löslich, zeigt aber wegen ihrer sehr geringen Dissoziation keine der normalen Reaktionen des Hg^{2+} – außer der Fällung des äußerst schwerlöslichen HgS.

Auch das $Hg(CN)_2$ besitzt lineare Geometrie. Mit überschüssigen CN^--Ionen wird der sehr stabile Tetracyanomercurat(II)-Komplex $[Hg(CN)_4]^{2-}$ gebildet.

Quecksilber(II)-Stickstoff-Verbindungen Bei der Reaktion von $HgCl_2$ mit Ammoniak entstehen je nach den gewählten Reaktionsbedingungen unterschiedliche Reaktionsprodukte. Bei der Umsetzung mit gasförmigem NH_3 entsteht das weiße *schmelzbare Präzipitat* $[Hg(NH_3)_2]Cl_2$, also der Diamminquecksilber(II)-Komplex (Abbildung 9.56a).

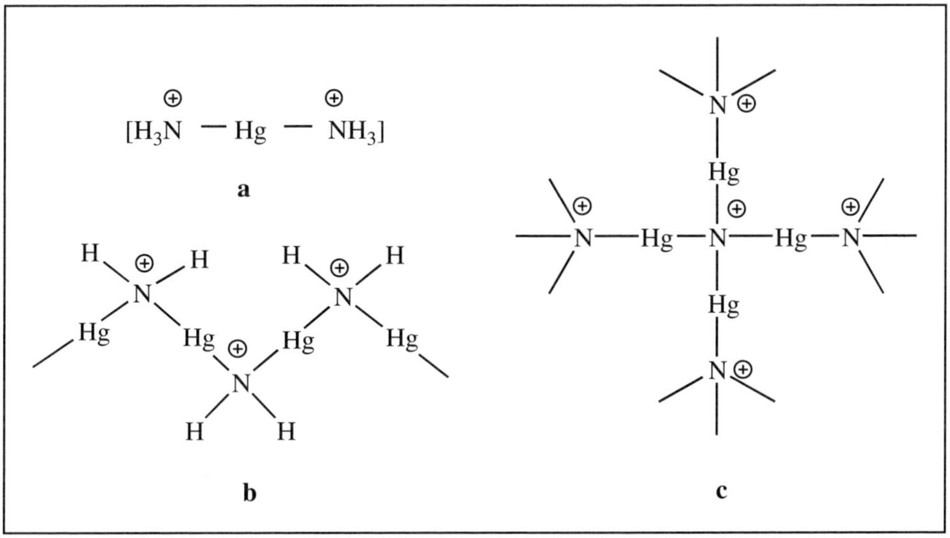

9.56 Quecksilber(II)-Stickstoff-Verbindungen: **a** „schmelzbares Präzipitat"; **b** „unschmelzbares Präzipitat"; **c** Kation der MILLONschen Base.

Behandelt man $HgCl_2$ mit einer verd. NH_3-Lösung, entsteht das ebenfalls weiße Amidochlorid $[HgNH_2]Cl$, das sich jedoch beim Erhitzen zersetzt und daher als *unschmelzbares Präzipitat* bezeichnet wird.

$$HgCl_2 + 2\,NH_3 \longrightarrow [HgNH_2]Cl$$

Das Amidochlorid entsteht übrigens auch bei der Disproportionierung von Hg_2Cl_2 unter der Einwirkung von NH_3. Das $[HgNH_2]^+$ hat eine Zickzack-Kettenstruktur (Abbildung 9.56b); im Kristall werden die Ketten durch die Cl^--Ionen zusammengehalten.

Aus HgO und einer konz. NH_3-Lösung erhält man das Dihydrat der MILLONschen Base:

$$2\,HgO + NH_3 + H_2O \longrightarrow [Hg_2N]OH \cdot 2\,H_2O$$

Von der MILLONschen Base leiten sich zahlreiche Salze der Zusammensetzung $[Hg_2N]X \cdot n\,H_2O$ mit X = Cl, Br, I, NO_3 etc. ab. So entsteht aus NESSLERs Reagenz mit NH_3 ein orangefarbener Niederschlag von $[Hg_2N]I$. Das Kation $[Hg_2N]^+$ besitzt eine Raumnetzstruktur, in der die Hg-Atome linear und die N-Atome tetraedrisch koordiniert sind (Abbildung 9.56c).

9.5 Bioanorganische Chemie der Elemente des d-Blocks

Die Metalle des d-Blocks treten gewöhnlich als *Cofaktoren von Proteinen* auf und üben aufgrund ihrer speziellen chemischen Eigenschaften eine große Vielfalt spezifischer Funktionen in biochemischen Reaktionsabläufen aus. Eine spezielle Klasse von Metalloproteinen sind dabei die *Metalloenzyme*, die katalytische Funktionen wahrnehmen. In einer ganzen Reihe von Fällen verwendet die Natur verschiedene Metalle in unterschiedlicher chemischer Umgebung für die Ausübung der gleichen biologischen Funktion, sodass im Folgenden eine Darstellung bioanorganischer Aspekte der d-Elemente entsprechend ihren jeweiligen Funktionen sinnvoll erscheint. An den Anfang soll zunächst jedoch eine Betrachtung von Aufnahme, Transport und Speicherung von Metallen durch biologische Systeme gestellt werden. Ergänzt wird die Darstellung durch eine Behandlung der Wechselwirkungen zwischen Metallionen und Nukleinsäuren bei der Anwendung von Verbindungen der d-Elemente als Pharmaka.

Ein wichtiges Teilgebiet der Bioanorganischen Chemie beschäftigt sich intensiv mit der *Modellierung nativer Metallzentren* durch niedermolekulare Komplexverbindungen, die mit ihren elektronischen und geometrischen Eigenschaften sowie auch mit der biologischen Aktivität des jeweiligen Originals möglichst gut übereinstimmen sollen; damit werden Untersuchungen ohne das in der Regel sehr hinderliche Biopolymere ermöglicht. Auch auf solche Aspekte wird verschiedentlich hingewiesen werden.

Abbildung 9.57 gibt zunächst einen Überblick über die d-Elemente, die essenziell sind und/oder als Sonden bzw. in Pharmaka verwendet werden. Von grundlegender Bedeutung für biologische Systeme sind vornehmlich die Elemente der ersten Übergangsreihe von V bis Zn; aus der zweiten Übergangsreihe haben nur Mo und Cd und aus der dritten nur W eine biologische Bedeutung. Die Auswahl der Metalle für die Realisierung bestimmter biochemischer Funktionen durch die Natur ist unter verschiedenen Gesichtspunkten zu bewerten. Einer dieser Gesichtspunkte ist zweifellos ihre Bioverfügbarkeit; es ist daher nicht überraschend, dass in den aktiven Zentren von Metalloproteinen und Metalloenzymen relativ häufige Metalle wie z.B. das Eisen als das häufigste Übergangsmetall in der Erdkruste anzutreffen sind. Ein zweiter Gesichtspunkt ergibt sich aus den jeweils geforderten chemischen Eigenschaften der Metalle. Die aktiven Zentren der Metalloproteine bestehen aus thermodynamisch stabilen, kinetisch jedoch labilen Einheiten, die ihren raschen Auf- und Abbau sowie eine rasche Koordination und Dissoziation von Substraten gewährleisten. Es ist daher wohl folgerichtig, wenn kinetisch sehr inerte Metallionen wie Cr^{3+} (d^3) oder Co^{3+} (d^6) selten oder gar nicht verwendet werden. Aus ganz ähnlichen Gründen erklärt sich auch die nur sehr geringe

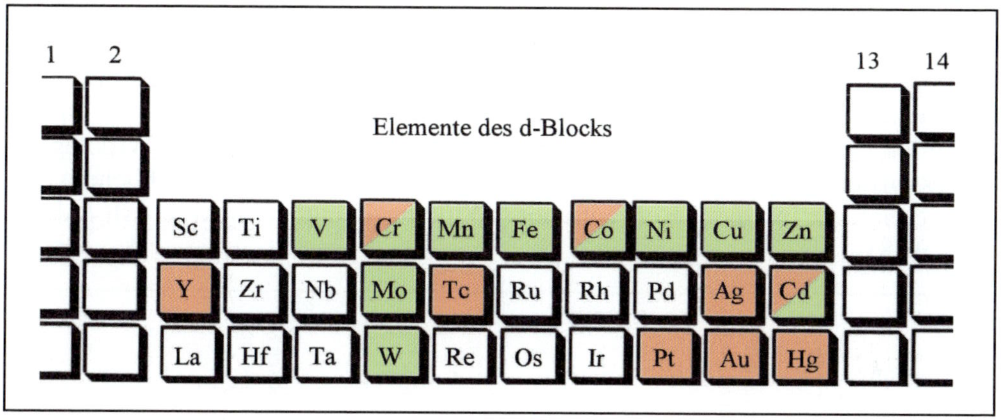

9.57 Elemente des d-Blocks, die für biologische Systeme essenziell sind (grün unterlegt) und/oder als Sonden oder Pharmaka verwendet werden (rot unterlegt)

biologische Bedeutung der reaktionsträgeren 4d- und 5d-Elemente; wenn dennoch eines dieser Elemente, wie etwa das Mo, verwendet wird, gibt es dafür gute chemische Gründe. Ein weiterer wichtiger Aspekt für die Auswahl bestimmter Metallionen besteht in der Stabilität bzw. Variabilität ihrer Oxidationszustände. Dass damit jedoch noch nicht alle Kriterien für die Auswahl von Metallionen für biologische Zwecke erfasst sind, zeigt etwa die Tatsache, dass es kein Metalloprotein mit einem Cobalt-Zentrum für die Aufnahme und den Transport von Sauerstoff gibt, obwohl zahlreiche niedermolekulare Cobalt-Komplexe bekannt sind, die den Sauerstoff reversibel binden können.

Die Eigenschaften von Metallionen in Metalloproteinen werden naturgemäß durch die von den Proteinen als Donorzentren zur Verfügung gestellten Aminosäurereste gezielt beeinflusst und für die jeweils auszuübende Funktion optimiert. Wenn dazu jedoch die Aminosäurereste allein nicht ausreichen, so findet man in den entsprechenden Metalloproteinen häufig prosthetische Gruppen wie etwa Porphyrin- oder Corrin-Liganden (Abbildung 8.44), die das Metallion koordinieren und seine Eigenschaften mit oder auch ohne weitere Beteiligung von Aminosäureseitenketten in der erforderlichen Art und Weise modulieren.

In einer Reihe von Fällen können einkernige Metallzentren die geforderte biochemische Funktion nicht realisieren. Die Natur hat daher entsprechende Metallatom-Cluster entwickelt, wie sie dem anorganischen Chemiker wohl vertraut sind. Typische Beispiele dafür sind etwa die Eisen-Schwefel-Cluster in Proteinen, die insbesondere an Elektronenübertragungsreaktionen beteiligt sind.

9.5.1 Aufnahme, Transport und Speicherung von Metallen

Auch die Konzentrationen von essenziellen Metallionen müssen in den Zellen eines Organismus innerhalb bestimmter Bereiche gehalten werden. Die Erhaltung der für die physiologischen Vorgänge optimalen Konzentration eines Metalls bezeichnet man als **Homöostase**. Ist die Konzentration eines essenziellen Metallions zu gering, so werden die biochemischen Vorgänge, für die es erforderlich ist, negativ beeinflusst und es stellen sich Mangelerscheinungen ein. Oberhalb einer bestimmten Konzentration stellen sich jedoch ebenfalls negative Wirkungen ein, da das Metallion dann toxisch wirkt. Die Abhängigkeit der physiologischen Wirkung eines essenziellen Metallions von seiner Konzentration (Dosis) wird üblicherweise und vereinfacht in einem Konzentrations-Wirkungs-Diagramm dargestellt (Abbildung 9.58).

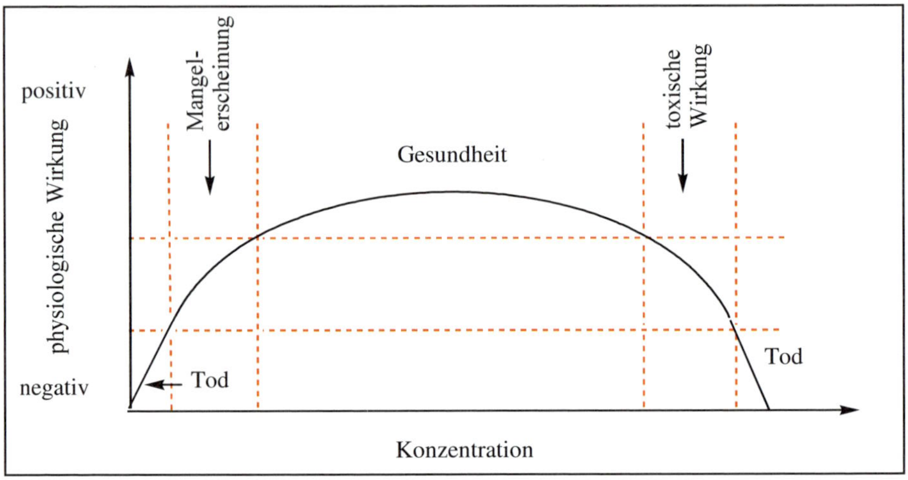

9.58 Konzentrations-Wirkungs-Diagramm für ein essenzielles Metallion.

Die Verhältnisse lassen sich sehr anschaulich am Beispiel des für nahezu alle Organismen essenziellen Eisens illustrieren: Ein Eisenmangel infolge verminderter Zufuhr oder gestörter Aufnahme führt zu Anämie, da nicht genügend Eisen für die Hämoglobin-Synthese zur Verfügung steht; ist umgekehrt die Eisenaufnahme z. B. durch eine unbeabsichtigt hohe Zufuhr mit der Nahrung zu groß, sodass das überschüssige Eisen auch nicht mehr gespeichert werden kann, so bewirken die freien Eisen-Ionen u. a. die Bildung verschiedener freier Sauerstoff-Radikale, die die Zellen irreversibel schädigen. Sowohl der Eisenmangel als auch der Eisenüberschuss müssen folglich therapiert werden.

Außer den essenziellen können natürlich auch andere Metallionen in einen Organismus gelangen und sich hier entweder als harmlos erweisen oder aber mehr oder weniger toxisch wirken. Die Homöostase für die essenziellen Metallionen einerseits sowie die Exkretion unerwünschter Metallionen andererseits erfordern ein genau abgestimmtes Gleichgewicht zwischen Aufnahme, Nutzung, Speicherung und Ausscheidung.

Diese Vorgänge wollen wir uns im Folgenden am Beispiel des Eisens etwas genauer anschauen. Dazu muss zunächst festgestellt werden, dass Fe(III) im Gegensatz zu dem labilen Fe(II) sehr schwerlöslich ist: Für das $Fe(OH)_3$ mit einem Löslichkeitsprodukt von $K_L = 10^{-37}$ beträgt z.B. die theoretische Konzentration des Fe(III) in Lösung lediglich etwa 10^{-16} M! Diese Schwerlöslichkeit gilt nicht nur für mineralische Eisen(III)-Verbindungen, sondern auch für Eisen(III)-Verbindungen bei physiologischen pH-Werten.

Eisen-Aufnahme und –Transport in Mikroorganismen Am besten versteht man die Solubilisierung und Mobilisierung des Eisens bei Mikroorganismen. Bakterien, Pilze und Hefen haben dafür eine bemerkenswerte Strategie entwickelt, in der wir viele Aspekte der klassischen Koordinationschemie erkennen können. Um das Eisen in eine lösliche Form zu bringen, synthetisieren sie chelatisierende Liganden; deren Donoratome sind gemäß dem HSAB-Konzept von PEARSON harte Sauerstoffatome, an die die ebenfalls harten Fe^{3+}-Ionen sehr fest gebunden werden. Diese als **Siderophore** bezeichneten O-Chelatliganden leiten sich von Catecholaten oder Hydroxamaten ab; sie bilden mit high-spin Fe(III) sehr dissoziationsstabile, annähernd oktaedrisch konfigurierte Komplexe.

Hydroxamate:

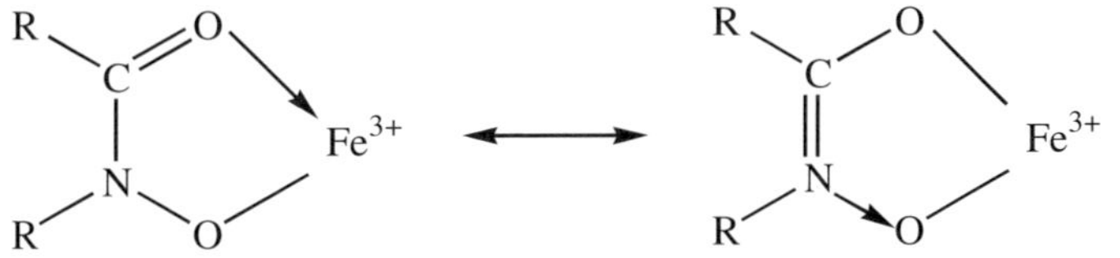

Catecholate:

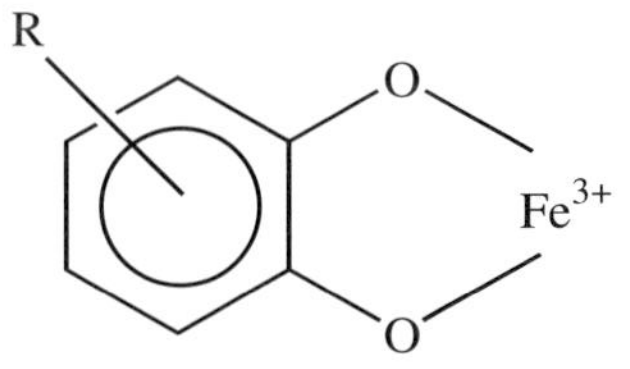

Die Mikroorganismen geben die Siderophore an ihre Umgebung ab und nehmen anschließend die gelösten Fe(III)-Siderophor-Komplexe spezifisch wieder auf. Im Zellinneren wird das Eisen freigesetzt und seiner Verwendung zugeführt.

Eines der am besten untersuchten Siderophore ist das vom Brenzcatechin abgeleitete *Enterobactin* (Abbildung 9.59a), dessen Fe(III)-Komplex eine Bruttostabilitätskonstante von 10^{49} besitzt! Der Fe(III)-enterobactin-Komplex tritt mit einem Rezeptorprotein an der äußeren Membran z.B. von *Escherichia coli* in Wechselwirkung und wird über einen ATP-abhängigen Mechanismus in die Zelle transportiert. Als Vertreter eines Hydroxamat-Siderophors sei das *Desferrioxamin* genannt

(Abbildung 9.59b), das z. B. *in vivo* von Mikroorganismen wie *Streptomyces* synthetisiert wird. Desferrioxamin wird auch bei der Therapie von chronischem Eisenüberschuss eingesetzt (Desferal® der Fa. Novartis Pharma).

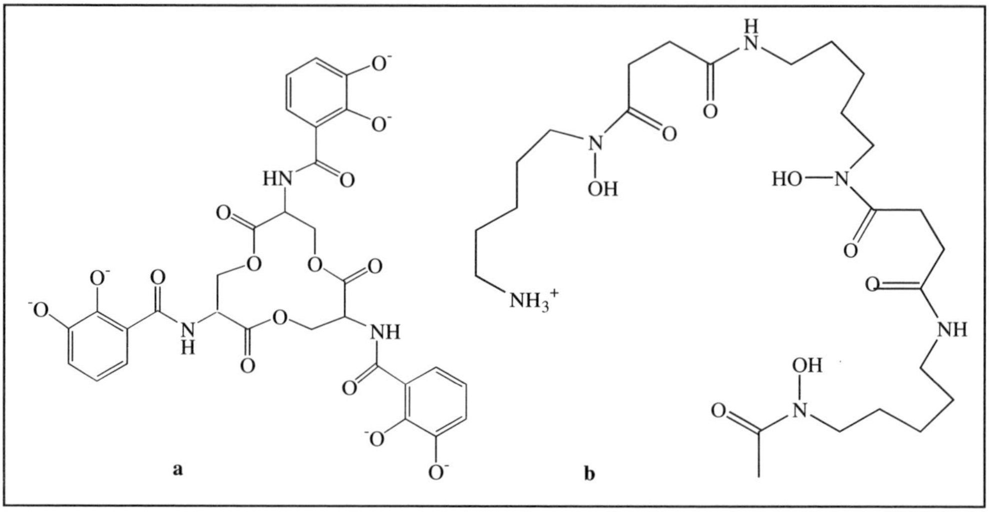

9.59 Chemische Struktur von Siderophoren: **a** Enterobactin; **b** Desferrioxamin.

Die Freisetzung des außerordentlich fest komplexierten Eisens in der Zelle erfolgt durch das Zusammenwirken von Reduktion des Fe(III) zum Fe(II) und gleichzeitiger Protonierung des Siderophor-Liganden. Beides führt zu einer signifikanten Abnahme der Komplexstabilität.

Transport und Speicherung von Eisen in Säugetieren Die Aufnahme von Eisen, sein Transport und seine Speicherung in den hoch entwickelten tierischen Organismen stellen sehr komplexe Vorgänge dar, die noch nicht in allen Einzelheiten aufgeklärt sind. Bei den Säugetieren muss das Eisen aus der Nahrung möglichst effektiv resorbiert und auf den gesamten Organismus verteilt werden. Ein die Eisen-Resorption im gastrointestinalen Trakt verstärkender Faktor ist dabei die L(+)-Ascorbinsäure (Vitamin C), die nicht nur infolge ihres Reduktionsvermögens das Eisen als resorbierbares Fe(II) zur Verfügung stellt, sondern vermutlich auch an einer notwendigen Komplexbildung des Fe(II) beteiligt ist.

Der Transport des Eisens innerhalb des Organismus erfolgt durch Proteine aus der Gruppe der **Transferrine** (Ovo- und Serum-Transferrin, Lactoferrin). Hierbei handelt es sich um Glycoproteine mit molaren Massen von ca. 80 Kilodalton, die das Eisen als Fe(III) sehr fest binden. Synergistisch mit der Bindung des Fe(III) wird ein Carbonat-Anion gebunden: Die Bindung des Carbonats befördert die Bindung des Eisens und umgekehrt. Dies ist vermutlich auch für die Freisetzung des Eisens aus den Transferrinen von größter Bedeutung.

Aus Röntgenkristallstrukturuntersuchungen (RKS) mehrerer Transferrine ergab sich, dass diese Proteine aus zwei ähnlichen Domänen bestehen, von denen jede jeweils ein Fe(III) bindet. Abbildung 9.60a zeigt die Struktur einer dieser Domänen des Lactoferrins vom Menschen, und zwar die N-terminale Hälfte. Man erkennt, dass jede dieser Domänen wiederum aus zwei Unterdomänen besteht, die sich bei der Bindung des Fe(III) und des Carbonats wie ein Scharnier gegeneinander bewegen.

Abbildung 9.60b zeigt die Koordinationsumgebung des Fe(III). Sie setzt sich zusammen aus zwei Phenolat-O-Atomen von Tyrosinresten, einem Imidazol-N-Atom eines Histidinrestes, einem Carboxylat-O-Atom eines Asparaginsäurerestes sowie zwei O-Atomen des Carbonat-Anions. Das Carbonat selbst ist über Wasserstoffbrücken-Bindungen an das Protein fixiert. Insgesamt folgt für das Fe(III) damit eine verzerrt oktaedrische Koordination, in der wieder die harten O-Atome dominieren.

Das mit Eisen beladene Transferrin wird durch eine rezeptorvermittelte Endocytose in die Zelle transportiert, in der das Eisen dann freigesetzt wird.

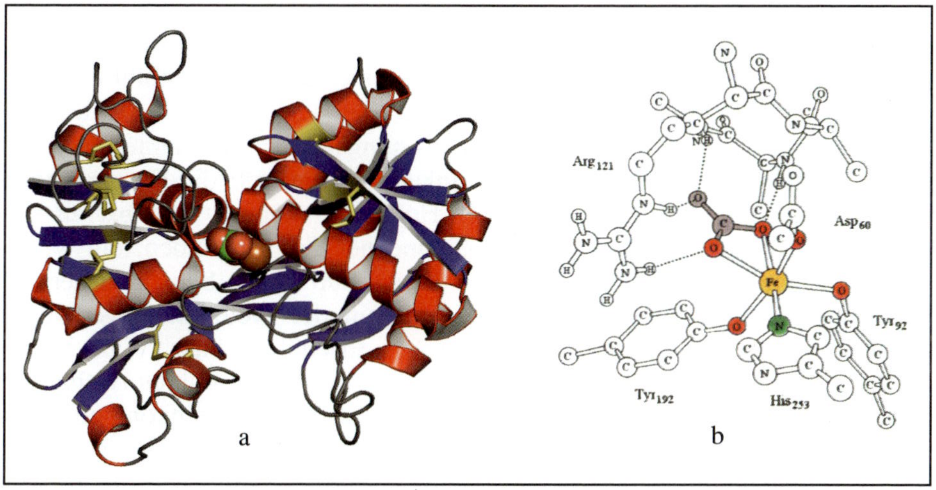

9.60 **a** N-terminale Hälfte von Lactoferrin des Menschen; **b** Koordination des Fe(III).

Ferritin und **Hämosiderin** sind zwei Speicherformen für das in der Zelle nicht unmittelbar für biosynthetische Zwecke verwendete Eisen. In beiden Fällen handelt es sich um sehr große Proteine, von denen das lösliche Ferritin besser charakterisiert ist. Ferritin findet sich in höheren Tieren und auch in Pflanzen; im menschlichen Organismus liegen ca. 13 % des Eisens als Ferritin vor (Leber, Milz, Knochenmark).

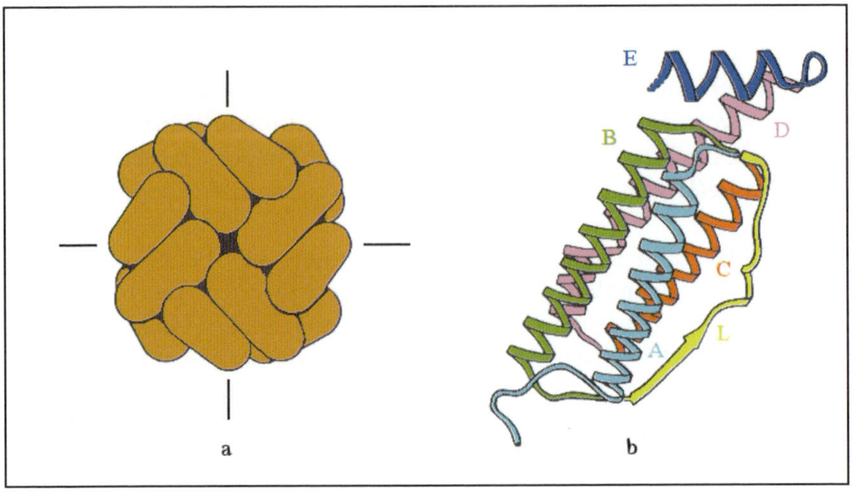

9.61 Apoferritin: **a** Anordnung der 24 Untereinheiten; **b** einzelne Untereinheit (A, B, C, D – lange α-Helices, E – kurze α-Helix, L – Schleife).

Das Apoferritin besteht aus 24 Untereinheiten, deren Anordnung eine Hohlkugel mit einem freien Innenraum von ca. 7,5 nm Durchmesser ergibt (Abbildung 9.61a); jede Untereinheit besteht aus vier langen und einer kurzen α-Helix sowie einer Schleife (Abbildung 9.61b). Durch die hochsymmetrische Anordnung der Untereinheiten entstehen Kanäle, die für die Einlagerung und für die Freisetzung des Eisens erforderlich sind. Im Inneren der Hohlkugel können sich bis zu 4500 Fe(III)-Zentren in vorwiegend oxidisch gebundener Form befinden; ein weiterer wichtiger Bestandteil sind Phosphationen, die vermutlich die Schichten der anorganischen Bestandteile untereinander und/oder mit der Proteinhülle verknüpfen. **Hämosiderin** entsteht insbesondere bei großem Eisenüberschuss. Während zwischen den Eisenkernen von Ferritin und Hämosiderin bezüglich ihres Aufbaus und ihrer Struktur weitgehende Ähnlichkeit besteht, ist über die Proteinkomponente des Hämosiderin bisher nur wenig bekannt.

Die Aufnahme und Speicherung des Eisens ist sowohl bei den Mikroorganismen als auch bei den Säugetieren metalloreguliert. Die Gene, die bei Bakterien an der Biosynthese der Siderophore beteiligt sind, werden durch Eisen auf der Stufe der Transkription reguliert. Die Expression des Ferritins und des Transferrin-Rezeptors wird bei Säugetieren auf der Stufe der Translation reguliert.

9.5.2 Funktionen von Metallen in Metalloproteinen

Transport und Speicherung von Sauerstoff

Die reversible Bindung des Disauerstoff-Moleküls ist eine der wichtigen, nichtenzymatischen Funktionen von Metalloproteinen. Die Natur hat drei O_2-Transport- und Speicherungssysteme entwickelt, die in den aktiven Zentren der Metalloproteine Eisen oder Kupfer enthalten: 1. *Hämoglobin* (Hb – Fe) in allen Wirbeltieren und in vielen Wirbellosen, 2. *Hämerythrin* (Hr – Fe) in vier Stämmen mariner Wirbelloser und 3. *Hämocyanin* (Hc – Cu) in Arthropoden und Mollusken. In Tabelle 9.17 sind zunächst einige Eigenschaften dieser drei Metalloproteine zusammengestellt. Bei allen drei Metalloproteinen wird die reduzierte und sauerstofffreie Form als die *Desoxy-Form*, die sauerstoffhaltige Form als die *Oxy-Form* und die oxidierte, funktionell jedoch inaktive Form als die *Met-Form* bezeichnet.

Abbildung 9.62 zeigt die aktiven Zentren aller drei Sauerstoff-Carrierproteine, die Koordinationsweise der Metall-Zentren sowie die mit der Oxygenierung verbundenen Veränderungen.

Nur das Hämoglobin verfügt mit dem Fe-Komplex des Protoporphyrin IX über eine prosthetische Gruppe; für diese Gruppierung wird synonym der Ausdruck **Häm** verwendet (griech. „Blut"). Hämerythrin enthält ein zweikerniges Fe-Zentrum, ist aber kein Häm-Protein. Hämocyanin enthält ebenfalls ein zweikerniges Zentrum, bestehend jedoch aus zwei Cu-Atomen. Im Körpergewebe (z. B. Muskelgewebe) wird der Disauerstoff von den Carrierproteinen Hämoglobin und Hämerythrin auf die Speicherproteine Myoglobin bzw. Myo-Hämerythrin (myo-Hr) übertragen; die Metallzentren dieser Speicher-Proteine besitzen Strukturen, die denen der entsprechenden Carrierproteine analog sind.

Tabelle 9.17 Eigenschaften von Sauerstoff-Carrier-Proteinen

Eigenschaft	Hämoglobin	Hämerythrin	Hämocyanin
Metall	Fe	Fe	Cu
Oxidationsstufe des Metalls in der Desoxy-Form	+2	+2	+1
Metall : O_2-Verhältnis	1 : 1	2 : 1	2 : 1
Farbe, oxygeniert	rot	violett-rosa	blau
Farbe, desoxygeniert	purpurrot	farblos	farblos
Koordination des Metalls	Protoporphyrin IX + Proteinseitenketten	Proteinseitenketten	Proteinseitenketten

Hämoglobin und Myoglobin Myoglobin ist ein O_2-Speicherprotein, das hauptsächlich im Muskelgewebe von Wirbeltieren gefunden wird. Seine einzelne Proteinkette besteht aus 153 Aminosäuren (Globin) und bildet sieben α-helicale und sechs nichthelicale Abschnitte; die Strukturen der Desoxy- und der Oxy-Form vom Myoglobin des Pottwals sind in Abbildung 9.63 gezeigt.

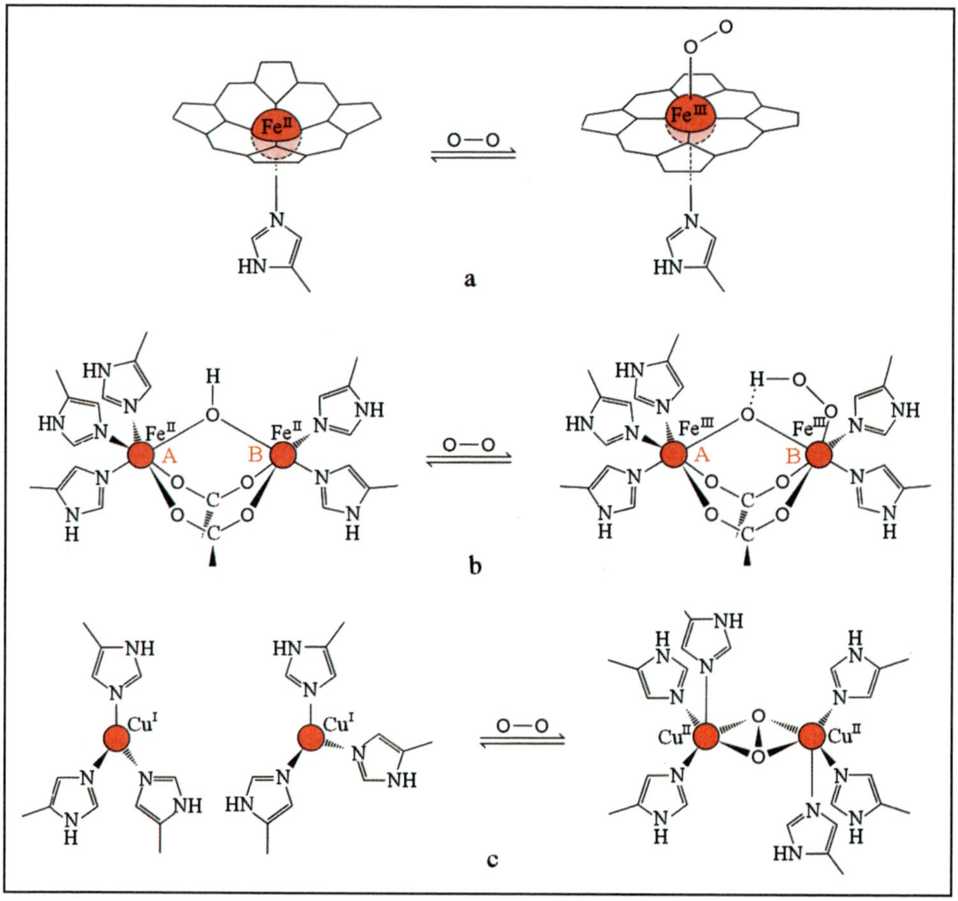

9.62 Die aktiven Zentren der Sauerstoff-Carrier-Proteine: **a** Hämoglobin; **b** Hämerythrin; **c** Hämocyanin.

Die Häm-Gruppe ist durch Koordination des Eisens an das Imidazol-N-Atom eines Histidinrestes an die Proteinkette gebunden. Die Verhältnisse sind in Abbildung 9.64 dargestellt. Im Desoxy-Mb befindet sich das Fe(II)-Zentrum 0,42 Å außerhalb der Ebene der vier N-Donoratome des Porphyrinringes; es ist also in Richtung zur koordinierten Imidazolgruppe aus der Ebene herausgedrückt. Diese Seite nennt man die **proximale Seite** des Häms, der koordinierte Histidinrest ist das **proximale Histidin**. Bei der Koordination des O_2-Moleküls bewegt sich das Fe-Atom auf die

Exkurs E.9.1: Koordinationsweisen des Disauerstoff-Moleküls

Das Disauerstoff-Molekül ist aufgrund seiner Elektronenstruktur ein Ligand mit σ-Donor- und π-Akzeptoreigenschaften: Über seine freien Elektronenpaare wird Elektronendichte zum Zentralatom hin übertragen, während gleichzeitig aus energiereichen, teilweise besetzten d-Orbitalen elektronenreicher Metalle eine Rückgabe von Elektronendichte in die nur halbbesetzten π^*-Molekülorbitale des O_2-Moleküls erfolgen kann. Die tatsächliche Elektronendichte am O_2-Molekül hängt daher von der Natur des Zentralatoms sowie den weiteren in der Komplexverbindung vorhandenen Liganden ab. Strukturelle und auch spektroskopische Untersuchungen legen nahe, dass das O_2-Molekül sowohl als neutraler Ligand wie auch in einfach oder sogar doppelt reduzierter Form (Superoxid- bzw. Peroxidanion) koordiniert sein kann. Da die Oxo-Anionen Superoxid und Peroxid ebenso wie Hydroxid und Oxid eine ausgeprägte Tendenz zur Verbrückung von Metallzentren besitzen, ergeben sich für die Koordination des O_2-Moleküls vielfältige Möglichkeiten, die in Abbildung E.9.1.1 zusammengestellt sind; jede dieser Koordinationsweisen ist durch eines oder mehrere Beispiele aus der niedermolekularen Koordinationschemie belegt. Einige dieser Koordinationsweisen werden auch in biologischen Systemen diskutiert.

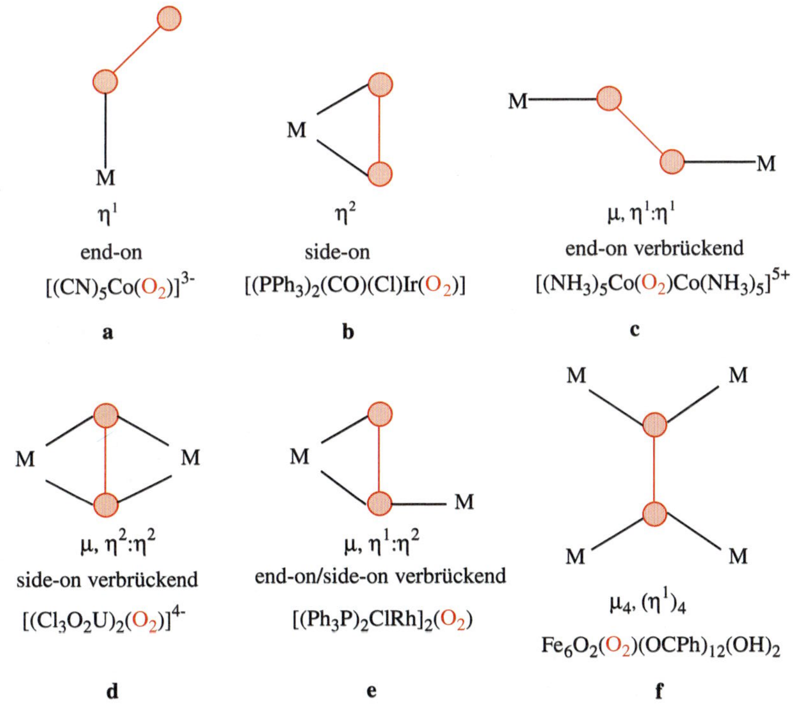

E.9.1.1 *Koordinationsweisen des Disauerstoff-Moleküls.*

N_4-Ebene zu (siehe Abbildung 9.62a). Im Oxy-Mb ist das O_2-Molekül η^1-koordiniert; diese Koordinationsweise wird auch als end-on-Koordination bezeichnet. Der Fe–O–O-Bindungswinkel beträgt 115°.

Hämoglobin, das den Sauerstoff aus der Luft in den Lungen aufnimmt, in die Gewebe transportiert und dort an das Myoglobin abgibt, ist ein Tetramer und besteht aus zwei α- und zwei β-Polypeptidketten. In jeder dieser Ketten gibt es eine Häm-Gruppe, die wie im Myoglobin von einem proximalen Histidinrest durch Koordination an das Fe-Atom an die Proteinkette gebunden ist. Auch in diesen Häm-Gruppen befinden sich die Fe-Atome 0,36 bis 0,40 Å außerhalb der N_4-Ebene des Porphyrinringes, bewegen sich aber bei der Koordination des O_2-Moleküls ebenfalls auf die Ebene zu.

Sowohl im Hb als auch im Mb gibt es einen für die Organisation der O_2-Bindungstasche wichtigen Histidinrest gegenüber dem koordinierten Imidazolring des proximalen Histidins; es ist dies das **distale** Histidin. Verschiedene Untersuchungen deuten darauf hin, dass zwischen dem koordinierten O_2-Molekül und dem N–H-Proton des distalen Histidins eine Wasserstoffbrücken-Bindung ausgebildet wird.

Mit der Koordination des O_2-Moleküls sind zwei wichtige Bewegungen an jeder Häm-Gruppe des Hb verbunden, nämlich zum einen die Bewegung des Fe-Atoms um ca. 20 pm zum Porphyrinring hin und zum zweiten eine damit verbundenen Aufrichtung der Fe–N-Bindung zum proximalen Histidin. Beides bewirkt den *kooperativen Effekt* des Hb, d. h. eine Erhöhung seiner Affinität zum Sauerstoff mit

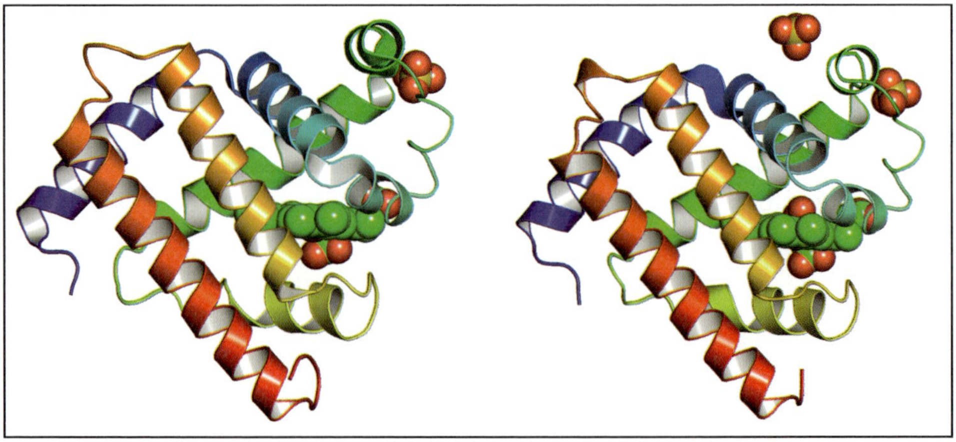

9.63 Desoxy-Myoglobin (links) und Oxy-Myoglobin (rechts) (vom Pottwal).

zunehmender O_2-Koordination und damit eine sigmoide O_2-Sättigungskurve (Abbildung 9.66). Die O_2-Koordination löst in jeder Protein-Untereinheit eine entsprechende Konformationsänderung aus, die sich auf die übrigen Untereinheiten überträgt. In einem einfachen Zweizustands-Modell für diese Kooperativität der vier

Hb-Untereinheiten wird ein T-Zustand (T für *tense*, gespannt) mit einer niedrigen O_2-Affinität und ein R-Zustand (R für *relaxed*, entspannt) mit einer hohen O_2-Affinität formuliert; beide Zustände entsprechen verschiedenen Quartärstrukturen.

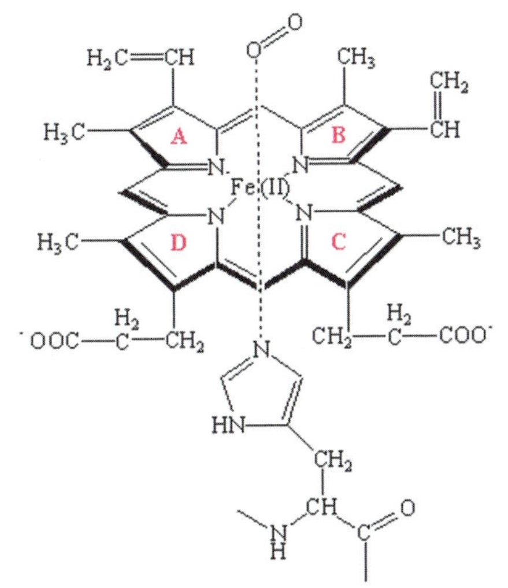

9.64 Eisen(II)-protoporphyrin IX mit dem proximalen Histidin und dem O_2-Molekül in der fünften und sechsten Koordinationsstelle des Eisens.

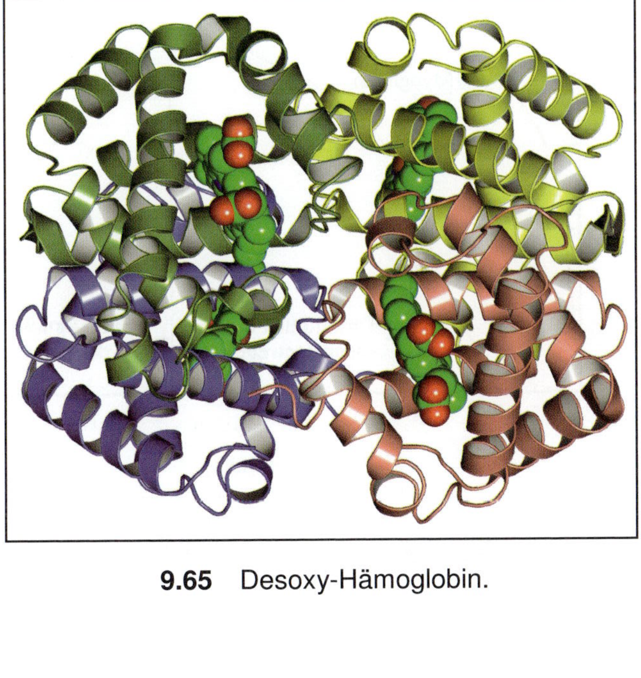

9.65 Desoxy-Hämoglobin.

Für jede individuelle Häm-Gruppe existieren danach vier Zustände, nämlich Oxy- und Desoxy-Form sowie R- und T-Zustand.

Zunehmende O_2-Koordination fördert den Übergang zur R-Struktur mit der höheren O_2-Affinität. Die vollständig mit Sauerstoff beladene R-Form besitzt eine deutlich kompaktere Quartärstruktur als die T-Form.

Der aus dem kooperativen Effekt resultierende sigmoide Verlauf der O_2-Sättigungskurve des Hb gewährleistet, dass der Sauerstoff im Muskelgewebe weitestgehend vollständig vom Oxy-Hb auf das Desoxy-Mb übertragen werden kann. Ein niedriger pH-Wert erniedrigt dabei die Sauerstoff-Affinität des Hb weiter, sodass die O_2-Übertragung auf das Desoxy-Mb im Gewebe noch begünstigt wird (die Abnahme der Sauerstoff-Affinität des Hb mit sinkendem pH-Wert wird als BOHR-Effekt bezeichnet). Das im Gewebe gebildete Stoffwechsel-Endprodukt CO_2 wird an terminale Aminosäuren des Hb gebunden und erniedrigt damit dessen Sauerstoff-Bindungsvermögen (Hb ist also auch ein CO_2-Transportprotein, das das CO_2 aus dem Gewebe in die Lungen transportiert, wo es bei der erneuten Sauerstoffaufnahme des Hb freigesetzt wird). Oxy-Hb ist eine stärkere Säure als Desoxy-Hb; mit der O_2-Abgabe nimmt Hb daher Protonen auf und unterstützt auf diesem Wege die Überführung von Kohlendioxid in Hydrogencarbonat; der sigmoide Charakter der O_2-Bindung ist folglich in saurer Lösung stärker ausgeprägt. Die biologische Sinnfälligkeit ist unmittelbar einleuchtend: Bei vermehrter Erzeugung von CO_2 im Gewebe wird der Gasaustausch O_2/CO_2 gefördert, indem die O_2-Übertragung auf das Desoxy-Mb *und* die gleichzeitige Beladung des Hb mit CO_2 begünstigt werden.

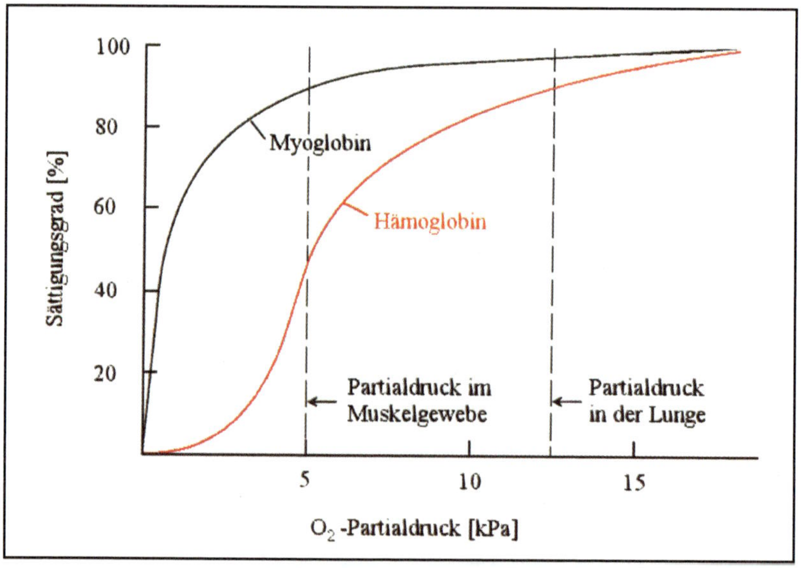

9.66 Sauerstoff-Sättigungskurven von Myoglobin und Hämoglobin.

Aus koordinationschemischer Sicht ist natürlich die Frage nach den **Oxidations- und Spinzuständen des Eisens** vor und nach der Koordination des O_2-Liganden durch Mb und Hb von allergrößtem Interesse. Es ist sicher, dass in den Desoxy-Formen von Hb und Mb das Eisen als Fe(II) (d^6) in der high spin-Konfiguration vorliegt. In Übereinstimmung damit wird experimentell ein Grundzustand mit vier ungepaarten Elektronen (Gesamtspin $S = 2$) beobachtet. Eine gerade Anzahl ungepaarter Elektronen am Fe-Zentrum ist für eine rasche und nicht gehemmte Koordination des $^3O_2$-Moleküls mit seinen zwei ungepaarten Elektronen und damit dem Grundzustand von $S = 1$ günstig. Weniger klar sind jedoch die Verhältnisse in den diamagnetischen Oxy-Formen von Hb und Mb mit end on-koordiniertem O_2 und einer nichtlinearen Fe–O–O-Gruppierung (Abbildung 9.64). Ursache dafür ist die Ambivalenz des koordinierten O_2-Liganden bezüglich seiner Oxidationsstufen. Für die Oxidations- und Spinzustände der Fe–O_2-Gruppierung sind zwei alternative Modelle entwickelt worden.

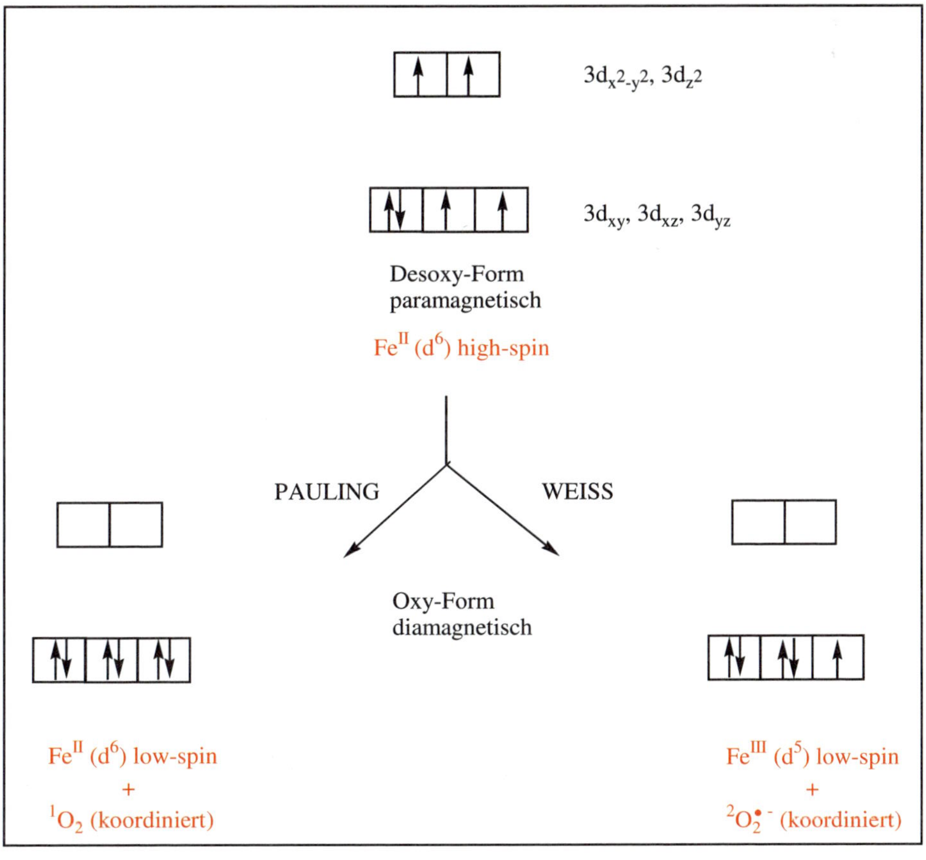

9.67 Oxidations- und Spinzustände im System Häm/O_2 (Aufspaltung der 3d-Orbitale bei annähernd oktaedrischer Geometrie).

Nach PAULING und CORYELL resultiert der Diamagnetismus der Oxy-Formen aus dem Vorliegen von low spin-Fe(II) und koordiniertem Singulett-Disauerstoff $^1O_2$. Beide Komponenten wären bereits für sich diamagnetisch. In der koordinativen Bindung würde das Fe(II) als σ-Akzeptor/π-Donor und das O_2-Molekül als σ-Donor/π-Akzeptor fungieren. Das PAULINGsche Modell beinhaltet also nur Änderungen der Spinzustände: Fe(II) geht vom high spin- in den low spin-Zustand über, das Disauerstoff-Molekül aus dem Triplett- in den Singulett-Zustand; Änderungen der Oxidationszustände erfolgen nicht.

Das von WEISS entwickelte alternative Modell beinhaltet als zentralen Schritt eine Einelektronenübertragung vom Fe(II) auf das koordinierte O_2-Molekül, sodass in der oxygenierten Häm-Gruppe ein Fe(III) in der low spin-Konfiguration und ein Superoxid-Radikalanion $O_2^{\bullet-}$ vorliegen (Abbildung 9.67). Beide Spezies haben im Grundzustand einen Gesamtspin von jeweils $S = ½$. Der bei Raumtemperatur beobachtete Diamagnetismus wird von WEISS daher auf eine starke antiferromagnetische Kopplung zurückgeführt.

Das umfangreiche experimentelle Material sowie auch die theoretischen Studien lassen bisher jedoch keine eindeutige Entscheidung zugunsten der einen oder der anderen Alternative zu. Dies gilt umso mehr, als ja Oxidationsstufen lediglich formale Größen sind und daher keine Aussage zur physikalisch realen Elektronendichteverteilung zwischen den Bindungspartnern machen können.

Die Reversibilität der O_2-Aufnahme durch Hb und Mb wird durch die Proteinumgebung der Häm-Gruppen gewährleistet. Einfache, nicht durch eine entsprechende Proteinumgebung geschützte Fe(II)-Porphyrine werden von molekularem Sauerstoff irreversibel zu μ-Oxo-di(eisen(III)-porphyrin)-Komplexen oxidiert, wobei intermediär μ-Peroxo-di(eisen(III)-porphyrin)-Komplexe auftreten:

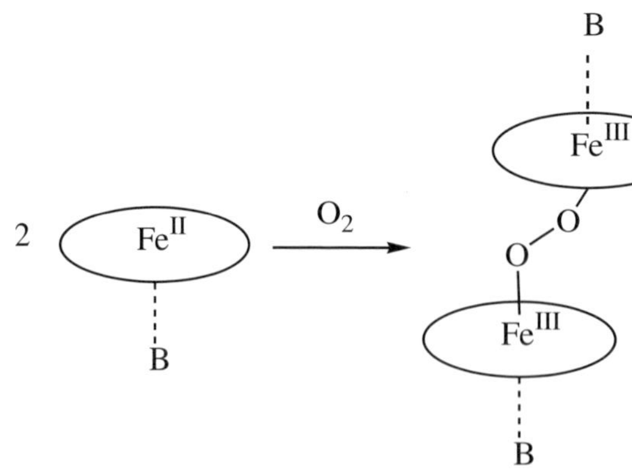

B = Stickstoff-Base

Um die Bildung des O_2^{2-}-verbrückten Dimeren im ersten Reaktionsschritt zu verhindern, sind von den Bioanorganikern verschiedene Strategien entwickelt worden. Neben Porphyrinen mit den Ring überspannenden Substituenten (*strapped-* bzw. *capped*-Porphyrine) sind vor allem die *picket fence*-(Lattenzaun-)Porphyrine bekannt geworden, bei denen sich vier Substituenten an den Methin-Gruppen des Porphyrinringes auf der gleichen Seite der Ringebene befinden. Bei diesen Modellkomplexen kann aus sterischen Gründen die Bildung des O_2^{2-}-verbrückten Dimeren nicht erfolgen, wohl aber die reversible Koordination des „schlanken“ O_2-Moleküls.

Hämerythrin (Hr) In zahlreichen Gruppen wirbelloser Tiere wie bestimmter Mollusken und Arthropoden finden sich Hämerythrine als Metalloproteine für die reversible O_2-Bindung. Hämerythrine, die nicht zu den Häm-Proteinen gehören, sind zumeist oktamere O_2-Transportproteine.

Die magnetischen Messungen an der nahezu farblosen Desoxy-Form weisen in Analogie zu Mb und Hb auf die Anwesenheit von high spin-Fe(II)-Zentren mit vier ungepaarten Elektronen hin; für die violette Oxy-Form wird aus den magnetischen Daten auf das Vorliegen von zwei low spin-Fe(III)-Zentren pro Monomereinheit geschlossen, die jedoch in einer effektiven Spin-Spin-Kopplung stehen. Aus spektroskopischen Daten wird für das koordinierte O_2-Molekül in Übereinstimmung damit auf einen Peroxo-Zustand geschlossen.

Abbildung 9.62b zeigt die Koordinationsumgebung der beiden Fe-Zentren im Desoxy- und im Oxy-Zustand. Beide Fe(II)-Zentren des Desoxy-Hämerythrins werden durch die Carboxylatgruppen eines Glutamat- und eines Aspartatrestes sowie durch eine Hydroxo-Gruppe miteinander verbrückt. Das mit A gekennzeichnete Fe(II)-Zentrum hat zusätzlich drei Histidin-Liganden, sodass es koordinativ gesättigt ist; das mit B gekennzeichnete Fe(II)-Zentrum hat dagegen nur zwei zusätzliche Histidin-Liganden und ist damit koordinativ ungesättigt. Die freie Koordinationsstelle wird *end-on* durch das O_2-Molekül besetzt. Dabei gehen beide Fe(II)-Zentren in Fe(III)-Zentren über und das O_2-Molekül wird zum Peroxid-Zustand reduziert; gebunden wird es vermutlich als Hydroperoxid-Anion, wodurch eine Wasserstoffbrücken-Bindung zum entstandenen μ-Oxo-Liganden ermöglicht wird. Wenn diese Reaktionsweise zwischen Disauerstoff und Fe(II)-Zentren aus koordinationschemischer Sicht keineswegs überraschend ist, so bleibt jedoch bemerkenswert, dass die O_2-Koordination *reversibel* ist.

Hämocyanin (Hc) Hämocyanine sind große Proteine mit vielen Untereinheiten. Die koordinative Umgebung des zweikernigen Cu-Zentrums der Desoxy- und der Oxy-Form zeigt Abbildung 9.62c.

Im Desoxy-Hc sind zwei Cu(I)-Ionen von jeweils drei Histidinresten koordiniert, von denen einer schwächer gebunden ist als die beiden anderen. Zwischen den beiden Metallatomen beträgt der Abstand 3,7 ± 0,3 Å. Mit der Koordinationszahl 3 sind beide Cu(I)-Zentren koordinativ ungesättigt. Zwischen ihnen gibt es einen Hohlraum, in den das O_2-Molekül eintreten kann. Das Vorhandensein eines ursprünglich angenommenen Brückenliganden zwischen den beiden Cu-Atomen ließ sich nicht bestätigen.

Im Oxy-Hc liegen die Cu-Zentren als Cu(II)-Ionen vor, die stark antiferromagnetisch gekoppelt sind, sodass im Wesentlichen Diamagnetismus resultiert. In Übereinstimmung damit ist das O_2-Molekül als Peroxid-Anion koordiniert. Die gefundene Koordinationsweise folgt aus Abbildung 9.62c und entspricht damit der in Abbildung E.9.1.1d (*side-on*-verbrückend; $\mu, \eta^2:\eta^2$).

Sind zwei oder auch mehr magnetische Zentren durch verbrückende Liganden miteinander verknüpft, so können sich die einzelnen Spins der Elektronen gegenseitig aufheben oder auch verstärken. Im ersteren Falle spricht man von einer **antiferromagnetischen Kopplung**, im zweiten Fall von einer **ferromagnetischen Kopplung**. Antiferromagnetische Kopplung wird gerade in bioanorganischen Systemen relativ häufig beobachtet; der Gesamtspin eines solchen Systems im Grundzustand ist dann bei gerader Elektronenzahl $S = 0$, bei ungerader Elektronenzahl $S = ½$.

Zweikernige Kupfer-Zentren des Hc-Typs treten auch in anderen Metalloproteinen auf. Interessant ist dabei, dass sie alle in irgendeiner Weise am O_2-Stoffwechsel beteiligt sind.

Elektronenübertragungsproteine

Metalloproteine mit Elektronenübertragungsfunktionen enthalten in ihren aktiven Zentren redoxaktive Metallatome, vornehmlich Eisen und Kupfer. Die Redoxpotenziale werden durch die koordinative Umgebung der Metallzentren reguliert, also durch die Natur der von der Proteinkette zur Verfügung gestellten Liganden. Eine weitere Steuerung des Redoxpotenzials wird durch eine Kopplung von Elektronen- und Protonen-Transfer erreicht. Mit dem Wechsel der Oxidationsstufe eines Übergangsmetallatoms ist in vielen Fällen auch eine Änderung der bevorzugten Koordinationsgeometrie verbunden. Ein typisches Beispiel dafür ist etwa das Kupfer: In der Oxidationsstufe +1 (d^{10}) bevorzugt es die tetraedrische, in der Oxidationsstufe +2 (d^9) dagegen die tetragonale Koordination. Aus den ungewöhnlichen spektroskopischen Eigenschaften z. B. von blauen Kupferproteinen wurde nun auf Koordinationsgeometrien geschlossen, die eher einem unimolekularen *Übergangszustand* entsprachen als einer der bei stabilen Cu(I)- und Cu(II)-Komplexen beobachteten Geometrien. Auf dieser Grundlage wurde die **Theorie des entatischen Zustandes** für Metalloproteine entwickelt, nach der die geometrischen Verhältnisse der Metallzentren durch das Protein so gestaltet sind, dass die mit einem Wechsel der Oxidationsstufe verbundenen Änderungen von Bindungslängen und Bindungswinkeln nur gering sind und folglich die Elektronenübertragungsgeschwindigkeit auch nur durch einen geringen Betrag der *Reorganisationsenergie* beeinflusst wird. Diese Theorie löste viele Diskussionen und noch mehr experimentelle Untersuchungen aus. Durch die spätere Synthese von Komplexverbindungen mit einfachen Liganden, die nicht nur die ungewöhnlichen spektroskopischen Eigenschaften, sondern in einigen Fällen auch die biologische Aktivität der entsprechenden Metalloproteine sehr gut modellierten, konnte jedoch gezeigt werden, dass nicht in jedem Fall ein entatischer Zustand des Proteins angenommen werden muss.

Eisen-Schwefel-Proteine In den meisten Fällen koordinieren die Metalle in Form ihrer einfachen Ionen an die entsprechenden Bindungsstellen in Proteinen. Zuweilen aber wird für die Realisierung einer bestimmten biochemischen Funktion eine komplexere metallhaltige Einheit benötigt; in solchen Fällen verwendet die Natur entsprechende Cluster-Strukturen. Über die Mechanismen ihres Aufbaus *in vivo* sowie über ihren Einbau in die Proteinmoleküle liegen zurzeit. noch keine detaillierten Kenntnisse vor, wahrscheinlich erfolgt ihre Bildung jedoch nach dem Prinzip der **spontanen Selbstassoziation**.

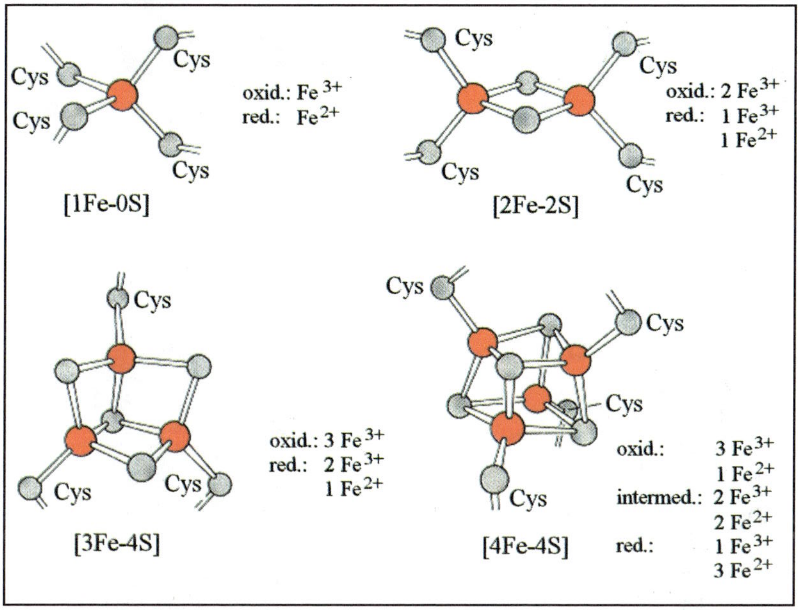

9.68 Fe-S-Cluster mit Angabe der Oxidationszustände der Fe-Atome im oxidierten und reduzierten Protein.

Eine große Gruppe von Elektronen-Carrier-Proteinen enthält Eisen-Schwefel-Cluster folgender Zusammensetzung: **1Fe-0S, 2Fe-2S, 3Fe-4S und 4Fe-4S** (bei der Bezeichnung der Cluster wird die Anzahl der Fe-Atome und die Anzahl der sulfidischen S-Atome angegeben; nicht genannt werden die Cysteinat-S-Atome, über die die Cluster an das Protein gebunden sind). Die Strukturen und die Oxidationszustände der Fe-Atome in der reduzierten und der oxidierten Form der Proteine sind in Abbildung 9.68 angegeben. Abbildung 9.69 zeigt beispielhaft für jeden der Fe-S-Cluster die Struktur eines entsprechenden Proteins.

[1Fe-0S]-Proteine enthalten nur ein Fe-Atom und keinen sulfidischen (anorganischen) Schwefel, können aber dennoch als Anfangsglied der [nFe-nS]-Cluster betrachtet werden. Das einzelne Fe-Atom ist tetraedrisch von vier Cysteinat-S-Atomen koordiniert (Abbildung 9.68). In der oxidierten Form liegt das Eisen als high spin- Fe(III) vor, in der reduzierten Form als high spin-Fe(II). Beim Übergang vom Fe(III) zum Fe(II) ändern sich weder die Koordinationszahl noch der Spinzustand des Eisens; lediglich die Fe–S-Abstände erhöhen sich um 2 – 3 %. Die Redoxpotenziale von Rubredoxinen liegen zwischen –50 und +50 mV (pH ≈ 7).

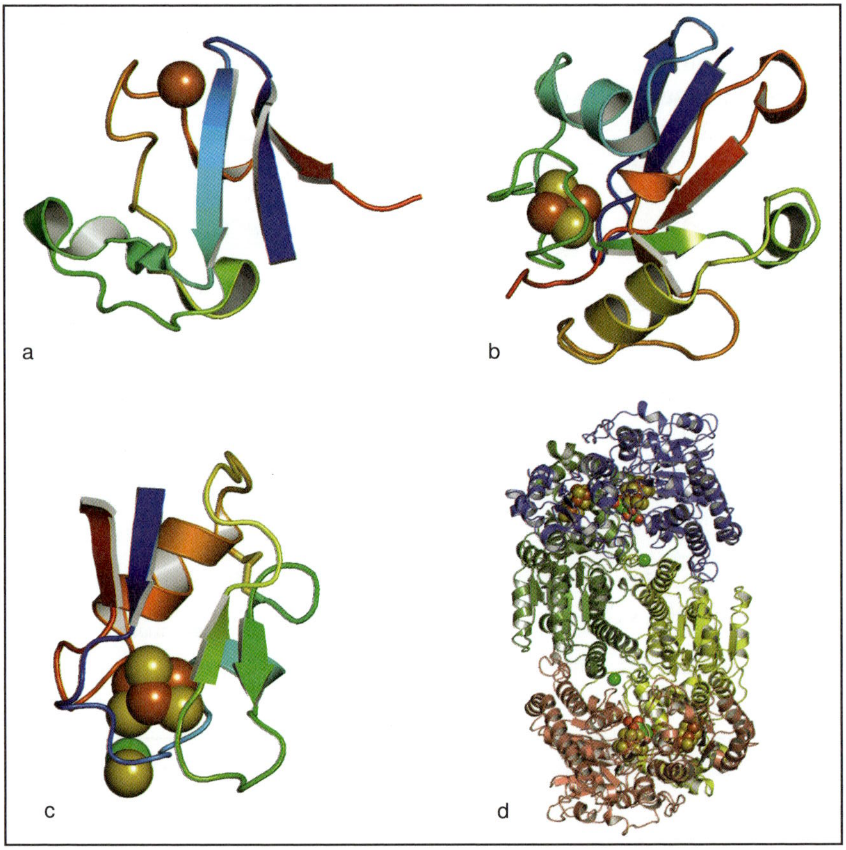

9.69 Proteine mit Fe-S-Clustern: **a** Rubredoxin (*Pyrococcus furiosus*); **b** Ferredoxin VI (*Rhodobacter capsulatus*); **c** Ferredoxin II (*Desulfovibrio gigas*); **d** Nitrogenase-Eisen-Protein (*Clostridium pasteurianum*).

In **[2Fe-2S]-Ferredoxinen** sind zwei Fe-Atome durch zwei Sulfidliganden verbrückt; die tetraedrische Koordination wird durch jeweils zwei Cysteinat-S-Atome/Fe-Atom vervollständigt (Abbildung 9.68 und Abbildung 9.69b). In Proteinen kommen nur die Oxidationsstufen ($Fe^{II}Fe^{III}$) in der reduzierten Form sowie ($Fe^{III}Fe^{III}$) in der oxidierten Form vor. Da das Eisen in diesen Clustern tetraedrisch koordiniert ist, ist die Ligandenaufspaltung nur gering, sodass die Fe-Zentren in der oxidierten und in der reduzierten Form in der high spin-Konfiguration vorliegen. Der Fe–Fe-Abstand beträgt 2,7 Å und belegt eine Fe–Fe-Wechselwirkung. Die Redoxpotenziale sind negativer als die von Proteinen mit einkernigen Fe-Zentren und liegen zwischen –280 und –490 mV.

Wie man unschwer erkennen kann, lässt sich die Struktur des **[3Fe-4S]-Clusters** leicht von der der [4Fe-4S]-Cluster durch Entfernen einer Fe–S-(Cystein)-Gruppe von einer Ecke des Würfels ableiten. In der oxidierten Form sind die drei Fe(III)-Ionen äquivalent, wobei beträchtliche Fe–Fe-Bindungen vorliegen. In der reduzierten Form des [3Fe-4S]-Zentrums liegen ein high spin-Fe(III) und ein Paar äquivalenter Fe-Zentren mit einer mittleren Oxidationsstufe von +2,5 vor. Für das Ferredoxin II von *Desulfovibrio gigas* beträgt das Redoxpotenzial –130 mV.

Der **[4Fe-4S]-Cluster-Typ** tritt am häufigsten auf und ist gut charakterisiert. Die Grundstruktur ist ein verzerrter Würfel mit alternierenden Fe- und S-Atomen an seinen Ecken (Abbildung 9.68). Über die vier Fe-Atome erfolgt wieder die Bindung an das Protein durch Cysteinat-S-Atome. Damit resultiert für jedes Fe-Atom eine verzerrt tetraedrische Koordinationsgeometrie. Die Fe–Fe-Abstände betragen wiederum ca. 2,7 Å. Die möglichen Oxidationszahlen der Fe-Atome sind Abbildung 9.68 zu entnehmen: Anders als die zuvor genannten Cluster-Typen können die [4Fe-4S]-Cluster in drei verschiedenen Oxidationszuständen auftreten. Die Redoxpotenziale von Proteinen mit [4Fe-4S]-Clustern erstrecken sich daher über einen sehr weiten Bereich: Proteine, die auf den Niveaus $[Fe_4S_4]^+$ und $[Fe_4S_4]^{2+}$ arbeiten, haben Redoxpotenziale zwischen –650 und –280 mV, solche, die mit den Zuständen $[Fe_4S_4]^{2+}$ und $[Fe_4S_4]^{3+}$ arbeiten, in der Nähe von +350 mV. Die Geschwindigkeiten, mit denen Elektronen von den [4Fe-4S]-Proteinen übertragen werden, sind in Übereinstimmung mit den minimalen Reorganisationsenergien der Cluster hoch. Sind sie dennoch niedriger als die für Modellverbindungen gemessenen, so liegen die Ursachen dafür außerhalb der Fe-S-Zentren.

Bei der Identifizierung und Charakterisierung von Fe-S-Clustern in Proteinen erwiesen sich nicht nur entsprechende niedermolekulare Modellkomplexe als außerordentlich hilfreich. Vielmehr konnte man durch Reaktionen der Metalloproteine z. B. mit überschüssigem RSH in einem denaturierend wirkenden Lösungsmittel (DMSO) die Fe-S-Cluster in völlig intaktem Zustand aus den Proteinen herauslösen; diese Reaktionen werden als *core extrusions* (Entkernung) bezeichnet.

Blaue Kupferproteine In biologischen Systemen gibt es mindestens drei Klassen von Kupfer-Zentren, die sich spektroskopisch gut voneinander unterscheiden lassen und mit Typ 1, Typ 2 bzw. Typ 3 bezeichnet werden.

Das Elektronenübertragungsprotein Plastocyanin (aus Pflanzen) und verwandte Proteine wie Azurin (aus Bakterien) enthalten ein einzelnes Cu-Atom vom Typ 1. Diese Proteine tragen wegen ihrer intensiven blauen Farbe auch die Bezeichnung „blaue Kupferproteine". Während einfache Cu(II)-Verbindungen Absorptionsbanden mit molaren Extinktionskoeffizienten von 5 bis 6 zeigen, sind die Absorptionsbanden der blauen Kupferproteine mit molaren Extinktionskoeffizienten von mehr als 3000 sehr viel intensiver (Abbildung 9.70). Diese ungewöhnlichen spektroskopischen Eigenschaften gaben Anlass zu umfangreichen Untersuchungen. In deren Ergebnis wurde noch vor dem Vorliegen der ersten RKS-Analyse eines solchen Proteins vorgeschlagen, dass das Cu-Zentrum verzerrt tetraedrisch koordiniert ist und die intensive Absorptionsbande bei 600 nm ihren Ursprung in einem Ligand-Metall-Charge-Transfer von einem Thiolat-Liganden auf das Cu(II) haben sollte. Bei diesen Untersuchungen und ihrer Interpretation waren Derivate sehr hilfreich, in denen im Protein das Cu(II) durch Co(II) ersetzt worden war.

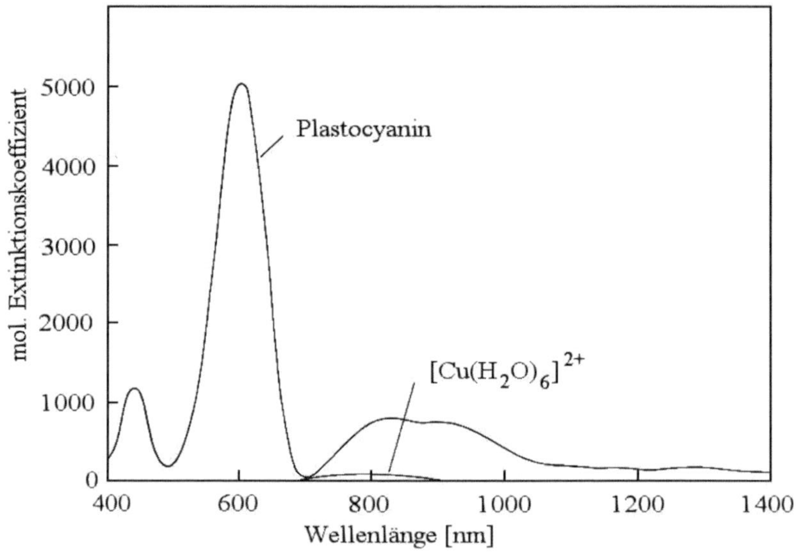

9.70 Vergleich der Elektronenspektren von oxidiertem Plastocyanin und dem Hexaaquakupfer(II)-Kation.

Durch die RKS-Analyse des ersten Kupferproteins dieser Art wurden die aus den spektroskopischen Daten gewonnenen Erkenntnisse im Wesentlichen bestätigt. Danach befindet sich das Cu(II)-Zentrum in der Tat in einer verzerrt tetraedrischen Koordinationsumgebung, die von zwei Histidin-N-, einem Cysteinat-S- und einem Methionin-S-Atom gebildet wird. Bemerkenswert sind der sehr kurze Bindungsabstand zwischen dem Cu(II) und dem Cysteinat-S-Atom (2,13 Å) sowie der sehr lange Bindungsabstand zwischen Cu(II) und dem Methionin-S-Atom (2,90 Å). Die intensive Lichtabsorption der Cu(II)-Form ist einem Ligand-Metall-Charge-Transfer vom elektronenreichen Thiolat-Liganden zum Cu(II) zuzuordnen.

Die Koordinationssphäre aus zwei S-Liganden und zwei N-Liganden ist – wie die stark verzerrte tetraedrische Geometrie – offensichtlich ein Kompromiss zwischen den Koordinationspräferenzen des Cu-Zentrums in seinen beiden Oxidationsstufen: Cu(I) (d^{10}) bevorzugt die Tetraederkoordination durch weiche

(S-)Liganden, Cu(II) dagegen die quadratisch-planare bzw. quadratisch-pyramidale Koordination mit den härteren N-Liganden. Im reduzierten Zustand hat das Cu-Zentrum eine gegenüber dem oxidierten Zustand nur wenig veränderte Umgebung. Dies ist wiederum ein Beleg für die relativ geringe Reorganisationsenergie, die mit einem Wechsel des Oxidationszustandes eines biologischen Metallzentrums im Zuge von Elektronenübertragungsreaktionen verbunden ist. Interessant ist zudem die Beobachtung, dass sich der Metallbindungsbereich auch im Apoprotein strukturell nur geringfügig von den metallhaltigen Formen unterscheidet. Blaue Kupferproteine können daher als gute Beispiele für entatische Zustände angesehen werden.

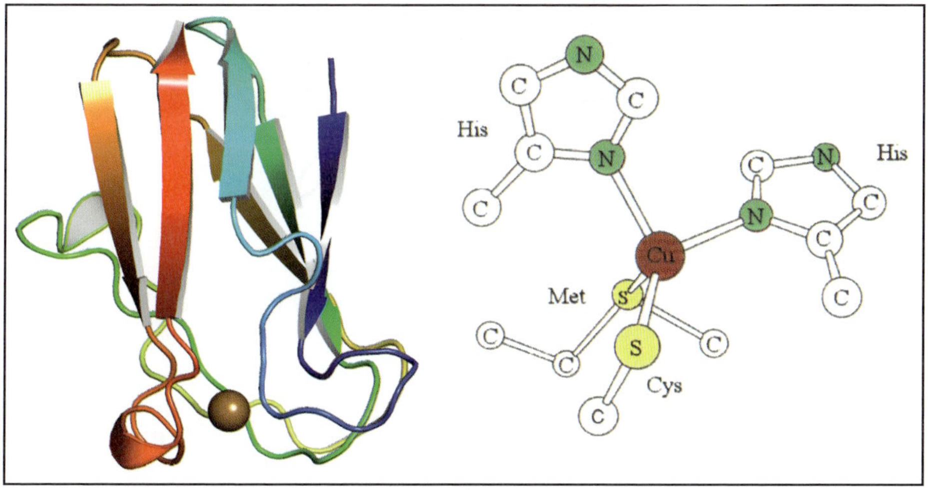

9.71 Struktur von oxidiertem Plastocyanin und seines Cu-Zentrums.

Cytochrome Die redoxaktiven Zentren dieser Elektronen-Carrier sind Eisen-porphyrin-Komplexe. Der grundlegende Unterschied zum Hämoglobin besteht jedoch darin, dass bei den meisten Cytochromen beide axialen Koordinationsstellen von Liganden des Proteins besetzt sind, sodass koordinativ gesättigte oktaedrische Komplexe vorliegen. Im Falle des eukaryontischen Cytochrom *c* sind die beiden axialen Liganden ein Histidin-N-Atom sowie ein Methionin-S-Atom; in anderen Cytochromen werden die fünfte und sechste Koordinationsstelle von zwei Histidin-N-Atomen besetzt. Anders als im Hämoglobin sind die Porphyrinringe der Cytochrome *c* jedoch kovalent an das Proteingerüst gebunden.

Strukturelle Funktionen von Metallionen

Metallionen können durch Bindung an ein Proteinmolekül dessen dreidimensionale Struktur beeinflussen und auf diesem Wege seine Wechselwirkungen mit anderen Biopolymeren erleichtern. Da solchen Metallionen keine katalytischen Funktionen zukommen, ist es nicht überraschend, wenn die Natur dazu die redoxinerten Ca^{2+}- und Zn^{2+}-Ionen verwendet. Beide sind magnetisch und spektroskopisch unauffällig, sodass ihre Funktion als strukturelle Metallzentren lange Zeit unentdeckt blieb; jüngste Entwicklungen belegen jedoch die grundsätzliche Bedeutung struktureller Metallzentren in biologischen Systemen sehr eindrucksvoll.

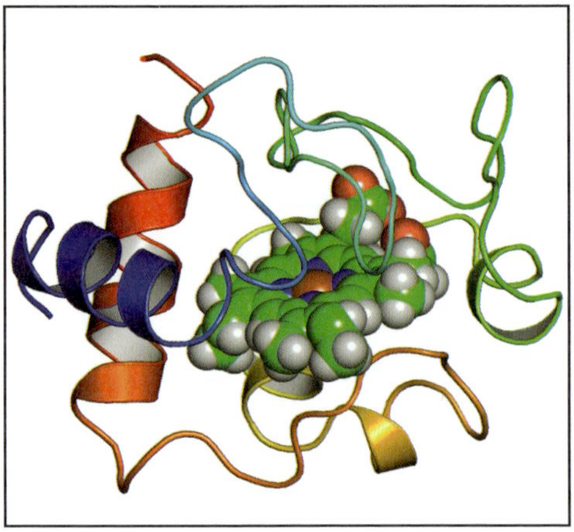

9.72 Cytochrom *c* (reduzierte Form) aus Pferdeherz.

Strukturelle Zink-Ionen treten in sehr vielen nukleinsäurebindenden und genregulierenden Proteinen auf. Das erste Beispiel für ein solches Protein fand man mit dem Transkriptionsfaktor IIIA (TFIIIA) des Afrikanischen Krallenfrosches *Xenopus*; es ist ein ortsspezifisches DNA-bindendes Protein, das eine zentrale Rolle bei der Transkription der Gene für die 5S-rRNA spielt. Das aus dem 5S-rRNA-Komplex isolierte zinkhaltige Protein bindet an eine Sequenz von ca. 45 Basenpaaren und schützt diese vor einem Abbau durch die Nuklease. Die Entfernung des Zinks führt zu einem Verlust der spezifischen Bindungsfähigkeit an die 5S-rRNA. Durch Zugabe von Zn^{2+}, nicht jedoch von Co^{2+}, Fe^{2+}, Ni^{2+} oder Mn^{2+}, kann die Aktivität regeneriert werden. Die Analyse der Aminosäuresequenz in den Zink-bindenden Bereichen ergab, dass die aminoterminalen ersten drei Viertel der Sequenz aus neun Tandemsequenzen bestehen, die einem Consensus vom Typ

$$\text{(Tyr,Phe)-X-Cys-X}_{2,4}\text{-Cys-X}_3\text{-Phe-X}_5\text{-Leu-X}_2\text{-His-X}_{3,4}\text{-His-X}_{2\text{-}6}$$

sehr nahe kommen (X steht für variable Aminosäurereste). Jede dieser Sequenzen besitzt mit zwei Cystein- und zwei Histidinresten potenziell Zink bindende Seitenketten. Jede dieser neun Sequenzen bildet damit eine strukturelle Domäne, die um das von den beiden Cystein- und den beiden Histidinresten koordinierte Zink-Ion herum organisiert ist. Diese Domänen werden als **Zinkfinger** bezeichnet. Nach den Ergebnissen verschiedener Untersuchungen sind die Zink-Ionen tetraedrisch koordiniert. Bei Abwesenheit von Zink-Ionen besitzen die entsprechenden Bereiche keine wohldefinierten Strukturen und binden dann auch nicht an Nukleinsäuren. Inzwischen ist eine große Zahl von Zinkfinger-Proteinen bekannt, wobei ganz ähnliche Sequenzen der Zink bindenden Bereiche beobachtet werden wie die bei TFIIIA gefundene.

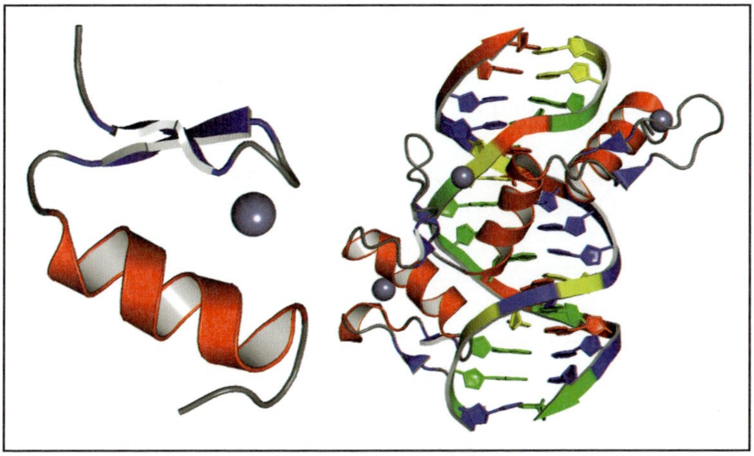

9.73 Transkriptionsfaktor ADR1 der Hefe mit den Aminosäureresten 102 bis 130 (links); TF IIIA -Zinkfinger 1 – 3, gebunden an DNA (rechts).

9.5.3 Funktionen von Metalloenzymen

Die Metalloenzyme bilden eine Unterklasse der Metalloproteine; sie üben in biologischen Systemen spezifische *katalytische Funktionen* aus. Wie bei katalytischen Reaktionen generell, so wird auch bei den Reaktionen an Metalloenzymen ein Substratmolekül aktiviert und chemisch verändert. Für die folgende Betrachtung werden die Metalloenzyme nach ihren jeweiligen Funktionen geordnet. Dabei zeigt sich, dass Metalloenzyme mit der gleichen katalytischen Funktion durchaus verschiedene Metallzentren enthalten können. Man darf vermuten, dass die Ursache dafür zum einen in der offensichtlichen Notwendigkeit liegt, grundlegende biochemische Reaktionen durch die Entwicklung mehrfacher Reaktionswege sicherzustellen, zum anderen aber wohl auch in der Bioverfügbarkeit der betreffenden Elemente im Verlauf der evolutiven Entwicklung.

Metalloenzyme mit hydrolytischen Funktionen (Hydrolasen)

Hierbei handelt es sich um Metalloenzyme, die die Addition oder Eliminierung von Wasser bzw. dessen Bestandteile an bzw. aus einem Substratmolekül katalysieren. Zu nennen sind in erster Linie die *Carboanhydrase* (Hydratisierung von CO_2 unter Bildung von HCO_3^-), die *Peptidasen* und *Esterasen* (hydrolytische Spaltung von Carbonylverbindungen) sowie die *Phosphatasen* (Hydrolyse von Phosphorsäureestern). Die aktiven Zentren der meisten Hydrolasen enthalten ein Zn^{2+}-Ion; es werden aber auch andere Metallionen wie Ca^{2+}, Mg^{2+}, Mn^{2+} oder Ni^{2+} gefunden. Die Funktion der Metallionen besteht generell darin, aufgrund ihres LEWIS-Säure-Charakters die koordinierten Substratmoleküle zu aktivieren, indem sie deren pK_S-Werte absenken. Ihre Fähigkeit dazu wird von den vom Protein zur Verfügung gestellten Liganden in geeigneter Weise moduliert. Zugleich sind unerwünschte Elektronenübertragungen ausgeschlossen, da Zn^{2+}, Ca^{2+} und Mg^{2+} redoxinaktiv sind und ihre Oxidationsstufe daher nicht ändern; dies gilt unter physiologischen Bedingungen auch für Mn^{2+} und Ni^{2+}.

Carboanhydrase Die Carboanhydrase war das erste Biomolekül, in dem Zink gefunden worden ist. Dieses Enzym katalysiert die Reaktion:

$$CO_2 + H_2O \rightleftharpoons HCO_3^- + H^+$$

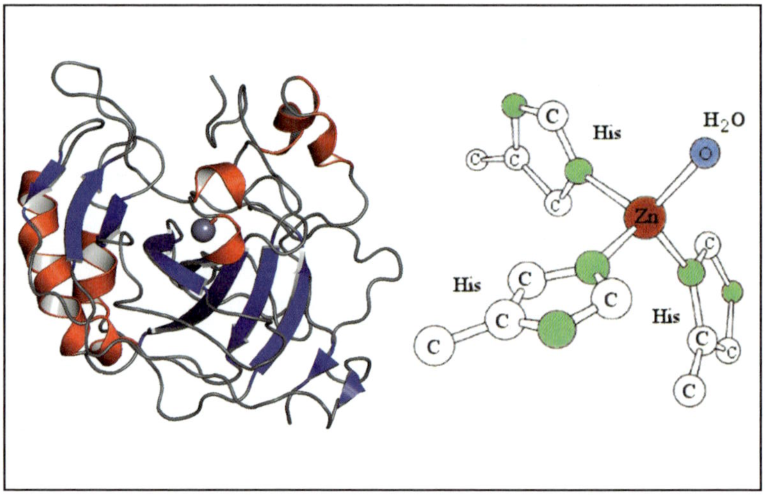

9.74 Struktur der Carboanhydrase (links) und Koordination des Zn(II) (rechts).

Die nichtkatalysierte Reaktion ist bei physiologischem pH-Wert mit einer Umsatzzahl von $\sim 10^{-2}\ s^{-1}$ sehr langsam; in Gegenwart der Carboanhydrase steigt die Reaktionsgeschwindigkeit jedoch drastisch auf $\sim 10^6$ Umsätze pro Sekunde an.

In Abbildung 9.74 ist die Struktur einer Carboanhydrase zusammen mit den Koordinationsverhältnissen ihres Zink-Zentrums dargestellt. Die Koordinationssphäre des Zn(II) wird von drei Histidin-Imidazol-Seitenketten und einem H_2O-Molekül gebildet und ist verzerrt tetraedrisch.

Der einfachste und heute weitestgehend akzeptierte Reaktionsmechanismus (Abbildung 9.75) besteht in seinem ersten Schritt in der Bildung eines an das Zn(II) gebundenen OH^--Ions aus dem koordinierten H_2O-Molekül. Diese Annahme wird vor allem dadurch gestützt, dass viele Anionen die Gesamtreaktion hemmen, indem sie vermutlich mit dem H_2O-Molekül um die Koordinationsstelle am Zn(II) konkurrieren. Um die hohe Reaktionsgeschwindigkeit verstehen zu können, muss jedoch eine zusätzliche Unterstützung der Hydroxid-Bildung durch geeignete Wechselwirkungen mit anderen Proteinseitenketten angenommen werden, z. B. die Mitwirkung eines Histidinrestes als *Protonenshuttle*. Nach der Bildung der Zink-Hydroxid-Gruppierung kann im nächsten Schritt das CO_2 gebunden werden; dessen Bindung erfolgt vermutlich nicht an das Zn(II). Durch einen nukleophilen Angriff des OH^--Ions wird im dritten Schritt ein an das Zn(II) gebundenes Hydrogencarbonat-Ion gebildet. Dessen Verdrängung durch ein H_2O-Molekül beschließt den katalytischen Zyklus.

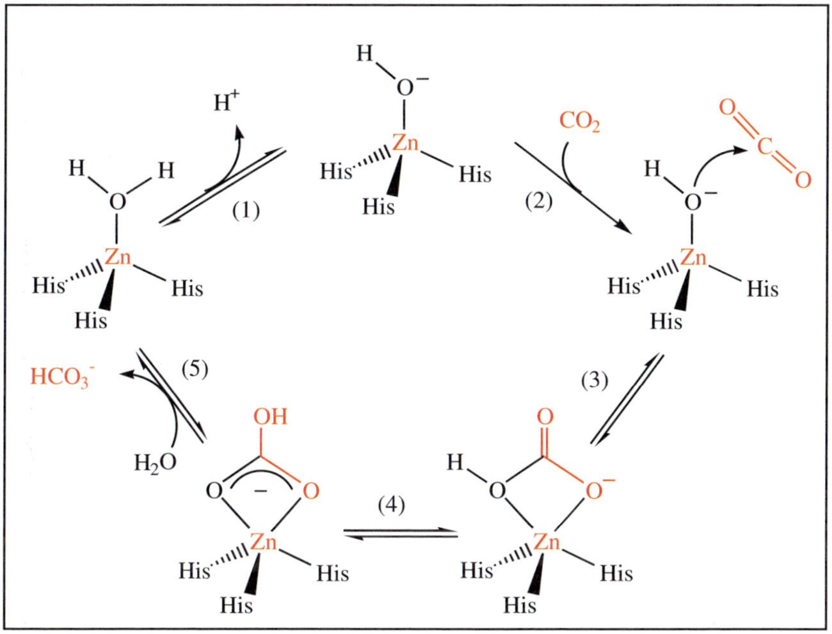

9.75 Katalytischer Zyklus der CO_2-Hydratisierung durch Carboanhydrase.

Von entscheidender Bedeutung für diesen Reaktionsablauf ist die Absenkung des pK_S-Wertes des koordinierten H_2O-Moleküls durch das Zn^{2+}-Ion. Da alle Liganden neutral sind, stellt das Zn(II)-Zentrum der Carboanhydrase bei niedrigem pH-Wert eines der am höchsten positiv geladenen Zentren dar. Dadurch wird die Verdrängung eines Protons aus dem H_2O-Molekül begünstigt, was zur Erniedrigung der positiven Ladung führt. Aufgrund von kinetischen Untersuchungen kann der pK_S-Wert des koordinierten Wassers zu etwa 7 angenommen werden; dies ist in der Tat im Vergleich zu reinem Wasser mit seinem pK_S-Wert von 14 sehr niedrig.

Redoxenzyme (Oxidoreduktasen)

In vielen biochemischen Reaktionen wird ein Substratmolekül unter der katalytischen Wirkung eines Metalloenzyms oxidiert oder reduziert; diese Metalloenzyme werden daher allgemein als Oxidoreduktasen bezeichnet. Bei vielen dieser Redoxreaktionen handelt es sich um einen Austausch von zwei Elektronen (ein Elektronenpaar), der oft mit einer gleichzeitigen Übertragung eines Atoms oder einer Atomgruppe auf das Substratmolekül verbunden ist. Häufig ist das übertragene Atom ein Sauerstoffatom, das entweder aus einem O_2-Molekül oder aus einem H_2O-Molekül stammen kann. Oxidoreduktasen, die von einem O_2-Molekül nur eines der beiden O-Atome auf ein Substratmolekül übertragen, werden auch als *Monooxygenasen* bezeichnet, solche, die beide O-Atome übertragen, entsprechend als *Dioxygenasen*.

Zwei-Elektronen-Redoxenzyme mit gleichzeitiger Übertragung eines O-Atoms auf das Substrat sind z. B. die *Cytochrom P450-Enzyme*, deren aktives Zentrum ein Eisenporphyrin-Komplex ist, und die die Oxidation von Kohlenwasserstoffen zu Alkoholen katalysieren. Weitere Beispiele sind die *Tyrosinase*, deren aktives Zentrum aus einem zweikernigen Kupfer-Komplex besteht und die die *ortho*-Hydroxylierung phenolischer Substrate katalysiert, sowie die *Sulfit-Oxidase*, deren aktives Zentrum ein an einen Pterin-Ring gebundenes Mo-Atom enthält und die die Oxidation von Sulfit zu Sulfat katalysiert. Die genannten Enzyme unterscheiden sich nicht nur in der Art des Übergangsmetallions (Fe, Cu, Mo), sondern auch in der Quelle des übertragenen O-Atoms sowie in den erforderlichen Cofaktoren: Bei Cytochrom P450 stammt das O-Atom aus einem O_2-Molekül und das Enzym benötigt pro Mol oxidierten Substrats ein Mol des Reduktionsmittels NAD(P)H; bei der Tyrosinase entstammt das O-Atom ebenfalls einem O_2-Molekül, das Enzym benötigt jedoch keinerlei weitere Cofaktoren; bei der Sulfit-Oxidase war das übertragene O-Atom Bestandteil eines H_2O-Moleküls, pro Mol gebildeten Sulfats sind zwei Mol Cytochrom *c* erforderlich.

Andere Enzyme entfernen Sauerstoffatome aus einem Substratmolekül. Zu diesen gehört die *Ribonukleotid-Reduktase* (RR), deren Aufgabe es ist, die Ribonukleotide zu Desoxyribonukleotiden für die Biosynthese der Nukleinsäuren zu reduzieren (Abbildung 9.76a). Eine Untereinheit der Ribonukleotid-Reduktase enthält ein stabiles Tyrosyl-Radikal (Abbildung 9.76b) und ein zweikerniges Eisen-Zentrum, über dessen Funktion jedoch noch keine Klarheit besteht; vermutlich aber dient es der Bildung des Radikals.

Bei der Nitrat-Assimilation der grünen Pflanzen katalysiert die *Nitrat-Reduktase* die Reduktion von NO_3^- zu NO_2^-, ebenfalls also ein Zwei-Elektronen-Redoxvorgang mit Entfernung eines O-Atoms aus dem Substrat. Die Nitrat-Reduktase enthält in ihrem aktiven Zentrum eine Molybdän-Einheit, die der der Sulfit-Oxidase ähnlich ist.

Eine weitere Klasse von Zwei-Elektronen-Redoxenzymen sind die *Dehydrogenasen*, die aus einem Substrat die Entfernung von zwei Elektronen und zwei Protonen katalysieren; die Entfernung von zwei Elektronen und zwei Protonen entspricht der Abgabe eines H_2-Moleküls. Ein typischer Vertreter ist die *Alkohol-Dehydrogenase* der Leber. Ihr aktives Zentrum enthält ein Zn(II)-Ion, an dem Ethanol zu Acetaldehyd umgesetzt wird. Als organischer Cofaktor wird NAD^+ benötigt, das eines der beiden freigesetzten H-Atome bindet.

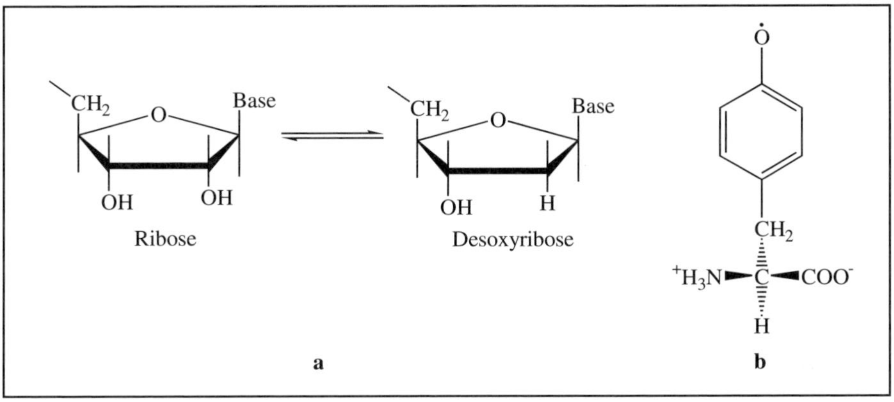

9.76 a Reduktion von Ribose zu Desoxyribose; **b** Tyrosyl-Radikal.

Von Metalloenzymen katalysierte Redoxreaktionen an Substratmolekülen können jedoch sehr viel komplexer sein und unter Beteiligung von mehr als einem Elektronenpaar verlaufen. So sind an den beiden zentralen Reaktionen des Sauerstoff-Metabolismus vier Elektronen beteiligt: Die *Cytochrom c-Oxidase* katalysiert die Reduktion von Disauerstoff zu Wasser:

$$O_2 + 4\,H^+ + 4\,e^- \longrightarrow 2\,H_2O$$

Die dabei gewonnene Energie wird in Form eines Protonengradienten über die Zellmembran, in die das Enzym eingebettet ist, gespeichert und kann z. B. für die Phosphorylierung von ADP zu ATP genutzt werden. Die Cytochrom *c*-Oxidase ist ein hochkomplexes Metalloenzym und enthält zwei Kupfer- und zwei Hämeisen-Zentren. Im Zusammenhang mit der Reduktion des Disauerstoffmoleküls muss auch die Bildung der teilreduzierten Produkte Superoxid-Radikalanion und Wasserstoffperoxid in Sauerstoff metabolisierenden Organismen erwähnt werden (nur ca. 80 % des Disauerstoffs werden vollständig zu Wasser reduziert). Da beide Produkte cytotoxisch sind, muss für ihre Entfernung Sorge getragen werden. Diese Schutzfunktion wird von *Superoxid-Dismutasen* bzw. *Katalasen* ausgeübt, die folgende Reaktionen katalysieren:

$$4\,O_2^- + 2\,H^+ \rightleftharpoons H_2O_2 + O_2$$
$$2\,H_2O_2 \rightleftharpoons 2\,H_2O + O_2$$

Superoxid-Dismutasen können als Metallzentrum Mangan oder auch Eisen enthalten; die im Cytoplasma von Eukaryoten vorhandene Superoxid-Dismutase enthält ein bimetallisches Zentrum mit einem Cu- und einem Zn-Atom.

Katalasen enthalten vielfach ein Hämeisen-Zentrum, daneben gibt es aber auch eine Reihe Mangan-abhängiger Katalasen.

Die Oxidation von Wasser zu Disauerstoff

$$2\,H_2O \longrightarrow O_2 + 4\,H^+ + 4\,e^-$$

wird im Photosystem II der Photosynthese ebenfalls von einem Metalloenzym katalysiert, dem *oxygen evolving complex* OEC. Dieser enthält in seinem aktiven Zentrum einen Cluster von vier Mn-Atomen.

Zu den Metalloenzymen, die Redoxreaktionen mit Beteiligung von zwei Elektronenpaaren katalysieren, gehören auch die bereits an anderer Stelle genannten *Dioxygenasen*.

Eine der bemerkenswertesten von Metalloenzymen katalysierte Reaktion ist die Umwandlung von molekularem Stickstoff zu Ammoniak, zu der einige frei im Boden oder auch in Symbiose mit Pflanzen lebende Bakterien befähigt sind:

$$N_2 + 6\,H^+ + 6\,e^- \longrightarrow 2\,NH_3$$

Das als *Nitrogenase* bezeichnete Enzymsystem dieser Bakterien besteht aus zwei Metalloenzymen: Einem Eisen-Molybdän-Protein mit einem Cluster aus Eisen-, Molybdän- und Schwefelatomen sowie einem Homocitrat-Molekül und weiteren an der Elektronenübertragung beteiligten Eisen-Schwefel-Clustern; das zweite Protein der Nitrogenase enthält einen einzelnen Fe_4S_4-Cluster und überträgt ATP-abhängig Elektronen auf das Eisen-Molybdän-Protein, an das das N_2-Molekül gebunden und reduziert wird.

Andere Metalloenzyme, die Redoxreaktionen mit Beteiligung von drei Elektronenpaaren katalysieren, sind z. B. die *Sulfit-Reduktase* und die *Nitrit-Reduktase*, die Sulfit zu Hydrogensulfid bzw. Nitrit zu Ammoniak reduzieren:

$$SO_3^{2-} + 8\,H^+ + 6\,e^- \longrightarrow H_2S + 3\,H_2O$$
$$NO_2^- + 8\,H^+ + 6\,e^- \longrightarrow NH_4^+ + 2\,H_2O$$

Im Folgenden sollen einige Oxidoreduktasen und ihre aktiven Zentren näher betrachtet werden.

Cytochrom *c*-Oxidase Die Cytochrom *c*-Oxidase (Abbildung 9.77, links) ist als Bestandteil der Atemkette eines der wichtigsten und zugleich kompliziertesten Metalloenzyme. Der Einbau in die Zellmembran ergibt sich aus der Notwendigkeit für eine kontrollierte Stofftrennung bei der Reduktion des O_2-Moleküls zu Wasser.

Nach dem heutigen Stand der Kenntnis kann auf insgesamt drei Kupfer-Zentren, ein Häm *a*-Eisen-Zentrum, ein Häm a_3-Eisen-Zentrum sowie auf ein Zn^{2+} und ein Mg^{2+} pro monomerer Proteineinheit geschlossen werden; Abbildung 9.77 (rechts) zeigt die schematische Darstellung der Redoxzentren in den beiden Untereinheiten I und II. Die Untereinheit I mit ca. 60 kDa enthält ein separates Cytochrom *a* mit einem low spin-Fe(III), das von zwei axialen Histidin-Liganden koordiniert ist. In dieser Untereinheit I findet sich außerdem ein Komplex aus Cytochrom a_3 mit Eisen in der high spin-Konfiguration und dem Cu_B, die im oxidierten Zustand (Fe^{III}, Cu^{II}) antiferromagnetisch gekoppelt sind. Das Eisen des Cytochrom a_3 besitzt nur einen axialen Histidin-Liganden, sodass die sechste Koordinationsstelle der Aufnahme des O_2-Moleküls dienen kann. Das Cu_B ist dieser freien Koordinationsstelle zugewandt und nur von drei Histidin-Liganden koordiniert.

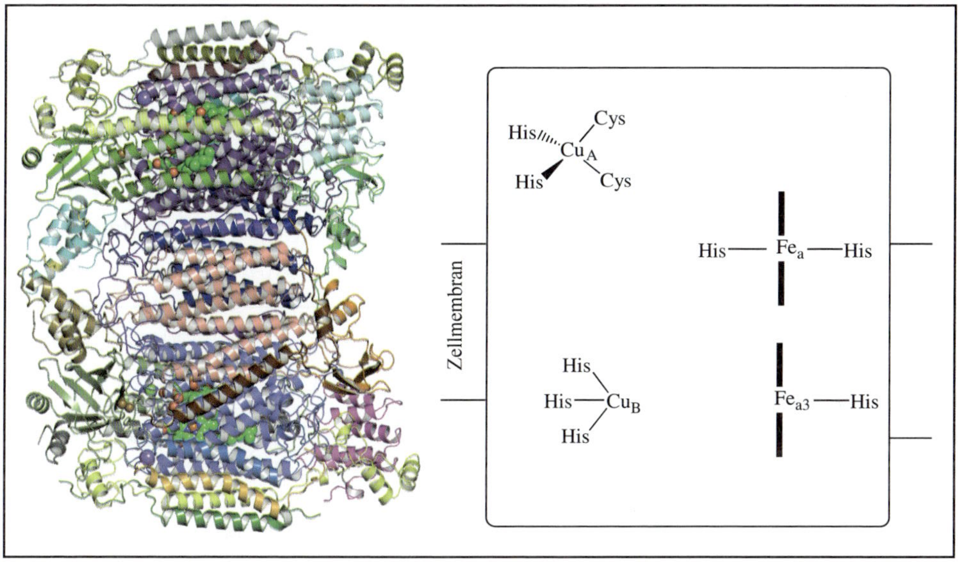

9.77 Struktur der Cytochrom *c*-Oxidase (links) und schematische Darstellung der Redoxzentren (rechts).

Die Untereinheit II enthält außerhalb des eigentlichen Membranbereiches ein zweikerniges Kupfer-Zentrum (Cu_A), für das ein gemischtvalenter Zustand angenommen wird ($Cu^{1,5+}/Cu^{1,5+}$). Diesem Cu_A-Zentrum sowie dem Cytochrom *a* werden im Wesentlichen Elektronenübertragungs-Funktionen bei hohem Potenzial zugeschrieben. Die Vier-Elektronen-Reduktion des O_2-Moleküls verläuft außerordentlich schnell.

Die Bindung und nachfolgende Reduktion des $^3O_2$-Moleküls wird durch das Vorhandensein einer geraden Anzahl ungepaarter Elektronen in den kritischen Stufen des Metalloenzyms begünstigt. Aus toxikologischer Sicht ist die sehr wirkungsvolle Inhibierung der Cytochrom c-Oxidase durch Cyanid-Ionen zu erwähnen, die irreversibel an den Häm a_3/Cu_B-Komplex gebunden werden.

Cu,Zn-Superoxid-Dismutasen (SOD) Die Cu,Zn-Superoxid-Dismutasen bestehen alle aus zwei identischen Untereinheiten, von denen jede ein Cu-Atom und ein Zn-Atom enthalten (Abbildung 9.78, links).

Der Mechanismus der katalysierten Disproportionierung des Superoxid-Ions besteht aus zwei diffusionskontrollierten Schritten:

$$PCu^{II} + O_2^- \rightleftharpoons PCu^{I} + O_2$$
$$PCu^{I} + O_2^- \rightleftharpoons PCu^{II} + H_2O_2$$

P steht für die Proteinkomponente. Da das Kupfer zwischen seinen beiden Oxidationsstufen hin- und herspringt, bezeichnet man diesen Mechanismus zuweilen auch als *Ping-Pong-Mechanismus*. Die von der SOD katalysierte Disproportionierung des Superoxid-Anions ist sehr viel schneller als die nichtkatalysierte Reaktion, sodass die Gesamtgeschwindigkeit nur durch die Diffusion des O_2^--Anions zum aktiven Zentrum bestimmt ist.

Die Cu,Zn-Superoxid-Dismutase ist ein Dimer. Die Struktur eines der beiden metallbindenden Bereiche ist in Abbildung 9.78 (rechts) dargestellt. Das Cu(II) ist von vier Histidin-Seitenketten verzerrt quadratisch-planar koordiniert; dazu kommt

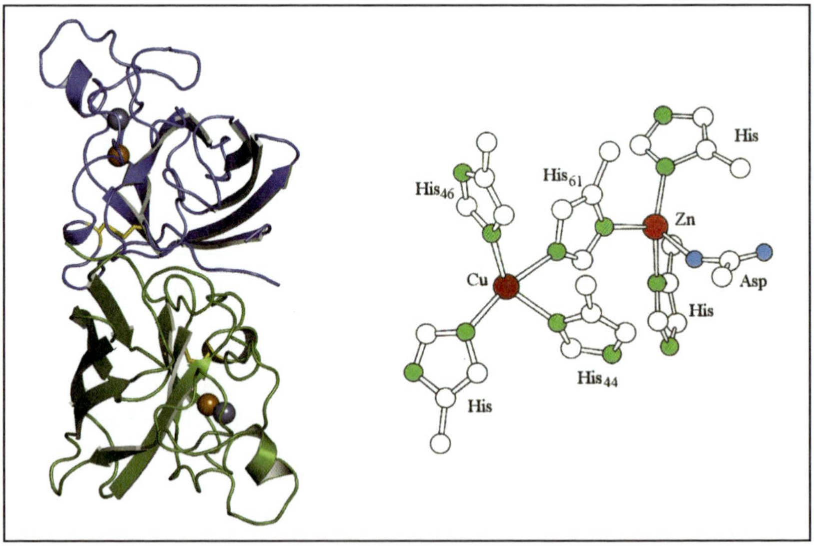

9.78 Struktur der Cu,Zn-Superoxid-Dismutase aus Rinder-Erythrocyten (links) und Aufbau eines der beiden aktiven Zentren (rechts).

vermutlich noch als fünfter Ligand ein H_2O-Molekül in axialer Position. Bemerkenswert ist, dass die Histidinreste His_{44} und His_{46} trotz ihres geringen Abstandes in der Sequenz in *trans*-Positionen an das Cu(II) koordiniert sind. Dadurch wird jedoch der Zugang zum Cu(II) von einer Seite her vollständig blockiert, während die andere Seite über einen konischen Kanal offen und damit für die Lösung zugänglich ist. Das Zn(II) ist tetraedrisch von drei Histidin-Seitenketten und der Carboxylatgruppe eines Asp-Restes koordiniert. Besonders beachtenswert ist die Verbrückung zwischen Cu(II) und Zn(II) durch das His_{61}. Ein solches durch ein Imidazolat verbrücktes dimetallisches Zentrum war bis zu seiner Entdeckung in der Cu,Zn-Superoxid-Dismutase in der Koordinationschemie völlig unbekannt. Die Rolle des Zn(II) konnte bislang noch nicht geklärt werden. Gegen seine unmittelbare Beteiligung an der Disproportionierungsreaktion spricht die experimentelle Beobachtung, dass das Zn-freie Protein die gleiche Aktivität zeigt wie das Zn-haltige. Eine andere Möglichkeit bestünde in der Unterstützung der Diffusion der O_2^--Anionen zum Cu(II)-Zentrum. Und schließlich könnte das Zn(II) die thermische Stabilität des Metalloproteins erhöhen, zumal diese für das Apoenzym (metallfrei) bedeutend geringer ist als für das Holoenzym (metallhaltig).

Katalasen und Peroxidasen Eine Reihe von Metalloenzymen verwendet Wasserstoffperoxid als Substrat, wobei es von den Katalasen zu Wasser und Sauerstoff disproportioniert und von den Peroxidasen als Oxidationsmittel eingesetzt wird:

Katalase: $2\,H_2O_2 \longrightarrow 2\,H_2O + O_2$

Meerrettich-Peroxidase: $A\text{-}H_2 + H_2O_2 \longrightarrow A + 2\,H_2O$

Cytochrom *c*-Peroxidase: $ROOH + 2\,H^+ + 2\,e^- \longrightarrow ROH + H_2O$

Katalasen und Peroxidasen enthalten in ihren aktiven Zentren Häm-Gruppen. Sie unterscheiden sich jedoch in der Natur des axialen Liganden sowie in den Reaktionsmechanismen. In Abbildung 9.79 sind die Strukturen von zwei Peroxidasen und einer Katalase abgebildet.

Die Cytochrom *c*-Peroxidase der Hefe besteht aus einer einzelnen Proteinkette aus 294 Aminosäuren (Abbildung 9.79a). Eine der beiden axialen Koordinationsstellen ist wie im Hämoglobin von einem Histidinrest besetzt; im inaktiven Fe(III)-Zustand ist die zweite unbesetzt. In der Meerrettich-Peroxidase ist eine der axialen Positionen ebenfalls durch einen Histidinrest besetzt, während in der Chlorperoxidase diese Position von einem Cysteinatrest eingenommen wird. Die Katalasen sind assoziierte Proteine (Tetramere), in deren aktiven Zentren ein Tyrosinatrest der axiale Ligand der Häm-Gruppe ist. Die Strukturen sind in Abbildung 9.80 schematisch dargestellt.

Peroxidasen und Katalasen folgen zunächst einem allgemeinen Reaktionsschema, wobei die Einzelheiten jedoch sehr unterschiedlich sind. Dieses allgemeine Reaktionsschema lässt sich wie folgt formulieren:

$$[\text{EPorphFe}^{\text{III}}] + H_2O_2 \underset{}{\overset{-H_2O}{\rightleftharpoons}} [\text{EPorphFe}(-2e^-)] \overset{+S}{\rightleftharpoons} S(-2e^-) + [\text{EPorphFe}^{\text{III}}]$$

[EPorphFe] = Enzym; S = Substrat

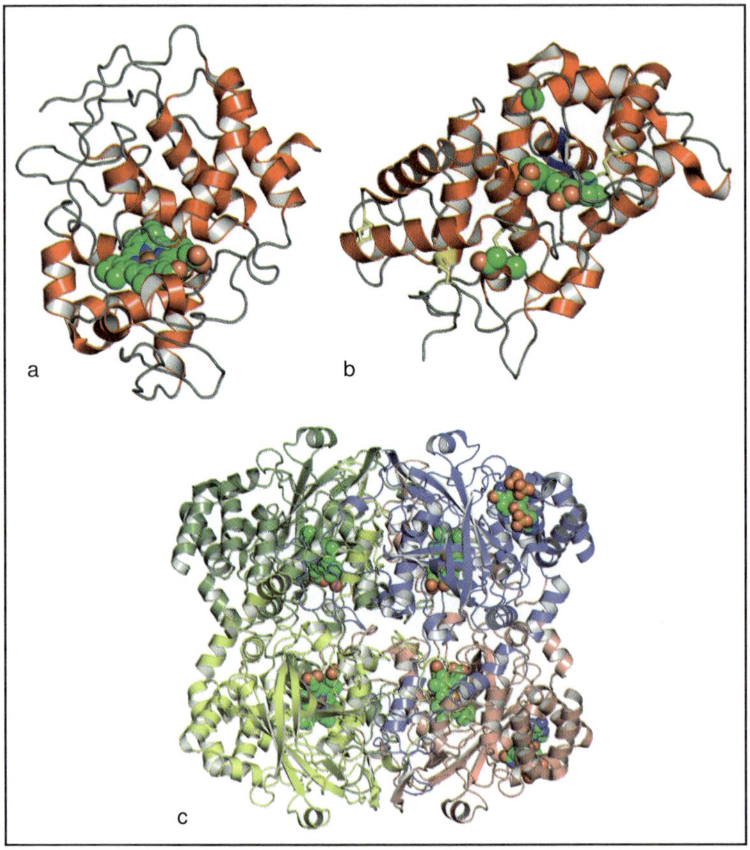

9.79 **a** Struktur von Cytochrom *c*-Peroxidase der Hefe; **b** Meerrettich-Peroxidase (mit Ca^{2+}-Ion, Acetat-Ion und Oxo-Gruppe) und **c** Katalase aus Erythrocyten des Menschen (mit NADPH).

Der erste Reaktionsschritt ist die Zwei-Elektronen-Oxidation des Enzyms [EPorphFe^{III}] durch H_2O_2 unter Bildung eines Moleküls Wasser. Die zugleich entstehende und um zwei Elektronen ärmere Form [EPorphFe($-2e^-$)] weist bei allen diesen Enzymen an ihrem Fe-Zentrum einen Oxo-Liganden auf, sodass also eine Fe(IV)=O-Gruppierung vorliegt; diese Oxo-Einheit liefert demnach eines der beiden entfernten Elektronen, das zweite stammt bei der Katalase, der Chlorperoxidase und der Meerrettich-Peroxidase aus dem Porphyrinring, der in ein Radikalkation übergeht; bei der Cytochrom *c*-Peroxidase stammt das zweite Elektron allerdings aus einer Proteinseitenkette, und zwar aus einem Tryptophanrest. Die um zwei Elektronen ärmere Form des Enzyms kann nun mit verschiedenen Substraten zu der Ausgangsform [EPorphFe^{III}] abreagieren. Bei der Katalase und der Chlorperoxidase ist dieses Substrat ein zweites Molekül H_2O_2; das Peroxid-Anion wird zu Disauerstoff oxidiert, die Oxo-Gruppe des Eisens wird in Form von Wasser freigesetzt. Bei der Oxidation von zwei Molekülen Cytochrom c durch die Cytochrom *c*-Peroxidase erfolgt die Reaktion schrittweise. Die um zwei Elektronen oxidierte Form der Chlorperoxidase kann mit Chlorid zu Hypochlorit reagieren, das dann das Chlor unter Freisetzung von Hydroxid auf ein organisches Molekül überträgt.

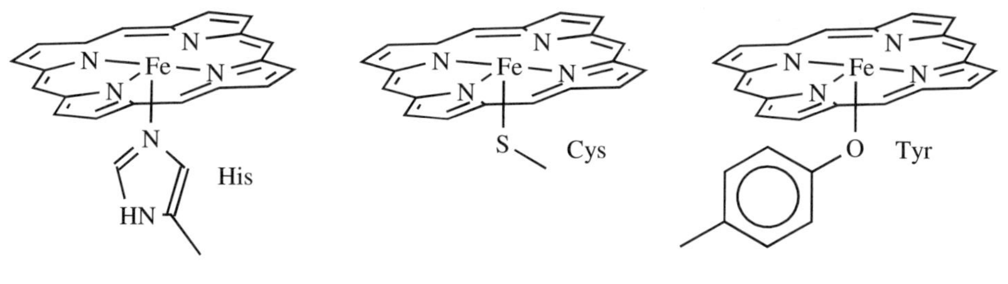

Meerrettich-Peroxidase
Cytochrom-*c*-Peroxidase

Chlorperoxidase

Katalase

9.80 Koordinationsverhältnisse in den aktiven Zentren zweier Peroxidasen und einer Katalase.

Ribonukleotid-Reduktase (RR) Die Ribonukleotid-Reduktase katalysiert die Umwandlung von Ribonukleotiden in Desoxyribonukleotide (Abbildung 9.76). RR-Enzyme haben zwei Bestandteile: Eine metallhaltige Einheit, die Radikale erzeugt, und eine zweite, die das Substratmolekül bindet und die Abspaltung der OH-Gruppe vom 2'-C-Atom der Ribose katalysiert.

Die Ribonukleotid-Reduktase von *Escherichia coli* enthält als aktives Zentrum eine zweikernige Eisen-Einheit, in der die beiden Fe-Atome über einen Oxo- und einen Glutamatrest verbrückt sind (Abbildung 9.81). Für den Katalysemechanismus von grundlegender Bedeutung ist ein in seiner Proteinumgebung stabiles Tyrosyl-Radikal, das sich in einem Abstand von ca. 5 Å von einem der beiden Fe-Atome der $\{Fe_2O(O_2CR)\}^{3+}$-Einheit befindet (Abbildung 9.76b); sein Ersatz z. B. durch einen Phenylalaninrest führt zur Inaktivierung des Enzyms.

Cytochrom P450 Dieses Metalloprotein kommt in allen Lebensformen von Bakterien bis zum Menschen vor. Seinen Namen erhielt es aufgrund der Tatsache, dass die für die Häm-Fe(II)-CO-Gruppe charakteristische Absorptionsbande im Elektronenspektrum nicht wie gewöhnlich bei ca. 420 nm, sondern bei 450 nm auftritt (P steht für Pigment). Cytochrom P450 und seine Isoenzyme katalysieren Oxidationsreaktionen organischer Substrate und sind daher nicht nur für die Biosynthese und den Stoffwechsel, sondern auch für die Entgiftung schädlicher Substanzen von grundlegender Bedeutung. Zu den wichtigsten Reaktionstypen gehören die Hydroxylierung aliphatischer und aromatischer Substrate, die Epoxidierung von Alkenen,

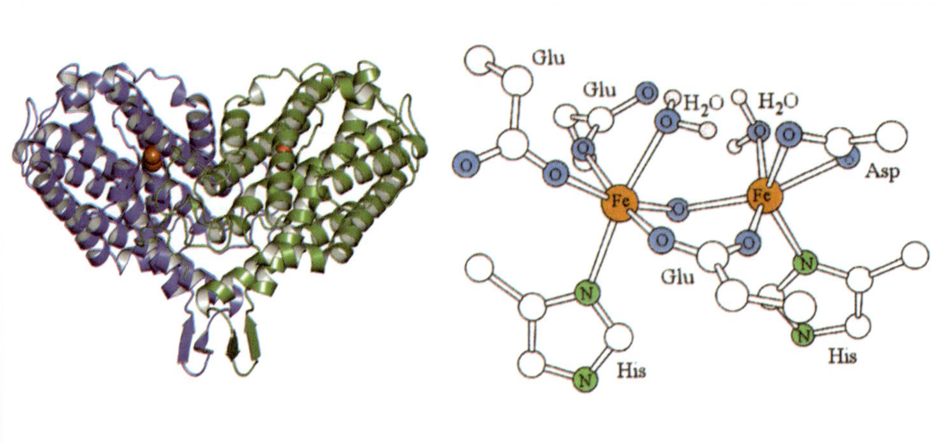

9.81 Ribonukleotid-Reduktase von *Escherichia coli* (Tetramer aus zwei α- und zwei β-Ketten) (links); Aufbau eines der beiden aktiven Zentren (rechts).

die N- und O-Dealkylierung, die oxidative Desaminierung, die reduktive Dehalogenierung etc. Cytochrom P450 enthält als aktives Zentrum eine Häm-Einheit, in der die fünfte Koordinationsstelle des Eisens von einem Cysteinat-S-Atom besetzt ist; die sechste Koordinationsstelle ist frei und dient der Aufnahme des O_2-Moleküls. Die Struktur von Cytochrom P450 des Menschen ist in Abbildung 9.82 gezeigt.

Im ersten Schritt des Katalysemechanismus (Abbildung 9.83) bindet das Substrat R–H an das sechsfach koordinierte Fe(III)-Zentrum im low spin-Zustand und überführt es in einen fünffach koordinierten Fe(III) high spin-Zustand; das Substrat bindet dabei an einen hydrophoben Bereich in der Nähe des Häm-Zentrums und verdrängt alle in der substratbindenden Tasche vorhandenen Wassermoleküle. Gleichzeitig mit der Bindung des Substrats wird das Redoxpotenzial des Cytochrom P450 verändert, sodass es im nächsten Schritt leichter unter Bildung des Fe(II)-high spin-Zustandes reduziert werden kann. Anschließend erfolgt die Koordination des O_2-Moleküls; dieser Zustand des Enzyms kann als Fe(II)–O_2-Einheit oder als Fe(III)–O_2^--Einheit formuliert werden. Die Einführung des zweiten Elektrons konnte bislang noch nicht direkt beobachtet werden; auch die danach folgenden Reaktionsschritte bzw. Zwischenprodukte sind noch nicht gut charakterisiert. Entscheidend ist jedoch die Spaltung des koordinierten O_2-Moleküls unter Bildung

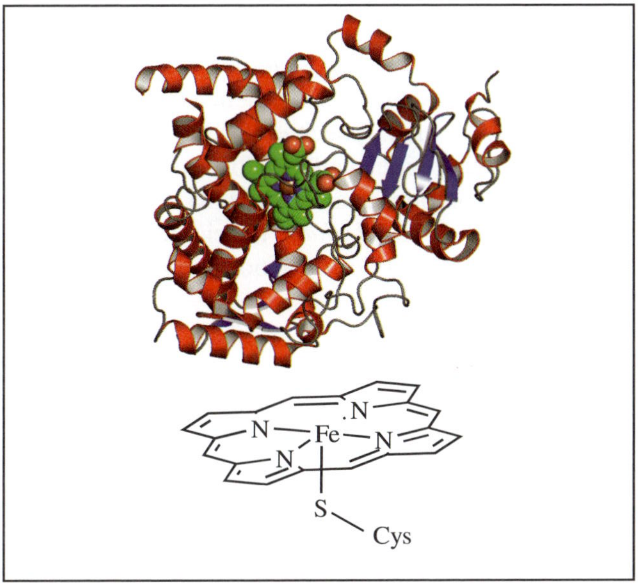

9.82 Struktur von Cytochrom P450 des Menschen (oben); Hämeisen-Zentrum (unten).

eines H_2O-Moleküls (nach Aufnahme von zwei Protonen) und eines an das Eisen-Zentrum gebundenen O-Atoms. Die Bindungsverhältnisse in dieser als **Oxenoid** bezeichneten Fe–O-Gruppierung lassen sich durch folgende mesomere Grenzformeln darstellen:

$$Fe^{III}{-}O^{0} \leftrightarrow Fe^{IV}{-}O^{-} \leftrightarrow Fe^{V}{-}O^{2-} \leftrightarrow Fe^{V}{=}O$$

Bezieht man eine mögliche Beteiligung des π-Elektronensystems des Porphyrin-Liganden (P) ein, so kann die ungewöhnlich hohe Oxidationsstufe +5 des Eisens vermieden werden, indem das Fe^{V} vom Porphyrin zu Fe^{IV} reduziert und das Porphyrin selbst zu einem Radikal-Kation $P^{\bullet+}$ oxidiert wird: $P^{\bullet+}\,Fe^{IV} = O$.

Die Reaktion der Oxenoid-Gruppierung mit Kohlenwasserstoffen unter Bildung eines Alkohols und des inaktiven Proteins ist eine gerade den Chemiker faszinierende Reaktion, zumal nach den bisherigen Untersuchungen anzunehmen ist, dass der zentrale Schritt in einer homolytischen Spaltung einer C–H-Bindung besteht, auf die eine sehr schnelle Rekombination mit der Fe–OH-Einheit unter Bildung des Produktes erfolgt:

$$R{-}H + Fe^{V}{=}O \longrightarrow [R^{\bullet+} + Fe^{IV}{-}OH] \longrightarrow R{-}OH + Fe^{III}$$

Die Abfolge dieser Reaktionsschritte wird auch als *Rebound-Mechanismus* bezeichnet. Eine heterolytische Spaltung der R–H-Bindung oder eine konzertierte Addition des Substrats an die Fe^{V}=O-Gruppierung können als alternative Mechanismen zwar nicht völlig ausgeschlossen werden, sie sind jedoch weniger wahrscheinlich. Der letzte Schritt des katalytischen Zyklus ist die Freisetzung des Alkohols in die Lösung und Bindung eines neuen Substratmoleküls. Fügt man zu einem Cytochrom P450-Substrat-Komplex ein Peroxid XOOH hinzu, so lässt sich die Oxenoid-Spezies in einer als *Peroxid-Shunt* bezeichneten Reaktion unter Umgehung der Zweistufen-Reduktion und der O_2-Koordination direkt herstellen (Abbildung 9.83).

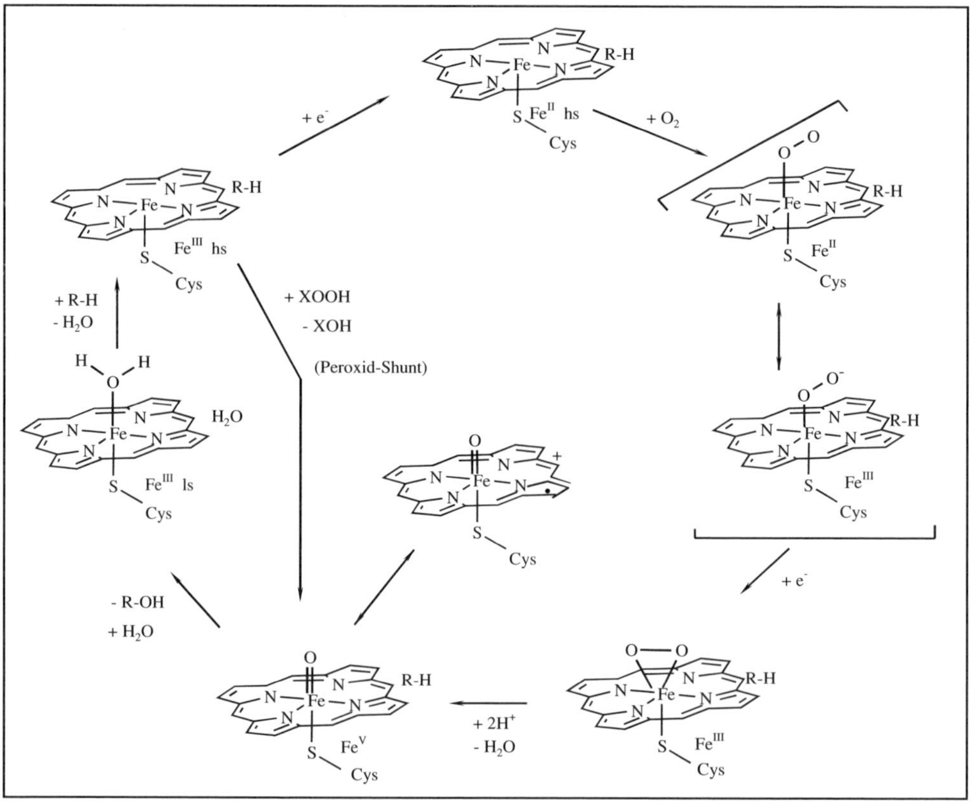

9.83 Postulierter Mechanismus der Hydroxylierung eines organischen Substrats durch Cytochrom P450.

Methan-Monooxygenase (MMO) Dieses Metalloenzym ist ein Multiprotein-Komplex mit einer relativen Molmasse von ca. 300 kDa (Abbildung 9.84). Es besitzt die einzigartige Fähigkeit zur Hydroxylierung von Methan, dem am schwierigsten zu hydroxylierenden Kohlenwasserstoff: Methan besitzt kein Dipolmoment und keine funktionelle Gruppe, die die Wechselwirkung mit einem aktiven Zentrum unterstützen könnten; zudem ist die C–H-Bindungsenergie mit 416 kJ/mol sehr hoch. Cytochrom P450 kann Methan nicht hydroxylieren. Methanotrophe Mikroorganismen wie *Methylococcus capsulatus* nutzen jedoch Methan als einzige Energie- und Kohlenstoffquelle, das sie in einem ersten Reaktionsschritt hydroxylieren:

$$CH_4 + O_2 + H^+ + NADH \xrightarrow{MMO} CH_3OH + H_2O + NAD^+$$

Das für diese Reaktion entwickelte Enzymsystem ist die MMO, die aus drei Proteinkomponenten besteht: einer $\alpha_2\beta_2\gamma_2$-Hydroxylase, einer Reduktase und einem in zwei Kopien vorliegenden koppelnden Protein, das die Elektronenübertragung zwischen den beiden erstgenannten vermittelt. Das Reduktase-Protein enthält ein [2Fe-2S]-Zentrum, das zusammen mit Flavin-Cofaktoren die Elektronen vom NADH aufnimmt. Mithilfe des koppelnden Proteins werden die Elektronen anschließend auf die Hydroxylase-Komponente übertragen, die den Bereich der O_2-Aktivierung und CH_4-Bindung enthält.

Das Hydroxylase-Protein ist ein $\alpha_2\beta_2\gamma_2$-Dimer von ca. 251 kDa und enthält zwei Dieisen-Zentren, die in den Oxidationsstufen Fe^{III}/Fe^{III}, Fe^{III}/Fe^{II} und Fe^{II}/Fe^{II} charakterisiert worden sind. In der oxidierten Form sind die beiden high spin-Fe(III)-Zentren durch zwei Glutamatreste und eine OH^--Gruppe verbrückt; an beiden Fe-Atomen befinden sich als weitere Liganden je ein Histidinrest und ein η^1-gebundener Glutamatrest sowie an einem der beiden Fe-Atome zusätzlich ein H_2O-Ligand.

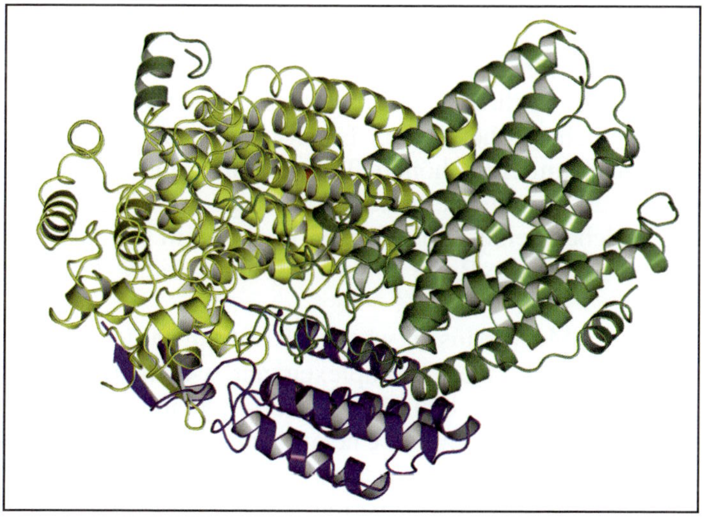

9.84 Struktur der MMO-Hydroxylase (*Methylosinus trichosporium*).

Katalytisch aktiv ist das Dieisen-Zentrum nur in der Fe(II)/Fe(II)-Form mit beiden Fe-Atomen im high spin-Zustand. Der Mechanismus der Methan-Hydroxylierung verläuft vermutlich über die Bildung reaktiver Substratradikale durch das oxygenierte Dieisen-Zentrum mit einer Oxoferryl(IV)-Spezies und würde darin dem Reaktionsverhalten des Cytochrom P450 entsprechen. Und in der Tat sind die elektronischen Verhältnisse der einkernigen Häm-Fe^{III}-Gruppe und des zweikernigen Di-Fe^{III}-Zentrums analog:

$$PFe^{III} + O_2H^- \xrightarrow{-H_2O} PFe^{V}{=}O \leftrightarrow P^{\bullet+}Fe^{IV}{=}O$$

$$Fe^{III}_2 + O_2H^- \xrightarrow{-H_2O} Fe^{IV}_2{=}O$$

Allerdings existieren auch gewichtige Unterschiede zwischen dem Hydroxylierungs-Protein von MMO und Cytochrom P450, die noch einer Klärung bedürfen.

Xanthin-Oxidase Die Xanthin-Oxidase (Abbildung 9.85) ist ein Beispiel für die heute in größerer Zahl bekannten molybdänabhängigen Sauerstoff-Übertragungsproteine. Nach unserem bisherigen Kenntnisstand ist Molybdän das einzige der 4d-Elemente mit einer biologischen Funktion; interessanterweise ist das einzige essenzielle Element aus der 5d-Reihe das Wolfram als Homologes des Molybdäns, und zwar mit analoger biologischer Funktion. Molybdän und Wolfram gehören zwar zu den ausgesprochen seltenen Elementen der Erdkruste, allerdings ist das Molybdän in seiner stabilsten Oxidationsstufe als MoO_4^{2-} bei pH 7 in Wasser ausreichend gut löslich, um bioverfügbar zu sein; die Löslichkeit des homologen WO_4^{2-} ist jedoch deutlich geringer. Wolfram-abhängige Enzyme wurden bisher vornehmlich in thermophilen (ca. 65 °C) und hyperthermophilen (ca. 100 °C) Mikroorganismen gefunden. In ihrer Funktion der Sauerstoffatom-Übertragung analoge Mo- und W-Enzyme sind sich auch in ihrer Zusammensetzung sehr ähnlich. In Übereinstimmung mit den allgemeinen chemischen Eigenschaften beider Elemente erfordern W-Enzyme allerdings zum einen höhere Temperaturen und zum anderen negativere Redoxpotenziale für die erforderlichen Übergänge zwischen den Oxidationsstufen M^{VI}–M^{V}–M^{IV}. Neben seiner biologischen Funktion in Oxidasen spielt das Molybdän aber auch eine zentrale Rolle in der Hauptform der N_2-fixierenden Nitrogenase (siehe unten).

Für die Chemie des Molybdäns in wässriger Lösung in den Oxidationsstufen < VI ist die Bildung von Mehrkern-Komplexen mit μ-Oxo- und/oder μ-Hydroxo-Liganden charakteristisch. In biologischen Systemen kann eine solche Aggregation durch Proteinmoleküle als vielzähnige Chelatliganden oder durch spezielle Cofaktoren unterbunden werden, sodass sich daraus eine ungewöhnliche und für biologische Systeme charakteristische Koordinationsweise des Metalls ergibt. In den Oxidasen ist das Molybdän an einen organischen Liganden vom Tetrahydropterin-Typ gebunden, wobei seine Koordination über eine Endithiolat-Gruppe erfolgt.

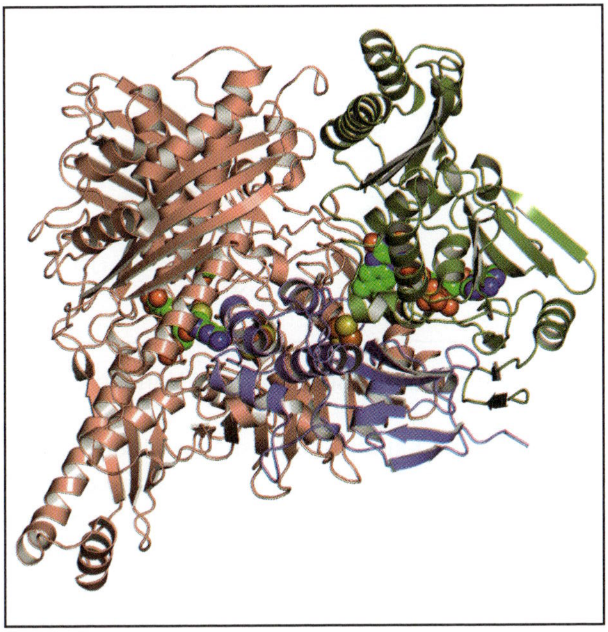

9.85 Struktur der Xanthin-Oxidase (aus Kuhmilch).

Der in der Xanthin-Oxidase gefundene Mo-Cofaktor ist in Abbildung 9.86 dargestellt. In dieser koordinativen Umgebung besitzt das Molybdän in den physiologisch offenbar relevanten Oxidationsstufen +6, +5 und +4 eine vergleichbare Affinität zu anionischen Oxo- und Thio-Liganden (O^{2-}, OH^- bzw. S^{2-}, RS^-) sowie auch zu N-Liganden. Aufgrund seiner chemischen Eigenschaften scheint das Molybdän in besonderer Weise geeignet zu sein, einen kontrollierten Zweielektronen-Übergang und Sauerstoff-Transfer zwischen einem entsprechenden Substratmolekül und räumlich davon getrennten Elektronentransfer-Proteinen wie Cytochromen, Fe/S-Proteinen oder Flavinen zu katalysieren; beide Teilvorgänge, die räumlich und zeitlich voneinander getrennt sind, zusammengenommen entsprechen der Übertragung eines Sauerstoffatoms vom Metallzentrum auf das Substratmolekül.

Anders als bei vielen Fe- und Cu-haltigen Oxygenasen stammt der übertragene Sauerstoff nicht unmittelbar aus einem O_2-Molekül. Die Reoxidation des reduzierten Enzyms kann natürlich wiederum durch O_2 als Oxidationsmittel erfolgen.

Die aus Kuhmilch isolierte *Xanthin-Oxidase* ist ein Dimer mit einer molaren Masse von ca. 300 kDa; jede Untereinheit enthält einen Mo-Cofaktor, ein Flavin-adenindinukleotid und zwei [2Fe-2S]-Zentren (Abbildung 9.85). In ihrer oxidierten Form besitzt das Mo-Atom einen Oxo-Liganden (Mo=O), zwei Thiolat-S-Liganden sowie einen Sulfido-Liganden, der in der reduzierten Form zu einem Sulfhydryl-Liganden protoniert werden kann (Abbildung 9.86).

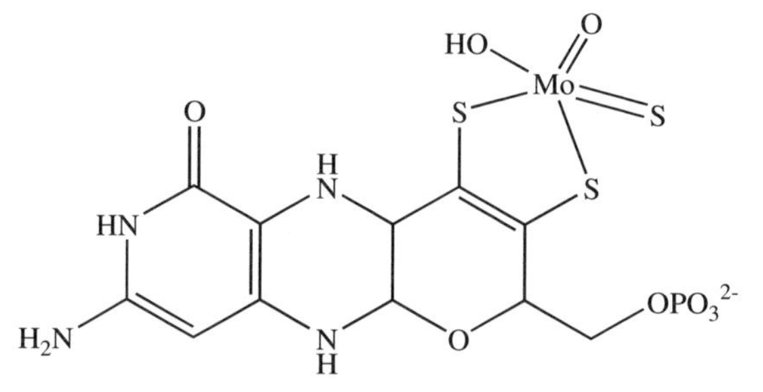

9.86 Struktur des Mo-Cofaktors der Xanthin-Oxidase.

Bei der Oxidation reduzierter Xanthin-Oxidase mit einem ^{18}O-markierten Aminoxid-Derivat und anschließender stöchiometrischer Umsetzung mit Xanthin enthielt die gebildete Harnsäure ca. 80 % des ^{18}O-Isotops. Beim umgekehrten Experiment in ^{18}O-haltigem Wasser und unmarkiertem Enzym fand sich dagegen nur wenig ^{18}O in der Harnsäure. Diese und andere Experimente weisen nachdrücklich darauf hin, dass die enzymkatalysierte Reaktion unter Übertragung eines Sauerstoffatoms vom Mo-Zentrum erfolgt und nicht über einen Mo-katalysierten Angriff eines H_2O-Moleküls oder OH^--Ions aus dem Lösungsmittel. Der vorgeschlagene Mechanismus für die Oxidation von Xanthin zu Harnsäure am Mo-Zentrum der Xanthin-Oxidase ist in Abbildung 9.87 dargestellt. Das Molybdän wechselt bei der Übertragung des Sauerstoffs als zentralem Katalyseschritt seine Oxidationsstufe von +6 nach +4. Gleichzeitig wirkt der Sulfido-Ligand des Molybdäns als Base gegenüber dem aus dem Xanthin entfernten Wasserstoff. Zur Regenerierung der Mo(VI)-Oxo-Einheit aus einem koordinierten H_2O-Molekül erfolgen miteinander gekoppelte Deprotonierungs- und Elektronenübertragungsreaktionen, wobei intermediär die Bildung von Mo(V) angenommen wird.

Die Xanthin-Oxidase verdeutlicht beispielhaft die Rolle von Molybdän in biologischen Sauerstoffatom-Übertragungsreaktionen. Die zentrale Rolle spielt dabei ganz offensichtlich die Stabilität der Oxidationsstufen +6 und +4 des Molybdäns in Kombination mit einer geeigneten Zahl und Art terminaler Liganden, sodass im Verlauf der katalytischen Reaktion keine radikalischen Zwischenprodukte auftreten. Über eine mögliche Funktion des Pterin-Liganden ist bisher so gut wie nichts bekannt. Man kann vermuten, dass das Pterin unter Umständen an der Elektronenübertragung auf das Substratmolekül beteiligt ist, da es selbst über sein π-Elektronensystem redoxaktiv sein kann. Eine andere Möglichkeit besteht darin, dass das Pterin den Elektronentransfer fördert, der die Reaktionen am Mo-Zentrum mit den anderen in diesen Enzymen meist vorhandenen redoxaktiven Zentren koppelt.

Oxidoreduktasen in der biologischen N_2-Fixierung Die biologische Fixierung von atmosphärischem Stickstoff gemäß der Reaktion:

$$N_2 + 10\,H^+ + 8\,e^- + 16\,MgATP \xrightarrow{20\,°C,\,1\,bar} 2\,NH_4^+ + H_2 + 16\,MgADP + 16\,P_i$$

durch frei (*Azotobacter*) oder durch symbiontisch z. B. mit Leguminosen lebende Bakterien (*Rhizobium*) gehört zu den eminent wichtigen Prozessen des globalen

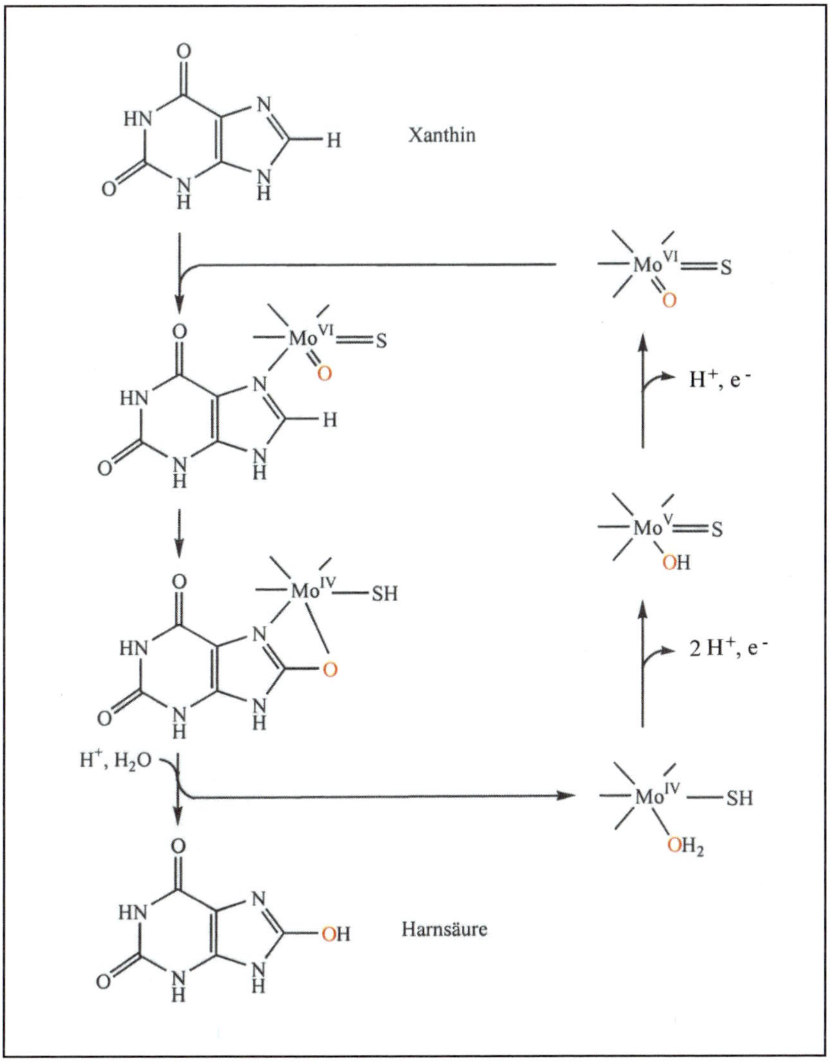

9.87 Vorgeschlagener Mechanismus für die Oxidation von Xanthin zu Harnsäure am Mo-Zentrum der Xanthin-Oxidase.

Stickstoffkreislaufes und kann in ihrer Bedeutung der Photosynthese zur Seite gestellt werden. Das N_2-Molekül ist thermodynamisch außerordentlich stabil und zugleich reaktionsträge. Seine chemische Umsetzung zu NH_3 unter physiologischen Bedingungen erfordert daher einerseits einen hohen Energieaufwand, der in biologischen Systemen durch eine entsprechende Anzahl von ATP-Äquivalenten aufzubringen ist, und mindestens sechs Elektronen pro N_2-Molekül bei physiologisch sehr negativem Potenzial sowie andererseits außerordentlich leistungsfähige Katalysatoren. Die energetisch und reaktionsmechanistisch anspruchsvolle Reaktion wird mithilfe der **Nitrogenase-Enzyme** (korrekter: *Dinitrogenase*-Enzyme) durchgeführt. Auch wenn diese Enzyme relativ langsam arbeiten, so sind die weltweit von ihnen umgesetzten N_2-Mengen enorm und liegen im Bereich von geschätzten 120 – 140 Millionen Tonnen pro Jahr.

Das niedrige Redoxpotenzial und die hohe Reaktivität der Nitrogenase-Enzyme erfordern den strikten Ausschluss insbesondere von Disauerstoff (O_2) oder anderer, besser als N_2 koordinierender Moleküle. Deshalb sind N_2-fixierende Mikroorganismen entweder Anaerobier oder haben ausgeklügelte Schutzmechanismen zum Ausschluss von Disauerstoff entwickelt. Moleküle wie NO oder CO hemmen die Aktivität der Nitrogenase-Enzyme. Außer N_2 reduzieren Nitrogenasen auch andere, nichtphysiologische Substrate wie C_2H_2 (zu C_2H_4), HCN (zu CH_4 und NH_3), CH_3CN (zu CH_3NH_2 und CH_4), N_2O (zu N_2 und H_2O) u. a.

Die Nitrogenase-Enzyme besitzen eine intrinsische Hydrogenase-Aktivität, die bei der Reduktion von N_2, nicht jedoch bei den anderen Substraten, stets auch zur Bildung von Diwasserstoff (H_2) führt (dieser wird jedoch in den meisten Fällen durch entsprechende Hydrogenasen unter Energiegewinn zu Protonen zurückoxidiert).

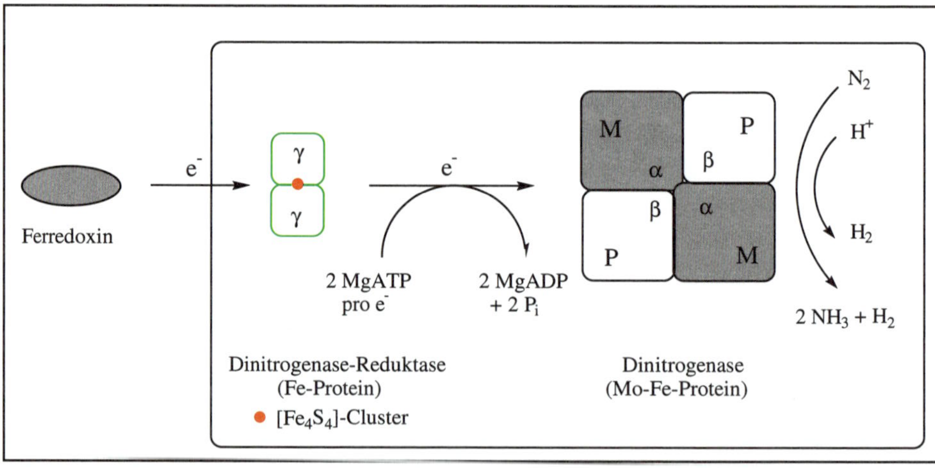

9.88 Schematischer Aufbau der Mo-abhängigen Nitrogenase.

Die Mo-abhängige Nitrogenase besteht aus zwei Komponenten (Abbildung 9.88): Die erste ist die Dinitrogenase-Reduktase („Fe-Protein“), die zweite ist die eigentliche Dinitrogenase („FeMo-Protein“). Die Dinitrogenase-Reduktase ist ein dimeres Protein mit einem zwischen den beiden Untereinheiten gebundenen einzelnen [4Fe-4S]-Cluster, der bei einem physiologisch sehr niedrigen Potenzial von –0,35 V zu einer paramagnetischen Form reduziert werden kann. Dieses Protein enthält außerdem zwei Rezeptoren für Mg^{2+}/ATP, da für jedes einzelne zu übertragende Elektron zwei ATP-Molekülen hydrolysiert werden müssen (durch die Bindung von ATP oder ADP wird das Redoxpotenzial noch einmal um 0,1 V erniedrigt). Die eigentliche Dinitrogenase ist ein $\alpha_2\beta_2$-Tetramer, das zwei Typen von Clustern enthält: Zwei sehr spezielle [8Fe-8S]-Cluster, in denen zwei [4Fe-4S]-Cluster über zwei cys-S-Atome verbrückt sind (P-Cluster) und zwei „FeMo-Cofaktoren“ (M-Cluster) mit der Zusammensetzung Fe_7MoS_9 (Abbildung 9.89).

Die Röntgenkristallstruktur-Analyse ergab, dass sich das Molybdän sechsfach koordiniert an einer Ecke eines Heterokuban-Clusters befindet; seine Koordinationssphäre setzt sich zusammen aus drei Brücken-S-Atomen zu drei Fe-Zentren, aus einem Histidinrest, der das Molybdän an das Proteingerüst bindet, sowie zwei anionischen O-Atomen des tetraanionischen Homocitrat-Chelatliganden (Homocitronensäure = (R)-2-Hydroxy-1,2,4-butantricarbonsäure), über dessen Rolle bisher noch keine Informationen vorliegen. Der Heterokuban-Cluster ist über insgesamt drei Brücken mit einem über nur einen Cysteinatrest an das Proteingerüst gebundenen [4Fe-3S]-Cluster verbrückt; zwei dieser Brückenliganden sind mit Sicherheit μ-Sulfid-Ionen, der dritte vermutlich ebenfalls (Abbildung 9.89).

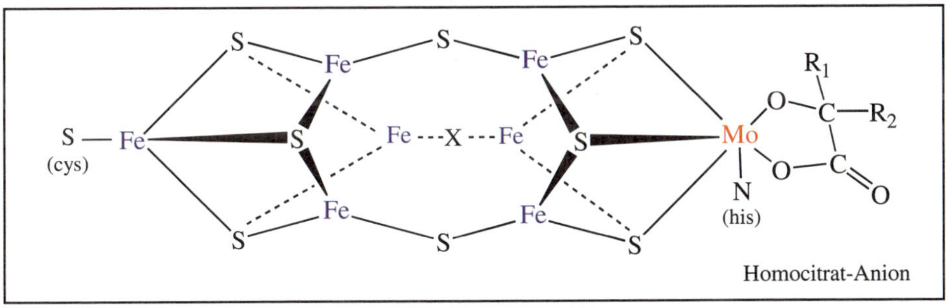

9.89 Struktur des FeMo-Cofaktors der Dinitrogenase (M-Cluster); $R_1 = CH_2COO^-$, $R_2 = CH_2CH_2COO^-$, X: vermutlich S.

Die Struktur der Dinitrogenase-Reduktase und der Dinitrogenase sind in Abbildung 9.90 bzw. 9.91 dargestellt. Die Bindungsstelle für das N_2-Molekül ist vermutlich *nicht* das Mo-Atom des Heterokuban-Clusters, da dieses koordinativ gesättigt ist und folglich zunächst einen Liganden abspalten müsste. Außerdem sind alternative Dinitrogenasen bekannt, die als Heteroatom Vanadium oder aber gar kein Heteroatom enthalten. Für die N_2-Bindung bieten sich vielmehr die näherungsweise trigonal koordinierten und damit koordinativ ungesättigten Fe-Atome an. Ob die Koordination des N_2-Moleküls an nur ein Fe-Atom oder an mehrere erfolgt, ist eine zurzeit noch offene Frage. Die Rolle des Mo-Atoms könnte dann in einer zumindest teilweisen Stabilisierung einer für die Aktivierung des N_2-Moleküls notwendigen Asymmetrie des $[Fe_7MoS_9]$-Clusters gesehen werden.

Auch über die Koordinationsweise des N_2-Moleküls besteht zurzeit noch keine Klarheit. In der Mehrzahl der bekannten und strukturell charakterisierten Distickstoff-Komplexe von Übergangsmetallen ist eine *end on*-Koordination festgestellt worden, seltener dagegen eine *side on*-Koordination. Mit Blick auf die Struktur des FeMo-Cofaktors (M-Cluster) ist aber auch eine μ-N_2-Koordination nicht auszuschließen. Die bereits erwähnte obligatorische Entwicklung von Wasserstoff lässt vermuten, dass die Bindung des N_2-Moleküls erst dann erfolgt, wenn das Enzym nach drei Einelektronen/Einprotonen-Additionen (e^-/H^+) in einem partiell reduzierten Zustand vorliegt; denkbar wäre dann z. B. die Substitution eines *side*

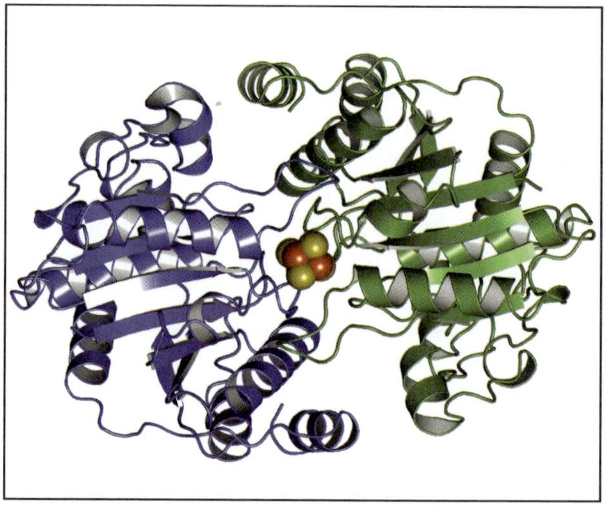

9.90 Struktur der Dinitrogenase-Reduktase aus *Clostridium pasteurianum.*

on-gebundenen H_2-Moleküls durch das N_2-Molekül. Auch über den Mechanismus der nachfolgenden Reduktionsschritte des N_2-Moleküls zum NH_3 liegen zurzeit noch keine Erkenntnisse vor. Auf der Grundlage entsprechender Untersuchungen an Modell-Komplexen wurde ein Reaktionsweg vorgeschlagen, der die Bildung der folgenden Zwischenstufen vorsieht: Mit einem e^-/H^+-Schritt wird das N_2-Molekül zunächst in einen *Diazenido*-Liganden (NNH^-) umgewandelt, der nach einer weiteren e^-/H^+-Addition einen terminal gebundenen *Hydrazido*-Liganden ($H_2N{-}N^{2-}$) ergibt (in der Tat konnte durch Quenchen des Nitrogenase-Zyklus Hydrazin nachgewiesen werden). Der Hydrazido-Ligand reagiert in einem weiteren $e^-/2\,H^+$-Schritt zum ersten NH_4^+-Ion sowie einem *Nitrido*-Komplex (M≡N), der dann durch weitere e^-/H^+-Schritte über einen *Imido*-Komplex (M=NH) und einen *Amido*-

Komplex (M–NH_2) in einen *Ammin*-Komplex (M–NH_3) umgewandelt wird, welcher durch Protonierung ein weiteres NH_4^+-Ion ergibt.

Angesichts der grundlegenden Bedeutung der biologischen N_2-Fixierung ist das Interesse der Bioanorganiker und Molekularbiologen an einer vollständigen Aufklärung der zugrunde liegenden Strukturen und Mechanismen nach wie vor ungebrochen.

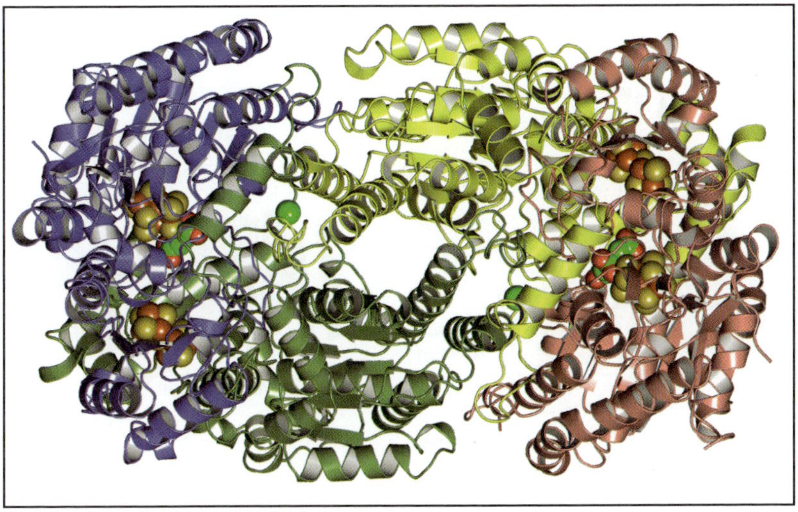

9.91 Struktur der Dinitrogenase aus *Azotobacter vinelandii* (oxidierte Form; grün: Ca^{2+}); die beiden M-Cluster sind um ca. 7 nm voneinander entfernt, der Abstand zwischen einem M- und dem zugehörigen P-Cluster liegt bei ca. 2 nm.

Der *Oxygen Evolving Complex* (OEC) des Photosystems II Die Photosynthese ist eine der erstaunlichsten Redoxreaktionen überhaupt: Unter Nutzung von Licht als Energiequelle erfolgt die katalytische Umwandlung von Kohlendioxid und Wasser in Kohlenhydrate und Sauerstoff. Weltweit werden jährlich ca. 200 Milliarden Tonnen Kohlenhydrat-Äquivalente $(CH_2O)_n$ photosynthetisch erzeugt.

Aus thermodynamischer Sicht ist die Photosynthese eine „Bergauf“-Katalyse, die von Cyanobakterien, Algen und den höheren Pflanzen durchgeführt wird. Die Anforderungen an diese Katalyse sind sehr hoch und erklären die außerordentliche Komplexität der von der Natur zu diesem Zweck entwickelten Enzymsysteme.

Bei den höheren Pflanzen ist das photosynthetische System in den Thylakoid-Membranen der als Chloroplasten bezeichneten Organellen organisiert. Es besteht aus zwei separat anregbaren Photosystemen, die als Photosystem I (PS I) und Photosystem II (PS II) bezeichnet werden (Abbildung 9.92). Das PS II stellt Elektronen für das PS I und für die Phosphorylierung von ADP zu ATP zur Verfügung; der resultierende Elektronenmangel-Zustand am PS II mit sehr positivem Potenzial wird für die Oxidation von zwei Wasser-Molekülen zu einem Disauerstoff-

Molekül (Vier-Elektronen-Prozess) genutzt. In beiden Photosystemen sind zahlreiche Metalloproteine mit Elektronentransfer-Funktionen enthalten; eine Übersicht über die Komponenten der beiden Photosysteme gibt Tabelle 9.18. Die Absorption möglichst vieler Photonen des sichtbaren und nahen infraroten Bereiches der Sonnenstrahlung wird durch verschiedene Farbstoff-Pigmente (Carotinoide) und Chlorophyll-Moleküle gewährleistet. Die absorbierenden Farbstoffe werden durch die aufgenommenen Lichtquanten in einen elektronisch angeregten Zustand überführt.

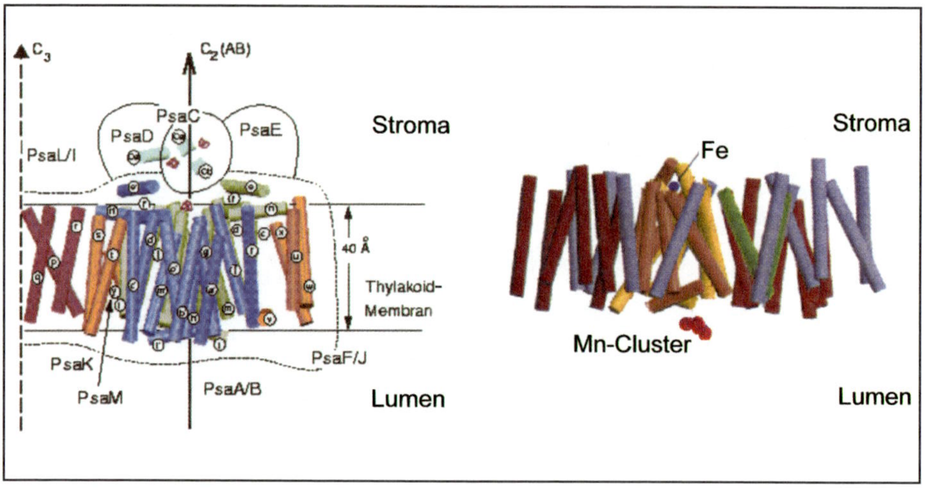

9.92 Schematische Darstellung der Struktur des PS I (links; monomer) und des PS II (rechts; monomer); die α-Helices sind als Zylinder dargestellt.

Ca. 98 % der vorhandenen Chlorophyll-Moleküle dienen der „Lichtsammlung" (engl. *light harvesting*). Die Weiterleitung der aufgenommenen Energie in Form angeregter Zustände („Excitonen") zu den Chlorophyll-Molekülen der eigentlichen Reaktionszentren (< 2 %) erfolgt in einem vektoriellen, d. h. räumlich gerichteten Transport. Dieser auch weitestgehend verlustfreie Energie-Transport wird durch eine spezielle Anordnung der zahlreichen Chromophore zu einem Netzwerk so genannter Antennen-Pigmente ermöglicht. Zu der erforderlichen Orientierung der Chlorophyll-Moleküle zueinander tragen zum einen ihre der Verankerung dienenden Phytyl-Reste bei, zum anderen aber ganz entscheidend auch die beiden freien Koordinationsstellen an den Mg-Atomen. Die zu den photosynthetischen Reaktionszentren P_{700} bzw. P_{680} gelangende excitonische Energie bewirkt hier die Ladungstrennung, d. h. die separate Erzeugung einer reduzierten und einer oxidierten Komponente. Beide Reaktionszentren verfügen über Cofaktoren und Polypeptide mit Aminosäureresten, die zu entsprechenden Elektronentransportketten verbunden sind. Die dem Wasser im PS II entzogenen Elektronen werden in einer solchen Elektronentransportkette auf ein Chinon aus dem in der Thylakoid-Membran befindlichen Chinon-Pool übertragen und befinden sich damit außerhalb des Proteins.

Das Chinon transportiert die Elektronen zu einem weiteren Protein-Komplex, dem Cytochrom b_6/f-Komplex. Über den Elektronen-Carrier Plastocyanin erfolgt schließlich der Transport der Elektronen zum PS I. In der zweiten lichtgetriebenen Reaktion werden die Elektronen hier zur Reduktion von $NADP^+$ zu $NADPH_2$ durch die Ferredoxin-$NADP^+$-Reduktase verwendet. Gleichzeitig mit dem Elektronentransport findet ein gerichteter H^+-Fluss vom Stroma zum Lumen statt; der damit über die Membran aufgebaute Protonengradient dient der Synthese von ATP aus ADP und P_i durch die ATP-Synthase.

Tabelle 9.18 Komponenten der Photosysteme I und II in Pflanzen (rot: Komponenten mit d-Elementen)

Photosystem I	Bestandteile
ca. 200	Antennenchlorophylle
ca. 50	Carotinoide
1	Reaktionszentrum P_{700}
1	Chlorophyll *a*
1	Vitamin K_1
3	Fe/S-Cluster
1	gebundenes Ferredoxin (Fd)
1	lösliches Ferredoxin (Fp)
1	Plastocyanin (PC, primärer Donor)
1	RIESKE-Fe/S-Zentrum
1	Cytochrom *f* (cyt *f*)
2	Cytochrome b_6 (cyt b_6)
Photosystem II	Bestandteile
ca. 200	Antennenchlorophylle
ca. 50	Carotinoide
1	Reaktionszentrum P_{680}
2	Chlorophylle
2	Phäophytine (primärer Akzeptor) [1)]
2	Plastochinone (PQ)
2	Tyrosin-Reste (primärer Donor) [2)]
4	Mangan-Zentren
1	Ca^{2+}-Ion
mehrere	Cl^--Ionen
1	Cytochrom b_{559}

[1)] metallfreies Chlorophyll-Molekül; [2)] als Bestandteile des Proteins.

Die energiereichen Produkte ATP und $NADPH_2$ der Lichtreaktion stehen nun für endergonische Reaktionen im Stroma der Chloroplasten zur Verfügung. Da diese Reaktionen nur mittelbar lichtabhängig sind, werden sie als *Dunkelreaktion* bezeichnet. Hier erfolgt die Synthese der Kohlenhydrate aus Kohlendioxid. Für die Licht- und die Dunkelreaktion der Photosynthese lassen sich also folgende Bruttogleichungen formulieren:

$$2\,NADP + 2\,ADP + 2\,P_i + 2\,H_2O \longrightarrow 2\,NADPH_2 + 2\,ATP + O_2$$
$$CO_2 + 2\,NADPH_2 + 2\,ATP \longrightarrow (CH_2O) + H_2O + 2\,NADP + 2\,ADP + 2\,P_i$$

Der Elektronentransport in der Photosynthese von höheren Pflanzen ist noch einmal in Abbildung 9.93 als *Z-Schema* dargestellt, in dem als Ordinate die Redoxpotenziale der beteiligten Komponenten aufgetragen sind. Während die photosynthetisch erzeugten Reduktionsäquivalente der Fixierung von CO_2 dienen (Dunkelreaktion, CALVIN-Zyklus), werden die entsprechenden Oxidationsäquivalente für die Wasser-Oxidation und Bildung von Disauerstoff genutzt:

$$2\,H_2O \longrightarrow O_2 + 4\,H^+ + 4\,e^-$$

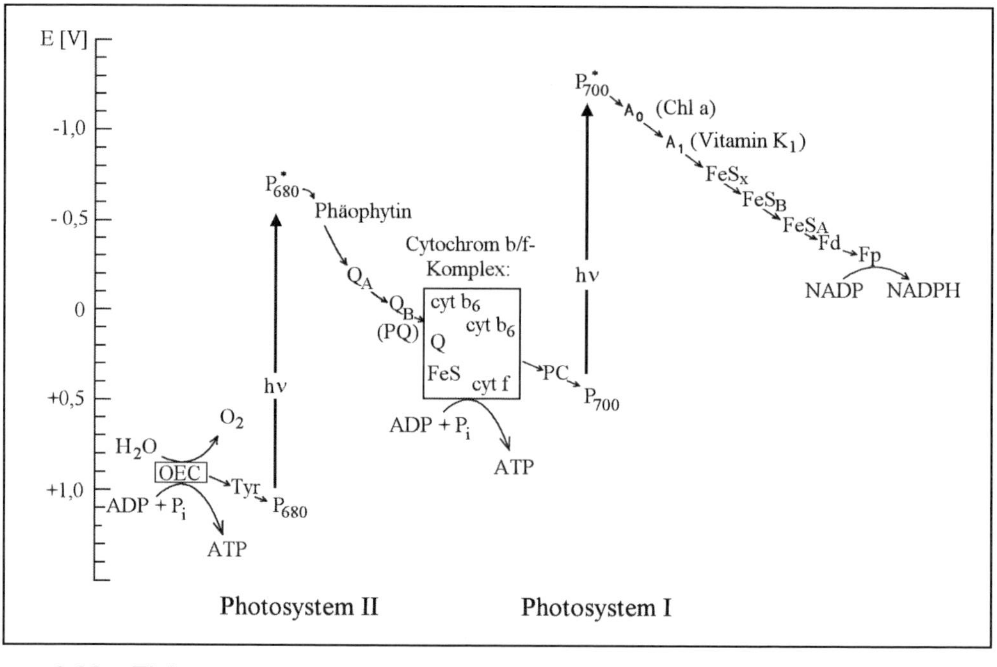

9.93 Elektronentransport in der Photosynthese der Pflanzen (Z-Schema).

Diese Reaktion erfordert einen Katalysator, der nicht nur die Bildung potenziell gefährlicher reaktiver Zwischenprodukte (OH^*, H_2O_2, O_2^{-*}) durch eine partielle Oxidation des Wassers verhindert, sondern zugleich auch über eine genügend hohe Substratspezifität verfügt, um eine Oxidation von leichter oxidierbaren Molekülen auszuschließen.

Die Oxidation des Wassers erfolgt im PS II an einem als OEC (*Oxygen Evolving Complex)* bezeichneten Mangan-Enzym, das vier Mn-Atome enthält und zusätzlich von Ca^{2+}- und Cl^{-}-Ionen abhängig ist.

Das 3d-Element Mangan spielt außer in der Photosynthese auch in Mn-abhängigen Hydrolasen und Phosphat-übertragenden Enzymen eine wichtige Rolle. Darüber hinaus aber tritt Mangan in höheren Oxidationsstufen (+3, +4) auch als redoxaktives Zentrum in einigen Ribonukleotid-Reduktasen, Superoxid-Dismutasen sowie in Katalasen und Peroxidasen in Erscheinung.

Die Röntgenkristallstruktur-Analyse des PS II von *Synechococcus elongatus* charakterisiert das aktive Zentrum des OEC als einen kuban-ähnlichen Mn_3CaO_4-Cluster mit einer μ-Oxo-Brücke zum vierten Mn-Atom (Abbildung 9.94). Durch Blitzlicht-Kurzzeitmessungen konnte gezeigt werden, dass das PS II zeitlich aufeinander abgestimmt fünf unterschiedliche Oxidationszustände durchläuft, die nach KOK als S_0 bis S_4 bezeichnet werden, wobei S je einen Spinzustand des Mn-Clusters bezeichnet. Die Strukturänderungen an den Mn-Zentren sind wiederum nur sehr gering, sodass niedrige Aktivierungsenergien und somit eine effektive Katalyse resultieren.

Für den stufenweise ablaufenden Prozess ist das Auftreten gemischtvalenter Zustände des Mn-Clusters mit ungerader Elektronenzahl charakteristisch. Bezüglich der Verteilung der möglichen Oxidationsstufen im Mangan-Cluster sind verschiedene Kombinationen mit den spektroskopischen Daten vereinbar; in Abbildung 9.95 ist eine davon dargestellt.

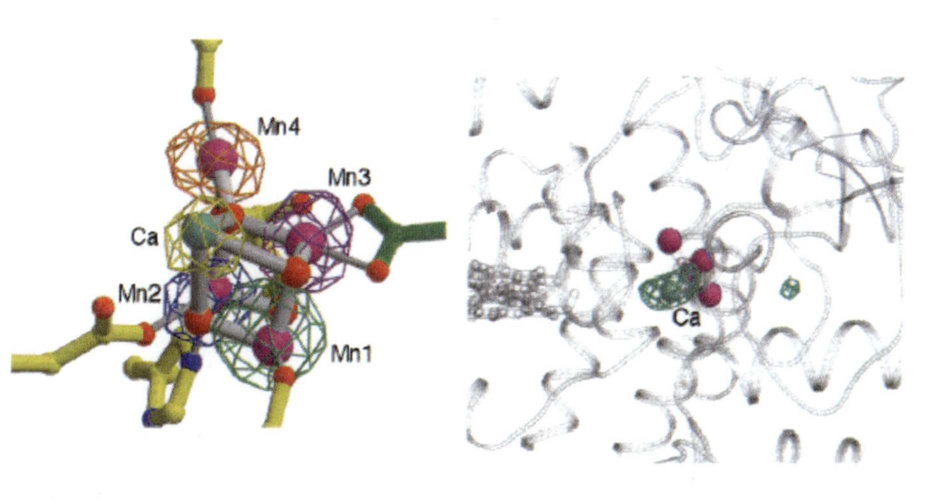

9.94 Aktives Zentrum des OEC von *Synechococcus elongatus.*

Mangan ist offensichtlich aus verschiedenen Gründen für die Katalyse der Wasseroxidation und eine rasche Freisetzung von Disauerstoff besonders geeignet. Zum einen tritt Mangan in einer ganzen Reihe von stabilen bzw. metastabilen Oxidationsstufen auf, nämlich von +2 bis +7. Zum anderen sind die Bindungen zwischen Mangan und seinen Liganden häufig labil. Und drittens schließlich bevorzugt Mangan high spin-Zustände, woraus allerdings komplexe magnetische Eigenschaften resultieren. Im Mangan-Cluster des OEC stehen jedenfalls mehrere Oxidationszustände mit einer *ungeraden Anzahl von Elektronen* zur Verfügung, sodass das O_2-Molekül in seinem Triplett-Grundzustand mit einer *geraden Anzahl von Elektronen* rasch erzeugt und freigesetzt werden kann; für die irreversible Reaktion zwischen dem Mn-Cluster und dem O_2-Molekül liegt also offensichtlich eine Spin-Hemmung (hohe Aktivierungsenergie) vor. Die Rolle der Cl^--Ionen im aktiven Zentrum des OEC ist zurzeit noch unklar; denkbar wäre z. B. eine Platzhalter-Funktion für das Substrat Wasser.

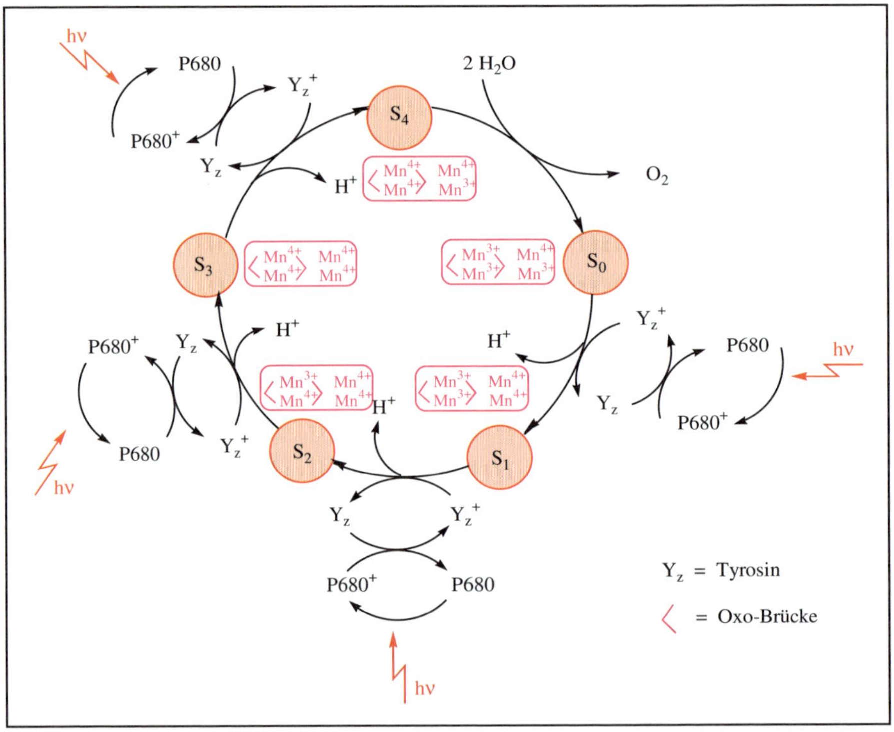

9.95 KOK-Zyklus der lichtinduzierten Kopplung von Protonen- und Elektronenfluss im aktiven Zentrum des OEC.

Ascorbat-Oxidase Cu- und Fe-haltige Metalloproteine und Metalloenzyme üben oftmals analoge Funktionen aus; Beispiele dafür sind etwa O_2-Transportproteine (Hämoglobin, Hämerythrin – Hämocyanin), Elektronentransfer-Proteine (Cytochrome – „blaue“ Cu-Proteine) u. a. Dennoch existieren zwischen Kupfer und Eisen in biologischen Systemen auch einige grundlegende Unterschiede: So ist für Kupfer bisher keine Koordination durch einen Tetrapyrrol-Liganden beobachtet worden, wie sie für das Eisen z. B. in den Häm-Zentren charakteristisch ist. Kupfer besitzt stattdessen in den physiologisch bedeutsamen Oxidationsstufen +2 und +1 eine ausgesprochen große Bindungstendenz gegenüber dem Imin-Stickstoff des Imidazolringes von Histidinresten sowie auch gegenüber S-Liganden wie Cystein. Unter dem Aspekt der Bioverfügbarkeit unterscheiden sich beide Metalle insofern, als das Kupfer in seiner höheren Oxidationsstufe (Cu^{2+}) weitaus leichter lösliche Verbindungen bildet als in seiner niedrigeren Oxidationsstufe (Cu^{+}); bei den Verbindungen von Fe^{3+} und Fe^{2+} sind die Verhältnisse gerade umgekehrt. Und schließlich sind die Redoxpotenziale des Systems Cu(I)/Cu(II) auch mit Bioliganden generell höher als für das System Fe(II)/Fe(III).

Wie an anderer Stelle bereits erwähnt, unterscheidet man üblicherweise drei verschiedene Typen biologischer Kupfer-Zentren, die mit Typ 1, Typ 2 und Typ 3 bezeichnet werden und die zum Teil auch mehrfach in einem Protein vorhanden sein können. Daneben existieren nach neueren Erkenntnissen noch spezielle Cu-Zentren wie z. B. das Cu_A-Zentrum der Cytochrom *c*-Oxidase, die sich nicht in dieses Schema einfügen. Die Cu-Zentren vom Typ 1, 2 und 3 unterscheiden sich strukturell und spektroskopisch voneinander (Abbildung 9.96).

Cu-Zentren vom Typ 1 besitzen eine stark verzerrt tetraedrische Struktur, die vielleicht besser als eine (3+1)-Koordination bezeichnet wird: Die beiden N-Atome der Histidinreste und das S-Atoms des Cysteinats liegen nahezu in einer Ebene, während sich das Methionin-S-Atom in einem deutlich größeren Bindungsabstand über dieser Ebene befindet. Im Elektronenspektrum der oxidierten Form solcher Zentren tritt eine intensive Absorptionsbande bei ca. 600 nm mit einem molaren Extinktionskoeffizienten $\varepsilon > 2.000\ M^{-1}cm^{-1}$ auf; diese Absorption verleiht den Cu-Zentren vom Typ 1 eine charakteristische blaue Farbe, die den entsprechenden Proteinen mit solchen Zentren ihren Namen als „blaue" Kupfer-Proteine gegeben hat. Ursache der intensiven Absorptionsbande ist ein CT-Übergang vom S-Atom des Cysteinat-Liganden auf das Cu(II)-Zentrum. Aus den ESR-Spektren folgt eine Spindelokalisation vom Cu(II) (d^9) auf das S-Atom des Cysteinatrestes. Die Funktion der Typ 1-Zentren besteht in einem reversiblen Elektronentransfer unter Wechsel der Oxidationsstufe des Kupfers:

$$Cu^{2+} + e^{-} \rightleftharpoons Cu^{+}$$

Cu-Zentren vom Typ 2 sind weitgehend tetragonal mit einem weiteren, nur schwach koordinierenden Liganden in der fünften Koordinationsstelle; in ihrem Koordinationsverhalten entsprechen sie damit dem von Cu^{2+}-Ionen in ihren einfachen Koordinationsverbindungen. In den Elektronenspektren finden sich die für Cu(II) charakteristischen intensitätsschwachen Absorptionsbanden der d-d-Übergänge; die ESR-Spektren entsprechen ebenfalls denen einfacher Cu(II)-Komplexe. Die biochemische Funktion dieses normalen, „nichtblauen" Cu-Zentrums in seinem reduzierten Zustand (Cu^+) besteht in der Aktivierung von O_2 im Zusammenwirken mit organischen Coenzymen oder auch in einem Elektronentransfer in der Kombination mit Cu-Zentren vom Typ 3.

Cu-Zentren vom Typ 3 sind dimere Einheiten mit einem Cu–Cu-Abstand von ≥ 360 pm; im oxidierten Zustand scheint eine Verbrückung beider Cu(II) über ein OH^--Ion zu existieren. In dieser oxidierten Form sind die Typ 3-Zentren ESR-inaktiv, weil die beiden d^9-Ionen antiferromagnetisch gekoppelt sind und folglich Diamagnetismus resultiert. Die biochemische Funktion besteht in der Aufnahme von O_2 im reduzierten Zustand (Cu^+–Cu^+); nach der O_2-Aufnahme treten in den Elektronenspektren sehr intensive Absorptionsbanden bei 350 nm ($\varepsilon \approx 20\,000\ M^{-1}cm^{-1}$) und 600 nm ($\varepsilon \approx 1\,000\ M^{-1}cm^{-1}$) auf, die als CT-Übergänge $O_2^{2-} \rightarrow Cu(II)$ interpretiert werden.

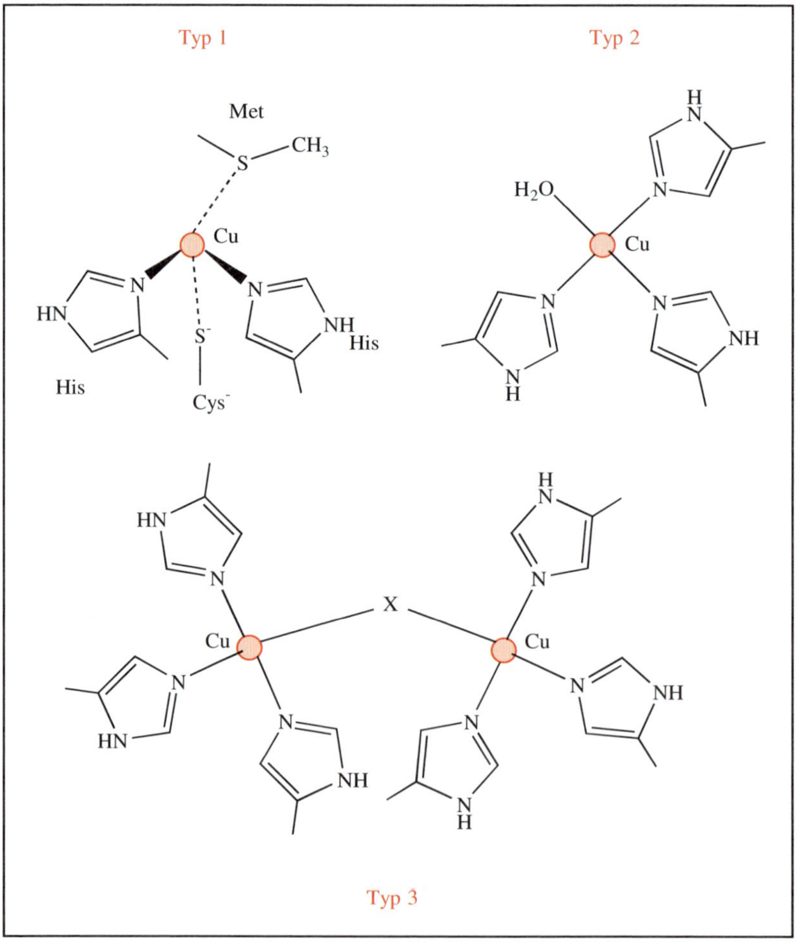

9.96 Cu-Zentren des Typs 1, 2 und 3 in Proteinen.

Mit dem Plastocyanin haben wir bereits ein typisches „blaues“ Kupfer-Protein mit einem Typ 1-Cu-Zentrum in seiner Funktion als Elektronen-Carrier kennen gelernt (Abbildung 9.71). Ein Kupfer-Protein mit einem Typ 3-Cu-Zentrum ist das Sauerstofftransport-Protein Hämocyanin (Abbildung 9.62).

Zu den Kupfer-Proteinen, in denen alle drei Typen von Cu-Zentren vertreten sind, gehört die **Ascorbat-Oxidase**, deren Struktur in Abbildung 9.97 dargestellt

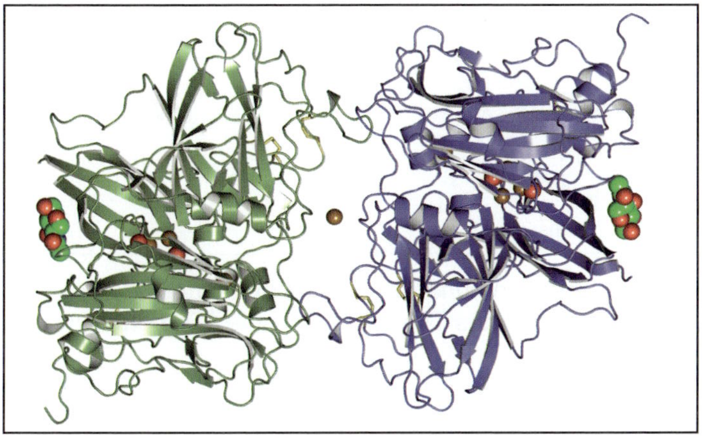

9.97 Struktur der Ascorbat-Oxidase (mit koordiniertem Peroxid und angelagertem N-Acetyl-D-glucosamin).

ist. Die Typ 2- und Typ 3-Zentren sind mit einem Abstand von $\leq$ 400 pm relativ eng benachbart und folglich kann durchaus das Vorliegen eines Cu-Trimeren mit besonderen Eigenschaften angenommen werden. Die Koordinationsverhältnisse sowie die Cu–Cu-Abstände einer solchen trimeren Einheit sind in Abbildung 9.98 für den oxidierten und den reduzierten Zustand skizziert. In einer Entfernung von mehr als 1 200 pm von diesem dreikernigen Cu-Zentrum befindet sich das Typ 1-Cu-Zentrum. Im oxidierten und damit inaktiven Zustand sind zwei der Cu^{2+}- Ionen von jeweils drei Histidinresten koordiniert und zusätzlich durch ein leicht dissoziierbares OH^--Ion verbrückt. Das dritte Cu^{2+}-Ion (Typ 2) ist koordinativ ungesättigt. Im reduzierten und biologisch aktiven Zustand ist der Brückenligand zwischen den beiden Typ 3-Cu-Atomen entfernt; damit werden ihre Koordinationszahlen verringert sowie die Abstände zwischen allen drei Cu-Atomen signifikant vergrößert. Die Koordinationsstelle des O_2-Moleküls ist eines der beiden Typ 3-Cu-Atome; seine Bindung erfolgt als *end-on* koordiniertes Hydroperoxid-Anion HO_2^-. Das Ascorbat-Anion wird in eine Substrattasche des Proteins in unmittelbarer Nachbarschaft zum Typ 1-Cu-Zentrum eingelagert. In vier Einelektronen- Reduktionsschritten (zwei Substratmoleküle), gekoppelt mit entsprechenden Protonierungsreaktionen, wird das an das Cu-Trimere koordinierte O_2-Molekül vollständig zu Wasser reduziert. Die Cu-Zentren des Typs 1 und 2 fungieren dabei als Elektronen-Carrier.

Bemerkenswert ist der Transport der Elektronen über die große Entfernung zwischen dem Typ 1-Cu und dem Cu-Trimeren hinweg.

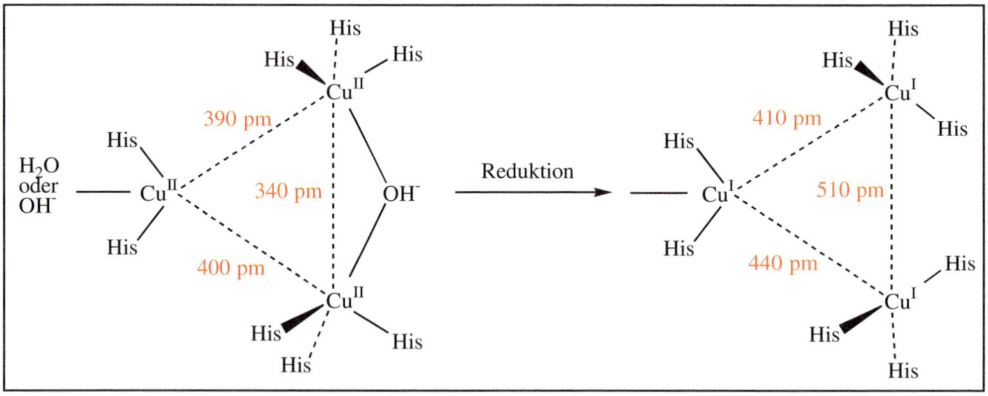

9.98 Koordinationsumgebung und Cu-Cu-Abstände im oxidierten und reduzierten Zustand des Typ 2/Typ 3-Kupfer-Trimers.

Metalloenzyme in Umlagerungsreaktionen

Eine Vielzahl biochemischer Reaktionen verläuft ohne eine Änderung des Oxidationszustandes des Substrats. Zu diesen Reaktionen gehören zahlreiche Umlagerungsreaktionen. Im Folgenden sollen die von Vitamin B_{12} bzw. einem seiner Derivate abhängigen *1,2-Kohlenstoff-Umlagerungen* dargestellt werden.

Vitamin B_{12}-abhängige Reaktionen Das Vitamin B_{12} gehört wohl zu den interessantesten bioanorganischen Systemen. Seine Struktur konnte bereits relativ früh (1956) durch Kombination von chemischen und kristallographischen Methoden aufgeklärt werden (Abbildung 9.99) und ist unter verschiedenen Gesichtpunkten äußerst bemerkenswert. Zunächst besteht das Molekül aus einem zentralen Corrinring, an den eine Dimethylbenzimidazol-Gruppe gebunden ist. Der Corrinring selbst besitzt als makrozyklischer N_4-Ligand zwar eine gewisse Ähnlichkeit zum Porphyrinring der Hämproteine, jedoch sind die Unterschiede markant: Im Corrinring sind die Ringe A und D direkt miteinander verbunden, also ohne eine Methin-Brücke wie im Porphyrinring; darüber hinaus ist der Corrinring weitgehend reduziert, während der Porphyrinring einen vollständigen Satz von Doppelbindungen aufweist. Der letztgenannte Aspekt hat zur Folge, dass alle äußeren Kohlenstoffatome des Corrinringes sp^3-hybridisiert sind; damit hat der Corrinring des Vitamin B_{12} neun chirale Zentren, der Porphyrinring dagegen keine. Im Zentrum des Corrinringes befindet sich ein Co(III) mit oktaedrischer Koordination: Die vier äquatorialen Positionen werden von den vier N-Atomen des Corrinringes besetzt, die axialen Koordinationsstellen werden von dem an den Corrinring gebundenen Benzimidazolring und von einem Cyanid-Ion besetzt. Der Cyanid-Ligand im Cyanocobalamin (Vitamin B_{12}) ist ein Artefakt des Isolierungsverfahrens des Coenzyms. Die in enzymkatalysierten Reaktionen auftretende Form ist das **Coenzym B_{12}**, in dem der sechste Ligand eine 5'-Desoxy-adenosyl-Gruppe ist. Diese axiale Position kann auch von H_2O, OH oder einer CH_3-Gruppe besetzt werden (Abbildung 9.99).

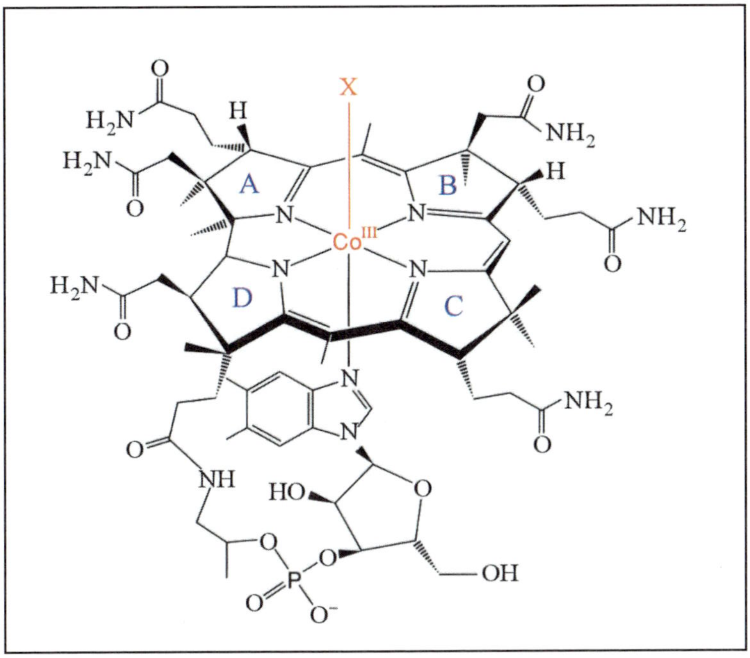

9.99 Struktur der Cobalamine: X = CN – Cyanocobalamin (Vitamin B_{12}); X = CH_3 – Methylcobalamin; X = OH – Hydroxycobalamin; X = H_2O – Aquocobalamin; X = Desoxyadenosyl – Desoxyadenosylcobalamin (Coenzym B_{12}).

Im Coenzym B_{12} (und natürlich auch im Methylcobalamin) liegt also eine Co(III)–C-σ-Bindung vor; es ist dies die zentrale funktionelle Komponente des Coenzym-Moleküls. Das Coenzym B_{12} ist damit eine metallorganische Verbindung, ein in biologischen Systemen bisher an keiner anderen Stelle beobachteter Verbindungstyp; der Co–C-Bindungsabstand beträgt 2,05 ± 0,05 Å, der Co–C–C-Bindungswinkel etwa 130°. Bei der Biosynthese des Coenzyms B_{12} werden entsprechende Derivate mit dem Cobalt in den Oxidationsstufen +3, +2 und +1 durchlaufen. Das Co(I) ist sehr elektronenreich und deshalb ein sehr starkes nukleophiles Reagens; es greift ein Adenosintriphosphat-Molekül am 5'-C-Atom unter Abspaltung der Triphosphat-Gruppe und Knüpfung der Co–C-σ-Bindung an. Diese Reaktion kann als oxidative Additionsreaktion verstanden werden, bei der das Co(I) zu Co(III) oxidiert wird.

Zu den vom Coenzym B_{12} abhängigen Enzymen gehören z. B. die Methylmalonyl-CoA-Mutase, die L-*β*-Lysin-Mutase, die Glutamat-Mutase, die Diol-Dehydratase u. a. Bei all den von diesen Enzymen katalysierten Reaktionen kommt es zu einer 1,2-Kohlenstoff-Umlagerung, bei der ein Substituent X gegen ein H-Atom des benachbarten C-Atoms ausgetauscht wird. Eine schematische Darstellung des Mechanismus dieser Umlagerungen und die Rolle des Coenzyms B_{12} ($AdCH_2B_{12}$) darin zeigt Abbildung 9.100.

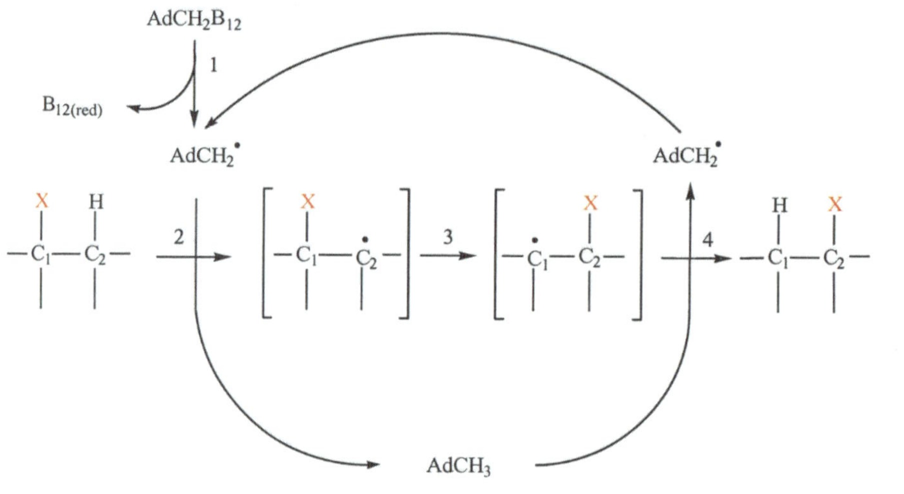

9.100 Schematische Darstellung des Mechanismus von 1,2-Kohlenstoff-Umlagerungen durch B_{12}-abhängige Enzyme.

Der erste Reaktionsschritt besteht in einer *homolytischen* Spaltung der Co–C-Bindung unter Bildung eines Co(II)-Komplexes und eines Desoxyadenosyl-Radikals. Dieses Radikal abstrahiert ein H-Atom vom Substratmolekül (Schritt 2), sodass ein Substrat-Radikal entsteht, das sich anschließend umlagert (Schritt 3). Für diese Substratradikal-Umlagerung sind verschiedene Mechanismen möglich: 1) die direkte Umlagerung des Radikals zum Produktradikal; 2) Übertragung eines Elektrons vom Radikal auf das Co(II) unter Bildung von Co(I) und eines Substrat-Carbokations, das sich dann umlagert; 3) Übertragung eines Elektrons vom Co(II) auf das Radikal unter Bildung von Co(I) und eines Substrat-Carbanions, das sich dann umlagert; 4) Bindung des Substratradikals an das Co-Zentrum unter Bildung weiterer metallorganischer Komplexe, über die dann die Umlagerung erfolgen kann. Unabhängig davon, welcher Weg tatsächlich durchlaufen wird, muss sich am Ende ein Produktradikal bilden, das von der Desoxyadenosin-Spezies ein H-Atom abstrahiert, damit das Produkt bildet und das Desoxyadenosyl-Radikal regeneriert

(Schritt 4). Nach der Produktfreisetzung können die Reaktionsschritte 2 – 4 wieder durchlaufen werden, ohne dass eine erneute Spaltung einer Co–C-Bindung erforderlich ist.

9.5.4 Chemotherapie mit Verbindungen nichtessenzieller d-Elemente: das Beispiel Platin

Anorganische Verbindungen stehen als Pharmaka zahlenmäßig weit hinter organischen Verbindungen zurück. Dass Verbindungen *essenzieller Elemente* prinzipiell therapeutisch nutzbar sind, ergibt sich aus der Notwendigkeit der Aufrechterhaltung ihrer Konzentration im physiologisch richtigen Bereich (Homöostase). Mangelerscheinungen werden daher mit Präparaten essenzieller Elemente therapiert: Wachstumsbeeinträchtigung des Skeletts – Ca, Neigung zu Muskelkrämpfen – Mg, Anämie und Immunsystemstörungen – Fe, perniziöse Anämie – Co, Leberstörungen und sekundäre Anämie – Cu etc. Chemotherapeutisch wirksame anorganische Verbindungen gibt es seit langem aber auch von einigen nach unserem heutigen Kenntnisstand *nichtessenziellen Elementen*. Dazu gehören in erster Linie die antibakteriell und teilweise antisyphilitisch wirkenden Quecksilber-, Silber- und Bor-Präparate sowie Verbindungen des Arsens (Salvarsan). Mit der Entdeckung der Antitumorwirkung des *cis*-$[Pt(NH_3)_2Cl_2]$ (Cisplatin) setzte eine sehr erfolgreiche Entwicklung anorganischer Krebsmedikamente mit nichtessenziellen Elementen ein, deren Wirkungsmechanismen sehr viel komplexer sind als die der bakteriziden anorganischen Pharmaka und deren Verständnis Kenntnisse von Grundprinzipien der Bioanorganischen Chemie erfordert.

Die Antitumorwirkung des quadratisch-planaren *cis*-$[Pt(NH_3)_2Cl_2]$ wurde zufällig bei der Untersuchung des Einflusses schwacher Wechselströme auf das Wachstum von *Escherichia coli*-Bakterien entdeckt. Die Experimente zeigten, dass das Wachstum der Zellen nicht inhibiert wurde, wohl aber die Zellteilung. Die weiteren Studien ergaben, dass für diesen biologischen Effekt nicht der elektrische Strom selbst verantwortlich war, sondern die in Spuren aus den scheinbar inerten Pt-Elektroden und den als Bestandteil der Nährlösungen vorhandenen Komponenten NH_3/NH_4Cl gebildeten Chloroammin-Komplexe des Platins, vornehmlich das *cis*-$[Pt(NH_3)_2Cl_2]$. Sowohl *in vitro* als auch *in vivo* zeigte dieser Komplex im Vergleich mit anderen Komplexen des Platins sowie denen anderer Metalle lange Zeit die höchste Antitumoraktivität. Cisplatin wird seit Jahren erfolgreich in der Chemotherapie von Hoden-, Ovarial-, Lungen- und Blasenkrebs sowie von Tumoren im Bereich von Kopf und Hals eingesetzt.

Cisplatin muss intravenös angewendet werden, da eine orale Verabreichung wegen der Hydrolyse des Komplexes durch die Magensäure nicht möglich ist. Ein Teil des injizierten Cisplatin (30 – 70 %) wird durch Plasmaproteine gebunden und durch die Nieren wieder ausgeschieden. Als elektrisch neutraler Komplex gelangt das übrige Cisplatin durch passiven Transport durch die Zellmembranen in verschiedene Organe und auch in die Tumorzellen. Im Inneren der Zellen wird es wegen der signifikant niedrigeren intrazellulären Cl^--Konzentration rasch im ersten Schritt zum *cis*-$[Pt(NH_3)_2Cl(H_2O)]^+$ hydrolysiert (Abbildung 9.101).

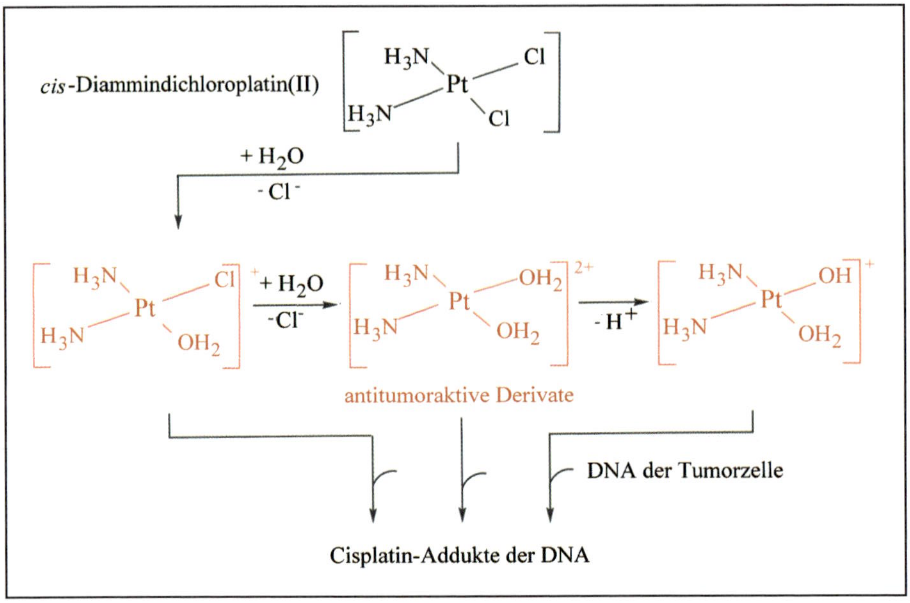

9.101 Schematische Darstellung der Bildung der antitumoraktiven Derivate des Cisplatins durch Hydrolyse.

In einem weiteren Hydrolyseschritt wird auch das zweite Cl^--Ion gegen einen H_2O-Liganden ausgetauscht. Alle Hydrolyseprodukte tragen eine positive Ladung, sodass sie zum einen nicht mehr so ohne weiteres aus der Zelle hinaus diffundieren können, zum anderen aber an die negativ geladene DNA (Phosphatgruppen) binden können. Für das Cisplatin konnte in *in vitro*-Studien gezeigt werden, dass nach seiner Hydrolyse koordinative Bindungen zu den N-Atomen von Nukleobasen gebildet werden, und zwar zu N7 von Guanin, zu N1 und N7 von Adenin und zu N3 von Cytosin; N1 von Adenin und N3 von Cytosin sind durch Wasserstoffbrücken-Bindungen weitgehend abgeschirmt.

An eine doppelsträngige DNA kann ein in *cis*-Position zweifach koordinativ ungesättigter Metallkomplex auf verschiedene Arten gebunden werden:

1. Verknüpfung zweier Nukleobasen eines Stranges der DNA (*intrastrand cross-linking*),
2. Verknüpfung beider Stränge der DNA (*interstrand cross-linking*),
3. Koordination durch N- und O-Atome einer einzigen Base (Chelatkomplexbildung) und
4. Verknüpfung zwischen der DNA und einem Protein.

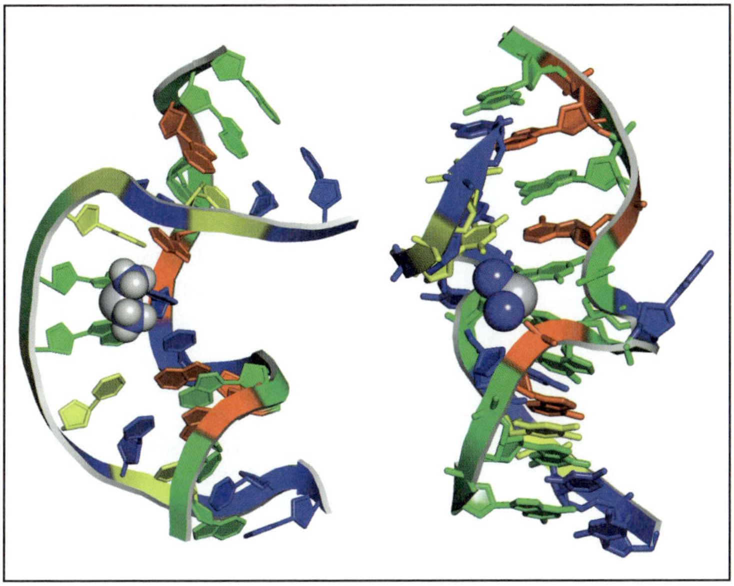

9.102 Cisplatin ***intra**strand cross-link* (links); Cisplatin ***inter**strand cross-link* (rechts).

Entsprechende Untersuchungen an Oligonukleotiden haben gezeigt, dass die $Pt(NH_3)_2^{2+}$-Einheit vornehmlich nach 1. koordiniert, indem sie an zwei benachbarte Guanosin-Nukleotide über deren N7-Atome bindet (1,2-*intrastrand cross-linking*, Abbildung 9.102a). Die zweithäufigste Koordination erfolgt ebenfalls durch 1,2-*intrastrand cross-linking* von Adenosin und Guanosin, ebenfalls jeweils über deren N7-Atome. Die gleichzeitige Bindung des *cis*-$Pt(NH_3)_2^{2+}$ an die DNA und an ein Protein sowie auch die Chelatkomplexbildung durch Koordination an O6 und N7 z. B. einer Guaninbase scheinen nur von geringerer Bedeutung zu sein.

Die Bindung des *cis*-$Pt(NH_3)_2^{2+}$-Fragments an die DNA bewirkt Änderungen ihrer Struktur und Eigenschaften, in deren Folge die DNA-Replikation signifikant inhibiert wird.

Die Chemotherapie mit intravenös appliziertem Cisplatin hat eine ganze Reihe von Nebenwirkungen. Dazu gehören vor allem Störungen im Gastrointestinaltrakt (Übelkeit) sowie die Nephrotoxizität (Nierenschädigung). Beide Nebenwirkungen lassen sich auf die Bindung des Platins an die Sulfhydryl-Gruppen von Proteinen zurückführen und durch eine gleichzeitige Anwendung von Thioharnstoff oder Natriumdiethyldithiocarbamat auf ein akzeptables Maß reduzieren. Schädigungen der Leber und vor allem des Rückenmarks sind im Vergleich zu vielen anderen Cytostatika dagegen relativ gering.

Eine weitere Reduzierung der Nebenwirkungen bei vergleichbarer Wirksamkeit in verminderten therapeutischen Dosen wurde mit den Analoga des Cisplatin, nämlich dem *Carboplatin*, dem *Spiroplatin* sowie dem *Iproplatin*, erreicht (Abbildung

9.103); diese Verbindungen werden zusammenfassend auch als Platin-Cytostatika der zweiten Generation bezeichnet.

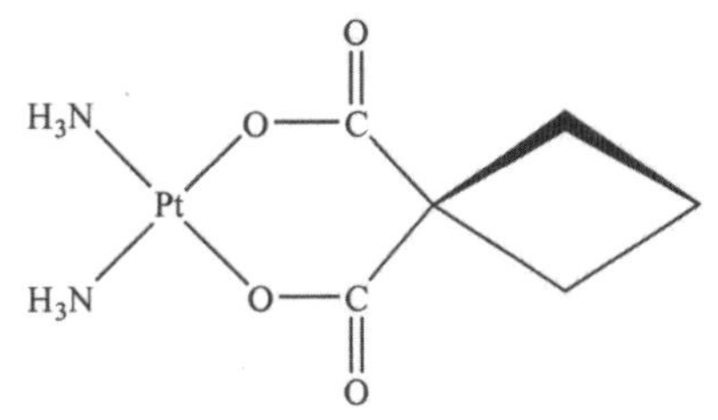

cis-Diammin(1,1-cyclobutandicarboxylato)platin(II) (Carboplatin)

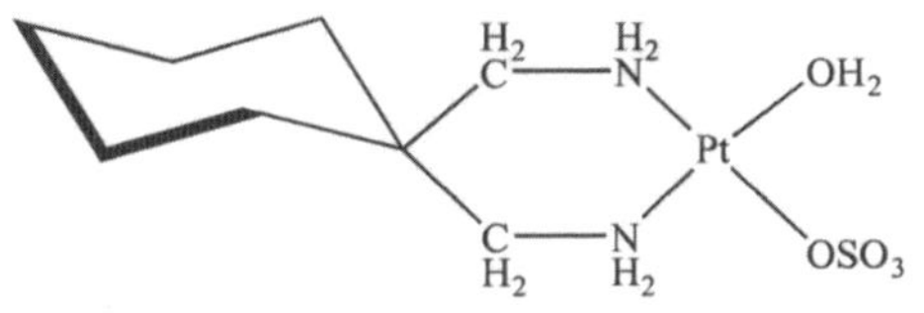

Aqua-1,1-bis(aminomethyl)-cyclohexansulfatoplatin(II) (Spiroplatin)

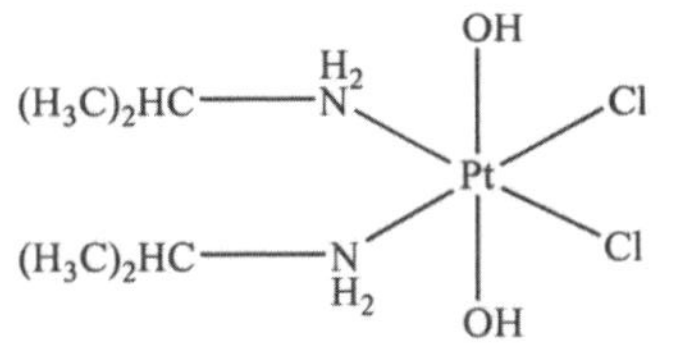

cis-Dichlorobis(isopropylamin)-*trans*-dihydroxoplatin(IV) (Iproplatin, CHIP)

9.103 Analoga des Cisplatin (Platin-Cytostatika der zweiten Generation).

Aus den zahlreichen Untersuchungen der cytostatischen Aktivität der verschiedenen Platin-Komplexe lassen sich trotz einer Vielzahl noch ungeklärter Fragen dennoch bereits einige Zusammenhänge zwischen der Struktur der Komplexe und ihrer biologischen Wirksamkeit erkennen:

- Cytostatische Aktivität ist sowohl für quadratisch-planare Pt(II)- als auch für oktaedrische Pt(IV)-Komplexe nachgewiesen worden; da die Aktivität der Pt(IV)-Komplexe in den meisten Fällen geringer ist, wird angenommen, dass die Pt(IV)-Verbindungen *in vivo* zu Pt(II)-Verbindungen reduziert werden.
- Für die cytostatische Aktivität scheint die Verfügbarkeit zweier Koordinationsstellen in *cis*-Anordnung am Platin eine wichtige Bedingung zu sein; die meisten *trans*-Isomere sind weniger oder gar nicht wirksam.
- Ein wirksamer Komplex sollte zwei ebenfalls in *cis*-Anordnung koordinierte Liganden besitzen, die nicht abdissoziieren oder ausgetauscht wer-

den. Die häufig in diesen Positionen befindlichen Amin-Liganden sollten wenigstens eine N–H-Funktion besitzen, über die die Annäherung des Komplexes an die DNA durch Wasserstoffbrücken-Bindungen unterstützt werden kann.

- Die aktiven Komplexe sind in der Regel ungeladen und können daher leichter in die Zellen gelangen als geladene.

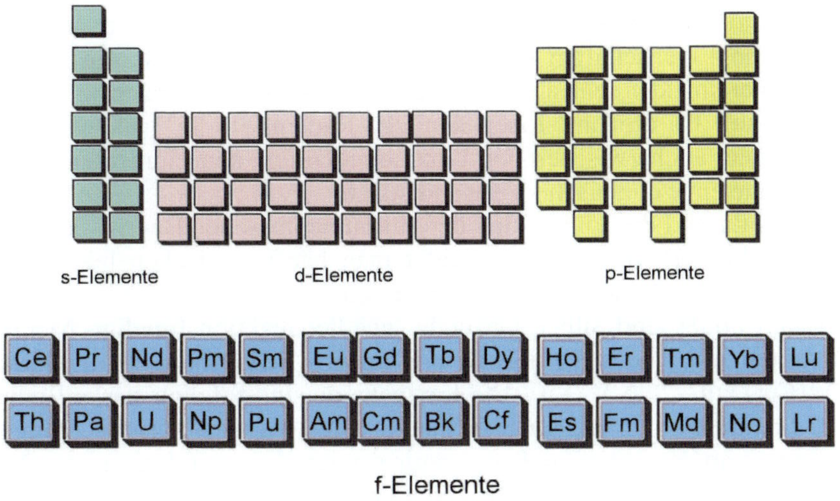

10. Die Elemente des f-Blocks

10.2 Lanthanoide
10.3 Actinoide

10.1 Lanthanoide

Die im PSE auf das Lanthan folgenden 14 Elemente von Cer (Z = 58) bis Lutetium (Z = 71) werden als Lanthanoide bezeichnet (allgemeines Symbol: Ln). Bei diesen Elementen wird die 4f-Unterschale mit Elektronen besetzt. Da die 6s-, 5d- und 4f-Unterschalen jedoch energetisch nahe beieinander liegen, treten in den Elektronenkonfigurationen Unregelmäßigkeiten auf, die ihre wesentlichste Ursache wieder in der besonderen Stabilität halb- und vollbesetzter Unterschalen haben. Da die neu hinzukommenden Elektronen in die drittäußerste Schale eingebaut werden, beeinflussen sie die Eigenschaften der Elemente nur wenig, sodass die Lanthanoide chemisch untereinander sehr ähnlich sind. Alle Lanthanoide treten in der Oxidationsstufe +3 auf. Da die Ln^{3+}-Ionen ähnliche Radien wie Sc^{3+} und vor allem Y^{3+} besitzen, besteht auch zwischen den Lanthanoiden und den Elementen der III. Nebengruppe eine enge chemische Verwandtschaft.

Für Sc, Y, La und die Ln hat sich der zusammenfassende Begriff der *Seltenerdmetalle* eingebürgert; dabei unterscheidet man häufig zwischen leichten (La bis Gd) und schweren Seltenerdmetallen (Tb bis Lu).

Die Lanthanoide sind silberglänzende, unedle, reaktionsfreudige Metalle. Die Standardpotenziale sind stark negativ und ändern sich nahezu kontinuierlich von –2,48 V (Cer) auf –2,25 V (Lu). Die Lanthanoide sind folglich starke Reduktionsmittel und reagieren mit Wasser und Säuren unter Wasserstoffentwicklung; an der Luft laufen sie an. Bei erhöhter Temperatur reagieren sie mit den meisten Nichtmetallen wie den Halogenen, Sauerstoff, Stickstoff etc.

Die Trennung der Lanthanoide voneinander ist aufgrund der großen chemischen Ähnlichkeiten sehr schwierig. Während man früher die Trennung sehr mühsam durch eine mehrfach zu wiederholende fraktionierte Kristallisation z. B. der Doppelnitrate $Ln(NO_3)_3 \cdot 2\,NH_4NO_3 \cdot 4\,H_2O$ erreichte, wird heute im technischen Maßstab die sehr viel effektivere Flüssig-Flüssig-Extraktion mit Tri-n-butylphosphat durchgeführt.

Die Lanthanoide haben inzwischen eine beachtliche technische Bedeutung erlangt. Sie dienen u. a. zur Herstellung farbiger Gläser (Nd, Pr), als Legierungsmetalle in Permanentmagneten (Sm), als Leuchtfarbstoffe für Fernsehbildröhren (Eu, Y, Gd) und als Feststoff-Laser (Nd). Weiterhin werden sie als Katalysatoren (auf synthetischen Zeolithen) für Crack-Reaktionen und im SHELL-DEACON-Verfahren eingesetzt.

In ihren magnetischen und spektroskopischen Eigenschaften unterscheiden sich die Lanthanoide grundlegend von den d-Elementen. Der Grund dafür ist die Tatsache, dass die 4f-Elektronen gegen äußere Einflüsse weitgehend abgeschirmt sind und folglich nur geringfügig von den Ionen der Umgebung beeinflusst werden können. Daher sind z. B. die Farben der Ln^{3+}-Ionen auch von ihrer Umgebung unabhängig. Neben der für alle Lanthanoide typischen Oxidationsstufe +3 bilden einige von ihnen auch Verbindungen in den Oxidationsstufen +2 und +4; deren Auftreten wiederholt sich innerhalb der Reihe der Lanthanoide periodisch und hängt vor allem – aber nicht nur – mit der Bildung der stabilen Konfigurationen $4f^0$, $4f^7$ und $4f^{14}$ zusammen. Von den zweiwertigen Kationen ist nur das Eu^{2+} in wässriger Lösung stabil, von den Verbindungen in der Oxidationsstufe +4 nur die Ce(IV)-Verbindungen. Ce(IV)-Salzlösungen werden in der Maßanalyse verwendet (Cerimetrie).

10.2 Actinoide

Zur Gruppe der Actinoide (allgemeines Symbol: An) gehören die auf das Actinium folgenden 14 Elemente, bei denen die 5f-Unterschale aufgefüllt wird.

Die Actinoide und alle davon bekannten Isotope sind radioaktiv. In der Natur kommen nur Thorium und Uran aufgrund ihrer großen Halbwertszeiten in größeren Mengen vor; durch ihren radioaktiven Zerfall entstehen Actinium und Protactinium. Neptunium und Plutonium treten ebenfalls in Spuren in Uran-Mineralien auf; sie entstehen durch Neutroneneinfang aus ^{238}U. Alle auf das Uran folgenden Elemente – die *Transurane* – werden künstlich hergestellt.

Die Actinoide sind silbrigweiße Metalle mit elektropositivem Charakter; sie sind reaktionsfähig und reagieren besonders beim Erwärmen mit vielen Nichtmetallen.

Die 5f-Elektronen der Actinoide sind weniger fest gebunden als die 4f-Elektronen der Lanthanoide. Dies hat zur Folge, dass auch die 5f-Elektronen stärker an chemischen Bindungen beteiligt sind. In der ersten Hälfte der 5f-Reihe treten deshalb auch mehr Oxidationsstufen auf, wobei bei Th, Pa und U die höchsten Oxidationsstufen von +4, +5 bzw. +6 zugleich auch die stabilsten sind. In der zweiten Hälfte der 5f-Reihe überwiegen die Oxidationsstufen +2 und +3 mit +3 als der stabilsten.

Während in den Verbindungen der Lanthanoide die Bindungen überwiegend ionisch sind, neigen die Actinoide zur Bildung kovalenter Bindungen. Die sterischen Verhältnisse lassen sich durch das Modell der Hybridisierung unter Einbeziehung von f-Orbitalen deuten: sf-Hybridorbitale – linear, sf^3-Hybridorbitale – tetraedrisch, d^2sf^3-Hybridorbitale – oktaedrisch.

Sachregister

A

B

C

D

E

F

G

L

M

Q

R

S

T

U

V

W

X

Z

Bildnachweis

www.chemgapedia.de
(vsc/de/ch/11/aac/vorlesung/ kap_3/kap3_6/kap36_1/grafik/i_rad1.gif)
4.3

www.userpage.chemie.fu-berlin.de
9.92 (links)

www.iap.tuwien.ac.at
(http://creativecommons.org/licenses/by-sa/2.0/at)
E.3.1.1, E.3.1.2

www.fli-leibniz.de
8.38; 8.39; 9.60a; 9.63; 9.65; 9.69a-d; 9.71; 9.72; 9.73; 9.74; 9.77; 9.78; 9.79a-c; 9.81; 9.82; 9.84; 9.85; 9.90; 9.91; 9.97; 9.102

www-hasylab.desy.de/science/annual_reports/2001_report/part2
9.92 (rechts)

FERREIRA *et al.*, Science 303 (2004) 1831 – 1838
9.94

W. H. FREEMAN & Company / Worth Publishers
8.33b

W. DE GRUYTER GmbH & Co. KG
3.5, 4.7, 4.8, 4.29, 4.52, 5.5, 8.13h, 9.31